面向新工科的电工电子信息基础课程系列教材

教育部高等学校电工电子基础课程教学指导分委员会推荐教材

湖南省一流本科课程配套教材

新一代信息通信技术新兴领域"十四五"高等教育系列教材

新形态教材

# 电磁场与微波技术


柴舜连 主 编

肖 科 徐延林 副主编

何 艳 刘 燚 丁 亮 吴微微 刘继斌 编 著



清華大学出版社

北 京

## 内 容 简 介

本书是根据教育部战略性新兴领域(新一代通信技术)教材建设要求,以及当前电磁场与微波技术学科的发展编著而成的。其特点是兼顾系统性和先进性,内容完整齐备、阐述浅显易懂、案例新颖前沿、注重工程实践。

全书共10章,主要阐述电子信息系统中的电磁波信号产生、传输、变换、发射、传播、接收的基本概念、原理和方法,具体包括绪论、电磁场基础、平面电磁波、导行电磁波、传输线理论和平面传输线、微波网络理论和微波元件、微波无源和有源器件、天线原理、电波传播和微波系统导论。

本书可作为电子信息类相关专业的本科生和研究生教材,也可供相关科研人员、工程技术人员参考。



**图书在版编目(CIP)数据**

电磁场与微波技术/柴舜连主编. -- 北京:清华大学出版社,2025. 2. --(面向新工科的电工电子信息基础课程系列教材). -- ISBN 978-7-302-68373-5

Ⅰ. O441.4;TN015

中国国家版本馆CIP数据核字第202542BQ43号

**责任编辑**:文 怡
**封面设计**:王昭红
**责任校对**:李建庄
**责任印制**:刘海龙

**出版发行**:清华大学出版社
**网　　址**:https://www.tup.com.cn,https://www.wqxuetang.com
**地　　址**:北京清华大学学研大厦A座　　**邮　　编**:100084
**社 总 机**:010-83470000　　**邮　　购**:010-62786544
**投稿与读者服务**:010-62776969,c-service@tup.tsinghua.edu.cn
**质量反馈**:010-62772015,zhiliang@tup.tsinghua.edu.cn
**课件下载**:https://www.tup.com.cn,010-83470236
**印 装 者**:三河市铭诚印务有限公司
**经　　销**:全国新华书店
**开　　本**:185mm×260mm　　**印　　张**:26　　**字　　数**:684千字
**版　　次**:2025年4月第1版　　**印　　次**:2025年4月第1次印刷
**印　　数**:1~1500
**定　　价**:89.00元

产品编号:107242-01

# 序

习近平总书记强调，“要乘势而上，把握新兴领域发展特点规律，推动新质生产力同新质战斗力高效融合、双向拉动。”以新一代信息技术为主要标志的高新技术的迅猛发展，尤其在军事斗争领域的广泛应用，深刻改变着战斗力要素的内涵和战斗力生成模式。

为适应信息化条件下联合作战的发展趋势，以新一代信息技术领域前沿发展为牵引，本系列教材汇聚军地知名高校、相关企业单位的专家和学者，团队成员包括两院院士、全国优秀教师、国家级一流课程负责人，以及来自北斗导航、天基预警等国之重器的一线建设者和工程师，精心打造了“基础前沿贯通、知识结构合理、表现形式灵活、配套资源丰富”的新一代信息通信技术新兴领域“十四五”高等教育系列教材。

总的来说，本系列教材有以下三个明显特色：

(1) 注重基础内容与前沿技术的融会贯通。教材体系按照“基础—应用—前沿”来构建，基础部分即“场—路—信号—信息”课程教材，应用部分涵盖卫星通信、通信网络安全、光通信等，前沿部分包括5G通信、IPv6、区块链、物联网等。教材团队在信息与通信工程、电子科学与技术、软件工程等相关领域学科优势明显，确保了教学内容经典性、完备性和先进性的统一，为高水平教材建设奠定了坚实的基础。

(2) 强调工程实践。课程知识是否管用，是否跟得上产业的发展，一定要靠工程实践来检验。姚富强院士主编的教材《通信抗干扰工程与实践》，系统总结了他几十年来在通信抗干扰方面的装备研发、工程经验和技术前瞻。国防科技大学北斗团队编著的《新一代全球卫星导航系统原理与技术》，着眼我国新一代北斗全球系统建设，将卫星导航的经典理论与工程实践、前沿技术相结合，突出北斗系统的技术特色和发展方向。

(3) 广泛使用数字化教学手段。本系列教材依托教育部电子科学课程群虚拟教研室，打通院校、企业和部队之间的协作交流渠道，构建了新一代信息通信领域核心课程的知识图谱，建设了一系列“云端支撑，扫码交互”的新形态教材和数字教材，提供了丰富的动图动画、MOOC、工程案例、虚拟仿真实验等数字化教学资源。

# 序

教材是立德树人的基本载体，也是教育教学的基本工具。我们衷心希望以本系列教材建设为契机，全面牵引和带动信息通信领域核心课程和高水平教学团队建设，为加快新质战斗力生成提供有力支撑。

国防科技大学校长

中国科学院院士

新一代信息通信技术新兴领域

“十四五”高等教育系列教材主编

2025 年 1 月

# 前言

本书是根据教育部战略性新兴领域(新一代通信技术)教材建设要求,以及当前电磁场与微波技术学科的发展编著而成的。编著理念是“强调微波系统的贯通牵引,着眼元器件的网络分析,突出场路的结合与仿真”,力求使读者掌握电磁场与微波技术的基本原理、关键技术和分析方法,了解电磁场与微波技术前沿,为进一步的专业课程学习和从事相关工作奠定坚实的基础。

本书具有以下主要特点。

(1) 通俗易懂,可读性好。尽量用通俗语言深入浅出地讲解,语言流畅,使读者有兴趣阅读本书。在保证论证严谨性和准确性的前提下,“化场为路,场路结合”,着眼元器件的网络分析,尽可能减少烦琐的公式推导,加强物理概念的诠释。

(2) 内容系统完备,实用性强。以微波系统为牵引,突出基础知识的完备性,贯通了“理论—元件—器件—系统—应用”等内容。同时又兼顾内容的先进性和实用性,包含了避雷针防护、微波炉加热、集总元件微波特性测量、微波元件参数提取、相控阵收发组件、巴特勒(Butler)矩阵、龙伯(Luneburg)透镜、基站天线和手机天线等内容。

(3) 注重工程实践,案例新颖前沿。强调工程应用,教材精选了作者科研成果中大批工程应用实例,并设计了一系列电磁场、微波电路仿真实例和微波矢量网络分析仪实验,有助于学生在学习过程中理论和实践的结合。书中还配备了涡旋电磁波、左手材料、间隙波导、基片集成波导、3D打印天线、超材料天线、抛物方程方法、智能超构表面、软件无线电、数字阵列雷达、全数字相控阵等新颖前沿案例,有助于拓宽视野。

(4) 新形态教材,配套资源丰富,包括教学大纲、思维导图、PPT课件、教学视频、实践项目、彩图动画、习题解答,可扫描书中二维码下载或观看。

(5) 精选例题和习题,帮助理解原理。精选了一些例题,有助于对电磁场与微波技术基本概念和原理的理解。精选了习题,方便自我测试。

全书共10章,主要阐述电子信息系统中的电磁波信号产生、传输、变换、发射、传播、接收的基本概念、原理和方法,第0章是绪论,第1章是电磁场基础,第2章是平面电磁波,第3章是导行电磁波,第4章是传输线理论和平面传输线,第5章是微波网络理论和微波元件,第6章是微波无源和有源器件,第7章是天线原理,第8章是电波传播,第9章是微波系统导论。

本书可作为电子科学与技术、通信工程、电子信息工程、信息工程等电子信息类专业及相关专业的本科生和研究生教材,又可供相关科研人员、工程技术人员参考。

本书由长期工作在电磁场与微波技术学科教学和科研一线的科研人员共同编著。第0、4、9章以及前言、部分附录由柴舜连执笔,第1章以及部分附录由徐延林执笔,第2章由吴微微完成初稿,第3章由刘继斌完成初稿,第5章由丁亮完成初稿,第6章由肖科执笔,第7章由刘燚完成初稿,第8章由何艳执笔。柴舜连对各章的初稿进行了统一的修改、统稿和定稿。刘荧对全书的编著提出了宝贵意见,并提供了部分参考资料。本书引用了胡绘斌、赵菲、邱磊、李清华、刘亿荣、岳家璇、黄伟等研究生学位论文部分研究成果,研究生易帅宇、邓聪、周承冕、黄

# 前言

标等参与了本书的插图和资料整理工作，程世芳、文忠良等参与了本书的图片处理工作，在此一并表示感谢。清华大学出版社的文怡编辑在本书出版过程中付出了辛勤的劳动，在此表示感谢。本书的编著工作还得到了学校、学院领导和机关的大力支持与帮助，在此表示感谢。

同时，本书是在国防科技大学的朱建清、刘荧、柴舜连、杨虎编著的《电磁波原理与微波工程基础》和毛钧杰、柴舜连、刘荧、刘继斌、杨虎编著的《微波技术与天线》的基础上编著而成的，编著过程中还参考了大量国内外文献和著作，在此对这些文献和著作的作者表示衷心的感谢。

本书涉及电磁场与微波技术领域广泛的理论和技术问题，由于作者的知识局限及参编作者较多，书中难免有不当之处，敬请读者批评指正。

作　者

2025 年 1 月于国防科技大学

# 目录


第 0 章　绪论 …… 1

0.1　电磁频谱和微波频段 …… 1

0.1.1　电磁频谱 …… 1

0.1.2　微波的概念 …… 2

0.1.3　微波的特点 …… 3

0.2　电磁场与微波技术的发展 …… 4

0.2.1　电磁理论的发展 …… 4

0.2.2　微波技术的发展 …… 5

0.3　电磁场与微波技术的应用 …… 6

0.3.1　几种典型应用 …… 6

0.3.2　无线通信中的微波系统 …… 7

0.4　本书方法、内容和特点 …… 9

0.4.1　研究方法 …… 9

0.4.2　本书内容 …… 10

0.4.3　本书特点 …… 11

习题 …… 11

第 1 章　电磁场基础 …… 12

1.1　矢量场和源 …… 12

1.1.1　矢量场的表示方法 …… 12

1.1.2　矢量场的散度和旋度 …… 13

1.1.3　矢量场唯一解的条件 …… 18

1.2　媒质的电磁特性 …… 19

1.2.1　媒质的传导特性 …… 19

1.2.2　介质的极化特性 …… 20

1.2.3　介质的磁化特性 …… 22

1.2.4　媒质的结构方程 …… 24

1.3　麦克斯韦方程组 …… 25

1.3.1　数学形式 …… 25

1.3.2　物理意义 …… 26

1.4　电磁场的边界条件 …… 28

1.4.1　边界条件的一般形式 …… 28

1.4.2　几种特殊的边界条件 …… 31

1.5　时谐电磁场 …… 32

1.5.1　时谐电磁场的表示方法 …… 33

# 目录


1.5.2 时谐场复数形式的麦克斯韦方程组和边界条件 …… 34
1.5.3 复介电常数和复磁导率 …… 36
1.6 时谐场的能量守恒定律 …… 37
1.6.1 坡印廷矢量 …… 37
1.6.2 复坡印廷定理 …… 39
1.7 案例1：避雷针顶端设计 …… 41
1.7.1 避雷针上的电荷分布规律 …… 41
1.7.2 避雷针的设计准则与防护区域 …… 42
1.8 案例2：微波炉怎么加热食物 …… 43
1.8.1 微波加热原理及特点 …… 44
1.8.2 微波炉的安全性 …… 45
习题 …… 45
第2章 平面电磁波 …… 47
2.1 理想介质中的均匀平面波 …… 47
2.1.1 波动方程 …… 47
2.1.2 基本解和波动性 …… 48
2.1.3 均匀平面波的传播特性 …… 50
2.1.4 沿任意方向传播的均匀平面波 …… 52
2.2 有耗媒质中的均匀平面波 …… 53
2.2.1 一般导电媒质中的均匀平面波 …… 54
2.2.2 良介质中的均匀平面波 …… 55
2.2.3 良导体中的均匀平面波 …… 55
2.2.4 极化损耗媒质中的平面波 …… 56
2.3 电磁波的极化 …… 57
2.3.1 线极化波 …… 57
2.3.2 圆极化波 …… 58
2.3.3 椭圆极化波 …… 59
2.3.4 三种极化类型的相互关系 …… 60
2.4 媒质分界面上平面波的垂直入射 …… 60
2.4.1 一般导电媒质 …… 61
2.4.2 理想导体 …… 62
2.4.3 理想介质 …… 63
2.4.4 良导体 …… 64
2.5 理想介质分界面上平面波的斜入射 …… 65
2.5.1 平行极化 …… 66
2.5.2 垂直极化 …… 67

2.5.3 全反射和表面波 …… 69
2.6 理想导体分界面上平面波的斜入射 …… 71
2.6.1 垂直极化 …… 71
2.6.2 平行极化 …… 72
2.7 案例 1：涡旋电磁波及其应用 …… 73
2.7.1 涡旋电磁波的特性 …… 73
2.7.2 涡旋电磁波的产生 …… 74
2.7.3 涡旋电磁波在通信中的应用 …… 75
2.8 案例 2：左手材料及其应用 …… 76
2.8.1 左手材料的传播特性 …… 77
2.8.2 左手材料的实现 …… 77
2.8.3 左手材料的应用 …… 79
习题 …… 79
第 3 章 导行电磁波 …… 82
3.1 导行波的分析方法和模式 …… 82
3.1.1 导行波的分析方法 …… 82
3.1.2 TEM 模 …… 83
3.1.3 TE 模和 TM 模 …… 84
3.2 矩形波导 …… 86
3.2.1 TE 模 …… 86
3.2.2 TM 模 …… 89
3.2.3 $TE_{10}$ 主模 …… 91
3.3 圆波导 …… 94
3.3.1 TE 模 …… 95
3.3.2 TM 模 …… 97
3.3.3 三种常用模式 …… 98
3.4 同轴线 …… 99
3.4.1 TEM 模 …… 99
3.4.2 高次模和尺寸选择 …… 101
3.5 案例 1：矩形波导及其尺寸选择 …… 102
3.5.1 矩形波导的功率容量 …… 102
3.5.2 矩形波导的衰减 …… 103
3.5.3 矩形波导的尺寸选择 …… 104
3.6 案例 2：间隙波导及其应用 …… 104
3.6.1 间隙波导的原理 …… 105
3.6.2 间隙波导的结构和性能 …… 106

# 目录


3.6.3 间隙波导的应用 …… 106

习题 …… 108

第 4 章 传输线理论和平面传输线 …… 110

4.1 传输线的等效电路模型 …… 110

4.1.1 传输线的等效电路 …… 110

4.1.2 传输线方程 …… 112

4.1.3 传输线上的波传播 …… 113

4.1.4 无耗传输线 …… 115

4.2 端接负载的无耗传输线 …… 115

4.2.1 电压反射系数 …… 116

4.2.2 电压驻波比 …… 117

4.2.3 输入阻抗 …… 117

4.2.4 传输功率 …… 118

4.3 无耗传输线的工作状态 …… 120

4.3.1 无反射状态 …… 120

4.3.2 全反射状态 …… 120

4.3.3 部分反射状态 …… 124

4.4 史密斯圆图 …… 127

4.4.1 阻抗圆图的构成 …… 128

4.4.2 导纳圆图和组合圆图 …… 131

4.4.3 史密斯圆图的应用 …… 132

4.5 有耗传输线 …… 134

4.5.1 低耗线 …… 134

4.5.2 端接负载的低耗线 …… 135

4.5.3 传输线衰减的计算方法 …… 136

4.6 波导模的传输线等效 …… 138

4.6.1 等效电压和等效电流 …… 138

4.6.2 波导传输线等效的应用 …… 140

4.7 带状线 …… 141

4.7.1 带状线结构和模式 …… 141

4.7.2 带状线的特性参数 …… 142

4.7.3 带状线的尺寸选择 …… 144

4.8 微带线 …… 144

4.8.1 微带线结构和模式 …… 144

4.8.2 微带线的特性参数 …… 145

4.8.3 微带线的色散和高次模 …… 147

4.9 案例 1：平面波的传输线等效和应用 …… 149
4.9.1 平面波的传输线等效方法 …… 149
4.9.2 平面波传输线等效的应用 …… 150
4.10 案例 2：基片集成波导及其应用 …… 151
4.10.1 基片集成波导的结构与特性 …… 152
4.10.2 基片集成波导的应用 …… 152
习题 …… 153
第 5 章 微波网络理论和微波元件 …… 157
5.1 微波网络的等效 …… 157
5.1.1 微波网络的等效原理 …… 157
5.1.2 单端口网络的等效 …… 159
5.2 阻抗矩阵和导纳矩阵 …… 161
5.2.1 阻抗矩阵 …… 161
5.2.2 导纳矩阵 …… 162
5.2.3 阻抗矩阵和导纳矩阵的性质 …… 163
5.3 散射矩阵 …… 164
5.3.1 归一化电压和电流 …… 164
5.3.2 散射矩阵的定义 …… 166
5.3.3 散射参数的性质 …… 168
5.3.4 参考面的移动 …… 170
5.3.5 二端口网络的转换和等效 …… 171
5.4 散射矩阵的测量 …… 173
5.4.1 网络分析仪的结构与误差模型 …… 173
5.4.2 网络分析仪的校准 …… 176
5.4.3 网络分析仪的测量 …… 177
5.5 基本电抗元件 …… 179
5.5.1 波导中的电抗元件 …… 179
5.5.2 微带中的电抗元件 …… 184
5.5.3 同轴中的电抗元件 …… 186
5.6 微波终端和连接元件 …… 187
5.6.1 终端元件 …… 187
5.6.2 连接元件 …… 189
5.6.3 传输线之间的转换 …… 192
5.7 案例 1：集总元件的微波特性测量 …… 194
5.7.1 集总元件的等效电路模型 …… 194
5.7.2 测量装置和测量方法 …… 195

# 目录


5.7.3 测量结果和分析 …… 196

5.8 案例 2：微波元件的网络参数提取和应用 …… 197

5.8.1 微波元件的网络参数提取方法 …… 197

5.8.2 微波器件的分析与综合应用 …… 199

习题 …… 200

第 6 章 微波无源和有源器件 …… 203

6.1 阻抗匹配器 …… 203

6.1.1 λ/4 阻抗变换器 …… 203

6.1.2 枝节匹配 …… 205

6.2 功率分配器 …… 208

6.2.1 三端口网络的基本特性 …… 208

6.2.2 T 形结功率分配器 …… 208

6.2.3 Wilkinson 功率分配器 …… 211

6.3 定向耦合器 …… 213

6.3.1 定向耦合器的结构与性能参数 …… 213

6.3.2 波导定向耦合器 …… 214

6.3.3 微带分支线定向耦合器 …… 215

6.3.4 微带环混合网络 …… 216

6.3.5 波导魔 T …… 219

6.4 微波谐振器 …… 220

6.4.1 微波谐振器的概念 …… 220

6.4.2 几种典型的传输线谐振器 …… 222

6.4.3 微波谐振器的耦合与微扰 …… 225

6.5 微波滤波器 …… 227

6.5.1 微波滤波器的概念 …… 228

6.5.2 微波低通滤波器的实现 …… 229

6.5.3 微波带通滤波器的实现 …… 231

6.6 微波放大器 …… 233

6.6.1 微波场效应晶体管 …… 234

6.6.2 微波放大器的基本特性 …… 235

6.6.3 小信号微波放大器的设计 …… 237

6.7 微波振荡源 …… 240

6.7.1 负阻振荡原理 …… 240

6.7.2 微波介质振荡器的设计 …… 241

6.7.3 微波振荡器的性能指标 …… 243

6.8 微波混频器 …… 244

# 目录

6.8.1 肖特基势垒二极管 …… 244
6.8.2 微波混频器的混频原理 …… 246
6.8.3 微波混频器的主要特性 …… 247
6.8.4 典型的微波混频器 …… 248
6.9 微波控制电路 …… 250
6.9.1 微波开关 …… 250
6.9.2 移相器 …… 252
6.9.3 衰减器 …… 253
6.9.4 限幅器 …… 255
6.10 微波铁氧体器件 …… 256
6.10.1 铁氧体的特性 …… 256
6.10.2 铁氧体移相器 …… 258
6.10.3 铁氧体隔离器 …… 259
6.10.4 铁氧体环行器 …… 260
6.11 案例 1：巴特勒矩阵及其应用 …… 262
6.11.1 巴特勒矩阵电路结构和原理 …… 262
6.11.2 巴特勒矩阵在移动通信中的应用 …… 263
6.12 案例 2：相控阵 T/R 组件及其应用 …… 265
6.12.1 相控阵 T/R 组件结构和原理 …… 265
6.12.2 相控阵 T/R 组件的应用 …… 267
习题 …… 269
第 7 章 天线原理 …… 274
7.1 天线分析方法和思路 …… 275
7.2 基本辐射元 …… 276
7.2.1 基本电振子 …… 276
7.2.2 基本磁振子 …… 278
7.3 天线的电参数 …… 280
7.3.1 天线的阻抗特性参数 …… 280
7.3.2 天线的辐射特性参数 …… 281
7.3.3 弗利斯传输公式 …… 287
7.4 线天线 …… 288
7.4.1 对称振子天线 …… 288
7.4.2 垂直接地振子 …… 292
7.4.3 引向天线 …… 295
7.4.4 螺旋天线 …… 296
7.4.5 对数周期天线 …… 298

# 目录

7.5 印刷天线 …… 300
7.5.1 微带天线 …… 301
7.5.2 渐变槽线天线 …… 303
7.5.3 平面螺旋天线 …… 304
7.5.4 圆锥螺旋天线 …… 306
7.6 面天线 …… 307
7.6.1 喇叭天线 …… 307
7.6.2 旋转抛物面天线 …… 309
7.7 阵列天线 …… 313
7.7.1 均匀直线阵 …… 314
7.7.2 侧射阵与端射阵 …… 316
7.7.3 相控阵原理 …… 317
7.8 案例1：移动通信中的天线技术 …… 321
7.8.1 基站天线 …… 321
7.8.2 手机天线 …… 325
7.9 案例2：透镜天线原理及其应用 …… 327
7.9.1 龙伯透镜天线的原理 …… 328
7.9.2 超材料龙伯透镜天线 …… 329
7.9.3 龙伯透镜天线的应用 …… 330
习题 …… 331
第8章 电波传播 …… 333
8.1 媒质对电波传播的影响 …… 333
8.1.1 传输损耗 …… 333
8.1.2 多径效应和传输失真 …… 335
8.1.3 衰落 …… 335
8.1.4 去极化效应 …… 336
8.1.5 传播方向的改变 …… 337
8.2 电波传播的主要方式 …… 337
8.2.1 地波传播 …… 338
8.2.2 天波传播 …… 339
8.2.3 散射传播 …… 341
8.2.4 视距传播 …… 342
8.3 地面视距传播 …… 343
8.3.1 大气对视距传播的影响 …… 343
8.3.2 地面反射对视距传播的影响 …… 345
8.3.3 障碍物对视距传播的影响 …… 348

8.3.4 建筑物墙壁的反射和透射 …… 350
8.4 移动通信中的路径损耗模型 …… 351
8.4.1 Okumura-Hata 模型 …… 352
8.4.2 我国移动通信路径损耗估计方法 …… 353
8.5 案例 1：复杂环境中电波传播预测的抛物方程方法 …… 354
8.5.1 抛物方程方法的原理 …… 354
8.5.2 抛物方程方法的应用 …… 356
8.6 案例 2：智能超表面的调控机理及其应用 …… 357
8.6.1 智能超表面的调控机理 …… 357
8.6.2 智能超表面的应用与发展 …… 358
习题 …… 359
第 9 章 微波系统导论 …… 360
9.1 微波发射机 …… 360
9.1.1 发射机的工作参数 …… 360
9.1.2 发射机的基本结构 …… 361
9.1.3 全固态发射机 …… 361
9.2 微波接收机 …… 363
9.2.1 接收机的功能和结构 …… 363
9.2.2 接收机的噪声系数和灵敏度 …… 366
9.3 微波频率合成器 …… 370
9.3.1 频率合成器的技术要求 …… 370
9.3.2 频率合成器的实现方法 …… 370
9.3.3 频率合成器举例 …… 372
9.4 案例 1：卫星通信系统 …… 375
9.4.1 星载转发器 …… 376
9.4.2 地面站的通信设备 …… 377
9.5 案例 2：软件定义无线电技术和应用 …… 379
9.5.1 软件定义无线电的定义和特点 …… 379
9.5.2 软件定义无线电的结构和原理 …… 380
9.5.3 软件定义无线电的应用 …… 382
习题 …… 386
附录 A 部分 SI 词头 …… 387
附录 B 物理常量 …… 388
附录 C 三种常用坐标系和矢量微分算符 …… 389
附录 D 部分材料的电导率、介电常数和损耗角正切 …… 391

# 目录

附录 E　部分标准矩形波导数据 …… 392
附录 F　部分标准同轴线数据(50Ω) …… 393
附录 G　部分国产微波基片数据 …… 394
附录 H　贝塞尔函数 …… 395
参考文献 …… 398

# 第 0 章

# 绪 论

本书主要讨论用于各种无线电子系统中的电磁场理论和微波技术。无线电技术已广泛用于无线通信、雷达、导航、遥感等电子信息系统中，尽管它们在工作体制、工作方式等方面有较大差别，但它们的共同特点是利用电磁波来获取或传递信息，并且大部分电子信息系统工作在微波频段，因此各种系统中电磁波的产生、传输、变换、发射、传播、接收、测量的基本原理大致相同。本书主要结合无线通信系统来讲述电子信息系统涉及的电磁场理论和微波技术方面的基本概念、基本原理和基本方法，它们是电子信息系统的基础。

本章首先介绍电磁频谱、微波频段划分和微波的特点，然后介绍电磁场和微波技术的发展及其应用，最后介绍本书的方法、内容和特点，重点突出电磁场理论、低频集总参数电路理论与微波分布参数电路理论三者之间的区别与联系。

## 0.1 电磁频谱和微波频段

视频

### 0.1.1 电磁频谱

电磁波的频率范围十分宽广，人类观测和利用的电磁波，频率从千分之几赫(地磁脉动)到 $10^{30}$ Hz(宇宙射线)，相应的波长为 $10^{11} \sim 10^{-20}$ m。各种电磁波的波长范围不同，其性质和作用也不同。如果将电磁波按频率由低到高或者按波长由长到短的顺序进行排列分布，就得到电磁频谱或者电磁波谱，如图 0.1 所示。

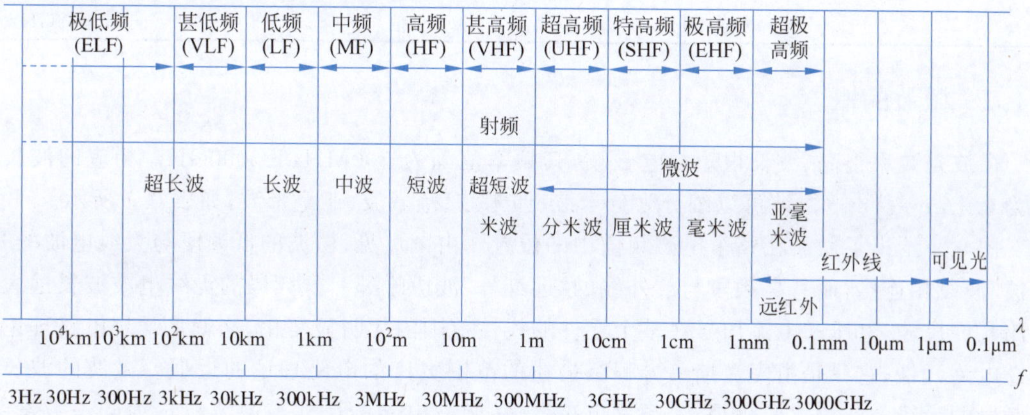


图 0.1 电磁频谱

通常将频率低于 3000GHz 的电磁波称为无线电波，其对应的频率通常称为射频(Radio Frequency，RF)。表 0.1 为无线电频段划分，给出了各频段对应的频率和波长范围。

电磁频谱是一种宝贵的资源，不同的无线电业务分配不同的频率。典型无线电设备的工作频率如表 0.2 所示。

表 0.1　无线电频段划分

| 频段名称 | 频率范围/Hz | 波长范围/m | 波段名称 |
|---|---|---|---|
| 极低频 | <3k | >100k | 极长波 |
| 甚低频 | 3k～30k | 10k～100k | 甚长波 |
| 低频 | 30k～300k | 1k～10k | 长波 |
| 中频 | 300k～3M | 100～1k | 中波 |
| 高频 | 3M～30M | 10～100 | 短波 |
| 甚高频 | 30M～300M | 1～10 | 超短波(米波) |
| 超高频 | 300M～3G | 0.1～1 | 分米波 |
| 特高频 | 3G～30G | 0.01～0.1 | 厘米波 |
| 极高频 | 30G～300G | 0.001～0.01 | 毫米波 |
| 超极高频 | 300G～3000G | 0.0001～0.001 | 亚毫米波 |

表 0.2　典型无线电设备的工作频率

| 设备名称 | 频率范围 | 设备名称 | 频率范围 |
|---|---|---|---|
| 调幅广播 | 535～1605kHz | 短波无线电 | 3～30MHz |
| 调频广播 | 88～108MHz | 甚高频电视(2～4) | 54～72MHz |
| 甚高频电视(5～6) | 76～88MHz | 超高频电视(7～13) | 174～216MHz |
| 全球定位系统(GPS) | 1575.42MHz<br>1227.60MHz | 中国电信、移动通信<br>(第二代(2G)) | 825～840MHz<br>870～885MHz |
| 北斗卫星定位系统<br>微波炉 | 1602/1246MHz<br>2.45GHz | 中国电信、移动通信<br>(第三代(3G)) | 1920～1935MHz<br>2110～2125MHz |
| 工业、科学、医疗(ISM)<br>频段,用于无线局域网等 | 902～928MHz<br>2.400～2.485GHz<br>5.725～5.85GHz | 中国电信、移动通信<br>(第四代(4G)) | 2370～2390MHz<br>2635～2655MHz<br>1765～1780MHz |
| 射频识别(RFID) | 125.124kHz<br>13.56MHz<br>860～960MHz<br>2.45GHz | 中国电信、移动通信<br>(第五代(5G))<br>我国毫米波 5G<br>移动通信 | 1860～1875MHz<br>3400～3500MHz<br>21.2～23.6GHz<br>71～76,81～86GHz |

### 0.1.2　微波的概念

微波是频率很高、波长很短的电磁波,其频率范围为 300MHz～3000GHz,相应的波长范围为 0.1mm～1m。微波可以细分为分米波、厘米波、毫米波、亚毫米波,如表 0.1 所示。

图 0.1 给出了微波在整个电磁频谱中的位置。由图可见,微波的低频段与无线电波的“超短波”波段相连接,而其高频段与红外线的“远红外”波段毗邻。低频段的无线电波波长远大于电路元件尺寸,电压和电流信号在整个元件的线性范围内无明显变化,这就是常规电路理论的集总电路元件,它只是由麦克斯韦方程组描述的范围宽广的电磁理论的近似。微波的波长与低频段的无线电波相比要短得多,频率也高得多,微波电路的尺寸与微波波长为同一数量级,电压和电流信号在元件的物理尺度内有明显变化,微波电路是分布参数电路元件,因此通常不能直接使用普通电路理论求解微波电路问题。显然,微波的高频率和短波长特性使得分析和设计微波元器件与系统变得复杂和困难。电磁频谱的高频段是光波,光波波长比微波波长短得多,也比元件的尺寸短得多。在这种情况下,麦克斯韦方程组可以简化为几何光学,而光学系统可用几何光学理论来设计。这些技术有时也可应用于微波、毫米波和亚毫米波系统,这时人们把它称为准光学,如透镜天线。所以,微波的分析与设计不同于常规电路理论,通常也不

同于光学理论，需要专门的研究，这就是微波技术。

在实际工程中又将微波细分为若干频段，频段的大致分配如表 0.3 所示。近年来，毫米波(MMW)和太赫兹波成为研究的热点，特别是太赫兹波填补了毫米波与光波之间的空白，其频段划分为 0.1～10THz。

表 0.3 微波频段的大致分配

| 微波频段 | 频率范围/GHz | 微波频段 | 频率范围/GHz |
|---|---|---|---|
| P | 0.3～1 | U | 40～60 |
| L | 1～2 | V | 50～75 |
| S | 2～4 | E | 60～90 |
| C | 4～8 | W | 75～110 |
| X | 8～12 | F | 90～140 |
| Ku | 12～18 | D | 110～170 |
| K | 18～26 | G | 140～220 |
| Ka | 26～40 | R | 220～325 |

### 0.1.3 微波的特点

虽然微波的高频率与短波长使得分析和设计微波元件及系统变得复杂和困难，但是这些因素也使得微波与其他无线电波、光波相比具有独特的特性，为微波系统的应用带来了独特的机遇。

1. 高频特性

微波的频率很高，在较高的频率下能够实现更大的带宽，从而有更大的信息容量。例如，600MHz 频率下 1%的带宽为 6MHz(1 个电视频道的带宽)，而 60GHz 频率下 1%的带宽为 600MHz(100 个电视频道的带宽)。宽频带技术很重要，可以实现高通量通信。

但是，微波的高频特性也会带来困难。例如，当微波信号在导电媒质中传播时会产生趋肤效应，电流会向导体表面集中，导体的有效截面积会减小，导体损耗会增加。频率越高，一般导体损耗越大。

2. 短波特性

微波的波长很短，微波元件尺寸与波长相当，可以实现小型化的微波系统。例如，天线增益与无线电尺寸(物理尺寸与波长之比)成正比，在较高的频率下，给定的天线尺寸有可能得到较高的增益；反过来，给定的天线增益有可能得到较小的尺寸，这对于微波系统的小型化有重要意义。

同样，微波的短波特性也会带来困难。在微波波段，微波元件尺寸与波长相当，电压和电流信号在元件的物理尺度内有明显变化，微波的波动效应以及由此带来的分布参数效应、辐射效应不可忽略。因此，不论是电路结构、工作原理还是分析方法，微波分布参数电路与低频集总参数电路都有很大的不同。

3. 散射特性

微波的波长与地球上一般物体的尺寸相当或者小得多，其传播特性与光相似：在自由空间沿直线传播，遇到障碍物时会产生反射或者散射，并且有效反射面积(雷达散射截面)与物体的电尺寸成正比。在较高的频率下，给定的物体尺寸有可能得到较强的散射特性。这一事实加上天线增益的频率特性，通常使微波频率成为各种雷达系统的首选。散射波是微波与物体相互作用的结果，散射波的幅度、相位、频率、极化等参量中包含了物体的特性，雷达可以对物体进行探测、识别和成像。

4. 穿透特性

微波照射在介质物体时，能够透射进入物体内部的特点称为穿透性。微波能够穿透云、雾、雨、植被、积雪和地表层，与可见光和红外线相比，具有全天候、全天时工作能力，因此成为雷达探测的重要手段。微波能够穿透电离层，而不像短波信号进入电离层会反射，因而微波成为卫星通信、卫星导航、卫星遥感以及深空探测的重要手段。毫米波和亚毫米波还能够穿透等离子体鞘套，是航天器重返大气层时突破“黑障”、实现遥测通信的重要手段。另外，微波还能够穿透墙壁、地面和瓦砾，是穿墙雷达、探地雷达、生命探测仪的重要手段。

5. 量子特性

根据量子理论，电磁辐射能量是不连续的，由一个个“光量子”组成，量子能量为

$$\varepsilon = hf$$

式中：$h$ 为普朗克常量，$h=4.136\times10^{-15}\,\text{eV}\cdot\text{s}$；$f$ 为频率。

低频时，量子能量值很小，可以忽略。对于微波来说，量子能量达到 $10^{-7}\sim10^{-3}\,\text{eV}$，这与某些物质的能级跃迁能量是可比拟的。顺磁物质能级间的能量差一般为 $10^{-5}\sim10^{-4}\,\text{eV}$，电子在这些能级间跃迁所释放出的量子属于微波范围，因此微波可用来分析分子和原子的精细结构，形成“微波波谱学”。同样，在超低温(接近 0K)时，物体吸收一个微波量子也会产生显著反应，固态量子放大器就是在此基础上发展起来的，形成“量子电子学”学科。

综上所述，正是因为微波具有许多独特的特性，大部分电子系统工作在微波波段，为微波技术的迅速发展和广泛应用提供了动力，开辟了前景。本书主要研究微波波段的电磁波理论和应用。

## 0.2 电磁场与微波技术的发展

### 0.2.1 电磁理论的发展

信息传输是人类社会生活的重要内容，从古代的烽火到近代的旗语，都是人们寻求快速远距离通信的手段。1837 年，莫尔斯(Morse)发明了电报，创造了莫尔斯电码，开创了通信的新纪元。1876 年，贝尔(Bell)发明了电话，将语音信号直接变为电信号沿导线传送。电报、电话的发明为迅速准确地传递信息提供了新手段，是通信技术的重大突破，然而电报、电话都是沿导线传送信号的。能否不用导线，在空间传送信号呢？答案是肯定的，这就是无线通信，它利用电磁波来传递信息，这得益于 18 世纪和 19 世纪电磁理论的发展与实践。

1. 电磁三大实验定律的发展

1785 年，法国科学家库仑(Coulomb)用实验证实了静电荷之间作用力的平方反比律。1820 年，奥斯特(Oersted)发现电流的磁效应，平行于载流导线的磁针会偏转。1820 年，安培(Ampere)通过研究载流导线间的电流相互作用，建立了安培定律。1831 年，法拉第(Faraday)提出了“力线”概念，建立了电磁感应定律。

2. 麦克斯韦方程组的建立

1865 年，英国物理学家麦克斯韦(Maxwell)发表了著名论文“电磁场的动力学理论”，并在 1873 年出版专著《电磁通论》。他总结了前人在电磁学方面的工作，提出了麦克斯韦方程组，从理论上预言了电磁波的存在，指出光也是电磁波的一种形式，为后来无线电的发明和发展奠定了坚实的理论基础。麦克斯韦方程组的现代形式由赫维赛德(Heaviside)于 1885—1887 年

提出，他的努力不仅通过引入矢量符号降低了麦克斯韦理论的数学复杂性，而且提供了导行电磁波和传输线的应用基础。

德国的赫兹(Hertz)是一位实验物理学家，他非常了解麦克斯韦的理论。他在1887—1891年以卓越的实验技巧做了一系列实验，这些实验完全证实了电磁波是客观存在的。他在实验中还证明：电磁波在自由空间的传播速度与光速相同，并能产生反射、折射、驻波等与光波性质相同的现象。这是典型的"理论—预测—发现"的一个例子，科学史上的很多重要发现都有这种特点。

3. 电磁理论的早期应用

自赫兹证实了电磁波存在后，许多国家的科学家都在努力研究如何利用电磁波传递信息的问题，其中以意大利的马可尼(Marconi)贡献最大。他在1895年首次实现了2.5km无线电报传送，1899年实现了无线电报跨越英吉利海峡，1901年完成了跨越大西洋的通信。从此，开启了无线电技术的时代。

1906年，美国的费森登(Fessenden)用发电机作发射机，用微音器接入天线实现调制，使大西洋航船上的报务员听到了他从波士顿播出的音乐。1919年，第一个广播电台在英国建成。1922年，马可尼发表了无线电波能检测物体的论文，是最早雷达的概念。1936年，英国的瓦特设计的警戒雷达最先投入了运行，有效地警戒了来自德国的轰炸机。

电磁理论的所有应用，包括通信、电视、雷达、导航，都要归功于麦克斯韦的理论工作。

### 0.2.2 微波技术的发展

由于缺少可靠的微波源和其他元器件，20世纪初无线电技术的快速发展主要集中在高频到甚高频范围，主要依赖平行双线和同轴线传输信号。40年代第二次世界大战期间，雷达的出现与发展才使得微波理论和技术得到了人们的广泛重视。目前微波技术是非常成熟的学科，总的来看，微波技术的发展大致经历了波导电路、平面微波集成电路、单片微波集成电路三个阶段。

1. 波导电路阶段

1897年，瑞利(Rayleigh)理论证明微波可在圆波导和矩形波导中传输。1936年，美国麻省理工学院(MIT)的Barrow公开发表矩形波导实验结果和应用；同年，美国电话电报公司(AT&T)的Southworth也公开发表矩形波导实验结果和应用，并申请专利(1932年完成)。第二次世界大战时期，MIT建立辐射实验室，把微波技术推向迅猛发展时期。他们的研究工作包括波导元件的理论和实验分析、微波天线、小孔耦合理论和初期的微波网络理论。他们的研究成果总结在辐射实验室的28卷经典系列图书中，至今依然广泛应用。虽然波导器件和电路具有损耗低、高功率的优点，但是存在带宽窄、体积大、重量重和难以与有源器件集成的不足。

2. 微波集成电路阶段

20世纪50年代，以微波基板为基础的带状线、微带线等平面线相继被提出，适应了微波电路朝小型化、平面化和低成本方向发展的趋势，后续又提出了多种类微带线结构，如槽线、共面波导等。它们都是平面结构，厚度一般为毫米量级，具有体积小、重量轻、易集成和成本低等优点，而且它们传输的都是TEM模式或准TEM模式，因此频带也较宽；但也有损耗稍大、功率容量较小的缺点。平面传输线构成的电路是微波集成电路(Microwave Integrated Circuits，MIC)，在现代电子产品领域，微波集成电路的应用非常广泛。

3. 单片微波集成电路阶段

20世纪60年代，以半导体为基础的第一片单片微波集成电路(Monolithic MIC，MMIC)

被开发出来，微波电路真正实现了芯片化，实现了高度集成化。目前，微波电路广泛应用的是MIC和MMIC相结合的混合微波集成电路(HMIC)。

微波技术从20世纪40年代开始发展，已经相当成熟，然而其在毫米波固态器件、微波单片集成电路和射频微机电系统中的应用依然非常活跃，微波技术正在朝高频化、集成化、智能化方向发展。

1. 高频化

随着电子信息系统小型化发展趋势、微波低端频谱资源越来越拥挤、高速大容量通信要求的频带越来越宽，微波系统的工作频段正在向毫米波、太赫兹频段发展，例如毫米波5G移动通信技术正在快速发展，汽车雷达工作在76～81GHz频段。

2. 集成化

随着电子信息系统小型化发展要求，三维集成和封装技术不断发展，将射频电路、模拟电路、数字电路和处理器集成在一起，实现了高度集成的片上系统(SoC)或封装系统(SiP)，单个芯片完成了整个系统的全部功能。

3. 智能化

随着软件无线电(SDR)和软件化雷达技术发展，系统实现了数字化，可对射频前端的参数可重构、可编程和可定义，一套系统可完成以往多套系统的功能，具有极大灵活性，智能化水平不断提升。

## 0.3 电磁场与微波技术的应用

### 0.3.1 几种典型应用

电磁场与微波技术的应用非常广泛，已经遍及军事、科学、商业领域，主要应用于无线网络与通信系统、雷达系统、环境遥感系统、无线安全系统和医学系统等。下面简单介绍几种典型的应用系统。

1. 移动通信系统

微波由于频率高、频带宽、信息量大，被广泛应用于各种通信业务中，作为信息传输的载体。目前，移动通信系统非常普遍，它通过无线连接向“任何人、任何地点、任何时间”提供语音和数据服务。现代无线电话基于蜂窝频率复用的概念，是由贝尔实验室在1947年首次提出的创新技术。20世纪80年代，随着微波小型化技术的进步及无线通信需求的增加，推出了第一代蜂窝移动系统，这些系统都使用模拟调频调制，将分配的频段划分为几百个窄带语音信道。第二代蜂窝系统采用各种数字调制方案提高了性能，如GSM、CDMA等，它们是20世纪90年代美国、日本和欧洲一些国家制定的主要标准之一。

随着移动通信业务需求的不断增长，移动通信系统每10年左右进行一次革新，出现了各种各样的新标准，如3G、4G、5G。从2G网络到4G网络，不管是信号带宽、数据速率还是时延，都有了巨大的进步，其中移动通信系统的传输速率从2G的通用无线分组业务(GPRS)系统的40kb/s到4G的长期演进技术(LTE)系统的300Mb/s，增长了近万倍。目前，我们正处于5G通信系统的重大通信技术革新，它支持超高容量和超高数据速率，5G通信系统比4G通信系统实现巨大的性能提升，移动峰值传输速率达到1Gb/s，空口时延从4G通信系统的10ms降低到1ms，可用于支持低时延应用场景。目前移动通信系统频谱划分集中于低频段(800MHz～6GHz，Sub-6G频段)，低频频谱已相当拥挤，而毫米波频段具有广阔的频谱资源，发展5G毫米波移动通信的优势明显。2023年1月工业和信息化部发布通知,规划21.2～23.6GHz、71～76GHz、81～86GHz等作为微波通信系统频段。

2. 卫星通信系统

卫星系统也依赖电磁场与微波技术,轨道卫星作为通信中继站已被开发用于提供全球范围内的语音、视频和数据连接。通信卫星分为低地球轨道(LEO)、中地球轨道(MEO)和地球静止轨道(GEO)卫星。我国"东方红"系列卫星属于地球静止轨道通信卫星,"东方红"-4号卫星携带50个转发器,适用于大容量通信广播、电视直播、移动通信卫星。低地球轨道卫星需要用较多的卫星组成特定的星座,如铱星移动通信系统的星座由66颗高度785km、倾角86.4°的卫星组成;美国太空探索技术公司的星链(Starlink)低地球轨道互联网星座由1.2万颗高度550km左右的卫星组成,该公司还准备增加3万颗卫星,总量达到4.2万颗,其目标是建设全球覆盖、大容量、低时延的天基通信系统。

3. 无线局域网

无线局域网络(WLAN)提供了短距离计算机之间的高速网络连接,预计将来继续保持这方面的强烈需求。更新的无线通信技术是超宽带(UWB)无线通信,其广播信号占用了很宽的带宽,功率电平却很低(通常低于环境无线电噪声水平),从而避免与其他系统间的干扰。

4. 雷达系统

雷达是微波技术发展的策源地,现代雷达大多数工作在微波波段。它利用电磁波遇到物体产生的反射或散射回波实现对被测物体的测距、测速、测向以及目标识别和成像,从而获取目标信息。雷达在军事、商业和科学应用广泛:在军事领域,雷达既用于空中、地面和海洋目标的探测与定位,又用于导弹的制导和火控;在商业领域,雷达用于空中交通管制、高速公路车辆测速、车辆自动驾驶和避障;在科学领域,雷达用于气象预报,大气、海洋和陆地遥感,医学诊断与治疗,安全监测成像。

5. 微波加热

对于普通消费者而言,"微波"一词意味着微波炉,它在家庭中被用来加热食物,在工业中对纸张、木材等进行加热干燥,在医疗方面也有应用。微波加热是利用含水物质在微波场中产生极化效应而使物质加热的,与普通烹饪相比,微波烹饪能对食物内部加热,具有速度快、加热均匀、效率高的特点。

需要强调的是,任何事物都是一分为二的,人们在广泛应用电磁场与微波技术的同时,还应加强对电磁辐射的防护和电磁干扰的反制措施。一方面,大功率的电磁辐射对人体是有害的,这种伤害主要由电磁热效应和非热效应引起。大功率电磁设备的安全性设计是关键,因为使用很高的功率源,泄漏电平必须很小,以避免用户遭受有害辐射。为了保证人身安全,大功率电磁设备的操作人员也应采取适当的防护措施,如穿屏蔽服。另一方面,无意或者有意的强电磁干扰也会使电子设备性能降级,甚至损坏,因此应加强电子系统电磁兼容设计,避免电子系统自扰或互扰;同时,应加强抗干扰措施,避免有意强电磁干扰引起设备的损坏。

### 0.3.2 无线通信中的微波系统

电磁场与微波技术已广泛用于无线通信、雷达、导航、遥感等电子信息系统中,尽管它们的工作体制、工作方式等方面有较大差别,但其主要任务是解决信息传输和信息处理问题,并且大部分工作在微波波段。下面以普遍应用、典型的无线通信系统为例来说明微波系统的工作过程和原理。

图 0.2 给出了典型现代无线通信系统框图。通常，现代无线通信系统包括信号处理和射频前端两大部分。信号处理部分主要将需要传输的数字信息通过数字调制和数模转换器(DAC)转变为低频基带信号，送至微波发射机；或者将微波接收机送来的低频基带信号通过模数转换器(ADC)和数字解调恢复出数字信息。射频前端部分主要将携带信息的低频信号“装载”到微波信号上，并经过天线发射出去；发射的电磁波经过实际媒质空间传播后被天线接收，已调低频信号从微波上“卸载”下来。可见，微波在通信系统中起着载波作用。

本书主要研究对象是电子信息系统中的射频前端，并且侧重在微波波段。如图 0.2 所示，无线通信中的微波系统主要包括发射机、发射天线、信道传播、接收天线、接收机。

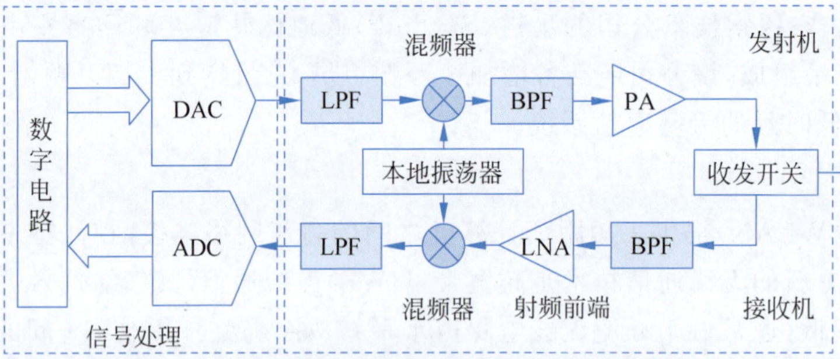


图 0.2 典型现代无线通信系统框图

1. 发射机

发射机的主要功能是频率变换和功率变换。频率变换通过上变频器完成，将基带信号与本地微波振荡器产生的微波载波信号进行混频，将低频频率搬移到微波频率上。在数模转换和频率转换过程中会产生不需要的谐波和杂波分量，需要用低通滤波器(LPF)和带通滤波器(BPF)滤除谐波和杂波，只让有用的信号通过。功率变换通过功率放大器(PA)完成，将混频滤波后的微波小功率信号进行放大，以保证将足够大的微波功率送入发射天线。应注意的是，通信系统中需要进行线性功率放大，以避免非线性交调失真。

2. 发射天线

发射天线的作用是将发射机送来的导行电磁波信号有效地转换为空间电磁波信号。为了有效地发射电磁波，发射天线需要满足三点要求：一是导行波传输线与天线端口匹配性要好，尽量减少微波功率的反射；二是天线自身损耗要小，提高天线效率；三是天线产生期望的辐射方向图，使得微波功率朝某个方向集中辐射，或者全向辐射。

3. 信道传播

信道是连接发射天线和接收天线两端的信号通道，又称为传播媒质。自由空间的平面电磁波沿直线传播，没有衰减和其他不利影响。然而，自由空间只是实际环境中电磁波传播的一种近似理想情况。实际上，由于大气和地表的存在，通信系统的性能会受到电磁波反射、散射、折射、绕射和衰减等传播效应的严重影响。传播效应一般不能精确地或者严格地定量描述，而通常用它们的统计量描述。

4. 接收天线

接收天线的作用是将空间电磁波信号有效地转换为导行电磁波信号，送给接收机。接收天线与发射天线具有互易性，接收天线一样要满足发射天线三点要求。

5. 接收机

接收机是发射机的逆过程。由于信道的衰减作用，经远距离传播到达接收端的信号电平通常很微弱(微伏数量级),需要经过低噪声放大器(LNA)放大后才能下变频,将接收信号与本地微波振荡器产生的微波载波信号进行混频,将微波频率搬移到低频频率上,恢复出与发射端相一致的基带信号。同时,信道中还会存在许多电磁干扰信号,接收机在频率变换过程中也会产生谐波和杂波信号,因此接收机还必须有带通滤波器和低通滤波器,从众多的干扰信号中选择有用信号,抑制干扰信号。

综上所述,电磁场与微波技术研究对象是电子信息系统中的射频前端,具体来说就是研究微波系统中电磁波的产生、传输、变换、发射、传播、接收和测量的基本概念、基本原理和基本方法。

## 0.4 本书方法、内容和特点

### 0.4.1 研究方法

1. 分析方法

本书侧重研究微波波段的电磁波,并且常规电路理论通常不能直接用于微波问题的分析。

常规电路理论主要研究低频、中频到高频频段的电磁波,频率通常为千赫到几十兆赫数量级。由于频率低,其波长 $\lambda$ 比电路元件的尺度 $l$ 要大得多,即 $l \ll \lambda$,电磁波在元件尺度上传播所引起的相位变化很小,即 $\beta l = 2\pi l/\lambda \to 0$($\beta$ 为电磁波传播的相移常数),波的传播效应不明显,可以忽略。此时,由麦克斯韦方程组描述的电磁理论近似为基尔霍夫电压定律(KVL)和基尔霍夫电流定律(KCL),电路用电压和电流参数来描述,并且电压和电流只与时间有关,与空间位置无关,属于集总参数电路。

微波与低频段的无线电波相比,其波长要短得多,微波元件的尺寸 $l$ 与微波波长 $\lambda$ 可比拟,即 $l \approx \lambda$,电磁波在元件尺度上传播所引起的相位变化很大,即 $\beta l = 2\pi l/\lambda$,波的传播效应明显,电压和电流信号在元件物理尺度内有明显变化,它们既是时间的函数也是空间位置的函数,微波元件属于分布参数电路,因此通常不能直接使用普通电路理论来求解微波电路问题。

分析微波问题通常有“场”方法和“路”方法。

微波的本质是电磁场理论。“场”方法就是在一定边界条件下求解麦克斯韦方程组,得到微波问题空间中每一点处的电磁场的完整描述。然而,这些方程带来了数学上的复杂性,因为麦克斯韦方程组包含了作为空间坐标函数的矢量场量的微分和积分运算。对于简单边界问题,如自由空间的平面波、矩形波导内的导行电磁波等,可以严格解析求解。对于稍复杂边界问题,如基本电振子和对称振子天线的辐射问题,可以近似解析求解,采用“微元分解、远场近似、矢量叠加”的近似方法得到天线的远区辐射场。对于复杂边界问题,如微波元件和器件,求解相当烦琐,常用电磁场数值计算方法。但是,数值计算方法远超出本科知识范畴,本书给出的求解方法是电磁场商业软件辅助仿真分析和“路”的简化。

本书的目的之一是试图将复杂的场理论解在一定条件下简化为可用更简单的电路理论来表达的结果,即“路”方法,简单地说就是“化场为路”。这是因为场理论解通常会给出空间中每一点处的电磁场的完整描述,它比大多数实际应用所需的信息多得多。我们更关心微波元器件的终端的量,如功率、阻抗、等效电压、等效电流等用电路理论表达的物理量。本书“化场为路”的方法主要是传输线理论和微波网络理论,这样就可以用集总参数电路理论来分析微波中的电磁场理论和分布参数电路理论问题。

需要强调的是,“场”方法与“路”方法并非截然分开的,而是相互联系的,需要将电磁场理论、分布参数电路理论和集总参数电路理论有机结合。简单地说,“化场为路、场路结合、路路结合”正是本书的分析方法和思路，如图 0.3 所示。

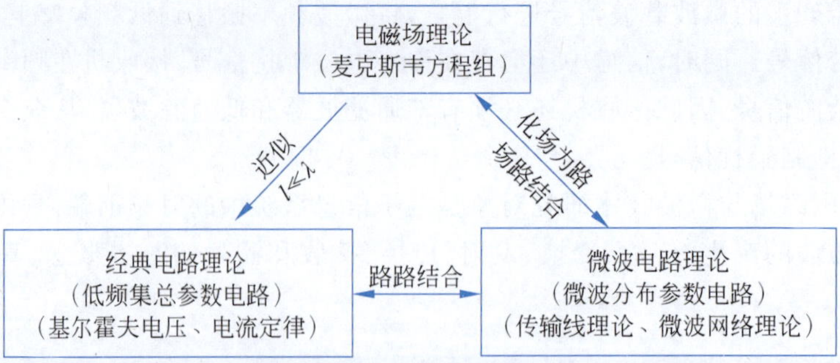


图 0.3　本书的分析方法和思路

2. 测量方法

不仅微波问题不能直接用常规电路理论分析，而且微波的测量方法也不同于常规电路测量方法。常规电路是集总参数电路，电压和电流与空间位置无关，测量的基本量是功率、频率、阻抗、电压、电流等，测量电压和电流的基本仪器是万用表和示波器等。微波电路是分布参数电路，测量的基本量是功率、频率、阻抗、反射系数（反射波电压与入射波电压之比）和传输系数（透射波电压与入射波电压之比）等。这是由于微波器件中波的传播效应明显，并且入射波电压在传播过程中如果遇到不连续性结构会产生反射波电压和透射波电压，因此人们更关心的是不连续性对微波传播特性的影响，即反射系数和传输系数，而不关心总电压（反射波电压与入射波电压之和）和总电流（反射波电流与入射波电流之和）。反射系数和传输系数的测量仪器通常是矢量网络分析仪，它可以测量得到反射系数与传输系数的幅度和相位。

### 0.4.2　本书内容

本书主要研究电子信息系统中的电磁波信号产生、传输、变换、发射、传播、接收和测量的基本概念、基本原理和基本方法。除了“绪论”外，共 9 章，主要内容如下：

第 1 章　电磁场基础。从矢量场与源关系和媒质的传导、极化和磁化效应出发，建立了麦克斯韦方程组，推导了边界条件，得到了时谐场的坡印廷定理。本章建立了场、功率和电磁能量的基本概念和基本方程，是后续章节的基础。

第 2 章　平面电磁波。从波动方程出发，在无界均匀媒质中严格求解了最简单的“场”，并分析了波动性，介绍了描述波传播的参数，分析了无耗和有耗媒质中均匀平面波的特点，并讨论了极化。在此基础上分析了不同媒质分界面的平面波反射和折射问题。

第 3 章　导行电磁波。讨论了导行电磁波的严格“场”分析方法，以及 TEM、TE 和 TM 模的特点，具体求解了矩形波导、圆波导和同轴线三种传输线中场，并分析了传播特性。

第 4 章　传输线理论和平面传输线。从所有传输线的共性问题出发，“化场为路”，基于电场与电压和磁场与电流之间关系，建立了传输线的等效电路模型，推导了传输线方程并求解，分析了端接不同负载时传输线上波的传播特性和参数，具体介绍了带状线和微带线两种平面传输线的结构、模式和参数。

第 5 章　微波网络理论和微波元件。建立了描述微波元件和器件特性的微波网络，微波网络理论是本书第二种“化场为路”方法，介绍了散射矩阵及其测量方法，以及各种微波元件的特性，将微波元件等效为简单的集总电路元件，它们是构成微波器件的基础。

第 6 章　微波无源和有源器件。用传输线理论和微波网络理论定性分析了阻抗匹配器、功率分配器、定向耦合器、谐振器、滤波器、放大器、混频器、振荡器等无源和有源微波器件的结构、原理和特性，它们是微波系统的重要组成部分。

第 7 章　天线原理。介绍了天线远场的分析方法和思路，以及天线的电参数，采用近似源分布和远场近似方法分析了线天线、印刷天线、面天线及阵列天线的原理和特性。

第 8 章　电波传播。介绍了实际环境中电波传播影响和效应，电波传播方式，以及移动通信的电波传播模型等。

第 9 章　微波系统导论。介绍了微波发射机、微波接收机和频率合成器，以卫星通信系统和软件无线电为例介绍了微波系统的组成原理和发展趋势。

### 0.4.3　本书特点

电磁场和微波技术领域覆盖了很宽范围的主题，涵盖电磁场、电磁波、微波传输线、微波无源电路、微波有源电路、天线、电波传播、微波系统等内容，如何在有限篇幅和有限时间内使学生很好地理解电磁场与微波技术的基本概念、基本原理和基本方法是本书的关键。本书具有以下特点：

(1) 基础性与系统性。本书以微波系统为牵引，贯通了“理论、元件、器件、系统、应用”的全面知识，具有系统性。力求强调“场-路”物理本质来揭示电磁场与微波技术的基本概念、原理和方法，“化场为路、场路结合、路路结合”。突出等效电路和微波网络分析，化抽象为具体，将场路融合，相互贯通，构成有机整体。

(2) 应用性与实践性。简化理论分析，强调工程应用，理论与应用相结合。突出现代微波工程的两项重要工具——电磁微波仿真软件和矢量网络分析仪，成效解决电磁场与微波技术的各种难题。矢量网络分析仪和微波计算机辅助设计(CAD)软件是当今微波工程的基本工具，简单电磁问题采用科学计算工具仿真，复杂电磁问题采用电磁场软件仿真，复杂微波电路问题采用微波电路软件仿真，并给出实例。

(3) 先进性与前沿性。从作者的科研成果中提炼了一大批工程应用实例写进了教材，凝练了与新一代通信技术紧密关联的电磁场与微波技术前沿性和工程性案例 10 余项，如涡旋电磁波、左手材料、智能天线、可重构智能超表面、间隙波导和基片集成波导、软件无线电等，体现了新一代通信领域最新发展前沿和工程应用。

## 习题

1. 什么是微波？微波有哪些特点和应用？

2. 微波系统由哪些部分组成？移动通信系统为什么不将语音等基带信号直接发射出去，而是要将它调制到微波频率上再发射出去？

3. 微波电路与低频电路有哪些异同？为什么常规电路理论不能直接用于微波电路的分析？微波电路该如何分析？

# 第 1 章

# 电磁场基础

带电的电荷能够产生电场，通电的导线能够产生磁场。场通常用来描述某一物理量在空间区域中每一点、每一时刻的分布情况。因此，场的数学本质就是以时间和空间为自变量的函数。根据场所表征对象的函数特性可将场分为标量场和矢量场，如温度场、压力场等只有大小的场属于标量场，电场、磁场等既有大小又有方向的场属于矢量场。另外，根据场的时间变化特性还可将场分为静态场和时变场，静态场场量值不随时间变化，时变场场量值随时间而变化。例如，静止的点电荷产生的电场就是一种静态场，空间某一点处的电场强度不会随时间变化而变化。进一步，若让该点电荷按照一定的规律运动起来，则此时的空间电场就是一种时变场，空间某一点处的电场强度会随着时间而变化，通常将这种电场称为时变电场。实际上，时变电场与时变磁场相互激发构成不可分割的统一体，称为电磁场。大学物理相关教材主要关注静态电场和静态磁场的相关特性，本书重点关注时变电磁场的相关特性。

本章是全书的理论基础，首先介绍产生时变电磁场的源以及描述“场”与“源”相互关系的麦克斯韦方程组，然后介绍时变电磁场的相关特性和基本电磁定律。

## 1.1 矢量场和源

### 1.1.1 矢量场的表示方法

矢量场既有大小又有方向，通常可借助矢函数来表示，各分量是空间位置和时间的函数，即

静态矢量场：$\boldsymbol{A}=A_x(x,y,z)\hat{x}+A_y(x,y,z)\hat{y}+A_z(x,y,z)\hat{z}$

时变矢量场：$\boldsymbol{A}=A_x(x,y,z,t)\hat{x}+A_y(x,y,z,t)\hat{y}+A_z(x,y,z,t)\hat{z}$

一般来说，$A_x$、$A_y$、$A_z$ 是单值、连续且具有一阶连续偏导数的标量函数。

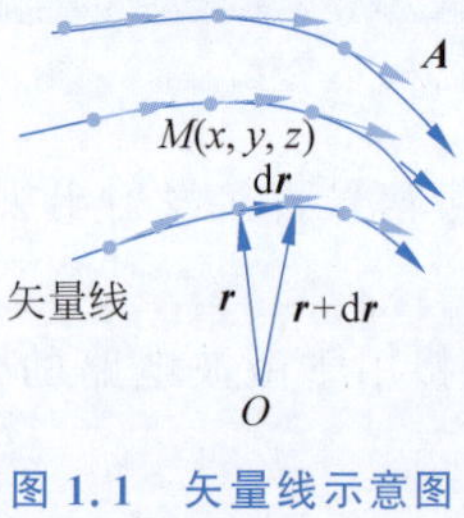

图 1.1 矢量线示意图

虽然矢函数能够精确描述矢量场，但是不够直观，故引入了矢量线的概念。矢量线是一簇有向曲线的集合，每条曲线上每一点处的切线方向与该点处的矢量方向相同，如图 1.1 所示，电场的电力线、磁场的磁力线都是典型的矢量线。矢量线上的任意一点 $M(x,y,z)$，其切向矢量为该点矢径的微分 $\mathrm{d}\boldsymbol{r}=\mathrm{d}x\hat{x}+\mathrm{d}y\hat{y}+\mathrm{d}z\hat{z}$。考虑到 $M$ 点处的矢量 $\boldsymbol{A}$ 与矢量线的切向矢量共线，可以得到矢量线所满足的微分方程

$$\frac{\mathrm{d}x}{A_x(x,y,z)}=\frac{\mathrm{d}y}{A_y(x,y,z)}=\frac{\mathrm{d}z}{A_z(x,y,z)} \tag{1.1}$$

求解上述方程即可得到某一矢量场的矢量线簇。一般而言，矢量线密度表征矢量场的模值，即矢量线越密，矢量场的模值越大。

常见的矢量线有四种形态(图 1.2)：①无头无尾的闭合曲线，如通电直导线产生的磁力线；②由起点指向终点，如一对有一定距离的正、负电荷产生的电力线；③由起点指向无穷远处，如正电荷的电力线；④由无穷远处指向终点，如负电荷的电力线。对于第①种矢量线，由

于其形态类似漩涡，故其表征的矢量场又称为有旋场，通电直导线周围的磁场即为一种典型的有旋场，如图 1.3 所示。

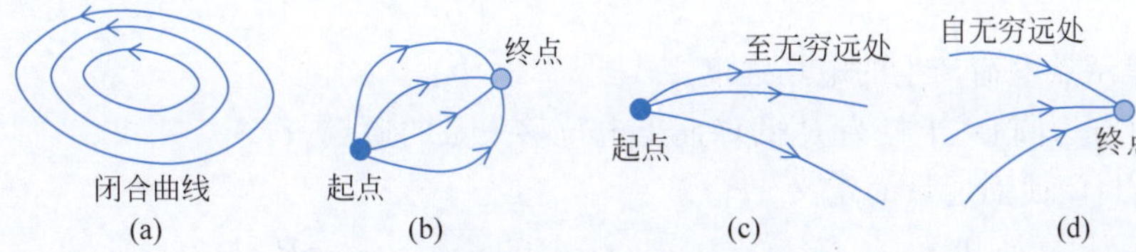


图 1.2　四种常见的矢量线形态示意图

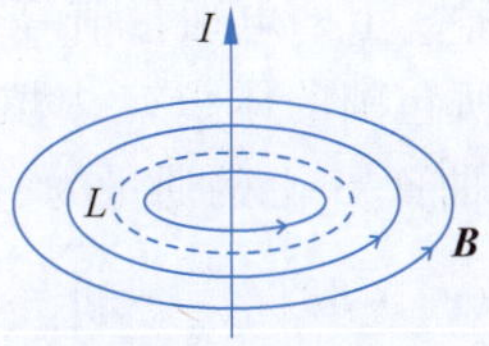


图 1.3　通电直导线周围的磁场示意图

**例 1.1**　画出真空中位于坐标原点、电荷量为 $+q$ 的点电荷对应的矢量线。

**解**：在真空中，点电荷在空间某一点 $(x,y,z)$ 处产生的电场矢量为

$$\boldsymbol{E}=\frac{q}{4\pi\varepsilon_0 r^2}\frac{\boldsymbol{r}}{r}=\frac{q}{4\pi\varepsilon_0 r^3}(x\hat{x}+y\hat{y}+z\hat{z})$$

式中：$\varepsilon_0$ 为真空介电常数，$\varepsilon_0\approx 8.854\times 10^{-12}\ \mathrm{F/m}$。

根据式(1.1)可求得电场强度的矢量线方程为

$$\frac{\mathrm{d}x}{qx/4\pi\varepsilon_0 r^3}=\frac{\mathrm{d}y}{qy/4\pi\varepsilon_0 r^3}=\frac{\mathrm{d}z}{qz/4\pi\varepsilon_0 r^3}\Rightarrow\frac{\mathrm{d}x}{x}=\frac{\mathrm{d}y}{y}=\frac{\mathrm{d}z}{z}$$

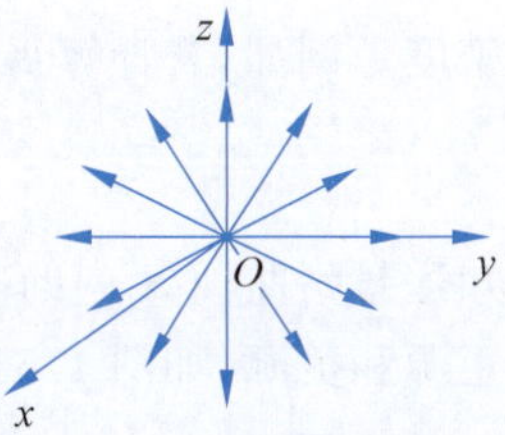


图 1.4　坐标原点处正电荷矢量线示意图

求解上述方程可得矢量线方程 $x=c_1 y=c_2 z$，这是一簇从坐标原点出发的直线。对于正电荷，矢量线从正源出发指向无穷远处，越靠近电荷的地方矢量线越密，电场越强，如图 1.4 所示；对于负电荷，矢量线从无穷远处指向并终止于负源。

## 1.1.2　矢量场的散度和旋度

实践

矢量场不会凭空出现，它是依赖各种激励源存在的。矢量的散度和旋度就是揭示矢量场与激励源关系的两个重要概念。

### 1. 散度

在介绍散度之前，先分析封闭曲面的通量与其内激励源(通量源)的关系。如图 1.5 所示，一般规定封闭曲面的外表面为正侧面，从内向外的矢量场在曲面上产生正通量，从外向内的矢量场在曲面上产生负通量，两者的代数和称为封闭曲面的净通量，记为

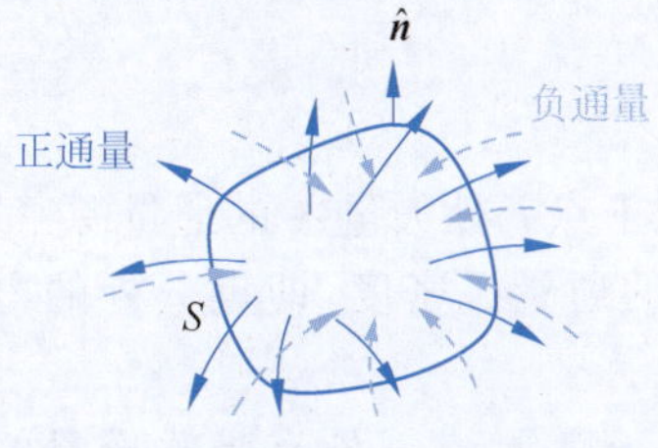


图 1.5　封闭曲面正负通量示意图

$$\Psi=\oiint_S \boldsymbol{A}\cdot\mathrm{d}\boldsymbol{s} \tag{1.2}$$

式中：面元 $\mathrm{d}\boldsymbol{s}$ 指向曲面 $S$ 的外法向 $\hat{\boldsymbol{n}}$。

若 $\Psi>0$，则说明曲面 $S$ 内的净通量源为正；若 $\Psi<0$，则说明曲面 $S$ 内的净通量源为负；若 $\Psi=0$，则说明曲面 $S$ 内净通量源为零。

**例 1.2**　真空中有一电荷量为 $+q$ 的点电荷位于坐标原点处，已知该点电荷在空间某一点

$\boldsymbol{r}$ 处产生的电位移矢量为

$$\boldsymbol{D}(\boldsymbol{r})=\varepsilon_0\boldsymbol{E}(\boldsymbol{r})=\frac{q}{4\pi r^2}\frac{\boldsymbol{r}}{r}$$

式中：$\boldsymbol{E}(\boldsymbol{r})$表示点电荷产生的电场强度。

计算以原点为圆心、半径为 $R$ 的球面上电位移矢量的通量。

解：根据封闭曲面通量的定义

$$\Psi=\oiint_S \boldsymbol{D}(\boldsymbol{r})\cdot \mathrm{d}\boldsymbol{s}\bigg|_{r=R}=\frac{q}{4\pi R^3}\oiint_S \boldsymbol{r}\cdot \mathrm{d}\boldsymbol{s}=\frac{qR}{4\pi R^3}4\pi R^2=q$$

可以看到，对于点电荷而言，封闭球面 $S$ 上的电通量值等于其内点电荷的电荷量，即通量源是点电荷$+q$。类似地，若封闭曲面 $S$ 所包围的体积 $V$ 内填充的是体电荷密度为$\rho(\boldsymbol{r})$的分布电荷，由叠加原理可得其电位移矢量在曲面 $S$ 上的通量为

$$\Psi=\oiint_S \boldsymbol{D}(\boldsymbol{r})\cdot \mathrm{d}\boldsymbol{s}\bigg|_{r=R}=\iiint_V \rho(\boldsymbol{r})\mathrm{d}V=Q$$

式中：$Q$ 为封闭曲面 $S$ 所包围的体积 $V$ 内的总电荷量。对上式做适当变形，可得

$$\oiint_S \boldsymbol{E}(\boldsymbol{r})\cdot \mathrm{d}\boldsymbol{s}=\frac{\iiint_V \rho(\boldsymbol{r})\mathrm{d}V}{\varepsilon_0} \tag{1.3}$$

式(1.3)就是真空中静电场**高斯定律**的积分形式。

通常，封闭曲面上的净通量值描述的是其内通量源的总和，无法反映源的具体分布，即源的密度。例如，若计算得到某封闭曲面 $S$ 的通量

$$\Psi=\oiint_S \boldsymbol{A}\cdot \mathrm{d}\boldsymbol{s}<0$$

仅知道封闭曲面 $S$ 内的净通量源为负，无法进一步判断其内的通量源是只有负源还是同时存在正源和负源，如图 1.6 所示。

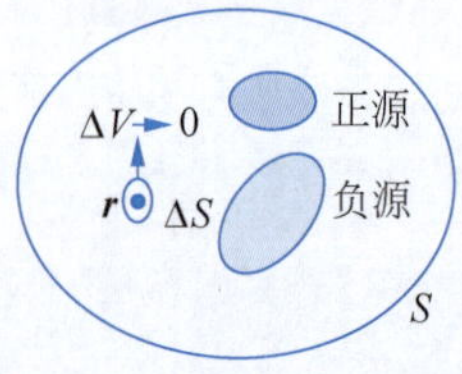


图 1.6　封闭曲面内通量源示意图

为了描述空间某一点 $\boldsymbol{r}$ 处的通量源密度，假设其被一无限小的封闭曲面 $\Delta S$ 包围，所包围空间的体积为 $\Delta V$。当曲面 $\Delta S$ 无限收缩至 $\boldsymbol{r}$ 点时，曲面 $\Delta S$ 所包围空间 $\Delta V$ 的平均通量源密度即反映了 $\boldsymbol{r}$ 点处的源密度，又称为矢量场在 $\boldsymbol{r}$ 点处的**散度**，记为

$$\mathrm{div}\boldsymbol{A}(\boldsymbol{r})=\nabla\cdot\boldsymbol{A}=\lim_{\Delta V\to 0}\frac{\oiint_S \boldsymbol{A}\cdot \mathrm{d}\boldsymbol{s}}{\Delta V} \tag{1.4}$$

式中：$\nabla$为哈密顿算子，矢量场 $\boldsymbol{A}$ 的散度 $\mathrm{div}\boldsymbol{A}$ 可简写为$\nabla\cdot\boldsymbol{A}$，且矢量场的散度是一个标量。

散度是描述矢量场通量源密度的一个重要概念，其物理意义、定理、矢量恒等式和计算式如下。

1）散度的物理意义

$\nabla\cdot\boldsymbol{A}(\boldsymbol{r})$表示场通量对某点微元体积的变化率，其值正比于点 $\boldsymbol{r}$ 处矢量 $\boldsymbol{A}$ 的通量源密度。例如，对于电场 $\boldsymbol{E}$ 而言，$\nabla\cdot\boldsymbol{E}(\boldsymbol{r})$正比于点 $\boldsymbol{r}$ 处电场矢量 $\boldsymbol{E}$ 的通量源密度，即点 $\boldsymbol{r}$ 处的电荷密度。

$\nabla\cdot\boldsymbol{A}(\boldsymbol{r})>0$ 表示点 $\boldsymbol{r}$ 处有散发通量的正源，$\nabla\cdot\boldsymbol{A}(\boldsymbol{r})<0$ 表示点 $\boldsymbol{r}$ 处有吸收通量的负源。散度不为零的矢量场存在通量源，矢量线有端点，又称有散场。

$\nabla\cdot\boldsymbol{A}(\boldsymbol{r})=0$ 表示点 $\boldsymbol{r}$ 处无通量源。散度处处恒等于零的矢量场无通量源，矢量线只可能是无头无尾的闭合曲线，又称无散场。

矢量场散度的三种状态及其对应的矢量线形态如图 1.7 所示。

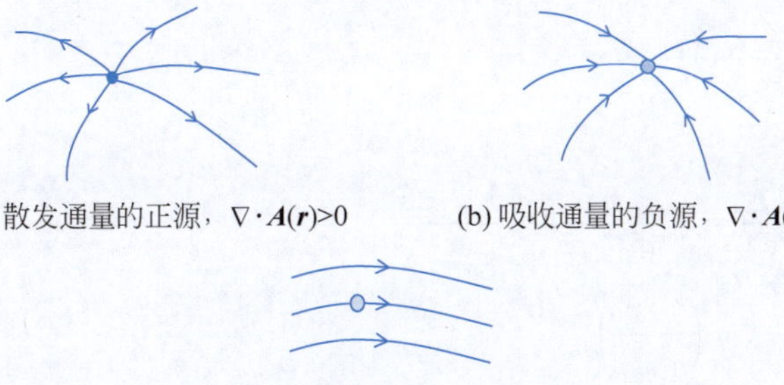

(a) 散发通量的正源，$\nabla \cdot \boldsymbol{A}(\boldsymbol{r})>0$　(b) 吸收通量的负源，$\nabla \cdot \boldsymbol{A}(\boldsymbol{r})<0$

(c) 无通量源，$\nabla \cdot \boldsymbol{A}(\boldsymbol{r})=0$

图 1.7　矢量场散度的三种状态及其对应的矢量线形态

2）散度定理

根据散度的定义，矢量 $\boldsymbol{A}$ 在封闭曲面 $S$ 上的通量等于曲面 $S$ 内所有的净通量源的总和。矢量 $\boldsymbol{A}$ 的散度 $\nabla \cdot \boldsymbol{A}$ 表征曲面 $S$ 内某一点处的散度源密度，将其在曲面 $S$ 所包含的体积 $V$ 内进行体积分，得到的结果为曲面 $S$ 内所有的净通量源的总和。于是，可以得到**散度定理**：

$$\oiint_S \boldsymbol{A} \cdot \mathrm{d}\boldsymbol{s} = \iiint_V \nabla \cdot \boldsymbol{A} \, \mathrm{d}V \tag{1.5}$$

式中：$V$ 为封闭曲面 $S$ 所包围的体积。

散度定理又称为奥氏公式，其物理意义是封闭曲面的通量等于散度的体积分，数学意义是面积分与体积分的相互转换公式。

根据散度定理，式(1.3)等号的左边，电场强度 $\boldsymbol{E}(\boldsymbol{r})$ 在封闭曲面 $S$ 上的通量等于其散度 $\nabla \cdot \boldsymbol{E}(\boldsymbol{r})$ 在 $S$ 所包围体积 $V$ 内的体积分，即

$$\oiint_S \boldsymbol{E}(\boldsymbol{r}) \cdot \mathrm{d}\boldsymbol{s} = \iiint_V \nabla \cdot \boldsymbol{E}(\boldsymbol{r}) \mathrm{d}V = \frac{\iiint_V \rho(\boldsymbol{r}) \mathrm{d}V}{\varepsilon_0}$$

若上式第二个等号两边的表达式对任意的封闭空间 $V$ 恒成立，则必然满足

$$\nabla \cdot \boldsymbol{E}(\boldsymbol{r}) = \frac{\rho(\boldsymbol{r})}{\varepsilon_0} \tag{1.6}$$

这就是真空中静电场高斯定律的微分形式。式(1.6)表明，静电场是一种有散场，自由电荷是其散度源。

3）散度恒等式

① $\nabla \cdot \boldsymbol{C}=0$　（$\boldsymbol{C}$ 为常矢量）

② $\nabla \cdot (c\boldsymbol{A})=c\,\nabla \cdot \boldsymbol{A}$　（$c$ 为常数）

③ $\nabla \cdot (u\boldsymbol{A})=\nabla u \cdot \boldsymbol{A}+u\,\nabla \cdot \boldsymbol{A}$　（$\boldsymbol{A}$ 为矢量函数，$u$ 为标量函数）

④ $\nabla \cdot (\boldsymbol{A} \pm \boldsymbol{B})=\nabla \cdot \boldsymbol{A} \pm \nabla \cdot \boldsymbol{B}$

4）散度计算式

散度的定义与坐标系无关，但散度的计算公式与坐标系有关。在直角坐标下，散度的计算公式为

$$\mathrm{div}\boldsymbol{A} = \nabla \cdot \boldsymbol{A} = \frac{\partial A_x}{\partial x} + \frac{\partial A_y}{\partial y} + \frac{\partial A_z}{\partial z} \tag{1.7}$$

式中哈密顿算子 $\nabla = \hat{x}\,\frac{\partial}{\partial x} + \hat{y}\,\frac{\partial}{\partial y} + \hat{z}\,\frac{\partial}{\partial z}$，它具有矢量和微分双重运算特性。圆柱坐标和球坐标系下矢量场的散度计算公式参见附录 C。

**例 1.3** 计算$\nabla\cdot\nabla\left(\frac{1}{r}\right), r\neq 0$。

**解：** $r=|\boldsymbol{r}|=\sqrt{x^2+y^2+z^2}$

当 $r\neq 0$ 时，有

$$\nabla\left(\frac{1}{r}\right)=-\frac{\boldsymbol{r}}{r^3}=-\frac{x\hat{x}+y\hat{y}+z\hat{z}}{(x^2+y^2+z^2)^{3/2}}$$

$$\begin{aligned}\nabla\cdot\nabla\left(\frac{1}{r}\right)&=\nabla\cdot\left(-\frac{\boldsymbol{r}}{r^3}\right)\\&=\frac{\partial}{\partial x}\left(-\frac{x}{(x^2+y^2+z^2)^{3/2}}\right)+\frac{\partial}{\partial y}\left(-\frac{y}{(x^2+y^2+z^2)^{3/2}}\right)+\\&\quad\frac{\partial}{\partial z}\left(-\frac{z}{(x^2+y^2+z^2)^{3/2}}\right)=0\end{aligned}$$

## 2. 旋度

图 1.3 展示了通电直导线周围激发的磁场磁力线示意图，每条矢量线都是无头无尾的闭合曲线，这是一个典型的有旋场，产生这种有旋场的源通常称为旋涡源。在图中取环绕该旋涡源的封闭曲线 $L$，根据安培定律，磁感应强度 $\boldsymbol{B}$ 沿该封闭曲线的线积分（环量）等于穿过该曲线的电流强度与真空中磁导率的乘积，即

$$\oint_L \boldsymbol{B}\cdot \mathrm{d}\boldsymbol{l}=\mu_0 I \tag{1.8}$$

式中：$\mu_0$ 为真空磁导率，$\mu_0=4\pi\times10^{-7}\ \mathrm{H/m}$。

式(1.8)是真空中静磁场**安培定律**的积分形式。

类似地，若真空中存在均匀分布的多条电流线，如图 1.8(a)所示，安培定律可写为

$$\oint_L \boldsymbol{B}\cdot \mathrm{d}\boldsymbol{l}=\mu_0\sum_k I_k \tag{1.9}$$

这说明，环量$\oint_L \boldsymbol{B}\cdot\mathrm{d}\boldsymbol{l}$正比于曲线$L$所环绕的净旋涡源值，即穿过曲线 $L$ 的电流强度总和。那么，如何描述有旋场内某一点处的旋涡源分布情况呢？

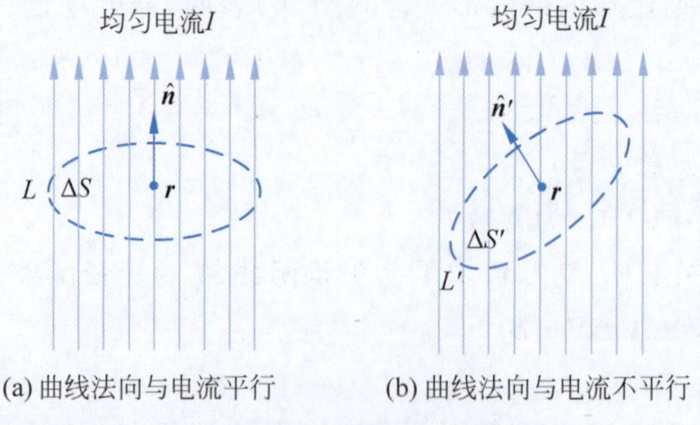


图 1.8 环量面密度示意图

假设封闭曲线 $L$ 所张的曲面包含 $\boldsymbol{r}$ 点，曲面面积为 $\Delta S$，法向单位矢量为 $\hat{\boldsymbol{n}}$，与曲线呈右手螺旋关系。令曲线收缩到仅包含 $M$ 点，则矢量场 $\boldsymbol{B}$ 在 $\boldsymbol{r}$ 点处沿方向 $\hat{\boldsymbol{n}}$ 的环量面密度可记为

$$\mu_n(\boldsymbol{r})=\lim_{\Delta S\to 0}\frac{\oint_L \boldsymbol{B}\cdot\mathrm{d}\boldsymbol{l}}{\Delta S} \tag{1.10}$$

实际上，环量面密度的大小与曲线 $L$ 所张成曲面的法向是紧密相关的。为了说明这一问

题，考虑如图 1.8(b)所示的模型。若 $\Delta S'=\Delta S$，根据式(1.10)，由于曲线 $L'$的法向与电流 $I$ 方向不平行，穿过曲线 $L'$的总电流必然小于穿过曲线 $L$ 的总电流，故

$$\mu_{n'}(\boldsymbol{r})=\lim_{\Delta S'\to 0}\frac{\oint_{L'}\boldsymbol{B}\cdot \mathrm{d}\boldsymbol{l}}{\Delta S'}<\mu_n(\boldsymbol{r})=\lim_{\Delta S\to 0}\frac{\oint_{L}\boldsymbol{B}\cdot \mathrm{d}\boldsymbol{l}}{\Delta S}$$

上式表明，矢量场在空间某一点处的环量面密度与所选择的积分曲线所张成曲面的法向紧密相关。对于图 1.8(b)所示模型，当且仅当积分曲线 $L'$的法向与电流 $I$ 方向平行，即 $\hat{\boldsymbol{n}}'/\!/\boldsymbol{I}$ 时，环量面密度取得最大值。

定义矢量场 $\boldsymbol{A}$ 在空间 $M$ 点处所有环量面密度的最大值为矢量场在该点的**旋度**，记为 rot $\boldsymbol{A}(\boldsymbol{r})$或 curl $\boldsymbol{A}(\boldsymbol{r})$。旋度是一个矢量，表征矢量场在空间某一点处旋涡源的大小和方向，其模值等于该点处所有环量面密度的最大值，方向为环量面密度取最大值时积分曲线所张成曲面的法向，即

$$\mathrm{rot}\boldsymbol{A}(\boldsymbol{r})=\nabla\times\boldsymbol{A}=\hat{\boldsymbol{n}}_{\max}\left(\lim_{\Delta S\to 0}\frac{\oint_{L}\boldsymbol{B}\cdot \mathrm{d}\boldsymbol{l}}{\Delta S}\right)_{\max} \tag{1.11}$$

借助哈密顿算子$\nabla$，式中矢量场 $\boldsymbol{A}$ 的旋度可以简化为 $\mathrm{rot}\boldsymbol{A}=\nabla\times\boldsymbol{A}$。

旋度是描述矢量场旋涡源密度的一个重要概念，其物理意义、定理、矢量恒等式和计算式如下。

1）旋度的物理意义

旋度$\nabla\times\boldsymbol{A}(\boldsymbol{r})$的方向是 $\boldsymbol{r}$ 点处矢量场 $\boldsymbol{A}$ 的最大旋涡源密度的方向，模值正比于最大旋涡源密度的数值。

有非零旋度值的矢量场，存在旋涡源，矢量线是闭合曲线，称为有旋场。

旋度处处恒等于零的矢量场，无旋涡源，矢量线是有端点的非闭合曲线，具有端点，称为无旋场。

2）旋度定理

根据旋度的建立过程，矢量场 $\boldsymbol{A}$ 沿封闭曲线 $L$ 的环量等于曲线 $L$ 环绕的所有旋涡源总和。矢量场 $\boldsymbol{A}$ 的旋度$\nabla\times\boldsymbol{A}$ 等于矢量场在某一点处的旋涡源密度，将其在封闭曲线 $L$ 所张成的曲面 $S$ 上进行面积分，所得到的结果为 $L$ 所环绕的所有旋涡源总和。于是，可以得到旋度定理：

$$\oint_L \boldsymbol{A}\cdot \mathrm{d}\boldsymbol{l}=\iint_S(\nabla\times\boldsymbol{A})\cdot \mathrm{d}\boldsymbol{s} \tag{1.12}$$

式中：$S$ 为闭合曲线 $L$ 所围的曲面。

旋度定理又称为斯托克斯定理，其物理意义是闭合曲线的环量等于旋度的面积分，数学意义是线积分与面积分的相互转换公式。

根据旋度定理，式(1.9)等号的左边，磁感应强度 $\boldsymbol{B}(\boldsymbol{r})$在封闭曲线 $L$ 上的环量等于其旋度在曲线 $L$ 所张成曲面 $S$ 上的面积分，即

$$\oint_L \boldsymbol{B}(\boldsymbol{r})\cdot \mathrm{d}\boldsymbol{l}=\iint_S \nabla\times\boldsymbol{B}(\boldsymbol{r})\cdot \mathrm{d}\boldsymbol{s}=\mu_0\iint_S \boldsymbol{J}(\boldsymbol{r})\cdot \mathrm{d}\boldsymbol{s}$$

式中：$\boldsymbol{J}(\boldsymbol{r})$为电流密度矢量，其在某一曲面上的通量等于穿过该曲面的总电流强度，即 $I=\iint_S \boldsymbol{J}(\boldsymbol{r})\cdot \mathrm{d}\boldsymbol{s}$。上式第二个等号两边的表达式若要对任意的曲面 $S$ 恒成立，则必然满足

$$\nabla\times\boldsymbol{B}(\boldsymbol{r})=\mu_0\boldsymbol{J}(\boldsymbol{r}) \tag{1.13}$$

这就是真空中静磁场安培定律的微分形式。式(1.13)表明,静磁场是一种有旋场,传导电流是其旋涡源。

3）旋度恒等式

① $\nabla\times\boldsymbol{C}=0$ （$\boldsymbol{C}$ 为常矢量）

② $\nabla\times(c\boldsymbol{A})=c\nabla\times\boldsymbol{A}$ （$c$ 为常数）

③ $\nabla\times(u\boldsymbol{A})=\nabla u\times\boldsymbol{A}+u\nabla\times\boldsymbol{A}$ （$\boldsymbol{A}$ 为矢量函数,$u$ 为标量函数）

④ $\nabla\times(\boldsymbol{A}\pm\boldsymbol{B})=\nabla\times\boldsymbol{A}\pm\nabla\times\boldsymbol{B}$

⑤ $\nabla\times(\nabla u)\equiv 0$ （$u$ 为标量函数）

⑥ $\nabla\cdot(\nabla\times\boldsymbol{A})\equiv 0$

4）旋度计算式

旋度定义与坐标系无关,但它的计算公式与坐标系有关。直角坐标下,矢量旋度的计算公式为

$$\begin{aligned}\operatorname{rot}\boldsymbol{A}&=\begin{vmatrix}\hat{x} & \hat{y} & \hat{z}\\ \partial/\partial x & \partial/\partial y & \partial/\partial z\\ A_x & A_y & A_z\end{vmatrix}\\ &=\left(\frac{\partial A_z}{\partial y}-\frac{\partial A_y}{\partial z}\right)\hat{x}+\left(\frac{\partial A_x}{\partial z}-\frac{\partial A_z}{\partial x}\right)\hat{y}+\left(\frac{\partial A_y}{\partial x}-\frac{\partial A_x}{\partial y}\right)\hat{z}=\nabla\times\boldsymbol{A}\end{aligned}\tag{1.14}$$

柱坐标和球坐标系下矢量场的旋度计算公式参见附录 C。

**例 1.4** 已知点电荷在真空中某一点 $\boldsymbol{r}$ 产生的电场为

$$\boldsymbol{E}=\frac{q\boldsymbol{r}}{4\pi\varepsilon_0 r^3}$$

试计算$\nabla\times\boldsymbol{E}$。

**解**：$$\nabla\times\boldsymbol{E}=\frac{q}{4\pi\varepsilon_0 r^3}\begin{vmatrix}\hat{x} & \hat{y} & \hat{z}\\ \partial/\partial x & \partial/\partial y & \partial/\partial z\\ x & y & z\end{vmatrix}=0$$

上述结果表明,点电荷产生的静电场是无旋场。于是,根据旋度恒等式 $\nabla\times(\nabla u)\equiv 0$ ,可以将静电场表示成某一个标量的梯度形式,即 $\boldsymbol{E}=-\nabla\varphi$。通常,将标量 $\varphi$ 称为静电场的电位函数。进一步,结合例 1.3 的结果,可以得到真空中点电荷在某一点 $\boldsymbol{r}$ 产生的电位函数表达式 $\varphi=\dfrac{q}{4\pi\varepsilon_0 r}$。

实际上,旋度恒等式$\nabla\times(\nabla u)\equiv 0$ 表明任一标量场 $u$ 的梯度的旋度恒等于零,旋度恒等式 $\nabla\cdot(\nabla\times\boldsymbol{A})\equiv 0$ 表明任一矢量场 $\boldsymbol{A}$ 的旋度的散度恒等于零。故而,任一无旋场(旋度恒等于零的场)可以表示为一个标量场的梯度,任一无散场(散度恒等于零的场)可以表示为另一矢量场的旋度,即若无旋场$\nabla\times\boldsymbol{F}\equiv 0$,则

$$\boldsymbol{F}=-\nabla\Phi\tag{1.15a}$$

若无散场$\nabla\cdot\boldsymbol{F}\equiv 0$,则

$$\boldsymbol{F}=\nabla\times\boldsymbol{A}\tag{1.15b}$$

式中：$\Phi$ 为无旋场的标量位；$\boldsymbol{A}$ 为无散场的矢量位。

### 1.1.3 矢量场唯一解的条件

矢量场的散度和旋度描述了矢量场的源,“源”是“场”的起因。产生矢量场的源只有通量

源、旋涡源两种，矢量场的散度和旋度是对这两种源的直观描述。对于任一未知矢量场而言，已知其散度和旋度，就可以唯一确定该矢量场，这就是亥姆霍兹定理。

**亥姆霍兹定理**(Helmholtz)：对于有限区域 $V$ 内的任意矢量场 $\boldsymbol{A}$，如果给定了它的散度 $\nabla \cdot \boldsymbol{A}$、旋度 $\nabla \times \boldsymbol{A}$ 和它在有限区域 $V$ 的边界面 $S$ 上的值(边界条件)，就可以唯一、定量地确定该矢量场，并且可以将其表示为一个无散场和一个无旋场的矢量和，即

$$\boldsymbol{A} = -\nabla \Phi + \nabla \times \boldsymbol{B} \tag{1.16}$$

亥姆霍兹定理的证明这里不再展开，读者可参考其他相关教材。亥姆霍兹定理给出了未知场量的求解条件和方法，其物理意义通常可从以下两方面来理解。

(1) 对矢量场的研究可以归结于对其散度、旋度(微分方程)和边界条件的研究，故由微分方程和边界条件可以求解一个矢量场。

(2) 考虑到散度、旋度通过散度定理和旋度定理可分别与通量、环量建立联系，故而对矢量场的研究也可以归结于对其通量、环量(积分方程)和边界条件的研究，即由积分方程和边界条件也可以求解一个矢量场。

## 1.2 媒质的电磁特性

物质的最小单位是原子，原子中的原子核带正电、电子带负电，故而可以认为任何物质中都包含大量不同极性的带电粒子。将物质置于电磁场中时，物质中的这些带电粒子在外部电磁场的作用下会发生状态的改变。宏观状态下，外部电磁场对物质的相互作用可分为传导、极化和磁化三种。

导体中原子核对外层的电子束缚力很小，这种电子通常称为自由电子。在外加电场力作用下，微弱的电场会使自由电子定向运动，从而在导体中形成传导电流，这就是导体的传导现象。物理学中通常将不导电的媒质称为介质。理想介质中没有自由电子，完全不导电。在介质中，绝大部分的电子被束缚在原子周围，此类电子通常称为束缚电子。在外加电场力作用下，束缚电子只能在有限范围内做微小的位移，这就是介质的极化现象。能够产生极化效应的物质通常称为电介质。电子的轨道运动和自旋运动会产生小环电流，在外加磁场力的作用下，这些小环电流会发生转动并趋于有序排列，这就是介质的磁化现象。能够产生磁化效应的物质通常称为磁介质。

本节将具体介绍传导、极化和磁化这三种现象的物理机理和数学表征，并给出描述物质电磁特性的结构方程。

### 1.2.1 媒质的传导特性

导体中存在大量自由运动的带电粒子，它们在电场力作用下定向运动，形成电流，这种电流通常称为传导电流。常见的导体是金属，其中的带电粒子是自由电子。自由电子带负电荷，失去了电子的金属离子带正电荷，但不能移动。当自由电子朝某个方向运动，就意味着相反方向的中性原子变成正离子，相当于有正电荷朝该方向运动，正电荷运动的方向就是电流方向。

在外加电场强度 $\boldsymbol{E}$ 作用下，媒质中的传导电流密度不仅与外加电场强度有关，也与媒质本身的导电性能有关，媒质中的传导电流密度 $\boldsymbol{J}$ 与 $\boldsymbol{E}$ 的关系可表示为

$$\boldsymbol{J}(\boldsymbol{r}) = \sigma \boldsymbol{E}(\boldsymbol{r}) \tag{1.17}$$

式(1.17)为欧姆定律的微分形式。

式(1.17)中，$\sigma$ 为媒质的电导率(S/m)，与媒质的电阻率 $\rho$ 互为倒数，$\sigma = 1/\rho$。电导率描

述的是媒质导电能力的强弱，电导率 $\sigma=0$ 的媒质称为理想介质，电导率 $\sigma\to\infty$ 的媒质称为理想导体(PEC)，$\sigma$ 为非零有限值的媒质称为导电媒质。附录 D 中列出了常见媒质的电导率。

载有电流的媒质中，带电粒子在定向运动时不断与媒质中的其他粒子碰撞，使其热运动加剧导致媒质温度升高，这就是电流的热效应。这种由电场能量转化成的热能称为焦耳热，它来自电场能量的导体损耗。

静电场中，媒质中任一点处单位体积内电流热效应引起的损耗的功率密度 $p(\boldsymbol{r})=\boldsymbol{J}(\boldsymbol{r})\cdot\boldsymbol{E}(\boldsymbol{r})$。绝大多数导体中 $\boldsymbol{J}$ 与 $\boldsymbol{E}$ 方向相同，则媒质的焦耳热损耗的功率密度可写为

$$p(\boldsymbol{r})=\boldsymbol{J}(\boldsymbol{r})\cdot\boldsymbol{E}(\boldsymbol{r})=\sigma\boldsymbol{E}(\boldsymbol{r})\cdot\boldsymbol{E}(\boldsymbol{r})=\sigma E^2(\boldsymbol{r})(\mathrm{W/m^3}) \tag{1.18}$$

这就是焦耳定律的微分形式。体积为 $V$ 的媒质中损耗的总功率为

$$P_l=\iiint_V p\,\mathrm{d}v=\iiint_V \boldsymbol{J}\cdot\boldsymbol{E}\,\mathrm{d}v=\iiint_V \sigma E^2\,\mathrm{d}v$$

### 1.2.2 介质的极化特性

1. 现象

介质中的带电粒子一般情况下会被分子或原子束缚，不能轻易发生宏观位移。根据介质分子内部电荷的分布状态，介质通常分为无极性介质和极性介质两类。无极性介质(如 $H_2$、$O_2$、$CO_2$)分子内正、负电荷的等效电荷中心重合，分子无极性，物质不会呈现宏观上的电荷分布。极性介质(如 $H_2O$、$SO_2$)分子内正、负电荷的等效电荷中心不重合，构成一对等效的电偶极子，分子有极性；但由于分子的无规则热运动，许多电偶极子呈现出杂乱无章的排列，使得不同电偶极子的极性相互抵消，物质也不会呈现宏观上的电荷分布。极性介质分子中的正电荷可以用正点电荷 $+q$ 来等效、负电荷可以用负点电荷 $-q$ 来等效，这种正、负电子对可以用分子电矩 $\boldsymbol{p}=q\boldsymbol{l}$ 来描述，$\boldsymbol{l}$ 为由负点电荷 $-q$ 指向正点电荷 $+q$ 的矢量，其模值等于两点电荷的间距。极性介质分子的分子电矩称为其固有电偶极矩。

若介质处于外加电场 $\boldsymbol{E}_0$ 中，介质是无极性的，则电场力使每个分子中的正、负电荷在分子内部发生位移、相互分离并分别聚集，可以分别用正点电荷 $+q$、负点电荷 $-q$ 来等效，形成一个与 $\boldsymbol{E}_0$ 方向相同的感应电矩，如图 1.9(a)所示；如果介质是有极性的，则其中原来因热振动杂乱排列的各分子固有电矩在电场力作用下都会发生旋转，转到与 $\boldsymbol{E}_0$ 相同的方向，如图 1.9(b)所示。虽然各分子还在热振动，电矩的方向不可能完全一致，但其排列比没有电场作用时更有规律、更整齐，而且外加电场 $\boldsymbol{E}_0$ 越强，电矩越大，所有电矩排列越整齐。这种"外加电场使介质中的电矩整齐排列"的物理现象称为电场对介质的极化。

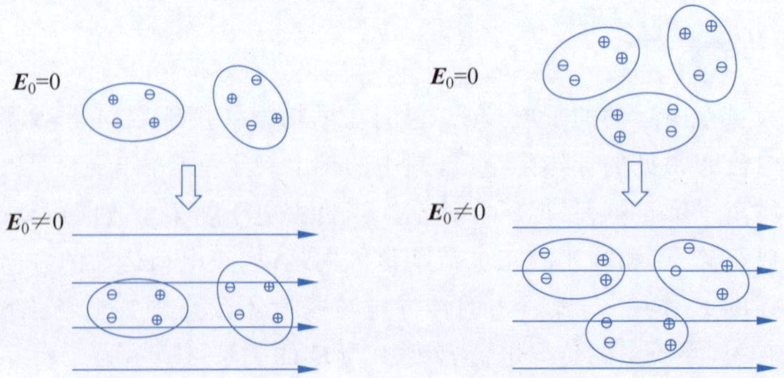

(a) 无极性分子的极化　　(b) 极性分子的极化

图 1.9　介质分子的极化

当介质未被外加电场极化时，若是无极性介质，则分子固有电矩均等于零；若是极性介质，则分子固有电矩均因热振动而杂乱排列。因此，在未极化介质中任取一个宏观小区域 $\Delta V$，其中所有分子电矩 $\boldsymbol{p}$ 叠加应等于零，即 $\sum \boldsymbol{p}=0$。当介质被外加电场极化后，不论是无极性介质还是极性介质，分子电矩基本上都顺着电场方向排列，宏观小区域 $\Delta V$ 中所有分子电矩 $\boldsymbol{p}$ 的叠加不等于零，即 $\sum \boldsymbol{p}\neq 0$。且外加电场越大，极化程度越高，分子电矩排列越整齐，$\sum \boldsymbol{p}$ 就越大；反之，$\sum \boldsymbol{p}$ 越小。因此，可以利用 $\sum \boldsymbol{p}$ 来衡量介质的极化程度。定义介质中 $\boldsymbol{r}$ 点处单位体积内的 $\sum \boldsymbol{p}$ 为极化强度矢量，记为 $\boldsymbol{P}(\boldsymbol{r})$，定义式为

$$\boldsymbol{P}(\boldsymbol{r})=\lim_{\Delta V\to 0}\frac{\sum \boldsymbol{p}}{\Delta V}(\mathrm{C/m^2}) \tag{1.19}$$

外加电场过大，介质分子中的电子脱离分子束缚成为自由电子，介质变成导电材料，这种现象称为介质的击穿。介质能保持不被击穿的最大外加电场强度称为介质的击穿强度。

介质被极化之前，其表面处的分子杂乱排列，正、负电荷彼此抵消，表面呈现电中性。介质被极化后，分子整齐排列，介质表面处会出现相同极性的电荷，形成面电荷分布，这些面电荷均被分子束缚而不能自由移动，称为束缚面电荷 $\rho_{\mathrm{ps}}$。如图 1.10(a)所示的介质表面上分布有正的束缚面电荷，与此表面相对的另一表面上分布有负的束缚面电荷。若介质材料不均匀或外加电场不均匀，介质内局部区域中净电荷不为零，则会出现束缚体电荷 $\rho_{\mathrm{p}}$，如图 1.10(b)中虚线所围区域中出现正的束缚体电荷。束缚电荷又可称为极化电荷，其密度可通过极化强度计算：

$$\begin{cases}\rho_{\mathrm{ps}}(\boldsymbol{r})=\hat{\boldsymbol{n}}\cdot\boldsymbol{P}(\boldsymbol{r})\\ \rho_{\mathrm{p}}(\boldsymbol{r})=-\nabla\cdot\boldsymbol{P}(\boldsymbol{r})\end{cases} \tag{1.20}$$

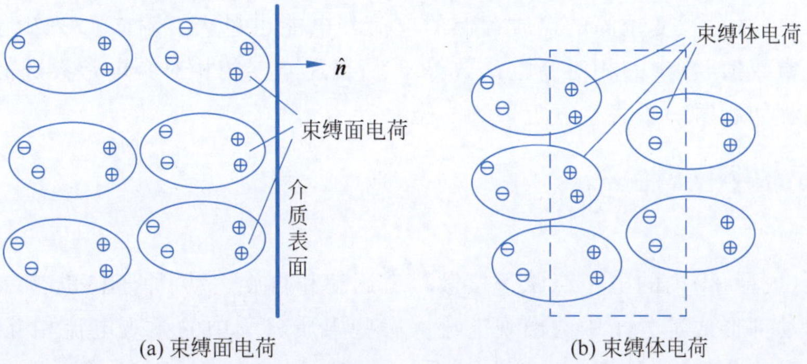


图 1.10　被极化介质上的束缚电荷

2. 方程

被极化介质上的束缚电荷与自由电荷一样会产生电场，也是电场的通量源。因此，在介质中电场通量源应包括自由电荷密度 $\rho(\boldsymbol{r})$ 和束缚电荷密度 $\rho_{\mathrm{p}}(\boldsymbol{r})$，即

$$\nabla\cdot\boldsymbol{E}(\boldsymbol{r})=\frac{\rho(\boldsymbol{r})+\rho_{\mathrm{p}}(\boldsymbol{r})}{\varepsilon_0} \tag{1.21}$$

将式(1.20)代入式(1.21)，移项整理可得

$$\nabla\cdot[\varepsilon_0\boldsymbol{E}(\boldsymbol{r})+\boldsymbol{P}(\boldsymbol{r})]=\rho(\boldsymbol{r}) \tag{1.22}$$

为避免求极化强度 $\boldsymbol{P}(\boldsymbol{r})$ 带来的困难，并使上述方程更简洁，引入电位移矢量 $\boldsymbol{D}(\boldsymbol{r})$，定义为

$$\boldsymbol{D}(\boldsymbol{r})=\varepsilon_0\boldsymbol{E}(\boldsymbol{r})+\boldsymbol{P}(\boldsymbol{r})(\mathrm{C/m^2}) \tag{1.23}$$

于是式(1.22)可写为

$$\nabla\cdot \boldsymbol{D}(\boldsymbol{r})=\rho(\boldsymbol{r}) \tag{1.24}$$

这就是介质中静电场高斯定律的微分形式。

式(1.24)表明,电位移矢量 $\boldsymbol{D}(\boldsymbol{r})$ 只与自由电荷密度 $\rho(\boldsymbol{r})$ 有关,而与束缚电荷密度无关。考虑到束缚电荷密度一般难以求解、确定,引入电位移矢量之后,应用高斯定律时只需要知道自由电荷密度。

应用散度定理,可由式(1.24)得到介质中静电场高斯定律的积分形式,即

$$\oint\!\!\!\oint_S \boldsymbol{D}(\boldsymbol{r})\cdot \mathrm{d}\boldsymbol{s}=\iiint_V \rho(\boldsymbol{r})\mathrm{d}v=Q \tag{1.25}$$

式中:$Q$ 为封闭曲面 $S$ 所包围的区域内自由电荷净电量。

3. 结构关系

从极化现象产生的原因不难看出,介质的极化强度 $\boldsymbol{P}(\boldsymbol{r})$ 与空间电场 $\boldsymbol{E}(\boldsymbol{r})$ 有密切关系。研究表明,二者呈线性正相关,可表示为

$$\boldsymbol{P}(\boldsymbol{r})=\chi_e\varepsilon_0\boldsymbol{E}(\boldsymbol{r}) \tag{1.26}$$

式中:$\chi_e$ 为电极化率,是一个无量纲的正数。$\chi_e$ 一般由介质的组成结构决定,不同介质有不同的 $\chi_e$;同一种介质中的密度变化也会导致 $\chi_e$ 值变化;$\chi_e$ 还可能随电场强度变化。一般通过实验来测定 $\chi_e$。

将式(1.26)代入式(1.23),可得电位移矢量 $\boldsymbol{D}(\boldsymbol{r})$ 与电场强度矢量 $\boldsymbol{E}(\boldsymbol{r})$ 的关系:

$$\boldsymbol{D}(\boldsymbol{r})=\varepsilon_0\boldsymbol{E}(\boldsymbol{r})+\chi_e\varepsilon_0\boldsymbol{E}(\boldsymbol{r})=\varepsilon_0(1+\chi_e)\boldsymbol{E}(\boldsymbol{r})=\varepsilon_0\varepsilon_r\boldsymbol{E}(\boldsymbol{r})=\varepsilon\boldsymbol{E}(\boldsymbol{r}) \tag{1.27}$$

式中:$\varepsilon$ 为介质的介电常数;$\varepsilon_r$ 为相对介电常数,$\varepsilon_r=\varepsilon/\varepsilon_0=1+\chi_e$,一般来说,它是大于 1 的无量纲数。相对介电常数由媒质的组成结构决定,故式(1.27)称为介质的结构方程。

介电常数的大小意味着电磁场对媒质的极化程度的高低,极化程度高低对应于媒质受外界电场力的大小,极化程度越高的媒质存储的电荷和电能也越大。附录 D 列出了几种常见介质的相对介电常数值,真空的相对介电常数等于 1,普通空气的相对介电常数近似于 1,因此在研究电磁场工程问题时一般将空气近似为真空。

### 1.2.3 介质的磁化特性

1. 现象

媒质分子(或原子)内的电子绕原子核做轨道运动和自旋运动、原子核也有自旋运动,每个带电粒子的运动都形成了分子中的微观电流。有些媒质分子中的微观电流相互抵消,对外表现出来的分子电流为零,这种媒质称为抗磁质,如 Cu、Pb、Ag、$H_2O$、$N_2$ 等;有些媒质分子中的微观电流没有完全相互抵消,对外表现出来的分子电流不等于零,这种媒质称为顺磁质,如 $O_2$、$N_2O$、Na、Al 等。顺磁质的分子电流可以用分子磁矩 $\boldsymbol{m}=I\boldsymbol{S}$ 来描述,$\boldsymbol{S}=\iint_{S'}\mathrm{d}\boldsymbol{s}'$,$S'$ 是该分子电流所张的任意曲面。顺磁质的分子磁矩称为固有磁矩。

若媒质置于外加磁场 $\boldsymbol{B}_0$ 中,媒质是抗磁质,磁场会改变抗磁质分子中电子的运动状态,在分子中产生一个与外加磁场方向相反的感应磁矩,如图 1.11(a)所示;如果媒质是顺磁质,则其中原来因热振动杂乱排列的各分子固有磁矩在磁场力作用下都会发生旋转,转到与 $\boldsymbol{B}_0$ 大致相同的方向,如图 1.11(b)所示。必须说明,外加磁场也会使顺磁质分子产生感应磁矩,但比其固有磁矩小几个数量级,可以忽略不计。虽然媒质的各分子还在热振动,分子磁矩的方向不可能完全一致,但其排列比没有磁场作用时更有规律、更整齐,而且外加磁场 $\boldsymbol{B}_0$ 越强,感

应磁矩越强，各分子磁矩排列越整齐。这种"外加磁场使媒质中的分子磁矩整齐排列"的物理现象称为磁场对媒质的磁化。

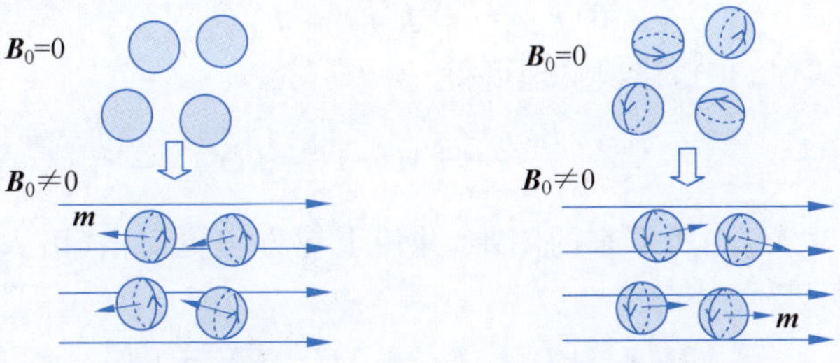

(a) 抗磁质的磁化　　(b) 顺磁质的磁化

图 1.11　媒质分子的磁化

当媒质未被外加磁场磁化时，若是抗磁质，则分子固有磁矩均等于零；若是顺磁质，则分子固有磁矩均因热振动而杂乱排列。因此，在未磁化媒质中任取一个宏观小区域 $\Delta V$，其中所有分子磁矩 $\boldsymbol{m}$ 叠加应等于零，即 $\sum \boldsymbol{m}=0$。当媒质被外加磁场磁化后，不论是抗磁质还是顺磁质，分子磁矩基本上都平行于磁场方向排列，宏观小区域 $\Delta V$ 中所有分子磁矩的叠加不等于零，即 $\sum \boldsymbol{m}\neq 0$。且外加磁场越大，磁化程度越高，分子磁矩排列越整齐，$\sum \boldsymbol{m}$ 就越大；反之，$\sum \boldsymbol{m}$ 越小。因此，可以利用 $\sum \boldsymbol{m}$ 来衡量媒质的磁化程度。定义介质中 $\boldsymbol{r}$ 点处单位体积内的 $\sum \boldsymbol{m}$ 为磁化强度矢量，记为 $\boldsymbol{M}(\boldsymbol{r})$，公式为

$$\boldsymbol{M}(\boldsymbol{r})=\lim_{\Delta V\to 0}\frac{\sum \boldsymbol{m}}{\Delta V}(\mathrm{A/m}) \tag{1.28}$$

媒质被磁化之后，分子磁矩指向基本相同，分子电流的方向也基本相同。在平行于分子磁矩的媒质表面，将这些方向相同的分子电流首尾相连，总效果相当于在媒质表面有一层面电流流过，如图 1.12(a)所示，但这种面电流是束缚在分子内部的电荷移动形成的，称为束缚面电流，记为 $\boldsymbol{J}_{\mathrm{ms}}$。若媒质不均匀或外加磁场不均匀，媒质的局部区域中还可能出现非零的束缚体电流，如图 1.12(b)中虚线所围区域中就有向下的束缚体电流，记为 $\boldsymbol{J}_{\mathrm{m}}$。束缚电流又称为磁化电流，其密度可通过磁化强度计算：

$$\begin{cases}\boldsymbol{J}_{\mathrm{m}}=\nabla\times\boldsymbol{M}\\ \boldsymbol{J}_{\mathrm{ms}}=\boldsymbol{M}\times\hat{\boldsymbol{n}}\end{cases} \tag{1.29}$$

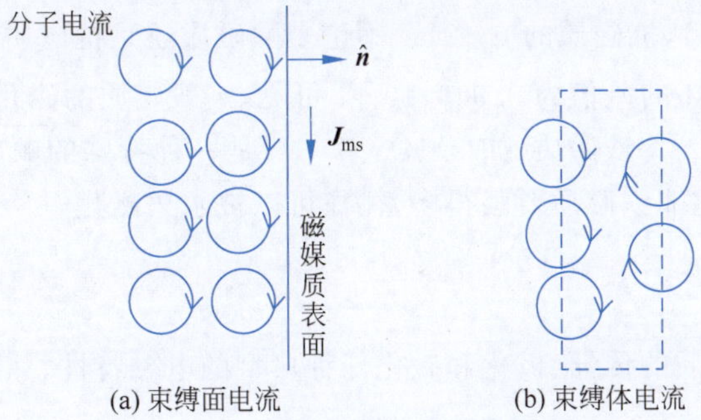

(a) 束缚面电流　　(b) 束缚体电流

图 1.12　被磁化媒质上的束缚电流

## 2. 方程

被磁化媒质上的束缚电流与自由电流一样会产生磁场，也是磁场的旋涡源。因此存在媒

质情况下，安培环路定律中的旋涡源应包括自由电流密度 $\boldsymbol{J}(\boldsymbol{r})$ 和束缚电流密度 $\boldsymbol{J}_{\mathrm{m}}(\boldsymbol{r})$，其微分形式为

$$\nabla\times\boldsymbol{B}(\boldsymbol{r})=\mu_0[\boldsymbol{J}(\boldsymbol{r})+\boldsymbol{J}_{\mathrm{m}}(\boldsymbol{r})] \tag{1.30}$$

将式(1.29)代入式(1.30)，移项整理可得

$$\nabla\times\left[\frac{\boldsymbol{B}(\boldsymbol{r})}{\mu_0}-\boldsymbol{M}(\boldsymbol{r})\right]=\boldsymbol{J}(\boldsymbol{r}) \tag{1.31}$$

为避免求磁化强度 $\boldsymbol{M}(\boldsymbol{r})$ 所带来的困难，并使上述方程更简洁，引入磁场强度矢量 $\boldsymbol{H}$，定义为

$$\boldsymbol{H}(\boldsymbol{r})=\boldsymbol{B}(\boldsymbol{r})/\mu_0-\boldsymbol{M}(\boldsymbol{r})\,(\mathrm{A/m}) \tag{1.32}$$

于是，式(1.31)可写为

$$\nabla\times\boldsymbol{H}(\boldsymbol{r})=\boldsymbol{J}(\boldsymbol{r}) \tag{1.33}$$

式(1.33)就是介质中静磁场安培定律的微分形式。

式(1.33)表明，磁场强度矢量 $\boldsymbol{H}(\boldsymbol{r})$ 只与自由电流密度 $\boldsymbol{J}(\boldsymbol{r})$ 有关，而与束缚电流密度 $\boldsymbol{J}_{\mathrm{m}}(\boldsymbol{r})$ 无关。考虑到束缚电流密度一般难以求解、确定，引入磁场强度矢量之后，应用安培环路定律时只需要知道自由电流密度。

应用旋度定理，可由式(1.33)得介质中静磁场安培定律的积分形式

$$\oint_L\boldsymbol{H}(\boldsymbol{r})\cdot\mathrm{d}\boldsymbol{l}=\iint_S\boldsymbol{J}(\boldsymbol{r})\cdot\mathrm{d}\boldsymbol{s}=I \tag{1.34}$$

式中：$I$ 为穿过闭曲线 $L$ 的净自由电流。

3. 结构关系

从磁化现象产生的原因不难看出，磁化强度 $\boldsymbol{M}$ 与磁场强度 $\boldsymbol{H}$ 有密切关系。研究表明，二者呈线性正相关，可表示为

$$\boldsymbol{M}(\boldsymbol{r})=\chi_{\mathrm{m}}\boldsymbol{H}(\boldsymbol{r}) \tag{1.35}$$

式中：$\chi_{\mathrm{m}}$ 为磁化率，是无量纲的数。$\chi_{\mathrm{m}}$ 取决于媒质的组成结构，不同媒质有不同的 $\chi_{\mathrm{m}}$；同一种媒质中的密度变化也导致 $\chi_{\mathrm{m}}$ 值变化；$\chi_{\mathrm{m}}$ 还可能随 $\boldsymbol{H}$ 变化。一般通过实验来测定 $\chi_{\mathrm{m}}$。

将式(1.35)代入式(1.32)，可得磁感应强度 $\boldsymbol{B}(\boldsymbol{r})$ 与磁场强度 $\boldsymbol{H}(\boldsymbol{r})$ 的关系，即

$$\boldsymbol{B}(\boldsymbol{r})=\mu_0(\boldsymbol{H}(\boldsymbol{r})+\boldsymbol{M}(\boldsymbol{r}))=\mu_0(1+\chi_{\mathrm{m}})\boldsymbol{H}(\boldsymbol{r})=\mu_0\mu_{\mathrm{r}}\boldsymbol{H}(\boldsymbol{r})=\mu\boldsymbol{H}(\boldsymbol{r}) \tag{1.36}$$

式中：$\mu$ 为媒质的磁导率；$\mu_{\mathrm{r}}$ 为相对磁导率，$\mu_{\mathrm{r}}=\mu/\mu_0$，是无量纲的数。$\mu_{\mathrm{r}}=1+\chi_{\mathrm{m}}$，而 $\chi_{\mathrm{m}}$ 由媒质的组成结构决定，故式(1.36)也称为介质的结构方程。

磁导率的大小意味着电磁场对媒质的磁化程度的高低，磁化程度越高的媒质储存的磁能也越大。顺磁质的 $\mu_{\mathrm{r}}>1$，抗磁质的 $\mu_{\mathrm{r}}<1$。不论是顺磁质还是抗磁质，其 $\mu_{\mathrm{r}}$ 与1的差值一般很小，例如，Cu的 $\mu_{\mathrm{r}}$ 与1的差值为 $0.94\times10^{-5}$，可见，一般媒质的磁化效应很弱，因此认为这两类媒质的 $\mu_{\mathrm{r}}\approx1,\mu\approx\mu_0$。铁磁质(如Fe、Co、Ni等)是一种特殊的顺磁质，其 $\mu_{\mathrm{r}}$ 可以大到几千甚至几万，磁化效应比非铁磁质要强得多，往往可以被永久磁化。

### 1.2.4 媒质的结构方程

前面具体分析了媒质的传导、极化和磁化三种典型的电磁特性，并得出了用于描述媒质电磁特性的结构方程：

$$\begin{cases}\boldsymbol{J}(\boldsymbol{r})=\sigma\boldsymbol{E}(\boldsymbol{r})\\ \boldsymbol{D}(\boldsymbol{r})=\varepsilon\boldsymbol{E}(\boldsymbol{r})\\ \boldsymbol{B}(\boldsymbol{r})=\mu\boldsymbol{H}(\boldsymbol{r})\end{cases} \tag{1.37}$$

上式表明，场强($\boldsymbol{E}$ 和 $\boldsymbol{H}$)通过媒质参数(介电常数 $\varepsilon$ 和磁导率 $\mu$)与通量密度(电位移矢量 $\boldsymbol{D}$ 和磁感应强度 $\boldsymbol{B}$)相联系，电流密度 $\boldsymbol{J}$ 通过电导率 $\sigma$ 与电场强度 $\boldsymbol{E}$ 相联系，因此电导率、介电常数、磁导率是描述媒质电磁特性的重要参数，一般由媒质的物质成分、微观结构决定，也可能与电磁场 $\boldsymbol{E}$ 和 $\boldsymbol{H}$ 有关。

当媒质处于电磁场 $\boldsymbol{E}$ 和 $\boldsymbol{H}$ 中时，它们表现出复杂的电磁特性。为了能够理解所涉及的现象，根据其特性的不同，对媒质进行分类。

均匀媒质：如果媒质电磁参数不随着空间位置的变化而改变，处处相等，那么媒质是均匀的，即电磁参数不是空间坐标的函数，$\varepsilon \neq \varepsilon(\boldsymbol{r})$，$\mu \neq \mu(\boldsymbol{r})$，$\sigma \neq \sigma(\boldsymbol{r})$；否则，媒质是非均匀的。

线性媒质：如果媒质电磁参数不依赖媒质中的场强，那么媒质是线性的，即电磁参数不是电场和磁场幅度的函数，$\varepsilon \neq \varepsilon(E,H)$，$\mu \neq \mu(E,H)$，$\sigma \neq \sigma(E,H)$；否则，媒质是非线性的。

各向同性媒质：如果媒质电磁参数与空间的方向无关，那么媒质是各向同性的，即各向同性媒质的电磁参数在空间各个方向都是相等的，如 $\boldsymbol{D}$ 和 $\boldsymbol{E}$ 的方向一定相同，$D_x=\varepsilon E_x$，$D_y=\varepsilon E_y$，$D_z=\varepsilon E_z$，$\varepsilon$ 一定是标量值，因此各向同性媒质的电磁参数 $\varepsilon$、$\mu$、$\sigma$ 均是标量值；否则，媒质是各向异性的，其电磁参数用张量表征。微波工程中各向异性磁材料的一个重要例子是铁氧体材料，这类材料的特性及应用将在第 6 章中讨论。

非色散媒质：如果媒质电磁参数不会随着频率的变化而改变，那么媒质是非色散的，即电磁参数不是频率的函数，$\varepsilon \neq \varepsilon(f)$，$\mu \neq \mu(f)$，$\sigma \neq \sigma(f)$。否则，媒质是色散的。

幸运的是，大部分微波工程中的媒质是简单媒质，它们是均匀、线性和各向同性的。本书中若非特别指明，讨论的一般是均匀、线性、各向同性媒质。

为了后续章节讨论方便，又将简单媒质分为无耗媒质和有耗媒质。无耗媒质包括理想导体和理想介质，理想导体的电导率无穷大($\sigma=\infty$)，将 $\sigma=0$ 且 $\varepsilon$ 和 $\mu$ 均为实常数的均匀、线性、各向同性媒质称为理想介质。有耗媒质包括导电媒质、极化损耗媒质和磁化损耗媒质。导电媒质的电导率是非零有限值，将会带来导电损耗(欧姆损耗)。极化损耗媒质和磁化损耗媒质将在 1.5 节讨论，此时介电常数和磁导率均是复数，即 $\varepsilon=\varepsilon'-\mathrm{j}\varepsilon''$，$\mu=\mu'-\mathrm{j}\mu''$，其虚部 $\varepsilon''$ 和 $\mu''$ 将会引起电介质损耗和磁介质损耗。

研究电磁场问题时，往往先考虑理想媒质(理想导体、理想介质)中的简单情况，再讨论其他有耗媒质中的复杂情况。有时也可以先考虑一般的媒质情况，再讨论特殊的媒质情况。

## 1.3 麦克斯韦方程组

早期关于电磁场的研究主要集中于静态场，历史上曾一度认为电场和磁场是两个相互独立的概念。直到 19 世纪，英国物理学家法拉第(Faraday)发现了法拉第电磁感应定律，揭示了"变磁生电"规律，开启了对电场、磁场相互作用的研究。之后，英国物理学家麦克斯韦(Maxwell)总结前人的研究结论，加以自己创造性的思考，提出了位移电流的概念，证实了"变电生磁"的可能性，从而总结出了全面、准确阐述宏观电磁现象的麦克斯韦方程组。

### 1.3.1 数学形式

视频

麦克斯韦方程组共包含四个方程，它的确立标志着经典电磁理论的建立。麦克斯韦方程组系统地揭示了时变电场和时变磁场的相互关系，电磁场和场源的相互关系以及电磁场与媒质的相互关系。为简化繁杂的数学、物理分析过程，本节将直接从麦克斯韦方程组的具体形式出发，阐释不同方程背后的物理内涵及其作用。

1. 全电流定律

$$\text{微分形式：}\nabla\times\boldsymbol{H}(\boldsymbol{r},t)=\boldsymbol{J}(\boldsymbol{r},t)+\frac{\partial\boldsymbol{D}(\boldsymbol{r},t)}{\partial t}\tag{1.38a}$$

$$\text{积分形式：}\oint_L\boldsymbol{H}(\boldsymbol{r},t)\cdot\mathrm{d}\boldsymbol{l}=\iint_S\left(\boldsymbol{J}(\boldsymbol{r},t)+\frac{\partial\boldsymbol{D}(\boldsymbol{r},t)}{\partial t}\right)\cdot\mathrm{d}\boldsymbol{s}\tag{1.38b}$$

式中：$\boldsymbol{J}(\boldsymbol{r},t)$为媒质中的传导电流密度；$\partial\boldsymbol{D}(\boldsymbol{r},t)/\partial t$与$\boldsymbol{J}(\boldsymbol{r},t)$有相同的单位，也是电流密度，即麦克斯韦提出的位移电流密度$\boldsymbol{J}_\mathrm{d}$，$\boldsymbol{J}_\mathrm{d}(\boldsymbol{r},t)=\partial\boldsymbol{D}(\boldsymbol{r},t)/\partial t$。全电流密度由传导电流密度与位移电流密度之和来表示，即

$$\boldsymbol{J}_{\text{total}}(\boldsymbol{r},t)=\boldsymbol{J}(\boldsymbol{r},t)+\boldsymbol{J}_\mathrm{d}(\boldsymbol{r},t)=\boldsymbol{J}(\boldsymbol{r},t)+\partial\boldsymbol{D}(\boldsymbol{r},t)/\partial t$$

全电流定律表明，传导电流和位移电流(时变电场)能够产生时变磁场。时变磁场是一种有旋场，传导电流和时变电场是其两种旋度源。磁场的磁力线是无头无尾的闭合曲线，与全电流线相交链。这一方程是以安培环路定律为基础，加以麦克斯韦的创造性思考，引入位移电流的概念建立的。

2. 法拉第电磁感应定律

$$\text{微分形式：}\nabla\times\boldsymbol{E}(\boldsymbol{r},t)=-\frac{\partial\boldsymbol{B}(\boldsymbol{r},t)}{\partial t}\tag{1.39a}$$

$$\text{积分形式：}\oint_L\boldsymbol{E}(\boldsymbol{r},t)\cdot\mathrm{d}\boldsymbol{l}=\iint_S-\frac{\partial\boldsymbol{B}(\boldsymbol{r},t)}{\partial t}\cdot\mathrm{d}\boldsymbol{s}\tag{1.39b}$$

法拉第电磁感应定律表明，时变磁场能够产生时变电场。由时变磁场产生的电场通常称为感应电场或涡旋电场。这是一种有旋场，其旋度源是时变磁场，旋度源的强度与磁场的时间变化率成反比。感应电场的电力线是无头无尾的闭合曲线，与磁力线相交链。

3. 磁通连续性定律

$$\text{微分形式：}\nabla\cdot\boldsymbol{B}(\boldsymbol{r},t)=0\tag{1.40a}$$

$$\text{积分形式：}\oiint_S\boldsymbol{B}(\boldsymbol{r},t)\cdot\mathrm{d}\boldsymbol{s}=0\tag{1.40b}$$

磁通连续性原理表明，磁感应强度的散度恒为零，即磁场没有散度源，是一种无散场，磁力线是无头无尾的闭合曲线。这是因为科学界至今没有证实磁荷(磁单极子)的存在。这一方程是建立在毕奥-萨伐尔(Biot-Savart)定律基础上的，它表明磁感应强度在任一封闭曲面上的通量恒为零。

4. 高斯定律

$$\text{微分形式：}\nabla\cdot\boldsymbol{D}(\boldsymbol{r},t)=\rho(\boldsymbol{r},t)\tag{1.41a}$$

$$\text{积分形式：}\oiint_S\boldsymbol{D}(\boldsymbol{r},t)\cdot\mathrm{d}\boldsymbol{s}=\iiint_V\rho(\boldsymbol{r},t)\mathrm{d}v\tag{1.41b}$$

高斯定律表明，自由电荷是电场的散度源，电位移矢量的散度等于空间中的自由电荷密度。由电荷产生的电场通常称为库仑电场。这是一种有散场，电场线有起点、有终点，起始于正电荷，终止于负电荷。这一方程是对库仑定律和介质极化特性的一种高度凝练，包含了电场与其散度源、电场对物质的相互关系等信息。

### 1.3.2 物理意义

麦克斯韦方程组是宏观电磁现象的基本定律，它的建立是物理学发展史上一个重要的里程碑，使人类对宏观世界电磁特性的认识达到一个新的高度。它用严格的数学语言建立了经

典电磁场理论体系，系统性阐述了电场与磁场、场与源的相互关系（见表 1.1），开创了电磁学研究的新篇章。



表 1.1 电场、磁场及其源的相互关系总结

| 源 | 场 | | |
|---|---|---|---|
| | 电场 | | 磁场 |
| | 库仑电场 | 漩涡电场 | |
| 通量源 | 电荷 $\nabla\cdot\boldsymbol{D}=\rho$ | 无 | 无 |
| 旋涡源 | 无 | 时变磁场 $\nabla\times\boldsymbol{E}=-\partial\boldsymbol{B}/\partial t$ | 传导电流/时变电场 $\nabla\times\boldsymbol{H}=\boldsymbol{J}+\partial\boldsymbol{D}/\partial t$ |
| 矢量线 | 起始于正电荷，终止于负电荷 | 与时变磁场磁力线相交链的闭曲线 | 与全电流线相铰链的闭曲线 |

根据 1.1.2 节的阐述，任一矢量场，有且仅有两种源，即通量源和旋涡源。高斯定律和法拉第电磁感应定律这两个方程以高度凝练的形式给出了电场和其通量源、旋涡源的关系，表明电场的激励源有两种（自由电荷、时变磁场），电场的形式也有两种（库仑电场、感应电场），这两种电场的电力线形态不同，但物理特性相同，对媒质的作用规律也相同。而磁场仅有两种旋涡源（传导电流、时变电场）、没有通量源，磁力线也仅有一种形态，这一点与电场具有明显的区别。

另外，从全电流定律和法拉第电磁感应定律这两个方程可以看到，时变电场、时变磁场可以不断互相激励、相互转化，电力线与磁力线相互交链。在某些情况下，场源（电荷或电流）一旦激励起了时变电场或时变磁场，即使去掉场源，时变电场、时变磁场也会继续互相激励，并向周围的空间传播，如图 1.13 所示，这就是电磁场的传播。正是基于这一发现，麦克斯韦成功预言了电磁波的存在。

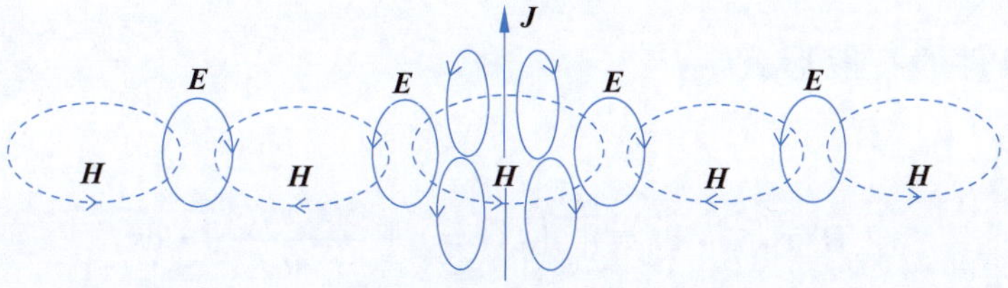


图 1.13 相互交链的闭合电力线、闭合磁力线

对于麦克斯韦微分方程组包含 5 个矢量 $\boldsymbol{E}$、$\boldsymbol{D}$、$\boldsymbol{H}$、$\boldsymbol{B}$、$\boldsymbol{J}$ 和一个标量 $\rho$ 共 16 个未知标量，只由 4 个方程无法唯一、定量地求出所有未知量。实际上，4 个麦克斯韦微分方程并非相互独立的，由全电流定律和法拉第电磁感应定律这两个方程加上电流连续性方程（$\nabla\cdot\boldsymbol{J}=-\partial\rho/\partial t$）可推导出磁通连续性定律和高斯定律所满足的方程，因此，4 个麦克斯韦微分方程中只有两个独立的矢量方程，加上电流连续性方程这一标量方程，共 7 个独立的标量方程。故此，若麦克斯韦微分方程组的所有变量均有唯一解，还需要辅助方程。在 1.2 节中，得到了描述媒质中场矢量 $\boldsymbol{E}$、$\boldsymbol{D}$、$\boldsymbol{H}$、$\boldsymbol{B}$、$\boldsymbol{J}$ 之间相互关系的结构方程(1.37)，这 3 个结构方程就是麦克斯韦方程组的辅助方程。由全电流定律、法拉第电磁感应定律、电流连续性方程，再加上 3 个矢量形式的结构方程，共计 16 个相互独立的标量方程，就可以在数学上确定所有未知电磁场量的唯一解。

实际上，根据亥姆霍兹定理可知，矢量场由散度、旋度和边界条件唯一确定。因此，对于常规宏观电磁问题的求解，微分形式的麦克斯韦方程组要想得到完整和唯一的解，还必须有电磁场所满足的边界条件，这将在 1.4 节讲解。

本书中电磁问题的一般求解思路：首先求解特定区域内无源麦克斯韦微分方程组，得到带有未知系数的通解；然后利用特定的边界条件确定这些未知的待定系数。书中关于平面波的反折射、导行电磁波等相关问题的求解采用的就是这一思路，详细内容参见后续章节。

## 1.4 电磁场的边界条件

媒质边界指的是两种不同媒质的电磁参数 $\varepsilon$、$\mu$、$\sigma$ 发生变化的分界面。通常情况下，媒质电磁特征参数的变化会导致边界两侧的电磁场量也会发生突变，不再连续。电磁场在两种媒质分界面处遵循的变化规律，也就是边界两侧电磁场之间的关系，称为电磁场的边界条件。

如图 1.14 所示，对于两种不同媒质的分界面，边界两侧的电磁场分别是 $\boldsymbol{E}_1$、$\boldsymbol{H}_1$ 和 $\boldsymbol{E}_2$、$\boldsymbol{H}_2$，它们各自都满足麦克斯韦方程组。考虑到分界面两侧的电磁场有可能发生突变，场量值不一定满足连续可导的条件，微分形式的麦克斯韦方程组在边界上失去意义，一般用积分形式的麦克斯韦方程组来推导边界条件，可以认为边界条件是麦克斯韦方程组在边界上的一种特殊形式。方便起见，在边界两侧并无限靠近分界面处选取规则的闭合曲面或闭合曲线，并在这些闭合曲面或闭合曲线上应用积分形式的麦克斯韦方程组，就可推导出电磁场的边界条件。下面依照这个思路推导电磁场的一般边界条件，然后讨论两种特殊情况下的边界条件及其应用。

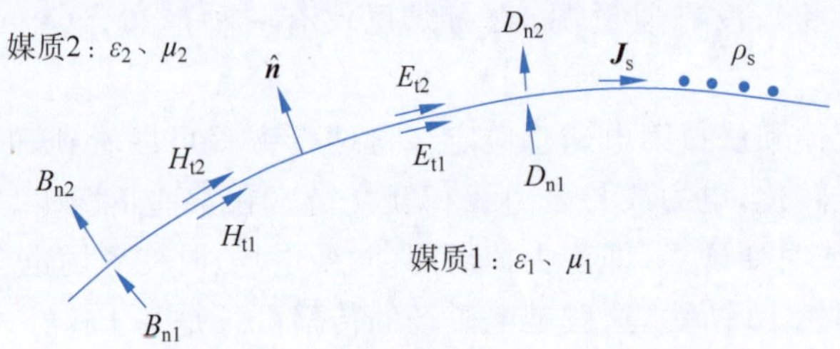


图 1.14　两种不同媒质边界面示意图

### 1.4.1 边界条件的一般形式

全电流定律：

$$\oint_L \boldsymbol{H}(\boldsymbol{r},t)\cdot \mathrm{d}\boldsymbol{l}=\iint_S\left(\boldsymbol{J}(\boldsymbol{r},t)+\frac{\partial \boldsymbol{D}(\boldsymbol{r},t)}{\partial t}\right)\cdot \mathrm{d}\boldsymbol{s}$$

法拉第电磁感应定律：

$$\oint_L \boldsymbol{E}(\boldsymbol{r},t)\cdot \mathrm{d}\boldsymbol{l}=\iint_S -\frac{\partial \boldsymbol{B}(\boldsymbol{r},t)}{\partial t}\cdot \mathrm{d}\boldsymbol{s}$$

磁通连续性定律：

$$\oiint_S \boldsymbol{B}(\boldsymbol{r},t)\cdot \mathrm{d}\boldsymbol{s}=0$$

高斯定律：

$$\oiint_S \boldsymbol{D}(\boldsymbol{r},t)\cdot \mathrm{d}\boldsymbol{s}=\iiint_V \rho(\boldsymbol{r},t)\mathrm{d}v$$

观察四个麦克斯韦积分方程可以发现，从数学形式上可分为对场量的曲线积分和曲面积分。故从简化推导的角度出发，本节挑选全电流定律(曲线积分)和高斯定律(曲面积分)详细推导其边界条件建立的过程，另两个方程对应的边界条件形式将通过类比得到。

1. 磁场强度的边界条件

下面从全电流定律出发推导磁场强度所满足的边界条件。如图 1.15 所示，不失一般性，在边界曲面上任取一点 $O$，该点处从媒质 1 指向媒质 2 的法向单位矢量为 $\hat{\boldsymbol{n}}$，并在该点处任取一个分界曲面的切向单位矢量 $\hat{\boldsymbol{t}}$。在 $\hat{\boldsymbol{n}}$ 和 $\hat{\boldsymbol{t}}$ 所构成的平面内，围绕 $O$ 点作高度 $\Delta h\ (\Delta h \to 0)$、宽度 $\Delta l_1 = \Delta l_2\ (\Delta l_1 \to 0,\ \Delta l_2 \to 0)$ 的矩形闭合曲线 $L$，且闭合曲线的 $\Delta l_1$ 和 $\Delta l_2$ 边与切向单位矢量 $\hat{\boldsymbol{t}}$ 平行。矩形闭合曲线所张的平面为 $S$，其法向单位矢量为 $\hat{\boldsymbol{\tau}}$，它与闭合曲线 $L$ 的正方向呈右手螺旋关系。因此，上述三个单位矢量之间的关系为 $\hat{\boldsymbol{\tau}} = \hat{\boldsymbol{n}} \times \hat{\boldsymbol{t}}$。

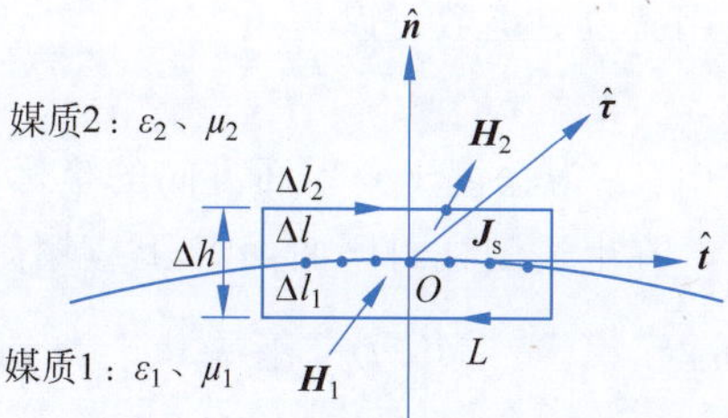

图 1.15　边界面上的矩形回路

假设边界上有传导电流，其面电流密度为 $\boldsymbol{J}_s$，使用狄拉克函数可以写出

$$\boldsymbol{J}(\boldsymbol{r}) = \boldsymbol{J}_s \delta(h) \tag{1.42}$$

式中：$h$ 为垂直于分界面方向的坐标。

在上述矩形闭合曲线 $L$ 上应用全电流定律，可得

$$\oint_L \boldsymbol{H} \cdot \mathrm{d}\boldsymbol{l} = \int_{\Delta l_1} \boldsymbol{H} \cdot \mathrm{d}\boldsymbol{l} + \int_{\Delta l_2} \boldsymbol{H} \cdot \mathrm{d}\boldsymbol{l} + \int_{侧边} \boldsymbol{H} \cdot \mathrm{d}\boldsymbol{l} = \iint_S \boldsymbol{J} \cdot \mathrm{d}\boldsymbol{s} + \iint_S \frac{\partial \boldsymbol{D}}{\partial t} \cdot \mathrm{d}\boldsymbol{s} \tag{1.43}$$

由于 $\Delta h \to 0$，$\Delta l_1 = \Delta l_2 \approx \Delta l \to 0$，平面 $S$ 的面积 $\Delta S \to 0$，并且 $\boldsymbol{H}$ 和 $\partial \boldsymbol{D}/\partial t$ 为有限值，因此 $\int_{侧边} \boldsymbol{H} \cdot \mathrm{d}\boldsymbol{l} \to 0$，$\iint_S \partial \boldsymbol{D}/\partial t \cdot \mathrm{d}\boldsymbol{s} \to 0$。并且有

$$\iint_S \boldsymbol{J} \cdot \mathrm{d}\boldsymbol{s} = \iint_S \boldsymbol{J}_s \delta(h) \cdot \mathrm{d}\boldsymbol{s} = \int_{\Delta l} \boldsymbol{J}_s \cdot \hat{\tau} \mathrm{d}l$$

由于 $\Delta l$ 足够小，可认为 $\Delta l_1$、$\Delta l_2$ 上的磁场分别是常矢量 $\boldsymbol{H}_1$、$\boldsymbol{H}_2$，$\Delta l$ 上的面电流密度也等于常矢量 $\boldsymbol{J}_s$，因此式(1.43)可简化为

$$\boldsymbol{H}_2 \cdot \hat{t} \Delta l_2 - \boldsymbol{H}_1 \cdot \hat{t} \Delta l_1 = (\boldsymbol{H}_2 - \boldsymbol{H}_1) \cdot \hat{t} \Delta l = \boldsymbol{J}_s \cdot \hat{\tau} \Delta l \tag{1.44}$$

即

$$(\boldsymbol{H}_2 - \boldsymbol{H}_1) \cdot \hat{t} = \boldsymbol{J}_s \cdot \hat{\tau}$$

将 $\hat{\boldsymbol{t}} = \hat{\boldsymbol{\tau}} \times \hat{\boldsymbol{n}}$ 代入上式，并应用矢量恒等式 $\mathbf{A} \cdot (\mathbf{B} \times \mathbf{C}) = \mathbf{B} \cdot (\mathbf{C} \times \mathbf{A})$，上式可以改写为

$$[\hat{\boldsymbol{n}} \times (\boldsymbol{H}_2 - \boldsymbol{H}_1)] \cdot \hat{\boldsymbol{\tau}} = \boldsymbol{J}_s \cdot \hat{\boldsymbol{\tau}}$$

因为 $\hat{\boldsymbol{t}}$ 是任意方向的，故 $\hat{\boldsymbol{\tau}}$ 也是任意方向的。要使上式对任意方向的 $\hat{\boldsymbol{\tau}}$ 均成立，必然有

$$\hat{\boldsymbol{n}} \times (\boldsymbol{H}_2 - \boldsymbol{H}_1) = \boldsymbol{J}_s \quad 或 \quad H_{2t} - H_{1t} = J_s \tag{1.45}$$

上式就是磁场强度在媒质分界面满足的边界条件。该式表明，当边界上分布有传导面电流时，$\boldsymbol{H}$ 的切向分量不连续，其切向分量的变化等于边界面上的传导面电流密度。

### 2. 电位移矢量的边界条件

从高斯定律出发推导电位移矢量所满足的边界条件。如图 1.16 所示，在边界曲面上任取一点 $O$，该点处从媒质 1 指向媒质 2 的法向单位矢量为 $\hat{\boldsymbol{n}}$，围绕该点作高 $\Delta h (\Delta h \to 0)$、上底面 $\Delta S_2 (\Delta S_2 \to 0)$ 和下底面 $\Delta S_1 (\Delta S_1 \to 0)$ 足够小的圆柱封闭曲面 $S$。其上底面 $\Delta S_2$ 和下底面 $\Delta S_1$ 分别处于媒质 2 和媒质 1 中，并无限贴近边界，且都垂直于分界面法向 $\hat{\boldsymbol{n}}$。圆柱面在边界上截取的曲面面积为 $\Delta S (\Delta S \to 0)$，可认为 $\Delta S_1 = \Delta S_2 \approx \Delta S$。

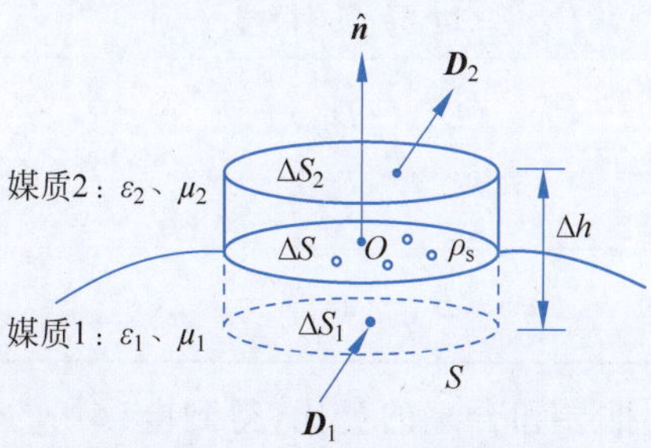

图 1.16　边界面上的圆柱面

假设边界上有自由电荷，其电荷面密度为 $\rho_s(\boldsymbol{r})$，

使用狄拉克函数可以写出

$$\rho(\boldsymbol{r})=\rho_s\delta(h) \tag{1.46}$$

式中：$h$ 为垂直于分界面方向的坐标。

在上述圆柱封闭曲面 $S$ 上应用高斯定律，有

$$\oint_S \boldsymbol{D}\cdot \mathrm{d}\boldsymbol{s}=\iint_{\Delta S_1}\boldsymbol{D}\cdot \mathrm{d}\boldsymbol{s}+\iint_{\Delta S_2}\boldsymbol{D}\cdot \mathrm{d}\boldsymbol{s}+\iint_{侧面}\boldsymbol{D}\cdot \mathrm{d}\boldsymbol{s}=\iiint_V \rho \mathrm{d}v \tag{1.47}$$

当 $\Delta h\to 0$ 时，圆柱面的侧面积趋于零，且 $\boldsymbol{D}$ 为有限值，故$\iint_{侧面}\boldsymbol{D}\cdot \mathrm{d}\boldsymbol{s}\to 0$。另外，由于闭曲面 $S$ 无限薄，其包围的体积 $V$ 中的电荷为

$$\iiint_V \rho \mathrm{d}v=\iiint_V \rho_s\delta(h)\mathrm{d}v=\iint_{\Delta S}\rho_s \mathrm{d}s$$

它等于曲面 $\Delta S$ 上的电荷。考虑到 $\Delta S$ 足够小，可以认为 $\Delta S_1$、$\Delta S_2$ 上的电位移矢量分别为常矢量 $\boldsymbol{D}_1$ 和 $\boldsymbol{D}_2$，$\Delta S$ 上的面电荷密度也等于常数 $\rho_s$，于是式(1.47)可简化为

$$\boldsymbol{D}_2\cdot\hat{\boldsymbol{n}}\Delta S_2-\boldsymbol{D}_1\cdot\hat{\boldsymbol{n}}\Delta S_1=(\boldsymbol{D}_2-\boldsymbol{D}_1)\cdot\hat{\boldsymbol{n}}\Delta S=\rho_s\Delta S \tag{1.48}$$

即

$$\hat{\boldsymbol{n}}\cdot(\boldsymbol{D}_2-\boldsymbol{D}_1)=\rho_s \quad 或 \quad D_{2n}-D_{1n}=\rho_s \tag{1.49}$$

上式就是电位移矢量 $\boldsymbol{D}$ 的边界条件。该式表明，当边界面上分布有自由面电荷时，$\boldsymbol{D}$ 的法向分量不连续，其法向分量的变化量等于边界面上的面自由电荷密度 $\rho_s$。

### 3. 电场强度和磁感应强度的边界条件

上面从全电流定律和高斯定律出发分别详细推导了磁场强度 $\boldsymbol{H}$ 和电位移矢量 $\boldsymbol{D}$ 满足的边界条件。也可以仿照上面的推导过程，通过法拉第电磁感应定律和磁通连续性定律这两个方程继续推得电场强度 $\boldsymbol{E}$ 和磁感应强度 $\boldsymbol{B}$ 满足的边界条件。

然而，考虑到法拉第电磁感应定律和磁通连续性定律这两个方程的形式与前两者比较相似，故而可以通过类比的方法直接得到电场强度 $\boldsymbol{E}$ 和磁感应强度 $\boldsymbol{B}$ 的边界条件：方程左边，曲线积分对应场量的切向边界条件，曲面积分对应场量的法向边界条件；方程右边，体电流/电荷源对应面电流/电荷源，如表 1.2 所示。

表 1.2　麦克斯韦方程和边界条件对照表

| 麦克斯韦方程 | 边界条件 |
|---|---|
| $\oint_L \boldsymbol{H}(\boldsymbol{r},t)\cdot \mathrm{d}\boldsymbol{l}=\iint_S\left(\boldsymbol{J}(\boldsymbol{r},t)+\frac{\partial \boldsymbol{D}(\boldsymbol{r},t)}{\partial t}\right)\cdot \mathrm{d}\boldsymbol{s}$ | $\hat{\boldsymbol{n}}\times(\boldsymbol{H}_2-\boldsymbol{H}_1)=\boldsymbol{J}_s$ |
| ⇩ | ⇩ |
| $\oint_L \boldsymbol{E}(\boldsymbol{r},t)\cdot \mathrm{d}\boldsymbol{l}=\iint_S -\frac{\partial \boldsymbol{B}(\boldsymbol{r},t)}{\partial t}\cdot \mathrm{d}\boldsymbol{s}$ | $\hat{\boldsymbol{n}}\times(\boldsymbol{E}_2-\boldsymbol{E}_1)=0$ |
| 麦克斯韦方程 | 边界条件 |
| $\oint_S \boldsymbol{D}(\boldsymbol{r},t)\cdot \mathrm{d}\boldsymbol{s}=\iiint_V \rho(\boldsymbol{r},t)\mathrm{d}v$ | $\hat{\boldsymbol{n}}\cdot(\boldsymbol{D}_2-\boldsymbol{D}_1)=\rho_s$ |
| ⇩ | ⇩ |
| $\oint_S \boldsymbol{B}(\boldsymbol{r},t)\cdot \mathrm{d}\boldsymbol{s}=0$ | $\hat{\boldsymbol{n}}\cdot(\boldsymbol{B}_2-\boldsymbol{B}_1)=0$ |

综上所述，从 4 个麦克斯韦积分方程出发，经过数学推导和合理的类比，得到电磁场的边界条件一般形式：

$$\begin{cases}\hat{\boldsymbol{n}}\times(\boldsymbol{E}_2-\boldsymbol{E}_1)=0\\ \hat{\boldsymbol{n}}\times(\boldsymbol{H}_2-\boldsymbol{H}_1)=\boldsymbol{J}_s\\ \hat{\boldsymbol{n}}\cdot(\boldsymbol{D}_2-\boldsymbol{D}_1)=\rho_s\\ \hat{\boldsymbol{n}}\cdot(\boldsymbol{B}_2-\boldsymbol{B}_1)=0\end{cases}\quad \text{或}\quad \begin{cases}E_{2t}=E_{1t}\\ H_{2t}-H_{1t}=J_s\\ D_{2n}-D_{1n}=\rho_s\\ B_{2n}=B_{1n}\end{cases}\tag{1.50}$$

式中：$\boldsymbol{J}_s$ 为边界上的传导面电流密度；$\rho_s$ 为边界上的自由面电荷密度。

根据边界条件可以由分界面一侧的电磁场结合分界面上的自由电荷、传导电流分布情况求出分界面另一侧的电磁场；也可以得出分界面两侧电磁场满足的关系式，如在第 2 章中分析电磁波入射到不同媒质分界面上的反射、折射问题时利用边界条件推导出反射系数和透射系数，从而得到入射场、反射场和透射场之间的关系。

### 1.4.2 几种特殊的边界条件

1.4.1 节推导了一般情况下的边界条件，本节讨论几种特殊媒质分界面上的边界条件。

#### 1. 理想介质分界面的边界条件

由于理想介质 $\sigma=0$，其中不存在自由电子，因此两种理想介质的分界面上也不会存在自由面电荷或传导面电流密度，即 $\boldsymbol{J}_s=0$，$\rho_s=0$。此时，分界面两侧电磁场满足边界条件

$$\begin{cases}\hat{\boldsymbol{n}}\times(\boldsymbol{E}_2-\boldsymbol{E}_1)=0\\ \hat{\boldsymbol{n}}\times(\boldsymbol{H}_2-\boldsymbol{H}_1)=0\\ \hat{\boldsymbol{n}}\cdot(\boldsymbol{D}_2-\boldsymbol{D}_1)=0\\ \hat{\boldsymbol{n}}\cdot(\boldsymbol{B}_2-\boldsymbol{B}_1)=0\end{cases}\quad \text{或}\quad \begin{cases}E_{2t}=E_{1t}\\ H_{2t}=H_{1t}\\ D_{2n}=D_{1n}\\ B_{2n}=B_{1n}\end{cases}\tag{1.51}$$

上式表明，在没有外加面电荷和传导面电流前提下，在两种理想介质的分界面上，电场强度 $\boldsymbol{E}$ 和磁场强度 $\boldsymbol{H}$ 的切向分量是连续的，电位移矢量 $\boldsymbol{D}$ 和磁感应强度 $\boldsymbol{B}$ 的法向分量是连续的。

#### 2. 理想导体的边界条件

对于理想导体，其电导率 $\sigma=\infty$。在这种理想导体情况下，导体内部所有场分量必定为零。若理想导体中存在非零场分量，则导体中的传导电流趋于无穷，即 $\boldsymbol{J}=\sigma\boldsymbol{E}=\infty$，这显然与"电流密度为有限值"这一基本物理事实相矛盾。设媒质 1 为理想导体，媒质 2 为理想介质，媒质 1 中的电磁场量 $\boldsymbol{E}_1$、$\boldsymbol{D}_1$、$\boldsymbol{H}_1$、$\boldsymbol{B}_1$ 均为零。为书写简便，可以将理想介质中的电磁场量 $\boldsymbol{E}_2$、$\boldsymbol{D}_2$、$\boldsymbol{H}_2$、$\boldsymbol{B}_2$ 的下标"2" 去掉，分别记为 $\boldsymbol{E}$、$\boldsymbol{D}$、$\boldsymbol{H}$、$\boldsymbol{B}$。因此，理想导体与理想介质边界面上电磁场满足边界条件为

$$\begin{cases}\hat{\boldsymbol{n}}\times\boldsymbol{E}=0\\ \hat{\boldsymbol{n}}\times\boldsymbol{H}=\boldsymbol{J}_s\\ \hat{\boldsymbol{n}}\cdot\boldsymbol{D}=\rho_s\\ \hat{\boldsymbol{n}}\cdot\boldsymbol{B}=0\end{cases}\quad \text{或}\quad \begin{cases}E_t=0\\ H_t=J_s\\ D_n=\rho_s\\ B_n=0\end{cases}\tag{1.52}$$

式中：$\boldsymbol{E}$、$\boldsymbol{D}$、$\boldsymbol{H}$、$\boldsymbol{B}$ 为理想导体外部媒质空间中的场矢量；$\hat{\boldsymbol{n}}$ 为理想导体的外法向单位矢量。

上式表明，在理想导体表面上电场的切向分量、磁场的法向分量均等于零。这意味着：电场矢量、电力线必然垂直于理想导体表面，磁场矢量、磁力线必然平行于理想导体表面；理想导体表面的自由电荷密度等于电位移矢量的法向分量，传导电流密度的模值等于磁场强度的切向分量。这样的边界也称为电壁，因为电场 $\boldsymbol{E}$ 的切向分量被"短路"，它在导体的表面必定为零。由此可以根据理想导体表面处的电磁场求出理想导体表面的自由电荷、传导电流密度

的分布情况。

3. 理想磁体的边界条件

理想导体的边界条件的对偶形式是理想磁体(PMC)的边界条件,也称磁壁边界条件,其中磁场 $\boldsymbol{H}$ 的切向分量必须为零。这种边界条件实际上是不存在的,但在某些问题中可用波纹表面或周期性销钉床来近似。磁壁上的场满足边界条件

$$\begin{cases}\hat{\boldsymbol{n}}\times\boldsymbol{E}=-\boldsymbol{M}_s\\ \hat{\boldsymbol{n}}\times\boldsymbol{H}=0\\ \hat{\boldsymbol{n}}\cdot\boldsymbol{D}=0\\ \hat{\boldsymbol{n}}\cdot\boldsymbol{B}=0\end{cases}\quad 或\quad \begin{cases}E_t=-M_s\\ H_t=0\\ D_n=0\\ B_n=0\end{cases}\tag{1.53}$$

式中:$\hat{\boldsymbol{n}}$ 为磁壁的外法向单位矢量;$\boldsymbol{M}_s$ 为磁流源,它是虚拟的源,是为数学上方便而引入的,磁流的真实源通常是一个小电流环或类似的磁偶极子而不是磁荷流(因为单极磁荷是不存在的)。

式(1.53)表明,磁壁上磁场 $\boldsymbol{H}$ 的切向分量为零,分界面上 $\hat{\boldsymbol{n}}\times\boldsymbol{H}=0$ 的理想情况是一种方便的简化。磁壁边界条件类似于开路传输线终端电压和电流的关系,电壁边界条件类似于短路传输线终端电压和电流的关系。这样,磁壁边界条件不仅使得边界条件更加完整,而且在很多应用中是一种有用的近似。

**例 1.5** 如图 1.17 所示,在间距为 $d$ 的两无限大导电平板之间充满空气,其中电场强度为 $\boldsymbol{E}=E_0\cos(\omega t-\beta z)\hat{\boldsymbol{x}}$($\beta$ 为常数),求两导电平板表面上的面电荷密度和面电流密度。

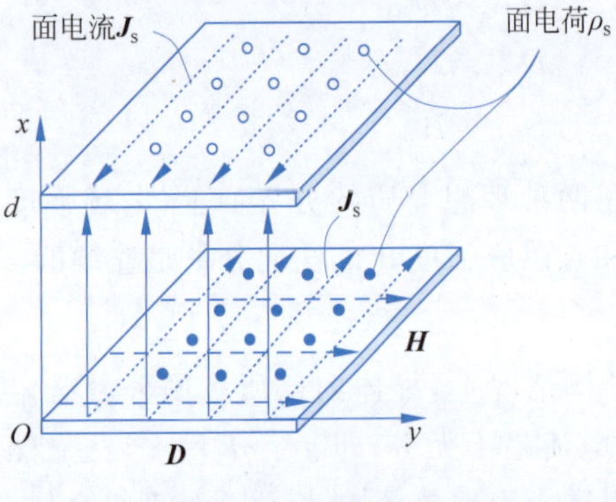


图 1.17 导电平板内表面的面电荷和面电流

**解:** 空气近似为介电常数、磁导率分别为 $\varepsilon_0$、$\mu_0$ 的理想介质。上、下导电板内侧的外法线方向分别为 $\hat{\boldsymbol{n}}_d=-\hat{\boldsymbol{x}}$,$\hat{\boldsymbol{n}}_0=\hat{\boldsymbol{x}}$。$\rho_s$、$\boldsymbol{J}_s$ 分别由 $\boldsymbol{D}$、$\boldsymbol{H}$ 确定,故先由 $\boldsymbol{E}$ 求出 $\boldsymbol{D}$、$\boldsymbol{H}$。

$$\boldsymbol{D}=\varepsilon_0\boldsymbol{E}=\varepsilon_0E_0\cos(\omega t-\beta z)\hat{\boldsymbol{x}}$$

$$\rho_{s0}=\hat{\boldsymbol{n}}_0\cdot\boldsymbol{D}=\varepsilon_0E_0\cos(\omega t-\beta z)(在\ x=0\ 表面)$$

$$\rho_{sd}=\hat{\boldsymbol{n}}_d\cdot\boldsymbol{D}=-\varepsilon_0E_0\cos(\omega t-\beta z)(在\ x=d\ 表面)$$

可见,上、下两导电平板内侧的面电荷密度等值异号,电力线从正电荷指向负电荷。

由 $\nabla\times\boldsymbol{E}=-\mu_0\dfrac{\partial\boldsymbol{H}}{\partial t}$,可知 $\boldsymbol{H}=-\dfrac{1}{\mu_0}\int\nabla\times\boldsymbol{E}\mathrm{d}t$,可求出

$$\boldsymbol{H}=E_0\sqrt{\varepsilon_0/\mu_0}\cos(\omega t-\beta z)\hat{\boldsymbol{y}}$$

$$\boldsymbol{J}_{s0}=\hat{\boldsymbol{n}}_0\times\boldsymbol{H}=E_0\sqrt{\varepsilon_0/\mu_0}\cos(\omega t-\beta z)\hat{\boldsymbol{z}}(在\ x=0\ 表面)$$

$$\boldsymbol{J}_{sd}=\hat{\boldsymbol{n}}_d\times\boldsymbol{H}=-E_0\sqrt{\varepsilon_0/\mu_0}\cos(\omega t-\beta z)\hat{\boldsymbol{z}}(在\ x=d\ 表面)$$

可见,上、下两导电平板内侧的面电流大小相等、方向相反。

## 1.5 时谐电磁场

在麦克斯韦方程组中,所有场矢量都是空间坐标变量和时间变量的函数,场矢量随时间的变化规律取决于场源 $\rho$、$\boldsymbol{J}$ 随时间的变化规律。场源 $\rho$、$\boldsymbol{J}$ 的时变规律是各种各样的,因此由它们激励起来的电磁场的时变规律也是各种各样的。在众多的时变电磁场中,最重要和最简单

的是时谐电磁场。时谐电磁场是指场分量随时间做简谐变化(包括正弦变化和余弦变化)的电磁场,又称为正弦电磁场。时谐场之所以重要,就在于它是实际工程中广泛应用的一种电磁场,同时任意时变形式的电磁场都可以用傅里叶(Fourier)级数或傅里叶积分展开成时谐电磁场的叠加。由此可见,时谐电磁场具有代表性,它是研究所有时变电磁场的基础。本书后续章节中,若非特别指明,讨论的对象一般是时谐电磁场。

对于时谐场,如果将所有场量用复数表示出来,将场方程写成复数形式,会使得时谐场的分析和计算大大简化。下面先讨论时谐场量的复数表示式,再讨论时谐场方程的复数形式。

### 1.5.1 时谐电磁场的表示方法

时谐电磁场由时谐源产生。电荷 $\rho(\boldsymbol{r},t)$ 随时间 $t$ 以角频率 $\omega$ 做简谐变化,可表示为时谐函数,即

$$\rho(\boldsymbol{r},t)=\rho_{\mathrm{m}}(\boldsymbol{r})\cos[\omega t+\phi_{\rho}(\boldsymbol{r})] \tag{1.54}$$

式中:$\rho_{\mathrm{m}}(\boldsymbol{r})$、$\phi_{\rho}(\boldsymbol{r})$ 分别为 $\boldsymbol{r}$ 点处的电荷密度 $\rho(\boldsymbol{r},t)$ 时谐变化的振幅和初始相位。

时谐电流源的电流密度矢量 $\boldsymbol{J}(\boldsymbol{r},t)$ 的三个分量 $J_x(\boldsymbol{r},t)$、$J_y(\boldsymbol{r},t)$、$J_z(\boldsymbol{r},t)$ 均可表示成类似的时谐函数,三个分量的振幅、初始相位可能各不相同,但角频率相同。

时谐电磁场的场矢量也随时间 $t$ 以角频率 $\omega$ 做简谐变化,各分量也可用时谐函数表示。以电场强度 $\boldsymbol{E}(\boldsymbol{r},t)$ 为例:

$$\begin{aligned}\boldsymbol{E}(\boldsymbol{r},t)&=\hat{x}E_x(\boldsymbol{r},t)+\hat{y}E_y(\boldsymbol{r},t)+\hat{z}E_z(\boldsymbol{r},t)\\&=\hat{x}E_{\mathrm{m}x}(\boldsymbol{r})\cos[\omega t+\phi_x(\boldsymbol{r})]+\hat{y}E_{\mathrm{m}y}(\boldsymbol{r})\cos[\omega t+\phi_y(\boldsymbol{r})]+\\&\quad\hat{z}E_{\mathrm{m}z}(\boldsymbol{r})\cos[\omega t+\phi_z(\boldsymbol{r})]\end{aligned} \tag{1.55}$$

式中:$E_{\mathrm{m}x}(\boldsymbol{r})$、$E_{\mathrm{m}y}(\boldsymbol{r})$、$E_{\mathrm{m}z}(\boldsymbol{r})$ 分别为 $E_x$、$E_y$、$E_z$ 分量在 $\boldsymbol{r}$ 点处的振幅;$\phi_x(\boldsymbol{r})$、$\phi_y(\boldsymbol{r})$、$\phi_z(\boldsymbol{r})$ 分别为 $E_x$、$E_y$、$E_z$ 分量在 $\boldsymbol{r}$ 点处的初始相位。

其他场矢量也可以表示成类似的形式,这种形式的表示式称为时谐电磁场的瞬时表示式。

实际上,由于时谐场的时变规律是已知的,可以将时谐场瞬时表示式中与时间有关的形式 $\cos(\omega t+\cdots)$ 作为已知信息而隐匿,只需要关注与空间坐标 $\boldsymbol{r}$ 有关的信息,如振幅 $E_{\mathrm{m}x}(\boldsymbol{r})$、$E_{\mathrm{m}y}(\boldsymbol{r})$、$E_{\mathrm{m}z}(\boldsymbol{r})$ 和初始相位 $\phi_x(\boldsymbol{r})$、$\phi_y(\boldsymbol{r})$、$\phi_z(\boldsymbol{r})$。根据欧拉公式,可将时谐场的场矢量、场源和场方程都用复数表示,使得时谐场的表示、分析和计算大为简化。

以电场强度 $\boldsymbol{E}(\boldsymbol{r},t)$ 为例,应用欧拉公式,其 $x$ 分量可以写为复数形式:

$$E_x(\boldsymbol{r},t)=E_{\mathrm{m}x}(\boldsymbol{r})\cos[\omega t+\phi_x(\boldsymbol{r})]=\mathrm{Re}[E_{\mathrm{m}x}(\boldsymbol{r})\mathrm{e}^{\mathrm{j}\phi_x(\boldsymbol{r})}\mathrm{e}^{\mathrm{j}\omega t}]=\mathrm{Re}[E_x(\boldsymbol{r})\mathrm{e}^{\mathrm{j}\omega t}] \tag{1.56}$$

式中:复数 $E_x(\boldsymbol{r})=E_{\mathrm{m}x}(\boldsymbol{r})\mathrm{e}^{\mathrm{j}\phi_x(\boldsymbol{r})}$ 称为 $E_x$ 分量的复振幅,它与时间无关,但包含了 $E_x$ 分量与空间位置 $\boldsymbol{r}$ 有关的所有信息,即振幅 $E_{\mathrm{m}x}(\boldsymbol{r})$ 和初始相位 $\phi_x(\boldsymbol{r})$。

已知 $E_x(\boldsymbol{r})$ 和角频率 $\omega$,就可以通过式(1.56)还原出 $E_x(\boldsymbol{r},t)$。因此,用复振幅 $E_x(\boldsymbol{r})$ 来代替 $E_x(\boldsymbol{r},t)$ 既简洁又完备。类似地,电场强度 $\boldsymbol{E}(\boldsymbol{r},t)$ 的其他分量也可以写为复数形式:

$$\begin{aligned}\boldsymbol{E}(\boldsymbol{r},t)&=\hat{x}E_x(\boldsymbol{r},t)+\hat{y}E_y(\boldsymbol{r},t)+\hat{z}E_z(\boldsymbol{r},t)\\&=\hat{x}E_{\mathrm{m}x}(\boldsymbol{r})\cos[\omega t+\phi_x(\boldsymbol{r})]+\hat{y}E_{\mathrm{m}y}(\boldsymbol{r})\cos[\omega t+\phi_y(\boldsymbol{r})]+\\&\quad\hat{z}E_{\mathrm{m}z}(\boldsymbol{r})\cos[\omega t+\phi_z(\boldsymbol{r})]\\&=\mathrm{Re}\{[\hat{x}E_{\mathrm{m}x}(\boldsymbol{r})\mathrm{e}^{\mathrm{j}\phi_x(\boldsymbol{r})}+\hat{y}E_{\mathrm{m}y}(\boldsymbol{r})\mathrm{e}^{\mathrm{j}\phi_y(\boldsymbol{r})}+\hat{z}E_{\mathrm{m}z}(\boldsymbol{r})\mathrm{e}^{\mathrm{j}\phi_z(\boldsymbol{r})}]\mathrm{e}^{\mathrm{j}\omega t}\}\\&=\mathrm{Re}\{[\hat{x}E_x(\boldsymbol{r})+\hat{y}E_y(\boldsymbol{r})+\hat{z}E_z(\boldsymbol{r})]\mathrm{e}^{\mathrm{j}\omega t}\}\\&=\mathrm{Re}[\boldsymbol{E}(\boldsymbol{r})\mathrm{e}^{\mathrm{j}\omega t}]\end{aligned} \tag{1.57}$$

式中：$E_y(\boldsymbol{r})=E_{my}(\boldsymbol{r})e^{j\phi_y(\boldsymbol{r})}$，$E_z(\boldsymbol{r})=E_{mz}(\boldsymbol{r})e^{j\phi_z(\boldsymbol{r})}$ 分别为 $E_y$ 分量、$E_z$ 分量的复振幅。矢量 $\boldsymbol{E}(\boldsymbol{r})=\hat{x}E_x(\boldsymbol{r})+\hat{y}E_y(\boldsymbol{r})+\hat{z}E_z(\boldsymbol{r})$称为 $\boldsymbol{E}(\boldsymbol{r},t)$的复振幅矢量，又称为 $\boldsymbol{E}(\boldsymbol{r},t)$的复数表示式。

场矢量 $\boldsymbol{D}(\boldsymbol{r},t)$、$\boldsymbol{H}(\boldsymbol{r},t)$、$\boldsymbol{B}(\boldsymbol{r},t)$、$\boldsymbol{J}(\boldsymbol{r},t)$都可按上述方法写为复数形式：

$$\boldsymbol{D}(\boldsymbol{r},t)=\mathrm{Re}[\boldsymbol{D}(\boldsymbol{r})e^{j\omega t}],\quad \boldsymbol{D}(\boldsymbol{r})=\hat{x}D_x(\boldsymbol{r})+\hat{y}D_y(\boldsymbol{r})+\hat{z}D_z(\boldsymbol{r})$$

$$\boldsymbol{H}(\boldsymbol{r},t)=\mathrm{Re}[\boldsymbol{H}(\boldsymbol{r})e^{j\omega t}],\quad \boldsymbol{H}(\boldsymbol{r})=\hat{x}H_x(\boldsymbol{r})+\hat{y}H_y(\boldsymbol{r})+\hat{z}H_z(\boldsymbol{r})$$

$$\boldsymbol{B}(\boldsymbol{r},t)=\mathrm{Re}[\boldsymbol{B}(\boldsymbol{r})e^{j\omega t}],\quad \boldsymbol{B}(\boldsymbol{r})=\hat{x}B_x(\boldsymbol{r})+\hat{y}B_y(\boldsymbol{r})+\hat{z}B_z(\boldsymbol{r})$$

$$\boldsymbol{J}(\boldsymbol{r},t)=\mathrm{Re}[\boldsymbol{J}(\boldsymbol{r})e^{j\omega t}],\quad \boldsymbol{J}(\boldsymbol{r})=\hat{x}J_x(\boldsymbol{r})+\hat{y}J_y(\boldsymbol{r})+\hat{z}J_z(\boldsymbol{r})$$

由以上讨论可知，已知场矢量的复振幅表示式，只需将该表示式乘以 $e^{j\omega t}$，再对它取实部，就可得到该场矢量的瞬时表示式。可见，时谐场的复数表示式比瞬时表示式更简洁又完备，因此在时谐场条件下往往采用复数表示式来表示场矢量。

需要注意以下三方面：

(1) 只有时谐电磁场的场矢量才能写成复数表示式，复数表示式仅仅是时谐电磁场的一种简化数学表示形式，它只与空间位置变量有关，而与时间变量无关。

(2) 真实的电磁场矢量是与之相对应的瞬时表示式，引入复数表示式的目的仅仅是简化数学分析和计算。

(3) 只有频率相同的时谐场之间才能直接使用复数表示式进行运算。

### 1.5.2 时谐场复数形式的麦克斯韦方程组和边界条件

在时谐电磁场前提下，也可以写出时谐场复数形式的麦克斯韦方程组。以全电流定律的微分方程为例，将其中所有物理量都用其复数表示式来表示：

$$\nabla\times\mathrm{Re}[\boldsymbol{H}(\boldsymbol{r})e^{j\omega t}]=\mathrm{Re}[\boldsymbol{J}(\boldsymbol{r})e^{j\omega t}]+\frac{\partial\mathrm{Re}[\boldsymbol{D}(\boldsymbol{r})e^{j\omega t}]}{\partial t}$$

交换取实部的 Re 运算与偏微分算子$\nabla\cdot$、$\nabla\times$的运算次序，可得

$$\mathrm{Re}[\nabla\times\boldsymbol{H}(\boldsymbol{r})e^{j\omega t}]=\mathrm{Re}[\boldsymbol{J}(\boldsymbol{r})e^{j\omega t}+j\omega\boldsymbol{D}(\boldsymbol{r})e^{j\omega t}]$$

即

$$\mathrm{Re}\{[\nabla\times\boldsymbol{H}(\boldsymbol{r})-\boldsymbol{J}(\boldsymbol{r})-j\omega\boldsymbol{D}(\boldsymbol{r})]e^{j\omega t}\}=0$$

上式对任意 $t$ 都成立的条件为

$$\nabla\times\boldsymbol{H}(\boldsymbol{r})-\boldsymbol{J}(\boldsymbol{r})-j\omega\boldsymbol{D}(\boldsymbol{r})=0$$

即

$$\nabla\times\boldsymbol{H}(\boldsymbol{r})=\boldsymbol{J}(\boldsymbol{r})+j\omega\boldsymbol{D}(\boldsymbol{r})$$

上式就是时谐电磁场情况下全电流定律微分方程的复数形式。

类似地，在时谐电磁场情况下，可将麦克斯韦方程组中其他三个方程也写成复数形式，得到复数形式的麦克斯韦方程组：

$$\begin{cases}\nabla\times\boldsymbol{H}(\boldsymbol{r})=\boldsymbol{J}(\boldsymbol{r})+j\omega\boldsymbol{D}(\boldsymbol{r})\\ \nabla\times\boldsymbol{E}(\boldsymbol{r})=-j\omega\boldsymbol{B}(\boldsymbol{r})\\ \nabla\cdot\boldsymbol{B}(\boldsymbol{r})=0\\ \nabla\cdot\boldsymbol{D}(\boldsymbol{r})=\rho(\boldsymbol{r})\end{cases}\tag{1.58}$$

将瞬时形式和复数形式的麦克斯韦方程组比较可知，对于时谐场，只要将瞬时形式场方程中所有物理量的瞬时表示式用对应的复数表示式替换，并将对时间求偏导的微分算子$\partial/\partial t$ 用

$j\omega$ 替换,就可从瞬时形式的场方程直接写出对应的复数形式的场方程。

需要特别注意,方程组(1.58)只适用于时谐电磁场,不适用于其他时变形式的电磁场。时谐电磁场的结构方程和边界条件的复数形式:

$$\begin{cases} \boldsymbol{J}(\boldsymbol{r})=\sigma\boldsymbol{E}(\boldsymbol{r}) \\ \boldsymbol{D}(\boldsymbol{r})=\varepsilon\boldsymbol{E}(\boldsymbol{r}) \\ \boldsymbol{B}(\boldsymbol{r})=\mu\boldsymbol{H}(\boldsymbol{r}) \end{cases} \tag{1.59}$$

$$\begin{cases} \hat{\boldsymbol{n}}\times[\boldsymbol{E}_2(\boldsymbol{r})-\boldsymbol{E}_1(\boldsymbol{r})]=0 \\ \hat{\boldsymbol{n}}\times[\boldsymbol{H}_2(\boldsymbol{r})-\boldsymbol{H}_1(\boldsymbol{r})]=\boldsymbol{J}_s(\boldsymbol{r}) \\ \hat{\boldsymbol{n}}\cdot[\boldsymbol{D}_2(\boldsymbol{r})-\boldsymbol{D}_1(\boldsymbol{r})]=\rho_s(\boldsymbol{r}) \\ \hat{\boldsymbol{n}}\cdot[\boldsymbol{B}_2(\boldsymbol{r})-\boldsymbol{B}_1(\boldsymbol{r})]=0 \end{cases} \tag{1.60}$$

**例 1.6** 写出与下列场矢量表示式对应的另一种表示式(瞬时表示式或复数表示式)。

(1) $\boldsymbol{E}(\boldsymbol{r})=E_0\sin(k_x x)\sin(k_y y)\mathrm{e}^{-\mathrm{j}k_z z}\hat{\boldsymbol{z}}$

(2) $\boldsymbol{E}=2\mathrm{j}E_0\sin\theta\cos(kx\cos\theta)\mathrm{e}^{-\mathrm{j}k_z z\sin\theta}\hat{\boldsymbol{x}}$

(3) $\boldsymbol{E}=E_{my}\cos(\omega t-kx+\alpha)\hat{\boldsymbol{y}}+E_{mz}\sin(\omega t-kx+\alpha)\hat{\boldsymbol{z}}$

(4) $\boldsymbol{H}=H_0\sin(kz-\omega t)\hat{\boldsymbol{x}}+H_0\cos(kz-\omega t)\hat{\boldsymbol{z}}$

**解:** (1) 原表示式是复数表示式,写出它的瞬时表示式,直接利用式(1.57)可得

$$\begin{aligned}\boldsymbol{E}(\boldsymbol{r},t)&=\mathrm{Re}[\boldsymbol{E}(\boldsymbol{r})\mathrm{e}^{\mathrm{j}\omega t}]=\mathrm{Re}[E_0\sin(k_x x)\sin(k_y y)\mathrm{e}^{-\mathrm{j}k_z z}\mathrm{e}^{\mathrm{j}\omega t}\hat{\boldsymbol{z}}]\\&=E_0\sin(k_x x)\sin(k_y y)\cos(\omega t-k_z z)\hat{\boldsymbol{z}}\end{aligned}$$

(2) 原表示式是复数表示式,要写出它的瞬时表示式。复系数 j 要写成 e 的指数形式,然后将 e 的所有指数相加得到时谐函数的相位,于是有

$$\begin{aligned}\boldsymbol{E}(\boldsymbol{r},t)&=\mathrm{Re}[\boldsymbol{E}(\boldsymbol{r})\mathrm{e}^{\mathrm{j}\omega t}]=\mathrm{Re}[2\mathrm{j}E_0\sin\theta\cos(kx\cos\theta)\mathrm{e}^{-\mathrm{j}k_z z\sin\theta}\mathrm{e}^{\mathrm{j}\omega t}\hat{\boldsymbol{x}}]\\&=\mathrm{Re}[2E_0\sin\theta\cos(kx\cos\theta)\mathrm{e}^{\mathrm{j}\pi/2}\mathrm{e}^{-\mathrm{j}k_z z\sin\theta}\mathrm{e}^{\mathrm{j}\omega t}\hat{\boldsymbol{x}}]\\&=2E_0\sin\theta\cos(kx\cos\theta)\cos(\omega t-k_z z\sin\theta+\pi/2)\hat{\boldsymbol{x}}\\&=-2E_0\sin\theta\cos(kx\cos\theta)\sin(\omega t-k_z z\sin\theta)\hat{\boldsymbol{x}}\end{aligned}$$

(3) 原表示式是瞬时表示式,要写出它的复数表示式。先将所有时谐函数都转换为 $\cos(\omega t+\cdots)$ 的函数形式,才能将它们写成复数的实部,于是有

$$\begin{aligned}\boldsymbol{E}(\boldsymbol{r},t)&=E_{my}\cos(\omega t-kx+\alpha)\hat{\boldsymbol{y}}+E_{mz}\sin(\omega t-kx+\alpha)\hat{\boldsymbol{z}}\\&=E_{my}\cos(\omega t-kx+\alpha)\hat{\boldsymbol{y}}+E_{mz}\cos(\omega t-kx+\alpha-\pi/2)\hat{\boldsymbol{z}}\\&=\mathrm{Re}(E_{my}\mathrm{e}^{\mathrm{j}(-kx+\alpha)}\mathrm{e}^{\mathrm{j}\omega t}\hat{\boldsymbol{y}}+E_{mz}\mathrm{e}^{\mathrm{j}(-kx+\alpha)}\mathrm{e}^{-\mathrm{j}\pi/2}\mathrm{e}^{\mathrm{j}\omega t}\hat{\boldsymbol{z}})\\&=\mathrm{Re}[(E_{my}\mathrm{e}^{\mathrm{j}(-kx+\alpha)}\hat{\boldsymbol{y}}-\mathrm{j}E_{mz}\mathrm{e}^{\mathrm{j}(-kx+\alpha)}\hat{\boldsymbol{z}})\mathrm{e}^{\mathrm{j}\omega t}]\\&=\mathrm{Re}[\boldsymbol{E}(\boldsymbol{r})\mathrm{e}^{\mathrm{j}\omega t}]\end{aligned}$$

$$\boldsymbol{E}(\boldsymbol{r})=E_{my}\mathrm{e}^{\mathrm{j}(-kx+\alpha)}\hat{\boldsymbol{y}}-\mathrm{j}E_{mz}\mathrm{e}^{\mathrm{j}(-kx+\alpha)}\hat{\boldsymbol{z}}$$

(4) 原表示式是瞬时表示式,要写出它的复数表示式。先将 $\omega t$ 前的符号化成正号,再将所有时谐函数都转换为 $\cos(\omega t+\cdots)$ 的函数形式,于是有

$$\begin{aligned}\boldsymbol{H}(\boldsymbol{r},t)&=H_0\sin(kz-\omega t)\hat{\boldsymbol{x}}+H_0\cos(kz-\omega t)\hat{\boldsymbol{z}}\\&=-H_0\cos(\omega t-kz-\pi/2)\hat{\boldsymbol{x}}+H_0\cos(\omega t-kz)\hat{\boldsymbol{z}}\\&=\mathrm{Re}(-H_0\mathrm{e}^{-\mathrm{j}kz}\mathrm{e}^{-\mathrm{j}\pi/2}\mathrm{e}^{\mathrm{j}\omega t}\hat{\boldsymbol{x}}+H_0\mathrm{e}^{-\mathrm{j}kz}\mathrm{e}^{\mathrm{j}\omega t}\hat{\boldsymbol{z}})\end{aligned}$$

$$=\mathrm{Re}[(\mathrm{j}H_0\mathrm{e}^{-\mathrm{j}kz}\hat{\boldsymbol{x}}+H_0\mathrm{e}^{-\mathrm{j}kz}\hat{\boldsymbol{z}})\mathrm{e}^{\mathrm{j}\omega t}]$$
$$=\mathrm{Re}[\boldsymbol{H}(\boldsymbol{r})\mathrm{e}^{\mathrm{j}\omega t}]$$
$$\boldsymbol{H}(\boldsymbol{r})=\mathrm{j}H_0\mathrm{e}^{-\mathrm{j}kz}\hat{\boldsymbol{x}}+H_0\mathrm{e}^{-\mathrm{j}kz}\hat{\boldsymbol{z}}$$

### 1.5.3 复介电常数和复磁导率

物质在时谐电磁场作用下也会产生极化与磁化现象。因为时谐场的电场、磁场方向均随时间做周期性简谐变化，发生极化或磁化时，物质分子或原子内的电偶极矩、磁偶极矩的方向也将随时间做周期性简谐变化。当时谐电磁场工作频率不高时，物质分子或原子中电偶极矩、磁偶极矩方向的改变能够保持与电场、磁场方向的改变速率同步；当时谐电磁场工作频率较高时，电场、磁场方向将快速变化，物质分子和原子受摩擦阻尼力的影响，会导致物质分子或原子中电偶极矩、磁偶极矩方向的改变“跟不上”场矢量方向的改变速率，即电偶极矩、磁偶极矩方向的改变将滞后于电场、磁场方向的改变(这种现象称为弛豫效应)。这一现象与媒质的极化损耗和磁化损耗相关，一些媒质在低频场中的极化损耗和磁化损耗可以忽略，但是在高频场中这类损耗往往不能忽略。

当时谐场工作频率较高时，电介质中分子或原子电偶极矩方向的改变滞后于时谐场方向的改变，故极化强度 $\boldsymbol{P}$ 的方向也滞后于时谐电场 $\boldsymbol{E}$ 的方向改变，即

$$\boldsymbol{P}(\boldsymbol{r})=\varepsilon_0\chi_{\mathrm{e}}\mathrm{e}^{-\mathrm{j}\phi(\omega)}\boldsymbol{E}(\boldsymbol{r})=\varepsilon_0\chi_{\mathrm{ec}}\boldsymbol{E}(\boldsymbol{r}) \tag{1.61}$$

式中：$\phi(\omega)$为 $\boldsymbol{P}$ 滞后于 $\boldsymbol{E}$ 的相位，它是频率 $\omega$ 的函数。

考虑 $\boldsymbol{D}$、$\boldsymbol{E}$、$\boldsymbol{P}$ 之间满足关系 $\boldsymbol{D}(\boldsymbol{r})=\varepsilon_0\boldsymbol{E}(\boldsymbol{r})+\boldsymbol{P}(\boldsymbol{r})$，于是电位移矢量可表示成

$$\begin{aligned}\boldsymbol{D}(\boldsymbol{r})&=\varepsilon_0\{[1+\chi_{\mathrm{e}}\cos\phi(\omega)]-\mathrm{j}\chi_{\mathrm{e}}\sin\phi(\omega)\}\boldsymbol{E}(\boldsymbol{r})\\&=\varepsilon_0(\varepsilon_{\mathrm{r}}'-\mathrm{j}\varepsilon_{\mathrm{r}}'')\boldsymbol{E}(\boldsymbol{r})=\varepsilon_0\varepsilon_{\mathrm{cr}}\boldsymbol{E}(\boldsymbol{r})=\varepsilon_{\mathrm{c}}\boldsymbol{E}(\boldsymbol{r})\end{aligned} \tag{1.62}$$

式中：$\varepsilon_{\mathrm{c}}$ 和 $\varepsilon_{\mathrm{cr}}$ 分别为复介电常数和复相对介电常数，且有

$$\varepsilon_{\mathrm{cr}}=\varepsilon_{\mathrm{r}}'-\mathrm{j}\varepsilon_{\mathrm{r}}'' \tag{1.63}$$

$$\varepsilon_{\mathrm{c}}=\varepsilon_0\varepsilon_{\mathrm{cr}}=\varepsilon_0(\varepsilon_{\mathrm{r}}'-\mathrm{j}\varepsilon_{\mathrm{r}}'')=\varepsilon'-\mathrm{j}\varepsilon'' \tag{1.64}$$

由此可见，复介电常数的实部 $\varepsilon'$ 和虚部 $\varepsilon''$ 都是角频率 $\omega$ 的函数，实部 $\varepsilon'$ 反映了电介质中储存的电能多少，虚部 $\varepsilon''$ 反映了电介质中电偶极子振动阻尼产生的热损耗(极化损耗)。工程中通常关注损耗角正切，它定义为复介电常数的虚部与实部之比，即

$$\tan\delta_{\varepsilon}=\frac{\varepsilon''}{\varepsilon'} \tag{1.65}$$

损耗角正切一般也是角频率 $\omega$ 的函数，其值越大，电介质的极化损耗也越大。附录 D 中列出了一些常用媒质的损耗角正切值。微波材料总是用一定频率下的相对介电常数 $\varepsilon_{\mathrm{r}}'$ 和损耗角正切来表征。极化损耗计算：首先在无耗假设下求得问题的解，然后用复介电常数 $\varepsilon_{\mathrm{c}}=\varepsilon'-\mathrm{j}\varepsilon''=\varepsilon'(1-\mathrm{j}\tan\delta)$ 取代无耗解中的实介电常数 $\varepsilon$。

类似地，存在磁化损耗的媒质，其复磁导率 $\mu_{\mathrm{c}}$ 也是角频率 $\omega$ 的函数，并且可表示成

$$\mu_{\mathrm{c}}=\mu_0\mu_{\mathrm{cr}}=\mu_0(\mu_{\mathrm{r}}'-\mathrm{j}\mu_{\mathrm{r}}'')=\mu'-\mathrm{j}\mu'' \tag{1.66}$$

式中：实部 $\mu'$ 反映了媒质中储存的磁能；虚部 $\mu''$ 反映了媒质中的磁化损耗。

除了极化损耗和磁化损耗外，对于导电媒质还存在导电损耗(欧姆损耗)。在时谐电磁场中，对于介电常数为 $\varepsilon$、电导率为 $\sigma$ 的导电媒质，在没有外加源的情况下，全电流定律可表示为

$$\nabla\times\boldsymbol{H}=\sigma\boldsymbol{E}+\mathrm{j}\omega\varepsilon\boldsymbol{E}=\mathrm{j}\omega\varepsilon\left(1-\mathrm{j}\frac{\sigma}{\omega\varepsilon}\right)\boldsymbol{E}=\mathrm{j}\omega\varepsilon_{\mathrm{c}}\boldsymbol{E} \tag{1.67}$$

可见，类似于式(1.64)，欧姆损耗以虚部的形式体现在复介电常数中，其损耗角正切可表示为

$$\tan\delta_\sigma = \frac{\sigma}{\omega\varepsilon} \tag{1.68}$$

当媒质中同时存在极化损耗和导电损耗时，其复介电常数可表示为

$$\varepsilon_c = \varepsilon' - \mathrm{j}\left(\varepsilon'' + \frac{\sigma}{\omega}\right) \tag{1.69}$$

实际上，$\sigma/(\omega\varepsilon)$描述了导电媒质中传导电流与位移电流的振幅之比。当$\sigma/(\omega\varepsilon)\gg 1$时，媒质中传导电流远大于位移电流，媒质主要表现出良好的导电特性，通常称为良导体；当$\sigma/(\omega\varepsilon)\ll 1$时，媒质中传导电流远小于位移电流，媒质主要表现出良好的介质特性，通常称为良介质。

## 1.6 时谐场的能量守恒定律

视频

电磁场本质上是一种物质，是能量的携带者，电磁能量按照一定的分布规律存储于空间中。对于时变电磁场而言，由于其空间各点处的能量密度是随时间变化的，这就意味着空间中存在电磁能量的流动或传播现象。实际上，电磁波的传播过程也就是电磁能量的传播过程。电磁能量和其他形式的能量一样，遵循能量守恒定律，本节主要研究时谐电磁场的能量守恒定律。

### 1.6.1 坡印廷矢量

坡印廷矢量是一个描述时变电磁场能量流动特性的矢量，又称为电磁能流密度矢量，其定义为

$$\boldsymbol{S}(\boldsymbol{r},t) = \boldsymbol{E}(\boldsymbol{r},t) \times \boldsymbol{H}(\boldsymbol{r},t) \tag{1.70}$$

由式(1.70)可知，坡印廷矢量包含以下两层含义。

(1) $\boldsymbol{S}$的方向表示电磁能量流动的方向，该方向垂直于电场强度和磁场强度，依次构成右手螺旋法则，如图1.18所示。

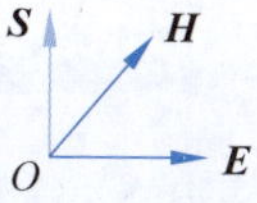


图1.18 坡印廷矢量与电场、磁场满足的右手螺旋法则示意图

(2) $\boldsymbol{S}$的模值等于单位时间内通过与能流方向垂直的单位面积的电磁能量，其单位为$\mathrm{W/m^2}$。在研究电磁问题时，可以通过计算坡印廷矢量$\boldsymbol{S}$在某一曲面上的通量$\iint_S \boldsymbol{S}\cdot \mathrm{d}\boldsymbol{s}$来计算流过该曲面的总电磁功率。

对于时谐电磁场而言，式(1.70)定义的坡印廷矢量表示的是电磁场在时刻$t$、空间$\boldsymbol{r}$点处的能流密度矢量，又称其为瞬时坡印廷矢量或瞬时能流密度矢量。考虑时谐电磁场的场量是呈周期变化的，故而其瞬时坡印廷矢量$\boldsymbol{S}(\boldsymbol{r},t)$也是呈周期变化的。对于这种呈周期变化的电磁场，一般更加关心其在一个周期内的平均能量流动情况。

定义$\boldsymbol{S}(\boldsymbol{r},t)$在每个周期内的时间平均值为平均坡印廷矢量，记为

$$\boldsymbol{S}_{\mathrm{av}}(\boldsymbol{r}) = \frac{1}{T}\int_0^T \boldsymbol{S}(\boldsymbol{r},t)\,\mathrm{d}t \tag{1.71}$$

从式(1.71)可以看到，$\boldsymbol{S}_{\mathrm{av}}(\boldsymbol{r})$仅是空间坐标的函数，它描述的是时谐电磁场在空间$\boldsymbol{r}$点处平均

电磁能流密度的大小和方向。下面分析 $\boldsymbol{S}_{\mathrm{av}}(\boldsymbol{r})$ 与场分量 $\boldsymbol{E}$、$\boldsymbol{H}$ 的关系。

时谐场情况下，场矢量的瞬时表示式 $\boldsymbol{E}(\boldsymbol{r},t)$、$\boldsymbol{H}(\boldsymbol{r},t)$ 可以写为复数形式：

$$\boldsymbol{E}(\boldsymbol{r},t)=\mathrm{Re}\left[\boldsymbol{E}(\boldsymbol{r})\mathrm{e}^{\mathrm{j}\omega t}\right]=\frac{1}{2}\left[\boldsymbol{E}(\boldsymbol{r})\mathrm{e}^{\mathrm{j}\omega t}+\boldsymbol{E}^{*}(\boldsymbol{r})\mathrm{e}^{-\mathrm{j}\omega t}\right]$$

$$\boldsymbol{H}(\boldsymbol{r},t)=\mathrm{Re}\left[\boldsymbol{H}(\boldsymbol{r})\mathrm{e}^{\mathrm{j}\omega t}\right]=\frac{1}{2}\left[\boldsymbol{H}(\boldsymbol{r})\mathrm{e}^{\mathrm{j}\omega t}+\boldsymbol{H}^{*}(\boldsymbol{r})\mathrm{e}^{-\mathrm{j}\omega t}\right]$$

式中：$\boldsymbol{E}^{*}(\boldsymbol{r})$、$\boldsymbol{H}^{*}(\boldsymbol{r})$ 分别为 $\boldsymbol{E}(\boldsymbol{r})$、$\boldsymbol{H}(\boldsymbol{r})$ 的共轭。

因此，时谐电磁场的瞬时坡印廷矢量 $\boldsymbol{S}(\boldsymbol{r},t)$ 可以表示为

$$\begin{aligned}\boldsymbol{S}(\boldsymbol{r},t)&=\boldsymbol{E}(\boldsymbol{r},t)\times\boldsymbol{H}(\boldsymbol{r},t)\\&=\frac{1}{2}\left[\boldsymbol{E}(\boldsymbol{r})\mathrm{e}^{\mathrm{j}\omega t}+\boldsymbol{E}^{*}(\boldsymbol{r})\mathrm{e}^{-\mathrm{j}\omega t}\right]\times\frac{1}{2}\left[\boldsymbol{H}(\boldsymbol{r})\mathrm{e}^{\mathrm{j}\omega t}+\boldsymbol{H}^{*}(\boldsymbol{r})\mathrm{e}^{-\mathrm{j}\omega t}\right]\\&=\mathrm{Re}\left[\frac{1}{2}\boldsymbol{E}(\boldsymbol{r})\times\boldsymbol{H}^{*}(\boldsymbol{r})\right]+\mathrm{Re}\left[\frac{1}{2}\boldsymbol{E}(\boldsymbol{r})\times\boldsymbol{H}(\boldsymbol{r})\mathrm{e}^{\mathrm{j}2\omega t}\right]\end{aligned}\tag{1.72}$$

式中：右边第一项与时间 $t$ 无关，不随时间变化；第二项以 $2\omega$ 为角频率随时间 $t$ 做正弦变化。图 1.19 画出了式(1.72)右边第一项、第二项以及 $\boldsymbol{S}(\boldsymbol{r},t)$ 的幅度随时间变量 $t$ 的变化曲线。可见，第一项与时间 $t$ 无关，在时间轴上是一个常数，不妨令其为 $C_0$；第二项在时间轴上成简谐周期变化，其周期是 $T/2$；故 $\boldsymbol{S}(\boldsymbol{r},t)$ 在时间轴上呈现出以 $C_0$ 为平均值的简谐周期变化。

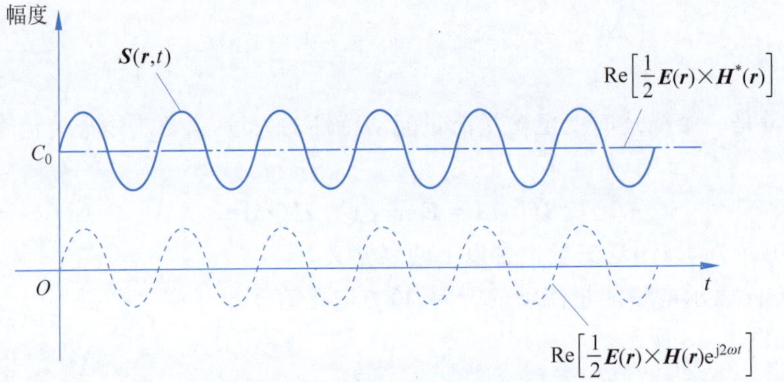


图 1.19　瞬时坡印廷矢量的时变曲线

于是，$\boldsymbol{S}(\boldsymbol{r},t)$ 在一个周期内的时间平均值 $\boldsymbol{S}_{\mathrm{av}}(\boldsymbol{r})$ 就等于 $C_0$，即

$$\boldsymbol{S}_{\mathrm{av}}(\boldsymbol{r})=\frac{1}{T}\int_0^T\boldsymbol{S}(\boldsymbol{r},t)\mathrm{d}t=\mathrm{Re}\left[\frac{1}{2}\boldsymbol{E}(\boldsymbol{r})\times\boldsymbol{H}^{*}(\boldsymbol{r})\right]\tag{1.73}$$

这就是平均坡印廷矢量的计算表达式。

式(1.73)中，Re[·]中的复矢量 $\boldsymbol{E}(\boldsymbol{r})\times\boldsymbol{H}^{*}(\boldsymbol{r})/2$ 定义为时谐场的复坡印廷矢量或复能流密度 $\boldsymbol{S}(\boldsymbol{r})$，即

$$\boldsymbol{S}(\boldsymbol{r})=\frac{1}{2}\boldsymbol{E}(\boldsymbol{r})\times\boldsymbol{H}^{*}(\boldsymbol{r})\tag{1.74}$$

由式(1.73)可知，平均坡印廷矢量与复坡印廷矢量的关系为

$$\boldsymbol{S}_{\mathrm{av}}(\boldsymbol{r})=\mathrm{Re}\left[\boldsymbol{S}(\boldsymbol{r})\right]\tag{1.75}$$

本节介绍了三种坡印廷矢量，为方便区分，总结如下。

瞬时坡印廷矢量：　$\boldsymbol{S}(\boldsymbol{r},t)=\boldsymbol{E}(\boldsymbol{r},t)\times\boldsymbol{H}(\boldsymbol{r},t)$

复坡印廷矢量：　$\boldsymbol{S}(\boldsymbol{r})=\dfrac{1}{2}\boldsymbol{E}(\boldsymbol{r})\times\boldsymbol{H}^{*}(\boldsymbol{r})$

平均坡印廷矢量： $\boldsymbol{S}_{av}(\boldsymbol{r})=\mathrm{Re}\left[\frac{1}{2}\boldsymbol{E}(\boldsymbol{r})\times\boldsymbol{H}^*(\boldsymbol{r})\right]=\mathrm{Re}[\boldsymbol{S}(\boldsymbol{r})]$

关于本节得到的三种坡印廷矢量，需要注意以下三方面。

（1）瞬时坡印廷矢量的计算表达式既适用于时谐场又适用于一般时变场，平均坡印廷矢量和复坡印廷矢量的计算表达式只适用于时谐场。

（2）瞬时坡印廷矢量和平均坡印廷矢量分别表示电磁场的瞬时能流密度大小和方向、平均能流密度大小和方向，后者等于前者在一个周期内的时间平均值，即

$$\boldsymbol{S}_{av}(\boldsymbol{r})=\frac{1}{T}\int_0^T\boldsymbol{S}(\boldsymbol{r},t)\mathrm{d}t$$

（3）时谐场的复坡印廷矢量 $\boldsymbol{S}(\boldsymbol{r})$ 并不是其瞬时坡印廷矢量 $\boldsymbol{S}(\boldsymbol{r},t)$ 的复数表示式，$\boldsymbol{S}(\boldsymbol{r},t)\neq\mathrm{Re}[\boldsymbol{S}(\boldsymbol{r})\mathrm{e}^{\mathrm{j}\omega t}]$，$\boldsymbol{S}(\boldsymbol{r})\neq\boldsymbol{E}(\boldsymbol{r})\times\boldsymbol{H}(\boldsymbol{r})$，只能通过定义式(1.74)来求复坡印廷矢量 $\boldsymbol{S}(\boldsymbol{r})$。

**例 1.7** 在某无源理想介质区域中，$\boldsymbol{E}(z,t)=E\cos(\omega t-kz)\hat{\boldsymbol{x}}(\mathrm{V/m})$，试求：

（1）坡印廷矢量；

（2）坡印廷矢量的时间平均值。

**解：**（1）求坡印廷矢量，首先应用麦克斯韦方程组，由 $\boldsymbol{E}$ 求出 $\boldsymbol{H}$：

$$\frac{\partial\boldsymbol{B}}{\partial t}=-\nabla\times\boldsymbol{E}=-Ek\sin(\omega t-kz)\hat{\boldsymbol{y}},\quad \boldsymbol{H}=\frac{\boldsymbol{B}}{\mu}=\frac{k}{\omega\mu}E\cos(\omega t-kz)\hat{\boldsymbol{y}}(\mathrm{A/m})$$

$$\boldsymbol{S}(z,t)=\boldsymbol{E}(z,t)\times\boldsymbol{H}(z,t)=\frac{kE^2}{\omega\mu}\cos^2(\omega t-kz)\hat{\boldsymbol{z}}(\mathrm{W/m^2})$$

$\boldsymbol{S}(z,t)$ 只有 $z$ 分量，可见电磁能量沿 $z$ 轴方向流动。

（2）$\boldsymbol{S}(z,t)$ 是 $t$ 的周期函数，其平均值也就是它在一个变化周期 $T=2\pi/\omega$ 中的平均值：

$$\boldsymbol{S}_{av}=\frac{1}{T}\int_0^T\frac{kE^2}{\omega\mu}\cos^2(\omega t-kz)\mathrm{d}t\hat{\boldsymbol{z}}=\frac{kE^2}{2\omega\mu}\hat{\boldsymbol{z}}(\mathrm{W/m^2})$$

**例 1.8** 无源空间中电场强度为

$$\boldsymbol{E}(z,t)=E\cos(\omega t-kz)\hat{\boldsymbol{y}}(\mathrm{V/m})$$

求复坡印廷矢量和平均坡印廷矢量。

**解：**首先将场矢量的瞬时表示式转换为复数表示式，并求出磁场强度。于是

$$\boldsymbol{E}(z,t)=E\cos(\omega t-kz)\hat{\boldsymbol{y}}(\mathrm{V/m})$$

的复数表达式为

$$\boldsymbol{E}(z)=E\mathrm{e}^{-\mathrm{j}kz}\hat{\boldsymbol{y}}(\mathrm{V/m})$$

由

$$\nabla\times\boldsymbol{E}(\boldsymbol{r})=-\mathrm{j}\omega\mu\boldsymbol{H}(\boldsymbol{r})$$

得到磁场为

$$\boldsymbol{H}(z)=-\frac{kE}{\omega\mu}\mathrm{e}^{-\mathrm{j}kz}\hat{\boldsymbol{x}}(\mathrm{A/m})$$

由复坡印廷矢量和平均坡印廷矢量的定义得到

$$\boldsymbol{S}(\boldsymbol{r})=\frac{1}{2}\boldsymbol{E}(\boldsymbol{r})\times\boldsymbol{H}^*(\boldsymbol{r})=\frac{kE^2}{2\omega\mu}\hat{\boldsymbol{z}}(\mathrm{W/m^2})$$

$$\boldsymbol{S}_{av}(\boldsymbol{r})=\mathrm{Re}[\boldsymbol{S}(\boldsymbol{r})]=\frac{kE^2}{2\omega\mu}\hat{\boldsymbol{z}}(\mathrm{W/m^2})$$

### 1.6.2 复坡印廷定理

在时谐场情况下，如图 1.20 所示，于体积 $V$ 的边界曲面 $S$ 上对复坡印廷矢量 $\boldsymbol{S}(\boldsymbol{r})$ 求面积

分可得到流出曲面 $S$ 的复功率，并应用散度定理可得

$$P_o=\oint_S \boldsymbol{S}\cdot \mathrm{d}\boldsymbol{s}=\oint_S \frac{1}{2}\boldsymbol{E}\times\boldsymbol{H}^*\cdot \mathrm{d}\boldsymbol{s}=\iiint_V \nabla\cdot \boldsymbol{S}\mathrm{d}v=\iiint_V \nabla\cdot\left(\frac{1}{2}\boldsymbol{E}\times\boldsymbol{H}^*\right)\mathrm{d}v \tag{1.76}$$

式中：$\mathrm{d}\boldsymbol{s}$ 指向曲面 $S$ 的外法向。

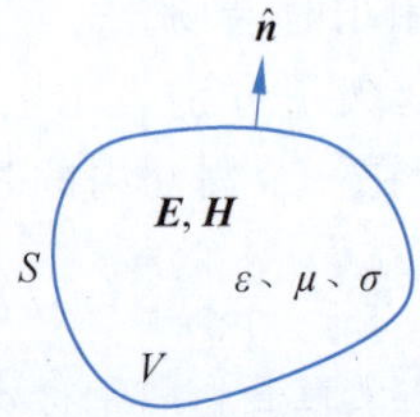


图 1.20　复坡印廷定理推导用图

将矢量恒等式

$$\nabla\cdot(\boldsymbol{E}\times\boldsymbol{H}^*)=\boldsymbol{H}^*\cdot(\nabla\times\boldsymbol{E})-\boldsymbol{E}\cdot(\nabla\times\boldsymbol{H}^*)$$

以及方程

$$\nabla\times\boldsymbol{E}=-\mathrm{j}\omega\boldsymbol{B},\quad \nabla\times\boldsymbol{H}^*=\boldsymbol{J}^*-\mathrm{j}\omega\boldsymbol{D}^*$$

代入式(1.76)，可得

$$-\oint_S\left(\frac{1}{2}\boldsymbol{E}\times\boldsymbol{H}^*\right)\cdot \mathrm{d}\boldsymbol{s}=\iiint_V \frac{1}{2}\boldsymbol{E}\cdot\boldsymbol{J}^*\mathrm{d}v+\mathrm{j}2\omega\iiint_V\left(\frac{1}{4}\boldsymbol{B}\cdot\boldsymbol{H}^*-\frac{1}{4}\boldsymbol{E}\cdot\boldsymbol{D}^*\right)\mathrm{d}v \tag{1.77}$$

若媒质参数 $\varepsilon$、$\mu$、$\sigma$ 均为实数，则定义

$$P_l=\iiint_V \frac{1}{2}\boldsymbol{E}\cdot\boldsymbol{J}^*\mathrm{d}v=\iiint_V \frac{1}{2}\sigma|\boldsymbol{E}|^2\mathrm{d}v \tag{1.78}$$

$$W_m=\iiint_V \frac{1}{4}\boldsymbol{B}\cdot\boldsymbol{H}^*\mathrm{d}v=\iiint_V \frac{1}{4}\mu|\boldsymbol{H}|^2\mathrm{d}v \tag{1.79}$$

$$W_e=\iiint_V \frac{1}{4}\boldsymbol{E}\cdot\boldsymbol{D}^*\mathrm{d}v=\iiint_V \frac{1}{4}\varepsilon|\boldsymbol{E}|^2\mathrm{d}v \tag{1.80}$$

式中：$P_l$ 为体积 $V$ 中的有限电导率引起的平均损耗功率；$W_m$、$W_e$ 分别为体积 $V$ 中存储的平均磁能和平均电能。

因此，式(1.76)可写为

$$-P_o=P_l+\mathrm{j}2\omega(W_m-W_e) \tag{1.81}$$

它表明，在体积 $V$ 中无外加激励源的情况下，通过边界面 $S$ 流入体积 $V$ 中的复功率 $-P_o$ 的实部正好等于体积 $V$ 中的平均损耗功率，是流入 $V$ 中的有功功率；而流入体积 $V$ 中的复功率的虚部等于体积 $V$ 中储存的平均净电抗性能量(平均磁能与平均电能之差)的 $2\omega$ 倍，是流入 $V$ 中的无功功率，它是存储的电能和磁能相互转化的一种量度。这就是时谐场的复坡印廷定理，又称为时谐场的能量守恒定律。

若体积 $V$ 中的媒质是有耗的，即 $\varepsilon=\varepsilon'-\mathrm{j}\varepsilon''$，$\mu=\mu'-\mathrm{j}\mu''$，$\sigma\neq0$，经过简单推导，式(1.77)可表示成

$$-\oint_S \frac{1}{2}\boldsymbol{E}\times\boldsymbol{H}^*\cdot \mathrm{d}\boldsymbol{s}=\iiint_V\left(\frac{1}{2}\sigma|\boldsymbol{E}|^2+\frac{1}{2}\omega\varepsilon''|\boldsymbol{E}|^2+\frac{1}{2}\omega\mu''|\boldsymbol{H}|^2\right)\mathrm{d}v+$$

$$\mathrm{j}2\omega\iiint_V\left(\frac{1}{4}\mu'|\boldsymbol{H}|^2-\frac{1}{4}\varepsilon'|\boldsymbol{E}|^2\right)\mathrm{d}v \tag{1.82}$$

式(1.82)等号右边的第一个积分是实数量，代表体积 $V$ 内由于电导率、介质极化和磁化而消

耗的平均损耗功率，它是式(1.78)的拓展，因此有

$$P_1=\frac{1}{2}\iiint_V \sigma\,|\boldsymbol{E}|^2\mathrm{d}v+\frac{\omega}{2}\iiint_V \varepsilon''\,|\boldsymbol{E}|^2\mathrm{d}v+\frac{\omega}{2}\iiint_V \mu''\,|\boldsymbol{H}|^2\mathrm{d}v \tag{1.83}$$

式(1.82)等号右边的第二个积分，可视为与式(1.79)和式(1.80)类似的体积 $V$ 内存储的平均磁能和平均电能有关项。这样依然得到式(1.81)表示的复坡印廷定理。

## 1.7 案例1：避雷针顶端设计

避雷针是一种防雷击装置，它通过一根金属杆和配套的接地引线、接地装置等将雷电电流引入大地，从而达到保护建筑物、树木等免受雷击伤害的目的。避雷针是一种比较形象化的说法，在GB 50057—2010《建筑物防雷设计规范》中，又将避雷针称为“接闪杆”[24]。常见避雷针的形态如图1.21所示。可以看到，大多数避雷针的顶端都设计成尖的，那么这样设计的依据是什么？本节将通过理想导体的边界条件来解释这一问题。

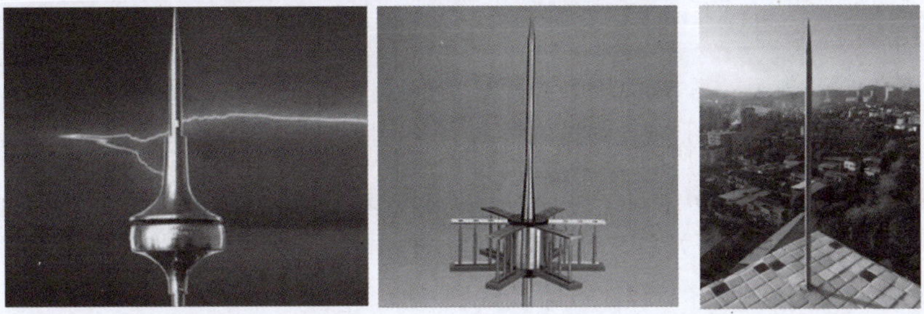


图1.21　三种典型的避雷针形态图

### 1.7.1 避雷针上的电荷分布规律

避雷针的整体形状通常是一个细长的金属杆，可以将其视为一个理想导体圆柱，而理想导体本身是一个等位体。当雷云接近地面时，位于高处的避雷针表面会出现大量的感应电荷，这些感应电荷会不均匀地分布于金属杆表面并产生感应电场。金属杆不同位置处的感应电荷密度差异导致其不同位置周围的感应电场也存在强弱差异。接下来首先分析避雷针表面的电荷分布规律。此问题可以抽象成一个理想导体圆柱上的电荷分布问题。

不失一般性，假设导体圆柱沿 $x$ 轴放置，如图1.22所示。导体圆柱长度为 $L$、半径为 $a(a\ll L)$，导体圆柱的电位为1V。假设圆柱表面 $x'$ 处的电荷密度为 $\rho(x')$，根据例1.4，分布于导体表面的线电荷，其在空间 $\boldsymbol{r}$ 点处产生的电位函数可表示为

$$\varphi(\boldsymbol{r})=\int_0^L\frac{\rho(x')}{4\pi\varepsilon\,|\boldsymbol{r}-\boldsymbol{r}'|}\mathrm{d}x',\qquad |\boldsymbol{r}-\boldsymbol{r}'|=\sqrt{(x-x')^2+(y-y')^2} \tag{1.84}$$

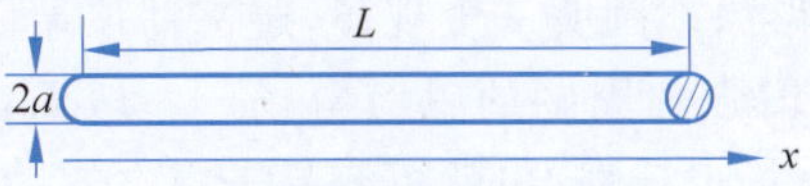


图1.22　理想导体圆柱模型

当观察场点 $\boldsymbol{r}$ 位于导体圆柱外表面时，其电位值等于导体圆柱自身的电位，即 $\varphi(\boldsymbol{r})=1$，将其代入式(1.84)，可得

$$\int_0^L\frac{\rho(x')}{4\pi\varepsilon\,|\boldsymbol{r}-\boldsymbol{r}'|}\mathrm{d}x'=1,\qquad |\boldsymbol{r}-\boldsymbol{r}'|=\sqrt{(x-x')^2+(y-a)^2}$$

利用数值离散方法[23]求解上述方程即可得到理想导体圆柱表面的电荷分布情况。图 1.23 展示了 $L=1\text{m}$,$a=1\text{mm}$ 情况下通过矩量法求解得到的导体圆柱表面的电荷密度分布曲线。

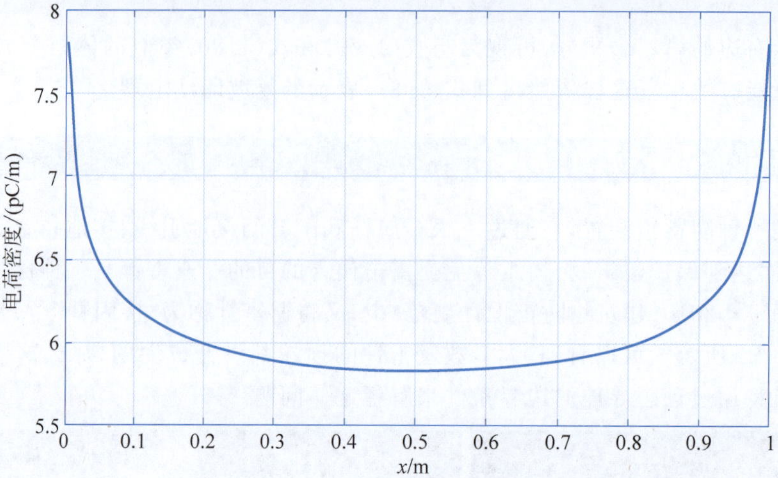


图 1.23　等电位细长理想导体圆柱表面电荷密度分布曲线

可以发现,理想导体圆柱作为一个等位体,其表面的感应电荷总体上是向导体两端集中。根据金属与空气的边界条件 $\hat{\boldsymbol{n}}\cdot\boldsymbol{D}=\rho_s$,感应电荷密度越大,其周边的感应电场强度 $\boldsymbol{E}$ 越大。根据例 1.4,电位 $\varphi$ 与电场 $\boldsymbol{E}$ 关系 $\boldsymbol{E}=-\nabla\varphi$,可以画出理想导体周边的感应电场强度分布,如图 1.24 所示。

彩图

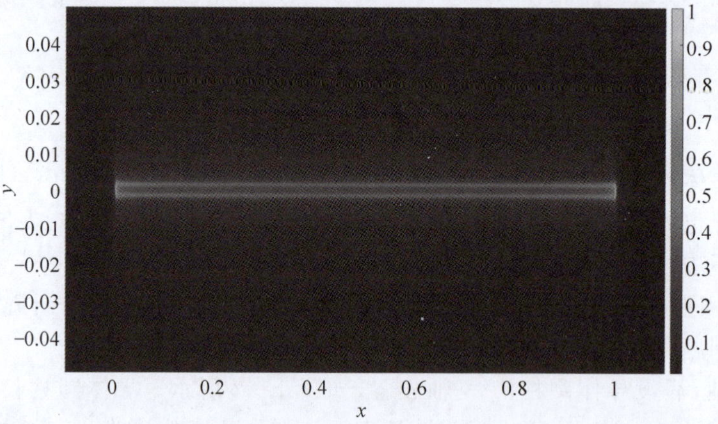


图 1.24　等电位细长理想导体圆柱周围感应电场归一化强度分布示意图

可以看到,在导体两端附近的电场强度明显高于其他地方。这一结果是建立在“理想导体圆柱”这一前提下的。对于类似避雷针这样的顶端尖的不规则圆柱,其上的电荷分布会有所差异。但是,这一结果可以比较形象地阐明一个规律,避雷针顶端设计成尖的有利于进一步提高顶端处的感应电荷密度,从而增强其周围的感应电场。一般而言,避雷针尖端的曲率半径越小,感应电荷密度越大,感应电场也越强,也就更容易击穿空气,实现引雷的目的。这就是避雷针“尖端放电,方便引雷”的原理。

## 1.7.2　避雷针的设计准则与防护区域

避雷针的工作原理是通过金属杆引雷,再通过接地装置将雷电电流引入大地,从而使被保护物免遭雷击。因此,在设计和安装避雷针时,保证良好的引雷性能和泄流性能是至关重要的。

首先，避雷针的材质一般选用电导率较高的良导体。根据GB 50057—2010《建筑物防雷设计规范》要求，避雷针可以用铜、镀锡铜、铝、铝合金、热浸镀锌钢、不锈钢、外表面镀铜的钢等材料制成，只要满足其最小截面和厚度的要求即可。常见的铁质避雷针，其最小直径一般不能小于8mm。另外，避雷针的外表面可通过镀锡、镀锌等方式提高其抗腐蚀能力，以保证金属杆的引流通路顺畅。

其次，在安装避雷针时需严格遵守设计要求和国家标准，主要包括：①避雷针应当安装在建筑物顶部的最高点，且应该与金属桶或铜带接地，接地电阻通常小于10Ω；②避雷针的导线长度直接连接到接地装置，过长或过短都会导致避雷针的保护能力下降。

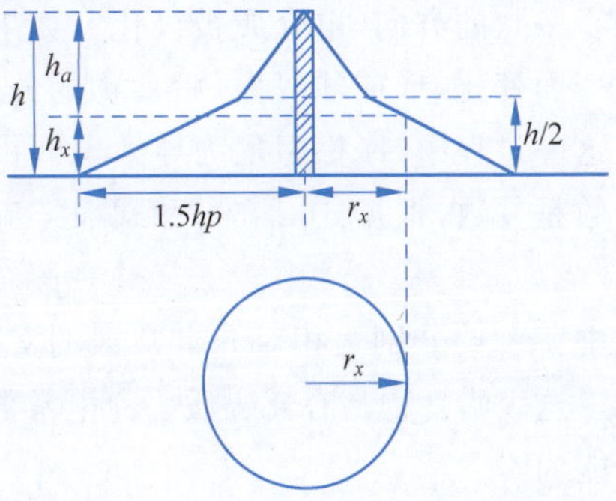

图1.25 单根避雷针防护区域示意图

单根避雷针的防护区域分析方法有曲线法、折线法、新折线法等。目前，GB 50057—2010《建筑物防雷设计规范》采用的是新折线法，单根避雷针的防护区域示意图如图1.25所示。

图1.25中，$h$为避雷针距离地面的高度，其在地面上的保护区域为一个圆面，圆面半径为$r=1.5hp$。其中，$p$为高度影响系数，当$h\leqslant 30\text{m}$时，$p=1$；当$30<h\leqslant 120\text{m}$时，$p=5.5/\sqrt{h}$。

若被保护物有一定高度，假设其高度为$h_x$，则单根避雷针在高度$h_x$的水平面上的保护范围$r_x$计算方式如下：

$$r_x=\begin{cases}(h-h_x)p, & h_x\geqslant h/2\\ (1.5h-2h_x)p, & h_x<h/2\end{cases}$$

关于多根避雷针保护范围的详细分析和计算方法，GB 50057—2010《建筑物防雷设计规范》的附录D"滚球法确定接闪器的保护范围"中列出了计算单支接闪杆（避雷针）、两支等高接闪杆、两支不等高接闪杆、呈矩形布置的四支等高接闪杆、单根接闪线（接闪带、避雷带）、两根等高接闪线保护范围的计算方法，并绘制了相关示意图。感兴趣的读者可查阅相关资料，此处不再详细展开。

## 1.8 案例2：微波炉怎么加热食物

微波炉是利用微波能量加热食物的烹饪器具。常见的微波炉一般由电源、磁控管、控制电路和炉腔等部分组成，如图1.26所示。微波炉工作时，电源向磁控管提供高压激励，磁控管在电源激励下产生连续微波，再经过波导传输耦合到炉腔内。磁控管的工作频率通常为2.45GHz，这是工业、科学和医疗（ISM）应用的常用频率，无须专门认证和授权；功率输出通常为500～1500W。微波炉腔由金属材料制成，微波会在炉腔内全反射形成驻波场分布，导致食物加热不均匀。为了降低不均匀加热的影响，在炉腔内通常使用可旋转的搅拌器，搅拌器是多片金属扇叶，转动后将微波向各方向反射，扰动炉内场分布，从而使食物加热比较均匀。另外，食物通常放在一个可旋转的圆盘上，也有助于加热均匀。

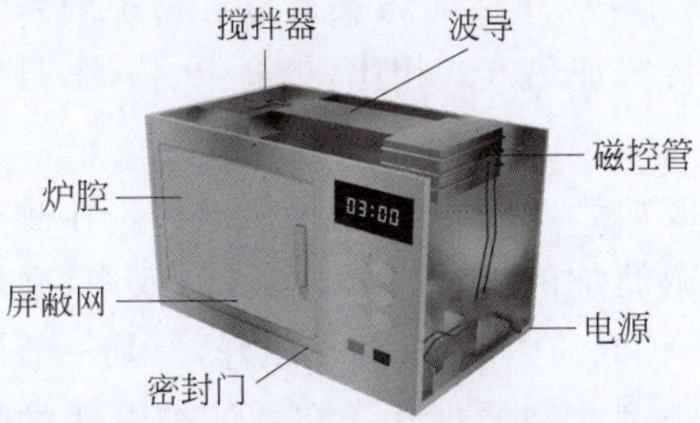

图1.26 微波炉组成示意图

### 1.8.1 微波加热原理及特点

传统的炉灶使用煤气、炭火或电加热器在食物的外部产生热，通过对流对食物外部加热，再通过传导对食物内部加热。与此不同的是，微波加热是利用电磁场对介质的极化效应来直接对食物等材料的内部加热的。

食物中含有水、淀粉、蛋白质、无机盐、脂肪等成分，它们是有极性的电介质。在外加电场 $\boldsymbol{E}$ 情况下，这些极性分子或原子具有的电偶极子在电场力作用下会发生旋转，转到与外加电场趋于一致的方向，电介质被极化。如果外加场是一个时变电磁场，电偶极子也会随电场方向的改变而变化，形成往复振荡，食物的分子或原子之间产生相互碰撞、摩擦，从而持续产生热量。在这一过程中，摩擦阻尼力导致电偶极子方向的改变滞后于电场方向的改变，因而食物的介电常数是复数，根据式(1.64)和式(1.65)，它可以表示为

$$\varepsilon=\varepsilon'-\mathrm{j}\varepsilon''=\varepsilon_0(\varepsilon_r'-\mathrm{j}\varepsilon_r'')=\varepsilon'(1-\mathrm{j}\tan\delta)$$

式中：$\varepsilon_r'$、$\varepsilon_r''$分别为相对介电常数的实部和虚部；$\tan\delta$ 为损耗角正切。

这表明食物是有耗媒质。介电常数的实部 $\varepsilon'$ 反映了食物中储存的电能多少，根据式(1.80)，电能为

$$W_e=\frac{1}{4}\iiint_v \varepsilon' \mid \boldsymbol{E} \mid^2 \mathrm{d}v$$

虚部 $\varepsilon''$ 反映了电介质中电偶极子摩擦阻尼产生的热损耗(称为介电损耗或极化损耗)，根据式(1.83)，热损耗为

$$P_d=\frac{\omega}{2}\iiint_v \varepsilon'' \mid \boldsymbol{E} \mid^2 \mathrm{d}v$$

式中：$\omega$ 为微波的角频率，$\omega=2\pi f$。

介电损耗主要来自食物中的水，这是由于水的 $\varepsilon''$ 高于其他成分。例如，在温度为 25℃、微波频率为 3GHz 时，水的 $\varepsilon_r''\approx 10$，而食用油的 $\varepsilon_r''=0.4\sim0.8$，食物中的其他成分，如碳水化合物、脂质、蛋白质等的介电损耗相对于水来说都比较低。另外，食物中还含有一些带电离子(如溶解的无机盐)也会在外加电场的作用下迁移，产生电流，碰撞其他粒子而产生热量。这说明食物还是一种导电媒质，假设其电导率为 $\sigma$，根据式(1.83)，离子的传导损耗为

$$P_c=\frac{1}{2}\iiint_v \sigma \mid \boldsymbol{E} \mid^2 \mathrm{d}v$$

这样，进入食物中的微波能量因介电损耗和传导损耗而逐渐减少，根据能量守恒原理，被损耗的电磁能量转化为热能而被食物吸收，这就是微波加热的原理。微波炉的热效率(转换为食物中热量的功率与微波炉提供的功率之比)通常大于普通炉灶的烹调加热效率，它一般小于50%。由此可见，微波可以进入食物内部，使其内外同步加热，并且加热效果与食物中的含水量密切相关，含水量高的食物加热得更快。微波加热与传统加热方式相比，更高效、快捷，且加热均匀。

理论上而言，任意频率的微波都能够对食物进行微波加热，但目前市售的微波炉工作频率一般工作在 2.45GHz，除了频率无须授权外，主要考虑微波炉的体积、微波加热的效率、微波穿透特性以及水分子对于微波的吸收特性等因素。频率较低的微波，穿透性较好，但其一般波长较长，故而需要较大尺寸的发射设备，不利于设备的小型化和便携化。在微波炉发明的早期，就有 915MHz 的工作频率，已逐渐被淘汰。虽然频率较高的微波波长短，发射设备体积小，但是由于趋肤效应，其穿透特性较差，只能进入食物表层，对食物加热不均匀。

## 1.8.2 微波炉的安全性

国家环境保护行业标准 HJ/T 221—2005《环境标志产品技术要求 家用微波炉》规定[25]，家用微波炉的工作频率一般为 2450MHz，最大功率不超过 1.5kW，距离微波炉外表面 5cm 或 5cm 以外的任何点测量，微波泄漏功率密度不得超过 $0.4\mathrm{mW/cm^2}$。可见，微波炉使用的功率高，泄漏电平要小，避免用户遭受有害辐射，因此微波炉关键的问题是安全性。磁控管、馈电波导和炉腔通常用全金属材料制成，导体的趋肤深度很小，即使很薄的金属微波也不能穿透，这样将微波封闭在腔体内部，既可以防止微波泄漏造成安全隐患，又能提高微波加热效率。目前市售的微波炉正面都是透明玻璃，透明玻璃里面增设了一层金属栅网，其栅格间隔足够小，对于 2450MHz 的微波能够起到良好的屏蔽效果，可以看作一面理想的"电壁"。因此，符合国家标准的微波炉不会对人体产生直接的微波辐射损伤。

微波炉的加热是电磁辐射，而不是电离辐射，不会使食品分子发生电离，不会产生放射性物质，微波也不会在食物内部"残留"。因此，被微波炉加热的食物不存在安全隐患。需注意，不管是微波加热还是传统加热，当加热温度过高、食物焦糊时，有可能产生一些致癌物质，因此要控制微波加热时长，避免过热焦糊。

微波炉加热食物时，一般选择开放的陶瓷或玻璃器皿，不建议使用塑料容器，禁止用金属容器。陶瓷、玻璃材料的损耗角正切小、升温慢且熔点高，不会在微波加热下熔化，而塑料的损耗角正切大、升温快，有可能熔化而溢出有害物质。金属容器不仅会屏蔽微波而影响加热效果，严重时会出现"打火"现象，存在安全隐患。另外，微波加热的食品容器不能密封，防止封闭空间中热量过大发生爆炸。

## 习题

1. 已知 $\boldsymbol{r}=x\hat{\boldsymbol{x}}+y\hat{\boldsymbol{y}}+z\hat{\boldsymbol{z}}$，$r=|\boldsymbol{r}|$，$\boldsymbol{a}$ 为常矢量，求 $\nabla\times\boldsymbol{r}$、$\nabla\times[\boldsymbol{r}f(r)]$、$\nabla\times[\boldsymbol{a}f(r)]$。

2. 证明 $\nabla\times(\nabla u)=0$，$\nabla\cdot(\nabla\times\boldsymbol{A})=0$。

3. 半径为 $a$、带电量为 $Q$ 的导体球，外表面套有同心的均匀介质球壳，外半径为 $b$，介电常数为 $\varepsilon$，如图 1.27 所示。求空间任意一点的 $\boldsymbol{D}$、$\boldsymbol{E}$ 和 $\boldsymbol{P}$，以及束缚电荷密度。

4. 已知 $\boldsymbol{E}=E_0[\cos(ky-\omega t)\hat{\boldsymbol{x}}+\cos(ky-\omega t)\hat{\boldsymbol{z}}]$，式中 $E_0$、$k$、$\omega$ 为常数，由麦克斯韦方程组确定与之相联系的 $\boldsymbol{B}$。

5. 一段由理想导体构成的同轴腔，内导体半径为 $a$，外导体内半径为 $b$，长为 $L$，两端用理想导体板短路，导体之间为空气，如图 1.28 所示。已知在 $a\leqslant\rho\leqslant b$，$0\leqslant z\leqslant L$ 区域内的电磁场为

$$\boldsymbol{E}=\frac{A}{\rho}\sin(kz)\hat{\boldsymbol{\rho}},\quad \boldsymbol{B}=\frac{B}{\rho}\cos(kz)\ \hat{\boldsymbol{\varphi}}$$

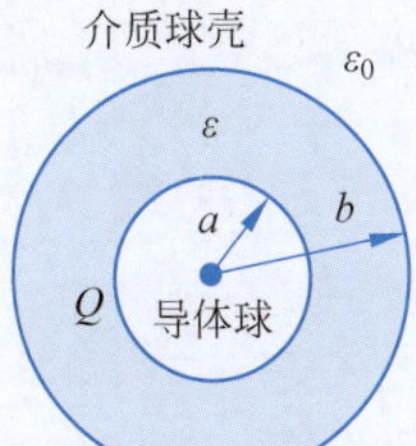


图 1.27 习题 3 图

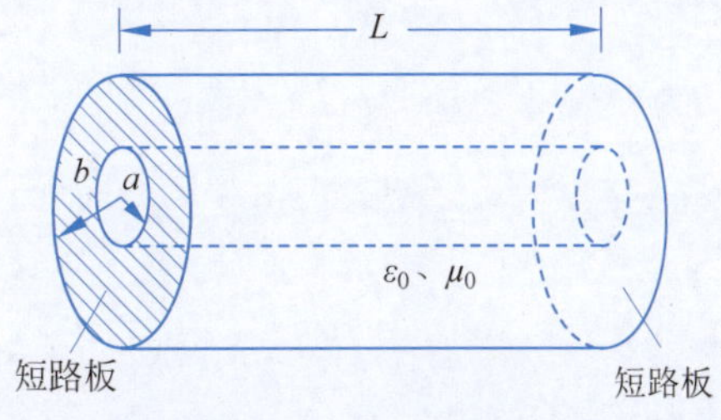


图 1.28 习题 5 图

（1）确定 $A$、$B$ 之间的关系；

（2）确定 $k$；

（3）求同轴腔中所有内壁上的自由电荷密度和传导电流密度。

6. 已知真空中电场强度为

$$\boldsymbol{E}(x,y,z,t)=2\cos(2\pi\times10^8t-3\pi z/2)\hat{\boldsymbol{y}}(\mathrm{V/m})$$

求与之对应的 $\boldsymbol{H}(x,y,z,t)$，并求出 $\boldsymbol{E}(x,y,z,t)$、$\boldsymbol{H}(x,y,z,t)$ 的复数表示式。

7. 求下列各场量复数表达式的瞬时表示式：

（1）$\boldsymbol{E}=E_0\mathrm{e}^{-\mathrm{j}\beta z}\hat{\boldsymbol{x}}$；

（2）$\boldsymbol{E}=E_0\sin(\beta z)\hat{\boldsymbol{x}}$；

（3）$\boldsymbol{H}=\mathrm{j}H_0\cos(\beta z)\hat{\boldsymbol{y}}$；

（4）$\boldsymbol{E}=5\mathrm{e}^{\mathrm{j}30°}\hat{\boldsymbol{x}}+6\mathrm{e}^{\mathrm{j}220°}\hat{\boldsymbol{y}}+\mathrm{e}^{-\mathrm{j}40°}\hat{\boldsymbol{z}}$。

8. 分别处于 $x=0$，$x=d$ 两个平面上的两块无限大平行理想导体板之间的电场为

$$\boldsymbol{E}=\hat{\boldsymbol{y}}E_{\mathrm{m}}\sin\left(\frac{n\pi}{d}x\right)\mathrm{e}^{-\mathrm{j}\sqrt{k^2-(n\pi/d)^2}z}$$

（1）求 $\boldsymbol{H}$；

（2）写出 $\boldsymbol{E}$、$\boldsymbol{H}$ 的瞬时表示式；

（3）求两导体板上的面电流密度。

9. 无限长理想导体所围区域为 $0\leqslant x\leqslant a$，$0\leqslant y\leqslant b$，空气填充，如图 1.29 所示，其中电场为

$$\boldsymbol{E}=E_{y0}\sin\left(\frac{n\pi}{a}x\right)\mathrm{e}^{-\mathrm{j}\beta z}\hat{\boldsymbol{y}}$$

（1）求区域中的位移电流密度和磁场；

（2）求瞬时坡印廷矢量和平均坡印廷矢量；

（3）计算穿过该区域任一横截面的平均功率。

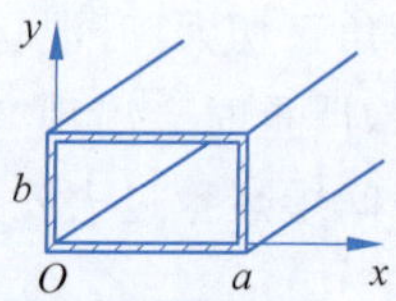


图 1.29　习题 9 图

10. 真空中存在的电磁场为

$$\boldsymbol{E}=\mathrm{j}E_0\sin(kz)\hat{\boldsymbol{x}},\quad \boldsymbol{H}=E_0\sqrt{\varepsilon_0/\mu_0}\cos(kz)\hat{\boldsymbol{y}}$$

式中：$k=2\pi/\lambda$，$\lambda$ 为工作波长。求 $z=0$，$\lambda/4$ 点处的坡印廷矢量的瞬时值和平均值。

11. 给出无源（$\boldsymbol{J}=0$，$\rho=0$）空气中两个不同频率的电磁波的电场强度为

$$\boldsymbol{E}_1=E_1\mathrm{e}^{-\mathrm{j}\omega_1 z/c}\hat{\boldsymbol{x}},\quad \boldsymbol{E}_2=E_2\mathrm{e}^{-\mathrm{j}\omega_2 z/c}\hat{\boldsymbol{x}}$$

式中：$c=1/\sqrt{\varepsilon_0\mu_0}$。证明合成场的平均能流密度等于两个波各自的平均能流密度之和。

# 第 2 章

# 平面电磁波

正如第 1 章所述，麦克斯韦不仅建立了宏观电磁场普遍遵循的麦克斯韦方程组，而且预言了电磁波的存在。本章首先从时谐麦克斯韦方程组出发，推导出电场强度 $\boldsymbol{E}$ 和磁场强度 $\boldsymbol{H}$ 所满足的波动方程，求解该波动方程得到的解表明，电磁场以电磁波的形式在空间传播。不同的媒质特性，电磁波传播的规律也不同；不同的边界条件，电磁波传播的规律也不同。

无界空间中波动方程的最简单解的形式是均匀平面波。均匀平面波是指电磁波的场矢量只沿着它的传播方向变化，在与传播方向垂直的无限大平面内电场强度 $\boldsymbol{E}$ 和磁场强度 $\boldsymbol{H}$ 的幅度、相位、方向都保持不变。均匀平面波是一种理想情况，实际上它并不存在。但是，讨论均匀平面波是有意义的，因为在距离有限大波源足够远的地方，呈球面的波前上的一小部分可以近似看作一个均匀平面波，这种"平面波远场近似"在雷达目标特性和阵列天线等分析中十分有用。

本章主要讨论无界空间中均匀平面波的传播特性，以及均匀平面波在不同媒质分界面的反射和折射情况。

## 2.1 理想介质中的均匀平面波

本节从时谐麦克斯韦方程组出发，首先推导电场强度 $\boldsymbol{E}$ 和磁场强度 $\boldsymbol{H}$ 所满足的波动方程，然后在最简单情况下对其求解来说明电磁波的波动性，最后讨论均匀平面波的传播特性。

### 2.1.1 波动方程

为简单起见，考虑无源区域和均匀、线性、各向同性的媒质情况。在这种情况下，$\boldsymbol{J}=0$，$\rho=0$，$\varepsilon$ 和 $\mu$ 是标量常数（可能是实数，也可能是复数），时谐形式的麦克斯韦方程组为

$$\nabla\times\boldsymbol{E}=-\mathrm{j}\omega\mu\boldsymbol{H} \tag{2.1a}$$

$$\nabla\times\boldsymbol{H}=\mathrm{j}\omega\varepsilon\boldsymbol{E} \tag{2.1b}$$

$$\nabla\cdot\boldsymbol{E}=0 \tag{2.1c}$$

$$\nabla\cdot\boldsymbol{H}=0 \tag{2.1d}$$

式(2.1a)和式(2.1b)包含未知量 $\boldsymbol{E}$ 和 $\boldsymbol{H}$，因此它们可以用来求解 $\boldsymbol{E}$ 和 $\boldsymbol{H}$。于是，式(2.1a)两边取旋度并应用式(2.1b)，可得

$$\nabla\times\nabla\times\boldsymbol{E}=-\mathrm{j}\omega\mu\,\nabla\times\boldsymbol{H}=\omega^2\mu\varepsilon\boldsymbol{E}$$

这是关于 $\boldsymbol{E}$ 的方程，这个结果可以应用矢量恒等式 $\nabla\times\nabla\times\boldsymbol{A}=\nabla(\nabla\cdot\boldsymbol{A})-\nabla^2\boldsymbol{A}$ 和式(2.1c)得到简化，于是有

$$\nabla^2\boldsymbol{E}+\omega^2\mu\varepsilon\boldsymbol{E}=0 \tag{2.2}$$

式中：$\nabla^2$ 为拉普拉斯算子。

在直角坐标系下，有

$$\nabla^2\boldsymbol{E}=\hat{\boldsymbol{x}}\,\nabla^2E_x+\hat{\boldsymbol{y}}\,\nabla^2E_y+\hat{\boldsymbol{z}}\,\nabla^2E_z$$

式中：$E_x$、$E_y$、$E_z$ 为电场 $\boldsymbol{E}$ 的三个场分量，它们是标量，而标量的 $\nabla^2$ 运算为

$$\nabla^2 f = \partial^2 f/\partial x^2 + \partial^2 f/\partial y^2 + \partial^2 f/\partial z^2$$

对于磁场 $\boldsymbol{H}$，采用同样的方法可以得到完全相同的方程：

$$\nabla^2 \boldsymbol{H} + \omega^2 \mu\varepsilon \boldsymbol{H} = 0 \tag{2.3}$$

令 $k=\omega\sqrt{\mu\varepsilon}$，它是确定的，称为媒质的传播常数。于是，式(2.2)和式(2.3)简化为

$$\nabla^2 \boldsymbol{E} + k^2 \boldsymbol{E} = 0 \tag{2.4a}$$

$$\nabla^2 \boldsymbol{H} + k^2 \boldsymbol{H} = 0 \tag{2.4b}$$

式(2.4)就是无源、均匀、线性、各向同性媒质中 $\boldsymbol{E}$ 和 $\boldsymbol{H}$ 所满足的波动方程，也称为亥姆霍兹方程。

作为引入"波"这一概念的简便方法，下面研究波动方程在最简单情况下的解(基本解)。本节研究简单的理想介质，2.2 节研究稍复杂的有耗媒质。

### 2.1.2 基本解和波动性

假设媒质是无界的理想介质，它是无耗的，$\varepsilon$ 和 $\mu$ 是实数，并且 $\sigma=0$，因此 $k$ 也是实数。为了简便，波动方程式(2.4)的一个基本解可以由以下最简单情况得到：①假设 $\boldsymbol{E}$ 只有 $\hat{\boldsymbol{x}}$ 方向的分量 $E_x$，$E_y=E_z=0$；②假设 $E_x$ 分量在 $x$ 和 $y$ 方向均匀不变，只随空间坐标 $z$ 变化。于是，有

$$\boldsymbol{E}(\boldsymbol{r}) = E_x(z)\hat{\boldsymbol{x}}, \quad \partial E_x/\partial x = \partial E_x/\partial y = 0$$

$\boldsymbol{E}$ 的波动方程式(2.4a)简化为

$$\frac{\mathrm{d}^2 E_x(z)}{\mathrm{d}z^2} + k^2 E_x(z) = 0 \tag{2.5}$$

这是二阶常微分方程，通过代入法容易得到该方程的两个独立的解，形式为

$$E_x(z) = E^+ \mathrm{e}^{-\mathrm{j}kz} + E^- \mathrm{e}^{\mathrm{j}kz} \tag{2.6}$$

式中：$E^+$、$E^-$ 为复振幅，它们可表示为

$$E^+ = E_{\mathrm{m}}^+ \mathrm{e}^{\mathrm{j}\phi_1}, \quad E^- = E_{\mathrm{m}}^- \mathrm{e}^{\mathrm{j}\phi_2}$$

其中：$E_{\mathrm{m}}^+$、$E_{\mathrm{m}}^-$ 分别为 $E^+$、$E^-$ 复振幅的模值，$\phi_1$、$\phi_2$ 分别是它们的相角，均为实常数。为了简便，不妨假设 $\phi_1=\phi_2=0$。上述解是频率 $\omega$ 下的时谐复数形式，将其写成瞬时表达式，则为

$$E_x(z,t) = E_{\mathrm{m}}^+ \cos(\omega t - kz) + E_{\mathrm{m}}^- \cos(\omega t + kz) \tag{2.7}$$

下面分析波动方程基本解的物理意义，即电磁场的波动性。首先分析第一项 $E_{\mathrm{m}}^+\cos(\omega t - kz)$，它是时间变量 $t$ 和空间位置 $z$ 的时空联合函数，其相位为

$$\phi = \omega t - kz \tag{2.8}$$

在任意时刻 $t_1$，电场的空间分布曲线如图 2.1 所示，在空间某点 $z_1$ 处的相位为 $\phi_1=\omega t_1 - kz_1$，其对应的电场值为 $E_{\mathrm{m1}}^+$(图中 $P$ 点，为了方便，选择了电场值最大点)。当时间 $t$ 增加时，在时刻 $t_2$，即 $t_2>t_1$，来观察固定电场值 $P$ 点在空间的移动。为了保持电场值 $E_{\mathrm{m1}}^+$ 不变，必须保持相位点 $\phi_1$ 不变，随着时间增加到 $t_2$ 时刻，其空间位置 $z_2$ 必然随之增大，即 $z_2>z_1$。同样，随着时

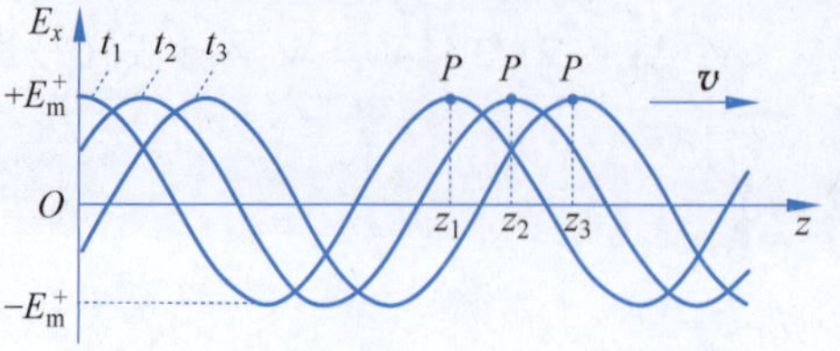

图 2.1 电磁波 $E_{\mathrm{m}}^+\cos(\omega t - kz)$ 的传播

间增加到 $t_3$ 时刻，固定电场值 $P$ 点(固定相位 $\phi_1$ 点)的位置 $z_3$ 必然也随之增大，$z_3>z_2>z_1$，电场沿 $+z$ 方向移动。由此可见，为了保持某个固定相位点($\omega t-kz=$常数)不变，当时间 $t$ 增加时，空间位置 $z$ 必须增加，电场 $E_m^+\cos(\omega t-kz)$ 沿 $+z$ 方向传播。这种电磁场在空间中的传播过程称为电磁场的波动。在空间中传播的电磁场称为电磁波。由此得出结论：第一项 $E_m^+\cos(\omega t-kz)$ 代表沿 $+z$ 方向传播的电磁波。

第二项 $E_m^-\cos(\omega t+kz)$ 也是时间变量 $t$ 和空间位置 $z$ 的时空联合函数，为了保持某个固定相位点($\omega t+kz=$常数)，当时间 $t$ 增加时，空间位置 $z$ 必须减小，它代表沿 $-z$ 方向传播的电磁波。总而言之，具有形式为 $f(t\mp z/v)$ 的时空函数代表沿 $\pm z$ 方向传播的波，其中 $v$ 为波的传播速度。

从图 2.1 还可以看出，在固定空间 $z$ 点处，电场值随时间 $t$ 做上下往复振动，振动方向垂直于传播方向，因此电磁波是横波。它与绳子上下振动而产生的绳波、水上下振动而产生的水波类似，都是横波。而声波是纵波，空气在传播方向上来回振动。

为便于描述电磁场的波动性，下面给出几个概念和参数来描述电磁波的传播。

1. 等相位面

任意固定时刻，相位处处相等的空间曲面称为电磁波的等相位面。若电磁波的等相位面为平面，则称为平面波；若等相位面为圆柱面，则称为柱面波；若等相位面为球面，则称为球面波。

式(2.7)所描述的电磁波，在任意固定时刻 $t_1$，由于 $\omega t_1+kz=$常数，因此 $z$ 为常数，其等相位面为平面，式(2.7)所描述的电磁波是平面波。并且在等相位平面内，电场矢量处处相等，振幅和方向均不变化，式(2.7)所描述的平面波为均匀平面波。因此，确切地说，式(2.7)第一项 $E_m^+\cos(\omega t-kz)$ 代表向 $+z$ 方向传播的均匀平面波，第二项 $E_m^-\cos(\omega t+kz)$ 代表沿 $-z$ 方向传播的均匀平面波，在传播过程中波的振幅不变，随着传播距离增加的只有相位滞后。单向传播的电磁波也称为行波。

2. 相速度

由上面的分析可知，电磁波在传播过程中等相位面也在运动，电磁波的传播速度等于等相位面的运动速度，电磁波的速度也称为相速度。等相位面为 $\omega t-kz=$常数，可得相速度：

$$v_p=\frac{dz}{dt}=\frac{d}{dt}\left(\frac{\omega t-\text{常数}}{k}\right)=\frac{\omega}{k}=\frac{1}{\sqrt{\mu\varepsilon}} \tag{2.9}$$

在真空中，$v_p=1/\sqrt{\mu_0\varepsilon_0}=c=2.998\times10^8$ m/s，这就是光速，它是支持光波也是电磁波的一个有力证据。

3. 周期

任意固定空间点处，电磁波随时间做周期性时谐变化，将相位相差为 $2\pi$ 的两个时间间隔定义为周期，如图 2.2 所示。因此

$$[\omega(t+T)-kz]-(\omega t-kz)=2\pi$$

所以

$$T=\frac{2\pi}{\omega}(\mathrm{s}) \tag{2.10}$$

单位时间内场量的变化周期数定义为频率，则有

$$f=\frac{1}{T}=\frac{\omega}{2\pi}(\mathrm{Hz}) \tag{2.11}$$

4. 波长

在任意固定时刻,电磁波相位相差 $2\pi$ 的两相邻等相位面间的距离定义为波长,如图 2.3 所示。因此

$$(\omega t - kz) - [\omega t - k(z+\lambda)] = 2\pi$$

所以

$$\lambda = \frac{2\pi}{k}(\mathrm{m}) \tag{2.12}$$

电磁波传播一个单位距离引起的相位变化量定义为相移常数。由式(2.12)可得,相位系数为

$$\beta = k = \frac{2\pi}{\lambda}(\mathrm{rad/m}) \tag{2.13}$$

从数值上来理解,$k$ 等于 $2\pi$ 距离上波长的个数,$k$ 又称为波数。

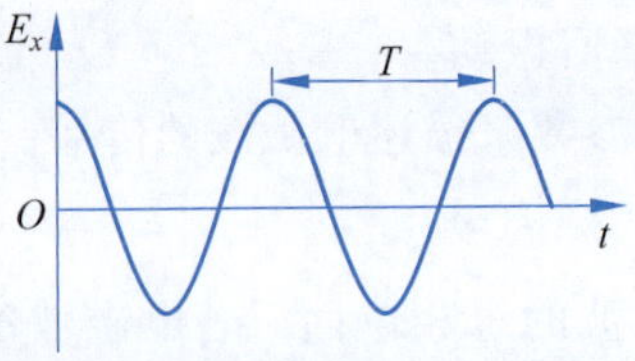


图 2.2　固定空间点处波的时间分布

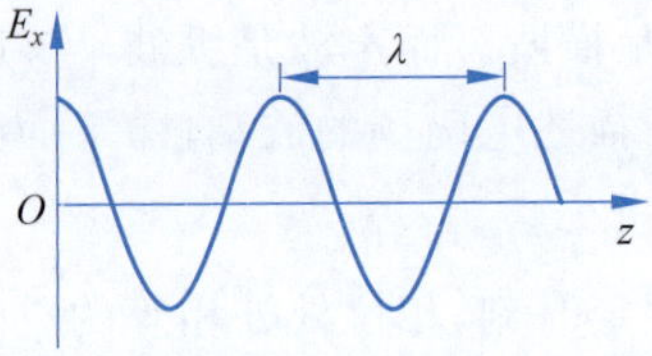


图 2.3　固定时刻时波的空间分布

## 2.1.3　均匀平面波的传播特性

平面波的完整定义必须包括磁场。一般来说,无论已知 $\boldsymbol{E}$ 还是 $\boldsymbol{H}$,其他场矢量都可用麦克斯韦旋度方程求出。对于 $+z$ 方向传播的均匀平面波,把 $E_x(z) = E_{x\mathrm{m}}\mathrm{e}^{-\mathrm{j}kz}$ 应用于式(2.1a),可得

$$\boldsymbol{H} = -\frac{1}{\mathrm{j}\omega\mu}\nabla\times\boldsymbol{E} = -\hat{\boldsymbol{y}}\frac{1}{\mathrm{j}\omega\mu}\frac{\partial E_x}{\partial z} = \hat{\boldsymbol{y}}\frac{k}{\omega\mu}E_{x\mathrm{m}}\mathrm{e}^{-\mathrm{j}kz} = \hat{\boldsymbol{y}}\frac{1}{\eta}E_{x\mathrm{m}}\mathrm{e}^{-\mathrm{j}kz} \tag{2.14}$$

式中:$\eta$ 为横向电场与横向磁场之比,具有阻抗的量纲,故称波阻抗,即

$$\eta = \frac{E_x}{H_y} = \frac{\omega\mu}{k} = \sqrt{\frac{\mu}{\varepsilon}} \tag{2.15}$$

对于平面波,波阻抗只与媒质有关,该阻抗也是媒质的本征阻抗。在真空中有

$$\eta = \eta_0 = \sqrt{\mu_0/\varepsilon_0} = 120\pi \approx 377(\Omega)$$

由式(2.14)可知,均匀平面波的电场与磁场之间满足以下关系:

$$\hat{\boldsymbol{z}}\times\boldsymbol{E} = \eta\boldsymbol{H}, \quad -\hat{\boldsymbol{z}}\times\boldsymbol{H} = \boldsymbol{E}/\eta \tag{2.16}$$

由此可见,电场 $\boldsymbol{E}$、磁场 $\boldsymbol{H}$ 与传播方向 $\hat{\boldsymbol{z}}$ 之间相互垂直,并遵循右手螺旋关系,如图 2.4 所示。由于电场 $\boldsymbol{E}$、磁场 $\boldsymbol{H}$ 只有垂直于传播方向 $\hat{\boldsymbol{z}}$ 的横向分量,因此均匀平面波是横电磁波(TEM)。

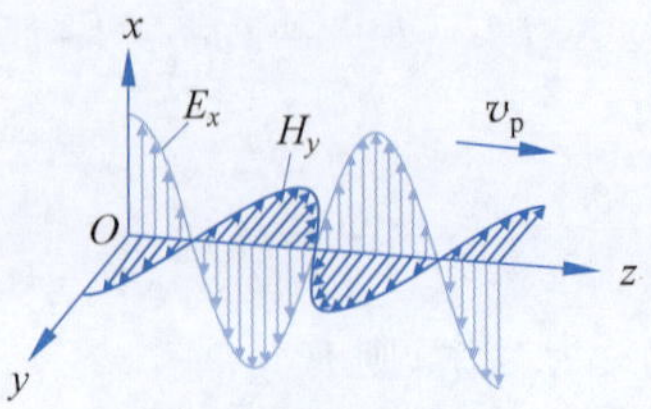


图 2.4　均匀平面波的电场、磁场与传播方向的关系

在理想介质中，由式(1.80)、式(1.81)可得平均电场能量密度和平均磁场能量密度分别为

$$w_e = \frac{1}{4}\boldsymbol{D} \cdot \boldsymbol{E}^* = \frac{1}{4}\varepsilon \mid \boldsymbol{E} \mid^2 = \frac{1}{4}\varepsilon E_{xm}^2 \tag{2.17a}$$

$$w_m = \frac{1}{4}\boldsymbol{B} \cdot \boldsymbol{H}^* = \frac{1}{4}\mu \mid \boldsymbol{H} \mid^2 = \frac{1}{4}\mu H_{ym}^2 \tag{2.17b}$$

由于 $E_{xm} = \eta H_{ym}$，因此 $w_e = w_m$，平均电磁场总能量密度 $w = w_e + w_m = 2w_e = 2w_m$。这说明均匀平面波在无界理想介质中传播时，在同一点处的平均电场能量密度和平均磁场能量密度相等，均为电磁场总平均能量密度的一半。

在理想介质中，对于 $+z$ 方向传播的均匀平面波，由式(1.73)可得平均坡印廷矢量为

$$\boldsymbol{S}_{av}(\boldsymbol{r}) = \frac{1}{2}\mathrm{Re}[\boldsymbol{E}(\boldsymbol{r}) \times \boldsymbol{H}^*(\boldsymbol{r})] = \frac{1}{2}\mathrm{Re}\left[E_{xm}\mathrm{e}^{-\mathrm{j}kz}\hat{\boldsymbol{x}} \times \frac{1}{\eta}E_{xm}^*\mathrm{e}^{\mathrm{j}kz}\hat{\boldsymbol{y}}\right] = \frac{1}{2\eta} \mid \boldsymbol{E}_{xm} \mid^2 \hat{\boldsymbol{z}} \tag{2.18}$$

可见，均匀平面波的电磁能量沿波的传播方向流动，传播过程中能量不变，这是理想介质中没有损耗的结果。

综合以上讨论可知，理想介质中的均匀平面波具有以下传播特性。

(1) 电场、磁场与传播方向之间相互垂直，是横电磁波。

(2) 电场与磁场振幅之比为波阻抗，电场与磁场同相位。

(3) 电场、磁场在传播过程中振幅不变，相位滞后。

(4) 电磁能量沿波的传播方向流动，电场与磁场能量密度相等，传播过程中能量不变。

**例 2.1** 一个无穷大的表面电流片可认为是均匀平面波的源。假设真空中 $z=0$ 处有一个无穷大的面电流密度 $\boldsymbol{J}_s = J_0\hat{\boldsymbol{x}}$，且电流片两边都产生平面波，用边界条件求它产生的场。

**解：** 因为源不随 $x$ 和 $y$ 变化，所以它产生的场也不随 $x$ 和 $y$ 变化，离开源后分别沿 $\pm z$ 方向传播。在 $z=0$ 处需满足的边界条件为

$$\hat{\boldsymbol{n}} \times (\boldsymbol{E}_2 - \boldsymbol{E}_1) = \hat{\boldsymbol{z}} \times (\boldsymbol{E}_2 - \boldsymbol{E}_1) = 0$$

$$\hat{\boldsymbol{n}} \times (\boldsymbol{H}_2 - \boldsymbol{H}_1) = \hat{\boldsymbol{z}} \times (\boldsymbol{H}_2 - \boldsymbol{H}_1) = J_0\hat{\boldsymbol{x}}$$

式中：$\boldsymbol{E}_1$、$\boldsymbol{H}_1$ 为 $z<0$ 处的场；$\boldsymbol{E}_2$、$\boldsymbol{H}_2$ 为 $z>0$ 处的场。

为满足第二个边界条件，磁场 $\boldsymbol{H}$ 必须只有 $\hat{\boldsymbol{y}}$ 分量。因为电场 $\boldsymbol{E}$ 垂直于 $\boldsymbol{H}$ 和 $\hat{\boldsymbol{z}}$，所以 $\boldsymbol{E}$ 必须只有 $\hat{\boldsymbol{x}}$ 分量。因此，面电流两边的场有如下形式：

$$\boldsymbol{E}_1 = \hat{\boldsymbol{x}}A\eta_0\mathrm{e}^{\mathrm{j}k_0z}, \quad \boldsymbol{H}_1 = -\hat{\boldsymbol{y}}A\mathrm{e}^{\mathrm{j}k_0z} \quad (z<0)$$

$$\boldsymbol{E}_2 = \hat{\boldsymbol{x}}B\eta_0\mathrm{e}^{-\mathrm{j}k_0z}, \quad \boldsymbol{H}_2 = \hat{\boldsymbol{y}}B\mathrm{e}^{-\mathrm{j}k_0z} \quad (z>0)$$

式中：$A$、$B$ 为任意振幅的常数。

由第一个边界条件，即 $E_x$ 在 $z=0$ 处连续，得到 $A=B$。而对于 $\boldsymbol{H}$ 的边界条件，得到方程

$$-B - A = J_0$$

求解得到

$$A = B = -J_0/2$$

由此得到完整的解。

**例 2.2** 无界理想介质 $\mu=\mu_0$，$\varepsilon=\varepsilon_r\varepsilon_0$ 中传播的均匀平面电磁波为

$$\boldsymbol{E} = 377\cos(10^9t - 5y)\hat{\boldsymbol{z}}(\mu\mathrm{V/m})$$

试求传播方向、$\varepsilon_r$、相速度、波阻抗、波长、磁场强度和平均能流密度。

**解：** $\omega = 10^9\,\mathrm{rad/s}$，$k = 5\mathrm{rad/m}$，传播方向为 $+\hat{\boldsymbol{y}}$。

由 $k=\omega\sqrt{\mu_0\varepsilon_r\varepsilon_0}=\omega\sqrt{\varepsilon_r}/c$，得到 $\varepsilon_r=2.25$。

$$v_p=\omega/k=1/\sqrt{\mu_0\varepsilon_r\varepsilon_0}=\frac{c}{\sqrt{\varepsilon_r}}=2\times10^8(\mathrm{m/s})$$

$$\eta=\sqrt{\mu/\varepsilon}=\sqrt{\mu_0/(\varepsilon_r\varepsilon_0)}=\eta_0/\sqrt{\varepsilon_r}=80\pi(\Omega)$$

$$\lambda=2\pi/k=0.4\pi(\mathrm{m})$$

由 $\hat{\boldsymbol{y}}\times\boldsymbol{E}=\eta\boldsymbol{H}$，得到

$$\boldsymbol{H}=1/\eta\cdot\hat{\boldsymbol{y}}\times\boldsymbol{E}=1.5\cos(10^9t-5y)\hat{\boldsymbol{x}}(\mu\mathrm{A/m})$$

$$\boldsymbol{S}_{av}(\boldsymbol{r})=\frac{1}{2}\mathrm{Re}[\boldsymbol{E}(\boldsymbol{r})\times\boldsymbol{H}^*(\boldsymbol{r})]=\frac{1}{2\eta}|\boldsymbol{E}|^2\hat{\boldsymbol{y}}=\hat{\boldsymbol{y}}90\pi(\mu\mathrm{W/m^2})$$

### 2.1.4 沿任意方向传播的均匀平面波

均匀平面波的传播方向与等相位面垂直，在等相位面内任意点的电磁场振幅和方向都相同，这些都与坐标系的选择无关。前边讨论了沿 $+\hat{z}$ 方向传播的均匀平面波，为了更具普适性，这里讨论均匀平面波沿任意方向传播的一般情况。

图 2.5(a)中所示的沿 $+\hat{z}$ 方向传播的均匀平面波，等相位面垂直于传播方向，电场 $\boldsymbol{E}$ 只随传播方向上的坐标 $z$ 变化。设等相位面上任意点的矢径为 $\boldsymbol{r}$，则 $z=\hat{\boldsymbol{z}}\cdot\boldsymbol{r}$，$\boldsymbol{E}$ 可表示为

$$\boldsymbol{E}=\boldsymbol{E}_0\mathrm{e}^{-\mathrm{j}kz}=\boldsymbol{E}_0\mathrm{e}^{-\mathrm{j}k\hat{\boldsymbol{z}}\cdot\boldsymbol{r}}$$

式中：$\boldsymbol{E}_0$ 为复振幅矢量，一般可以表示成

$$\boldsymbol{E}_0=E_{xm}\mathrm{e}^{\mathrm{j}\phi_x}\hat{\boldsymbol{x}}+E_{ym}\mathrm{e}^{\mathrm{j}\phi_y}\hat{\boldsymbol{y}}$$

其中：$E_{xm}$、$E_{ym}$ 为复振幅模值；$\phi_x$、$\phi_y$ 为复振幅相角。

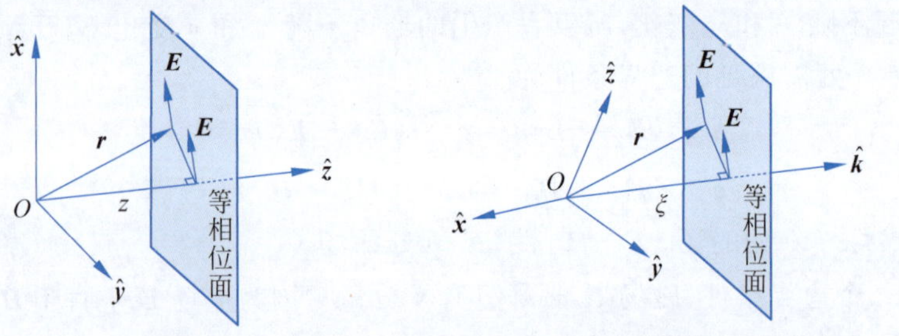

(a) 沿+z方向传播的均匀平面波　　(b) 沿任意方向传播的均匀平面波

图 2.5　沿 $+\hat{z}$ 和沿任意方向传播的均匀平面波

若将直角坐标系在原点处任意旋转，则平面波的传播方向变成任意方向 $\hat{\boldsymbol{k}}$，其中 $\hat{\boldsymbol{k}}$ 为单位传播矢量，如图 2.5(b)所示。由于平面波特性与坐标系的选择无关，等相位面依然垂直于传播方向，$\boldsymbol{E}$ 只随传播方向上的坐标 $\xi$ 变化。等相位面上任意点的矢径仍为 $\boldsymbol{r}$，则 $\xi=\hat{\boldsymbol{k}}\cdot\boldsymbol{r}$，此时 $\boldsymbol{E}$ 可表示为

$$\boldsymbol{E}=\boldsymbol{E}_0\mathrm{e}^{-\mathrm{j}k\xi}=\boldsymbol{E}_0\mathrm{e}^{-\mathrm{j}k\hat{\boldsymbol{k}}\cdot\boldsymbol{r}}$$

式中：$\boldsymbol{E}_0$ 为复振幅矢量，可表示成

$$\boldsymbol{E}_0=E_{xm}\mathrm{e}^{\mathrm{j}\phi_x}\hat{\boldsymbol{x}}+E_{ym}\mathrm{e}^{\mathrm{j}\phi_y}\hat{\boldsymbol{y}}+E_{zm}\mathrm{e}^{\mathrm{j}\phi_z}\hat{\boldsymbol{z}}$$

其中：$E_{xm}$、$E_{ym}$、$E_{zm}$ 为复振幅的模值；$\phi_x$、$\phi_y$、$\phi_z$ 为复振幅的相角。

定义 $\boldsymbol{k}=k\hat{\boldsymbol{k}}$ 为传播矢量，其方向和模值分别体现了平面波的传播方向和传播常数。假设传播矢量 $\boldsymbol{k}$ 在三个坐标轴上的分量分别为 $k_x$、$k_y$、$k_z$，则 $\boldsymbol{k}$ 和 $\boldsymbol{k}\cdot\boldsymbol{r}$ 分别表示为

$$\boldsymbol{k}=k\hat{\boldsymbol{k}}=k_x\hat{\boldsymbol{x}}+k_y\hat{\boldsymbol{y}}+k_z\hat{\boldsymbol{z}} \tag{2.19a}$$

$$\boldsymbol{k}\cdot\boldsymbol{r}=k_x x+k_y y+k_z z \tag{2.19b}$$

$$k_x^2+k_y^2+k_z^2=k^2 \tag{2.19c}$$

因此，沿任意方向 $\hat{\boldsymbol{k}}$ 传播的均匀平面波电场的复数和瞬时表示式为

$$\boldsymbol{E}(\boldsymbol{r})=\boldsymbol{E}_0\mathrm{e}^{-\mathrm{j}\boldsymbol{k}\cdot\boldsymbol{r}}=\boldsymbol{E}_0\mathrm{e}^{-\mathrm{j}(k_x x+k_y y+k_z z)} \tag{2.20a}$$

$$\begin{aligned}\boldsymbol{E}(\boldsymbol{r},t)=&E_{x\mathrm{m}}\cos(\omega t-k_x x-k_y y-k_z z+\phi_x)\hat{\boldsymbol{x}}+\\&E_{y\mathrm{m}}\cos(\omega t-k_x x-k_y y-k_z z+\phi_y)\hat{\boldsymbol{y}}+\\&E_{z\mathrm{m}}\cos(\omega t-k_x x-k_y y-k_z z+\phi_z)\hat{\boldsymbol{z}}\end{aligned} \tag{2.20b}$$

对照式(2.16)，并根据 $k=\omega\sqrt{\varepsilon\mu}$，$\hat{\boldsymbol{k}}$ 方向传播的均匀平面波的电场 $\boldsymbol{E}$、磁场 $\boldsymbol{H}$ 与传播方向 $\hat{\boldsymbol{k}}$ 的关系为

$$\boldsymbol{H}=\frac{1}{\eta}\hat{\boldsymbol{k}}\times\boldsymbol{E}=\frac{\boldsymbol{k}\times\boldsymbol{E}}{\omega\mu} \tag{2.21a}$$

$$\boldsymbol{E}=-\eta\hat{\boldsymbol{k}}\times\boldsymbol{H}=-\frac{\boldsymbol{k}\times\boldsymbol{H}}{\omega\varepsilon} \tag{2.21b}$$

**例 2.3** 在空气中传播的电磁波为

$$\boldsymbol{E}(\boldsymbol{r})=(\hat{\boldsymbol{x}}+E_{y\mathrm{m}}\hat{\boldsymbol{y}}+\sqrt{3}\hat{\boldsymbol{z}})\mathrm{e}^{-\mathrm{j}2\pi(\sqrt{3}x+3y+2z)}\ (\mathrm{V/m})$$

(1) 确定其传播方向和频率；

(2) 求 $E_{y\mathrm{m}}$；

(3) 求 $\boldsymbol{H}(\boldsymbol{r})$。

**解：**(1) 由 $\boldsymbol{k}\cdot\boldsymbol{r}=2\pi(\sqrt{3}x+3y+2z)=k_x x+k_y y+k_z z$，得到

$$k_x=2\pi\sqrt{3},\quad k_y=6\pi,\quad k_z=4\pi$$

$$k=\sqrt{k_x^2+k_y^2+k_z^2}=8\pi$$

传播方向为

$$\hat{\boldsymbol{k}}=\boldsymbol{k}/k=\sqrt{3}/4\hat{\boldsymbol{x}}+3/4\hat{\boldsymbol{y}}+1/2\hat{\boldsymbol{z}}$$

因此

$$\omega=k/\sqrt{\mu_0\varepsilon_0}=kc=24\pi\times10^8\ (\mathrm{rad/s}),\quad f=\omega/2\pi=1200\ (\mathrm{MHz})$$

(2) 因为是均匀平面波，所以 $\boldsymbol{k}\perp\boldsymbol{E}$，即 $\boldsymbol{k}\cdot\boldsymbol{E}=0$，可得

$$(\sqrt{3}\hat{\boldsymbol{x}}+3\hat{\boldsymbol{y}}+2\hat{\boldsymbol{z}})\cdot(\hat{\boldsymbol{x}}+E_{y\mathrm{m}}\hat{\boldsymbol{y}}+\sqrt{3}\hat{\boldsymbol{z}})=0$$

得到 $E_{y\mathrm{m}}=-\sqrt{3}$。

(3) 由 $\boldsymbol{H}=1/\eta\hat{\boldsymbol{k}}\times\boldsymbol{E}$，得到

$$\begin{aligned}\boldsymbol{H}&=\frac{1}{\eta_0}\hat{\boldsymbol{k}}\times\boldsymbol{E}=\frac{1}{\eta_0}\left(\frac{\sqrt{3}}{4}\hat{\boldsymbol{x}}+\frac{3}{4}\hat{\boldsymbol{y}}+\frac{1}{2}\hat{\boldsymbol{z}}\right)\times(\hat{\boldsymbol{x}}-\sqrt{3}\hat{\boldsymbol{y}}+\sqrt{3}\hat{\boldsymbol{z}})\mathrm{e}^{-\mathrm{j}2\pi(\sqrt{3}x+3y+2z)}\\&=\frac{1}{\eta_0}\left(\frac{\sqrt{3}}{2}\hat{\boldsymbol{x}}-\frac{1}{2}\hat{\boldsymbol{y}}-\frac{3}{2}\hat{\boldsymbol{z}}\right)\mathrm{e}^{-\mathrm{j}2\pi(\sqrt{3}x+3y+2z)}\ (\mathrm{A/m})\end{aligned}$$

## 2.2 有耗媒质中的均匀平面波

视频

不同的媒质特性，均匀平面波的传播特性也不同。现在考虑有耗媒质的影响，先讨论无界导电媒质中均匀平面波的传播，再将其推广到极化损耗或磁化损耗的媒质。

### 2.2.1 一般导电媒质中的均匀平面波

媒质是导电的，电导率为 $\sigma$，在均匀、线性、各向同性的导电媒质中，$\varepsilon$、$\mu$ 和 $\sigma$ 均为实常数，在无源条件下，时谐形式的麦克斯韦方程为

$$\nabla\times\boldsymbol{E}=-\mathrm{j}\omega\mu\boldsymbol{H} \tag{2.22a}$$

$$\nabla\times\boldsymbol{H}=\sigma\boldsymbol{E}+\mathrm{j}\omega\varepsilon\boldsymbol{E} \tag{2.22b}$$

式中：$\sigma\boldsymbol{E}$ 为电场 $\boldsymbol{E}$ 引起的传导电流。

$\boldsymbol{E}$ 的波动方程可写为

$$\nabla^2\boldsymbol{E}+\omega^2\mu\varepsilon\left(1-\mathrm{j}\frac{\sigma}{\omega\varepsilon}\right)\boldsymbol{E}=0 \tag{2.23}$$

上式与理想介质情形下 $\boldsymbol{E}$ 的波动方程式(2.2)类似，差别在于式(2.2)中的波数 $k^2=\omega^2\mu\varepsilon$ 被式(2.23)中的 $\omega^2\mu\varepsilon(1-\mathrm{j}\sigma/\omega\varepsilon)$ 代替。定义导电媒质的复介电常数

$$\varepsilon_{\mathrm{c}}=\varepsilon-\mathrm{j}\sigma/\omega=\varepsilon(1-\mathrm{j}\sigma/\omega\varepsilon)$$

将该媒质的复传播常数定义为

$$\gamma=\alpha+\mathrm{j}\beta=\mathrm{j}\omega\sqrt{\mu\varepsilon_{\mathrm{c}}}=\mathrm{j}\omega\sqrt{\mu\varepsilon}\sqrt{1-\mathrm{j}\frac{\sigma}{\omega\varepsilon}} \tag{2.24}$$

式中：$\alpha$ 为衰减常数；$\beta$ 为相移常数，它们分别为

$$\alpha=\omega\sqrt{\frac{\varepsilon\mu}{2}}\left[\sqrt{1+\left(\frac{\sigma}{\omega\varepsilon}\right)^2}-1\right]^{1/2} \tag{2.25a}$$

$$\beta=\omega\sqrt{\frac{\varepsilon\mu}{2}}\left[\sqrt{1+\left(\frac{\sigma}{\omega\varepsilon}\right)^2}+1\right]^{1/2} \tag{2.25b}$$

简便起见，再次假设电场只有 $\hat{\boldsymbol{x}}$ 分量，且在 $x$ 和 $y$ 方向是均匀不变的，则式(2.23)给出的波动方程可简化为

$$\frac{\partial^2E_x}{\partial z^2}-\gamma^2E_x=0 \tag{2.26}$$

它具有解

$$E_x(z)=E_{x1}\mathrm{e}^{-\gamma z}+E_{x2}\mathrm{e}^{\gamma z} \tag{2.27}$$

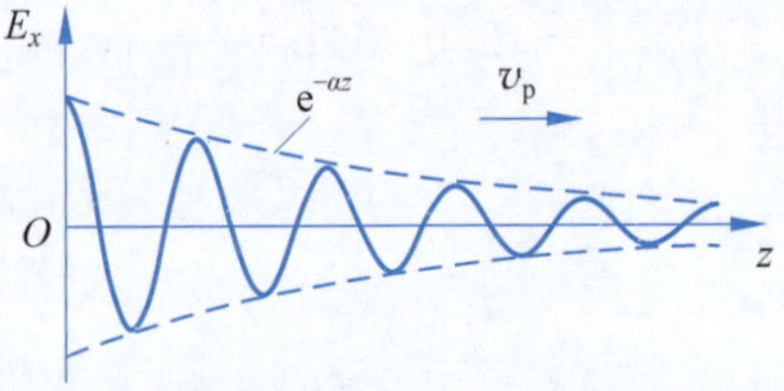


图 2.6　导电媒质中沿 $+z$ 方向传播的均匀平面波

式(2.27)等号右边第一项代表正向传输波，其传播因子 $\mathrm{e}^{-\gamma z}=\mathrm{e}^{-\alpha z}\mathrm{e}^{-\mathrm{j}\beta z}$，其瞬时表达式为 $\mathrm{e}^{-\alpha z}\cos(\omega t-\beta z)$，这代表一个向 $+z$ 方向传播的波，相速度 $v_{\mathrm{p}}=\omega/\beta$，波长 $\lambda=2\pi/\beta$，而且有指数衰减因子，振幅随着距离增加而指数衰减，如图 2.6 所示，衰减率由衰减常数 $\alpha$ 决定；第二项代表反向传输波，类似地，它沿 $-z$ 方向边传播边衰减。

相关的磁场为

$$H_y=\frac{\mathrm{j}}{\omega\mu}\frac{\partial E_x}{\partial z}=\frac{\gamma}{\mathrm{j}\omega\mu}(E_{x1}\mathrm{e}^{-\gamma z}-E_{x2}\mathrm{e}^{\gamma z}) \tag{2.28}$$

在有耗情况下，波阻抗还是定义为横向电场与横向磁场之比，即

$$\eta=\frac{E_x}{H_y}=\frac{\mathrm{j}\omega\mu}{\gamma} \tag{2.29}$$

这样，式(2.28)就可写为

$$H_y = \frac{1}{\eta}(E_{x1}\mathrm{e}^{-\gamma z} - E_{x2}\mathrm{e}^{\gamma z}) \tag{2.30}$$

注意，式中 $\eta$ 一般为复数，即 $\eta=|\eta|\mathrm{e}^{\mathrm{j}\phi}$，并且 $\phi>0$。由此可见，在导电媒质中，电场与磁场不同相，磁场的相位比电场滞后。

由式(2.27)和式(2.30)可以看出，电场 $\boldsymbol{E}$、磁场 $\boldsymbol{H}$ 与传播方向 $\hat{z}$ 之间满足

$$\hat{z}\times\boldsymbol{E}=\eta\boldsymbol{H}, \quad -\hat{z}\times\boldsymbol{H}=\boldsymbol{E}/\eta \tag{2.31}$$

这表明，在导电媒质中，电场 $\boldsymbol{E}$、磁场 $\boldsymbol{H}$ 与传播方向 $\hat{z}$ 之间依然相互垂直，并遵循右手螺旋规则，如图 2.7 所示。

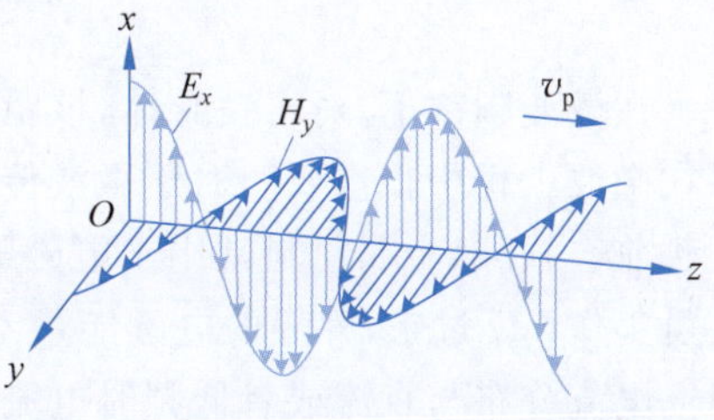

图 2.7　导电媒质中平面波的电场与磁场

由于 $v_p=\omega/\beta$，由式(2.25)可知相移常数 $\beta$ 与电磁波频率之间不是线性关系，因此导电媒质中相速度 $v_p$ 不仅与媒质参数有关，而且与波的频率有关，不同频率的电磁波具有不同的相速度，这种现象称为色散。相应的媒质称为色散媒质，因此导电媒质是一种色散媒质。当携带信息的包含多个频率分量的电磁波信号在色散媒质中传播时，不同频率的分量以不同的相速度传播，相互间的相位关系随传播距离的增加而不断变化，致使到达接收端的信号中各频率成分间的相位关系不同于起始端的相位关系，导致信号失真。

### 2.2.2　良介质中的均匀平面波

当 $\sigma/(\omega\varepsilon)\ll 1$ 时，$\varepsilon_c\approx\varepsilon$，媒质主要呈现出介质的特性，称为良介质。在良介质中，位移电流起主要作用，传导电流很小。运用泰勒近似公式 $\sqrt{1+x}\approx 1+x/2$，良介质中复传播常数可近似为

$$\gamma=\mathrm{j}\omega\sqrt{\mu\varepsilon}\sqrt{1-\mathrm{j}\frac{\sigma}{\omega\varepsilon}}\approx\mathrm{j}\omega\sqrt{\mu\varepsilon}\left(1-\mathrm{j}\frac{\sigma}{2\omega\varepsilon}\right)$$

由此可得衰减常数和相移常数分别为

$$\alpha\approx\frac{\sigma}{2}\sqrt{\frac{\mu}{\varepsilon}}, \quad \beta\approx\omega\sqrt{\varepsilon\mu} \tag{2.32}$$

波阻抗为

$$\eta=\sqrt{\frac{\mu}{\varepsilon}}\left(1-\mathrm{j}\frac{\sigma}{\omega\varepsilon}\right)^{-1/2}\approx\sqrt{\frac{\mu}{\varepsilon}}\left(1+\mathrm{j}\frac{\sigma}{2\omega\varepsilon}\right)\approx\sqrt{\frac{\mu}{\varepsilon}} \tag{2.33}$$

可见，在良介质中除了有限电导率引起的衰减外，相移常数和波阻抗可用理想介质中的相移常数和波阻抗来近似。

### 2.2.3　良导体中的均匀平面波

良导体是传导电流比位移电流大得多的一种特殊情况，即 $\sigma/\omega\varepsilon\gg 1$。绝大多数金属都可以视为良导体，很多实际问题包含良导体造成的损耗或衰减。忽略位移电流项，良导体的复传播常数可以写为

$$\gamma=\alpha+\mathrm{j}\beta\approx\mathrm{j}\omega\sqrt{\mu\varepsilon}\sqrt{\frac{\sigma}{\mathrm{j}\omega\varepsilon}}=(1+\mathrm{j})\sqrt{\frac{\omega\mu\sigma}{2}} \tag{2.34}$$

由此可得衰减常数和相移常数为

$$\alpha\approx\sqrt{\frac{\omega\mu\sigma}{2}}, \quad \beta\approx\sqrt{\frac{\omega\mu\sigma}{2}} \tag{2.35}$$

在良导体中，电磁波的衰减常数随电磁波的频率、电导率的增加而增加，并且良导体的电导率一般很大，达到 $10^7$ 量级，电磁波在良导体中的衰减非常快，在传播很短的一段距离后就几乎衰减完。因此，良导体中的电磁波局限在导体表面附近的区域，这种现象称为趋肤效应。工程上常用趋肤深度来表征电磁波的趋肤程度，其定义为电磁波的幅值衰减为表面值的 1/e 时电磁波所传播的距离。据此定义，有 $e^{-\alpha\delta}=e^{-1}$，故

$$\delta=\frac{1}{\alpha}=\sqrt{\frac{2}{\omega\mu\sigma}}=\frac{1}{\sqrt{\pi f\mu\sigma}} \tag{2.36}$$

在微波频率下，对于良导体，该距离是很小的，电流仅存在于导体表面很薄一层内，这个结果在微波工程中很重要。对于微波传输线而言，只需要很薄的良导体(如银或金)就足够。在电磁兼容领域，金属材料常用于电磁屏蔽，使得设备内的电磁能量不能外泄，影响其他设备或人员工作；反过来，外界的电磁能量不能干扰设备正常工作。另外，在微波频率下，导体横截面上电流分布与直流或者低频时电流均匀分布情况不同，由于趋肤效应影响，导体的实际载流截面减小，因而导体电阻大于直流或低频电阻，导体损耗增加。

**例 2.4** 计算铝、铜、金和银在微波频率 10GHz 时的趋肤深度。

**解：** 由式(2.36)，趋肤深度为

$$\delta=\sqrt{\frac{2}{\omega\mu\sigma}}=\frac{1}{\sqrt{\pi f\mu_0\sigma}}=\frac{1}{\sqrt{\pi\times10^{10}\times4\pi\times10^{-7}\sigma}}=5.03\times10^{-3}\frac{1}{\sqrt{\sigma}}$$

铝、铜、金、银的电导率列在附录 D 中，由上式可得到这些金属的趋肤深度如下：

铝的趋肤深度为

$$\delta=5.03\times10^{-3}\frac{1}{\sqrt{3.816\times10^7}}=8.14\times10^{-7}\,(\mathrm{m})$$

铜的趋肤深度为

$$\delta=5.03\times10^{-3}\frac{1}{\sqrt{5.813\times10^7}}=6.60\times10^{-7}\,(\mathrm{m})$$

金的趋肤深度为

$$\delta=5.03\times10^{-3}\frac{1}{\sqrt{4.098\times10^7}}=7.86\times10^{-7}\,(\mathrm{m})$$

银的趋肤深度为

$$\delta=5.03\times10^{-3}\frac{1}{\sqrt{6.173\times10^7}}=6.40\times10^{-7}\,(\mathrm{m})$$

这些结果表明，良导体的绝大部分电流都位于接近导体表面的极薄区域内。

良导体的本征阻抗为

$$\eta\approx\sqrt{\frac{\mu}{\varepsilon}}\left(\frac{\sigma}{\mathrm{j}\omega\varepsilon}\right)^{-1/2}=(1+\mathrm{j})\sqrt{\frac{\omega\mu}{2\sigma}}=(1+\mathrm{j})\frac{1}{\sigma\delta} \tag{2.37}$$

这表明，在良导体中本征阻抗相角等于 45°，这是良导体的特征。无耗材料的相角为 0°，而任意有耗材料的本征阻抗的相角在 0°～45°。

### 2.2.4 极化损耗媒质中的平面波

极化损耗媒质中的复介电常数 $\varepsilon_c=\varepsilon'-\mathrm{j}\varepsilon''$，导电媒质的等效复介电常数 $\varepsilon_c=\varepsilon-\mathrm{j}\sigma/\omega$，可见两者形式完全相同，因此一般导电媒质所得结论可推广到有极化损耗的媒质中。在计算极

化损耗媒质的传播参数时，只需将前面有关公式中的 $\varepsilon$ 换成 $\varepsilon'$、$\sigma/\omega$ 换成 $\varepsilon''$ 即可。

## 2.3 电磁波的极化

前面讨论沿 $+z$ 方向传播的均匀平面波时，假设电场只有 $\hat{\boldsymbol{x}}$ 分量。但是，一般情况下，沿 $+z$ 方向传播的均匀平面波有 $\hat{\boldsymbol{x}}$、$\hat{\boldsymbol{y}}$ 两个分量，其瞬时表达式为

$$\boldsymbol{E}=\hat{\boldsymbol{x}}E_x+\hat{\boldsymbol{y}}E_y \tag{2.38a}$$

$$E_x=E_{xm}\cos(\omega t-kz+\phi_x) \tag{2.38b}$$

$$E_y=E_{ym}\cos(\omega t-kz+\phi_y) \tag{2.38c}$$

式中：振幅 $E_{xm}$、$E_{ym}$ 为正实数；初始相位 $\phi_x$、$\phi_y$ 为实数。

由于 $E_x$ 分量和 $E_y$ 分量的振幅和相位不一定相同，因此在空间任意给定点上，总电场 $\boldsymbol{E}$ 的大小和方向都可能会随时间变化，这种现象称为电磁波的极化。

电磁波的极化是电磁理论中一个重要的概念，它表征在空间任意点上电场矢量 $\boldsymbol{E}$ 随时间变化的特性，并用电场 $\boldsymbol{E}$ 的矢端随时间变化的轨迹来描述。若该轨迹是直线，则称为线极化；若该轨迹是圆，则称为圆极化；若该轨迹是椭圆，则称为椭圆极化。

电磁波的极化形式取决于空间任意点上 $E_x$ 分量和 $E_y$ 分量的振幅之间的关系和相位之间的关系。为简便起见，不妨取 $z=0$ 的给定点来讨论，此时式(2.38)写为

$$E_x=E_{xm}\cos(\omega t+\phi_x) \tag{2.39a}$$

$$E_y=E_{ym}\cos(\omega t+\phi_y) \tag{2.39b}$$

电场 $\boldsymbol{E}$ 矢端的平面坐标为 $(E_x,E_y)$，$E_x$、$E_y$ 满足的方程就是电场 $\boldsymbol{E}$ 矢端的轨迹方程，从轨迹形状可以判断极化类型。

### 2.3.1 线极化波

实践

当电场的 $E_x$ 和 $E_y$ 两个正交分量相位相同，即 $\phi_x-\phi_y=0$ 时，电场 $\boldsymbol{E}$ 的幅度为

$$E=\sqrt{E_x^2+E_y^2}=\sqrt{E_{xm}^2+E_{ym}^2}\cos(\omega t+\phi_x)$$

电场 $\boldsymbol{E}$ 与 $E_x$ 分量之间的夹角为

$$\theta=\arctan\left(\frac{E_y}{E_x}\right)=\arctan\left(\frac{E_{ym}}{E_{xm}}\right)$$

可见，尽管电场 $\boldsymbol{E}$ 的大小随时间变化，但是电场 $\boldsymbol{E}$ 与 $E_x$ 分量的夹角 $\theta$ 始终保持不变，因此电场 $\boldsymbol{E}$ 矢端始终在直线上随时间来回运动，如图 2.8(a)所示，为线极化。

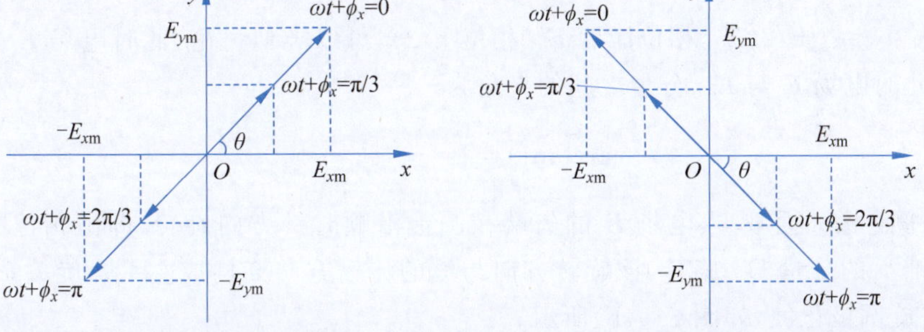


(a) $\phi_x-\phi_y=0$　　(b) $\phi_x-\phi_y=\pm\pi$

图 2.8 线极化波

如果电场的 $E_x$ 和 $E_y$ 两个正交分量相位相差 $\pi$，即 $\phi_x-\phi_y=\pm\pi$，可类似讨论，$\theta=-\arctan(E_{ym}/E_{xm})$，依然为线极化，如图 2.8(b)所示。

综上所述，当电场 $\boldsymbol{E}$ 的两个正交分量相位相同或者相差 $\pi$ 时，该电磁波为线极化波。现在有几种特殊情况：若 $E_x\neq0,E_y=0$，则它是 $x$ 方向的线极化波；若 $E_x=0,E_y\neq0$，则它是 $y$ 方向的线极化波；若 $E_{xm}=E_{ym}$，则它是与 $x$ 轴成 $\pm45°$ 角的斜极化波。

在工程中，常将与地面平行的线极化波称为水平极化波，与地面垂直的线极化波称为垂直极化波。例如，电视、调频广播一般采用水平极化波，中波调幅广播一般采用垂直极化波。一般来说，天线只能接收极化相同（同极化）的来波，而不能接收正交极化（交叉极化）的来波。例如，水平极化天线只能接收水平极化来波，不能接收垂直极化来波；垂直极化天线只能接收垂直极化来波，不能接收水平极化来波；水平极化天线能接收斜极化波的水平分量，不能接收其垂直分量。

### 2.3.2 圆极化波

若电场 $\boldsymbol{E}$ 的 $E_x$ 和 $E_y$ 两个正交分量振幅相同，相位相差 $\pi/2$，即 $E_{xm}=E_{ym}=E_m,\phi_x-\phi_y=\pm\pi/2$，则为圆极化波。

当 $\phi_x-\phi_y=\pi/2$（$E_x$ 相位超前 $E_y$ 相位 $\pi/2$）时，由式(2.39)可得

$$E_x=E_m\cos(\omega t+\phi_x)$$

$$E_y=E_m\cos(\omega t+\phi_x-\pi/2)=E_m\sin(\omega t+\phi_x)$$

故有

$$E_x^2+E_y^2=E_m^2 \tag{2.40}$$

电场 $\boldsymbol{E}$ 与 $E_x$ 分量之间的夹角为

$$\theta=\arctan\left(\frac{E_y}{E_x}\right)=\omega t+\phi_x \tag{2.41}$$

由此可见，电场 $\boldsymbol{E}$ 的大小不随时间变化，但是方向随时间变化，其矢端轨迹是一个圆，故称圆极化波。

圆极化波有左旋和右旋之分。由式(2.41)可知，夹角 $\theta$ 随时间 $t$ 增大而增大，电场 $\boldsymbol{E}$ 的矢端在圆上沿逆时针方向旋转，即由相位超前的分量 $E_x$ 向相位滞后的分量 $E_y$ 旋转，该旋转方向与波的传播方向 $\hat{z}$ 构成右手螺旋关系，这种圆极化波称为右旋圆极化波，如图 2.9(a)所示。归纳起来，左旋和右旋圆极化波可以这样判断：大拇指指向电磁波的传播方向，其余四指从电场 $\boldsymbol{E}$ 相位超前分量旋转到相位滞后分量，符合左手螺旋规则的就是左旋圆极化波，符合右手螺旋规则的就是右旋圆极化波。

当 $\phi_x-\phi_y=-\pi/2$（$E_x$ 相位滞后 $E_y$ 相位 $\pi/2$），可以类似讨论，此时电场 $\boldsymbol{E}$ 矢端轨迹仍然是圆，但此时电场 $\boldsymbol{E}$ 与 $E_x$ 分量之间的夹角为

$$\theta=\arctan\left(\frac{E_y}{E_x}\right)=-(\omega t+\phi_x) \tag{2.42}$$

夹角 $\theta$ 随时间 $t$ 增大而减小，电场 $\boldsymbol{E}$ 的矢端在圆上沿顺时针方向旋转，即由相位超前的分量 $E_y$ 向相位滞后的分量 $E_x$ 旋转，该旋转方向与波的传播方向 $\hat{z}$ 构成左手螺旋关系，这种圆极化波称为左旋圆极化波，如图 2.9(b)所示。

综上所述，若电场 $\boldsymbol{E}$ 的两个正交分量幅度相同，并且相位相差 $\pi/2$，则该电磁波是圆极化波。

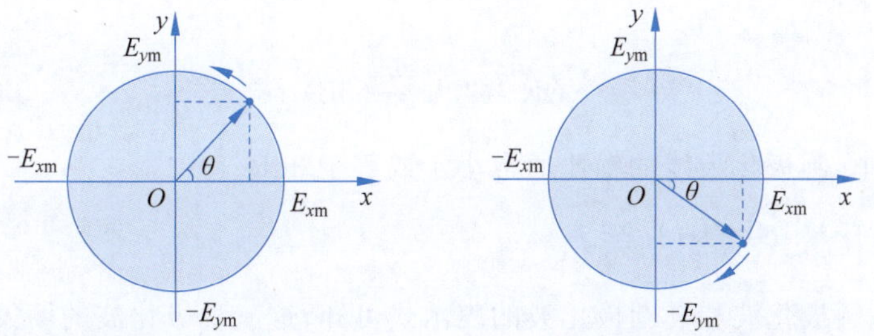


(a) 右旋圆极化(+z方向传播)　　(b) 左旋圆极化(+z方向传播)

图 2.9　圆极化波

在实际工程中许多系统利用圆极化波来工作，例如，火箭等飞行器在飞行过程中其状态和位置不断改变，如果火箭上天线用线极化，可能会出现接收不到地面遥测信号，从而造成失控，因此一般采用圆极化。在我国北斗卫星导航系统中，星上天线和地面天线均采用圆极化天线。另外，一些微波器件，例如铁氧体隔离器和环行器就是利用电磁波的圆极化特性工作的。一般来说，右旋圆极化天线只能接收右旋圆极化来波，不能接收左旋圆极化来波；反之亦然。

## 2.3.3　椭圆极化波

最一般情况是 $\phi_x-\phi_y\neq 0,\pm\pi,\pm\pi/2$，或者 $\phi_x-\phi_y=\pm\pi/2$，但是 $E_{xm}\neq E_{ym}$，即不满足线极化和圆极化的条件，这时是椭圆极化波。简便起见，式(2.39)中取 $\phi_x=0$，$\phi_y=\phi$，则有

$$E_x=E_{xm}\cos\omega t$$

$$E_y=E_{ym}\cos(\omega t+\phi)$$

由上述两式中消去时间 $t$，得到

$$\left(\frac{E_x}{E_{xm}}\right)^2+\left(\frac{E_y}{E_{ym}}\right)^2-\frac{2E_xE_y}{E_{xm}E_{ym}}\cos\phi=\sin^2\phi \tag{2.43}$$

这是一个椭圆方程，电场 $\boldsymbol{E}$ 的矢端在椭圆上旋转，故称椭圆极化波。椭圆极化波依然有左旋和右旋之分，由电场矢端的旋转方向和电磁波传播方向共同决定，判断方法与圆极化波相同。

线极化波和圆极化波都可以看作椭圆极化波的特例。例如，若 $\phi=0$ 或 $\phi=\pm\pi$，则椭圆极化波变为线极化波；若 $E_{xm}=E_{ym}$，$\phi=\pm\pi/2$，则椭圆极化波变为圆极化波。

椭圆极化通常用长轴 $a$、短轴 $b$ 和倾角 $\psi$(椭圆长轴与 $x$ 轴的夹角)来描述，如图 2.10 所示。可以证明，参数 $a$、$b$、$\psi$ 与 $E_{xm}$、$E_{ym}$、$\phi$ 之间的关系为

$$\begin{cases}a^2+b^2=E_{xm}^2+E_{ym}^2\\[4pt] \tan 2\psi=\dfrac{2E_{xm}E_{ym}}{E_{xm}^2-E_{ym}^2}\cos\phi\\[4pt] \sin 2\xi=\dfrac{2E_{xm}E_{ym}}{E_{xm}^2+E_{ym}^2}\sin\phi,\quad \xi=\arctan\left(\dfrac{b}{a}\right)\end{cases} \tag{2.44}$$

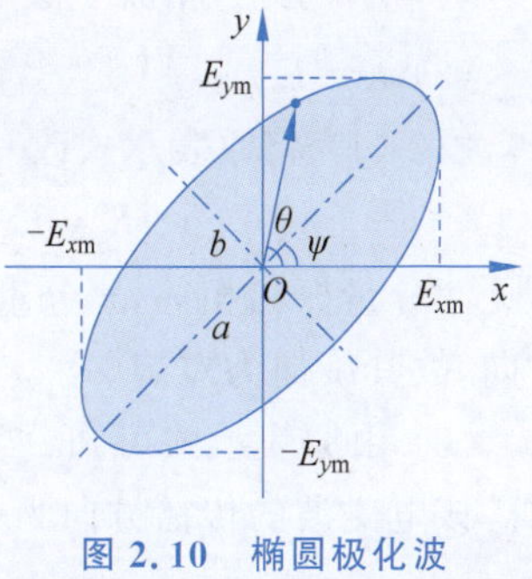


图 2.10　椭圆极化波

通过测量 $E_{xm}$、$E_{ym}$、$\phi$ 就可以得到椭圆极化的长轴 $a$、短轴 $b$ 和倾角 $\psi$。工程中，常用轴比(AR)来描述椭圆极化波的椭圆程度，它定义为椭圆的长轴 $a$ 与短轴 $b$ 之比，即

$$\mathrm{AR}=\frac{a}{b}$$

一般用分贝表示：

$$AR=20\lg\frac{a}{b}(\mathrm{dB}) \tag{2.45}$$

在微波工程中，圆极化天线的轴比通常小于或等于 3dB。

### 2.3.4 三种极化类型的相互关系

由线极化波、圆极化波和椭圆极化波的表示式可知，这三种极化波的场矢量都可以分解成空间相互正交的两个分量，每个分量实际上是一个线极化波，因此三种极化波都可以看作两个在空间相互正交的线极化波叠加而成的合成波。反之，任一线极化波、圆极化波或椭圆极化波也可以分解为两个正交的线极化波。

还可以证明一个线极化波可以分解为两个振幅相等、旋向相反的圆极化波，一个椭圆极化波可以分解为两个振幅不等、旋向相反的圆极化波。因此，一个圆极化天线能够接收线极化来波的一半功率。

**例 2.5** 证明线极化波可以分解为两个振幅相等、旋向相反的圆极化波。

**证明：** 设线极化波 $\boldsymbol{E}=\boldsymbol{E}_0\mathrm{e}^{-\mathrm{j}kz}$ 与 $x$ 轴的夹角为 $\theta$，它可以表示为

$$\boldsymbol{E}=(E_0\cos\theta\hat{\boldsymbol{x}}+E_0\sin\theta\hat{\boldsymbol{y}})\mathrm{e}^{-\mathrm{j}kz}=E_x\hat{\boldsymbol{x}}+E_y\hat{\boldsymbol{y}}$$

式中：$E_0=|\boldsymbol{E}_0|$。

应用欧拉公式可得

$$E_x=E_0\cos\theta\mathrm{e}^{-\mathrm{j}kz}=\frac{E_0}{2}(\mathrm{e}^{\mathrm{j}\theta}+\mathrm{e}^{-\mathrm{j}\theta})\mathrm{e}^{-\mathrm{j}kz}$$

$$E_y=E_0\sin\theta\mathrm{e}^{-\mathrm{j}kz}=\frac{E_0}{2\mathrm{j}}(\mathrm{e}^{\mathrm{j}\theta}-\mathrm{e}^{-\mathrm{j}\theta})\mathrm{e}^{-\mathrm{j}kz}$$

因此，有

$$\boldsymbol{E}=\frac{E_0}{2}[\mathrm{e}^{\mathrm{j}\theta}\hat{\boldsymbol{x}}+\mathrm{e}^{\mathrm{j}(\theta-\pi/2)}\hat{\boldsymbol{y}}]\mathrm{e}^{-\mathrm{j}kz}+\frac{E_0}{2}[\mathrm{e}^{-\mathrm{j}\theta}\hat{\boldsymbol{x}}+\mathrm{e}^{-\mathrm{j}(\theta-\pi/2)}\hat{\boldsymbol{y}}]\mathrm{e}^{-\mathrm{j}kz}$$

显然，上式等号右边第一项是右旋圆极化波，第二项是左旋圆极化波，两圆极化波振幅均为 $E_0/2$。

**例 2.6** 判断下列电磁波的极化类型：

(1) $\boldsymbol{E}=E_{\mathrm{m}}\cos(\omega t+kz)\hat{\boldsymbol{x}}+E_{\mathrm{m}}\sin(\omega t+kz)\hat{\boldsymbol{y}}$；

(2) $\boldsymbol{E}=E_{\mathrm{m}1}\mathrm{e}^{-\mathrm{j}(kx-\pi/3)}\hat{\boldsymbol{y}}+E_{\mathrm{m}2}\mathrm{e}^{-\mathrm{j}(kx+\pi/5)}\hat{\boldsymbol{z}}$。

**解：** (1) 将原表示式改写为

$$\boldsymbol{E}=E_{\mathrm{m}}\cos(\omega t+kz)\hat{\boldsymbol{x}}+E_{\mathrm{m}}\cos(\omega t+kz-\pi/2)\hat{\boldsymbol{y}}$$

可见两分量振幅相等，$x$ 分量比 $y$ 分量超前 $\pi/2$，所以是圆极化波。该电磁波的传播方向为 $-\hat{z}$ 方向，故其旋向为左旋。

(2) 由原表示式可知，两分量振幅不相等，$y$ 分量比 $z$ 分量超前 $8\pi/15$，所以是椭圆极化波。该电磁波的传播方向为 $+\hat{\boldsymbol{x}}$ 方向，故其旋向为右旋。

## 2.4 媒质分界面上平面波的垂直入射

前面讨论了均匀平面波在无界均匀、线性、各向同性媒质中的传播特性。实际上，平面波在传播过程中经常会遇到不同媒质之间的分界面，发生反射和折射现象。照射的平面波称为入射波，入射波照射在分界面时会感应出时变电流（可能是传导电流，也可能是束缚电流），它

们是二次辐射源。该源在分界面两侧的媒质中会产生电磁波(与例 1.1 类似),与入射波同一侧媒质中的平面波称为反射波,另一侧媒质中的平面波称为透射波。

平面波的反射和折射问题的一般求解方法:首先在分界面两侧媒质中写出带有未知系数的入射波、反射波和透射波通解,然后利用边界条件求这些系数,从而得到反射波和透射波的定解。

简单起见,本节讨论两种媒质分界面上均匀平面波垂直入射的情况。先分析有耗(导电)媒质的一般情况,再讨论理想介质分别与理想介质、理想导体和良导体三种分界面的特殊情况。平面波向有耗媒质垂直入射的情况如图 2.11 所示。其中,$z=0$ 是无限大的两种媒质分界面;$z<0$ 的半无限大空间区域是理想介质 1,用参量 $\varepsilon_1$、$\mu_1$ 表征;$z>0$ 的半无限大空间区域是有耗(导电)媒质 2,用参量 $\varepsilon_2$、$\mu_2$、$\sigma_2$ 表征;$\varepsilon_1$、$\mu_1$,$\varepsilon_2$、$\mu_2$、$\sigma_2$ 均为实常数。

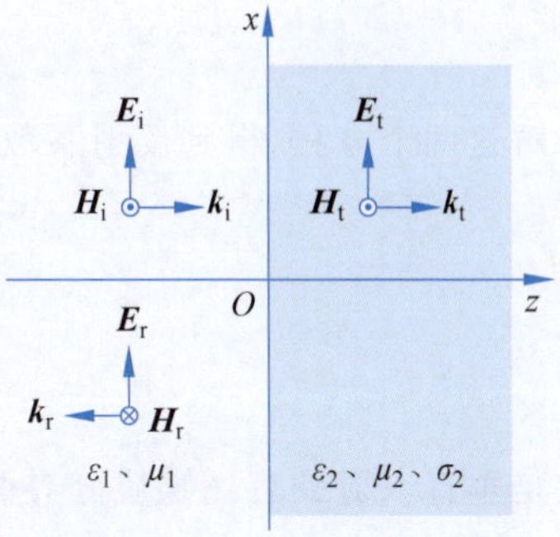


图 2.11 平面波向有耗媒质的垂直入射

## 2.4.1 一般导电媒质

不失一般性,假设入射平面波具有沿 $+x$ 方向的电场,并沿 $+z$ 方向传播。在理想介质 1 中,入射波可以写为

$$\boldsymbol{E}_{\mathrm{i}}=\hat{\boldsymbol{x}}E_0\mathrm{e}^{-\mathrm{j}k_1z} \tag{2.46a}$$

$$\boldsymbol{H}_{\mathrm{i}}=\hat{\boldsymbol{y}}\frac{E_0}{\eta_1}\mathrm{e}^{-\mathrm{j}k_1z} \tag{2.46b}$$

式中:$k_1$ 为相移常数,$k_1=\omega\sqrt{\mu_1\varepsilon_1}$;$\eta_1$ 为波阻抗,$\eta_1=\sqrt{\mu_1/\varepsilon_1}$;$E_0$ 为波振幅。$k_1$、$\eta_1$ 和 $E_0$ 均为实数。在媒质 1 中,存在沿 $-z$ 方向传播的反射波,形式为

$$\boldsymbol{E}_{\mathrm{r}}=\hat{\boldsymbol{x}}\Gamma E_0\mathrm{e}^{\mathrm{j}k_1z} \tag{2.47a}$$

$$\boldsymbol{H}_{\mathrm{r}}=-\hat{\boldsymbol{y}}\frac{\Gamma E_0}{\eta_1}\mathrm{e}^{\mathrm{j}k_1z} \tag{2.47b}$$

式中:$\Gamma$ 为未知反射电场的反射系数。

注意,反射波传播方向是 $-z$ 方向,并且为了满足反射电场 $\boldsymbol{E}_{\mathrm{r}}$、反射磁场 $\boldsymbol{H}_{\mathrm{r}}$ 和传播方向 $-\hat{z}$ 构成右手螺旋关系,反射磁场 $\boldsymbol{H}_{\mathrm{r}}$ 有负号。

由式(2.27),在 $z>0$ 的有耗媒质区域的沿 $+z$ 方向传播的透射波可以写为

$$\boldsymbol{E}_{\mathrm{t}}=\hat{\boldsymbol{x}}TE_0\mathrm{e}^{-\gamma_2z} \tag{2.48a}$$

$$\boldsymbol{H}_{\mathrm{t}}=\hat{\boldsymbol{y}}\frac{TE_0}{\eta_2}\mathrm{e}^{-\gamma_2z} \tag{2.48b}$$

式中:$T$ 为未知透射电场的透射系数;$\eta_2$ 为 $z>0$ 区域的有耗媒质的本征阻抗,由式(2.29)可得本征阻抗为

$$\eta_2=\frac{\mathrm{j}\omega\mu_2}{\gamma_2} \tag{2.49}$$

$z>0$ 区域的传播常数为

$$\gamma_2=\alpha_2+\mathrm{j}\beta_2=\mathrm{j}\omega\sqrt{\mu_2\varepsilon_2}\sqrt{1-\mathrm{j}\frac{\sigma_2}{\omega\varepsilon_2}} \tag{2.50}$$

根据边界条件,在 $z=0$ 分界面上,电场和磁场的切向分量连续,应有

$$(E_{ix}+E_{rx})\big|_{z=0}=E_{tx}\big|_{z=0},\quad (H_{iy}+H_{ry})\big|_{z=0}=H_{ty}\big|_{z=0}$$

由此得到

$$1+\Gamma=T \tag{2.51a}$$

$$\frac{1-\Gamma}{\eta_1}=\frac{T}{\eta_2} \tag{2.51b}$$

求解这两个方程,得到反射系数和透射系数分别为

$$\Gamma=\frac{\eta_2-\eta_1}{\eta_2+\eta_1} \tag{2.52a}$$

$$T=1+\Gamma=\frac{2\eta_2}{\eta_2+\eta_1} \tag{2.52b}$$

这是垂直入射到有耗媒质分界面上平面波的反射系数和透射系数的通解,其中 $\eta_2$ 是有耗材料的本征阻抗。现在考虑以下三种特殊情况。

## 2.4.2 理想导体

若媒质 2 为理想导体,则 $\sigma_2=\infty$。由式(2.50)可得 $\gamma_2=\infty$,由式(2.49)可得 $\eta_2=0$,由式(2.52)可得 $T=0,\Gamma=-1$。在理想导体区域中场完全为零,电磁波入射到理想导体表面将被全部反射。这样,媒质 1 中的总电场和总磁场分别为

$$\boldsymbol{E}_1=\boldsymbol{E}_i+\boldsymbol{E}_r=\hat{\boldsymbol{x}}E_0(\mathrm{e}^{-\mathrm{j}k_1z}-\mathrm{e}^{\mathrm{j}k_1z})=-\hat{\boldsymbol{x}}2\mathrm{j}E_0\sin k_1z \tag{2.53a}$$

$$\boldsymbol{H}_1=\boldsymbol{H}_i+\boldsymbol{H}_r=\hat{\boldsymbol{y}}\frac{E_0}{\eta_1}(\mathrm{e}^{-\mathrm{j}k_1z}+\mathrm{e}^{\mathrm{j}k_1z})=\hat{\boldsymbol{y}}\frac{2E_0}{\eta_1}\cos k_1z \tag{2.53b}$$

注意:在 $z=0$ 处,$\boldsymbol{E}_1=0$,可以认为电场被“短路”。在 $z<0$ 区域,对应的总电场和总磁场瞬时表达式分别为

$$\boldsymbol{E}_1(z,t)=\hat{\boldsymbol{x}}2E_0\sin k_1z\sin\omega t \tag{2.54a}$$

$$\boldsymbol{H}_1(z,t)=\hat{\boldsymbol{y}}\frac{2E_0}{\eta_1}\cos k_1z\cos\omega t \tag{2.54b}$$

由此可见,媒质 1 中的总场 $\boldsymbol{E}_1$、$\boldsymbol{H}_1$ 的相位仅随时间变化,空间各点的相位相同,不存在随时间增加而产生的等相位面移动,总场在空间停驻不动,只是在原来的位置振动,故这种波称为驻波,如图 2.12 所示。显然,驻波是等幅、反相、传播方向相反的入射波和反射波干涉叠加形成的。

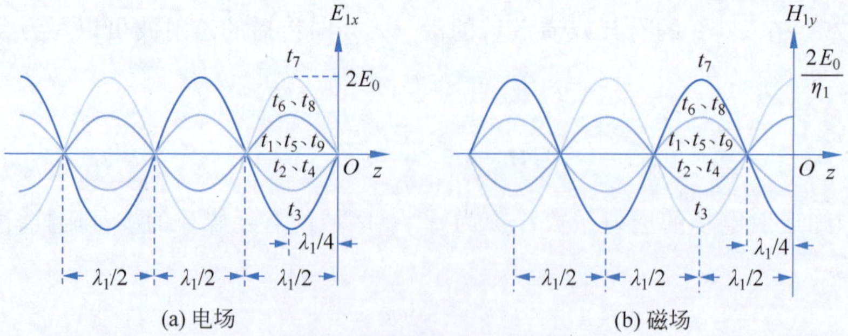


图 2.12 驻波的电场和磁场的分布

由式(2.54)和图 2.12 可见,$\boldsymbol{E}_1$、$\boldsymbol{H}_1$ 的驻波不仅在空间上错开 $\lambda_1/4$,在时间上也有 $\pi/2$ 的相移。总电场 $\boldsymbol{E}_1$ 的振幅随 $z$ 按正弦函数变化,即

$$|\boldsymbol{E}_1(z)|=2E_0|\sin k_1z| \tag{2.55}$$

最大值为 $2E_0$，最小值为 0。当 $k_1z=-n\pi$，即 $z=-n\lambda_1/2$ 时，总电场的振幅始终为零，这些点称为电场的波节点。而当 $k_1z=-(n+1/2)\pi$ 时，即 $z=-n\lambda_1/2-\lambda_1/4$，总电场的振幅最大，这些点称为电场的波腹点。

总磁场 $\boldsymbol{H}_1$ 的振幅随 $z$ 按余弦函数变化，即

$$|\boldsymbol{H}_1(z)|=\frac{2E_0}{\eta_1}|\cos k_1z| \tag{2.56}$$

最大值为 $2E_0/\eta_1$，最小值为 0。总磁场的波腹点正好是总电场的波节点，总磁场的波节点正好是总电场的波腹点。

媒质 1 中的平均坡印廷矢量为

$$\boldsymbol{S}_{\mathrm{av1}}=\frac{1}{2}\mathrm{Re}(\boldsymbol{E}_1\times\boldsymbol{H}_1^*)=\frac{1}{2}\mathrm{Re}\left(-\hat{\boldsymbol{z}}\,\frac{4\mathrm{j}E_0^2}{\eta_1}\sin k_1z\cos k_1z\right)=0 \tag{2.57}$$

可见，平均坡印廷矢量 $\boldsymbol{S}_{\mathrm{av}}$ 为零，驻波不传输电磁能量。电磁能量仅在电场能量和磁场能量之间交换，这与低频 LC 谐振电路类似，驻波意味着形成了电磁谐振。由于电场波节点 $z_{\min}=-n\lambda_1/2$ 处电场为零，如果在此处放置一理想导体面，$z=0$，$z_{\min}$ 处的两个导体面之间的电场和磁场依然不会改变，这样就构成了谐振腔。

在理想导体表面存在传导电流，根据理想导体的边界条件，面电流密度为

$$\boldsymbol{J}_{\mathrm{s}}=\hat{\boldsymbol{n}}\times\boldsymbol{H}_1=-\hat{\boldsymbol{z}}\times\hat{\boldsymbol{y}}\,\frac{2E_0}{\eta_1}\cos k_1z\bigg|_{z=0}=\hat{\boldsymbol{x}}\,\frac{2E_0}{\eta_1} \tag{2.58}$$

该电流就是产生反射波的二次源。

### 2.4.3 理想介质

若媒质 2 是理想介质，则 $\sigma_2=0$，且 $\varepsilon_2$、$\mu_2$ 均为实常数。这种情况下的传播常数是纯虚数，因而可写为

$$\gamma_2=\mathrm{j}\beta_2=\mathrm{j}\omega\sqrt{\mu_2\varepsilon_2} \tag{2.59}$$

媒质 2 的本征阻抗也是实数，可写为

$$\eta_2=\frac{\mathrm{j}\omega\mu_2}{\gamma_2}=\sqrt{\frac{\mu_2}{\varepsilon_2}} \tag{2.60}$$

由式(2.52)可知，反射系数 $\Gamma$ 和透射系数 $T$ 也是实数，并且 $|\Gamma|\leqslant1$。当 $\eta_2>\eta_1$，反射系数 $\Gamma>0$，这时反射电场与入射电场在分界面上是同相的；当 $\eta_2<\eta_1$，反射系数 $\Gamma<0$，这时反射电场与入射电场在分界面上是反相的，对应于相差 $\lambda/2$，这种现象称为半波损失。

媒质 1 中的总电场和总磁场分别为

$$\boldsymbol{E}_1=\hat{\boldsymbol{x}}E_0(\mathrm{e}^{-\mathrm{j}k_1z}+\Gamma\mathrm{e}^{\mathrm{j}k_1z})=\hat{\boldsymbol{x}}E_0[(1-\Gamma)\mathrm{e}^{-\mathrm{j}k_1z}+2\Gamma\cos k_1z] \tag{2.61a}$$

$$\boldsymbol{H}_1=\hat{\boldsymbol{y}}\,\frac{E_0}{\eta_1}(\mathrm{e}^{-\mathrm{j}k_1z}-\Gamma\mathrm{e}^{\mathrm{j}k_1z})=\hat{\boldsymbol{y}}\,\frac{E_0}{\eta_1}[(1-\Gamma)\mathrm{e}^{-\mathrm{j}k_1z}-2\mathrm{j}\Gamma\sin(k_1z)] \tag{2.61b}$$

由上式可知，媒质 1 中的总电场和总磁场包含沿 $+z$ 方向传播的行波和停驻不动的驻波两部分，这种既有行波又有驻波的波称为行驻波。

媒质 1 中总电场的振幅为

$$|\boldsymbol{E}_1|=E_0|\mathrm{e}^{-\mathrm{j}k_1z}+\Gamma\mathrm{e}^{\mathrm{j}k_1z}|=E_0|1+|\Gamma|\mathrm{e}^{\mathrm{j}(\phi+2k_1z)}| \tag{2.62}$$

式中：$\phi$ 为 $\Gamma$ 的相角。当 $\eta_2>\eta_1$ 时，$\Gamma>0$，$\phi=0$；当 $\eta_2<\eta_1$ 时，$\Gamma<0$，$\phi=\pi$。

当 $\Gamma>0$ 时，在 $2k_1z=-2n\pi$，即 $z=-n\pi/k_1=-n\lambda_1/2(n=0,1,2,\cdots)$处，反射电场与入射电场同相叠加，达到最大值，即

$$|\boldsymbol{E}_1|_{\max}=E_0(1+|\Gamma|)=E_0(1+\Gamma)$$

在 $2k_1z=-(2n+1)\pi$，即 $z=-(n\pi+1/2)/k_1=-n\lambda_1/2-\lambda_1/4(n=0,1,2,\cdots)$处，反射电场与入射电场反相叠加，达到最小值，即

$$|\boldsymbol{E}_1|_{\min}=E_0(1-|\Gamma|)=E_0(1-\Gamma)$$

当 $\Gamma>0$ 时，媒质 1 中总电场的振幅分布如图 2.13(a)所示。

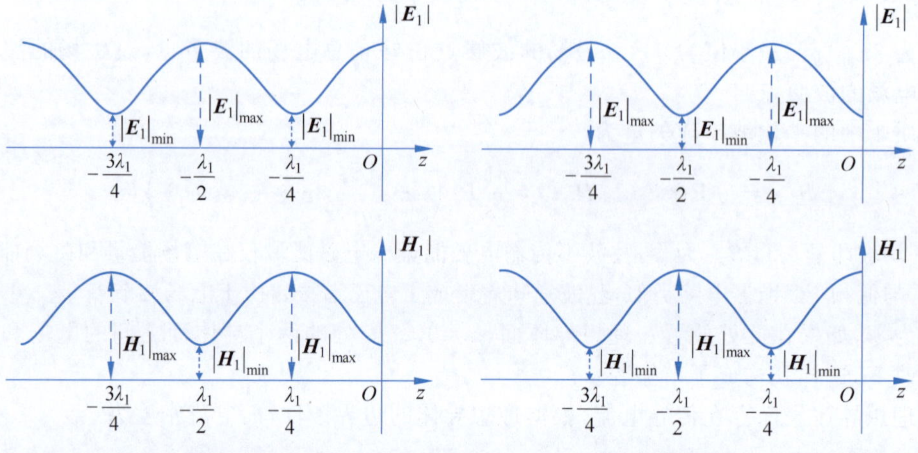


(a) $\eta_2>\eta_1$　　(b) $\eta_2<\eta_1$

图 2.13　媒质 1 中总电场的振幅分布

当 $\Gamma<0$ 时，在 $2k_1z=-(2n+1)\pi$，即 $z_1=-n\lambda_1/2-\lambda_1/4(n=0,1,2,\cdots)$处，反射电场与入射电场同相叠加，达到最大值，即

$$|\boldsymbol{E}_1|_{\max}=E_0(1+|\Gamma|)=E_0(1-\Gamma)$$

在 $2k_1z=\quad 2n\pi$，即 $z=-n\lambda_1/2(n=0,1,2,\cdots)$处，反射电场与入射电场反相叠加，达到最小值，即

$$|\boldsymbol{E}_1|_{\min}=E_0(1-|\Gamma|)=E_0(1+\Gamma)$$

当 $\Gamma<0$ 时，媒质 1 中总电场的振幅分布如图 2.13(b)所示。

媒质 1 中的平均坡印廷矢量为

$$\boldsymbol{S}_{\mathrm{av1}}=\frac{1}{2}\mathrm{Re}(\boldsymbol{E}_1\times\boldsymbol{H}_1^*)=\hat{\boldsymbol{z}}\frac{E_0^2}{2\eta_1}(1-|\Gamma|^2)\tag{2.63}$$

媒质 2 中只有透射波，是沿 $+z$ 方向传播的行波，式(2.48)可以化简为

$$\boldsymbol{E}_2=\boldsymbol{E}_{\mathrm{t}}=\hat{\boldsymbol{x}}TE_0\mathrm{e}^{-\mathrm{j}\beta_2z}\tag{2.64a}$$

$$\boldsymbol{H}_2=\boldsymbol{H}_{\mathrm{t}}=\hat{\boldsymbol{y}}\frac{TE_0}{\eta_2}\mathrm{e}^{-\mathrm{j}\beta_2z}\tag{2.64b}$$

媒质 2 中的平均坡印廷矢量为

$$\boldsymbol{S}_{\mathrm{av2}}=\hat{\boldsymbol{z}}\frac{E_0^2}{2\eta_2}|T|^2=\hat{\boldsymbol{z}}\frac{E_0^2}{2\eta_1}(1-|\Gamma|^2)\tag{2.65}$$

由于 $\boldsymbol{S}_{\mathrm{av1}}=\boldsymbol{S}_{\mathrm{av2}}$，因此实功率是守恒的。

### 2.4.4　良导体

若媒质 2 是良导体(但不是理想导体)，则复传播常数可以写为 2.2 节讨论过的形式，即

$$\gamma_2=\alpha_2+\mathrm{j}\beta_2=(1+\mathrm{j})\sqrt{\frac{\omega\mu_2\sigma_2}{2}}=(1+\mathrm{j})\frac{1}{\delta}\tag{2.66}$$

式中：$\delta$ 为良导体的趋肤深度，$\delta=1/\alpha$。

类似地，该导体的本征阻抗为

$$\eta_2=(1+\mathrm{j})\sqrt{\frac{\omega\mu_2}{2\sigma_2}}=(1+\mathrm{j})\frac{1}{\sigma_2\delta}=R_\mathrm{s}+\mathrm{j}X_\mathrm{s} \tag{2.67}$$

式中：$R_\mathrm{s}=X_\mathrm{s}=1/(\sigma_2\delta)$，$R_\mathrm{s}$ 表示厚度为 $\delta$ 的单位面积导体的电阻，称为表面电阻。

在很多实际问题中，如传输线中要计算等效电路中的电阻 $R$，必须求出导体中的功率损耗。求功率损耗的一种方法是采用等效表面电流和表面电阻，这时不需要用到导体内部的场。流入导体区域的体电流密度为

$$\boldsymbol{J}_\mathrm{t}=\sigma_2\boldsymbol{E}_\mathrm{t}=\hat{\boldsymbol{x}}\sigma_2 TE_0\mathrm{e}^{-\gamma_2 z}\ (\mathrm{A/m^2}) \tag{2.68a}$$

因此，良导体中单位宽度的总电流为

$$\boldsymbol{J}_\mathrm{s}=\int_0^\infty \boldsymbol{J}_\mathrm{t}\mathrm{d}z=\hat{\boldsymbol{x}}\sigma_2 TE_0\int_0^\infty \mathrm{e}^{-\gamma_2 z}\mathrm{d}z=\hat{\boldsymbol{x}}\frac{\sigma_2 TE_0}{\gamma_2}(\mathrm{A/m})$$

由于良导体内电流主要分布在表面附近，因此可以将该电流看作分布于导体表面的等效面电流密度。对于良导体，取 $\sigma_2 T/\gamma_2$ 的极限，并用 $\eta_2\ll\eta_1$，得到

$$\frac{\sigma_2 T}{\gamma_2}=\frac{\sigma_2\delta}{1+\mathrm{j}}\frac{2\eta_2}{\eta_1+\eta_2}\approx\frac{\sigma_2\delta}{1+\mathrm{j}}\frac{2(1+\mathrm{j})}{\sigma_2\delta\eta_1}=\frac{2}{\eta_1}$$

因此

$$\boldsymbol{J}_\mathrm{s}=\hat{\boldsymbol{x}}\frac{2E_0}{\eta_1}(\mathrm{A/m}) \tag{2.68b}$$

注意，该等效面电流密度与式(2.58)表示的理想导体的面电流密度 $\boldsymbol{J}_\mathrm{s}=\hat{\boldsymbol{n}}\times\boldsymbol{H}$ 是一致的。

良导体中单位面积的平均功率损耗为

$$\begin{aligned}p_1&=\frac{1}{2}\int_V \boldsymbol{E}_\mathrm{t}\cdot\boldsymbol{J}_\mathrm{t}^*\mathrm{d}v=\frac{1}{2}\sigma_2|E_0|^2|T|^2\int_{x=0}^1\int_{y=0}^1\int_0^\infty \mathrm{e}^{-2\alpha_2 z}\mathrm{d}x\mathrm{d}y\mathrm{d}z\\&=\frac{\sigma_2|E_0|^2|T|^2}{4\alpha_2}=\frac{1}{2}|\boldsymbol{J}_\mathrm{s}|^2R_\mathrm{s}\end{aligned}$$

这说明功率损耗可用表面电阻 $R_\mathrm{s}$、表面电流 $\boldsymbol{J}_\mathrm{s}$ 或切向磁场 $\boldsymbol{H}_\mathrm{t}$ 精确而简单地计算，整个导体表面的功率损耗为

$$P_1=\frac{R_\mathrm{s}}{2}\int_S|\boldsymbol{J}_\mathrm{s}|^2\mathrm{d}\boldsymbol{s}=\frac{R_\mathrm{s}}{2}\int_S|\boldsymbol{H}_\mathrm{t}|^2\mathrm{d}\boldsymbol{s} \tag{2.69}$$

重要的是，要认识到表面电流可以通过理想导体的表面电流 $\boldsymbol{J}_\mathrm{s}=\hat{\boldsymbol{n}}\times\boldsymbol{H}$ 那样求得。实际计算时，通常首先假定良导体为理想导体，求出导体表面的切向磁场，然后由 $\boldsymbol{J}_\mathrm{s}=\hat{\boldsymbol{n}}\times\boldsymbol{H}$ 求出理想导体表面的电流密度，最后由式(2.69)计算导体损耗。这一方法适用于各种电磁场，而不限于平面波，还适用于任意形状的导体(其弯曲半径大于或等于趋肤深度)。这一方法也是相当精确的，因为上述过程中的唯一近似是 $\eta_2\ll\eta_1$，这是很容易做到的。

## 2.5 理想介质分界面上平面波的斜入射

视频

电磁波以任意角度入射到不同媒质分界面上称为斜入射。入射波的传播矢量与分界面法向矢量构成的平面称为入射面。斜入射有电场垂直于入射面(垂直极化)和电场平行于入射面(平行极化)两种标准情况。当然，一个任意的入射平面波可能不是这两种极化之一，但它可以表达为这两种情况的线性叠加。

一般求解方法类似于垂直入射问题：首先在每个区域写出入射波、反射波和透射波的表达式，然后利用边界条件求解未知的反射系数和透射系数，从而得到反射波和透射波的解。

本节对理想介质分界面上平行极化和垂直极化两种情况分别讨论。假设 $z<0$ 半无限大空间区域是填充参数为 $\varepsilon_1$、$\mu_1$ 的理想介质1，$z>0$ 半无限大空间区域是填充参数为 $\varepsilon_2$、$\mu_2$ 的理想介质2，$\varepsilon_1$、$\mu_1$ 和 $\varepsilon_2$、$\mu_2$ 均为实常数。入射波从媒质1向无限大分界面入射，入射面为 $xOz$ 平面，入射角为 $\theta_i$。

## 2.5.1 平行极化

对于平行极化，电场矢量位于 $xOz$ 平面，如图2.14所示，入射波可以写为

$$\boldsymbol{E}_i=E_0(\hat{\boldsymbol{x}}\cos\theta_i-\hat{\boldsymbol{z}}\sin\theta_i)\mathrm{e}^{-\mathrm{j}k_1(x\sin\theta_i+z\cos\theta_i)} \tag{2.70a}$$

$$\boldsymbol{H}_i=\hat{\boldsymbol{y}}\frac{E_0}{\eta_1}\mathrm{e}^{-\mathrm{j}k_1(x\sin\theta_i+z\cos\theta_i)} \tag{2.70b}$$

式中：$k_1$、$\eta_1$ 分别为媒质1的波数和波阻抗，$k_1=\omega\sqrt{\mu_1\varepsilon_1}$，$\eta_1=\sqrt{\mu_1/\varepsilon_1}$。

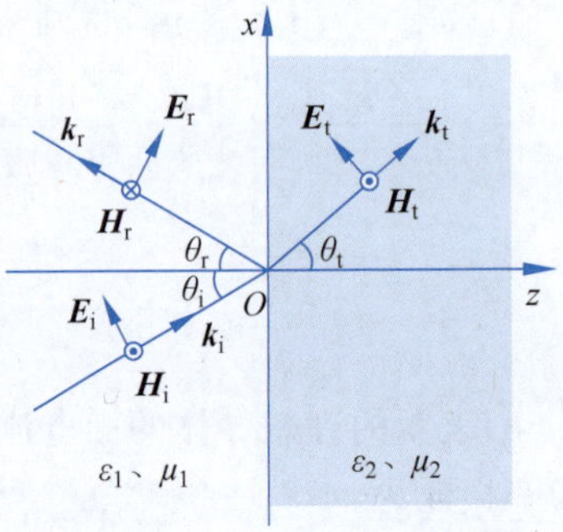


图2.14 平行极化波的斜入射

反射波和透射波可以写为

$$\boldsymbol{E}_r=\Gamma_{/\!/}E_0(\hat{\boldsymbol{x}}\cos\theta_r+\hat{\boldsymbol{z}}\sin\theta_r)\mathrm{e}^{-\mathrm{j}k_1(x\sin\theta_r-z\cos\theta_r)} \tag{2.71a}$$

$$\boldsymbol{H}_r=-\hat{\boldsymbol{y}}\frac{\Gamma_{/\!/}E_0}{\eta_1}\mathrm{e}^{-\mathrm{j}k_1(x\sin\theta_r-z\cos\theta_r)} \tag{2.71b}$$

$$\boldsymbol{E}_t=T_{/\!/}E_0(\hat{\boldsymbol{x}}\cos\theta_t-\hat{\boldsymbol{z}}\sin\theta_t)\mathrm{e}^{-\mathrm{j}k_2(x\sin\theta_t+z\cos\theta_t)} \tag{2.71c}$$

$$\boldsymbol{H}_t=\hat{\boldsymbol{y}}\frac{T_{/\!/}E_0}{\eta_2}\mathrm{e}^{-\mathrm{j}k_2(x\sin\theta_t+z\cos\theta_t)} \tag{2.71d}$$

式中：$\Gamma_{/\!/}$、$T_{/\!/}$ 分别为平行极化反射系数和透射系数；$k_2$、$\eta_2$ 分别为媒质2的波数和波阻抗，$k_2=\omega\sqrt{\mu_2\varepsilon_2}$，$\eta_2=\sqrt{\mu_2/\varepsilon_2}$。到目前为止，$\Gamma_{/\!/}$、$T_{/\!/}$、$\theta_r$ 和 $\theta_t$ 都是未知量。

利用边界条件，在 $z=0$ 分界面上，切向场分量 $E_x$ 和 $H_y$ 连续，可得这些未知量的两个复数方程：

$$\cos\theta_i\mathrm{e}^{-\mathrm{j}k_1x\sin\theta_i}+\Gamma_{/\!/}\cos\theta_r\mathrm{e}^{-\mathrm{j}k_1x\sin\theta_r}=T_{/\!/}\cos\theta_t\mathrm{e}^{-\mathrm{j}k_2x\sin\theta_t} \tag{2.72a}$$

$$\frac{1}{\eta_1}\mathrm{e}^{-\mathrm{j}k_1x\sin\theta_i}-\frac{\Gamma_{/\!/}}{\eta_1}\mathrm{e}^{-\mathrm{j}k_1x\sin\theta_r}=\frac{T_{/\!/}}{\eta_2}\mathrm{e}^{-\mathrm{j}k_2x\sin\theta_t} \tag{2.72b}$$

上式两边都是坐标 $x$ 的函数，在分界面上对所有 $x$ 都是连续的，则关于 $x$ 的变化在方程两边都必须相等。于是，得到以下条件：

$$k_1\sin\theta_i=k_1\sin\theta_r=k_2\sin\theta_t$$

这就产生了斯涅尔(Snell)反射定律和折射定律：

$$\theta_i = \theta_r \tag{2.73a}$$

$$k_1 \sin\theta_i = k_2 \sin\theta_t \tag{2.73b}$$

上述关系保证了式(2.72)的相位项在分界面两边沿 $x$ 以相同的速率变化，因此它也称为相位匹配条件。

把式(2.73)代入式(2.72)，可以得到反射系数和透射系数分别为

$$\Gamma_{/\!/} = \frac{\eta_2\cos\theta_t - \eta_1\cos\theta_i}{\eta_2\cos\theta_t + \eta_1\cos\theta_i} \tag{2.74a}$$

$$T_{/\!/} = \frac{\eta_2}{\eta_1}(1-\Gamma_{/\!/}) = \frac{2\eta_2\cos\theta_i}{\eta_2\cos\theta_t + \eta_1\cos\theta_i} \quad (2.74a)$$

观察发现，对于垂直入射，有 $\theta_i=\theta_r=\theta_t=0$，因此可得

$$\Gamma_{/\!/} = \frac{\eta_2-\eta_1}{\eta_2+\eta_1},\quad T_{/\!/} = \frac{2\eta_2}{\eta_2+\eta_1}$$

这与2.4节中给出的结果一致。

对于平行极化，存在一个特殊的入射角 $\theta_b$(称为布儒斯特角)，它使 $\Gamma_{/\!/}=0$，发生全透射。当式(2.74a)的分子为零时，得到 $\eta_2\cos\theta_t=\eta_1\cos\theta_b$，利用式(2.73b)可得到

$$\sin\theta_b = \frac{1}{\sqrt{1+\varepsilon_1/\varepsilon_2}} \tag{2.75}$$

上式中已经假设了媒质是理想电介质，即 $\mu_1=\mu_2=\mu_0$。媒质1中总场为

$$E_x = E_{xi} + E_{xr} = E_0\cos\theta_i\left[e^{-jk_1 z\cos\theta_i} + \Gamma_{/\!/}\, e^{jk_1 z\cos\theta_i}\right]e^{-jk_1 x\sin\theta_i} \tag{2.76a}$$

$$E_z = E_{zi} + E_{zr} = -E_0\sin\theta_i\left[e^{-jk_1 z\cos\theta_i} - \Gamma_{/\!/}\, e^{jk_1 z\cos\theta_i}\right]e^{-jk_1 x\sin\theta_i} \tag{2.76b}$$

$$H_y = H_{yi} + H_{yr} = \frac{E_0}{\eta_1}\left[e^{-jk_1 z\cos\theta_i} - \Gamma_{/\!/}\, e^{jk_1 z\cos\theta_i}\right]e^{-jk_1 x\sin\theta_i} \tag{2.76c}$$

由上式可知，总场的每个分量沿 $x$ 轴方向呈行波分布，而沿 $z$ 轴方向呈行驻波分布。平行极化波的入射波、反射波、透射波和媒质1中总场如图2.15所示，图中媒质1为真空，媒质2的 $\varepsilon_r=2.25$，入射角 $\theta_i=45°$。

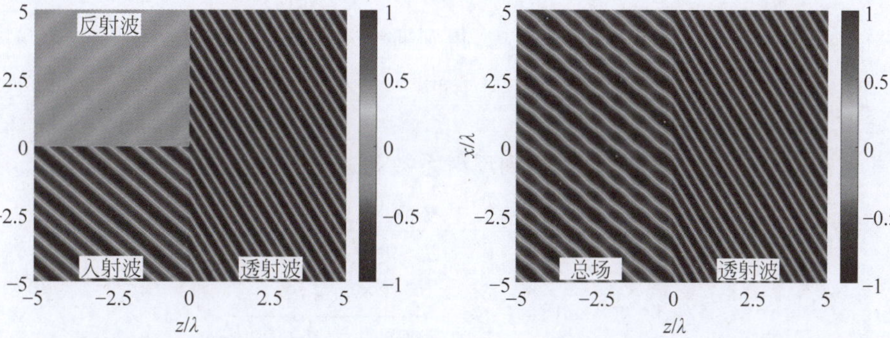


(a) 入射波、反射波和透射波　　(b) 总场与透射波

图2.15 平行极化波斜入射时的场分布

彩图

## 2.5.2 垂直极化

对于垂直极化，电场矢量垂直于 $xOz$ 平面，如图2.16所示，入射波可以写为

$$\boldsymbol{E}_i = \hat{\boldsymbol{y}}E_0\, e^{-jk_1(x\sin\theta_i + z\cos\theta_i)} \tag{2.77a}$$

$$\boldsymbol{H}_{\mathrm{i}}=\frac{E_0}{\eta_1}(-\hat{\boldsymbol{x}}\cos\theta_{\mathrm{i}}+\hat{\boldsymbol{z}}\sin\theta_{\mathrm{i}})\mathrm{e}^{-\mathrm{j}k_1(x\sin\theta_{\mathrm{i}}+z\cos\theta_{\mathrm{i}})} \tag{2.77b}$$

式中：$k_1$、$\eta_1$ 分别为媒质 1 的波数和波阻抗，$k_1=\omega\sqrt{\mu_1\varepsilon_1}$，$\eta_1=\sqrt{\mu_1/\varepsilon_1}$。

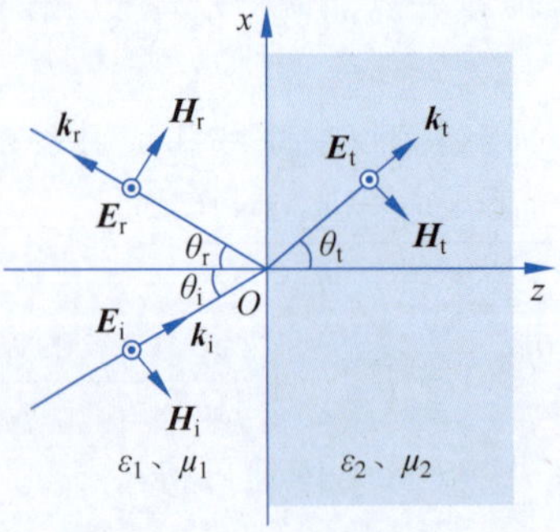


图 2.16 垂直极化波的斜入射

反射波和透射波可以写为

$$\boldsymbol{E}_{\mathrm{r}}=\hat{\boldsymbol{y}}\Gamma_{\perp}E_0\mathrm{e}^{-\mathrm{j}k_1(x\sin\theta_{\mathrm{r}}-z\cos\theta_{\mathrm{r}})} \tag{2.78a}$$

$$\boldsymbol{H}_{\mathrm{r}}=\frac{\Gamma_{\perp}E_0}{\eta_1}(\hat{\boldsymbol{x}}\cos\theta_{\mathrm{r}}+\hat{\boldsymbol{z}}\sin\theta_{\mathrm{r}})\mathrm{e}^{-\mathrm{j}k_1(x\sin\theta_{\mathrm{r}}-z\cos\theta_{\mathrm{r}})} \tag{2.78b}$$

$$\boldsymbol{E}_{\mathrm{t}}=\hat{\boldsymbol{y}}T_{\perp}E_0\mathrm{e}^{-\mathrm{j}k_2(x\sin\theta_{\mathrm{t}}+z\cos\theta_{\mathrm{t}})} \tag{2.78c}$$

$$\boldsymbol{H}_{\mathrm{t}}=\frac{T_{\perp}E_0}{\eta_2}(-\hat{\boldsymbol{x}}\cos\theta_{\mathrm{t}}+\hat{\boldsymbol{z}}\sin\theta_{\mathrm{t}})\mathrm{e}^{-\mathrm{j}k_2(x\sin\theta_{\mathrm{t}}+z\cos\theta_{\mathrm{t}})} \tag{2.78d}$$

式中：$\Gamma_{\perp}$、$T_{\perp}$ 分别为垂直极化反射系数和透射系数；$k_2$、$\eta_2$ 分别为媒质 2 的波数和波阻抗，$k_2=\omega\sqrt{\mu_2\varepsilon_2}$，$\eta_2=\sqrt{\mu_2/\varepsilon_2}$。

在 $z=0$ 处的切向场分量 $E_y$ 和 $H_x$ 相等，因而有

$$\mathrm{e}^{-\mathrm{j}k_1x\sin\theta_{\mathrm{i}}}+\Gamma_{\perp}\mathrm{e}^{-\mathrm{j}k_1x\sin\theta_{\mathrm{r}}}=T_{\perp}\mathrm{e}^{-\mathrm{j}k_2x\sin\theta_{\mathrm{t}}} \tag{2.79a}$$

$$\frac{1}{\eta_1}\cos\theta_{\mathrm{i}}\mathrm{e}^{-\mathrm{j}k_1x\sin\theta_{\mathrm{i}}}-\frac{\Gamma_{\perp}}{\eta_1}\cos\theta_{\mathrm{r}}\mathrm{e}^{-\mathrm{j}k_1x\sin\theta_{\mathrm{r}}}=\frac{T_{\perp}}{\eta_2}\cos\theta_{\mathrm{t}}\mathrm{e}^{-\mathrm{j}k_2x\sin\theta_{\mathrm{t}}} \tag{2.79b}$$

采用与平行极化情况相同的相位匹配考虑，得到斯涅尔定律：

$$k_1\sin\theta_{\mathrm{i}}=k_1\sin\theta_{\mathrm{r}}=k_2\sin\theta_{\mathrm{t}}$$

它与式(2.73)相同。

把式(2.73)代入式(2.79)，可以得到反射系数和透射系数为

$$\Gamma_{\perp}=\frac{\eta_2\cos\theta_{\mathrm{i}}-\eta_1\cos\theta_{\mathrm{t}}}{\eta_2\cos\theta_{\mathrm{i}}+\eta_1\cos\theta_{\mathrm{t}}} \tag{2.80a}$$

$$T_{\perp}=1+\Gamma_{\perp}=\frac{2\eta_2\cos\theta_{\mathrm{i}}}{\eta_2\cos\theta_{\mathrm{i}}+\eta_1\cos\theta_{\mathrm{t}}} \tag{2.80b}$$

同样，对于垂直入射情况，这些结果与 2.4 节中给出的结果一致。

对于垂直极化，当介电媒质为 $\mu_1=\mu_2=\mu_0$ 时，不存在使得 $\Gamma_{\perp}=0$ 的布儒斯特角。垂直极化波的入射波、反射波、透射波和媒质 1 中总场如图 2.17 所示，图中媒质 1 为真空，媒质 2 的 $\varepsilon_{\mathrm{r}}=2.25$，入射角 $\theta_{\mathrm{i}}=45°$。

**例 2.7** 画出平行极化和垂直极化平面波由真空入射到 $\varepsilon_{\mathrm{r}}=2.25$ 的理想介质区域时反射系数和透射系数随入射角 $\theta_{\mathrm{i}}$ 的变化曲线。

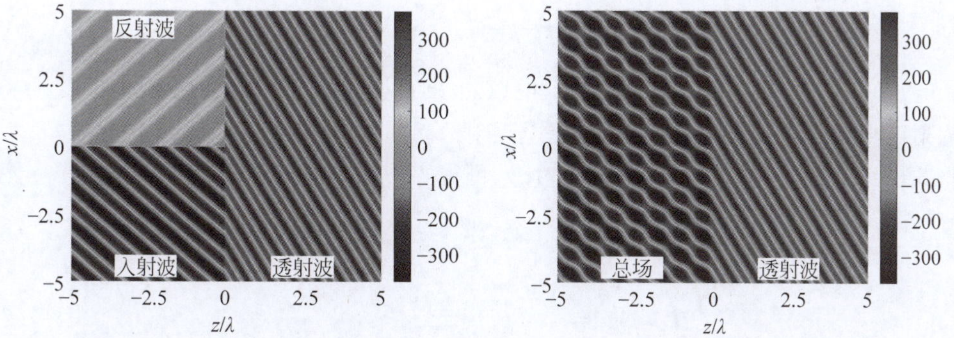


(a) 入射波、反射波和透射波　　(b) 总场与透射波

图 2.17　垂直极化波斜入射时的场分布

彩图

**解**：波阻抗为

$$\eta_1 = 377(\Omega), \quad \eta_2 = \frac{\eta_0}{\sqrt{\varepsilon_r}} = 251(\Omega)$$

于是，可以对不同的入射角计算式(2.74)和式(2.80)，结果绘制于图 2.18 中。

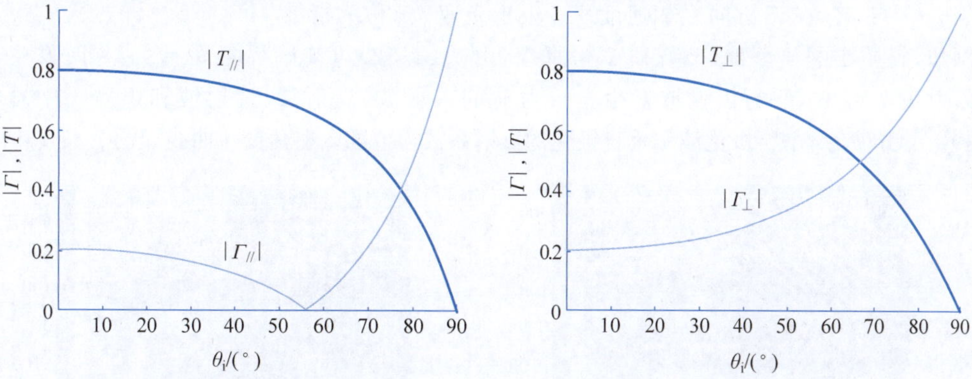


(a) 平行极化　　(b) 垂直极化

图 2.18　平面波斜入射时的反射系数和透射系数模值

## 2.5.3　全反射和表面波

假设媒质 1 和媒质 2 均为理想电介质，其参数分别为 $\varepsilon_1$、$\mu_0$ 和 $\varepsilon_2$、$\mu_0$。式(2.73b)给出的斯涅尔定律可重写为

$$\sin\theta_t = \sqrt{\frac{\varepsilon_1}{\varepsilon_2}}\sin\theta_i \tag{2.81}$$

考虑 $\varepsilon_1 > \varepsilon_2$ 的情况，平行极化和垂直极化情况均适用。当 $\theta_i$ 增加时，折射角 $\theta_t$ 也增加，但 $\theta_t$ 比 $\theta_i$ 增加的速度快。使得 $\theta_t = 90°$ 的入射角称为临界角，即

$$\theta_c = \arcsin\sqrt{\frac{\varepsilon_2}{\varepsilon_1}} \tag{2.82}$$

当入射角 $\theta_i$ 大于或等于临界角 $\theta_c$ 时，入射波会被全反射。下面以平行极化波为例，详细地考查 $\theta_i > \theta_c$ 的情况。

当 $\theta_i > \theta_c$ 时，式(2.81)表明 $\sin\theta_t > 1$，所以 $\cos\theta_t = \sqrt{1-\sin^2\theta_t}$ 必定为虚数，因而 $\theta_t$ 没有物理意义。故将 $\cos\theta_t$ 和 $\sin\theta_t$ 分别表示为

$$\cos\theta_{\mathrm{t}}=\frac{-\mathrm{j}\alpha}{k_2},\quad \sin\theta_{\mathrm{t}}=\frac{\beta}{k_2} \tag{2.83}$$

因而 $\alpha^2=\beta^2-k_2^2$，$\beta=k_2\sin\theta_{\mathrm{t}}=k_1\sin\theta_{\mathrm{i}}$。将式(2.83)代入式(2.74a)和式(2.80a)可知，$|\Gamma_{/\!/}|=1$。此时入射波功率被全部反射回来，这就是全反射。

将式(2.83)代入式(2.71c)和式(2.71d)，可得媒质 2 中的透射场为

$$\boldsymbol{E}_{\mathrm{t}}=T_{/\!/}E_0\left[\hat{\boldsymbol{x}}\frac{-\mathrm{j}\alpha}{k_2}-\hat{\boldsymbol{z}}\frac{\beta}{k_2}\right]\mathrm{e}^{-\mathrm{j}\beta x}\mathrm{e}^{-\alpha z} \tag{2.84a}$$

$$\boldsymbol{H}_{\mathrm{t}}=\hat{\boldsymbol{y}}\frac{T_{/\!/}E_0}{\eta_2}\mathrm{e}^{-\mathrm{j}\beta x}\mathrm{e}^{-\alpha z} \tag{2.84b}$$

上式表明，透射场在 $x$ 方向上沿分界面是传播的，但在 $z$ 方向上是指数衰减的，这样的波称为表面波。表面波被紧紧地限制在分界面上，能量主要集中在分界面附近，由介质表面引导传播。表面波是非均匀平面波的一个例子，它除了在 $x$ 方向的传播因子外，还具有 $z$ 方向的振幅变化。它沿 $\hat{\boldsymbol{x}}$ 方向的相速度为

$$v_{\mathrm{p}x}=\frac{\omega}{\beta}=\frac{\omega}{k_2\sin\theta_{\mathrm{t}}}=\frac{v_{\mathrm{p}}}{\sin\theta_{\mathrm{t}}}<v_{\mathrm{p}} \tag{2.85}$$

由于 $\sin\theta_{\mathrm{t}}>1$，$\boldsymbol{E}_{\mathrm{t}}$ 在 $\hat{\boldsymbol{x}}$ 方向上相速度 $v_{\mathrm{p}x}$ 小于光速 $v_{\mathrm{p}}$，称为慢波。

例如，媒质 1 的 $\varepsilon_{\mathrm{r}}=2.25$，媒质 2 为真空，由式(2.82)可知临界角 $\theta_{\mathrm{c}}=41.8°$时发生全反射。入射角 $\theta_{\mathrm{i}}=45°$，平行极化波发生全反射时的入射波、反射波、透射波和媒质 1 中总场如图 2.19(a)、(b)所示，平行极化波和垂直极化的反射系数模值随入射角变化曲线如图 2.19(c)所示。

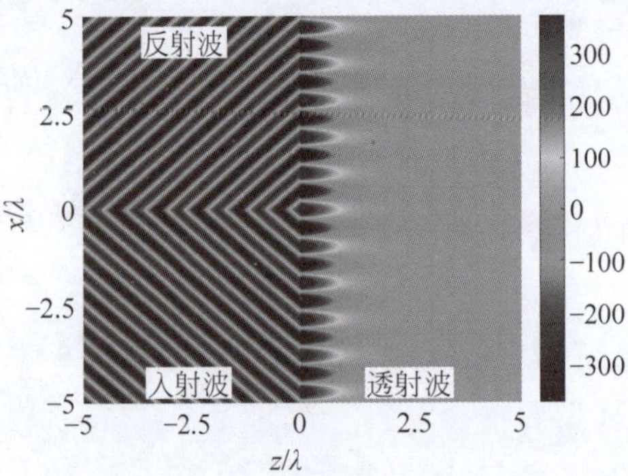


(a) 入射波、反射波和透射波

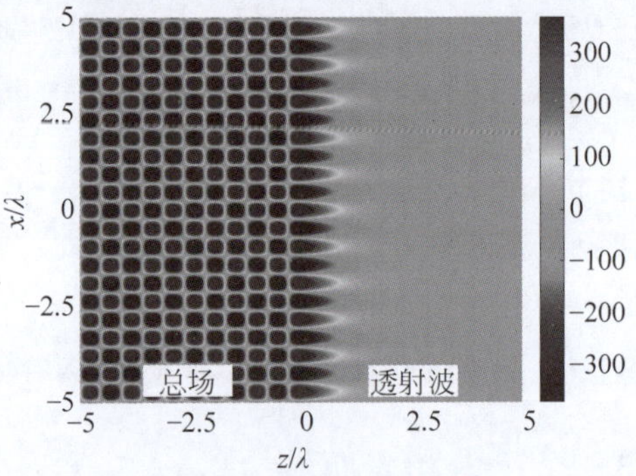


(b) 总场与透射波

彩图

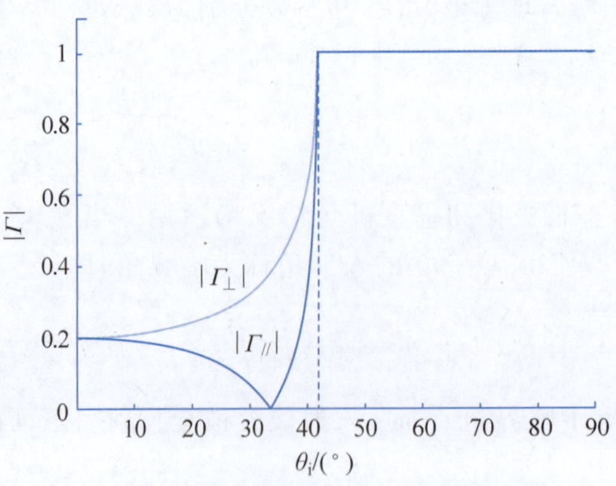


(c) 平行极化和垂直极化的反射系数模值

图 2.19　平面波全反射时的场分布和反射系数模值

全反射是实现表面波传输的基础。例如，一根置于空气中的圆柱形介质棒，其介电常数 $\varepsilon$ 大于周围空气 $\varepsilon_0$，当介质棒中电磁波以大于临界角 $\theta_c$ 的角度入射到介质-空气交界面时，发生全反射，电磁能量集中在介质棒附近并沿介质棒传输，这种传输系统称为介质波导。目前激光通信中广泛应用的光纤就是一种介质光波导。



## 2.6 理想导体分界面上平面波的斜入射

本节对理想介质-理想导体分界面上平行极化和垂直极化两种情况分别讨论。假设 $z<0$ 半无限大空间区域是填充参数为 $\varepsilon_1$、$\mu_1$ 的理想介质 1，$\varepsilon_1$、$\mu_1$ 均为实常数。$z>0$ 半无限大空间区域是理想导体，$\sigma_2=\infty$。入射波从媒质 1 向分界面入射，入射面为 $xOz$ 平面，入射角为 $\theta_i$。

### 2.6.1 垂直极化

如图 2.20 所示，若媒质 2 为理想导体，则 $\sigma_2=\infty$。由式(2.50)可得 $\gamma_2=\infty$，由式(2.49)可得 $\eta_2=0$，由式(2.80)可得 $T_\perp=0$，$\Gamma_\perp=-1$。在理想导体区域中场完全为零，电磁波入射到理想导体表面将被全部反射。

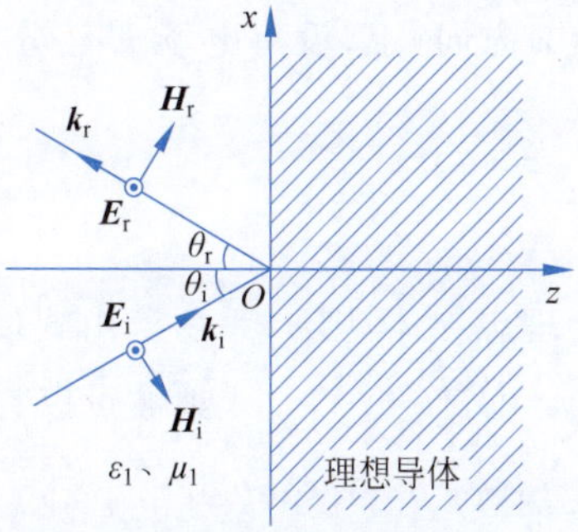


图 2.20 垂直极化波向理想导体的斜入射

入射波可以写为

$$\boldsymbol{E}_i=\hat{\boldsymbol{y}}E_0\mathrm{e}^{-\mathrm{j}k_1(x\sin\theta_i+z\cos\theta_i)} \tag{2.86a}$$

$$\boldsymbol{H}_i=\frac{E_0}{\eta_1}(-\hat{\boldsymbol{x}}\cos\theta_i+\hat{\boldsymbol{z}}\sin\theta_i)\mathrm{e}^{-\mathrm{j}k_1(x\sin\theta_i+z\cos\theta_i)} \tag{2.86b}$$

式中：$k_1$、$\eta_1$ 分别为媒质 1 的波数和波阻抗，$k_1=\omega\sqrt{\mu_1\varepsilon_1}$，$\eta_1=\sqrt{\mu_1/\varepsilon_1}$。

反射波可以写为

$$\boldsymbol{E}_r=-\hat{\boldsymbol{y}}E_0\mathrm{e}^{-\mathrm{j}k_1(x\sin\theta_r-z\cos\theta_r)} \tag{2.87a}$$

$$\boldsymbol{H}_r=-\frac{E_0}{\eta_1}(\hat{\boldsymbol{x}}\cos\theta_r+\hat{\boldsymbol{z}}\sin\theta_r)\mathrm{e}^{-\mathrm{j}k_1(x\sin\theta_r-z\cos\theta_r)} \tag{2.87b}$$

式中：$\theta_r=\theta_i$。

媒质 1 中，总电场和总磁场为

$$\begin{aligned}\boldsymbol{E}_1=\boldsymbol{E}_i+\boldsymbol{E}_r&=\hat{\boldsymbol{y}}E_0(\mathrm{e}^{-\mathrm{j}k_1z\cos\theta_i}-\mathrm{e}^{\mathrm{j}k_1z\cos\theta_i})\mathrm{e}^{-\mathrm{j}k_1x\sin\theta_i}\\&=\hat{\boldsymbol{y}}2\mathrm{j}E_0\sin(k_1z\cos\theta_i)\mathrm{e}^{-\mathrm{j}k_1x\sin\theta_i}\end{aligned} \tag{2.88a}$$

$$\boldsymbol{H}_1=\boldsymbol{H}_i+\boldsymbol{H}_r=\frac{2E_0}{\eta_1}\begin{bmatrix}-\hat{\boldsymbol{x}}\cos\theta_i\cos(k_1z\cos\theta_i)\\+\hat{\boldsymbol{z}}\mathrm{j}\sin\theta_i\sin(k_1z\cos\theta_i)\end{bmatrix}\mathrm{e}^{-\mathrm{j}k_1x\sin\theta_i} \tag{2.88b}$$

由此可见，垂直极化波斜入射到理想导体表面时，有以下特性。

(1) 总场是沿 $x$ 方向传播的快波。总场 $\boldsymbol{E}_1$、$\boldsymbol{H}_1$ 中含有传播因子 $\mathrm{e}^{-\mathrm{j}k_1 x\sin\theta_\mathrm{i}}$，相移常数 $\beta_x = k_1\sin\theta_\mathrm{i}$，故 $x$ 方向的相速度为

$$v_{\mathrm{p}x} = \frac{\omega}{\beta_x} = \frac{\omega}{k_1\sin\theta_\mathrm{i}} = \frac{v_\mathrm{p}}{\sin\theta_\mathrm{i}} > v_\mathrm{p} \tag{2.89}$$

式中：$v_\mathrm{p} = \omega/k_1 = 1/\sqrt{\mu_1\varepsilon_1}$，$v_\mathrm{p}$ 为理想介质 1 中均匀平面波的相速度，也就是光速。总场 $\boldsymbol{E}_1$ 和 $\boldsymbol{H}_1$ 在 $x$ 方向上的相速度大于光速，故称它为快波。

(2) 总场沿 $z$ 方向是驻波。总电场和总磁场在 $z$ 方向上按照 $\sin(k_1 z\cos\theta_\mathrm{i})$ 或者 $\cos(k_1 z\cos\theta_\mathrm{i})$ 函数变化，呈驻波分布，而且总电场 $E_y$ 在 $z = -n\pi/(k_1\cos\theta_\mathrm{i})$ $(n=0,1,2,\cdots)$ 处始终为零。

(3) 总场是非均匀平面波。等相位面是 $x$ 等于常数的平面，在等相面上，总场 $\boldsymbol{E}_1$ 和 $\boldsymbol{H}_1$ 的振幅随坐标 $z$ 而变化，故总场是沿 $x$ 方向传播的非均匀平面波。

(4) 总场是横电波。在电磁理论中，把传播方向上有电场分量而无磁场分量的电磁波称为横磁波(TM 波)，把传播方向上有磁场分量而无电场分量的电磁波称为横电波(TE 波)。由式(2.88)可知，在波的传播方向($x$ 方向)上，没有电场 $E_{1x}$ 分量，但有磁场 $H_{1x}$ 分量，故总场是横电波。

### 2.6.2 平行极化

如图 2.21 所示，若媒质 2 为理想导体，则 $\sigma_2 = \infty$。由式(2.50)可得 $\gamma_2 = \infty$，由式(2.49)可得 $\eta_2 = 0$，由式(2.74)可得 $T_{/\!/} = 0$，$\Gamma_{/\!/} = -1$。入射波可以写为

$$\boldsymbol{E}_\mathrm{i} = E_0(\hat{\boldsymbol{x}}\cos\theta_\mathrm{i} - \hat{\boldsymbol{z}}\sin\theta_\mathrm{i})\mathrm{e}^{-\mathrm{j}k_1(x\sin\theta_\mathrm{i} + z\cos\theta_\mathrm{i})} \tag{2.90a}$$

$$\boldsymbol{H}_\mathrm{i} = \hat{\boldsymbol{y}}\frac{E_0}{\eta_1}\mathrm{e}^{-\mathrm{j}k_1(x\sin\theta_\mathrm{i} + z\cos\theta_\mathrm{i})} \tag{2.90b}$$

式中：$k_1$、$\eta_1$ 分别为媒质 1 的波数和波阻抗，$k_1 = \omega\sqrt{\mu_1\varepsilon_1}$，$\eta_1 = \sqrt{\mu_1/\varepsilon_1}$。

反射波可以写为

$$\boldsymbol{E}_\mathrm{r} = -E_0(\hat{\boldsymbol{x}}\cos\theta_\mathrm{r} + \hat{\boldsymbol{z}}\sin\theta_\mathrm{r})\mathrm{e}^{-\mathrm{j}k_1(x\sin\theta_\mathrm{r} - z\cos\theta_\mathrm{r})} \tag{2.91a}$$

$$\boldsymbol{H}_\mathrm{r} = \hat{\boldsymbol{y}}\frac{E_0}{\eta_1}\mathrm{e}^{-\mathrm{j}k_1(x\sin\theta_\mathrm{r} - z\cos\theta_\mathrm{r})} \tag{2.91b}$$

式中：$\theta_\mathrm{r} = \theta_\mathrm{i}$。

媒质 1 中的总场 $\boldsymbol{E}_1$ 和 $\boldsymbol{H}_1$ 分别为

$$\boldsymbol{E}_1(\boldsymbol{r}) = 2E_0\begin{bmatrix}\hat{\boldsymbol{x}}\mathrm{j}\cos\theta_\mathrm{i}\sin(k_1 z\cos\theta_\mathrm{i})\\ -\hat{\boldsymbol{z}}\sin\theta_\mathrm{i}\cos(k_1 z\cos\theta_\mathrm{i})\end{bmatrix}\mathrm{e}^{-\mathrm{j}k_1 x\sin\theta_\mathrm{i}} \tag{2.92a}$$

$$\boldsymbol{H}_1(\boldsymbol{r}) = \hat{\boldsymbol{y}}\frac{2E_0}{\eta_1}\cos(k_1 z\cos\theta_\mathrm{i})\mathrm{e}^{-\mathrm{j}k_1 x\sin\theta_\mathrm{i}} \tag{2.92b}$$

由此可见，平行极化波向理想导体斜入射的情况与垂直极化波的斜入射类似，总场是沿 $x$ 方向传播的非均匀平面波，沿 $z$ 方向是驻波分布，不同的是平行极化波斜入射时的总场 $\boldsymbol{E}_1$ 和 $\boldsymbol{H}_1$ 是横磁波。

还可以看出，由于总场沿 $z$ 方向是驻波分布，并且在 $z_0 = -n\pi/(k_1\cos\theta_\mathrm{i})$ $(n=0,1,2,\cdots)$

处，$E_y=0$（垂直极化情况）或者 $E_x=0$（平行极化情况）。若在该处平行于交界面再放置另一块无限大的理想导体平板，如图 2.22 所示，由于满足导体切向电场分量为零的边界条件，因此在 $[z_0,0]$ 的平行板内式(2.88)和式(2.92)依然成立。因此，当电磁波向其中一块导体平板斜入射时，它会在这两块无限大的理想导体平板之间来回反射，从而被平行板导引而沿 $x$ 方向传播，称这种装置为平行板波导。当垂直极化波斜入射时，在平行板波导内形成横电波；当平行极化波斜入射时，在平行板波导内形成横磁波。

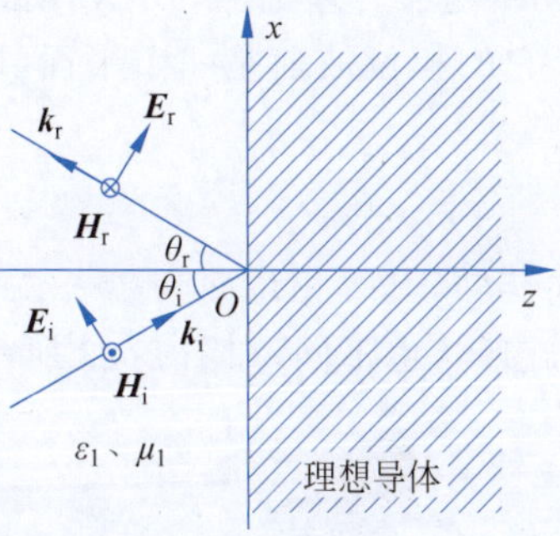


图 2.21　平行极化波向理想导体的斜入射

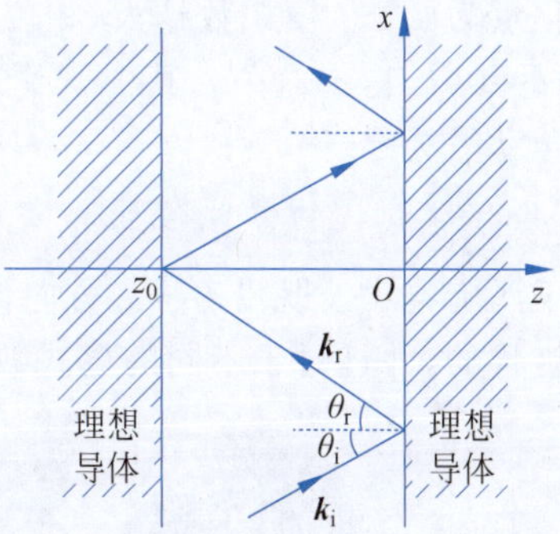


图 2.22　平行板波导

## 2.7 案例 1：涡旋电磁波及其应用

根据经典电动力学理论，电磁波不仅有电磁能量，还具有动量[26]。电磁波的动量包括线动量和角动量(AM)，而角动量又可以分为自旋角动量(SAM)和轨道角动量(OAM)两种。涡旋电磁波是一种携带轨道角动量、等相位面为螺旋状的电磁波，它不同于平面波、柱面波和球面波，是一种新型的电磁波。理论上，OAM 有无穷多的模式，并且不同模式的涡旋电磁波具有正交性，它为信息调制和目标探测提供了新的维度，因此它在无线通信、雷达探测和目标识别等领域具有广阔的应用前景。

### 2.7.1 涡旋电磁波的特性

涡旋电磁波的研究起源于光学涡旋。在光学中一般是通过光量子方式对自旋角动量和轨道角动量描述。自旋角动量与光波极化密切相关，对于右旋和左旋圆极化的光波，它携带有 $s\hbar$ 的自旋角动量（$\hbar$ 是约化普朗克常数），其自旋角动量的模式数是 $s=\pm1$；对于线极化，$s=0$。具有 $\mathrm{e}^{-\mathrm{j}\ell\phi}$ 的波前相位分布的光波，它具有的轨道角动量为 $\ell\hbar$，其中 $\ell$ 是轨道角动量的模式数，$\phi$ 表示方位角。轨道角动量的研究较晚，直到 1992 年荷兰物理学家 Allen 研究拉盖尔-高斯(Laguerre-Gaussian)激光束时才发现轨道角动量的实际应用[27]。

光波是一种电磁波，处于无线通信和雷达探测常用的微波也具有涡旋特性，但是微波涡旋的研究滞后于光学涡旋，直至 2007 年 Thide 等将涡旋电磁波应用于无线电领域[28]。本案例主要侧重在微波波段的涡旋电磁波及其应用。

涡旋电磁波满足麦克斯韦方程组，在圆柱坐标系$(\rho,\phi,z)$下，电场 $\boldsymbol{E}$ 和磁场 $\boldsymbol{H}$ 的场分量具有以下形式：

$$\phi(\rho,\phi,z)=A(\rho)\mathrm{e}^{-\mathrm{j}\ell\phi}\mathrm{e}^{-\mathrm{j}\beta z} \tag{2.93}$$

式中：$\ell$ 为轨道角动量模式数；$\beta$ 为沿 $+z$ 方向的传播常数；$A(\rho)$为与第一类 $\ell$ 阶贝塞尔函数

$J_\ell(k_c\rho)$有关的幅度项(有关贝塞尔函数知识参见附录 H)。

由式(2.93)可知,涡旋电磁波具有以下特性:

1. 具有无穷的 OAM 模式

涡旋电磁波除了具有沿$+z$方向传播而具有的线动量外,还在方位$\phi$方向绕着$z$轴以半径$\rho$做圆周运动,从而具有轨道角动量。轨道角动量的大小与模式数$\ell$密切相关,模式数是涡旋波束在方位角$\phi$方向的相位变化所对应的$2\pi$周期个数,因此沿方位角旋转一圈所引起的相位变化量为$2\ell\pi$。模式数越大,相位旋转越快,轨道角动量越大。理论上,OAM 模式具有无穷多个,$\ell=0,\pm1,\pm2,\cdots$。其中,$\ell=0$对应常规平面波,它的相位波前是一个平面,即$e^{-j\beta z}$,其轨道角动量为零。

2. 具有螺旋状的等相位面

由于涡旋电磁波既沿着$+z$方向传播,又沿着$\phi$方向旋转,其等相位面为$\ell\phi+\beta z=$常数,它是螺旋状的,并且对于不同的模式数,其等相位面的螺旋形状也不同,如图 2.23 所示。

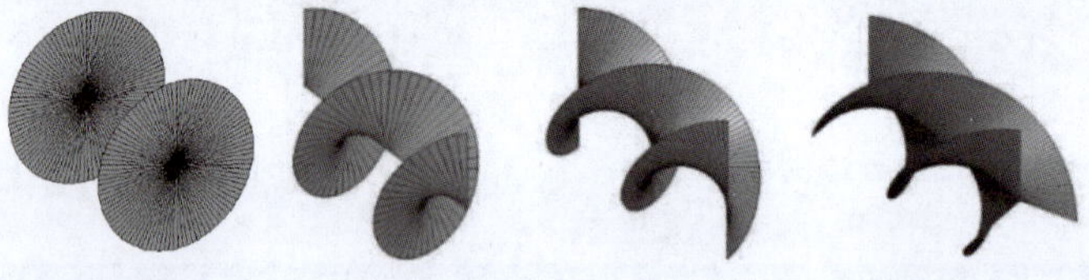


图 2.23　涡旋电磁波的等相位面

3. 具有近轴零深的特性

由于场分量的幅度与第一类$\ell$阶贝塞尔函数$J_\ell(k_c\rho)$有关,根据贝塞尔函数的特性,除了$J_0(x)$在$x=0$处具有最大值外,其他$J_\ell(x)$在$x=0$处均为零。因此,涡旋电磁波在$z$轴上是零,具有近轴零深特性,如图 2.24 所示。其最大值(主瓣)在偏离轴线的一定角度上,主瓣之间的夹角称为主瓣分离角。对于实际应用来说,希望主瓣分离角比较小。

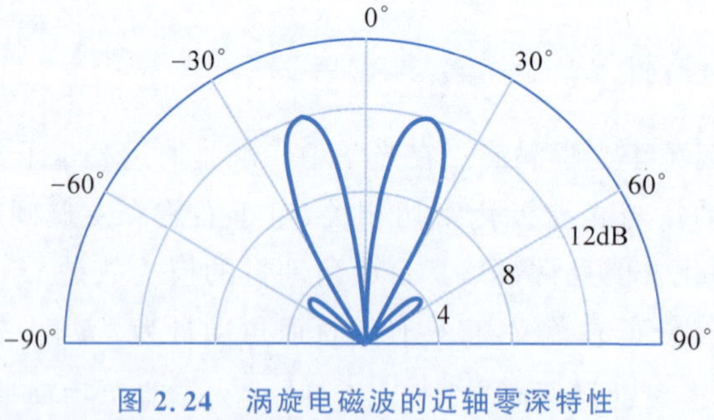


图 2.24　涡旋电磁波的近轴零深特性

4. 不同 OAM 模式具有正交性

由于函数$e^{-j\ell\phi}$具有正交性,即

$$\langle e^{-j\ell\phi}, e^{-jm\phi}\rangle=\frac{1}{2\pi}\int_0^{2\pi}e^{-j\ell\phi}\cdot(e^{-jm\phi})^*\,d\phi=\begin{cases}1, & \ell=m\\ 0, & \ell\neq m\end{cases} \tag{2.94}$$

因此,不同 OAM 模式具有正交性。正是利用其正交性,涡旋电磁波才开辟了新的应用。

## 2.7.2　涡旋电磁波的产生

涡旋电磁波能够得到工程应用,首先必须产生模式纯净的涡旋电磁波。2007 年,Thide 等利用圆环天线阵产生了携带轨道角动量的涡旋电磁波，此后出现了各种涡旋电磁波的产生方法。由涡旋电磁波的特性可知，产生涡旋电磁波必须满足两个条件：①激励幅度在方位角方向上是均匀的；②激励相位在方位角方向上是线性递进的，并且相位变化量为 $2\ell\pi$。归纳起来，产生涡旋电磁波主要有螺旋相位板(SPP)、均匀圆阵(UCA)、行波圆环天线(TWRA)和超材料移相表面(PSS)四种方法。

图 2.25 是均匀圆阵产生的涡旋电磁波[31]。均匀圆阵由 8 元小圆阵和 16 元大圆阵组成，小圆阵半径 $R_1=\lambda_0$，大圆阵半径 $R_2=2\lambda_0$，$\lambda_0$ 为工作中心频率 $f_0=2.65$GHz 所对应的工作波长。阵列单元为微带贴片天线，每个单元的馈电幅度相等，馈电相位按线性递进，相位梯度 $\Delta\phi=2\pi\ell/N$，$N=8$ 或者 $N=16$，每个单元的幅度和相位由 24 路数字上变频微波电路控制，可以灵活实现幅度和相位调控。小圆阵和大圆阵可以各自单独产生不同模式数的涡旋波，也可以一起产生某个模式数的涡旋波，因此可以实现多种模式的涡旋电磁波。

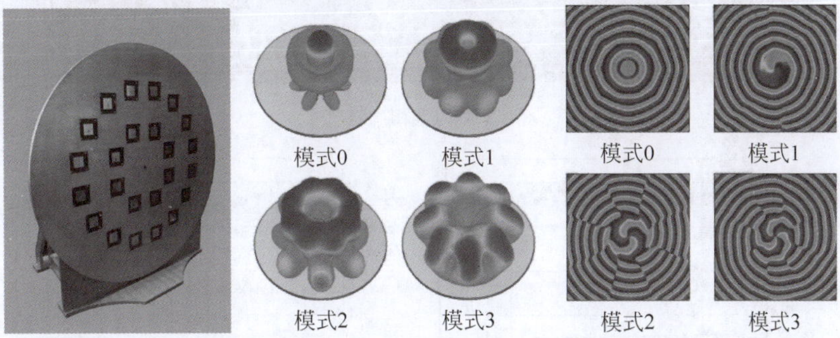


(a) 均匀圆阵　(b) 幅度分布　(c) 涡旋相位分布

图 2.25　均匀圆阵产生的涡旋电磁波

彩图

## 2.7.3　涡旋电磁波在通信中的应用

正如前面所述，涡旋电磁波携带有轨道角动量，理论上轨道角动量的模式是无穷的，并且不同的模式之间具有正交性。涡旋电磁波的轨道角动量提供了除频率、幅度、相位、极化之外的又一个新的维度——模式域，利用这一新维度，可以用不同模式的涡旋电磁波进行频率复用传输(称为模分复用)，也可以用不同模式的涡旋电磁波对信息进行编解码来实现信息传输，这种方法主要应用于光量子通信。这样一来，在相同频率下就可以实现多个独立的轨道角动量信道复用传输或者对不同的轨道角动量模态进行编解码传输，而且轨道角动量可以与频分复用、极化复用、时分复用、码分复用和空分复用等复用方式，以及调频、调幅、调相等调制方式一起混合使用，这给缓解频谱资源紧张、实现大容量高速率无线通信带来了希望。

2011 年，Thide 等利用涡旋电磁波首次进行了通信实验，用扭曲抛物面天线产生了模式数 $\ell=1$ 的涡旋电磁波，并在 442m 处用两个八木天线来接收信号，该实验验证了涡旋电磁波可以应用于无线通信[29]。此后相继报道了各种涡旋电磁波通信实验装置和实验结果，这里给出一个浙江大学研究团队在 2017 年进行的基于轨道角动量的 4×4 模分多址(OAM-MDM)通信实验案例，如图 2.26 所示[30]。

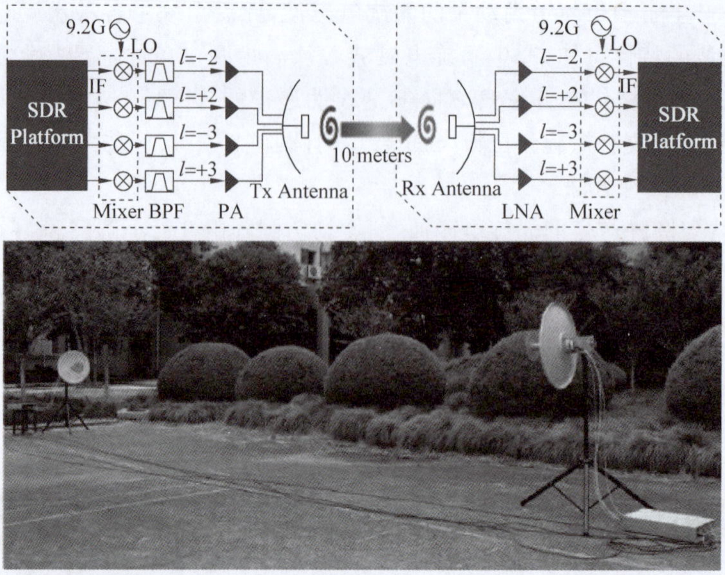


(a) 实验原理和场景

彩图

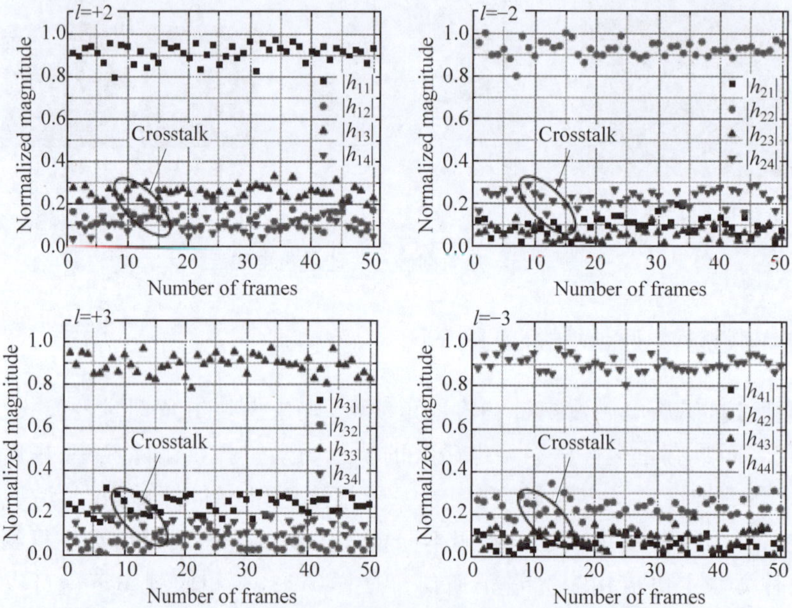


(b) 实验结果

图 2.26 涡旋电磁波在通信中应用实例

## 2.8 案例 2：左手材料及其应用

近年来，随着新的合成原理和微纳米技术的发展，使得构造自然界中不存在的超常特性的人工电磁材料成为现实，左手材料（LHM）就是其中之一。左手材料是指在一特定频率范围内介电常数和磁导率同时为负的周期性亚波长结构或复合材料，它具有负折射率，最早由苏联学者 Veselago 在 1968 年提出[32]。电磁波在其中传播时，$\boldsymbol{E}$、$\boldsymbol{H}$ 和 $\boldsymbol{k}$ 服从左手法则，因此被命名为左手材料，也称负折射率材料。相应地，普通媒质的介电常数和磁导率同时为正数，电磁波在其中传播时 $\boldsymbol{E}$、$\boldsymbol{H}$ 和 $\boldsymbol{k}$ 服从右手法则，则称为右手材料。进入 21 世纪，左手材料成为物理学、材料科学和电磁学研究领域的热点之一，2003 年被美国《科学》杂志评为年度世界十大科技进展之一，2006 年被评为年度十大科技突破之一。

## 2.8.1 左手材料的传播特性

左手材料介电常数和磁导率同时为负，即 $\varepsilon<0,\mu<0$。为了简便，令 $\varepsilon=-\varepsilon',\mu=-\mu'$，其中 $\varepsilon'>0,\mu'>0$。左手材料具有许多的奇异特性，下面简述其中两个特性。

1. 服从左手法则

由式(2.21)可得

$$\boldsymbol{k}\times\boldsymbol{E}=\omega\mu\boldsymbol{H}=-\omega\mu'\boldsymbol{H} \tag{2.95a}$$

$$\boldsymbol{k}\times\boldsymbol{H}=-\omega\varepsilon\boldsymbol{E}=\omega\varepsilon'\boldsymbol{E} \tag{2.95b}$$

由上式可以看出，$\boldsymbol{E}$、$\boldsymbol{H}$ 和 $\boldsymbol{k}$ 服从左手法则。而复坡印廷矢量由 $\boldsymbol{S}=(\boldsymbol{E}\times\boldsymbol{H}^*)/2$ 表示，故 $\boldsymbol{E}$、$\boldsymbol{H}$ 和 $\boldsymbol{S}$ 服从右手法则，因此 $\boldsymbol{k}$ 和 $\boldsymbol{S}$ 方向相反。由于 $\boldsymbol{k}$ 代表相速度方向，而 $\boldsymbol{S}$ 代表能流方向，因此在左手材料中相速度方向和波的能流方向相反。

2. 负折射现象

假设平面波从媒质参数 $\varepsilon_1$ 和 $\mu_1$ 的普通理想介质向媒质参数为 $\varepsilon_2=-\varepsilon_2'$ 和 $\mu_2=-\mu_2'$ 的左手材料入射。对于垂直极化，电场矢量垂直于 $xOz$ 平面，如图 2.27 所示。注意，左手材料中 $\boldsymbol{k}_\mathrm{t}$ 方向与 $\boldsymbol{E}_\mathrm{t}$、$\boldsymbol{H}_\mathrm{t}$ 服从左手法则。

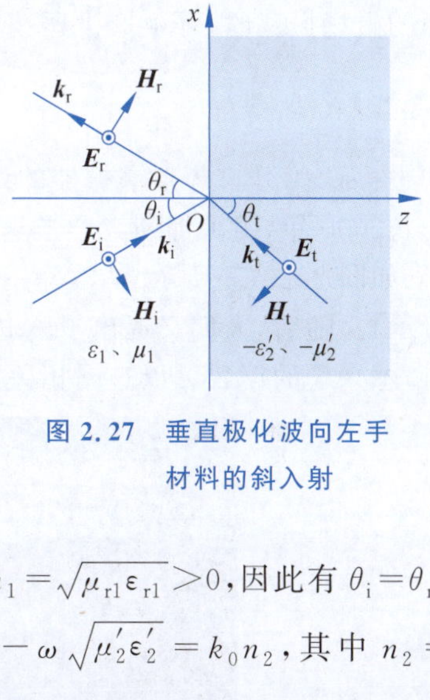


图 2.27 垂直极化波向左手材料的斜入射

入射波、反射波和透射波的电场可以写为

$$\boldsymbol{E}_\mathrm{i}=\hat{\boldsymbol{y}}E_0\mathrm{e}^{-\mathrm{j}\boldsymbol{k}_\mathrm{i}\cdot\boldsymbol{r}} \tag{2.96a}$$

$$\boldsymbol{E}_\mathrm{r}=\hat{\boldsymbol{y}}\Gamma_\perp E_0\mathrm{e}^{-\mathrm{j}\boldsymbol{k}_\mathrm{r}\cdot\boldsymbol{r}} \tag{2.96b}$$

$$\boldsymbol{E}_\mathrm{t}=\hat{\boldsymbol{y}}T_\perp E_0\mathrm{e}^{-\mathrm{j}\boldsymbol{k}_\mathrm{t}\cdot\boldsymbol{r}} \tag{2.96c}$$

在 $z=0$ 处的切向场分量 $E_y$ 和 $H_x$ 相等，运用相位匹配条件，在 $x$ 方向的传播常数 $k_{\mathrm{i}x}=k_{\mathrm{r}x}=k_{\mathrm{t}x}$ 必须相等，即

$$k_1\sin\theta_\mathrm{i}=k_1\sin\theta_\mathrm{r}=k_2\sin\theta_\mathrm{t} \tag{2.97}$$

由于 $k_1=\omega\sqrt{\mu_1\varepsilon_1}=k_0n_1$，其中 $n_1$ 为普通媒质折射率，$n_1=\sqrt{\mu_{\mathrm{r}1}\varepsilon_{\mathrm{r}1}}>0$，因此有 $\theta_\mathrm{i}=\theta_\mathrm{r}$。但是，对于左手材料，$k_2=\omega\sqrt{\mu_2\varepsilon_2}=\omega\sqrt{(-\mu_2')(-\varepsilon_2')}=-\omega\sqrt{\mu_2'\varepsilon_2'}=k_0n_2$，其中 $n_2=-\sqrt{\mu_{\mathrm{r}2}'\varepsilon_{\mathrm{r}2}'}<0$，具有负折射率，因此

$$\frac{\sin\theta_\mathrm{t}}{\sin\theta_\mathrm{i}}=\frac{k_1}{k_2}=\frac{n_1}{n_2}=-\frac{n_1}{|n_2|} \tag{2.98}$$

在这种情况下，折射线与入射线位于法线同侧，这与普通媒质的折射不同，折射角 $\theta_\mathrm{t}<0$，故称负折射现象。

例如，媒质 1 为真空，媒质 2 为左手材料，$\varepsilon_2=-2.25\varepsilon_0,\mu_2=-\mu_0$，垂直极化波以入射角 $\theta_\mathrm{i}=45°$ 斜入射时的入射波、反射波、透射波和媒质 1 中总场如图 2.28 所示，可见左手媒质中出现负折射现象。

## 2.8.2 左手材料的实现

在 Veselago 提出左手材料近 30 年后，1996 年英国帝国理工学院的 Pendry 教授在理论上研究了金属导线阵列的电磁特性[33]，有限长的金属导线内自由电子产生了等离子体效应，其

实践

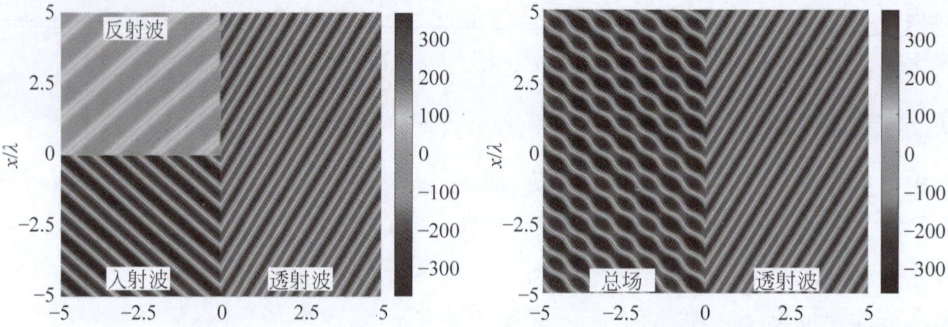


(a) 入射波、反射波和透射波　　(b) 总场与透射波

图 2.28　垂直极化波向左手材料斜入射的场分布

相对介电常数为

$$\varepsilon_r(\omega)=1-\frac{\omega_p^2}{\omega^2} \tag{2.99}$$

式中：$\omega_p$ 为等离子体频率。当 $\omega<\omega_p$ 时，就可以得到 $\varepsilon<0$。

1999 年，Pendry 教授研究了开口环形谐振器阵列（SRR）的电磁特性[34]，当存在垂直于环面的磁场振荡时，环上产生振荡电流和电荷，其相对磁导率为

$$\mu_r(\omega)=1-\frac{f\omega_m^2}{\omega^2-\omega_0^2} \tag{2.100}$$

式中：$\omega_0$ 为开口环形谐振器的谐振频率。当 $\omega_0<\omega<\omega_m$ 时，就可以得到 $\mu<0$。

2000 年，美国加州大学圣迭戈分校的 Smith 等将上述两种结构复合在一起实现了左手材料（如图 2.29(a)所示）[35]，并用左手材料做了棱镜折射实验验证了负折射现象（如图 2.29(b)所示）。随后，人们又提出了六边形结构、Ω 形结构、S 形结构、随机结构、V 形结构等左手材料，感兴趣的读者可以查阅相关文献。

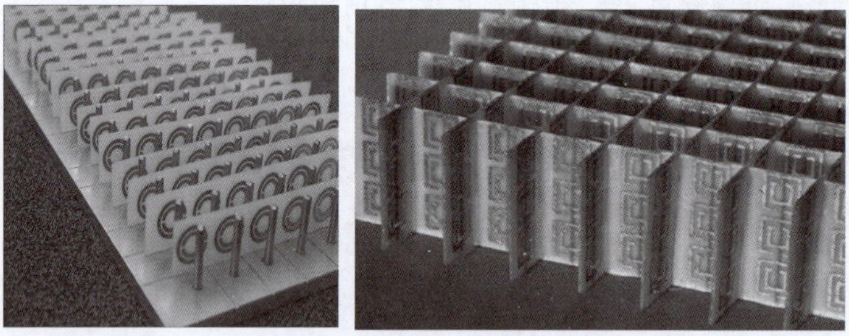

(a) Smith等提出的左手材料的结构

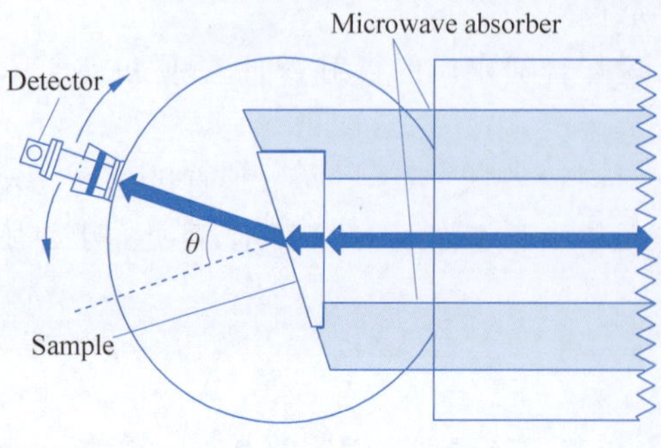


(b) 左手材料的棱镜实验

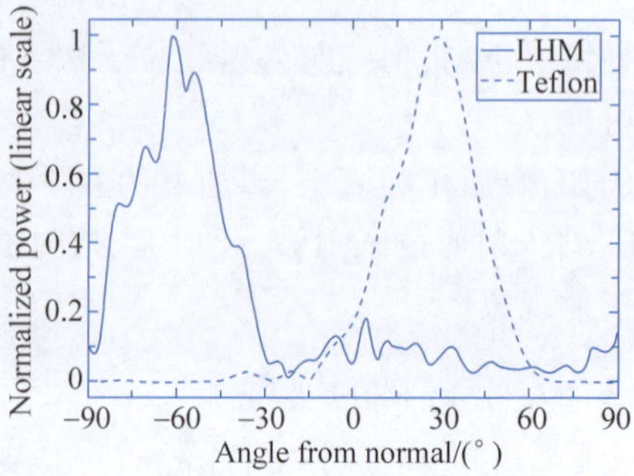


(c) 实验结果

图 2.29　左手材料的实现与实验

### 2.8.3 左手材料的应用

左手材料的奇异特性，使之具有许多潜在应用。目前，利用左手材料的特性设计和实现了电磁隐身、高方向性天线、超分辨透镜、小型化谐振器等。在隐身技术方面，现代技术主要通过外形设计、吸波材料、等离子体等方式实现低可探测性，并没有实现真正意义上的隐身。左手材料则不同，通过变换光学原理设计负折射率材料，能够控制电磁波绕过物体，从而达到隐身效果。在天线技术上，用各向异性左手材料可调控介质的色散曲线实现天线的高指向性辐射。在微波技术上，用左手材料作为微带谐振器的基底实现远小于传统半波长尺寸的谐振器。在光学成像方面，实现能够突破衍射极限的完美透镜，如图 2.30 所示。利用左手材料可做成“平面透镜”，实现类似于一般凸透镜的聚焦功能。这种平面透镜没有光轴，不受旁轴条件限制，且可以形成正立、等大的实像。更重要的是，完美透镜不仅可以捕捉正常的传播波成分，而且能够放大消逝波成分，从而实现对消逝波的成像。

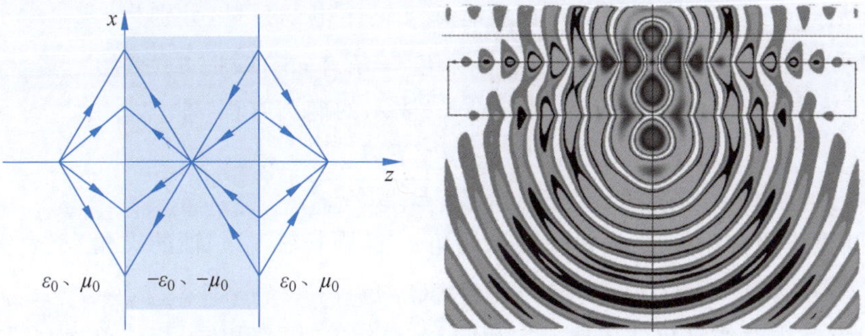


(a) 原理图　　(b) 仿真结果

图 2.30　完美透镜

尽管左手材料有着广阔的应用前景，但是目前存在着带宽窄、损耗高、各向异性等限制，制约了它在实际工程中的普及推广，未来的发展离不开工艺的进一步提高、新材料的不断挖掘和结构设计的不断优化等。

## 习题

1. 自由空间中一平面波为

$$\boldsymbol{E}=E_0\cos(6\pi\times10^8t-2\pi z)\hat{\boldsymbol{x}}$$

求 $f$、$\lambda$、$\beta$、$v_p$ 及 $\boldsymbol{H}$。

2. 自由空间中的均匀平面波为

$$\boldsymbol{E}=4\cos(6\pi\times10^8t-2\pi z)\hat{\boldsymbol{x}}+3\cos(6\pi\times10^8t-2\pi z-\pi/3)\hat{\boldsymbol{y}}\ (\text{V/m})$$

求磁场强度和平均能流密度。

3. 无界理想介质中的均匀平面波为

$$\boldsymbol{E}=3\times10^2(\hat{\boldsymbol{x}}+2\hat{\boldsymbol{y}}-E_{z0}\hat{\boldsymbol{z}})\cos[30\pi\times10^8t+4\pi(3x+2y-z)]\ (\text{V/m})$$

试求：

(1) 波的传播方向；

(2) 频率 $f$、波长 $\lambda$ 和相速 $v_p$；

(3) 求理想介质的 $\varepsilon_r$；

(4) 求电场振幅中的常数 $E_{z0}$；

(5) 求 $\boldsymbol{H}(\boldsymbol{r},t)$ 和 $\boldsymbol{S}_{\mathrm{av}}$。

4. 判断以下各电磁波的极化形式和波的传播方向。

(1) $\boldsymbol{E}=\mathrm{j}E_{\mathrm{m}}\mathrm{e}^{\mathrm{j}kz}\hat{\boldsymbol{x}}-\mathrm{j}E_{\mathrm{m}}\mathrm{e}^{\mathrm{j}kz}\hat{\boldsymbol{y}}$；

(2) $\boldsymbol{E}=E_{\mathrm{m}}\mathrm{e}^{-\mathrm{j}kz}\hat{\boldsymbol{x}}+\mathrm{j}E_{\mathrm{m}}\mathrm{e}^{-\mathrm{j}kz}\hat{\boldsymbol{y}}$；

(3) $\boldsymbol{E}=(E_{\mathrm{m}}\hat{\boldsymbol{x}}+E_{\mathrm{m}}\mathrm{e}^{\mathrm{j}\phi}\hat{\boldsymbol{y}})\mathrm{e}^{-\mathrm{j}kz}\quad(\phi\neq 0、\pm\pi/2、\pm\pi)$；

(4) $\boldsymbol{H}=H_{\mathrm{m}}\mathrm{e}^{-\mathrm{j}ky}\hat{\boldsymbol{x}}+\mathrm{j}H_{\mathrm{m}}\mathrm{e}^{-\mathrm{j}ky}\hat{\boldsymbol{z}}$；

(5) $\boldsymbol{E}=E_{\mathrm{m}}\cos(\omega t+kz)\hat{\boldsymbol{x}}+E_{\mathrm{m}}\sin(\omega t+kz)\hat{\boldsymbol{y}}$；

(6) $\boldsymbol{E}=E_{\mathrm{m}}\sin(\omega t-kz)\hat{\boldsymbol{x}}+2E_{\mathrm{m}}\sin(\omega t-kz)\hat{\boldsymbol{y}}$；

(7) $\boldsymbol{E}=E_{\mathrm{m}}\sin(\omega t-kz-\pi/4)\hat{\boldsymbol{x}}+E_{\mathrm{m}}\cos(\omega t-kz-\pi/4)\hat{\boldsymbol{y}}$；

(8) $\boldsymbol{H}=H_1\mathrm{e}^{-\mathrm{j}kz}\hat{\boldsymbol{y}}+H_2\mathrm{e}^{-\mathrm{j}kx}\hat{\boldsymbol{z}}$；

(9) $\boldsymbol{E}=(E_0\hat{\boldsymbol{x}}+AE_0\mathrm{e}^{\mathrm{j}\phi}\hat{\boldsymbol{y}})\mathrm{e}^{-\mathrm{j}kz}$。

5. 已知沿 $+z$ 方向传播的均匀平面波有 $\hat{\boldsymbol{x}}$、$\hat{\boldsymbol{y}}$ 两个电场分量，分别为

$$E_x=E_{x\mathrm{m}}\cos(\omega t-kz),\quad E_y=E_{y\mathrm{m}}\cos(\omega t-kz+\phi)$$

(1) 在 $z=0$ 处推导电场所满足的式(2.43)表示的椭圆方程，即

$$\left(\frac{E_x}{E_{x\mathrm{m}}}\right)^2+\left(\frac{E_y}{E_{y\mathrm{m}}}\right)^2-\frac{2E_xE_y}{E_{x\mathrm{m}}E_{y\mathrm{m}}}\cos\phi=\sin^2\phi$$

(2) 椭圆极化通常用长轴 $a$、短轴 $b$ 和倾角 $\psi$(椭圆长轴与 $x$ 轴的夹角)三个参数来描述，证明 $a$、$b$、$\psi$ 与 $E_{x\mathrm{m}}$、$E_{y\mathrm{m}}$、$\phi$ 之间满足的关系式(2.44)。

6. 自由空间中两线极化波传播方向相同、振幅相等、频率相同、相位差为 $\pi/4$。

(1) 若这两个线极化波电场矢量方向相互垂直，求任一点的平均坡印廷矢量。

(2) 若这两个线极化波电场矢量方向相同，再求任一点的平均坡印廷矢量。

7. 已知导电媒质参数为 $\varepsilon$、$\mu$ 和 $\sigma$ 均为实常数，其复介电常数 $\varepsilon_{\mathrm{c}}=\varepsilon(1-\mathrm{j}\sigma/\omega\varepsilon)$，复传播常数 $\gamma=\alpha+\mathrm{j}\beta=\mathrm{j}\omega\sqrt{\mu\varepsilon_{\mathrm{c}}}$，推导式(2.25)表示的衰减常数 $\alpha$ 和相移常数 $\beta$。

8. 频率 500kHz 和 100MHz 的电磁波在土壤中传播。

(1) 当土壤干燥时，$\varepsilon_{\mathrm{r}}=4$，$\mu_{\mathrm{r}}=1$ 和 $\sigma=10^{-4}\,\mathrm{S/m}$，分别计算这两种频率的电磁波在其中传播时，场强振幅衰减到原来的 $10^{-6}$ 所经过的距离。

(2) 当土壤潮湿时，$\varepsilon_{\mathrm{r}}=10$，$\mu_{\mathrm{r}}=1$ 和 $\sigma=10^{-2}\,\mathrm{S/m}$，再重复(1)的计算。

9. 频率为 540kHz 的广播信号在导电媒质($\varepsilon_{\mathrm{r}}=2.1$，$\mu_{\mathrm{r}}=1$ 和 $\sigma/\omega\varepsilon=0.2$)中传播，试求：

(1) 衰减常数和相移常数；

(2) 相速度和波长；

(3) 波阻抗。

10. 空气与理想介质的分界面为 $z=0$ 的平面，均匀平面波向分界面斜入射。若入射波的传播矢量为 $\boldsymbol{k}_{\mathrm{i}}=6\hat{\boldsymbol{x}}+8\hat{\boldsymbol{z}}$；$\boldsymbol{k}_{\mathrm{i}}=-2\hat{\boldsymbol{x}}+2\sqrt{3}\hat{\boldsymbol{z}}$，分别求其入射角、反射角和折射角，并在直角坐标系内用图形表示。

11. 频率为 1GHz 的 $x$ 方向极化的均匀平面波，由空气垂直入射到 $z=0$ 处的理想导体表面，已知入射波的电场振幅为 4mW/m，试求：

(1) 反射波电场、磁场的瞬时表示式；

(2) 空气中总电场、总磁场的复数表示式；

(3) 距导体面最近的电场波节点的坐标。

12. 右旋圆极化平面波由真空($z<0$)垂直入射到由电导率为 $\sigma$ 的良导体构成的半空间($z>0$)。入射电场为

$$\boldsymbol{E}=E_0(\hat{\boldsymbol{x}}-\mathrm{j}\hat{\boldsymbol{y}})\mathrm{e}^{-\mathrm{j}k_0 z}$$

(1) 求 $z>0$ 的区域的电场和磁场;

(2) 计算 $z<0$ 和 $z>0$ 的复坡印廷矢量,并证明复功率是守恒的;

(3) 反射波的极化如何?

13. 均匀平面波由空气入射到理想导体表面 $z=0$ 处,已知入射波电场 $\boldsymbol{E}_\mathrm{i}=10\mathrm{e}^{-\mathrm{j}(6x+8z)}\hat{\boldsymbol{y}}$ (mV/m)。试求:

(1) 入射波的波长和频率;

(2) 入射波电场、磁场的瞬时表示式;

(3) 入射波的入射角;

(4) 反射波的电场和磁场;

(5) 总场。

14. 均匀平面波由空气向理想介质垂直入射,在分界面上 $E_0=1\mathrm{mA/m}$,$H_0=0.226\mathrm{mA/m}$,试求:

(1) 理想介质的 $\varepsilon_\mathrm{r}$;

(2) $\boldsymbol{E}_\mathrm{r}$、$\boldsymbol{H}_\mathrm{r}$、$\boldsymbol{E}_\mathrm{t}$、$\boldsymbol{H}_\mathrm{t}$ 的复数表示式。

15. 均匀平面波由空气向理想介质表面($z=0$ 平面)斜入射,已知介质的参数为 $\mu=\mu_0$,$\varepsilon=3\varepsilon_0$,入射波的磁场为

$$\boldsymbol{H}_\mathrm{i}=(\sqrt{3}\hat{\boldsymbol{x}}-\hat{\boldsymbol{y}}+\hat{\boldsymbol{z}})\sin(\omega t-Ax-2\sqrt{3}z)(\mathrm{A/m})$$

试求:

(1) $\boldsymbol{H}_\mathrm{i}$ 中的常数 $\omega$、$A$;

(2) 入射波电场 $\boldsymbol{E}_\mathrm{i}$ 的瞬时值;

(3) 入射角 $\theta_\mathrm{i}$;

(4) 反射波、入射波的电场和磁场。

16. 垂直极化波从水下以入射角 $\theta_\mathrm{i}=20°$透射到水与空气的分界面上,水的 $\varepsilon_\mathrm{r}=81$,$\mu_\mathrm{r}=1$,试求:

(1) 临界角;

(2) 反射系数 $\Gamma$ 和透射系数 $T$。

17. 平行极化平面波由真空斜入射到磁材料,其介电常数为 $\varepsilon_0$,磁导率为 $\mu_0\mu_\mathrm{r}$,

(1) 求反射系数和透射系数;

(2) 是否存在布儒斯特角,当以这个特殊角入射时反射系数为零?

(3) 对于垂直极化的情况,重做(1)和(2)。

18. 表面电流密度 $\boldsymbol{J}_\mathrm{s}=J_0\hat{\boldsymbol{x}}$ (A/m)的无限大电流片置于 $z=0$ 处的平面上,$z<0$ 为真空,$z>0$ 为 $\varepsilon_\mathrm{r}\varepsilon_0$ 的理想介质,如图 2.31 所示。求两个区域的 $\boldsymbol{E}$ 和 $\boldsymbol{H}$(提示:无限大电流片产生平面波,并向源两侧传播,如例 2.1 那样,利用边界条件求振幅)。

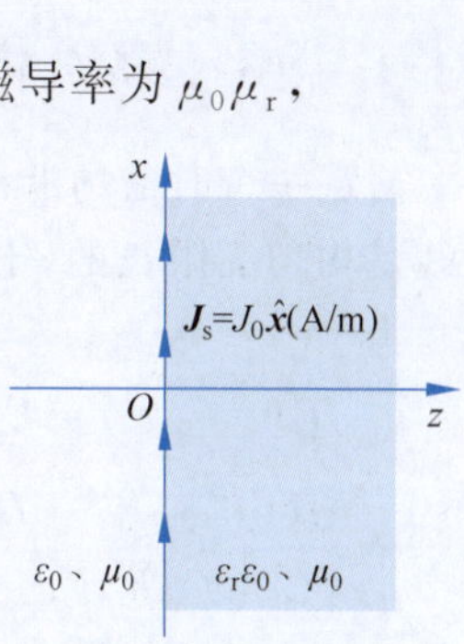


图 2.31　习题 18 图

# 第 3 章

# 导行电磁波

前面讨论了电磁波在无界空间的传播，以及两种不同媒质分界面处的反射与折射现象。本章将讨论电磁波在有界空间的传播，即导波系统中的电磁波。导波系统是指引导电磁波沿一定方向传输的装置，被引导的电磁波称为导行电磁波，通常也将导波系统称为微波传输线或(广义的)波导。常见的传输线有双导体传输线、同轴线、矩形波导、圆波导、平行板波导、微带线、带线、介质波导等。

导波系统中电磁波的传输问题属于电磁场边值问题，即在给定边界条件下求解由麦克斯韦方程组导出的波动方程，得到导波系统中的电磁场分布和电磁波的传输特性，即所谓的"场方法"。

本章用"场方法"研究常用的几种传输线特性。首先介绍导波系统的一般分析方法，讨论导行波的一般传输特性；然后结合具体的矩形波导、圆波导和同轴线，讨论电磁波在不同种类的传输线中的场分布和传输特性。这三类常用微波传输线的结构简单，相应的边界条件也简单，可以精确求得导行波的严格解析表达式。而带状线、微带线等传输线的边界条件复杂，不易直接得到严格解析表达式，将在第 4 章用"等效电路"方法求解。

## 3.1 导行波的分析方法和模式

任意截面的均匀导波系统如图 3.1 所示。均匀导波系统是指横截面形状、尺寸和填充材料沿传播方向不变的无限长的直传输线，其特征是具有平行于 $z$ 轴的导体边界，在 $z$ 方向是均匀且无限长的。为了简单起见，假设导体是理想导体，即 $\sigma=\infty$；填充均匀、线性、各向同性、无耗的理想媒质，媒质参数 $\varepsilon$、$\mu$ 为实常数，$\sigma=0$；传输线区域内无源，即 $\boldsymbol{J}=0$，$\rho=0$。

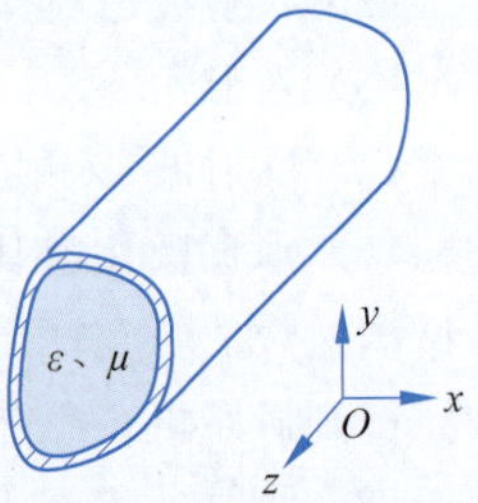


图 3.1 任意截面的均匀导波系统

### 3.1.1 导行波的分析方法

假定一个时谐场沿 $+z$ 轴方向传输，传播常数 $\gamma=\alpha+\mathrm{j}\beta$，并且传输线是均匀无限长的，不会产生反射，只有沿 $+z$ 轴方向传输的单向行波，于是电场和磁场可以写为

$$\boldsymbol{E}(x,y,z)=\boldsymbol{E}_{\mathrm{T}}(x,y,z)+\hat{z}E_z(x,y,z)=[\boldsymbol{e}_{\mathrm{T}}(x,y)+\hat{z}e_z(x,y)]\mathrm{e}^{-\gamma z} \tag{3.1a}$$

$$\boldsymbol{H}(x,y,z)=\boldsymbol{H}_{\mathrm{T}}(x,y,z)+\hat{z}H_z(x,y,z)=[\boldsymbol{h}_{\mathrm{T}}(x,y)+\hat{z}h_z(x,y)]\mathrm{e}^{-\gamma z} \tag{3.1b}$$

式中：$\boldsymbol{e}_{\mathrm{T}}(x,y)$、$\boldsymbol{h}_{\mathrm{T}}(x,y)$分别为横向$(x,y)$电场和磁场分量；$e_z$、$h_z$ 分别为纵向电场和磁场分量。上式的波是沿 $+z$ 轴方向传输的；若波是沿 $-z$ 轴方向传输，可用 $-\gamma$ 代替 $\gamma$ 得到。

由于传输线区域是无源的，导行电磁波满足时谐麦克斯韦方程组，可以写为

$$\nabla\times\boldsymbol{E}=-\mathrm{j}\omega\mu\boldsymbol{H} \tag{3.2a}$$

$$\nabla\times\boldsymbol{H}=\mathrm{j}\omega\varepsilon\boldsymbol{E} \tag{3.2b}$$

因为具有 $e^{-\gamma z}$ 随 $z$ 的变化关系，上述每个矢量方程可以简化为三个标量方程，于是有

$$\frac{\partial E_z}{\partial y}+\gamma E_y=-\mathrm{j}\omega\mu H_x \tag{3.3a}$$

$$-\gamma E_x-\frac{\partial E_z}{\partial x}=-\mathrm{j}\omega\mu H_y \tag{3.3b}$$

$$\frac{\partial E_y}{\partial x}-\frac{\partial E_x}{\partial y}=-\mathrm{j}\omega\mu H_z \tag{3.3c}$$

$$\frac{\partial H_z}{\partial y}+\gamma H_y=\mathrm{j}\omega\varepsilon E_x \tag{3.4a}$$

$$-\gamma H_x-\frac{\partial H_z}{\partial x}=\mathrm{j}\omega\varepsilon E_y \tag{3.4b}$$

$$\frac{\partial H_y}{\partial x}-\frac{\partial H_x}{\partial y}=\mathrm{j}\omega\varepsilon E_z \tag{3.4c}$$

利用 $E_z$ 和 $H_z$，由上述 6 个方程可以求得 4 个横向场分量 $E_x$、$E_y$、$H_x$ 和 $H_y$，则有

$$E_x=\frac{-1}{k_{\mathrm{c}}^2}\left(\gamma\frac{\partial E_z}{\partial x}+\mathrm{j}\omega\mu\frac{\partial H_z}{\partial y}\right) \tag{3.5a}$$

$$E_y=\frac{1}{k_{\mathrm{c}}^2}\left(-\gamma\frac{\partial E_z}{\partial y}+\mathrm{j}\omega\mu\frac{\partial H_z}{\partial x}\right) \tag{3.5b}$$

$$H_x=\frac{1}{k_{\mathrm{c}}^2}\left(\mathrm{j}\omega\varepsilon\frac{\partial E_z}{\partial y}-\gamma\frac{\partial H_z}{\partial x}\right) \tag{3.5c}$$

$$H_y=\frac{-1}{k_{\mathrm{c}}^2}\left(\mathrm{j}\omega\varepsilon\frac{\partial E_z}{\partial x}+\gamma\frac{\partial H_z}{\partial y}\right) \tag{3.5d}$$

式中

$$k_{\mathrm{c}}^2=k^2+\gamma^2,\quad k=\omega\sqrt{\mu\varepsilon}=2\pi/\lambda \tag{3.6}$$

式中：$k_{\mathrm{c}}$ 为截止波数，后面会解释采用这一名称的原因；$k$ 为传输线区域中填充媒质的波数，它与第 2 章中无界空间中填充相同媒质时平面波的波数一致。

显然，如果已知传输线的纵向分量 $E_z$ 和 $H_z$，根据式(3.5)便可求出所有的横向场分量，从而得到导行波的全部解，这种求解导行波的方法称为纵向场法。这是非常有用的普遍结果，适用于各种导波系统。

把这些普遍的结果在一定条件下得到特定场结构的导行波称为导行波的模式，简称模，它能够单独在导波系统中存在。根据纵向分量 $E_z$ 和 $H_z$ 是否存在，可将导行波划分为以下三类模式：

(1) $E_z=0, H_z=0$ 的电磁波称为横电磁波，即 TEM 模；

(2) $E_z=0, H_z\neq 0$ 的电磁波称为横电波，即 TE 模；

(3) $E_z\neq 0, H_z=0$ 的电磁波称为横磁波，即 TM 模。

### 3.1.2 TEM 模

由于 TEM 模的纵向场分量 $E_z=0$ 和 $H_z=0$，所以除非 $k_{\mathrm{c}}^2=0$，否则式(3.5)只能得到零解。对于 TEM 模，有

$$k_{\mathrm{c}}^2=k^2+\gamma^2=0$$

因此,TEM 模的截止波数为零。从而得到 TEM 模的传播参数如下:

传播常数为

$$\gamma = \mathrm{j}\beta = \mathrm{j}k = \mathrm{j}\omega\sqrt{\mu\varepsilon} \tag{3.7}$$

相速度为

$$v_{\mathrm{p}} = \omega/\beta = 1/\sqrt{\mu\varepsilon} \tag{3.8}$$

对于 TEM 模,由式(3.3a)和式(3.3b)可得

$$\gamma E_y = -\mathrm{j}\omega\mu H_x \tag{3.9a}$$

$$\gamma E_x = \mathrm{j}\omega\mu H_y \tag{3.9b}$$

导行电磁波的波阻抗定义为横向电场与横向磁场之比。对于 TEM 模,由式(3.9)可得波阻抗为

$$Z_{\mathrm{TEM}} = \frac{E_x}{H_y} = -\frac{E_y}{H_x} = \frac{\mathrm{j}\omega\mu}{\gamma} = \frac{\omega\mu}{\beta} = \sqrt{\frac{\mu}{\varepsilon}} = \eta \tag{3.10}$$

由式(3.9)可得 TEM 模的横向电场与横向磁场之间的关系为

$$\boldsymbol{H}_{\mathrm{T}} = \frac{1}{Z_{\mathrm{TEM}}}\hat{z} \times \boldsymbol{E}_{\mathrm{T}} \tag{3.11}$$

从以上分析可知,导波系统中的 TEM 模的传播特性与无界空间中的均匀平面波的传播特性相同。

TEM 模电场 $\boldsymbol{E}(x,y,z)=\boldsymbol{e}_{\mathrm{T}}(x,y)\mathrm{e}^{-\gamma z}$,它满足式(2.4a)的无源波动方程,得到

$$\left(\frac{\partial^2}{\partial x^2} + \frac{\partial^2}{\partial y^2} + \frac{\partial^2}{\partial z^2}\right)\boldsymbol{E}(x,y,z) + k^2\boldsymbol{E}(x,y,z) = 0 \tag{3.12}$$

对于依赖关系 $\mathrm{e}^{-\gamma z}$,$(\partial^2/\partial z^2)\boldsymbol{E}=\gamma^2\boldsymbol{E}$,并运用式(3.7),可得

$$\nabla_{\mathrm{T}}^2 \boldsymbol{e}_{\mathrm{T}}(x,y) = 0 \tag{3.13}$$

式中:$\nabla_{\mathrm{T}}^2=\partial^2/\partial x^2+\partial^2/\partial y^2$,是横向二维拉普拉斯算子。

式(3.13)表明,TEM 模的横向电场 $\boldsymbol{e}_{\mathrm{T}}(x,y)$满足拉普拉斯方程,它与多导体间存在的静电场是相同的。因此,存在两个或更多的导体时就会存在 TEM 模,而空心单导体波导中不存在 TEM 模。这是因为假设在单导体波导内存在 TEM 模,由于磁场只有横向磁场,磁力线应在横向平面内闭合,这时就要求波导内存在纵向的传导电流或者位移电流。但是,因为是单导体波导,所以其内没有纵向传导电流;又因为纵向电场 $E_z=0$,所以其内没有纵向位移电流。

### 3.1.3 TE 模和 TM 模

对于 TE 模,由于 $E_z=0$,$H_z\neq 0$,式(3.5)可简化为

$$E_x = \frac{-\mathrm{j}\omega\mu}{k_{\mathrm{c}}^2}\frac{\partial H_z}{\partial y} \tag{3.14a}$$

$$E_y = \frac{\mathrm{j}\omega\mu}{k_{\mathrm{c}}^2}\frac{\partial H_z}{\partial x} \tag{3.14b}$$

$$H_x = \frac{-\gamma}{k_{\mathrm{c}}^2}\frac{\partial H_z}{\partial x} \tag{3.14c}$$

$$H_y = \frac{-\gamma}{k_{\mathrm{c}}^2}\frac{\partial H_z}{\partial y} \tag{3.14d}$$

TE 模的波阻抗为

$$Z_{TE}=\frac{E_x}{H_y}=-\frac{E_y}{H_x}=\frac{j\omega\mu}{\gamma} \tag{3.15}$$

TE 模的横向电场与横向磁场的关系为

$$\boldsymbol{H}_T=\frac{1}{Z_{TE}}\hat{\boldsymbol{z}}\times\boldsymbol{E}_T \tag{3.16}$$

对于 TM 模，由于 $E_z\neq0$，$H_z=0$，式(3.5)可简化为

$$E_x=\frac{-\gamma}{k_c^2}\frac{\partial E_z}{\partial x} \tag{3.17a}$$

$$E_y=\frac{-\gamma}{k_c^2}\frac{\partial E_z}{\partial y} \tag{3.17b}$$

$$H_x=\frac{j\omega\varepsilon}{k_c^2}\frac{\partial E_z}{\partial y} \tag{3.17c}$$

$$H_y=\frac{-j\omega\varepsilon}{k_c^2}\frac{\partial E_z}{\partial x} \tag{3.17d}$$

同样，TM 模的波阻抗为

$$Z_{TM}=\frac{E_x}{H_y}=-\frac{E_y}{H_x}=\frac{\gamma}{j\omega\varepsilon} \tag{3.18}$$

TM 模的横向电场与横向磁场的关系为

$$\boldsymbol{H}_T=\frac{1}{Z_{TM}}\hat{\boldsymbol{z}}\times\boldsymbol{E}_T \tag{3.19}$$

TE 模和 TM 模可存在于封闭的导体内，也可以产生于两个或更多导体之间。对于 TE 模和 TM 模，$k_c^2\neq0$，且传播常数 $\gamma=\sqrt{k_c^2-k^2}$ 一般是工作频率和传输线几何结构的函数。对于给定的传输线和模式，$k_c$ 是常实数，因此当工作频率变化时，会出现以下三种情况。

(1) 当 $k>k_c$ 时，有

$$\gamma=j\beta=j\sqrt{k^2-k_c^2}$$

式中：$\gamma$ 为虚数；$\beta$ 为实数。

将 $\gamma=j\beta$ 代入式(3.1)，可得

$$\boldsymbol{E}(x,y,z)=[\boldsymbol{e}_T(x,y)+\hat{\boldsymbol{z}}e_z(x,y)]\,e^{-j\beta z} \tag{3.20a}$$

$$\boldsymbol{H}(x,y,z)=[\boldsymbol{h}_T(x,y)+\hat{\boldsymbol{z}}h_z(x,y)]\,e^{-j\beta z} \tag{3.20b}$$

这是沿 $+z$ 轴方向传输的传输模，它的相位随传播距离的增加而连续滞后。此时 TE 模和 TM 模的波阻抗为

$$Z_{TE}=\frac{j\omega\mu}{\gamma}=\frac{\omega\mu}{\beta} \tag{3.21a}$$

$$Z_{TM}=\frac{\gamma}{j\omega\varepsilon}=\frac{\beta}{\omega\varepsilon} \tag{3.21b}$$

由式(3.21)可知，TE 和 TM 传输模的波阻抗都是实阻抗，它们传输的是实功率。

(2) 当 $k<k_c$ 时，有

$$\gamma=\sqrt{k_c^2-k^2}=\alpha$$

$\gamma$ 为实数 $\alpha$。将 $\gamma=\alpha$ 代入式(3.1)，得

$$\boldsymbol{E}(x,y,z)=[\boldsymbol{e}_T(x,y)+\hat{\boldsymbol{z}}e_z(x,y)]\,e^{-\alpha z} \tag{3.22a}$$

$$\boldsymbol{H}(x,y,z)=[\boldsymbol{h}_{\mathrm{T}}(x,y)+\hat{z}h_z(x,y)]\mathrm{e}^{-\alpha z} \tag{3.22b}$$

电磁波在导波系统中沿 $+z$ 轴方向呈指数衰减，没有传播，相位沿传播方向不变化，这种模称为截止模或消逝模或凋落模。截止模的衰减与导体损耗或电介质损耗引起的衰减有本质上的不同，它不是导体和介质热损耗引起的，而是不满足波的传播条件而引起的电抗性衰减。此时 TE 模和 TM 模的波阻抗分别为

$$Z_{\mathrm{TE}}=\frac{\mathrm{j}\omega\mu}{\gamma}=\frac{\mathrm{j}\omega\mu}{\alpha} \tag{3.23a}$$

$$Z_{\mathrm{TM}}=\frac{\gamma}{\mathrm{j}\omega\varepsilon}=\frac{\alpha}{\mathrm{j}\omega\varepsilon} \tag{3.23b}$$

可见，TE 截止模和 TM 截止模的波阻抗为纯电抗，其中 $Z_{\mathrm{TE}}$ 为正虚数、$Z_{\mathrm{TM}}$ 为负虚数，因此 TE 截止模以储存磁能为主，表现出感性；而 TM 截止模以储存电能为主，表现出容性。

(3) $k=k_c$，$\gamma=0$。电磁波沿 $+z$ 轴方向的传播常数为零，导波系统正好处于截止状态。由于 $\gamma=0$，此时 $Z_{\mathrm{TE}}\to\infty$，相当于开路；$Z_{\mathrm{TM}}\to 0$，相当于短路。

由此可见，TE 模和 TM 模具有传输和截止两种状态，这是不同于 TEM 模的独有特点。当 $k>k_c$ 时，导行波处于传输状态；当 $k<k_c$ 时，导行波处于截止状态。

除了用截止波数 $k_c$ 来描述导行波的截止状态外，还可以用截止频率 $f_c$ 和截止波长 $\lambda_c$ 来描述，它们与截止波数 $k_c$ 的关系为

$$f_c=\frac{k_c}{2\pi\sqrt{\mu\varepsilon}} \tag{3.24}$$

$$\lambda_c=\frac{2\pi}{k_c} \tag{3.25}$$

显然，当 $f>f_c$ 或 $\lambda<\lambda_c$ 时，导行波处于传输状态；当 $f<f_c$ 或 $\lambda>\lambda_c$ 时，导行波处于截止状态。

## 3.2 矩形波导

矩形波导是最早用于传输微波信号的传输线之一，而且目前依旧应用广泛，如高功率系统、低损耗系统、毫米波系统中。本节先用纵向场法求出矩形波导中的 TE 模和 TM 模的场表示式，讨论这些模式的传输特性，然后重点讨论矩形波导中主模的场分布及其传输特性。

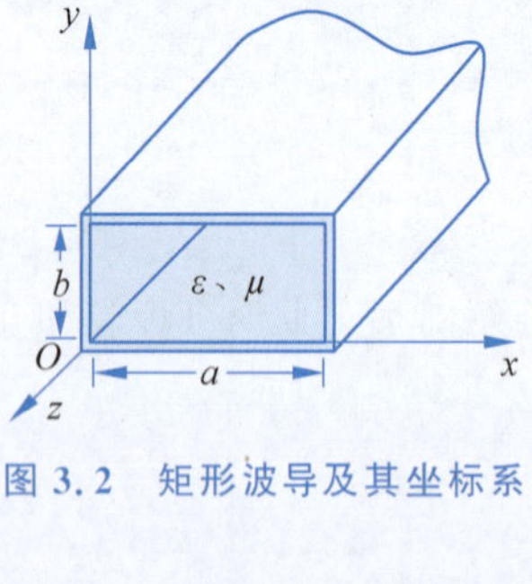


图 3.2 矩形波导及其坐标系

矩形波导结构如图 3.2 所示，宽边为 $a$，窄边为 $b$，一般 $a\geqslant 2b$。波导壁是理想导体，内部填充参数为 $\varepsilon$、$\mu$ 的理想媒质。由于矩形波导是单导体结构，它可以传输 TE 模和 TM 模，但不能传输 TEM 模。矩形波导具有截止频率，低于这个截止频率就不能传输。

### 3.2.1 TE 模

对于 TE 模，因为 $E_z=0$，由式(3.14)可知，波导内的横向电场和横向磁场由 $H_z$ 求得。而 $H_z$ 满足波动方程，即

$$\frac{\partial^2 H_z}{\partial x^2}+\frac{\partial^2 H_z}{\partial y^2}+\frac{\partial^2 H_z}{\partial z^2}+k^2H_z=0 \tag{3.26}$$

因为 $H_z=h_z(x,y)e^{-\gamma z}$，所以式(3.26)可以简化为 $h_z$ 的二维波方程，即

$$\left(\frac{\partial^2}{\partial x^2}+\frac{\partial^2}{\partial y^2}+k_c^2\right)h_z=0 \tag{3.27}$$

式中：$k_c=\sqrt{k^2+\gamma^2}$，为截止波数。

偏微分方程(3.27)可以用分离变量法来求解，方法是令

$$h_z(x,y)=X(x)Y(y) \tag{3.28}$$

并把它代入式(3.27)，可得

$$\frac{d^2X}{Xdx^2}+\frac{d^2Y}{Ydy^2}+k_c^2=0$$

要使上述方程对波导内所有$(x,y)$都成立，上式中的每项必须等于一个常数。因此，定义分离常数 $k_x$ 和 $k_y$，得到

$$\frac{d^2X}{dx^2}+k_x^2X=0 \tag{3.29a}$$

$$\frac{d^2Y}{dy^2}+k_y^2Y=0 \tag{3.29b}$$

和

$$k_x^2+k_y^2=k_c^2 \tag{3.30}$$

$h_z$ 的通解可以写为

$$h_z(x,y)=(A\cos k_xx+B\sin k_xx)(C\cos k_yy+D\sin k_yy) \tag{3.31}$$

要计算式(3.31)中的常数，必须在波导壁上应用切向电场为零的边界条件，即

$$e_x(x,y)=0 \quad (在\ y=0,b\ 处) \tag{3.32a}$$

$$e_y(x,y)=0 \quad (在\ x=0,a\ 处) \tag{3.32b}$$

不能直接应用式(3.31)中的 $h_z$，必须首先用式(3.14a)和式(3.14b)求出 $e_x$ 和 $e_y$：

$$e_x=\frac{-j\omega\mu}{k_c^2}k_y(A\cos k_xx+B\sin k_xx)(-C\sin k_yy+D\cos k_yy) \tag{3.33a}$$

$$e_y=\frac{j\omega\mu}{k_c^2}k_x(-A\sin k_xx+B\cos k_xx)(C\cos k_yy+D\sin k_yy) \tag{3.33b}$$

然后由式(3.32a)和式(3.33a)以及式(3.32b)和式(3.33b)，得到

$$D=0,\quad k_x=\frac{m\pi}{a}\quad (m=0,1,2,\cdots) \tag{3.34a}$$

$$B=0,\quad k_y=\frac{n\pi}{b}\quad (n=0,1,2,\cdots) \tag{3.34b}$$

因此，TE 波的 $H_z$ 的最终解为

$$H_z(x,y,z)=A_{mn}\cos\left(\frac{m\pi}{a}x\right)\cos\left(\frac{n\pi}{b}y\right)e^{-\gamma z} \tag{3.35}$$

式中：$A_{mn}$ 是由式(3.31)中余下的常数 $A$ 和 $C$ 组成的任意振幅常数。

将 $H_z$ 代入式(3.14)，求出 TE 模的四个横向分量后，最终得到矩形波导中 TE 模的各场分量分别为

$$E_x=\frac{j\omega\mu}{k_c^2}\left(\frac{n\pi}{b}\right)A_{mn}\cos\left(\frac{m\pi}{a}x\right)\sin\left(\frac{n\pi}{b}y\right)e^{-\gamma z} \tag{3.36a}$$

$$E_y = -\frac{j\omega\mu}{k_c^2}\left(\frac{m\pi}{a}\right)A_{mn}\sin\left(\frac{m\pi}{a}x\right)\cos\left(\frac{n\pi}{b}y\right)e^{-\gamma z} \tag{3.36b}$$

$$E_z = 0 \tag{3.36c}$$

$$H_x = \frac{\gamma}{k_c^2}\left(\frac{m\pi}{a}\right)A_{mn}\sin\left(\frac{m\pi}{a}x\right)\cos\left(\frac{n\pi}{b}y\right)e^{-\gamma z} \tag{3.36d}$$

$$H_y = \frac{\gamma}{k_c^2}\left(\frac{n\pi}{b}\right)A_{mn}\cos\left(\frac{m\pi}{a}x\right)\sin\left(\frac{n\pi}{b}y\right)e^{-\gamma z} \tag{3.36e}$$

$$H_z = A_{mn}\cos\left(\frac{m\pi}{a}x\right)\cos\left(\frac{n\pi}{b}y\right)e^{-\gamma z} \tag{3.36f}$$

式(3.36)表征了矩形波导中 TE 模的场结构,对应 $m$ 和 $n$ 的每一组取值,表征了一种场模式,记为$\mathrm{TE}_{mn}$ 模($m,n=0,1,2,\cdots$)。可见,矩形波导中有无穷多个$\mathrm{TE}_{mn}$ 模。需要注意的是,$m$ 和 $n$ 可以取零,但是不能同时为零,否则会得到除 $H_z\neq0$ 外其余分量全为零的无意义的解,因此存在$\mathrm{TE}_{m0}$ 和$\mathrm{TE}_{0n}$ 模,不存在$\mathrm{TE}_{00}$ 模。

式(3.36)还表明,矩形波导中 TE 模的任何一个分量在横向 $x$ 和 $y$ 方向都呈驻波分布,$m$ 和 $n$ 分别表示 $x$ 和 $y$ 方向半波长的个数。例如,对于 $x$ 方向,其波数 $k_x=m\pi/a$,对应的 $x$ 方向波长 $\lambda_x=2\pi/k_x=2a/m$,因此波导宽边 $a$ 对应的半波长个数为 $a/(0.5\lambda_x)=m$。若 $m=0$ 或 $n=0$,则表示在 $x$ 或 $y$ 方向该模式的场分量均匀分布。

根据以上场分析结果,下面讨论 TE 模的一般传输特性和传输参数。

### 1. 截止参数

由式(3.30)和式(3.34)可得截止波数为

$$k_c = \sqrt{\left(\frac{m\pi}{a}\right)^2 + \left(\frac{n\pi}{b}\right)^2} \tag{3.37}$$

可见,截止波数与波导横截面尺寸 $a$、$b$ 和模式数 $m$、$n$ 有关,记作 $k_{cmn}$。相应的截止频率和截止波长为

$$f_{cmn} = \frac{k_{cmn}}{2\pi\sqrt{\mu\varepsilon}} = \frac{1}{2\pi\sqrt{\mu\varepsilon}}\sqrt{\left(\frac{m\pi}{a}\right)^2 + \left(\frac{n\pi}{b}\right)^2} \tag{3.38a}$$

$$\lambda_{cmn} = \frac{2\pi}{k_{cmn}} = \frac{2}{\sqrt{\left(\frac{m}{a}\right)^2 + \left(\frac{n}{b}\right)^2}} \tag{3.38b}$$

当 $k>k_c$ 或 $f>f_c$ 或 $\lambda<\lambda_c$ 时导行波处于传输状态,当 $k<k_c$ 或 $f<f_c$ 或 $\lambda>\lambda_c$ 时导行波处于截止状态,这说明矩形波导具有类似于高通滤波器的传输特性。式(3.38a)又说明,填充媒质可以降低矩形波导的截止频率,这种方法在微波工程中常被采用。例如,对于给定尺寸的矩形波导,若某个给定频率的电磁波在其中不能传播,则可通过在其中填充 $\varepsilon_r$ 或 $\mu_r$ 适当大的媒质来降低其截止频率,使得 $f>f_c$,就可使该频率的电磁波在其中传播。

将截止频率最低的模式称为主模,其他的模式称为高次模。因为已经假定 $a\geqslant 2b$,所以矩形波导最低的截止频率出现在$\mathrm{TE}_{10}$($m=1,n=0$)模中,有

$$f_{c10} = \frac{1}{2a\sqrt{\mu\varepsilon}},\quad \lambda_{c10} = 2a \tag{3.39}$$

因此,$\mathrm{TE}_{10}$ 模是矩形波导的主模。由于主模的重要性,将在后面小节详细介绍。

### 2. 相移常数和相速度

由于 $k_c^2=k^2+\gamma^2$,对于传输模,$k>k_c$,$\gamma=j\beta$,TE 模的相移常数为

$$\beta=\sqrt{k^2-k_c^2}=\sqrt{k^2-\left(\frac{m\pi}{a}\right)^2-\left(\frac{n\pi}{b}\right)^2}<k \tag{3.40}$$

式中：$\beta$ 为实数。

导行电磁波的相速度是导行电磁波等相位面的运动速度。TE 模的相速度为

$$v_p=\frac{\omega}{\beta}>\frac{\omega}{k}=\frac{1}{\sqrt{\mu\varepsilon}}=v \tag{3.41}$$

它大于无界填充媒质空间中电磁波的光速，$v=1/\sqrt{\mu\varepsilon}$。将式(3.40)代入式(3.41)，可得波导中 TE 模的相速度为

$$v_p=\frac{\omega}{\beta}=\frac{v}{\sqrt{1-\left(\frac{\lambda}{\lambda_c}\right)^2}} \tag{3.42}$$

式中：$\lambda$ 为无界填充媒质空间中电磁波的波长。

可见，矩形波导中 TE 模的相速度与频率有关，因此 TE 模是色散模，矩形波导是色散传输线。需要注意的是，矩形波导色散并不是填充媒质造成的，而是矩形波导本身结构造成的。这种色散与导电媒质中的色散有本质不同，称为结构色散。结构色散与媒质色散一样，宽带微波信号在其中传输会引起失真。

### 3. 导波波长

导波波长定义为相位差 $2\pi$ 的相邻等相位面间的距离。导波波长为

$$\lambda_g=\frac{2\pi}{\beta}=\frac{\lambda}{\sqrt{1-\left(\frac{\lambda}{\lambda_c}\right)^2}}>\lambda \tag{3.43}$$

显然，导波波长大于相应无界媒质中的电磁波波长 $\lambda$。

### 4. 波阻抗

由式(3.21a)，TE 模的波阻抗 $Z_{TE}=j\omega\mu/\gamma$。对于传输模，$\gamma=j\beta$，TE 模的波阻抗为

$$Z_{TE}=\frac{\omega\mu}{\beta}=\frac{k}{\beta}\eta>\eta \tag{3.44}$$

式中：$\eta=\sqrt{\mu/\varepsilon}$，为波导填充媒质的本征阻抗。对于传输模，$Z_{TE}$ 是实数，TE 模传输实功率。

对于截止模，$\gamma=\alpha$，TE 模的波阻抗为

$$Z_{TE}=\frac{j\omega\mu}{\alpha} \tag{3.45}$$

$Z_{TE}$ 是虚数，TE 模不能传输实功率，主要存储磁能。

## 3.2.2 TM 模

对于 TM 模，$H_z=0$，而 $E_z$ 满足简化后的二维波方程，即

$$\left(\frac{\partial^2}{\partial x^2}+\frac{\partial^2}{\partial y^2}+k_c^2\right)e_z=0 \tag{3.46}$$

式中

$$E_z=e_z(x,y)e^{-\gamma z},\quad k_c^2=k^2+\gamma^2$$

式(3.46)可以用分离变量法来求解，其通解为

$$e_z(x,y)=(A\cos k_x x+B\sin k_x x)(C\cos k_y y+D\sin k_y y) \tag{3.47}$$

边界条件直接应用到 $e_z$，可得

$$e_z(x,y)=0 \quad (\text{在 } y=0,b \text{ 处}) \tag{3.48a}$$

$$e_z(x,y)=0 \quad (\text{在 } x=0,a \text{ 处}) \tag{3.48b}$$

由式(3.47)和式(3.48a)得 $A=0$ 和 $k_x=m\pi/a(m=1,2,3,\cdots)$，由式(3.47)和式(3.48b)得到 $C=0$ 和 $k_y=n\pi/b(n=1,2,3,\cdots)$。于是，$E_z$ 的解化简为

$$E_z(x,y,z)=B_{mn}\sin\frac{m\pi}{a}x\sin\frac{n\pi}{b}y\mathrm{e}^{-\gamma z} \tag{3.49}$$

将式(3.49)代入式(3.17)，求出 TM 模的 4 个横向分量后，最终得到矩形波导中 TM 模电磁场的 6 个分量分别为

$$E_x=-\frac{\gamma}{k_c^2}\left(\frac{m\pi}{a}\right)B_{mn}\cos\left(\frac{m\pi}{a}x\right)\sin\left(\frac{n\pi}{b}y\right)\mathrm{e}^{-\gamma z} \tag{3.50a}$$

$$E_y=-\frac{\gamma}{k_c^2}\left(\frac{n\pi}{b}\right)B_{mn}\sin\left(\frac{m\pi}{a}x\right)\cos\left(\frac{n\pi}{b}y\right)\mathrm{e}^{-\gamma z} \tag{3.50b}$$

$$E_z=B_{mn}\sin\left(\frac{m\pi}{a}x\right)\sin\left(\frac{n\pi}{b}y\right)\mathrm{e}^{-\gamma z} \tag{3.50c}$$

$$H_x=\frac{\mathrm{j}\omega\varepsilon}{k_c^2}\left(\frac{n\pi}{b}\right)B_{mn}\sin\left(\frac{m\pi}{a}x\right)\cos\left(\frac{n\pi}{b}y\right)\mathrm{e}^{-\gamma z} \tag{3.50d}$$

$$H_y=-\frac{\mathrm{j}\omega\varepsilon}{k_c^2}\left(\frac{m\pi}{a}\right)B_{mn}\cos\left(\frac{m\pi}{a}x\right)\sin\left(\frac{n\pi}{b}y\right)\mathrm{e}^{-\gamma z} \tag{3.50e}$$

$$H_z=0 \tag{3.50f}$$

式(3.50)表征了矩形波导中 TM 模的场结构，对应 $m$ 和 $n$ 的每一组取值，表征了一种场模式，记为$\mathrm{TM}_{mn}$ 模$(m,n=1,2,3,\cdots)$。可见，矩形波导中有无穷多个$\mathrm{TM}_{mn}$ 模，同时可以看到，若 $m=0$ 或 $n=0$，则式(3.50)中 $\boldsymbol{E}$ 和 $\boldsymbol{H}$ 的场表达式恒等于零。因此，不存在$\mathrm{TM}_{00}$ 模、$\mathrm{TM}_{m0}$ 和 $\mathrm{TM}_{0n}$ 模，而可以传播的最低阶的 TM 模是 $\mathrm{TM}_{11}$ 模。与 TE 模类似，矩形波导中 TM 模的任何一个分量在横向 $x$ 和 $y$ 方向都呈驻波分布，$m$ 和 $n$ 分别表示 $x$ 和 $y$ 方向的半个驻波波长的数目。

由上面分析可知，TM 模的截止波数为

$$k_c=\sqrt{\left(\frac{m\pi}{a}\right)^2+\left(\frac{n\pi}{b}\right)^2} \tag{3.51}$$

可见，$\mathrm{TM}_{mn}$ 模的截止波数与$\mathrm{TE}_{mn}$ 模的截止波数相同。因此，$\mathrm{TM}_{mn}$ 模的截止频率、截止波长与$\mathrm{TE}_{mn}$ 模的相同。把具有相同截止频率的 TE 模和 TM 模称为简并模。$\mathrm{TM}_{mn}$ 模和$\mathrm{TE}_{mn}$ 模是一对简并模。但是，由于矩形波导中不存在 $\mathrm{TM}_{m0}$ 模和 $\mathrm{TM}_{0n}$ 模，因此 $\mathrm{TE}_{m0}$ 模和 $\mathrm{TE}_{0n}$ 模不存在简并模。

由于 TE 模和 TM 模具有相同的截止频率，因此 TM 模的相移常数 $\beta$、相速度 $v_p$、导波波长 $\lambda_g$ 也与 TE 模相同。TM 模的波阻抗 $Z_{TM}=\gamma/\mathrm{j}\omega\varepsilon$，对于传播模，$\gamma=\mathrm{j}\beta$，TM 模的波阻抗为

$$Z_{TM}=\frac{\beta}{\omega\varepsilon}=\frac{\beta}{k}\eta<\eta \tag{3.52}$$

式中：$\eta=\sqrt{\mu/\varepsilon}$，为波导填充媒质的本征阻抗。对于传播模，$Z_{TM}$ 是实数，TM 模传输实功率。

对于截止模，$\gamma=\alpha$，TM 模的波阻抗为

$$Z_{TM}=\frac{\alpha}{\mathrm{j}\omega\varepsilon} \tag{3.53}$$

$Z_{TM}$ 是虚数，TM 模不能传输实功率，主要存储电能。

**例 3.1** 已知空气填充矩形波导的横截面尺寸 $a=7.2\text{cm}$，$b=3.4\text{cm}$。

(1) 求其前 10 个模式的截止波长；

(2) 确定所有模式均不能传播(截止)的工作波长；

(3) 当 $\lambda=5.5\text{cm}$ 时，求该波导中能够传输的模式；

(4) 确定单模工作区。

**解：**(1) 由矩形波导的截止波长表达式

$$\lambda_{cmn}=\frac{2\pi}{k_{cmn}}=\frac{2}{\sqrt{\left(\frac{m}{a}\right)^2+\left(\frac{n}{b}\right)^2}}$$

可以计算出前 10 个模式的截止波长，如表 3.1 和图 3.3 所示。

表 3.1 矩形波导的截止波长($a=7.2\text{cm}$，$b=3.4\text{cm}$)

| 模 式 | $TE_{10}$ | $TE_{20}$ | $TE_{30}$ | $TE_{01}$ | $TE_{02}$ | $TE_{11}$ $TM_{11}$ | $TE_{21}$ $TM_{21}$ | $TE_{31}$ $TM_{31}$ | $TE_{22}$ $TM_{22}$ |
|---|---|---|---|---|---|---|---|---|---|
| $\lambda_{cmn}$/cm | 14.40 | 7.20 | 4.80 | 6.80 | 3.40 | 6.16 | 4.95 | 3.93 | 2.80 |

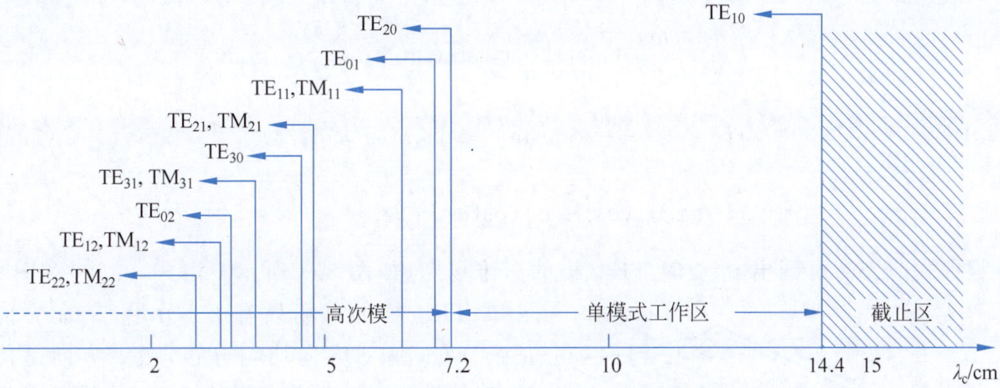


图 3.3 矩形波导的截止波长分布($a=7.2\text{cm}$，$b=3.4\text{cm}$)

(2) 由图 3.3 可见，当 $\lambda>\lambda_{cTE_{10}}=14.40\text{cm}$ 时，所有模式是截止的。

(3) 当 $\lambda=5.5\text{cm}$ 时，由于 $\lambda<\lambda_c$ 可以传输，因此 $TE_{10}$、$TE_{20}$、$TE_{01}$、$TE_{11}$、$TM_{11}$ 模可以传输。

(4) 单模工作区是指只有主模($TE_{10}$ 模)可以传输，其余模式都不能传播的工作波长的范围。由于主模的截止波长 $\lambda_{cTE_{10}}=2a$，高次模的最长截止波长 $\lambda_{cTE_{20}}=a$，因此单模工作区为 $a<\lambda<2a$，即 $7.2\text{cm}<\lambda<14.4\text{cm}$。

### 3.2.3 $TE_{10}$ 主模

$TE_{10}$ 模是矩形波导中的主模。在绝大多数应用中选择工作频率和波导尺寸，使得其中只有主模 $TE_{10}$ 才能传输。下面对 $TE_{10}$ 模进行重点分析。

1. 传播参数

对于 $TE_{10}$ 模，$m=1$，$n=0$，可得波导中 $TE_{10}$ 模的传播参数为

$$k_{c10}=\frac{\pi}{a},\quad f_{c10}=\frac{1}{2a\sqrt{\mu\varepsilon}},\quad \lambda_{c10}=2a \tag{3.54a}$$

$$\beta_{10}=\sqrt{k^2-\left(\frac{\pi}{a}\right)^2} \tag{3.54b}$$

$$Z_{10}=\frac{\eta}{\sqrt{1-\left(\frac{\lambda}{2a}\right)^2}} \tag{3.54c}$$

### 2. 场分布图

对于 $\text{TE}_{10}$ 模，将 $m=1,n=0$ 代入式(3.36)，对于传输模，$\gamma=\text{j}\beta_{10}$，则波导中 $\text{TE}_{10}$ 模的场表示式为

$$E_y=\frac{-\text{j}\omega\mu a}{\pi}A_{10}\sin\left(\frac{\pi}{a}x\right)\text{e}^{-\text{j}\beta_{10}z} \tag{3.55a}$$

$$H_x=\frac{\text{j}\beta_{10}a}{\pi}A_{10}\sin\left(\frac{\pi}{a}x\right)\text{e}^{-\text{j}\beta_{10}z} \tag{3.55b}$$

$$H_z=A_{10}\cos\left(\frac{\pi}{a}x\right)\text{e}^{-\text{j}\beta_{10}z} \tag{3.55c}$$

$$E_x=E_z=H_y=0 \tag{3.55d}$$

其瞬时表达式为

$$E_y=\frac{\omega\mu a}{\pi}A_{10}\sin\left(\frac{\pi}{a}x\right)\sin(\omega t-\beta_{10}z) \tag{3.56a}$$

$$H_x=\frac{-\beta_{10}a}{\pi}A_{10}\sin\left(\frac{\pi}{a}x\right)\sin(\omega t-\beta_{10}z) \tag{3.56b}$$

$$H_z=A_{10}\cos\left(\frac{\pi}{a}x\right)\cos(\omega t-\beta_{10}z) \tag{3.56c}$$

根据式(3.56)可画出 $t=0$ 时 $\text{TE}_{10}$ 模的三维场图，如图 3.4 所示。由式(3.56)和图 3.4 可知，$\text{TE}_{10}$ 模的电场只有 $E_y$ 分量，在 $x$ 方向呈正弦分布，在 $y$ 方向均匀分布，在 $z$ 方向是传播的，以导波波长为周期而变化。$\text{TE}_{10}$ 模的磁场只有 $H_x$ 和 $H_z$ 两个分量，磁力线在 $xOy$ 平面内是闭合的，电场 $E_y$ 对应的位移电流 $\boldsymbol{J}_\text{d}$ 是磁场的旋涡源，闭合磁力线旋转方向都与 $\boldsymbol{J}_\text{d}$ 呈右手螺旋关系。

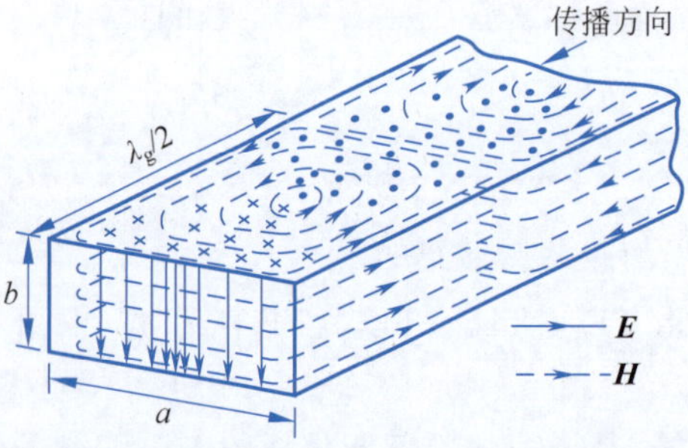


图 3.4　矩形波导 $\text{TE}_{10}$ 模的场结构

实践

### 3. 内壁电流

当波导中存在电磁波时，由于电磁感应，在波导内壁上会产生感应电流。假设波导壁由理想导体构成，该电流为面电流，称为内壁电流。由式(1.52)表示的理想导体边界条件，内壁电流密度为

$$\boldsymbol{J}_\text{s}=\hat{\boldsymbol{n}}\times\boldsymbol{H} \tag{3.57}$$

式中：$\hat{\boldsymbol{n}}$ 为波导管内表面上的单位法向矢量；$\boldsymbol{H}$ 为波导管内壁处的磁场强度。

对于 $\text{TE}_{10}$ 模，将式(3.56)代入式(3.57)，在 $x=0,a$ 左、右内壁的面电流密度为

$$\boldsymbol{J}_\text{s}|_{x=0}=\hat{\boldsymbol{x}}\times\boldsymbol{H}|_{x=0}=-\hat{\boldsymbol{y}}H_z|_{x=0}=-\hat{\boldsymbol{y}}A_{10}\cos(\omega t-\beta_{10}z) \tag{3.58a}$$

$$\boldsymbol{J}_\text{s}|_{x=a}=-\hat{\boldsymbol{x}}\times\boldsymbol{H}|_{x=a}=\hat{\boldsymbol{y}}H_z|_{x=a}=-\hat{\boldsymbol{y}}A_{10}\cos(\omega t-\beta_{10}z)=\boldsymbol{J}_\text{s}|_{x=0} \tag{3.58b}$$

可见，左、右内壁的面电流密度相同。

在 $y=0,b$ 上、下内壁的面电流密度为

$$\boldsymbol{J}_s\big|_{y=0}=\hat{\boldsymbol{y}}\times\boldsymbol{H}\big|_{y=0}=(\hat{\boldsymbol{x}}H_z-\hat{\boldsymbol{z}}H_x)\big|_{y=0}$$

$$=\hat{\boldsymbol{x}}A_{10}\cos\left(\frac{\pi}{a}x\right)\cos(\omega t-\beta_{10}z)+\hat{\boldsymbol{z}}\frac{\beta_{10}a}{\pi}A_{10}\sin\left(\frac{\pi}{a}x\right)\sin(\omega t-\beta_{10}z)\quad(3.59\text{a})$$

$$\boldsymbol{J}_s\big|_{y=b}=-\hat{\boldsymbol{y}}\times\boldsymbol{H}\big|_{y=b}=-\boldsymbol{J}_s\big|_{y=0}\quad(3.59\text{b})$$

可见，上、下内壁的面电流密度大小相等、方向相反。

根据式(3.58)和式(3.59)可画出 $t=0$ 时 $TE_{10}$ 模的内壁电流分布，如图 3.5 所示。可见，在左、右内壁电流密度只有 $J_{sy}$，并且沿 $y$ 方向均匀分布，沿 $z$ 方向按余弦规律变化。在上、下内壁面电流密度有纵向电流密度 $J_{sz}$ 和横向电流密度 $J_{sx}$ 两个分量。纵向电流密度 $J_{sz}$ 在波导宽边中心线 $x=a/2$ 处最强，随着偏离波导宽边中心线的距离(偏移量)变大，$J_{sz}$ 逐渐变小，直至在左、右波导壁为零。横向电流密度 $J_{sx}$ 在波导宽边中心线 $x=a/2$ 处为零，随着偏移量变大，$J_{sx}$ 逐渐变大，直至在左、右波导壁最大。

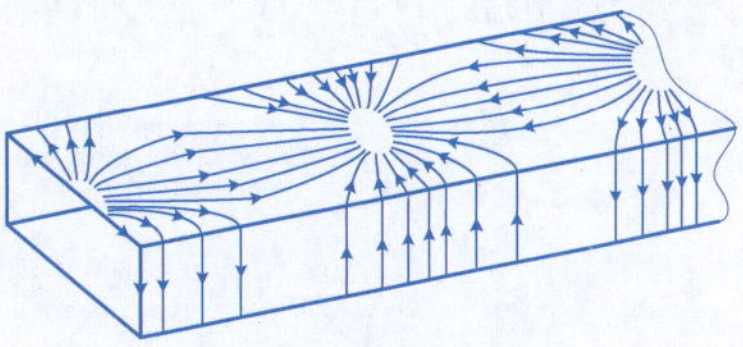

图 3.5 矩形波导传输 $TE_{10}$ 模时的内壁电流分布

在微波工程中，熟悉波导内壁电流分布很重要。在实际应用中常需要在波导壁上开缝或者开孔，完成波导的激励和耦合，或者测量波导内的场分布，或者向外辐射能量。由图 3.5 可知，如果在波导宽壁的中心线上开纵向缝或者在波导窄壁上开横向缝。由于缝隙一般较窄，不会切断电流线，因此不会影响波导内的场分布，也不会产生辐射，如图 3.6(a)所示。利用这一特性可以制成波导测量线，在波导宽壁中心线上开的纵向长缝内插入探针来测量波导内的场分布和传输特性。

在微波工程中，有时需要在波导壁上开强辐射缝，以便向外辐射电磁能量。强辐射缝都应切断波导壁上传导电流的通路，这样在窄缝两边有时变正、负电荷的堆积，在缝隙中形成与缝隙两边垂直的时变电场以及与缝隙平行的时变磁场，它们在空间互相激励就形成了向外的电磁辐射。图 3.6(b)画出了波导壁上的 4 种强辐射缝，分别是宽边横向缝、宽边纵向缝、宽边倾斜缝和窄边纵向缝。利用这一特性，可以制成波导缝隙天线。

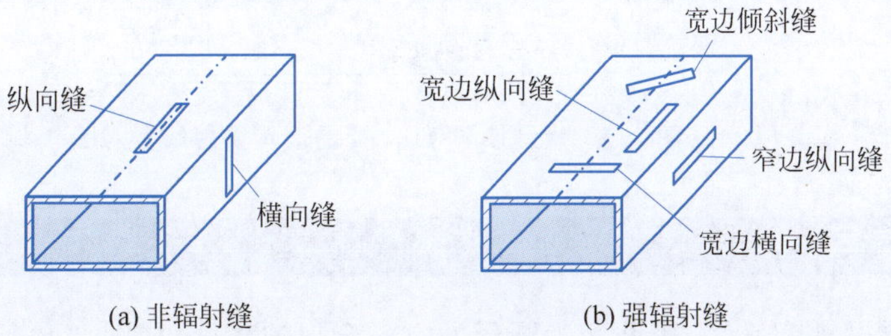


图 3.6 矩形波导管壁上开缝

4. 传输功率

对于矩形波导的 $TE_{10}$ 模，传输功率等于该模式的平均坡印廷矢量 $\boldsymbol{S}_{av}$ 在波导横截面 $S$ 上积分，可得

$$P_0=\frac{1}{2}\mathrm{Re}\left(\iint_S\boldsymbol{E}\times\boldsymbol{H}^*\cdot\hat{\boldsymbol{z}}\mathrm{d}s\right)=\frac{1}{2}\mathrm{Re}\left[\int_0^a\int_0^b(E_xH_y^*-E_yH_x^*)\mathrm{d}x\mathrm{d}y\right]$$

$$=-\frac{1}{2}\mathrm{Re}\left(\int_0^a\int_0^bE_yH_x^*\,\mathrm{d}x\mathrm{d}y\right)=\frac{1}{2}\frac{1}{\mathrm{Re}(Z_{10}^*)}\int_0^a\int_0^b|E_y|^2\mathrm{d}x\mathrm{d}y$$

$$=\frac{1}{2}\mathrm{Re}(Z_{10})\int_0^a\int_0^b |H_x|^2\mathrm{d}x\mathrm{d}y \tag{3.60a}$$

式中：对于传输模，$Z_{10}=\omega\mu/\beta_{10}$ 是实数，$\mathrm{TE}_{10}$ 模传输实功率；对于截止模，$Z_{10}=\mathrm{j}\omega\mu/\alpha$，是虚数，$\mathrm{TE}_{10}$ 模不能传输实功率，只储存磁能。

将式(3.55a)代入式(3.60)，矩形波导中 $\mathrm{TE}_{10}$ 模通常是传输的，可求出其传输功率为

$$P_0=\frac{1}{2}\frac{1}{\mathrm{Re}(Z_{10}^*)}\int_0^a\int_0^b |E_y|^2\mathrm{d}x\mathrm{d}y=\frac{1}{2Z_{10}}\int_0^a\int_0^b\left|E_0\sin\left(\frac{\pi}{a}x\right)\right|^2\mathrm{d}x\mathrm{d}y$$

$$=\frac{ab}{4Z_{10}}E_0^2 \tag{3.60b}$$

式中：$E_0$ 为电场 $E_y$ 分量在波导宽边中心处的振幅，由式(3.56a)可知，$E_0=\omega\mu a A_{10}/\pi$。

5. 波导模的平面波分解

式(3.55)所示的场表达式也可以写为

$$\boldsymbol{E}=-\hat{\boldsymbol{y}}\frac{k\eta}{k_{x10}}\frac{A_{10}}{2}\left[\mathrm{e}^{\mathrm{j}(k_{x10}x-\beta_{10}z)}-\mathrm{e}^{-\mathrm{j}(k_{x10}x+\beta_{10}z)}\right] \tag{3.61a}$$

$$\boldsymbol{H}=\left(\hat{\boldsymbol{x}}\frac{\beta_{10}}{k_{x10}}+\hat{\boldsymbol{z}}\right)\frac{A_{10}}{2}\mathrm{e}^{\mathrm{j}(k_{x10}x-\beta_{10}z)}-\left(\hat{\boldsymbol{x}}\frac{\beta_{10}}{k_{x10}}-\hat{\boldsymbol{z}}\right)\frac{A_{10}}{2}\mathrm{e}^{-\mathrm{j}(k_{x10}x+\beta_{10}z)} \tag{3.61b}$$

式中：$k_{x10}=\pi/a$。

式(3.61)表明，$\mathrm{TE}_{10}$ 模可以分解成两个幅度相等、在 $xOz$ 平面上沿不同方向传播的平面波，如图 3.7 所示。平面波传播方向与 $z$ 轴的夹角 $\theta=\arctan(k_{x10}/\beta_{10})$，平面波在 $\theta$ 角方向上的相速度 $v_\mathrm{p}=\omega/k=1/\sqrt{\mu\varepsilon}$。然而，这些平面波在 $z$ 方向的相速度 $v_{\mathrm{p}z}=\omega/\beta_{10}=v_\mathrm{p}/\cos\theta>v_\mathrm{p}$，它大于该材料中的光速。当频率接近截止频率时，$\beta_{10}\to0$，因而 $\theta\to90°$。在截止时，这两个平面波只在横向来回反射，因而功率并不沿 $z$ 方向传输。对于每个波导模式，都可以得到类似的波传播射线示意图，不过平面波的传播方向不在限定在 $xOz$ 平面。

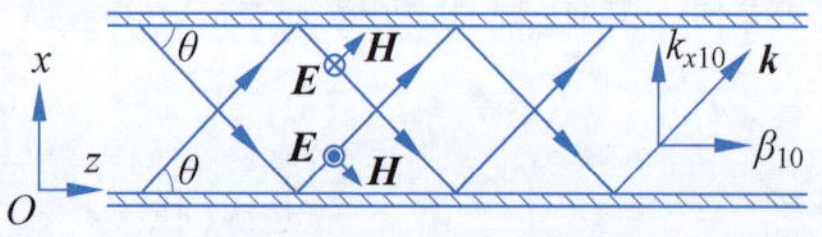


图 3.7　矩形波导 $\mathrm{TE}_{10}$ 模的波传播射线示意图

视频

## 3.3 圆波导

圆波导是内半径为 $a$、横截面为圆形的空心金属波导管，如图 3.8 所示。因为涉及圆柱几何结构，所以采用圆柱坐标系是合适的。与矩形波导直角坐标系的情况一样，圆波导的 TE 模和 TM 模横向场分量可以分别从 $E_z$ 或 $H_z$ 导出。对应于 3.1 节的展开，圆波导的横向分量可以由纵向分量导出，即

$$E_\rho=-\frac{1}{k_\mathrm{c}^2}\left(\gamma\frac{\partial E_z}{\partial\rho}+\mathrm{j}\omega\mu\frac{\partial H_z}{\rho\partial\phi}\right) \tag{3.62a}$$

$$E_\phi=\frac{1}{k_\mathrm{c}^2}\left(-\gamma\frac{\partial E_z}{\rho\partial\phi}+\mathrm{j}\omega\mu\frac{\partial H_z}{\partial\rho}\right) \tag{3.62b}$$

$$H_\rho=\frac{1}{k_\mathrm{c}^2}\left(\mathrm{j}\omega\varepsilon\frac{\partial E_z}{\rho\partial\phi}-\gamma\frac{\partial H_z}{\partial\rho}\right) \tag{3.62c}$$

$$H_\phi = -\frac{1}{k_c^2}\left(j\omega\varepsilon\frac{\partial E_z}{\partial \rho} + \gamma\frac{\partial H_z}{\rho\partial\phi}\right) \tag{3.62d}$$

式中：$k_c^2=\gamma^2+k^2$，且假定是 $e^{-\gamma z}$ 传播。

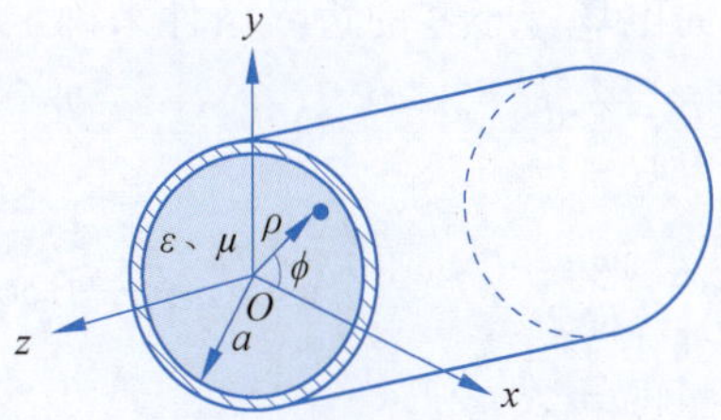


图 3.8 圆波导及其圆柱坐标系

## 3.3.1 TE 模

圆波导是空心金属波导管，只能传输 TE 模和 TM 模，不能传输 TEM 模。对于 TE 模，$E_z=0$，而 $H_z$ 由波动方程

$$\nabla^2 H_z(\rho,\phi,z)+k^2 H_z(\rho,\phi,z)=0 \tag{3.63}$$

求解。若 $H_z=h_z(\rho,\phi)e^{-\gamma z}$，则式(3.63)可以用圆柱坐标系表示成

$$\left(\frac{\partial^2}{\partial\rho^2}+\frac{1}{\rho}\frac{\partial}{\partial\rho}+\frac{1}{\rho^2}\frac{\partial^2}{\partial\phi^2}+k_c^2\right)h_z(\rho,\phi)=0 \tag{3.64}$$

同理，应用分离变量法求解方程(3.64)，令

$$h_z(\rho,\phi)=R(\rho)\Phi(\phi)$$

将上式代入式(3.64)，整理后可得

$$\frac{\rho^2}{R}\frac{d^2R}{d\rho^2}+\frac{\rho}{R}\frac{dR}{d\rho}+k_c^2\rho^2=-\frac{1}{\Phi}\frac{d^2\Phi}{d\phi^2}$$

上式的左边仅是变量 $\rho$ 的函数(与 $\phi$ 无关)，右边只与 $\phi$ 有关。因此，两边必须等于一个常数，令常数为 $m^2$，上述方程可分离为

$$\frac{d^2\Phi}{d\phi^2}+m^2\Phi=0 \tag{3.65a}$$

$$\rho^2\frac{d^2R}{d\rho^2}+\rho\frac{dR}{d\rho}+(\rho^2k_c^2-m^2)R=0 \tag{3.65b}$$

式中：$m$ 为分离常数。

式(3.65a)是谐波方程，其通解为

$$\Phi(\phi)=A\sin m\phi+B\cos m\phi \tag{3.66}$$

式中：$A$ 和 $B$ 均为常数。

因为圆波导 $h_z$ 的解必定是 $\phi$ 的周期函数，即 $h_z(\rho,\phi)=h_z(\rho,\phi\pm 2m\pi)$，所以 $m$ 必须取整数，$m=0,1,2,\cdots$。

式(3.65b)是 $m$ 阶贝塞尔方程，其通解为

$$R(\rho)=CJ_m(k_c\rho)+DY_m(k_c\rho) \tag{3.67}$$

式中：$J_m(k_c\rho)$为 $m$ 阶第一类贝塞尔函数；$Y_m(k_c\rho)$为 $m$ 阶第二类贝塞尔函数。附录 H 中给出了贝塞尔函数的特性。因为 $Y_m(k_c\rho)$在 $\rho=0$ 时趋于无穷，所以该项对于圆波导而言是不存在的，所以 $D=0$。

这样，$H_z$ 的解为

$$H_z = J_m(k_c\rho)(A\sin m\phi + B\cos m\phi)e^{-\gamma z} \tag{3.68}$$

式(3.67)中的常数 $C$ 已经被吸纳在式(3.68)中的 $A$ 和 $B$ 中。

通过在圆波导壁上施加切向电场等于零的边界条件来确定截止波数：

$$E_\phi(\rho,\phi,z) = 0 \quad (在\ \rho = a\ 处) \tag{3.69}$$

根据式(3.62b)，由 $H_z$ 求得 $E_\phi$ 为

$$E_\phi(\rho,\phi,z) = \frac{j\omega\mu}{k_c}J'_m(k_c\rho)(A\sin m\phi + B\cos m\phi)e^{-\gamma z} \tag{3.70}$$

式中：$J'_m(k_c\rho)$ 为 $J_m$ 对其自变量的导数。

因为 $E_\phi$ 在 $\rho=a$ 处为零，所以有

$$J'_m(k_c a) = 0 \tag{3.71}$$

假设 $J'_m(x)$ 的第 $n$ 个根为 $p'_{mn}$，即 $J'_m(p'_{mn})=0$，则 $k_c$ 的值为

$$k_{cmn} = \frac{p'_{mn}}{a} \quad (m=0,1,2,\cdots;\ n=1,2,3,\cdots) \tag{3.72}$$

圆波导 TE 模的 $p'_{mn}$ 值列于表 3.2。

**表 3.2 圆波导 TE 模的 $p'_{mn}$ 值**

| $m$ | $p'_{m1}$ | $p'_{m2}$ | $p'_{m3}$ |
|---|---|---|---|
| 0 | 3.832 | 7.016 | 10.174 |
| 1 | 1.841 | 5.331 | 8.536 |
| 2 | 3.054 | 6.706 | 9.965 |

将式(3.70)和 $E_z=0$ 代入式(3.62)，可得圆波导中 TE 模的各个场分量分别为

$$E_\rho = -\frac{j\omega\mu m}{k_c^2\rho}J_m(k_c\rho)(A\cos m\phi - B\sin m\phi)e^{-\gamma z} \tag{3.73a}$$

$$E_\phi = \frac{j\omega\mu}{k_c}J'_m(k_c\rho)(A\sin m\phi + B\cos m\phi)e^{-\gamma z} \tag{3.73b}$$

$$E_z = 0 \tag{3.73c}$$

$$H_\rho = -\frac{\gamma}{k_c}J'_m(k_c\rho)(A\sin m\phi + B\cos m\phi)e^{-\gamma z} \tag{3.73d}$$

$$H_\phi = -\frac{\gamma m}{k_c^2\rho}J_m(k_c\rho)(A\cos m\phi - B\sin m\phi)e^{-\gamma z} \tag{3.73e}$$

$$H_z = J_m(k_c\rho)(A\sin m\phi + B\cos m\phi)e^{-\gamma z} \tag{3.73f}$$

式(3.73)表明，圆波导与矩形波导一样，有无穷多个 TE 模，记作 $TE_{mn}$，其中 $m$ 为轴向($\phi$)的变化数量，$n$ 为径向($\rho$)的变化数量。圆波导$TE_{mn}$ 模的波阻抗为

$$Z_{TE} = \frac{E_\rho}{H_\phi} = -\frac{E_\phi}{H_\rho} = \frac{k}{\beta}\eta \tag{3.74}$$

$TE_{mn}$ 模的相移常数为

$$\beta_{mn} = \sqrt{k^2 - k_{cmn}^2} = \sqrt{k^2 - \left(\frac{p'_{mn}}{a}\right)^2} \tag{3.75}$$

截止频率为

$$f_{cmn} = \frac{k_{cmn}}{2\pi\sqrt{\mu\varepsilon}} = \frac{p'_{mn}}{2\pi a\sqrt{\mu\varepsilon}} \tag{3.76}$$

截止频率最低的 TE 模具有最小的 $p'_{mn}$，由表 3.2 可以看出，$p'_{11}=1.841$，是圆波导的最低次 TE 模，次低的 TE 模是 $TE_{21}$ 模，$p'_{21}=3.054$。由于 $n\geqslant 1$，不存在$TE_{m0}$ 模。



### 3.3.2 TM 模

对于 TM 模，$H_z=0$，而 $E_z$ 必须用圆柱坐标系的波动方程来求解：

$$\left(\frac{\partial^2}{\partial \rho^2}+\frac{1}{\rho}\frac{\partial}{\partial \rho}+\frac{1}{\rho^2}\frac{\partial^2}{\partial \phi^2}+k_c^2\right)e_z(\rho,\phi)=0 \tag{3.77}$$

式中：$E_z=e_z(\rho,\phi)e^{-\gamma z}$。

因为式(3.77)与式(3.64)一致，其通解也相同。这样，$E_z$ 的解为

$$E_z=J_m(k_c\rho)(A\sin m\phi+B\cos m\phi)e^{-\gamma z} \tag{3.78}$$

TE 解与这里解的差别是，现在可以直接把边界条件应用到式(3.78)中的 $E_z$，因为

$$E_z(\rho,\phi,z)=0 \quad (\text{在 } \rho=a \text{ 处}) \tag{3.79}$$

因此，必定有

$$J_m(k_c a)=0 \tag{3.80}$$

故有

$$k_{cmn}=\frac{p_{mn}}{a} \quad (m=0,1,2,\cdots;\ n=1,2,3,\cdots) \tag{3.81}$$

式中：$p_{mn}$ 为 $J_m(x)$的第 $n$ 个根，即 $J_m(p_{mn})=0$。圆波导 TM 模的 $p_{mn}$ 值列于表 3.3。

表 3.3 圆波导 TM 模的 $p_{mn}$ 值

| $m$ | $p_{m1}$ | $p_{m2}$ | $p_{m3}$ |
|---|---|---|---|
| 0 | 2.405 | 5.520 | 8.654 |
| 1 | 3.832 | 7.016 | 10.174 |
| 2 | 5.139 | 8.417 | 11.620 |

将式(3.78)和 $H_z=0$ 代入式(3.62)，可得圆波导中 TM 模的各分量分别为

$$E_\rho=-\frac{\gamma}{k_c}J'_m(k_c\rho)(A\sin m\phi+B\cos m\phi)e^{-\gamma z} \tag{3.82a}$$

$$E_\phi=-\frac{\gamma m}{k_c^2\rho}J_m(k_c\rho)(A\cos m\phi-B\sin m\phi)e^{-\gamma z} \tag{3.82b}$$

$$E_z=J_m(k_c\rho)(A\sin m\phi+B\cos m\phi)e^{-\gamma z} \tag{3.82c}$$

$$H_\rho=\frac{j\omega\varepsilon m}{k_c^2\rho}J_m(k_c\rho)(A\cos m\phi-B\sin m\phi)e^{-\gamma z} \tag{3.82d}$$

$$H_\phi=-\frac{j\omega\varepsilon}{k_c}J'_m(k_c\rho)(A\sin m\phi+B\cos m\phi)e^{-\gamma z} \tag{3.82e}$$

$$H_z=0 \tag{3.82f}$$

式(3.82)表明，圆波导与矩形波导一样，有无穷多 TM 模，记作 $TM_{mn}$，其中 $m$ 是轴向($\phi$)的变化数量，$n$ 是径向($\rho$)的变化数量。圆波导$TM_{mn}$ 模的波阻抗为

$$Z_{TM}=\frac{E_\rho}{H_\phi}=-\frac{E_\phi}{H_\rho}=\frac{\beta}{k}\eta \tag{3.83}$$

$TM_{mn}$ 模的传播常数为

$$\beta_{mn}=\sqrt{k^2-k_{cmn}^2}=\sqrt{k^2-\left(\frac{p_{mn}}{a}\right)^2} \tag{3.84}$$

截止频率为

$$f_{cmn}=\frac{k_{cmn}}{2\pi\sqrt{\mu\varepsilon}}=\frac{p_{mn}}{2\pi a\sqrt{\mu\varepsilon}} \tag{3.85}$$

因此,第一个 TM 传输模是 $TM_{01}$ 模,它有 $p_{01}=2.405$。因为这个值大于最低阶$TE_{11}$ 模的 $p'_{11}=1.841$,所以$TE_{11}$ 是圆波导的主模。因为 $n\geqslant 1$,所以不存在$TM_{m0}$ 模。

从 TE 模和 TM 模的场分量表达式可以看出,当 $m\neq 0$ 时,对于同一个$TE_{mn}$ 模或$TM_{mn}$ 模都有两个场结构,它们分别是 $\sin m\phi$ 和 $\cos m\phi$,这种称为极化简并,是圆波导特有的。因为圆波导在周向是对称的,它们都是有效解,实际结构依赖于波导的激励情况。从另一个角度看,坐标系可以绕 $z$ 轴旋转,从而得到 $A=0$ 或 $B=0$ 的解。

图 3.9 给出了圆波导的 TE 模和 TM 模的截止频率的相对值。$TE_{11}$ 主模单模工作频率范围是 $f_{cTE_{11}}<f<f_{cTM_{01}}$,可以看出,其工作频带比矩形波导中 $TE_{10}$ 模的单模工作频带窄,并且 $TE_{01}$ 模和 $TM_{11}$ 模是简并模。

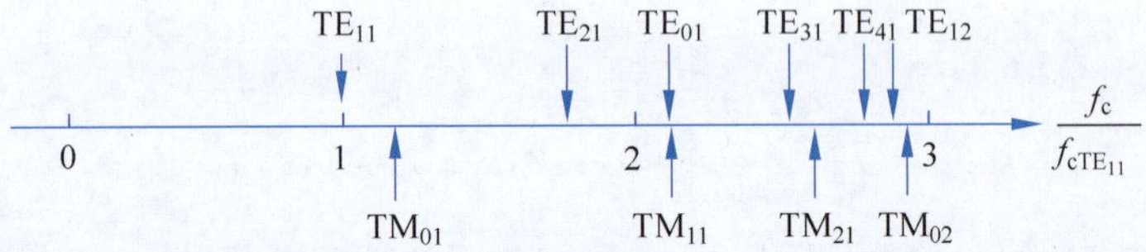


图 3.9　圆波导的几个 TE 模和 TM 模的截止频率

## 3.3.3　三种常用模式

圆波导中常用的工作模式是 $TE_{11}$、$TE_{01}$ 和 $TM_{01}$ 模,它们的截止波长 $\lambda_{cTE_{11}}=3.413a$,$\lambda_{cTM_{01}}=2.613a$,$\lambda_{cTE_{01}}=1.640a$。

### 1. 主模——$TE_{11}$ 模

$TE_{11}$ 模具有最低的截止频率,它是圆波导中的主模,其场分布如图 3.10 所示。由于 $TE_{11}$ 模存在极化简并,只要圆波导中存在不均匀性,当 $TE_{11}$ 模在圆波导中传输时,其极化面就会旋转而分裂成一对极化简并模。另外,圆波导中 $TE_{11}$ 模的单模工作频带窄,因此圆波导的 $TE_{11}$ 模一般不适于中远距离微波信号传输。然而,一些特殊的情况下,例如极化衰减器、铁氧体移相器、极化变换器等,采用圆波导 $TE_{11}$ 模是最合适的。由于圆波导中 $TE_{11}$ 模的场结构与矩形波导中 $TE_{10}$ 主模的场结构相似,因此很容易实现矩形波导到圆波导的转换。

### 2. 圆对称模——$TM_{01}$ 模

$TM_{01}$ 模是圆波导的第一高次模,不存在极化简并,也不存在简并模式,其场分布如图 3.11 所示,它具有轴对称性。利用这一特性,$TM_{01}$ 模适合用作为机械扫描微波天线馈电系统中旋转关节的工作模式。但是,$TM_{01}$ 不是圆波导的主模,在应用过程中应设法抑制 $TE_{11}$ 主模。

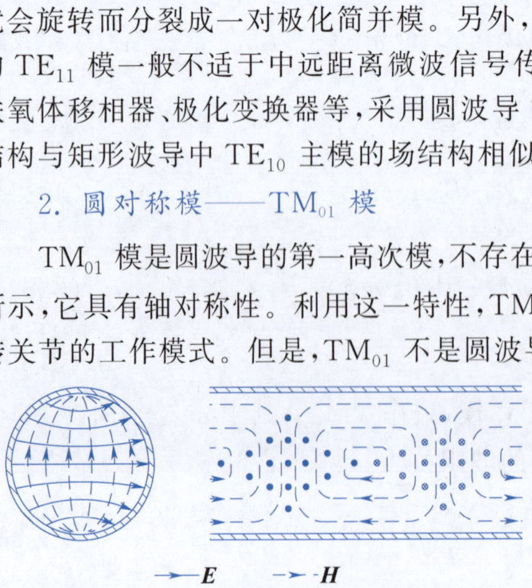


图 3.10　圆波导 $TE_{11}$ 模的场图

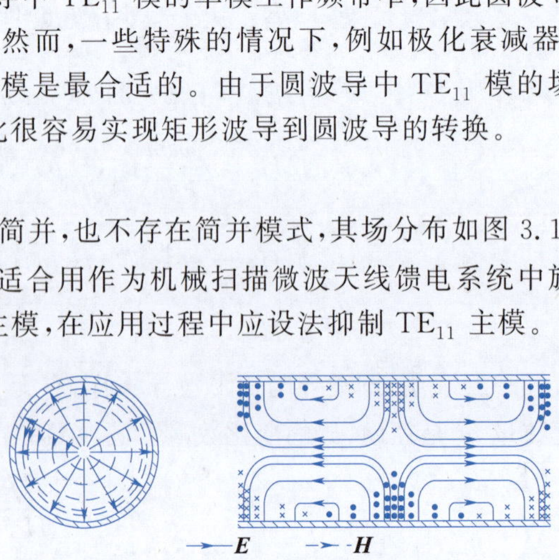


图 3.11　圆波导 $TM_{01}$ 模的场图

3. 低损耗模——$TE_{01}$ 模

$TE_{01}$ 模是圆波导中的高次模，不存在极化简并，但与 $TM_{11}$ 模存在模式简并，其场分布如图 3.12 所示。$TE_{01}$ 模也是轴对称的，电场只有 $E_\phi$ 分量，圆波导壁处磁场只有切向分量 $H_z$，因此内壁电流只在圆周方向流动，而无纵向壁电流。因此，$TE_{01}$ 模的衰减随频率的增加而减小。利用这一特性，适合用于高 $Q$ 值谐振腔，以及毫米波远距离传输。同样，$TE_{01}$ 模不是圆波导的主模，在应用过程中需要设法抑制其他模式。

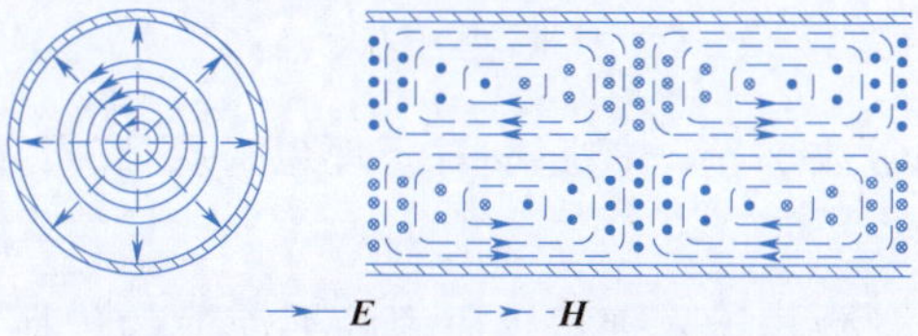


图 3.12　圆波导 $TE_{01}$ 模的场图

## 3.4 同轴线

同轴线是一种双导体构成的导波系统，如图 3.13 所示。它的内导体半径为 $a$，外导体的内半径为 $b$。假设内、外导体是理想导体，内、外导体之间填充参数为 $\mu$ 和 $\varepsilon$ 的理想媒质，$\mu$ 和 $\varepsilon$ 为实常数。实际同轴线的导体是良导体，填充媒质是聚四氟乙烯、聚乙烯等低损耗的电介质，所以实际的同轴线有衰减，存在导体损耗和介质损耗。由于同轴线是双导体结构，因此它既可以传输 TEM 模，也可以传输 TE 模和 TM 模。

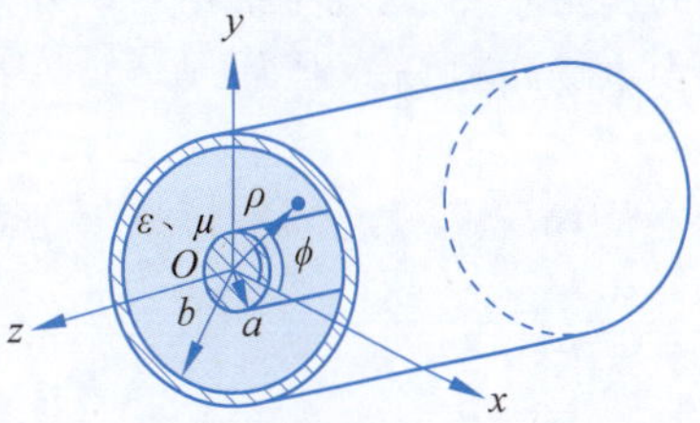


图 3.13　同轴线及其坐标系

### 3.4.1 TEM 模

TEM 模的纵向分量为零，即 $E_z=0$ 和 $H_z=0$。显然，TEM 模不能用 3.1 节介绍的纵向场法求解。下面从麦克斯韦方程组出发求解。同轴线中的场满足麦克斯韦旋度方程组：

$$\nabla\times\boldsymbol{E}=-\mathrm{j}\omega\mu\boldsymbol{H} \tag{3.86a}$$

$$\nabla\times\boldsymbol{H}=\mathrm{j}\omega\varepsilon\boldsymbol{E} \tag{3.86b}$$

由于同轴线周向对称，场不随 $\phi$ 改变，因此$\partial/\partial\phi=0$。将式(3.86)在圆柱坐标系下展开，得到

$$-\hat{\boldsymbol{\rho}}\frac{\partial E_\phi}{\partial z}+\hat{\boldsymbol{\phi}}\frac{\partial E_\rho}{\partial z}+\hat{\boldsymbol{z}}\frac{1}{\rho}\frac{\partial}{\partial\rho}(\rho E_\phi)=-\mathrm{j}\omega\mu(\hat{\boldsymbol{\rho}}H_\rho+\hat{\boldsymbol{\phi}}H_\phi) \tag{3.87a}$$

$$-\hat{\boldsymbol{\rho}}\frac{\partial H_\phi}{\partial z}+\hat{\boldsymbol{\phi}}\frac{\partial H_\rho}{\partial z}+\hat{\boldsymbol{z}}\frac{1}{\rho}\frac{\partial}{\partial\rho}(\rho H_\phi)=\mathrm{j}\omega\varepsilon(\hat{\boldsymbol{\rho}}E_\rho+\hat{\boldsymbol{\phi}}E_\phi) \tag{3.87b}$$

因为这两个方程的 $\hat{\boldsymbol{z}}$ 分量必须为零，所以 $E_\phi$ 和 $H_\phi$ 必定具有形式

$$E_\phi=\frac{f(z)}{\rho} \tag{3.88a}$$

$$H_\phi=\frac{g(z)}{\rho} \tag{3.88b}$$

为了满足 $\rho=a,b$ 的边界条件 $E_\phi=0$，由于 $E_\phi$ 的表达式为式(3.88a)，因此必定处处有 $E_\phi=0$。然后，由式(3.87a)的 $\hat{\boldsymbol{\phi}}$ 分量可以看出，$H_\rho=0$。利用这些结果，式(3.87)可简化为

$$\frac{\partial E_\rho}{\partial z}=-\mathrm{j}\omega\mu H_\phi \tag{3.89a}$$

$$\frac{\partial H_\phi}{\partial z}=-\mathrm{j}\omega\varepsilon E_\rho \tag{3.89b}$$

由式(3.88b)中 $H_\phi$ 和式(3.89a)可知，$E_\rho$ 必定具有形式

$$E_\rho=\frac{h(z)}{\rho} \tag{3.90}$$

对 $E_\rho$ 和 $H_\phi$ 的方程(3.89a)和方程(3.89b)联立求解，可以得到 $E_\rho$ 或 $H_\phi$ 的波动方程：

$$\frac{\partial^2 E_\rho}{\partial z^2}+\omega^2\mu\varepsilon E_\rho=0 \tag{3.91}$$

从式(3.91)可以看出，传播常数 $\gamma^2=-\omega^2\mu\varepsilon$；对于理想媒质，它可以简化为

$$\beta=\omega\sqrt{\mu\varepsilon} \tag{3.92}$$

可以看出，同轴线中的传播常数与无界理想媒质中的平面波的传播常数是相同的，这是 TEM 传输线的普遍结果。

将式(3.90)代入式(3.91)中，得到谐波方程为

$$\frac{\partial^2 h(z)}{\partial z^2}+\beta^2 h(z)=0 \tag{3.93}$$

它的解是 $\mathrm{e}^{\pm\mathrm{j}\beta z}$。现考虑沿 $+z$ 方向传播的 TEM 波，并运用式(3.90)和式(3.89b)，得到同轴线中电场和磁场分别为

$$\boldsymbol{E}(\rho,\phi,z)=\hat{\boldsymbol{\rho}}\frac{E_0}{\rho}\mathrm{e}^{-\mathrm{j}\beta z} \tag{3.94a}$$

$$\boldsymbol{H}(\rho,\phi,z)=\hat{\boldsymbol{\phi}}\frac{\omega\varepsilon}{\beta}\frac{E_0}{\rho}\mathrm{e}^{-\mathrm{j}\beta z} \tag{3.94b}$$

式中：$E_0$ 为常数。

可见，同轴线中的 TEM 模电场只有 $E_\rho$ 分量，磁场只有 $H_\phi$ 分量，场分布如图 3.14 所示。

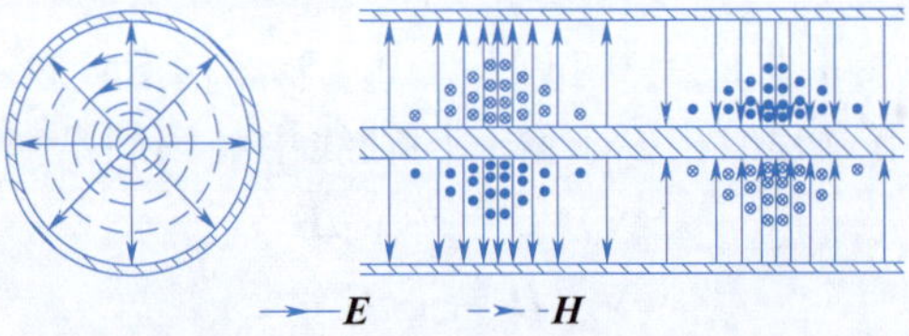


图 3.14 同轴线 TEM 模的场分布

波阻抗定义为 $Z_\mathrm{w}=E_\rho/H_\phi$，它可由式(3.94)得到：

$$Z_\mathrm{w}=\frac{E_\rho}{H_\phi}=\frac{\beta}{\omega\varepsilon}=\sqrt{\frac{\mu}{\varepsilon}}=\eta \tag{3.95}$$

可以看出，同轴线的波阻抗与媒质的本征阻抗是一致的，这也是 TEM 传输线的普遍结果。

内、外导体间的电压可以由电场的积分得到，即

$$V(z)=\int_a^b \boldsymbol{E}\cdot\mathrm{d}\hat{\boldsymbol{\rho}}=\int_a^b\frac{E_0}{\rho}\mathrm{e}^{-\mathrm{j}\beta z}\,\mathrm{d}\rho=E_0\ln\frac{b}{a}\mathrm{e}^{-\mathrm{j}\beta z} \tag{3.96}$$

导体上的电流可由安培定律求得，具体为

$$I(z)=\oint_C \boldsymbol{H}\cdot\mathrm{d}\boldsymbol{l}=\int_0^{2\pi}\frac{E_0}{Z_\mathrm{w}\rho}\mathrm{e}^{-\mathrm{j}\beta z}\rho\,\mathrm{d}\phi=\frac{2\pi E_0}{\eta}\mathrm{e}^{-\mathrm{j}\beta z} \tag{3.97}$$

可见，同轴线上的电压和电流也是沿 $+z$ 方向传播的行波，同时也说明电场 $\boldsymbol{E}$ 与电压 $V$、磁场 $\boldsymbol{H}$ 与电流 $I$ 具有“场-路”相通性，为第 4 章用“化场为路”的方法进一步分析传输线特性奠定了基础。

同轴线的特性阻抗定义为行波电压与行波电流之比，即

$$Z_c = \frac{V(z)}{I(z)} = \frac{\eta \ln(b/a)}{2\pi} \tag{3.98}$$

这个特性阻抗仅与传输线结构和填充媒质有关，是同轴线所固有的参数。

同轴线沿 $+z$ 方向的传输功率可由平均坡印廷矢量计算得到

$$P_0 = \frac{1}{2}\mathrm{Re}\iint_s \boldsymbol{E} \times \boldsymbol{H}^* \cdot \mathrm{d}\boldsymbol{s} = \frac{1}{2}\int_a^b \frac{|E_0|^2}{\eta\rho^2} 2\pi\rho \mathrm{d}\rho = \frac{\pi |E_0|^2}{\eta} \ln\frac{b}{a} = \frac{1}{2}VI^* \tag{3.99}$$

这个结果与电路理论的结果一致，再次说明同轴线具有“场-路”相通性。

### 3.4.2 高次模和尺寸选择

实际工作中，同轴线以 TEM 模作为单模工作。但是，当尺寸选择不当时，同轴线中除了 TEM 模之外，还可能出现 TE 模和 TM 模等高次模。讨论同轴线高次模的意义在于了解高次模的截止波长与同轴线横向尺寸间的关系，以便在频率给定时选择合适的同轴线尺寸，保证同轴线只传输 TEM 模。

1. TE 模和 TM 模的截止波长

分析同轴线中 TE 模和 TM 模的方法与分析圆波导中 TE 模和 TM 模的方法相似，这里不做具体的分析与推导，只给出同轴线中最低次 $TM_{01}$ 模和最低次 $TE_{11}$ 模的截止波长，它们分别为

$$\lambda_{c,TM01} \approx 2(b - a)\sqrt{\mu_r \varepsilon_r} \tag{3.100a}$$

$$\lambda_{c,TE_{11}} \approx \pi(b + a)\sqrt{\mu_r \varepsilon_r} \tag{3.100b}$$

由此可见，同轴线内高次模中最低次模是 $TE_{11}$ 模。

2. 同轴线的尺寸选择

为了保证同轴线只传输 TEM 模，必须使最短工作波长 $\lambda_{min}$ 大于最低次高次模 $TE_{11}$ 模的截止波长，即应使

$$\lambda_{min} > \pi(b + a)\sqrt{\mu_r \varepsilon_r}$$

或

$$b + a < \frac{\lambda_{min}}{\pi\sqrt{\mu_r \varepsilon_r}} \tag{3.101}$$

上式确定了 $b+a$ 的取值范围。为了最终确定尺寸 $a$ 和 $b$，还需要功率容量最大或损耗最小来确定。

由式(3.94a)可知，同轴线 TEM 模在 $\rho=a$ 处电场最强，令该处电场强度值 $|E_0|/a$ 等于同轴线填充媒质的击穿强度 $E_{br}$，则击穿时 $|E_0| = E_{br}a$，将其代入式(3.99)得同轴线传输 TEM 模时的功率容量为

$$P_{max} = \frac{\sqrt{\varepsilon_r}\, a^2 E_{br}^2}{120} \ln\frac{b}{a} \tag{3.102}$$

由功率容量最大的条件 $\mathrm{d}P_{max}/\mathrm{d}a = 0$，可得

$$\frac{b}{a} = 1.65 \tag{3.103}$$

此时，由式(3.98)可得空气填充同轴线的特性阻抗约为 30Ω。由损耗最小的条件 $\mathrm{d}\alpha/\mathrm{d}a = 0$，可得

$$\frac{b}{a}=3.59 \tag{3.104}$$

由式(3.98)可得空气填充同轴线的特性阻抗约为77Ω。

以上分析说明,对于同轴线不能同时兼顾功率容量最大和损耗最小这两个要求。如果对两者都有要求,只能折中。对于空气填充的同轴线,一般取 $b/a=2.30$,此时空气填充同轴线的特性阻抗约为50Ω,衰减比最小情况约大10%,功率容量比最大功率容量约小15%。

同轴线尺寸已经标准化,附录F中列出了部分标准同轴线的参数。

## 3.5 案例1:矩形波导及其尺寸选择

尽管矩形波导体积大、较重、不易加工和集成,但是由于其耐功率高、损耗小,仍在高功率系统、低损耗系统、毫米波系统中有广泛应用。理论上,它工作在单模工作区,即 $a<\lambda<2a$,只能够传输主模,其他高次模都截止。但在实际应用中,波导尺寸选择还需考虑功率容量、损耗等多种因素。

### 3.5.1 矩形波导的功率容量

空气填充的传输线或波导的功率容量受限于击穿电压,在室温及海平面大气压下,电场强度 $E_{br}\approx 3\times 10^6$ V/m 时就会发生电压击穿。

由式(3.60b)可知,矩形波导中 $TE_{10}$ 模的传输功率为

$$P_{10}=\frac{ab}{4Z_{10}}E_0^2=\frac{ab}{480\pi}E_0^2\left[1-\left(\frac{\lambda}{2a}\right)^2\right]^{1/2} \tag{3.105}$$

矩形波导中 $TE_{10}$ 模的电场按 $E_0\sin(\pi x/a)$ 变化,它在 $x=a/2$ 处电场强度值最大。因此,击穿前的最大功率容量为

$$P_{max}=\frac{ab}{480\pi}E_{br}^2\left[1-\left(\frac{\lambda}{2a}\right)^2\right]^{1/2} \tag{3.106}$$

上式表明,矩形波导的功率容量与波导尺寸、击穿场强以及工作波长密切相关。显然,波导尺寸越大,功率容量也越大。波导的功率容量可通过填充惰性气体或电介质来增加,因为绝大多数电介质的击穿场强大于空气的击穿场强。图3.15给出了 $P_{max}$-$\lambda/2a$ 的关系曲线。由图可知:当 $\lambda/2a\geqslant 0.9$ 时,$P_{max}$ 从最大值的50%急剧下降到零;当 $\lambda/2a<0.5$ 时,可能会出现高次模。因此,在矩形波导中用 $TE_{10}$ 模传输功率时,应使 $0.5<\lambda/2a<0.9$,即应使 $a<\lambda<1.8a$。

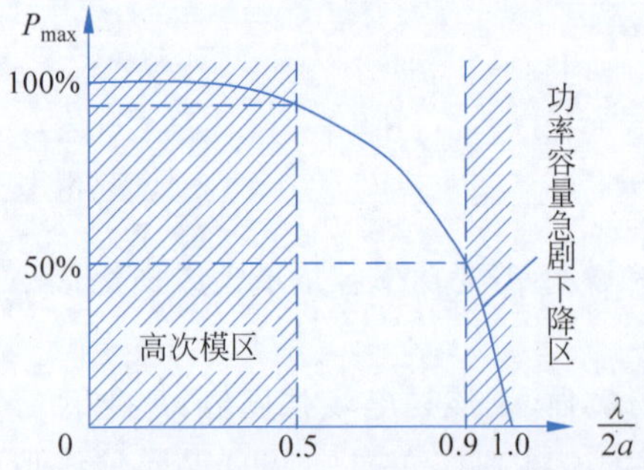

图3.15 功率容量 $P_{max}$ 与 $\lambda/2a$ 的关系

因为电弧放电和电压击穿是非常迅速的效应,所以上述功率极限是峰值量。此外,良好的工程环境需要提供一个至少为2的安全因子,所以能够安全传输的最大功率应为最大功率容量的一半。同时,当波导中存在反射时,波导中最大电场值会增加,功率容量将会进一步减小。在最坏情况下,波导中最大电场值会增加到原来的2倍,因此功率容量减小因子为4。

为了保证微波大功率设备的安全运行,通常规定波导的传输功率为

$$P_t=\left(\frac{1}{3}\sim\frac{1}{5}\right)P_{max} \tag{3.107}$$

## 3.5.2 矩形波导的衰减

实际的波导并不是由理想导体制成的，填充的也不是理想介质，因此电磁波在波导中传播时总伴随着导体损耗和电介质损耗等热损耗，使得沿波导轴向传输的电磁波振幅呈指数函数衰减。波导一般用良导体制成，填充的电介质也是低损耗的，所以实际的波导一般是低损耗传输线。

严格计算有耗传输线是非常困难的，这里介绍一种通用的方法来计算低损耗传输线的衰减常数。其基本思路是假定有耗线上的场与无耗线上的场差别不大，即用无耗线上的场代替有耗线上的场，这种计算方法称为微扰法。

低损耗传输线传播常数为复数，即 $\gamma=\alpha+\mathrm{j}\beta$，这里 $\alpha$ 为衰减常数，$\beta$ 为相移常数。于是线上沿 $+z$ 方向传播的导行电磁波可表示成

$$\boldsymbol{E}(x,y,z)=[\boldsymbol{E}_{\mathrm{T}}(x,y)+\hat{\boldsymbol{z}}E_z(x,y)]\mathrm{e}^{-\gamma z} \tag{3.108a}$$

$$\boldsymbol{H}(x,y,z)=[\boldsymbol{H}_{\mathrm{T}}(x,y)+\hat{\boldsymbol{z}}H_z(x,y)]\mathrm{e}^{-\gamma z} \tag{3.108b}$$

线上的传输功率为

$$\begin{aligned}P(z)&=\frac{1}{2}\mathrm{Re}\left(\iint_S \boldsymbol{E}(x,y,z)\times\boldsymbol{H}^*(x,y,z)\cdot\hat{\boldsymbol{z}}\mathrm{d}s\right)\\&=\left[\frac{1}{2}\mathrm{Re}\iint_S \boldsymbol{E}_{\mathrm{T}}(x,y)\times\boldsymbol{H}_{\mathrm{T}}^*(x,y)\cdot\hat{\boldsymbol{z}}\mathrm{d}s\right]\mathrm{e}^{-2\alpha z}\\&=P_0\mathrm{e}^{-2\alpha z}\end{aligned} \tag{3.109}$$

上式表明，线上功率是按衰减因子 $\mathrm{e}^{-2\alpha z}$ 指数衰减的。式中 $P_0$ 是 $z=0$ 处的功率，可表示为

$$\begin{aligned}P_0&=\frac{1}{2}\mathrm{Re}\iint_S \boldsymbol{E}_{\mathrm{T}}(x,y)\times\boldsymbol{H}_{\mathrm{T}}^*(x,y)\cdot\hat{\boldsymbol{z}}\mathrm{d}s\\&=\frac{1}{2}Z_{\mathrm{w}}\iint_S |\boldsymbol{H}_{\mathrm{T}}(x,y)|^2\mathrm{d}s\end{aligned} \tag{3.110}$$

式中：$Z_{\mathrm{w}}$ 为波阻抗（TEM 模或 TE 模或 TM 模）。

线上单位长度功率损耗为

$$P_l=P_0-P(1)=P_0(1-\mathrm{e}^{-2\alpha})\approx 2\alpha P_0$$

上式已采用 $\mathrm{e}^{-2\alpha}\approx 1-2\alpha$ 近似，这对于低损耗传输线是合适的。

导行电磁波的衰减常数为

$$\alpha=\frac{P_l}{2P_0} \tag{3.111}$$

上式表明，衰减常数 $\alpha$ 可由线上的传输功率 $P_0$ 和线上单位长度的功率损耗 $P_l$ 确定。这个方法适合所有低耗传输线。重要的是，可根据无耗线上的场来计算，而且可以计及导体损耗 $P_{\mathrm{c}}$ 和电介质损耗 $P_{\mathrm{d}}$。

下面考虑矩形波导中导体损耗引起的主模的衰减常数 $\alpha_{\mathrm{c}}$。根据式(2.69)可以求得单位长度的矩形波导的导体损耗为

$$P_{\mathrm{c}}=\frac{R_{\mathrm{s}}}{2}\int_S |\boldsymbol{H}_{\mathrm{t}}|^2\mathrm{d}s=\frac{R_{\mathrm{s}}}{2}\int_{z=0}^{1}\oint_C |\boldsymbol{H}_{\mathrm{t}}|^2\mathrm{d}l=\frac{R_{\mathrm{s}}}{2}\oint_C |\boldsymbol{H}_{\mathrm{t}}|^2\mathrm{d}l=\frac{R_{\mathrm{s}}}{2}\oint_C |\boldsymbol{J}_{\mathrm{s}}|^2\mathrm{d}l \tag{3.112}$$

式中：积分路径 $C$ 包围了波导横截面 $S$ 的周界。

把式(3.59)代入式(3.112)可得

$$P_c = R_s\int_{y=0}^{b} |J_{sy}|^2 \mathrm{d}y + R_s\int_{x=0}^{a}(|J_{sx}|^2 + |J_{sz}|^2)\mathrm{d}x = R_s|A_{10}|^2\left(b + \frac{a}{2} + \frac{\beta^2 a^3}{2\pi^2}\right) \tag{3.113}$$

由式(3.60)可得到传输功率为

$$P_0 = \frac{\omega\mu\beta a^3 b|A_{10}|^2}{4\pi^2} \tag{3.114}$$

$TE_{10}$ 模由于导体损耗产生的衰减为

$$\begin{aligned}\alpha_c &= \frac{P_c}{2P_0} = \frac{2\pi^2 R_s(b + a/2 + \beta^2 a^3/2\pi^2)}{\omega\mu\beta a^3 b} = \frac{R_s}{a^3 b\beta k\eta}(2b\pi^2 + a^3k^2) \\ &= \frac{R_s}{b\eta\sqrt{1-\left(\frac{\lambda}{2a}\right)^2}}\left[1 + \frac{2b}{a}\left(\frac{\lambda}{2a}\right)^2\right]\ (\mathrm{Np/m})\end{aligned} \tag{3.115}$$

式中：第一项是波导上、下两宽壁面电流 $J_{sx}$ 和 $J_{sz}$ 引起的导体损耗，它随频率的升高而增大；第二项是波导左、右两窄壁面电流 $J_{sy}$ 引起的导体损耗，它随频率的升高而减小。这两项与频率不同的依从关系，使得矩形波导在传输 $TE_{10}$ 模时，衰减常数有最小值。

### 3.5.3 矩形波导的尺寸选择

当用波导传输功率时，通常的基本要求：在给定工作频带内只传输单模；损耗尽可能小；必须有足够的功率容量；横向尺寸尽可能小、制造工艺简单。

对于空气填充的矩形波导，为保证单模传输，应选 $TE_{10}$ 模($\lambda_c=2a$)作为工作模式。在工作频带[$\lambda_{min}$,$\lambda_{max}$]上，要保证 $TE_{10}$ 模能够传输，$\lambda_{max}<2a$，即 $a>\lambda_{max}/2$。同时，为保证整个频带范围内不出现最靠近主模的 $TE_{20}$ 和 $TE_{01}$ 等高次模，$\lambda_{min}$ 应大于 $TE_{20}$ 模和 $TE_{01}$ 模的截止波长 $a$ 和 $2b$，即 $\lambda_{min}>a$ 和 $\lambda_{min}>2b$。由以上两个要求可得矩形波导单模工作时波导尺寸应满足的条件为

$$\lambda_{max}/2 < a < \lambda_{min},\quad 0 < b < \lambda_{min}/2$$

从减小衰减考虑，$b$ 应选得大一些，但 $b$ 又不能大于 $\lambda_{min}/2$，否则会出现高次模；从要有尽可能宽的单模工作频带来考虑，应使 $2b<a$，但 $b$ 又不能过小，否则功率容量会减小。

综合上面各方面的要求并结合实际经验，一般选择

$$a = 0.7\lambda_0,\quad b = (0.4 \sim 0.5)a \tag{3.116}$$

式中：$\lambda_0$ 为导行电磁波的中心工作波长。

在要求波导体积小、重量轻，对衰减和功率容量要求不高时，可用减高波导，这时窄边尺寸可取 $b=(0.1\sim0.2)a$。

对于给定尺寸的矩形波导，其最佳工作波长范围为

$$1.05\lambda_{cTE_{20}} < \lambda < 0.8\lambda_{cTE_{10}},\quad 1.05a < \lambda < 1.6a \tag{3.117}$$

矩形波导尺寸已经标准化了，附录 E 中列出了部分标准波导的参数[36]。

## 3.6 案例 2：间隙波导及其应用

矩形波导具有耐功率高、损耗小的优点，因此在高功率系统、低损耗系统、毫米波系统中有广泛应用。但是对于波导缝隙阵列天线等复杂的应用，往往需要进行分片加工，并用真空电弧焊或扩散焊接工艺进行分层组装。因为它对连接处的电接触有着很高的要求，否则细微的间隙就可能造成较大能量的泄漏，影响其性能。

2009 年，Kildal 等提出了一种新型的间隙波导(GW)技术[37]，它除了具有矩形波导的优点外，其最大特点是上、下金属板有一定的空气间隙，不需要任何电接触，依然能够束缚电磁波使其达到定向传输的目的，大幅降低加工难度。本案例讲述间隙波导原理及其应用。

### 3.6.1 间隙波导的原理

间隙波导的原理来源于平行板波导的特性。如图 3.16(a)所示的空气填充的平行板波导，假设平行板为理想导体(PEC)，板间距为 $d$。由于平行板波导是双导体结构，它可以传输 TEM 模，也可能传输 TE 模或 TM 模，并且 TE 模和 TM 模的截止波长 $\lambda_c=2d$，因此当 $d>\lambda/2$($\lambda$ 为工作波长)时，所有模式均可传输，当 $d<\lambda/2$ 时，TEM 模可以传输，TE 模和 TM 模不能传输。如果在平行板波导的中央 $d/2$ 处插入理想磁体(PMC)，并且 PEC-PMC 间距 $h=d/2<\lambda/4$，则所有的模式都不能传输，如图 3.16(b)所示。这是由于 TEM 模不满足 PMC 边界条件而不能存在，而 TE 模和 TM 模虽然满足 PMC 边界条件，但是由于工作波长大于截止波长 $\lambda_c$ 而不能传输，因此 PEC-PMC 平行板波导在 $h<\lambda/4$ 条件下具有完全的电磁阻带特性。

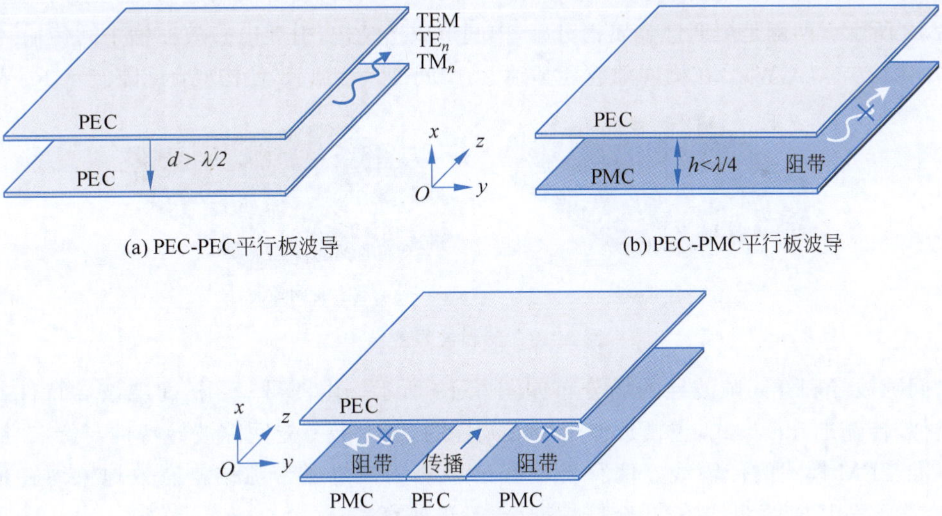


(a) PEC-PEC平行板波导

(b) PEC-PMC平行板波导

(c) 间隙波导的理想模型

图 3.16 间隙波导的原理

如果在 PMC 表面上添加一条 PEC 导带，而两侧依然为 PEC-PMC 结构，如图 3.16(c)所示，这样 PEC-PEC 结构可以导引电磁波沿导带传输，而两侧的 PEC-PMC 结构所形成的电磁阻带使得电磁场被束缚在导带周围，因此即使两侧没有物理的金属侧壁，电磁波仍然无法向两侧传播，只能沿着导带传播，从而形成波导结构。由于该结构上、下两板存在着小的空气间隙，因此称为间隙波导。

PMC 在自然界中并不存在，上述仅为间隙波导的理想化模型。实际应用中，PMC 边界往往用人工磁导体(AMC)来近似，如周期性的金属销钉床或蘑菇结构。这类结构在特定频带内拥有很高的表面阻抗，存在所有模式均不能传输的阻带，因此又称为电磁带隙(EBG)结构。本案例选取的金属销钉床的周期单元如图 3.17(a)所示，其典型参数为 $H_{\text{Pin}}=\lambda/4$，$W_{\text{Pin}}=\lambda/8$，$d_{\text{Pin}}=\lambda/8$，$H_{\text{gap}}=\lambda/8$。当 $H_{\text{Pin}}=\lambda/4$ 时，由四分之一波长阻抗变换可知，销钉柱顶端等效为开路，其等效阻抗无穷大，从而可以等效为理想磁体。图 3.17(b)是该结构的色散图，可以看出，存在一个所有模式场均不存在的频率范围，在此频率范围内，电磁带隙结构能够抑制所有模式的传播。因此，销钉床可以等效为理想磁体表面。

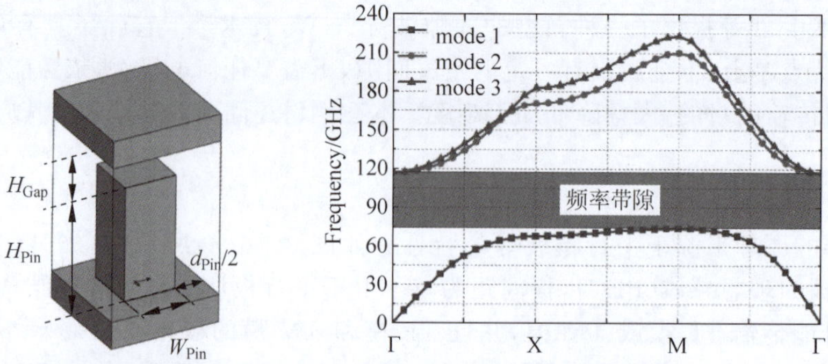


(a) 销钉床周期单元　　(b) 带隙特性

图 3.17　销钉床的周期单元结构和特性

## 3.6.2　间隙波导的结构和性能

将图 3.17(a)中的销钉床替换图 3.16(c)中的 PMC 表面，便可以构造不同类型的间隙波导，如图 3.18 所示。两侧是周期性金属销钉床，中间形成槽结构，引导电磁波在槽中间传输，便可以得到槽间隙波导(GGW)。在槽间隙波导基础上，中间加入金属脊，便构成脊间隙波导(RGW)[38]。

实践

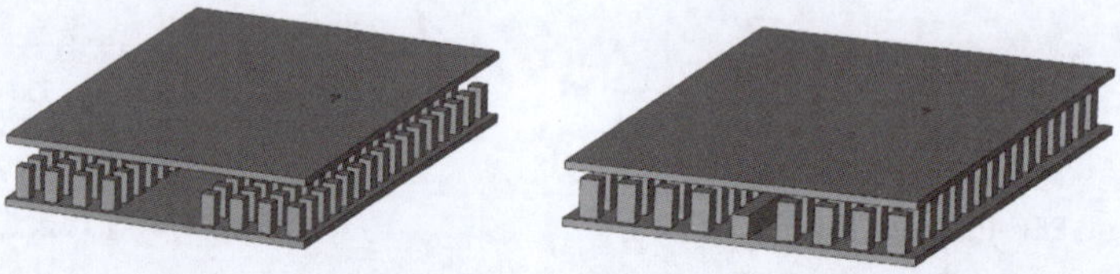

(a) 槽间隙波导　　(b) 脊间隙波导

图 3.18　间隙波导的结构

槽间隙波导和脊间隙波导的场分布如图 3.19 所示。由图可见：槽间隙波导特性与矩形波导类似，传输准 TE 模式，主模近似于矩形波导的 $TE_{10}$ 模；脊间隙波导特性与脊波导类似，实现了准 TEM 模式的传输线。两种传输线的电磁场被电磁带隙结构有效地束缚在传输线内，仅有少部分场向两侧传播，与金属柱耦合，且迅速衰减。

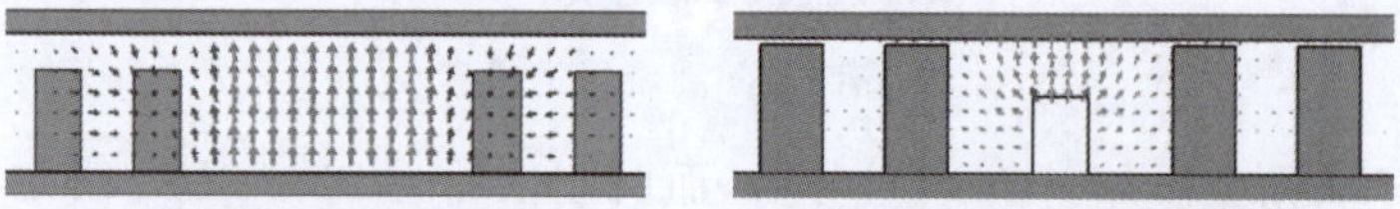

(a) 槽间隙波导横截面　　(b) 脊间隙波导横截面

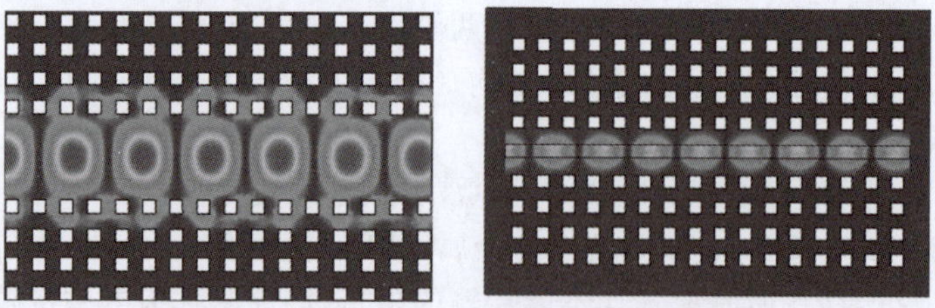

(c) 槽间隙波导俯视图　　(d) 脊间隙波导俯视图

图 3.19　槽间隙波导和脊间隙波导的场分布

## 3.6.3　间隙波导的应用

间隙波导技术一经提出，便被人们广泛研究，在微波毫米波电路、天线等领域有着巨大的研究前景。本案例结合作者科研成果列举一个毫米波间隙波导缝隙阵列天线的应用实例[39,40]。

设计的槽间隙波导缝隙阵列天线的整体结构如图 3.20 所示。天线分成三层：最下层包含中心馈电的槽间隙波导和标准矩形波导到槽间隙波导的转换结构，标准矩形波导是 BJ900 标准型号，$a=2.54\text{mm}$，$b=1.27\text{mm}$。

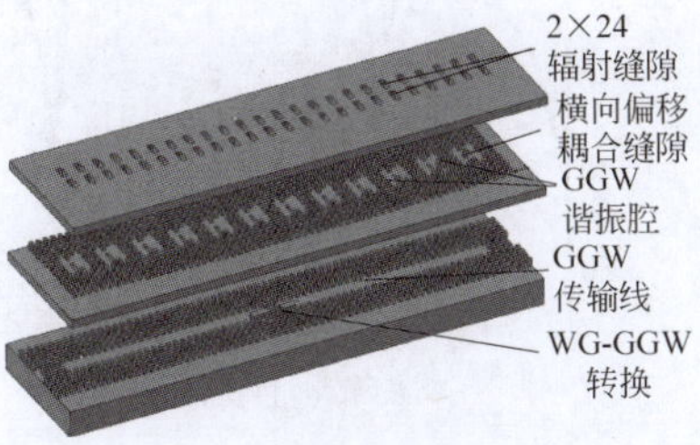


(a) 整体结构

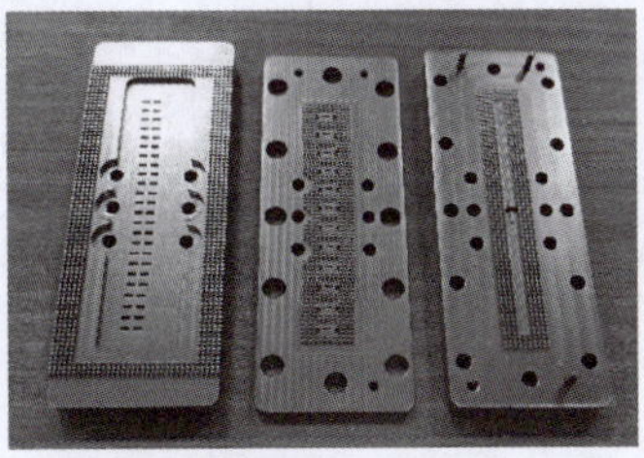

(b) 分片加工图

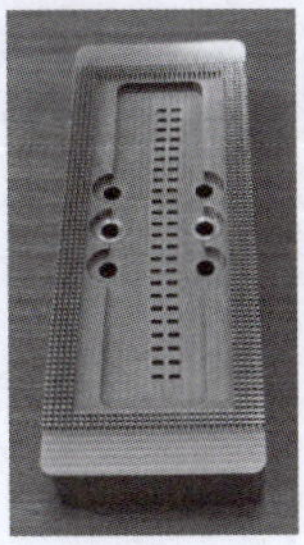

(c) 组装图正面

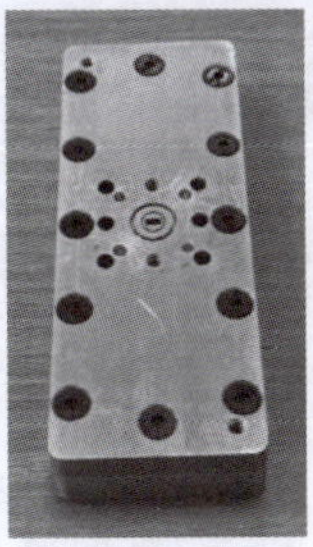

(d) 组装图反面

图 3.20　槽间隙波导缝隙阵列天线

中间层包含了 12 个横向偏移缝隙耦合的槽间隙波导谐振腔，缝隙间距等于槽间隙波导的波导波长 $\lambda_g$，以确保各缝隙的相位保持一致。间隙波导谐振腔工作在 $TE_{120}$ 模式，每个谐振腔再激励最上层的 4 个辐射缝隙，这样一来，辐射缝隙的间距等于 $\lambda_g/2$，从而能够有效避免栅瓣的出现。为了实现低副瓣特性，不同的耦合缝、谐振腔，以及对应辐射缝隙相对于底层槽间隙波导中心线存在着不同的偏移，以实现幅度加权。

整个天线分成三片进行数控机械加工，各层之间通过定位销定位，并用螺钉紧固，而不需要复杂的焊接工艺，体现了间隙波导组装的优越性。在微波暗室内对天线进行了测试，测量和仿真的反射系数、增益和方向图如图 3.21 所示。结果表明，天线实测结果与仿真结果非常吻合，在 93GHz 时天线 E 面副瓣电平（SLL）为 $-25$dB，实测增益高于 23.3dBi，E 面波束宽度 4.2°，天线效率达到 85%，体现了间隙波导的低损耗特性。

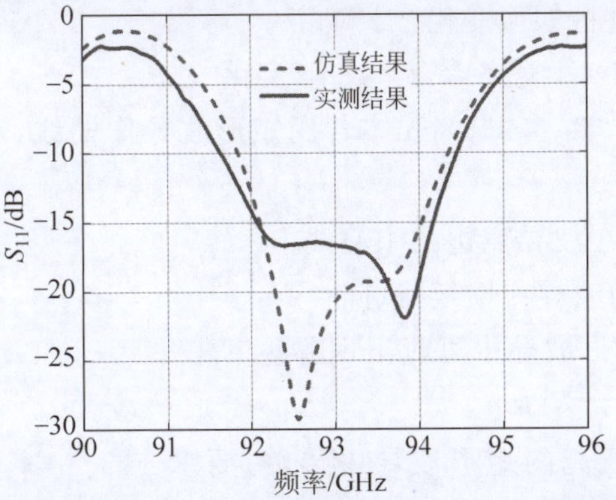


(a) 反射系数

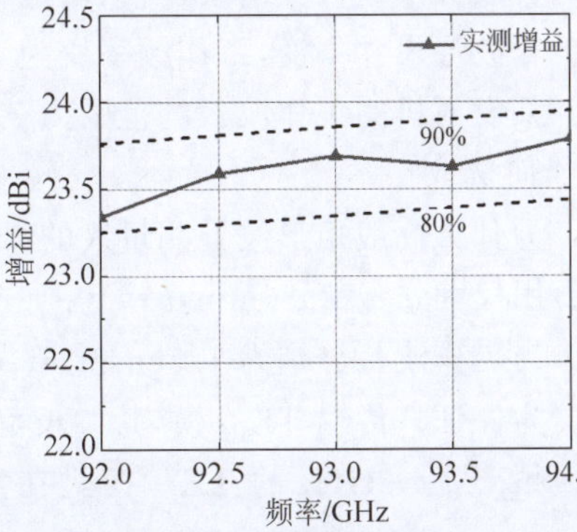


(b) 增益

图 3.21　槽间隙波导缝隙阵列天线

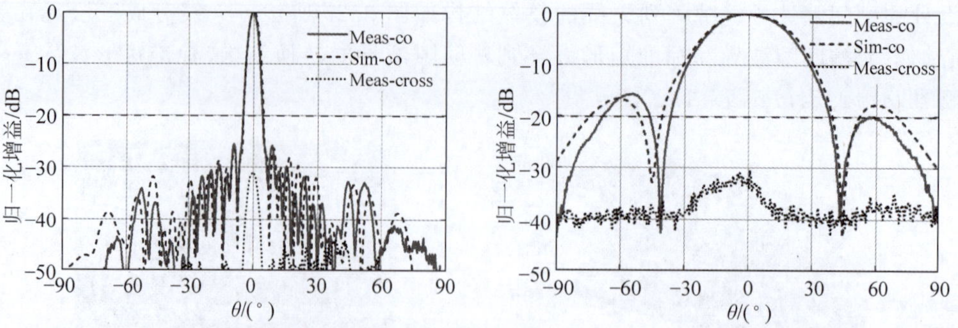


(c) E面方向图　　(d) H面方向图

图 3.21 （续）

## 习题

1. 在直角坐标系中，由无源麦克斯韦方程组推导导行电磁波中利用纵向场推导横向场分量的表达式(3.5a)～式(3.5d)(提示：如 $H_x$ 可由式(3.3a)和式(3.4b)中消去 $E_y$ 得出)。

2. 什么是截止波长？为什么只有波长小于截止波长的波才能在传输线中传输？

3. 何谓传输线的色散特性？传输线为何有色散特性？

4. 矩形波导中的 $v_p$、$\lambda_c$ 和 $\lambda_g$ 有何区别和联系？它们与哪些因素有关？

5. 为什么传输线中要保证单一模式传输？若 $\lambda_0$ 为 8mm、3cm、10cm，如何保证矩形波导中只有单一模传输？

6. 空气填充的矩形波导，$a=22.86$mm，$b=10.16$mm，微波频率为 10GHz，求 $TE_{10}$、$TE_{01}$、$TE_{11}$、$TM_{11}$ 4 种模式的截止波数、截止频率、截止波长、波导波长、相移常数和波阻抗。如果波导填充介质，$\varepsilon_r=2.5$，求上述量值。

7. 空气填充的矩形波导，$a=7.2$cm，$b=3.4$cm，工作在 $TE_{10}$ 模式，若沿轴向测得波导中的电场强度最大值与相邻的最小值之间的距离为 4.47cm，求工作频率。

8. 空气填充矩形波导，$a=22.86$mm，$b=10.16$mm，求工作波长为 3cm 的 $TE_{10}$ 模的传输功率。

9. 空气填充矩形波导，$a=22.86$mm，$b=10.16$mm，传输 $TE_{10}$ 模，当工作频率为 10GHz 时，

(1) 求 $\lambda_c$、$\lambda_g$、$\beta$ 和 $Z_{TE_{10}}$。

(2) 若波导宽边尺寸增大 1 倍，上述各参量将如何变化？

(3) 若波导窄边尺寸增大 1 倍，上述各参量将如何变化？

(4) 若波导尺寸不变，工作频率变为 15GHz，上述各参量将如何变化？

10. 某发射机的工作波长的范围为 $7.6\text{cm}<\lambda_0<11.8\text{cm}$。若用矩形波导作馈线，该波导尺寸应如何选取？

11. 为什么一般矩形波导测量线的纵槽开在波导宽边的中心线上？

12. 用尺寸 $a=22.86$mm，$b=10.16$mm 的波导作馈线，试问：

(1) 当工作波长分别为 1.5cm、3cm、4cm 时，波导中可能出现哪些模式？

(2) 为保证只传输 $TE_{10}$ 模，其波长范围应为多少？

13. 频率 $f=3$GHz 的 $TE_{10}$ 模式在空气填充的矩形波导中传输，要求 $1.3f_{cTE_{10}}<f<0.7f_{cTE_{20}}$，试确定该波导的尺寸。

14. 矩形波导 $a=8$cm，$b=4$cm，求 $TE_{10}$ 和 $TE_{01}$ 模式的截止波长。

15. 在圆柱坐标系中，推导利用纵向场导出横向场分量的表达式(3.61)。

16. 圆波导中的模式指数 $m$、$n$ 有何含义？为什么不存在 $n=0$ 的模式？

17. 推导圆波导中主模 $TE_{11}$ 模的传输功率、单位长度功率损耗和衰减常数。

18. 在有限导电率的圆波导中，推导 $TE_{01}$ 模的衰减常数，说明其随频率的变化规律。

19. 空气填充的同轴线内导体半径为 2mm、外导体半径为 4mm，求同轴线中主模的截止波长、波导波长、相速度和波阻抗。

20. 介质填充的同轴线内导体半径为 2mm、外导体半径为 4mm，介质为 $\mu_r=1$ 和 $\varepsilon_r=2.5$，求同轴线中主模的截止波长、波导波长、相速度和波阻抗。

21. 空气填充的同轴线内导体半径为 $a$、外导体半径为 $b$，表面电阻为 $R_s$，利用微扰法证明同轴线由有限导电率产生的衰减常数为

$$\alpha=\frac{R_s}{4\pi Z_0}\left(\frac{1}{a}+\frac{1}{b}\right)$$

式中：$Z_0$ 为同轴线的特性阻抗。

22. 空气填充的同轴线传输 TEM 模时的功率容量为

$$P_{\max}=\frac{\pi a^2 E_{br}^2}{\eta_0}\ln\frac{b}{a}$$

式中：$E_{br}$ 为击穿电场强度。求使功率容量最大的 $b/a$ 值，并证明对应的特性阻抗约为 30Ω。

23. 空气填充的同轴线内导体半径为 $a$、外导体半径为 $b$，表面电阻为 $R_s$，同轴线由有限导电率产生的衰减常数为

$$\alpha=\frac{R_s}{2\eta_0\ln b/a}\left(\frac{1}{a}+\frac{1}{b}\right)$$

证明导体半径满足 $x\ln x=1+x$(其中 $x=b/a$)时，取最小值。求解这个关于 $x$ 的方程，并证明对应的特性阻抗约为 77Ω。

# 第 4 章

# 传输线理论和平面传输线

能够导引电磁波沿一定方向传输的装置称为传输线。第 3 章采用“场方法”分析了无限长均匀传输线(包括矩形波导、圆波导、同轴线等)中导行电磁波的横向分布和纵向传播特性,这就是导行电磁波理论。然而,实际应用的传输线与第 3 章分析的无限长均匀传输线相比,至少有两点不同:①传输线主要用途之一是微波信号或功率的传输,它往往端接微波源和负载,不可能无限长,通常是有限长的传输线段;②传输线是阻抗匹配器、功率分配器、定向耦合器等众多无源电路的关键元件,传输线的横截面形状、尺寸、填充媒质等沿着传播方向可能发生变化,不可能处处均匀,存在“非均匀区”。这样,有限长的传输线段和非均匀区的不规则形状使得电磁场边界条件很复杂,从而导致其电磁场分布十分复杂。即使是形状简单的非均匀区的电磁场边值问题也不易解析求解,往往需要采用数值方法求解,这大大超出了本科知识范畴,因此必须寻求新的简易方法求解此类复杂电磁场问题。

如果能在一定条件下将电磁场问题转换为与之等效的电路问题,就可借用经典电路理论中熟知的方法去研究传输线段和非均匀区中波的传输问题。依据这种“化场为路”的思想来研究微波电路的方法称为等效电路法(简称“路方法”),它是一种简便易行的电磁场分析方法,在工程中应用广泛。

本章采用路方法研究有限长传输线段传输问题,即传输线理论。它以传输 TEM 波的平行双线作为传输线模型,利用电磁场量(如电场、磁场、电能、磁能、功率)与电路参数(如电压、电流、电容、电感、电阻)之间的相互关系构建传输线等效电路模型,利用电路理论中的基尔霍夫定律建立电压和电流的传输线方程;然后求解传输线方程得到传输线上电压波和电流波的表达式,进而分析不同负载时传输线上不同位置处电压波和电流波的传输特性。可见,传输线理论架起了电磁理论与电路理论之间的桥梁,传输线中的波传播现象是电路理论的延伸,也是麦克斯韦方程组的一种特殊情况,在微波电路分析中具有重要意义和作用。并且,传输线理论适用于所有类型的传输线分析,具有通用性和简便性。第 5 章研究如何用路方法分析传输线非均匀区特性,这就是微波网络理论。

视频

## 4.1 传输线的等效电路模型

本节以均匀平行双导线为例,先引入电压 $v(z,t)$、电流 $i(z,t)$ 两个基本物理量,把三维电磁场问题转换成一维电路问题,再应用基尔霍夫定律推导出平行双导线上电压方程和电流方程,最后求该方程的时谐稳态解,讨论传输线上电压波、电流波的传播特性。

### 4.1.1 传输线的等效电路

由 3.1 节可知,TEM 波传输线(如同轴线、平行双导线等)横截面上场的分布与其中静电场的分布情况完全相同,因此 TEM 波传输线上可以像静电场那样定义电压和电流。

图 4.1(a)示出平行双导线,双导线由均匀介质(如空气)包围,沿 $\pm z$ 方向无限延伸。考虑

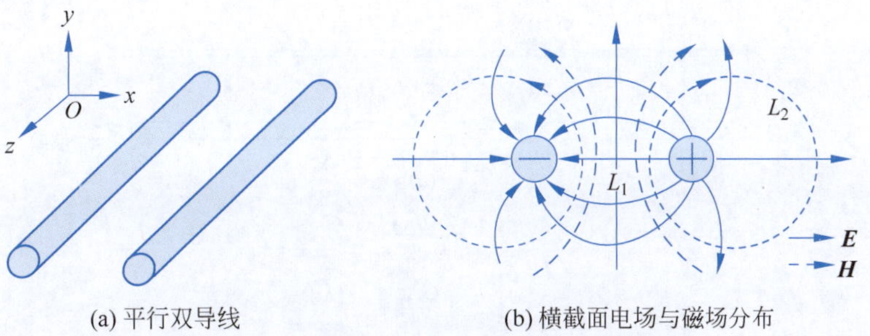


图 4.1　均匀平行双导线及其场分布

平行双导线传输的是 TEM 波，其任意横截面上的电场、磁场只有横向分量，可分别写成 $\boldsymbol{E}=\boldsymbol{E}_{\mathrm{T}}$ 和 $\boldsymbol{H}=\boldsymbol{H}_{\mathrm{T}}$。两导体之间的电压和导体上的电流分别为

$$v(z,t)=\int_{L_1}\boldsymbol{E}_{\mathrm{T}}\cdot \mathrm{d}\boldsymbol{l}=\int_{L_1}(E_x\mathrm{d}x+E_y\mathrm{d}y) \tag{4.1a}$$

$$i(z,t)=\oint_{L_2}\boldsymbol{H}_{\mathrm{T}}\cdot \mathrm{d}\boldsymbol{l}=\oint_{L_2}(H_x\mathrm{d}x+H_y\mathrm{d}y) \tag{4.1b}$$

式中：$L_1$ 为 $xOy$ 平面上两导体间的任意路径；$L_2$ 为包围右边导体的有向闭合路径，其正方向与导体上电流方向构成右手螺旋关系。被积函数 $E_x$、$E_y$ 和 $H_x$、$H_y$ 都是空间坐标$(x,y,z)$及时间 $t$ 的函数，但仅对横向坐标 $x$ 和 $y$ 进行积分，因此所得结果 $v(z,t)$和 $i(z,t)$是空间位置 $z$ 和时间 $t$ 的函数。由式(4.1)可知，传输线上任意横截面处的电场、磁场与电压、电流相互对应，研究传输线上电磁场($x$、$y$、$z$ 和 $t$ 的矢量函数)沿纵向 $z$ 的传播规律可以转化成传输线上电压、电流($z$ 和 $t$ 的标量函数)的传播规律，这种“化场为路”的思想使传输线理论得到了简化，将矢量函数简化为标量函数，三维电磁问题简化为一维电路问题。

引入电压、电流之后，再对传输线做简单的电磁分析，以便建立传输线的等效电路。以图 4.2(a)所示的平行双导线为例，在传输线上任意位置 $z$ 处取长度 $\Delta z(\Delta z\ll\lambda)$的一小段传输线(线元)，考察其电磁场效应。双导线间存在从一根导线指向另一根导线的电场 $\boldsymbol{E}$，两导线间会有电压，且导线上有电荷分布，双导线间存储有电能，因此双导线间存在并联电容。导线上有电流，在导线周围产生了闭合磁场 $\boldsymbol{H}$，导线存储有磁能，因此两根导线有总的串联电感。双导线若非理想导体，有限导电率必然产生功率损耗，损耗可用串联电阻来表征。双导线周围的媒质若非理想介质，填充媒质内存在漏电流带来的介电损耗，可以用双导线间的并联电导来描述。可见，即使是一小段平行双导线，也会表现出电容、电感、电阻、电导等多种电磁效应。显然，这些电路参数与传输线段长度 $\Delta z$ 成正比，因此引入单位长度的电路参数，定义如下：两个导体之间单位长度的并联电容为 $C$，其单位是 F/m；两个导体单位长度的串联电感为 $L$，其单位是 H/m；两个导体单位长度的串联电阻为 $R$，其单位是 Ω/m；两个导体之间单位长度的并联电导为 $G$，其单位是 S/m。传输线上任意 $z$ 处长度为 $\Delta z$ 的一段传输线的并联电容、串联电感、串联电阻、并联电导分别为 $C\Delta z$、$L\Delta z$、$R\Delta z$、$G\Delta z$，由此可画出线元的等效电路，如图 4.2(b)所示，等效电路模型包含了所有储能(电感、电容)和功率损耗(电阻、电导)的影响。

整个传输线的长度往往与波长可比拟，可能为几分之一波长或几个波长，可以将整个传输线分割成若干线元，每个线元可以用图 4.2(b)所示的等效电路描述，那么整个传输线可以看作图 4.2(b)所示等效电路的周期性延拓或级联，如图 4.2(c)所示，因此平行双导线自身结构处处表现出电容、电感、电阻、电导效应，这些电路参数均匀地分布在传输线上，$R$、$L$、$C$、$G$ 这些电路参数称为传输线的分布参数，整个传输线是分布参数电路，正是这些分布参数的分压、分流作用导致整个传输线上电压 $v(z,t)$和电流 $i(z,t)$是空间位置 $z$ 和时间 $t$ 的函数，不同位

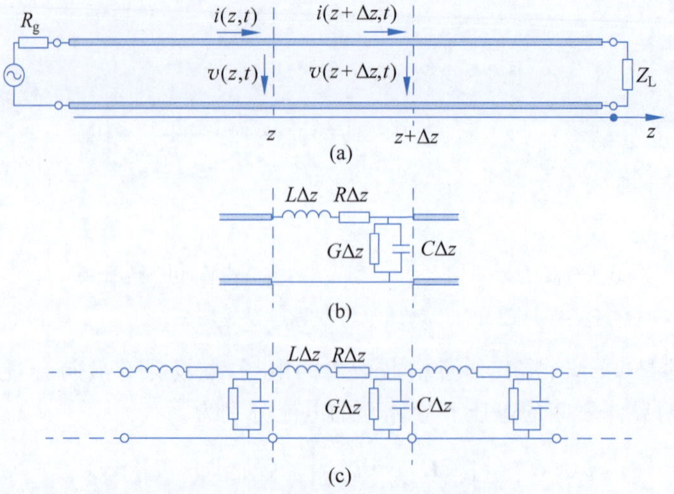


图 4.2　传输线及其等效电路

置上电压和电流的幅度与相位都可能发生变化。这与电路理论不同，电路理论通常假设电路元件的物理尺寸与波长相比小得多，这些分布参数效应不显著，线上电压电流几乎不变。因此，传输线理论与电路理论之间的关键差别是电长度（电路元件的物理尺寸与波长之比）不同。

依据电磁场理论中传输线的场分布和分布参数的定义，可以计算得到传输线的分布参数，表 4.1 中列出了平行双导线和同轴线的 4 个分布参数。由表可见，除了串联电阻由于受趋肤效应影响与信号频率有关外，其他参数只与传输线的结构、尺寸、填充的媒质有关，而与传输信号无关，因此分布参数是传输线固有的参数。

表 4.1　平行双导线和同轴线的分布参数

| 分布参数 | 平行双导线 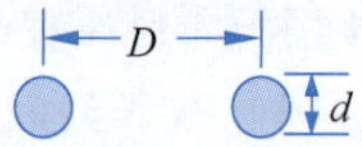  | 同轴线 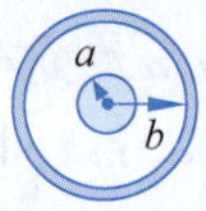  | 平行板波导 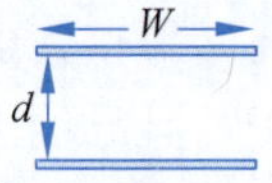  |
|---|---|---|---|
| $R(\Omega/\text{m})$ | $\dfrac{2R_s}{\pi d}$ | $\dfrac{R_s}{2\pi}\left(\dfrac{1}{a}+\dfrac{1}{b}\right)$ | $\dfrac{2R_s}{W}$ |
| $L(\text{H/m})$ | $\dfrac{\mu}{\pi}\ln\dfrac{D+\sqrt{D^2-d^2}}{d}$ | $\dfrac{\mu}{2\pi}\ln\dfrac{b}{a}$ | $\dfrac{\mu d}{W}$ |
| $C(\text{F/m})$ | $\dfrac{\pi\varepsilon}{\ln\left[(D+\sqrt{D^2-d^2})/d\right]}$ | $\dfrac{2\pi\varepsilon}{\ln(b/a)}$ | $\dfrac{\varepsilon W}{d}$ |
| $G(\text{S/m})$ | $\dfrac{\pi\sigma}{\ln\left[(D+\sqrt{D^2-d^2})/d\right]}$ | $\dfrac{2\pi\sigma}{\ln(b/a)}$ | $\dfrac{\sigma W}{d}$ |

注：$\varepsilon$、$\mu$、$\sigma$ 分别为填充媒质的介电常数、磁导率和电导率；$R_s$ 为导体的表面电阻，$R_s=\sqrt{\pi f\mu_c/\sigma_c}$，其中 $\mu_c$、$\sigma_c$ 分别为导体的磁导率和电导率。

### 4.1.2　传输线方程

如图 4.2(a)和(b)所示，设传输线上 $z$ 处的电压和电流分别为 $v(z,t)$ 和 $i(z,t)$，线元 $\Delta z$ 上的电阻 $R\Delta z$ 和电感 $L\Delta z$ 起着分压作用，电容 $C\Delta z$ 和电导 $G\Delta z$ 起着分流作用。由于传输线段长度 $\Delta z\ll\lambda$，电路理论中的基尔霍夫电压和电流定律适用，可得

$$v(z,t)-v(z+\Delta z,t)=R\Delta z\cdot i(z,t)+L\Delta z\cdot\frac{\partial i(z,t)}{\partial t}$$

$$i(z,t)-i(z+\Delta z,t)=G\Delta z\cdot v(z+\Delta z,t)+C\Delta z\cdot\frac{\partial v(z+\Delta z,t)}{\partial t}$$

上式两边同除以 $\Delta z$，化简后得到

$$\frac{v(z+\Delta z,t)-v(z,t)}{\Delta z}=-R\cdot i(z,t)-L\cdot\frac{\partial i(z,t)}{\partial t}$$

$$\frac{i(z+\Delta z,t)-i(z,t)}{\Delta z}=-G\cdot v(z+\Delta z,t)-C\cdot\frac{\partial v(z+\Delta z,t)}{\partial t}$$

取 $\Delta z\to 0$ 时的极限，得到偏微分方程，即

$$\frac{\partial v(z,t)}{\partial z}=-R\cdot i(z,t)-L\cdot\frac{\partial i(z,t)}{\partial t}\tag{4.2a}$$

$$\frac{\partial i(z,t)}{\partial z}=-G\cdot v(z,t)-C\cdot\frac{\partial v(z,t)}{\partial t}\tag{4.2b}$$

式(4.2)就是传输线方程或者电报方程的时域形式。

考虑时谐情况，电压和电流随时间 $t$ 做简谐变化，则电压和电流可表示为

$$v(z,t)=\mathrm{Re}[V(z)\mathrm{e}^{\mathrm{j}\omega t}]\tag{4.3a}$$

$$i(z,t)=\mathrm{Re}[I(z)\mathrm{e}^{\mathrm{j}\omega t}]\tag{4.3b}$$

式中：$V(z)$、$I(z)$分别为电压、电流的复数表示式。

将式(4.3)代入式(4.2)，并消去时间因子 $\mathrm{e}^{\mathrm{j}\omega t}$，得到

$$\frac{\mathrm{d}V(z)}{\mathrm{d}z}=-(R+\mathrm{j}\omega L)I(z)\tag{4.4a}$$

$$\frac{\mathrm{d}I(z)}{\mathrm{d}z}=-(G+\mathrm{j}\omega C)V(z)\tag{4.4b}$$

式(4.4)就是传输线方程或者电报方程的复数形式。它们与麦克斯韦方程组的旋度方程式(2.1)很相似，说明电磁场理论与电路理论具有相似性，传输线方程是麦克斯韦方程组的特殊情况。

### 4.1.3 传输线上的波传播

式(4.4)中两个方程可以联立求解得到关于 $V(z)$、$I(z)$的波动方程：

$$\frac{\mathrm{d}^2V(z)}{\mathrm{d}z^2}-\gamma^2V(z)=0\tag{4.5a}$$

$$\frac{\mathrm{d}^2I(z)}{\mathrm{d}z^2}-\gamma^2I(z)=0\tag{4.5b}$$

式中

$$\gamma=\sqrt{(R+\mathrm{j}\omega L)(G+\mathrm{j}\omega C)}=\alpha+\mathrm{j}\beta\tag{4.6}$$

为复传播常数，其实部 $\alpha$ 为衰减常数，虚部 $\beta$ 是相移常数。复传播常数是频率的函数，它是传输线的一个重要特性参数。

式(4.5)是时谐情况下均匀传输线的电压和电流满足的波动方程，它们与2.2节有耗媒质中的均匀平面波满足的波动方程式(2.26)一致，其通解为

$$V(z)=V_0^+\mathrm{e}^{-\gamma z}+V_0^-\mathrm{e}^{\gamma z}\tag{4.7a}$$

$$I(z)=I_0^+\mathrm{e}^{-\gamma z}+I_0^-\mathrm{e}^{\gamma z}\tag{4.7b}$$

式中：$\mathrm{e}^{-\gamma z}=\mathrm{e}^{-\alpha z}\mathrm{e}^{-\mathrm{j}\beta z}$，代表沿$+z$方向传播(从源到负载方向)的“边传播边衰减”的行波，称

为电压和电流的入射波；$e^{\gamma z}=e^{\alpha z}e^{j\beta z}$，代表沿$-z$方向传播（从负载到源方向）的行波，称为电压和电流的反射波；$V_0^+$、$I_0^+$分别为入射电压波和电流波的复振幅；$V_0^-$、$I_0^-$分别为反射电压波和电流波的复振幅。

传输线上任意一点$z$处总电压$V(z)$是传播方向相反的入射电压波与反射电压波的叠加，总电流$I(z)$也是传播方向相反的入射电流波与反射电流波的叠加。

将式(4.7a)代入式(4.4a)，得到

$$I(z)=\frac{\gamma}{R+j\omega L}(V_0^+e^{-\gamma z}-V_0^-e^{\gamma z}) \tag{4.8}$$

特性阻抗为

$$Z_c=\frac{R+j\omega L}{\gamma}=\sqrt{\frac{R+j\omega L}{G+j\omega C}} \tag{4.9}$$

由式(4.7b)和式(4.8)可知，传输线的特性阻抗将传输线上的行波电压和行波电流联系起来，即

$$Z_c=\frac{V_0^+}{I_0^+}=-\frac{V_0^-}{I_0^-} \tag{4.10}$$

特性阻抗与传输线的分布参数$R$、$L$、$C$、$G$一样，取决于传输线自身的结构、尺寸、填充媒质的参数，与源和负载没有关系。也就是说，特性阻抗只与传输线自身的特性有关，这也是“特性阻抗”名称的由来。虽然特性阻抗具有阻抗量纲，但不具有阻抗的实质，它不带来电压降，也不消耗能量，仅表明传输线上行波电压与行波电流之间的确定关系，是描述传输线的另一个重要特性参数。

这样，式(4.7b)就可以写为

$$I(z)=\frac{1}{Z_c}(V_0^+e^{-\gamma z}-V_0^-e^{\gamma z}) \tag{4.11}$$

时域，总电压波可以表示为

$$v(z,t)=|V_0^+|e^{-\alpha z}\cos(\omega t-\beta z+\phi_0^+)+|V_0^-|e^{\alpha z}\cos(\omega t+\beta z+\phi_0^-) \tag{4.12}$$

式中：$|V_0^+|$和$|V_0^-|$分别为复电压$V_0^+$和$V_0^-$的幅度；$\phi_0^+$和$\phi_0^-$分别为复电压$V_0^+$和$V_0^-$的相角。

时域表达式进一步表明，传输线上电压和电流以波的形式传输。式(4.12)等号右边第一项是向$+z$方向传输的入射波，随着传输距离增加($z$越来越大)，波的相位按照$-\beta z$规律越来越滞后，波的振幅按照衰减因子$e^{-\alpha z}$呈指数规律减小；第二项是向$-z$方向传输的反射波，随着传输距离增加($z$越来越小)，波的相位按照$\beta z$规律越来越滞后，波的振幅按照衰减因子$e^{\alpha z}$呈指数规律减小。波的衰减是传输线上的分布电阻和分布电导带来的必然结果，这样的传输线称为有耗传输线。其传播常数和特性阻抗都是复数，有耗线上波的传输规律与平面波在有耗媒质中的传播类似。

与平面波理论一样，传输线中电压波、电流波的相位相差$2\pi$的两个相邻等相位点的间距就是传输线上的波长，即

$$\lambda=\frac{2\pi}{\beta} \tag{4.13}$$

**注意**：这里的波长应为传输线的介质波长或者波导波长，而不是工作波长$\lambda=c/f$。本应记为$\lambda_d$或$\lambda_g$。简便起见，省略了下标d或g。

传输线上的相速度表示电压波、电流波的等相位点的传输速度。传输线上的相速度为

$$v_p=\frac{\omega}{\beta} \tag{4.14}$$

### 4.1.4 无耗传输线

传输线的一般上述解包含了导体损耗和介质损耗的影响，而且其传播常数和特性阻抗都是复数。然而，在很多实际情形中传输线的损耗可以忽略不计，因此可以简化上述结果，可以认为是无耗传输线。对于无耗传输线，导体是理想导体($\sigma=\infty$)，介质是理想介质($\sigma=0$)，由表4.1可知，$R=G=0$。

对于无耗传输线，由式(4.6)可得传播常数为

$$\gamma=\alpha+\mathrm{j}\beta=\mathrm{j}\omega\sqrt{LC}$$

或

$$\beta=\omega\sqrt{LC} \tag{4.15a}$$

$$\alpha=0 \tag{4.15b}$$

正如预料的那样，对于无耗情形，衰减常数$\alpha$为零。

对于无耗传输线，由式(4.9)可得特性阻抗为

$$Z_{\mathrm{c}}=\sqrt{\frac{L}{C}} \tag{4.16}$$

它是实数。

由式(4.7a)和式(4.11)，无耗传输线上电压和电流的一般解为

$$V(z)=V_0^+\mathrm{e}^{-\mathrm{j}\beta z}+V_0^-\mathrm{e}^{\mathrm{j}\beta z} \tag{4.17a}$$

$$I(z)=\frac{1}{Z_{\mathrm{c}}}(V_0^+\mathrm{e}^{-\mathrm{j}\beta z}-V_0^-\mathrm{e}^{\mathrm{j}\beta z}) \tag{4.17b}$$

无耗传输线上总电压和总电流是传输方向相反的入射波和反射波的叠加，入射波和反射波随着传输距离增加，其相位滞后，幅度不变。

无耗传输线中电压、电流波的相速度为

$$v_{\mathrm{p}}=\frac{\omega}{\beta}=\frac{1}{\sqrt{LC}} \tag{4.18}$$

波长为

$$\lambda=\frac{2\pi}{\beta}=\frac{2\pi}{\omega\sqrt{LC}} \tag{4.19}$$

**例4.1** 同轴线的特性阻抗。

计算无耗同轴线的特性阻抗$Z_{\mathrm{c}}$。

**解：** 对于无耗线，其特性阻抗$Z_{\mathrm{c}}=\sqrt{L/C}$，查表4.1可得同轴线的分布参数，由此得到

$$Z_{\mathrm{c}}=\sqrt{\frac{L}{C}}=\left(\frac{\mu}{2\pi}\ln\frac{b}{a}\Big/\frac{2\pi\varepsilon}{\ln b/a}\right)^{1/2}=\frac{1}{2\pi}\sqrt{\frac{\mu}{\varepsilon}}\ln\frac{b}{a}=\frac{\eta}{2\pi}\ln\frac{b}{a}$$

式中：$\eta$为同轴线填充媒质的本征阻抗。

上式与式(3.98)结果一致，它是由式(4.10)计算得到的。

## 4.2 端接负载的无耗传输线

本节最终目的是分析端接源和负载的有限长传输线段上波的传输问题，然而，简单起见，先分析一端接任意负载阻抗$Z_{\mathrm{L}}$、另一端为无限长的无耗传输线问题，如图4.3所示。这个问题将说明传输线上的波反射，这是分布参数电路的一个基本问题。

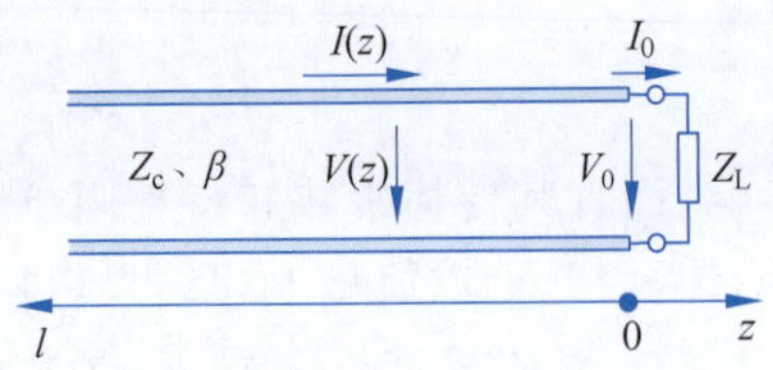


图 4.3　端接负载的无耗传输线

如图 4.3 所示，定义传输线负载处为坐标 $z$ 原点，即 $z=0$，这样传输线上任意位置的坐标 $z$ 为负值。方便起见，定义新的坐标系 $l$，其坐标原点也位于负载处，但是指向源端，即 $l=-z$，传输线上任意位置的 $l$ 为正值。假设有形式为 $V_0^+ \mathrm{e}^{-\mathrm{j}\beta z}=V_0^+ \mathrm{e}^{\mathrm{j}\beta l}$ 的入射波在传输线上传输，它产生于 $l=\infty$ 处的源。这一行波的电压与电流之比就是特性阻抗 $Z_\mathrm{c}$。但是，当该传输线端接任意负载 $Z_\mathrm{L}\neq Z_\mathrm{c}$ 时，负载处的电压与电流之比应为 $Z_\mathrm{L}$。因此，要满足这个条件，必然会产生具有适当幅度的反射波。传输线上的总电压是入射波与反射波之和，可以写成式(4.17a)的形式：

$$V(l)=V_0^+ \mathrm{e}^{\mathrm{j}\beta l}+V_0^- \mathrm{e}^{-\mathrm{j}\beta l} \tag{4.20a}$$

类似地，传输线上的总电流可以写成式(4.17b)的形式：

$$I(l)=\frac{1}{Z_\mathrm{c}}(V_0^+ \mathrm{e}^{\mathrm{j}\beta l}-V_0^- \mathrm{e}^{-\mathrm{j}\beta l}) \tag{4.20b}$$

负载上的总电压和总电流通过负载阻抗联系起来，因此在 $l=0$ 处必定有

$$Z_\mathrm{L}=\frac{V_0}{I_0}=\frac{V(0)}{I(0)}=Z_\mathrm{c}\frac{V_0^+ + V_0^-}{V_0^+ - V_0^-}$$

负载处的反射波 $V_0^-$ 为

$$V_0^-=\frac{Z_\mathrm{L}-Z_\mathrm{c}}{Z_\mathrm{L}+Z_\mathrm{c}}V_0^+$$

该式表明，当传输线端接任意负载 $Z_\mathrm{L}\neq Z_\mathrm{c}$ 时，传输线上就存在反射。波的反射是传输线上最基本的物理现象。为了描述传输线上的反射情况，下面定义电压反射系数、电压驻波比、输入阻抗、传输功率等工作状态参数。

### 4.2.1　电压反射系数

负载处的反射波电压与入射波电压之比定义为负载处向负载看去的电压反射系数，有

$$\Gamma_0=\frac{V_0^-}{V_0^+}=\frac{Z_\mathrm{L}-Z_\mathrm{c}}{Z_\mathrm{L}+Z_\mathrm{c}} \tag{4.21}$$

由于任意负载一般为复阻抗，因此 $\Gamma_0$ 一般为复数，即 $\Gamma_0=|\Gamma_0|\mathrm{e}^{\mathrm{j}\phi_0}$，$\phi_0$ 为 $\Gamma_0$ 的相角。反射波功率总是小于或等于入射波的功率，有 $|V_0^-|\leqslant|V_0^+|$，则 $0\leqslant|\Gamma_0|\leqslant 1$。

需要说明的是，除了电压反射系数，也可以定义电流反射系数，但是在实际用得较多、又便于测量的是电压反射系数。因此，若无特别说明，后面用到的“反射系数”均指电压反射系数。

负载处的电压反射系数可以推广到线上任意点处，传输线上任意一点 $l$ 处的反射波电压与入射波电压之比定义为该处向负载看去的电压反射系数，有

$$\Gamma(l)=\frac{V^-(l)}{V^+(l)}=\frac{V_0^+\Gamma_0\mathrm{e}^{-\mathrm{j}\beta l}}{V_0^+\mathrm{e}^{\mathrm{j}\beta l}}=\Gamma_0\mathrm{e}^{-\mathrm{j}2\beta l} \tag{4.22}$$

该式是很有用的，可以将负载处的反射变换到传输线上任意一点 $l$ 处的反射；反之亦然。

由于 $|\Gamma(l)|=|\Gamma_0|$，因此无耗传输线上各点的反射系数大小相等，并且等于负载处电压反射系数大小，即传输线上任意点电压反射系数的大小不变。而反射系数相角随距离 $l$ 增加呈现 $-2\beta l$ 规律滞后，当传输线上每移动 $\lambda/2$ 距离时，相角改变 $2\pi$，因此电压反射系数沿传输线呈现周期性变化，周期为 $\lambda/2$。

### 4.2.2 电压驻波比

将式(4.21)代入式(4.20),可得线上的总电压和总电流为

$$V(l)=V_0^+(\mathrm{e}^{\mathrm{j}\beta l}+\Gamma_0\mathrm{e}^{-\mathrm{j}\beta l}) \tag{4.23a}$$

$$I(l)=\frac{V_0^+}{Z_c}(\mathrm{e}^{\mathrm{j}\beta l}-\Gamma_0\mathrm{e}^{-\mathrm{j}\beta l}) \tag{4.23b}$$

从这些表达式可以看出,线上的电压和电流是入射波和反射波的叠加。只有 $\Gamma_0=0$ 时,才不会有反射波,而且线上的电压幅度 $|V(l)|=|V_0^+|$ 为常数。然而,当 $\Gamma_0\neq 0$ 时,线上存在反射波,导致线上的电压幅度不是常数。因此,由式(4.23a)可得

$$|V(l)|=|V_0^+||1+\Gamma_0\mathrm{e}^{-\mathrm{j}2\beta l}|=|V_0^+||1+|\Gamma_0|\mathrm{e}^{\mathrm{j}(\phi_0-2\beta l)}| \tag{4.24}$$

这个结果表明,电压幅度沿着传输线随着距离 $l$ 起伏变化。当相位项 $\mathrm{e}^{\mathrm{j}(\phi_0-2\beta l)}=1$ 时,电压幅度出现最大值,有

$$V_{\max}=|V_0^+|(1+|\Gamma_0|) \tag{4.25a}$$

当相位项 $\mathrm{e}^{\mathrm{j}(\phi_0-2\beta l)}=-1$ 时,电压幅度出现最小值,有

$$V_{\min}=|V_0^+|(1-|\Gamma_0|) \tag{4.25b}$$

当 $|\Gamma_0|=0$ 时,$V_{\max}=V_{\min}$。当 $|\Gamma_0|$ 增加时,$V_{\max}$ 与 $V_{\min}$ 之比增加,因此 $V_{\max}$ 与 $V_{\min}$ 之比可以度量传输线上反射的大小,称为电压驻波比(Voltage Standing Wave Ratio,VSWR,简称驻波比)。其可以定义为

$$\rho=\frac{V_{\max}}{V_{\min}}=\frac{1+|\Gamma_0|}{1-|\Gamma_0|} \tag{4.26}$$

显然,驻波比是实数,在无耗传输线上驻波比处处相等。由于 $0\leqslant|\Gamma_0|\leqslant 1$,驻波比变化范围是 $1\leqslant\rho\leqslant\infty$。$\rho=1$,意味着无反射,$|\Gamma_0|=0$;$\rho=\infty$,意味着全反射,$|\Gamma_0|=1$。

由式(4.26)可得到反射系数的幅度,即

$$|\Gamma_0|=\frac{\rho-1}{\rho+1} \tag{4.27}$$

### 4.2.3 输入阻抗

线上的电压幅度是随着线上位置而起伏变化的,因此线上向负载方向看到的阻抗必定随位置变化。在距离负载 $l$ 处,向负载看去的输入阻抗定义为传输线上 $l$ 处的总电压与总电流之比,即

$$Z_{\mathrm{in}}(l)=\frac{V(l)}{I(l)}=Z_c\frac{V_0^+(\mathrm{e}^{\mathrm{j}\beta l}+\Gamma_0\mathrm{e}^{-\mathrm{j}\beta l})}{V_0^+(\mathrm{e}^{\mathrm{j}\beta l}-\Gamma_0\mathrm{e}^{-\mathrm{j}\beta l})}=Z_c\frac{1+\Gamma_0\mathrm{e}^{-\mathrm{j}2\beta l}}{1-\Gamma_0\mathrm{e}^{-\mathrm{j}2\beta l}} \tag{4.28}$$

式中:$V(l)$和 $I(l)$已经运用了式(4.23)。一个更有用的结果可以通过在式(4.28)中应用 $\Gamma_0$ 的表达式(4.21)得到,即

$$\begin{aligned}Z_{\mathrm{in}}(l)&=Z_c\frac{(Z_L+Z_c)\mathrm{e}^{\mathrm{j}\beta l}+(Z_L-Z_c)\mathrm{e}^{-\mathrm{j}\beta l}}{(Z_L+Z_c)\mathrm{e}^{\mathrm{j}\beta l}-(Z_L-Z_c)\mathrm{e}^{-\mathrm{j}\beta l}}\\&=Z_c\frac{Z_L\cos(\beta l)+\mathrm{j}Z_c\sin(\beta l)}{Z_c\cos(\beta l)+\mathrm{j}Z_L\sin(\beta l)}\\&=Z_c\frac{Z_L+\mathrm{j}Z_c\tan(\beta l)}{Z_c+\mathrm{j}Z_L\tan(\beta l)}\end{aligned} \tag{4.29}$$

这是一个非常重要的结论,输入阻抗由负载阻抗 $Z_L$ 及特性阻抗 $Z_c$、相移常数 $\beta$ 和传输线上该点到负载的距离 $l$ 三个传输线参数来决定,它给出了任意负载阻抗 $Z_L$ 经过一段长度为 $l$ 的传输线变换后的输入阻抗。这一结果称为传输线阻抗方程。下一节将具体考虑一些特殊情况。

通过在式(4.28)中应用 $\Gamma(l)$ 的表达式(4.22),可以得到输入阻抗与反射系数之间的关系表达式

$$Z_{in}(l)=Z_0\frac{1+\Gamma(l)}{1-\Gamma(l)} \tag{4.30a}$$

或

$$\Gamma(l)=\frac{Z_{in}(l)-Z_0}{Z_{in}(l)+Z_0} \tag{4.30b}$$

除了输入阻抗之外,还常用到输入导纳。输入导纳与输入阻抗互为倒数,由式(4.29)可得输入导纳为

$$Y_{in}(l)=\frac{1}{Z_{in}(l)}=Y_c\frac{Y_L+jY_c\tan(\beta l)}{Y_c+jY_L\tan(\beta l)} \tag{4.31}$$

式中:$Y_c=1/Z_c$,为传输线的特性导纳;$Y_L=1/Z_L$,为负载导纳。

### 4.2.4 传输功率

传输线上任意一点 $l$ 处的平均传输功率为

$$P_{av}=\frac{1}{2}\text{Re}[V(l)I^*(l)] \tag{4.32}$$

将式(4.23)代入上式,可得传输线上任意一点 $l$ 处的平均传输功率为

$$P_{av}=\frac{1}{2}\frac{|V_0^+|^2}{Z_c}\text{Re}[1+\Gamma_0 e^{-j2\beta l}-\Gamma_0^* e^{j2\beta l}-|\Gamma_0|^2]$$

式中括号中间两项有形式 $A-A^*=2j\text{Im}(A)$,是纯虚数,因此上式可以简化为

$$P_{av}=\frac{1}{2}\frac{|V_0^+|^2}{Z_c}(1-|\Gamma_0|^2) \tag{4.33}$$

式中:$|V_0^+|^2/2Z_c$ 是入射功率 $P^+$;$|V_0^+|^2|\Gamma_0|^2/2Z_c$ 是反射功率 $P^-$。这表明,线上任意一点的平均传输功率是常数,并且平均传输功率等于入射功率与反射功率之差,即 $P_{av}=P^+-P^-$。该平均功率传送到负载,被负载全部吸收,因此负载的吸收功率 $P_L$ 就是线上的传输功率,也等于入射功率与反射功率之差,即 $P_L=P_{av}=P^+-P^-$。若 $\Gamma_0=0$,则负载吸收的功率最大;若 $|\Gamma_0|=1$,则负载不吸收功率,全部入射功率被反射回去。上述讨论已经假设 $z<0$ 区域的传输线是无限长的,因而没有反射波的再反射。

当传输线上存在反射时,不是全部的入射功率都传给了负载。这种反射引起的"损耗"称为回波损耗(RL)。回波损耗定义为

$$\text{RL}=10\lg\frac{P^+}{P^-}=-20\lg|\Gamma_0|\ (\text{dB}) \tag{4.34}$$

因此,当 $\Gamma_0=0$ 时,具有 $\infty$dB 的回波损耗(无反射功率);当 $|\Gamma_0|=1$ 时,具有 0dB 的回波损耗(所有的入射功率都被反射回去)。

**例 4.2** 短线输入阻抗的计算。

传输线的长度远小于波长,即 $l\ll\lambda$,通常称为"短线"。当端接负载阻抗 $Z_L$ 时,求其输入阻抗。

**解**：由于 $l \ll \lambda$，有 $\beta l = 2\pi l/\lambda \to 0$，因此 $\tan\beta l \to 0$，由式(4.29)得到 $Z_{\text{in}} = Z_{\text{L}}$，它与传输线的特性阻抗 $Z_{\text{c}}$ 和相移常数 $\beta$ 无关。该结果与低频电路理论一致，这是由于在低频情况下，波长很长，大部分传输线可以认为是"短线"，不必考虑其传输线长度。

有了端接负载的无耗传输线的分析基础，本节最后分析端接源和负载的有限长传输线段的传输问题。这时，源阻抗可能与传输线阻抗不匹配，从负载反射回来的反射波会被再次反射，因此传输线上可能存在多次反射。下面通过例题说明这个问题。

**例 4.3**　端接源和负载的有限长传输线的计算。

已知无耗均匀空气填充的 TEM 传输线，特性阻抗 $Z_{\text{c}} = 50\Omega$，长度 $L = 12.5\text{cm}$。左端接匹配微波源，源内阻 $Z_{\text{g}} = 50\Omega$，电压 $E_{\text{g}} = 20\text{V}$（振幅值），频率 $f = 3\text{GHz}$，右端接负载，负载阻抗 $Z_{\text{L}} = 50 + \text{j}100\Omega$，如图 4.4(a)所示。试求：

(1) 终端反射系数 $\Gamma_0$；

(2) $z = L$ 处向负载看的输入阻抗 $Z_{\text{in}}(L)$、反射系数 $\Gamma(L)$、电压驻波比 $\rho$；

(3) 负载吸收的功率 $P_{\text{L}}$。

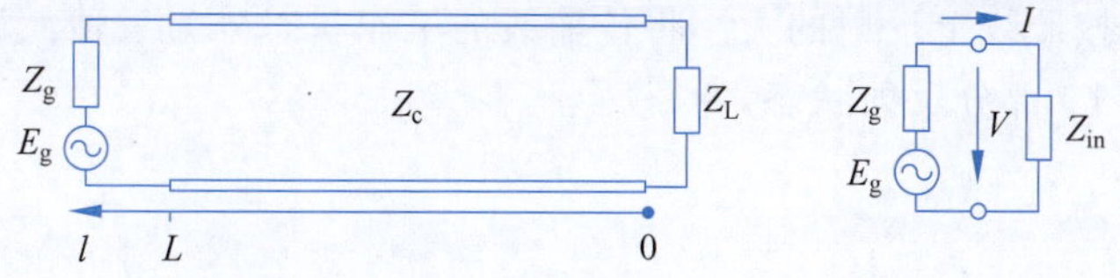


(a) 端接源和负载的传输线问题　　(b) 源端等效电路

图 4.4　端接源和负载的传输线计算

**解**：(1) 传输线的波长为

$$\lambda = v_{\text{p}}/f = c/f = \frac{3\times 10^8}{3\times 10^9} = 0.1(\text{m})$$

传输线的相移常数为

$$\beta = 2\pi/\lambda = 2\pi/0.1 = 20\pi(\text{rad/m})$$

终端处反射系数为

$$\Gamma_0 = \frac{Z_{\text{L}} - Z_{\text{c}}}{Z_{\text{L}} + Z_{\text{c}}} = \frac{1+\text{j}}{2} = \frac{\sqrt{2}}{2}\text{e}^{\text{j}\frac{\pi}{4}}$$

(2) 输入阻抗为

$$Z_{\text{in}}(L) = Z_{\text{c}}\frac{Z_{\text{L}} + \text{j}Z_{\text{c}}\tan(\beta L)}{Z_{\text{c}} + \text{j}Z_{\text{L}}\tan(\beta L)} = Z_{\text{c}}\frac{Z_{\text{L}} + \text{j}Z_{\text{c}}\tan\left(\frac{5\pi}{2}\right)}{Z_{\text{c}} + \text{j}Z_{\text{L}}\tan\left(\frac{5\pi}{2}\right)} = \frac{Z_{\text{c}}^2}{Z_{\text{L}}} = 10 - \text{j}20\Omega$$

反射系数为

$$\Gamma(L) = \frac{Z_{\text{in}} - Z_{\text{c}}}{Z_{\text{in}} + Z_{\text{c}}} = -0.5 - \text{j}0.5$$

电压驻波比为

$$\rho = \frac{1 + |\Gamma_0|}{1 - |\Gamma_0|} = 3 + 2\sqrt{2} \approx 5.83$$

(3) 负载吸收的功率为

$$P_{\text{L}} = P_{\text{av}} = \frac{1}{2}\frac{|V_0^+|^2}{Z_{\text{c}}}(1 - |\Gamma_0|^2)$$

因此，需要求 $V_0^+$。$z = L$ 处向负载看的输入阻抗 $Z_{\text{in}}$，其等效电路如图 4.4(b)所示，因此输入

阻抗 $Z_{in}$ 两端总电压为

$$V(L)=\frac{E_g Z_{in}}{Z_g+Z_{in}}=V^+\ [1+\Gamma(L)]=5-j5V$$

得到 $V^+(L)=10V$。因为 $V_0^+=V^+(L)e^{-j\beta L}$，所以负载吸收的平均功率为

$$P_L=\frac{1}{2}\times\frac{10^2}{50}\left(1-\frac{1}{2}\right)=0.5(W)$$

## 4.3 无耗传输线的工作状态

波的反射是传输线最基本的物理现象。为了描述端接任意负载 $Z_L$ 的无耗传输线上的反射状态，4.2 节定义了反射系数、驻波比、输入阻抗、传输功率等状态参数。当无耗传输线的特性参数 $Z_c$、$\beta$ 给定时，这些状态参数与负载阻抗 $Z_L$ 和线上位置 $l$ 有关。本节具体讨论端接不同负载阻抗时传输线不同位置处的波反射和分布状态，特别是一些特殊的负载阻抗和特殊位置的情况。

为了便于分析，按照线上反射的大小将传输线的工作状态分为三种：无反射状态，$\Gamma_0=0$；全反射状态，$|\Gamma_0|=1$；部分反射状态，$0<|\Gamma_0|<1$。

### 4.3.1 无反射状态

对于传输线的无反射状态，$\Gamma_0=0$。为了得到 $\Gamma_0=0$，由式(4.21)可以看出，负载阻抗 $Z_L$ 必须等于传输线的特性阻抗 $Z_c$，即 $Z_L=Z_c$。这样的负载称为传输线的匹配负载，这种工作状态称为匹配状态。由式(4.26)可知匹配状态的驻波比 $\rho=1$，由式(4.33)可知负载吸收全部的入射功率 $P_L=P^+$。

当负载与线匹配时，由式(4.23)可得传输线上电压和电流分别为

$$V(z)=V_0^+e^{-j\beta z}=V_0^+e^{j\beta l} \tag{4.35a}$$

$$I(z)=\frac{V_0^+}{Z_c}e^{-j\beta z}=\frac{V_0^+}{Z_c}e^{j\beta l} \tag{4.35b}$$

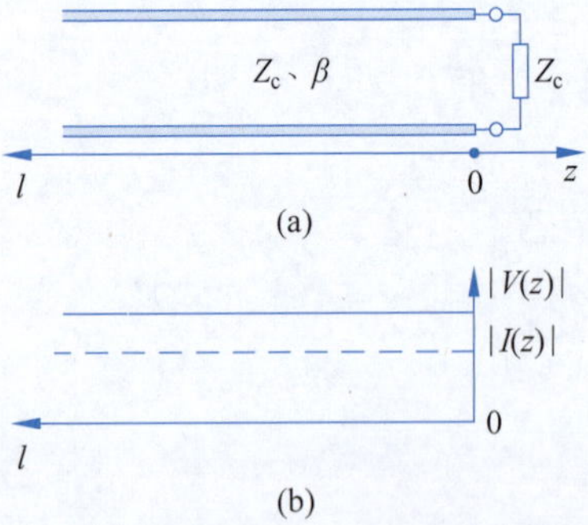

图 4.5 行波状态下的电压、电流分布

传输线上只有从源向负载方向传输的入射行波，这种状态也称为行波状态。电压、电流的振幅处处相等，即

$$|V(z)|=|V_0^+|,\quad |I(z)|=|V_0^+|/Z_c$$

其相位随 $z$ 增大而连续滞后，如图 4.5 所示。

由式(4.29)可得到传输线上任意点的输入阻抗均等于特性阻抗，即

$$Z_{in}(z)=Z_c \tag{4.36}$$

此时输入阻抗与线上位置无关，传输线的长度和传播常数不影响输入阻抗。

匹配状态是一种微波工程中追求的理想状态，但在实际的微波工程中传输线上或多或少存在反射，通常小于或等于给定的驻波比值。例如，雷达天线端口驻波比通常 $\rho\leqslant 1.5$。

### 4.3.2 全反射状态

由式(4.21)可知，当传输线终端短路($Z_L=0$)、开路($Z_L=\infty$)或接有纯电抗性负载($Z_L=jX$)时，传输线上 $|\Gamma_0|=1$。此时传送到负载的入射功率被全反射，负载不吸收功率，线上驻波

比 $\rho=\infty$，传输线处于全反射状态。

下面具体讨论三种负载情况下的全反射状态。

1. 短路线

传输线的终端是短路的，即 $Z_L=0$，如图 4.6(a)所示。由式(4.21)可知，$\Gamma_0=-1$，将其代入式(4.23)，可得传输线上任意位置 $l$ 处的电压和电流分别为

$$V(l)=V_0^+(e^{j\beta l}-e^{-j\beta l})=2jV_0^+\sin(\beta l) \tag{4.37a}$$

$$I(l)=\frac{V_0^+}{Z_c}(e^{j\beta l}+e^{-j\beta l})=\frac{2V_0^+}{Z_c}\cos(\beta l) \tag{4.37b}$$

上式表明，在负载处，$V(0)=0$，而电流是最大值。对于短路负载，这是预料之中的。

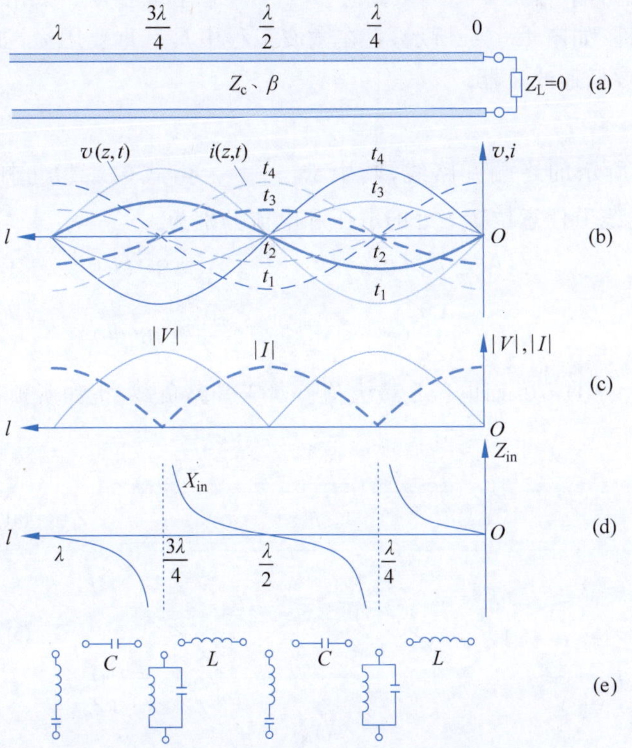


图 4.6　短路线上电压、电流及输入阻抗的分布

短路线上电压和电流的瞬时值为

$$v(l,t)=\mathrm{Re}[V(l)e^{j\omega t}]=2\mid V_0^+\mid\sin(\beta l)\cos(\omega t+\phi_0+\pi/2) \tag{4.38a}$$

$$i(l,t)=\mathrm{Re}[I(l)e^{j\omega t}]=2\frac{\mid V_0^+\mid}{Z_c}\cos(\beta l)\cos(\omega t+\phi_0) \tag{4.38b}$$

式中：$V_0^+=|V_0^+|e^{j\phi_0}$。

简便起见，假设 $\phi_0=0$。根据式(4.38)可画出短路线上电压、电流瞬时值分布曲线，如图 4.6(b)所示。可见，电压、电流瞬时值沿传输线呈正弦或余弦分布，电压与电流相位相差 $\pi/2$。随着时间 $t$ 的变化，波仅在原地上下振动，而不沿传输线传输，是停驻不动的，因而这种波称为纯驻波，全反射状态又称为纯驻波状态。

由式(4.37)可知，电压、电流的振幅分别为

$$|V(l)|=2|V_0^+||\sin(\beta l)|,\quad |I(l)|=2|V_0^+|/Z_c|\cos(\beta l)|$$

振幅分布曲线如图 4.6(c)所示。在 $\beta l=n\pi$,即 $l=n\lambda/2(n=0,1,2,\cdots)$的点处电压振幅为零,电流振幅具有最大值 $I_{\max}=2|V_0^+|/Z_c$,这些点称为电压波节点、电流波腹点;在 $\beta l=\pi/2+n\pi$,即 $l=(2n+1)\lambda/4(n=0,1,2,\cdots)$的点处电压振幅具有最大值 $V_{\max}=2|V_0^+|$,而电流振幅为零,这些点称为电压波腹点、电流波节点。

由式(4.29)或式(4.37)的比值 $V(l)/I(l)$,可得短路线的输入阻抗为

$$Z_{in}(l)=\mathrm{j}Z_c\tan(\beta l) \tag{4.39}$$

可以看到,对任意长度 $l$,短路线的输入阻抗都是纯电抗 $\mathrm{j}X_{in}$,而且可取 $+\mathrm{j}\infty\sim-\mathrm{j}\infty$ 的所有电抗值,如图 4.6(d)所示。例如,当 $l=n\lambda/2(n=0,1,2,\cdots)$时,$X_{in}=0$,它呈现串联 $LC$ 谐振特性;当 $l=(2n+1)\lambda/4(n=0,1,2,\cdots)$时,$X_{in}=\infty$,它呈现并联 $LC$ 谐振特性;当 $0<l<\lambda/4$ 时,$X_{in}>0$,它呈现感性;当 $\lambda/4<l<\lambda/2$ 时,$X_{in}<0$,它呈现容性。根据这个特点,可用短路线实现各种电抗元件,如图 4.6(e)所示,它在微波工程中具有重要用途,如利用短路线实现单枝节阻抗匹配及微波低通滤波器。

## 2. 开路线

考察图 4.7(a)所示的终端开路线,其中 $Z_L=\infty$。由式(4.21)可知,$\Gamma_0=1$,将其代入式(4.23),可得传输线上任意位置 $l$ 处的电压和电流分别为

$$V(l)=V_0^+(\mathrm{e}^{\mathrm{j}\beta l}+\mathrm{e}^{-\mathrm{j}\beta l})=2V_0^+\cos(\beta l) \tag{4.40a}$$

$$I(l)=\frac{V_0^+}{Z_c}(\mathrm{e}^{\mathrm{j}\beta l}-\mathrm{e}^{-\mathrm{j}\beta l})=\frac{2\mathrm{j}V_0^+}{Z_c}\sin(\beta l) \tag{4.40b}$$

上式表明,在负载处 $I(0)=0$,而电压是最大值。对于开路负载,正如所预料的那样。

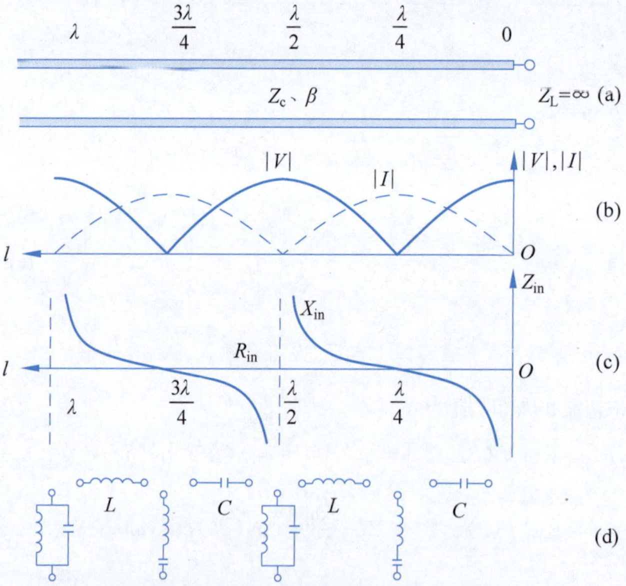


图 4.7 开路线上电压、电流及输入阻抗的分布

开路线上电压、电流如短路线类似,它们沿传输线呈正弦或余弦分布,电压与电流相位相差 $\pi/2$。随着时间 $t$ 的变化,波不沿传输线传输,是停驻不动的,也是纯驻波。由式(4.40)可知,电压、电流的振幅分别为

$$|V(l)|=2|V_0^+||\cos(\beta l)|,\quad |I(l)|=2|V_0^+|/Z_c|\sin(\beta l)|$$

振幅分布曲线如图 4.7(b)所示。在 $l=n\lambda/2(n=0,1,2,\cdots)$的点处电压振幅具有最大值 $V_{\max}=$

$2|V_0^+|$，电流振幅为零，这些点称为电压波腹点、电流波节点；在 $\beta l=\pi/2+n\pi$，即 $l=(2n+1)\lambda/4(n=0,1,2,\cdots)$ 的点处电压振幅为零，而电流振幅具有最大值 $I_{\max}=2|V_0^+|/Z_c$，这些点称为电压波节点、电流波腹点。

由式(4.29)或者式(4.40)的比值 $V(l)/I(l)$，可得开路线的输入阻抗为

$$Z_{in}(l)=-jZ_c\cot(\beta l) \tag{4.41}$$

可以看到，对任意长度 $l$，开路线的输入阻抗也都是纯电抗 $jX_{in}$，而且可取 $+j\infty\sim-j\infty$ 的所有电抗值，如图 4.7(c)所示。例如，当 $l=(2n+1)\lambda/4(n=0,1,2,\cdots)$ 时，$X_{in}=0$，它呈现串联 $LC$ 谐振特性；当 $l=n\lambda/2(n=0,1,2,\cdots)$ 时，$X_{in}=\infty$，它呈现并联 $LC$ 谐振特性；当 $0<l<\lambda/4$ 时，$X_{in}<0$，它呈现容性；当 $\lambda/4<l<\lambda/2$ 时，$X_{in}>0$，它呈现感性。根据这个特点，用开路线也可实现各种电抗元件，如图 4.7(d)所示，它在微波工程中具有重要用途，如利用开路线实现单枝节阻抗匹配以及微波低通滤波器。

### 3. 端接纯电抗

传输线终端接有纯电抗负载，即 $Z_L=jX_L$，如图 4.8 所示。由前面分析可知，短路线和开路线的输入阻抗都是 $-j\infty\sim+j\infty$ 的纯电抗，因此纯电抗负载可以用一段长度为 $l$ 的短路线或开路线来实现，即 $Z_{in}(l)=jX_L$。只需将短路线或开路线电压、电流及输入阻抗分布曲线图的坐标原点向源方向移动距离 $l$，就可得到端接纯电抗负载的传输线上电压、电流及输入阻抗分布曲线。

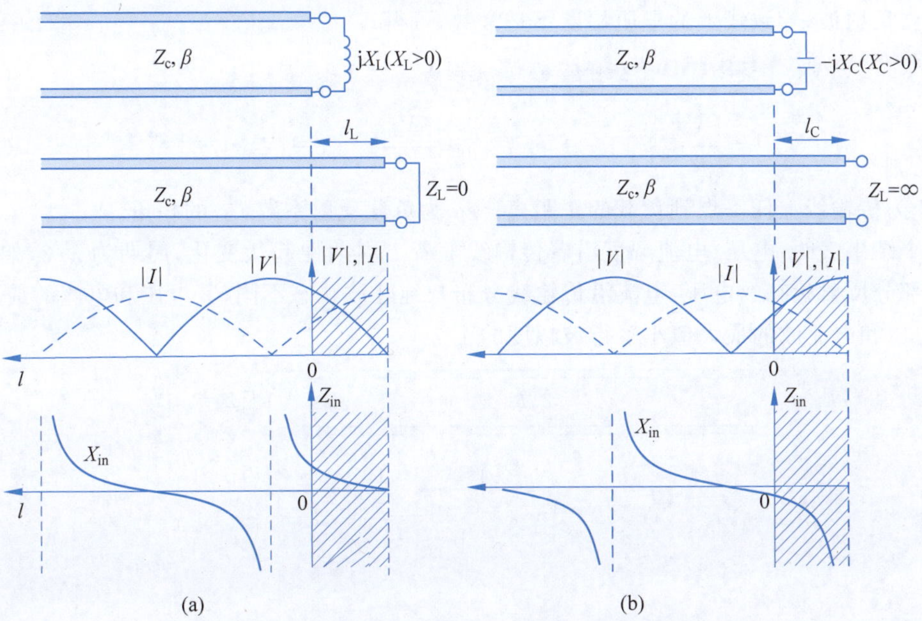


图 4.8　端接纯电抗负载时电压、电流及输入阻抗的分布

当传输线终端接纯电感性负载 $Z_L=jX_L(X_L>0)$ 时，通常用短路线来实现，如图 4.8(a)所示，这样传输线段长度 $l_L$ 最短，$0<l_L<\lambda/4$，由式(4.39)可以得到

$$l_L=\frac{\lambda}{2\pi}\arctan\frac{X_L}{Z_c}$$

当传输线终端接纯电容性负载 $Z_L=-jX_C(X_C>0)$ 时，通常用开路线来实现，如图 4.8(b)所示，这样传输线段长度 $l_C$ 最短，$0<l_C<\lambda/4$，由式(4.41)可以得到

$$l_C=\frac{\lambda}{2\pi}\text{arccot}\frac{X_L}{Z_c}$$

### 4.3.3 部分反射状态

若传输线终端接有复阻抗 $Z_L=R_L+jX_L$，并且 $Z_L\neq Z_c,0,\infty,jX$，此时 $0<|\Gamma_0|<1,1<\rho<\infty$，从源传向负载的功率一部分被负载所吸收，另一部分被反射，传输线处于部分反射状态。

由式(4.23a)可以得到传输线上电压为

$$\begin{aligned}V(l)&=V_0^+e^{j\beta l}+V_0^+\Gamma_0e^{-j\beta l}\\&=V_0^+e^{j\beta l}-V_0^+\Gamma_0e^{j\beta l}+V_0^+\Gamma_0e^{j\beta l}+V_0^+\Gamma_0e^{-j\beta l}\\&=V_0^+(1-\Gamma_0)e^{j\beta l}+2V_0^+\Gamma_0\cos\beta l\end{aligned}$$

可以看出，上式等号右边第一项表示由源传向负载的行波，第二项是纯驻波。这表明，部分反射的传输线上电压是行波和纯驻波的叠加，电流也如此，因此传输线的部分反射状态又称为行驻波状态。

1. 波腹点和波节点

将式(4.21)代入式(4.20)，可得线上的总电压和总电流为

$$V(l)=V_0^+(e^{j\beta l}+\Gamma_0e^{-j\beta l}) \tag{4.42a}$$

$$I(l)=\frac{V_0^+}{Z_c}(e^{j\beta l}-\Gamma_0e^{-j\beta l}) \tag{4.42b}$$

线上存在反射波，导致线上的电压幅度不是常数，可得

$$|V(l)|=|V_0^+||1+\Gamma_0e^{-j2\beta l}|=|V_0^+||1+|\Gamma_0|e^{-j(2\beta l-\phi_0)}| \tag{4.43a}$$

$$|I(l)|=\frac{|V_0^+|}{Z_c}|1-\Gamma_0e^{-j2\beta l}|=\frac{|V_0^+|}{Z_c}|1-|\Gamma_0|e^{-j(2\beta l-\phi_0)}| \tag{4.43b}$$

式中：$l$ 为传输线上任一点到负载的正距离；$\phi_0$ 为负载反射系数 $\Gamma_0$ 的相角。

这个结果表明，电压、电流幅度沿着传输线随着 $l$ 周期性起伏变化，周期为 $\lambda/2$，如图 4.9 所示。部分反射状态的电压、电流沿传输线分布与纯驻波状态不同，其电压和电流的最小值大于零，电压和电流波的最大值小于行波幅度的 1/2。

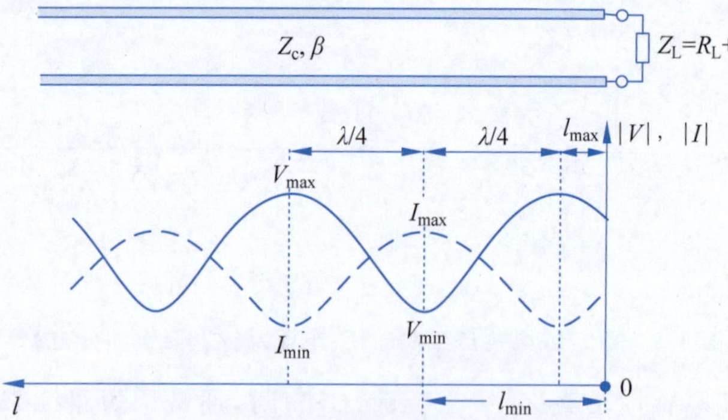


图 4.9 部分反射时线上电压、电流振幅的分布

由式(4.43)可知，当 $2\beta l-\phi_0=2n\pi(n=0,1,2,\cdots)$ 时，电压幅度有最大值，而电流幅度有最小值，分别为

$$V_{max}=|V_0^+|(1+|\Gamma_0|) \tag{4.44a}$$

$$I_{min}=\frac{|V_0^+|}{Z_0}(1-|\Gamma_0|) \tag{4.44b}$$

电压幅度最大值所处的传输线位置称为电压波腹点，电流幅度最小值所处的传输线位置称为电流波节点，显然电压波腹点和电流波节点在同一位置，该位置到负载的距离 $l=l_{\max}$，很容易得到

$$l_{\max}=\frac{\phi_0\lambda}{4\pi}+\frac{n\lambda}{2}\quad (n=0,1,2,\cdots) \tag{4.45}$$

由式(4.43)可知，当 $2\beta l-\phi_0=(2n+1)\pi(n=0,1,2,\cdots)$时，电压幅度有最小值，而电流幅度有最大值，分别为

$$V_{\min}=|V_0^+|(1-|\Gamma_0|) \tag{4.46a}$$

$$I_{\max}=\frac{|V_0^+|}{Z_c}(1+|\Gamma_0|) \tag{4.46b}$$

电压波节点和电流波腹点到负载的距离 $l=l_{\min}$，很容易得到

$$l_{\min}=\frac{\phi_0\lambda}{4\pi}+\frac{(2n+1)\lambda}{4}\quad (n=0,1,2,\cdots) \tag{4.47}$$

可以看出，电压波腹点(电流波腹点)与电压波节点(电流波节点)相距 $\lambda/4$，或者说，在空间上相位差 $\pi/2$。

### 2. 输入阻抗变化

先考虑一些特定长度的端接负载 $Z_L$ 传输线的输入阻抗 $Z_{in}$。

若 $l=\lambda/2$，或更一般的有 $l=n\lambda/2(n=0,1,2,\cdots)$，则式(4.29)传输线阻抗方程表明

$$Z_{in}=Z_L \tag{4.48}$$

可以看出，输入阻抗与传输线特性阻抗无关。这意味着，无论该传输线特性阻抗是多少，$\lambda/2$(或 $\lambda/2$ 的任意整数倍)传输线不改变或不变换负载阻抗，即 $\lambda/2$ 传输线具有“阻抗搬移”功能。

若 $l=\lambda/4$，或更一般的有 $l=\lambda/4+n\lambda/2(n=0,1,2,\cdots)$，则式(4.29)传输线阻抗方程表明

$$Z_{in}=\frac{Z_c^2}{Z_L} \tag{4.49}$$

可以看出，输入阻抗依赖传输线特性阻抗，并且它具有以倒数方式变换负载阻抗的作用，因此 $\lambda/4$ 传输线段具有“阻抗变换”功能，这样的传输线段称为 $\lambda/4$ 阻抗变换器。$\lambda/4$ 变换器在微波工程中有重要用途，如阻抗匹配及功率分配器、定向耦合器等微波器件中有广泛应用。本节前面讲到的短路线(或开路线)每隔 $\lambda/4$ 波长将短路(或开路)变换成开路(或短路)，就是其特例情况。

若 $l=l_{\max}$，或更一般地有 $l=l_{\max}+n\lambda/2(n=0,1,2,\cdots)$，则电压波腹点处电压幅度有最大值，电流幅度有最小值，由式(4.44)可得电压波腹点的输入阻抗为

$$Z_{in}(l_{\max})=\frac{V_{\max}}{I_{\min}}=Z_c\frac{1+|\Gamma_0|}{1-|\Gamma_0|}=\rho Z_c \tag{4.50a}$$

可以看出，电压波腹点的输入阻抗是实数，表现纯电阻特性，并且等于传输线特性阻抗的 $\rho$ 倍。

若 $l=l_{\min}$，或更一般地有 $l=l_{\min}+n\lambda/2(n=0,1,2,\cdots)$，则电压波节点处电压幅度有最小值，电流幅度有最大值，由式(4.46)得电压波腹点的输入阻抗为

$$Z_{in}(l_{\min})=\frac{V_{\min}}{I_{\max}}=Z_c\frac{1-|\Gamma_0|}{1+|\Gamma_0|}=Z_c/\rho \tag{4.50b}$$

可以看出，电压波节点的输入阻抗是实数，表现纯电阻特性，并且等于传输线特性阻抗除以 $\rho$。

以上特定长度的端接传输线在微波工程中有重要用途。下面再考虑部分反射状态的输入

阻抗沿传输线的一般分布情况，其输入阻抗由式(4.29)可表示成

$$Z_{in}(l)=Z_c\frac{Z_L+jZ_c\tan(\beta l)}{Z_c+jZ_L\tan(\beta l)}=R_{in}(l)+jX_{in}(l) \tag{4.51}$$

由式(4.51)，采用科学计算软件可以方便地绘制出传输线输入阻抗的实部 $R_{in}$、虚部 $X_{in}$ 和模值 $|Z_{in}|$ 沿传输线的分布曲线，如图 4.10 所示。从图可以看出，输入阻抗有如下分布特点。

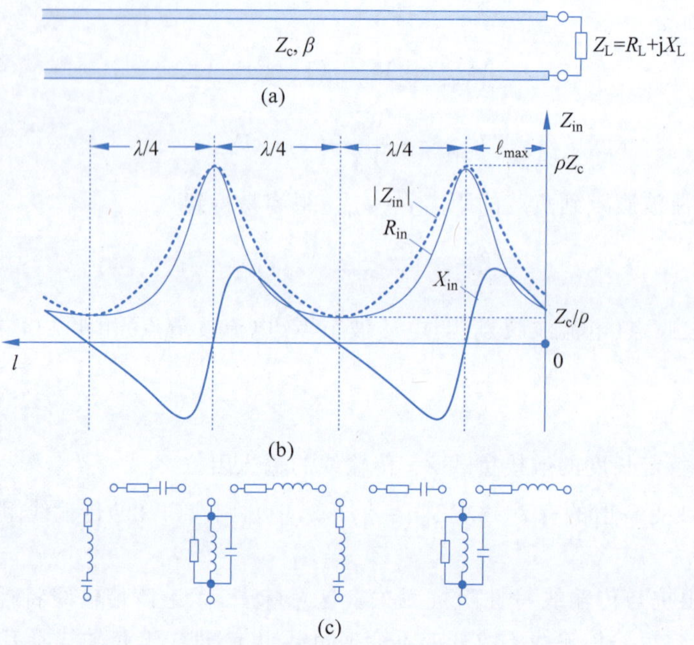


图 4.10　部分反射时线上输入阻抗的分布

(1) 电压波腹点处的输入阻抗只有纯电阻，电抗为零，电阻最大，即 $Z_{in}=\rho Z_0$，等效为并联 $RLC$ 谐振电路；电压波节点处的输入阻抗也只有纯电阻，电抗为零，电阻最小，即 $Z_{in}=Z_0/\rho$，等效为串联 $RLC$ 谐振电路。

(2) 输入阻抗沿传输呈线周期分布，周期为 $\lambda/2$。传输线上每隔 $\lambda/2$ 输入阻抗重复一次，即 $\lambda/2$ 传输线具有阻抗搬移功能。

(3) 传输线上每隔 $\lambda/4$ 输入阻抗变换一次，容性(感性)阻抗变换成感性(容性)阻抗，串联(并联)$RLC$ 谐振电路变换成并联(串联)$RLC$ 谐振电路，即 $\lambda/4$ 传输线具有阻抗变换功能。

**例 4.4**　负载阻抗的计算。

用特性阻抗 $Z_c=100\Omega$ 的微波测量线完成负载阻抗测量。已知两相邻电压最小值间距为 40mm，第一个电压最小值与负载的距离为 30mm，负载的驻波比 $\rho=3.0$，求未知负载 $Z_L$。

**解：** 由于电压波节点之间距离为 $\lambda/2$，因此波导波长为

$$\lambda=2\times 40=80(\text{mm})$$

由电压驻波比可得到反射系数模值为

$$|\Gamma_0|=\frac{\rho-1}{\rho+1}=0.5$$

由第一个波节点位置 $2\beta l_{min}-\phi_0=\pi$，得到

$$\phi_0=\frac{2\times 2\pi}{\lambda}\times 0.375\lambda-\pi=0.5\pi$$

因此反射系数为

$$\Gamma_0 = 0.5e^{j\pi/2} = j0.5$$

故而由反射系数与负载阻抗关系式可得

$$Z_L = Z_c \frac{1+\Gamma_0}{1-\Gamma_0} = 60 + j80\Omega$$

**例 4.5** 不同特性阻抗的两段传输线级联。

如图 4.11 所示，特性阻抗为 $Z_{c1}$ 的半无限长传输线与特性阻抗为 $Z_{c2}$ 的半无限长传输线在 $z=0$ 处相连，求 $z=0$ 处的反射系数 $\Gamma$ 和传输系数 $T$。

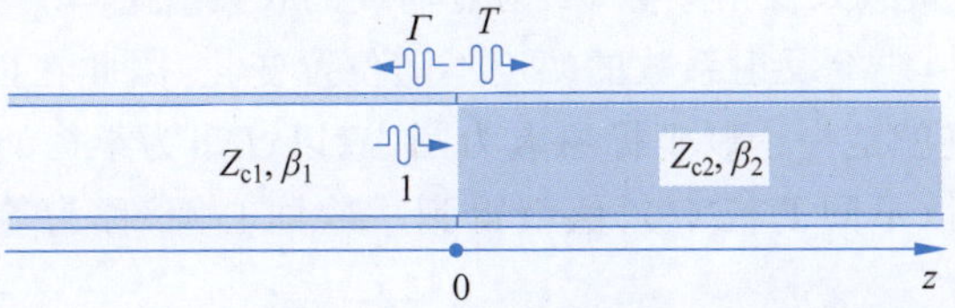


图 4.11　不同特性阻抗的两段传输线在连接处的反射和传输

**解：**(1) 由于传输线 $Z_{c2}$ 无限长，没有反射来自其终端，相当于匹配状态，于是在 $z=0$ 处向传输线 $Z_{c2}$ 看到的输入阻抗就是其特性阻抗，即 $Z_{in}=Z_{c2}$。该输入阻抗可以认为是传输线 $Z_{c1}$ 的负载，即 $Z_L=Z_{in}=Z_{c2}$，因此 $z=0$ 处的反射系数为

$$\Gamma = \frac{Z_{in}-Z_{c1}}{Z_{in}+Z_{c1}} = \frac{Z_{c2}-Z_{c1}}{Z_{c2}+Z_{c1}}$$

(2) 在 $z=0$ 处，入射波电压 $V_0^+$ 的一部分波被反射回来，反射电压 $V_0^- = \Gamma V_0^+$；另一部分波传输到了 $Z_{c2}$ 传输线上，其电压幅度由传输系数 $T$ 给出，即 $V_0^t = TV_0^+$。这样，得到 $z<0$ 处的电压波为

$$V(z) = V_0^+(e^{-j\beta_1 z} + \Gamma e^{j\beta_1 z})$$

在 $z>0$ 处，不存在反射，只有向外传输的波，因而可以写为

$$V(z) = V_0^+ T e^{-j\beta_2 z}$$

使这些电压在 $z=0$ 处相等，可得传输系数为

$$T = 1 + \Gamma = 1 + \frac{Z_{c2}-Z_{c1}}{Z_{c2}+Z_{c1}} = \frac{2Z_{c2}}{Z_{c2}+Z_{c1}}$$

多段传输线级联的一般处理方法：从最后一段传输线开始计算，按照端接负载传输线的计算方法得到连接处的输入阻抗；将后一段传输线的输入阻抗看作前一段传输线的负载阻抗，再依次往前一段传输线计算。

## 4.4 史密斯圆图

史密斯(Smith)圆图是一种图形辅助工具，在求解传输线问题时非常有用，它是 Smith 于 1939 年在美国贝尔电话实验室工作时开发的。也许有人认为，正如 4.3 节展示的那样，在计算技术和计算机辅助设计(CAD)软件功能强大的今天，传输线计算不再困难，图形求解在现代微波工程中已经不重要了。然而，Smith 圆图不仅是一种图形技术，还提供了一种使传输现象可视化的有用方法，能够直观、简便地求解传输线和阻抗匹配问题，并且概念清晰。

Smith 圆图包括阻抗圆图、导纳圆图和组合圆图。

### 4.4.1 阻抗圆图的构成

阻抗圆图包括三族圆：等反射系数圆、等电阻圆和等电抗圆。

1. 等反射系数圆

Smith 圆图就是电压反射系数 $\Gamma(l)$ 的极坐标图。由式(4.22)可得传输线上任一点的电压反射系数为

$$\Gamma(l)=\Gamma_0 e^{-j2\beta l}=|\Gamma_0|e^{j(\phi_0-2\beta l)}=|\Gamma_0|e^{j\phi}=\Gamma_r+j\Gamma_i \tag{4.52}$$

式中：$\Gamma_0=|\Gamma_0|e^{j\phi_0}$，为负载处反射系数；$l$ 为传输线的长度。

由于 $|\Gamma(l)|=|\Gamma_0|$，线上反射系数的幅度不随位置变化，因此在以 $\Gamma_r$ 为实轴、$j\Gamma_i$ 为虚轴的复平面上 $\Gamma(l)$ 的轨迹就是一个以坐标原点为圆心、以 $|\Gamma_0|$ 为半径的圆。由于 $|\Gamma(l)|$ 的取值范围为 $0\leqslant|\Gamma(l)|\leqslant1$，取不同的 $|\Gamma(l)|$ 值就得到一族同心圆，称为等反射系数圆，如图 4.12 所示。

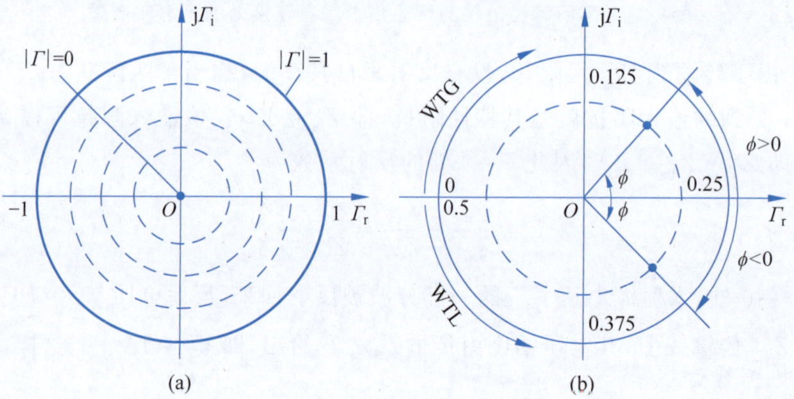


图 4.12 等反射系数圆

WTG—朝向波源的波长数；WTL—朝向负载的波长数。

电压反射系数 $\Gamma(l)$ 的相角 $\phi$ 是 $\Gamma(l)$ 辐角线与正实轴的夹角，在圆图外围圆周上有反射系数相角的刻度，刻度范围是 $-180°\leqslant\phi\leqslant180°$。任何无源的可实现的反射系数都可以在圆图上找到唯一的点，反射系数与圆图上点一一对应。

等反射系数圆可以用来计算传输线上不同位置处的反射系数。若已知负载处反射系数 $\Gamma_0=|\Gamma_0|e^{j\phi_0}$，就可以用圆图计算传输线长度 $l$ 处(从负载向波源方向移动)的反射系数 $\Gamma(l)$。首先在圆图上画出极坐标$(|\Gamma_0|,\phi_0)$的 $\Gamma_0$ 点，接着过 $|\Gamma_0|$ 点作等反射系数圆，最后从 $\Gamma_0$ 点开始在等反射系数圆上顺时针旋转 $2\beta l$ 角度(这是由于随着长度 $l$ 增加，相角 $\phi_0-2\beta l$ 在减小)，这样就得到了 $\Gamma(l)$ 在圆图上的位置。为了便于这种旋转，在圆图外围圆周上画出了以电长度 $\bar{\ell}$(传输线长度 $l$ 与波长之比，即 $\bar{\ell}=l/\lambda$)为基准的刻度，并用箭头标明了 WTG 或 WTL。这些刻度是相对的，只有圆图上两点之间的波长差才有意义。刻度的范围是 $0\sim0.5\lambda$，这表明圆图自动包含了传输线的周期性，因为 $\lambda/2$ 长度传输线绕圆图中心旋转又回到其原来位置，这与经过 $\lambda/2$ 长度传输线的反射系数是不变的结论相一致。

若已知线上 $l$ 点的反射系数 $\Gamma(l)$，欲求负载处的反射系数 $\Gamma_0$，则可用类似的方法，只是在等反射系数圆上旋转的方向是逆时针方向，即从波源向负载的方向，传输线长度 $l$ 减小，相角 $\phi_0-2\beta l$ 增加。

## 2. 等电阻圆和等电抗圆

Smith 圆图有用之处是画在图中的阻抗(或导纳)圆,阻抗(或导纳)圆可将反射系数转换成阻抗(或导纳),反之亦然。处理 Smith 圆图中的阻抗时通常采用归一化量,归一化常数通常是传输线的特性阻抗。因此,归一化阻抗表示为 $\bar{Z}=Z/Z_c$。

由式(4.30),无耗传输线上任意点的归一化输入阻抗与反射系数的关系可表示为

$$\bar{Z}_{in}=\frac{Z_{in}}{Z_c}=\frac{1+\Gamma(l)}{1-\Gamma(l)} \tag{4.53}$$

这个复数方程可以通过 $\bar{Z}_{in}$ 和 $\Gamma(l)$ 的实部和虚部简化为两个方程。令 $\bar{Z}_{in}=r+\mathrm{j}x$,$\Gamma(l)=\Gamma_r+\mathrm{j}\Gamma_i$,于是有

$$r+\mathrm{j}x=\frac{(1+\Gamma_r)+\mathrm{j}\Gamma_i}{(1-\Gamma_r)-\mathrm{j}\Gamma_i}$$

用分母的复共轭分别乘以分子和分母,就可以得到上述方程的实部和虚部为

$$r=\frac{1-\Gamma_r^2-\Gamma_i^2}{(1-\Gamma_r)^2+\Gamma_i^2} \tag{4.54a}$$

$$x=\frac{2\Gamma_i}{(1-\Gamma_r)^2+\Gamma_i^2} \tag{4.54b}$$

重新整理式(4.54),可得

$$\left(\Gamma_r-\frac{r}{r+1}\right)^2+\Gamma_i^2=\left(\frac{1}{r+1}\right)^2 \tag{4.55a}$$

$$(\Gamma_r-1)^2+\left(\Gamma_i-\frac{1}{x}\right)^2=\left(\frac{1}{x}\right)^2 \tag{4.55b}$$

可以看出,它们代表复平面($\Gamma_r$,$\Gamma_i$)上的两族圆。式(4.55a)定义的是等电阻圆,而式(4.55b)定义的是等电抗圆,如图 4.13 所示。等电阻圆的圆心在[$r/(r+1)$,0]点,半径为 $1/(r+1)$,因此所有电阻圆的圆心都在实轴上,并都经过(1,0)点。例如,$r=1$ 的圆,圆心为(0.5,0),半径为 0.5,该阻抗圆过圆图的中心(0,0)点。等电抗圆的圆心在($1,1/x$)点,半径为 $1/x$,因此所有电抗圆的圆心都 $\Gamma_r=1$ 的轴线上,这些圆都过(1,0)点。由于 $\Gamma$ 的取值范围在单位圆内,因此等电抗圆是单位圆内的一段圆弧。

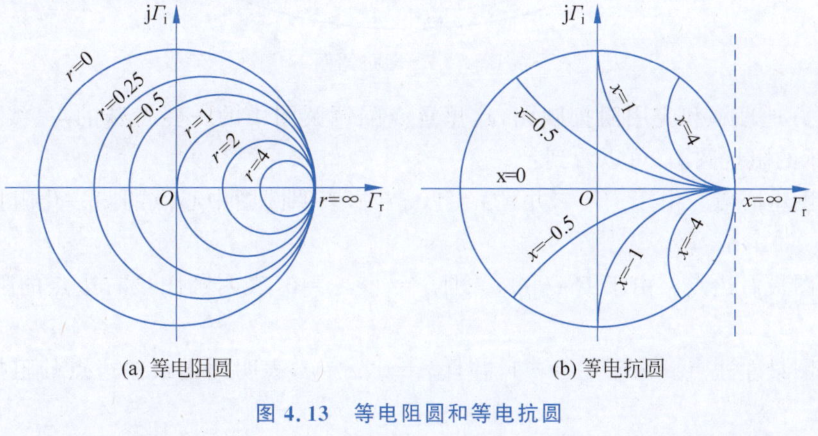


图 4.13 等电阻圆和等电抗圆

将等反射系数圆、等电阻圆和等电抗圆画在一张图上,就得到了阻抗圆图,如图 4.14 所示。为了清晰起见,圆图中未画出等反射系数圆。同时,在圆图外围圆周上分别标注了反射系数相位刻度、WTG 和 WTL。阻抗圆图上任意一点与反射系数一一对应,也与归一化阻抗 $r+\mathrm{j}x$

一一对应。由阻抗圆图上任一点都可读出该点所对应的反射系数的幅度$|\Gamma|$和相位$\phi$，也可以读出该点所对应的归一化阻抗实部$r$和虚部$x$。这样，用阻抗圆图可完成反射系数与归一化阻抗之间的互求。

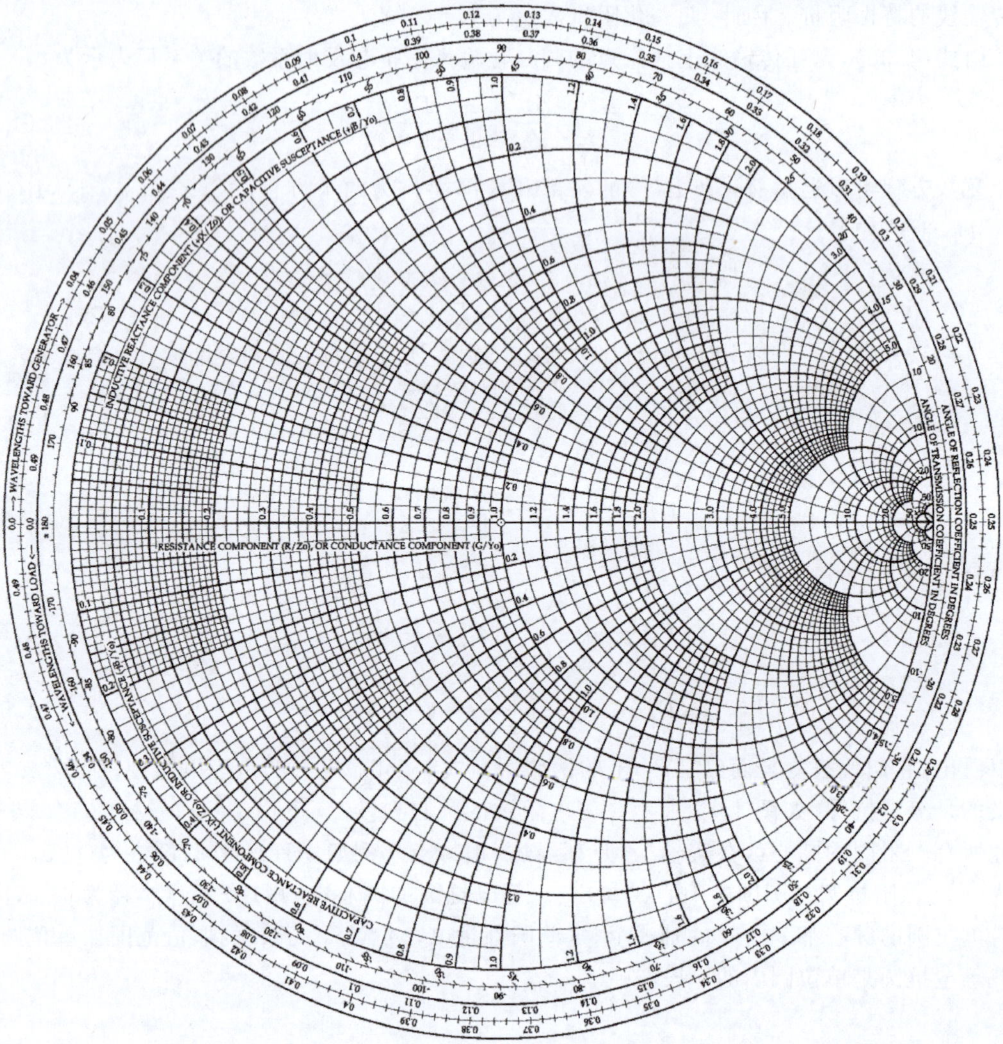


图 4.14　阻抗圆图

为了更好地理解和应用阻抗圆图，这里重点强调圆图中的一些特殊的点、线和区域。由图 4.14 所示的阻抗圆图，可以看到：

(1) 圆图中心点。由于$\Gamma=0$，并且$r=1, x=0$，表明圆图中心点的归一化阻抗等于 1，是匹配点。

(2) 圆图最右边点。由于$\Gamma=+1$，并且$r=\infty, x=0$，表明圆图最右边点的阻抗等于$\infty$，是开路点。

(3) 圆图最左边点。由于$\Gamma=-1$，并且$r=0, x=0$，表明圆图最左边点的阻抗等于 0，是短路点。

(4) 圆图上半圆区域。由于$\Gamma_i>0$，并且$x>0$，表明圆图上半圆区域内的点的阻抗为感性。

(5) 圆图下半圆区域。由于$\Gamma_i<0$，并且$x<0$，表明圆图下半圆区域内的点的阻抗为

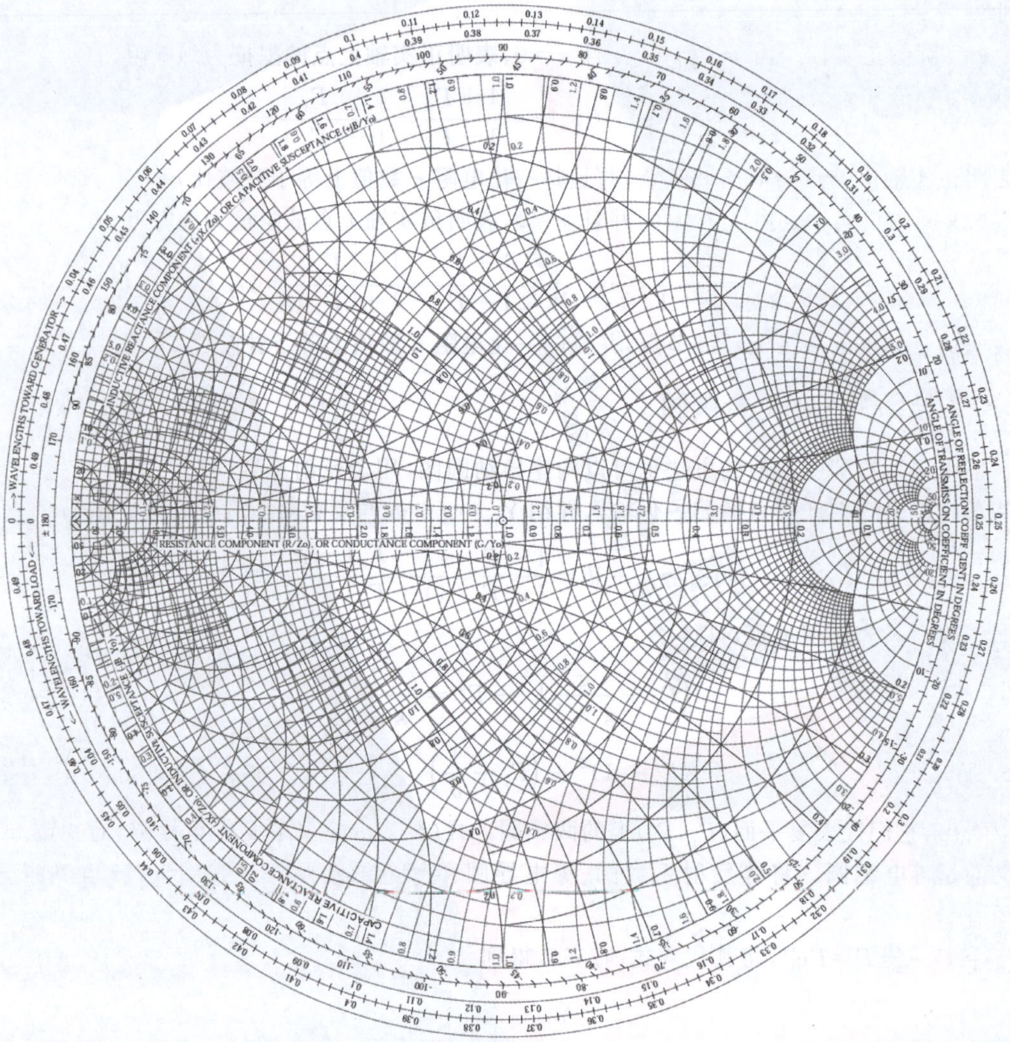


图 4.15　组合圆图

### 4.4.3　史密斯圆图的应用

史密斯圆图是进行微波工程设计时的重要工具。应用圆图进行工程计算非常简便、直观，并有一定的准确度，可满足工程设计要求。圆图的用途非常广泛，除了可以计算传输线上的反射系数、阻抗和导纳外，可以进行阻抗匹配计算（如单枝节阻抗匹配），还可以用它来设计一些微波元器件（如微波放大器设计）。下面举例说明圆图在传输线计算中的应用。

**例 4.6**　传输线上同一处的反射系数和阻抗（导纳）计算。

已知平行双导线的特性阻抗 $Z_c=400\Omega$，终端负载阻抗 $Z_L=240+j800\Omega$，求终端反射系数和负载导纳。

**解：**(1) 归一化负载阻抗为

$$\overline{Z}_L=\frac{240+j320}{400}=0.6+j2.0$$

在阻抗圆图上查找 $r=0.6$ 的等电阻圆和 $x=2.0$ 的等电抗圆的交点 $A$，即负载阻抗在圆图中的位置，如图 4.16 所示。

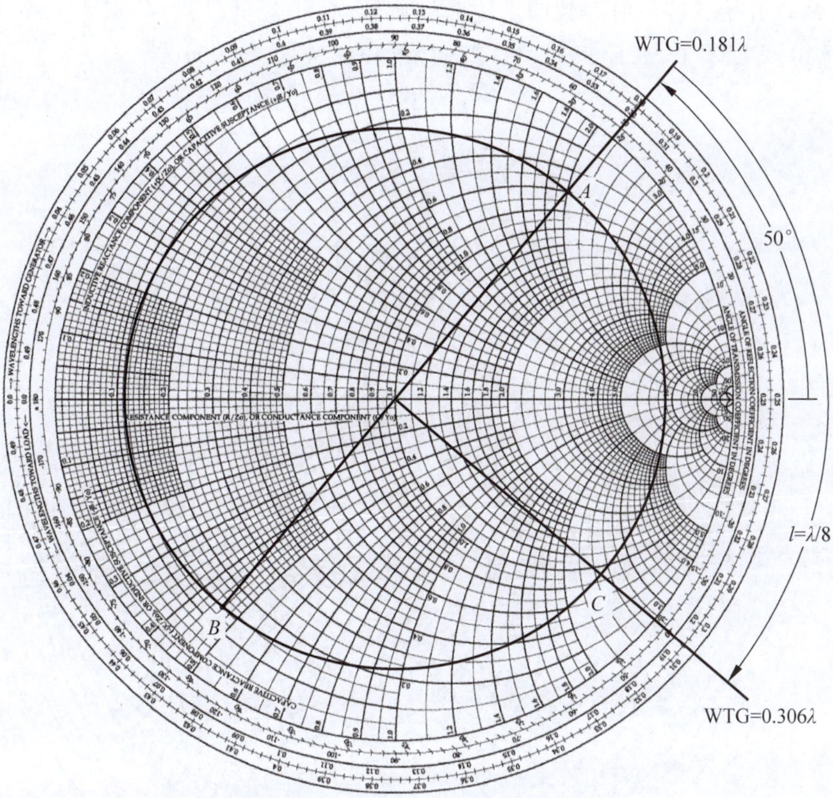


图 4.16 圆图的传输线计算

(2) 用圆规过 $A$ 点作等反射系数圆，用直尺分别测量该圆和 $|\Gamma|=1$ 圆半径，两半径之比即为反射系数的模值，测得 $|\Gamma|=0.8$。作 $A$ 点与圆心的连线，读取相角值 $\phi=50°$，因此得到终端反射系数 $\Gamma_0=0.8e^{j50°}$。

(3) 作 $A$ 点关于圆心的对称点 $B$，$B$ 点也在等反射系数圆上。现在把圆图看作导纳圆图，在图上读出 $B$ 点的归一化导纳值 $\bar{Y}_L=0.14+j0.46$，反归一化得到负载导纳为 $Y_L=Y_c\bar{Y}_L=0.00035+j0.00115S$。

**例 4.7** 传输线不同处的反射系数和阻抗计算。

在例 4.6 基础上，求距离负载 $l=\lambda/8$ 处的反射系数 $\Gamma(l)$ 和输入阻抗 $Z_{in}(l)$。

**解：**(1) 读出 $A$ 点的 WTG$=0.181\lambda$，如图 4.16 所示。

(2) 从 $A$ 点开始在等反射系数圆上顺时针旋动 $\lambda/8$ 到 $C$ 点，该点的 WTG$=0.181\lambda+\lambda/8=0.306\lambda$。

(3) 读出 $C$ 点的反射系数 $\Gamma(l)=0.8e^{-j40°}$，归一化输入阻抗 $\bar{Z}_{in}(l)=0.88-j0.247$，反归一化得到 $Z_{in}(l)=352+j98.8\Omega$。

**例 4.8** 负载阻抗计算。

已知特性阻抗 $Z_c=50\Omega$ 的同轴线上的驻波比 $\rho=2.0$，第一个电压最小点距离负载 $l_{min}=33.3$mm，相邻两波节点的间距为 50mm，求负载阻抗。

**解：**(1) 在阻抗圆图右半实轴上找到 $r_{max}=\rho=2.0$ 的 $A$ 点。过 $A$ 点作等反射系数圆与实轴左交点 $B$，$B$ 点即为电压最小点，如图 4.17 所示。

(2) 两个电压波节点的间距为 $\lambda/2$，故波长 $\lambda=100$mm，第一个电压最小点距负载的长度 $l_{min}=0.333\lambda$。

(3) 由 $B$ 点开始在等反射系数圆上逆时针旋转 $0.333\lambda$ 至 $C$ 点，$C$ 点就是终端负载阻抗对应的点，读出该点的归一化阻抗 $\bar{Z}_L=1.13+j0.73$，故得负载阻抗为

$$Z_L=\bar{Z}_L Z_c=56.5+j36.5\Omega$$

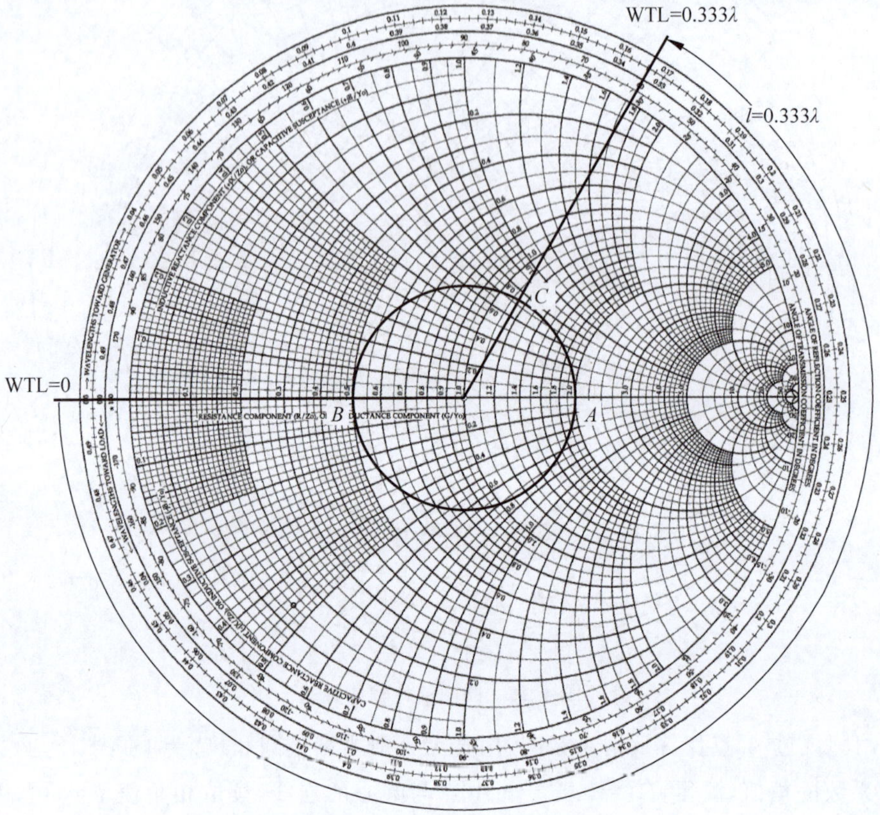


图 4.17　圆图计算负载阻抗

## 4.5 有耗传输线

4.2 节和 4.3 节讨论了无耗传输线上波的传输。实际上，由于有限电导率导体或有耗电介质的影响，所有传输线都是有耗的。但是，这种损耗通常很小，在很多实际问题中损耗可以忽略。但在某些情况下，如传输线谐振器的 $Q$ 值，损耗的影响是有意义的。本节将讨论损耗对传输线的影响，并阐述衰减常数的计算方法。

### 4.5.1 低耗线

当传输线的损耗较小时，可以采取一些近似来简化有耗传输线的特性参量 $\gamma=\alpha+j\beta$ 和 $Z_c$ 的表达式。由式(4.6)得到复传播常数的一般表达式为

$$\gamma=\sqrt{(R+j\omega L)(G+j\omega C)}=\alpha+j\beta \tag{4.58}$$

它经过重新整理后，可得

$$\gamma=\sqrt{(j\omega L)(j\omega C)\left(1+\frac{R}{j\omega L}\right)\left(1+\frac{G}{j\omega C}\right)}=j\omega\sqrt{LC}\sqrt{1-j\left(\frac{R}{\omega L}+\frac{G}{\omega C}\right)+\frac{RG}{\omega^2 LC}}$$

若线是低耗的，则可以假定 $R\ll\omega L$ 和 $G\ll\omega C$，这意味着导体损耗和电介质损耗都很小。此时 $RG/\omega^2 LC$ 是二阶小项，忽略不计。于是上式简化为

$$\gamma \approx \mathrm{j}\omega\sqrt{LC}\sqrt{1-\mathrm{j}\left(\frac{R}{\omega L}+\frac{G}{\omega C}\right)}$$

采用泰勒级数展开式$\sqrt{1+x}\approx 1+x/2$得到$\gamma$的一阶近似，有

$$\gamma \approx \mathrm{j}\omega\sqrt{LC}\left[1-\frac{\mathrm{j}}{2}\left(\frac{R}{\omega L}+\frac{G}{\omega C}\right)\right]$$

所以得到

$$\alpha \approx \frac{1}{2}\left(R\sqrt{\frac{C}{L}}+G\sqrt{\frac{L}{C}}\right)=\frac{1}{2}\left(\frac{R}{Z_{\mathrm{c}}}+GZ_{\mathrm{c}}\right) \tag{4.59a}$$

$$\beta \approx \omega\sqrt{LC} \tag{4.59b}$$

式中：$Z_{\mathrm{c}}=\sqrt{L/C}$，为无耗传输线的特性阻抗。注意，式(4.59b)中的相移常数与无耗情形的相同。

由式(4.9)，特性阻抗可以近似为实数量，即

$$Z_{\mathrm{c}}=\sqrt{\frac{R+\mathrm{j}\omega L}{G+\mathrm{j}\omega C}}\approx\sqrt{\frac{L}{C}} \tag{4.60}$$

式(4.59)和式(4.60)称为传输线的低耗近似。它表明低耗传输线的传播常数和特性阻抗可以用无耗传输线的传播常数和特性阻抗来很好地近似，这一点很重要。

**例 4.9** 同轴线的衰减常数。

求低损耗同轴线衰减常数。

**解**：由式(4.59a)可得

$$\alpha=\frac{1}{2}\left(R\sqrt{\frac{C}{L}}+G\sqrt{\frac{L}{C}}\right)$$

由表 4.1 可得同轴线的分布参数，代入上式可得

$$\alpha=\frac{R_{\mathrm{s}}}{2\eta\ln(b/a)}\left(\frac{1}{a}+\frac{1}{b}\right)+\frac{\omega\varepsilon''\eta}{2}$$

式中：$\eta=\sqrt{\mu/\varepsilon'}$，为同轴线填充媒质的本征阻抗。

计算衰减的上述方法要求 $L$、$C$、$R$ 和 $G$ 是已知的，更直接和通用的方法是利用微扰法，4.5.3 节讨论。

## 4.5.2 端接负载的低耗线

图 4.18 给出了端接负载阻抗 $Z_{\mathrm{L}}$ 的有耗传输线，其长度为 $l$。因此，$\gamma$ 是复数，并假设损耗很小，因而 $Z_{\mathrm{c}}$ 可以近似为实数。

在式(4.23)中，无耗传输线上的电压波和电流波是已知的，因此，只要将无耗表达式中 $\mathrm{j}\beta$ 替换为有耗的 $\gamma=\alpha+\mathrm{j}\beta$，就可得到有耗情形下的类似表达式，即

$$V(z)=V_0^+\left(\mathrm{e}^{-\gamma z}+\Gamma_0\mathrm{e}^{\gamma z}\right) \tag{4.61a}$$

$$I(z)=\frac{V_0^+}{Z_{\mathrm{c}}}\left(\mathrm{e}^{-\gamma z}-\Gamma_0\mathrm{e}^{\gamma z}\right) \tag{4.61b}$$

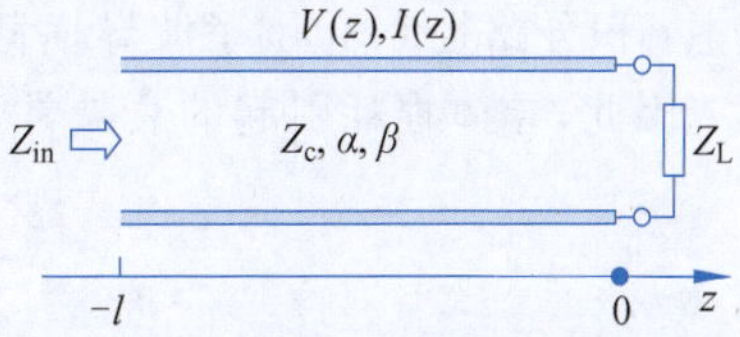

图 4.18 端接负载的有耗传输线

式中：$\Gamma_0$ 为负载的反射系数。

按照同样的方法，由式(4.22)得出距离负载 $l$ 处的反射系数，即

$$\Gamma(l)=\Gamma_0\mathrm{e}^{-2\gamma l}=\Gamma_0\mathrm{e}^{-2\alpha l}\mathrm{e}^{-\mathrm{j}2\beta l} \tag{4.62}$$

于是，距离负载 $l$ 处的输入阻抗为

$$Z_{\text{in}}=Z_{\text{c}}\frac{Z_{\text{L}}+Z_{\text{c}}\tanh(\gamma l)}{Z_{\text{c}}+Z_{\text{L}}\tanh(\gamma l)} \tag{4.63}$$

传送到传输线输入端 $z=-l$ 处的功率为

$$\begin{aligned}P_{\text{in}}&=\frac{1}{2}\text{Re}[V(z)I^{*}(z)]=\frac{|V_0^+|^2}{2Z_{\text{c}}}(\text{e}^{2\alpha l}-|\varGamma_0|^2\text{e}^{2\alpha l})\\&=\frac{|V_0^+|^2\text{e}^{2\alpha l}}{2Z_{\text{c}}}(1-|\varGamma_0|^2)\end{aligned} \tag{4.64}$$

实际传送到负载的功率为

$$P_{\text{L}}=\frac{1}{2}\text{Re}[V(0)I^{*}(0)]=\frac{|V_0^+|^2}{2Z_{\text{c}}}(1-|\varGamma_0|^2) \tag{4.65}$$

两项功率之差等于线上功率损耗，即

$$P_{\text{loss}}=P_{\text{in}}-P_{\text{L}}=\frac{|V_0^+|^2}{2Z_{\text{c}}}[(\text{e}^{2\alpha l}-1)+|\varGamma_0|^2(1-\text{e}^{-2\alpha l})] \tag{4.66}$$

式(4.66)等号右边的第一项代表入射波的功率损耗，第二项代表反射波的功率损耗。注意到两项都随 $\alpha$ 的增加而增加，随距离 $l$ 的增加而增加。

### 4.5.3 传输线衰减的计算方法

3.5 节已经推导了计算低耗传输线的衰减常数的通用方法，即微扰法。这种方法不使用传输线参量，而是使用有耗线上的场，同时假定有耗线上的场与无耗线上的场差别不大，直接用无耗线上的场来计算有耗线上的场，即

$$\alpha=\frac{P_l}{2P_0} \tag{4.67}$$

上式表明，衰减常数 $\alpha$ 可由线上的传输功率 $P_0$ 和线上单位长度的功率损耗 $P_l$ 来确定。重要的是，$P_0$ 和 $P_l$ 可根据无耗线上的场来计算，而且 $P_l$ 包含导体损耗和电介质损耗。

1. 导体损耗引起的衰减

传输线上传输功率为

$$P_0=\frac{1}{2}\text{Re}\iint_S \boldsymbol{E}_{\text{T}}(x,y)\times\boldsymbol{H}_{\text{T}}^{*}(x,y)\cdot\hat{\boldsymbol{z}}\,\text{d}s=\frac{1}{2}Z_{\text{w}}\iint_S|\boldsymbol{H}_{\text{T}}(x,y)|^2\text{d}s$$

式中：$Z_{\text{w}}$ 为波阻抗(TEM 模或 TE 模或 TM 模)；$\boldsymbol{H}_{\text{T}}(x,y)$为传输线上磁场的横向分量。单位长度的传输线的导体损耗为

$$P_{\text{c}}=\frac{R_{\text{s}}}{2}\int_S|\boldsymbol{H}_{\text{t}}|^2\text{d}s=\frac{R_{\text{s}}}{2}\int_{z=0}^{1}\oint_C|\boldsymbol{H}_{\text{t}}|^2\text{d}l=\frac{R_{\text{s}}}{2}\oint_C|\boldsymbol{H}_{\text{t}}|^2\text{d}l \tag{4.68a}$$

式中：积分路径 $C$ 包围了波导横截面 $S$ 的周界；$\boldsymbol{H}_{\text{t}}$ 为传输线上磁场的切向分量。

因此，导体损耗引起的衰减常数为

$$\alpha_{\text{c}}=\frac{P_{\text{c}}}{2P_0}=\frac{R_{\text{s}}\oint_C|\boldsymbol{H}_{\text{t}}|^2\text{d}l}{2Z_{\text{w}}\iint_S|\boldsymbol{H}_{\text{T}}(x,y)|^2\text{d}s} \tag{4.68b}$$

2. 电介质损耗引起的衰减

介质损耗为

$$P_{\text{d}}=\frac{\omega}{2}\iiint_V\varepsilon''|\boldsymbol{E}|^2\text{d}v \tag{4.69}$$

式中：$\varepsilon''$为复介电常数$\varepsilon=\varepsilon'-\mathrm{j}\varepsilon''$的虚部。

因此，电介质损耗引起的衰减常数为

$$\alpha_{\mathrm{d}}=\frac{P_{\mathrm{d}}}{2P_0}=\frac{\iiint_V \omega\varepsilon''|\boldsymbol{E}|^2\mathrm{d}v}{2Z_{\mathrm{w}}\iint_S|\boldsymbol{H}_{\mathrm{T}}(x,y)|^2\mathrm{d}s} \tag{4.70}$$

电介质损耗引起的衰减常数还可以利用复传播常数来计算。对于 TE 波或 TM 波，复传播常数为

$$\gamma=\alpha_{\mathrm{d}}+\mathrm{j}\beta=\sqrt{k_{\mathrm{c}}^2-k^2}=\sqrt{k_{\mathrm{c}}^2-\omega^2\mu_0\varepsilon_0\varepsilon_{\mathrm{r}}(1-\mathrm{j}\tan\delta)} \tag{4.71}$$

实际上，绝大多数电介质材料只有非常小的损耗（$\tan\delta\ll1$），因此这个表达式可用泰勒级数展开式的前两项

$$\sqrt{a^2+x^2}\approx a+\frac{1}{2}\left(\frac{x^2}{a}\right),\quad x\ll a$$

进行简化。于是，式(4.71)简化为

$$\gamma=\sqrt{k_{\mathrm{c}}^2-k^2+\mathrm{j}k^2\tan\delta}\approx\sqrt{k_{\mathrm{c}}^2-k^2}+\frac{\mathrm{j}k^2\tan\delta}{2\sqrt{k_{\mathrm{c}}^2-k^2}}=\frac{k^2\tan\delta}{2\beta}+\mathrm{j}\beta$$

式中：$k=\omega\sqrt{\mu_0\varepsilon_0\varepsilon_{\mathrm{r}}}$，为无耗传输线的波数；$\sqrt{k_{\mathrm{c}}^2-k^2}=\mathrm{j}\beta$。当损耗较小时，相移常数$\beta$是不变的。由电介质损耗产生的衰减常数为

$$\alpha_{\mathrm{d}}=\frac{k^2\tan\delta}{2\beta}(\mathrm{Np/m}) \tag{4.72}$$

只要传输线完全填充电介质，这个结果就适用于任何 TE 波或 TM 波。它也适用于 TEM 波传输线，令$\beta=k$，$k_{\mathrm{c}}=0$，得到

$$\alpha_{\mathrm{d}}=\frac{k\tan\delta}{2}(\mathrm{Np/m}) \tag{4.73}$$

**例 4.10** 利用微扰法求同轴线的衰减常数。

利用微扰法求有电介质损耗和导体损耗的同轴线的衰减常数。

**解：** 由式(3.94)得出无耗同轴线的场为

$$\boldsymbol{E}(\rho,\phi,z)=\hat{\boldsymbol{\rho}}\frac{E_0}{\rho}\mathrm{e}^{-\mathrm{j}\beta z}$$

$$\boldsymbol{H}(\rho,\phi,z)=\hat{\boldsymbol{\phi}}\frac{E_0}{\eta\rho}\mathrm{e}^{-\mathrm{j}\beta z}$$

式中：$\eta=\sqrt{\mu/\varepsilon'}$，为同轴线填充媒质的本征阻抗，$\varepsilon'$为复介电常数$\varepsilon=\varepsilon'-\mathrm{j}\varepsilon''$的实部。

线上的传输功率为

$$P_0=\frac{1}{2}\mathrm{Re}\iint_S\boldsymbol{E}\times\boldsymbol{H}^*\cdot\mathrm{d}\boldsymbol{s}=\frac{1}{2}\int_a^b\frac{|E_0|^2}{\eta\rho^2}2\pi\rho\mathrm{d}\rho=\frac{\pi|E_0|^2}{\eta}\ln\frac{b}{a}$$

单位长度的损耗$P_l$来源于导体损耗$P_{\mathrm{c}}$和电介质损耗$P_{\mathrm{d}}$。单位长度同轴线的导体损耗为

$$\begin{aligned}P_{\mathrm{c}}&=\frac{R_{\mathrm{s}}}{2}\int_S|\boldsymbol{H}_{\mathrm{t}}|^2\mathrm{d}s=\frac{R_{\mathrm{s}}}{2}\int_{z=0}^1\left\{\int_{\phi=0}^{2\pi}|H_\phi(\rho=a)|^2a\mathrm{d}\phi+\int_{\phi=0}^{2\pi}|H_\phi(\rho=b)|^2b\mathrm{d}\phi\right\}\mathrm{d}z\\&=\frac{\pi R_{\mathrm{s}}|E_0|^2}{\eta^2}\left(\frac{1}{a}+\frac{1}{b}\right)\end{aligned}$$

单位长度同轴线的电介质损耗为

$$P_{\mathrm{d}}=\frac{\omega\varepsilon''}{2}\iiint_V|\boldsymbol{E}|^2\mathrm{d}v=\frac{\omega\varepsilon''}{2}\int_{z=0}^{1}\int_{\phi=0}^{2\pi}\int_{\rho=a}^{b}|E_\rho|^2\rho\mathrm{d}\rho\mathrm{d}\phi\mathrm{d}z=\pi\omega\varepsilon''|E_0|^2\ln\frac{b}{a}$$

式中：$\varepsilon''$为复介电常数$\varepsilon=\varepsilon'-\mathrm{j}\varepsilon''$的虚部。

应用式(4.67)可得

$$\alpha=\frac{P_{\mathrm{c}}+P_{\mathrm{d}}}{2P_0}=\frac{R_{\mathrm{s}}}{2\eta\ln(b/a)}\left(\frac{1}{a}+\frac{1}{b}\right)+\frac{\omega\varepsilon''\eta}{2}$$

可以看出，该结果与例 4.9 的结果相同。由于$\varepsilon''=\varepsilon'\tan\delta$，因此有

$$\alpha_{\mathrm{d}}=\frac{\omega\varepsilon''\eta}{2}=\frac{\omega\sqrt{\mu\varepsilon'}\tan\delta}{2}=\frac{k\tan\delta}{2}$$

可以看出，该结果与式(4.73)结果也相同。

## 4.6 波导模的传输线等效

前几节以平行双导线为例研究了传输 TEM 模的传输线理论，本节将这个理论加以推广，使之适合于所有传输线，这就是广义传输线理论。

在 TEM 模传输线理论中，最基本的物理量是电压和电流，它们都有确定的含义和确定值，如同轴线和平行双导线中的电压和电流；而对波导等非 TEM 模传输线，电压和电流都失去了意义。为了说明这个问题，考察图 4.19 所示的矩形波导。对于主模 $\mathrm{TE}_{10}$，根据式(3.55)其横向分量为

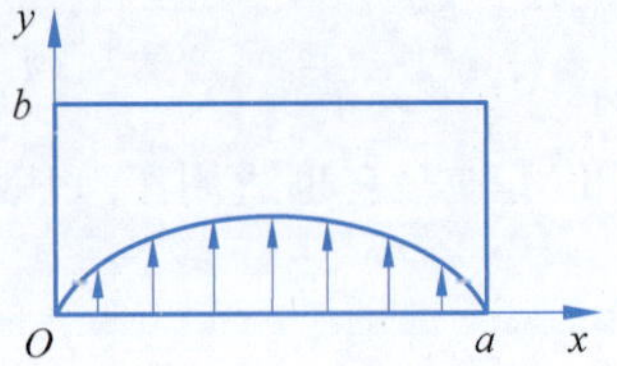

图 4.19 矩形波导的主模电场

$$E_y=A_{10}\sin\left(\frac{\pi}{a}x\right)\mathrm{e}^{-\mathrm{j}\beta z}$$

$$H_x=\frac{-1}{Z_{\mathrm{TE}}}A_{10}\sin\left(\frac{\pi}{a}x\right)\mathrm{e}^{-\mathrm{j}\beta z}$$

将横向电场 $E_y$ 从波导下壁到波导上壁积分，得到电压为

$$V=\int_y E_y\mathrm{d}y=A_{10}\sin\left(\frac{\pi}{a}x\right)\mathrm{e}^{-\mathrm{j}\beta z}\int_y\mathrm{d}y$$

可以看出，该电压与 $x$ 的位置及 $y$ 方向积分路径的长度有关。例如，在 $x=a/2$ 时从 $y=0$ 到 $y=b$ 积分得到的电压，与 $x=0$ 时从 $y=0$ 到 $y=b$ 积分得到的电压完全不同。哪个电压都是正确的，也就是说非 TEM 模传输线没有确定的电压和电流。下面说明如何定义等效电压和等效电流，才能将 TEM 模传输线理论推广到非 TEM 模传输线。

### 4.6.1 等效电压和等效电流

对于波导等非 TEM 模传输线来说，由于电压和电流不是唯一的，因此定义等效电压和电流有多种方式。但是，定义的等效电压和电流必须与 TEM 模传输线的电压和电流有相似性，需满足以下三个条件：

(1) 定义的等效电压正比于某个模式的横向电场，等效电流正比于该模式的横向磁场。

(2) 该模式的功率流等于等效电压和电流的乘积。

(3) 单一行波的电压与电流之比等于传输线的特性阻抗。这个阻抗的选择可以任意，但通常选为波阻抗，或者把它归一化为 1。

对于既有正向又有反向行波的任意波导模式，其横向场可写为

$$\boldsymbol{E}_{\mathrm{T}}(x,y,z)=\boldsymbol{e}_{\mathrm{T}}(x,y)(A^+\mathrm{e}^{-\mathrm{j}\beta z}+A^-\mathrm{e}^{\mathrm{j}\beta z})=\frac{\boldsymbol{e}_{\mathrm{T}}(x,y)}{C_1}(V^+\mathrm{e}^{-\mathrm{j}\beta z}+V^-\mathrm{e}^{\mathrm{j}\beta z})\qquad(4.74\mathrm{a})$$

$$\boldsymbol{H}_{\mathrm{T}}(x,y,z)=\boldsymbol{h}_{\mathrm{T}}(x,y)(A^{+}\mathrm{e}^{-\mathrm{j}\beta z}+A^{-}\mathrm{e}^{\mathrm{j}\beta z})=\frac{\boldsymbol{h}_{\mathrm{T}}(x,y)}{C_2}(I^{+}\mathrm{e}^{-\mathrm{j}\beta z}-I^{-}\mathrm{e}^{\mathrm{j}\beta z}) \tag{4.74b}$$

式中：$\boldsymbol{e}_{\mathrm{T}}(x,y)$、$\boldsymbol{h}_{\mathrm{T}}(x,y)$分别为横向$(x,y)$电场和磁场分量；$A^{+}$、$A^{-}$为行波的振幅。

式(3.16)和式(3.19)表明 $\boldsymbol{E}_{\mathrm{T}}$ 和 $\boldsymbol{H}_{\mathrm{T}}$ 与波阻抗有关，并且

$$\boldsymbol{h}_{\mathrm{T}}(x,y)=\frac{\hat{\boldsymbol{z}}\times\boldsymbol{e}_{\mathrm{T}}(x,y)}{Z_{\mathrm{w}}} \tag{4.75}$$

由式(4.74)，将等效电压和等效电流定义为

$$V(z)=V^{+}\mathrm{e}^{-\mathrm{j}\beta z}+V^{-}\mathrm{e}^{\mathrm{j}\beta z} \tag{4.76a}$$

$$I(z)=I^{+}\mathrm{e}^{-\mathrm{j}\beta z}-I^{-}\mathrm{e}^{\mathrm{j}\beta z} \tag{4.76b}$$

这种定义满足了使等效电压和电流分别正比于横向电场和横向磁场的条件，这一关系的比例常数是 $C_1=V^{+}/A^{+}=V^{-}/A^{-}$，$C_2=I^{+}/A^{+}=-I^{-}/A^{-}$，它们由功率和特性阻抗两个条件来确定。

入射波的复功率为

$$P^{+}=\frac{1}{2}|A^{+}|^2\int_S \boldsymbol{e}_{\mathrm{T}}\times\boldsymbol{h}_{\mathrm{T}}^{*}\cdot\hat{\boldsymbol{z}}\mathrm{d}s=\frac{V^{+}I^{+*}}{2C_1C_2^{*}}\int_S \boldsymbol{e}_{\mathrm{T}}\times\boldsymbol{h}_{\mathrm{T}}^{*}\cdot\hat{\boldsymbol{z}}\mathrm{d}s$$

由于要使该功率等于 $V^{+}I^{+*}/2$，因而得到

$$C_1C_2^{*}=\int_S \boldsymbol{e}_{\mathrm{T}}\times\boldsymbol{h}_{\mathrm{T}}^{*}\cdot\hat{\boldsymbol{z}}\mathrm{d}s \tag{4.77}$$

特性阻抗为

$$Z_{\mathrm{c}}=\frac{V^{+}}{I^{+}}=-\frac{V^{-}}{I^{-}}=\frac{C_1}{C_2} \tag{4.78}$$

要使 $Z_{\mathrm{c}}=Z_{\mathrm{w}}$，模式的波阻抗应满足

$$\frac{C_1}{C_2}=Z_{\mathrm{w}} \tag{4.79a}$$

或者把特性阻抗归一化为 1，$Z_{\mathrm{c}}=1$，此时有

$$\frac{C_1}{C_2}=1 \tag{4.79b}$$

由此，对于给定的波导模式，就可以由式(4.77)和式(4.79)来确定常量 $C_1$ 和 $C_2$，这样就确定了波导模式的等效电压和等效电流。

**例 4.11** 矩形波导的传输线等效。

求矩形波导中 $\mathrm{TE}_{10}$ 模的等效电压和电流。

**解：** 矩形波导 $\mathrm{TE}_{10}$ 模的横向分量、功率流和该模的等效传输线模型见表 4.2。

表 4.2 矩形波导 $\mathrm{TE}_{10}$ 模的横向分量、功率流和该模的等效传输线模型

| 波导场 | 等效传输线模型 |
|---|---|
| $E_y=(A^{+}\mathrm{e}^{-\mathrm{j}\beta z}+A^{-}\mathrm{e}^{\mathrm{j}\beta z})\sin(\pi x/a)$ | $V(z)=V^{+}\mathrm{e}^{-\mathrm{j}\beta z}+V^{-}\mathrm{e}^{\mathrm{j}\beta z}$ |
| $H_x=\dfrac{-1}{Z_{\mathrm{TE}}}(A^{+}\mathrm{e}^{-\mathrm{j}\beta z}+A^{-}\mathrm{e}^{\mathrm{j}\beta z})\sin(\pi x/a)$ | $I(z)=I^{+}\mathrm{e}^{-\mathrm{j}\beta z}-I^{-}\mathrm{e}^{\mathrm{j}\beta z}=\dfrac{1}{Z_{\mathrm{c}}}(V^{+}\mathrm{e}^{-\mathrm{j}\beta z}-V^{-}\mathrm{e}^{\mathrm{j}\beta z})$ |
| $P^{+}=\dfrac{-1}{2}\lvert A^{+}\rvert^2\int_S E_yH_x\mathrm{d}x\mathrm{d}y=\dfrac{ab}{4Z_{\mathrm{TE}}}\lvert A^{+}\rvert^2$ | $P^{+}=\dfrac{1}{2}V^{+}I^{+*}$ |

现在可求出常量 $C_1=V^{+}/A^{+}=V^{-}/A^{-}$，$C_2=I^{+}/A^{+}=-I^{-}/A^{-}$。令两者入射功率

相等，则有

$$\frac{ab}{4Z_{\mathrm{TE}}}\mid A^{+}\mid^{2}=\frac{1}{2}V^{+}\ I^{+*}=\frac{1}{2}\mid A^{+}\mid^{2}C_{1}C_{2}^{*}$$

若选定 $Z_c=Z_w$，则有

$$\frac{V^{+}}{I^{+}}=\frac{C_1}{C_2}=Z_{\mathrm{TE}}$$

求解 $C_1$ 和 $C_2$，得到

$$C_1=\sqrt{\frac{ab}{2}},\quad C_2=\frac{1}{Z_{\mathrm{TE}}}\sqrt{\frac{ab}{2}}$$

这就完成了 $\mathrm{TE}_{10}$ 模的传输线等效。

### 4.6.2 波导传输线等效的应用

定义了等效电压和等效电流后，就可以按照前面几节讨论的传输线理论来完成非 TEM 传输线的计算。为了说明这个问题，下面以例题形式来考察。

**例 4.12** 矩形波导传输线等效的应用。

某一矩形波导的参数为 $a=22.86\mathrm{mm}$ 和 $b=10.16\mathrm{mm}$（X 频段波导），在 $z<0$ 的区域由空气填充，在 $z>0$ 的区域由 $\varepsilon_r=2.5$ 的电介质材料填充，如图 4.20(a)所示。设工作频率为 10GHz，有 $\mathrm{TE}_{10}$ 模从 $z<0$ 的区域入射到分界面，用等效传输线模型计算其反射系数 $\Gamma$ 和传输系数 $T$。

**解：** 空气区域($z<0$)和介质区域($z>0$)中只有主模 $\mathrm{TE}_{10}$ 可以传输，其传播常数分别为

$$\beta_a=\sqrt{k_0^2-\left(\frac{\pi}{a}\right)^2}=158.0(\mathrm{rad/m})$$

$$\beta_{\mathrm{d}}=\sqrt{\varepsilon_r k_0^2-\left(\frac{\pi}{a}\right)^2}=301.3(\mathrm{rad/m})$$

式中：$k_0=209.4\mathrm{rad/m}$。

现在可以对每段波导得出 $\mathrm{TE}_{10}$ 模的等效传输线模型，如图 4.20(b)所示，并把该问题转化成入射电压波在两段无限长传输线连接处的反射和传输问题。由式(3.44)和例 4.11，两段线的等效特性阻抗为

$$Z_{ca}=\frac{k_0\eta_0}{\beta_a}=499.6(\Omega)$$

$$Z_{cd}=\frac{k\eta}{\beta_d}=\frac{k_0\eta_0}{\beta_d}=262.1(\Omega)$$

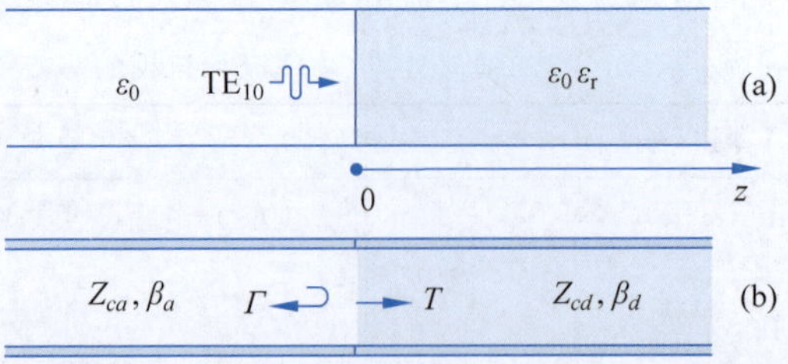


图 4.20 部分填充波导及其等效传输线模型

按照例 4.5 的结果，连接处向介质填充段看去的反射系数和介质填充段的传输系数分别为

$$\Gamma=\frac{Z_{cd}-Z_{ca}}{Z_{cd}+Z_{ca}}=-0.31$$

$$T = 1 + \Gamma = \frac{2Z_{cd}}{Z_{cd} + Z_{ca}} = 0.69$$

使用该结果可以写出用等效电压和电流表示的入射波、反射波和透射波的场表达式。

## 4.7 带状线

能够导行电磁波的传输线有很多种，适用于不同的频段或不同类型的微波电路。第 3 章中讨论了矩形波导、圆波导、同轴线，它们的横截面面积较大，且横截面的长、宽比较接近，因此它们都是立体传输线，由它们构成的电路为立体电路。这几种传输线虽然具有损耗小、功率容量大的优点，但也有体积大、重量大、成本高，不易集成和加工的缺点。为了适应微波电路小型化、平面化、低成本的发展趋势，出现了很多种平面传输线，如带状线、微带线、槽线、共面波导等。它们都是平面结构，厚度一般为毫米量级，具有体积小、重量轻、易集成和成本低等优点，而且它们传输的都是 TEM 模或准 TEM 模，因此频带也较宽；但也有损耗稍大、功率容量较小的缺点。平面传输线构成的电路是微波集成电路(MIC)，在现代电子产品领域，微波集成电路的应用非常广泛。在微波集成电路中，平面传输线用来连接各电感、电容、短路线、开路线、阶梯等微波元件，从而构成功率分配器、定向耦合器、谐振器、滤波器、放大器、混频器、振荡器等无源和有源微波器件。

平面传输线一般由导带与介质基片构成，也有用空气作为介质的。选择导带材料的基本要求：导电性能良好，电阻损耗小，热稳定性好，能用光刻、腐蚀等工艺进行加工，一般是铜箔，厚度约为 0.035mm。选择介质基片的基本要求：相对介电常数适中，且随频率的变化小，损耗小，具有较好的均匀性及各向同性的特性，热导性及热稳定性好，与导体的黏附性能好，有一定的机械强度且易于机械加工，抗腐蚀性强，化学性能稳定等。附录 G 中列举了常用国产微波基片的数据。

### 4.7.1 带状线结构和模式

视频

带状线结构如图 4.21 所示，宽度为 $W$ 的导带放置在两块相距为 $b$ 的导体平板中间，两块导体板之间填充空气或电介质 $\varepsilon_r$。实际上，带状线通常是把中心导带蚀刻在厚度为 $b/2$ 的接地微波基片上，然后覆盖另一个相同厚度的接地微波基片所构成的。带状线是由三个导体板组成的，俗称“三板线”。

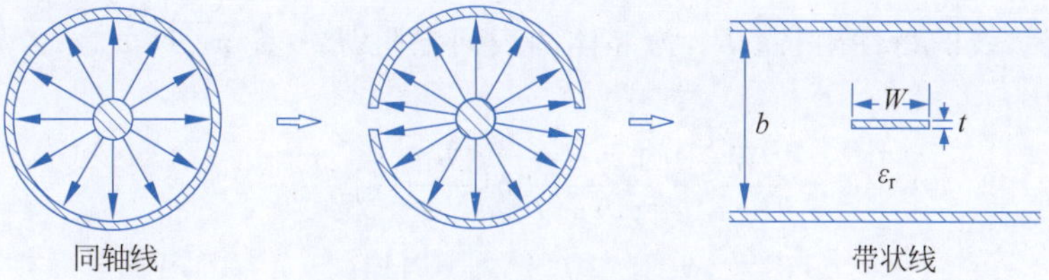


图 4.21　带状线结构及其演变

带状线可以看成由同轴线演变而来，图 4.21 展示了带状线的演变过程。将同轴线的外导体对半剖开，然后把外导体的两半分别展平，把内导体压扁，即构成带状线。带状线作为变形同轴线，由多导体和均匀电介质组成，因此其传输的主模和同轴线一样是 TEM 模，其电磁场结构如图 4.22 所示。

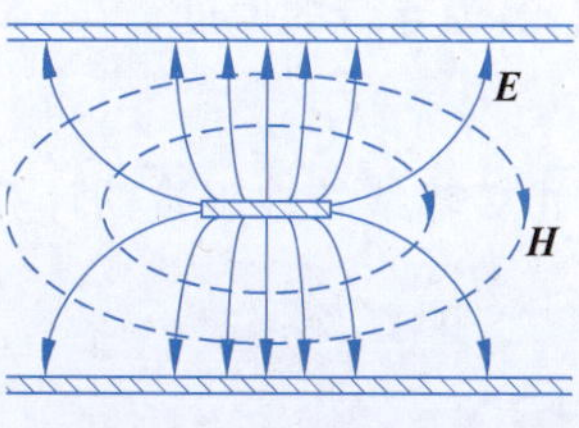


图 4.22　带状线中的场分布

### 4.7.2 带状线的特性参数

1. 相速度和介质波长

由 3.1 节可知，带状线中 TEM 模的相速度和介质波长分别为

$$v_p = \frac{1}{\sqrt{\mu_0 \varepsilon_0 \varepsilon_r}} = \frac{c_0}{\sqrt{\varepsilon_r}} \tag{4.80a}$$

$$\lambda_d = \frac{v_p}{f} = \frac{\lambda_0}{\sqrt{\varepsilon_r}} \tag{4.80b}$$

式中：$c_0$ 为真空中的光速；$\lambda_0$ 为真空中电磁波的波长。

2. 相移常数与衰减常数

带状线中既有导体损耗也有介质损耗，因此带状线的传播常数是一个复数，即

$$\gamma = \alpha + j\beta$$

带状线的相移常数为

$$\beta = \omega \sqrt{\mu_0 \varepsilon_0 \varepsilon_r} = \frac{2\pi f \sqrt{\varepsilon_r}}{c_0} = \frac{2\pi}{\lambda_0} \sqrt{\varepsilon_r} \tag{4.81}$$

一般来说，带状线上、下导体平板的宽度远大于导带的宽度，上、下导体平板的间距远小于工作波长，因此认为带状线两侧的辐射损耗可以忽略不计。这样，带状线的衰减主要是导体损耗和介质损耗引起的，其衰减常数 $\alpha$ 由导体衰减常数 $\alpha_c$ 和介质衰减常数 $\alpha_d$ 组成，即 $\alpha = \alpha_c + \alpha_d$。因为带状线是 TEM 传输线，源于电介质损耗引起的衰减与其他 TEM 传输线的形式相同，由式(4.73)给出，即

$$\alpha_d = \frac{\beta \tan \delta}{2} = \frac{\pi \sqrt{\varepsilon_r} \tan \delta}{\lambda_0} (\text{Np/m}) \tag{4.82}$$

式中：$\tan\delta$ 为电介质的损耗角正切。

源于导体损耗的衰减可由微扰法求得，一个近似结果为

$$\alpha_c = \begin{cases} \dfrac{2.7 \times 10^{-3} R_s \varepsilon_r Z_c}{30\pi(b-t)} A, & \sqrt{\varepsilon_r} Z_c < 120 \\[2ex] \dfrac{0.16 R_s}{Z_c b} B, & \sqrt{\varepsilon_r} Z_c > 120 \end{cases} \quad (\text{Np/m}) \tag{4.83}$$

式中：$Z_c$ 为带状线的特性阻抗；$R_s$ 为导体的表面电阻，$R_s = \sqrt{\pi f \mu_0 / \sigma}$，$\sigma$ 为导体的电导率；$A$ 和 $B$ 分别为

$$A = 1 + \frac{2W}{b-t} + \frac{1}{\pi} \frac{b+t}{b-t} \ln\left(\frac{2b-t}{t}\right)$$

$$B = 1 + \frac{b}{0.5W + 0.7t}\left(0.5 + \frac{0.414t}{W} + \frac{1}{2\pi} \ln \frac{4\pi W}{t}\right)$$

其中：$t$ 为导带的厚度。

3. 特性阻抗

由传输线特性阻抗的计算公式(4.16)和式(4.18)，带状线的特性阻抗可表示为

$$Z_c = \sqrt{\frac{L}{C}} = \frac{\sqrt{LC}}{C} = \frac{1}{v_p C} \tag{4.84}$$

式中：$L$、$C$ 分别为带状线单位长度的分布电感和电容。

因此，若知道 $C$，可求出特性阻抗。分布电容的求法有多种，常用的是准静态场分析中的保角变换法，其推导过程复杂，并且包含复杂的特殊函数。因此，在实际应用中，通过对精确解的曲线拟合得到了简单的公式[42]。对于特性阻抗，得到的公式为

$$Z_c=\frac{30\pi}{\sqrt{\varepsilon_r}}\frac{b}{W_e+0.441b} \tag{4.85}$$

式中：$W_e$ 为中心导带的有效宽度，且有

$$\frac{W_e}{b}=\frac{W}{b}-\begin{cases}0, & W/b>0.35\\ (0.35-W/b)^2, & W/b<0.35\end{cases}$$

注意，这些公式假定导带的厚度为零，其精度约为1%。由式(4.85)可以看出，特性阻抗随导带宽度的增加而减小，随基片厚度的增加而增加，随基片介电常数的增加而减小。

设计带状线电路时，通常需要对给定的特性阻抗 $Z_c$ 和微波基片(厚度 $b$ 和相对介电常数 $\varepsilon_r$)求得导带的宽度，这就需要式(4.85)的逆公式。很容易求得

$$\frac{W}{b}=\begin{cases}x, & \sqrt{\varepsilon_r}Z_c<120\\ 0.85-\sqrt{0.6-x}, & \sqrt{\varepsilon_r}Z_c>120\end{cases} \tag{4.86}$$

式中

$$x=\frac{30\pi}{\sqrt{\varepsilon_r}Z_c}-0.441$$

**例 4.13** 带状线设计。

已知带状线的电介质厚度 $b=3.0\text{mm}$，$\varepsilon_r=2.50$ 和 $\tan\delta=0.001$，铜导带的厚度 $t=0.035\text{mm}$，工作频率为10GHz，求50Ω带状线的宽度，及其衰减常数。

**解：** 因为

$$\sqrt{\varepsilon_r}Z_c=79.1<120$$

$$x=30\pi/(\sqrt{\varepsilon_r}Z_c)-0.441=0.751$$

所以由式(4.86)得到宽度为

$$W=bx=2.25(\text{mm})$$

在10GHz频率下，介质波长和相移常数分别为

$$\lambda_d=\frac{\lambda_0}{\sqrt{\varepsilon_r}}=19.0(\text{mm})$$

$$\beta=\frac{2\pi f\sqrt{\varepsilon_r}}{c_0}=331.2(\text{rad/m})$$

由式(4.82)得到介电衰减为

$$\alpha_d=\frac{\beta\tan\delta}{2}=0.166(\text{Np/m})$$

在10GHz频率下铜的表面电阻 $R_s=0.0261$。于是由式(4.83)得到导体的衰减为

$$\alpha_c=\frac{2.7\times10^{-3}R_s\varepsilon_rZ_c}{30\pi(b-t)}A=0.132(\text{Np/m})$$

式中：$A=4.194$。

总衰减常数为

$$\alpha=\alpha_c+\alpha_d=0.298(\text{Np/m})$$

以 dB 为单位，总衰减常数为

$$\alpha(\text{dB}) = 20\lg e^{\alpha} = 2.58(\text{dB/m})$$

用波长来表示的总衰减常数为

$$\alpha(\text{dB}) = 2.58 \times 0.0190 = 0.049(\text{dB}/\lambda)$$

### 4.7.3 带状线的尺寸选择

带状线的工作模式是 TEM 模，但若尺寸选择不当，就会出现高次 TM 模和 TE 模。高次模的产生和传输会影响主模 TEM 模的正常传输，而且高次模极易引起辐射而使损耗增加。因此，在设计带状线电路时，应当尽量避免出现高次模。

带状线中 TE 模式的最低次模是 $TE_{10}$ 模，其截止波长为

$$\lambda_{c,TE_{10}} = 2W\sqrt{\varepsilon_r}$$

为了抑制 $TE_{10}$ 模，应使最小工作波长 $\lambda_{min} > \lambda_{c,TE_{10}}$，得到导体带宽度 $W$ 的限制条件为

$$W < \frac{\lambda_{min}}{2\sqrt{\varepsilon_r}} \tag{4.87}$$

为了减小带状线的损耗，可以适当增大 $b$。但 $b$ 不能太大，否则带状线中将出现 TM 模，其最低次模为 $TM_{01}$ 模，它的截止波长为

$$\lambda_{c,TM_{01}} = 2b\sqrt{\varepsilon_r}$$

为了防止出现 $TM_{01}$ 模，应使 $\lambda_{min} > \lambda_{c,TM_{01}}$，即得到两导体板间距 $b$ 的限制条件为

$$b < \frac{\lambda_{min}}{2\sqrt{\varepsilon_r}} \tag{4.88}$$

带状线中的电磁能量集中于导体带附近，为了防止横截面上能量的辐射损耗，带状线的导体平板宽度应比导体带宽度大足够多，一般要求上、下接地导体平板的宽度为(3～6)$W$。

## 4.8 微带线

在微波集成电路中，微带线是最常用的平面传输线，原因是它可以用照相刻蚀等印制电路生产工艺来加工，而且容易与其他无源和有源微波器件集成。本节介绍微带线的结构、模式、特性参数。在此基础上讨论微带线的色散和高次模，以便于微带线尺寸选择。

### 4.8.1 微带线结构和模式

微带线结构如图 4.23 所示，宽度为 $W$ 的导带印制在厚度为 $d$、相对介电常数为 $\varepsilon_r$ 的接地微波基片上。微带线可以看成由平行双导线演变而来的，在平行双导线两导体的对称面上放置一个无限薄的导体平板，由于对称面上所有电力线与导体平板垂直，不改变电磁场的边界条

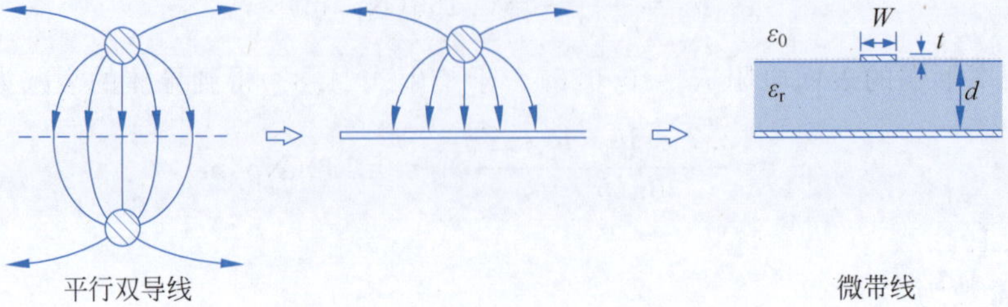


图 4.23 微带线结构及其演变

件，因此不会扰动原来的电磁场分布。若把导体平板一侧的一根圆柱导体去掉，导体平板另一侧的电磁场分布也不会改变，此时一根圆柱导体与导体平板构成一个传输线。如果把圆柱导体压扁成导带，并在导带和导体平板之间填充均匀电介质，导带上方依然为空气层，这就构成了微带线。

如果微带线中不存在电介质($\varepsilon_r=1$)，那么可把这个传输线想象为均匀介质（空气）中的双线传输线。在这种情况下，它是一个简单的 TEM 传输线。但是实际的微带线是混合介质结构，导带与接地面之间填充有电介质($\varepsilon_r>1$)，导带上方是空气($\varepsilon_r=1$)，使得微带线的特性和分析非常复杂。这种混合介质结构使得微带线不支持纯 TEM 波，因为在电介质区域的纯 TEM 波的相速度是 $c_0/\sqrt{\varepsilon_r}$，但空气区域中的纯 TEM 波的相速度是 $c_0$，因此在电介质-空气分界面上不可能实现 TEM 波的相位匹配，即不满足分界面的边界条件，也就是说微带线中不存在纯 TEM 模。

实际上，微带线的严格场解是混合 TE-TM 波组成的，其 $E_z\neq0$，$H_z\neq0$，该模式有截止频率 $f_c\neq0$，因此它是色散的。然而，在绝大多数实际应用中，微波基片是非常薄的($d\ll\lambda$)，其纵向场分量相对于横向场分量很小，即 $E_z\ll E_T$，$H_z\ll H_T$，因此纵向场分量可以忽略不计，近似看成是 TEM 模，称为准 TEM 模。换言之，场分布与静态场基本相同，如图 4.24 所示。因此，与带线类似，微带线的特性参数可由静态或准静态解得到，再通过曲线拟合得到近似设计公式。

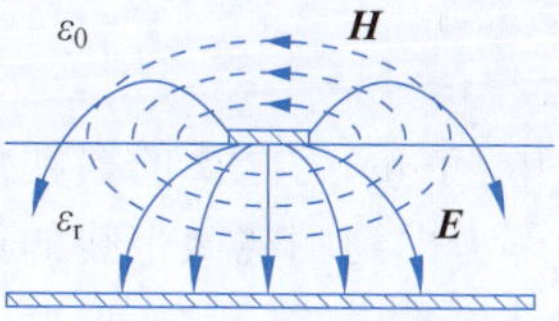

图 4.24　微带线的场分布

## 4.8.2　微带线的特性参数

### 1. 相速度和介质波长

微带线是介质和空气的混合介质结构，为此引入有效相对介电常数 $\varepsilon_{re}$，把实际的混合介质微带线等效为相对介电常数为 $\varepsilon_{re}$ 的单一均匀介质微带线，如图 4.25 所示。有效相对介电常数 $\varepsilon_{re}$ 与微带线的结构尺寸、电介质的相对介电常数 $\varepsilon_r$ 有关，其近似表达式为

$$\varepsilon_{re}\approx\frac{1+\varepsilon_r}{2}+\frac{\varepsilon_r-1}{2}\frac{1}{\sqrt{1+12d/W}}\tag{4.89}$$

有了等效相对介电常数 $\varepsilon_{re}$ 后，就可以按照均匀 TEM 传输线来计算，只需要将 $\varepsilon_{re}$ 代替原来的 $\varepsilon_r$ 即可，因此微带线的相速度为

$$v_p=c_0/\sqrt{\varepsilon_{re}}\tag{4.90}$$

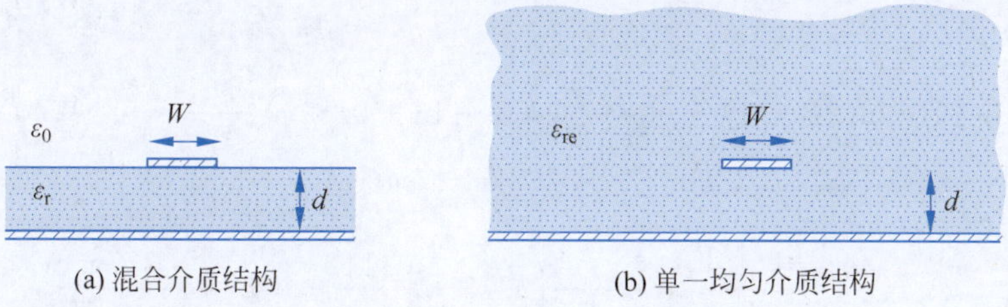

图 4.25　微带线的有效介电常数

微带线的介质波长为

$$\lambda_d=\frac{\lambda_0}{\sqrt{\varepsilon_{re}}}\tag{4.91}$$

### 2. 相移常数与衰减常数

微带线的相移常数为

$$\beta = \frac{2\pi}{\lambda_d} = \frac{2\pi}{\lambda_0}\sqrt{\varepsilon_{re}} \tag{4.92}$$

微带线的衰减是导体损耗、介质损耗、辐射损耗引起的。当微带线的尺寸选择适当，且频率不很高时，电磁场主要集中在导带和接地板之间的介质平行板区域，则辐射损耗可以忽略不计，只考虑导体损耗和介质损耗，因此其衰减常数 $\alpha = \alpha_c + \alpha_d$。导体衰减常数 $\alpha_c$ 计算比较复杂，这里由平行板波导电阻(表 4.1 中 $R$)和式(4.59a)给出近似表达式为

$$\alpha_c \approx \frac{R}{2Z_c} = \frac{R_s}{Z_c W}(\mathrm{Np/m}) \tag{4.93}$$

式中：$Z_c$ 为微带线的特性阻抗；$R_s$ 为导体的表面电阻，$R_s = \sqrt{\pi f \mu_0 / \sigma}$，$\sigma$ 为导体的电导率。

介质损耗引起的衰减为

$$\alpha_d = \frac{k_0 \varepsilon_r (\varepsilon_{re} - 1)\tan\delta}{2\sqrt{\varepsilon_{re}}(\varepsilon_r - 1)}(\mathrm{Np/m}) \tag{4.94}$$

式中：$\tan\delta$ 为介质的损耗角正切。

考虑到围绕微带线的场部分在空气中(无耗)，部分在电介质中(有耗)这一事实，式(4.94)的结果是由式(4.73)通过乘以"填充因子"而导出的，填充因子为

$$q = \frac{\varepsilon_r(\varepsilon_{re} - 1)}{\varepsilon_{re}(\varepsilon_r - 1)}$$

### 3. 特性阻抗

给定微带线尺寸，其特性阻抗 $Z_c = 1/(v_p C)$。分布电容 $C$ 常用保角变换法推导，通过对精确解的曲线拟合得到特性阻抗近似设计公式：

$$Z_c = \begin{cases} \dfrac{60}{\sqrt{\varepsilon_{re}}}\ln\left(\dfrac{8d}{W} + \dfrac{W}{4d}\right), & W/d < 1 \quad (4.95\mathrm{a}) \\[2ex] \dfrac{120\pi}{\sqrt{\varepsilon_{re}}\,[W/d + 1.393 + 0.667\ln(W/d + 1.444)]}, & W/d \geqslant 1 \quad (4.95\mathrm{b}) \end{cases}$$

上式假设导带厚度 $t=0$。由式(4.95)可以看出，特性阻抗随导带宽度的增加而减小，随基片厚度的增加而增加，随基片介电常数的增加而减小。

对于给定的特性阻抗 $Z_c$ 和介电常数 $\varepsilon_r$，求得 $W/d$ 为

$$\frac{W}{d} = \begin{cases} \dfrac{8e^A}{e^{2A} - 2}, & W/d < 2 \quad (4.96\mathrm{a}) \\[2ex] \dfrac{2}{\pi}\left[B - 1 - \ln(2B-1) + \dfrac{\varepsilon_r - 1}{2\varepsilon_r}\left\{\ln(B-1) + 0.39 - \dfrac{0.61}{\varepsilon_r}\right\}\right], & W/d > 2 \quad (4.96\mathrm{b}) \end{cases}$$

式中

$$A = \frac{Z_c}{60}\sqrt{\frac{\varepsilon_r + 1}{2}} + \frac{\varepsilon_r - 1}{\varepsilon_r + 1}\left(0.23 + \frac{0.11}{\varepsilon_r}\right), \quad B = \frac{377\pi}{2Z_c\sqrt{\varepsilon_r}}$$

应当指出的是，微带线以及其他平面传输线的分布电容、特性阻抗还有很多种类的近似经验公式，各自适用于不同的结构尺寸或不同的精度要求，前人也总结出了很多数据表和曲线。目前，微波电路计算机辅助设计(CAD)商业软件可以方便、快捷地进行传输线分析和设计[47,48]，通常在很宽的频率范围内提供较准确的结果。考虑到本书的读者对象是本科生和微波技术的初学者，只在众多公式中选择最简单的列出来，让读者有初步的感性认识。在分析和

设计传输线时，不能只依赖近似公式，也不能只依赖数据表或曲线，可以根据具体情况，本着计算方便、满足精度要求为原则，辅助微波 CAD 商业软件，结合起来综合运用。

例 4.14　微带线设计。

已知微波基片厚度 $d=1.0\text{mm}$，$\varepsilon_r=2.5$，$\tan\delta=0.001$，导带为铜。设计特性阻抗为 50Ω 的微带线，计算在 10GHz 时有 90°相移的微带线长度，计算微带线上的总衰减，并与微波 CAD 商业软件得到的结果比较。

解：(1) 对于 $Z_c=50\Omega$ 微带线，初始猜测 $W/d>2$，由式(4.96b)可得

$$W/d=2.84,\quad A=1.22,\quad B=7.49$$

所以 $W/d>2$；否则用 $W/d<2$ 的表达式。得到 $W=2.84d=2.84(\text{mm})$。

(2) 由式(4.89)得有效相对介电常数 $\varepsilon_{re}=2.0780$。对于 90°相移，可求线长：

$$\phi=90°=\beta l=\sqrt{\varepsilon_{re}}k_0 l,\quad k_0=2\pi f/c_0$$

$$l=\frac{90°(\pi/180°)}{\sqrt{\varepsilon_{re}}k_0}=5.20(\text{mm})$$

(3) 由式(4.94)求得介质损耗导致的衰减为

$$\alpha_d=0.1305\text{Np/m}=1.134\text{dB/m}$$

在 10GHz 时铜的表面电阻 $R_s=0.026\Omega$，由式(4.93)求得导体损耗导致的衰减为

$$\alpha_c=0.1826\text{Np/m}=1.586\text{dB/m}$$

因此，线上总衰减为

$$\alpha=\alpha_d+\alpha_c=1.134+1.586=2.720(\text{dB/m})$$

(4) 商业 CAD 软件[48]给出的结果如下：

$$W=2.87\text{mm},\quad \varepsilon_{re}=2.142,\quad l=5.121\text{mm},\quad \alpha=2.221\text{dB/m}$$

近似公式的结果与 CAD 数据相差不超过几个百分点。

### 4.8.3　微带线的色散和高次模

4.8.2 节给出的微带线参数是基于准静态场近似的，只在低频时成立。在高频时会出现新效应，使得微带线的有效介电常数、特性阻抗和衰减的结果发生变化。由于微带线并不是真正的 TEM 模传输线，而是 TE-TM 混合模传输线，其传播常数不是频率的线性函数，这意味着有效介电常数会随频率变化，因此微带线表现出色散效应。

根据计算机数值仿真或实验数据，人们开发了许多近似公式，以便预测微带线的频率变化。一种常见的有效介电常数的色散模型为

$$\varepsilon_{re}(f)=\varepsilon_r-\frac{\varepsilon_r-\varepsilon_{re}(0)}{1+G(f)}\tag{4.97}$$

式中：$\varepsilon_{re}(f)$为与频率有关的有效相对介电常数；$\varepsilon_r$ 为基片的相对介电常数；$\varepsilon_{re}(0)$为直流时的有效相对介电常数；函数 $G(f)$可取各种形式，这里给出参考文献[43]的结果为

$$G(f)=g(f/f_p)^2$$

式中，$g=0.6+0.009Z_c$，$f_p=Z_c/(8\pi d)$。$Z_c$ 的单位为 Ω，$f$ 的单位为 GHz，$d$ 的单位为 cm。由式(4.97)可知，$\varepsilon_{re}(f)$在 $f=0$ 时简化为 $\varepsilon_{re}(0)$，并在频率增大时增大到 $\varepsilon_r$。

微带线的另一个难点是，它能够支持几种类型的高次模，尤其是在更高的频率处。微带线中的高次模式有波导模式和表面波模式。

波导模式存在于导带与接地面之间的近似平行板波导中，它是具有纵向场分量的 TE 模和 TM 模。微带中最易产生的波导模式是最低次的 $TE_{10}$ 模和 $TM_{01}$ 模。$TE_{10}$ 模的截止波长为

$$\lambda_{c,TE_{10}}=2W\sqrt{\varepsilon_r}$$



实践

$TM_{01}$ 模的截止波长为

$$\lambda_{c,TM_{01}} = 2d\sqrt{\varepsilon_r}$$

表面波模式是沿接地介质板表面传输的一种波，它有各种模式，其截止波长与基片厚度 $d$ 及其相对介电常数 $\varepsilon_r$ 有关。最低的 TM 模表面波的截止波长为

$$\lambda_{c,TM} = \infty$$

它在所有的工作频率下都可能存在。最低的 TE 模表面波的截止波长为

$$\lambda_{c,TE} = 4d\sqrt{\varepsilon_r - 1}$$

为抑制高次模式，最小工作波长要满足以下条件：

$$\lambda_{min} > 2W\sqrt{\varepsilon_r} \tag{4.98a}$$

$$\lambda_{min} > 2d\sqrt{\varepsilon_r} \tag{4.98b}$$

$$\lambda_{min} > 4d\sqrt{\varepsilon_r - 1} \tag{4.98c}$$

微带线的尺寸应满足以下要求：

$$W < \frac{\lambda_{min}}{2\sqrt{\varepsilon_r}} \tag{4.99a}$$

$$d < \frac{\lambda_{min}}{2\sqrt{\varepsilon_r}} \tag{4.99b}$$

$$d < \frac{\lambda_{min}}{4\sqrt{\varepsilon_r - 1}} \tag{4.99c}$$

为了减小辐射损耗，接地板的宽度应大于 $3W$。

**例 4.15** 微带线的色散。

微带线基片的相对介电常数为 10.0，厚度为 0.65mm，使用式(4.97)画出 25Ω 微带线的有效相对介电常数在 0～20GHz 频率范围的变化曲线。比较考虑色散和不考虑色散时，在频率 10GHz 时线长 10.0mm 引起的相位延迟差。

**解：**(1) 25Ω 微带线的线宽 $W=2.00$mm。该微带线在低频时的有效相对介电常数可由式(4.89)求出，$\varepsilon_{re}(0)=7.533$。根据式(4.97)计算得到的有效相对介电常数是频率的函数，结果如图 4.26 所示。与商业 CAD 软件[48]的计算结果比较表明，近似模型可合理地精确到 10GHz 左右，但高频处估计值偏大。

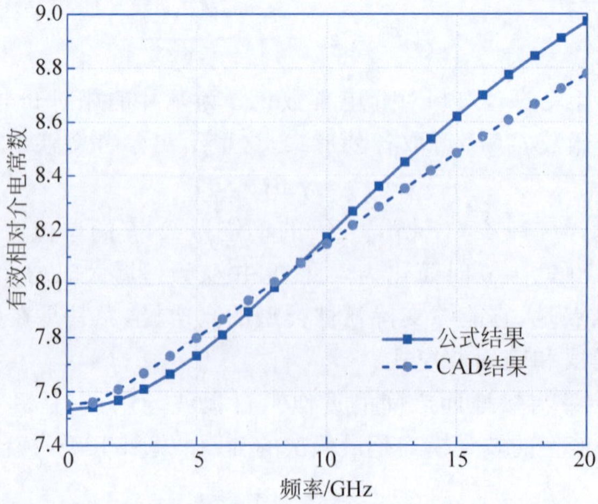


图 4.26 微带线的有效介电常数与频率的关系曲线

(2) 低频时有效相对介电常数 $\varepsilon_{re}(0)=7.533$，线长 10.0mm 的相位延迟 $\phi_0=\sqrt{\varepsilon_{re}(0)}k_0 l=329.4°$。频率为 10GHz 时有效相对介电常数为 $\varepsilon_{re}(10\text{GHz})=8.173$，线长 10.0mm 的相位延迟 $\phi_{10}=\sqrt{\varepsilon_{re}(10\text{GHz})}k_0 l=343.1°$，二者相差约 14°。

## 4.9 案例 1：平面波的传输线等效和应用

4.6 节讨论了波导模式的传输线等效，定义了等效电压正比于波导模式的横向电场，等效电流正比于该模式的横向磁场，所有的传输线都可以按照传输线理论来计算，简化了分析。实际上，不只是波导可以等效为传输线，平面波的反射和折射问题也可以等效为传输线，将第 2 章中复杂的场分析问题转化为传输线问题，简化了分析。

### 4.9.1 平面波的传输线等效方法

我们注意到，2.4.1 节中平面波垂直入射到两个媒质分界面的反射系数和透射系数与 4.3.3 节中不同特性阻抗的传输线连接时的反射系数和传输系数有相同的形式。即使对平面波斜入射的情况，如果定义恰当的波阻抗，则其结果与传输线情况的形式相同。两者结果的相似性不是偶然的，而是因为它们满足相同的方程形式。平面波的传输线等效与波导模的等效一样，需满足以下三个条件：

(1) 定义的等效电压正比于平面波相对于 $z$ 方向的横向电场，等效电流正比于平面波相对于 $z$ 方向的横向磁场。

(2) 平面波的 $z$ 方向平均功率密度等于等效电压和电流的乘积。

(3) 单一行波的电压与电流之比等于传输线的特性阻抗，通常为朝 $z$ 方向看去的平面波波阻抗。

按照这三个条件，平面波垂直入射、垂直极化波斜入射和水平极化波斜入射时的平面波与传输线的相似性，以及平面波的传输线等效方法如表 4.3 所示。

表 4.3 平面波的传输线等效

| 类　型 | 平面波方程 | 传输线方程 | 等效方法 |
|---|---|---|---|
| 平面波垂直入射 | $E_x=E_0\mathrm{e}^{-\mathrm{j}kz}$<br>$H_y=\dfrac{E_0}{\eta}\mathrm{e}^{-\mathrm{j}kz}$<br>$\dfrac{\mathrm{d}^2E_x}{\mathrm{d}z^2}+k^2E_x=0$<br>$Z_\mathrm{w}=\dfrac{E_x}{H_y}=\eta$<br>$S_\mathrm{av}=\dfrac{\lvert E_0\rvert^2}{2Z_\mathrm{w}}$ | $V(z)=V^+\mathrm{e}^{-\mathrm{j}\beta z}$<br>$I(z)=\dfrac{V^+}{Z_\mathrm{c}}\mathrm{e}^{-\mathrm{j}\beta z}$<br>$\dfrac{\mathrm{d}^2V}{\mathrm{d}z^2}+\beta^2V=0$<br>$P^+=\dfrac{1}{2}V^+I^{+*}$ | $\beta=k$<br>$Z_\mathrm{c}=Z_\mathrm{w}=\eta$ |
| 垂直极化波斜入射 | $E_y=E_0\mathrm{e}^{-\mathrm{j}kz\cos\theta}$<br>$H_x=-\dfrac{E_0}{\eta}\cos\theta\,\mathrm{e}^{-\mathrm{j}kz\cos\theta}$<br>$\dfrac{\mathrm{d}^2E_y}{\mathrm{d}z^2}+k^2\cos^2\theta E_y=0$<br>$Z_\mathrm{w}=\dfrac{-E_y}{H_x}=\dfrac{\eta}{\cos\theta}$<br>$S_\mathrm{av}=\dfrac{\lvert E_0\rvert^2}{2Z_\mathrm{w}}$ | | $\beta=k\cos\theta$<br>$Z_\mathrm{c}=Z_\mathrm{w}=\dfrac{\eta}{\cos\theta}$ |

续表

| 类　型 | 平面波方程 | 传输线方程 | 等效方法 |
|---|---|---|---|
| 平行极化波斜入射 | $E_x=E_0\cos\theta \mathrm{e}^{-\mathrm{j}kz\cos\theta}$<br>$H_y=\dfrac{E_0}{\eta}\mathrm{e}^{-\mathrm{j}kz\cos\theta}$<br>$\dfrac{\mathrm{d}^2E_x}{\mathrm{d}z^2}+k^2\cos^2\theta E_x=0$<br>$Z_{\mathrm{w}}=\dfrac{E_x}{H_y}=\eta\cos\theta$<br>$S_{\mathrm{av}}=\dfrac{\|E_0\|^2}{2Z_{\mathrm{w}}}$ | $V(z)=V^+\mathrm{e}^{-\mathrm{j}\beta z}$<br>$I(z)=\dfrac{V^+}{Z_{\mathrm{c}}}\mathrm{e}^{-\mathrm{j}\beta z}$<br>$\dfrac{\mathrm{d}^2V}{\mathrm{d}z^2}+\beta^2V=0$<br>$P^+=\dfrac{1}{2}V^+I^{+*}$ | $\beta=k\cos\theta$<br>$Z_{\mathrm{c}}=Z_{\mathrm{w}}=\eta\cos\theta$ |

注：$\theta$ 为入射角 $\theta_{\mathrm{i}}$，或反射角 $\theta_{\mathrm{r}}$，或透射角 $\theta_{\mathrm{t}}$。

### 4.9.2　平面波传输线等效的应用

平面波等效为传输线后，可以用传输线理论来完成平面波分界面的反射和折射问题，甚至是多层介质的反射和折射问题。下面以例题来说明。

**例 4.16**　媒质分界面的平面波反射和折射问题的传输线等效。

用等效传输线计算图 2.16 所示的垂直极化平面波斜入射时的反射系数和透射系数。

**解：**垂直极化平面波斜入射时的等效传输线如图 4.27 所示，根据表 4.3，等效参数为

$$\beta_1=k_1\cos\theta_{\mathrm{i}},\quad \beta_2=k_2\cos\theta_{\mathrm{t}},\quad Z_{\mathrm{c1}}=\frac{\eta_1}{\cos\theta_{\mathrm{i}}},\quad Z_{\mathrm{c2}}=\frac{\eta_2}{\cos\theta_{\mathrm{t}}}$$

式中：$\theta_{\mathrm{i}}$ 为入射角，$\theta_{\mathrm{t}}$ 为透射角，且 $k_1\sin\theta_{\mathrm{i}}=k_2\sin\theta_{\mathrm{t}}$；$k_1=\omega\sqrt{\mu_1\varepsilon_1}$，$\eta_1=\sqrt{\mu_1/\varepsilon_1}$；$k_2=\omega\sqrt{\mu_2\varepsilon_2}$，$\eta_2=\sqrt{\mu_2/\varepsilon_2}$。

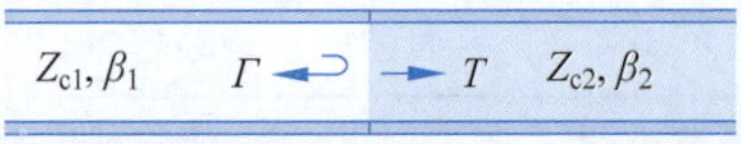


图 4.27　垂直极化波斜入射时的等效传输线

根据例 4.5 的结果，分界面处的反射系数和透射系数分别为

$$\Gamma_{\perp}=\frac{Z_{\mathrm{c2}}-Z_{\mathrm{c1}}}{Z_{\mathrm{c2}}+Z_{\mathrm{c1}}}=\frac{\dfrac{\eta_2}{\cos\theta_{\mathrm{t}}}-\dfrac{\eta_1}{\cos\theta_{\mathrm{i}}}}{\dfrac{\eta_2}{\cos\theta_{\mathrm{t}}}+\dfrac{\eta_1}{\cos\theta_{\mathrm{i}}}}=\frac{\eta_2\cos\theta_{\mathrm{i}}-\eta_1\cos\theta_{\mathrm{t}}}{\eta_2\cos\theta_{\mathrm{i}}+\eta_1\cos\theta_{\mathrm{t}}}$$

$$T_{\perp}=\frac{2Z_{\mathrm{c2}}}{Z_{\mathrm{c2}}+Z_{\mathrm{c1}}}=\frac{2\dfrac{\eta_2}{\cos\theta_{\mathrm{t}}}}{\dfrac{\eta_2}{\cos\theta_{\mathrm{t}}}+\dfrac{\eta_1}{\cos\theta_{\mathrm{i}}}}=\frac{2\eta_2\cos\theta_{\mathrm{i}}}{\eta_2\cos\theta_{\mathrm{i}}+\eta_1\cos\theta_{\mathrm{t}}}$$

该结果与式(2.80a)和式(2.80b)结果相同。

**例 4.17**　多层介质的平面波反射和折射问题的传输线等效。

如图 4.28(a)所示，平行极化平面波斜入射到介质覆盖的导体，用等效传输线计算媒质 1 与媒质 2 分界面处向导体看的反射系数。

**解：**平行极化平面波斜入射时的等效传输线如图 4.28(b)所示，导体等效为终端短路，根据表 4.3，等效参数为

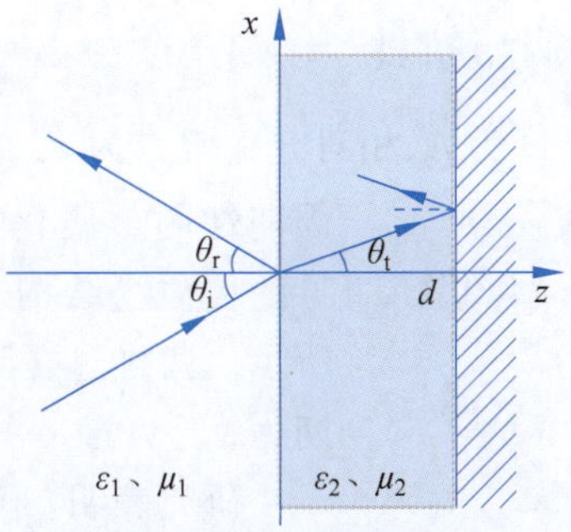


(a) 多层介质的平面波反射和折射问题

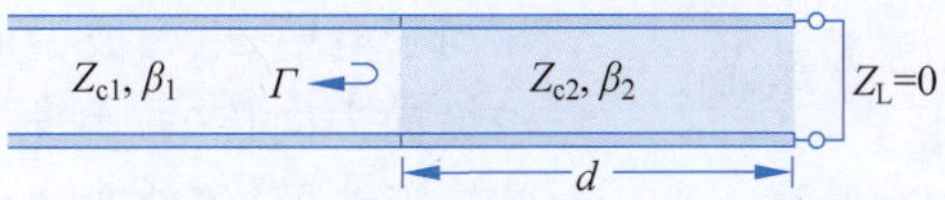


(b) 等效传输线

图 4.28　水平极化波对介质覆盖导体的斜入射及其等效传输线

$$\beta_1=k_1\cos\theta_i,\quad \beta_2=k_2\cos\theta_t,\quad Z_{c1}=\eta_1\cos\theta_i,\quad Z_{c2}=\eta_2\cos\theta_t$$

式中：$\theta_i$ 为入射角，$\theta_t$ 为透射角，且 $k_1\sin\theta_i=k_1\sin\theta_r=k_2\sin\theta_t$。

媒质 1 与媒质 2 分界面处向导体看的输入阻抗为

$$Z_{in}=jZ_{c2}\tan(k_2d\cos\theta_t)$$

媒质 1 与媒质 2 交界面处向导体看的反射系数为

$$\Gamma=\frac{Z_{in}-Z_{c1}}{Z_{in}+Z_{c1}}=\frac{j\eta_2\cos\theta_t\tan(k_2d\cos\theta_t)-\eta_1\cos\theta_i}{j\eta_2\cos\theta_t\tan(k_2d\cos\theta_t)+\eta_1\cos\theta_i}$$

## 4.10 案例 2：基片集成波导及其应用

到此为止，已经讨论了多种传输线，第 3 章中讨论了矩形波导、圆波导、同轴线，本章中讨论了带线和微带线。不同的传输线支持的波类型不同，其特性也不同，表 4.4 列出了几种常用传输线的特性。

表 4.4　几种常用传输线的特性

| 特　　性 | 同　轴　线 | 矩 形 波 导 | 带　状　线 | 微　带　线 |
|---|---|---|---|---|
| 主模 | TEM | $TE_{10}$ | TEM | 准 TEM |
| 高次模 | TE，TM | TE，TM | TE，TM | TE-TM 混合 |
| 色散 | 无 | 中 | 无 | 低 |
| 带宽 | 高 | 低 | 高 | 高 |
| 损耗 | 中 | 低 | 高 | 高 |
| 功率容量 | 中 | 高 | 低 | 低 |
| 体积重量 | 大 | 大 | 中 | 小 |
| 加工难度 | 中 | 中 | 易 | 易 |
| 与有源器件集成 | 难 | 难 | 尚可 | 易 |

矩形波导的优点是损耗小、功率容量大，缺点是体积大、重量大、成本高、不易集成和加工。微带线的优点是频带宽、易集成、体积小、重量轻和成本低，缺点是损耗大、功率容量小。2001 年，Wu 提出了新型的基片集成波导(SIW)概念[44]，将矩形波导与平面传输线相结合，兼具损耗小、易集成、体积小、重量轻和成本低的优点。本案例主要介绍 SIW 的结构、特性和应用。

### 4.10.1 基片集成波导的结构与特性

采用多层印制电路工艺在厚度为 $h$、相对介电常数为 $\varepsilon_r$ 的双面覆铜微波基片上印制两排周期性的金属化过孔，这样就构建了类似矩形波导的传输线结构，称为基片集成波导，如图 4.29 所示。两排过孔间距为 $w$，过孔直径为 $d$，排列周期为 $s$。

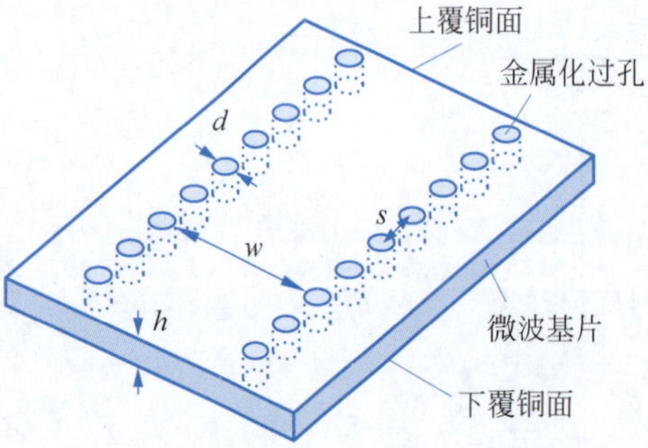


图 4.29 基片集成波导

研究表明，当 $s/d<2.0$ 和 $d/w<1/5$ 时，从过孔之间的缝隙泄漏的电磁能量很小，两排过孔相当于电壁，电磁波类似于矩形波导 $TE_{10}$ 模一样沿纵向方向传输，因此 SIW 可以等效为介质填充的矩形波导，等效宽度为

$$w_{eff}=w-1.08\frac{d^2}{s}+0.1\frac{d^2}{w} \tag{4.100}$$

SIW 的 $TE_{10}$ 模相移常数 $\beta$ 由等效波导即可计算得到，而衰减系数为

$$\alpha=10^{\xi_1+\frac{\xi_2-\xi_1}{s/d-0.75}} \tag{4.101}$$

式中

$$\xi_1=-4.6+\frac{26}{w/s+4.5},\quad \xi_2=-7.7+\frac{11}{w/s+1.1}$$

实践

采用电磁场商业软件对 SIW 进行建模仿真，$\varepsilon_r'=2.55$，$h=1.524\text{mm}$，$w=12.0\text{mm}$，$d=0.8\text{mm}$，$s=1.2\text{mm}$。由式(4.100)得到等效波导宽度 $w_{eff}=11.43\text{mm}$，计算得到 $TE_{10}$ 模截止频率为

$$f_c=c_0/(2w_{eff}\sqrt{\varepsilon_r})=8.22(\text{GHz})$$

仿真结果如图 4.30 所示。结果表明，电场分布与矩形波导 $TE_{10}$ 模电场类似，电磁场商业软件 CAD 仿真得到的 $TE_{10}$ 模相移常数与等效波导计算结果吻合良好。

彩图

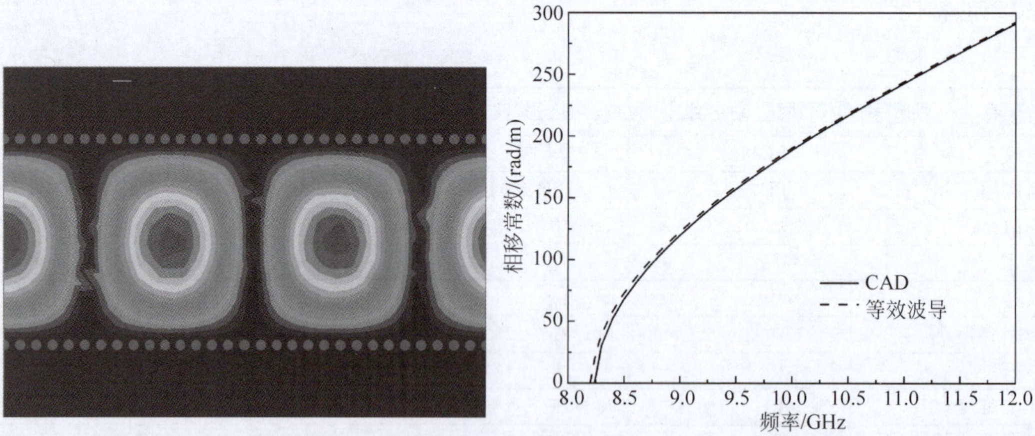


(a) 电场幅度分布(俯视图)　　(b) 相移常数

图 4.30 基片集成波导仿真结果

### 4.10.2 基片集成波导的应用

SIW 一经提出，就得到广泛研究和应用(应用于无源微波器件和缝隙阵列天线、多波束天

线等)。下面结合作者的科研成果，列举双层 SIW 赋形波束行波阵列天线[45-46]。

新型双层 SIW 双谐振缝隙天线作为阵列单元，采用微带-SIW 转换和 SIW T 形结实现了一分四功率分配器，构建了 4×13 元余割平方赋形波束阵列，如图 4.31(a)所示。仿真和实验结果表明，SIW 多层缝隙阵列的带宽达 6.7%，波束赋形效果良好，实测增益相较仿真结果仅下降了 0.5dB，显示出 SIW 阵列的低损耗特性，如图 4.31(b)、(c)所示。

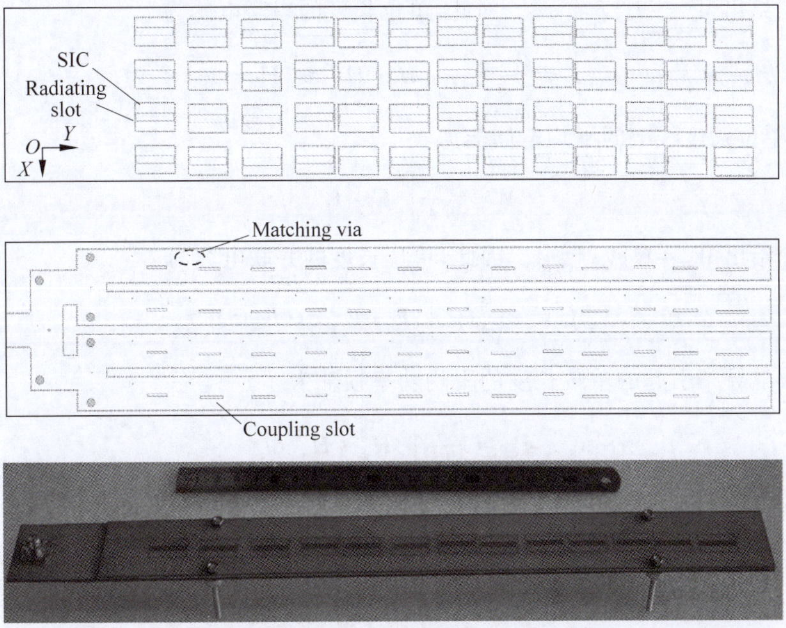


(a) SIW阵列上层俯视图、下层俯视图和实物图

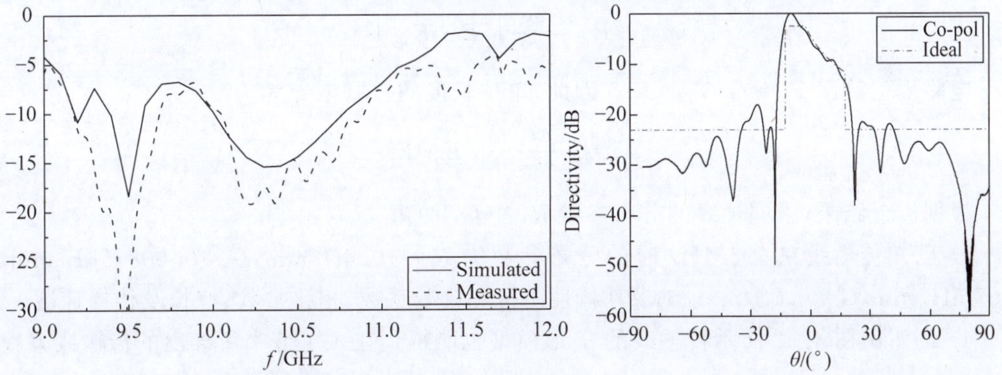


(b) SIW阵列反射系数　　(c) 赋形波束方向图

图 4.31　双层 SIW 赋形波束行波阵列

## 习题

1. 什么是分布参数电路？它与集总参数电路在概念和处理方法上有何不同？

2. 同轴线的 TEM 模波可以表示为

$$\boldsymbol{E}=\hat{\rho}\,\frac{V_0}{\rho\ln(b/a)}\mathrm{e}^{-\mathrm{j}\beta z},\quad \boldsymbol{H}=\hat{\phi}\,\frac{I_0}{2\pi\rho}\mathrm{e}^{-\mathrm{j}\beta z}$$

式中：$a$ 为同轴线内导体半径，$b$ 为外导体半径，$\beta$ 为相移常数。假定导体的表面电阻为 $R_s$，两导体间填充的电介质具有介电常数 $\varepsilon=\varepsilon'-j\varepsilon''$ 和磁导率 $\mu_0$。$V_0$ 为内、外导体之间的电压，$I_0$ 为内、外导体上的电流。单位长度线上的平均磁储能为

$$W_m=\frac{\mu_0}{4}\int_S \boldsymbol{H}\cdot\boldsymbol{H}^*\,ds$$

式中：$S$ 为传输线横截面的面积。

电路理论给出 $W_m=L|I_0|^2/4$。因此，单位长度的串联电感为

$$L=\frac{\mu_0}{|I_0|^2}\int_S \boldsymbol{H}\cdot\boldsymbol{H}^*\,ds\ (\mathrm{H/m})$$

类似地，单位长度线上的平均电储能为

$$W_e=\frac{\varepsilon}{4}\int_S \boldsymbol{E}\cdot\boldsymbol{E}^*\,ds$$

电路理论给出 $W_e=C|V_0|^2/4$。因此，单位长度的并联电容为

$$C=\frac{\varepsilon}{|V_0|^2}\int_S \boldsymbol{E}\cdot\boldsymbol{E}^*\,ds\ (\mathrm{F/m})$$

导体有限电导率引起的单位长度的平均功率损耗为

$$P_c=\frac{R_s}{2}\oint_C \boldsymbol{H}_t\cdot\boldsymbol{H}_t^*\,dl$$

式中：积分路径 $C$ 包围了整个导体的周界；$\boldsymbol{H}_t$ 为传输线上磁场的切向分量。

电路理论给出 $P_c=R|I_0|^2/2$。因此，单位长度的串联电阻为

$$R=\frac{R_s}{|I_0|^2}\oint_C \boldsymbol{H}_t\cdot\boldsymbol{H}_t^*\,dl$$

有耗电介质引起的单位长度的平均功率损耗为

$$P_d=\frac{\omega\varepsilon''}{2}\int_S \boldsymbol{E}\cdot\boldsymbol{E}^*\,ds$$

电路理论给出 $P_d=G|V_0|^2/2$。因此，单位长度的并联电导为

$$G=\frac{\omega\varepsilon''}{|V_0|^2}\int_S \boldsymbol{E}\cdot\boldsymbol{E}^*\,ds$$

根据以上结果，求同轴线的分布参量 $R$、$L$、$C$ 和 $G$。

3. 已知传输线在 796MHz 时的分布参数为 $R=10.4\Omega/\mathrm{mm}$，$C=0.00835\mu\mathrm{F/mm}$，$L=3.67\mathrm{mH/mm}$，$G=0.8\mathrm{S/mm}$，试求其特性阻抗和衰减系数、相移常数、波长及传播速度。

4. 证明由图 4.32 所示传输线的 T 形模型也能得到在 4.1 节中所导出的传输线方程。

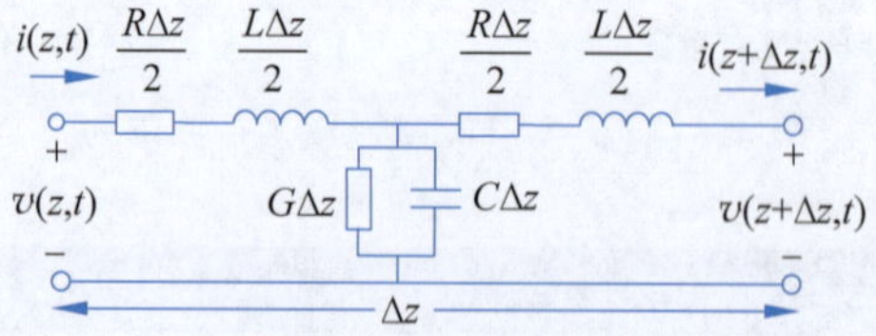


图 4.32　习题 4 图

5. 何谓反射系数？它是如何表征传输线上波的反射特性的？求图 4.33 中各电路中各段的反射系数(假设传输线无耗)。

6. 特性阻抗 $Z_c=50\Omega$ 的同轴线，端接阻抗 $Z_L=25+j25\Omega$，试求反射系数、驻波比和传送至负载的入射功率。

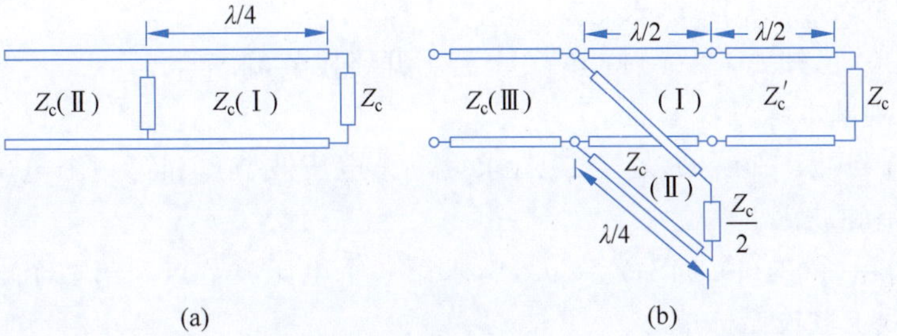


图 4.33　习题 5 图

7. 无耗传输线特性阻抗 $Z_c=70\Omega$，端接阻抗为 $R_L+jX_L$ 时线上驻波比 $\rho=2.0$，第一个电压最大点距离终端为 $\lambda/12$，试求 $R_L$ 和 $X_L$。

8. 长为 $3\lambda/4$、特性阻抗 $Z_c=600\Omega$ 的双导线，负载阻抗 $Z_L=300\Omega$，输入端电压为 600V，试画出沿线 $|V|$、$|I|$ 和 $|Z_{in}|$ 的分布图，并求出它们的最大值和最小值。

9. 如图 4.34 所示的传输线，计算入射功率、反射功率以及传输到 75Ω 无穷长传输线中的功率，并证明功率守恒。

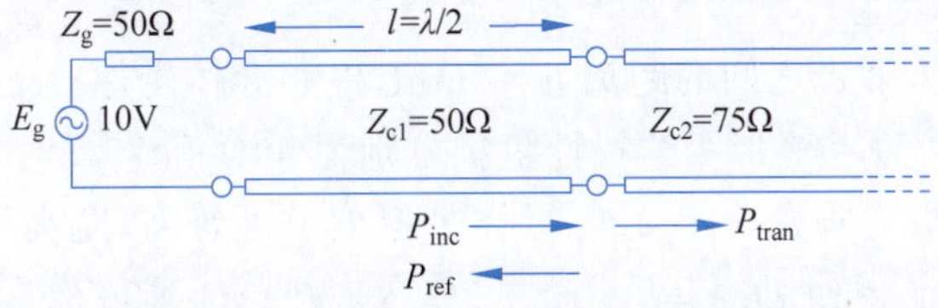


图 4.34　习题 9 图

10. 如图 4.35 所示，电源连接到传输线，求沿传输线上作为 $z$ 的函数的电压，并画出该电压在区间 $-l\leqslant z\leqslant 0$ 的幅值。

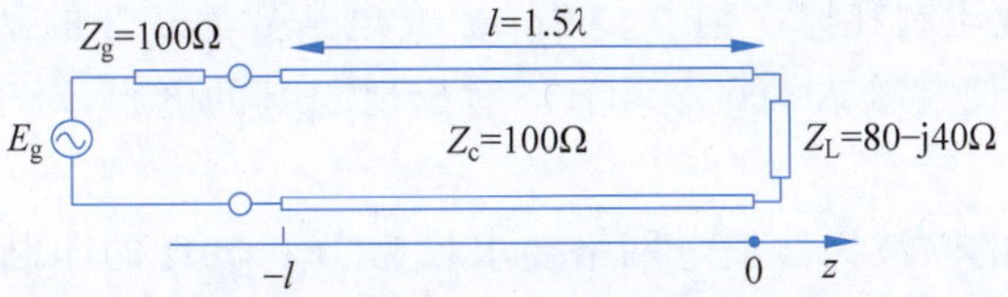


图 4.35　习题 10 图

11. 两相邻最小值间的距离为 2.1cm，第一个电压最小值与负载的距离为 0.9cm，负载的 SWR=2.5。若 $Z_c=50\Omega$，求负载阻抗。

12. 完成下列圆图基本练习：

(1) 已知 $Z_L=20-j40\Omega$，$Z_c=50\Omega$，$l/\lambda=0.11$，求 $Z_{in}$。

(2) 已知 $Y_L=0.03-j0.01S$，$Z_c=60\Omega$，$l/\lambda=0.31$，求 $Y_{in}$。

(3) 已知 $Z_{in}=20-j40\Omega$，$Z_c=50\Omega$，$l/\lambda=0.11$，求 $Y_L$。

(4) 已知 $Y_{in}=0.03-j0.01S$，$Z_c=50\Omega$，$l/\lambda=0.31$，求 $Z_L$。

(5) 已知 $Z_L=100-j600\Omega$，$Z_c=250\Omega$，求负载反射系数的大小和相角。

13. 完成下列圆图基本练习：

(1) 已知 $Y_L=0$，$Y_{in}=j0.12S$，求 $l/\lambda$。

(2) 已知 $Y_L=\infty$，$Y_{in}=j0.06S$，求 $l/\lambda$。

(3) 短路枝节，$\bar{Y}_{in}=-j1.3$，求 $l/\lambda$。

(4) 开路枝节，$\bar{Y}_{in}=-j1.5$，求 $l/\lambda$。

(5) 短路枝节，已知 $l/\lambda=0.11$，求 $Y_{in}$。若为开路枝节，求 $Y_{in}$。

14. 完成下列基本练习：

(1) 已知 $Z_L=0.4+j0.8\Omega$，$Z_c=10\Omega$，求第一个电压波节点和第一个电压波腹点至负载的距离，以及线上驻波比。

(2) 已知 $Y_L=0.02-j0.04S$，$Y_c=0.1S$，求第一个电压波节点和第一个电压波腹点至负载的距离，以及线上驻波比。

(3) 已知 $l/\lambda=1.29$，$\rho=3.0$，第一个电压波节点距负载 $0.32\lambda$，$Z_c=75\Omega$，求 $Z_L$ 和 $Z_{in}$。

(4) 已知 $l/\lambda=6.33$，$\rho=1.5$，第一个电压波节点距负载 $0.08\lambda$，$Z_c=75\Omega$，求 $Z_L$、$Z_{in}$、$Y_0$ 和 $Y_{in}$。

15. 已知传输线的归一化负载导纳 $\bar{Y}_L=0.5+j0.6$，若保持其电导 $g$ 不变，而增大或减小其容性，在圆图上的变化轨迹应如何？若增大或减小其感性，轨迹又如何？

16. 已知带线两导体平板之间的距离 $b=1$mm，中心导体带的宽度 $W=2$mm，厚度为 $t=0.5$mm，填充的介质的相对介电常数 $\varepsilon_r=2.0$，求该带线主模的相速度、波导波长以及带线的特性阻抗。

17. 已知带线两导体平板之间的距离 $b=5$mm，中心导体带厚度 $t=0.2$mm，填充的介质的相对介电常数 $\varepsilon_r=2.25$，求该带线的特性阻抗分别为 50Ω 和 75Ω 时，中心导体带的宽度。

18. 微带线的介质板为陶瓷，$\varepsilon_r=9.9$，导体带厚度 $t$ 可忽略，宽高比 $W/d=0.96$，求其特性阻抗。若介质损耗角的正切 $\tan\delta=2\times10^{-4}$，导体带和导体平板都是铜材料，其表面电阻率为 $2.61\times10^{-7}\sqrt{f(\text{Hz})}$，求该微带线在频率为 10GHz 时的衰减常数。

19. 已知微带线 $\varepsilon_r=9.6$，$d=1$mm，$t=0.01$mm，求特性阻抗为 50Ω 时导体带的等效宽度，并求工作频率为 5GHz 时的主模相速度和波导波长。

20. 100Ω 的微带线印制在厚度为 0.762mm、介电常数为 2.2 的基片上，忽略损耗和边缘场，求该线的最短长度，使其输入端在 2.5GHz 时出现 5pF 的电容，对于 5nH 的电感重复上述计算。

21. 工作在 5GHz 的微波天线馈电网络要求长为 $16\lambda$、50Ω 的印制传输线，选择铜微带线($d=1.6$mm，$\varepsilon_r=2.20$，$t=0.01$mm，$\tan\delta=0.001$)或铜带状线($b=3.2$mm，$\varepsilon_r=2.20$，$t=0.01$mm，$\tan\delta=0.001$)，若要衰减最小，应采用哪条线？

# 第 5 章

# 微波网络理论和微波元件

第 3 章分析了无限长均匀传输线中导行电磁波的传播特性，这就是导行波理论。第 4 章分析了有限长均匀传输线问题，实现了微波源经过有限长微波传输线向负载传输微波功率的微波传输系统，这就是传输线理论。但是，实际的微波系统不只是完成微波功率传输，还需要完成微波幅度、相位、频率、极化等变换功能，这就需要各种微波元器件。其中微波器件由多个微波元件和传输线构成，微波元件通常是微波传输线中的“非均匀区”，不是处处均匀的，此时传输线的形状、尺寸或填充媒质在传播方向上会发生突变，或者在传输线中存在导体或介质障碍物，如图 5.1 所示。显然，由于边界发生变化，非均匀区会对传输线上波的传播产生影响，存在被非均匀区反射回来的反射波，同时传输波也会发生变化。

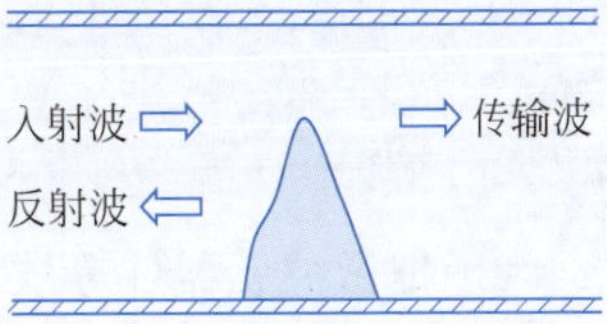


图 5.1　波导中的“非均匀区”

对微波元器件最关心的是非均匀区对传输线上波的影响，即微波元器件特性，也就是反射波、传输波与入射波的关系。如何分析微波元器件的特性？显然，微波元器件本质上是电磁场边值问题，非均匀区的不规则形状使得电磁场边界条件很复杂，从而导致其电磁场分布十分复杂。即使是形状简单的非均匀区的电磁场边值问题往往采用数值方法求解，这超出了本书范畴。与第 4 章类似，依据“化场为路”思想将微波元器件的电磁场问题转化为与之等效的电路问题，也就是微波网络，就可借用经典电路理论中的网络方法研究非均匀区中波的传输问题。它是一种简便易行的电磁场分析方法，在工程中应用广泛。

本章首先介绍微波元器件等效为微波网络的基本原理，然后讨论描述微波网络特性的几种常用网络矩阵，最后分析常用的微波元件特性。有关微波器件的特性将在第 6 章中介绍。

## 5.1 微波网络的等效

本节讲述微波元器件等效为微波网络的基本原理，重点需要理解微波网络理论与电磁场理论和经典电路理论之间的联系，它们之间不是相互独立的。

### 5.1.1 微波网络的等效原理

微波元器件通常是连有多条均匀传输线的一个非均匀区，如图 5.2 所示。均匀传输线可能是 TEM 模或准 TEM 模传输线(如同轴线、微带线等)，也可能是非 TEM 模传输线(如矩形波导、圆波导等)。传输线通常作为微波信号的输入和输出接口，称为端口。按照物理端口数目的多少，微波元器件可以分为单端口、双端口、三端口、四端口等元器件。

假设微波元器件有 $N$ 个端口，并且每个端口的均匀传输线中只能主模传输。由 4.1 节和 4.6 节可知，TEM 模和非 TEM 模微波传输线都可以等效成平行双导线为代表的传输线，则该微波元器件可等效为一个 $N$ 端口的微波网络，如图 5.3 所示。对于时谐电磁场，传输线上的传输波是包含幅度和相位的复数信号，并且相位是相对的，因此需要在每条传输线上选定一个相位参考面 $T_i(i=1,2,\cdots,N)$。参考面的作用很重要，它的选取需要满足两个要求：一是参考面的位置应远离非均匀区。从非均匀区产生的高次模在传输线上快速指数衰减，在参考面位置上只有主模的入射波和反射波，这样微波网络只考虑各端口主模之间的相互作用。二是参考面应垂直于传输线的传播方向。这样，传输线上传输波的横向电场和横向磁场都在参考面内，便于后续等效电压和等效电流的引入。

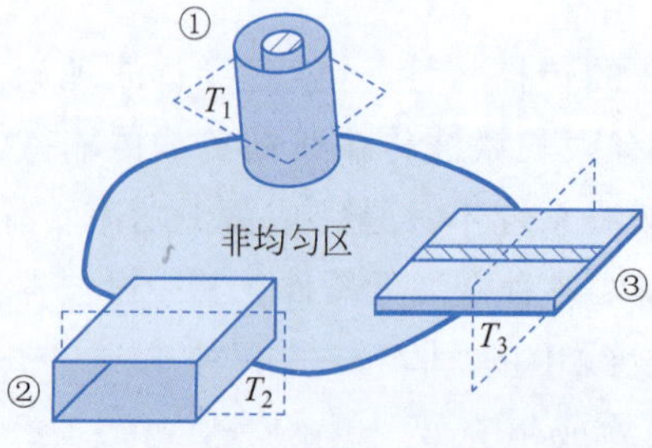


图 5.2　三端口微波元器件示意图

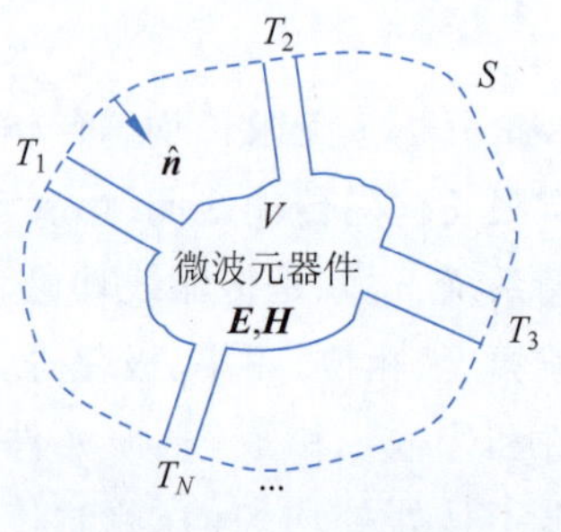


图 5.3　$N$ 端口微波网络

为了把微波元器件等效为微波网络，先研究微波元器件内部电磁场量（电场和磁场）与各传输线参考面上电路量（电压和电流）之间的普遍关系，应用 1.6 节介绍的复坡印廷定理可以导出这个关系。对于如图 5.3 所示的微波元器件，做包围它的闭曲面 $S$，并使 $S$ 与各传输线相截的部分与选定的参考面重合。假定微波元器件的边界都是金属导体壁，除了 $N$ 个端口之外，其他部分与外界没有场的联系；假定微波元器件内无外加源，将式(1.81)用于此闭曲面 $S$，则传输到网络内部的复功率为

$$P=\frac{1}{2}\oint\!\!\!\oint_S \boldsymbol{E}\times\boldsymbol{H}^*\cdot \mathrm{d}\boldsymbol{s}=\frac{1}{2}\sum_{i=1}^{N}\oint\!\!\!\oint_{T_i}\boldsymbol{E}_{T_i}\times\boldsymbol{H}_{T_i}^*\cdot \mathrm{d}\boldsymbol{s}=P_l+\mathrm{j}2\omega(W_\mathrm{m}-W_\mathrm{e}) \tag{5.1}$$

式中：$\boldsymbol{E}_{T_i}$ 和 $\boldsymbol{H}_{T_i}$ 分别为参考面 $T_i$ 上的横向电场和横向磁场；$P_l$、$W_\mathrm{m}$ 和 $W_\mathrm{e}$ 分别是体积 $V$ 中的平均损耗功率、平均磁场能量和平均电场能量。

式(5.1)说明在体积 $V$ 中无外加源的情况下，通过所有端口参考面流入体积 $V$ 中的复功率的实部正好等于体积 $V$ 中的平均损耗功率，其虚部等于体积 $V$ 中储存的平均净电抗性能量（平均磁能与平均电能之差）的 $2\omega$ 倍。需要注意的是，图 5.3 中单位法向指向 $S$ 内部，而图 1.20 中单位法向指向 $S$ 外部。

为了建立参考面上电路量与元器件内部电磁场量之间的普适关系式，与 4.6 节类似在传输线上定义等效电压和等效电流，参考面 $T_i$ 上横向电场、横向磁场分别与等效电压 $V_i(z)$、等效电流 $I_i(z)$ 成正比关系，可写为

$$\boldsymbol{E}_{T_i}(x,y,z)=\boldsymbol{e}_{T_i}(x,y)V_i(z) \tag{5.2a}$$

$$\boldsymbol{H}_{T_i}(x,y,z)=\boldsymbol{h}_{T_i}(x,y)I_i(z) \tag{5.2b}$$

式中：$\boldsymbol{e}_{T_i}(x,y)$ 和 $\boldsymbol{h}_{T_i}(x,y)$ 分别为第 $i$ 条传输线的归一化电场和磁场模式矢量函数，归一化方法为

$$\iint_{T_i}\boldsymbol{e}_{T_i}\times\boldsymbol{h}_{T_i}^*\cdot \mathrm{d}\boldsymbol{s}=1 \tag{5.3}$$

将式(5.2)代入式(5.1)，并运用式(5.3)，可得

$$P=\frac{1}{2}\sum_{i=1}^{N}V_iI_i^*\oint\!\!\!\oint_{T_i}\boldsymbol{e}_{T_i}\times\boldsymbol{h}_{T_i}^*\cdot \mathrm{d}\boldsymbol{s}=\frac{1}{2}\sum_{i=1}^{N}V_iI_i^*=P_l+\mathrm{j}2\omega(W_\mathrm{m}-W_\mathrm{e})$$

即

$$P=\frac{1}{2}\sum_{i=1}^{N}V_iI_i^*=P_l+\mathrm{j}2\omega(W_m-W_e) \tag{5.4}$$

式(5.4)就是等效网络的各参考面上等效电压、等效电流与网络内部电磁场之间的普适关系式，这个关系式本质上仍是用复功率表示的电磁场能量守恒定律。比较式(5.1)和式(5.4)可知，通过某一个参考面 $T_i$ 流入网络的复功率为

$$P_i=\frac{1}{2}V_iI_i^*=\frac{1}{2}\iint_{T_i}\boldsymbol{E}_{T_i}\times\boldsymbol{H}_{T_i}^*\cdot\mathrm{d}s \tag{5.5}$$

这也是参考面上等效电压、等效电流与横向电场、横向磁场的普适关系式。式(5.5)说明，用电路量得到的复功率与用电磁场量得到的复功率是相等的，这也是电磁场问题等效为电路问题的必要条件和前提。

对于多端口网络，由式(5.4)可知，只要采取某种合适的电磁理论方法求得非均匀区内部的电磁场 $\boldsymbol{E}$、$\boldsymbol{H}$，式(5.4)右边表示的复功率 $P=P_l+\mathrm{j}2\omega(W_m-W_e)$ 就可以由式(1.78)～式(1.80)确定，这样就可以得到所有端口的等效电压、等效电流之间的关系，即

$$\frac{1}{2}\sum_{i=1}^{N}V_iI_i^*=P \tag{5.6}$$

由此关系出发，可得到描述微波网络的网络矩阵，如阻抗矩阵 $\boldsymbol{Z}$ 和导纳矩阵 $\boldsymbol{Y}$。这也说明，微波网络理论与电磁场理论是相互依赖而不是相互独立的。微波网络中网络矩阵参数通过微波元器件中电磁场的严格或者近似求解得到；反过来，一旦通过电磁计算得到了微波网络的网络矩阵参数，就可以把微波元器件看作一个“黑盒”。当微波元器件的外部激励变化时，可以通过网络矩阵参数得到其输出响应，不需重新进行电磁场计算，简化了问题分析，提高了计算效率。由此可见，“场”和“路”是密不可分的，“场路结合”是微波元器件电磁场问题分析和计算的高效实用方法，将在5.8节案例中进一步说明。

### 5.1.2 单端口网络的等效

单端口网络是最简单的网络，端口参考面上的电流方向指向网络内部，如图5.4所示。下面以单端口网络为例来说明微波网络的等效电路。这时式(5.4)简化为

$$P=\frac{1}{2}VI^*=P_l+\mathrm{j}2\omega(W_m-W_e) \tag{5.7}$$

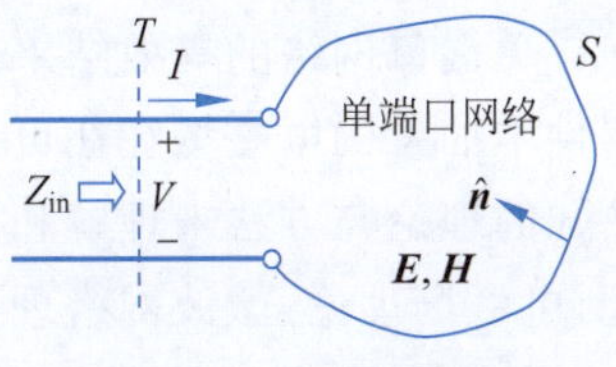


图5.4 单端口网络

式(5.7)说明，只要确定了单端口网络内部的电磁场 $\boldsymbol{E}$、$\boldsymbol{H}$，也就确定了通过参考面流入单端口网络的复功率，从而得到单端口电压和电流的关系，可以通过输入阻抗表示为

$$Z_{in}=R+\mathrm{j}X=\frac{V}{I}=\frac{VI^*}{|I|^2}=\frac{P}{|I|^2/2}=\frac{P_l+\mathrm{j}2\omega(W_m-W_e)}{|I|^2/2} \tag{5.8a}$$

由此可以看出，输入阻抗的实部 $R$ 与耗散功率有关，而虚部 $X$ 与网络的净储能有关。在电路理论中电感和电容分别是储存磁场能量和电场能量的元件，电阻是消耗电磁能量的元件。单端口网络的等效电路如图5.5所示。为此，将式(5.8a)改写成

$$Z_{in}=\frac{2P_l}{|I|^2}+\mathrm{j}\left(\frac{4\omega W_m}{|I|^2}-\frac{4\omega W_e}{|I|^2}\right)=R+\mathrm{j}\left(\omega L-\frac{1}{\omega C}\right) \tag{5.8b}$$

式中：$R$、$L$、$C$ 分别为从参考面向单端口网络方向看去的串联电阻、串联电感和串联电容，且有

$$R=2P_l/|I|^2,\quad L=4W_m/|I|^2,\quad C=|I|^2/(4\omega^2W_e)$$

因此，单端口网络可以等效为串联电路，如图 5.5(b)所示。

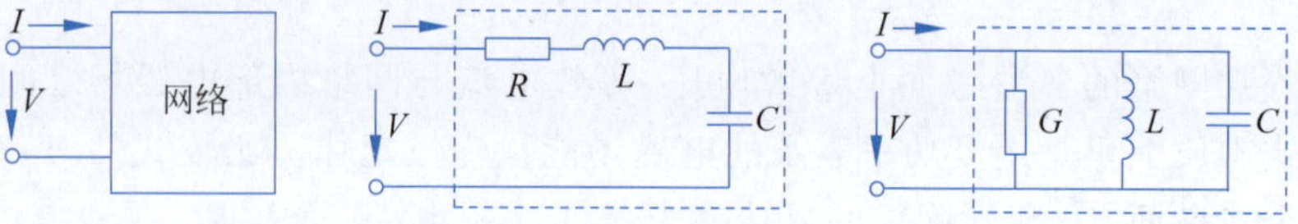


(a) 单端口网络　(b) 单端口网络的串联等效电路　(c) 单端口网络的并联等效电路

图 5.5　单端口网络的等效电路

也可以求得网络的输入导纳，即

$$Y_{in}=G+jB=\frac{I}{V}=\frac{IV^*}{|V|^2}=\frac{P^*}{|V|^2/2}=\frac{P_l+j2\omega(W_e-W_m)}{|V|^2/2} \tag{5.9a}$$

同理，还可以把式(5.9a)改写成

$$Y_{in}=\frac{2P_l}{|V|^2}+j\left(\frac{4\omega W_e}{|V|^2}-\frac{4\omega W_m}{|V|^2}\right)=G+j\left(\omega C-\frac{1}{\omega L}\right) \tag{5.9b}$$

式中：$G$、$C$、$L$ 分别为从参考面向网络方向看去的并联电导、并联电容和并联电感，且有

$$G=2P_l/|V|^2,\quad C=4W_e/|V|^2,\quad L=|V|^2/(4\omega^2 W_m)$$

因此，单端口网络可以等效为并联电路，如图 5.5(c)所示。

由此可见，如果将与单端口网络相连的均匀传输线等效成一条长线，单端口网络本身就可以等效为接在参考面处的一个阻抗或一个导纳负载，该阻抗或导纳就是描述该单端口网络外特性的网络参数，并且它们完全取决于网络内部的电磁场 $\boldsymbol{E}$、$\boldsymbol{H}$ 分布。若网络内部没有损耗，则有 $P_l=0$ 和 $R=0$，此时 $Z_{in}$ 是纯虚数，表现为电抗性负载；若网络内部磁场储能大于电场储能($W_m>W_e$)，则净储能为正，网络对外呈现电感性复阻抗负载；若网络内部磁场储能小于电场储能($W_m<W_e$)，则净储能为负，网络对外呈现电容性复阻抗负载；若网络内部电场储能等于磁场储能($W_m=W_e$)，则净储能为零，电能和磁能完全相互转换，网络对外呈现纯电阻负载，此时发生谐振。

单端口网络的等效结果再次说明微波网络理论与电磁场理论是相互依赖的，并且微波元器件中抽象的电磁场往往可以等效为经典电路理论中非常具象的集总元件和电路，用电路中熟知的理论与方法来理解和分析微波元器件等微波电路问题，化抽象为具体，简化了分析。因此，电磁场理论、微波网络理论和经典电路理论是相互关联的。

综上所述，微波元器件的电磁场问题可以等效为微波网络问题，进行了两方面的等效：一是把微波元器件端口处的均匀传输线等效为平行双导线，定义了各参考面上的等效电压和等效电流；二是把非均匀区看成一个“黑盒”，得到了每个参考面上等效电压和等效电流之间的相互关系，由此就可得到微波网络的网络矩阵参数。对于微波网络，并不关心非均匀区内部的具体场分布，而只关心端口参考面上等效电压和等效电流之间的相互关系，即微波元器件的外部特性。

对于微波网络而言，还需要注意以下两个方面：

(1) 根据电磁场唯一性定理，对于 $N$ 端口微波网络，只要确定了各参考面上的横向(切向)电场或横向(切向)磁场，就可以唯一地确定微波网络内部的电磁场及流入网络的复功率。这说明只要确定了各参考面上与横向电场有关的等效电压，也就确定了各参考面上与横向磁场有关的等效电流；反之亦然。

(2) 若微波网络内只含有线性媒质，则麦克斯韦方程组就是线性方程组，场矢量具有可叠加性，各参考面上的等效电压和等效电流都具有可叠加性，且等效电压和等效电流之间呈线性关系。本章只讨论含有线性媒质的线性微波网络。

## 5.2 阻抗矩阵和导纳矩阵

5.1 节将微波元器件等效为 $N$ 端口微波网络，把微波元器件端口处的 TEM 模或非 TEM 模均匀传输线等效为平行双导线，定义了各参考面上的等效电压和等效电流，得到了每个参考面上等效电压和等效电流之间的相互关系，由此就可得到微波网络的网络矩阵参数，如图 5.6 所示。再次强调，所有端口的电流方向均指向网络内部。本节将介绍微波网络的阻抗矩阵和导纳矩阵。

### 5.2.1 阻抗矩阵

对于如图 5.6 所示的 $N$ 端口线性网络，若已知参考面 $T_i$ 上有等效电流 $I_i$ 激励，其余参考面上等效电流都是零，由 5.1 节知识可知，等效电流 $I_i$ 在各端口上产生的等效电压与 $I_i$ 之间有如下线性关系：

$$V_1^{(i)}=Z_{1i}I_i,\quad V_2^{(i)}=Z_{2i}I_i,\quad \cdots,\quad V_i^{(i)}=Z_{ii}I_i,\quad \cdots,\quad V_N^{(i)}=Z_{Ni}I_i \tag{5.10}$$

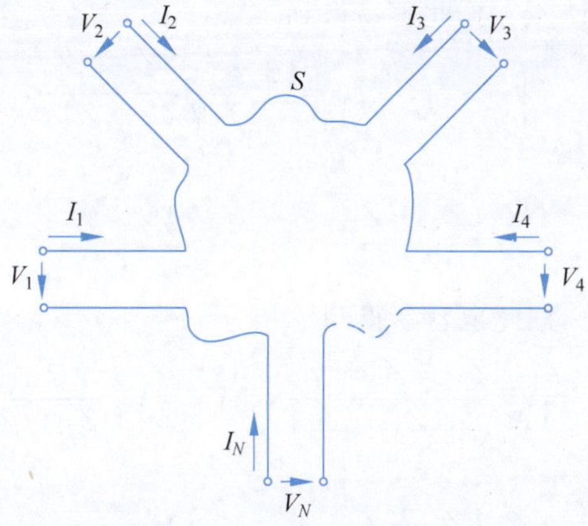


图 5.6　任意 N 端口微波网络

若各参考面上都有等效电流 $I_i(i=1,2,\cdots,N)$ 激励，由网络的叠加性和式(5.10)即可得到各参考面上的等效电压，它们分别为

$$\begin{aligned}
V_1&=\sum_{n=1}^{N}V_1^{(n)}=Z_{11}I_1+Z_{12}I_2+\cdots+Z_{1N}I_N\\
V_2&=\sum_{n=1}^{N}V_2^{(n)}=Z_{21}I_1+Z_{22}I_2+\cdots+Z_{2N}I_N\\
&\vdots\\
V_N&=\sum_{n=1}^{N}V_N^{(n)}=Z_{N1}I_1+Z_{N2}I_2+\cdots+Z_{NN}I_N
\end{aligned} \tag{5.11a}$$

将上式写成矩阵形式，则有

$$\begin{bmatrix}V_1\\V_2\\\vdots\\V_N\end{bmatrix}=\begin{bmatrix}Z_{11}&Z_{12}&\cdots&Z_{1N}\\Z_{21}&Z_{22}&\cdots&Z_{2N}\\\vdots&\vdots&\ddots&\vdots\\Z_{N1}&Z_{N2}&\cdots&Z_{NN}\end{bmatrix}\begin{bmatrix}I_1\\I_2\\\vdots\\I_N\end{bmatrix} \tag{5.11b}$$

可以简写成

$$\boldsymbol{V}=\boldsymbol{ZI} \tag{5.11c}$$

式中：$\boldsymbol{V}$、$\boldsymbol{I}$ 为 $N\times1$ 阶列向量；$\boldsymbol{Z}$ 为 $N\times N$ 阶方阵，通常称为 $N$ 端口网络的阻抗矩阵，其中元素 $Z_{ij}$ 称为阻抗参数。一般来说，阻抗参数 $Z_{ij}$ 都是复数。注意，阻抗矩阵把所有端口的电压和电流联系起来。

阻抗参数 $Z_{ij}$ 有明确的物理意义，由式(5.11a)可知

$$Z_{ij}=\left.\frac{V_i}{I_j}\right|_{I_k=0,k\neq j} \tag{5.12}$$

该式说明 $Z_{ij}$ 可以通过激励电流为 $I_j$ 的端口 $j$，而其他所有端口开路(故有 $I_k=0,k\neq j$) 并测量端口 $i$ 的开路电压 $V_i$ 求得。显然，当所有其他端口均开路时，$Z_{ii}$ 为端口 $i$ 向网络内看的输入阻抗；当所有其他端口都开路时，$Z_{ij}$ 为端口 $j$ 到端口 $i$ 的传输阻抗。

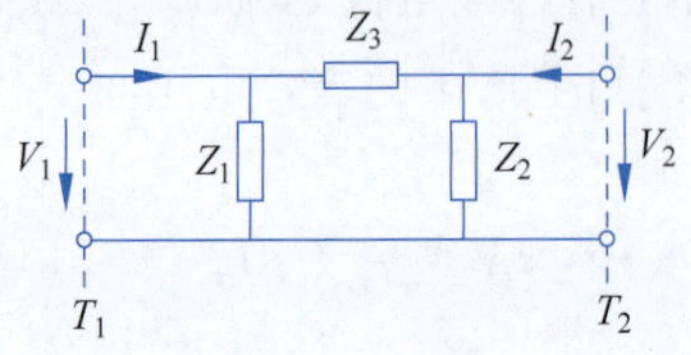

图 5.7　$\pi$ 形网络

**例 5.1**　集总参数网络的阻抗矩阵计算。

求图 5.7 所示 $\pi$ 形网络的阻抗参数和阻抗矩阵。

**解**：这是一个二端口集总参数网络，其阻抗参数可根据阻抗参数的物理意义直接求出。当端口 2 开路时，即 $I_2=0$。据此容易得到

$$I_1=V_1\frac{Z_1+Z_2+Z_3}{Z_1(Z_2+Z_3)},\quad V_2=V_1\frac{Z_2}{Z_2+Z_3}$$

于是，有

$$Z_{11}=\left.\frac{V_1}{I_1}\right|_{I_2=0}=\frac{Z_1(Z_2+Z_3)}{Z_1+Z_2+Z_3},\quad Z_{21}=\left.\frac{V_2}{I_1}\right|_{I_2=0}=\frac{Z_1Z_2}{Z_1+Z_2+Z_3}$$

当端口 1 开路时，即 $I_1=0$。据此也容易得到

$$I_2=V_2\frac{Z_1+Z_2+Z_3}{Z_2(Z_1+Z_3)},\quad V_1=V_2\frac{Z_1}{Z_1+Z_3}$$

于是，有

$$Z_{22}=\left.\frac{V_2}{I_2}\right|_{I_1=0}=\frac{Z_2(Z_1+Z_3)}{Z_1+Z_2+Z_3},\quad Z_{12}=\left.\frac{V_1}{I_2}\right|_{I_1=0}=\frac{Z_1Z_2}{Z_1+Z_2+Z_3}$$

最终得到图 5.7 所示 $\pi$ 型网络的阻抗矩阵为

$$\boldsymbol{Z}=\frac{1}{Z_1+Z_2+Z_3}\begin{bmatrix} Z_1(Z_2+Z_3) & Z_1Z_2 \\ Z_1Z_2 & Z_2(Z_1+Z_3) \end{bmatrix}$$

### 5.2.2　导纳矩阵

与阻抗矩阵类似方法，还可以得到如图 5.6 所示 $N$ 端口网络的每个端口上等效电流与所有端口上等效电压之间的线性方程，即

$$\begin{aligned} I_1&=Y_{11}V_1+Y_{12}V_2+\cdots+Y_{1N}V_N \\ I_2&=Y_{21}V_1+Y_{22}V_2+\cdots+Y_{2N}V_N \\ &\vdots \\ I_N&=Y_{N1}V_1+Y_{N2}V_2+\cdots+Y_{NN}V_N \end{aligned} \tag{5.13a}$$

将上式写成矩阵形式，则有

$$\begin{bmatrix} I_1 \\ I_2 \\ \vdots \\ I_N \end{bmatrix}=\begin{bmatrix} Y_{11} & Y_{12} & \cdots & Y_{1N} \\ Y_{21} & Y_{22} & \cdots & Y_{2N} \\ \vdots & \vdots & \ddots & \vdots \\ Y_{N1} & Y_{N2} & \cdots & Y_{NN} \end{bmatrix}\begin{bmatrix} V_1 \\ V_2 \\ \vdots \\ V_N \end{bmatrix} \tag{5.13b}$$

简写成

$$\boldsymbol{I}=\boldsymbol{Y}\boldsymbol{V} \tag{5.13c}$$

式中：$\boldsymbol{Y}$ 为 $N\times N$ 阶方阵，通常称为 $N$ 端口网络的导纳矩阵，其中的元素 $Y_{ij}$ 称为导纳参数。

导纳参数 $Y_{ij}$ 也有明确的物理意义，由式(5.13a)可知

$$Y_{ij}=\left.\frac{I_i}{V_j}\right|_{V_k=0,k\neq j} \tag{5.14}$$

该式说明 $Y_{ij}$ 可以通过激励电压为 $V_j$ 的端口 $j$，而其他所有端口短路（故有 $V_k=0,k\neq j$）并测量端口 $i$ 的短路电流 $I_i$ 求得。显然，当所有其他端口均短路时，$Y_{ii}$ 为端口 $i$ 向网络内看的输入导纳；所有其他端口都短路时，$Y_{ij}$ 为端口 $j$ 到端口 $i$ 的传输导纳。

由式(5.11)和式(5.13)可知，$N$ 端口网络的阻抗矩阵和导纳矩阵互为逆矩阵，即

$$\boldsymbol{Z}=\boldsymbol{Y}^{-1} \quad 或 \quad \boldsymbol{Y}=\boldsymbol{Z}^{-1} \tag{5.15}$$

**例 5.2** 分布参数网络的导纳矩阵计算。

求图 5.8 所示一段长度为 $l$、特性阻抗为 $Z_c$、相移常数为 $\beta$ 的无耗传输线段的导纳矩阵。

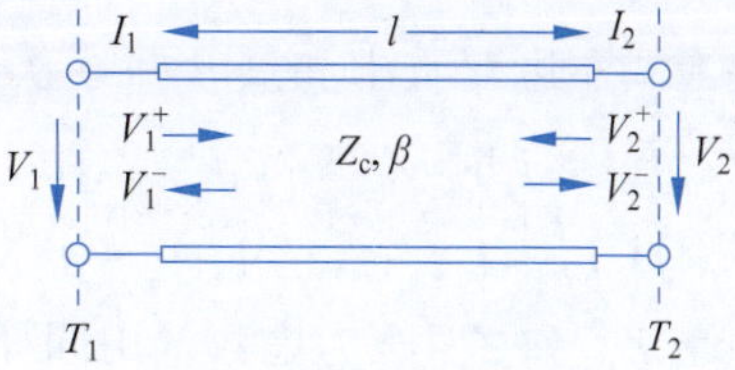


图 5.8 无耗传输线段

**解：** 这是一个二端口分布参数网络。对于无耗传输线段，通常已知传输线上入射电压波与反射电压波的关系，由式(4.17)可得

$$V_1=V_1^++V_1^-,\quad I_1=\frac{1}{Z_c}(V_1^+-V_1^-)$$

$$V_2=V_2^++V_2^-,\quad I_2=\frac{1}{Z_c}(V_2^+-V_2^-)$$

$$V_1^+=V_2^-\mathrm{e}^{\mathrm{j}\beta z},\quad V_1^-=V_2^+\mathrm{e}^{-\mathrm{j}\beta z}$$

可根据导纳参数的物理意义求出它的导纳参数。当端口 2 短路时，即 $V_2=0$。由上式可得 $V_2^+=-V_2^-$，据此可得到

$$I_1=\frac{1}{Z_c}(V_2^-\mathrm{e}^{\mathrm{j}\beta l}-V_2^+\mathrm{e}^{-\mathrm{j}\beta l})=\frac{V_2^-}{Z_c}(\mathrm{e}^{\mathrm{j}\beta l}+\mathrm{e}^{-\mathrm{j}\beta l})=\frac{2V_2^-}{Z_c}\cos(\beta l)$$

$$V_1=V_2^-\mathrm{e}^{\mathrm{j}\beta l}+V_2^+\mathrm{e}^{-\mathrm{j}\beta l}=2\mathrm{j}V_2^-\sin(\beta l)$$

$$I_2=\frac{-2V_2^-}{Z_c}$$

于是，有

$$Y_{11}=\left.\frac{I_1}{V_1}\right|_{V_2=0}=-\mathrm{j}Y_c\cot(\beta l),\quad Y_{21}=\left.\frac{I_2}{V_1}\right|_{V_2=0}=\mathrm{j}Y_c/\sin(\beta l)$$

式中：$Y_c$ 为传输线的特性导纳，$Y_c=1/Z_c$。

当端口 1 短路时，即 $V_1=0$。可得 $V_1^+=-V_1^-$，按照上述类似方法可得

$$Y_{22}=\left.\frac{I_2}{V_2}\right|_{V_1=0}=-\mathrm{j}Y_c\cot(\beta l),\quad Y_{12}=\left.\frac{I_1}{V_2}\right|_{V_1=0}=\mathrm{j}Y_c/\sin(\beta l)$$

因此，长度为 $l$ 的无耗传输线段的导纳矩阵为

$$\boldsymbol{Y}=\begin{bmatrix}-\mathrm{j}Y_c\cot(\beta l) & \mathrm{j}Y_c/\sin(\beta l)\\ \mathrm{j}Y_c/\sin(\beta l) & -\mathrm{j}Y_c\cot(\beta l)\end{bmatrix}$$

### 5.2.3 阻抗矩阵和导纳矩阵的性质

阻抗参数和导纳参数具有以下性质。

(1) 若无源、线性网络内部的媒质是各向同性的，则可以证明其阻抗参数和导纳参数都具有互易性，即

$$Z_{ij}=Z_{ji},\quad Y_{ij}=Y_{ji}$$

在网络理论中，通常将网络内部的各向同性媒质称为互易媒质，只含互易媒质的网络称为互易网络；反之，则称为非互易媒质和非互易网络。

(2) 无源、线性、互易、无耗网络的阻抗参数和导纳参数全为虚数。

这个性质很容易用复坡印廷定理证明。对于无损耗网络，其内部损耗功率 $P_l=0$，式(5.4)简化为

$$\sum_{i=1}^{N}\frac{1}{2}V_iI_i^*=\mathrm{j}2\omega(W_\mathrm{m}-W_\mathrm{e}) \tag{5.16}$$

把式(5.11a)中的第 $i$ 个方程代入式(5.16)，可得

$$\sum_{i=1}^{N}I_i^*\left(\sum_{j=1}^{N}Z_{ij}I_j\right)=\mathrm{j}4\omega(W_\mathrm{m}-W_\mathrm{e}) \tag{5.17}$$

将上式左边双重求和展开并逐次分析，可知：当 $i=j$ 时，$Z_{ii}I_iI_i^*=Z_{ii}|I_i|^2$，且 $|I_i|^2$ 为实数；当 $i\neq j$ 时，$Z_{ij}I_i^*I_j$ 与 $Z_{ji}I_iI_j^*$ 成对出现，考虑互易性 $Z_{ij}=Z_{ji}$，有 $Z_{ij}I_i^*I_j+Z_{ji}I_iI_j^*=Z_{ij}(I_i^*I_j+I_iI_j^*)$，且 $I_i^*I_j+I_iI_j^*$ 为实数。由于式(5.17)右边为纯虚数，显然该式成立的条件是 $Z_{ii}$ 和 $Z_{ij}$ 全为虚数。用同样的方法也可证明无源、线性、互易、无耗网络的导纳参数也全为虚数。

通过上面分析可以发现，将微波元件等效成微波网络后，其外特性可以用阻抗或导纳矩阵描述，这与低频电路网络是相同的，这说明可以用低频电路网络中行之有效的分析和综合方法来研究微波网络。但应当注意，对于微波网络，参考面位置不同，线上的等效电压和等效电流的幅度和相位也不同，由它们导出的网络矩阵参数也会不同，这与低频电路网络是不同的。这一点可从例 5.2 中看出，参考面位置不同，传输线段的长度 $l$ 就不同，而传输线段的导纳矩阵参数与长度 $l$ 有关，网络矩阵参数就会不同。在研究微波网络时，应对参考面予以足够的重视。

## 5.3 散射矩阵

视频

5.2 节用阻抗矩阵和导纳矩阵描述了微波网络的端口总电压和总电流之间的关系，由其定义可知，在计算或测量阻抗矩阵和导纳矩阵时，必须使参考面严格短路或开路，但这在微波波段有时不易做到。更重要的是，波的反射和传输是微波中最基本的物理现象，因此，通常用所有端口上的反射电压波与入射电压波之间的关系来描述微波网络的特性，也就是微波网络的散射矩阵。但需要注意，散射矩阵通常是微波网络的归一化反射电压波与归一化入射电压波之间的关系。因此，散射矩阵有更直观清晰的物理含义，也便于测量，它是微波网络中应用最广的网络参数。

本节是本章的重点内容之一，首先介绍电压和电流的归一化方法，推导出散射矩阵，分析它的物理意义和性质，并讨论参考面移动对散射矩阵的影响；然后讨论散射矩阵与阻抗矩阵和导纳矩阵之间的转换；5.4 节阐述散射矩阵的测量方法。

### 5.3.1 归一化电压和电流

散射矩阵为什么要用归一化反射电压波与归一化入射电压波来定义？由图 5.2 可以看

出，微波网络的各端口传输线类型可能不同，其端口 $n$ 特性阻抗 $Z_{cn}$ 也就可能各自不同。而端口 $n$ 的入射功率 $P_n^+$ 可表示为 $P_n^+=|V_n^+|^2/(2Z_{cn})$，它不仅与入射电压波 $V_n^+$ 有关，还与端口传输线的特性阻抗 $Z_{cn}$ 有关。如果只用反射电压波与入射电压波来定义散射矩阵，可能会出现散射参数幅度大于1的情况，带来功率计算的不方便。

那么如何归一化？既然问题出在各端口特性阻抗的不同上，归一化的思路就是将所有端口的特性阻抗转化为相同的，通常取为1，即特性阻抗归一化。端口 $n$ 的归一化特性阻抗为

$$\bar{Z}_{cn}=\frac{Z_{cn}}{Z_{cn}}=1 \tag{5.18}$$

该式说明，归一化特性阻抗是无量纲的量。由式(5.18)出发，可以导出反射电压波与入射电压波的归一化方法，方法如下：

$$\bar{Z}_{cn}=\frac{Z_{cn}}{Z_{cn}}=\frac{V_n^+}{I_n^+\cdot Z_{cn}}=\frac{V_n^+/\sqrt{Z_{cn}}}{I_n^+\cdot\sqrt{Z_{cn}}}=\frac{\sqrt{\text{功率}}}{\sqrt{\text{功率}}}\triangleq\frac{\bar{V}_n^+}{\bar{I}_n^+}=1$$

该式说明，电压归一化方法是将端口电压除以端口特性阻抗的平方根，电流归一化方法是将端口电流乘以端口特性阻抗的平方根，并且归一化电压和归一化电流具有相同的量纲，因此归一化入射电压波和归一化反射电压波可定义为

$$\bar{V}_n^+=V_n^+/\sqrt{Z_{cn}}\triangleq a_n,\quad \bar{V}_n^-=V_n^-/\sqrt{Z_{cn}}\triangleq b_n \tag{5.19}$$

式中：$a_n$ 为端口 $n$ 流入网络内部的归一化入射电压波；$b_n$ 为端口 $n$ 流出网络的归一化反射电压波。

由式(5.19)可以得到端口 $n$ 的归一化总电压和归一化总电流为

$$\bar{V}_n=a_n+b_n \tag{5.20a}$$

$$\bar{I}_n=\bar{I}_n^++\bar{I}_n^-=\frac{1}{Z_{cn}}[V^+-V^-]\sqrt{Z_{cn}}=a_n-b_n \tag{5.20b}$$

端口 $n$ 的入射功率 $P_n^+$ 和反射功率 $P_n^-$ 分别用归一化入射电压波 $a_n$ 和归一化反射电压波 $b_n$ 可表示为

$$\begin{aligned}P_n^+&=\frac{1}{2}\mathrm{Re}(V_n^+I_n^{+*})=\frac{1}{2}\mathrm{Re}\left[V_n^+\left(\frac{V_n^+}{Z_{cn}}\right)^*\right]\\&=\frac{1}{2}\mathrm{Re}\left[\frac{V_n^+}{\sqrt{Z_{cn}}}\left(\frac{V_n^+}{\sqrt{Z_{cn}}}\right)^*\right]=\frac{1}{2}|a_n|^2\end{aligned} \tag{5.21a}$$

$$P_n^-=\frac{1}{2}\mathrm{Re}(V_n^-I_n^{-*})=\frac{1}{2}|b_n|^2 \tag{5.21b}$$

端口 $n$ 传输到网络内部的功率为

$$\begin{aligned}P_n&=\frac{1}{2}\mathrm{Re}(V_nI_n^*)=\frac{1}{2}\mathrm{Re}[(a_n+b_n)(a_n-b_n)^*]\\&=\frac{1}{2}\mathrm{Re}[|a_n|^2-|b_n|^2+(b_na_n^*-b_n^*a_n)]\\&=\frac{1}{2}(|a_n|^2-|b_n|^2)=P^+-P^-\end{aligned} \tag{5.22}$$

由式(5.21)和式(5.22)可以看出，用归一化入射电压波 $a_n$ 和归一化反射电压波 $b_n$ 来表示功率与特性阻抗 $Z_{cn}$ 无关，比 $P_n^+=|V_n^+|^2/(2Z_{cn})$ 更简便。因此，$a_n$ 和 $b_n$ 也称为入射和反射功率波。

### 5.3.2 散射矩阵的定义

对于 $N$ 端口网络，每个端口参考面上都定义了归一化入射电压波 $a_n$ 和归一化反射电压波 $b_n$，如图 5.9 所示。散射矩阵就是描述微波网络所有端口的归一化反射电压波 $b_n$ 与归一化入射电压波 $a_n$ 之间的关系。

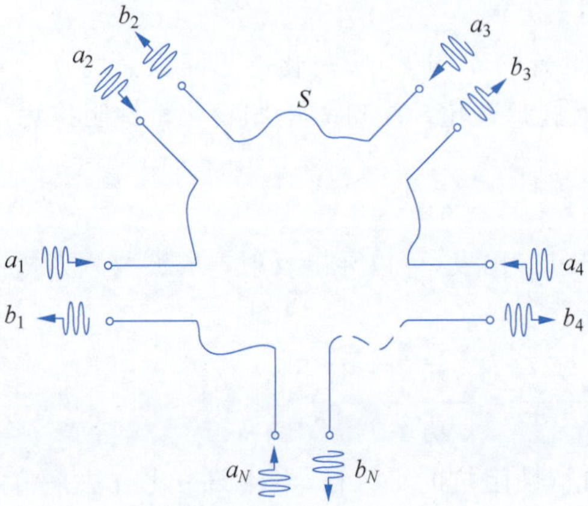


图 5.9 散射矩阵描述的 N 端口网络

假定只有端口 $j$ 有归一化入射电压波 $a_j$，其余端口均接匹配负载。此时，其余端口流出的反射波均被匹配负载吸收，不会再次被反射回来，因此除了端口 $j$ 有归一化入射电压波外，其他端口的归一化入射电压波均为零，即 $a_k=0(k\neq j)$。如果端口 $j$ 的特性阻抗与网络输入阻抗不匹配，其归一化入射电压波 $a_j$ 会产生归一化反射电压波 $b_j$；同时，端口 $j$ 的归一化入射电压波 $a_j$ 经过网络内部传输在其他所有端口 $i(i=1,2,\cdots,N,i\neq j)$ 会产生从内部流出的归一化反射电压波 $b_i$，并且所有端口的归一化反射电压波与归一化入射电压波 $a_j$ 呈线性关系，有

$$b_1=S_{1j}a_j,b_2=S_{2j}a_j,\cdots,b_j=S_{jj}a_j,\cdots,b_N=S_{Nj}a_j \tag{5.23}$$

若各端口上都有归一化入射电压波 $a_j(j=1,2,\cdots,N)$，由网络的叠加性和式(5.23)即可得到各端口上的归一化反射电压波，它们分别为

$$\begin{aligned}
b_1&=S_{11}a_1+S_{12}a_2+\cdots+S_{1N}a_N\\
b_2&=S_{21}a_1+S_{22}a_2+\cdots+S_{2N}a_N\\
&\vdots\\
b_N&=S_{N1}a_1+S_{N2}a_2+\cdots+S_{NN}a_N
\end{aligned} \tag{5.24a}$$

写成矩阵形式，则有

$$\begin{bmatrix} b_1\\ b_2\\ \vdots\\ b_N\end{bmatrix}=\begin{bmatrix} S_{11} & S_{12} & \cdots & S_{1n}\\ S_{21} & S_{22} & \cdots & S_{2n}\\ \vdots & \vdots & \ddots & \vdots\\ S_{n1} & S_{n2} & \cdots & S_{nn}\end{bmatrix}\begin{bmatrix} a_1\\ a_2\\ \vdots\\ a_N\end{bmatrix} \tag{5.24b}$$

简写成

$$\boldsymbol{b}=\boldsymbol{S}\boldsymbol{a} \tag{5.24c}$$

式中：$\boldsymbol{S}$ 为 $N\times N$ 阶方阵，称为 $N$ 端口网络的散射矩阵或 $\boldsymbol{S}$ 矩阵，其中的元素 $S_{ij}$ 称为散射参数或 $S$ 参数，通常它是复数。

散射参数 $S_{ij}$ 有明确的物理意义，由式(5.24a)可知

$$S_{ij}=\left.\frac{b_i}{a_j}\right|_{a_k=0,k\neq j} \tag{5.25}$$

该式说明 $S_{ij}$ 可以通过入射波 $a_j$ 激励端口 $j$，而所有端口均匹配(故有 $a_k=0,k\neq j$) 并测量从端口 $i$ 流出的反射波 $b_i$ 求得。显然，当所有其他端口均匹配时，$S_{ii}$ 是端口 $i$ 向网络内看的反射系数；当所有其他端口都匹配时，$S_{ij}$ 是从端口 $j$ 到端口 $i$ 的传输系数。

**例 5.3** 集总网络的散射矩阵计算。

求图 5.10(a)所示串联阻抗 $Z$ 网络的散射矩阵，端口特性阻抗均为 $Z_c$。

**解：** 这是集总参数二端口网络，按照散射矩阵定义，具体求解步骤如下：

(1) 归一化。端口特性阻抗和串联阻抗均归一，归一化串联阻抗 $\bar{Z}=Z/Z_c$。

(2) 端口 1 入射波 $a_1$ 激励，端口 2 接匹配负载，此时 $a_2=0$，如图 5.10(b)所示。对于集总网络，由基尔霍夫定律得出归一化总电压和归一化总电流关系式，即

$$\bar{I}_1=-\bar{I}_2,\quad \bar{V}_1=(\bar{Z}+1)\bar{I}_1$$

(3) 把式(5.20)代入归一化入射电压和归一化反射电压，得到

$$a_1-b_1=-(0-b_2),\quad a_1+b_1=(1+\bar{Z})(a_1-b_1)$$

整理上式可得

$$a_1-b_1=b_2,\quad \bar{Z}a_1=(2+\bar{Z})b_1$$

根据散射矩阵定义可得

$$S_{11}=\left.\frac{b_1}{a_1}\right|_{a_2=0}=\frac{\bar{Z}}{2+\bar{Z}},\quad S_{21}=\left.\frac{b_2}{a_1}\right|_{a_2=0}=\frac{a_1-b_1}{a_1}=1-S_{11}=\frac{2}{2+\bar{Z}}$$

(4) 端口 2 入射波 $a_2$ 激励，端口 1 接匹配负载，此时 $a_1=0$，如图 5.10(c)所示。与步骤(2)、(3)类似，得到

$$a_2-b_2=b_1,\quad \bar{Z}a_2=(2+\bar{Z})b_2$$

同样，根据散射矩阵定义可得

$$S_{22}=\left.\frac{b_2}{a_2}\right|_{a_1=0}=\frac{\bar{Z}}{2+\bar{Z}},\quad S_{12}=\left.\frac{b_1}{a_2}\right|_{a_1=0}=\frac{a_2-b_2}{a_2}=1-S_{22}=\frac{2}{2+\bar{Z}}$$

至此，求得了二端口网络的全部散射矩阵参数。由结果可见，$S_{11}=S_{22}$，$S_{21}=S_{12}$。

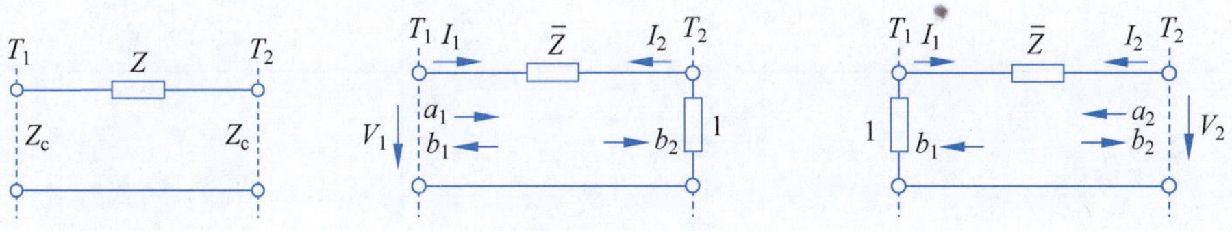


图 5.10 串联阻抗网络的散射矩阵计算

**例 5.4** 分布参数网络的散射矩阵计算。

求图 5.11(a)所示一段长度为 $l$、特性阻抗为 $Z_c$、传播常数为 $\beta$ 的无耗传输线段的散射矩阵。

**解：** 这是分布参数二端口网络，同样按照散射矩阵定义来求。特性阻抗归一后，首先端口 1 入射波 $a_1$ 激励，端口 2 接匹配负载，此时 $a_2=0$，如图 5.11(b)所示。由第 4 章传输线上波的传播特点得到

$$b_1=a_2\mathrm{e}^{-\mathrm{j}\beta l}=0,\quad b_2=a_1\mathrm{e}^{-\mathrm{j}\beta l}$$

根据散射矩阵定义可得

$$S_{11}=\left.\frac{b_1}{a_1}\right|_{a_2=0}=0,\quad S_{21}=\left.\frac{b_2}{a_1}\right|_{a_2=0}=\mathrm{e}^{-\mathrm{j}\beta l}$$

端口 2 入射波 $a_2$ 激励，端口 1 接匹配负载，此时 $a_1=0$，如图 5.11(c)所示，同样得到

$$S_{22}=\left.\frac{b_2}{a_2}\right|_{a_1=0}=0,\quad S_{12}=\left.\frac{b_1}{a_2}\right|_{a_1=0}=\mathrm{e}^{-\mathrm{j}\beta l}$$

至此，求得了二端口网络的全部散射矩阵参数。由结果可见，$S_{11}=S_{22}=0$，两个端口均无反

射，是匹配的；$S_{21}=S_{12}$。

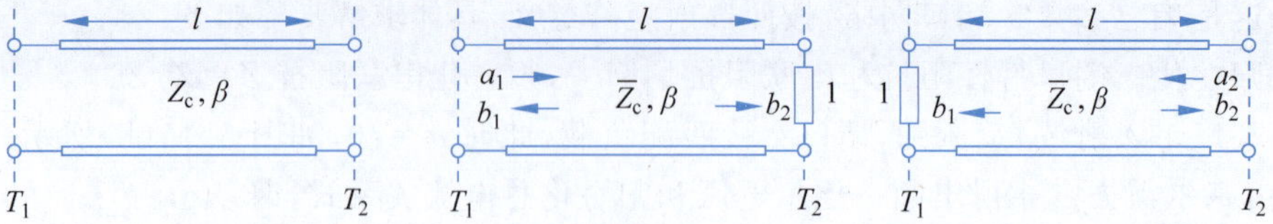


(a) 传输线段网络　　(b) 计算$S_{11}$和$S_{21}$　　(c) 计算$S_{22}$和$S_{12}$

图 5.11　无耗传输线段的散射矩阵计算

基本二端口网络的散射矩阵如表 5.1 所示。

表 5.1　基本二端口网络的散射矩阵

| 名　　称 | 微波网络图 | 散 射 矩 阵 |
|---|---|---|
| 串联阻抗 | 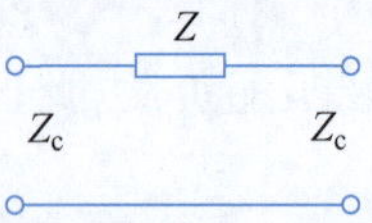 | $\begin{bmatrix} \dfrac{\bar{Z}}{2+\bar{Z}} & \dfrac{2}{2+\bar{Z}} \\ \dfrac{2}{2+\bar{Z}} & \dfrac{\bar{Z}}{2+\bar{Z}} \end{bmatrix}$<br>$\bar{Z}=Z/Z_c$ |
| 并联导纳 | 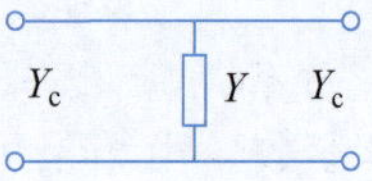 | $\begin{bmatrix} \dfrac{-\bar{Y}}{2+\bar{Y}} & \dfrac{2}{2+\bar{Y}} \\ \dfrac{2}{2+\bar{Y}} & \dfrac{-\bar{Y}}{2+\bar{Y}} \end{bmatrix}$<br>$\bar{Y}=Y/Y_c$ |
| 传输线段 | 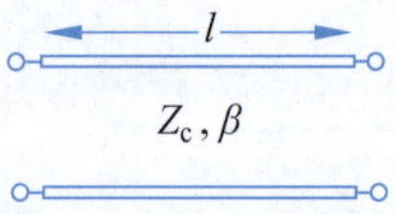 | $\begin{bmatrix} 0 & e^{-j\beta l} \\ e^{-j\beta l} & 0 \end{bmatrix}$ |
| 传输线级联 | 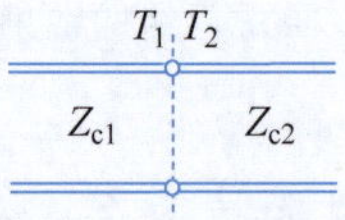 | $\begin{bmatrix} \dfrac{Z_{c2}-Z_{c1}}{Z_{c2}+Z_{c1}} & \dfrac{2\sqrt{Z_{c1}Z_{c2}}}{Z_{c2}+Z_{c1}} \\ \dfrac{2\sqrt{Z_{c1}Z_{c2}}}{Z_{c2}+Z_{c1}} & \dfrac{Z_{c2}-Z_{c1}}{Z_{c2}+Z_{c1}} \end{bmatrix}$ |

### 5.3.3　散射参数的性质

散射参数有以下两条基本性质：

(1) 可以证明，无源、线性、互易网络的散射矩阵是对称矩阵，且具有转置不变性，即

$$\boldsymbol{S}=\boldsymbol{S}^{\mathrm{T}} \quad 或 \quad S_{ij}=S_{ji} \tag{5.26}$$

(2) 无源、线性、无耗网络的散射矩阵满足酉条件，即

$$\boldsymbol{S}^{\mathrm{H}}\boldsymbol{S}=\boldsymbol{I} \tag{5.27}$$

式中：$\boldsymbol{S}^{\mathrm{H}}$ 为 $\boldsymbol{S}$ 的共轭转置矩阵，即 $\boldsymbol{S}^{\mathrm{H}}=(\boldsymbol{S}^*)^{\mathrm{T}}$；$\boldsymbol{I}$ 为单位矩阵。

证明：因为从 $N$ 口微波网络 $i$ 端口 $T_i$ 参考面流进、流出网络的功率分别为

$$P_i^+=a_ia_i^*/2, \quad P_i^-=b_ib_i^*/2$$

则流进、流出 $N$ 端口网络的总功率分别为

$$P^+=\sum_{i=1}^{N}P_i^+=\frac{1}{2}\begin{bmatrix}a_1^* & a_2^* & \cdots & a_N^*\end{bmatrix}\begin{bmatrix}a_1 & a_2 & \cdots & a_N\end{bmatrix}^{\mathrm{T}}=\frac{1}{2}\boldsymbol{a}^{\mathrm{H}}\boldsymbol{a}$$

$$P^-=\sum_{i=1}^{N}P_i^-=\frac{1}{2}\begin{bmatrix}b_1^* & b_2^* & \cdots & b_N^*\end{bmatrix}\begin{bmatrix}b_1 & b_2 & \cdots & b_N\end{bmatrix}^{\mathrm{T}}=\frac{1}{2}\boldsymbol{b}^{\mathrm{H}}\boldsymbol{b}$$

因为网络无耗，根据能量守恒定律，必有 $P^+=P^-$，则

$$\boldsymbol{a}^{\mathrm{H}}\boldsymbol{a}=\boldsymbol{b}^{\mathrm{H}}\boldsymbol{b} \tag{5.28}$$

对散射矩阵方程 $\boldsymbol{b}=\boldsymbol{Sa}$ 两边取共轭转置，并应用转置的反序定理，可得

$$\boldsymbol{b}^{\mathrm{H}}=(\boldsymbol{Sa})^{\mathrm{H}}=\boldsymbol{a}^{\mathrm{H}}\boldsymbol{S}^{\mathrm{H}}$$

再将 $\boldsymbol{b}=\boldsymbol{Sa}$ 及上式代入式(5.28)，可得

$$\boldsymbol{a}^{\mathrm{H}}\boldsymbol{a}=\boldsymbol{a}^{\mathrm{H}}\boldsymbol{S}^{\mathrm{H}}\boldsymbol{Sa}$$

移项整理，可得

$$\boldsymbol{a}^{\mathrm{H}}(\boldsymbol{I}-\boldsymbol{S}^{\mathrm{H}}\boldsymbol{S})\boldsymbol{a}=0$$

要使该式对任意的 $\boldsymbol{a}$ 都成立，只能是

$$\boldsymbol{S}^{\mathrm{H}}\boldsymbol{S}=\boldsymbol{I}$$

这就是要证明的结论。

将式(5.27)写成累加形式，对于任意的端口 $i$ 和 $j$，都有

$$\sum_{k=1}^{N}S_{ki}S_{kj}^*=\delta_{ij}=\begin{cases}1, & i=j\\0, & i\neq j\end{cases} \tag{5.29}$$

该式说明，对于无耗网络，散射矩阵的任一列与该列的共轭点乘为 1；任一列与其他列的共轭点乘为 0，不同两列是正交的。对于二端口网络的散射矩阵，式(5.29)可写为

$$\begin{cases}|S_{11}|^2+|S_{21}|^2=1\\|S_{12}|^2+|S_{22}|^2=1\end{cases} \tag{5.30a}$$

$$\begin{cases}S_{11}S_{12}^*+S_{21}S_{22}^*=0\\S_{12}S_{11}^*+S_{22}S_{21}^*=0\end{cases} \tag{5.30b}$$

**例 5.5** 散射矩阵的应用。

已知二端口网络的散射矩阵为 $\boldsymbol{S}$，端口 2 接反射系数为 $\Gamma_{\mathrm{L}}$ 的负载，如图 5.12 所示，求端口 1 看去的反射系数 $\Gamma_1$。

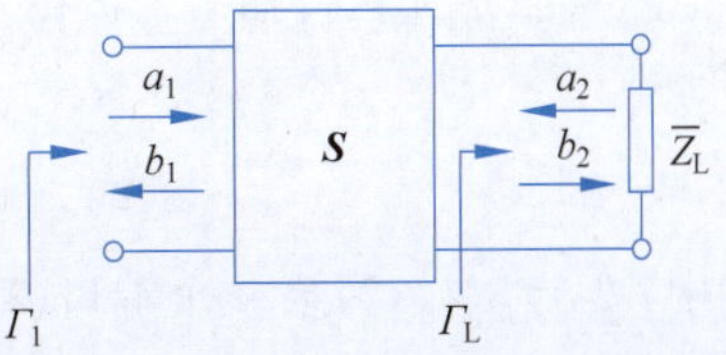


图 5.12 接负载的二端口网络

**解：** 二端口网络的散射矩阵为 $\boldsymbol{S}$，因此有

$$b_1=S_{11}a_1+S_{12}a_2,\quad b_2=S_{21}a_1+S_{22}a_2$$

由负载的反射系数，得到 $\Gamma_{\mathrm{L}}=a_2/b_2$，代入上式，得到

$$b_1=S_{11}a_1+S_{12}\Gamma_{\mathrm{L}}b_2,\quad b_2=S_{21}a_1+S_{22}\Gamma_{\mathrm{L}}b_2$$

由上面第二式($b_2$ 的)，整理得到

$$b_2=\frac{S_{21}}{1-S_{22}\Gamma_{\mathrm{L}}}a_1$$

代入上面第一式($b_1$ 的)，得到

$$b_1=S_{11}a_1+\frac{S_{21}S_{12}\Gamma_{\mathrm{L}}}{1-S_{22}\Gamma_{\mathrm{L}}}a_1$$

因此，得到端口 1 看去的反射系数为

$$\Gamma_1=\frac{b_1}{a_1}=S_{11}+\frac{S_{21}S_{12}\Gamma_L}{1-S_{22}\Gamma_L}$$

这是一个很有用的结果，后续常用到。

### 5.3.4 参考面的移动

由于散射矩阵描述了入射到网络和从网络反射的行波复振幅（幅度和相位）的关系，因此需要确定网络每个端口的相位参考面。下面说明当参考面从原位置移动时，$S$ 参数是如何变换的。

考虑图 5.13 中的 $N$ 端口网络，设第 $n$ 个端口的原位置在 $z_n=0$，其中 $z_n$ 是第 $n$ 个端口传输线上的任一坐标点，这个网络的散射矩阵为 $\boldsymbol{S}$。考虑向外移动第 $n$ 个端口的参考面到 $z_n=l_n$，新的散射矩阵为 $\boldsymbol{S}'$，则有

$$\boldsymbol{b}=\boldsymbol{S}\boldsymbol{a} \tag{5.31a}$$

$$\boldsymbol{b}'=\boldsymbol{S}'\boldsymbol{a}' \tag{5.31b}$$

式中：不带撇号“′”的量是参考面在原来 $z_n=0$ 的；带撇号“′”的量是参考面向外移动到 $z_n=l_n$ 的。

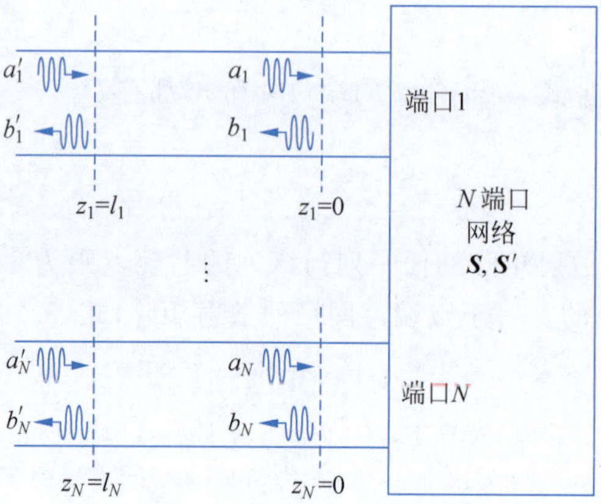


图 5.13 N 端口网络的参考面移动

从第 4 章无耗传输线上波的传播特点出发，可把参考面移动前后的行波联系起来，得到

$$a'_n=a_n\mathrm{e}^{\mathrm{j}\theta_n} \tag{5.32a}$$

$$b'_n=b_n\mathrm{e}^{-\mathrm{j}\theta_n} \tag{5.32b}$$

式中：$\theta_n=\beta_n l_n$，为第 $n$ 个端口参考面向外移动的电长度。

把式(5.32)写为矩阵形式，并把它代入式(5.31a)中，得到

$$\begin{bmatrix}\mathrm{e}^{\mathrm{j}\theta_1} & & & \\ & \mathrm{e}^{\mathrm{j}\theta_2} & & \\ & & \ddots & \\ & & & \mathrm{e}^{\mathrm{j}\theta_N}\end{bmatrix}\boldsymbol{b}'=\boldsymbol{S}\begin{bmatrix}\mathrm{e}^{-\mathrm{j}\theta_1} & & & \\ & \mathrm{e}^{-\mathrm{j}\theta_2} & & \\ & & \ddots & \\ & & & \mathrm{e}^{-\mathrm{j}\theta_N}\end{bmatrix}\boldsymbol{a}'$$

上式两边乘以左边第一个矩阵的逆矩阵，得到

$$\boldsymbol{b}'=\begin{bmatrix}\mathrm{e}^{-\mathrm{j}\theta_1} & & & \\ & \mathrm{e}^{-\mathrm{j}\theta_2} & & \\ & & \ddots & \\ & & & \mathrm{e}^{-\mathrm{j}\theta_N}\end{bmatrix}\boldsymbol{S}\begin{bmatrix}\mathrm{e}^{-\mathrm{j}\theta_1} & & & \\ & \mathrm{e}^{-\mathrm{j}\theta_2} & & \\ & & \ddots & \\ & & & \mathrm{e}^{-\mathrm{j}\theta_N}\end{bmatrix}\boldsymbol{a}'$$

与式(5.31b)比较，有

$$\boldsymbol{S}'=\begin{bmatrix}e^{-j\theta_1} & & & \\ & e^{-j\theta_2} & & \\ & & \ddots & \\ & & & e^{-j\theta_N}\end{bmatrix}\boldsymbol{S}\begin{bmatrix}e^{-j\theta_1} & & & \\ & e^{-j\theta_2} & & \\ & & \ddots & \\ & & & e^{-j\theta_N}\end{bmatrix} \tag{5.33}$$

这就是想要的结果。注意，$S'_{nn}=e^{-j2\theta_n}S_{nn}$，意味着 $S_{nn}$ 的相移是端口 $n$ 移动的电长度的 2 倍，这是因为波在入射和反射时，行进的距离是该长度的 2 倍。这一结果与式(4.22)一致，后者给出了参考面移动导致的传输线上反射系数的变化。

### 5.3.5 二端口网络的转换和等效

#### 1. 二端口网络的参数转换

同一个微波网络既可以用阻抗矩阵、导纳矩阵来描述，也可以用散射矩阵来描述，因此这三种网络矩阵之间必然存在互相联系。下面推导出这种互相转换的关系式，以便于工程设计中应用。

把式(5.20)写成矩阵形式，即

$$\bar{\boldsymbol{V}}=\boldsymbol{a}+\boldsymbol{b},\quad \bar{\boldsymbol{I}}=\boldsymbol{a}-\boldsymbol{b}$$

将散射矩阵关系式 $\boldsymbol{b}=\boldsymbol{S}\boldsymbol{a}$ 代入上式，可得

$$\bar{\boldsymbol{V}}=\boldsymbol{a}+\boldsymbol{S}\boldsymbol{a}=(\boldsymbol{I}+\boldsymbol{S})\boldsymbol{a},\quad \bar{\boldsymbol{I}}=\boldsymbol{a}-\boldsymbol{S}\boldsymbol{a}=(\boldsymbol{I}-\boldsymbol{S})\boldsymbol{a}$$

将这两个方程代入阻抗矩阵关系式 $\bar{\boldsymbol{V}}=\bar{\boldsymbol{Z}}\bar{\boldsymbol{I}}$，得

$$(\boldsymbol{I}+\boldsymbol{S})\boldsymbol{a}=\bar{\boldsymbol{Z}}(\boldsymbol{I}-\boldsymbol{S})\boldsymbol{a}$$

要使上式对任意列矩阵 $\boldsymbol{a}$ 都成立，只能是

$$(\boldsymbol{I}+\boldsymbol{S})=\bar{\boldsymbol{Z}}(\boldsymbol{I}-\boldsymbol{S})$$

上式两边都右乘$(\boldsymbol{I}-\boldsymbol{S})^{-1}$，可得

$$\bar{\boldsymbol{Z}}=(\boldsymbol{I}+\boldsymbol{S})(\boldsymbol{I}-\boldsymbol{S})^{-1} \tag{5.34}$$

这就是已知 $\boldsymbol{S}$ 求 $\bar{\boldsymbol{Z}}$ 的公式。

为了求出用 $\bar{\boldsymbol{Z}}$ 表示的 $\boldsymbol{S}$，可把式(5.34)改写为 $\bar{\boldsymbol{Z}}-\boldsymbol{S}\bar{\boldsymbol{Z}}=\boldsymbol{I}+\boldsymbol{S}$，并解出 $\boldsymbol{S}$：

$$\boldsymbol{S}=(\bar{\boldsymbol{Z}}+\boldsymbol{I})^{-1}(\bar{\boldsymbol{Z}}-\boldsymbol{I}) \tag{5.35}$$

表 5.2 列出了二端口网络的各种参数转换。

表 5.2 二端口网络的各种参数转换

| | | **S** | **Z** | **Y** |
|---|---|---|---|---|
| **S** | $S_{11}$ | | $\dfrac{(Z_{11}-Z_c)(Z_{22}+Z_c)-Z_{12}Z_{21}}{\Delta Z}$ | $\dfrac{(Y_c-Y_{11})(Y_c+Y_{22})+Y_{12}Y_{21}}{\Delta Y}$ |
| | $S_{12}$ | | $\dfrac{2Z_{12}Z_c}{\Delta Z}$ | $\dfrac{-2Y_{12}Y_c}{\Delta Y}$ |
| | $S_{21}$ | | $\dfrac{2Z_{21}Z_c}{\Delta Z}$ | $\dfrac{-2Y_{21}Y_c}{\Delta Y}$ |
| | $S_{22}$ | | $\dfrac{(Z_{11}+Z_c)(Z_{22}-Z_c)-Z_{12}Z_{21}}{\Delta Z}$ | $\dfrac{(Y_c+Y_{11})(Y_c-Y_{22})+Y_{12}Y_{21}}{\Delta Y}$ |

续表

| | S | Z | Y |
|---|---|---|---|
| Z | $Z_c\dfrac{(1+S_{11})(1-S_{22})+S_{12}S_{21}}{(1-S_{11})(1-S_{22})-S_{12}S_{21}}$ | $Z_{11}$ | $\dfrac{Y_{22}}{\lvert Y\rvert}$ |
| | $Z_c\dfrac{2S_{12}}{(1-S_{11})(1-S_{22})-S_{12}S_{21}}$ | $Z_{12}$ | $\dfrac{-Y_{12}}{\lvert Y\rvert}$ |
| | $Z_c\dfrac{2S_{21}}{(1-S_{11})(1-S_{22})-S_{12}S_{21}}$ | $Z_{21}$ | $\dfrac{-Y_{21}}{\lvert Y\rvert}$ |
| | $Z_c\dfrac{(1-S_{11})(1+S_{22})+S_{12}S_{21}}{(1-S_{11})(1-S_{22})-S_{12}S_{21}}$ | $Z_{22}$ | $\dfrac{Y_{11}}{\lvert Y\rvert}$ |
| Y | $Y_c\dfrac{(1-S_{11})(1+S_{22})+S_{12}S_{21}}{(1+S_{11})(1+S_{22})-S_{12}S_{21}}$ | $\dfrac{Z_{22}}{\lvert Z\rvert}$ | $Y_{11}$ |
| | $Y_c\dfrac{-2S_{12}}{(1+S_{11})(1+S_{22})-S_{12}S_{21}}$ | $\dfrac{-Z_{12}}{\lvert Z\rvert}$ | $Y_{12}$ |
| | $Y_c\dfrac{-2S_{21}}{(1+S_{11})(1+S_{22})-S_{12}S_{21}}$ | $\dfrac{-Z_{21}}{\lvert Z\rvert}$ | $Y_{21}$ |
| | $Y_c\dfrac{(1+S_{11})(1-S_{22})+S_{12}S_{21}}{(1+S_{11})(1+S_{22})-S_{12}S_{21}}$ | $\dfrac{Z_{11}}{\lvert Z\rvert}$ | $Y_{22}$ |

$|Z|=Z_{11}Z_{22}-Z_{12}Z_{21}$；$|Y|=Y_{11}Y_{22}-Y_{12}Y_{21}$；$Y_c=1/Z_c$

$\Delta Y=(Y_{11}+Y_c)(Y_{22}+Y_c)-Y_{12}Y_{21}$；$\Delta Z=(Z_{11}+Z_c)(Z_{22}+Z_c)-Z_{12}Z_{21}$

### 2. 二端口网络的等效电路

5.1.2 节利用复坡印廷定理给出了单端口网络的等效电路。实际工作中最常用的是二端口网络，这里采用等效电路来代表任意形式的二端口网络。

作为二端口网络的一个例子，图 5.14(a)给出了微带间隙。端口参考面可定义在两根微带线上任意一点，图中将参考面选择在间隙两侧。由于间隙结构存在微带线物理上的不连续性(不均匀性)，间隙区域存在高次模，存储有电能或磁能，因此导致电抗性作用。通过微波测量或电磁理论分析(尽管这些分析十分复杂)或者电磁商业软件仿真，可得到它的网络参数($Z$、$Y$ 或 $S$)，并用来描述这些电抗性作用，因此把它看作图 5.14(b)中的二端口"黑盒"。这种处理方法可以应用到各式各样的二端口网络，如不同传输线之间的过渡、传输线不连续性(如波导膜片、阶梯、销钉)等。以这种方式建模二端口网络时，更进一步且非常有用的方法是把二端口"黑盒"替换为包含少数理想集总元件的等效电路，如图 5.14(c)所示，这些元件值与实际结构的某些物理特性相结合对于分析理解二端口网络的特性特别有用。定义这种等效电路的方法有多种，下面讨论最为常见的方法。

如 5.2 节所述，任意二端口网络均可用阻抗参数描述为

$$\begin{cases}V_1=Z_{11}I_1+Z_{12}I_2\\ V_2=Z_{21}I_1+Z_{22}I_2\end{cases}\tag{5.36a}$$

或用导纳参数描述为

$$\begin{cases}I_1=Y_{11}V_1+Y_{12}V_2\\ I_2=Y_{21}V_1+Y_{22}V_2\end{cases}\tag{5.36b}$$

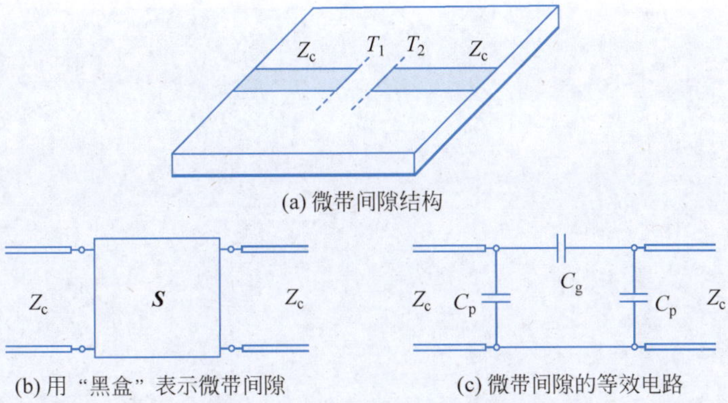


图 5.14 微带间隙及其等效电路

若网络是互易的，则有 $Z_{12}=Z_{21}$ 和 $Y_{12}=Y_{21}$。这些结果会导出 T 形和 π 形等效电路，如图 5.15(a)和(b)所示。测量和电磁仿真一般会得到网络的 $S$ 参量，用表 5.2 中的结果可求得阻抗或导纳参数，从而求得这些元件值。对于互易网络，则存在 6 个自由度(3 个矩阵元素的实部和虚部)，所以其等效电路应有 6 个自变量。

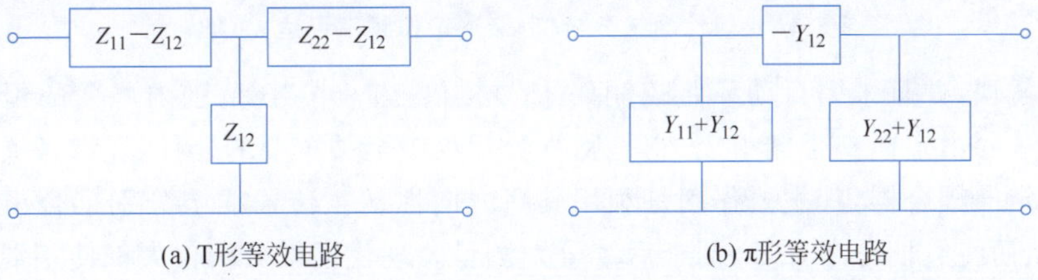


图 5.15 互易二端口网络的等效电路

若网络是无耗的，则可简化电路。如 5.2 节指出的那样，对于无耗网络，阻抗和导纳矩阵是纯虚数。这就使得网络的自由度减少到 3 个，并且 T 形和 π 形等效电路可由纯电抗元件组成。如果网络还是对称的，则 $Z_{11}=Z_{22}$ 和 $Y_{11}=Y_{22}$，这就使得网络的自由度减少到 2 个。

## 5.4 散射矩阵的测量

散射矩阵是微波网络中应用最广的网络参数，它不仅物理概念直观清晰，也可以被测量。矢量网络分析仪可用来测量无源和有源网络的散射参数的幅度与相位，图 5.16 是现代网络分析仪。本节主要讲述网络分析仪的结构、原理、误差、校准和测量方法。

### 5.4.1 网络分析仪的结构与误差模型

网络分析仪经过 40 余年发展，已经成为最通用、最复杂和最精密的测量仪器之一。虽然它的结构多种多样，也有许多不同的制造商，但网络分析仪大致可分为标量网络分析仪(SNA)和矢量网络分析仪(VNA)两类。标量网络分析仪结构简单，成本低，一般只能测量散射参数的幅度，不能测量相位。随着系统复杂度和集成度越来越高，标量网络分析仪不再流行，目前几乎没有制造商再销售。也正因为如此，现在的矢量网络分析仪就直接简称为网络分析仪。

现代网络分析仪主要由扫频微波源、信号分离装置、接收机、前面板和后面板等组成，简化框图如图 5.17 所示。网络分析仪的微波源为 $S$ 参数测量提供激励，图中有两个源，可以在两个端口同时产生输出信号。微波源由高稳定 10MHz 参考时钟和频率合成器组成，其优势是

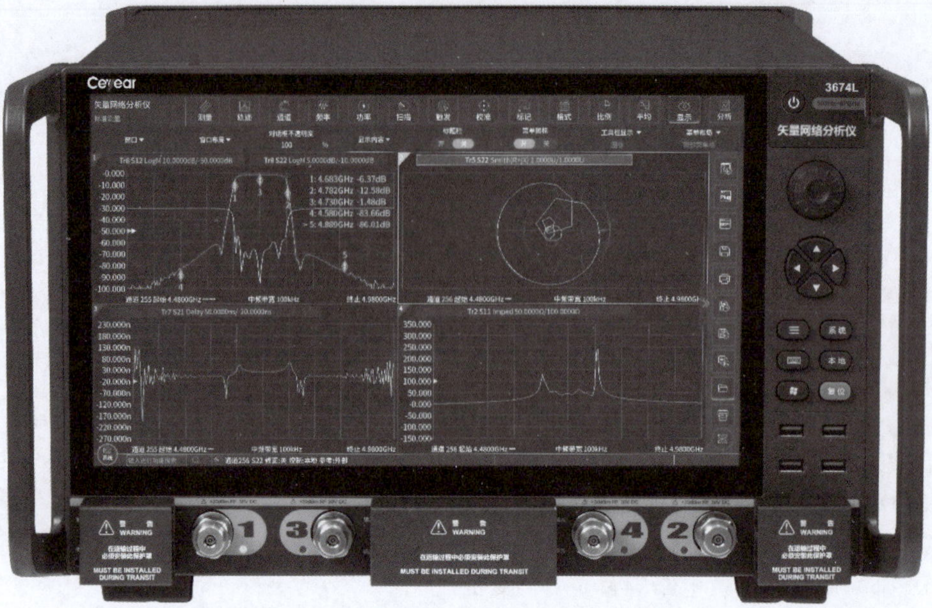


图 5.16　现代网络分析仪(最高工作频率可达 67GHz)

扫频速度非常快,并且采用自动环路控制(ALC)提供 20～40dB 范围内可变的恒定功率。信号分离装置主要由定向耦合器组成,它是网络分析仪中至关重要的器件,在参考通道和信号通道都使用了定向耦合器,其主要作用是利用其高方向性从主传输线上分别耦合出部分入射波和反射波,从而将它们分离开来,便于后续分别测量。现代网络分析仪大都使用混频器作为接收机,四路接收机分别测量两个端口的入射波和反射波。混频器将入射波或反射波与本地振荡器(LO)信号进行频率变换得到中频信号(IF),之后经过高速模数转换器(ADC)转换为数字信号,最后用功能强大的内置计算机计算并显示 $S$ 参数幅度和相位。

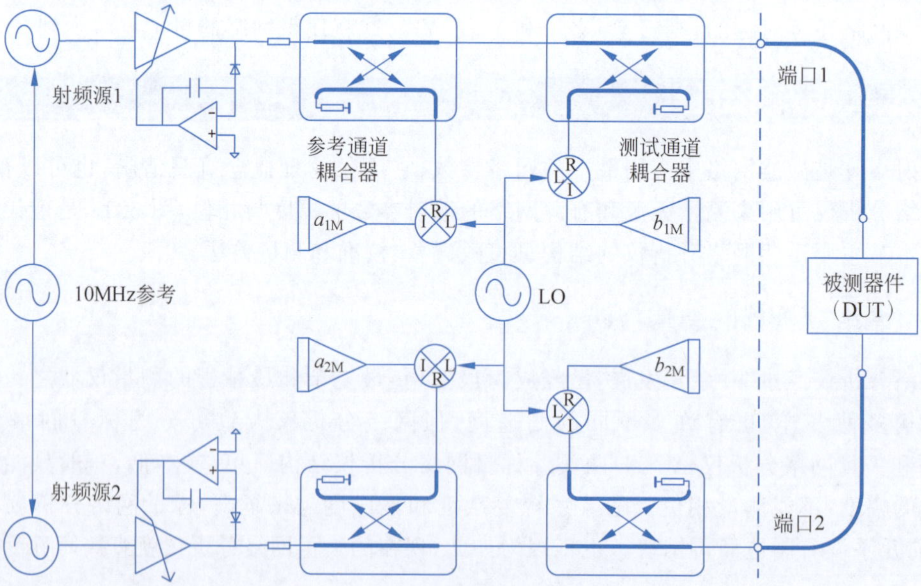


图 5.17　现代网络分析仪的结构框图

由网络分析仪的结构框图可以看出,网络分析仪实际测量的原始数据的参考面位于仪器内部某处,而并不在被测器件(DUT)的参考面处。这种测量包含了连接器、电缆、定向耦合器和接收机等引起的损耗和相位延迟的影响，这些影响可以用一个二端口误差盒放在测量参考面与 DUT 参考面之间，如图 5.18(a)所示。



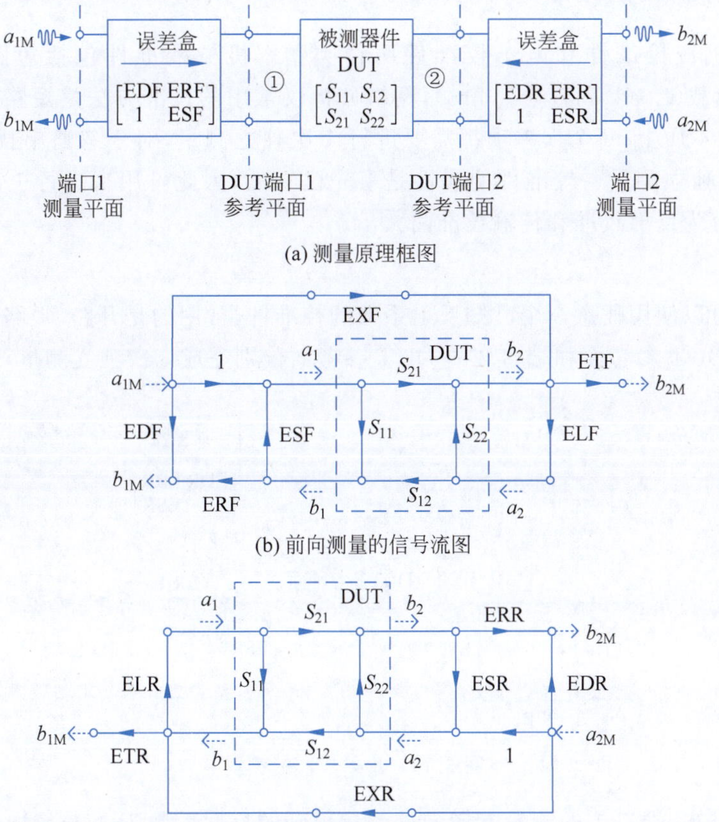

(a) 测量原理框图

(b) 前向测量的信号流图

(c) 反向测量的信号流图

**图 5.18 网络分析仪的误差模型**

网络分析仪一般分两步测量 $S$ 参数：首先端口 1 激励，端口 2 不激励，称为前向测量。此时，在参考通道和测试通道分别测量出入射波 $a_{1M}$、反射波 $b_{1M}$ 和传输信号 $b_{2M}$，前向测量的信号流图如图 5.18(b)所示。接着端口 2 激励，端口 1 不激励，称为反向测量。此时，在参考通道和测试通道分别测量出入射波 $a_{2M}$、反射波 $b_{2M}$ 和传输信号 $b_{1M}$，反向测量的信号流图如图 5.18(c)所示。这一信号流图中描述了 $S$ 参数测量中的 12 项误差模型，表 5.3 中列出了这些误差项。网络分析仪端口间的隔离度通常要比系统噪声电平大，因此可以忽略串扰误差项，此时 12 项误差模型被简化为 10 项模型。

**表 5.3 网络分析仪的系统误差项**

| 误差符号 | 误差含义 | 误差符号 | 误差含义 |
|---|---|---|---|
| EDF | 前向方向性误差 | EDR | 反向方向性误差 |
| ESF | 前向源失配误差 | ESR | 反向源失配误差 |
| ERF | 前向反射跟踪误差 | ERR | 反向反射跟踪误差 |
| ELF | 前向负载失配误差 | ELR | 反向负载失配误差 |
| ETF | 前向传输跟踪误差 | ETR | 反向传输跟踪误差 |
| EXF | 前向串扰误差 | EXR | 反向串扰误差 |

在网络分析仪测量被测器件之前，必须先用校准方法来得到各种误差项；再从测量数据算出经误差修正的被测器件的 $S$ 参数。简单起见，下面只讲述网络分析仪的校准和测量原

理，不推导具体校准和修正公式，感兴趣的可参考有关书籍。

## 5.4.2 网络分析仪的校准

校准件有机械校准件和电子校准件两种类型。机械校准件包括短路(Short)、开路(Open)、匹配负载(Load)和直通(Thru)，网络分析仪常用的校准方法是短路-开路-负载-直通(SOLT)方法。本质上，每个误差项都需要进行1次独立测量，对于忽略串扰的10项误差模型就需要10次独立测量。校准件的属性是事先已知的，因此可用来进行1次或多次独立测量。校准过程分为反射校准和传输校准两大步。

### 1. 反射校准

反射校准可以使用任意3个已知反射系数的校准件，常用的是开路、短路和负载。将它们接在端口1的DUT参考面和端口2的DUT参考面分别完成3次独立测量，如图5.19所示。

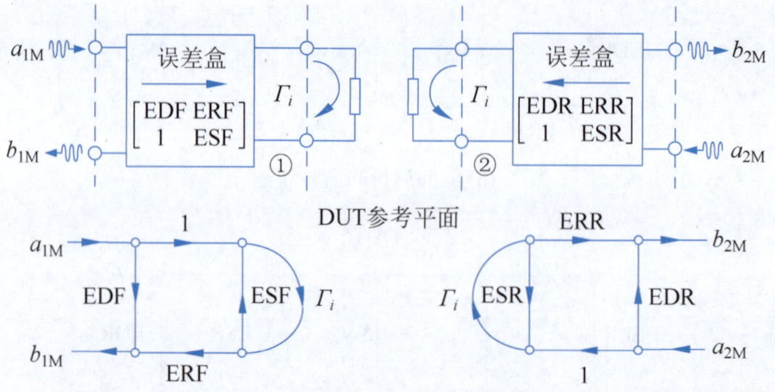


图 5.19 反射校准的测量

由例5.5可知，端口1的测量参考面处测量得到的反射系数 $\Gamma_{Mi}$ 与校准件已知反射系数 $\Gamma_i$ 的关系为

$$\Gamma_{Mi}=\mathrm{EDF}+\frac{\mathrm{ERF}\cdot\Gamma_i}{1-\mathrm{ESF}\cdot\Gamma_i}\quad(i\text{ 代表短路、开路和负载})\tag{5.37}$$

联立上述3个线性方程，可以求得前向测量的EDF、ESF、ERF 3个误差项。同样方法运用到端口2，可求得反向测量的EDR、ESR、ERR三个误差项。

### 2. 传输校准

网络分析仪一般采用既有阳性连接器端口又有阴性连接器端口的一对端口，这时可以将端口1和端口2直接连接进行传输校准，如图5.20所示。直通件的 $S$ 参数可以简单地规定为 $S_{21}=S_{12}=1$。

在直通情况下，网络分析仪首先进行前向测量，测量得到 $S_{11,\mathrm{ThruM}}$ 和 $S_{21,\mathrm{ThruM}}$，由图5.20所示信号流图得到ELF和ETF两个误差项，即

$$\mathrm{ELF}=\frac{S_{11,\mathrm{ThruM}}-\mathrm{EDF}}{\mathrm{ERF}+\mathrm{ESF}(S_{11,\mathrm{ThruM}}-\mathrm{EDF})},\quad \mathrm{ETF}=\frac{S_{21,\mathrm{ThruM}}}{1-\mathrm{ESF}\cdot\mathrm{ELF}}\tag{5.38a}$$

网络分析仪进行反向测量，测量得到 $S_{22,\mathrm{ThruM}}$ 和 $S_{12,\mathrm{ThruM}}$，由图5.20所示信号流图得到ELR和ETR两个误差项，即

$$\mathrm{ELR}=\frac{S_{22,\mathrm{ThruM}}-\mathrm{EDR}}{\mathrm{ERR}+\mathrm{ESR}(S_{22,\mathrm{ThruM}}-\mathrm{EDR})},\quad \mathrm{ETR}=\frac{S_{12,\mathrm{ThruM}}}{1-\mathrm{ESR}\cdot\mathrm{ELR}}\tag{5.38b}$$

至此，在忽略串扰误差项情况下，通过6次反射测量和4次传输测量，就得到了全部10项

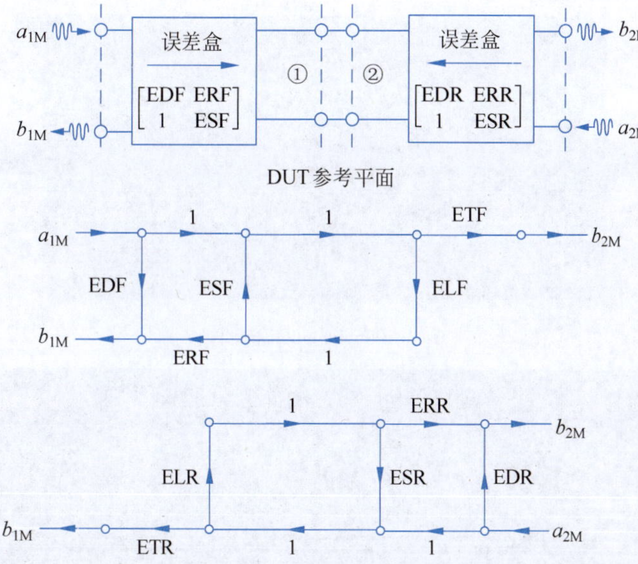


图 5.20 传输校准的测量

误差项，从而完成了校准过程。

### 5.4.3 网络分析仪的测量

完成校准后，将被测器件接入矢量网络分析仪的端口1和端口2，同样经过前向和反向测量得到测量参考面的原始散射矩阵 $S_{M}$；用各项误差项来修正测量数据，由图5.18所示信号流图可以算出被测件的 $S$ 参数，即

$$S_{11}=\frac{S_{11N}(1+S_{22N}\cdot \mathrm{ESR})-\mathrm{ELF}\cdot S_{21N}S_{12N}}{(1+S_{11N}\cdot \mathrm{ESF})(1+S_{22N}\cdot \mathrm{ESR})-\mathrm{ELF}\cdot \mathrm{ELR}\cdot S_{21N}S_{12N}} \tag{5.39a}$$

$$S_{21}=\frac{S_{21N}[1+S_{22N}(\mathrm{ESR}-\mathrm{ELF})]}{(1+S_{11N}\cdot \mathrm{ESF})(1+S_{22N}\cdot \mathrm{ESR})-\mathrm{ELF}\cdot \mathrm{ELR}\cdot S_{21N}S_{12N}} \tag{5.39b}$$

$$S_{12}=\frac{S_{12N}[1+S_{11N}(\mathrm{ESF}-\mathrm{ELR})]}{(1+S_{11N}\cdot \mathrm{ESF})(1+S_{22N}\cdot \mathrm{ESR})-\mathrm{ELF}\cdot \mathrm{ELR}\cdot S_{21N}S_{12N}} \tag{5.39c}$$

$$S_{22}=\frac{S_{22N}(1+S_{11N}\cdot \mathrm{ESF})-\mathrm{ELR}\cdot S_{21N}S_{12N}}{(1+S_{11N}\cdot \mathrm{ESF})(1+S_{22N}\cdot \mathrm{ESR})-\mathrm{ELF}\cdot \mathrm{ELR}\cdot S_{21N}S_{12N}} \tag{5.39d}$$

式中

$$S_{11N}=\frac{S_{11M}-\mathrm{EDF}}{\mathrm{ERF}},\quad S_{21N}=\frac{S_{21M}-\mathrm{EXF}}{\mathrm{ETF}} \tag{5.40a}$$

$$S_{12N}=\frac{S_{12M}-\mathrm{EXR}}{\mathrm{ETR}},\quad S_{22N}=\frac{S_{22M}-\mathrm{EDR}}{\mathrm{ERR}} \tag{5.40b}$$

以上所有误差校准和测量所需的公式计算均由网络分析仪自动完成，并且有十分友好的软件操作界面，用户只需按照使用手册操作仪器即可。长100mm的50Ω微带线的 $S$ 参数测量结果如图5.21所示。

还可以从 $S$ 参数推导出其他量，如电压驻波比、回波损耗、插入损耗、插入相位、群延时、阻抗、史密斯圆图等。

对于二端口网络，当端口2接匹配负载时，端口1的反射系数为 $\Gamma_{1}=S_{11}$，其端口驻波比为

实践

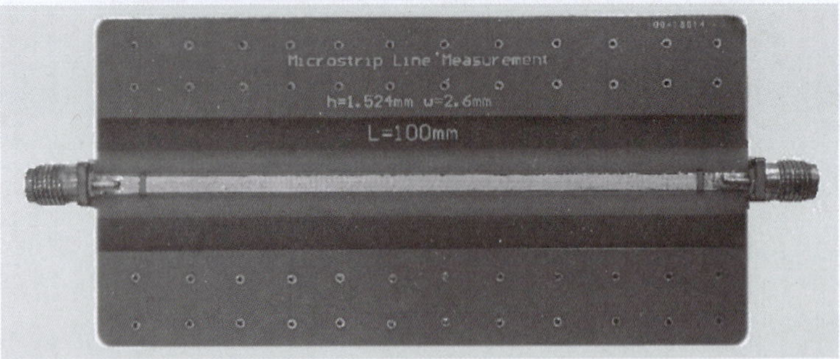


(a) 长100mm的50Ω微带线

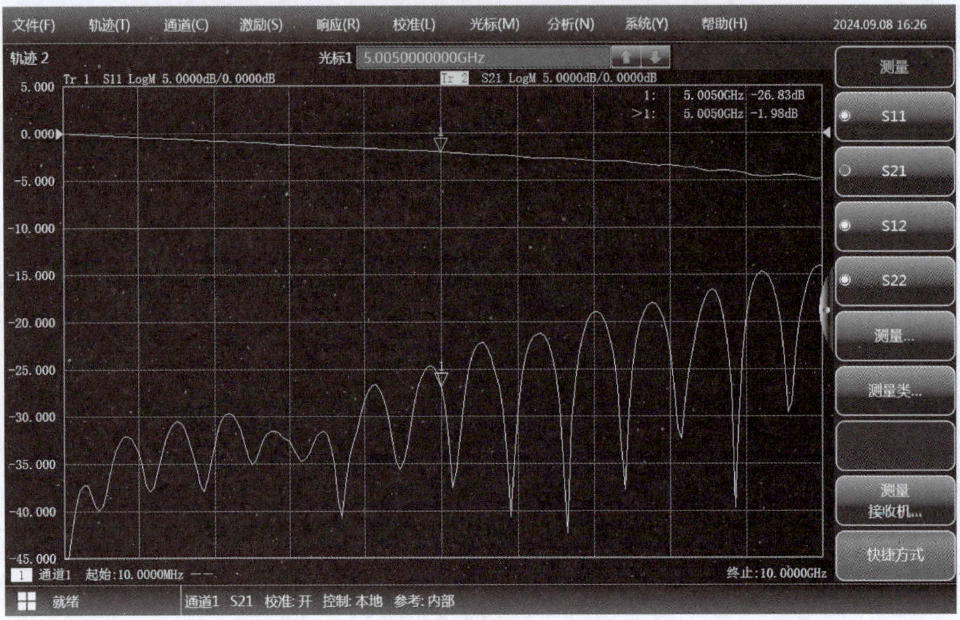


(b) 测量结果

图 5.21 微带线的 $S$ 参数测量结果

$$\rho=\frac{1-|S_{11}|}{1+|S_{11}|} \tag{5.41}$$

回波损耗(Return Loss,RL)为端口 1 的入射功率与反射功率之比,即

$$\mathrm{RL}=\left.\frac{P_1^+}{P_1^-}\right|_{a_2=0}=\left.\frac{|b_1|^2}{|a_1|^2}\right|_{a_2=0}=\frac{1}{|S_{11}|^2} \tag{5.42a}$$

通常用 dB 表示为

$$\mathrm{RL}=10\lg\frac{1}{|S_{11}|^2}=-20\lg|S_{11}|\,(\mathrm{dB}) \tag{5.42b}$$

对于二端口网络,当端口 2 接匹配负载时,端口 1 到端口 2 的电压传输系数 $T=S_{21}$,插入损耗(Insert Loss,IL)为端口 1 的入射功率与端口 2 的传输功率之比,即

$$\mathrm{IL}=\left.\frac{P_1^+}{P_2^-}\right|_{a_2=0}=\left.\frac{|b_2|^2}{|a_1|^2}\right|_{a_2=0}=\frac{1}{|S_{21}|^2} \tag{5.43a}$$

通常用 dB 表示为

$$\mathrm{IL}=10\lg\frac{1}{|S_{21}|^2}=-20\lg|S_{21}|\,(\mathrm{dB}) \tag{5.43b}$$

插入相位定义为端口 2 输出电压波与端口 1 入射电压波的相位差，即

$$T=|T|e^{j\phi}=|S_{21}|e^{j\phi_{21}}, \quad \phi=\phi_{21} \tag{5.44}$$

## 5.5 基本电抗元件

基本电抗元件常由传输线横向尺寸突变形成的，例如，矩形波导中的膜片、销钉和阶梯，同轴线和微带线中的阶梯和间隙等。这些传输线中的简单不连续性或不均匀性结构往往存储有电能或磁能，对外表现为容性电抗、感性电抗或谐振特性，因此称为基本电抗元件，它们是构成复杂微波器件的基本单元。

不均匀区的边界条件比较复杂，用严格场解法分析一般比较困难。工程上常将基本电抗元件等效为集总参数电抗元件，用微波网络方法来分析，不过它们具体的电抗值仍需用电磁场近似解法或电磁场数值解法或微波测量的方法来获取。下面仅对基本电抗元件的工作原理做定性分析，采用电磁场商业软件提取基本电抗元件的等效电路参数的方法将在 5.8 节案例中阐述。

### 5.5.1 波导中的电抗元件

矩形波导中的电抗元件有膜片、阶梯和销钉等。假设矩形波导中只有主模 $TE_{10}$ 能够传输，当在波导中任意一处插入膜片、阶梯或销钉等不连续性结构时，该结构附近的场分布为满足新的边界条件会发生变化，这种变化的实质是在附近产生了不能传输的高次模。根据式(3.60a)可知，波导中某个模式的平均复功率可表示为

$$\begin{aligned} P_{av} &= \frac{1}{2}\int_s (\boldsymbol{E}\times\boldsymbol{H}^*)\cdot d\boldsymbol{s} = \frac{1}{2}\int_s (E_x H_y^* - E_y H_x^*)dxdy \\ &= \frac{1}{2}Z_w\int_s (|H_y|^2+|H_x|^2)dxdy \end{aligned} \tag{5.45}$$

式中：$Z_w$ 是 TE 模或 TM 模波阻抗，由式(3.21)和式(3.23)可知，它们分别为

$$Z_{TE}=\begin{cases}\dfrac{\omega\mu}{\beta}, & f>f_c\\ \infty, & f=f_c\\ \dfrac{j\omega\mu}{\alpha}, & f<f_c\end{cases}, \quad Z_{TM}=\begin{cases}\dfrac{\beta}{\omega\varepsilon}, & f>f_c\\ 0, & f=f_c\\ \dfrac{\alpha}{j\omega\varepsilon}, & f<f_c\end{cases} \tag{5.46}$$

上式表明，若不连续性附近的高次模是 TE 截止模，其波阻抗是正虚数，存储了磁能，该元件是电感性的；若不连续性附近的高次模是 TM 截止模，其波阻抗是负虚数，存储了电能，该元件是电容性的。该结论不仅适用于波导电抗元件，也适用于其他传输线的电抗元件。

1. 膜片

膜片是导电性能好、厚度远小于波导波长的薄金属片。膜片有电感性膜片和电容性膜片两类。

1）电感性膜片

电感性膜片如图 5.22(a)所示，该结构在波导主模电场方向（$y$ 方向）是均匀的，在磁场所在平面内（$x$ 方向）是不连续的，因此该膜片也称 H 面膜片。由于激励的主模 $TE_{10}$ 模在 $y$ 方向是均匀的，结构也是均匀的，膜片附近产生的高次模在 $y$ 方向也是均匀的，因此膜片附近的高次模必定是 $TE_{m0}$ 模，为满足边界条件磁场必须与膜片相切，因此磁场扰动大，如图 5.22(b)所示。根据前面分析，TE 高次模存储了磁能，因此该膜片是电感性的，等效为传输线上并联感

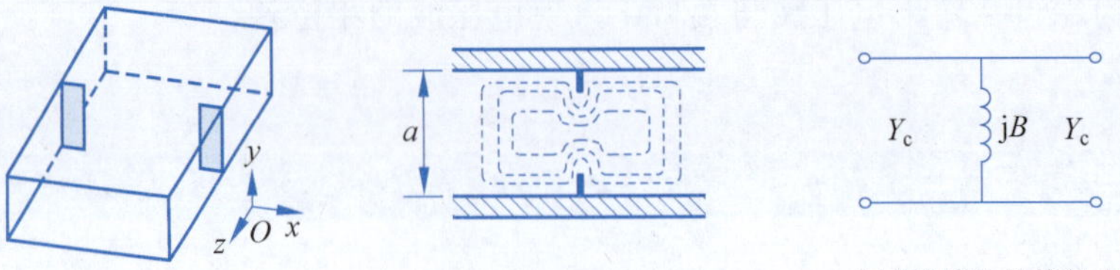


(a) 电感性膜片　(b) 膜片附近电力线分布　(c) 电感性膜片的等效电路

图 5.22　矩形波导中的电感性膜片及其等效电路

性电纳 $jB(B<0)$，如图 5.22(c)所示。电纳值与膜片窗口宽度 $d$ 有关，归一化电纳值的经验近似公式表达为

$$\bar{B}=\frac{B}{Y_c}=-\frac{\lambda_g}{a}\cot^2\left[\frac{\pi d}{2a}\right],\quad t=0 \tag{5.47}$$

式中：$Y_c$ 为矩形波导等效传输线的特性阻抗，一般选择为主模波阻抗；$\lambda_g$ 为主模波导波长；$t$ 为膜片厚度。

正如 5.8 节案例所示，归一化电纳可以通过电磁仿真或者测量方法获得，由表 5.1 中并联导纳的散射矩阵很容易得到

$$j\bar{B}=\frac{-2S_{11}}{1+S_{11}}=\frac{2(1-S_{21})}{S_{21}} \tag{5.48}$$

式中：$S_{11}$、$S_{21}$ 为通过电磁仿真或者测量方法获得的膜片的散射参数。

2) 电容性膜片

对于图 5.23(a)所示膜片，它在波导主模电场方向($y$ 方向)是不连续的，在磁场所在平面内是均匀的，因此该膜片也称 E 面膜片。由于激励的是 $TE_{10}$ 模，其电场只有 $y$ 方向的分量，并且不连续性又在 $y$ 方向上，因此，为了满足膜片上电场切向分量为零的边界条件，膜片附近的电场必须弯曲并垂直于膜片，电场有 $E_y$ 和 $E_z$ 分量，如图 5.23(b)所示。可见，膜片附近的电场扰动大，TM 高次模储存的电能大于 TE 高次模储存的磁能，净储能为电能，该膜片是电容性膜片，等效为传输线上并联容性电纳 $jB(B>0)$，如图 5.23(c)所示。电纳值与膜片窗口高度 $b'$ 有关，归一化电纳值的经验近似公式表达为

$$\bar{B}=\frac{B}{Y_c}=\frac{4b}{\lambda_g}\ln\csc\left[\frac{\pi b'}{2b}\right],\quad t=0 \tag{5.49}$$

式中：$Y_c$ 为矩形波导等效传输线的特性阻抗，一般选择为主模波阻抗；$\lambda_g$ 为主模波导波长；$t$ 为膜片厚度。同样，归一化电纳还可以通过电磁仿真或者测量方法由式(5.48)获得。

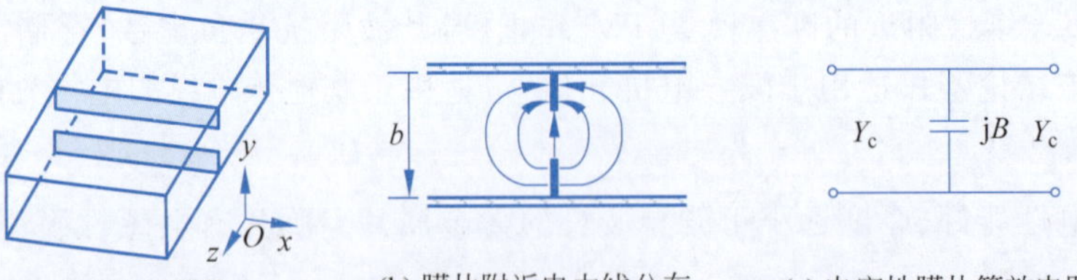


(a) 电容性膜片　(b) 膜片附近电力线分布　(c) 电容性膜片等效电路

图 5.23　矩形波导中的电容性膜片及其等效电路

膜片一般应用在阻抗匹配电路、波导滤波器等器件中。由于电容性膜片窗口处的电场比较集中，当窗口尺寸 $b'$ 较小时，此处容易发生击穿，功率容量较低，因此在大功率设备中很少采用。

需要指出的是，以上分析都认为膜片很薄。若膜片较厚，膜片厚度相当于一小段传输线，

则膜片不能仅等效为一个并联电抗元件。根据5.3.5节知识，任何二端口互易网络都可以等效为T形或π形电路；如果网络是无耗的，所有元件是纯电抗性的。此时，厚电容性膜片等效为π形电路，中间串联元件是电感性的，两侧是并联电容；而厚电感性膜片则应等效为中间并联电感，两侧是串联电感的T形二端口网络。

3）谐振窗

在波导应用中，有时需对波导系统中的某一部分进行真空密封，同时又不能影响微波功率的传输。为达此目的，可以用带有窗口的薄金属片将波导隔开，并用低损耗电介质片(如聚四氟乙烯、陶瓷、玻璃、云母等)将窗口密封起来，构成一个谐振窗，如图5.24(a)所示。

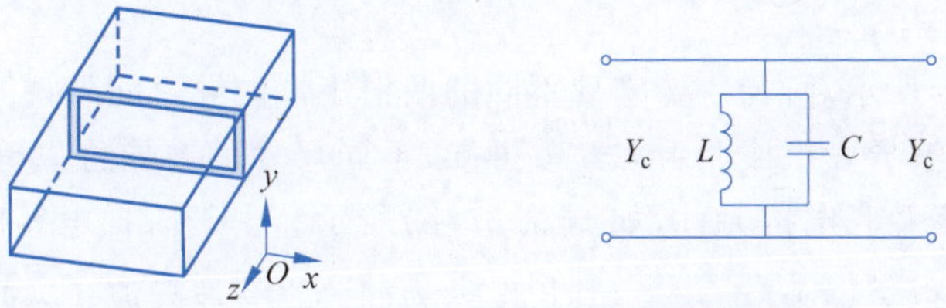

(a) 谐振窗　　(b) 谐振窗等效电路

图 5.24　矩形波导中的谐振窗及其等效电路

从结构上看，矩形谐振窗可视为电容性膜片和电感性膜片的组合，因此可以将它看成电感$L$和电容$C$构成的谐振电路，其等效电路如图5.24(b)所示。当传输波的工作频率等于谐振窗的谐振频率时，并联谐振电路的并联电纳为零，谐振窗对传输波不起作用，或者说传输波将无反射地通过谐振窗。

2. 阶梯

当横截面尺寸不同的两矩形波导对接时，对接处就形成了波导阶梯。常见的矩形波导阶梯有H面阶梯和E面阶梯。

H面阶梯如图5.25(a)所示，由窄边相等、宽边不等的两矩形波导连接而成。这种阶梯可以是对称的，也可以是不对称的。H面阶梯附近高次模的特点与电感性膜片附近高次模的特点基本相同，阶梯附近的高次模是$TE_{m0}$模，磁场扰动大，高次模存储了磁能，因此H面阶梯是电感性的，其等效电路如图5.25(b)所示。

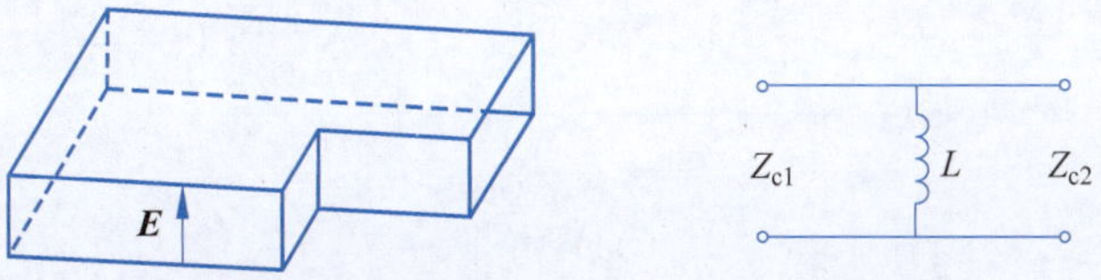

(a) 矩形波导H面阶梯　　(b) 等效电路

图 5.25　矩形波导H面阶梯及其等效电路

E面阶梯如图5.26(a)所示，由宽边相等、窄边不等的两矩形波导连接而成。这种阶梯可以是对称结构，也可以是不对称结构。由于阶梯引起的不连续性仅在$y$方向，激励$TE_{10}$模只有$E_y$分量，因此E面阶梯处的高次模与电容膜片处高次模类似，也是电场扰动大，有$E_y$和$E_z$分量，阶梯附近TM高次模储存的电能大于TE高次模储存的磁能，净储能为电能，因此E面阶梯是电容性的，其等效电路如图5.26(c)所示。

与膜片类似，阶梯的归一化电纳也可以通过电磁仿真或者测量的散射参数来计算得到。下面以一个实例来说明。

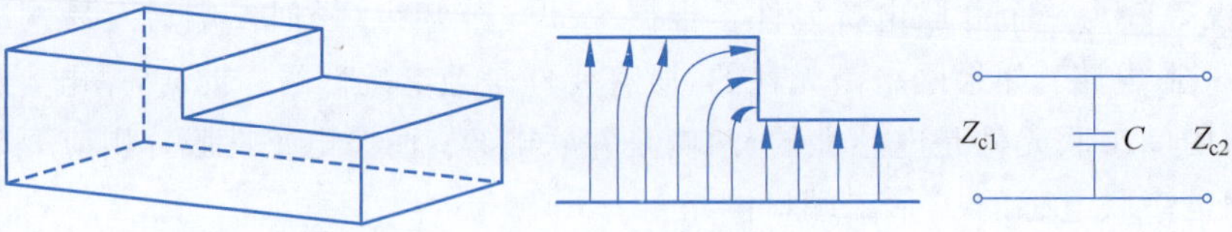


(a) 矩形波导E面阶梯　　(b) 波导内场分布　　(c) 等效电路

图 5.26　矩形波导 E 面阶梯及其等效电路

**例 5.6**　阶梯的应用。

横截面尺寸不同的两根矩形波导直接对接时，反射系数一般较大。采用阶梯变换段实现它们之间的阻抗匹配。

**解：** 如图 5.27(a)所示，阶梯主要实现不同的两根矩形波导之间阻抗匹配，它由输入波导、输出波导和阻抗变换波导段组成。由 4.6 节可知，不同尺寸的波导可以等效为特性阻抗不同的传输线，阶梯等效为并联电抗元件，如图 5.27(b)所示。由于阶梯电容的影响，变换段的特性阻抗由式(4.49)可得 $Z_{c3}\approx\sqrt{Z_{c1}Z_{c2}}$，其长度约为四分之一波导波长，即 $l_3\approx\lambda_{g3}/4$。仿真结果表明，匹配后不同的两矩形波导对接时反射系数大为改善，如图 5.27(c)所示。

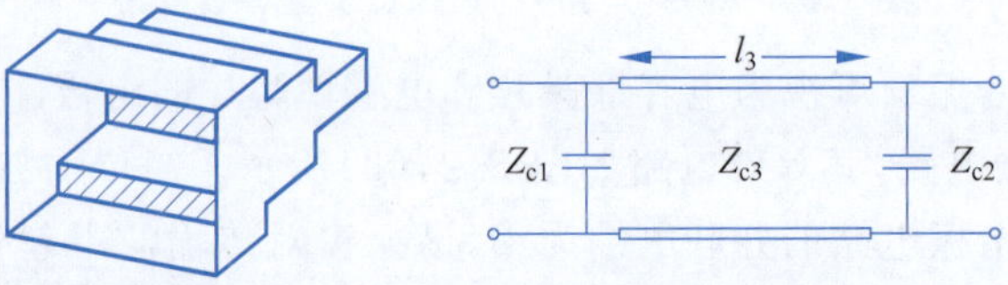


(a) E面阶梯结构　　(b) 等效电路

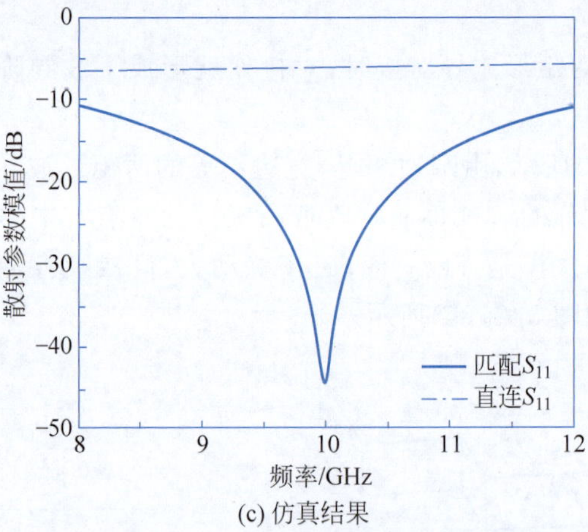


(c) 仿真结果

图 5.27　阶梯实现波导的阻抗匹配

3. 销钉

在微波波导器件的调谐与匹配结构中，常用的基本电抗元件是销钉和可调螺钉。

1）电感性和电容性销钉

销钉有电感性(H 面)和电容性(E 面)两类。在矩形波导中垂直于宽边对穿插入一根直径不大的导体柱，即可构成如图 5.28(a)所示的电感性销钉。与 H 面膜片类似，由于激励的主模 $TE_{10}$ 模在 $y$ 方向是均匀的，结构也是均匀的，销钉附近产生的场在 $y$ 方向必是均匀的，因此销钉附近的高次模必定是 $TE_{m0}$ 模。为满足边界条件，磁场必须与销钉表面相切，因此磁场扰动大。TE 高次模存储了磁能，因此该销钉是电感性的，等效为传输线上并联感性电纳 $jB(B<0)$，如图 5.28(c)所示。

在矩形波导中垂直于窄边对穿插入一根直径不大的导体柱，即可构成如图 5.28(e)所示的电容性销钉。销钉引起的不连续性仅在 $y$ 方向，激励 $TE_{10}$ 模只有 $E_y$ 分量，与 E 面膜片类似，E 面销钉处高次模的电场扰动大，有 $E_y$ 和 $E_z$ 分量，销钉附近 TM 高次模储存的电能大于 TE 高次模储存的磁能，净储能为电能，因此 E 面销钉是电容性的。其等效电路如图 5.28(f)所示。

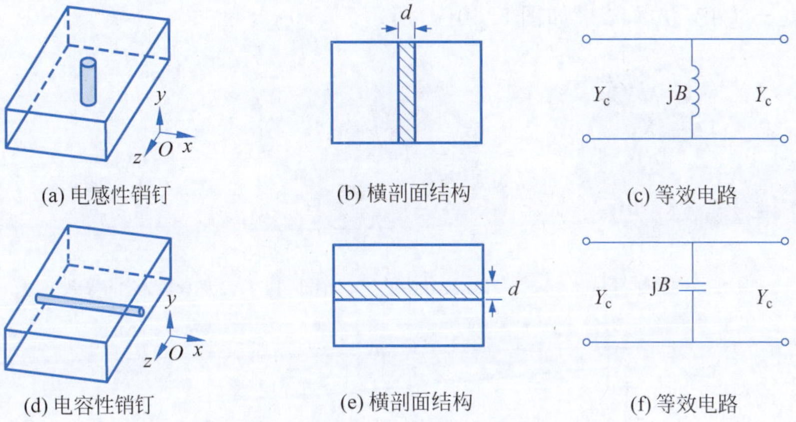


图 5.28　电容性和电感性销钉及其等效电路

2）可调螺钉

矩形波导中的螺钉结构及其等效电路如图 5.29 所示。螺钉插入的深度连续可变，可以提供不同的并联电抗量。螺钉附近的高次模比销钉附近的高次模要复杂得多，当螺钉插入深度较小时，类似于一小片段 E 面膜片，螺钉附近电场扰动大，TM 高次模存储的电能占优，净储能为电能，此时螺钉可以等效为并联电容性电纳；当螺钉插入深度较大时，接近 H 面销钉，螺钉附近 TE 高次模存储的磁能占优，净储能为磁能，此时螺钉可以等效为并联电感性电纳；当螺钉插入深度为某一值时，螺钉附近 TM 高次模储存的电能与 TE 高次模储存的磁能相等，此时发生谐振，等效为串联 $LC$ 谐振电路。

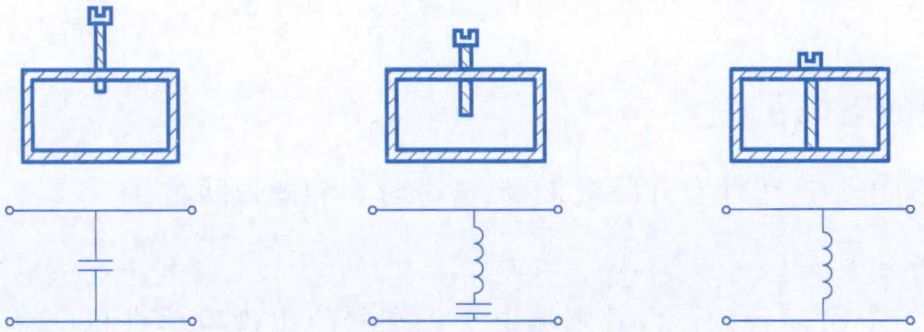

图 5.29　不同深度的螺钉结构及其等效电路

实验表明，螺钉和销钉的直径越粗，其频带响应越宽；螺钉插入波导越深(但需小于串联谐振时的深度)，它所提供的容性电纳值也越大。可调螺钉可提供连续可变的并联电纳，并可实现电容、电感和串联谐振，因此它在阻抗匹配和波导滤波器调谐中广泛使用。

**例 5.7**　销钉的应用。

某一 Ku 频段波导的宽边 $a=10.5$mm，窄边 $b=5.2$mm，壁厚 $t=1.0$mm。由于采用了分片加工方法，因此在波导窄壁处加工了固定波导盖板的螺钉柱，其直径 $D=3.6$mm，如图 5.30(a)所示。在中心频率 16.0GHz 处分析螺钉柱的影响，并采取措施减小其影响。

**解：** 波导中的螺钉柱类似于 H 面销钉，等效为并联电感。由于螺钉柱较粗，因此并联电抗较大，会引起较大反射，如图 5.30(d)所示，单个螺钉柱的反射系数达到－10dB。如果采用多个螺钉柱，反射会更大。为了消除螺钉柱的影响，在波导中心处放置了可调销钉，其直径 $D_1=3.0\text{mm}$，高度 $H_1=0.93\text{mm}$，如图 5.30(b)所示。由于销钉高度较小，它等效为并联电容，因此整个结构等效为 $LC$ 并联电路，如图 5.30(c)所示。用电磁场商业 CAD 软件[47]优化销钉高度，使其在 16.0GHz 频率上发生并联谐振，其阻抗无穷大，对电磁波传输几乎无影响，反射系数接近－60dB，仿真结果如图 5.30(d)所示。

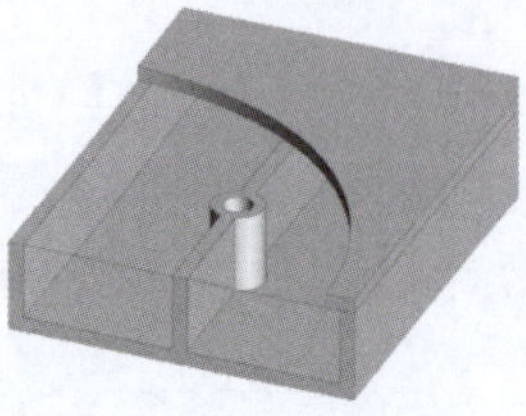

(a) 波导中的螺钉柱

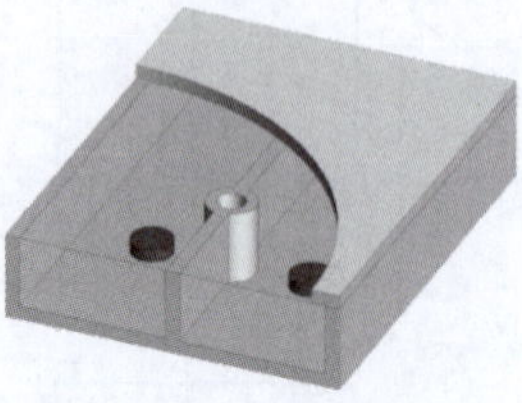

(b) 波导中的电容销钉

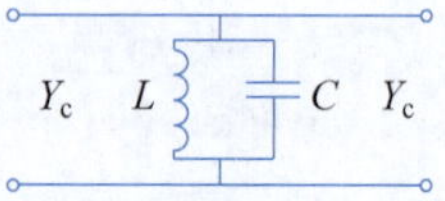


(c) 波导的等效电路

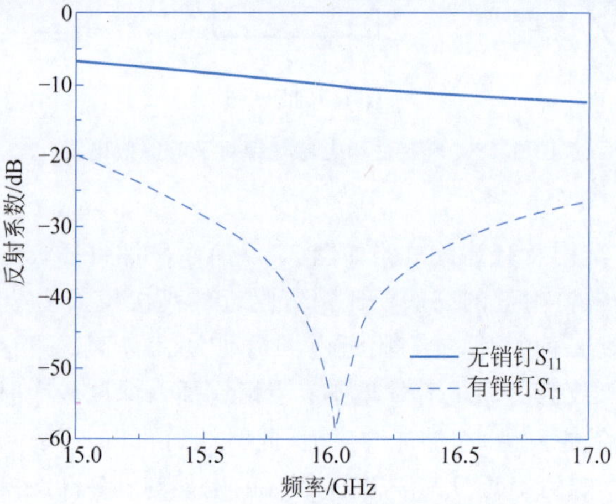


(d) 仿真结果

图 5.30 销钉在波导匹配中的应用

## 5.5.2 微带中的电抗元件

微带线中的简单不连续性有开路微带线、微带阶梯和微带间隙。

### 1. 开路微带线

开路微带线如图 5.31(a)所示，其末端由于尖端效应出现电荷堆积，会产生杂散场，称为边缘效应，如图 5.31(b)所示。当微波基片较薄、导带不宽时，杂散场的辐射可以忽略不计，因

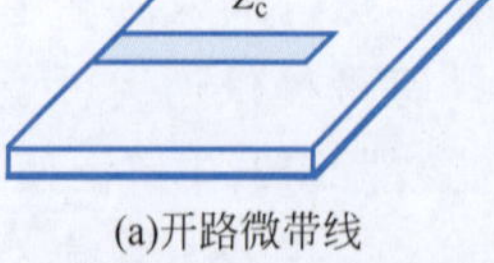


(a)开路微带线

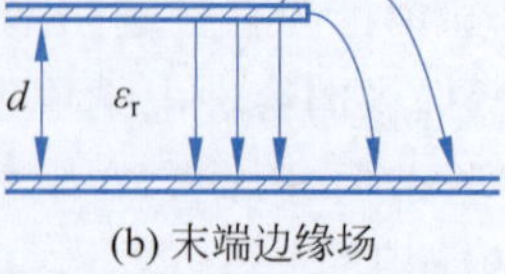


(b) 末端边缘场

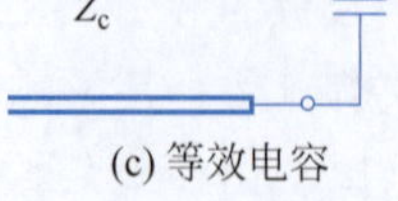


(c) 等效电容

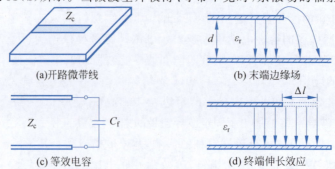

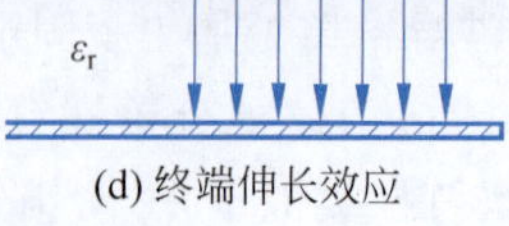


(d) 终端伸长效应

图 5.31 微带线的开路端及其终端效应

此它可以等效为传输线末端接一并联电容 $C_f$ 的电路，如图 5.31(c)所示。根据图 4.8 可知，该电容还可以用线长为 $\Delta l$ 的终端理想开路的微带线段来代替，如图 5.31(d)所示。可见，微带线末端并没有实现理想开路，而是再延长了一段 $\Delta l$ 长度，$\Delta l$ 的一个近似表达式为

$$\Delta l = 0.412h\,\frac{\varepsilon_{re}+0.3}{\varepsilon_{re}-0.258}\,\frac{W/d+0.264}{W/d+0.8} \tag{5.50}$$

式中：$\varepsilon_{re}$ 为微带线的有效介电常数；$d$ 为微带基片厚度；$W$ 为导带宽度。

**例 5.8** 开路微带线伸长效应的计算。

分别采用电磁场商业 CAD 软件[47]、微波电路商业 CAD 软件[48]和式(5.50)仿真或计算开路微带线的伸长效应，并比较。

**解：** 选用的微波基片的相对介电常数 $\varepsilon_r=2.55$，厚度 $d=1.0\text{mm}$，$Z_c=50\Omega$ 微带线宽度 $W=2.83\text{mm}$。分别采用电磁场商业 CAD 软件、微波电路商业 CAD 软件对开路微带线建模和仿真，并将参考面移动到微带线末端，得到反射系数 $S_{11}$。由式(4.30a)计算得到终端输入阻抗 $Z_{in}=Z_c(1+S_{11})/(1-S_{11})$，如图 5.32 所示，可见其实部接近零值，虚部呈现电容特性，计算得到开路电容 $C_f=1/(\text{j}2\pi f Z_{in})$。由式(4.41)计算伸长长度为 $\Delta l=\arctan(\text{j}Z_{in}/Z_c)/\beta$，式中 $\beta$ 为微带线的相移常数，由式(4.92)得 $\beta=2\pi\sqrt{\varepsilon_{re}}/\lambda$。在 $f=2.5\text{GHz}$ 时，三种方法得到的结果如表 5.4 所示。由表可见：微波电路 CAD 与式(5.50)都是基于近似等效电路计算，结果比较相近；而电磁场 CAD 基于严格数值全波仿真，与微波电路 CAD 与式(5.50)结果偏差大些。

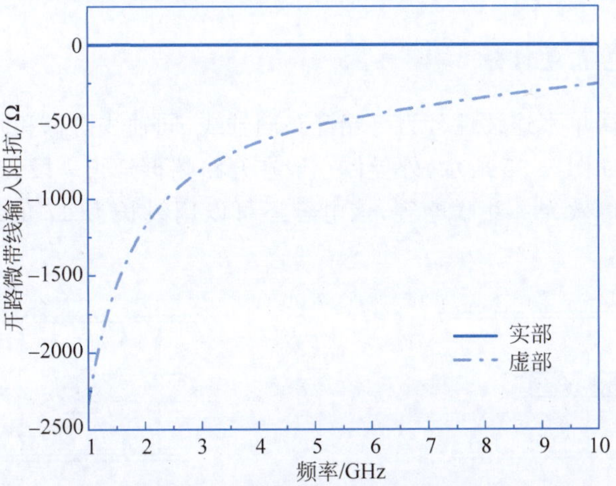


图 5.32 开路微带线的输入阻抗

表 5.4 开路微带线伸长效应的比较（$f=2.5\text{GHz}$）

| 参　　数 | 电磁场 CAD | 微波电路 CAD | 式(5.50) |
|---|---|---|---|
| 输入阻抗 $Z_{in}/\Omega$ | $-\text{j}0.96\times10^3$ | $-\text{j}1.33\times10^3$ | — |
| 开路电容 $C_f/\text{pF}$ | 0.066 | 0.048 | — |
| 伸长长度 $\Delta l/\text{mm}$ | 0.69 | 0.49 | 0.46 |

## 2. 微带阶梯

当导带宽度不等的微带线相接时，就形成如图 5.32 所示的微带阶梯。阶梯不连续性处会产生高次模，阶梯两边的微带线与开路微带线类似有伸长效应，伸长长度 $\Delta l_1$ 和 $\Delta l_2$ 一般很小，分别可用图 4.2 所示的无耗传输线等效电路表示，因此得到微带阶梯的 T 形等效电路，如图 5.33 所示。

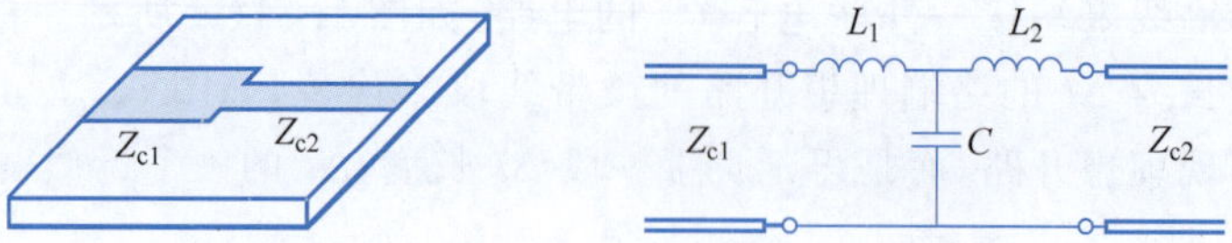


(a) 微带阶梯　　(b) 等效电路

图 5.33　微带阶梯及其等效电路

3. 微带间隙

图 5.33 给出了微带间隙结构，它在微带电路中常常可以碰到。两根微带线之间的间隙构成平行板串联电容，每根微带线末端与开路微带线类似，由于边缘效应与接地面之间有并联电容，因此微带间隙等效为图 5.34 中的 π 形等效电路。当间隙较小时，串联电容值较大，它起主要作用，而并联电容可以忽略不计。常用作电路中的耦合电容或隔直电容，其电容值 $C$ 可用近似计算或实验得到。

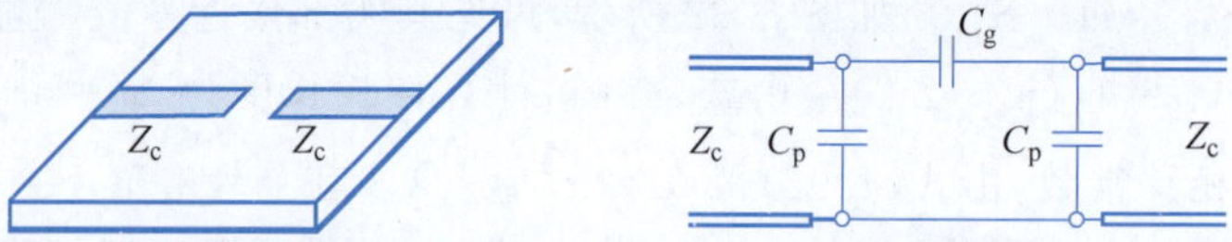


(a) 微带间隙　　(b) 等效电路

图 5.34　微带间隙及其等效电路

## 5.5.3　同轴中的电抗元件

常见的同轴线按简单不连续性分为终端开路同轴线、同轴线阶梯和同轴线间隙。

终端开路同轴线如图 5.35 所示，外导体一般在开路端再延长一段。与微带线终端开路类似，开路有边缘场，可等效为一并联电容，该电容还可以用线长为 $\Delta l$ 的终端理想开路的同轴线段来代替。

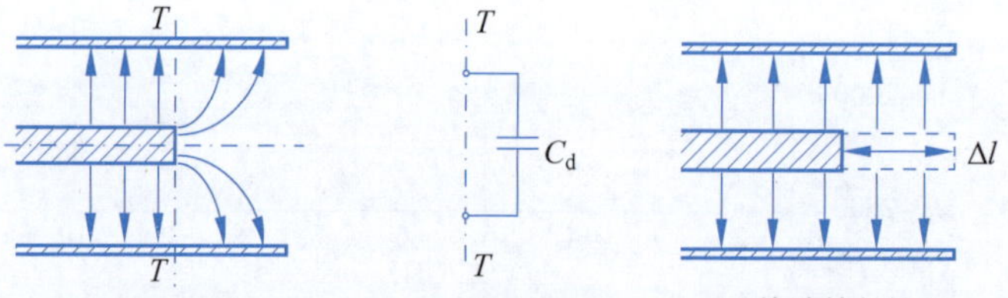


(a) 开路同轴线　　(b) 等效电容　　(c) 终端伸长效应

图 5.35　终端开路同轴线

终端开路同轴线常作为矢量网络分析仪的校准件之一，还可以用作测量材料特性的探头。开路同轴线探头如图 5.36(a)所示，同轴线外导体直径为 3.0mm，内导体直径为 0.66mm，接地面直径为 19.0mm，采用小型金属同轴连接器(SMA)与测量装置连接。将它浸入液体或接触固体(或粉末)材料平坦表面，探头上的边缘场与被测材料相互作用，引起场发生变化，通过矢量网络分析仪测量同轴线反射系数 $S_{11}$ 可以反推出材料的相对介电常数 $\varepsilon_r=\varepsilon_r'-j\varepsilon_r''$，如图 5.36(b)所示。25℃下甲醇的相对介电常数实部和虚部测量结果如图 5.36(c)所示，实测结果与理论结果吻合良好。

同轴线阶梯如图 5.37(a)所示，它有多种形式，可能内导体半径发生突变，也可能外导体半径发生突变，也可能内、外导体半径均发生突变。由于阶梯的不连续性发生在径向方向上，阶梯附近的电场必须弯曲以垂直于阶梯表面，阶梯附近产生的是有 $E_r$ 和 $E_z$ 分量的 TM 高次

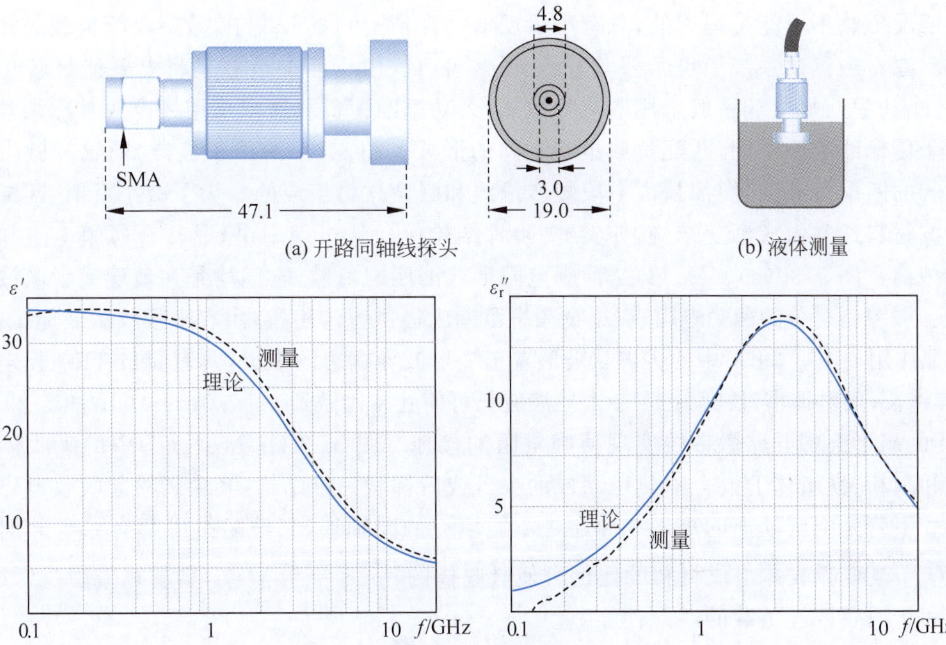


(a) 开路同轴线探头　(b) 液体测量

(c) 甲醇介电常数测量结果

**图 5.36　终端开路同轴线传感器及其应用(单位：mm)**

模，因此阶梯附近以电场储能为主，它可等效成一个并联电容，如图 5.37(b)所示。

图 5.38(a)是同轴线间隙。由于内导体间隙相当于一个平行板，因此同轴线间隙相当于一个串联电容，其等效电路如图 5.38(b)所示。同轴线间隙可以作为微波电路的耦合电容和隔直电容，其电容值可用数值计算方法或测量方法得到。

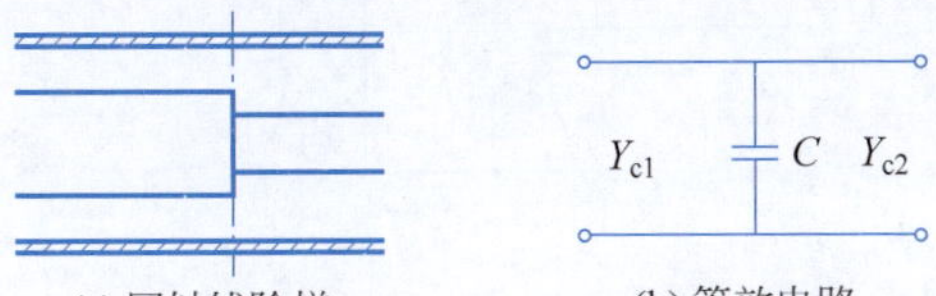


(a) 同轴线阶梯　(b) 等效电路

**图 5.37　同轴线阶梯及其等效电路**

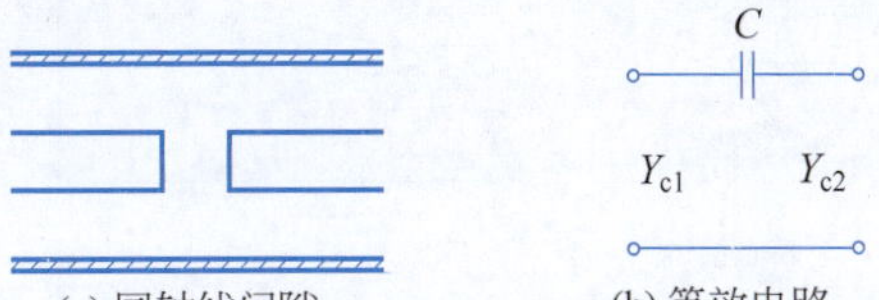


(a) 同轴线间隙　(b) 等效电路

**图 5.38　同轴线间隙及其等效电路**

## 5.6 微波终端和连接元件

### 5.6.1 终端元件

在微波传输线中，波的传输状态与终端元件的阻抗有很大的关系，因此必须正确设计和选用终端元件。在 5.4 节矢量网络分析仪的校准中，常用匹配负载、短路器和开路器三种终端元件。在 5.5 节讲述了微带线和同轴线的终端开路，它们可等效为终端并联电容，也可等效为终端理想开路的长度 $\Delta l$ 的传输线段。但是，矩形波导不存在终端开路，开口波导有很强的辐射，它是一个性能较好的天线，其输入端口电压驻波比 $\rho\approx1.5$，反射系数远小于 1。因此，本节主要讲述匹配负载和短路器的结构和原理。

1. 匹配负载

匹配负载是单端口网络，理想状态下其输入阻抗应等于传输线的特性阻抗，全部吸收入射波的功率而不产生反射。匹配负载的主要技术参数是输入电压驻波比、工作频带和功率容量。

实际的匹配负载不可能是理想的，总有小量反射。在精密测量系统中，希望匹配负载的驻波比 $\rho \leqslant 1.02$，在一般测试系统中也希望其驻波比 $\rho \leqslant 1.1$。由于匹配负载是将电磁能量转化为热能，因此小功率匹配负载一般采用散热片散热，大功率匹配负载通常采用风冷或水冷来散热。

由于传输线类型不同，匹配负载也有不同的形式。图 5.39 给出了波导、同轴和微带不同结构形式的匹配负载，它们都是由一段短传输线和吸波材料组成的。为了减小反射，匹配负载中的吸波材料通常做成渐变结构，如尖劈、阶梯结构等。从机理来讲，通常有薄膜电阻和吸波体两种结构。图 5.39(a)、(e)、(f)是薄膜电阻形式的匹配负载，它们均是在玻璃或者微波基片上沉积一层镍铬合金的薄膜电阻，在很宽频率范围内提供恒定阻抗，用它来吸收微波能量，达到宽带匹配作用。图 5.39(a)中的尖劈状玻璃置于矩形波导宽边的中央，其表面与 $TE_{10}$ 模电场平行，尖劈越长，反射越小，长度为 1～2 个导波波长可使驻波比做到 $\rho=1.01\sim1.05$；图 5.39(f)采用 $\lambda_g/4$ 的扇形终端开路微带线实现薄膜电阻的接地。图 5.39(b)、(c)、(d)中的吸收体是用聚乙烯和碳粉、铁氧体的混合物热压而成的尖劈或阶梯状三维结构，其中碳粉起吸收电磁能量的作用。不管是空气填充的矩形波导还是空气填充的同轴线，其波阻抗中都有一个共同的因子 $\sqrt{\mu_0/\varepsilon_0}$，改变吸收体组成材料的比例可使吸收体的 $\sqrt{\mu/\varepsilon}=\sqrt{\mu_0/\varepsilon_0}$，实现宽带阻抗匹配，这特别有利于改善匹配负载的匹配性能。

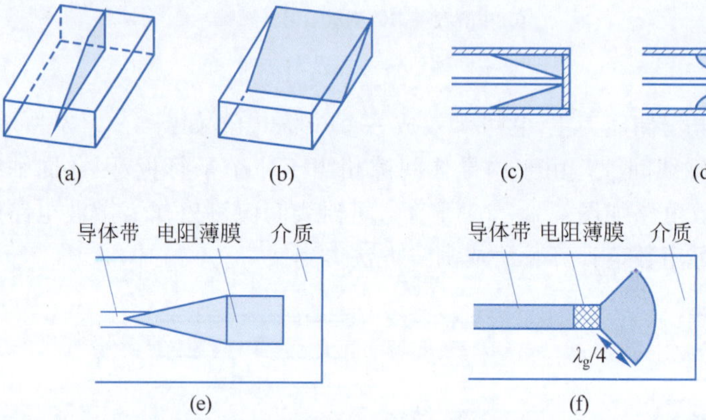


图 5.39　匹配负载

为了在室内模拟自由空间环境，用浸泡有碳粉的尖劈状吸收材料安装在室内四面墙壁、地面和顶面就构成了一个无反射的微波暗室，可用于天线和目标特性的测量。微波暗室中的尖劈状吸收材料就相当于空间的匹配负载。

2. 短路器

短路器的功能与匹配负载相反，它将入射的电磁能量全部反射回去。短路器有固定和滑动两种形式。固定式短路器比较简单，通常用导体面将波导口密封，或者将同轴线内、外导体连接在一起。微带线短路器稍复杂，需要用金属化过孔将导带与接地面连接，而过孔相当于一段金属柱，它有电感效应。滑动式短路器通常称为短路活塞，对短路活塞的要求是短路活塞滑动方便，短路面电接触良好，使得短路处损耗尽可能小，大功率条件下短路处不发生打火现象。图 5.40 是矩形波导短路活塞，图中 $cd$ 段是由活塞杆和活塞内壁构成的终端短路同轴线，其长度为 $\lambda_g/4$，因此将 $d$ 处的固定短路面变换

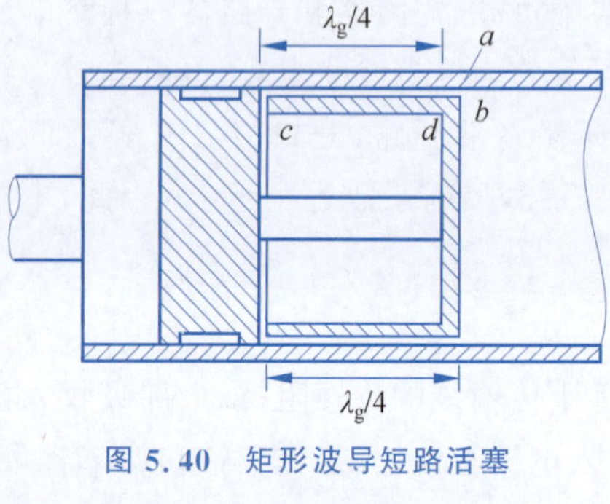


图 5.40　矩形波导短路活塞

为 $c$ 处的等效开路面；而 $ca$ 段是活塞外壁与波导内壁构成的同轴线段，其长度也为 $\lambda_g/4$，因此将 $c$ 处的等效开路面变换为 $a$ 处的等效短路面，保证 $ab$ 两点间电接触良好。这种扼流结构能保证短路面处电接触性能良好，没有电磁能量从活塞缝隙处泄露，损耗小，又能使活塞不与波导壁紧密接触，滑动方便。由于变换段与波长有关，因此短路活塞工作频段窄。

## 5.6.2 连接元件

在微波工程中常将两段相同或不同的传输线连在一起，这就要用到连接元件。对连接元件的基本要求是电接触可靠、反射尽量小、工作频带宽、电磁泄漏小、结构简单和易拆装。连接元件种类也很多，这里介绍常用的同轴接头、波导法兰、波导弯头和微带弯头。

### 1. 同轴接头

同轴线之间的连接可用同轴接头来实现，常用同轴接头有N型、平接头和SMA型等结构形式，其中N型和SMA型都有阴头(K)和阳头(J)之分，如图5.41所示。不同类型的接头尺寸不同，工作频率也不同，表5.5列出了常用同轴接头的参数。为减小损耗，制造接头的金属材料均用导电性能良好的铜材，并在表面镀银或金。为保证阴、阳头对接后反射最小，应使各处特性阻抗尽量一致。为保证连接可靠和无松动，阴、阳头用带螺纹的螺母拧紧。

表5.5 常用同轴接头的参数

| 名　　称 | 外导体直径/mm | 最高工作频率/GHz | 说　　明 |
|---|---|---|---|
| N型 | 7 | 12～18 | 1942年由贝尔实验室的Neil发明 |
| APC-7 | 7 | 18 | 平接头，计量级精密型，无极性 |
| SMA | 3.5 | 18～26.5 | 小型金属连接器，内导体由塑料环或聚四氟乙烯介质支撑 |
| 2.92mm | 2.4 | 40 | 毫米波应用，可与SMA连接 |
| 2.4mm | 2.4 | 50 | 毫米波应用 |
| 1.85mm | 1.85 | 67 | 毫米波应用，可与2.4mm连接 |
| 1mm | 1.0 | 110 | 毫米波应用 |

### 2. 波导法兰

波导之间可用法兰盘来连接，广泛应用的法兰盘有平板型法兰盘和扼流型法兰盘。平板型法兰盘如图5.42(a)所示，两个平板型法兰盘可以用螺栓固定在一起，形成平板接触式连接。平板型法兰盘的优点是结构简单，工作频带宽，体积小，加工容易，适合于一般应用，驻波比典型值小于1.03。其缺点是法兰接触面必须光滑、平整和干净，否则在连接处容易引起反射和电阻损耗。在高功率应用时，在连接处可能电压击穿而产生打火现象。

扼流型法兰盘如图5.42(b)所示，将一个平板型法兰盘和一个扼流型法兰盘用螺栓固定在一起，形成平板-扼流型连接。扼流型法兰盘与平板型法兰盘连接后会出现很薄的缝隙，形成一个等效的径向传输线，长度约为 $\lambda_g/4$。另一个 $\lambda_g/4$ 线由扼流型法兰盘中的圆形轴向槽构成。因此，这个槽底端的短路转换为两个法兰盘连接点处的开路，此处阻抗无穷大(或非常高)，在这个连接点处产生的接触电阻与之串联，因此接触电阻的影响小。然后，此处非常高的阻抗又在波导接口处变换为短路(或非常低的阻抗)，这样就为波导壁上电流流经波导接口时提供了一个等效的低阻抗通道。在两个法兰盘之间的连接处存在可以忽略的电压降，电压击穿得以避免，它对高功率应用是非常有用的。扼流型法兰的典型驻波比小于1.05，但是它的工作频带比较窄。

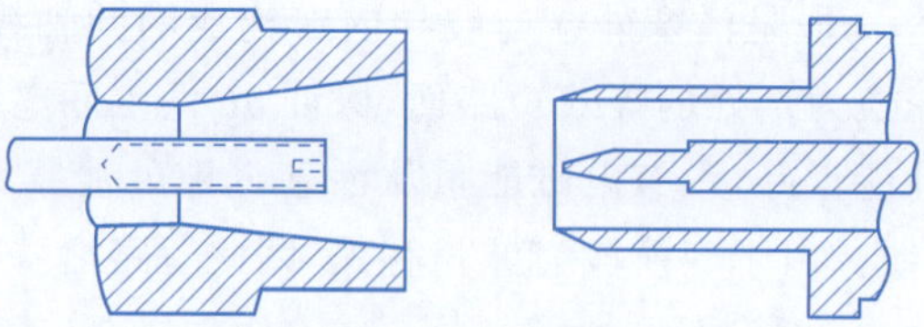

(a) 同轴接头阴头和阳头

(b) 实物

图 5.41 同轴接头示意图和实物

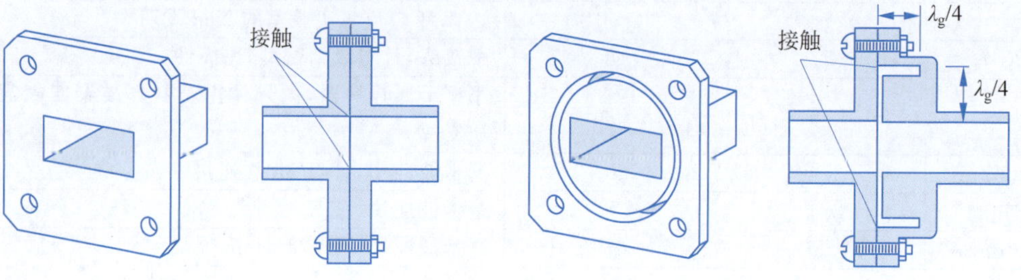


(a) 平板型法兰盘　　(b) 扼流型法兰盘

图 5.42 波导法兰盘

### 3. 波导弯头

波导弯头有直角弯头、弧形弯头和切角弯头等，如图 5.43 所示，它们均有 H 面和 E 面弯头之分。简单的直角弯头由于弯头处不连续性影响，等效为电抗元件，H 面直角弯头等效为传输线上并联电感，E 面直角弯头等效为传输线上并联电容，会引起传输幅度和相位的变化，并且反射增加。解决的方法有两种：一种是采用弧形弯头，一般弧形半径 $r\geqslant 3a$ 或者 $r\geqslant 3b$（$a$、$b$ 分别为波导的宽边和窄边尺寸），但是这样做会使它占据更大面积。另一种是通过切角来补偿直角弯头的效应，因为切角可以降低直角弯头的多余电感或电容。最佳切角长度 $x$ 与工作频率、波导尺寸有关，对于 H 面切角长度 $x=(0.55\sim0.70)a$，对于 E 面切角长度 $x=(0.3\sim0.4)a$。

**例 5.9**　波导弯头的比较。

采用电磁场商业 CAD 软件比较波导 H 面或 E 面直角弯头、弧形弯头和切角弯头的性能。

**解**：选用 BJ100 标准波导，$a=22.86\text{mm}$，$b=10.16\text{mm}$。采用电磁场商业 CAD 软件分别对直角、弧形和切角弯头进行建模和仿真，并比较反射系数 $S_{11}$，结果如图 5.44 所示。由图可见，H 面直角弯头的反射系数在 8～12GHz 范围内大于 −10dB，而弧形弯头和最佳切角弯头（$x=14.9\text{mm}\approx0.65a$）的反射系数在 −20dB 以下，中心频率附近反射系数在 −30dB 以下；

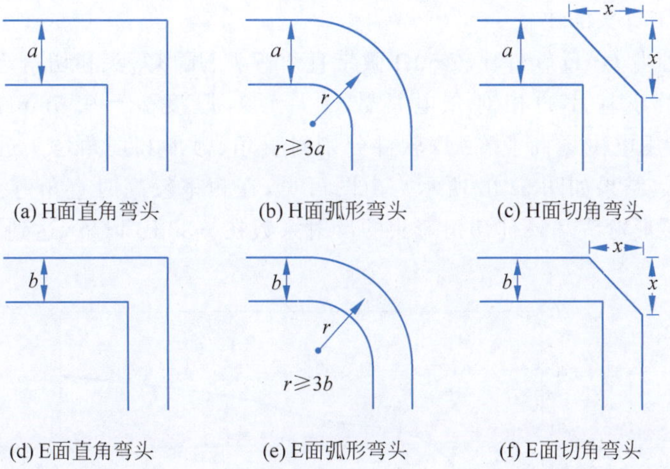


图 5.43 波导弯头

E 面直角弯头的反射系数在 8～12GHz 范围内达到约－10dB，而弧形弯头和最佳切角弯头（$x=8.1\text{mm}\approx0.35a$）的反射系数在－30dB 以下。整体上看，E 面弧形弯头和最佳切角弯头比 H 面弯头频带宽，反射系数更小，达到了改善直角弯头性能的目的。

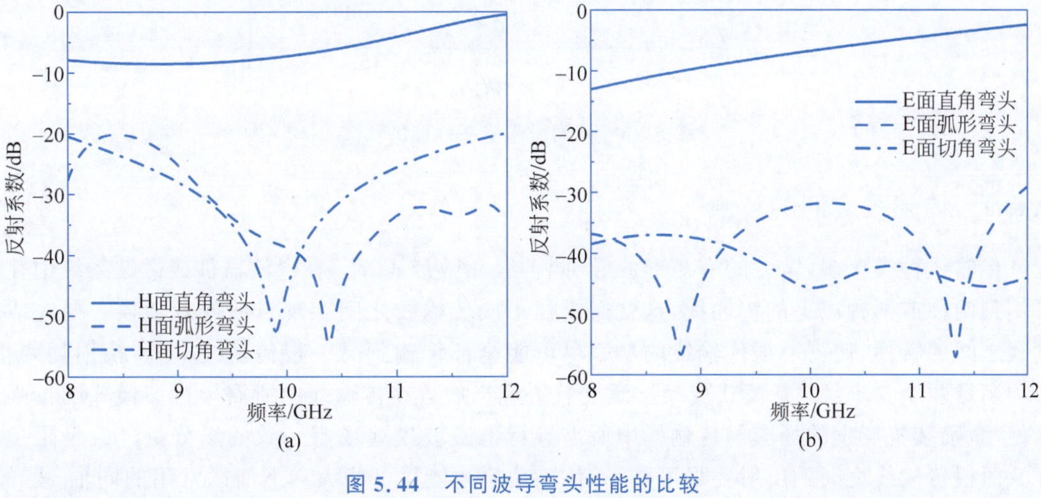


图 5.44 不同波导弯头性能的比较

4. 微带弯头

微带弯头有直角弯头、弧形弯头、切角弯头和任意弯头，如图 5.45 所示。简单的直角弯头由于弯头处导带面积增大，等效为并联电容，引起传输幅度和相位的变化，并且反射增加。解决的方法有两种：一种是采用弧形弯头，一般弧形半径 $r\geqslant3W$，但是这样做会使它占据更大面积。另一种方法是通过切角来补偿直角弯头的效应，因为切角可以降低直角弯头的多余电容，这种方法可应用于任意弯角的弯头。最佳切角长度 $a$ 与微带线特性阻抗和弯角有关，常用的值是 $a=1.8W$。

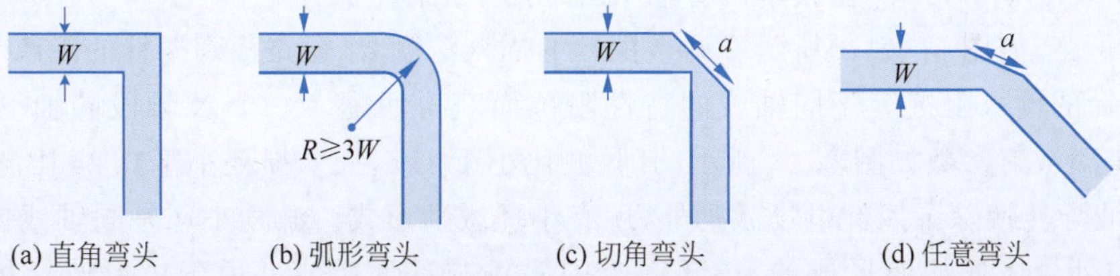


图 5.45 微带弯头



实践

**例 5.10** 微带弯头的比较。

采用电磁场商业 CAD 软件比较 50Ω 微带直角弯头、弧形弯头和切角弯头的性能。

**解**：选用的微波基片的相对介电常数 $\varepsilon_r=4.4$，厚度 $h=0.5\text{mm}$，50Ω 微带线宽度 $W=0.96\text{mm}$。采用电磁场商业 CAD 软件分别对直角、弧形和切角弯头进行建模和仿真，并比较反射系数 $S_{11}$，结果如图 5.46 所示。由图可见，在频率较高时直角弯头的反射系数达到 −10dB 左右，而弧形弯头和最佳切角弯头的反射系数在 −30dB 以下，达到了改善直角弯头性能的目的。

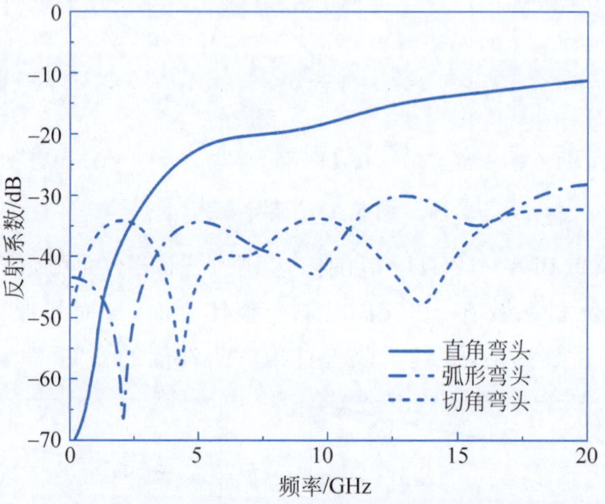


图 5.46 不同微带弯头性能的比较

## 5.6.3 传输线之间的转换

传输线种类繁多，常见的有矩形波导、同轴线和微带线等。在微波器件或微波系统中往往要用到两种或两种以上的传输线，这就需要在不同传输线之间实现过渡或者转换。要完成传输线之间的转换，使得一根传输线的功率尽可能全部传输到另一根传输线，即转换损耗要小，必须满足两个要求：一是模式变换。激励装置应当放置在传输线中所需导行波模式的场强最强处，激励装置产生的场应与传输线中所需导行电磁波模式场有一致的场分量。二是阻抗匹配。两根传输线之间的反射要尽可能小，传输功率才能尽可能大。下面以常用的同轴-波导转换、同轴-微带转换为例来定性分析传输线转换的原理。

### 1. 同轴-波导转换

同轴-波导转换如图 5.47(a)所示，它采用探针激励。探针可用同轴接头实现，其外导体沿径向展开成法兰形式，内导体向外延伸一段长度 $d$，大约为 $\lambda/4$（$\lambda$ 是自由空间的波长），探针相当于一个电偶极子天线，其辐射电场大部分分量与探针方向一致。将探针外导体法兰与波导壁连接，内导体从矩形波导宽边正中央垂直插入波导中，这样探针正好位于矩形波导 $TE_{10}$ 主模电场最强处，并且探针产生的电场与主模电场方向一致，如图 5.47(b)所示，它属于电场激励。为了实现波导中 $TE_{10}$ 主模单向传输，在波导一端距离探针 $l\approx\lambda_g/4$（$\lambda_g$ 是矩形波导的波导波长）处短路，如图 5.47(c)所示。调整探针的插入深度 $d$、短路板到探针的距离 $l$ 和探针直径，可使探针的输入阻抗等于同轴线的特性阻抗而获得匹配。一个 X 频段同轴-波导转换和“背靠背”实测散射参数如图 5.48 所示，其驻波比小于 1.5，插入损耗小于 0.25dB。

同轴-波导转换除了探针电场激励外，还有小环激励形式。激励小环是同轴线内导体弯曲成圆环后与外导体连接而形成的，小环产生的磁场与环面垂直。由于矩形波导的主模磁场

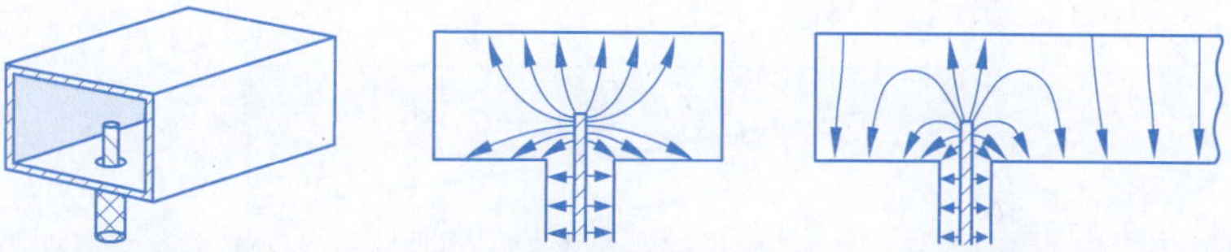

(a) 转换结构　　(b) 横截面场分布　　(c) 纵向场分布

图 5.47　同轴-波导转换

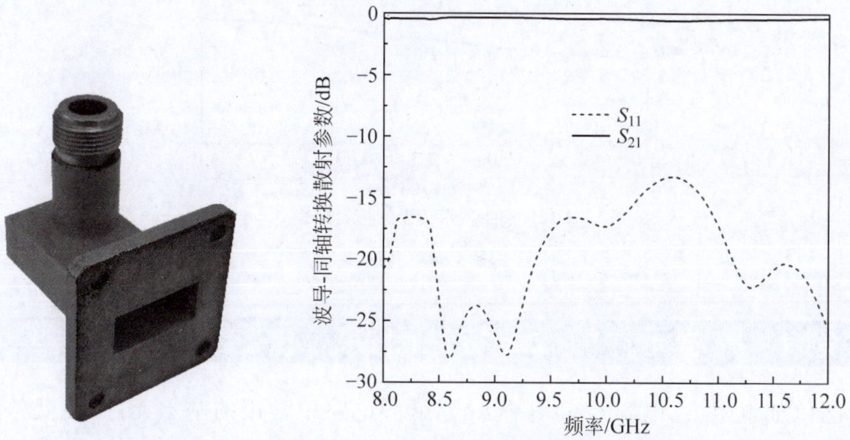


(a) 同轴-波导转换　　(b) 同轴-波导转换测量结果

图 5.48　同轴-波导转换与测量结果

$H_z$ 分量在窄边处最强，当小环从波导窄边垂直插入，并且环面与矩形波导轴线垂直时，小环产生的磁场与将被激励起的 $TE_{10}$ 模磁场 $H_z$ 分量方向一致，这样才能实现由同轴线的 TEM 模到波导 $TE_{10}$ 模的转换。

### 2. 同轴-微带转换

同轴-微带转换如图 5.49(a)、(b)所示，有平行转换和垂直转换两种形式。对于平行转换结构，同轴接头的外导体法兰与微带线接地板紧密相接，内导体的延伸部分紧紧压接微带线导带上，并用焊锡焊接牢靠，使同轴线内外导体分别与微带线导带及接地板形成完整的电流通路。由于同轴线 TEM 模电场是径向的，而微带线的准 TEM 模电场主要集中在导带与接地板之间，它们的电场方向一致，只要同轴线的特性阻抗与微带线的特性阻抗一致，同轴线的 TEM 波电磁能量就能馈入微带线中。垂直转换结构与平行转换结构的原理类似，在微带线接地板上需要开一个与同轴线外导体直径相同的圆孔，使得同轴线的 TEM 波电磁能量能够馈入微带线中。这两种结构由于在同轴-微带连接处存在不连续性引起的电抗性影响，其电压驻波比在 1.2 左右，转换损耗在 0.5dB 以内，如图 5.49(c)所示。目前各种微波集成电路中一般采用同轴-微带转换作为输入和输出接口。

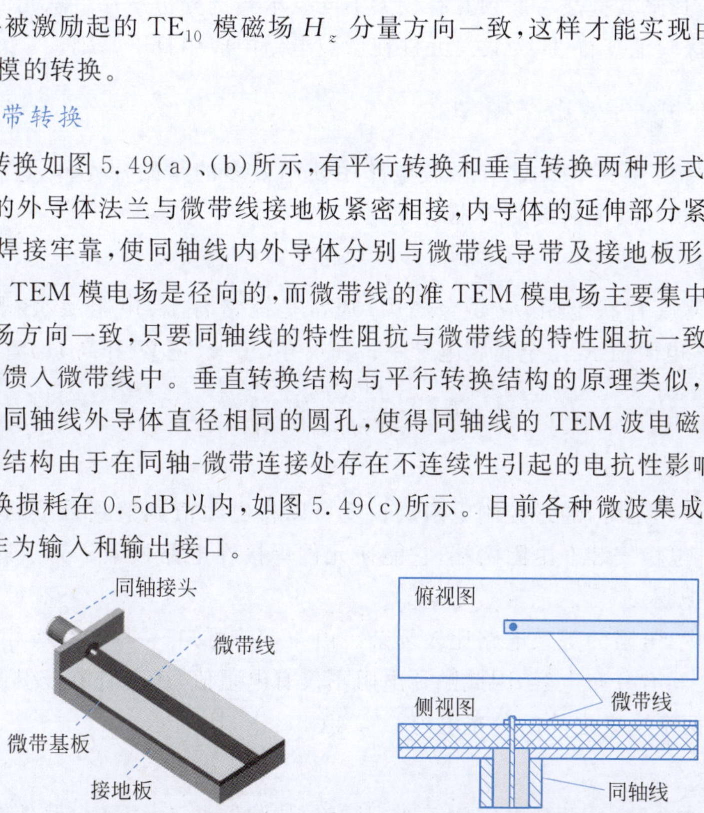


(a) 同轴-微带平行转换　　(b) 同轴-微带垂直转换

图 5.49　同轴-微带转换

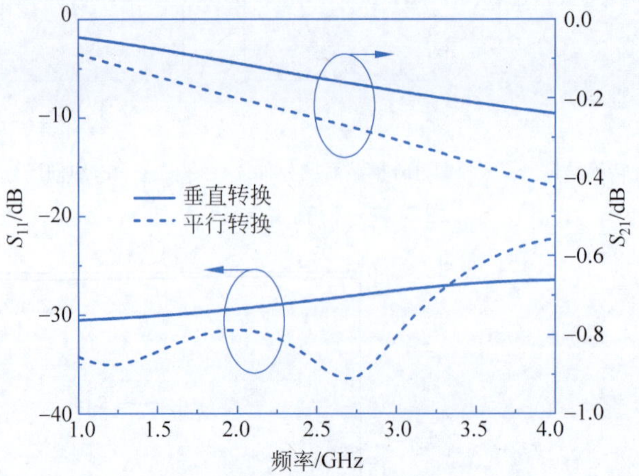


(c) 同轴-微带转换的仿真结果

图 5.49 （续）

## 5.7 案例 1：集总元件的微波特性测量

集总元件(如电阻 $R$、电容 $C$ 和电感 $L$)是低频电路中常用的基本元件，在低频电路中，由于其尺寸远小于工作波长，它往往只表现出单一的电磁特性，如电阻消耗电磁能量、电容存储电场能量、电感存储磁场能量。集总贴片元件在微波电路中也往往有应用，如匹配负载、功分器中的隔离电阻等。但是，由于微波频率高、波长短，贴片元件尺寸往往与工作波长可比拟，会有分布参数效应，其微波特性与低频时有较大不同。本案例分析贴片集总元件的微波特性，并通过实验测量方法验证其特性，为集总元件在微波电路中应用打下基础。

实践

### 5.7.1 集总元件的等效电路模型

集总元件的封装有多种形式，在微波电路中使用最多的是贴片元件，这是因为其尺寸较小，分布参数效应相对其他封装形式小。

1. 贴片电阻

贴片电阻是薄膜片状电阻，它是金属膜(通常是镍铬合金)电阻层沉积在陶瓷体上，如图 5.50(a)所示。电阻值 $R$ 与金属膜电导率 $\sigma$ 和尺寸(长 $L$、宽 $W$ 和高 $H$)有关，即

$$R=\frac{L}{\sigma WH}=R_{\mathrm{h}}\frac{L}{W}$$

式中：$R_{\mathrm{h}}=1/(\sigma H)$。

当厚度和宽度一定时，通过控制电阻层长度可以将电阻值调整到希望的标称值。电阻层插入内部电极，外电极安装在电阻两端，它能使元件焊接在电路板上。为了避免环境影响，电阻层上还涂有保护膜。

在微波应用中，电阻的等效电路比较复杂。由 4.1 节可知，一根导线有相关的分布电感和电阻，两个导体之间有分布电容，因此贴片电阻不仅有电阻值，还会有电极引线引起的电感 $L_{\mathrm{s}}$ 和电阻 $R_{\mathrm{s}}$，以及两个电极之间的分布电容 $C_{\mathrm{d}}$，如图 5.50(b)所示。

2. 贴片电容

在射频和微波电路中，贴片电容用于匹配网络、滤波器调谐、有源电路偏置网络等，因此了解它的微波特性是重要的。贴片电容结构如图 5.51(a)所示，它是陶瓷介质的矩形块，内部交

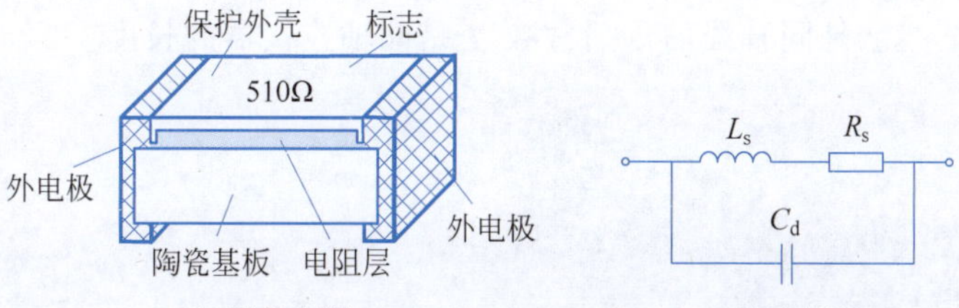


(a) 贴片电阻　　　　(b) 等效电路

**图 5.50　贴片电阻结构与等效电路**

叠着若干金属电极，用增大电极面积的方法来提高单位体积的电容量。外电极安装在电容两端，它能使元件焊接在电路板上。

贴片电容除了平行板电容外，陶瓷介质通常有损耗，损耗角正切 $\tan\delta$ 约为 $10^{-3}$，表现为介质损耗电阻 $R_e$。另外，考虑电极引线电感 $L_s$ 和引线导体损耗电阻 $R_s$，贴片电容的等效电路如图 5.51(b)所示。

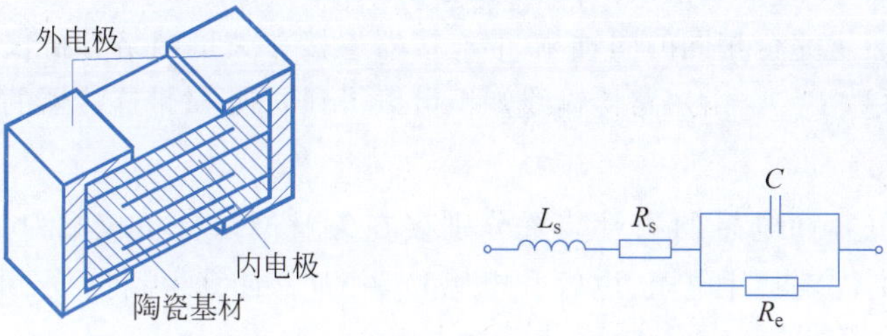


(a) 贴片电容　　　　(b) 等效电路

**图 5.51　贴片电容结构与等效电路**

3. 贴片电感

常用的表面贴装电感仍是线绕线圈，如图 5.52(a)所示，现代制造技术能够制造出超小型电感，其尺寸可以与贴片电阻和电容相比拟。电感的等效电路如图 5.52(b)所示，线圈除了具有电感 $L$ 外，串联电阻 $R_s$ 代表了各线段的分布电阻 $R_d$ 的综合效应，并联电容 $C_s$ 代表了相邻线段间的分布电容 $C_d$ 的综合效应。

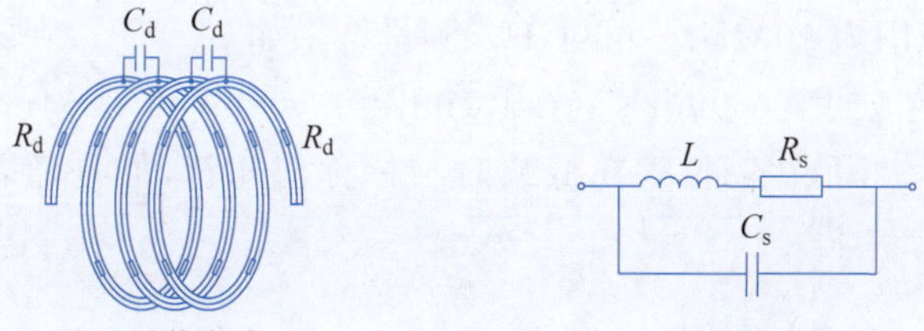


(a) 贴片电感　　　　(b) 等效电路

**图 5.52　贴片电感结构与等效电路**

### 5.7.2　测量装置和测量方法

测量集总元件微波特性的仪器是矢量网络分析仪，通过测量集总元件作为负载所引起的反射系数，由此计算出集总元件的负载阻抗，从而得出其等效电路和微波特性。矢量网络分析仪一般是同轴线测量系统，本案例采用同轴-微带连接器作为测量装置，如图 5.53 所示。它的一端是标准的同轴连接器，便于与矢量网络分析仪同轴端口直接相连接；另一端是终端开路同轴线，先将同轴线内导体截短到与外导体齐平，再将贴片元件焊接在同轴线内、外导体之间作为被测负载，其等效传输线模型如图 5.54 所示。图中 $Z_L$ 是被测集总元件的负载阻抗，$Z_c$

是同轴线的特性阻抗，$\gamma$ 是同轴线的传播常数，$l$ 是同轴连接器的长度。

图 5.53 集总元件的测量装置

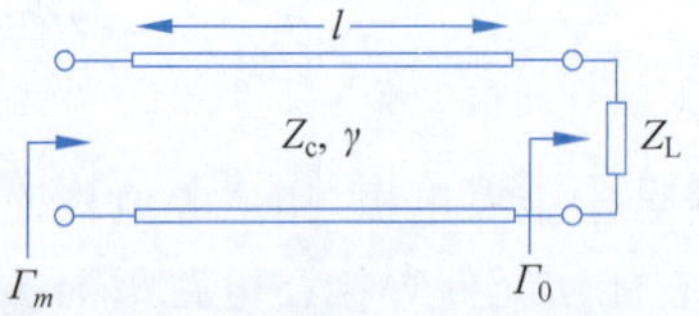


图 5.54 测量装置的等效传输线模型

测量过程如下：

(1) 采用 SOLT 方法对矢量网络分析仪进行校准。

(2) 将与测量装置完全相同的同轴-微带连接器连接在矢量网络分析仪端口 1，终端用铜箔短路，测量其反射系数 $\Gamma_{m0}$。由短路传输线知识可以得到同轴-微带连接器的传输因子 $e^{-2\gamma l}$，即

$$\Gamma_{m0} = -e^{-2\gamma l} \tag{5.51}$$

(3) 将电阻、电容和电感的测量装置分别接在矢量网络分析仪端口 1，测量其反射系数 $\Gamma_{mi}$（$i=1,2,3$，分别代表贴片电阻、电容和电感）。由 $\Gamma_{mi}$ 计算得到负载处的反射系数 $\Gamma_{0i}$，即

$$\Gamma_{0i} = \Gamma_{mi} e^{2\gamma l} \tag{5.52}$$

(4) 由负载处的反射系数 $\Gamma_{0i}$ 计算负载阻抗 $Z_{\mathrm{L}i}$，即

$$Z_{\mathrm{L}i} = Z_{\mathrm{c}} \frac{1+\Gamma_{0i}}{1-\Gamma_{0i}} \tag{5.53}$$

由负载阻抗 $Z_{\mathrm{L}i}$ 可以计算得到贴片电阻、电容和电感的分布参数 $R$、$C$ 和 $L$。

### 5.7.3 测量结果和分析

用矢量网络分析仪按照上述方法分别测量了电阻、电容和电感的阻抗，并分别提取了等效电路参数，测量频率范围为 10MHz～6.0GHz，测量结果如下。

标称为 51Ω 的 0805 封装（80mil×50mil，1mil=0.001in=0.0254mm）贴片电阻的阻抗测量结果如图 5.55 所示。阻抗实部 $R$ 在低频时与标称值相符，但是随着频率升高，其电阻增

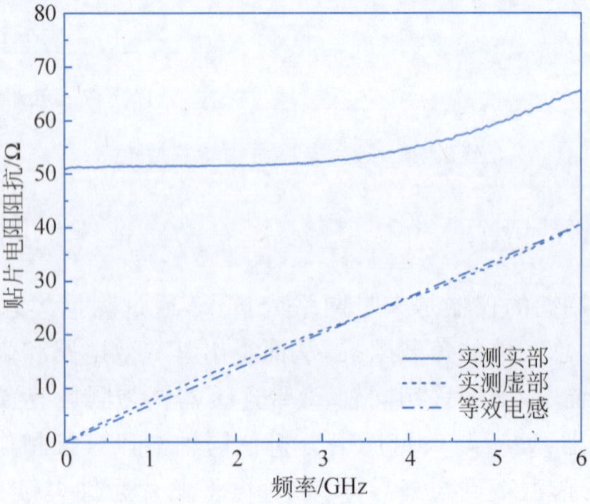


图 5.55 贴片电阻的测量结果

大，主要是趋肤效应引起。阻抗虚部 $X$ 呈现电感性，主要是引线电感引起，拟合得到的电感值 $L_s=1.07\text{nH}$。由于电极间分布电容 $C_d$ 较小，其阻抗较高，在微波低端测量时未能显现出来，因此整体测量结果是电阻和引线电感的串联，与图 5.50(b)所示等效电路相符。

标称为 2.0pF 的 0805 封装贴片电容的阻抗测量结果如图 5.56 所示。阻抗实部 $R$ 约为 0.65Ω。阻抗虚部 $X$ 与理想电容阻抗偏离很多，在频率较低时呈现容性，在频率较高时呈现感性，在 $f=3.4\text{GHz}$ 附近 $X=0$，此时发生串联谐振。通过对测量结果拟合，得到电容 $C=1.98\text{pF}$，电感 $L_s=1.15\text{nH}$，整体测量结果是 $RLC$ 串联谐振电路，与图 5.51(b)所示等效电路相符。

标称为 35nH 的 1206 封装贴片电感的阻抗测量结果如图 5.57 所示。实测电感阻抗与理想电感阻抗相比偏离很多，其实部 $R$ 在 $f=2.35\text{GHz}$ 附近达到最大，其虚部在频率较低时呈现感性，在频率较高时呈现容性，在 $f=2.35\text{GHz}$ 附近 $X=0$，此时发生并联谐振。通过对测量结果拟合，得到电感 $L=34.3\text{nH}$，电容 $C_d=0.14\text{pF}$，整体测量结果是 $RLC$ 并联谐振电路，与图 5.52(b)所示等效电路相符。

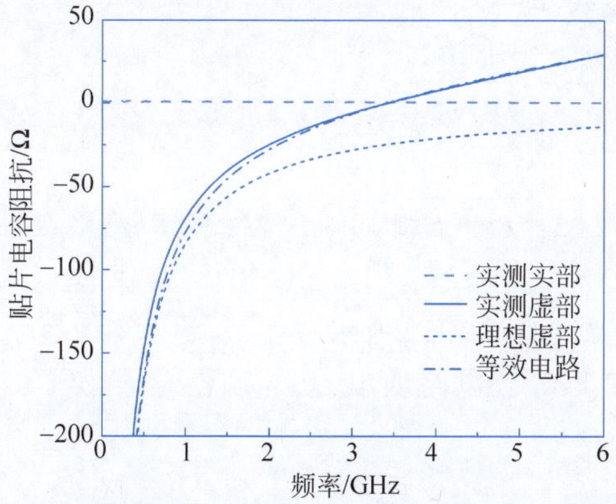


图 5.56　贴片电容的测量结果

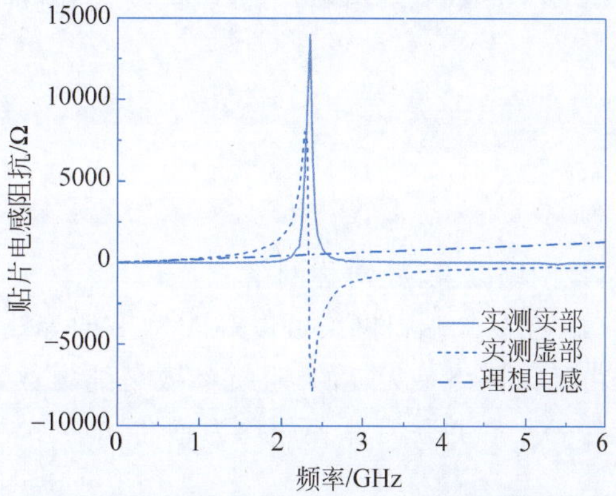


图 5.57　贴片电感的阻抗测量结果

## 5.8　案例 2：微波元件的网络参数提取和应用

微波元件是复杂微波器件的基本构成要素，它是均匀传输线上的不连续性或者非均匀区，显然微波元件本质上是电磁场边值问题，但是非均匀区的电磁场边值问题不易解析求解。依据"化场为路"思想，将微波元件的电磁场问题转化为与之等效的微波网络问题，就可借用经典电路理论中的网络方法去研究非均匀区中波的传输问题。微波网络理论与电磁场理论是相互依赖的，微波网络的矩阵参数提取离不开微波元件中电磁场的严格或者近似或者数值求解；反过来，一旦通过电磁计算得到了微波网络的网络参数，就可以把微波元件看作一个"黑盒"，从而分析和综合复杂的微波器件问题。本案例以有限厚度波导 H 面膜片为例，说明利用电磁场商业 CAD 软件来提取微波元件网络参数的方法，以及在复杂微波器件分析和综合中的应用。

### 5.8.1　微波元件的网络参数提取方法

微波元件的网络参数提取方法如下：

(1) 在电磁场商业 CAD 软件[47]中建立有限厚度波导 H 面对称膜片的仿真模型，如图 5.58(a)

所示。矩形波导采用 BJ100 标准波导，其宽边 $a=22.86\text{mm}$，窄边 $b=10.16\text{mm}$，H 膜片厚度 $t=2\text{mm}$，膜片窗口宽度 $W=4\sim12\text{mm}$。所有导体设置为理想导体(PEC)，波导内空气填充，因此波导膜片是无耗的。

实践

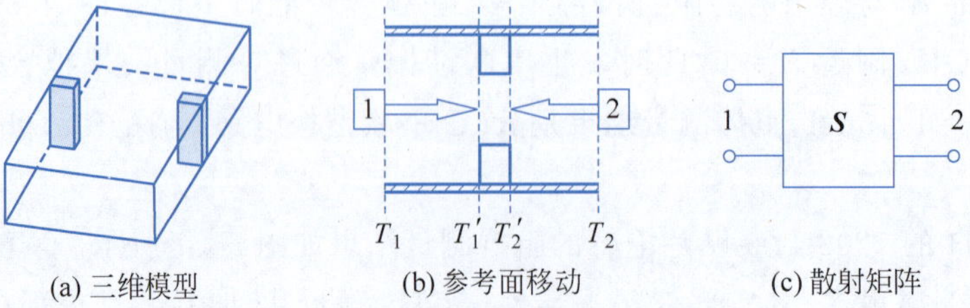


(a) 三维模型　　(b) 参考面移动　　(c) 散射矩阵

图 5.58　H 面膜片仿真模型

(2) 用电磁场商业 CAD 软件对其仿真，并移动参考面到膜片处，如图 5.58(b)所示，得到膜片的散射矩阵参数，如图 5.58(c)所示。

(3) 根据表 5.2，由膜片散射参数得到阻抗参数，即

$$
\begin{aligned}
Z_{11}=Z_{22}&=Z_c\frac{1-S_{11}^2+S_{12}^2}{(1-S_{11})^2-S_{12}^2}\\
Z_{12}=Z_{21}&=Z_c\frac{2S_{12}}{(1-S_{11})^2-S_{12}^2}
\end{aligned}
\tag{5.54}
$$

可见，该网络是互易、对称网络。

(4) 互易二端口网络可以等效为 T 形等效电路，如图 5.59 所示。

由于该网络是无耗的，阻抗参数是纯虚数，T 形等效电路的串联元件 $jX_s$ 和并联元件 $jX_p$ 均为感性，即

$$
\begin{cases}
jX_s=Z_{11}-Z_{12}=Z_c\dfrac{1+S_{11}-S_{12}}{1-S_{11}+S_{12}}\\
jX_p=Z_{12}=Z_c\dfrac{2S_{12}}{(1-S_{11})^2-S_{12}^2}
\end{cases}
\tag{5.55}
$$

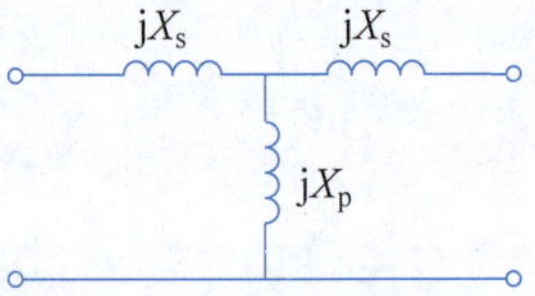


图 5.59　波导膜片的等效电路

(5) 改变膜片窗口宽度，重复步骤(2)～(4)，得到不同宽度膜片的散射矩阵和等效电路参数。膜片窗口宽度 $W=11.0\text{mm}$ 时的散射参数和等效电路参数如图 5.60 所示。由图可见，T

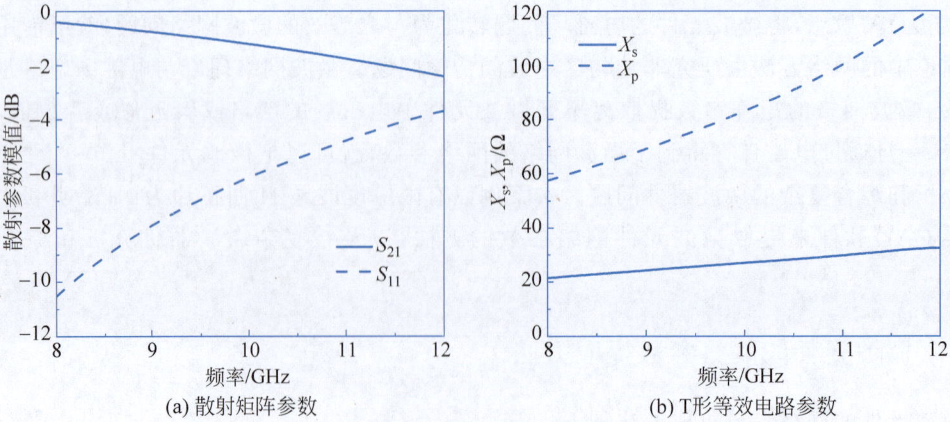


(a) 散射矩阵参数　　(b) T形等效电路参数

图 5.60　H 面膜片仿真结果

形等效电路的并联电感 $X_p$ 比串联电感 $X_s$ 大得多，并且膜片越薄，串联电感 $X_s$ 越小。当厚度趋于零时，串联电感 $X_s \to 0$，只有并联电感，与 5.5.1 节膜片分析结果一致。



## 5.8.2 微波器件的分析与综合应用

图 5.61 是 X 频段 H 面膜片波导滤波器，其结构尺寸：波导宽边 $a=22.86$mm，窄边 $b=10.16$mm；膜片厚度 $t_1=t_2=t_3=t_4=t_5=2.0$mm；膜片窗口宽度 $W_1=W_5=11.00$mm，$W_2=W_4=7.10$mm，$W_3=6.52$mm；膜片间隔 $L_1=L_4=14.99$mm，$L_2=L_3=16.74$mm。

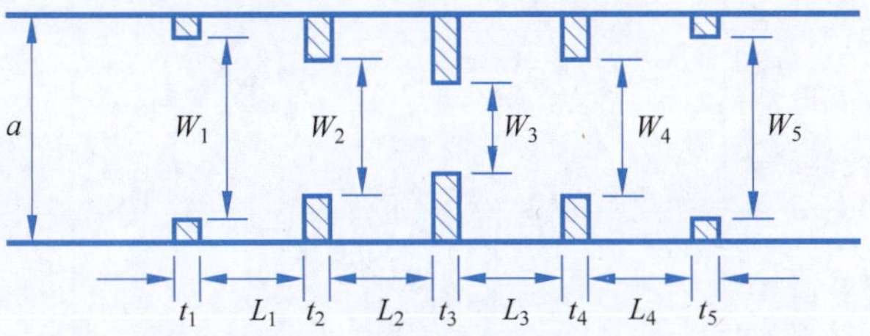


图 5.61　H 面膜片波导滤波器

由图 5.61 可见，微波滤波器是由多个不同的 H 面膜片以及波导传输线段组成的。下面利用前面仿真得到的 H 面膜片的网络参数来分析和综合波导滤波器的特性。

微波器件的分析与综合采用场路相结合的方法，如图 5.62 所示。先将复杂器件分解为多个不连续性微波元件和传输线段，对每个微波元件采用电磁场商业 CAD 软件方法得到其散射矩阵 $\boldsymbol{S}$，再通过网络级联方法得到整个微波网络的总散射矩阵，从而得到微波器件的特性。该方法具有原理简单、计算快速准确的特点。

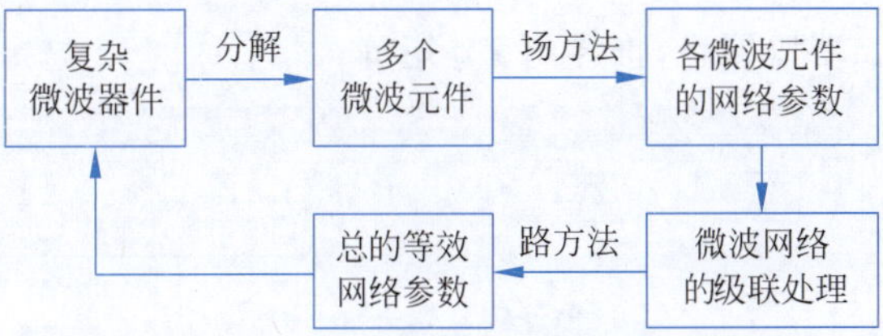


图 5.62　微波网络的场路结合分析与综合方法

如图 5.61 所示的波导 H 面膜片滤波器由多个膜片和波导线段组成。经过前面分析，可以得到单个膜片和波导线段的散射矩阵，因此整个膜片滤波器的等效网络如图 5.63 所示。

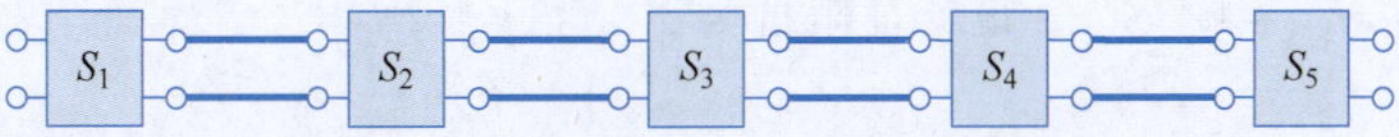


图 5.63　H 面膜片滤波器的等效网络

图 5.63 所示的微波网络综合的关键是两个散射矩阵的级联，如图 5.64 所示，如果已知两个网络的散射矩阵 $\boldsymbol{S}_{\mathrm{L}}$ 和 $\boldsymbol{S}_{\mathrm{R}}$，则总的散射矩阵为

$$\begin{cases} \boldsymbol{S}_{\mathrm{T11}}=\boldsymbol{S}_{\mathrm{L11}}+\boldsymbol{S}_{\mathrm{L12}}\boldsymbol{S}_{\mathrm{R11}}\boldsymbol{W}\boldsymbol{S}_{\mathrm{L21}} \\ \boldsymbol{S}_{\mathrm{T12}}=\boldsymbol{S}_{\mathrm{L12}}[\boldsymbol{I}+\boldsymbol{S}_{\mathrm{R11}}\boldsymbol{W}\boldsymbol{S}_{\mathrm{L22}}]\boldsymbol{S}_{\mathrm{R12}} \\ \boldsymbol{S}_{\mathrm{T21}}=\boldsymbol{S}_{\mathrm{R21}}\boldsymbol{W}\boldsymbol{S}_{\mathrm{L21}} \\ \boldsymbol{S}_{\mathrm{T22}}=\boldsymbol{S}_{\mathrm{R22}}+\boldsymbol{S}_{\mathrm{R21}}\boldsymbol{W}\boldsymbol{S}_{\mathrm{L22}}\boldsymbol{S}_{\mathrm{R12}} \end{cases} \tag{5.56}$$

式中：$\boldsymbol{W}=(\boldsymbol{I}-\boldsymbol{S}_{\mathrm{L22}}\boldsymbol{S}_{\mathrm{R11}})^{-1}$。

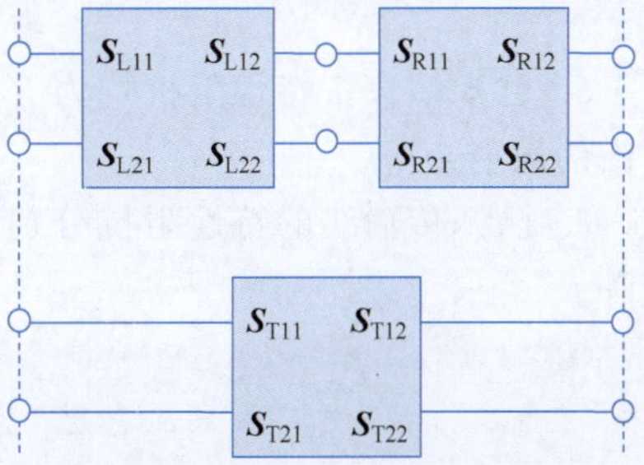


图 5.64　两个微波网络的级联

采用散射矩阵级联方法，按照依次从前往后的顺序，两两级联即可得到整个网络的总散射矩阵 $\boldsymbol{S}_{\mathrm{T}}$，从而

得到微波滤波器的滤波特性，如图 5.65 所示。由图可见，采用场路结合方法的计算结果与电磁场全波数值仿真结果吻合良好，说明场路结合方法的有效性。另外，场路结合方法相比电磁场全波数值仿真方法在内存需求量和计算时间方面具有优势。这是由于场路结合方法的电磁场计算部分只需计算单个不连续性结构，整体器件采用等效网络级联得到，计算规模很小，计算效率高。而电磁场全波仿真方法需要在整个器件空间离散化进行电磁场数值计算，计算规模相对大得多，存储量和计算时间较多。

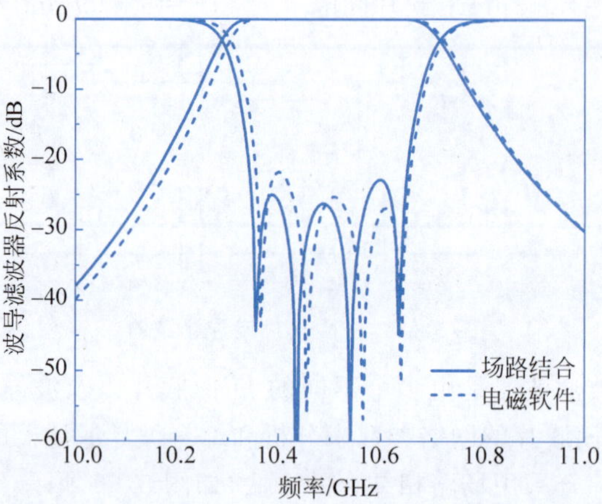


图 5.65　场路结合方法和电磁场全波仿真结果对比

## 习题

1. 对图 5.66 中的二端口网络，推导出 ***ZY*** 矩阵。

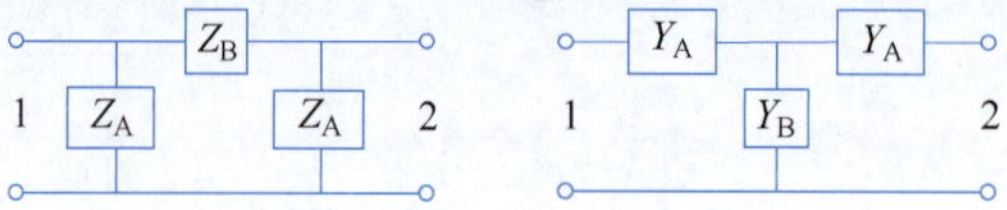

图 5.66　习题 1 图

2. 一段传输线的长度为 $l$，特征阻抗为 $Z_c$，相移常数为 $\beta$，求其阻抗参量。

3. 试求图 5.67 所示网络的阻抗矩阵和导纳矩阵。

4. 求图 5.68 给出的串联和并联负载的 $S$ 参量。证明：对于串联情况有，$S_{21}=1-S_{11}$；对于并联情况，有 $S_{21}=1+S_{11}$。设特征阻抗为 $Z_c$。

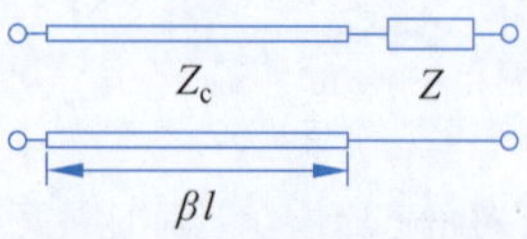


图 5.67　习题 3 图

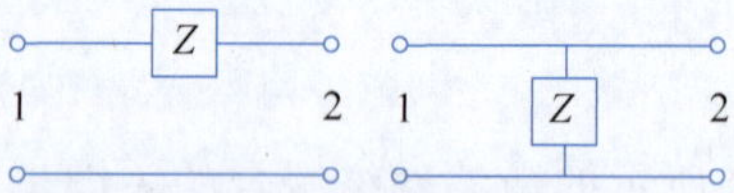


图 5.68　习题 4 图

5. 已知端口 1 特性阻抗均为 $Z_{c1}$，端口 2 特性阻抗均为 $Z_{c2}$，求图 5.69 所示串联阻抗 $Z$ 网络的散射矩阵。

6. 已知传输线的特性阻抗分别为 $Z_{c1}$ 和 $Z_{c2}$，求图 5.70 两段无限长传输线级联处的散射矩阵。

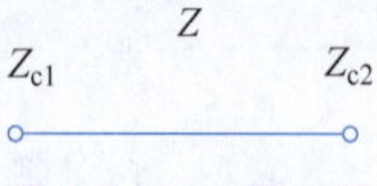


图 5.69　习题 5 图

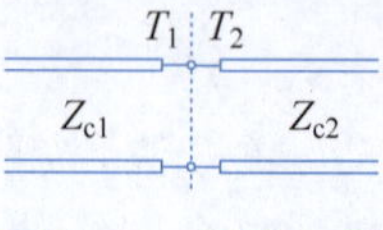


图 5.70　习题 6 图

7. 试求图 5.71 所示两个网络的散射矩阵。

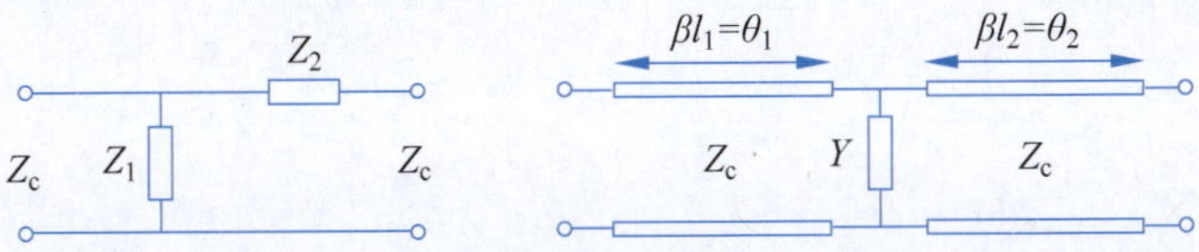


图 5.71 习题 7 图

8. 已知二端口网络散射矩阵为

$$\boldsymbol{S}=\begin{bmatrix}0.15\angle 0^\circ & 0.85\angle -45^\circ \\ 0.85\angle 45^\circ & 0.2\angle 0^\circ\end{bmatrix}$$

(1) 判断网络是互易的,还是无耗的?

(2) 若端口 2 接有匹配负载,则端口 1 看去的回波损耗是多少?

(3) 若端口 2 短路,则端口 1 看去的回波损耗是多少?

9. 如图 5.72 所示,采用四端口 90°混合网络耦合器并在端口 2 和端口 3 接有相同但可调的负载,就可用作可变衰减器。

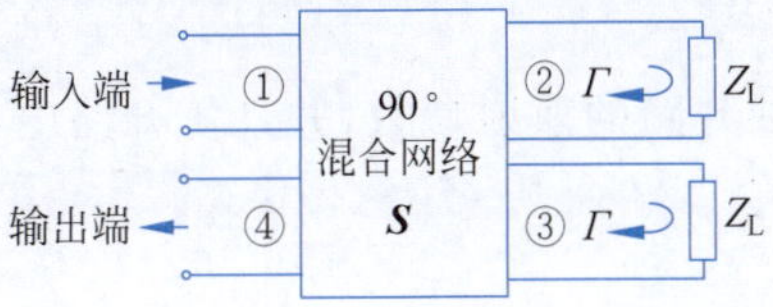


$$\boldsymbol{S}=\frac{-1}{\sqrt{2}}\begin{bmatrix}0 & j & 1 & 0\\ j & 0 & 0 & 1\\ 1 & 0 & 0 & j\\ 0 & 1 & j & 0\end{bmatrix}$$

图 5.72 习题 9 图

(1) 利用耦合器的给定散射矩阵,证明在端口①和端口④之间的透射系数为 $T=\mathrm{j}\Gamma$,其中 $\Gamma$ 为在端口②和端口③失配时的反射系数。还证明对于所有 $\Gamma$ 值,输入端口是匹配的。

(2) 在 $0\leqslant Z_L/Z_c\leqslant 10$($Z_L$ 为实数)时画出作为 $Z_L/Z_c$ 函数的从输入到输出的衰减(用 dB 表示)。

10. 一个互易、无耗、对称和无源的二端口网络,端口 1 接微波源,电压 $V_g=10\text{V}$,内阻抗 $Z_g=R_g+\mathrm{j}X_g=20-\mathrm{j}65\Omega$。端口 2 接负载,负载阻抗 $Z_L=30\Omega$。该网络两边传输线的特性阻抗 $Z_c=50\Omega$,如图 5.73 所示。已知二端口网络的散射参数 $S_{11}=0.2$,试求:

(1) 二端口网络的全部散射参数;

(2) 端口 1 的归一化入射波和归一化反射波;

(3) 端口 1 的输入功率和负载吸收功率。

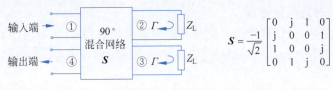

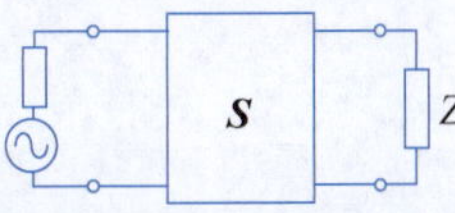


图 5.73 习题 10 图

11. 图 5.74 中是已知 $T_1T_2$ 为参考面的二端口网络的散射矩阵为 $S$,现考虑两端口均向内移动、一个端口向内而另一个向外移动、一个端口向内移动而另一个不移动三种参考面移动情况,求移动后参考面 $T_1'T_2'$ 的散射矩阵。

12. 采用信号流图方法分别推导式(5.37)、式(5.38)和式(5.39)。

13. 已知两个二端口网络的散射矩阵分别为 $\boldsymbol{S}_L$ 和 $\boldsymbol{S}_R$,推导两个散射矩阵级联得到的总散射矩阵为

$$\boldsymbol{S}_{T11}=\boldsymbol{S}_{L11}+\boldsymbol{S}_{L12}\boldsymbol{S}_{R11}\boldsymbol{W}\boldsymbol{S}_{L21}$$

$$\boldsymbol{S}_{T12}=\boldsymbol{S}_{L12}[\boldsymbol{I}+\boldsymbol{S}_{R11}\boldsymbol{W}\boldsymbol{S}_{L22}]\boldsymbol{S}_{R12}$$

$$\boldsymbol{S}_{T21}=\boldsymbol{S}_{R21}\boldsymbol{W}\boldsymbol{S}_{L21}$$

$$\boldsymbol{S}_{T22}=\boldsymbol{S}_{R22}+\boldsymbol{S}_{R21}\boldsymbol{W}\boldsymbol{S}_{L22}\boldsymbol{S}_{R12}$$

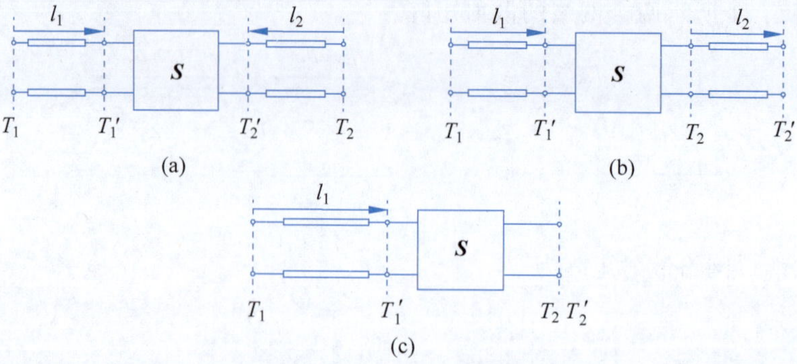


图 5.74　习题 11 图

式中：$\boldsymbol{W}=(\boldsymbol{I}-\boldsymbol{S}_{\mathrm{L22}}\boldsymbol{S}_{\mathrm{R11}})^{-1}$。

14. 用电磁场商业 CAD 软件建立有限厚度波导 E 面对称膜片的仿真模型，并仿真得到其散射矩阵以及等效电路参数。

15. 分别采用电磁场商业 CAD 软件和微波电路商业 CAD 软件仿真微带阶梯、微带间隙的散射参数，并提取等效电路参数。

16. 用电磁场商业 CAD 软件仿真同轴开路的散射参数，并计算开路电容和伸长长度。

# 第 6 章

# 微波无源和有源器件

第 5 章介绍了微波元件，它是传输线中的单个“非均匀区”。由多个微波元件和传输线段构成的微波器件，可以完成微波幅度、相位、频率、极化等变换功能。微波器件通常分为微波无源器件和微波有源器件，微波无源器件有阻抗匹配器、功率分配器、定向耦合器、微波谐振器、微波滤波器和铁氧体器件等，微波有源器件有微波混频器、微波放大器、微波振荡器和微波控制电路等。所有的微波系统都是由各种微波无源器件和有源器件构成的，因此微波器件十分重要。

分析微波器件特性的主要方法是微波网络理论、传输线理论和导行波理论。本章介绍如何应用前几章的理论和技术来解决实际的微波工程问题，主要是定性分析常用微波器件的基本结构、基本原理和基本特性。

## 6.1 阻抗匹配器

阻抗匹配是微波工程中一个基本问题，其基本思想如图 6.1 所示。它将阻抗匹配网络放在负载与传输线之间；为了避免不必要的功率损耗，理想的匹配网络是无耗的；匹配网络将负载阻抗 $Z_L$ 经过变换，向匹配网络看去的输入阻抗等于传输线特性阻抗 $Z_c$，达到匹配状态。虽然在匹配网络和负载之间存在多次反射，但在匹配网络的左侧消除了传输线上的反射。阻抗匹配很重要，其原因如下：

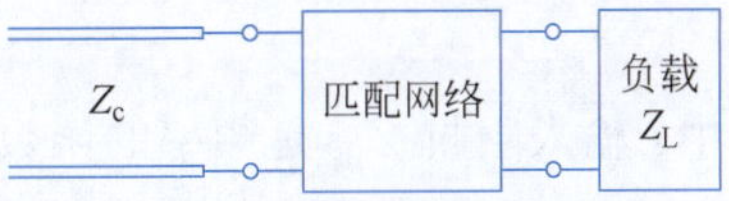

图 6.1 阻抗匹配的基本思想

(1) 阻抗匹配时，负载能够吸收最大功率。这是由于传输线上无反射，匹配网络是无耗的，由式(4.33)和功率守恒可得负载吸收全部入射功率，即 $P_L=P^+$。

(2) 对阻抗匹配敏感的接收机部件(如天线、低噪声放大器等)可提高系统的信噪比。

(3) 阻抗匹配可有效降低功率分配网络中多次反射造成的幅度和相位误差。

只要负载阻抗 $Z_L$ 具有正实部，就能找到匹配网络，但是可用的匹配网络种类和形式很多。本节主要讲述 λ/4 阻抗变换器和枝节匹配两种。

### 6.1.1 λ/4 阻抗变换器

视频

由式(4.49)可知，λ/4 传输线段具有“阻抗变换”功能，可将负载阻抗 $Z_L$ 经特性阻抗为 $Z_c$ 的 λ/4 传输线段变换为阻抗 $Z_{in}=Z_c^2/Z_L$。若负载阻抗为纯电阻 $R_L$，且 $R_L \neq Z_c$，则可在传输线与负载之间接入特性阻抗为 $Z_{c1}$、长度为 λ/4 的无耗传输线段来实现匹配，如图 6.2 所示，该传输线段称为 λ/4 阻抗变换器。可见，λ/4 阻抗变换器是将实数负载阻抗匹配到传输线的一种简单、有效的匹配电路。

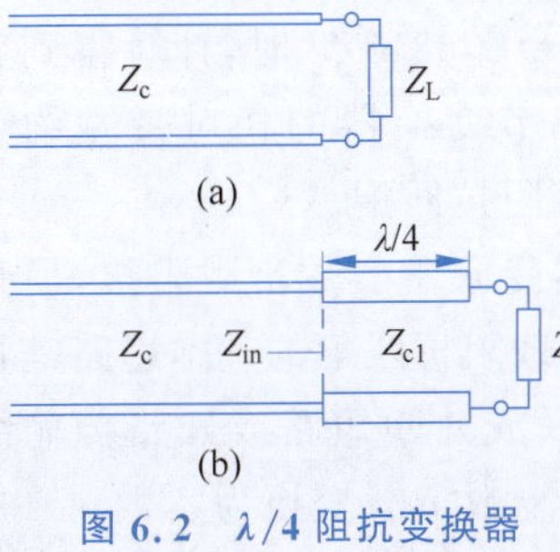

图 6.2 λ/4 阻抗变换器

由式(4.29)可得接入变换段后的输入阻抗为

$$Z_{in}=Z_{c1}\frac{R_L+jZ_{c1}\tan(\beta l)}{Z_{c1}+jR_L\tan(\beta l)} \tag{6.1}$$

当变换段长度为 $\lambda/4$ 时，$\beta l=(2\pi/\lambda)(\lambda/4)=\pi/2$，$\tan(\beta l)\to\infty$，因此有

$$Z_{in}=\frac{Z_{c1}^2}{R_L} \tag{6.2}$$

要使传输线上无反射，$\Gamma=0$，根据 4.3.1 节的无反射条件，输入阻抗 $Z_{in}$ 应等于传输线特性阻抗 $Z_c$，得到 $\lambda/4$ 阻抗变换器的特性阻抗为

$$Z_{c1}=\sqrt{Z_cR_L} \tag{6.3}$$

它是负载阻抗和变换段特性阻抗的几何平均。虽然 $Z_c$ 传输线上没有反射，但是在 $\lambda/4$ 匹配段内会存在多次反射。

对于 $\lambda/4$ 阻抗变换器需要注意两点：

(1) 图 6.2 所示的简单的 $\lambda/4$ 阻抗变换器只能实现纯电阻性负载的匹配。这是由于对于无耗传输线，$Z_c$ 和 $Z_{c1}$ 均是实数，因而负载阻抗 $Z_L$ 也只能是实数。

(2) 匹配段的长度是 $\lambda/4$ 或者 $\lambda/4$ 的奇数倍，匹配特性与波长或者频率有关，只能在一个中心频点 $f_0$ 上 $\beta l=\pi/2$ 而获得完全匹配，在其他频点上 $\beta l\neq\pi/2$ 而有反射，因此 $\lambda/4$ 阻抗变换器是窄带匹配。

下面先分析 $\lambda/4$ 阻抗变换器的频带特性。考虑用一个 $\lambda/4$ 阻抗变换器将负载阻抗 $R_L=100\Omega$ 匹配到 $Z_c=50\Omega$ 线上，根据式(6.3)可得变换段的特性阻抗为

$$Z_{c1}=\sqrt{50\times100}=70.71(\Omega)$$

根据式(4.30b)可得反射系数的幅度为

$$|\Gamma|=\left|\frac{Z_{in}-Z_c}{Z_{in}+Z_c}\right| \tag{6.4}$$

式中：输入阻抗 $Z_{in}$ 是频率的函数，由式(6.1)给出。

式(6.1)中的频率依赖关系来自 $\beta l$ 项，当频率偏离中心频率 $f_0$ 到某一频率 $f$ 时，对于 TEM 模传输线，有

$$\beta l=\left(\frac{2\pi}{\lambda}\right)\left(\frac{\lambda_0}{4}\right)=\left(\frac{2\pi f}{v_p}\right)\left(\frac{v_p}{4f_0}\right)=\frac{\pi f}{2f_0} \tag{6.5}$$

从上式可以看出，$f=f_0$，$\beta l=\pi/2$，与预期一致。

对于较高的频率，由于波长变短，变换段的电长度看起来要长一些；对于较低的频率，由于波长变长，变换段的电长度看起来要短一些。计算得到反射系数幅度与 $f/f_0$ 的关系如图 6.3 所示。可见，$\lambda/4$ 阻抗变换器只在一个频点上获得完全匹配，在其他频点上有反射。频率偏离越大，反射越大，因而是窄带的。

图 6.3 中还画出了不同负载电阻时的反射系数。可见，负载失配越小，匹配带宽越宽。当阻抗变换比 $R_L/Z_c$ 给定时，可采用双节或多节 $\lambda/4$ 阻抗变换器来扩展带宽。图 6.4(a)是双节 $\lambda/4$ 阻抗变换器，当 $R_L=100\Omega$，$Z_c=50\Omega$，$Z_{c1}=1.1892Z_c$，$Z_{c2}=1.6818Z_c$ 时，计算得到其频带特性如图 6.4(b)所示。可见，在反射系数 $|\Gamma|\leqslant0.1$ 时，单节变换器的相对带宽约为 37%，双节变换器的相对带宽约为 70%，多节变换器可实现宽频带阻抗匹配。

再来讨论复数负载阻抗的匹配问题。简单的 $\lambda/4$ 阻抗变换器受限于实数负载阻抗，但是工程中经常碰到复数负载阻抗。运用 $\lambda/4$ 阻抗变换器实现复数负载阻抗匹配的基本思路是将复数负载阻抗变换为实数。通常有两种方法：一是在负载处串联或并联短路或开路传输线段，用短路或开路传输线段的电抗性来抵消负载的电抗性，从而将复数负载变换为实数；二是

根据传输线理论知识，在传输线上移动一定距离找到电压波腹点或者波节点，此处的阻抗为实数。下面以例题形式说明第二种方法的具体实现。

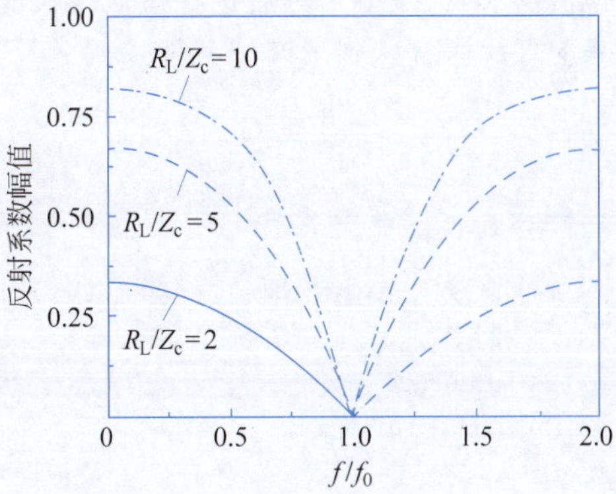


图 6.3 λ/4 阻抗变换器的频带特性

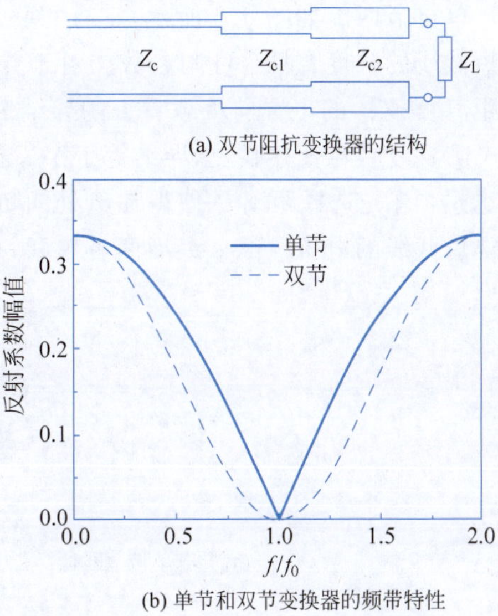


图 6.4 双节 λ/4 阻抗变换器

**例 6.1** 复数负载阻抗的匹配。

均匀无耗传输线特性阻抗 $Z_c=50\Omega$，负载阻抗 $Z_L=50+j100\Omega$。使用 $\lambda/4$ 阻抗变换器设计该负载的阻抗匹配网络。

**解：** 由于该负载阻抗为复数，因此采用在电压波节点或波腹点处插入 $\lambda/4$ 阻抗变换器的匹配方法，如图 6.5 所示。负载处的反射系数为

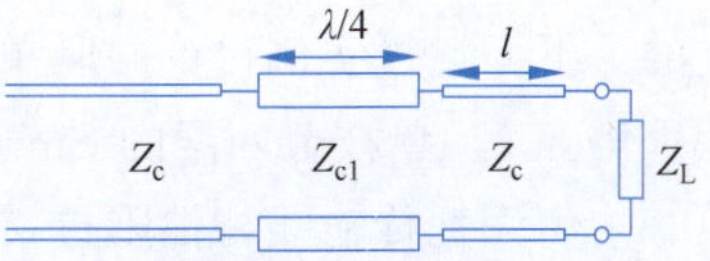


图 6.5 复数负载阻抗的匹配

$$\Gamma_0=\frac{Z_L-Z_c}{Z_L+Z_c}=\frac{1+j}{2}=\frac{\sqrt{2}}{2}e^{j\frac{\pi}{4}}$$

因此，反射系数 $\Gamma_0$ 的相角 $\phi_0=\pi/4$，负载处的驻波比为

$$\rho=(1+|\Gamma_0|)/(1-|\Gamma_0|)=3+2\sqrt{2}$$

由式(4.45)得到第一个电压波腹点到负载的距离为

$$l_{\max}=\frac{\phi_0\lambda}{4\pi}=\frac{\lambda}{16}$$

由式(4.50a)得到该处的输入阻抗 $Z_{in}=\rho Z_c$。由式(4.47)得到第一个电压波节点到负载的距离为

$$l_{\min}=\frac{\phi_0\lambda}{4\pi}+\frac{\lambda}{4}=\frac{5\lambda}{16}$$

由式(4.50b)得到该处的输入阻抗 $Z_{in}=Z_c/\rho$。因此，阻抗变换段的长度为 $\lambda/4$，其特性阻抗为

$$Z_{c1}=\sqrt{Z_cZ_{in}}=\begin{cases}\sqrt{\rho}Z_c, & \text{在电压波腹点}\\ \dfrac{Z_c}{\sqrt{\rho}}, & \text{在电压波节点}\end{cases}$$

## 6.1.2 枝节匹配

枝节匹配分为单枝节匹配、双枝节匹配和三枝节匹配三种类型。枝节是一段短路或者开路

的传输线段(短截线),合适长度的短截线能够提供任意电抗或电纳值,并且对于给定的电抗或者电纳,所用开路线或者短路线的长度相差 $\lambda/4$。下面以单枝节匹配为例说明枝节匹配的原理。

单枝节匹配如图 6.6 所示,它有并联和串联两种结构,它们均有从负载到短截线的距离 $d$ 和短截线的长度 $l$ 两个可调参数。对于并联单枝节匹配,其基本思想:首先选择距离 $d$,使得在距离负载 $d$ 的位置向负载看去的导纳 $Y=Y_c+jB$;然后选择短截线长度 $l$,使得短截线的电纳 $-jB$;最后两者并联,总导纳等于 $Y_c$,这样就达到了匹配条件。对于串联单枝节匹配,其基本思想:首先选择距离 $d$ 使得在 $d$ 处向负载看去的阻抗 $Z=Z_c+jX$;然后选择短截线长度 $l$,使得短截线的电抗 $-jX$;最后两者串联,总阻抗等于 $Z_c$,这样就达到了匹配条件。

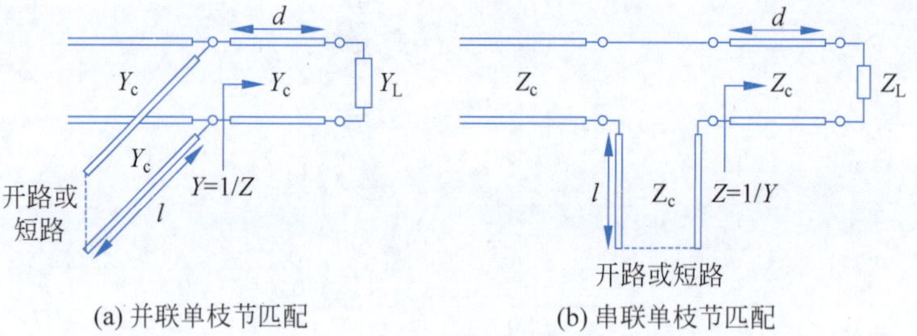


图 6.6 单枝节匹配

单枝节匹配可将任意负载阻抗(只要负载有正实部)匹配到传输线,但是往往需要调节负载到短截线之间的长度,这是很不方便的。并联单枝节匹配特别适合于容易制作的微带线或者带状线形式,并且微带开路线很容易制作,不需要通过金属化过孔使导带与接地板相连。然而对于波导,通常更希望用短路线,因为波导开口有很强的辐射,这时开口波导线不再是纯电抗的。下面通过实例讨论并联单枝节匹配的 Smith 圆图解法。

**例 6.2** 单枝节匹配的 Smith 圆图解法。

均匀无耗传输线特性阻抗 $Z_c=50\Omega$,负载阻抗 $Z_L=80-j100\Omega$。使用单枝节并联短路线设计该负载的阻抗匹配网络,并分析其频带特性。

**解:** 第一步,在 Smith 圆图上标出归一化负载阻抗 $\bar{Z}_L=1.6-j2$,画出对应的等反射系数圆,并转换到负载导纳 $\bar{Y}_L$,如图 6.7(a)所示。剩下的步骤是把 Smith 圆图看成导纳圆图。

第二步,求负载到短截线的距离 $d$。从负载导纳点 $\bar{Y}_L$ 沿等反射系数圆向顺时针转动(向源方向)与 $1+jb$ 圆相交于两点,分别用 $\bar{Y}_1$ 和 $\bar{Y}_2$ 表示。因此,从负载到短截线的距离 $d$ 有两个解,读 WTG 标尺,得到

$$d_1=0.18\lambda-0.05\lambda=0.13\lambda,\quad d_2=0.32\lambda-0.05\lambda=0.27\lambda$$

在这两个交点处,归一化导纳为

$$\bar{Y}_1=1.0+j1.65,\quad \bar{Y}_2=1.0-j1.65$$

第三步,求短截线长度 $l$。第一个解需要一个电纳为 $-j1.65$ 的短截线。相应短路线的长度可在 Smith 圆图上求出,以 $\bar{Y}=\infty$(短路点)为起点,沿 $|\Gamma|=1$ 图向顺时针转动(向源方向)到 $-j1.65$ 电纳点,得到该短截线长度为

$$l_1=0.337\lambda-0.25\lambda=0.087\lambda$$

同样,对于第二个解,所需短路线的长度为

$$l_2=0.163\lambda+0.25\lambda=0.413\lambda$$

这样就完成了单枝节匹配设计,如图 6.7(b)所示。

与 $\lambda/4$ 阻抗变换器分析类似,计算得到单枝节匹配的反射系数幅值随频率变化关系曲线

如图 6.7(c)所示。可见，尽管两个解在中心频率处都能实现匹配，但是解 1 的带宽明显宽于解 2，这是由于解 1 的 $d$ 和 $l$ 都比较短。通常，希望匹配短截线尽可能靠近负载，以便提高带宽，降低在短截线与负载间的传输线上多次反射引起的损耗。

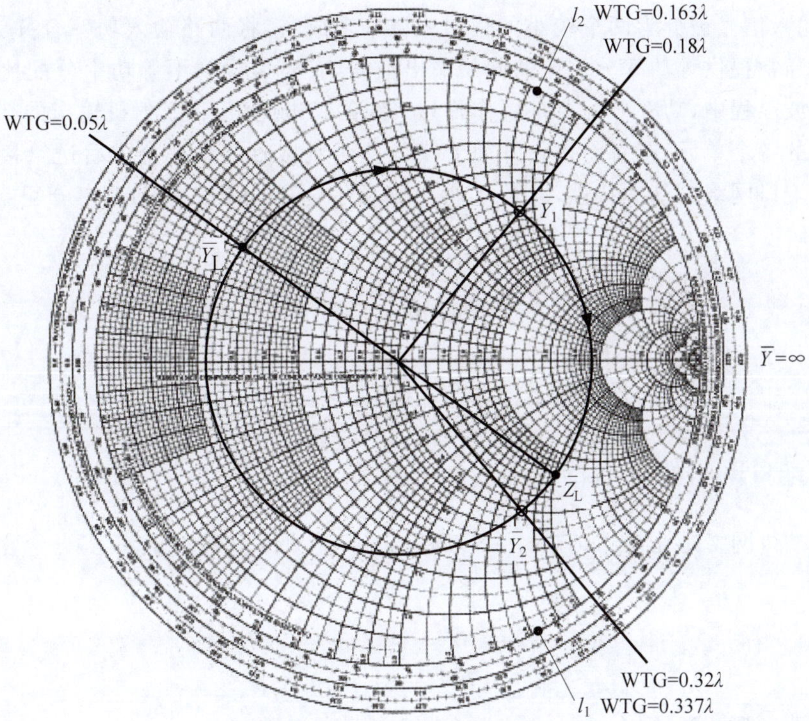


(a) 单枝节匹配的Smith圆图求解

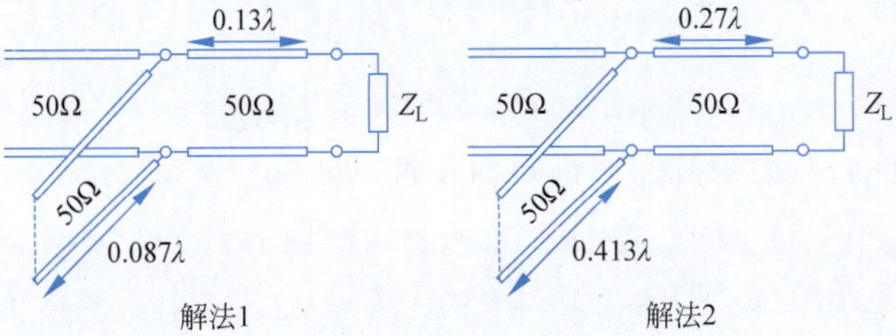


(b) 两个单枝节匹配解

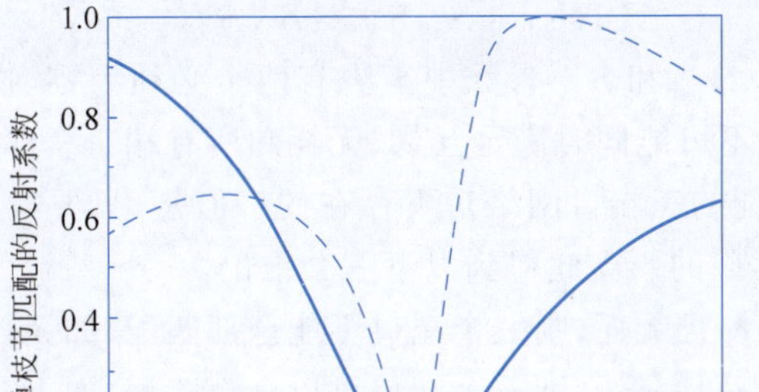

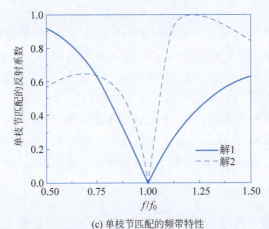

(c) 单枝节匹配的频带特性

**图 6.7　单枝节匹配的 Smith 圆图解法**

## 6.2 功率分配器

功率分配器通常是三端口器件，其作用是功率分配或者功率合成，如图 6.8 所示。功率分配时，一个输入信号被分为两个较小的信号；功率合成时，将两路输入功率合并为一路输出。功率分配器通常提供等功率分配比的同相输出信号，有时也提供不等功率分配比的同相输出信号。在微波工程中，功率分配器常用作阵列天线的馈电网络，将发射机输出的功率分配给发射阵列天线的各个单元，或者将接收阵列天线各单元所接收的功率合成后送给接收机。本节主要介绍三端口网络的基本特性，以及 T 形结和沃尔金森(Wilkinson)功率分配器。

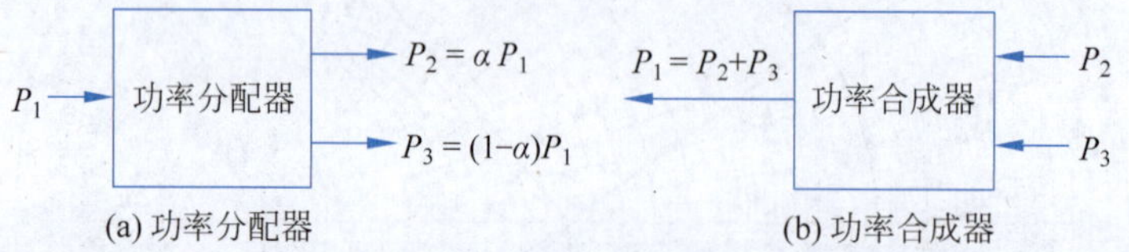


图 6.8 功率分配器和功率合成器

### 6.2.1 三端口网络的基本特性

如果三端口网络是互易的，有 $\boldsymbol{S}^{\mathrm{T}}=\boldsymbol{S}$，即 $S_{ij}=S_{ji}$，那么其散射矩阵为

$$\boldsymbol{S}=\begin{bmatrix} S_{11} & S_{12} & S_{13} \\ S_{12} & S_{22} & S_{23} \\ S_{13} & S_{23} & S_{33} \end{bmatrix} \tag{6.6}$$

若所有端口都匹配，则有 $S_{ii}=0$。那么散射矩阵简化为

$$\boldsymbol{S}=\begin{bmatrix} 0 & S_{12} & S_{13} \\ S_{12} & 0 & S_{23} \\ S_{13} & S_{23} & 0 \end{bmatrix} \tag{6.7}$$

若网络还是无耗的，散射矩阵需要满足酉正性，即

$$\begin{cases} |S_{12}|^2+|S_{13}|^2=1 \\ |S_{12}|^2+|S_{23}|^2=1 \\ |S_{13}|^2+|S_{13}|^2=1 \end{cases} \tag{6.8a}$$

$$S_{12}^*S_{23}=S_{13}^*S_{23}=S_{12}^*S_{13}=0 \tag{6.8b}$$

由式(6.8b)可知 $S_{12}$、$S_{13}$ 和 $S_{23}$ 参数中至少有两个必须为零，这与式(6.8a)相矛盾。由此得到结论：三端口网络不可能同时满足互易、无耗和所有端口全匹配的条件。反过来说，互易、无耗和所有端口全匹配的三端口网络是不存在的。但是，只要放宽其中至少一个条件，这样的三端口网络是可以实现的。由此得到以下三个推论：

(1) 若三端口网络互易且无耗，则三个端口不能全部匹配，如无耗 T 形结。

(2) 若三端口网络互易且有耗，则三个端口可以全部匹配，如 Wilkinson 功分器。

(3) 若三端口网络非互易且无耗，则三个端口可以全部匹配，如铁氧体环行器。

### 6.2.2 T 形结功率分配器

T 形结功率分配器是一种简单的三端口器件，常用于功率分配或功率合成。它可以采用任意类型的传输线实现，这里只介绍常用的波导 T 形结和微带 T 形结。

### 1. 波导T形结

矩形波导T形结分为H面T形结和E面T形结，如图6.9所示，一般各分支波导尺寸都相同，且都只能传输$TE_{10}$模。对于H面T形结，当$TE_{10}$波从端口1输入时，端口2和3等幅同相输出；当$TE_{10}$波从端口2输入时，端口1和3均有输出；当$TE_{10}$波从端口3输入时，端口1和2均有输出。对于E面T形结，当$TE_{10}$波从端口1输入时，端口2和3等幅反相输出；当$TE_{10}$波从端口2输入时，端口1和3均有输出；当$TE_{10}$波从端口3输入时，端口1和2均有输出。

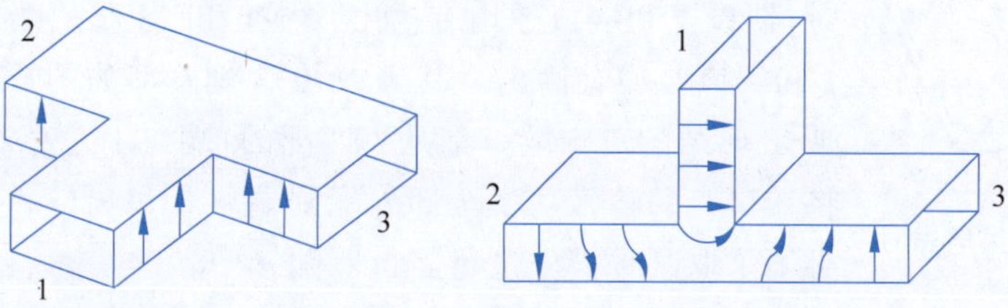


(a) H面T形结　　(b) E面T形结

**图6.9　矩形波导T形结**

T形结功率分配器可以等效为三条传输线的并联结构，如图6.10所示。正如第5章微波元件中所述，在每个结的不连续处伴随着高次模，它存储有电磁能量，可用集总电纳$jB$来表示。如果传输线是无耗的，三条传输线的特性阻抗都是实数，并且都相等，那么端口1的输入导纳为

$$Y_{in}=jB+\frac{1}{Z_c}+\frac{1}{Z_c}\neq\frac{1}{Z_c} \tag{6.9}$$

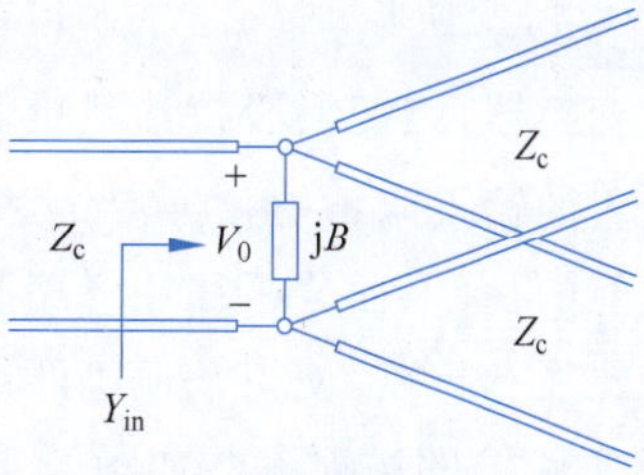


**图6.10　T形结的等效传输线模型**

显然，T形结的三个端口都是不匹配的，端口上总存在反射，因此不能将端口1的输入功率全部分配到端口2和端口3中。因此，端口1必须采取某种措施进行阻抗匹配。

波导T形结匹配措施是将某种类型的波导电抗元件添加到T形结中，以便抵消电纳$jB$，同时进行阻抗变换达到匹配目的。H面T形结常采用H面膜片、销钉、切角等电抗性元件，如图6.11所示。采用电磁场商业CAD软件[47]对BJ100标准波导T形结建模、仿真和优化，

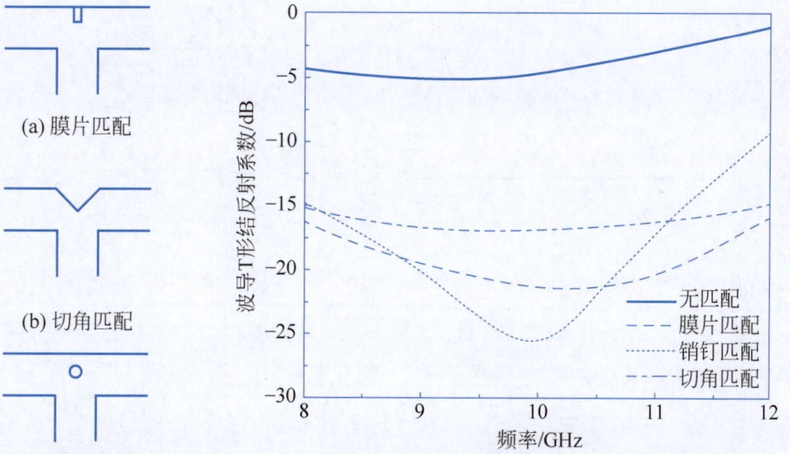


(a) 膜片匹配　(b) 切角匹配　(c) 销钉匹配　(d) 仿真结果

**图6.11　波导H面T形结的匹配与仿真结果**

得到无匹配和几种匹配 T 形结的端口 1 的反射系数幅值，如图 6.11(d)所示。可见，不匹配时端口 1 反射系数幅值大于−5dB，匹配后端口 1 反射系数幅值优于−15dB。根据三端口网络特性，对于互易无耗三端口网络，端口 1 匹配后，端口 2 和端口 3 不能匹配，反射系数幅值在−6dB 左右。

## 2. 微带 T 形结

微带 T 形结如图 6.12 所示，其特性与波导 H 面 T 形结类似。当准 TEM 波从端口 1 输入时，端口 2 和端口 3 等幅同相输出；当准 TEM 波从端口 2 输入时，端口 1 和端口 3 均有输出；当准 TEM 波从端口 3 输入时，端口 1 和端口 2 均有输出。其等效传输线模型如图 6.10 所示，显然微带 T 形结的三个端口都是不匹配的，端口上总存在反射，因此不能将端口 1 的输入功率全部分配到端口 2 和端口 3 中。因此，端口 1 必须采取某种措施进行阻抗匹配。

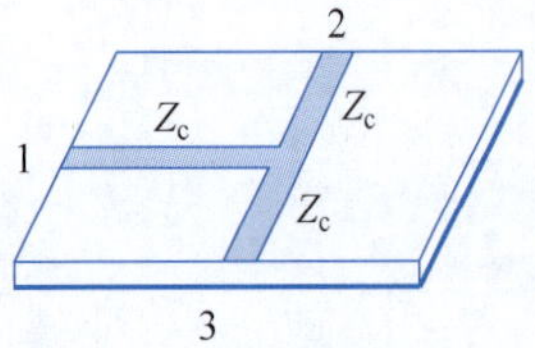


**图 6.12　微带 T 形结**

微带 T 形结常采用 $\lambda/4$ 阻抗变换器来实现端口 1 的匹配，有两种匹配方法，如图 6.13 所示。图 6.13(a)是在输入端用 $\lambda/4$ 阻抗变换器，考虑电纳 j$B$ 影响，端口 2 和端口 3 在 T 形结处并联后的输入阻抗 $Z_{\mathrm{in}}\approx Z_{\mathrm{c}}/2$。根据 $\lambda/4$ 阻抗变换器原理，变换段特性阻抗 $Z_{\mathrm{m1}}\approx\sqrt{Z_{\mathrm{c}}Z_{\mathrm{in}}}=Z_{\mathrm{c}}/\sqrt{2}$，变换长度 $l_{\mathrm{m1}}\approx\lambda_{\mathrm{d}}/4$，$\lambda_{\mathrm{d}}$ 为相应微带线的介质波长。图 6.13(b)是在输出端用 $\lambda/4$ 阻抗变换器，当变换段特性阻抗 $Z_{\mathrm{m2}}=\sqrt{2}Z_{\mathrm{c}}$、变换长度 $l_{\mathrm{m2}}\approx\lambda_{\mathrm{d}}/4$ 时，变换后向端口 2 和端口 3 看去的输入阻抗 $Z_{\mathrm{in2}}=Z_{\mathrm{m2}}^2/Z_{\mathrm{c}}=2Z_{\mathrm{c}}$，两者并联后的输入阻抗 $Z_{\mathrm{in}}\approx Z_{\mathrm{c}}$，达到匹配目的。需要注意的是，上面分析往往忽略了 T 形结不连续性影响，实际设计时需要反复优化调整匹配段的宽度和长度，使得端口 1 匹配最优。用微波电路 CAD 软件[48]仿真得到的无匹配和匹配微带 T 形结的散射参数如图 6.13(c)、(d)所示，设计中心频率 $f_0=2.0\mathrm{GHz}$。可见，未匹配的微带 T 形结的反射系数达到−9.5dB，匹配后在设计频点的反射系数很小，端口 2 和端口 3 的输出功率平分($S_{21}=S_{31}=-3\mathrm{dB}$)。但是，端口 2 和端口 3 的反射系数 $S_{22}=S_{33}=-6\mathrm{dB}$，端口 2 和端口 3 之间的传输系数 $S_{23}=-6\mathrm{dB}$。这说明无耗 T 形结功率分配器是不能在全部端口匹配，并且在输出端口之间隔离度不高。

实践

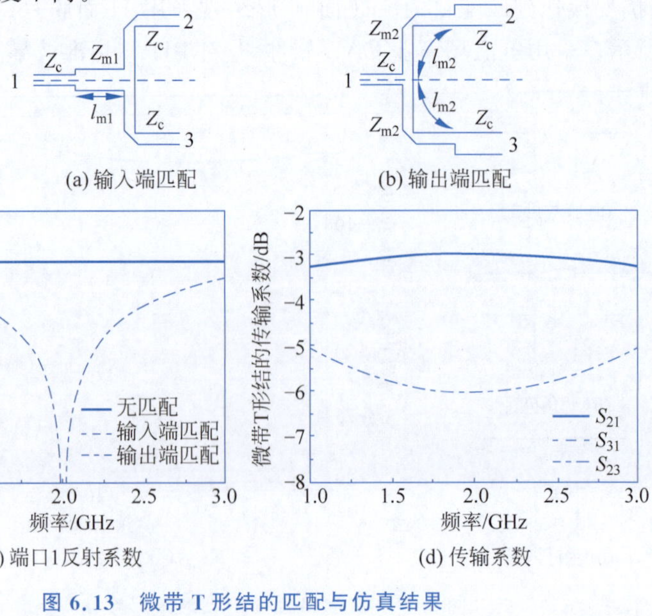


**图 6.13　微带 T 形结的匹配与仿真结果**

### 6.2.3 Wilkinson 功率分配器

从 6.2.2 节分析和仿真可知，无耗 T 形结功率分配器不能在全部端口匹配，且输出端口之间隔离度不高。Wilkinson 功率分配器是一种有耗的三端口网络，它可以实现所有端口都匹配，并且输出端口之间隔离。Wilkinson 功率分配器可以实现任意功率分配比，本节只用定性方法分析等功率分配器的特性，它常制作成微带形式，如图 6.14 所示。Wilkinson 等功率分配器所有端口传输线的特性阻抗均为 $Z_c$，$\lambda/4$ 阻抗变换器的特性阻抗为$\sqrt{2}Z_c$，并联电阻 $R=2Z_c$。比较图 6.14(b)与图 6.13(b)可以看出，Wilkinson 等功率分配器实际上是在输出端匹配的微带 T 形结的基础上，在变换段输出端并联 $2Z_c$ 电阻而构成的，因此它是有耗的。

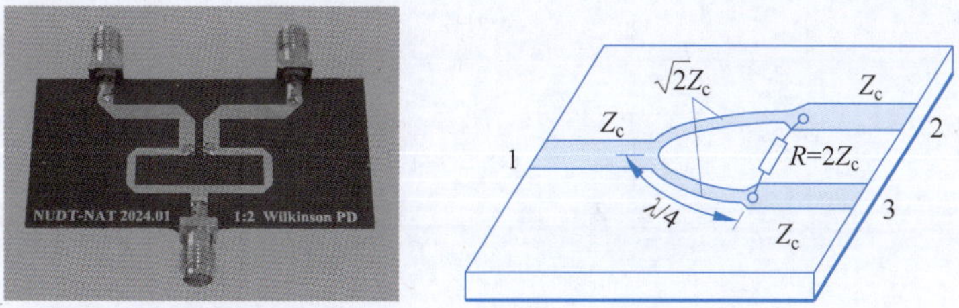


(a) 实物　　(b) 示意图

图 6.14　微带 Wilkinson 等功率分配器

为简明起见，下面定性分析 Wilkinson 等功率分配器的散射参数。首先端口 1 激励，其他端口接匹配负载，其等效传输线模型如图 6.15(a)所示。Wilkinson 等功率分配器具有上下对称性，因此端口 2 和端口 3 输出功率相等，两端的电压也相等，即 $V_2=V_3$。并联电阻 $R$ 上无电压差，无电流通过电阻，因此电阻不消耗功率，此时 Wilkinson 等功率分配器是无耗的。由于电阻不起作用，可将传输线模型简化成输出端匹配的微带 T 形结，如图 6.15(b)所示。由 6.2.2 节分析可知，端口 1 是匹配的，即

$$S_{11}=0 \tag{6.10}$$

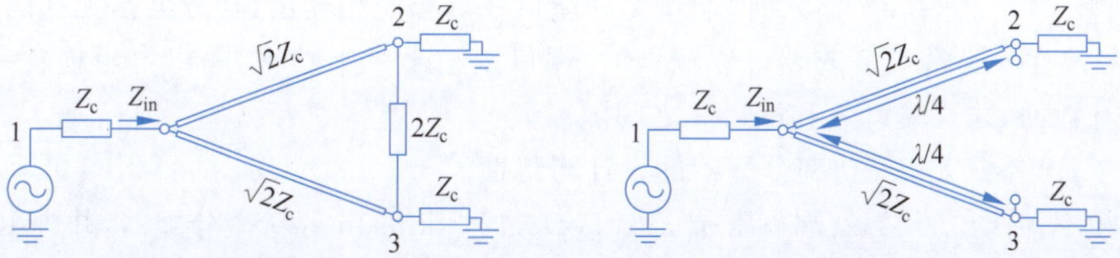


(a) 传输线模型　　(b) 简化模型

图 6.15　端口 1 激励时 Wilkinson 等功率分配器的传输线模型

由于此时 Wilkinson 等功率分配器是无耗的，所以有

$$|S_{11}|^2+|S_{21}|^2+|S_{31}|^2=1 \tag{6.11}$$

Wilkinson 等功率分配器是对称的，此时端口 2 和端口 3 具有功率平分性，$|S_{21}|=|S_{31}|$。由于端口 2 和端口 3 相对于端口 1 经过了 $\lambda/4$ 线段传输，相位均滞后 90°，因此 $S_{21}=S_{31}=-\mathrm{j}/\sqrt{2}$，端口 2 和端口 3 相位相同。

接下来考虑端口 2 激励时对应的散射参数 $S_{22}$、$S_{12}$ 和 $S_{32}$。此时端口 1 和端口 3 接匹配负载，如图 6.16 所示。端口 2 到端口 3 有两条传输路径：一条经过集总电阻 $R$ 直接到端口 3，相位滞后 0°；另一条经过两段 $\lambda/4$ 传输线和匹配负载到端口 3，相位滞后 180°。当集总电阻 $R=2Z_c$ 时，由网络并联知识可以分析得到两路传输电压的幅度相等，这样端口 2 传输到端口

视频

3 的两路电压大小相等、相位相反而相互抵消，因此端口 3 的电压为零，没有输出，端口 2 和端口 3 之间是隔离的，即 $S_{32}=0$。可见，Wilkinson 等功率分配器输出端隔离性的关键因素之一是集总电阻 $R$ 的大小，因此集总电阻 $R$ 也称为隔离电阻。由于端口 3 的电压为零，相当于接地，因此传输线模型简化为图 6.16(b)所示。从端口 2 向 $\lambda/4$ 变换段看去的输入阻抗为 $(\sqrt{2}Z_c)^2/Z_c=2Z_c$，它与电阻 $R$ 相等并且呈并联关系，因此端口 2 向网络看去的总输入阻抗为 $Z_c$，端口 2 是匹配的，即 $S_{22}=0$。由于端口 2 向 $\lambda/4$ 变换段看去的输入阻抗与电阻 $R$ 相等，并且端口 2 匹配，因此电阻 $R$ 消耗一半功率，传输到端口 1 一半功率，即 $|S_{12}|^2=1/2$，显然，此时 Wilkinson 等功率分配器是有耗的。由于端口 1 相对于端口 2 经过了 $\lambda/4$ 线段传输，相位滞后 90°，因此 $S_{12}=-\mathrm{j}/\sqrt{2}$。

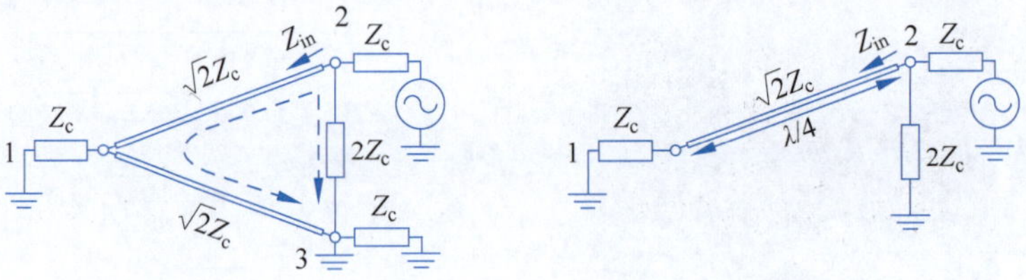


(a) 传输线模型　　(b) 简化模型

图 6.16　端口 2 激励时 Wilkinson 等功率分配器的传输线模型

利用对称性可以得到端口 3 激励，其他端口匹配时对应的散射参数 $S_{23}=0$，$S_{33}=0$ 和 $S_{13}=-\mathrm{j}/\sqrt{2}$。由此得到 Wilkinson 等功率分配器的散射矩阵为

$$\boldsymbol{S}=\frac{-\mathrm{j}}{\sqrt{2}}\begin{bmatrix}0 & 1 & 1\\ 1 & 0 & 0\\ 1 & 0 & 0\end{bmatrix} \tag{6.12}$$

Wilkinson 等功率分配器的特性如下：

(1) 匹配性。当其他端口接匹配负载时，所有端口全部匹配。

(2) 平分性。当端口 1 输入时，端口 2 和端口 3 等幅同相输出，功分器是无耗的。

(3) 隔离性。当端口 2 或端口 3 输入时，端口 1 输出一半功率，隔离电阻损耗一半功率，功分器是有耗的，并且端口 2 和端口 3 之间隔离。

**例 6.3**　Wilkinson 等功率分配器的设计与特性。

设计频率 $f_0=2.0\mathrm{GHz}$、端口阻抗 $Z_c=50\Omega$ 的 Wilkinson 等功率分配器，并画出散射参数随频率变化的曲线。

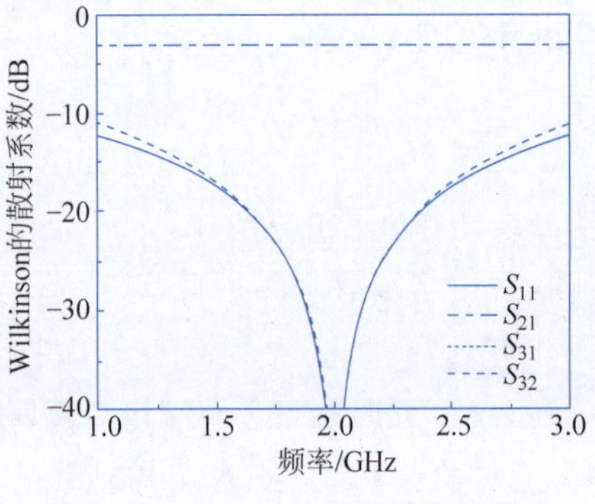


实践

图 6.17　Wilkinson 等功率分配器的频带特性

**解：** 由图 6.14 可知，$\lambda/4$ 阻抗变换器的特性阻抗为

$$Z=\sqrt{2}Z_c=70.7(\Omega)$$

变换器的长度在 $f_0$ 时是 $\lambda_0/4$。并联电阻 $R=2Z_c=100\Omega$。用微波电路 CAD 软件仿真得到的散射参数如图 6.17 所示，可见在频率 $f_0$ 处所有端口全匹配，端口 2 和端口 3 功率平分，$|S_{21}|=|S_{31}|=-3\mathrm{dB}$；偏离频率 $f_0$ 时，端口 1 的反射增大，端口 2 和端口 3 隔离性减弱。需要注意，这是 Wilkinson 等功率分配器的理想结果，没有考虑 T 形结不连续性和传输线损耗的影响。

## 6.3 定向耦合器

定向耦合器是四端口器件，它从主传输线耦合一部分功率到副传输线中，在副传输线的某一端口有输出，在另一端口无输出，即功率耦合具有方向性。由于定向耦合器的独特性，在微波工程中有广泛的应用。例如，图5.17中定向耦合器作为矢量网络分析仪的入射波和反射波的信号分离装置，便于分别测量入射波和反射波；定向耦合器还可应用在微波系统的在线实时监测中，通常在发射机输出波导中插入一个定向耦合器，耦合出很小的一部分功率，用来监测发射机的输出功率、工作频率和调制频谱等指标是否正常，而不影响发射机正常工作；或者在接收机输入端插入一个低损耗定向耦合器，通过耦合端口在工作间隙向接收机注入一个很小的测试信号，用于监测接收机工作是否正常。另外，定向耦合器还可以用作功率分配器、衰减器和移相器等。

定向耦合器有波导和微带等形式。本节先介绍定向耦合器结构和性能参数，再讨论波导定向耦合器和混合结。混合结是定向耦合器的一种特殊情况，它的耦合度是3dB（等分），输出端口之间的相位关系是90°（分支线定向耦合器）或者180°（微带环和波导魔T）。

### 6.3.1 定向耦合器的结构与性能参数

定向耦合器通常由主传输线（简称主线）、副传输线（简称副线）和耦合结构三部分组成。主线、副线通过耦合结构连接在一起，耦合结构通常有耦合孔缝或T形结等，主线中传输的电磁波经耦合结构耦合一部分功率进入副线中，并在副线的某一端口输出，在副线的另一端口无输出，因此定向耦合器具有方向性。定向耦合器通常用图6.18所示的两种常用结构来表示。

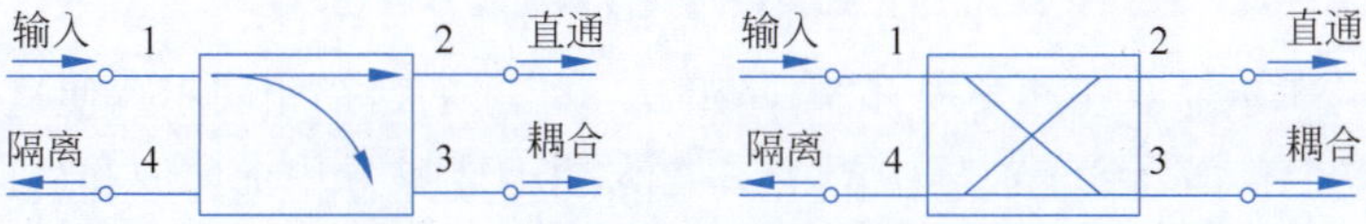


图6.18 定向耦合器的两种常用结构

提供给端口1（输入端口）的功率耦合到端口3（耦合端口），耦合系数$|S_{31}|^2=\beta^2$，而剩余的输入功率传送到端口2（直通端口），其耦合系数$|S_{21}|^2=\alpha^2=1-\beta^2$。在理想的定向耦合器中，没有功率传送到端口4（隔离端口），$|S_{41}|^2=0$。

描述定向耦合器性能的主要参数如下。

(1) 耦合度。当端口1输入功率，而其余端口均接匹配负载时，端口1的输入功率$P_1$与端口3的输出功率$P_3$之比（通常用dB表示），即

$$C=10\lg\frac{P_1}{P_3}=-20\lg|S_{31}|\ (\mathrm{dB}) \tag{6.13}$$

(2) 方向性。端口3的输出功率$P_3$与端口4的输出功率$P_4$之比（通常用dB表示），即

$$D=10\lg\frac{P_3}{P_4}=20\lg\frac{|S_{31}|}{|S_{41}|}\ (\mathrm{dB}) \tag{6.14}$$

(3) 隔离度。端口1的输入功率$P_1$与端口4的输出功率$P_4$之比（通常用dB表示），即

$$I=10\lg\frac{P_1}{P_4}=-20\lg|S_{41}|\ (\mathrm{dB}) \tag{6.15}$$

可见，耦合度是耦合端口输出功率大小的量度，方向性是定向耦合器分离前向波和反向波能力的度量，隔离度是隔离端口输出功率大小的量度。这三者之间的关系为

$$I=D+C\ (\mathrm{dB}) \tag{6.16}$$

当$C=3$dB时，该定向耦合器称为3dB定向耦合器或3dB电桥，它的耦合端口和直通端口输出功率相等，可以作为等分功率分配器使用。理想的定向耦合器其方向性和隔离度无限大，即$D\to\infty$，$I\to\infty$。实际的定向耦合器其方向性一般为20～40dB。方向性越高，分离前向波和反向波的能力越强，在定向耦合器的应用中，通常需要高的方向性(35dB或更大)。

## 6.3.2 波导定向耦合器

定向耦合器的方向性是用两个分开的波分量在耦合端口处同相相加、在隔离端口处反相抵消产生的。一种简单的方法是让信号通过两个波导公共宽壁上的两个或多个小孔，从一个波导耦合到另一个波导，如图6.19所示。

实践

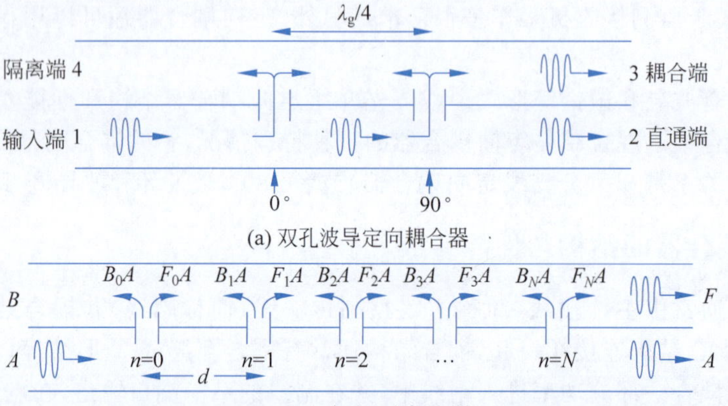


(a) 双孔波导定向耦合器

(b) 多孔波导定向耦合器

图6.19 波导定向耦合器的基本原理

如图6.19(a)所示的双孔波导耦合器，间距$d-\lambda_g/4$的两个相同小孔使这两个波导耦合，由于孔尺寸小，单个孔耦合到上波导中的功率很小，并且上波导中前向波和后向波的幅度一般不同，假设前向耦合系数为$F_1$，后向耦合系数为$B_1$。同时，假设端口1输入波的振幅为$A$，并且相位参考点设在第一个小孔处，第一个小孔耦合到上波导中的前向波和后向波分别为$E_{1F}=F_1A$和$E_{1B}=B_1A$；输入波到达第二个小孔处幅度$A$几乎不变，相位是$-\pi/2$，因此第二个小孔耦合到上波导中的前向波和后向波分别为$E_{2F}=F_1A\mathrm{e}^{-\mathrm{j}\pi/2}$和$E_{2B}=B_1A\mathrm{e}^{-\mathrm{j}\pi/2}$。在端口3方向，第一个孔前向耦合波$E_{1F}$传输$\lambda_g/4$距离后与第二个孔前向耦合波$E_{2F}$叠加，即$E_3=E_{1F}\mathrm{e}^{-\mathrm{j}\pi/2}+E_{2F}$，可见两个波分量都传输了$\lambda_g/4$距离，因此它们是同相增强的，端口3是耦合端口。在端口4方向，第二个孔后向耦合波$E_{2B}$需要再传输$\lambda_g/4$距离才能与第一个孔后向耦合波$E_{1B}$叠加，即$E_4=E_{1B}+E_{2B}\mathrm{e}^{-\mathrm{j}\pi/2}$，可见来自第二个孔的后向波比第一个孔的后向波多传输了$\lambda_g/2$距离，因此它们是反相抵消的，端口4是隔离端口。由于隔离端口的反相抵消对频率是敏感的，使得方向性也是对频率敏感的，因此双孔定向耦合器为窄带器件。

如图6.19(b)所示的多孔定向耦合器，$N+1$个等间距$d$的小孔使得两个平行波导耦合。由于有一系列耦合孔，这个额外的自由度可以提高带宽。每个小孔的尺寸不同，第$n$个小孔的前向耦合系数为$F_n$，第$n$个小孔的后向耦合系数为$B_n$。假设下波导左边的输入波振幅为$A$，相位参考点取在$n=0$的小孔处，类似于双孔耦合器的工作原理，因为前向波的所有分量传输了相同的电长度$\beta Nd$，耦合端口输出的前向波振幅为

$$F=A\mathrm{e}^{-\mathrm{j}\beta Nd}\sum_{n=0}^{N}F_n \tag{6.17}$$

对于后向波，第$n$个分量传输的电长度$2\beta nd$，因此后向波振幅为

$$B = A\sum_{n=0}^{N} B_n \mathrm{e}^{-\mathrm{j}2\beta nd} \tag{6.18}$$

由式(6.13)和式(6.14)，可得出耦合度和方向性分别为

$$C = -20\lg\left|\frac{F}{A}\right| = -20\lg\left|\sum_{n=0}^{N} F_n\right| \ (\mathrm{dB}) \tag{6.19}$$

$$D = -20\lg\left|\frac{B}{F}\right| = -20\lg\left|\frac{\sum_{n=0}^{N} B_n \mathrm{e}^{-\mathrm{j}2\beta nd}}{\sum_{n=0}^{N} F_n}\right| = -C - 20\lg\left|\sum_{n=0}^{N} B_n \mathrm{e}^{-\mathrm{j}2\beta nd}\right| \ (\mathrm{dB}) \tag{6.20}$$

式(6.19)是一个随频率相对较慢变化的函数，因此耦合度在很宽频率范围内相对恒定。式(6.20)的第二项中含有相位相消，所以是频率敏感项。通过选择合适的 $B_n$，可以对方向性综合出宽带频率响应，具体参考有关文献。

### 6.3.3 微带分支线定向耦合器

微带分支线定向耦合器属于 3dB 定向耦合器，其直通和耦合端口输出之间有 90°的相差，因此也称为正交耦合网络，如图 6.20 所示。输入与输出传输线的特性阻抗均为 $Z_c$，四根分支线通过 T 形结与输入、输出传输线连接；上、下平行的两根导带作为串联分支线，其长度为 $\lambda/4$，特性阻抗为 $Z_c/\sqrt{2}$；左、右平行的两根导带作为并联分支线，其长度为 $\lambda/4$，特性阻抗为 $Z_c$。注意：分支线定向耦合器具有高度对称性，任意端口都可作为输入端口，输出端口总在与输入端口相反的一侧，而隔离端口是输入端口同侧的另一端口。

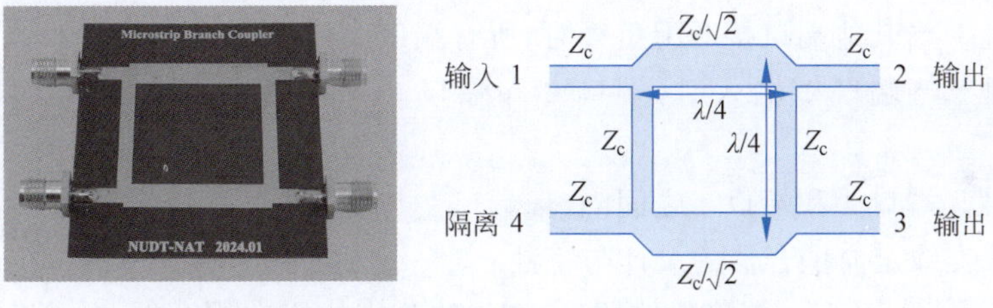


(a) 实物　　(b) 结构图

图 6.20　微带分支线定向耦合器

简明起见，定性分析分支线定向耦合器的特性。当端口 1 输入时，其余端口接匹配负载，其等效传输线模型如图 6.21(a)所示。取端口 1 为相位参考点，端口 1 的输入电压波经过 T 形结分为两个分量：一个分量直接经过左分支到达端口 4，相位为−90°；另一分量经过经上分支—右分支—下分支和两个并联匹配负载到达端口 4，相位为−270°。当上、下分支线的特性阻抗为 $Z_c/\sqrt{2}$ 时，由网络并联知识可以分析得到端口 4 的两个分量大小相等、相位相反而相互抵消，端口 4 的电压波为零，没有输出，因此端口 4 是隔离端口，即 $S_{41}=0$。由于端口 4 的电压波为零，相当于接地，根据 $\lambda/4$ 阻抗变换特性，端口 1 处向左分支看的阻抗无穷大，处于开路状态，端口 3 处向下分支看的阻抗也无穷大，处于开路状态，因此传输线模型简化为图 6.21(b)，它类似于 6.2 节的输入端匹配 T 形结。显然，上分支右端的输入阻抗 $Z_{\mathrm{in1}}=Z_c/2$，经过上分支 $\lambda/4$ 阻抗变换后，端口 1 向上分支看去的输入阻抗为

$$Z_{\mathrm{in}} = \frac{(Z_c/\sqrt{2})^2}{Z_{\mathrm{in1}}} = Z_c \tag{6.21}$$

因此，端口 1 是匹配的，$S_{11}=0$。

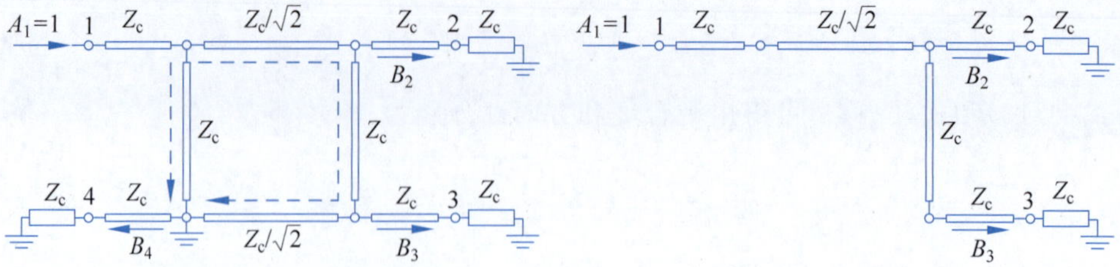


(a) 隔离性分析的传输线模型　　　　(b) 简化模型

图 6.21　分支线定向耦合器的定性分析

由于分支线定向耦合器是无耗网络，可得

$$|S_{11}|^2+|S_{21}|^2+|S_{31}|^2=1$$

端口 2 和端口 3 具有功率平分性，$|S_{21}|=|S_{31}|$。由于端口 2 和端口 3 相对于端口 1 分别经过了 $\lambda/4$ 和 $\lambda/2$ 线段传输，相位分别是 $-90°$ 和 $-180°$，因此 $S_{21}=-\mathrm{j}/\sqrt{2}$，$S_{31}=-1/\sqrt{2}$，端口 3 相对端口 2 相位滞后 90°。

这样就得到了散射矩阵中第一列的 4 个散射参数。分支线定向耦合器的对称性也反映在散射矩阵中，其他列都可以由第一列的元素交换位置后得到。因此，分支线定向耦合器散射矩阵为

$$\boldsymbol{S}=\frac{-1}{\sqrt{2}}\begin{bmatrix}0 & \mathrm{j} & 1 & 0\\ \mathrm{j} & 0 & 0 & 1\\ 1 & 0 & 0 & \mathrm{j}\\ 0 & 1 & \mathrm{j} & 0\end{bmatrix} \tag{6.22}$$

分支线定向耦合器的特性如下：

(1) 匹配性。当其他端口接匹配负载时，所有端口全部匹配。

(2) 平分性。当端口 1 输入时，端口 2 和端口 3 等幅输出，端口 3 相对端口 2 相位滞后 90°。

(3) 隔离性。端口 4 和端口 1 之间隔离，端口 2 与端口 3 之间隔离。

实践

**例 6.4**　分支线定向耦合器的设计与特性。

设计频率 $f_0=2.0\text{GHz}$、端口阻抗 $Z_c=50\Omega$ 的分支线定向耦合器，并画出散射参数随频率变化的曲线。

**解**：分支线定向耦合器的设计主要是分支线的设计，线长在设计频率 $f_0$ 处为 $\lambda/4$，串联分支线的特性阻抗为

$$Z=Z_c/\sqrt{2}=35.4(\Omega)$$

用微波电路 CAD 软件仿真得到的散射参数如图 6.22 所示，可见在设计频率 $f_0$ 处所有端口全匹配，端口 2 和端口 3 实现理想的 3dB 功率分配，以及端口 4 与端口 1 理想隔离；偏离设计频率 $f_0$ 时，端口反射增大，隔离性减弱，功率也不平分。需要注意，这是分支线定向耦合器的理想结果，没有考虑 $T$ 形结不连续性和传输线损耗的影响。

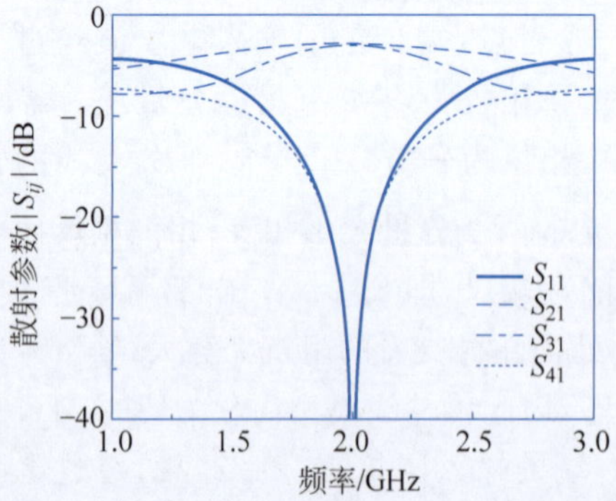


图 6.22　分支线定向耦合器的频带特性

## 6.3.4　微带环混合网络

微带环混合网络属于 3dB 定向耦合器，它的两个输出之间有 180°相移，也可以实现同相

输出，如图 6.23 所示。4 个端口传输线的特性阻抗均为 $Z_c$，环形传输线的特性阻抗 $Z=\sqrt{2}Z_c$，端口 2 与端口 4 之间的微带线长度为 $3\lambda/4$，其余端口之间的微带线长度为 $\lambda/4$。

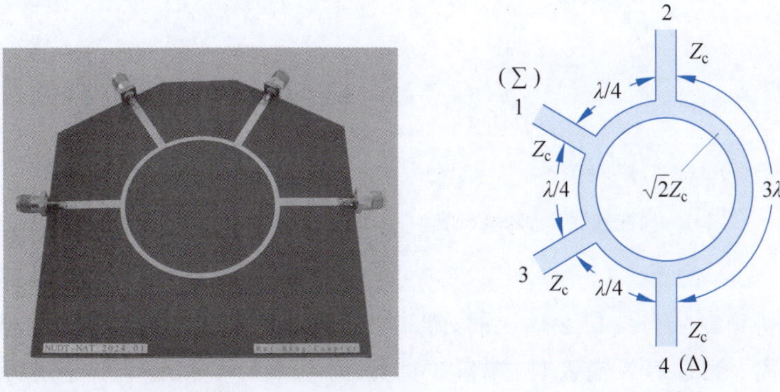


(a) 实物　　(b) 结构

图 6.23　微带混合环结构

简明起见，定性分析微带环混合网络的特性。当其他端口接匹配负载，端口 1 输入一个电压波时，波在 T 形结中等分成两个分量，它们同相到达端口 2 和端口 3，而在端口 4 它们的相位差 180°，因此端口 4 无输出，$S_{41}=0$，如图 6.24(a)所示。端口 4 无电压输出，等效为接地点，根据 $\lambda/4$ 阻抗变换知识，从端口 3 和端口 2 分别向端口 4 看去的输入阻抗都为无穷大，处于开路状态，因此传输线模型简化为图 6.24(b)，它类似于 6.2 节的输出端匹配 T 形结。由匹配 T 形结可知，端口 1 是匹配的，即 $S_{11}=0$；端口 2 和端口 3 等分功率，相对端口 1 相位都滞后 90°，它们之间同相，因此端口 1 输入时，端口 2 和端口 3 对应的散射参数为

$$S_{21}=S_{31}=\frac{-\mathrm{j}}{\sqrt{2}} \tag{6.23}$$

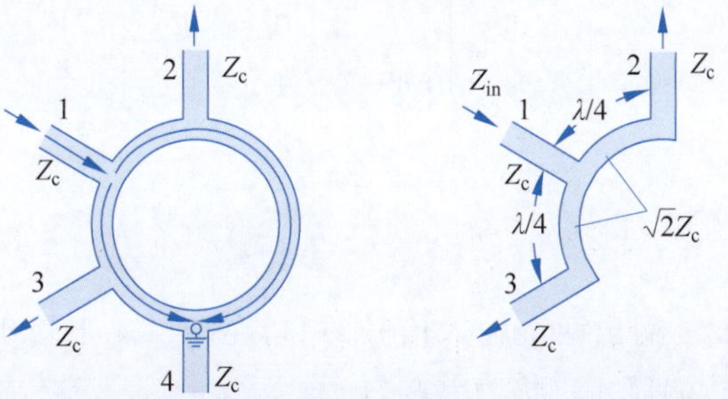


(a) 隔离性分析的传输线模型　　(b) 简化模型

图 6.24　端口 1 输入时微带环混合网络的定性分析

当其他端口接匹配负载，端口 4 输入一个电压波时，波在 T 形结中等分成两个分量，它们到达端口 2 和端口 3 的相位差 90°，而在端口 1 它们的相位差 180°，因此端口 1 无输出，$S_{14}=0$，如图 6.25(a)所示。端口 1 无电压输出，等效为接地点，根据 $\lambda/4$ 阻抗变换知识，从端口 3 和端口 2 分别向端口 1 看去的输入阻抗都为无穷大，处于开路状态，因此传输线模型简化为图 6.25(b)，它类似于 6.2 节的输出端匹配 T 形结。由匹配 T 形结可知，端口 4 是匹配的，即 $S_{44}=0$；端口 2 和端口 3 等分功率，端口 3 相对端口 4 相位滞后 90°，而端口 2 相对端口 4 相位滞后 270°，它们之间相位差 180°，因此端口 4 输入时，端口 2 和端口 3 的散射参数为

$$S_{34}=\frac{-\mathrm{j}}{\sqrt{2}},\quad S_{24}=\frac{\mathrm{j}}{\sqrt{2}} \tag{6.24}$$

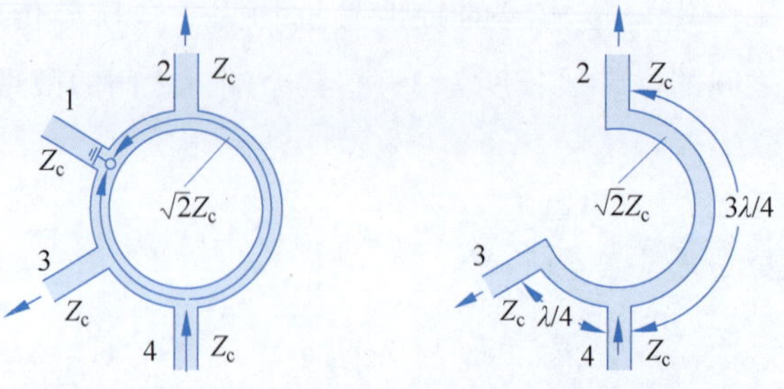


(a) 隔离性分析的传输线模型　　　　(b) 简化模型

**图 6.25　端口 4 输入时微带环混合网络的定性分析**

同样,可以分析得到:当端口 2 输入时,端口 2 自身匹配,端口 1 和端口 4 等分功率,相位差 180°,端口 3 隔离;当端口 3 输入时,端口 3 自身匹配,端口 1 和端口 4 等分功率,相位相同,端口 2 隔离。这样,得到微带环混合网络的散射矩阵为

$$\boldsymbol{S}=\frac{-\mathrm{j}}{\sqrt{2}}\begin{bmatrix}0 & 1 & 1 & 0\\ 1 & 0 & 0 & -1\\ 1 & 0 & 0 & 1\\ 0 & -1 & 1 & 0\end{bmatrix} \tag{6.25}$$

由于微带环混合网络是 3dB 定向耦合器,因此它可以作为等分功率分配器使用。需要注意的是,当波从端口 1 输入时,端口 2 和端口 3 功率等分同相输出,而波从端口 4 输入时,端口 2 和端口 3 功率等分反相输出,隔离端口一般接匹配负载。也可作为功率合成器使用,输入信号 $a_2$ 和 $a_3$ 分别施加在端口 2 和端口 3,其他端口接匹配负载时,根据散射参数定义,有

$$\begin{bmatrix}b_1\\ b_2\\ b_3\\ b_4\end{bmatrix}=\frac{-\mathrm{j}}{\sqrt{2}}\begin{bmatrix}0 & 1 & 1 & 0\\ 1 & 0 & 0 & -1\\ 1 & 0 & 0 & 1\\ 0 & -1 & 1 & 0\end{bmatrix}\begin{bmatrix}0\\ a_2\\ a_3\\ 0\end{bmatrix}$$

可以得到

$$b_1=\frac{-\mathrm{j}}{\sqrt{2}}(a_2+a_3),\quad b_2=0,\quad b_3=0,\quad b_4=\frac{-\mathrm{j}}{\sqrt{2}}(a_2-a_3) \tag{6.26}$$

上式说明,在端口 1 上输出两个输入信号的和,在端口 4 上输出两个输入信号的差。因此,端口 1 也称为和端口,端口 4 也称为差端口。

微带环混合网络的特性如下:

(1) 匹配性。当其他端口接匹配负载时,所有端口全部匹配。

(2) 平分性。当端口 1 输入时,端口 2 和端口 3 等幅同相输出,当端口 4 输入时,端口 2 和端口 3 等幅反相输出,因此端口 1 是和端口,端口 4 是差端口。

(3) 隔离性。端口 4 和端口 1 之间隔离,端口 2 与端口 3 之间隔离。

**例 6.5**　微带环混合网络的设计与特性。

实践

设计频率 $f_0=2.0\mathrm{GHz}$、端口阻抗 $Z_\mathrm{c}=50\Omega$ 的微带环混合网络,并画出散射参数随频率变化的曲线。

**解**:参考图 6.23,环形传输线的特性阻抗为

$$Z=\sqrt{2}Z_\mathrm{c}=70.7(\Omega)$$

用微波电路 CAD 软件仿真得到的散射参数如图 6.26 所示,可见在设计频率 $f_0$ 处所有

端口全匹配，端口 2 和端口 3 实现理想的 3dB 功率分配，以及端口 4 与端口 1 理想隔离；偏离设计频率 $f_0$ 时，端口反射增大，隔离性减弱，功率也不平分。需要注意，这是微带环混合网络的理想结果，没有考虑 T 形结不连续性和传输线损耗的影响。

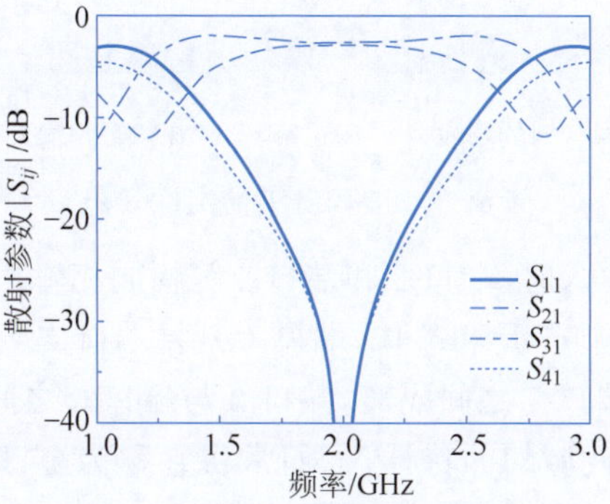


图 6.26　微带环混合网络的频带特性

### 6.3.5　波导魔 T

180°混合网络除了环形混合网络外，还有一种类型的混合网络——波导魔 T，波导魔 T 与环形混合网络有相似的特性。将波导 E 面 T 形结和 H 面 T 形结组合起来可构成如图 6.27(a) 所示的波导双 T。但是，与 E 面 T 形结和 H 面 T 形结类似，双 T 的各端口是不匹配的，有较大反射。类似于 H 面 T 形结的匹配，在双 T 内部安装合适的金属半圆锥台和金属杆等电抗性匹配元件，并对称地放置，如图 6.27(b) 所示，就可以构成 4 个端口均匹配的波导双 T，称为波导魔 T。

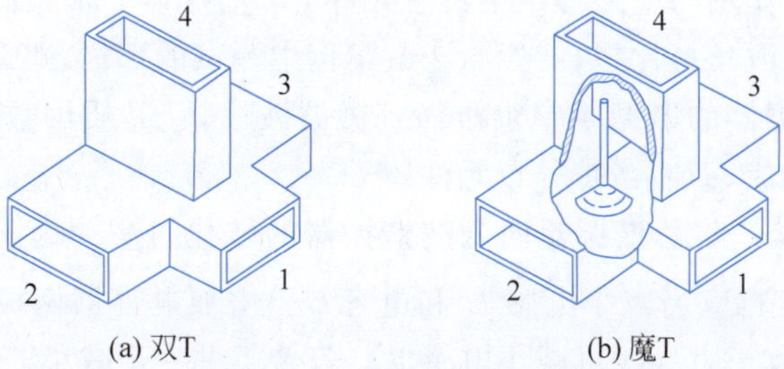


图 6.27　波导双 T 和魔 T

波导魔 T 的严格分析极其复杂，这里通过分析和、差端口的场力线来定性解释它的工作原理。首先考虑在端口 1 输入 $TE_{10}$ 模，电场 $E_y$ 的场力线如图 6.28(a) 所示。此时电场 $E_y$ 关于对称面 T 是偶对称的，因此端口 2 和端口 3 中的场力线关于对称面 T 也是偶对称的，端口 2 和端口 3 等幅同相输出，端口 1 是和端口。端口 4 中的场力线也是偶对称的，因此在端口 4 中它是高次模而不能传输，端口 4 没有 $TE_{10}$ 模输出，端口 1 和端口 4 之间是隔离的。

从端口 4 输入 $TE_{10}$ 模，电场 $E_y$ 的场力线如图 6.28(b) 所示。此时电场 $E_y$ 关于对称面 T 是奇对称的，因此端口 2 和端口 3 中的场力线也关于对称面 T 是奇对称，端口 2 和端口 3 等幅反相输出，端口 4 是差端口。端口 1 中的场力线也是奇对称的，在端口 1 中是高次模而不能传输，因此端口 1 没有 $TE_{10}$ 模输出，端口 4 和端口 1 之间是隔离的。

波导魔 T 的散射矩阵与式(6.25)的形式相似，因此其特性也与微带环混合网络特性相似，具体如下：

(1) 匹配性。当其他端口接匹配负载时，所有端口全部匹配。

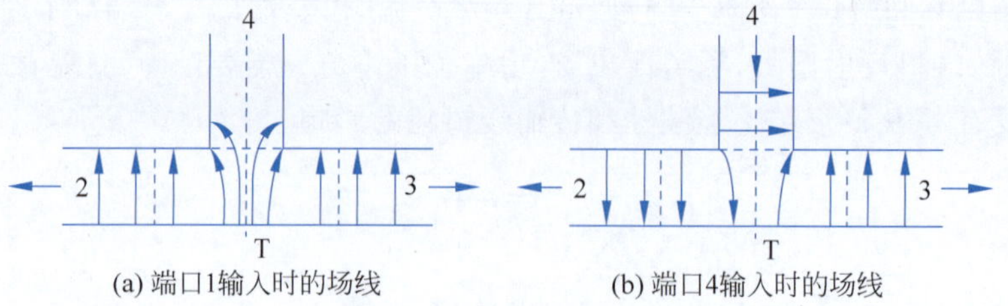


图 6.28　波导魔 T 的定性分析

(2) 平分性。当端口 1 输入时，端口 2 和端口 3 等幅同相输出，当端口 4 输入时，端口 2 和端口 3 等幅反相输出，因此端口 1 是和端口，端口 4 是差端口。

(3) 隔离性。端口 4 和端口 1 之间隔离，端口 2 与端口 3 之间隔离。

正因为匹配双 T 具有如此魔幻的特性，人们常将它称为魔 T。在微波工程中，魔 T 有许多用处，典型的是用 4 个魔 T 构成单脉冲雷达天线中的和差波束形成网络。

## 6.4 微波谐振器

微波谐振器的作用与电路理论中集总元件 $LC$ 谐振器非常相似，它的应用多种多样，包括滤波器、振荡器、频率计和可调谐放大器等，它在微波器件中起着选频、稳频或鉴频作用。

本节首先介绍微波谐振器的基本概念，然后分析几种典型的传输线谐振器，最后介绍微波谐振器的激励与耦合。

### 6.4.1 微波谐振器的概念

虽然微波谐振器的作用与电路理论中集总元件 $LC$ 谐振器非常相似，但是在微波波段，由于集总元件尺寸与微波波长可比拟，就像 5.7 节案例中测试的那样，集总元件的分布参数效应不能忽略，因此集总谐振器的谐振频率很难做到微波波段，且品质因数 $Q$ 不高。因此微波谐振器不能用集总元件构成，而应当是分布元件。

图 6.29 给出了由 $LC$ 集总谐振器向微波谐振器的转化过程。为了提高 $LC$ 谐振器的谐振频率 $f_r=1/(2\pi\sqrt{LC})$，应当减小电感 $L$ 和电容 $C$。增加电容器两极板间的距离可减小电容 $C$，减小线圈的匝数直至直导线可减小电感 $L$。若希望进一步减小 $L$，可将多根导线直至无穷多根直导线并联，进而拼接成导体柱面，最终形成了一个金属空腔结构，这就是一种微波谐振器。它可以看成两端短路的一段圆波导传输线，因而它是分布元件谐振器，谐振器中处处存储有电场能量，也存储有磁场能量，电能和磁能在腔体中不断相互转换而形成谐振。由于传输线的损耗小，因此微波谐振器的品质因数 $Q$ 高。

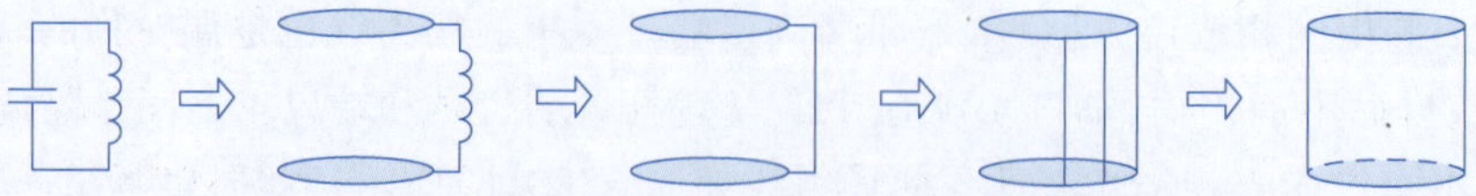

图 6.29　集总元件谐振器向分布元件谐振器的演变

由图 6.29 可知，在微波频率下，可采用分布元件实现谐振器，除了圆波导外，还有矩形波导、同轴线、微带线、带状线等传输线段均可实现谐振器；除了传输线两端短路外，还可以两端开路、一端短路另一端开路，还可以终端接电抗性负载。各种端接法均能实现终端全反射，在谐振器内形成纯驻波，这就可以构成微波谐振器。由于传输线种类多样，端接方法多样，因此微波谐振器的种类也很多。

微波谐振器与集总谐振器一样，也用谐振频率 $f_r$ 和品质因数 $Q$ 两个基本电参数来描述谐振器的性能。

1. 谐振频率

谐振器发生谐振时，其内部的平均电场储能正好与平均磁场储能相等，其阻抗 $Z=R+jX$ 或者输入导纳 $Y=G+jB$ 的虚部等于零，即 $X=0$ 或 $B=0$。谐振器的谐振频率取决于谐振器的结构、尺寸和工作模式。求解谐振频率的方法很多，下面以两端短路的传输线谐振器为例说明求解谐振频率的一种方法。

图 6.30 是两端短路、长度为 $l$ 的无耗 TEM 传输线段，传输线的特性阻抗为 $Z_c$、相移常数为 $\beta$、相速度为 $v_p$，求解该谐振器的谐振频率。

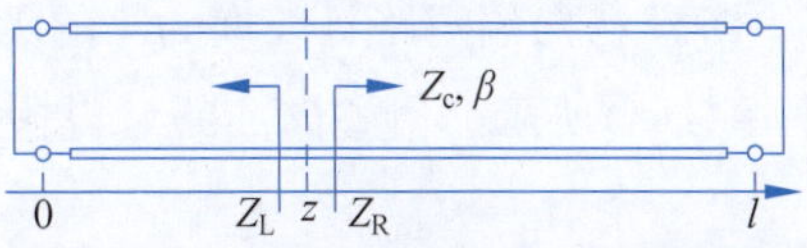

图 6.30 传输线谐振器的谐振频率

在线上任意点 $z$ 处，由式(4.39)计算向左看和向右看去的阻抗分别为

$$Z_L = jZ_c \tan(\beta z)$$
$$Z_R = jZ_c \tan[\beta(l-z)]$$

当发生谐振时，阻抗的虚部为零，$X_L + X_R = 0$，即 $Z_L = Z_R^*$，得到

$$\tan(\beta z) + \tan[\beta(l-z)] = 0 \tag{6.27}$$

式中：$\beta$ 是与频率有关的项，对于 TEM 模有 $\beta = 2\pi f / v_p$。

式(6.27)是谐振频率的特征方程，该方程的解即是要求解的谐振频率。由三角函数知识，得到 $\tan(\beta l)=0$，即 $\beta l = n\pi (n=1,2,3,\cdots)$，由此得到谐振频率为

$$f_r = n \frac{v_p}{2l} \ (n=1,2,3,\cdots) \tag{6.28}$$

发生谐振时，传输线的长度称为谐振长度，有

$$l_r = n \frac{\lambda_r}{2} \ (n=1,2,3,\cdots) \tag{6.29}$$

式中：$\lambda_r$ 为谐振频率对应的波长，$\lambda_r = v_p / f_r$，称为谐振波长，传输线的长度必须是 $\lambda_r/2$ 的整数倍。为简便起见，后文中 $l_r$ 和 $\lambda_r$ 的下标略去。可见，由于传输线的周期性，微波谐振器有无穷多个谐振频率，每个谐振频率对应一种谐振模式，因此微波谐振器具有多谐性，而集总 $LC$ 谐振器只有单一谐振频率。

2. 品质因数

品质因数定义为

$$Q = \omega \frac{\text{平均存储能量}}{\text{平均损耗功率}} = \omega \frac{W_m + W_e}{P_l} \tag{6.30}$$

因此，$Q$ 值是谐振器损耗的度量，较小的损耗意味着较高的 $Q$ 值。谐振器的损耗包括导体损耗、介质损耗或辐射损耗。对于与外界有耦合的谐振器，也会引入额外的损耗，这些损耗都会降低 $Q$ 值。

与外界没有耦合的孤立谐振器的品质因数称为无载品质因数，用 $Q_0$ 表示。工程上一般采用微扰法来计算 $Q_0$。对于谐振器，导体损耗可用式(4.68a)计算，介质损耗可用式(4.69)计算。谐振时，谐振器中平均电场储能 $W_e$ 等于平均磁场储能 $W_m$，谐振器中总平均储能 $W=2W_e=2W_m$，平均电场储能 $W_m$ 和平均磁场储能 $W_e$ 分别可按照式(1.79)和式(1.80)计算。

注意，由于难以考虑许多实际影响损耗的因素，理论计算出的损耗总小于实际损耗，因此

按式(6.30)算出的 $Q_0$ 往往比实测值大许多。

视频

## 6.4.2 几种典型的传输线谐振器

微波谐振器可以用各种长度的传输线段和端接法(通常为开路、短路或电抗性元件)形成谐振器。在接近谐振频率处,微波谐振器常用串联或并联 $LC$ 集总元件等效电路来建模。由于感兴趣的是谐振长度和等效 $LC$ 电路,因此考虑无耗传输线。

### 1. 短路 $\lambda/2$ 传输线谐振器

考虑在两端短路且长度为 $l$ 的无耗传输线,该传输线的特性阻抗为 $Z_c$,相移常数为 $\beta$,如图 6.31(a)所示。由式(4.39)可得输入阻抗为

$$Z_{in} = jZ_c\tan(\beta l)$$

发生谐振时,$X_{in}=0$,即 $\tan(\beta l)=0$,$\beta l=n\pi$。在频率 $\omega=\omega_0$ 处,$\beta=\omega_0/\lambda_0$,因此传输线的谐振长度为

$$l = n\frac{\lambda_0}{2}\ (n=1,2,3,\cdots) \tag{6.31}$$

由此可知,传输线的长度必须是 $\lambda/2$ 的整数倍。

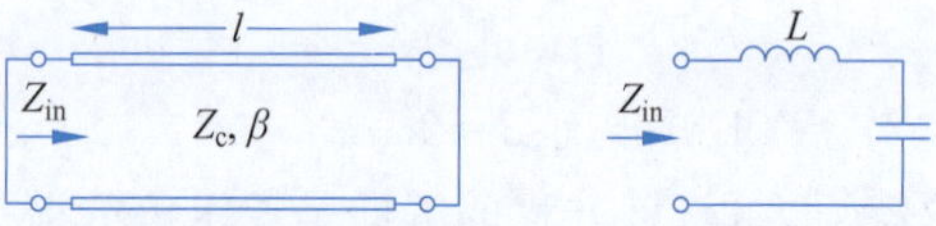


(a) 短路λ/2传输线谐振器　　(b) 等效电路

图 6.31　短路 $\lambda/2$ 传输线谐振器及其等效电路

在谐振频率附近,该谐振器可用串联 $LC$ 集总元件等效电路来建模。令 $\omega=\omega_0+\Delta\omega$,其中 $\Delta\omega$ 很小。假定是 TEM 传输线,则有

$$\beta l = \frac{2\pi}{\lambda}\frac{\lambda_0}{2} = \frac{\pi\omega}{\omega_0} = \pi + \frac{\Delta\omega\pi}{\omega_0}$$

于是,有

$$Z_{in} = jZ_c\tan\left(\frac{\pi\Delta\omega}{\omega_0}\right) \approx jZ_c\frac{\pi\Delta\omega}{\omega_0} \tag{6.32}$$

上式是输入阻抗在谐振频率附近的一阶线性近似。而图 6.31(b)所示的串联 $LC$ 谐振电路的输入阻抗 $Z_{in}$ 同样作线性近似,有

$$Z_{in} = j\omega L + \frac{1}{j\omega C} \approx j2L\Delta\omega$$

令上式与式(6.32)线性近似的斜率相等,可求得等效电路的电感和电容分别为

$$L = \frac{\pi Z_c}{2\omega_0},\quad C = \frac{1}{\omega_0^2 L} = \frac{2}{\pi\omega_0 Z_c} \tag{6.33}$$

因此,该谐振器在 $\Delta\omega=0$,$l=n\lambda/2$ 时谐振,谐振时 $X_{in}=0$。

短路 $\lambda/2$ 传输线谐振器的典型实际谐振器有矩形波导谐振器、圆波导谐振器和同轴线谐振器。这里以矩形波导谐振器为例进行说明。如图 6.32 所示,宽边为 $a$、窄边为 $b$ 的矩形波导在 $z=0$ 和 $z=d$ 两端短路,形成长度为 $d$ 的封闭矩形腔,就构成了矩形波导谐振器。下面推导矩形腔的 $TE_{mn}$ 或 $TM_{mn}$ 模的谐振频率。由式(6.31)可知,矩形腔的长度 $d$ 必须是 $\lambda_g/2$ 的整数倍,即

$$d=\ell\frac{\lambda_g}{2},\quad \ell=1,2,\cdots \tag{6.34}$$

式中：$\lambda_g$ 为波导波长，$\lambda_g=2\pi/\beta_{mn}$，$\beta_{mn}$ 为 $TE_{mn}$ 或 $TM_{mn}$ 模的传输常数，由式(3.40)可知

$$\beta_{mn}=\sqrt{k^2-\left(\frac{m\pi}{a}\right)^2-\left(\frac{n\pi}{b}\right)^2}$$

其中：$k=\omega\sqrt{\mu\varepsilon}$，$\mu$、$\varepsilon$ 分别为腔体填充材料的磁导率和介电常数。

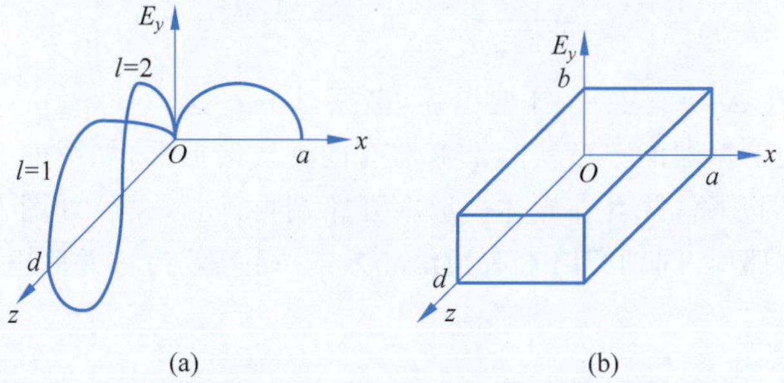


图 6.32　矩形波导谐振器及其谐振模

由此得到矩形腔的谐振波数为

$$k_{mn\ell}=\sqrt{\left(\frac{m\pi}{a}\right)^2+\left(\frac{n\pi}{b}\right)^2+\left(\frac{\ell\pi}{d}\right)^2} \tag{6.35}$$

它对应的矩形腔的谐振模是 $TE_{mn\ell}$ 模和 $TM_{mn\ell}$ 模，其中下标 $m$、$n$、$\ell$ 分别表示 $x$、$y$、$z$ 方向半波长的个数，如图 6.32 所示。$TE_{mn\ell}$ 模和 $TM_{mn\ell}$ 模的谐振频率为

$$f_{mn\ell}=\frac{ck_{mn\ell}}{2\pi\sqrt{\mu_r\varepsilon_r}}=\frac{c}{2\pi\sqrt{\mu_r\varepsilon_r}}\sqrt{\left(\frac{m\pi}{a}\right)^2+\left(\frac{n\pi}{b}\right)^2+\left(\frac{\ell\pi}{d}\right)^2} \tag{6.36}$$

当 $d>a>b$ 时，最低谐振频率所对应的谐振基模是 $TE_{101}$ 模。TM 模的谐振基模是 $TM_{110}$。

### 2. 短路 λ/4 传输线谐振器

如图 6.33(a)所示，一端短路、另一端开路，且长度为 $l$ 的无耗传输线，其特性阻抗为 $Z_c$，相移常数为 $\beta$。由式(4.39)可得输入导纳为

$$Y_{in}=-jY_c\cot(\beta l)$$

发生谐振时，$B_{in}=0$，即 $\cot(\beta l)=0$，$\beta l=n\pi+\pi/2(n=0,1,2,\cdots)$。在频率 $\omega=\omega_0$ 处，传输线的谐振长度为

$$l=(2n+1)\frac{\lambda_0}{4}\ (n=0,1,2,\cdots) \tag{6.37}$$

由此可知，传输线的长度必须是 $\lambda/4$ 的奇数倍。

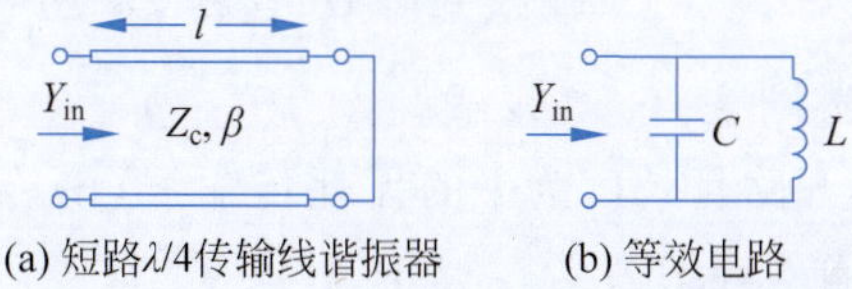


图 6.33　短路 λ/4 传输线谐振器及其等效电路

在谐振频率附近，$\omega=\omega_0+\Delta\omega$，该谐振器可用并联 $LC$ 集总元件等效电路来建模。与短路 $\lambda/2$ 传输线谐振器的分析类似，可得

$$Y_{\text{in}} = jY_{\text{c}}\tan\left(\frac{\pi\Delta\omega}{2\omega_0}\right) \approx jY_{\text{c}}\frac{\pi\Delta\omega}{2\omega_0} \tag{6.38}$$

图 6.33(b)所示的并联 $LC$ 谐振电路的输入导纳为

$$Y_{\text{in}} = j\omega C + \frac{1}{j\omega L} \approx j2C\Delta\omega$$

等效电路的电感和电容分别为

$$C = \frac{\pi}{4Z_{\text{c}}\omega_0}, \quad L = \frac{1}{\omega_0^2 C} = \frac{4Z_{\text{c}}}{\pi\omega_0} \tag{6.39}$$

因此，该谐振器在 $\Delta\omega=0$，$l=\lambda/4$ 时谐振，谐振时 $B_{\text{in}}=0$。

短路 $\lambda/4$ 传输线谐振器的典型实际谐振器有同轴线谐振器，如图 6.34 所示。$\lambda/4$ 同轴谐振器一端短路、另一端开路，并且外导体一般在开路端再延长一段，如图 6.34(a)所示。但是，就像 5.5.3 节描述的那样，同轴开路端有边缘场效应，可等效为一并联电容 $C$，如图 6.34(b)、(c)所示。

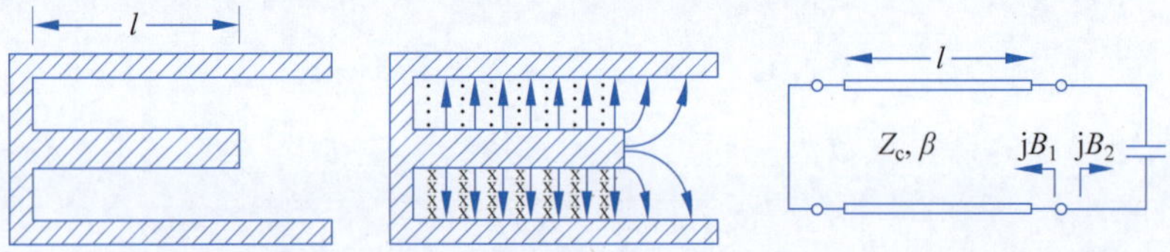


**图 6.34　同轴线谐振器及其等效电路**

下面分析传输线段端接电抗性元件时的谐振频率。从同轴线内导体末端向短路和向电容看去的导纳分别为

$$jB_1 = -jY_{\text{c}}\cot(\beta l), \quad jB_2 = j\omega C$$

当谐振时，$B_1+B_2=0$，即可得到

$$\omega C - Y_{\text{c}}\cot(\beta l) = 0$$

由于 $\beta=\omega/c$，将其代入上式，得到

$$\omega C Z_{\text{c}} = \cot\left(\frac{\omega}{c}l\right)$$

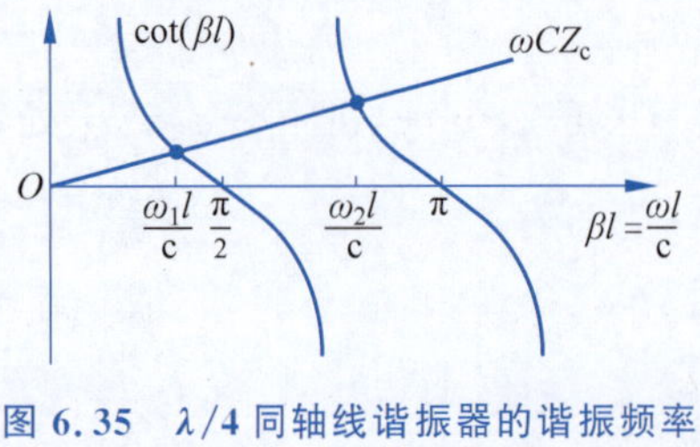


**图 6.35　λ/4 同轴线谐振器的谐振频率**

上式为关于频率 $\omega$ 的超越方程，求解该方程即可得到谐振频率。它可以用图形法求解，如图 6.35 所示，两条曲线的交点即是待求的解，第一个谐振频率点 $\omega_1$ 靠近 $\beta l=\pi/2$（理想开路时的第一个谐振频率），并联电容会减小谐振器的长度，$l<\lambda/4$。这是可以理解的，因为并联电容也可以用长为 $\Delta l$ 的一段理想开路传输线来等效，这样 $l+\Delta l=\lambda/4$，即 $l=\lambda/4-\Delta l$。

### 3. 开路 λ/2 传输线谐振器

如图 6.36(a)所示，两端开路且长度为 $l$ 的无耗传输线，该传输线的特性阻抗为 $Z_{\text{c}}$，相移常数为 $\beta$。由式(4.41)可得输入导纳为

$$Y_{\text{in}} = jY_{\text{c}}\tan(\beta l)$$

发生谐振时，$B_{\text{in}}=0$，即 $\tan(\beta l)=0$，$\beta l=n\pi(n=1,2,3,\cdots)$。在频率 $\omega=\omega_0$ 处，传输线的谐振长度为

$$l = n\frac{\lambda_0}{2}\ (n=1,2,\cdots) \tag{6.40}$$

由此可知，传输线的长度必须是 $\lambda/2$ 的整数倍。

在谐振频率附近，$\omega=\omega_0+\Delta\omega$。与短路 $\lambda/2$ 传输线谐振器的分析类似，可得

$$Y_{in} = \mathrm{j}Y_c\tan\left(\frac{\pi\Delta\omega}{\omega_0}\right) \approx \mathrm{j}Y_c\frac{\pi\Delta\omega}{\omega_0} \tag{6.41}$$

该谐振器可用并联 $LC$ 集总元件等效电路来建模，求得等效电路的电感和电容分别为

$$C=\frac{\pi}{2Z_c\omega_0},\quad L=\frac{1}{\omega_0^2C}=\frac{2Z_c}{\pi\omega_0} \tag{6.42}$$

因此，该谐振器在 $\Delta\omega=0$，$l=\lambda/2$ 时谐振，谐振时 $B_{in}=0$。

开路 $\lambda/2$ 传输线谐振器的典型实际谐振器有微带线谐振器，如图 6.37 所示。假设微波基板的相对介电常数为 $\varepsilon_r$、厚度为 $d$，谐振器长度为 $l$。由 5.5.2 节可知，开路微带线会产生边缘场，有伸长效应，可用线长为 $\Delta l$ 的终端理想开路的微带线段来表示，如图 6.37(b)所示。可得

$$l+2\Delta l=\frac{\lambda_d}{2}=\frac{\lambda}{2\sqrt{\varepsilon_{re}}} \tag{6.43}$$

式中：$\lambda_d$ 为微带线的介质波长；$\varepsilon_{re}$ 为有效介电常数，由式(4.89)给出；$\Delta l$ 为伸长长度，由式(5.50)给出。

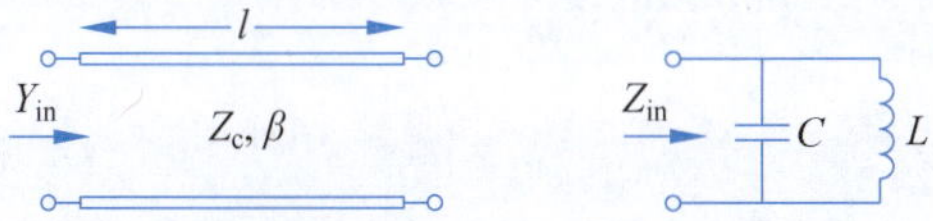


(a) 短路$\lambda/2$传输线谐振器　(b) 等效电路

图 6.36　开路 $\lambda/2$ 传输线谐振器及其等效电路

(a) 微带线谐振器　(b) 等效电路

图 6.37　微带线谐振器及其等效电路

## 6.4.3　微波谐振器的耦合与微扰

孤立谐振器不存在外部电路的影响，用谐振频率和无载 $Q$ 表征。但是，实际的谐振器只有与外部电路发生耦合才能有用，因此需要研究两个问题：一是谐振器如何耦合到外部传输线；二是外部电路对谐振器的影响。本节先讨论谐振器的耦合方式和耦合影响，再简单分析谐振器微扰的影响和应用。

谐振器的耦合方式取决于具体情况下的谐振器类型。图 6.38 给出了谐振器耦合方式的一些实例，主要有探针耦合、小环耦合、小孔耦合、缝隙耦合等。探针耦合和小环耦合主要用于同轴线与波导谐振腔、同轴谐振腔之间的耦合，它们与同轴-波导转换原理类似。图 6.38(a)是同轴线与波导腔之间的探针耦合，探针应置于矩形波导电场最强处，并与电场线平行。探针的作用等效于一个电偶极子，故探针耦合是电耦合。改变探针插入腔中的深度可改变耦合系数，它一般是弱耦合。图 6.38(b)是同轴线与 $\lambda/2$ 同轴谐振腔之间的小环耦合，小环置于谐振腔中磁场最强处，并且环面与谐振腔中磁场线垂直。小环的作用等效于磁偶极子，故小环耦合是磁耦合。改变小环尺寸和环面方向都可以改变耦合系数，小环耦合一般是弱耦合。小孔耦合主要用于波导与波导腔之间的耦合。图 6.38(c)是矩形波导与圆波导腔之间的小孔耦合，小孔耦合一般既有电耦合也有磁耦合，属于电磁耦合，它一般实现弱耦合。

图 6.38(d)是介质谐振器与微带线之间的耦合。介质谐振器通常使用低损耗和高介电常数($\varepsilon_r=10\sim100$，典型的是钛酸钡和二氧化钛)的介质材料，制作成圆柱体或立方体等形状。这种谐振器与等效的金属腔相比，成本低、尺寸小、重量轻，能很容易集成到微波集成电路中，

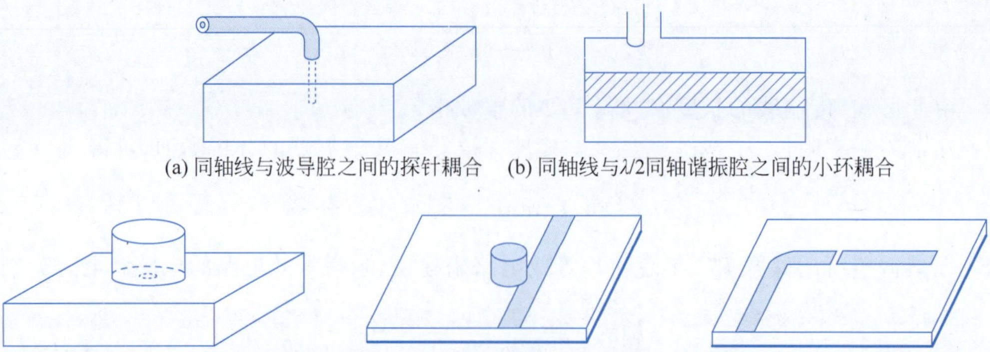

(a) 同轴线与波导腔之间的探针耦合　(b) 同轴线与λ/2同轴谐振腔之间的小环耦合

(c) 矩形波导与圆波导腔之间的小孔耦合　(d) 介质谐振器与微带线之间的耦合　(e) 缝隙耦合开路λ/2微带谐振器

**图 6.38　微波谐振器的耦合**

并耦合到微带线中。导体损耗可忽略不计，介质损耗较低，$Q$ 值甚至高达几千。另外，它的温度稳定性好，谐振频率随温度变化很小。由于介质谐振器具有这些特性，其已成为集成微波滤波器和振荡器的关键性器件。

图 6.38(e)是缝隙耦合开路 $\lambda/2$ 微带谐振器，缝隙相当于一个串联电容，实现微带线与微带谐振腔之间的耦合，其等效电路如图 6.39(a)所示。由馈线看去的输入阻抗为

$$Z_{\mathrm{in}}=-\mathrm{j}Z_{\mathrm{c}}\cot(\beta l)+\frac{1}{\mathrm{j}\omega C}=-\mathrm{j}\,\frac{\tan(\beta l)+\omega CZ_{\mathrm{c}}}{\omega C\tan(\beta l)}$$

当 $Z_{\mathrm{in}}=0$ 时，谐振器发生谐振，有

$$\tan(\beta l)+\omega CZ_{\mathrm{c}}=0 \tag{6.44}$$

上式是一个超越方程，可以采用图解法，如图 6.39(b)所示。可见，第一个谐振频率 $\omega_1$ 靠近 $\beta l=\pi$(无载谐振器的第一个谐振频率)，因此缝隙耦合会降低谐振器的谐振频率，并且缝隙越窄，电容越大，耦合越强，频率下降越多。

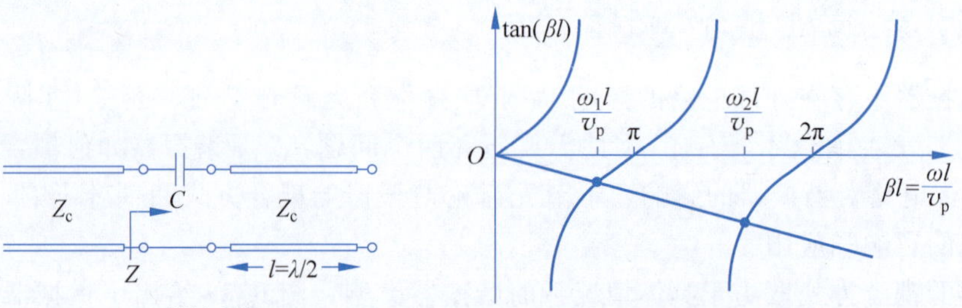


(a) 等效电路　(b) 谐振频率求解

**图 6.39　缝隙耦合开路 λ/2 微带谐振器等效电路与谐振频率**

谐振器与外部电路发生耦合不仅会改变谐振器的谐振频率，还会降低谐振电路的总体 $Q$，称为有载 $Q$，即 $Q_{\mathrm{L}}$。图 6.40 描述了耦合到外部负载电阻 $R_{\mathrm{L}}$ 的谐振器。当谐振器等效为串联 $RLC$ 谐振电路时，无载 $Q_0=1/(\omega_0 RC)$；负载电阻 $R_{\mathrm{L}}$ 与 $R$ 串联，谐振电阻的有效电阻为 $R_{\mathrm{L}}+R$，有载 $Q_{\mathrm{L}}=1/[\omega_0(R_{\mathrm{L}}+R)C]$。当谐振器等效为一个并联 $RLC$ 谐振电路时，无载 $Q_0=\omega_0 RC$；负载电阻 $R_{\mathrm{L}}$ 与 $R$ 并联，谐振电阻的有效电阻为 $R_{\mathrm{L}}R/(R_{\mathrm{L}}+R)$，有载 $Q_{\mathrm{L}}=\omega_0 R_{\mathrm{L}}R/(R_{\mathrm{L}}+R)C$。

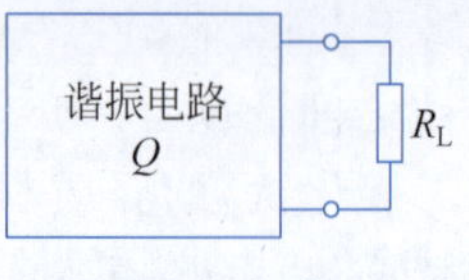


**图 6.40　耦合到外部负载 $R_{\mathrm{L}}$ 的谐振电路**

若定义外部 $Q$，即 $Q_e$ 为

$$Q_e=\begin{cases}\dfrac{1}{\omega_0 R_L C}, & \text{串联电路}\\ \omega_0 R_L C, & \text{并联电路}\end{cases} \tag{6.45}$$

则有载 $Q$ 为

$$\frac{1}{Q_L}=\frac{1}{Q_e}+\frac{1}{Q_0} \tag{6.46}$$

在实际应用中，谐振器的形状发生小的改变，或引入小片介质或金属材料，可改变谐振腔的特性，称为谐振腔的微扰。谐振器微扰有很多实际的应用，例如，谐振腔的谐振频率可用插入腔内的可调销钉来调谐，波导腔体滤波器常用此方法来调谐，获得了较好的滤波特性；也可以改变带有可移动壁的腔的尺寸来调谐，介质谐振器的上方使用可调的金属板，改变金属板与谐振器之间距来调谐，改变微波振荡器的输出频率。另一个应用是把小介质样品插入腔中，通过测量谐振频率的偏移来求介质的介电常数。

实践

**例 6.6** 微波谐振器的应用。

在微带电路和天线设计中需要测量微波基片的介电常数，用图 6.38(e)所示的缝隙耦合 $\lambda/2$ 微带谐振器设计一个微波基片介电常数的测量装置，并简述其测量原理。

**解：** 由前面的分析可知，开路 $\lambda/2$ 微带谐振器有伸长效应，其谐振长度为 $l+2\Delta l$，耦合缝隙电容也会降低其谐振频率，用单一缝隙耦合 $\lambda/2$ 微带谐振器测量基片介电常数必定带来较大误差。为此，采用两个缝隙耦合 $\lambda/2$ 微带谐振器，即双谐振器来测量基片介电常数，谐振器长度分别为 $l_1$ 和 $l_2$，其他结构完全相同(如图 6.41 所示)，并且尽量采用弱耦合，降低耦合电容对谐振频率的影响。微带线通过 SMA 接头与矢量网络分析仪相连，分别测量其反射系数 $S_{11}$，由 $S_{11}$ 幅度最小点读出各自谐振频率 $f_{r1}$ 和 $f_{r2}$。由式(6.43)可得

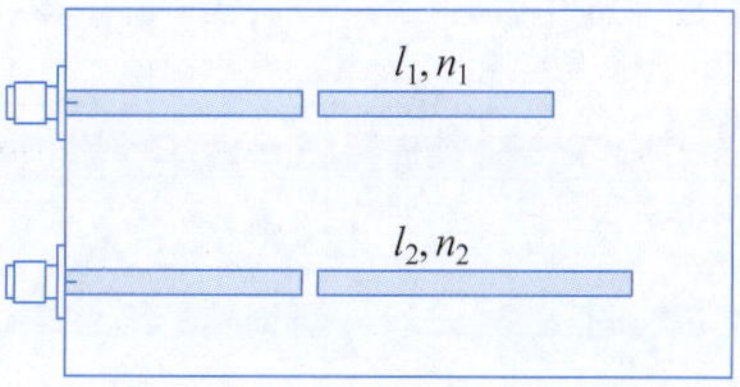


图 6.41 双谐振器测量介电常数

$$l_1+2\Delta l=n_1\frac{c}{2f_{r1}\sqrt{\varepsilon_{re}}}$$

$$l_2+2\Delta l=n_2\frac{c}{2f_{r2}\sqrt{\varepsilon_{re}}}$$

式中：$n_1$、$n_2$ 为谐振器长度的半波长个数，可以事先估计得到。上述两式相减，可以得到基片的有效介电常数为

$$\sqrt{\varepsilon_{re}}=\frac{c}{2(l_1-l_2)}\left(\frac{n_1}{f_{r1}}-\frac{n_2}{f_{r2}}\right)$$

由式(4.89)计算出相对介电常数 $\varepsilon_r$，也可用式(4.97)计算出更精确的相对介电常数 $\varepsilon_r$。

## 6.5 微波滤波器

微波滤波器与集总 $LC$ 滤波器类似，主要是抑制不需要的频率分量信号，使其不能通过滤波器，而只让需要的频率分量信号尽量无衰减地通过，具有频率选择和滤除作用。微波滤波器在微波中继通信、卫星通信、雷达技术、电子对抗以及微波测量中都有广泛的应用，它可以滤除来自外界不同频的干扰信号，也可以滤除微波发射机和接收机中放大器、混频器等非线性器件自身产生的无用频率分量，避免自扰、互扰而使微波系统无法正常工作。

尽管微波滤波器的作用与集总 $LC$ 滤波器类似，但是微波滤波器一般不用集总元件实现，而用分布元件实现。本节在简单介绍微波滤波器概念的基础上，重点讨论如何用分布元件替

代集总元件来实现微波低通滤波器和微波带通滤波器。

### 6.5.1 微波滤波器的概念

1. 微波滤波器的技术指标

微波滤波器可以看成一个二端口网络，如图 6.42 所示。工程中通常用插入损耗来描述微波滤波器的工作性能。插入损耗定义为当微波滤波器端接匹配负载时，滤波器的输入功率 $P_i$ 与负载所得的功率 $P_L$ 之比(通常用 dB 来表示)，即

$$L=10\lg\left(\frac{P_i}{P_L}\right)=10\lg\frac{1}{|S_{21}|^2}(\text{dB}) \tag{6.47}$$

根据微波滤波器插入损耗的频率响应特性不同，可将微波滤波器分为微波低通滤波器、高通滤波器、带通滤波器和带阻滤波器，它们随着角频率 $\omega$ 变化的插入损耗特性如图 6.43 所示。

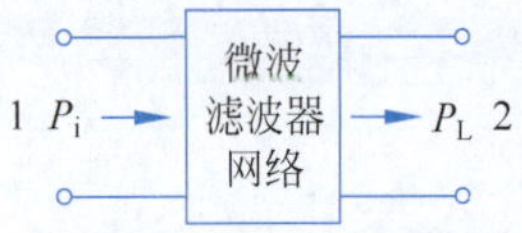


图 6.42　滤波器网络

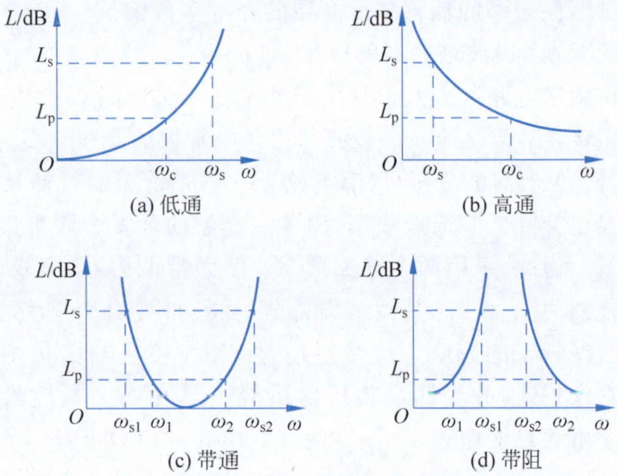


图 6.43　4 种微波滤波器的角频率变化的插入损耗特性

微波滤波器具有下列几项主要指标。

(1) 通带：允许信号通过的频带。对于低通滤波器和高通滤波器，通带用截止频率 $\omega_c$ 来表示，低通的通带 $\omega\leqslant\omega_c$，高通的通带 $\omega\geqslant\omega_c$；对于带通滤波器，用中心频率 $\omega_0$ 和边频 $\omega_1$ 和 $\omega_2$ 来表示，通带带宽是通带内上边频和下边频的频率差，即 $\Delta\omega=\omega_2-\omega_1$，相对带宽为 $\Delta\omega/\omega_0$；对于带阻滤波器，$\omega\leqslant\omega_1$ 和 $\omega\geqslant\omega_2$。

(2) 阻带：不允许信号通过的频带。对于低通滤波器，$\omega\geqslant\omega_s$；对于高通滤波器，$\omega\leqslant\omega_s$；对于带通滤波器，$\omega\leqslant\omega_{s1}$ 和 $\omega\geqslant\omega_{s2}$；对于带阻滤波器，$\omega_{s1}\leqslant\omega\leqslant\omega_{s2}$。

(3) 带内插损：通带内最大的插入损耗，用符号 $L_p$ 表示，一般取 $L_p=3\text{dB}$。

(4) 带外抑制：阻带内最小的插入损耗，用符号 $L_s$ 表示，一般根据实际滤波器要求给定。

(5) 波纹系数：通带内插损起伏的大小，即 $\Delta L=L_{\text{pmax}}-L_{\text{pmin}}$。

(6) 矩形系数：通带与阻带之间有过渡带，一般过渡带越小，滤波曲线越陡峭，频率选择性能越好。矩形系数就是表征滤波曲线陡峭程度的参数，它定义为 60dB 带外抑制所对应的带宽与 3dB 通带之比，即 $\Delta\omega_{60\text{dB}}/\Delta\omega_{3\text{dB}}$。可见矩形系数越接近 1，滤波曲线越陡峭，频率选择性能越好。

(7) 寄生通带：微波滤波器采用分布元件实现，分布元件具有周期性，导致微波滤波器会出现不需要的通带，这就是寄生通带。寄生通带是微波滤波器独有现象，设计时应避开寄生通带。

2. 微波滤波器的设计过程

尽管微波滤波器不能用集总元件来实现，但是在设计微波滤波器时仍然离不开集总滤波器的分析和设计（因为集总滤波器的理论比较完善）。微波滤波器的设计过程（如图 6.44 所示）：首先根据微波滤波器的设计指标，确定阻抗和频率归一化的低通原型滤波器的集总元件；然后通过频率和阻抗转换由低通原型得到实际的低通、高通、带通和带阻集总滤波器的元件参数；最后为了在微波频率实现它，需要用分布元件代替集总元件。

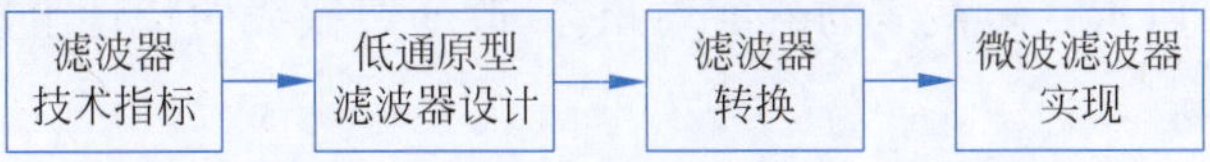


图 6.44　微波滤波器的设计过程

由图 6.44 可见，微波滤波器设计的前三步与集总参数滤波器设计完全相同。限于篇幅，这里仅给出 4 种类型集总参数滤波器的梯形结构，如图 6.45 所示，具体设计和综合方法可参考有关文献。

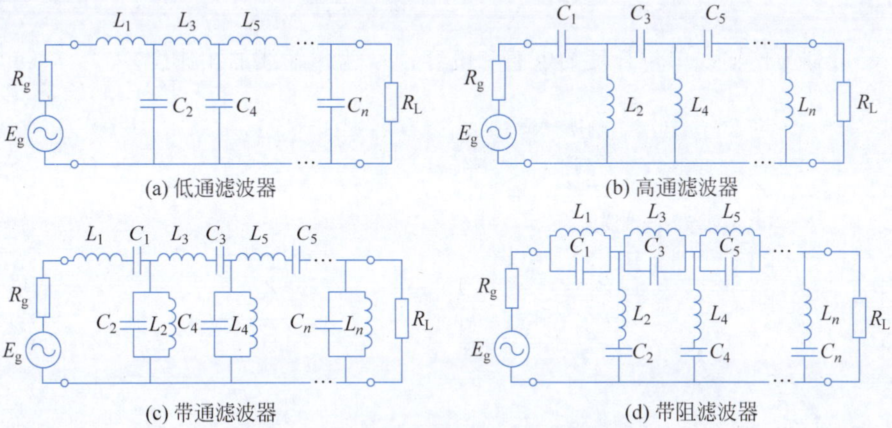


图 6.45　集总参数滤波器的梯形结构

微波滤波器的特殊性在于它的分布电路实现。由图 6.45 可以看出，微波低通滤波器和高通滤波器需要用分布元件来实现电感 $L$ 和电容 $C$，微波带通滤波器和带阻滤波器需要用分布元件来实现 $LC$ 串联和并联谐振电路。从分布元件实现角度看，微波低通滤波器和高通滤波器具有相似性，微波带通滤波器和带阻滤波器具有相似性，因此下面只讨论微波低通滤波器和带通滤波器的实现方法。

## 6.5.2　微波低通滤波器的实现

1. 短截线实现微波低通滤波器

正如 4.3.2 节所述，合适长度的一段短路或者开路的传输线段（短截线）能够提供任意电抗或电纳值，短截线可实现任意的电感 $L$ 和电容 $C$，因此可实现微波低通滤波器。

一段长度为 $l$ 的微波传输线，其特性阻抗为 $Z_c$，当终端短路和开路时，由式(4.39)和式(4.41)可得其输入阻抗和输入导纳分别为

$$Z_{in}=jZ_c\tan(\beta l),\quad Y_{in}=jY_c\tan(\beta l)$$

当线长较短，$l\leqslant\lambda/8$ 时，$\tan(\beta l)\approx\beta l$，$\beta=\omega/v_p$，上式简化为

$$Z_{in}\approx jZ_c\beta l=j\omega\frac{Z_c l}{v_p}=j\omega L,\quad Y_{in}=jY_c\beta l=j\omega\frac{Y_c l}{v_p}=j\omega C$$

可见，短路短截线等效为电感，开路短截线等效为电容，其等效的集总参数 $L$ 和 $C$ 分别为

$$L=\frac{Z_{\mathrm{c}}l}{v_{\mathrm{p}}},\quad C=\frac{Y_{\mathrm{c}}l}{v_{\mathrm{p}}} \tag{6.48}$$

具体实现有两种方法：一是固定特性阻抗 $Z_{\mathrm{c}}$ 或导纳 $Y_{\mathrm{c}}$，改变线长 $l$ 获得不同的电感 $L$ 和电容 $C$；二是固定线长 $l$，改变传输线的特性阻抗 $Z_{\mathrm{c}}$ 或导纳 $Y_{\mathrm{c}}$ 来获得不同的电感 $L$ 和电容 $C$。举一个微波低通滤波器实现实例，对于图 6.46(a)所示的低通集总滤波器可用短截线来实现，如图 6.46(b)所示。短截线的长度均相等，改变短截线的特性阻抗来实现不同的电感和电容。

2. 高、低阻抗线实现微波低通滤波器

一段特性阻抗为 $Z_{\mathrm{c}}$、长度为 $l$ 的无耗传输线段可用 T 形等效电路表示，如图 6.47(b)所示。根据式(4.16)和式(4.18)可得

$$Z_{\mathrm{c}}=\sqrt{\frac{L}{C}},\quad v_{\mathrm{p}}=\frac{1}{\sqrt{LC}}$$

式中：$L$、$C$ 分别为传输线单位长度的电感和电容；$v_{\mathrm{p}}$ 为传输线的相速度。

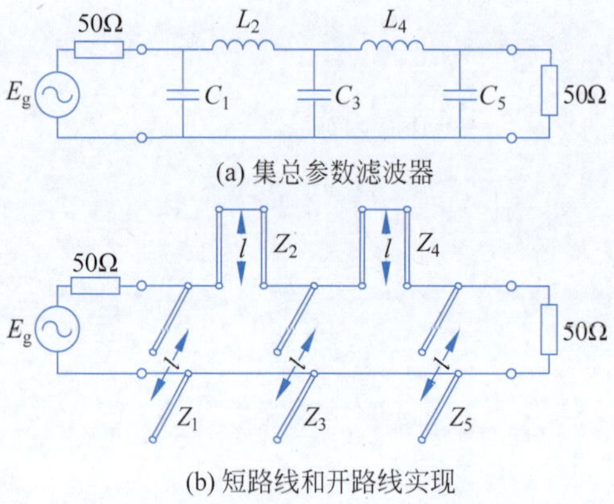


图 6.46　微波低通滤波器的短截线实现

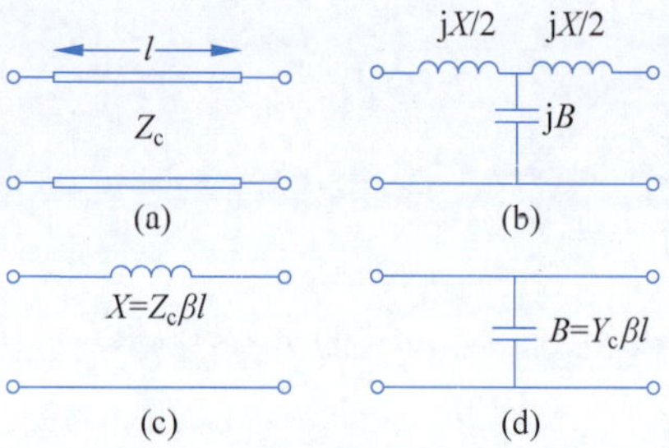


图 6.47　传输线段的等效电路

因此，单位长度的电感和电容分别是

$$L=Z_{\mathrm{c}}/v_{\mathrm{p}},\quad C=1/(Z_{\mathrm{c}}v_{\mathrm{p}})$$

长度为 $l$ 的传输线段的等效串联电抗和并联电纳分别为

$$X=\omega Ll=\frac{\omega Z_{\mathrm{c}}l}{v_{\mathrm{p}}}=Z_{\mathrm{c}}\beta l,\quad B=\omega Cl=\frac{\omega l}{Z_{\mathrm{c}}v_{\mathrm{p}}}=\frac{\beta l}{Z_{\mathrm{c}}} \tag{6.49}$$

对于高特性阻抗 $Z_{\mathrm{c}}=Z_{\mathrm{h}}$ 的短传输线段，式(6.49)可近似简化为

$$X=Z_{\mathrm{c}}\beta l,\quad B\approx 0 \tag{6.50}$$

这说明高阻抗线并联电容很小，可以忽略，它等效为串联电感，如图 6.47(c)所示。对于低特性阻抗 $Z_{\mathrm{c}}=Z_l$ 的短传输线段，式(6.49)可近似简化为

$$X\approx 0,\quad B=Y_{\mathrm{c}}\beta l \tag{6.51}$$

这说明低阻抗线串联电感很小，可以忽略，它等效为并联电容，如图 6.47(d)所示。由此，微波滤波器中的串联电感可以用高阻抗线段代替，并联电容可以用低阻抗线段代替。高低阻抗线通常可用微带线、带线和同轴线实现，$Z_{\mathrm{h}}/Z_l$ 应该尽可能大，所以 $Z_{\mathrm{h}}$ 和 $Z_l$ 的实际值通常设置为实际传输线能做到的最高和最低特性阻抗。

**例 6.7** 高、低阻抗线低通滤波器的设计。

如图 6.48(a)所示的集总低通滤波器，截止频率为 2.0GHz，阻抗为 50Ω，$C_1=C_5=0.984$pF，$L_2=L_4=6.438$nH，$C_3=3.183$pF，用微带高、低阻抗线实现该低通滤波器。

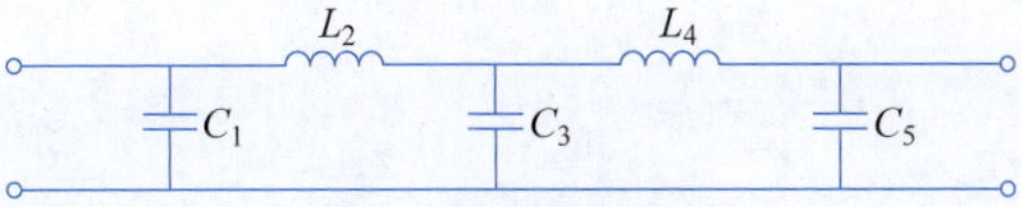


(a) 集总参数低通

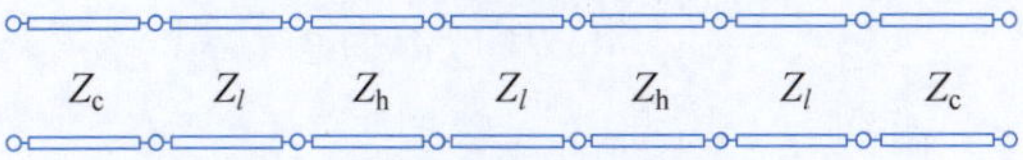


(b) 高、低阻抗线等效

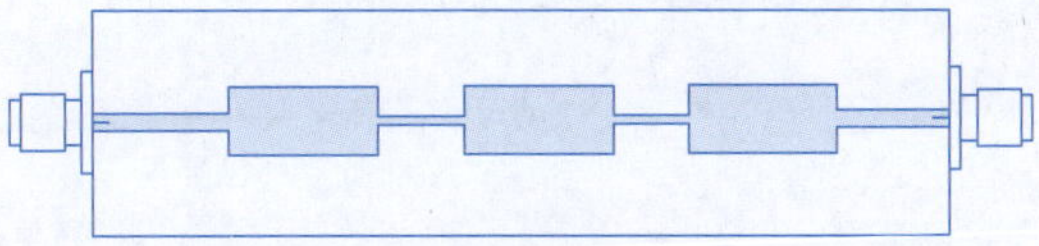

(c) 微带线形式实现

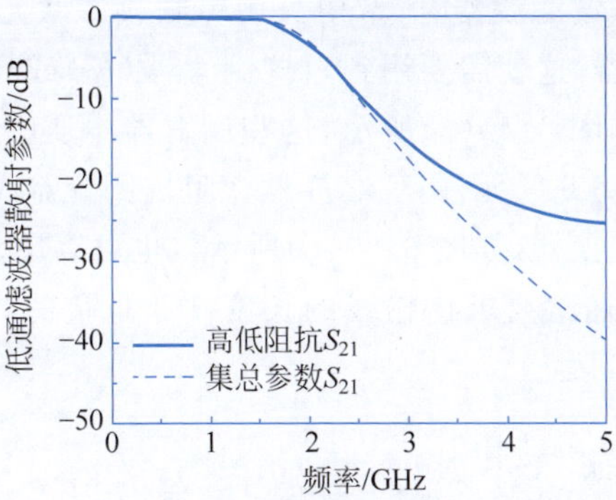


(d) 仿真结果

图 6.48 微波低通滤波器的高、低阻抗线实现

**解**：采用高、低阻抗线实现低通滤波器，如图 6.48(b)所示。微带基片选择为 $\varepsilon_r=4.2$，$d=1.58$mm。对于微带线，改变导带的宽度即可实现高、低阻抗线；导带越窄，阻抗越大，选择高阻抗 $Z_h=120\Omega$；导带越宽，阻抗越小，选择低阻抗 $Z_l=20\Omega$。由微带线设计方法分别计算高、低阻抗线的宽度和有效相对介电常数，再由式(6.50)和式(6.51)计算得到高、低阻抗线的长度，如图 6.48(c)所示。用微波电路 CAD 软件仿真得到的散射参数如图 6.48(d)所示，可见高、低阻抗线能实现微波低通滤波器，并且它的截止频率与集总参数滤波器一致，仅高频处带外抑制稍差些(这是由于在高频处高、低阻抗线元件与集总元件明显不同)。注意，这是该滤波器的理想结果，没有考虑微带阶梯不连续性和传输线损耗的影响。

## 6.5.3 微波带通滤波器的实现

### 1. λ/4 传输线谐振器

由 6.4.2 节可知，长度为 λ/4 的开路和短路传输线可以实现 LC 串联和并联谐振电路，长度为 λ/2 的开路和短路传输线可以实现 LC 并联和串联谐振电路，并得到了它们的等效电路和参数。

并联 LC 谐振电路可用 λ/4 短路传输线来实现，如图 6.49(a)所示，其特性阻抗为

$$Z_c=\frac{\pi}{4\omega_0 C} \quad 或 \quad Z_c=\frac{\pi\omega_0 L}{4} \tag{6.52}$$

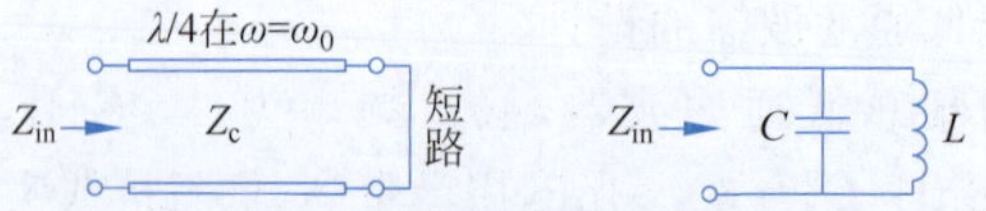


(a) λ/4短路线的等效

(b) λ/4开路线的等效

图 6.49　λ/4 传输线谐振器的等效

串联 $LC$ 谐振电路可用 $\lambda/4$ 开路传输线来实现，如图 6.49(b)所示，其特性阻抗为

$$Z_c = \frac{4\omega_0 L}{\pi} \quad 或 \quad Z_c = \frac{4}{\pi\omega_0 C} \tag{6.53}$$

2. 阻抗倒置器和导纳倒置器

当用特定的传输线实现微波滤波器时，希望只用串联或并联元件。对于微带带通滤波器来说，希望只用并联 $LC$ 谐振器，这就需要用到阻抗倒置器($K$)或导纳倒置器($J$)。阻抗倒置器和导纳倒置器的工作原理如图 6.50(a)所示，这些倒置器本质上使得负载阻抗倒置或导纳倒置，因此可将串联元件变换为并联元件，反之亦然。阻抗倒置器或导纳倒置器的最简单形式是具有合适特性阻抗的 $\lambda/4$ 变换器，如图 6.50(b)所示。也可以用传输线和电抗元件构成，如图 6.50(c)所示。这类倒置器通常要求传输线的长度 $\theta/2$ 是负的，如果这些线可被吸收到两端连接的传输线中，就不会有问题。

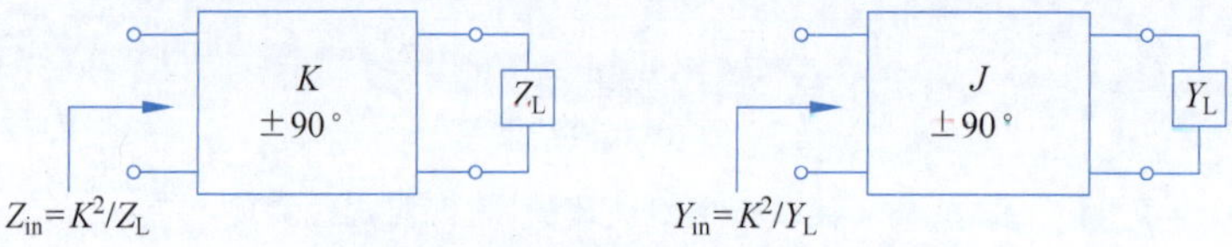


(a) 阻抗倒置器和导纳倒置器的工作原理

(b) 用λ/4变换器实现

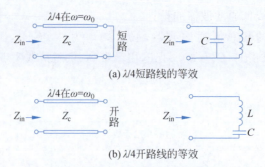

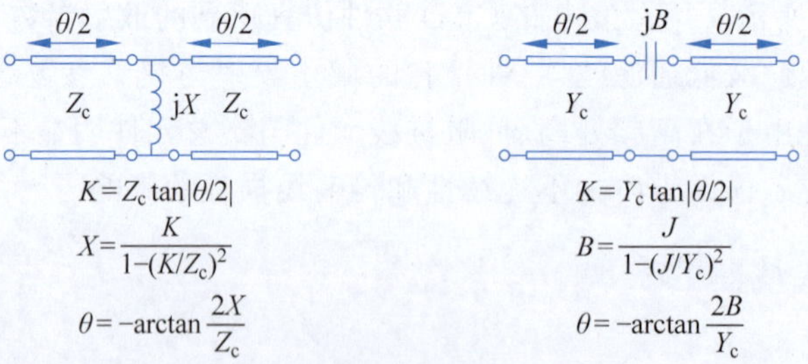


(c) 用传输线和电抗元件实现

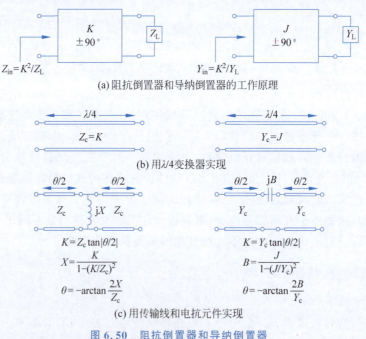

图 6.50　阻抗倒置器和导纳倒置器

3. 实例

利用 $\lambda/4$ 谐振器和阻抗倒置器将集总参数带通滤波器转换为微波带通滤波器，如图 6.51 所示。对于图 6.51(a)所示的三阶集总参数带通滤波器，分别用 $\lambda/4$ 开路传输线代替 $LC$ 串联谐振电路，用 $\lambda/4$ 短路传输线代替 $LC$ 并联谐振电路，如图 6.51(b)所示，每个谐振器的特性

阻抗可用式(6.52)和式(6.53)求得。图 6.51(b)中既有串联元件也有并联元件,这对于微带类型滤波器来说是难以实现的。可用 λ/4 变换器作为阻抗倒置器将串联元件变换为并联元件,如图 6.51(c)所示。这样就只用并联元件实现了微波带通滤波器。

按照上述方法设计了微带带通滤波器,如图 6.52(a)所示,仿真结果如图 6.52(b)所示。中心频率为 2.0GHz,3dB 带宽为 1.2GHz,带内波纹系数 0.5dB,在 0.75GHz 和 3.25GHz 处带外抑制达到 22dB。

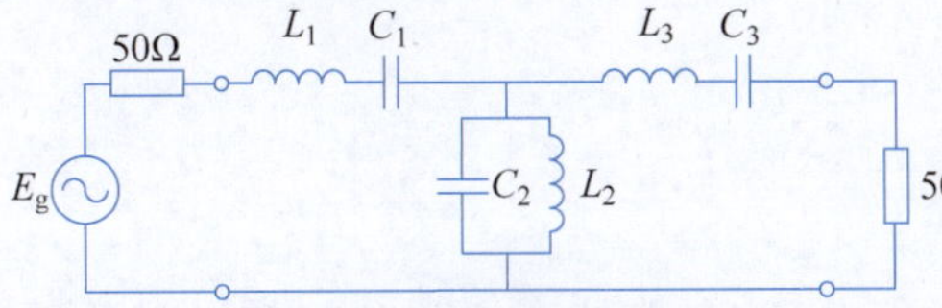


(a) 集总带通滤波器

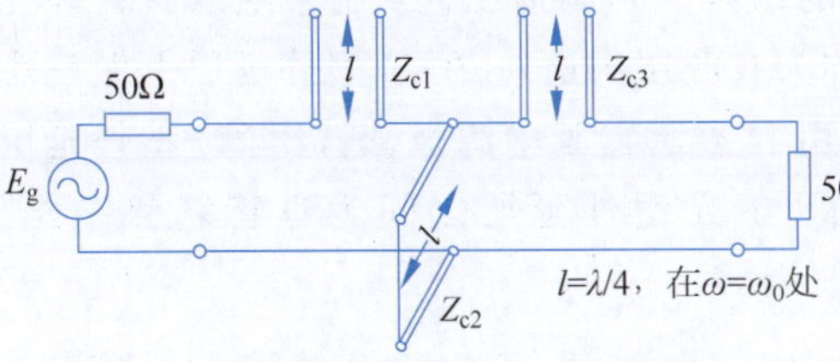


(b) 并联和串联λ/4谐振器实现

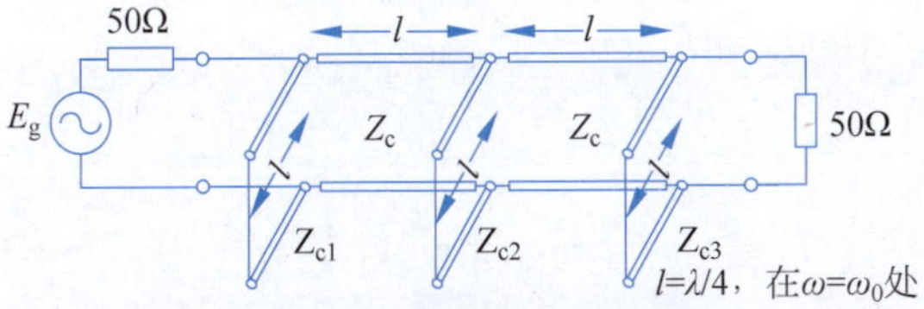


(c) 只有并联λ/4谐振器的实现

图 6.51 微波带通滤波器的实现

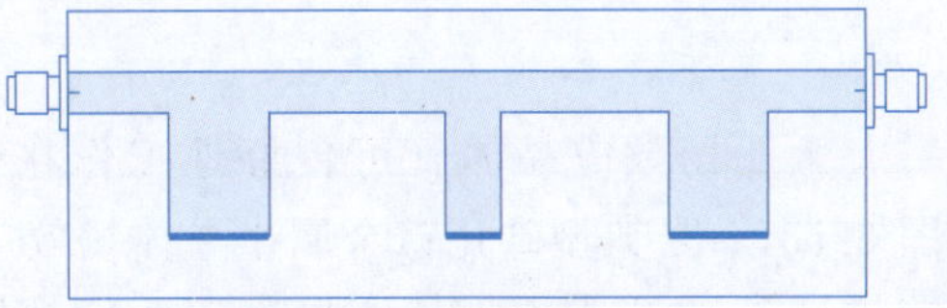

(a) 微带电路的实现

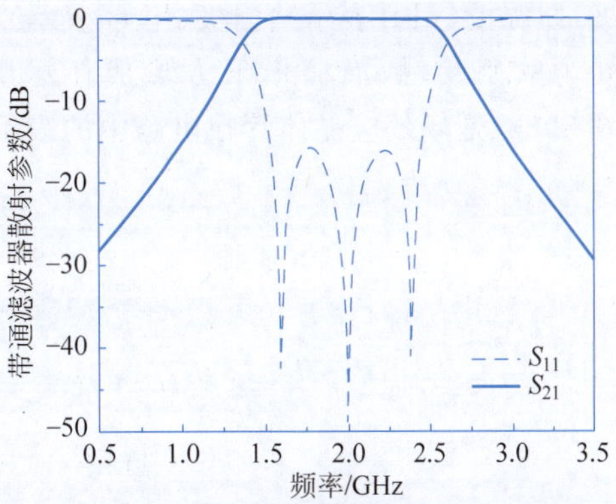


(b) 仿真结果

图 6.52 微带带通滤波器设计与仿真结果



## 6.6 微波放大器

在微波系统中,微波信号放大是基本微波电路功能之一。目前大多数微波放大器使用的是晶体管器件,微波晶体管放大器具有可靠、成本低、易集成等优点。微波晶体管从结构与机理上可分为结型晶体管和场效应晶体管(Field Effect Transistor,FET)两大类。

结型晶体管包括双极结型晶体管(Bipolar Junction Transistor,BJT)和异质结双极晶体管(Hetero-junction Bipolar Transistor,HBT)。双极结型晶体管采用硅(Si)材料制成,适用于较低频段(0.1~4GHz),价格低,其性能可满足一般要求。异质结双极晶体管用不同材料(如 AlGaAs 或 GaAs)构成半导体结,具有很好的高频特性,工作频率范围为 2~40GHz,其特点是相位噪声低,适于作微波振荡器。

场效应晶体管有多种类型,用于较低频率的是金属氧化物半导体场效应晶体管(Metal Oxide Semiconductor FET,MOSFET),其中 LDMOSEFT 工作频率可达吉赫范围,功率可达几百瓦,常用作微波低频段大功率放大器件。微波高频段常用的是金属半导体场效应晶体管(Metal Semiconductor FET,MESFET),它采用砷化镓(GaAs)制成,工作频率范围为 2~20GHz,一般用作微波小信号放大器和功率放大器。高电子迁移率场效应晶体管(High Electron Mobility Transistor,HEMT)用 GaAs 和 AlGaAs 材料制成,它的特点是噪声低、工作频率高(2~40GHz),

常用作低噪声放大器。

微波放大器与低频放大器有很大不同，需要考虑一些特殊因素。首先，微波放大器必须使用截止频率非常高的微波有源器件，目前常用的是金属半导体场效应晶体管。更为重要的是，输入和输出必须与有源器件良好匹配，以降低电压驻波比、增益、噪声、功率等要求，同时避免振荡。因此，增益、稳定性分析、噪声系数是微波放大器设计的基本要素，依据这些才能设计出所要求的微波放大器。本节先介绍场效应晶体管的工作原理，再讨论微波场效应晶体管放大器的增益、稳定性、噪声系数等基本特性和设计方法。

## 6.6.1 微波场效应晶体管

### 1. 基本结构及工作原理

微波场效应晶体管可良好地工作在毫米波波段以下，有着较高增益和较低噪声系数。图 6.53(a)是典型砷化镓金属半导体场效应晶体管的结构。其制造工艺：用半绝缘材料砷化镓作衬底，在它上面生长出非常薄的 N 型外延层(称为有源层沟道)；在 N 型外延层上做三个电极，即源极(用 S 表示)、栅极(用 G 表示)和漏极(用 D 表示)，其中源极、漏极与 N 型外延层之间为欧姆接触，而栅极下方形成耗尽层，使栅极与 N 型外延层之间为肖特基势垒结。图 6.53(b)是场效应晶体管在电路中的表示符号。

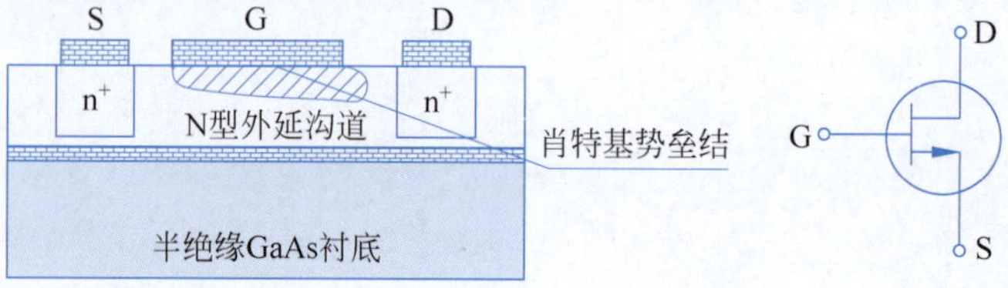


(a) 结构示意　　(b) 表示符号

图 6.53　GaAs MESFET 结构示意及符号

在场效应晶体管工作时，在栅极和源极之间通常外加零偏压或者负偏压 $V_{GS}$，如图 6.54(a)所示，肖特基势垒结处于反偏，耗尽层展宽，从而使得 N 型外延沟道变窄、沟道电阻加大，进而减少漏极电流 $I_D$。因此，通过控制栅压 $V_{GS}$，可以改变耗尽层宽窄、调制沟道厚度，达到控制漏流 $I_D$ 的目的。这就是微波场效应晶体管基本工作原理。

当 $V_{GS}$ 满足零偏压或者负偏压条件时，改变 $V_{DS}$，同样会影响到 N 型外延沟道的宽窄，表现出来的特性是晶体管的线性工作区和饱和工作区。当 $V_{DS}$ 较小时，沟道可视为简单耗散电阻，此时 $I_D$ 与 $V_{DS}$ 关系是线性的，如图 6.54(a)所示。当 $V_{DS}$ 逐渐增大时，电流 $I_D$ 也增加，沟道中欧姆压降随之加大，此时体现了 $V_{DS}$ 对沟道宽度的控制。针对肖特基势垒结而言，漏极上加的仍然是反向偏压，$V_{DS}$ 的增大会导致靠近漏极端的耗散层展宽，同样使得沟道变窄，电阻加大，电流增加变缓，对应的 $I_D$ 对 $V_{DS}$ 的关系曲线斜率减小，曲线变弯。

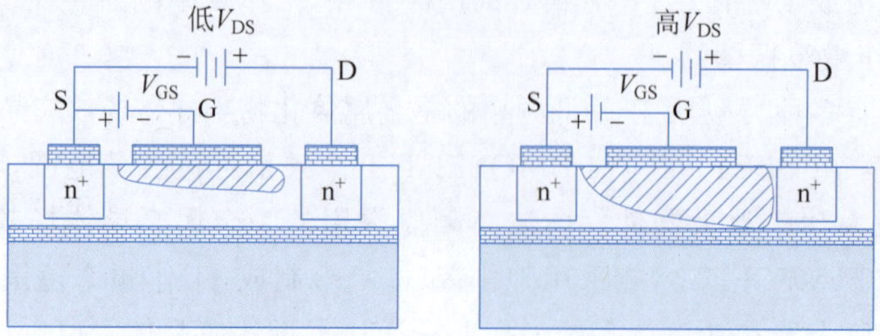


(a) 工作在线性区　　(b) 工作在饱和区

图 6.54　砷化镓金属半导体场效应晶体管工作原理

当$V_{GS}$增加到一定程度时，耗尽层对沟道出现“夹断”状态，如图 6.54(b)所示，对应的$V_{GS}$称为夹断电压，此时的电流$I_D$达到一种复杂平衡状态，$I_D$基本不随$V_{GS}$的继续增加而变化，形成饱和电流。

根据以上分析，可以画出以$V_{GS}$为参变量的场效应晶体管漏-源电压$V_{DS}$与电流$I_D$之间的关系曲线族，如图 6.55 所示。当晶体管正常工作时，可根据该图选择合适的工作点，并设计相应的直流偏置。

2. 等效电路

微波场效应晶体管在共源配置下的小信号等效电路如图 6.56 所示。该电路模型的元件典型值：栅-源极电阻$R_{GS}=7\Omega$，漏-源极电阻$R_{DS}=400\Omega$，栅-源极电容$C_{GS}=0.3\text{pF}$，漏-源极电容$C_{DS}=0.12\text{pF}$，栅-漏极电容$C_{GD}=0.01\text{pF}$，跨导$g_m=40\text{mS}$。

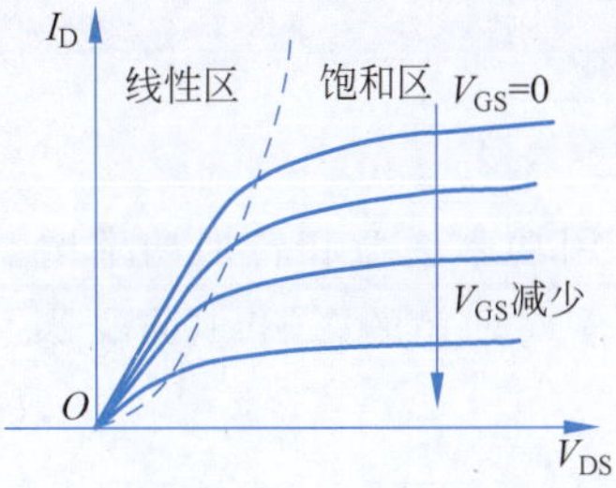


图 6.55　砷化镓金属半导体场效应晶体管电压电流特性

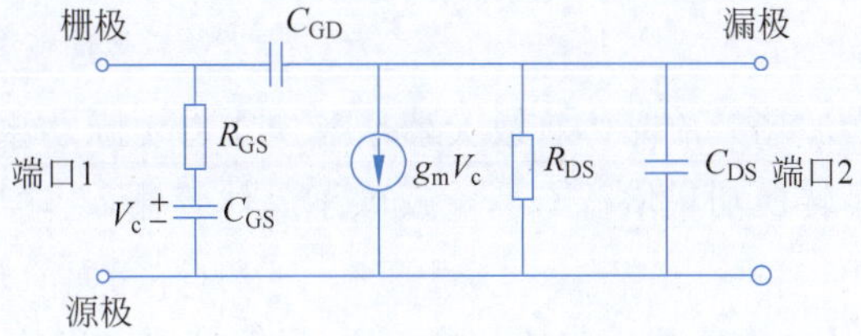


图 6.56　GaAs MESFET 共源小信号等效电路

图 6.56 中，$g_mV_c$是受控电流源，受栅-源极电容$C_{GS}$上的电压$V_c$控制，反映了$V_{GS}$对漏-源电流的控制能力，在正常工作条件下，会引起$|S_{21}|>1$(端口 1 为栅极，端口 2 为漏极)，产生放大效果。由于$S_{12}$描述的反向信号路径是由电容$C_{GD}$导致，正如表 6.1 数据所示，该电容值通常较小，能够有效阻止反向传输。在这种情况下，可认为$S_{12}=0$，从而把场效应晶体管当成单向器件，后面也将运用这个结论进行单向化设计。

表 6.1　砷化镓金属半导体场效应晶体管散射参数

| $f$/GHz | $S_{11}$ | $S_{21}$ | $S_{12}$ | $S_{22}$ |
|---|---|---|---|---|
| 10 | $0.40\angle 72°$ | $2.64\angle -125°$ | $0.06\angle -140°$ | $0.32\angle 84°$ |
| 10.5 | $0.44\angle -17°$ | $2.50\angle 157°$ | $0.06\angle 138°$ | $0.33\angle 35°$ |
| 11 | $0.34\angle -113°$ | $2.42\angle 77°$ | $0.08\angle 50°$ | $0.27\angle -10°$ |

等效电路也可以用微波场效应晶体管的网络参数来描述，运用 5.4 节所述$S$参数测量方法，采用矢量网络分析仪及带直流偏置的专用测量夹具，能够测量得到微波晶体管的二端口网络$S$参数。晶体管生产厂家通常会测试并给出微波晶体管的共源极$S$参数，表 6.1 为典型砷化镓金属半导体场效应晶体管实测散射参数。从实测数据可知：微波晶体管的$S_{11}$、$S_{22}$较大，需要设计输入、输出阻抗匹配网络；$|S_{21}|>1$，具有放大作用，并随着$f$增大而减小；$|S_{12}|$很小，可以忽略，具有单向性。

## 6.6.2　微波放大器的基本特性

微波场效应晶体管放大器(简称微波放大器)按使用要求可分为宽带型、低噪声型和功率型等，每种类型都有各自的特性要求和设计方法。本节介绍微波放大器基本特性，包括放大器的增益、稳定性和噪声系数等。

1. 增益

图 6.57 是微波场效应晶体管放大器原理框图。设晶体管输入、输出端的反射系数分别为

$\varGamma_{in}$、$\varGamma_{out}$，输入匹配电路输出端口和输出匹配电路输入端口的反射系数分别为 $\varGamma_s$、$\varGamma_L$，假设源和负载阻抗为 $Z_0$。由例 5.5 的微波网络知识可知，$\varGamma_{in}$、$\varGamma_{out}$ 可分别表示为

$$\varGamma_{in}=S_{11}+\frac{S_{12}S_{21}\varGamma_L}{1-S_{22}\varGamma_L}=\frac{Z_{in}-Z_0}{Z_{in}+Z_0} \tag{6.54}$$

$$\varGamma_{out}=S_{22}+\frac{S_{12}S_{21}\varGamma_s}{1-S_{11}\varGamma_s}=\frac{Z_{out}-Z_0}{Z_{out}+Z_0} \tag{6.55}$$

式中：$S_{11}$、$S_{12}$、$S_{21}$ 和 $S_{22}$ 是晶体管 $S$ 参数，一般由厂家提供或测量得到。

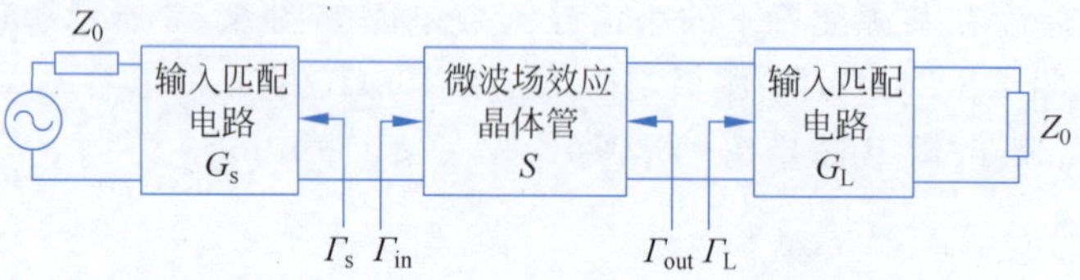


图 6.57　微波场效应晶体管放大器原理框图

微波场效应晶体管放大器增益定义有实际功率增益、资用功率增益和转换功率增益。常用的是转换功率增益 $G_T$，它反映了晶体管输入、输出匹配程度对增益的影响，其定义为

$$G_T=P_L/P_a \tag{6.56}$$

式中：$P_L$ 为负载吸收的功率；$P_a$ 为信号源输出的可用功率。

经过推导，转换功率增益的表达式为

$$G_T=\frac{|S_{21}|^2(1-|\varGamma_s|^2)(1-|\varGamma_L|^2)}{|1-\varGamma_{in}\varGamma_s|^2|1-S_{22}\varGamma_L|^2} \tag{6.57}$$

可见，转换功率增益考虑了微波场效应晶体管与源及负载均失配的情况。

### 2. 稳定性

设计微波场效应晶体管放大器时，必须首先保证它能稳定工作。在图 6.57 中，若输入阻抗 $Z_{in}$ 或输出阻抗 $Z_{out}$ 的实部为负数，则 $|\varGamma_{in}|>1$ 或 $|\varGamma_{out}|>1$，该电路有可能发生振荡。因为 $\varGamma_{in}$ 和 $\varGamma_{out}$ 与源和负载匹配网络有关，因此放大器的稳定性依赖通过匹配网络提供的 $\varGamma_s$ 和 $\varGamma_L$。根据微波管的 $S$ 参数可将稳定性分为两类。

(1) 绝对稳定。它对所有负载阻抗（或 $\varGamma_L$）和源阻抗（或 $\varGamma_s$）均有 $|\varGamma_{in}|<1$ 和 $|\varGamma_{out}|<1$，放大器都稳定工作而不会自激振荡。

(2) 条件稳定。它只对某些范围内的负载阻抗和源阻抗才有 $|\varGamma_{in}|<1$ 和 $|\varGamma_{out}|<1$，放大器才能稳定工作而不会发生自激振荡。

晶体管放大器绝对稳定的充分必要条件又称 $K$-$\Delta$ 检验方法，即晶体管的 $S$ 参数必须同时满足：

$$K=\frac{1-|S_{11}|^2-|S_{22}|^2+|\Delta|^2}{2|S_{12}S_{21}|}>1 \tag{6.58a}$$

$$|\Delta|=|S_{11}S_{22}-S_{12}S_{21}|<1 \tag{6.58b}$$

有关绝对稳定条件的推导和条件稳定时 $\varGamma_s$ 和 $\varGamma_L$ 区域的确定可参见有关书籍。

### 3. 噪声系数

噪声系数是设计微波放大器的一个重要指标，放大器的输出噪声功率不仅源于输入噪声，还源于放大器电路的内部。用噪声系数来表征放大器输入和输出之间信噪比下降的度量，其定义为在标准温度下（$T_0=290\text{K}$），输入端信噪比与输出端信噪比之比，即

$$F = \frac{S_i/N_i}{S_o/N_o} \tag{6.59}$$

式中：$S_i/N_i$ 为输入端的信噪比；$S_o/N_o$ 为输出端的信噪比。

可以推得二端口放大器的噪声系数为

$$F = F_{\min} + \frac{4R_n}{Z_0} \cdot \frac{|\Gamma_s - \Gamma_{\text{opt}}|^2}{(1-|\Gamma_s|^2)|1+\Gamma_{\text{opt}}|^2} \tag{6.60}$$

式中：$F_{\min}$ 为 $\Gamma_s = \Gamma_{\text{opt}}$ 时获得的最小噪声系数；$\Gamma_{\text{opt}}$ 为最小噪声系数时对应的最佳源反射系数；$R_n$ 为晶体管的等效噪声电阻。$F_{\min}$、$\Gamma_{\text{opt}}$ 和 $R_n$ 称为器件的噪声参量，它们可由生产厂家提供或测量得到。

放大器自身产生的噪声常用等效噪声温度来表示，噪声温度与噪声系数之间的关系为

$$T_e = T_0(F-1) \tag{6.61}$$

### 6.6.3 小信号微波放大器的设计

小信号微波晶体管放大器的技术指标有工作频带、噪声系数、增益、带内增益起伏、输入输出电压驻波比等，这些技术指标是设计小信号微波晶体管放大器的依据。各种类型的微波晶体管放大器都可用图 6.57 所示的框图表示，不同放大器的区别仅在于使用的微波晶体管不同、输入输出匹配网络的设计指导思想不同及具体的结构形式不同。

1. 单向化设计方法

前面已经分析，当微波晶体管的 $S_{12}$ 小到可以忽略时，可以考虑单向化设计方法。

由于 $S_{12}=0$，由式(6.54)可知 $\Gamma_{\text{in}} = S_{11}$，$\Gamma_{\text{out}} = S_{22}$，此时式(6.57)的转换功率增益 $G_T$ 就变为单向转换功率增益 $G_{Tu}$，有

$$G_{Tu} = \frac{1-|\Gamma_s|^2}{|1-S_{11}\Gamma_s|^2}|S_{21}|^2\frac{1-|\Gamma_L|^2}{|1-S_{22}\Gamma_L|^2} = G_s G_0 G_L \tag{6.62}$$

式中

$$G_s = \frac{1-|\Gamma_s|^2}{|1-S_{11}\Gamma_s|^2},\quad G_0 = |S_{21}|^2,\quad G_L = \frac{1-|\Gamma_L|^2}{|1-S_{22}\Gamma_L|^2} \tag{6.63}$$

式中：$G_0$ 为晶体管输入端、输出端均接 $Z_0$ 阻抗时的正向转换功率增益；$G_s$ 为晶体管输入端与源之间匹配程度所决定的附加增益；$G_L$ 为晶体管输出端与负载之间匹配程度所决定的附加增益。

根据增益、噪声系数的不同要求，具体有不同的单向化设计方法。通常有窄带最大增益设计、宽带恒定增益设计和低噪声设计。限于篇幅，下面仅以最大增益放大器为例说明单向化设计方法。

2. 最大增益放大器设计举例

由式(6.63)可知，$G_0$ 对于给定的晶体管是固定的，所以放大器的增益主要由匹配电路的增益 $G_s$ 和 $G_L$ 控制。当放大器的输入端和输出端分别共轭匹配时，即 $\Gamma_s = \Gamma_{\text{in}}^* = S_{11}^*$，$\Gamma_L = \Gamma_{\text{out}}^* = S_{22}^*$（单向化情况），可实现最大增益，有

$$G_{\text{Tumax}} = \frac{1}{1-|S_{11}|^2}|S_{21}|^2\frac{1}{1-|S_{22}|^2} \tag{6.64}$$

此时 $G_s$ 和 $G_L$ 有最大值，分别为

$$G_{\text{smax}}=\frac{1}{1-|S_{11}|^2},\quad G_{\text{Lmax}}=\frac{1}{1-|S_{22}|^2} \tag{6.65}$$

一般情况下，最大增益设计所得微波放大器的带宽较窄。

实践

**例 6.8** 微波放大器的设计。

根据表 6.1 所示晶体管数据，设计中心频率为 10.5GHz 的最大增益放大器。

**解**：(1) 晶体管稳定性判断。把晶体管 $S$ 参数代入式(6.58b)，得到

$$|\Delta|=|S_{11}S_{22}-S_{12}S_{21}|=0.092<1$$

将上式代入式(6.58a)可得

$$K=\frac{1-|S_{11}|^2-|S_{22}|^2+|\Delta|^2}{2|S_{12}S_{21}|}=2.473>1$$

可见，晶体管是绝对稳定的。

(2) 单向共轭匹配设计。因为 $S_{12}$ 较小，可以忽略，故采用单向化设计方法。根据增益最大要求，输入与输出采用共轭匹配，即

$$\Gamma_{\text{s}}=S_{11}^*=0.44\angle 17^\circ$$

$$\Gamma_{\text{L}}=S_{22}^*=0.27\angle 10^\circ$$

根据式(6.64)得到总变换增益为

$$G_{\text{Tumax}}=\frac{1}{1-|S_{11}|^2}|S_{21}|^2\frac{1}{1-|S_{22}|^2}=9.22(\text{dB})$$

(3) 输入与输出匹配设计。

匹配网络可以采用 Smith 圆图确定，对于输入匹配网络，需要将信号源阻抗 $Z_0=50\Omega$ 转换成 $\Gamma_{\text{s}}$ 所代表的阻抗 $Z_{\text{s}}$。采用单枝节匹配方法，它主要由串联传输线段和并联开路短截线构成，其特性阻抗均为 $Z_{\text{c}}=50\Omega$，如图 6.58(a)所示。该匹配问题的负载为 50Ω，而源端对应了 $Z_{\text{s}}$，匹配是将源阻抗变换到负载阻抗，因此在 Smith 圆图上应该朝着负载方向进行匹配。首先在圆图上标出 $\Gamma_{\text{s}}$，如图 6.59(a)所示，再变换到归一化导纳 $y_{\text{s}}$。从 $y_{\text{s}}$ 出发，沿着等反射系数圆逆时针旋转，与电导为 1 的圆相交在 $1+\text{j}b$ 处，此时 $b=0.85$。由该点求出串联传输线段的长度 $l_1=0.32\lambda$，$\lambda$ 为设计频率处的传输线波导波长或者介质波长。所需并联短截线的电纳为 $+\text{j}0.85$，该电纳由长度 $l_2=0.11\lambda$ 的开路短截线提供，如图 6.58(a)所示。

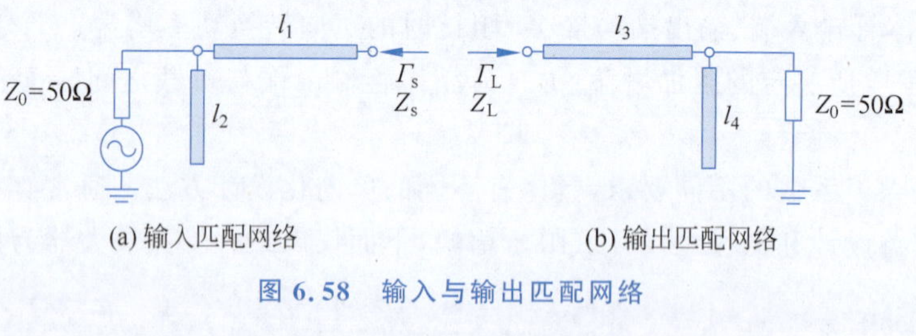


(a) 输入匹配网络　　(b) 输出匹配网络

**图 6.58　输入与输出匹配网络**

对于输出匹配电路，用相似的步骤可以给出串联传输线段的长度 $l_3=0.31\lambda$，并联开路短截线的长度 $l_4=0.16\lambda$。该放大器的微带电路实现如图 6.60 所示。

(4) 直流偏置电路设计。

以图 6.60 中的漏极偏置为例说明，偏置电路由低通滤波电路和分压电路构成。低通滤波电路由长 $\lambda/4$ 高阻抗微带线和长 $\lambda/4$ 低阻抗扇形开路线组成，高阻抗线等效为串联电感，低阻抗线等效为并联电容，从而实现 $LC$ 低通滤波。在微波频率下提供很高的阻抗，以阻止微波信号通过偏置电路泄漏，同时为偏置提供很低的直流电阻。通常 $V_{\text{D}}$ 经 $R_{\text{d}}$ 降压和 $C_{\text{d}}$ 去耦后经

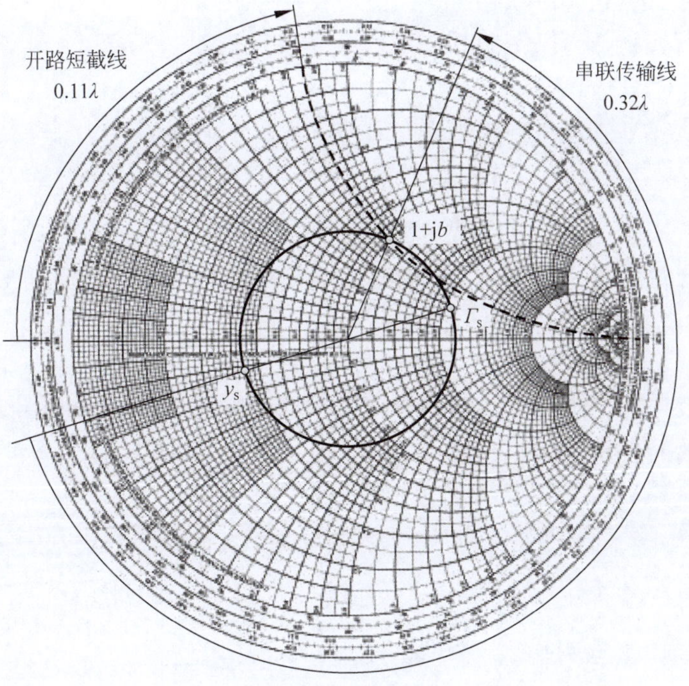


(a) 输入匹配网络设计

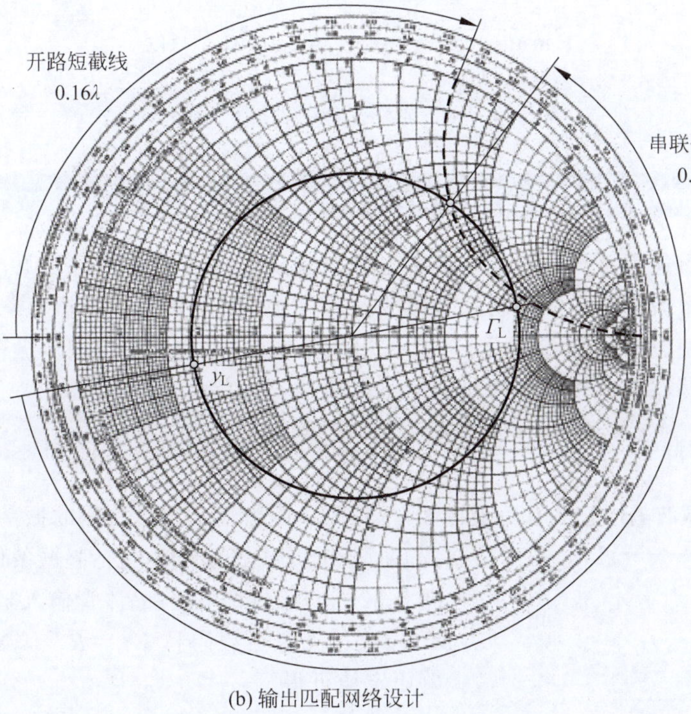


(b) 输出匹配网络设计

图 6.59　输入与输出匹配网络设计

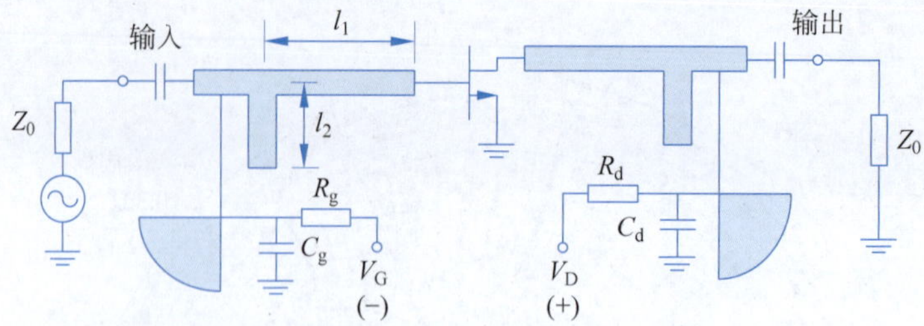


图 6.60　放大器的微带电路

低通滤波加在晶体管漏极，通过调整 $R_d$ 形成漏极对源极偏压 $V_{DS}$。同理，栅极偏置电路与漏极偏置电路类似。

(5) 仿真结果。

运用微波电路仿真软件对图 6.60 所示微波电路进行仿真，仿真结果如图 6.61 所示。由图可见，在 10.5GHz 最大增益达到 9.465dB，比单向化设计最大增益高。这是因为单向化设计假设了晶体管 $S$ 参数 $S_{12}=0$，但实际仿真时考虑了 $S_{12}$ 的影响。

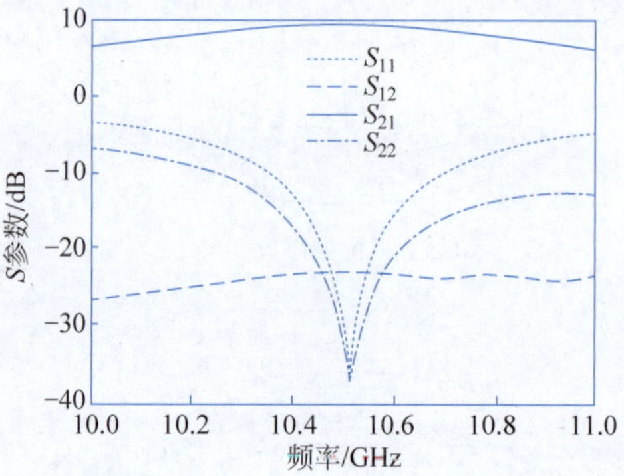


图 6.61　微波放大器增益及仿真结果

## 6.7　微波振荡源

在现代通信和雷达等系统中需要用于产生载波及频率转换的微波信号源，微波振荡器是将直流能量转换为微波振荡信号的装置。微波振荡器通常分为固态微波振荡器和微波真空电子管振荡器。固态微波振荡器广泛用于小功率微波系统中，是当前主流微波振荡器，因此本节只讨论微波固态振荡器的振荡原理和典型电路。

### 6.7.1　负阻振荡原理

在一定偏压下微波晶体管具有负阻特性，把具有负阻特性的器件构成的振荡器称为负阻振荡器。下面分析负阻振荡原理，包括起振条件和稳定条件。

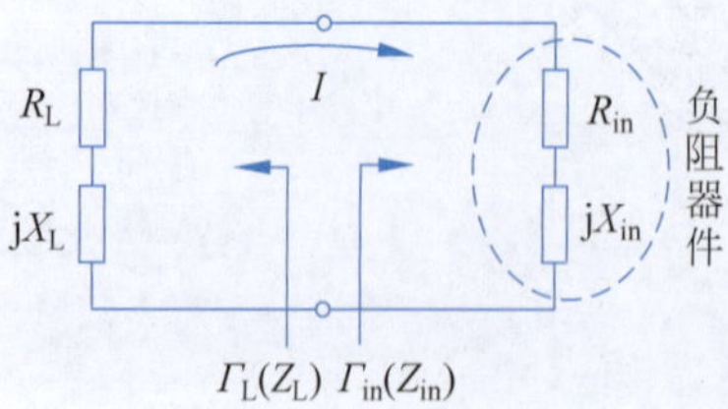


图 6.62　单端口负阻振荡器的模型

图 6.62 是负阻振荡电路，晶体管输入阻抗 $Z_{in}=R_{in}+jX_{in}$，终端连接无源负载阻抗 $Z_L=R_L+jX_L$。应用基尔霍夫电压定律可得

$$(Z_{in}+Z_L)I=0 \tag{6.66}$$

若振荡产生，这将使电流 $I$ 不为零，则下述条件必须满足：

$$R_{in}+R_L=0 \tag{6.67a}$$

$$X_{in}+X_L=0 \tag{6.67b}$$

因为负载是无源的，式(6.67a)中 $R_L>0$，所以 $R_{in}<0$。由于正电阻表示能量消耗，因此负电阻表示提供能量的源；式(6.67b)中的条件控制振荡频率。式(6.67)的条件称为稳态振荡条件，即 $Z_L=-Z_{in}$，意味着反射系数 $\Gamma_{in}$、$\Gamma_L$ 有以下关系：

$$\Gamma_L=\frac{Z_L-Z_0}{Z_L+Z_0}=\frac{-Z_{in}-Z_0}{-Z_{in}+Z_0}=\frac{Z_{in}+Z_0}{Z_{in}-Z_0}=\frac{1}{\Gamma_{in}} \tag{6.68}$$

即

$$\Gamma_L\Gamma_{in}=1 \tag{6.69}$$

类似地，在稳态振荡条件下可以得到 $\Gamma_T\Gamma_{out}=1$。因此，式(6.69)也等效为稳态振荡条件。由于 $R_{in}$ 为负值，可知 $|\Gamma_{in}|>1$，意味着对于振荡器需要高度不稳定器件。在晶体管振荡器中把有潜在不稳定的晶体管终端连接一个阻抗，选择其数值使得在不稳定区内驱动器件，此时从晶体管输入端来看，$Z_{in}$ 表现为负阻特性，这就建立了负阻单端网络，电路模型如图 6.63 所示。

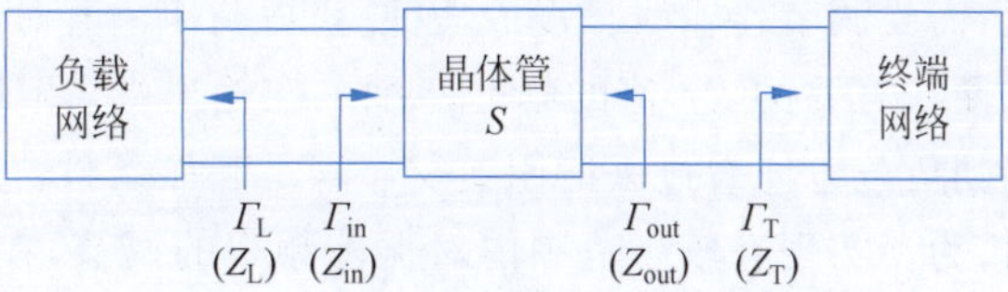

图 6.63　双端口晶体管振荡器电路

在稳态振荡条件下，由例 5.5 的微波网络知识可以得到

$$\Gamma_{in}=S_{11}+\frac{S_{12}S_{21}\Gamma_T}{1-S_{22}\Gamma_T}=\frac{S_{11}-\Delta\Gamma_T}{1-S_{22}\Gamma_T} \tag{6.70a}$$

$$\Gamma_{out}=S_{22}+\frac{S_{12}S_{21}\Gamma_L}{1-S_{11}\Gamma_L}=\frac{S_{22}-\Delta\Gamma_L}{1-S_{11}\Gamma_L} \tag{6.70b}$$

式中：$\Delta=S_{11}S_{22}-S_{12}S_{21}$。

振荡过程依赖晶体管的非线性特性。首先整个电路必须在某一频率下出现不稳定，即 $R_{in}(I,j\omega)+R_L<0$；然后任意的激励或噪声将在频率 $\omega$ 处引起振荡，即起振，当电流 $I$ 增加时，$R_{in}(I,j\omega)$ 变成较小的负值，直到电流达到 $I_0$，使得 $R_{in}(I_0,j\omega_0)+R_L=0$ 和 $X_{in}(I_0,j\omega_0)+X_L=0$，从而振荡在稳态下运行；最后的振荡频率通常不同于起振频率，因为 $X_{in}(I_0,j\omega_0)\neq X_{in}(I,j\omega)$。由此可见，要使电路起振，$R_{in}$ 必须有足够负值，使得 $R_{in}(I_0,j\omega_0)+R_L<0$。实际上，负载电阻和电抗的典型选择值为

$$R_L=\frac{-R_{in}}{3} \tag{6.71a}$$

$$X_L=-X_{in} \tag{6.71b}$$

上式称为起振条件。

从以上分析可知，设计微波振荡器的关键是利用非线性器件实现合适负阻，意味着需要选择具有高度不稳定性的器件以实现正反馈。通常选用具有负阻特性的微波二极管(如耿氏二极管)、微波晶体管等，微波二极管振荡器能够工作在毫米波波段甚至太赫兹波段，但其负阻振荡机制受器件本身物理性质限制。相比而言，晶体管振荡电路设计更灵活，能够更好地控制振荡频率、温度稳定性及输出噪声，使用更广泛。

### 6.7.2　微波介质振荡器的设计

单一的微波晶体管振荡器的频率稳定度很有限，为提高微波振荡器的频率稳定度，常在振荡回路中使用高 $Q$ 值谐振器或者谐振电路的频率选择性来达到稳频目的。通常，石英晶体在

频率低于几百兆赫的情况下，$Q$ 值可高达 $10^5$，温度漂移小于 0.001%/℃，广泛用于微波系统的参考频率源。如果振荡器工作在微波波段，可选用微带谐振器、波导谐振腔或者介质谐振器作为微波振荡器的谐振器。但是微带谐振器 $Q$ 值较低(仅为几百)，而波导谐振腔 $Q$ 值虽然能达到 $10^4$ 甚至更高，但体积大、温度稳定性较差。相比而言，介质谐振器(DR)能够有效克服上述缺点，它采用较高介电常数的陶瓷材料制作，不仅具有极好的温度稳定性，而且体积小、易与平面电路集成，其无载 $Q$ 值可达几千，因此在微波和毫米波波段常用介质谐振器稳频的微波振荡器(DRO)。

微波介质振荡器有并联反馈结构和串联反馈结构。虽然串联反馈没有并联结构的调谐范围宽，但它的反馈结构比较简单。图 6.64(a)给出了串联反馈微波介质振荡器的结构，包括介质谐振器、串联反馈网络和晶体管负阻电路。介质谐振器有助于提高频率稳定性，它可以放在距微带线开路端 $\lambda/4$ 的位置，能够有效减少微带线终端效应影响。根据负阻振荡所需要的 $\Gamma_L$ 值，需要调节传输线长度 $l_r$ 以便获得与 $\Gamma_L$ 值对应的相位；调节介质谐振器与微带线的距离以便与需要的 $\Gamma_L$ 值的幅度匹配。在输出端，调节传输线的长度 $l_1$ 和 $l_2$ 以便实现晶体管输出端朝负载方向看过去的阻抗 $Z_T$ 满足起振条件。微波介质振荡器电路通常装在封闭金属壳体内，为了实现在较小范围内对振荡频率的调节，在介质谐振器上方放置金属或者介质圆片，如图 6.64(b)所示，调节圆片到介质谐振器间的距离，可以在一定范围内($\pm 0.01 f_0$)改变介质谐振器的谐振频率。

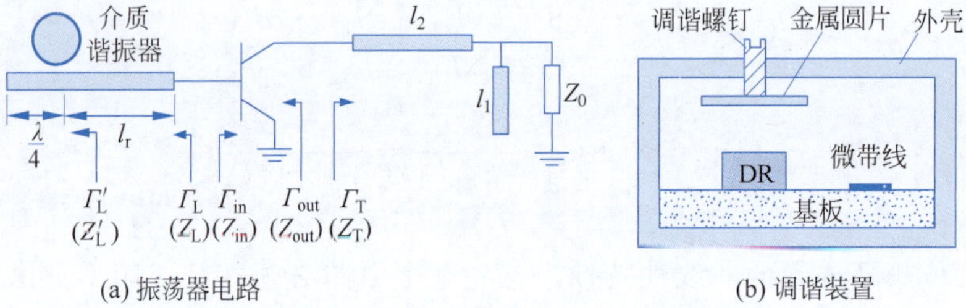


图 6.64　串联反馈微波介质振荡器

**例 6.9**　微波介质振荡器设计。

圆柱形介质谐振器的 $TE_{01\delta}$ 模式谐振频率为 2GHz，砷化镓 MESFET 具有表 6.2 所示 $S$ 参数($Z_0=50\Omega$)。要求振荡器工作频率为 2.0GHz，确定如图 6.64 所示微波介质振荡器的终端网络和谐振器调谐网络。

表 6.2　砷化镓 MESFET 散射参数(NE76184A，偏置 $V_{DS}=3V$，$I_D=30mA$)

| 频率/GHz | $S_{11}$ | $S_{21}$ | $S_{12}$ | $S_{22}$ |
|---|---|---|---|---|
| 1.5 | 0.911∠−47.6° | 4.866∠137.4° | 0.052∠62.3° | 0.577∠−28.9° |
| 2.0 | 0.86∠−62° | 4.587∠124.8° | 0.065∠55° | 0.545∠−37.4° |
| 2.5 | 0.805∠−75.5° | 4.282∠113.3° | 0.075∠48.7° | 0.515∠−44.9° |

**解**：(1) 确认晶体管至少具有潜在不稳定性。由式(6.58a)可得稳定系数为

$$K=\frac{1-|S_{11}|^2-|S_{22}|^2+|\Delta|^2}{2|S_{12}S_{21}|}=0.381$$

由于 $K<1$，则晶体管确实具有潜在不稳定性。对于如图 6.64(a)所示使用晶体管的共源极连接振荡器，必要时可以通过在晶体管源极和地之间应用串联元件来增加器件不稳定性。

(2) 负阻电路设计。选择终端 $\Gamma_T$ 或负载 $\Gamma_L$，使得 $|\Gamma_{in}|>1$ 或 $|\Gamma_{out}|>1$，实现不稳定。$\Gamma_T$ 或 $\Gamma_L$ 的选择不是唯一的，一种方法是可选择合适的 $\Gamma_T$ 或 $\Gamma_L$，使 $|\Gamma_{in}|$ 或 $|\Gamma_{out}|$ 值最大。

由式(6.69)可知,可以取 $1-S_{11}\Gamma_L$ 接近零,使 $\Gamma_{out}$ 最大,实现最大负阻效应。因此,可以选择 $\Gamma_L=0.85\angle-166.5°$,它给出 $\Gamma_{out}=1.51\angle24.4°$,因此有

$$Z_{out}=Z_0\frac{1+\Gamma_{out}}{1-\Gamma_{out}}=(-186.5-j163.5)(\Omega)$$

(3) 确定终端阻抗及匹配网络。由式(6.71),可得终端阻抗为

$$Z_T=\frac{-R_{out}}{3}-jX_{out}=(62+j163.5)(\Omega)$$

应用 Smith 圆图可设计出终端匹配网络,使 $Z_T$ 与负载阻抗 $Z_0$ 匹配的开路短截线长度 $l_1=0.197\lambda$,需要的最短传输线长度 $l_2=0.262\lambda$,进而可以得到谐振器网络输入阻抗 $Z_{in}=-27.3+j4.3\Omega$。

(4) 使 $\Gamma_L$ 与谐振器网络匹配。同样,应用式(6.71)得到起振状态下需要的 $Z_L=9.7-j4.3\Omega$,从而得到谐振器输入反射系数 $\Gamma_L=0.68\angle-170°$。当谐振器谐振时,从微带线看到的谐振器等效阻抗 $Z'_L$ 为实数,可以通过改变介质谐振器与微带线的距离来调整反射系数 $\Gamma'_L$ 的幅度,进而通过改变传输线长度 $l_r$ 将 $\Gamma'_L$ 变换到 $\Gamma_L$。对于介质谐振器欠耦合情况有 $Z'_L<Z_0$,所以对应反射系数 $\Gamma'_L$ 的相角是 180°,有

$$\Gamma'_L=\Gamma_L e^{j2\beta l_r}=0.68\angle-170°e^{j2\beta l_r}=0.68\angle180°$$

得到 $l_r=0.486\lambda$,则谐振时谐振器等效阻抗为

$$Z'_L=Z_0\frac{1-\Gamma'_L}{1+\Gamma'_L}=9.5(\Omega)$$

这样就完成了图 6.64 所示微波介质振荡器电路理论设计。

### 6.7.3 微波振荡器的性能指标

微波振荡器的主要性能指标如下。

(1) 频率范围。满足各项技术要求的电调谐频率范围,它一般由系统的工作频率频带所决定,单位为 MHz 或 GHz。

(2) 调谐范围。振荡器有机械调谐和电调谐。对于机械调谐,单位为 MHz。

(3) 输出功率。给定条件下输出功率的大小,也可以是经放大后的输出功率,单位一般为 mW 或 dBm。若考虑功率电平随频率或温度的变化,则单位为±dB。

(4) 频率稳定度。分为长期稳定度和短期稳定度。长期稳定度是元器件参数慢变化以及环境条件改变引起的频率慢变化,常用一定时间内的相对变化 $\Delta f/f$ 来表示。短期稳定度是调制噪声引起的频率抖动,常用单边带相位噪声谱密度来表示,单位为 dBc/Hz(偏离中心频率 1kHz 处、10kHz 处或 100kHz 处);在时域中用阿仑方差来表征,以 $\Delta f/f$($\mu$s 或 ms)为单位。在雷达系统中,短期稳定度比长期稳定度影响大,它直接影响雷达的动目标改善因子。频率稳定度也受温度的影响,当温度变化 1℃时,频率的变化量与载波频率之比来表示频率的温度稳定度,单位为 ppm/℃,通常频率稳定度要求在 2~0.5ppm/℃的范围内。

(5) 谐波电平。输出频率相干的谐波或分谐波分量与基波电平之比,单位为 dBc。

(6) 杂散电平。与输出频率不相干的无用频率分量与基波电平之比,单位为 dBc。

下面着重介绍相位噪声。相位噪声是微波振荡器最重要的指标,反映了振荡器输出信号相位(或频率)的随机变化。理想的振荡器在工作频率处呈现出由单个 $\delta$ 函数构成的频率谱,但实际振荡器的频谱更像图 6.65。形成这样的频谱有两方面原因:一是振荡器电路中有各种噪声源,如热噪声、散弹噪声及 $1/f$ 噪声等,这些噪声源会引起信号相位的短时随机变化,导

致输出信号附近出现较宽的连续分布的谱；二是振荡器的谐波或互调产物引起的寄生信号，它们像分立的尖峰一样出现在频谱中。

根据微波振荡器频谱特点，相位噪声定义为在偏离信号频率 $f_m$ 处，单位带宽内噪声功率与总信号功率之比，它通常用每 Hz 带宽内的噪声功率相对于信号功率的分贝数表示(dBc/Hz)。记 $\Delta f=|f_0-f_m|$ 为频率偏差，则相位噪声为

$$L(\Delta f)=\frac{P_n}{P_c}\approx\frac{2kT}{P_c}\left(\frac{f_0}{2Q\Delta f}\right)^2 \tag{6.72}$$

式中：$P_n$ 为 1Hz 带宽噪声功率；$P_c$ 为总信号功率；$k$ 为玻耳兹曼常量；$T$ 为温度；$Q$ 为谐振器品质因数。

由式(6.72)可知，任意给定频偏 $\Delta f$ 情况下，振荡器的相位噪声与其谐振器品质因数的平方成反比。这意味着，提高谐振器的品质因数是降低振荡器相位噪声的最有效措施，即提高谐振器存储能量可降低振荡器相位噪声。还可以看出，振荡器相位噪声与振荡频率的平方成正比，且这种特殊噪声与信号功率无关。

在接收机中，相位噪声的影响是使信噪比降低和选择性变坏，其中对选择性的影响最严重。正常接收过程是频率 $f_0$ 的本振信号 LO 使希望接收的信号 $f_1$ 下变频到中频 $f_{IF}$ 频率。但是由于本振相位噪声的存在，一个邻近的不希望的信号 $f_2$ 也能与有噪频率 $f_{LO}$ 下变频到 $f_{IF}$ 频率，其中有噪 $f_{LO}$ 位于偏离不希望信号 $f_2$ 的 $f_{IF}$ 频率处，如图 6.66 所示。

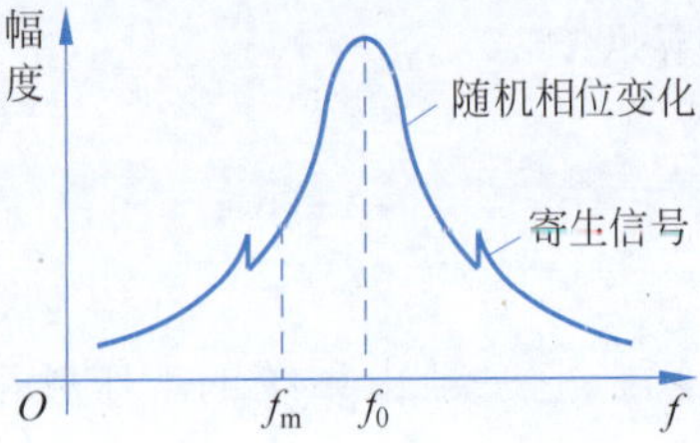


图 6.65 典型的振荡器输出谱

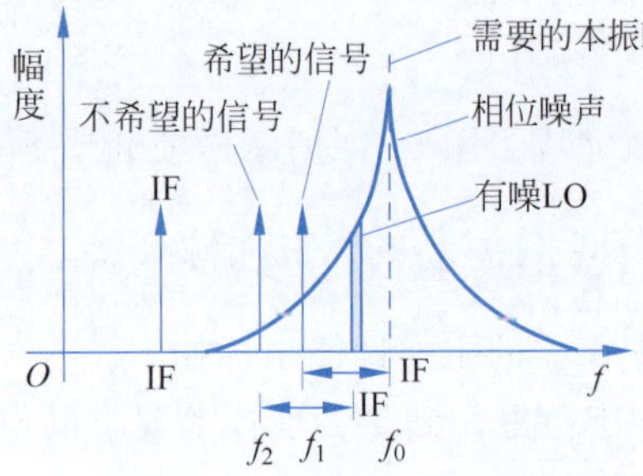


图 6.66 相位噪声的影响

## 6.8 微波混频器

微波混频器的作用是完成频率变换，如接收机通过混频器将接收到的微波信号变换成中频信号，完成下变频功能，便于对信号进行后续处理。混频器具有这种功能，关键在于它采用了非线性器件，如肖特基势垒二极管。

本节首先介绍肖特基势垒二极管，然后讨论混频器的工作原理和基本特性，最后给出具体混频器电路。

### 6.8.1 肖特基势垒二极管

#### 1. 结构和封装

经典的 PN 结二极管具有相对较大的结电容，通常只适用于低频工作。肖特基势垒二极管的管芯结构则不同，如图 6.67 所示，在 $SiO_2$ 保护层上腐蚀出一个小孔，在其上淀积一层金属，使孔中金属与 N 型半导体直接接触，形成肖特基势垒结。由于窗孔直径很小，结电容 $C_j$ 也很小，因此适于微波及更高波段。

可将此管芯封装成多种形式的肖特基势垒二极管。最简单的是微带型塑料封装，也可采

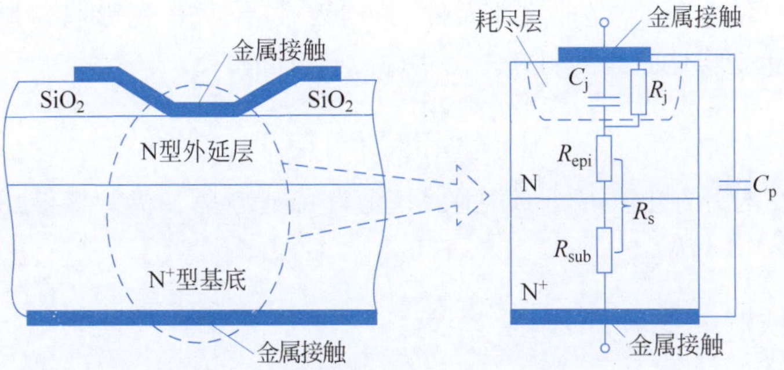


图 6.67　肖特基势垒二极管管芯剖面

用陶瓷管壳同轴封装，这种封装抗潮湿、抗热，结构稳定，常用于仪表、雷达、航空等要求较高的场合。还有一种梁式引线的尺寸极小的肖特基势垒二极管，实际上它是带有引线的管芯，通常用于毫米波波段。

### 2. 等效电路和参数

如果考虑管芯封装的影响，肖特基势垒二极管的等效电路如图 6.68 所示。图中 $L_s$、$C_p$ 和 $R_s$ 是寄生参数，分别为引线电感、封装电容、外延层体及基底电阻。$R_j$、$C_j$ 是二极管结参数，分别为肖特基势垒结的结电阻和结电容，它们都随外加偏置电压的变化而变化，表现出非线性特性。$R_j$ 是主要的非线性参数，典型值为 200～2000Ω。结电容 $C_j$ 较小，对结电阻 $R_j$ 起到旁路作用、对 $R_s$ 起到分压作用，这些都影响能量损耗，也限制了二极管混频的上限工作频率。为此，定义截止频率 $f_c$，它是零偏结电容 $C_{j0}$ 的容抗与串连电阻 $R_s$ 相等时的频率，故

$$f_c = \frac{1}{2\pi C_{j0} R_s} \tag{6.73}$$

可见，结电容越小，截止频率就越高，工作频率也越高。当微波信号的工作频率等于 $f_c$ 时，有一半微波能量被 $R_s$ 消耗掉，混频效率太低，混频器不能正常工作。为保证混频器有较高的混频效率，通常应选 $f_c$ 大于或等于 10 倍工作频率的管子。目前用砷化镓半导体材料制成的肖特基势垒二极管的截止频率 $f_c$ 可高达 1000GHz，适宜于毫米波混频器。

### 3. 伏安特性

肖特基势垒二极管的伏安(电压-电流)特性的数学表示式为

$$i = I_s(e^{\alpha V} - 1) \tag{6.74}$$

式中：$\alpha$ 为非线性系数，室温下 $\alpha$ 为 30～40；$I_s$ 为反向饱和电流，$I_s$ 为 $10^{-11}$～$10^{-9}$mA；$V$ 为外加偏置电压。

肖特基势垒二极管的伏安特性曲线如图 6.69 所示。由图可知，非线性系数越大，伏安特性曲线变化越陡峭，非线性特性越强。

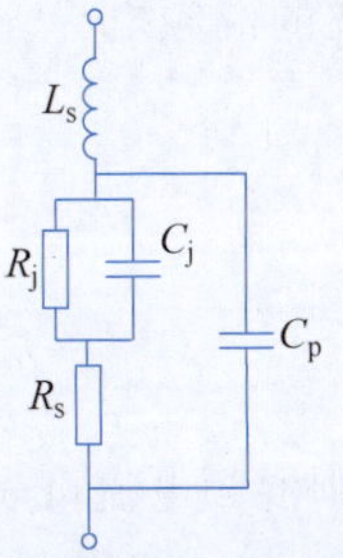


图 6.68　肖特基势垒二极管等效电路

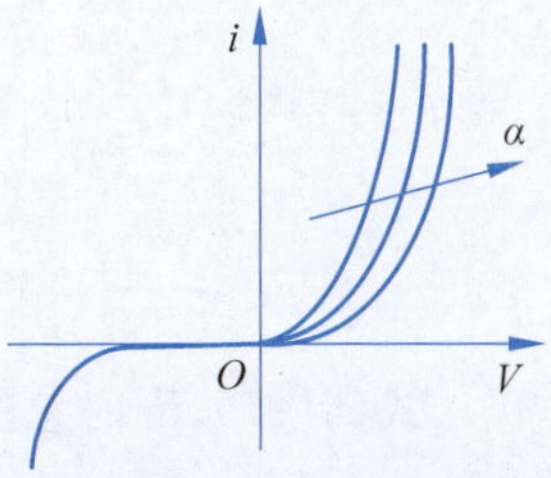


图 6.69　肖特基势垒二极管的伏安特性

前面已经指出，结电阻 $R_j$ 是非线性元件，其倒数 $G_j=1/R_j$ 是该肖特基势垒二极管的动态电导，也是该管伏安特性曲线的斜率。由式(6.74)可知

$$G_j=\frac{di}{dV}=\alpha I_s e^{\alpha V} \tag{6.75}$$

可见，$G_j$ 或 $R_j$ 与外加电压成非线性关系，是肖特基势垒二极管能够用作混频器的根本原因。

## 6.8.2 微波混频器的混频原理

微波混频器可用肖特基势垒二极管实现，主要是利用肖特基势垒二极管的非线性电导。在分析二极管微波混频器混频原理时，重点运用二极管的伏安特性。

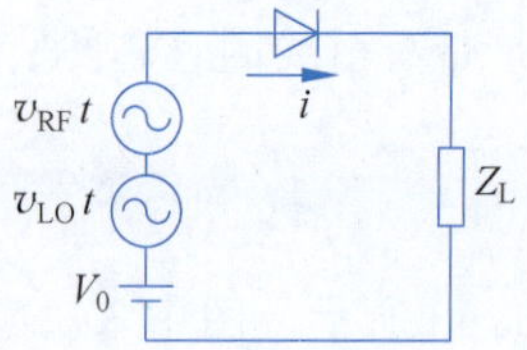


图 6.70 二极管混频器原理图

图 6.70 是单个二极管混频器的原理图，其中：$V_0$ 是直流偏压，部分微波混频器为使电路简单常不外加直流偏压；$v_{LO}$ 是本振信号，通常是功率为毫瓦级的大信号；$v_{RF}$ 是微波信号，通常是微瓦级甚至功率更小的微弱信号；$Z_L$ 是混频器输出负载。

设加在混频二极管上的本振电压和信号电压分别为

$$v_{LO}(t)=V_{LO}\cos\omega_{LO}t \tag{6.76a}$$

$$v_{RF}(t)=V_{RF}\cos\omega_{RF}t \tag{6.76b}$$

式中：$\omega_{LO}$、$\omega_{RF}$ 分别为本振和信号的角频率；$V_{LO}$、$V_{RF}$ 分别为本振和信号的电压幅度。

当本振电压和微波信号电压叠加到混频二极管上时，由于 $V_{LO}\gg V_{RF}$，可以认为 $(V_0+V_{LO}\cos\omega_{LO}t)$ 确定了混频二极管在伏安特性曲线上的工作点。显然，该工作点是由本振电压 $v_{LO}$ 控制，是时变的。设二极管的电压—电流关系为 $i=f(v)$，$v=V_0+V_{LO}\cos\omega_{LO}t+V_{RF}\cos\omega_{RF}t$。将 $i=f(v)$ 在工作点 $V_0+V_{LO}\cos\omega_{LO}t$ 处进行泰勒级数展开，可得

$$\begin{aligned}i=&f(V_0+V_{LO}\cos\omega_{LO}t)+f'(V_0+V_{LO}\cos\omega_{LO}t)V_{RF}\cos\omega_{RF}t+\\&\frac{1}{2!}f''(V_0+V_{LO}\cos\omega_{LO}t)V_{RF}^2\cos^2\omega_{RF}t+\cdots\end{aligned} \tag{6.77}$$

上式等号右边第一项包含了直流、本振频率及本振各次谐波频率的电流，与所加的微波信号无关。由于 $V_{RF}$ 很小，第三项及以后各项可以忽略不计。重点关注第二项，令

$$g(t)=f'(V_0+V_{LO}\cos\omega_{LO}t)=\left.\frac{di}{dv}\right|_{v=V_0+V_{LO}\cos\omega_{LO}t} \tag{6.78}$$

显然，$g(t)$ 是随时间周期变化的混频二极管的电导，同时为时间的偶函数，可将其展开成离散傅里叶级数，有

$$g(t)=g_0+2\sum_{n=1}^{\infty}g_n\cos n\omega_{LO}t\quad(n=1,2,\cdots) \tag{6.79}$$

式中：$g_0$ 为二极管平均混频电导；$g_n$ 为对应于本振第 $n$ 次谐波的混频电导。$g_0$ 和 $g_n$ 可分别表示为

$$g_0=\frac{1}{2\pi}\int_0^{2\pi}g(t)d(\omega_{LO}t) \tag{6.80a}$$

$$g_n=\frac{1}{2\pi}\int_0^{2\pi}g(t)\cos n\omega_{LO}t\,d(\omega_{LO}t) \tag{6.80b}$$

将式(6.79)代入式(6.77)，同时忽略式(6.77)中的高次项，则混频电流可表示为

$$i=f(V_0+V_{LO}\cos\omega_{LO}t)+\left(g_0+2\sum_{n=1}^{\infty}g_n\cos n\omega_{LO}t\right)V_{RF}\cos\omega_{RF}t$$

$$= f(V_0 + V_{LO}\cos\omega_{LO}t) + g_0 V_{RF}\cos\omega_{RF}t + \sum_{n=1}^{\infty} g_n V_{RF}\cos(n\omega_{LO} - \omega_{RF})t +$$

$$\sum_{n=1}^{\infty} g_n V_{RF}\cos(n\omega_{LO} + \omega_{RF})t \quad (n = 1, 2, \cdots) \tag{6.81}$$

显然，混频电流中除了包含了直流、$\omega_{LO}$ 和 $\omega_{RF}$ 等输入频率分量的电流外，还包含有无穷多个 $n\omega_{LO}$、$n\omega_{LO}-\omega_{RF}$、$n\omega_{LO}+\omega_{RF}$ 等频率分量的电流，如图 6.71 所示。

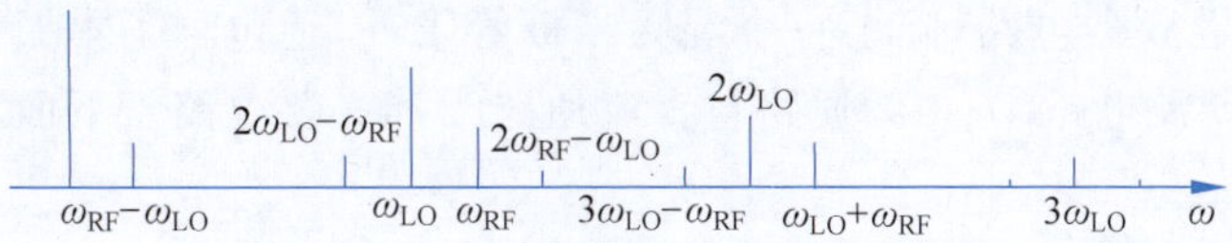


图 6.71　混频器电流频谱

在混频器不同频率分量对应电流中，频率为 $\omega_{IF} = \omega_{LO} - \omega_{RF}$ ($\omega_{LO} > \omega_{RF}$) 或 $\omega_{IF} = \omega_{RF} - \omega_{LO}$ ($\omega_{RF} > \omega_{LO}$) 的电流是所需的中频电流，对应的 $i_{IF} = g_1 V_{RF}\cos\omega_{IF}t$，是本振一次谐波混频电导和信号电压相乘的结果。

在混频器电流频谱中，除了所需的中频 $\omega_{IF}$ 以外，还有无穷多个不需要的频率分量，这些不需要的频率分量统称为寄生频率。由于这些寄生频率分量也是信号和本振差拍产生的，都携带有一部分信号功率，用滤波器将其滤除，必造成信号能量的损失，这种能量损失称为净变频损耗。

## 6.8.3　微波混频器的主要特性

混频器是典型的三端口器件，其主要特性包括变频损耗、信号与本振端口之间的隔离度、输入信号的动态范围和信号和本振端口的输入驻波比等。

### 1. 变频损耗

变频损耗定义为输入微波信号功率与输出中频信号功率之比，即

$$L_m = P_{RF}/P_{IF} \tag{6.82}$$

实际的二极管混频器在 1～10GHz 范围内，变频损耗的典型值为 4～7dB。

### 2. 信号与本振端口之间的隔离度

如果输入射频信号功率泄露到本振端，就会造成能量损失；如果本振功率泄露到信号端向外辐射，就会干扰其他部件的工作。因此，应对混频器信号与本振两个端口提出隔离度的要求，信号与本振端口隔离度的典型值为 20～40dB。

### 3. 输入信号的动态范围

输入信号的上限和下限规定的范围称为输入信号的动态范围。对于微弱的输入信号，混频器中频输出功率与微波信号功率近似为线性关系，变频损耗为常数。当输入信号功率增加到一定电平时，信号的高次谐波不能忽略，混频产生的高次寄生频率分量增多，变频损耗增加。把变频损耗增加到比常数值大 1dB 的输入信号功率称为 1dB 压缩点，并规定 1dB 压缩点为混频器输入功率的上限。混频器的下限输入功率是可以接收并检测到信号时所对应的最小输入信号功率，它取决于噪声电平。

### 4. 信号和本振端口的输入驻波比

为使射频信号和本振功率有效进入混频器，应对信号和本振端口的输入驻波比分别提出要求，一般要求信号端口输入驻波比更小一些。

视频

### 6.8.4 典型的微波混频器

微波混频器电路种类繁多,典型的有单端混频器、单平衡混频器和双平衡混频器。下面介绍单端混频器和单平衡混频器,并给出设计案例。

1. 单端混频器

单端混频器是最简单的一种混频器,它只用了一个肖特基势垒二极管作混频管。图 6.72 给出了微带型单端混频器电路,除了一个混频二极管①外,还包含了本振与信号的混合电路②、阻抗变换器③、滤波电路④、中频通路与直流通路⑤等必要电路。下面对混频器这 5 个主要部分作简要说明。

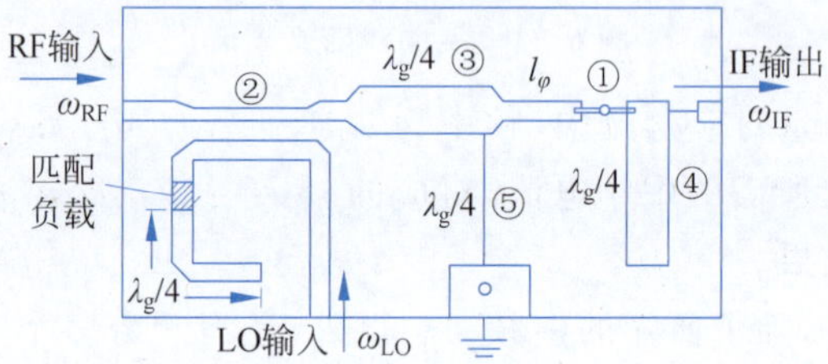


图 6.72 微波单端混频器

混频二极管:常用肖特基势垒二极管,它应具有足够高的截止频率 $f_c$,一般要求 $f_c > 10f_{RF}$。

本振与信号的混合电路:这里采用的是平行耦合线定向耦合器,信号和本振分别从定向耦合器的两个隔离端口输入,将本振功率耦合到主线上与信号功率同相叠加,再加到二极管上,同时可以保证信号和本振有良好的隔离。定向耦合器的耦合度要适当,通常将耦合度设计为 10dB,这时信号功率损耗小,所需本振功率也不至于过大。

阻抗变换器:定向耦合器输出端阻抗通常设计为 50Ω,而二极管的输入阻抗通常为复阻抗,为使两者匹配,先通过长度为 $l_\varphi$ 的相移段将二极管的复阻抗变换为纯电阻(波腹或者波节点),再利用 $\lambda_g/4$ 阻抗变换段将该电阻变换成 50Ω 纯电阻。

滤波电路:其作用是从混频器中取出所需的中频功率,同时还要使信号、本振短路防止它们漏出。滤波器采用信号频带内 $\lambda_g/4$ 低阻开路线,它相当于对信号中心频率的一个 $LC$ 串联谐振器,其输入端对信号和本振接地,而对中频则呈现为一个大的容抗,与高阻线一起构成低通滤波器,中频信号从 IF 端口输出。

中频通路与直流通路:为了构成中频信号回路并防止中频信号泄露到微波输入电路中,在二极管输入端接 $\lambda_g/4$ 高阻短路线,它相当于一个对信号中心频率的 $LC$ 并联谐振电路,其输入端对信号和本振呈现开路而不影响信号和本振加到二极管上,而该输入端对中频信号则呈现出短路,构成中频接地,同时该 $\lambda_g/4$ 高阻短路线也兼作直流接地。

虽然单端混频器电路比较简单,但性能较差,只用于一些要求不高的场合。其主要缺点有两个:

(1) 本振功率是通过定向耦合器加到二极管上的,其耦合度在 10dB 左右,因此外加本振输入功率应当为加到二极管上的本振功率的 10 倍,要求本振输入功率较大。

(2) 在输入本振功率时必然伴随着一定的噪声功率输入,与本振频率相差一个中频带宽的本振噪声频率分量混频以后也成为中频噪声,它使混频器输出噪声功率增加,噪声系数增大。

## 2. 单平衡混频器

单平衡混频器使用两只混频管和功率电桥组成单平衡混频电路,功率电桥可以用90°或者180°定向耦合器实现,微带型90°相移单平衡混频电路如图6.73所示。基于定向耦合器性质,单平衡混频器能有效改善RF输入匹配及RF-LO隔离。

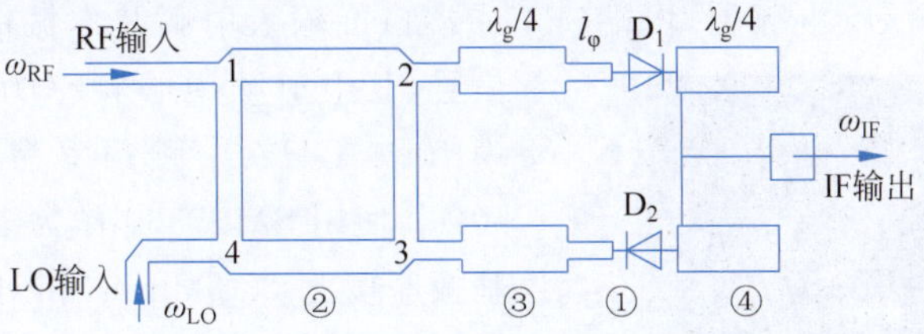


图6.73　微带型90°相移单平衡混频器

单平衡混频器电路包含①混频管、②信号和本振的混合与隔离电路、③阻抗匹配电路、④中频滤波电路等。采用分支线3dB定向耦合器作信号和本振的混合与隔离电路,其工作原理在6.3节中已做了详细分析。射频信号由端口1输入,端口2、3各分一半信号功率且分别加到混频管$D_1$、$D_2$上,且端口3输出信号比端口2信号相位滞后90°;本振由端口4输入,端口3、2各分一半本振功率并分别加到混频管$D_1$、$D_2$上,且端口2输出本振比端口3本振相位上滞后90°;端口1射频信号与端口4本振有很好的隔离。因此这种单平衡混频器称为90°相移型单平衡混频器。下面以此为基础来分析单平衡混频器的工作原理。

设端口1、端口4输入的信号电压和本振电压分别为

$$v_{RF}(t)=V_{RF}\cos\omega_{RF}t,\quad v_{LO}(t)=V_{LO}\cos\omega_{LO}t \tag{6.83}$$

则加到$D_1$、$D_2$管上的信号电压和本振电压分别为

$$v_{RF1}=\frac{1}{\sqrt{2}}V_{RF}\cos\left(\omega_{RF}t-\frac{\pi}{2}\right),\quad v_{LO1}=\frac{1}{\sqrt{2}}V_{LO}\cos(\omega_{LO}t-\pi) \tag{6.84a}$$

$$v_{RF2}=\frac{1}{\sqrt{2}}V_{RF}\cos(\omega_{RF}t-\pi),\quad v_{LO2}=\frac{1}{\sqrt{2}}V_{LO}\cos\left(\omega_{LO}t-\frac{\pi}{2}\right) \tag{6.84b}$$

由式(6.84)可知,$D_1$、$D_2$管的中频电流分别为

$$i_{IF,D_1}=\frac{1}{\sqrt{2}}g_1V_{RF}\cos\left[(\omega_{RF}-\omega_{LO})t+\frac{\pi}{2}\right] \tag{6.85a}$$

$$i_{IF,D_2}=\frac{1}{\sqrt{2}}g_1V_{RF}\cos\left[(\omega_{RF}-\omega_{LO})t-\frac{\pi}{2}\right] \tag{6.85b}$$

可见,流过$D_1$、$D_2$两二极管的中频电流等幅反相,由于两个二极管在电路中接法是反向的,于是流过中频负载的中频电流为两电流的差,即

$$i_{IF}=i_{IF,D_1}-i_{IF,D_2}=\sqrt{2}g_1V_{RF}\cos\left[(\omega_{RF}-\omega_{LO})t+\frac{\pi}{2}\right] \tag{6.86}$$

单平衡混频器有以下优点:

(1) 消除本振噪声。本振源除了输出本振功率外,同时也产生本振噪声,经过定向耦合器分配到$D_1$、$D_2$二极管混频后产生的中频噪声信号在输出端相互抵消,无输出。

(2) 隔离度高。由于混合电路采用分支线3dB定向耦合器,其端口1射频信号与端口4本振有很好隔离,提高了RF-LO隔离。

(3) 谐波干扰少。由于电路和管芯的结构对称,信号和本振的全部偶次谐波和互调分量均被抵消。

(4) 动态范围扩大。由于信号功率几乎全部均分到两个混频二极管上,混频器输入的上限信号功率可增加 1 倍,故混频器动态范围扩大 1 倍。同时信号功率得到了充分利用,有利于改善变频损耗。

### 3. 单平衡混频器设计举例

如图 6.74 所示单平衡混频器,由端口 1 或端口 2 输入射频及本振信号,端口 3 输出中频信号,其中射频中心频率为 10.5GHz、本振频率为 10.48GHz、中频频率为 20MHz,端口阻抗为 50Ω。使用 SMS7360 作为混频二极管,微带介质基板厚度为 0.508mm、相对介电常数为 3.48,导带厚度为 0.035mm。

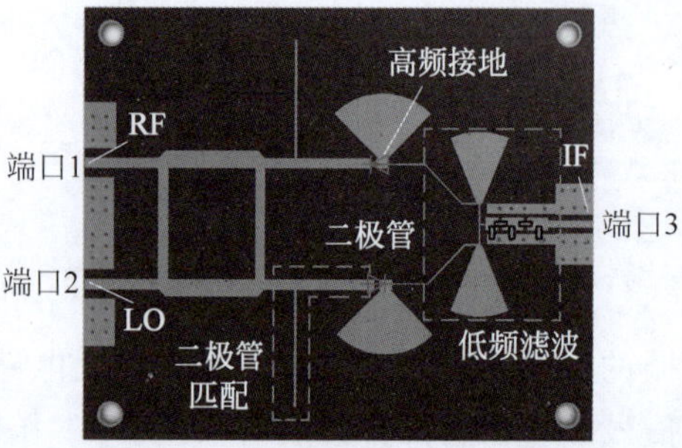


图 6.74 单平衡混频器

首先实现中心频率为 10.5GHz 的 3dB 定向耦合器,然后采用单枝节匹配法实现二极管匹配,并利用高低阻抗线设计输出低通滤波器,如图 6.74 所示。

混频器仿真结果如图 6.75 所示。图 6.75(a)为射频及本振端口的反射系数以及隔离度;图 6.75(b)为变频损耗随本振功率的变化曲线,变化范围为 5.8～7.5dB。

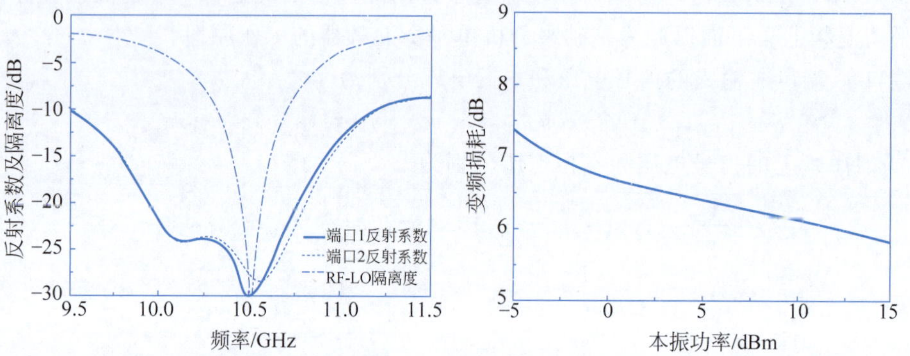


(a) 端口反射系数及RF-LO隔离度　　(b) 变频损耗

图 6.75 混频器仿真结果

## 6.9 微波控制电路

在微波工程中经常需要切换微波信号通道、调节信号的幅度大小、改变信号的相位等,这就离不开微波开关、微波移相器、微波衰减器等微波控制电路。微波控制电路中常用的控制器件有微波半导体管和铁氧体器件等。微波半导体控制器件主要有 PIN 二极管、变容管、肖特基势垒二极管和场效应管等。PIN 管控制器件的优点是体积小、重量轻、控制快捷,且可以通过小的直流功率控制大的射频功率,在多数场合得到应用。因此,本节主要介绍几类基于 PIN 管的微波控制电路的基本原理、特性及结构。

### 6.9.1 微波开关

#### 1. PIN 二极管

在高掺杂的 $P^{+}$ 和 $N^{+}$ 层之间加一本征的或低掺半导体的中间附加层(I 层),就构成 PIN 二极管。PIN 二极管的伏安特性使得它成为良好的微波开关。当反向偏置时,小的串联电容会造成较高的二极管阻抗；而正向偏置电流会把结电容去掉，以便二极管处于低阻抗状态。这两种状态的等效电路如图 6.76 所示。图中参数的典型值：

引线电感 $L_i = 1\text{nH}$，　反偏结电容 $C_j = 0.025\text{pF}$，

反偏结电阻 $R_r = 5\Omega$，　正偏结电阻 $R_f = 4\Omega$。

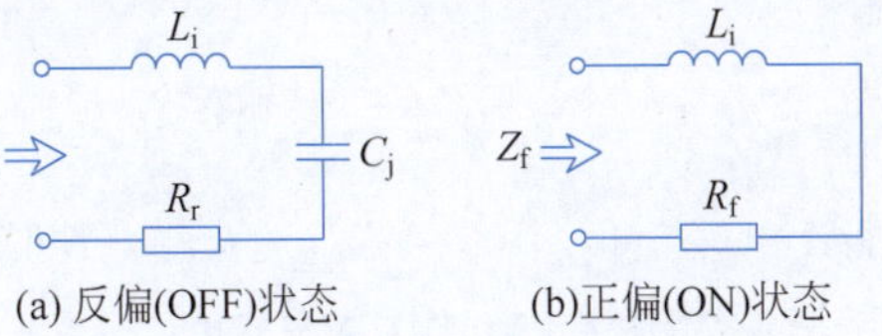


图 6.76　PIN 二极管等效电路

正偏电流的典型值为 10～30mA，反偏电压的典型值为 40～60V。偏置电压加到 PIN 二极管上时，必须带有 RF 扼流装置和隔直装置，以便把它与 RF 隔离。PIN 二极管易于构建平面集成电路，且能高速运行，典型开关速度为 1～10ns。

### 2. 单刀单掷开关

PIN 二极管可在串联或并联配置下实现单刀单掷开关(SPST)，如图 6.77 所示。在图 6.77(a)的串联配置下，当二极管正向偏置时，开关是接通(ON)的；在图 6.77(b)的并联配置下，当二极管反向偏置时，开关是接通的。在这两种情况下，当开关处在接通状态时，开关损耗较小，大部分功率通过；当开关处在断开(OFF)状态时，大部分输入功率被反射。在微波工作频率下，隔直电容有很低的阻抗，而 RF 扼流电感有较高的阻抗，因此在连接偏置电压时需要用到扼流电感。

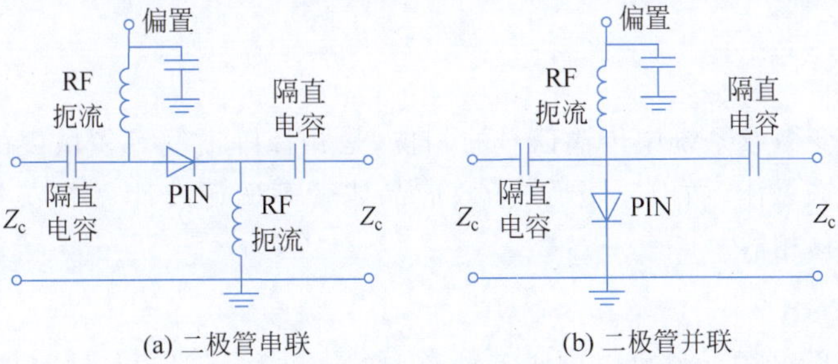


图 6.77　单刀单掷开关

开关在接通状态下的插入损耗及断开状态下的隔离度是重要指标，通过对串联及并联两种情况的分析可得，两者在开关接通状态下的插入损耗接近，但在断开状态下的隔离度分别为

$$I_{SO} = 20\lg\left(\frac{1}{|S_{21}|}\right) = 20\lg\left|1 + \frac{Z_r}{2Z_c}\right| \text{（串联开关）} \tag{6.87a}$$

$$I_{SO} = 20\lg\left(\frac{1}{|S_{21}|}\right) = 20\lg\left|1 + \frac{Z_c}{2Z_f}\right| \text{（并联开关）} \tag{6.87b}$$

一般来讲，并联开关电路的隔离度较串联电路高约 6dB。

### 3. 单刀双掷开关

多个单掷开关组合在一起可构成多种多刀或多掷配置。图 6.78 给出了单刀双掷开关(SPDT)的串联和并联电路原理，图中未给出直流偏置。工作时，一个二极管正偏在低阻状态，另一个二极管反偏在高阻状态。

### 4. 收发开关应用案例

单刀双掷开关可用于图 6.79 所示射频前端的收发开关。在发射机工作时，PIN 二极管

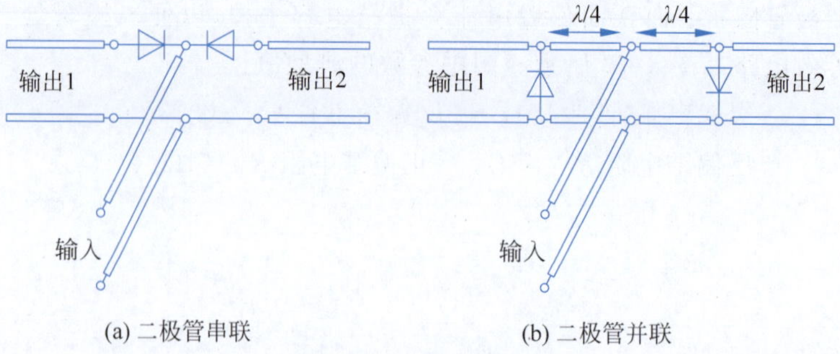


图 6.78 单刀双掷开关

$D_1$ 和 $D_2$ 处于接通状态，微波信号由发射机传送往天线，而接收机是断开的，实现收发隔离。在接收机工作时，PIN 二极管 $D_1$ 和 $D_2$ 处于断开状态，接收信号由天线传往接收机，同时也实现收发隔离。

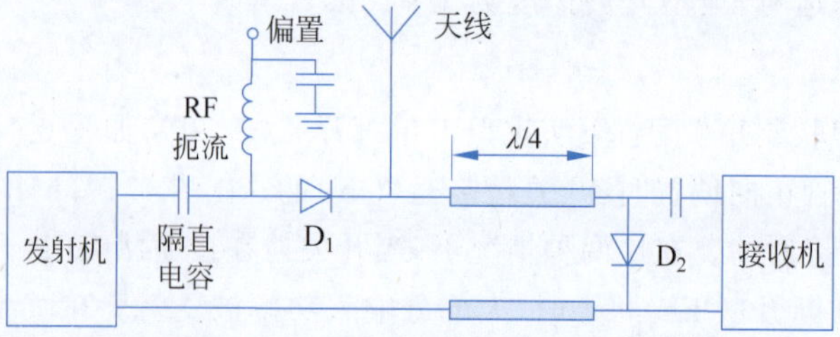


图 6.79 单刀双掷开关在射频前端应用案例

## 6.9.2 移相器

移相器用于改变微波系统中传输信号的相位，是相控阵天线等领域中的重要器件。常用微波移相器可使用铁氧体、微波二极管、场效应晶体管等进行设计。本节主要介绍利用 PIN 二极管构建的微波移相器。

### 1. 开关线移相器

使用 PIN 二极管开关元件可以构成多种类型的微波移相器。与铁氧体移相器相比，PIN 二极管移相器具有体积小、易集成以及切换速度快等优点。开关线移相器是最简单的类型，它使用两个单刀双掷开关使微波信号沿两根不同电长度的传输线之一传输，如图 6.80 所示。

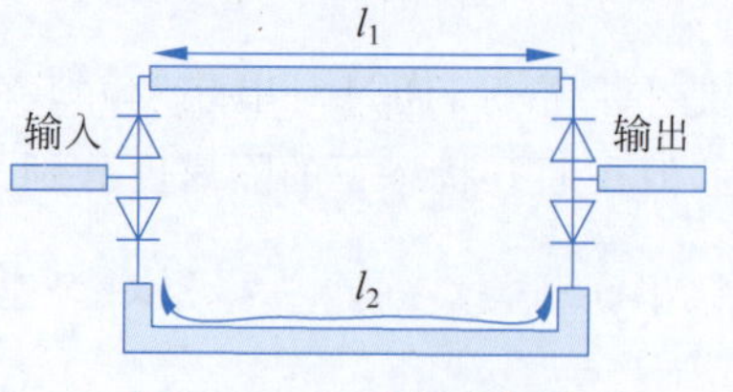


图 6.80 开关线移相器

两条路径之间的相移差为

$$\Delta\phi=\beta(l_2-l_1) \tag{6.88}$$

式中：$\beta$ 为传输线的相移常数。

这类移相器是互易的，既可以用于接收功能，也可以用于发射功能，并且开关线移相器的插入损耗等于单刀双掷开关的损耗和线损耗之和。

### 2. 反射式移相器

基于分支线定向耦合器可以设计反射式移相器，如图 6.81 所示。工作时，端口 1 有信号输入，当两个二极管都处于同一个偏置状态，在端口 4 有输出。可以推导，端口 1 到端口 4 的传输系数为 $T=\mathrm{j}\Gamma$（$\Gamma$ 为端口 2，3 的反射系数）。将二极管控制在接通（ON）或断开（OFF）状态时，端口 2、3 的反射系数分别为 $\Gamma_{\mathrm{ON}}=-\mathrm{e}^{-\mathrm{j}\phi}$ 和 $\Gamma_{\mathrm{OFF}}=-\mathrm{e}^{-\mathrm{j}(\phi+\Delta\phi)}$，因此两个状态下的相

位相差 $\Delta\phi$。传输线相移 $\phi/2$ 理论上可以任意选取，但如果两个状态的反射系数是相位共轭的，则有最佳带宽。若 $\Delta\phi=180°$，则对于 $\phi=90°$将获得最佳带宽。

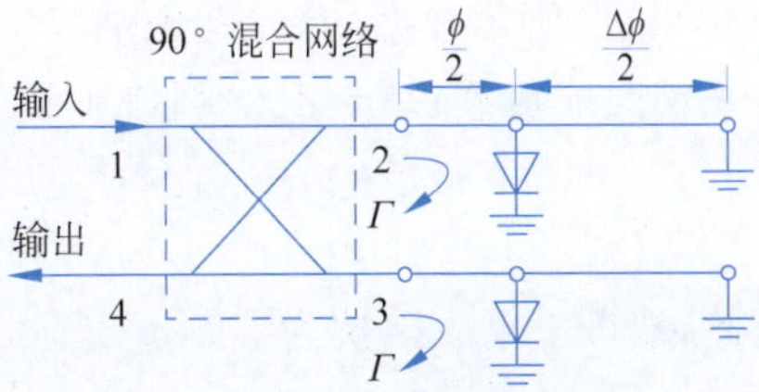


图 6.81 使用正交混合网络的反射式移相器

3. 数控移相器

不同的传输线长度差可以获得不同的相位差，采用多段不同开关线移相器可构成数控移相器。通常将PIN 二极管开关线移相器设计成 $\Delta\phi$ 为 180°、90°、45°、22.5°等相移量，将这些开关线移相器级联起来就构成四位数控移相器。它可以按 22.5°的相移步进，实现 0°～360°的相移，如图 6.82 所示。同理，五位数控移相器可以实现 11.25°相位步进，六位数控移相器可以实现 5.625°相位步进，该移相器常用于相控阵天线中。

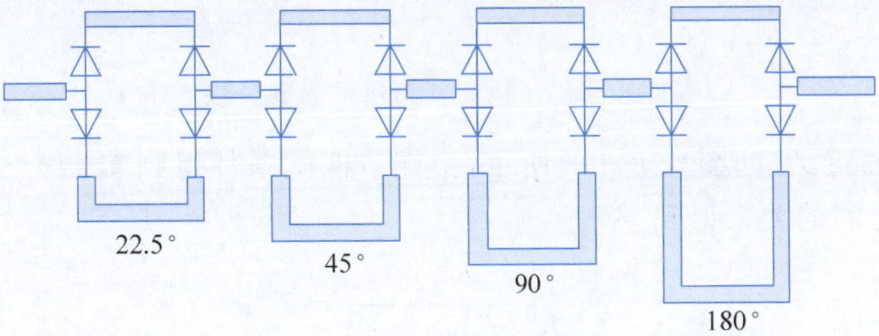


图 6.82 四位数控移相器

## 6.9.3 衰减器

衰减器是一种能量损耗性微波器件，常用于改变微波系统中传输信号的功率。衰减器可分为固定衰减器和可变衰减器，前者衰减量固定，后者衰减量可变。固定衰减器的主要技术参数是工作频带、衰减量和输入端驻波比；可变衰减器主要技术参数除了工作频带和输入驻波比外，还有起始衰减量和衰减范围两个参数。按衰减器工作原理可分为吸收式衰减器、反射式衰减器、匹配型衰减器和旋转极化式衰减器，其中后者主要用铁氧体实现。

1. 电阻集总参数衰减器

从微波网络观点来看，电阻衰减器是有耗二端口网络，可以使用电阻构成 T 形或 $\pi$ 形结构来实现衰减，网络的衰减量是固定的，对应了网络的插入损耗，同时网络还需要实现端口的阻抗匹配，由此可以确定电阻的大小，如图 6.83 所示。

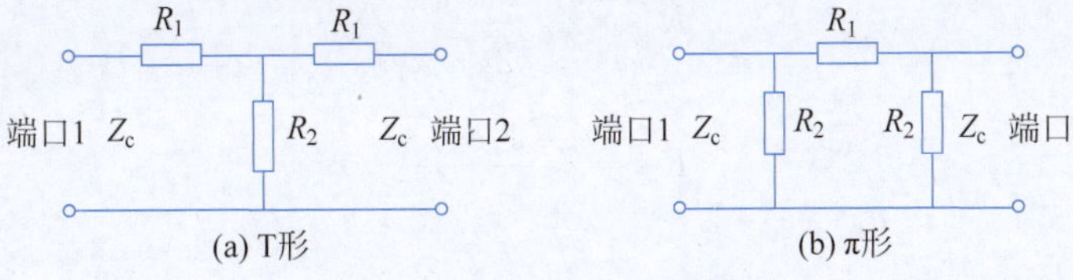


图 6.83 T 形和 $\pi$ 形衰减网络

T 形网络是串联电阻、并联电阻和串联电阻的级联，根据式(5.43b)可知，网络衰减量即插入损耗，$IL=-20\lg|S_{21}|$(dB)，下面通过例题推导衰减量与电阻值之间的关系。

**例 6.10** 电阻衰减器的计算。

求解图 6.83(a)所示衰减网络的 $S$ 参数与电阻元件参数。

**解：** 由于衰减器需与两端传输线阻抗匹配，因此必须符合 $S_{11}=S_{22}=0$ 的条件。建立如

图 6.84(a)所示模型，首先考虑端口 1 激励情况，为计算 $S_{11}$、$S_{21}$ 与电阻参数之间的关系，令端口 2 接匹配负载 $R_0=Z_c$。端口 1 看过去的反射系数为

$$\Gamma_1=S_{11}=\left.\frac{b_1}{a_1}\right|_{a_2=0}=0$$

因此，端口 1 输入阻抗为

$$Z_{in}=\frac{R_2(R_1+Z_c)}{R_1+R_2+Z_c}+R_1=Z_c$$

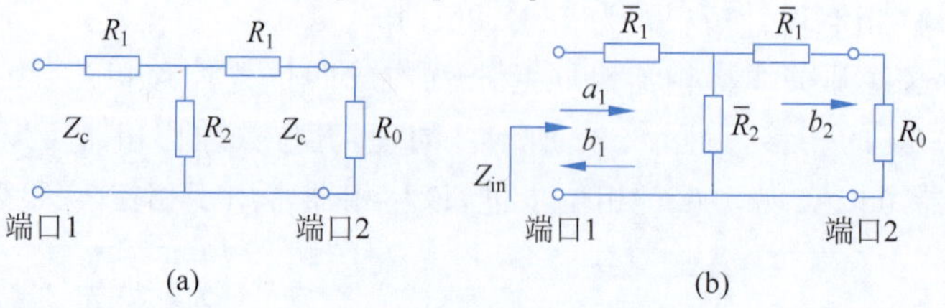


图 6.84 T 形衰减网络 S 参数计算

根据 S 参数的定义，如图 6.84(b)所示，由端口匹配条件得到 $b_1=a_2=0$，由端口 1 和端口 2 归一化电流之间的关系得到

$$a_1\frac{R_2}{R_1+R_2+Z_c}=b_2$$

所以

$$S_{21}=\left.\frac{b_2}{a_1}\right|_{a_2=0}=\frac{R_2}{R_1+R_2+Z_c}$$

由网络的对称性和互易性得到 $S_{22}=0$，且 $S_{12}=S_{21}$。联立方程得到

$$R_1=Z_c\frac{1-S_{21}}{1+S_{21}},\quad R_2=2Z_c\frac{S_{21}}{1-S_{21}^2}$$

假设图 6.83(a)所示网络衰减量为 $L$(dB)，令 $\alpha=10^{-L/10}$，根据上述结论得到

$$R_1=Z_c\frac{1-\sqrt{\alpha}}{1+\sqrt{\alpha}} \tag{6.89a}$$

$$R_2=2Z_c\frac{\sqrt{\alpha}}{1-\alpha} \tag{6.89b}$$

采用同样的方法，对 π 形网络，可得到

$$R_1=Z_c\frac{1-\alpha}{2\sqrt{\alpha}} \tag{6.90a}$$

$$R_2=Z_c\frac{1+\sqrt{\alpha}}{1-\sqrt{\alpha}} \tag{6.90b}$$

### 2. PIN 二极管衰减器

1）电调衰减器

由 6.9.1 节微波开关可知，图 6.77 所示的单刀单掷开关通过控制偏置电压，可以改变 PIN 二极管的电阻，从而一部分输入功率被反射，另一部分功率被传输，实现电调衰减器。

2）匹配型衰减器

在 6.9.2 节中，将反射式移相器端口 2、端口 3 接的 $\Delta\phi/2$ 传输线去掉，换成衰减网络，即可以实现匹配型衰减器。

3）数控衰减器

与 PIN 二极管数控移相器类似，可以设计数控衰减器，如图 6.85 所示，通过 PIN 二极管通断来选择衰减网络或者参考路径作为信号路径，实现可控衰减。衰减网络可以采用吸收式电阻衰减网络来设计，应用不同量的衰减网络可以构成多位衰减器；参考路径需要合理设计，使其传输相移等同于衰减状态下的传输相移。这类衰减器通常用于衰减量较大场合。

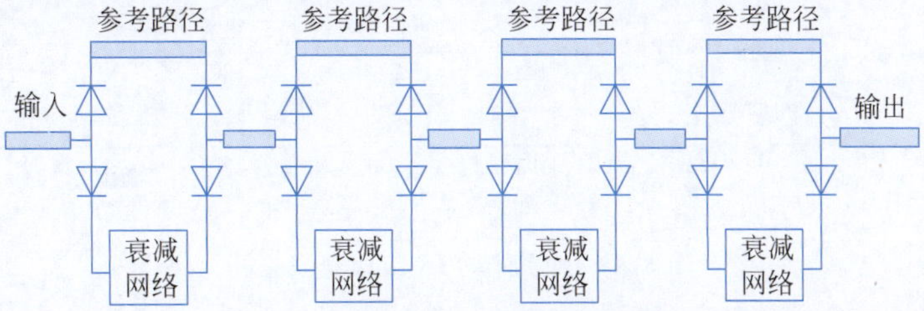


图 6.85 PIN 二极管数控衰减器

## 6.9.4 限幅器

微波系统接收前端往往需要具有高灵敏度的低噪声放大器，但低噪声放大器为小信号线性器件，只适合接收微弱信号，当输入功率较大时，将处于非线性饱和工作区。然而微波系统发射机功率往往是大功率的，容易泄露到接收机中；另外在电子对抗中有意产生大功率干扰，容易导致器件烧毁，破坏接收机。因此，在接收前端需要加入微波限幅器，当输入信号较小时，限幅器仅出现很小损耗；在大信号输入时，限幅器对其进行大幅度衰减，从而保护接收机。

在实际电路中可采用肖特基势垒二极管、变容管和 PIN 二极管实现限幅器，其中 PIN 二极管限幅器的实现主要有两种方式：一种是依靠反射衰减得到限幅；另一种是匹配型限幅器。下面主要针对这两类 PIN 二极管限幅器进行原理分析。

### 1. 反射式 PIN 二极管限幅器

反射式 PIN 二极管限幅器如图 6.86 所示，扼流线圈对直流短路，PIN 二极管两端直流偏置为 0，当输入为小信号时，PIN 二极管未导通、处于高阻抗状态，信号通过并衰减较少。由于限幅器用的 PIN 二极管的 I 层很薄（约为 1$\mu$m），对功率反应灵敏，当输入高电平射频信号时，I 层有电荷存储，PIN 二极管呈现出低阻抗，使得大功率射频信号受到限幅。图 6.87 为理想限幅器和实际限幅器的输入与输出特性，当输入功率大于限幅器门限电平 $P_0$ 时，射频功率导通 PIN 二极管，相当于图 6.77(b)所示的开关断开状态，能量大部分被反射，达到限幅目的。

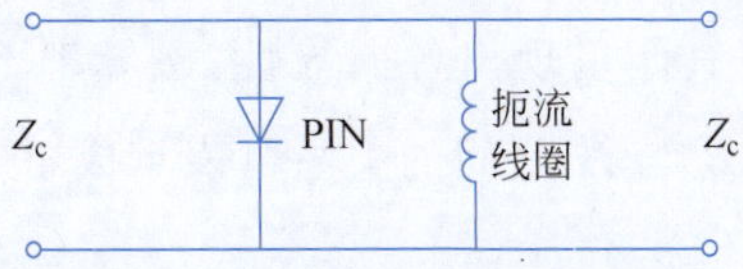


图 6.86 反射式 PIN 二极管限幅器

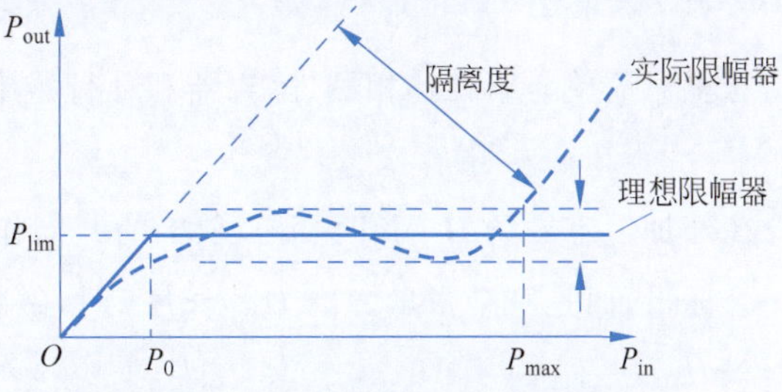


图 6.87 限幅器输入与输出特性曲线

### 2. 匹配型限幅器

反射式 PIN 二极管限幅器在小信号时电路是匹配的，但在大信号情况下电路严重失配，输入端口驻波较大。为了在整个信号功率范围内实现良好匹配，可以利用3dB分支线定向耦合器的性质，实现图6.88所示的匹配型限幅器。当端口1-1输入为小信号时，PIN二极管处于高阻抗状态，3dB分支线定向耦合器1、2分别起到功率分配和功率合成作用，信号从端口2-3输出，衰减较小。当端口1-1输入高电平射频信号时，PIN二极管呈现低阻抗，大部分能量被反射回来，从端口1-4输出而被匹配负载吸收，不会反射到端口1-1，达到匹配目的。

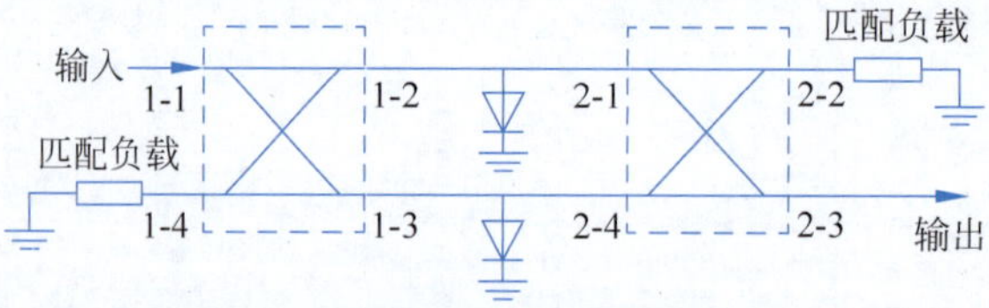


图6.88 匹配型PIN二极管限幅器

3. 限幅器应用案例

图6.79将PIN二极管用于微波系统中天线的收发开关，但需要外接偏置来控制通断。图6.88所示匹配型PIN二极管限幅器同样可用于微波系统中，将端口1-4外接的匹配负载去掉，改接微波系统的发射机，而端口2-3接微波接收机，端口1-1接天线，则此电路可用作天线收发开关。与图6.79不同，该电路中的PIN二极管是自控的，不需要外接偏置(零偏压)。

## 6.10 微波铁氧体器件

前面章节讨论的无源元器件和网络都是互易的，也就是说，一个器件在任何两个端口 $i$ 和 $j$ 之间的响应与信号的方向无关($S_{ij}=S_{ji}$)。由无源和各向同性材料组成的器件总是具有互易性，若器件使用了各向异性材料或者有源元件(晶体管等)，则能得到非互易特性，这有助于设计各种具有方向性的器件。

由铁氧化物和铝、钴、镁、镍等元素构成的铁氧体具有极高的电阻率($10^8\Omega\cdot$cm)，在微波波段其相对介电常数 $\varepsilon_r$ 为10～20，损耗角正切 $\tan\delta$ 为 $10^{-3}\sim10^{-4}$，所以微波铁氧体属于高介电常数、低损耗材料。更为重要的是，当给铁氧体外加一定恒定磁场的情况下，铁氧体被磁化，它对在其中传播的电磁波呈现出各向异性，会产生一系列独特的非互易效应。该效应在微波工程中有广泛应用，可用来制成多种微波器件，如移相器、隔离器、环行器等。

本节主要讨论铁氧体的特性，它是分析各种铁氧体器件的基础，在此基础上介绍铁氧体移相器、隔离器和环行器的结构、原理及应用。

### 6.10.1 铁氧体的特性

这里只简单介绍在移相器、隔离器和环行器中要用到的铁氧体特性。

1. 铁氧体的磁导率张量

在外加恒定磁场 $\boldsymbol{H}_0$ 和时变磁场 $\boldsymbol{H}$ 的共同作用下，铁氧体呈现出各向异性，磁导率不再是一个标量，而是一个张量。当 $\boldsymbol{H}_0=\hat{z}H_0$ 时，磁感应强度 $\boldsymbol{B}$ 与 $\boldsymbol{H}$ 之间的关系可表示成

$$\begin{bmatrix}B_x\\B_y\\B_z\end{bmatrix}=\mu_0\bar{\boldsymbol{\mu}}_r\begin{bmatrix}H_x\\H_y\\H_z\end{bmatrix}\tag{6.91}$$

式中：$\bar{\boldsymbol{\mu}}_r$ 为相对磁导率，它是一个张量，可用一个3×3矩阵表示，即

$$\bar{\boldsymbol{\mu}}_r = \begin{bmatrix} \mu & j\kappa & 0 \\ -j\kappa & \mu & 0 \\ 0 & 0 & 1 \end{bmatrix} \tag{6.92}$$

式中

$$\mu = 1 + \frac{\omega_0 \omega_m}{\omega_0^2 - \omega^2}, \quad \kappa = \frac{\omega \omega_m}{\omega_0^2 - \omega^2} \tag{6.93}$$

其中：$\omega_0$ 为铁磁进动角频率，$\omega_0 = \gamma H_0$；$\gamma$ 为旋磁比，$\gamma = (1/4\pi) \times 2.8 \times 10^3\ \mathrm{Hz/(A/m)}$；$\omega_m = \gamma M_0$，$M_0$ 为直流磁化强度值。

由式(6.91)可知，在外加恒定磁场 $\boldsymbol{H}_0$ 和时变磁场 $\boldsymbol{H}$ 共同作用于铁氧体时，时变磁场 $\boldsymbol{H}$ 的横向分量 $H_x$、$H_y$ 不仅产生与其同向的磁感应强度 $B_x$、$B_y$，还产生与其垂直的磁感应强度 $B_y$、$B_x$，这就是铁氧体的旋磁特性。这是其他任何具有标量磁导率的介质所不具有的特性。

### 2. 圆极化波的磁导率

铁氧体的旋磁特性及其表现出来的磁各向异性特性，使得铁氧体在不同的外加磁场作用下表现出各种不可逆现象，由此可构成多类微波非互易器件。不妨设外加恒定磁场方向为 $+z$ 方向，下面来看铁氧体在恒定磁场 $\boldsymbol{H}_0$ 及圆极化时变磁场 $\boldsymbol{H}$ 共同作用下的表现。

设微波时变磁场 $\boldsymbol{H}$ 为圆极化磁场，可表示为

$$\boldsymbol{H}^{\pm} = H^{\pm}(\hat{\boldsymbol{x}} \mp j\hat{\boldsymbol{y}}), \quad H_z = 0 \tag{6.94}$$

式中：$\boldsymbol{H}^+$ 为相对于 $+z$ 轴的右旋圆极化场；$\boldsymbol{H}^-$ 为相对于 $+z$ 轴的左旋圆极化场。注意：本节所提到的左、右旋圆极化场均是相对于外加恒定磁场 $\boldsymbol{H}_0$ 的方向而言的，而不是相对于时变场的传播方向而言的。将式(6.94)代入式(6.91)中，可得

$$B_x = \mu_0(\mu H^{\pm} \pm \kappa H^{\pm}) = \mu_0(\mu \pm \kappa) H^{\pm} = \mu_0(\mu \pm \kappa) H_x \tag{6.95a}$$

$$B_y = \mu_0(-j\kappa H^{\pm} \mp j\mu H^{\pm}) = \mu_0(\mu \pm \kappa)(\mp j H^{\pm}) = \mu_0(\mu \pm \kappa) H_y \tag{6.95b}$$

$$B_z = 0 \tag{6.95c}$$

即

$$\boldsymbol{B} = \mu_0(\mu \pm \kappa)\boldsymbol{H} \tag{6.96}$$

这时的磁导率不是张量而又还原成标量。右旋、左旋场的相对磁导率分别为

$$\mu_{r+} = \mu + \kappa = 1 + \frac{\omega_m}{\omega_0 - \omega} \tag{6.97a}$$

$$\mu_{r-} = \mu - \kappa = 1 + \frac{\omega_m}{\omega_0 + \omega} \tag{6.97b}$$

$\mu_{r+}$、$\mu_{r-}$ 随着外加恒定磁场 $H_0(\omega_0 = \gamma H_0)$ 的变化曲线如图 6.89 所示。

### 3. 铁氧体的特性

由式(6.97)和图 6.89 可见，铁氧体具有以下的特性：

(1) 在恒定磁场 $\boldsymbol{H}_0$ 加圆极化时变磁场 $\boldsymbol{H}$ 的共同作用下，铁氧体磁导率不是张量而又还原成标量，但是相对于 $\boldsymbol{H}_0$ 来说的右旋、左旋圆极化场具有不同的量值 $\mu_{r+}$、$\mu_{r-}$。左旋圆极化场的磁导率 $\mu_{r-} > 1$，并随恒定磁场 $\boldsymbol{H}_0$ 的变化较小；右旋圆极化场的磁导率 $\mu_{r+}$ 随恒定磁场 $\boldsymbol{H}_0$ 的变化很大。可见，在恒定磁场 $\boldsymbol{H}_0$ 加圆极化时变磁场 $\boldsymbol{H}$ 共同作用下，铁氧体是非线性各向异性磁性材料。

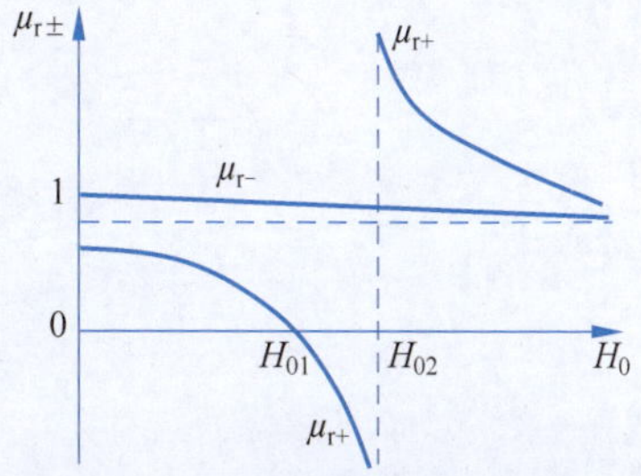


图 6.89　铁氧体的右旋、左旋波的相对磁导率

(2) 当微波时变场的角频率 $\omega$ 与铁氧体的进动角频率 $\omega_0$ 相等时，$\mu_{r+}$ 为无穷大，这一现象称为铁磁谐振。铁磁谐振现象是具有张量磁导率铁氧体的又一重要特性，利用此特性，可以让铁氧体材料对通过它的左旋、右旋圆极化波分别产生不同的能量吸收效应，从而构成单向器件，如谐振式隔离器。

(3) 一个线极化波可以分解成幅度相等的左旋圆极化波和右旋圆极化波的叠加。当一个线极化波沿 $+\boldsymbol{H}_0$ 或 $-\boldsymbol{H}_0$ 方向传输(通过铁氧体的微波传播方向与施加于铁氧体的恒定磁场方向平行，称为“纵场”工作方式)，由于左右圆极化波的磁导率不同，使得两个圆极化波的传播速度、传播常数也不同。通过分析可知，在铁氧体内传播一段距离后，两个圆极化波的合成波仍为线极化波，但其极化面相对于起始极化面旋转了一个角度，即合成波的极化面在传播过程中不断地以 $\boldsymbol{H}_0$ 为轴旋转前进，这就是法拉第效应。利用以上特性可构成移相器、隔离器。

(4) 当外加恒定磁场 $H_0$ 的值选在 $H_{01} \sim H_{02}$ 时，如图 6.89 所示，左旋圆极化波的磁导率 $\mu_{r-} > 1$，右旋圆极化波的磁导率 $\mu_{r+} < 0$，因此铁氧体对右旋圆极化场有“排斥”作用，对左旋圆极化场有“吸收”作用，使得铁氧体周围对右旋圆极化波和左旋圆极化波的场有不同的分布，这就是铁氧体的场移效应。利用该效应可以构成隔离器。

在了解了电磁波在外加恒定磁场的铁氧体中的传播特性后，就可以分析微波铁氧体器件。下面简单介绍铁氧体移相器、隔离器和环行器的结构、工作原理和应用。

## 6.10.2 铁氧体移相器

铁氧体移相器是二端口器件，它通过改变铁氧体的外加恒定磁场来提供可变相移，在测量系统和相控阵中应用较多。与 PIN 晶体管移相器不同，铁氧体移相器属于非互易器件。人们已经研制出多种类型的铁氧体移相器，有法拉第旋转式移相器、H 面波导移相器、锁式波导移相器等。本节主要介绍法拉第旋转式移相器。

### 1. 结构

法拉第旋转式移相器的结构如图 6.90 所示，其中间段为圆波导，铁氧体棒置于圆波导中心，沿棒轴线方向外加较低的静态磁场 $\boldsymbol{H}_0$，$\boldsymbol{H}_0$ 由绕在圆波导外侧线圈中的直流电流产生，圆波导的两端内放置长 $\lambda_g/4$ 的介质片，并通过一段矩—圆过渡段与矩形波导相接。可见，法拉第旋转式移相器中的静态磁场 $\boldsymbol{H}_0$ 的方向与微波传播方向平行，属于纵场器件。

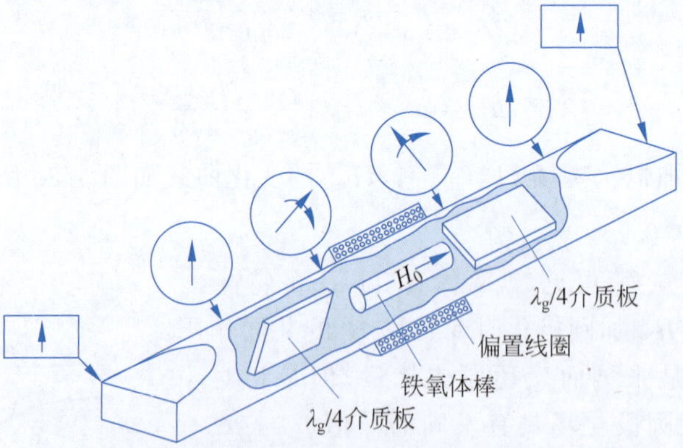


图 6.90 法拉第旋转式移相器结构

### 2. 工作原理

设 $TE_{10}$ 波从左端矩形波导输入，经过矩—圆过渡后变换为圆波导的 $TE_{11}$ 模。随后，与电场矢量成45°的$\lambda_g/4$介质片使得与介质片平行和垂直的场分量之间出现90°相移，从而将原来的线极化波转换成右旋圆极化波(RHCP)，相对于图中$\boldsymbol{H}_0$来说也是右旋的。由于$\boldsymbol{H}_0$选择低场区，由图6.89可见，此时$\mu_{r+}$较小，$v_+$较大，$\beta_+$较小，通过长度为$l$的铁氧体后所产生的相移量$\beta_+ l$较小，再经过$\lambda_g/4$介质片后变回线极化波输出。设$TE_{10}$波从右端矩形波导输入，经$\lambda_g/4$介质片后变成相对于传播方向来说为右旋的圆极化波，但此时相对于$\boldsymbol{H}_0$来说为左旋，由图6.89可见，$\mu_{r-}$较大，$v_-$较小，$\beta_-$较大，通过铁氧体后所产生的相移量$\beta_- l$较大，再经过$\lambda_g/4$介质片后变回线极化波输出。由此可见，正、反方向传播时波的相移特性是不同的且相对旋向也不同，即相移过程是非互易的。改变线圈中电流的大小可改变偏置场的大小，从而改变移相量的大小。

3. 应用

在测试和测量系统中会应用到移相器，但最为重要的应用是在相控阵天线中，相控阵天线的波束指向可通过电控移相器来实现。虽然基于PIN二极管的集成移相器有更小的体积，但铁氧体移相器价格低、功率容量大，在有些系统中处于优势地位。

### 6.10.3 铁氧体隔离器

1. 隔离器的特性

隔离器是最常用的铁氧体器件之一，是具有单向传输特性的二端口器件，如图6.91所示。理想隔离器的$\boldsymbol{S}$矩阵形式为

$$\boldsymbol{S}=\begin{bmatrix}0 & 0\\1 & 0\end{bmatrix}\tag{6.98}$$

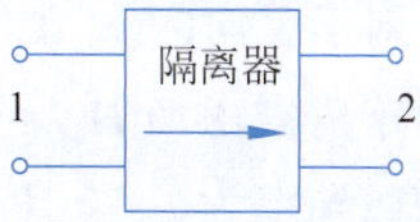

图6.91 隔离器网络

理想隔离器具有以下特性：

(1) 两个端口都是匹配的，即$S_{11}=S_{22}=0$。

(2) 端口1到端口2方向(正向)无衰减传输，即$S_{21}=1$。

(3) 端口2到端口1方向(反向)完全隔离，衰减无限大，即$S_{12}=0$。

可见隔离器是非互易单向性器件，用"→"表示传输方向。

实际隔离器不可能完全满足以上特性，通常用下列参数来描述其性能：

(1) 驻波比：两个端口不是完全匹配的，总有反射。驻波比一般小于1.5。

(2) 插入损耗：端口1到端口2的正向传输有很小衰减。插入损耗一般为0.5dB。

(3) 隔离度：端口2到端口1的反向传输有较大的衰减。隔离度一般为20～30dB。

2. 场移式隔离器

铁氧体隔离器的类型有多种，如谐振式隔离器、场移式隔离器等。下面讨论场移式隔离器的结构和工作原理。

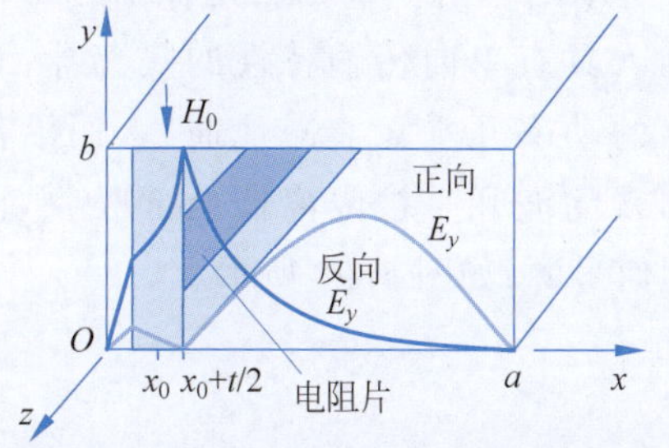

图6.92 场移式隔离器结构和电场分布

1) 结构

图6.92是场移式隔离器结构和电场分布。在矩形波导中靠近波导窄壁的某一适当位置$x_0$处，放置一个有一定长度且两端呈尖劈状(匹配用，减少反射)、厚度为$t(t\approx a/10)$的铁氧体薄片，它的表面与波导窄壁平行，表面上涂覆了一层能吸收电磁波能量的电阻性材料(如石墨、镍铬合金等材料)。波导外部有一永久磁铁，它产生的恒定磁场$\boldsymbol{H}_0$沿$-y$方向，即垂直于波导宽壁。

可见，场移式隔离器中的恒定磁场 $\boldsymbol{H}_0$ 的方向与微波传输方向垂直，属于横场器件。

2）工作原理

对于矩形波导中正向（$+z$ 方向）传输的 $\mathrm{TE}_{10}$ 波，其磁场只有 $H_x$ 和 $H_z$ 两个正交分量，且相位相差 $\pi/2$，有

$$H_x = \frac{\mathrm{j}\beta a}{\pi} A_{10} \sin\left(\frac{\pi}{a}x\right) \mathrm{e}^{-\mathrm{j}\beta z}$$

$$H_z = A_{10} \cos\left(\frac{\pi}{a}x\right) \mathrm{e}^{-\mathrm{j}\beta z} \tag{6.99}$$

当 $H_x$ 和 $H_z$ 振幅相等时（圆极化点），解出 $x_0$ 为

$$x_0 = \frac{a}{\pi} \arctan \frac{\pi}{\beta a} \tag{6.100}$$

因此，在靠近波导窄壁 $x_0$ 处，对于正向（$+z$ 方向）传输的 $\mathrm{TE}_{10}$ 波，$H_x$ 和 $H_z$ 幅度相等，相位相差 $\pi/2$，即 $\boldsymbol{H}^+ = H^+(\mathrm{j}\hat{\boldsymbol{x}} + \hat{\boldsymbol{z}})$，相对于恒定磁场 $\boldsymbol{H}_0 = -\hat{\boldsymbol{y}}H_0$ 而言，此时磁场为右旋圆极化波。由图 6.89 可知，此时铁氧体呈现的磁导率为 $\mu_{r+}$，在特定恒定磁场情况下（$H_{01} < H_0 < H_{02}$），$\mu_{r+} < 0$，右旋圆极化波被“排斥”于铁氧体之外，绝大部分 $\mathrm{TE}_{10}$ 波集中在矩形波导的空气媒质中传播，电场分布如图 6.92 所示。因此，正向波可几乎无衰减地通过隔离器，衰减很小。

对于反向（$-z$ 方向）传输的 $\mathrm{TE}_{10}$ 波，同理，在靠近波导窄壁 $x_0$ 处，有 $\boldsymbol{H}^- = H^-(-\mathrm{j}\hat{\boldsymbol{x}} + \hat{\boldsymbol{z}})$，相对于恒定磁场 $\boldsymbol{H}_0 = -\hat{\boldsymbol{y}}H_0$ 而言，此时磁场为左旋圆极化。由图 6.89 可知，此时铁氧体呈现的磁导率为 $\mu_{r-}$，且 $\mu_{r-} > 1$，左旋圆极化波被“吸收”到铁氧体之内，绝大部分 $\mathrm{TE}_{10}$ 波能量集中在铁氧体薄片处，电场分布如图 6.92 所示。因此，绝大部分反向波能量被电阻片吸收，衰减很大。

可见，在铁氧体加载的波导中正向波和反向波的磁导率是不同的，导致电场分布很不相同，呈现场移效应。在铁氧体片表面正向波电场有一个零点，反向波有一个峰值，致使正向波基本不受影响，而反向波受到较大衰减，表现出非互易性。

3）优点

场移式隔离器的优点：一是结构简单紧凑，能在 10%左右频带内获得高隔离度；二是它只需要较小的偏置场，远低于谐振点场强。

### 3. 隔离器的应用

负载阻抗匹配能够使负载吸收最大功率，当信号源与传输线不匹配时，信号源不能向传输线提供最大功率，同时也影响信号源的工作稳定性。解决这个问题的一种方法是在信号源与传输线间插入具有单向传输特性的隔离器，让信号源输出的功率几乎无衰减地通过，而沿传输线反射回来的波几乎被隔离器全部吸收，而不会传输到信号源，如图 6.93 所示。

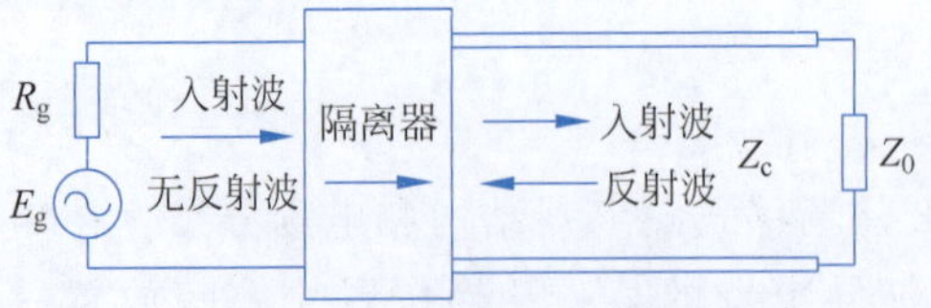


图 6.93　隔离器的应用

## 6.10.4　铁氧体环行器

### 1. 环行器的特性

环行器是三端口器件，根据环向不同分为顺时针和逆时针两种类型，如图 6.94 所示。

理想顺时针环行器散射矩阵为

$$\boldsymbol{S}=\begin{bmatrix}0 & 0 & 1\\1 & 0 & 0\\0 & 1 & 0\end{bmatrix} \tag{6.101}$$

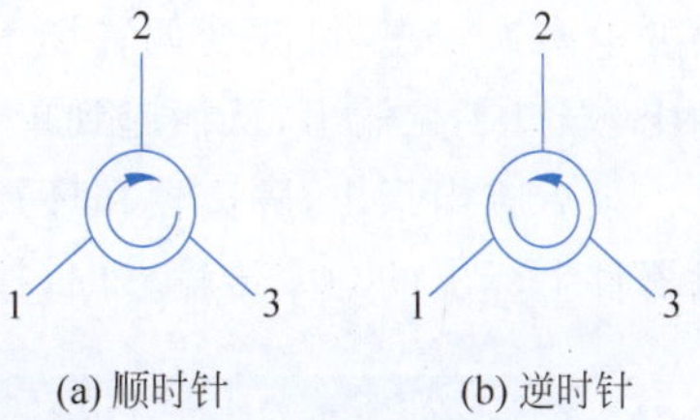

图 6.94　两种类型的环行器

顺时针环行器具有的特性：当功率从端口 1 输入时，只有端口 2 有输出、端口 3 无输出；当功率从端口 2 输入时，只有端口 3 有输出、端口 1 无输出；当功率从端口 3 输入时，只有端口 1 有输出、端口 2 无输出。该特性简述为功率按 1→2→3→1 的顺序环流，因此称环行器。

若将顺时针环行器中 $\boldsymbol{H}_0$ 反向，可得到逆时针环行器，如图 6.94(b)所示，功率将按 1→3→2→1 的顺序环流，对应的散射矩阵为

$$\boldsymbol{S}=\begin{bmatrix}0 & 1 & 0\\0 & 0 & 1\\1 & 0 & 0\end{bmatrix} \tag{6.102}$$

### 2. Y 形结环行器

环行器也是一种填充磁化铁氧体材料的非互易元件。目前用得最多的是对称 Y 形结环行器，与端口相连的传输线可以是波导、微带线或带状线。图 6.95 所示为带状线 Y 形结环行器，Y 形结由三条尺寸完全相同的带状线互成 120°配置而成，在中央金属圆盘和两个接地平面之间的结中心位置放置两块铁氧体圆盘，并在其中心轴线方向上加有外加恒定磁场 $\boldsymbol{H}_0$，使铁氧体磁化。Y 形结环行器的工作原理仍然是磁场偏置条件下铁氧体材料各向异性特性，当改变偏置磁场 $\boldsymbol{H}_0$ 方向时，环行器环行方向就会改变。

### 3. 环行器的应用

**应用一：收发共用天线。**

图 6.96 是环行器在雷达收发共用天线中的一种典型应用。由图可知，发射机传送的大功率微波信号进入环行器端口 1，经环行器端口 2 送到天线辐射出去，而不会经端口 3 进入接收机。天线接收到目标反射回来的微弱信号，进入环行器端口 2，经环行器从端口 3 送入接收机，而不会经端口 1 进入发射机。在这里环行器起到了收、发隔离的作用，使发射机和接收机互不干扰地同时工作。

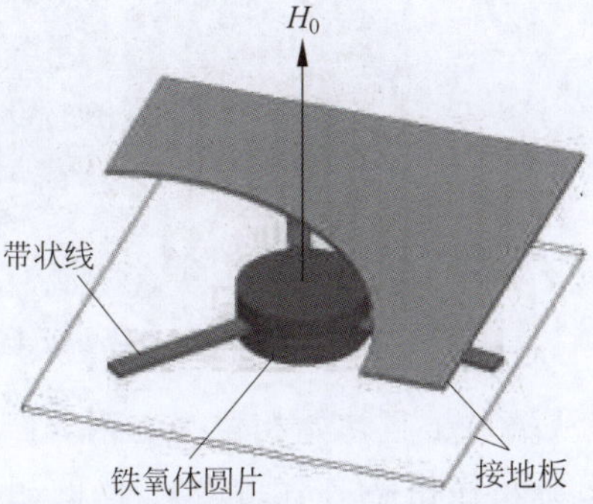

图 6.95　微带 Y 形结环行器

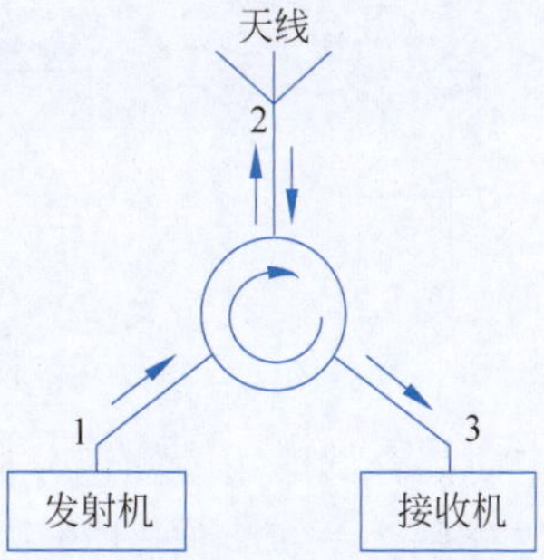

图 6.96　环行器在雷达中的应用

**应用二：单刀双掷开关。**

大多数环行器采用永磁体产生偏置场，若采用电磁铁，它可以用电的方法快速改变偏置场 $\boldsymbol{H}_0$ 的方向。假设开始是顺时针环行器，从端口 1 输入的功率从端口 2 输出，端口 3 无输出。

改变电磁铁状态，可改变偏置场 $\boldsymbol{H}_0$ 方向，环行器变为逆时针，从端口 1 输入的功率从端口 3 输出，端口 2 无输出，从而起到单刀双掷开关的作用。

最后应当指出，隔离器和环行器都是具有单向传输特性的非互易性微波器件，使用时要注意器件上标出的功率传输方向，按标出的功率传输方向将其接入系统中，系统才能正常工作。

## 6.11 案例 1：巴特勒矩阵及其应用

多波束天线技术在通信及雷达探测领域应用广泛，实现多波束天线的关键是波束形成网络。无源波束形成网络是一种具有多输入和多输出端口的馈电网络，典型的波束形成网络有巴特勒(Butler)矩阵、巴拉斯(Blass)矩阵、罗特曼(Rotman)透镜等。巴特勒矩阵可同时形成多个波束，每个波束都利用全部阵面口径，能获得整个阵面增益，因而是无损增益多波束形成方法。由于巴特勒矩阵形成的多波束具有正交性，每个波束最大值均与其他波束零值方向重合，因此有利于实现空间覆盖及方向图综合。巴特勒矩阵可以由波导、微带线和带状线等多种微波传输线实现，本案例以微带巴特勒矩阵为例，说明其工作原理及在通信领域的应用。

### 6.11.1 巴特勒矩阵电路结构和原理

为简单起见，以 4×4 巴特勒矩阵为例说明其电路结构与原理。如图 6.97 所示，巴特勒矩阵由 90°定向耦合器、45°移相器、交叉器构成，是一个四输入四输出的微波网络，其中 1、2、3、4 为输入端口，5、6、7、8 为输出端口。微带巴特勒矩阵实物如图 6.98 所示。

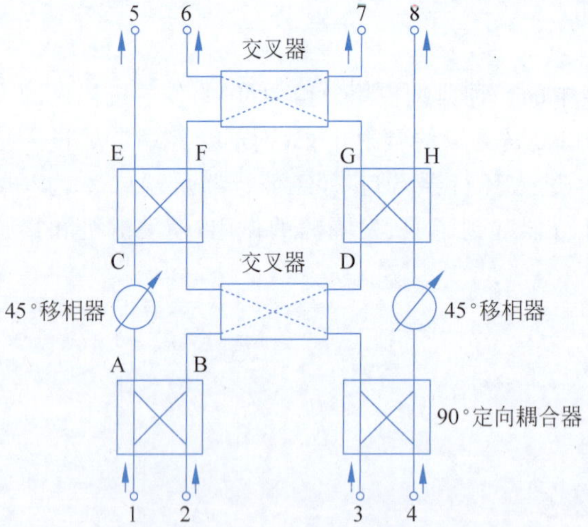


图 6.97 巴特勒矩阵网络

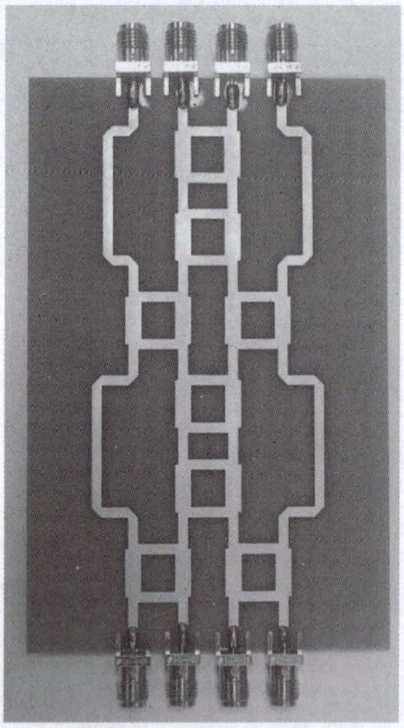

图 6.98 4×4 巴特勒矩阵实物

运用定向耦合器的相关知识分析得到，当信号从端口 1 且初始相位为 0°时，在 A、B 的输出信号相位分别为 −90°和 −180°；进而通过交叉器及移相器之后到达 C、D 的相位分别为 −135°+Δ、−180°+Δ；接下来经过定向耦合器及交叉器到达端口 5、6、7、8 的相位分别为 −225°+Δ、−270°+Δ、−315°+Δ、−360°+Δ。因此，端口 1 输入信号在输出端形成了 −45°、−90°、−135°、−180°的相位梯度。同理，可以得到各端口输入时对应的输出相位分布，如表 6.3 所示。基于定向耦合器理论，还可以得到所有输入端口之间是两两隔离的。

表 6.3 巴特勒矩阵输出端口相位分布特性

| | | 输入端口 | | | |
|---|---|---|---|---|---|
| | | 1 | 2 | 3 | 4 |
| 输出端口 | 5 | −45° | −135° | −90° | −180° |
| | 6 | −90° | 0° | −225° | −135° |
| | 7 | −135° | −225° | 0° | −90° |
| | 8 | −180° | −90° | −135° | −45° |
| 相位差 | | −45° | 135° | −135° | 45° |

**例 6.11** 巴特勒矩阵的设计。

设计中心功率频率 5GHz 的 4×4 巴特勒矩阵，使用介质基板厚度为 1mm、相对介电常数为 4.5、损耗角正切为 0.002。

**解：** 分别设计 90°分支线定向耦合器、交叉器、45°移相器，其中交叉器可通过两个 90°分支线定向耦合器级联获得，进而构建出图 6.98 所示巴特勒矩阵。

实践

该矩阵的端口驻波比、传输系数等性能如图 6.99 所示。在中心频率 5GHz 处，4 个输入端口的驻波比趋近于 1，匹配良好；端口 1 到各输出端口的传输系数幅度约为 −6.5dB，插入衰减约为 0.5dB，衰减主要来自导体损耗、基板材料损耗及微带线杂散辐射；端口 1 输入时，相邻输出端口相位差约 45°，与表 6.3 结论一致。

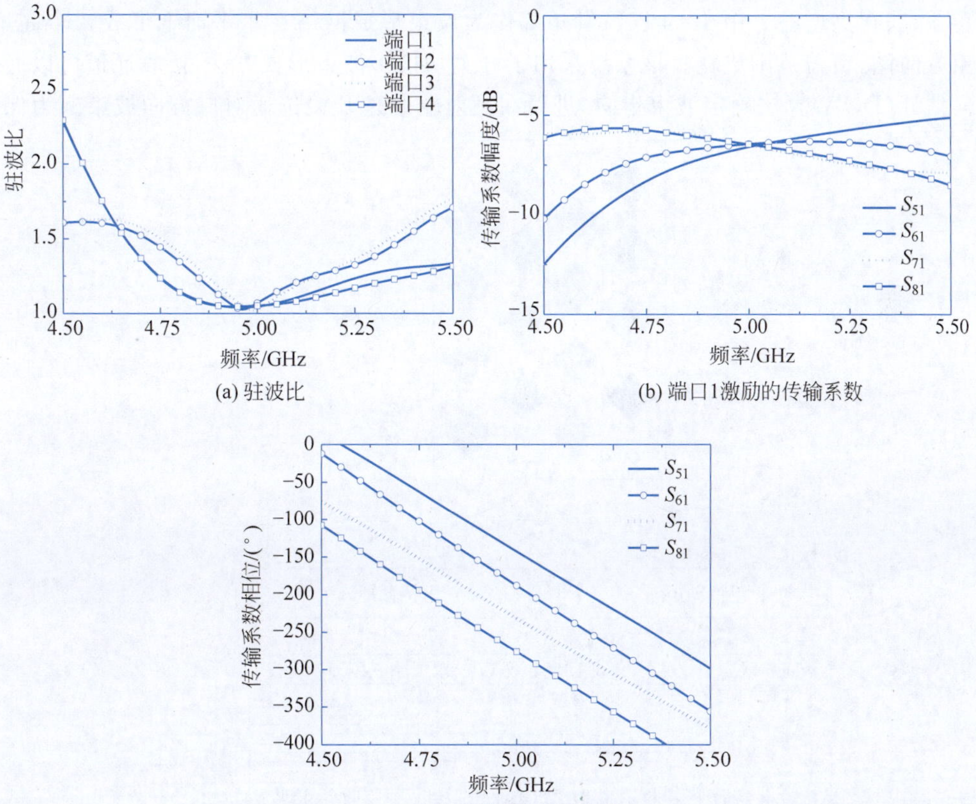


(a) 驻波比　(b) 端口1激励的传输系数　(c) 端口1激励的相位分布

图 6.99 4×4 巴特勒矩阵网络特性

## 6.11.2 巴特勒矩阵在移动通信中的应用

由表 6.3 可知，每个输入端口对应输出端口的输出相位差是不同，如果在每个输出端口接

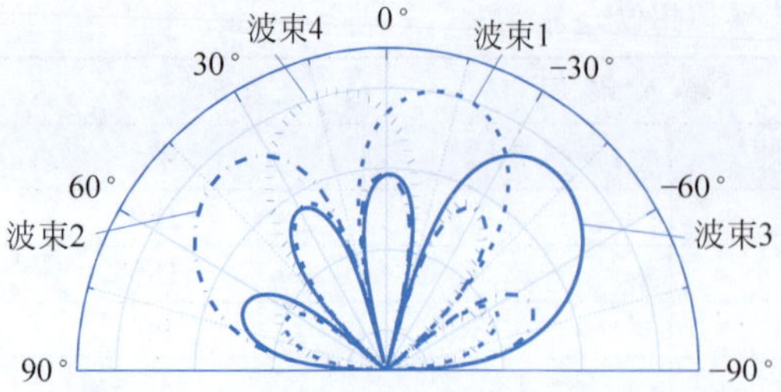


图 6.100　巴特勒矩阵形成的多波束方向图

一个天线单元，就可以在空间中形成 4 个辐射波束，每个辐射波束比较窄，指向也不相同。为了仿真多波束性能，天线阵元间距为 0.5λ，仿真得到的波束指向分别是−41.3°、−13.5°、13.5°、41.3°，在水平面波束覆盖角度范围为±50°，波束之间的交叠损耗约为 4dB。每个波束最大值均与其他波束的零值方向重合，说明波束之间是正交的，如图 6.100 所示。

由图 6.100 可见，每个输入端口产生一个波束，每个波束覆盖一定角度的空域，多个波束可以覆盖更广的空域，这在移动通信中有重要用途。近年来，移动通信用户数量快速增长、移动设备中各类应用程序对网络速率的要求不断增加，催生了在蜂窝网络中增加容量的新方法。同时，在人口密度或者交通密度低的地区提供通信服务时，广域覆盖方案变得至关重要。解决这类问题的一种方法是采用多波束阵列天线技术，其中基于巴特勒矩阵的无源多波束技术可形成多个固定高增益窄波束，从而实现对大空域的覆盖，并提高传输数据率。

图 6.101 是无源多波束基站系统的原理框图，在射频级采用了巴特勒矩阵构成了无源多波束网络[49]。其中基站天线由 4 个垂直阵列构成，每列由 4 个双极化天线单元组成，通过合成输出两路±45°线极化信号。对于每个阵列而言，在垂直面通过功率合成网络形成了窄波束空间覆盖，获得高增益。用 4×4 巴特勒矩阵作为波束形成网络在水平面上形成 4 个高增益、窄波束方向图，覆盖范围更宽。该系统采用了开关切换多波束形成方法，接收通道可以通过来波方向估计(DOA)算法确定波束指向，进而在发射端通过开关选通对应方向波束。为保证发

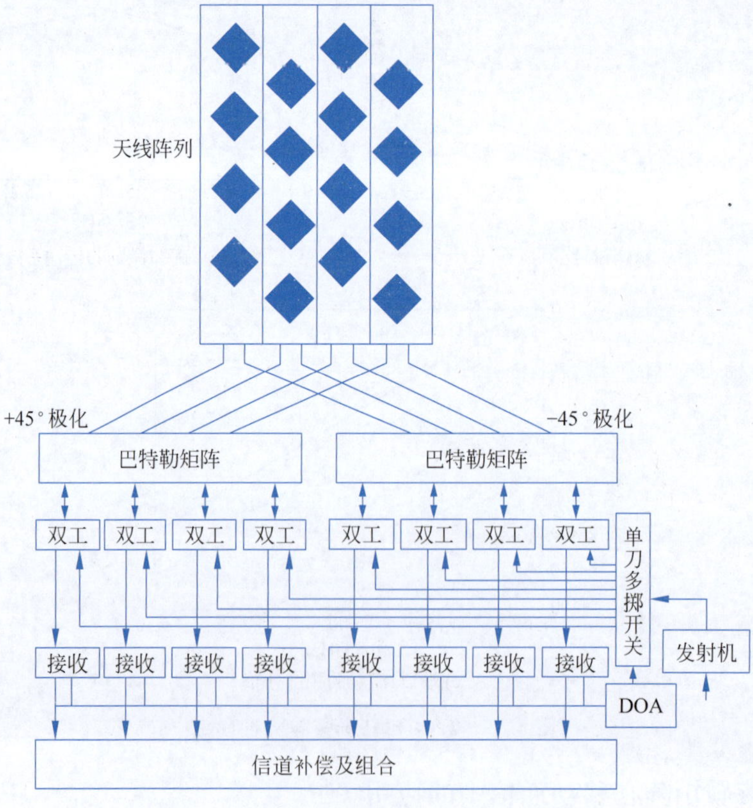


图 6.101　基于巴特勒矩阵的移动通信基站

射和接收同时工作，在射频通道使用了双工器，双工器可采用收发开关、环行器或微波带通滤波器组合来实现。

如果需要在水平面实现360°全覆盖，可以将4个图6.101所示基站天线在水平面等角排列，每个天线覆盖90°。也可以设计成圆柱共形阵，并增加巴特勒矩阵的个数，形成更多波束并实现全方位波束覆盖。

## 6.12 案例2：相控阵T/R组件及其应用

与传统机械扫描天线相比，相控阵天线能够快速实现波束扫描，具有多任务、多功能的特性，在通信和雷达系统中应用广泛。随着微波集成电路技术的发展，有源电子扫描阵(AESA，也称为有源相控阵)越来越受到人们的重视，有源相控阵的每一个天线单元通道中都有接收和发射组件(T/R组件)。T/R组件是有源相控阵系统至关重要的部件，一部有源相控阵系统往往需要成百上千个T/R组件，T/R组件占整个系统造价的80%以上。

本节主要介绍T/R组件的结构原理和应用。需要强调的是，T/R组件用到了前面章节介绍的大部分器件，也是微波元器件应用的具体体现。

### 6.12.1 相控阵T/R组件结构和原理

T/R组件是相控阵系统的核心部件，其指标直接决定了有源相控阵系统的性能。一般而言，相控阵可以在射频级、中频级或者基带上实现通道相位控制，达到波束扫描目的。T/R组件可分为射频T/R组件、中频T/R组件和基带T/R组件，随着大规模集成电路技术发展，目前中频T/R组件和基带T/R组件均已采用数字技术来实现，而射频T/R组件依然采用模拟技术实现。本节主要介绍模拟射频T/R组件和数字T/R组件的结构和原理。

1. 模拟射频T/R组件

典型模拟射频T/R组件框图如图6.102所示，包括发射通道、接收通道和公共通道。由于发射通道与接收通道共用公共通道及天线，通过射频开关及环行器进行收发状态转换。发射通道主要由移相器、衰减器、功率放大器等器件构成。在发射周期内，由收发开关选通发射通道，当微波信号进入发射通道后，经移相器、衰减器进行幅相控制，进行功率放大后再经环行器由天线辐射出去。接收通道主要包括限幅器、低噪声放大器(LNA)、衰减器、移相器等器件，在接收通道选通时，从天线接收到的微波小信号经环行器传输至低噪声放大器进行低噪声放大，然后经衰减器、移相器进行幅相控制，最后传输给信号处理机。

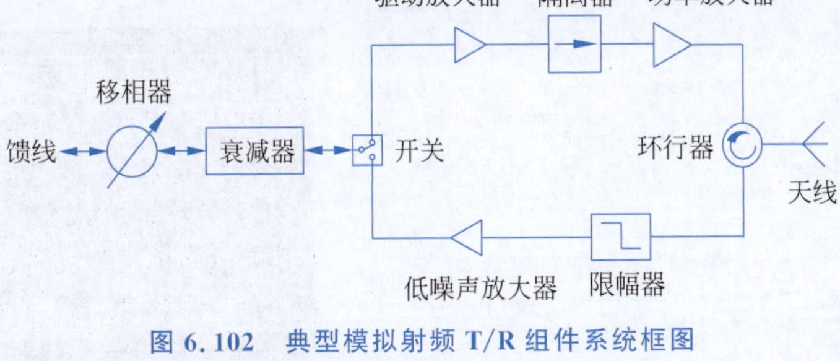


图6.102 典型模拟射频T/R组件系统框图

传统T/R组件采用混合微波集成电路技术来实现，如图6.103所示。它是一个X频段射频T/R组件，整个T/R组件采用微波集成电路(MIC)技术制作在一块微波基板上。但是，为了实现小型化，其中一些关键器件，如低噪声放大、功率放大器采用单片微波集成电路(MMIC)技术制造的裸芯片来实现。然后通过金丝焊接工艺将MMIC芯片与MIC电路互连互通。可见，传统 T/R 组件虽然实现了小型化，但是其体积和重量依然较大，形似砖块，也称为“砖块”式 T/R 组件。

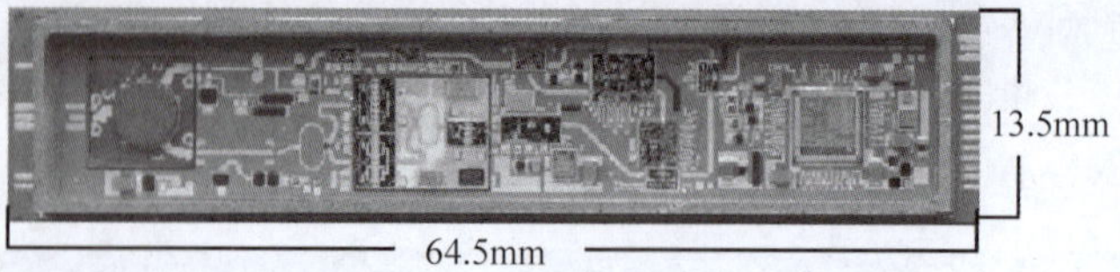


图 6.103　X 频段“砖块”式 T/R 组件

随着单片微波集成电路技术和多芯片三维封装技术的不断发展，微波芯片的集成度越来越高，可以将多个功能器件，甚至是整个系统集成到一个芯片或者一个封装内，构成片上系统(System on Chip，SoC)。T/R 组件也是如此，近年来出现了高度集成化的芯片式 T/R 组件，已成为相控阵中的主流技术。图 6.104 为某 X 频段芯片式 T/R 组件[53]，该组件基于 CMOS 工艺(0.18μm)制作，包含了 1 路射频发射和 1 路射频接收通道，收发通过数字控制开关实现。该芯片在射频段实现幅相控制，其尺寸远小于混合微波集成电路。芯片式 T/R 组件可采用多层印制电路板(PCB)工艺或者低温共烧陶瓷(LTCC)技术与微带天线高度集成，构成多层一体化的相控阵，形似瓦片，称为“瓦片”式相控阵。

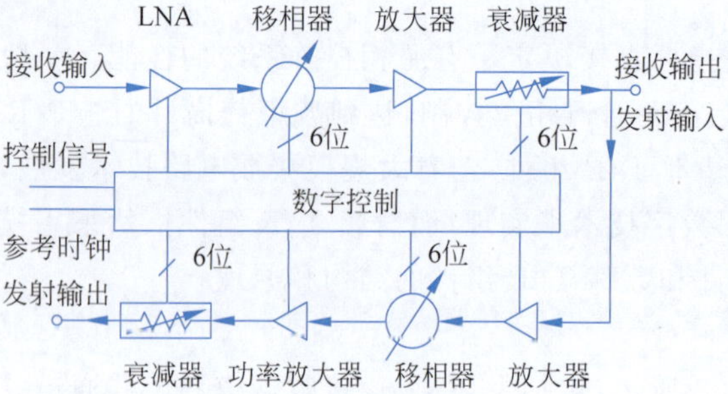


(a) X波段T/R组件原理框图

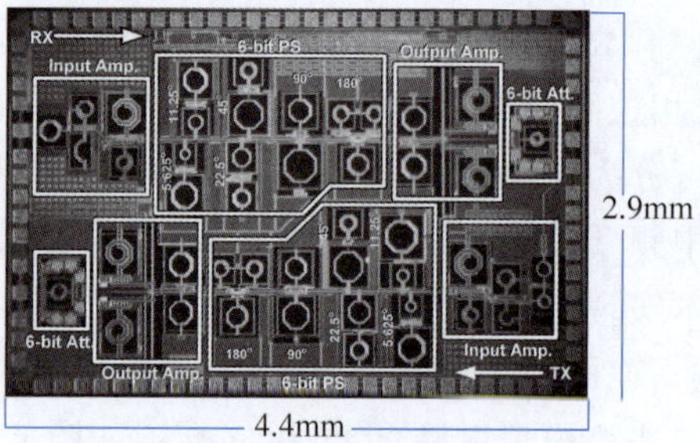


(b) 芯片实物

图 6.104　芯片式 T/R 组件

除了单通道芯片 T/R 组件外，还出现了多通道芯片化 T/R 组件。针对 Ka 频段雷达及通信领域相控阵需求，图 6.105 所示的 4 通道芯片式 T/R 组件采用 65nm 的 CMOS 工艺制作，芯片尺寸仅为 4.19mm×3.38mm。

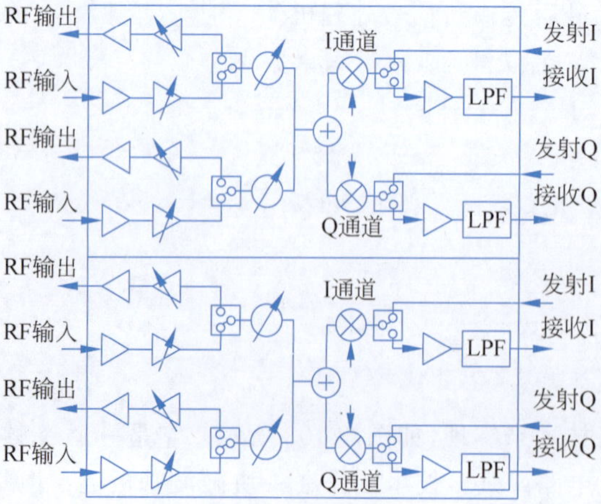


(a) 原理框图

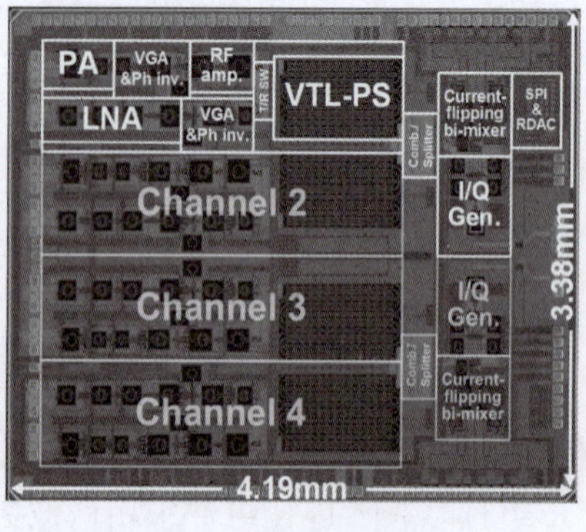


(b) 芯片实物

图 6.105　Ka 频段多通道芯片式 T/R 组件

2. 数字 T/R 组件

随着高速数字电路技术和信号处理芯片的发展，高速高精度模数转换(ADC)和数模转换(DAC)不断突破，软件无线电和软件化雷达越来越受到重视，数字 T/R 组件(DTR)[50] 正是在这种背景下出现的。数字 T/R 组件的主要特征是采用了数字接收通道和基于直接数字合成(DDS)技术的发射通道，射频模拟部分不再有移相器，每个通道的幅度和相位控制都是通过数字部分完成的。图 6.106 为典型数字 T/R 组件框图，其发射信号与接收信号都以数字方式产生。数字 T/R 组件具有如下特点。

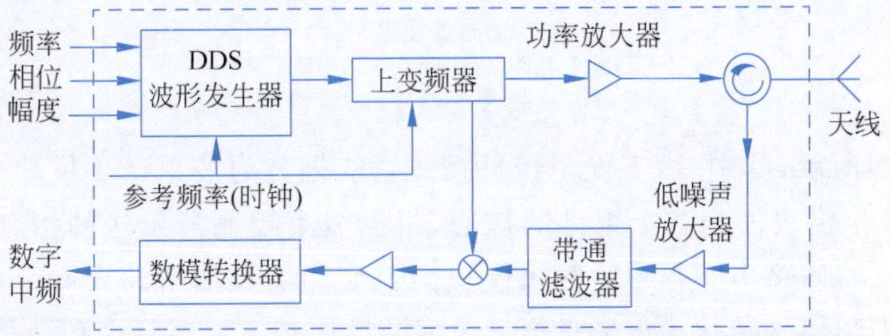


图 6.106 数字 T/R 组件结构

(1) 雷达波形控制灵活，以 DDS 为核心的雷达波形产生方法，极大地提高了雷达波形精度，并使得波形变换更为灵活。

(2) 实现收发数字波束形成(DBF)，易于形成多波束及自适应波束。

(3) 幅相控制精度更高，基于 DDS 的数字式相位和幅度控制，较传统移相器(衰减器)控制位数更高，能更为精确地控制波束指向、副瓣电平等参数。

(4) 瞬时动态范围大，每个天线单元对应一路数字接收机，其动态范围较传统相控阵雷达大 $10\lg N$，$N$ 为通道数目。

(5) 可在数字域利用时序方法解决宽带宽角扫描情况下的孔径渡越问题。

## 6.12.2 相控阵 T/R 组件的应用

T/R 组件是有源相控阵系统至关重要的部件，采用 T/R 组件既可以实现模拟射频有源相控阵，也可实现全数字有源相控阵。本节主要讨论数字 T/R 组件构成的数字阵列雷达，以及在共形相控阵中的应用。

1. 数字阵列雷达

数字阵列雷达(DAR)[51] 是一种发射、接收都采用数字波束形成技术的全数字化阵列扫描雷达，其收发均没有模拟波束形成网络与移相器，系统组成简单。与模拟雷达相比，数字阵列雷达具有大动态范围、高可重构性、不易受电磁干扰、环境适应力强等优点。

数字阵列雷达系统的基本组成框图如图 6.107 所示，主要由天线、数字 T/R 组件、数字波束形成、信号处理机等组成。系统工作时，根据工作模式，信号处理系统控制波束在空间扫描，实现收/发数字波束形成。在系统发射时，由控制系统产生每路 T/R 组件的幅度、相位、频率等控制字，再将射频信号输出至天线并形成所需要的发射波束。在系统接收时，经 T/R 组件输出回波 I/Q 数字信号，经过高速数据传输系统传送至数字波束形成模块。

2. 柱面共形数字发射阵

某 S 频段柱面共形数字发射阵[52] 如图 6.108(a)所示，采用了 16 路数字发射组件，基于发射数字波束形成(T-DBF)技术实现了辐射波束控制，阵列采用了柱面双极化共形阵。系统

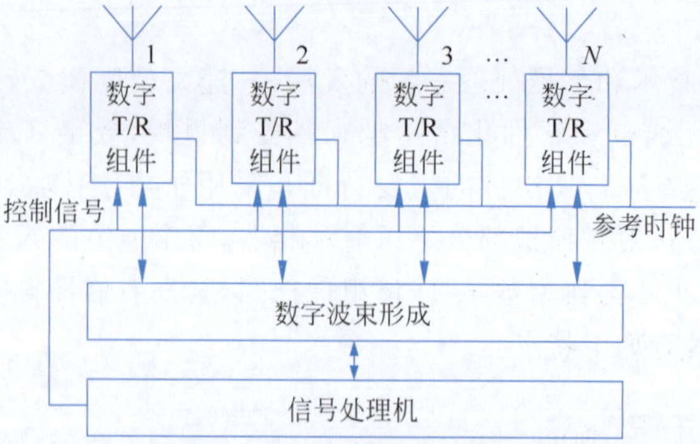


图 6.107　数字阵列雷达结构框图

框图如图 6.108(b)所示，其中，数字发射组件按照功能划分为波束产生模块、射频模块以及频率源模块。波束产生模块作为整个组件的核心，根据波束控制器发送的指令，由 DDS 直接产生期望幅度和相位的各路中频信号；射频模块由上变频器及功率放大器组成，主要功能是将 DDS 输出的各路中频信号转化为射频信号；频率源模块基于恒温晶振和锁相环(PLL)提供整个系统的本振及时钟信号。

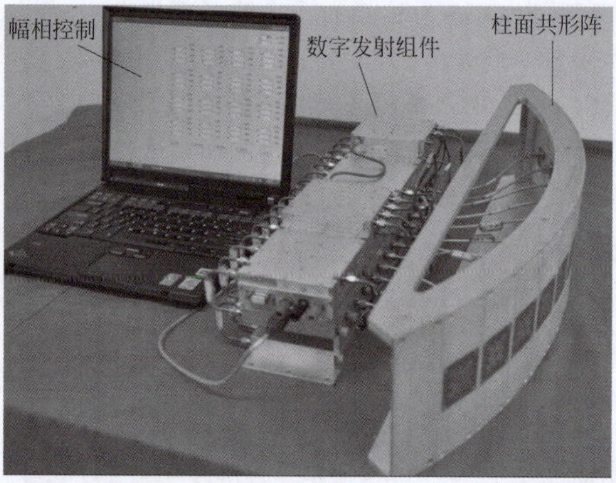


(a) 实物

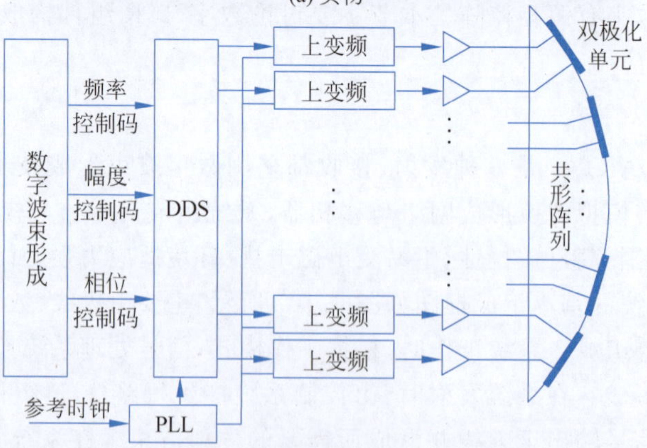


(b) 系统框图

图 6.108　S 频段数字发射共形阵结构

通过数字发射组件控制的各通道幅相加权射频信号馈入双极化共形阵，完成空间波束合成。图 6.109 为发射波束形成实测结果，其中图 6.109(a)为水平极化 30°扫描波束测试结果，

图 6.109(b)为垂直极化余割平方赋形波束测试结果。

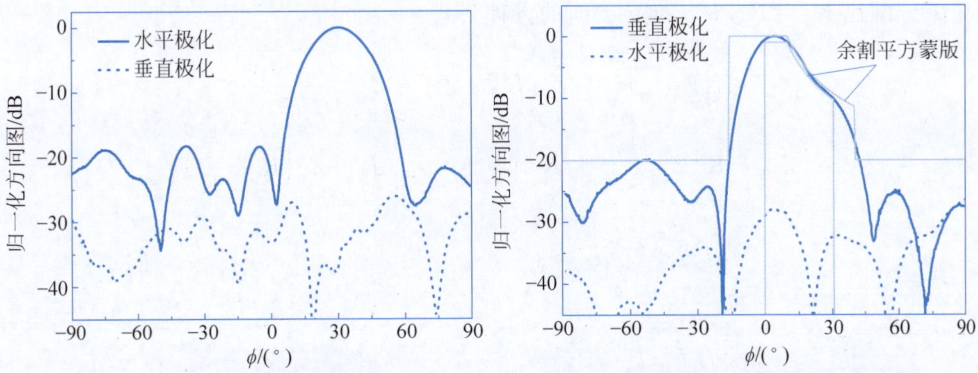


(a) 30°水平极化扫描波束　　(b) 垂直极化余割平方赋形波束

图 6.109　数字发射阵波束测试结果

## 习题

1. 设计一个 $\lambda/4$ 变换器把 40Ω 负载匹配到 75Ω 线上，画出 $0.5 \leqslant f/f_0 \leqslant 2.0$ 范围内的驻波比，其中 $f_0$ 是线长为 $\lambda/4$ 时的频率。

2. 无耗双导线的特性阻抗 $Z_c=50\Omega$，负载阻抗 $Z_L=30+j25\Omega$，工作波长 $\lambda=3$m，欲以 $\lambda/4$ 线使负载与传输线匹配，求 $\lambda/4$ 线的特性阻抗及其安放的位置。

3. 如图 6.110 所示的匹配装置，设枝节和 $\lambda/4$ 线均无耗，特性阻抗都为 $Z_{c1}$，主线的特性阻抗 $Z_c=50\Omega$，负载阻抗 $Z_L=10+j10\Omega$，工作频率为 100MHz，试求 $\lambda/4$ 线的特性阻抗与所需短路枝节的最短长度。

4. 用开路并联单枝节将负载阻抗 $Z_L=100+j80\Omega$ 与 75Ω 传输线匹配，求其两个解。

5. 用短路串联单枝节将负载阻抗 $Z_L=90+j60\Omega$ 与 75Ω 传输线匹配，求其两个解。

6. 为什么单枝节匹配可将任意负载阻抗(只要负载有正实部)匹配到传输线？

7. 一个波导负载，其等效 $TE_{10}$ 波阻抗为 377Ω，必须在 10GHz 时与空气填充的矩形波导匹配。使用 $\lambda/4$ 变换器，该变换器由介质填充的一段波导组成。求所需的介电常数和匹配段的物理长度。

8. 特性阻抗为 $Z_1$、$Z_2$ 和 $Z_3$ 的 T 形结如图 6.111 所示，证明向结看去所有端口都匹配是不可能的。

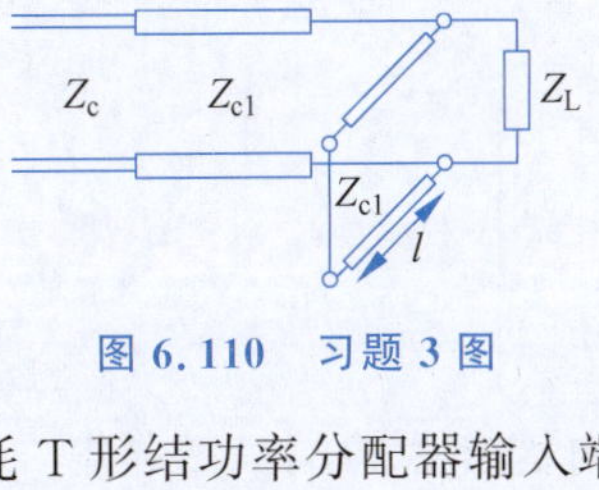


图 6.110　习题 3 图

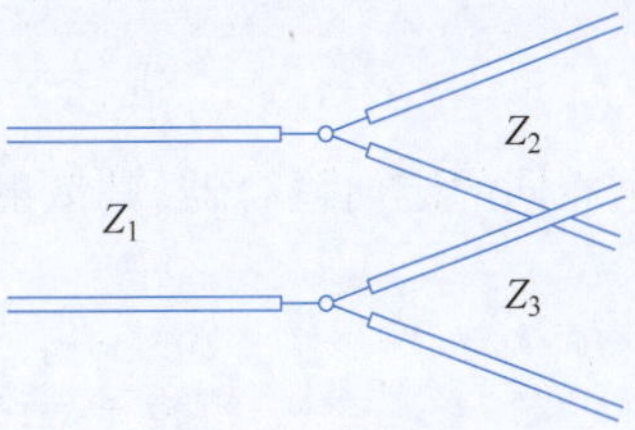


图 6.111　习题 8 图

9. 无耗 T 形结功率分配器输入端口 1 的传输线特性阻抗 $Z_{c1}=50\Omega$。端口 2 和端口 3 输出的功率之比 $P_2:P_3=2:1$，求端口 2 和端口 3 传输线的 $Z_{c2}$ 和 $Z_{c3}$，以及各端口向里看的反射系数。再设计一个 $\lambda/4$ 变换器，把端口 2 和端口 3 的特性阻抗变换到 $Z_{c1}$。

10. 等分的电阻性功率分配器如图 6.112 所示，分析其散射矩阵。

11. Wilkinson 功分器也可以是不等分功率分配器，如图 6.113 所示。端口 2 和端口 3 之间的功率分配比 $K^2=P_3/P_2$，推导下面的设计公式：

$$R_2=Z_cK,\quad R_3=Z_c/K,\quad Z_{c3}=Z_c\sqrt{\frac{1+K^2}{K^3}}$$

$$Z_{c2}=K^2Z_{c3}=Z_c\sqrt{K(1+K^2)},\quad R=Z_c\left(K+\frac{1}{K}\right)$$

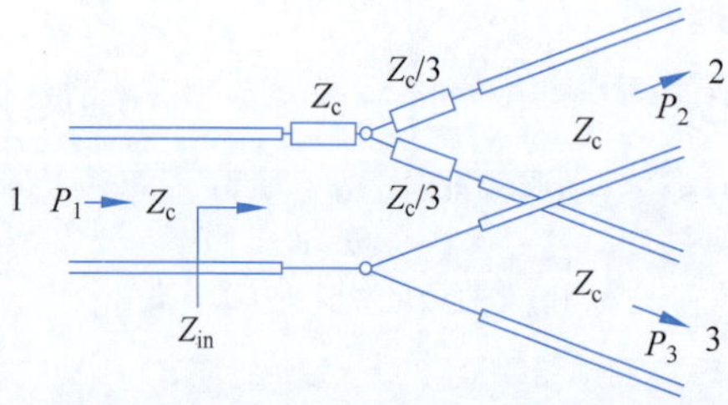


图 6.112　习题 10 图

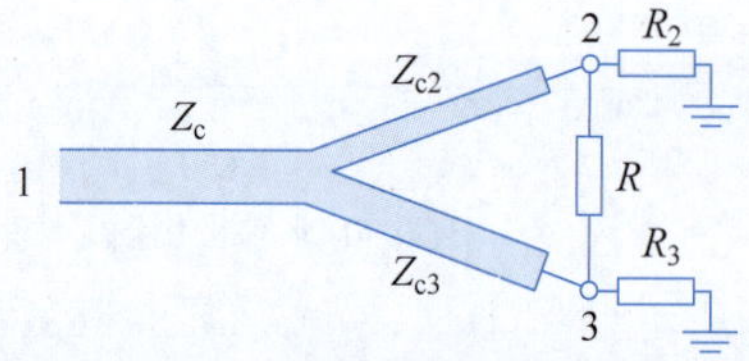


图 6.113　习题 11 图

12. 设计一个 Wilkinson 不等分功率分配器，其功率分配比 $P_3/P_2=1/3$，源阻抗为 50Ω，并将输出阻抗通过 $\lambda/4$ 变换器变换到 50Ω。

13. 定向耦合器有如下散射矩阵：

$$\boldsymbol{S}=\begin{bmatrix}0.1\angle 40^\circ & 0.944\angle 90^\circ & 0.178\angle 180^\circ & 0.0056\angle 90^\circ\\ 0.944\angle 90^\circ & 0.1\angle 40^\circ & 0.0056\angle 90^\circ & 0.178\angle 180^\circ\\ 0.178\angle 180^\circ & 0.0056\angle 90^\circ & 0.1\angle 40^\circ & 0.944\angle 90^\circ\\ 0.0056\angle 90^\circ & 0.178\angle 180^\circ & 0.944\angle 90^\circ & 0.1\angle 40^\circ\end{bmatrix}$$

求方向性、耦合度、隔离度以及当其他端口都接匹配负载时的入射端口的回波损耗。

14. 从物理概念上定性地说明：定向耦合器为什么会有方向性；在矩形波导中(工作于主模)，若在主副波导的公共窄壁上开一小圆孔，能否构成一个定向耦合器？

15. 2W 的功率源接到定向耦合器的输入端，该耦合器 $C=20\text{dB}$，$D=25\text{dB}$，插入损耗为 0.7dB，求在直通、耦合和隔离端口的输出功率。

16. 两个理想的 90°耦合器($C=8.34\text{dB}$)按图 6.114 所示的方法连接，当端口 1 输入 $a_1$，其他端口接匹配负载，求端口 2′和端口 3′的输出。

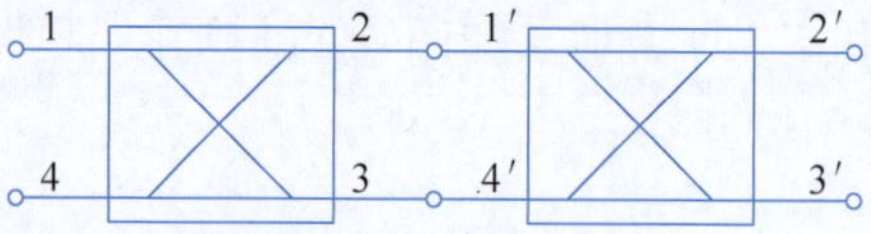


图 6.114　习题 16 图

17. 两个相同的定向耦合器，其散射矩阵为

$$\boldsymbol{S}=\frac{1}{\sqrt{2}}\begin{bmatrix}0 & 0 & 1 & -\mathrm{j}\\ 0 & 0 & -\mathrm{j} & 1\\ 1 & -\mathrm{j} & 0 & 0\\ -\mathrm{j} & 1 & 0 & 0\end{bmatrix}$$

用两段电长度均为 $\theta$ 的传输线将其连接起来，第一个定向耦合器的端口 2 与第二个定向耦合器的 4 端口相连接，第一个定向耦合器的端口 3 与第二个定向耦合器的端口 1 相连接，试求连接后的散射参数。

18. 用 90°混合耦合器和 T 形结制成的 Bailey 不等分功率分配器如图 6.115 所示。功率分配比可通过调整沿着连接混合网络端口 1 和端口 4 的传输线长度 $b$ 上的馈入位置 $a$ 来控制。阻抗为 $Z_c/\sqrt{2}$ 的 $\lambda/4$ 变换器用于匹配这个器件的输入。

(1) 对于 $b=\lambda/4$，证明输出功率分配比 $P_3/P_2=\tan^2(\pi a/2b)$。

(2) 用 $Z_c=50\Omega$ 的分支线混合网络设计一个分配比 $P_3/P_2=0.5$ 的功率分配器，并画出计算得出的输入回波损耗和传输系数与频率的关系曲线。

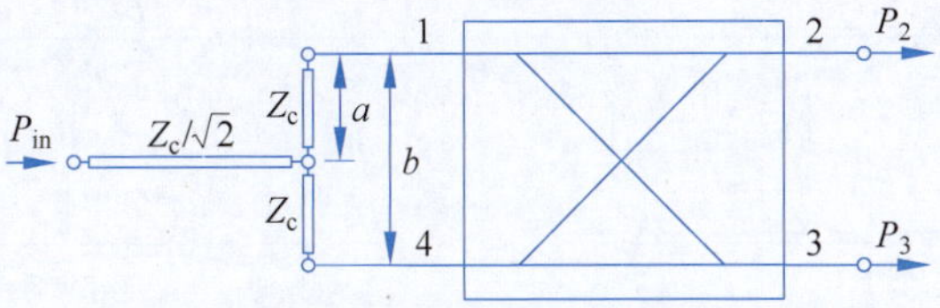


图 6.115　习题 18 图

19. 微波谐振腔有哪些基本参数？这些参数与低频集总参数谐振回路的参数有何异同？

20. 空气填充的镀铜矩形波导腔尺寸为 $a=4\text{cm}, b=2\text{cm}, d=5\text{cm}$，求 $TE_{101}$ 和 $TE_{102}$ 模的谐振频率和 $Q$ 值。

21. 证明：将一段长 $\lambda/2$ 的工作于 TEM 模式的同轴线两端短路时，储存的平均电能与储存的平均磁能相等。

22. 传输线谐振器由长度为 $l$、特性阻抗 $Z_c=100\Omega$ 的传输线制成。传输线两端负载如图 6.116 所示，求对于第一个谐振模式的 $l/\lambda$ 和这个谐振器的 $Q$ 值。

23. 在谐振频率下，串联 $RLC$ 谐振电路与长度为 $\lambda/4$ 的传输线相连，如图 6.117 所示。证明在谐振点附近的输入阻抗与 $RLC$ 并联电路一样。

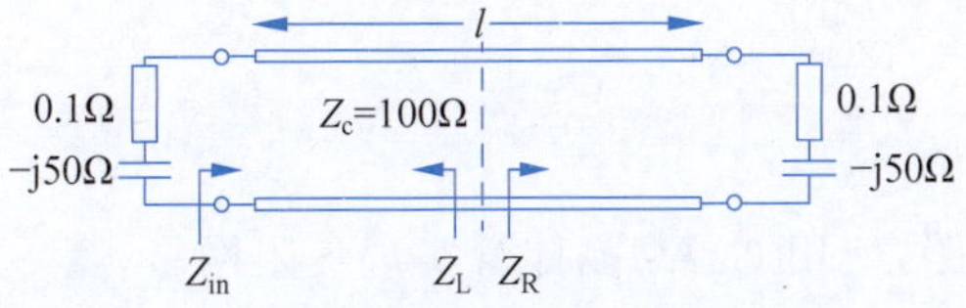


图 6.116　习题 22 图

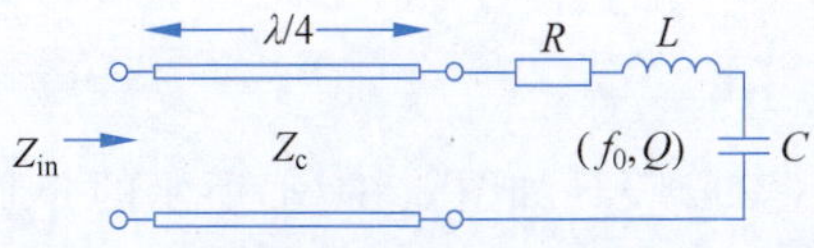


图 6.117　习题 23 图

24. 微带圆环谐振器如图 6.118 所示，微带线的有效介电常数为 $\varepsilon_{re}$，求第一个谐振频率，并给出一种耦合方法。

25. 图 6.119 是 J 倒置器作用的电路，推导其等效电路，说明它可以将并联元件变换为串联元件。

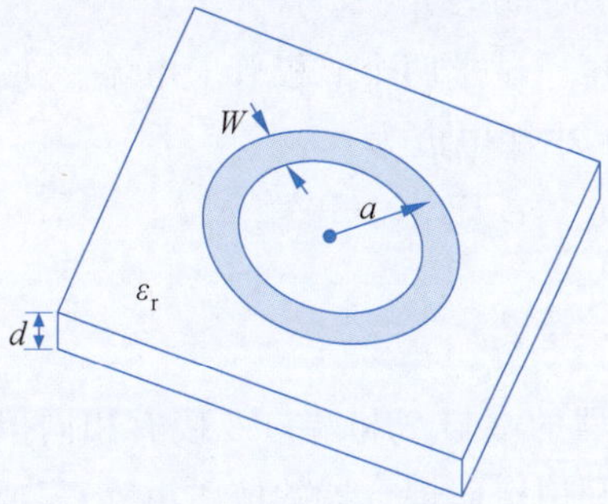


图 6.118　习题 24 图

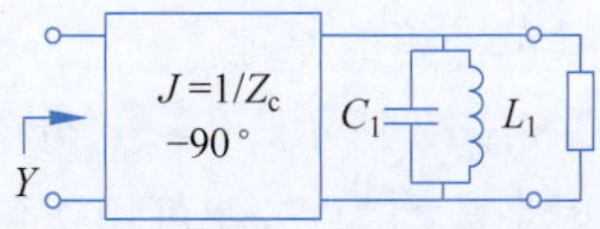


图 6.119　习题 25 图

26. 图 6.120 分别是微带滤波器、同轴滤波器、H 面膜片波导滤波器，画出这些滤波器的集总参数等效电路，分析其滤波器类型。

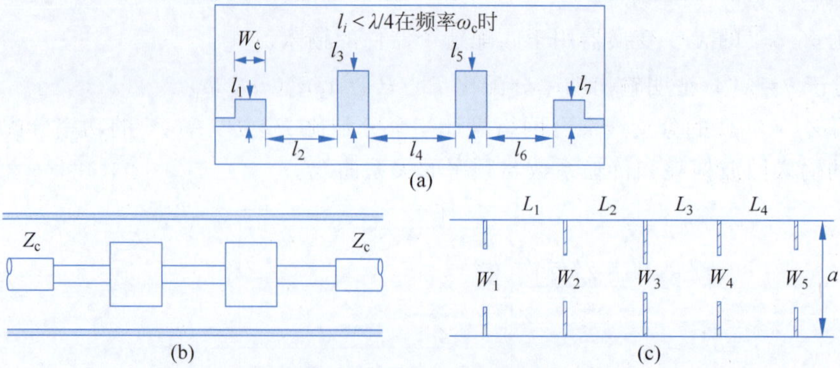


图 6.120　习题 26 图

27. 用单枝节匹配方法设计在 4.0GHz 的最大增益放大器。GaAs FET 的 $S$ 参数：$S_{11}=0.72\angle-116°$，$S_{21}=2.60\angle76°$，$S_{12}=0.03\angle57°$，$S_{22}=0.73\angle-54°$。

28. 对于单端口负阻振荡器和二端口晶体管振荡器(图 6.121)，证明稳态振荡时有 $\Gamma_L\Gamma_{in}=1$，也等效于 $\Gamma_{out}\Gamma_T=1$。进一步证明

$$\Gamma_{in}=S_{11}+\frac{S_{12}S_{21}\Gamma_T}{1-S_{22}\Gamma_T},\quad \Gamma_{out}=S_{22}+\frac{S_{12}S_{21}\Gamma_L}{1-S_{11}\Gamma_L}$$

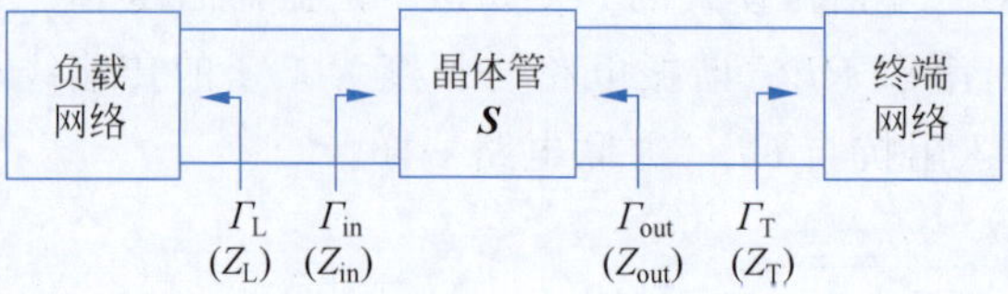


图 6.121　习题 28 图

29. 设计如图 6.64(a)所示的介质谐振器电路，使用 GaAs 晶体管实现负阻网络，其 $S$ 参数为($Z_0=50\Omega$)：$S_{11}=1.2\angle150°$，$S_{12}=0.2\angle120°$，$S_{21}=3.7\angle-72°$，$S_{22}=1.3\angle-67°$。

30. 假设图 6.73 所示的二极管平衡混频器的输入信号及本振分别为

$$v_s(t)=V_s\cos(\omega_s t),\quad v_L(t)=[V_L+v_n(t)]\cos(\omega_L t)$$

式中：电压幅度满足 $V_s\ll V_L$，且噪声电压 $v_n\ll V_L$。

(1) 假设二极管 $D_1$、$D_2$ 的伏安特性近似为

$$i_n=C(-1)^{n+1}v_n^2\ (n=1,2)$$

式中：$C$ 为常数；$v_1$、$v_2$ 分别为相应二极管上的电压。试求两个二极管上电流。

(2) 证明在二极管输出端经过合适低通滤波后，中频电流为

$$\begin{aligned}i_{IF}&=-2CV_s(V_L+v_n)\sin[(\omega_s-\omega_L)t](-1)^{n+1}v_n^2\\&\approx-2CV_sV_L\sin(\omega_{IF}t)\end{aligned}$$

并说明本振噪声抵消的原理。

31. 如图 6.122 所示，3dB 90°分支线定向耦合器的端口 2 和端口 3 接有相同但可调的负载 $Z_L$，其反射系数均为 $\Gamma$，就可用作可变衰减器。利用定向耦合器的散射矩阵，完成

(1) 证明：端口 1 和端口 4 之间的传输系数为 $T=j\Gamma$。

(2) 证明：对于所有 $\Gamma$ 值，输入端口是匹配的。

32. 分析图 6.88 匹配型 PIN 管限幅器工作原理。

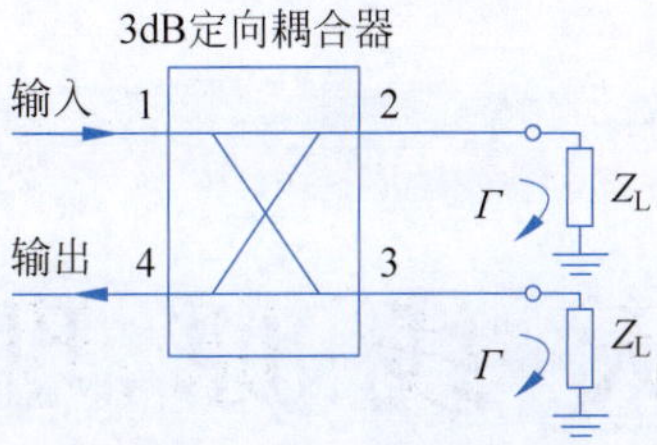


图 6.122　习题 31 图

33. 在场移式隔离器中若把外加恒定磁场的方向改为与原来的相反，隔离性能有什么变化？若外加恒定磁场的方向不变，把铁氧体片移到波导另一窄壁附近的相应位置处，隔离性能又有什么变化？

34. 已知环行器的散射矩阵为

$$\boldsymbol{S}=\begin{bmatrix}0 & 0 & 1\\ 1 & 0 & 0\\ 0 & 1 & 0\end{bmatrix}$$

当端口 2 和端口 3 均接反射系数为 $\Gamma_1$ 的负载时，试求端口 1 的反射系数。

# 第 7 章

# 天线原理

前几章主要介绍了微波无源和有源器件，以及导行电磁波和自由空间电磁波的传播问题。如何实现导行电磁波与空间电磁波之间的转换？这就是本章要研究的内容——天线。

天线是能有效地发射或接收电磁波的装置，它是微波系统的重要部件。发射和接收天线的工作原理如图 7.1 所示，发射机产生的发射功率 $P_t$ 通过馈线传送到发射天线，馈线中的高频振荡电流或导行电磁波转换为某种极化的空间电磁波，并保证电磁波按所需的方向传播，它辐射的球面波在距离较远处局部范围内可以近似为平面波。接收天线截获来自特定方向的某种极化的平面电磁波，将它转换为馈线中的高频振荡电流或馈线上的导行电磁波，并将接收功率 $P_r$ 传送到接收机的负载阻抗上。封闭馈线不能辐射电磁波，必须将它做成开放结构，如喇叭天线或振子，才能有效地发射或接收电磁波。天线可以看作二端口网络，一侧是提供导行电磁波传输的端口，另一侧是提供空间电磁波传输的端口。当天线和空间没有填充非互易媒质时，天线是互易器件，因此同一副天线既能用作发射天线又能用作接收天线，它们均有相同的特性，这就是天线的收发互易性。

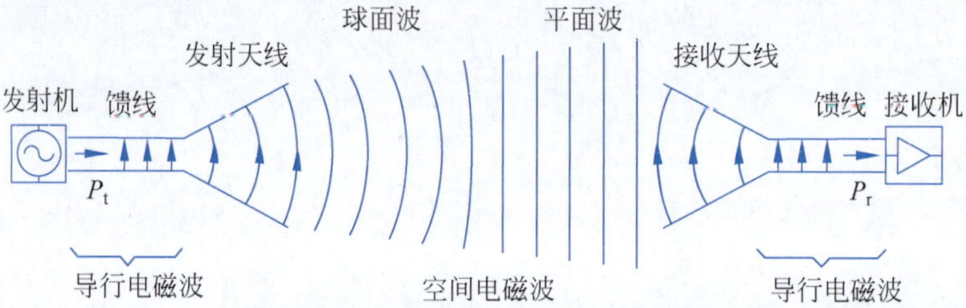


图 7.1　发射和接收天线的工作原理

1887 年，德国科学家赫兹(Hertz)在电磁波验证试验中首次使用了偶极子天线和环天线。20 世纪初，马可尼(Marconi)在首次越洋无线电报试验中增加了调谐电路，建成了工作波长很长的大型天线系统，“天线”一词正式诞生。在此后的 100 多年，人们针对不同的应用研究了各种各样的天线，综合起来可以分为线天线、面天线、印刷天线和阵列天线四类。线天线包括对称振子天线、八木天线、对数周期天线等，通常天线增益低，用于较低频率，它们优点是简单、重量轻、价格低。面天线包括喇叭天线、反射面天线、透镜天线等，通常用于微波和毫米波波段，具有中高增益。印刷天线包括微带天线、印刷振子和印刷缝隙天线，它们采用光刻方法制作，常用于微波和毫米波波段，并容易组阵而达到高增益。阵列天线由许多规则排列的天线单元和馈电网络组成，调节单元的幅度和相位分布，可以控制天线的波束指向和副瓣等辐射特性。相控阵是一种重要的阵列天线，它采用移相器实现波束在空间快速地电扫描。

作为天线理论与应用的基础，本章在介绍天线基本分析方法和电参数的基础上，重点讨论几种典型天线的基本结构、基本原理和基本特性。

视频

## 7.1 天线分析方法和思路

天线辐射问题严格来说是电磁场边值问题，但即使是简单的天线，边界条件也十分复杂，严格求解麦克斯韦方程组几乎不可能，通常用电磁场数值方法求解，而这超出了本书的范围。本章将采用近似方法来分析天线的辐射特性，天线的近似分析分为内场问题和外场问题。

天线的内场问题就是确定天线上的近似源分布。天线的源要尽量接近真实的物理分布，用近似方法来确定线天线上的电流密度分布 $\boldsymbol{J}(\boldsymbol{r}')$ 或者面天线的口径场分布 $\boldsymbol{E}(\boldsymbol{r}')$。例如，由于基本电振子长度 $l \ll \lambda$，通常假设其上电流分布是等幅同相的，即 $\boldsymbol{J}(\boldsymbol{r}')=\hat{z}I_0$；而对称振子天线的电流是时谐振荡的，并两端为零，可用正弦函数来近似其上的电流密度分布，即 $\boldsymbol{J}(z)=\hat{z}J_0\sin[k(l-|z|)]$。

天线的外场问题就是由源分布 $\boldsymbol{J}(\boldsymbol{r}')$ 求解天线的辐射场 $\boldsymbol{E}(\boldsymbol{r})$ 和 $\boldsymbol{H}(\boldsymbol{r})$。天线外场问题的求解是从麦克斯韦方程组开始的，在均匀、无耗和各向同性的媒质中，时谐场的麦克斯韦方程组为

$$\begin{cases}\nabla\times\boldsymbol{H}=\mathrm{j}\omega\varepsilon\boldsymbol{E}+\boldsymbol{J}\\ \nabla\times\boldsymbol{E}=-\mathrm{j}\omega\mu\boldsymbol{H}\\ \nabla\cdot\boldsymbol{E}=\rho/\varepsilon\\ \nabla\cdot\boldsymbol{H}=0\end{cases} \tag{7.1}$$

但是，天线辐射问题不能按照第 2 章和第 4 章的方法求解，这是由于由麦克斯韦方程组导出的电场 $\boldsymbol{E}$ 波动方程是非齐次的方程，方程右边含有电流密度 $\boldsymbol{J}$ 的微分项 $\nabla\nabla\cdot\boldsymbol{J}$，会导致天线辐射场的奇异性。为此，天线辐射问题通常采用矢量位法求解。由于 $\nabla\cdot\boldsymbol{H}=0$，因此引入辅助位函数，令

$$\boldsymbol{H}=\nabla\times\boldsymbol{A} \tag{7.2}$$

式中：$\boldsymbol{A}$ 为矢量磁位。

将式(7.2)代入式(7.1)中第二个方程，得 $\nabla\times(\boldsymbol{E}+\mathrm{j}\omega\mu\boldsymbol{A})=0$。由于矢量 $\boldsymbol{E}+\mathrm{j}\omega\mu\boldsymbol{A}$ 是无旋场，它必然是某一标量位 $\phi$ 的梯度，令

$$\boldsymbol{E}+\mathrm{j}\omega\mu\boldsymbol{A}=-\nabla\phi \tag{7.3}$$

将式(7.2)和式(7.3)代入式(7.1)中第一个方程，并运用矢量恒等式 $\nabla\times\nabla\times\boldsymbol{A}=\nabla\nabla\cdot\boldsymbol{A}-\nabla^2\boldsymbol{A}$ 和洛伦兹条件 $\nabla\cdot\boldsymbol{A}=-\mathrm{j}\omega\varepsilon\phi$，得到

$$\boldsymbol{E}=-\mathrm{j}\omega\mu\boldsymbol{A}+\frac{1}{\mathrm{j}\omega\varepsilon}\nabla(\nabla\cdot\boldsymbol{A}) \tag{7.4}$$

并且矢量磁位 $\boldsymbol{A}$ 满足非齐次的波动方程

$$\nabla^2\boldsymbol{A}+k^2\boldsymbol{A}=-\boldsymbol{J} \tag{7.5}$$

式中：$k=\omega\sqrt{\mu\varepsilon}$。

矢量磁位 $\boldsymbol{A}$ 的非齐次波动方程与电场 $\boldsymbol{E}$ 或磁场 $\boldsymbol{H}$ 的不同，其非齐次项是电流密度 $\boldsymbol{J}$ 本身，而不是电流密度 $\boldsymbol{J}$ 的微分项。一旦由式(7.5)求得了矢量磁位 $\boldsymbol{A}$，代入式(7.2)和式(7.4)就可以求得磁场 $\boldsymbol{H}$ 和电场 $\boldsymbol{E}$。矢量位法是求解有源电磁场问题的一般常用方法。

下面用矢量位法求解自由空间中天线的辐射问题。自由空间一般指无限大的真空环境，即媒质是均匀、线性、无耗和各向同性的，$\sigma=0$，$\varepsilon_r=1$，$\mu_r=1$。假设源 $\boldsymbol{J}(\boldsymbol{r}')$ 分布在有限的体积 $V$ 内，求解自由空间中任意一点的辐射场 $\boldsymbol{E}(\boldsymbol{r})$ 和 $\boldsymbol{H}(\boldsymbol{r})$，如图 7.2 所示。可以证明，位于 $\boldsymbol{r}'$ 处的电流微元 $\boldsymbol{J}(\boldsymbol{r}')\mathrm{d}v$ 在自由空间中任意一点 $\boldsymbol{r}$ 处产生的矢量磁位为

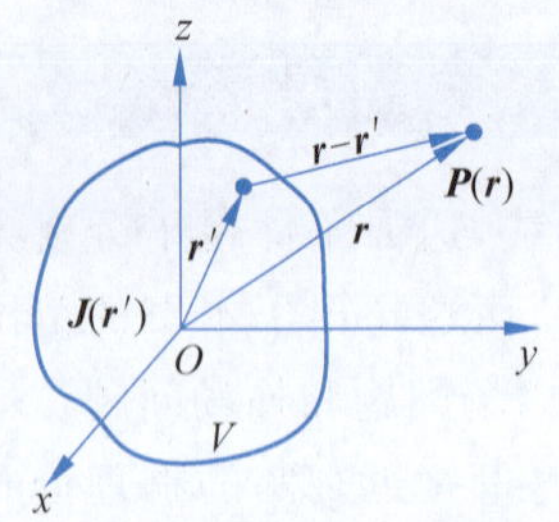


图 7.2 自由空间中天线的辐射计算

$$\mathrm{d}\boldsymbol{A}(\boldsymbol{r})=\boldsymbol{J}(\boldsymbol{r}')\frac{\mathrm{e}^{-\mathrm{j}k|\boldsymbol{r}-\boldsymbol{r}'|}}{4\pi|\boldsymbol{r}-\boldsymbol{r}'|}\mathrm{d}v \tag{7.6}$$

由于麦克斯韦方程组具有叠加性，体积 $V$ 内所有源分布 $\boldsymbol{J}(\boldsymbol{r}')$在 $\boldsymbol{r}$ 处产生的矢量磁位 $\boldsymbol{A}(\boldsymbol{r})$是所有 $\mathrm{d}\boldsymbol{A}$ 的矢量叠加，即

$$\boldsymbol{A}(\boldsymbol{r})=\frac{1}{4\pi}\iiint_V\boldsymbol{J}(\boldsymbol{r}')\frac{\mathrm{e}^{-\mathrm{j}kR}}{R}\mathrm{d}v \tag{7.7}$$

式中：

$$R=|\boldsymbol{r}-\boldsymbol{r}'|=\sqrt{(x-x')^2+(y-y')^2+(z-z')^2}$$

$R$ 为源点 $\boldsymbol{r}'$到场点 $\boldsymbol{r}$ 的距离。

因此，天线的分析方法为：分析天线的内场问题，确定近似电流密度 $\boldsymbol{J}(\boldsymbol{r}')$分布；由式(7.7)确定矢量磁位 $\boldsymbol{A}(\boldsymbol{r})$，由式(7.2)和式(7.4)求得磁场 $\boldsymbol{H}$ 和电场 $\boldsymbol{E}$，从而解决天线的外场问题。

天线辐射的一般是球面波，但是距离天线较远处在局部范围内可以近似为平面波，这称为远场近似或平面波近似。在远场近似条件下，天线的分析还可以进一步简化，具体分析思路以线天线为例进行说明，如图 7.3 所示。

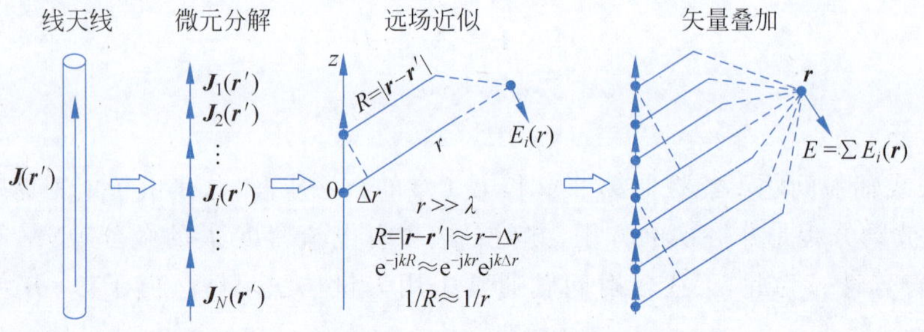


图 7.3 天线的分析思路

首先将有限长度的源分布 $\boldsymbol{J}(\boldsymbol{r}')$分解为若干小的“微元”$\boldsymbol{J}_i(\boldsymbol{r}')$，这些微元可以看成长度远小于波长的基本电振子；然后运用远场近似分析任意位置微元的辐射远场，由于微元简单，其远场分析大为简化；最后运用叠加原理将所有微元产生的场进行矢量叠加，得到整个天线的辐射远场。尽管以线天线为例进行了说明，但是这种分析思路适用于所有类型的天线。

下面首先分析作为“微元”的基本辐射元的远区辐射场，再按照上面的分析方法和思路讨论典型的线天线、印刷天线、面天线和阵列天线的辐射特性。

## 7.2 基本辐射元

基本辐射元是最基本的天线“微元”，它们是分析具体天线的基础。基本辐射元包括基本电振子和基本磁振子等，本节将介绍它们的基本分析方法和辐射特性。

视频

### 7.2.1 基本电振子

把很短、很细的时谐电流元称为基本电振子，如图 7.4 所示。由于 $l\ll\lambda$，认为电流是等幅同相分布的，可表示为

$$\boldsymbol{J}(\boldsymbol{r}')=\hat{z}I \tag{7.8}$$

式中：$I$ 为集中在 $z$ 轴上的线电流，这时振子很细。基本电振子仅仅是一个理想模型，任意电流分布的线天线能被分解为基本电振子的组合。

由于基本电振子的长度 $l\ll\lambda$，可认为 $|\boldsymbol{r}-\boldsymbol{r}'|\approx r$，同时 $\boldsymbol{J}(\boldsymbol{r}')\mathrm{d}v=\hat{\boldsymbol{z}}I\mathrm{d}z$，由式(7.7)得到

$$\boldsymbol{A}(\boldsymbol{r})=\frac{1}{4\pi}\iiint_V \boldsymbol{J}(\boldsymbol{r}')\frac{\mathrm{e}^{-\mathrm{j}k|\boldsymbol{r}-\boldsymbol{r}'|}}{|\boldsymbol{r}-\boldsymbol{r}'|}\mathrm{d}v\approx\hat{\boldsymbol{z}}\frac{I\mathrm{e}^{-\mathrm{j}kr}}{4\pi r}\int_l \mathrm{d}z=\hat{\boldsymbol{z}}\frac{Il\mathrm{e}^{-\mathrm{j}kr}}{4\pi r} \tag{7.9}$$

将式(7.9)代入式(7.2)，并按附录C中公式在球坐标系下进行旋度运算，得到

$$\boldsymbol{H}(\boldsymbol{r})=\frac{Il}{4\pi}\nabla\times\left(\hat{\boldsymbol{z}}\frac{\mathrm{e}^{-\mathrm{j}kr}}{r}\right)=\hat{\boldsymbol{\phi}}\frac{Il\sin\theta}{4\pi}\left(\frac{\mathrm{j}k}{r}+\frac{1}{r^2}\right)\mathrm{e}^{-\mathrm{j}kr} \tag{7.10}$$

将式(7.10)代入式(7.1)，可求出电场 $\boldsymbol{E}(\boldsymbol{r})$ 各分量，从而得到基本电振子在自由空间中的场解为

$$\begin{cases} E_r=\dfrac{\eta_0k^2Il\cos\theta}{2\pi}\left[-\mathrm{j}\dfrac{1}{(kr)^3}+\dfrac{1}{(kr)^2}\right]\mathrm{e}^{-\mathrm{j}kr} \\ E_\theta=\dfrac{\eta_0k^2Il\sin\theta}{2\pi}\left[-\mathrm{j}\dfrac{1}{(kr)^3}+\dfrac{1}{(kr)^2}+\mathrm{j}\dfrac{1}{kr}\right]\mathrm{e}^{-\mathrm{j}kr} \\ H_\phi=\dfrac{k^2Il\sin\theta}{2\pi}\left[\dfrac{1}{(kr)^2}+\mathrm{j}\dfrac{1}{kr}\right]\mathrm{e}^{-\mathrm{j}kr} \\ E_\phi=H_r=H_\theta=0 \end{cases} \tag{7.11}$$

式中：$\eta_0$ 为自由空间波阻抗，$\eta_0=\sqrt{\mu_0/\varepsilon_0}\approx377(\Omega)$。

由式(7.11)可见，基本电振子的场解比较复杂，绘制出的电场如图7.5所示。基本电振子的空间场各分量包含 $1/(kr)$ 的一次、二次和三次项，因此它的特性与距离 $kr$ 的远近有关。通常将天线的场分为近区场($kr\ll1$)、远区场($kr\gg1$)和中间区场三个区域。

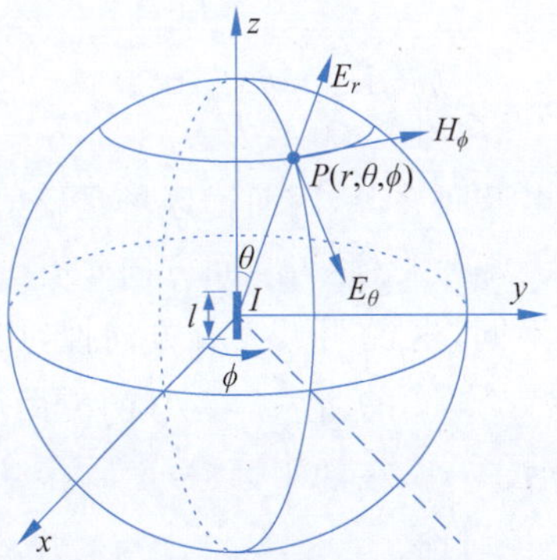


图7.4 基本电振子及其坐标系

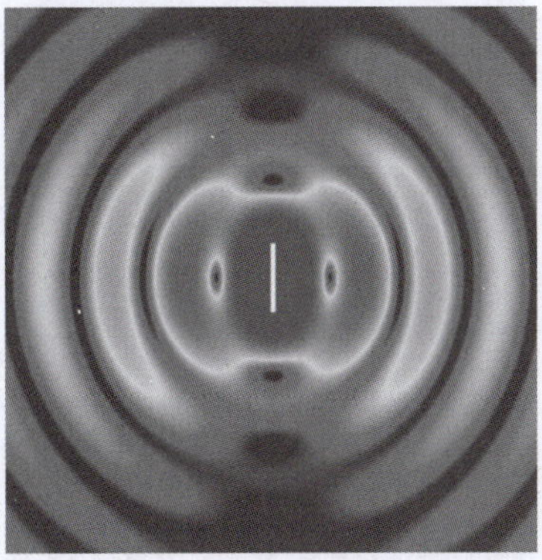

图7.5 基本电振子的电场分布

彩图

### 1. 近区场

当 $kr\ll1$ 时，式(7.11)中的 $1/(kr)^2$ 项和 $1/(kr)^3$ 项是主要项，其他低次幂项可忽略，且 $\mathrm{e}^{-\mathrm{j}kr}\approx1$，此时，近区场可以化简为

$$\begin{cases} E_r=-\mathrm{j}\dfrac{Il\cos\theta}{2\pi\omega\varepsilon_0r^3} \\ E_\theta=-\mathrm{j}\dfrac{Il\sin\theta}{4\pi\omega\varepsilon_0r^3} \\ H_\phi=\dfrac{Il\sin\theta}{4\pi r^2} \end{cases} \tag{7.12}$$

上式表明，近区场有如下特性：近区场几乎不传播，电场和磁场仅在天线附近时谐振动；近区电场幅度随距离 $r$ 迅速衰减，类似于静电场中偶极子场；电场和磁场相位差 $\pi/2$，平均能流密

度 $\boldsymbol{S}_{\text{av}}=1/2\text{Re}(\boldsymbol{E}\times\boldsymbol{H}^*)=0$，这说明近区电磁场能量被场源束缚，仅在空间与基本电振子之间相互交换能量而不向外辐射，如同 $LC$ 谐振回路中的无功功率，能量表现为电感存储的磁能与电容存储的电能相互转换。因此，近区场又称为电抗场或束缚场。

2. 远区场

当 $kr\gg1$ 时，式(7.11)中的 $1/(kr)$ 是主要项，而 $1/(kr)^2$ 项和 $1/(kr)^3$ 项可以忽略不计，于是远区场仅有 $E_\theta$ 与 $H_\phi$ 两个分量，其表达式为

$$\begin{cases}E_\theta=\text{j}\dfrac{\eta_0 Il}{2\lambda r}\sin\theta\,\text{e}^{-\text{j}kr}\\[2ex]H_\phi=\text{j}\dfrac{Il}{2\lambda r}\sin\theta\,\text{e}^{-\text{j}kr}\end{cases}\tag{7.13}$$

上式表明，远区场有如下特性：

动画

(1) $E_\theta$ 与 $H_\phi$ 分量有传播项 $\text{e}^{-\text{j}kr}$，远区场是向外传播的辐射场，其等相位面是以 $r$ 为半径的球面，辐射场是球面波。

(2) $E_\theta$、$H_\phi$ 与传播方向 $\boldsymbol{r}$ 三者两两正交，构成右手螺旋关系，辐射场是 TEM 波。

(3) $E_\theta$ 与 $H_\phi$ 同相，幅度之比等于自由空间波阻抗 $\eta_0$，因此远区的电场与磁场之间的关系为

$$\boldsymbol{H}(\boldsymbol{r})=\frac{\hat{\boldsymbol{r}}\times\boldsymbol{E}(\boldsymbol{r})}{\eta_0}\tag{7.14}$$

(4) 电场和磁场幅度正比于 $1/r$，这是能量以球面波扩散引起的。

(5) $E_\theta$ 与 $H_\phi$ 同相，平均能流密度为

$$\boldsymbol{S}_{\text{av}}=\frac{1}{2}\text{Re}(\boldsymbol{E}\times\boldsymbol{H}^*)=\frac{1}{2}(E_\theta H_\phi^*)\hat{\boldsymbol{r}}=\hat{\boldsymbol{r}}\,\frac{\eta_0}{8}\left(\frac{Il\sin\theta}{\lambda r}\right)^2\tag{7.15}$$

能流方向与波的传播方向相同，沿矢径 $\hat{\boldsymbol{r}}$ 向外传播而不再返回波源，因而远区场是辐射场。

由式(7.13)还可以知道，辐射场的幅度不仅与空间距离有关，还与空间方向 $\theta$ 有关。在距离天线固定半径 $r$ 的球面上，不同方向辐射场的幅度也不同，这说明天线有方向性，用方向性函数 $f(\theta,\phi)$ 表示。对于基本电振子，方向性函数是 $f(\theta,\phi)=\sin\theta$，在 $\theta=\pi/2$ 的方向上，辐射最强；在 $\theta=0$ 或 $\theta=\pi$ 的方向上辐射为零。因此在电场 $\boldsymbol{E}(\boldsymbol{r})$ 所在的平面(E 面)内，基本电振子有∞字形的方向图。有关天线方向性将在 7.3 节进一步讨论。

### 7.2.2 基本磁振子

基本磁振子是基本电振子的对偶形式，它是很短、很细的时谐磁流元，由于 $l\ll\lambda$，可以认为磁流是等幅同相分布的，可表示为 $\boldsymbol{J}_{\text{m}}(\boldsymbol{r}')=\hat{z}I_{\text{m}}$。它是虚拟的源，仅为数学上方便而引入的，磁流的真实源通常是一个小电流环或者缝隙天线。磁流产生的电磁场同样满足麦克斯韦方程组，它可以表示为

$$\begin{cases}\nabla\times\boldsymbol{H}=\text{j}\omega\varepsilon\boldsymbol{E}\\\nabla\times\boldsymbol{E}=-\text{j}\omega\mu\boldsymbol{H}-\boldsymbol{J}_{\text{m}}\\\nabla\cdot\boldsymbol{E}=0\\\nabla\cdot\boldsymbol{H}=\rho_{\text{m}}/\mu\end{cases}\tag{7.16}$$

对比式(7.16)和式(7.1)可以发现，两个方程组之间有对偶性。若按照表 7.1 给出的对偶关系将式(7.16)中的物理量替换为其对应的对偶量，则式(7.16)将变为式(7.1)，反之

亦然。

表 7.1　电流源方程与磁流源方程的对偶关系

| 电流源 | $\boldsymbol{E}$ | $\boldsymbol{H}$ | $\boldsymbol{J}$ | $\rho$ | $\varepsilon$ | $\mu$ | $\eta_0$ |
|---|---|---|---|---|---|---|---|
| 磁流源 | $\boldsymbol{H}$ | $-\boldsymbol{E}$ | $\boldsymbol{J}_{\mathrm{m}}$ | $\rho_{\mathrm{m}}$ | $\mu$ | $\varepsilon$ | $1/\eta_0$ |

两组方程之间有对偶关系，其解之间一定存在相同的对偶关系。如果已知其中一个方程的解，就可以利用对偶关系式得出对偶方程的解，简化了求解过程。已经求得了基本电振子的远区辐射场，根据对偶关系，基本磁振子的远区辐射场表达式为

$$\begin{cases} H_\theta = \mathrm{j}\dfrac{1}{\eta_0}\dfrac{I_{\mathrm{m}}l}{2\lambda r}\sin\theta \mathrm{e}^{-\mathrm{j}kr} \\ E_\phi = -\mathrm{j}\dfrac{I_{\mathrm{m}}l}{2\lambda r}\sin\theta \mathrm{e}^{-\mathrm{j}kr} \end{cases} \tag{7.17}$$

基本磁振子是不存在的，但将电流小环等天线等效一个基本磁振子来处理很方便。如图 7.6 所示，小环半径 $a \ll \lambda$，近似认为环上时谐电流 $I$ 是等幅同相均匀分布的。若将电流小环等效为基本磁振子，则需要找到 $I_{\mathrm{m}}$ 和 $I$ 之间的等效关系。根据静态场的知识，电流环的磁矩 $\boldsymbol{p}_{\mathrm{m}}$ 与环上瞬时电流 $i$ 之间的关系为

$$\boldsymbol{p}_{\mathrm{m}} = \mu i\boldsymbol{S} = \mu iS\hat{z} \tag{7.18}$$

式中：$\boldsymbol{S}$ 为小环的环面积矢量，其方向由电流的右手螺旋法则确定。

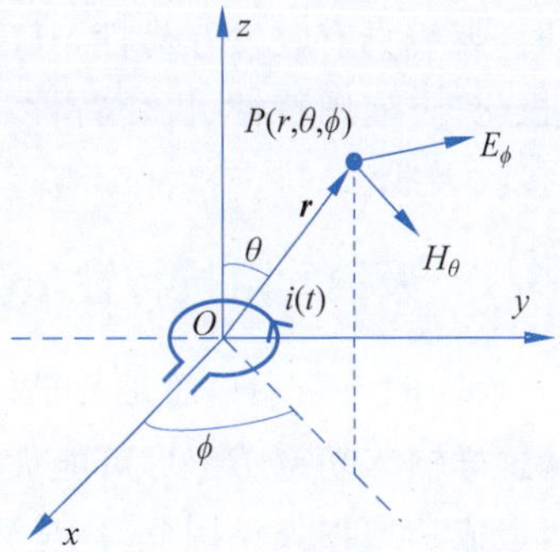

图 7.6　小电流环

磁荷为 $q_{\mathrm{m}}$、长度为 $l$ 的磁偶极子的磁矩为

$$\boldsymbol{p}_{\mathrm{m}} = q_{\mathrm{m}}\boldsymbol{l} \tag{7.19}$$

式中：$\boldsymbol{l}$ 的方向与小电流环的面积矢量 $\boldsymbol{S}$ 的方向一致，$\boldsymbol{l}=l\hat{z}$。

若电流环与磁偶极子可以等效，则得到等效磁荷为

$$q_{\mathrm{m}} = \frac{\mu iS}{l}$$

等效磁流 $i_{\mathrm{m}}$ 是等效磁荷 $q_{\mathrm{m}}$ 的时间变化量，有

$$i_{\mathrm{m}} = \frac{\mathrm{d}q_{\mathrm{m}}}{\mathrm{d}t} = \frac{\mu S}{l}\frac{\mathrm{d}i}{\mathrm{d}t} \tag{7.20}$$

将上述瞬时表达式转换为复数表达式，可得基本磁振子的等效磁流 $I_{\mathrm{m}}$ 与基本电振子的电流 $I$ 关系为

$$I_{\mathrm{m}} = \frac{\mathrm{j}\omega\mu S}{l}I \tag{7.21}$$

将式(7.21)代入式(7.17)，可得电流小环的远区辐射场表达式为

$$\begin{cases} H_\theta = \mathrm{j}\dfrac{1}{\eta_0}\dfrac{I_{\mathrm{m}}l}{2\lambda r}\sin\theta \mathrm{e}^{-\mathrm{j}kr} = -\dfrac{kIS}{2\lambda r}\sin\theta \mathrm{e}^{-\mathrm{j}kr} \\ E_\phi = -\mathrm{j}\dfrac{I_{\mathrm{m}}l}{2\lambda r}\sin\theta \mathrm{e}^{-\mathrm{j}kr} = \dfrac{\omega\mu_0 IS}{2\lambda r}\sin\theta \mathrm{e}^{-\mathrm{j}kr} \end{cases} \tag{7.22}$$

在天线工程中往往只关注远区场，忽略近区场。远场距离可以这样定义：天线辐射的球面波前可以近似为平面波的理想平面波前(通常天线实际辐射的球面波前偏离理想平面波前

的相位小于 $\pi/8=22.5°$)所对应的距离。这一定义与天线的最大尺度 $D$ 有关,远场距离具体定义为

$$R_{\mathrm{f}}=\frac{2D^2}{\lambda} \tag{7.23}$$

对于电小天线,如基本电振子和小环天线,这一结果给出的远场距离可能太小,此时应使用最小值 $R_{\mathrm{f}}=2\lambda$。

## 7.3 天线的电参数

天线是发射或接收电磁波的装置,它可以看作互易二端口网络,一侧是电路端口,另一侧是辐射端口。因此,描述天线的电性能主要是两类参数:一是描述电路端口的阻抗特性参数,包括输入阻抗、反射系数和驻波比等;二是描述辐射端口的辐射特性参数,主要包括方向图特性和极化特性参数等。另外,阻抗特性和辐射特性均需在一定的工作频带范围内满足要求。同时,天线具有收发互易性,任意天线无论是用作接收天线还是用作发射天线时,它的阻抗特性极化、方向图特性、极化特性和频带特性均相同,因此天线的电参数既适用于发射天线也适用接收天线。

### 7.3.1 天线的阻抗特性参数

天线的电路端口总是与馈线相连,希望天线的输入阻抗 $Z_{\mathrm{in}}$ 尽可能与馈线特性阻抗 $Z_{\mathrm{c}}$ 匹配,这样输入功率 $P_{\mathrm{in}}$ 尽可能大地传送给天线。如果输入端阻抗失配,就有部分功率反射回馈线,造成功率损失。因此,用输入阻抗、反射系数和电压驻波比等参数来描述天线输入端口的匹配特性。

#### 1. 输入阻抗

天线的输入阻抗是指在天线馈电点处向天线看去的阻抗,它相当于馈线的等效负载。只有当天线的输入阻抗与馈线的特性阻抗匹配时,天线才有较高的效率。因此,在天线设计过程中需要优化输入阻抗以实现与馈线的阻抗匹配。通常,天线的输入阻抗可以用输入功率、输入电压或输入电流来计算,即

$$Z_{\mathrm{in}}=\frac{V_{\mathrm{in}}}{I_{\mathrm{in}}}=\frac{2P_{\mathrm{in}}}{|I_{\mathrm{in}}|^2}=\frac{|V_{\mathrm{in}}|^2}{2P_{\mathrm{in}}}=R_{\mathrm{in}}+\mathrm{j}X_{\mathrm{in}} \tag{7.24}$$

式中:$P_{\mathrm{in}}$ 为天线的输入平均复功率,$P_{\mathrm{in}}=V_{\mathrm{in}}I_{\mathrm{in}}^*/2$;$R_{\mathrm{in}}$ 和 $X_{\mathrm{in}}$ 分别为天线的输入电阻和输入电抗。

天线的输入阻抗主要取决于天线本身结构、尺寸和工作频率。只有少数天线的输入阻抗可以严格解析求解,大多数天线的输入阻抗用电磁场数值方法计算或实验测量得出。当得到了天线输入阻抗后,就可以按照 6.1 节介绍的阻抗匹配方法来设计匹配网络使得天线与馈线阻抗匹配。

#### 2. 反射系数

通常,实际工程中天线的输入阻抗 $Z_{\mathrm{in}}$ 不能与馈线特性阻抗 $Z_{\mathrm{c}}$ 实现理想匹配,或多或少存在反射,用反射系数来衡量天线与馈线的匹配程度。由式(4.21)可得反射系数为

$$\Gamma=\frac{Z_{\mathrm{in}}-Z_{\mathrm{c}}}{Z_{\mathrm{in}}+Z_{\mathrm{c}}} \tag{7.25a}$$

反射系数一般是复数,$0\leqslant|\Gamma|\leqslant 1$。工程中一般用回波损耗来表示。由式(4.34)可得回波损耗为

$$\mathrm{RL} = -20\lg|\Gamma|\ (\mathrm{dB}) \tag{7.25b}$$

上式说明，$\Gamma=0$ 时具有$\infty$的回波损耗（无反射功率），而$|\Gamma|=1$ 时具有 0dB 的回波损耗（所有的入射功率都被反射回去）。

3. 电压驻波比

实际工程中常用电压驻波比来描述天线的匹配程度。由式(4.26)可得驻波比为

$$\rho = \frac{1+|\Gamma|}{1-|\Gamma|} \tag{7.26}$$

电压驻波比是实数，$1\leqslant\rho\leqslant\infty$。当 $\rho=1$ 时，表示天线理想匹配。驻波比越大，反射越大，匹配越差。对于实际的雷达天线，通常要求天线的驻波比 $\rho\leqslant1.5$，而对通信天线，通常要求天线的驻波比 $\rho\leqslant2.0$。

4. 阻抗失配因子

由于天线阻抗失配会带来馈电效率的下降，定义阻抗失配因子为传送给天线的实际功率与天线输入功率之比。由式(4.33)可得阻抗失配因子为

$$\mu = 1-|\Gamma|^2 \tag{7.27}$$

当完全匹配时，有 $\mu=1$。

## 7.3.2 天线的辐射特性参数

天线的辐射特性参数包括方向图特性、极化特性和频带特性等参数，具体包括辐射功率与辐射电阻、辐射方向图与方向性系数、增益与效率、极化、孔径效率与有效面积、工作频带、噪声温度与 $G/T$ 值等。

1. 辐射功率与辐射电阻

当天线位于无耗媒质空间时，在包围天线的半径为 $r$ 的球面 $S$ 上对平均坡印廷矢量求面积分，可得到天线辐射的总功率，即

$$P_{\mathrm{rad}} = \int_{\phi=0}^{2\pi}\int_{\theta=0}^{\pi} \boldsymbol{S}_{\mathrm{av}} \cdot \hat{\boldsymbol{r}} r^2 \sin\theta \mathrm{d}\theta \mathrm{d}\phi \tag{7.28}$$

式中：$\boldsymbol{S}_{\mathrm{av}}$ 为平均坡印廷矢量，对于远场，有

$$\boldsymbol{S}_{\mathrm{av}} = \mathrm{Re}(\boldsymbol{E}\times\boldsymbol{H}^*)/2 = |\boldsymbol{E}|^2/(2\eta_0)$$

假想天线的辐射功率全部被一个电阻所吸收，这个电阻称为辐射电阻。辐射电阻定义为

$$R_{\mathrm{r}} = \frac{2P_{\mathrm{rad}}}{|I_{\mathrm{max}}|^2} \tag{7.29}$$

式中：$I_{\mathrm{max}}$ 是天线激励电流的最大有效值。显然，辐射电阻不是真实存在的电阻，但它是有物理意义的，表征天线辐射能力的强弱，辐射电阻越大，天线辐射能力越强。

**例 7.1** 基本电振子的辐射电阻。

计算长度为 $l=0.1\lambda$ 的基本电振子的辐射电阻。

**解：** 把式(7.15)代入式(7.28)，得到基本电振子的辐射功率为

$$P_{\mathrm{rad}} = \frac{\eta_0}{8}\left(\frac{Il}{\lambda}\right)^2\int_{\phi=0}^{2\pi}\int_{\theta=0}^{\pi}\sin^3\theta\mathrm{d}\theta\mathrm{d}\phi = 40\pi^2\left(\frac{Il}{\lambda}\right)^2$$

由式(7.29)得到基本电振子的辐射电阻为

$$R_{\mathrm{r}} = 80\pi^2\left(\frac{l}{\lambda}\right)^2$$

当 $l/\lambda=0.1$ 时，计算得到 $R_{\mathrm{r}}\approx8\Omega$。可见，基本电振子的辐射电阻是很小的，表示其辐射能力很弱。

### 2. 辐射方向图与方向性系数

在距离天线固定的远场距离上，天线辐射场的幅度与空间方向有关，表明天线具有方向性。一般用方向性函数 $f(\theta,\phi)$ 来描述天线的方向性，如基本电振子的方向性函数 $f(\theta,\phi)=\sin\theta$。通常用最大值归一化，归一化的幅度或功率方向性函数用 $F(\theta,\phi)$ 来表示，即

$$F(\theta,\phi)=\frac{|f(\theta,\phi)|}{f_{\max}} \quad 或 \quad P(\theta,\phi)=F^2(\theta,\phi)=\frac{|f(\theta,\phi)|^2}{f_{\max}^2} \tag{7.30a}$$

通常用 dB 表示，即

$$F(\theta,\phi)=10\lg P(\theta,\phi)=20\lg F(\theta,\phi)\,(\mathrm{dB}) \tag{7.30b}$$

将归一化方向性函数 $F(\theta,\phi)$ 绘制成与 $\theta$ 角（俯仰角平面）或 $\phi$ 角（方位角平面）方向变化的关系图，称为天线的辐射方向图，如图 7.7 所示。辐射方向图可以绘制成三维方向图（随 $\theta$ 和 $\phi$ 方向变化），也可以绘制成二维方向图（随 $\theta$ 或 $\phi$ 方向变化）。通常用二维方向图比较方便，它可以绘制成极坐标形式，也可以绘制成直角坐标形式。对于直角坐标方向图而言，横坐标一般是角度（$\theta$ 或 $\phi$），纵坐标是用 dB 表示的归一化幅度或功率值。

(a) 三维方向图

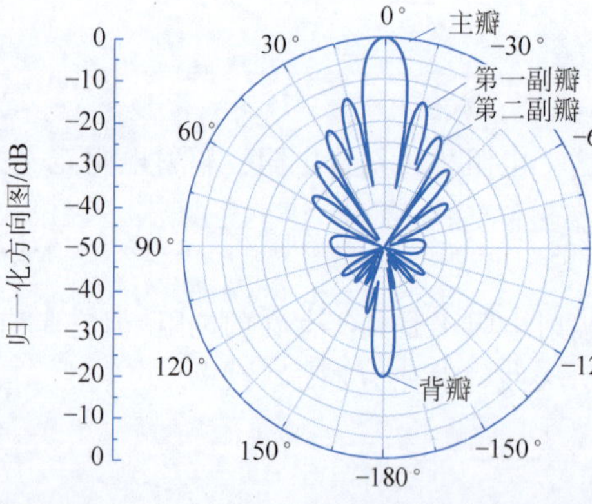


(b) 二维极坐标方向图

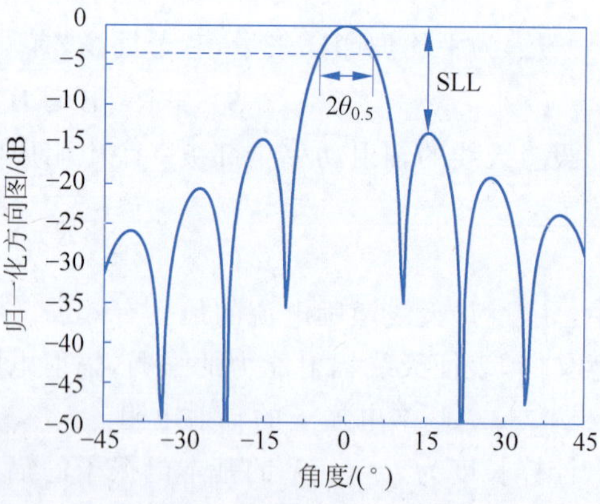


(c) 二维直角坐标方向图

图 7.7 天线的辐射方向图

从图 7.7 可以看出，辐射方向图有很多波瓣或波束，它们在不同的方向上具有不同的极大值，也称波瓣图。具有最大值的波瓣称为主瓣或主波束，与主瓣方向相反的波瓣称为背瓣，具有较低电平的其余波瓣称为副瓣或旁瓣。通常用副瓣电平来描述副瓣的大小，它是指副瓣极大值与主瓣最大值之比，通常用 dB 表示，即

$$\mathrm{SLL}_i = 10\lg \frac{p_{i\max}}{p_{\max}} = 20\lg \frac{|E_{i\max}|}{|E_{\max}|}(\mathrm{dB}) \tag{7.31}$$

式中：$p_{i\max}$、$E_{i\max}$ 分别为第 $i$ 个副瓣的功率密度极大值和场强极大值。

通常，第一副瓣电平高于其他副瓣电平，因此工程中副瓣电平通常指第一副瓣电平或者最大副瓣电平。

天线的方向图通常用过主波束最大值的两个主平面的二维方向图来表示。一个主平面内只有电场切向分量，其方向图称为 E 面方向图；另一个主平面内只有磁场切向分量，其方向图称为 H 面方向图。由于远区电场和磁场相互垂直，因此两个主平面也正交。对主波束很宽的天线而言，通常用极坐标方向图比较方便，而对主波束很窄的天线，用直角坐标方向图表示非常有用。

天线的一个基本特性是有方向性，即具有在给定方向上聚焦功率的能力。主波束宽的天线将在一个较宽的角度范围内辐射功率，而主波束窄的天线将大部分功率控制在一个较小的角度范围内辐射。衡量这一聚焦效应的物理量是天线的半功率波束宽度。半功率宽度是指功率密度从最大值下降到一半(3dB)处的主波束角宽度，用 $2\theta_{0.5}$ 表示，也称 3dB 波束宽度，用 $2\theta_{3\mathrm{dB}}$ 表示。在水平面具有恒定辐射方向图的天线称为全向天线，如基本电振子，主要在广播或移动电话等应用，此时希望天线能在所有方向上相同地发射或接收功率。辐射方向图在两个主平面上都有较窄的主波束的天线称为笔形波束天线，主要用于雷达和卫星通信中。

衡量天线聚焦能力的另一物理量是方向性系数。方向性系数定义为天线在某一方向$(\theta_0,\phi_0)$上辐射功率密度 $p(\theta_0,\phi_0)$与整个空间上的平均辐射功率密度 $p_{\mathrm{av}}$ 之比，即

$$D(\theta_0,\phi_0) = \frac{p(\theta_0,\phi_0)}{p_{\mathrm{av}}} = \frac{|E(\theta_0,\phi_0)|^2/2\eta_0}{P_{\mathrm{rad}}/4\pi r^2} \tag{7.32}$$

式中：$P_{\mathrm{rad}}$ 为整个空间上的辐射功率。

如无特别说明，方向性系数通常是指主波束最大辐射方向上的最大方向性系数。

若已知天线的归一化方向性函数 $F(\theta,\phi)$，则半径为 $r$ 的球面上任意方向的辐射场强为

$$E(\theta,\phi) = E_{\max} F(\theta,\phi) \frac{\mathrm{e}^{-\mathrm{j}kr}}{r}$$

将上式代入式(7.28)可得，辐射功率为

$$P_{\mathrm{rad}} = \frac{1}{2\eta_0}\int_0^{2\pi}\int_0^{\pi} |E_{\max}|^2 |F(\theta,\phi)|^2 \sin\theta \mathrm{d}\theta \mathrm{d}\phi$$

在最大辐射方向上，$F(\theta,\phi)=1$，$p_{\max}=|E_{\max}|^2/(2\eta_0 r)$。根据式(7.32)可得最大方向性系数为

$$D = \frac{p_{\max}}{P_{\mathrm{rad}}/4\pi r^2} = \frac{4\pi}{\int_{\phi=0}^{2\pi}\int_{\theta=0}^{\pi} |F(\theta,\phi)|^2 \sin\theta \mathrm{d}\theta \mathrm{d}\phi} \tag{7.33}$$

上式是方向性系数的一般计算表达式。方向性系数通常用分贝表示，即 $D(\mathrm{dB})=10\lg D$。当天线辐射功率不变时，若天线主波束的波束宽度变窄，主波束方向上的辐射功率密度必然增加，方向性系数就越大。因此，方向性系数越大，主瓣宽度就越窄，辐射功率密度就越大，方向性就越强，天线的聚焦能力就越强。

**例 7.2** 基本电振子的辐射方向图特性。

基本电振子放置在坐标原点，指向 $z$ 轴，求其最大辐射方向、半功率波束宽度和方向性系数。

**解**：由式(7.13)可知：基本电振子的归一化幅度方向性函数为

$$F(\theta,\phi)=|\sin\theta|$$

其最大值为$|\sin\theta|=1$，对应的最大辐射方向$\theta_{max}=90°$。当场值下降到最大值的0.707时，即$|\sin\theta|=0.707$，所对应的角度$\theta_1=45°$，$\theta_2=135°$，两者的夹角即为半功率波束宽度$2\theta_{0.5}=2(\theta_2-\theta_{max})=\theta_2-\theta_1=90°$。

将$F(\theta,\phi)$代入式(7.33)，可得

$$D=\frac{4\pi}{\int_{\phi=0}^{2\pi}\int_{\theta=0}^{\pi}\sin^3\theta\mathrm{d}\theta\mathrm{d}\phi}=1.5$$

用分贝可表示为

$$D=10\lg1.5=1.76(\mathrm{dB})$$

该结果表明，基本电振子具有一定的方向性，但它的波束宽度很宽，方向性系数较小，是一种弱方向性天线。

### 3. 增益与效率

天线在某方向$(\theta_0,\phi_0)$上的增益定义为天线在该方向上的辐射功率密度$p(\theta_0,\phi_0)$与整个空间上的平均输入功率密度$p_{in}$之比，即

$$G(\theta_0,\phi_0)=\frac{p(\theta_0,\phi_0)}{p_{in}}=\frac{|E(\theta_0,\phi_0)|^2/2\eta_0}{P_{in}/4\pi r^2} \tag{7.34}$$

式中：$P_{in}$为提供给天线输入端的功率。

如无特别说明，增益通常是指主波束最大辐射方向上的最大增益。

所有类型的天线中都存在非理想导体和介质材料引起的电阻损耗，这样的损耗造成传送给天线的输入功率与辐射功率不同。辐射效率定义为天线的辐射功率与提供给天线的输入功率之比，即

$$\eta_{rad}=\frac{P_{rad}}{P_{in}}=\frac{P_{in}-P_{loss}}{P_{in}}=1-\frac{P_{loss}}{P_{in}} \tag{7.35a}$$

式中：$P_{rad}$为天线辐射的功率；$P_{loss}$为天线损耗的功率。

辐射功率可以用辐射电阻$R_r$表征。如果损耗功率也用损耗电阻$R_\Omega$表征，那么辐射效率可以表示为

$$\eta_{rad}=\frac{R_r}{R_r+R_\Omega} \tag{7.35b}$$

辐射效率总是$\eta_{rad}\leqslant1$。增益与方向性系数之间的关系为

$$G=\eta_{rad}D \tag{7.36}$$

因此，增益总小于或等于方向性系数。增益通常以dB表示，即$G(\mathrm{dB})=10\lg G$。

当天线与馈线存在阻抗失配时，由于存在失配损耗，送到天线的输入功率将减小，用阻抗失配因子表示，由式(7.27)得$\mu=1-|\Gamma|^2$。当阻抗失配损耗包含在天线的增益中，天线效率$\eta=\eta_{rad}\mu$，此时的增益称为实现增益。

### 4. 极化与极化失配

天线的极化是指将天线用作发射天线时所辐射的电磁波极化，即在空间一点处电场矢端随时间划出的轨迹。如无特别说明，天线的极化通常是天线的最大辐射方向上电磁波的极化。

天线按极化主要分为线极化天线和圆极化天线。线极化天线通常有垂直极化(VP)天线、

水平极化(HP)天线和斜极化(±45°)天线,圆极化天线又分为左旋圆极化(LHCP)天线和右旋圆极化(RHCP)天线。一般来说,天线除了辐射期望极化的电磁波外,还会辐射与期望极化正交的极化波,前者称为主极化分量,后者称为交叉极化分量。但是在最大辐射方向上,主极化分量往往远大于交叉极化分量,一般达到 20～40dB。例如,右旋圆极化的天线除了辐射主极化(右旋圆极化)波外,还会辐射振幅较小的交叉极化(左旋圆极化)波,因此往往辐射的是椭圆极化波。通常用轴比(AR)来表示其椭圆程度,它定义为椭圆的长轴 $a$ 与短轴 $b$ 之比,通常用 dB 表示。圆极化天线的轴比通常要求小于或等于 3dB。

下面讨论极化接收问题。当来波极化与天线极化一致(极化匹配)时,天线将接收到最大的功率,如垂直极化天线能接收垂直极化来波,圆极化天线能接收旋向相同的圆极化来波。当来波极化与天线极化正交时,天线极化完全失配,将不能接收到功率,如垂直极化天线不能接收水平极化来波,圆极化天线不能接收旋向相反的圆极化来波。当来波极化与天线极化存在极化失配时,接收功率会下降,用极化失配因子 $\tau$ 来表示,它等于极化失配时天线接收功率与极化匹配时天线接收功率之比。显然,极化匹配时,$\tau=1$;极化完全失配时,$\tau=0$。

假设来波为线极化波,若接收天线线极化,且来波极化与天线极化夹角 $\alpha$。由于来波电场可分解为与接收天线极化相同的分量 $E_{\mathrm{co}}=E\cos\alpha$ 和正交分量 $E_{\mathrm{cross}}=E\sin\alpha$,同极化分量 $E_{\mathrm{co}}$ 能在线天线上产生感应电动势,从而有感应电流,能被接收;而交叉极化分量 $E_{\mathrm{cross}}$ 不能在线天线上产生感应电动势而不能被接收。因此,此时的天线极化失配因子 $\tau=\cos^2\alpha$。若接收天线是圆极化天线,由于线极化波可以分解为两个振幅相等、旋向相反的圆极化波,因此只有与接收圆极化天线旋向相同的圆极化波才能被接收,极化失配因子 $\tau=0.5$。假设来波为圆极化波,由于圆极化波可以分解为两个正交的幅度相等、相位差 90°的线极化波,若线极化天线接收圆极化来波,则极化失配因子 $\tau=0.5$。

在实际工程应用中,应合理选择合适极化类型的天线,尽量做到极化匹配,尽可能提高极化失配因子,避免极化完全失配。

### 5. 孔径效率与有效面积

喇叭天线、反射面天线、透镜天线和阵列天线等都具有明确的孔径面积。当这些类型天线孔径上有等幅同相的均匀场分布时,由孔径面积 $S$ 能够得到的最大方向性系数为

$$D_{\max}=\frac{4\pi S}{\lambda^2} \tag{7.37}$$

但是,存在非理想的孔径场振幅和相位分布、孔径遮挡、反射面照射功率溢出等因素,使得天线的方向性系数降低。孔径效率定义为天线实际的方向性系数与最大方向性系数之比,即 $\eta_{\mathrm{ap}}=D/D_{\max}$,孔径效率总是小于或等于 1。这样,实际的天线方向性系数为

$$D=\eta_{\mathrm{ap}}\frac{4\pi S}{\lambda^2} \tag{7.38}$$

上面介绍的天线方向性系数、增益、效率等参数虽然是从发射天线角度来定义的,但也适用于接收天线。对于接收天线而言,人们最关心的是在给定平面波场时确定接收功率。功率密度为 $p_{\mathrm{i}}$ 的均匀平面波垂直照射到孔径面积为 $S$ 的面天线上,天线所能接收的最大功率 $P_{\mathrm{rmax}}=p_{\mathrm{i}}S$。但是,孔径效率、辐射效率和来波方向等影响,实际接收到的功率 $P_{\mathrm{r}}\leqslant P_{\mathrm{rmax}}$。可以用有效面积来表征这一影响:天线的极化与来波的极化完全匹配以及其负载与天线阻抗共轭匹配条件下,天线在某方向所接收的功率 $P_{\mathrm{r}}(\theta,\phi)$ 与照射波功率密度 $p_{\mathrm{i}}$ 之比,称为天线在$(\theta,\phi)$方向上的有效面积,即

$$S_e(\theta,\phi)=\frac{P_r(\theta,\phi)}{p_i} \tag{7.39}$$

与方向性系数类似，同样可以证明，天线增益与有效面积之间满足如下关系：

$$G(\theta,\phi)=\frac{4\pi S_e(\theta,\phi)}{\lambda^2} \tag{7.40}$$

一般情况下，有效面积是指主波束最大辐射方向上的有效面积，即

$$G=\frac{4\pi S_e}{\lambda^2} \quad 或 \quad S_e=\frac{\lambda^2 G}{4\pi} \tag{7.41}$$

### 6. 天线噪声温度与 $G/T$ 值

天线传送到接收机的噪声来自两部分：一是从外部环境中接收到的噪声；二是天线自身的电阻损耗（导体损耗和介质损耗）引起的热噪声。由天线从环境中接收到的噪声通常是不可控的，并可能会超过接收机本身的噪声电平，因此，表征由天线传送到接收机的噪声功率是重要的。

外部噪声来自各种自然（如宇宙空间的各种辐射）和人为（如各种电气设备的工业辐射）的背景噪声源。由于任意白噪声源的噪声功率可以用等效噪声温度来表示，因此天线看到的实际环境产生的噪声功率可以用背景噪声温度 $T_B$ 来表示。当天线波束宽到足以使天线方向图的不同部分看到不同的背景温度时，用天线的方向性函数加权背景温度的空间分布，可以得到天线看到的有效亮度温度，它可以表示为

$$T_b=\frac{\int_{\phi=0}^{2\pi}\int_{\theta=0}^{\pi} T_B(\theta,\phi)\,|F(\theta,\phi)|^2\sin\theta\,\mathrm{d}\theta\,\mathrm{d}\phi}{\int_{\phi=0}^{2\pi}\int_{\theta=0}^{\pi} |F(\theta,\phi)|^2\sin\theta\,\mathrm{d}\theta\,\mathrm{d}\phi} \tag{7.42}$$

式中：$T_B(\theta,\phi)$为背景噪声温度的空间分布；$F(\theta,\phi)$为天线的方向性函数。当 $T_B$ 为常量时，有 $T_b=T_B$。

假设天线所处的物理温度为 $T_p$，天线自身的电阻损耗所产生的热噪声会增加天线输出的噪声功率，并将增加天线的等效噪声温度。由于天线的辐射效率 $\eta_{rad}<1$，天线可等效为一个无耗天线和插入损耗 $L=1/\eta_{rad}$ 的衰减器的级联，而衰减器的等效噪声温度为$(L-1)T_p$。因此，天线终端看到的合成噪声温度为

$$T_A=\frac{1}{L}[T_b+(L-1)T_p]=\eta_{rad}T_b+(1-\eta_{rad})T_p \tag{7.43}$$

这一等效温度称为天线噪声温度。它是天线看到的外部亮度温度和天线自身产生的热噪声的叠加结果。天线噪声温度是很有用的接收天线的指标，它表征了天线传送到接收机输入端的总噪声功率。可以看到，对于 $\eta_{rad}=1$ 的无耗天线，$T_A=T_b$，只有背景噪声功率。若辐射效率为零，则意味着天线表现为一个匹配负载，没有看到任何外部背景噪声，因此 $T_A=T_p$，这是损耗产生的热噪声。

对于接收天线，另一个有用的指标是 $G/T$ 值，它定义为

$$G/T=10\lg\frac{G}{T_A}(\mathrm{dB/K}) \tag{7.44}$$

式中：$G$ 为天线增益；$T_A$ 为天线噪声温度。

$G/T$ 值的重要性在于接收机输入端的信噪比与 $G/T$ 成正比，这是因为接收机输入端的信号功率由式(7.39)和式(7.41)可表示为 $P_r=p_iS_e=\lambda^2Gp_i/4\pi$，而噪声功率 $P_n=kT_AB$，因

此接收机输入端的信噪比为

$$\mathrm{SNR}=\frac{P_{\mathrm{r}}}{P_{\mathrm{n}}}=\frac{\lambda^{2}p_{\mathrm{i}}}{4\pi kB}\frac{G}{T_{\mathrm{A}}}\sim\frac{G}{T_{\mathrm{A}}}\tag{7.45}$$

式中：$k$ 为玻耳兹曼常量，$k=1.380\times10^{-23}\,\mathrm{J/K}$；$B$ 为系统带宽；$p_{\mathrm{i}}$ 为天线照射波的功率密度。

通过增加天线增益使 $G/T$ 最大，这样不仅增大了比值的分子项，而且使低仰角处截获的来自噪声源的噪声功率减小，从而降低了天线噪声温度。

7. 天线频带宽度

阻抗特性、辐射方向图特性和极化特性等天线的电参数均与工作频率密切相关。当工作频率偏离中心频率时，天线的性能一般会恶化，因此天线有一定的工作频率范围。天线的频带宽度是指天线的阻抗、方向图、极化等电参数可保持在允许值范围内的频率范围，简称天线带宽。带宽又分为阻抗带宽、方向图带宽和极化带宽等，阻抗带宽一般是指馈线上的电压驻波比等指标不超过特定限额(通常 $\rho\leqslant1.5$)的频率范围，方向图带宽是指天线最大辐射方向、半功率波束宽度、副瓣电平、增益等指标不超过规定限额的频率范围，极化带宽是指天线主瓣内的交叉极化电平、圆极化天线的轴比等指标不超过特定限额的频率范围。

若天线中心频率为 $f_0$、最低工作频率为 $f_{\mathrm{L}}$、最高工作频率为 $f_{\mathrm{H}}$，则天线的绝对带宽为 $f_{\mathrm{H}}-f_{\mathrm{L}}$，相对带宽为$[(f_{\mathrm{H}}-f_{\mathrm{L}})/f_0]\times100\%$。通常，相对带宽小于10%的天线称为窄带天线，宽带天线和超宽带天线没有明确的相对带宽限定，超宽带天线一般有两个以上倍频程的带宽，即 $f_{\mathrm{H}}/f_{\mathrm{L}}>2$。

### 7.3.3 弗利斯传输公式

处于自由空间(无限大的真空环境)中的基本无线收发系统如图 7.8 所示，工作波长为 $\lambda$，发射功率为 $P_{\mathrm{t}}$，发射天线增益为 $G_{\mathrm{t}}$，接收天线增益为 $G_{\mathrm{r}}$，收发天线间距为 $r$。当收发天线最大辐射方向对准且极化形式一致时，传送到匹配负载上的接收功率为 $P_{\mathrm{r}}$。

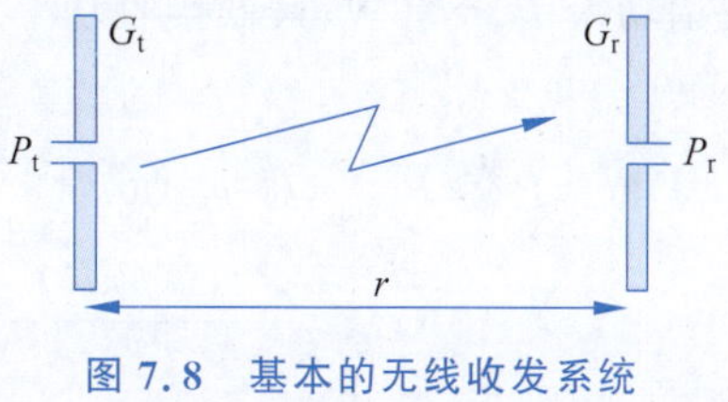

图 7.8 基本的无线收发系统

由式(7.34)可得发射天线在接收天线处产生的入射功率密度为

$$p_{\mathrm{i}}=\frac{P_{\mathrm{t}}}{4\pi r^{2}}G_{\mathrm{t}}\tag{7.46}$$

由式(7.39)可得接收天线接收到的功率为

$$P_{\mathrm{r}}=p_{\mathrm{i}}S_{\mathrm{e}}=\frac{P_{\mathrm{t}}G_{\mathrm{t}}S_{\mathrm{e}}}{4\pi r^{2}}\tag{7.47}$$

由式(7.41)可知，接收天线有效面积为 $S_{\mathrm{e}}=\lambda^{2}G_{\mathrm{r}}/4\pi$，将其代入式(7.47)，得到

$$P_{\mathrm{r}}=\left(\frac{\lambda}{4\pi r}\right)^{2}P_{\mathrm{t}}G_{\mathrm{t}}G_{\mathrm{r}}\tag{7.48}$$

这就是弗利斯传输公式，它是美国贝尔实验室的弗利斯(Friis)于 1946 年得到的。它解决了一个基本问题，即在自由空间中有多少功率被天线接收，它在天线测量、无线通信中经常用到。

由式(7.48)可以看到，接收功率随着发射机和接收机之间距离的增加按照 $1/r^2$ 的规律减小。对于长距离通信，这一衰减看起来很大，实际上 $1/r^2$ 的空间衰减比有线通信链路上功率按指数衰减小得多，因为在传输线上的功率衰减是按照 $\mathrm{e}^{-2\alpha z}$($\alpha$ 为传输线的衰减常数)规律变化的。在长距离通信情况下，指数衰减比 $1/r^2$ 衰减要快得多。因此，对于长距离通信，无线链路优于有线链路。

正如弗利斯传输公式所示，接收功率正比于 $P_tG_t$，这两个因子表征了发射机的特性。$P_tG_t$ 可以理解为输入功率为 $P_tG_t$ 的各向同性天线辐射的功率，因此这一乘积定义为有效各向同性辐射功率(EIRP)，即

$$\text{EIRP} = P_tG_t(\text{W}) \tag{7.49}$$

对于给定频率、距离和接收天线增益，接收功率正比于发射机的 EIRP，并且只能用增加 EIRP 的方式来提高接收功率。要做到这一点，可以增大发射机功率或增大发射天线增益，或者两者同时增大。

实际上，式(7.48)给出的值应该理解为最大可能的接收功率，因为存在天线的阻抗失配、收发天线的极化失配、收发天线的未对准等许多因素可以减小实际接收的功率。如果收发天线处于以各自天线中心为原点建立的球坐标系中的方位角$(\theta,\phi)$和$(\theta',\phi')$下，且存在极化失配因子 $\tau$，就可以得到弗利斯传输公式的更一般形式，即

$$P_r(\theta',\phi') = \left(\frac{\lambda}{4\pi r}\right)^2 P_tG_t(\theta,\phi)G_r(\theta',\phi')\cdot\tau \tag{7.50}$$

**例 7.3** 弗利斯传输公式的应用。

在同步卫星与地面的卫星通信系统中，卫星高度为 36000km，工作频率为 3GHz，卫星天线的输入功率为 36W，地面站抛物面接收天线的增益为 50dB。假如接收机所需的最低输入功率为 1pW，卫星上发射天线的增益至少为多少？

**解：** 根据题意，可以得到 $r=3.6\times10^7$ m，工作波长为

$$\lambda = \frac{c}{f} = \frac{3\times10^8}{3\times10^9} = 0.1(\text{m})$$

发射功率 $P_t=36$W，最低接收功率 $P_{rmin}=1\times10^{-12}$ W，接收天线增益为

$$G_r = 10^{G_r(\text{dB})/10} = 10^{50/10} = 10^5$$

由于 $P_r \geqslant P_{rmin}$，根据式(7.48)可得到发射天线增益为

$$G_t \geqslant \frac{P_{rmin}(4\pi R)^2}{P_tG_r\lambda^2} = \frac{1\times10^{-12}\times(4\pi)^2\times3.6^2\times10^{14}}{36\times10^5\times0.1^2} = 20.47$$

用分贝表示为

$$G_t(\text{dB}) \geqslant 10\lg G_t = 13.1(\text{dB})$$

故卫星上发射天线的增益至少为 13.1dB。

## 7.4 线天线

7.2 节分析得到了基本电振子的远区辐射场，它是分析线天线的基础。本节将用 7.1 节介绍的天线近似分析方法分析对称振子天线、垂直接地振子天线、引向天线、螺旋天线等线天线的辐射特性，重点分析对称振子天线的特性。

### 7.4.1 对称振子天线

对称振子天线是应用非常广泛的一种天线，它在通信、雷达等系统中既可作独立的天线使用，也可作阵列天线的单元或面天线的馈源。它可以看作从平行双线传输线演变而来的，平行双导线上的电流是方向相反的(由于辐射场相消而不能有效辐射)；如果将双导线逐步展开成

开放结构，直至完全平行而形成对称振子，那么对称振子上的电流方向相同，由于辐射场相加而能形成有效辐射，如图 7.9 所示。如图 7.10 所示，对称振子天线由两臂长为 $l$、直径 $2a \ll \lambda$ 的直导线构成。它的两个内端点和馈线相连，其距离 $d \ll \lambda$。

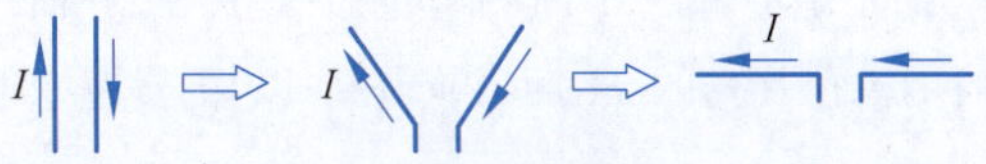


图 7.9 对称振子天线的演变过程

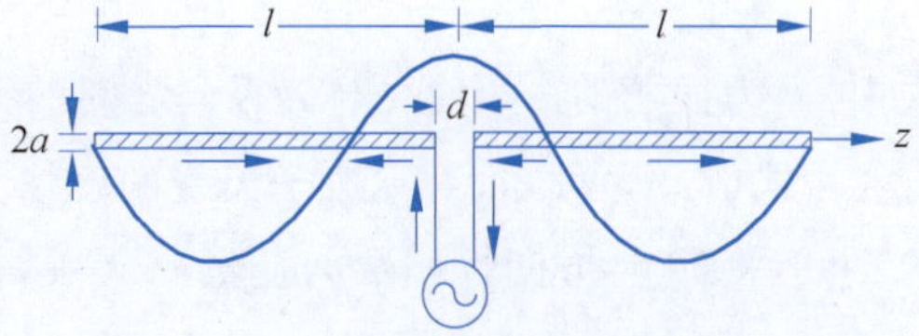


图 7.10 对称振子天线结构与电流分布

1. 对称振子的电流分布

按照 7.1 节介绍的天线近似分析方法，首先确定对称振子天线上的近似电流分布。

由于振子很细($2a \ll \lambda$)，可将对称振子上电流看作位于轴线上的线电流，并且两内端点间距很小($d \ll \lambda$)，可认为由 $z=-l$ 到 $z=+l$ 该线电流是连续分布的。由 4.3.2 节开路传输线可知，对称振子两端的电流为零，对称振子上电流近似按正弦驻波分布，并且是偶对称分布，如图 7.10 所示。由式(4.40b)可得对称振子天线的近似电流表达式为

$$I(z)=I_{\mathrm{m}}\sin[k(l-|z|)] \tag{7.51}$$

式中：$I_{\mathrm{m}}$ 为振子上最大电流幅度；$k$ 为自由空间的波数，$k=2\pi/\lambda$。在工程上，用正弦近似电流分布计算对称振子天线的辐射方向图特性可得到令人满意的结果。

2. 对称振子的远区辐射场

按照 7.1 节介绍的天线近似分析思路，首先进行“微元分解”，把对称振子分解成无数个长为 d$z$ 的微元，对称振子天线就可看作由无数个首尾相连的基本电振子的组合，如图 7.11 所示。

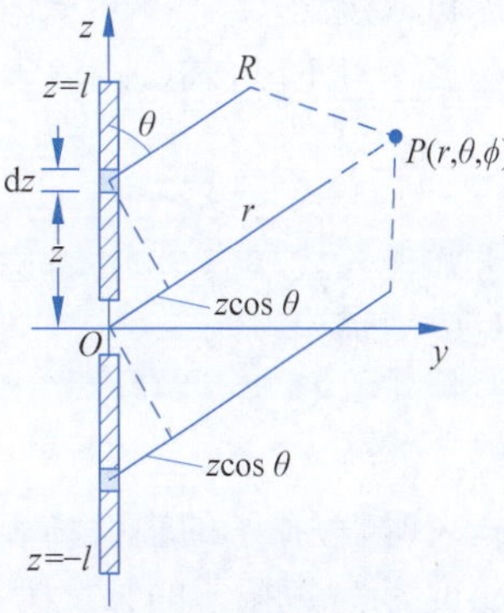


图 7.11 对称振子远区场计算图

然后运用“远场近似”条件得到每个基本电振子的辐射场。在远场条件下，$r\to\infty$，可以认为位于 $\boldsymbol{r}'=\hat{z}z$ 处的基本电振子到远场 $P$ 点的矢量 $\boldsymbol{r}-\boldsymbol{r}'$ 与坐标原点到远场 $P$ 点的矢径 $\boldsymbol{r}$ 是平行的，因此 $z$ 处的基本电振子到场点的距离为

$$R=|\boldsymbol{r}-\boldsymbol{r}'|\approx r-\boldsymbol{r}'\cdot\hat{\boldsymbol{r}}\approx r-z\cos\theta \tag{7.52}$$

因此，$z$ 处的基本电振子到远场 $P$ 点的传播相位 $\mathrm{e}^{-\mathrm{j}kR}\approx \mathrm{e}^{-\mathrm{j}kr}\mathrm{e}^{\mathrm{j}kz\cos\theta}$，其中 $\mathrm{e}^{\mathrm{j}kz\cos\theta}$ 为 $z$ 处的基本电振子到远场的距离 $R$ 比原点到远场的距离 $r$ 的距离差 $z\cos\theta$ 所引起的相位差。$z$ 处的基本电振子到远场 $P$ 点的传播幅度近似为 $1/R\approx 1/r$。由式(7.13)可知，在 $z$ 处长度为 d$z$ 的基本电振子辐射远场为

$$\mathrm{d}E_\theta=\mathrm{j}\frac{\eta_0 I(z)\mathrm{d}z}{2\lambda r}\sin\theta\,\mathrm{e}^{-\mathrm{j}kr}\,\mathrm{e}^{\mathrm{j}kz\cos\theta} \tag{7.53}$$

最后运用叠加原理，对称振子在空间 $P$ 点产生的辐射远场就是这些基本电振子在该点辐射远场的矢量叠加，即

$$\begin{aligned}E_\theta&=\int\mathrm{d}E_\theta=\mathrm{j}\frac{\eta_0 I_{\mathrm{m}}}{2\lambda}\sin\theta\frac{\mathrm{e}^{-\mathrm{j}kr}}{r}\int_{-l}^{l}\sin[k(l-|z|)]\mathrm{e}^{\mathrm{j}kz\cos\theta}\mathrm{d}z\\&=\mathrm{j}60I_{\mathrm{m}}\frac{\cos(kl\cos\theta)-\cos(kl)}{\sin\theta}\frac{\mathrm{e}^{-\mathrm{j}kr}}{r}\end{aligned} \tag{7.54}$$

由于远区场是 TEM 波，磁场可由 $H_\phi=E_\theta/\eta_0$ 得到。

### 3. 对称振子的方向图

对称振子天线的方向性函数为

$$f(\theta)=\frac{\cos(kl\cos\theta)-\cos(kl)}{\sin\theta} \tag{7.55}$$

式中：$\theta$ 为振子的 $+z$ 轴线与矢径 $\boldsymbol{r}$ 之间的夹角。

由式(7.54)可知，对称振子天线的磁场只有 $\hat{\phi}$ 方向分量，故 H 面为垂直于对称振子轴线的 $xOy$ 平面，且方向性函数与变量 $\phi$ 无关，因此对称振子天线的 H 面方向图是以振子为中心的圆，在方位面表现出全向性。同理，对称振子天线的电场只有 $\hat{\boldsymbol{\theta}}$ 分量，故 E 面是通过对称振子轴线的平面，表示的是辐射场强随角度变量 $\theta$ 的变化关系。由式(7.55)可知，对称振子天线 E 面方向图与 $l/\lambda$ 有关，如图 7.12 所示。

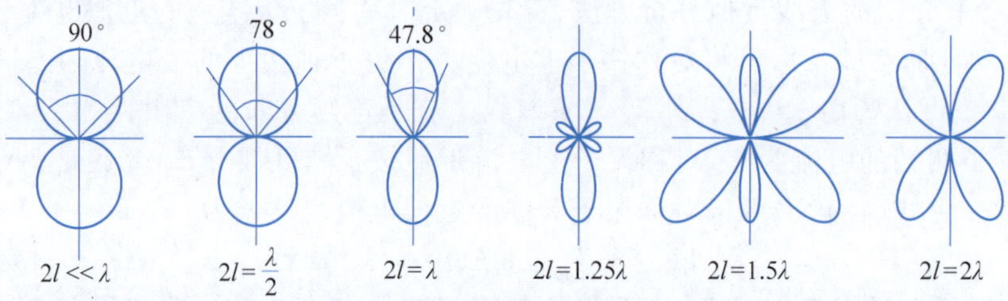


图 7.12　对称振子 E 面方向图

下面分析不同长度对称振子的辐射方向图特性。

1）短振子($l/\lambda\ll1$)

当 $kl\ll1$ 时，式(7.55)表示的方向性函数近似为

$$f(\theta)\big|_{l/\lambda\ll1}\approx\frac{(kl)^2}{2}\sin\theta$$

将上式代入式(7.54)，并考虑到 $kl\ll1$ 时，短振子的输入端电流为 $I_{\text{in}}=I_{\text{m}}\sin(kl)\approx I_{\text{m}}kl$，则短振子的辐射场为

$$E_\theta\big|_{l/\lambda\ll1}=\text{j}\,\frac{\eta_0 I_{\text{in}}l}{2\lambda r}\sin\theta\,\text{e}^{-\text{j}kr} \tag{7.56}$$

上式表明，短振子的辐射场表达式与基本电振子辐射场完全相同。需要注意的是，基本电振子的长度为 $l$，短振子的长度为 $2l$，短振子等效于长度为其一半的基本电振子，即短振子的有效长度为 $l$。这是由于短振子上电流近似三角形分布，即

$$I(z)=I_{\text{m}}\sin k(l-|z|)\approx I_{\text{m}}k(l-|z|)$$

而基本电振子上的电流是均匀的。

2）半波振子($2l=\lambda/2$)和全波振子($2l=\lambda$)

半波振子和全波振子是两种广泛应用的对称振子天线，半波振子天线的方向性函数为

$$f(\theta)\big|_{\lambda/2}=\frac{\cos\left(\dfrac{\pi}{2}\cos\theta\right)}{\sin\theta} \tag{7.57}$$

由图 7.12 可见，E 面方向图呈“8”字形，半功率波束宽度 $2\theta_{0.5\text{E}}\approx78^\circ$，比基本电振子略窄一些。

全波振子天线的方向性函数为

$$f(\theta)\big|_{\lambda}=\frac{\cos(\pi\cos\theta)+1}{\sin\theta}=\frac{2\cos^2\left(\dfrac{\pi}{2}\cos\theta\right)}{\sin\theta} \tag{7.58}$$

由图 7.12 可见，E 面方向图呈“8”字形，半功率波束宽度 $2\theta_{0.5\text{E}}=47.8^\circ$，波束宽度进一步变窄。

半波振子和全波振子天线的最大辐射方向均为 $\theta=90°$，在最大辐射方向上，电场只有 $\hat{\boldsymbol{\theta}}$ 分量，其方向与振子平行，因而它们均是线极化天线。

3) $2l>\lambda$

由图 7.12 可见，方向图出现副瓣，而且随着长度 $l$ 的增大，主瓣变窄而副瓣加大。例如，当 $2l=1.25\lambda$ 时，$2\theta_{0.5E}=33°$，副瓣电平为 $-10.3$dB；当 $2l=1.5\lambda$ 时，原来第一象限的副瓣最大值超过 $\theta=90°$ 的主瓣最大值；当 $2l=2\lambda$ 时，原来 $\theta=90°$ 的主瓣消失，整个波束分裂为 4 个相等的波瓣。

对称振子天线方向图随振子长度变化的特性与振子上的电流分布有关，可用波的干涉效应来解释。当振子长度 $2l<\lambda$ 时，振子上的电流是同相的，在 $\theta=90°$ 方向上的辐射场同相叠加最大，并且振子越长，主波束宽度越窄；当振子长度 $2l>\lambda$ 时，开始出现反相电流，因此出现副瓣；当振子长度 $2l=2\lambda$ 时，振子上电流完全反相，在 $\theta=90°$ 方向上的辐射场完全抵消，主瓣消失。

### 4. 辐射电阻和方向性系数

对称振子上电流是不均匀分布的，由式(7.51)可得对称振子输入端的电流为 $I_{in}=I_m\sin(kl)$。当 $l=n\lambda/2$ 时，$I_{in}=0$，处于开路状态，将导致计算的辐射电阻无穷大。这是不合理的，原因在于实际电流分布并非真正的正弦分布，输入端电流也并非为零。因此，选取振子上最大电流 $I_m$ 作为振子上的输入电流来计算辐射电阻，由式(7.29)可得对称振子的辐射电阻为

$$R_r=\frac{2P_{rad}}{|I_m|^2} \tag{7.59}$$

式中：$P_{rad}$ 为对称振子的辐射功率，可由式(7.28)计算得到。

计算得到的对称振子的辐射电阻 $R_r$ 与 $l/\lambda$ 的关系曲线如图 7.13 所示。由图可知，半波振子的辐射电阻 $R_r=73.1\Omega$，全波振子的辐射电阻 $R_r=200\Omega$。

由式(7.55)可知，对称振子天线的方向性函数在 $\theta=90°$ 时有最大值，即 $f_{max}(90°)=\cos(kl)$，因此对称振子天线的归一化幅度方向性函数为

$$F(\theta)=\frac{|f(\theta)|}{f_{max}}=\left|\frac{\cos(kl\cos\theta)-\cos(kl)}{\sin\theta\cos(kl)}\right| \tag{7.60}$$

将上式代入式(7.33)，可得到对称振子天线的方向性系数为

$$D=\frac{4\pi}{\int_{\phi=0}^{2\pi}\int_{\theta=0}^{\pi}|F(\theta)|^2\sin\theta\mathrm{d}\theta\mathrm{d}\phi} \tag{7.61}$$

计算得到的对称振子的方向性系数 $D$ 与 $l/\lambda$ 的关系曲线如图 7.14 所示。由图可知，随着 $l/\lambda$ 的增大，$D$ 开始增大；当 $l/\lambda=0.625$，$D$ 达到最大值；之后 $D$ 开始下降，并随着 $l/\lambda$ 的继续加大而迅速下降，在 $l/\lambda=1$ 时，$D=0$，这与辐射方向图的变化规律是一致的。

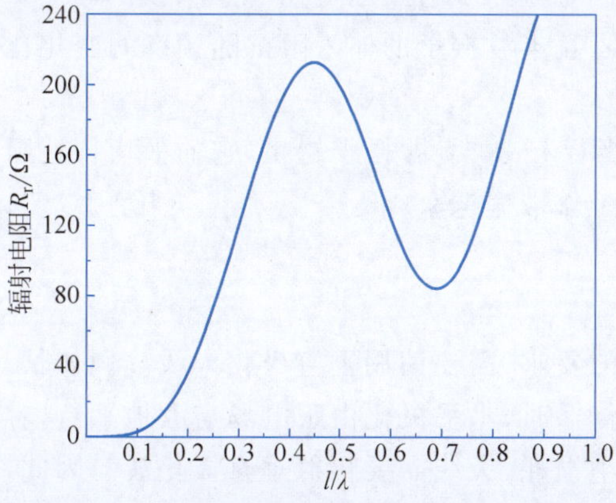


图 7.13 对称振子的辐射电阻与 $l/\lambda$ 的关系

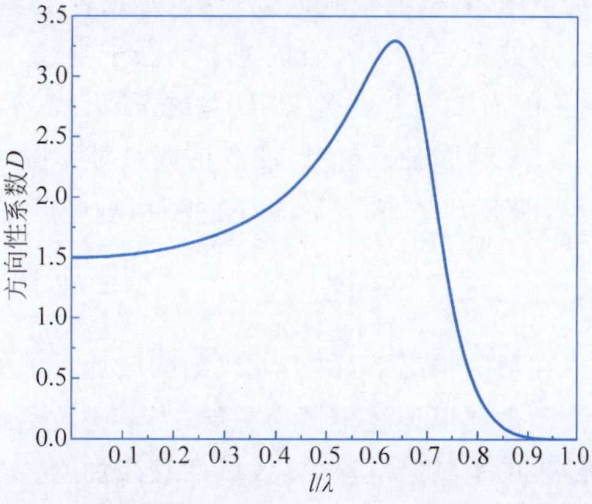


图 7.14 对称振子天线的方向性系数 $D$ 与 $l/\lambda$ 的关系

5. 对称振子的输入阻抗

尽管用正弦近似电流分布来计算对称振子天线的辐射方向图特性可得到令人满意的结果，但是实际的电流分布并非真正的正弦分布，半波振子和全波振子的馈电点处的电流差别尤为明显。而对称振子的输入阻抗的计算恰恰使用的是馈电点处的电流，因此要精确地计算对称振子的输入阻抗，就必须对正弦电流分布的假设做修正。工程上，计算对称振子的输入阻抗最简单的方法是有耗传输线法。它将对称振子等效为终端开路的均匀有耗传输线，将振子的辐射损耗均匀地分布在传输线上，取振子沿线各点的特性阻抗的平均值作为均匀传输线的特性阻抗，这样等效的开路均匀有耗传输线的输入阻抗就是对称振子的输入阻抗。计算得到的对称振子的输入阻抗 $Z_{in}=R_{in}+jX_{in}$ 的实部和虚部与 $l/\lambda$ 的关系曲线如图 7.15 所示。图中，横轴为对称振子天线的电长度，纵轴分别表示对称振子天线的输入电阻和电抗，$Z_{C0}$ 表示对称振子的平均特性阻抗。

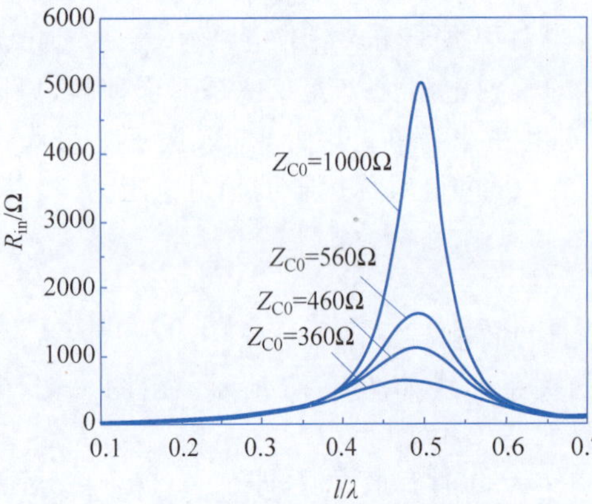


(a) 输入阻抗实部

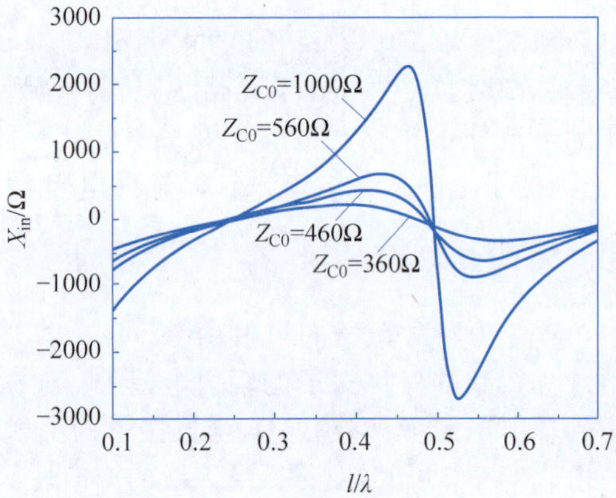


(b) 输入阻抗虚部

图 7.15　对称振子的输入阻抗

由图可以看到，对称振子天线的输入阻抗有如下特性：

(1) 当 $l<\lambda/4$ 时，输入阻抗呈容性，并有不大的输入电阻；当 $l\approx\lambda/4$（半波振子，略小于 $\lambda/4$）时，输入电抗为零，相当于串联谐振，此时 $R_{in}=R_r=73.1\Omega$，而且 $Z_{in}$ 与振子半径 $a$ 关系不大；当 $\lambda/4<l<\lambda/2$ 时，输入阻抗呈感性；当 $l\approx\lambda/2$（全波振子，略小于 $\lambda/2$）时，输入电抗为零，相当于并联谐振，此时输入电阻有最大值，且 $Z_{in}$ 与振子半径 $a$ 关系很大。

(2) 半波振子和全波振子是谐振天线。它们都工作在谐振状态，输入电抗为零，输入阻抗为纯电阻，容易与馈线匹配，这也是工程上多选用半波振子或全波振子等谐振天线的原因。又由于半波振子的输入阻抗基本与振子半径 $a$ 无关，且半波振子的输入阻抗随频率的变化比较缓慢，因而工程上更多采用半波振子天线。

(3) 对称振子越粗，带宽越宽。对称振子的半径 $a$ 越大，即振子越粗，它的平均特性阻抗越小，即 $Z_{C0}$ 越小，对称振子的频率响应越平坦，工作带宽越宽。

## 7.4.2　垂直接地振子

在某些情况下，由于天线结构或通信等方面的要求，需要使用垂直极化天线。例如长、中波波段主要以地波传播为主导，当电磁波沿地表传播时，水平极化由于电场与大地平行，容易在地表产生感应电流，导致传播衰减加剧。为减小损耗，天线需要辐射垂直极化波。因此，在长、中波波段主要采用垂直于地面架设的天线，垂直接地天线就是此波段中常见的天线形式。

垂直接地天线为立于大地之上或金属地面上的垂直单极子天线，如图7.16所示，馈源接在天线臂与大地之间。假设地面为无限大理想导电平面，地面的影响可用其镜像来代替，天线臂与其镜像构成长度为 $2l$ 的对称振子天线。

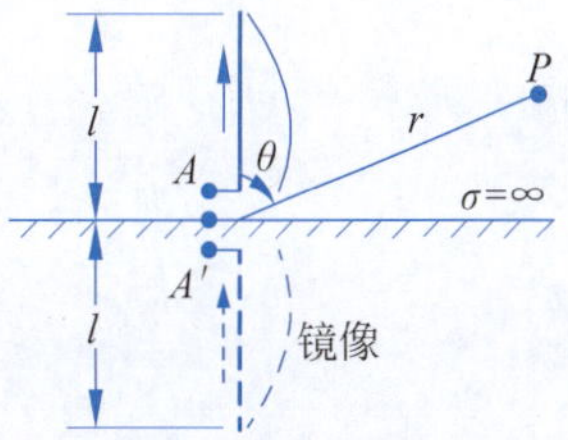

图 7.16　垂直接地振子

在地面上半空间，垂直接地振子的辐射场与长为 $2l$ 的对称振子天线的辐射场相同，在下半空间的辐射场则为零(这是近似的，实际 $\sigma\neq\infty$，地下仍有较弱的场)。由式(7.54)可得垂直接地振子的辐射场为

$$E_\theta=\begin{cases}\mathrm{j}60I_\mathrm{m}\dfrac{\cos(kl\cos\theta)-\cos(kl)}{\sin\theta}\dfrac{\mathrm{e}^{-\mathrm{j}kr}}{r}, & 0\leqslant|\theta|\leqslant\pi/2\\ 0, & \pi/2\leqslant|\theta|\leqslant\pi\end{cases}\tag{7.62}$$

由式(7.61)可知，垂直接地振子的方向性系数为相应对称振子天线方向性系数的2倍，即

$$D_\upsilon=\frac{2}{\displaystyle\int_0^{\pi/2}|F(\theta)|^2\sin\theta\mathrm{d}\theta}=\frac{2}{\displaystyle\frac{1}{2}\int_0^{\pi}|F(\theta)|^2\sin\theta\mathrm{d}\theta}=2D_\mathrm{d}\tag{7.63}$$

由式(7.59)可知，当最大电流 $I_\mathrm{m}$ 相同时，由于垂直接地振子只向上半空间辐射，辐射功率只有相应的对称振子的一半，故其辐射电阻也只是对称振子辐射电阻的一半，即

$$R_{\mathrm{r}\upsilon}=R_\mathrm{rd}/2\tag{7.64}$$

当垂直接地振子的输入电流与对称振子天线相同时，而其输入电压仅为后者的一半，因而垂直接地振子的输入阻抗是相应对称振子的输入阻抗的一半，即

$$Z_{\mathrm{in}\upsilon}=Z_\mathrm{ind}/2\tag{7.65}$$

实际的垂直接地振子天线多用于长、中波段，天线高度由于受结构的限制往往比波长小很多，因此天线的辐射电阻很小，辐射能力很弱；另外，天线的地面损耗电阻相当大，以致天线效率很低(百分之几到百分之十几)。因此，提高天线效率成为长、中波段垂直接地天线的主要问题。由辐射效率 $\eta_\mathrm{rad}=R_\mathrm{r}/(R_\mathrm{r}+R_\Omega)$ 可知，提高辐射效率的途径是增加辐射电阻 $R_\mathrm{r}$ 和减小损耗电阻 $R_\Omega$，为此在垂直接地振子上采用了各种形式的加顶以及埋设地网等措施。

短振子上的电流近似为三角形分布，其有效长度只有电流均匀分布的基本电振子的一半，因此其辐射电阻是基本电振子的1/4。若垂直接地振子上的电流分布也能做到像基本电振子一样均匀分布，则其辐射电阻将增加到原来的4倍。要使垂直接地振子上的电流接近均匀分布，必须在天线顶部加电容(终端效应)，通常加金属导线比较方便，称为顶线。因顶线形式不同，可分为T形、宽T形、Γ形和伞形等天线形状，如图7.17所示。顶线及其镜像由于距离小可视为平行双导线，其辐射能量很小可以忽略不计，产生空间辐射的主要是垂直部分。顶线通常是若干根导线的组合，这等效于加粗顶线，从而加大单位长度电容以缩短顶线长度。

采用加顶措施后，天线效率最多只能提高到原来的4倍，为进一步提高效率还要设法降低损耗电阻 $R_\Omega$。对于垂直接地天线而言，大地是天线电流回路的一部分，电流流经大地时产生的损耗显然大于电流流经天线自身导线产生的损耗，所以损耗电阻 $R_\Omega$ 以大地损耗为主。通常，人们采用在天线下面埋设地网的方法来提高大地的导电率。地网是指按一定方式埋入大地中的若干金属条，它不仅使大地的导电率增加，而且使进入大地的电场线通过地网导体构成回路，减少了电流在大地中的传播，从而减少了大地损耗。良好的地网可使损耗电阻下降到1Ω左右。

**例 7.4**　垂直接地振子的性能仿真。

仿真计算不同高度 $h$ 的垂直接地振子的E面辐射方向图。

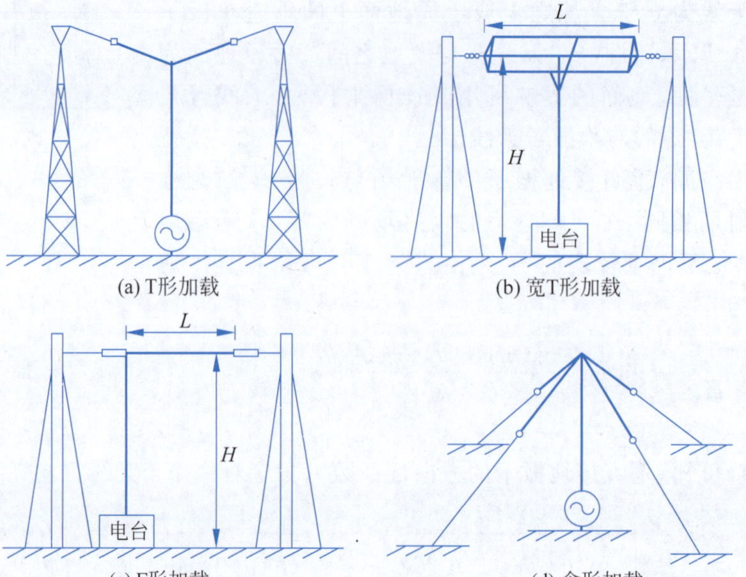


(a) T形加载　　(b) 宽T形加载

(c) Γ形加载　　(d) 伞形加载

**图 7.17　垂直接地振子天线常见加顶方式**

**解：**为了进一步加深垂直接地天线的辐射特性，用电磁场商业软件[47]对垂直接地振子天线进行了建模，地面为无限大的理想导电平面，采用电压源激励，如图 7.18(a)所示。仿真得到 $h$ 为 $\lambda/4$、$2\lambda/3$、$3\lambda/4$、$\lambda$ 四种情形下的 E 面方向图，如图 7.18(b)所示，随着高度 $h$ 变化，E 面方向图发生变化。这是因为由于地面的镜像作用，长度为 $h$ 的垂直接地振子的方向图和长度为 $2h$ 的对称振子天线在半空间的方向图是完全一样的。

实践

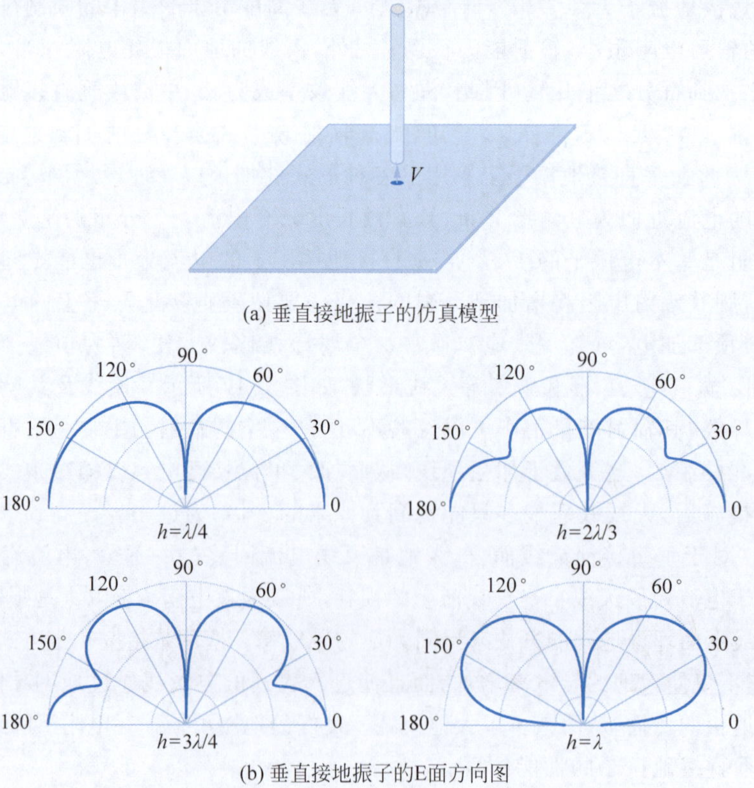


(a) 垂直接地振子的仿真模型

(b) 垂直接地振子的E面方向图

**图 7.18　不同长度垂直接地振子的 E 面方向图**

### 7.4.3 引向天线

引向天线又称为八木-宇田(Yagi-Uda)天线，日本东北大学的宇田太郎和他的导师八木秀次在1926—1928年设计和测试了这种天线。引向天线开始应用在短波通信等领域，第二次世界大战后随着无线电技术的迅速发展，引向天线得到了更为广泛的应用。

引向天线的结构如图7.19所示，它由一个有源振子、一个无源的反射振子(反射器)和若干个无源的引向振子(引向器)组成，反射振子和引向振子作为有源振子的寄生单元，也是天线的重要组成部分。所有振子排列在一个平面上，并且用垂直于振子的金属杆将它们的中心点连接在一起。由于无源振子的中心点通常是电压波节点和电流波腹点，并且金属杆与振子的辐射电场方向相互垂直，因此金属杆对天线性能不会有显著影响，只起固定支撑作用。

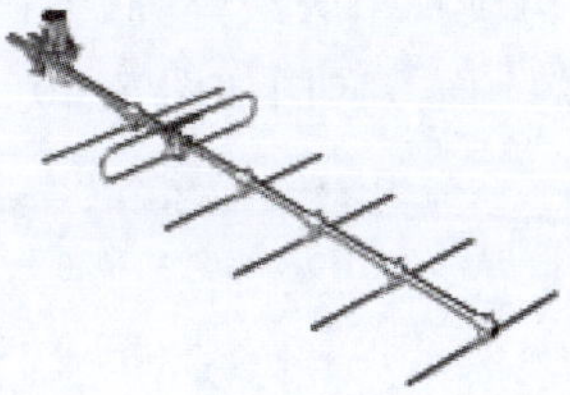

(a) 实物

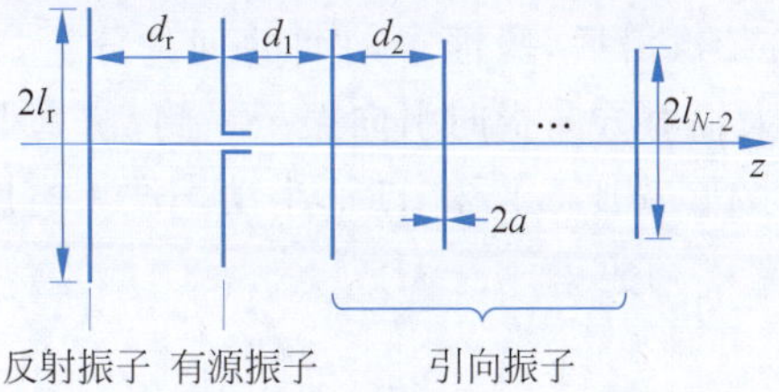


(b) 结构尺寸

图7.19 引向天线的结构

有源振子一般选用谐振半波振子，用馈线与发射机或接收机相连。反射器常用一根比有源振子长5%～15%的无源振子，也可用两根与有源振子等间距的平行金属杆或金属网；反射器与有源振子的距离 $d_r$ 一般取(0.1～0.25)$\lambda$。无源引向振子的长度比有源振子短5%～15%。当引向器与有源振子之间以及引向器之间的距离 $d_n$ 取(0.1～0.2)$\lambda$ 时，一般用2～3个引向振子；当 $d_n$ 取(0.25～0.35)$\lambda$ 时，一般用5个或更多的引向振子。一般来说，引向器越多，引向能力越强。但是引向器太多会导致结构困难，且振子间相互耦合会使天线难以调整，故引向器一般不超过12个。

引向天线可看成有源振子和若干无源阵子组成的天线阵列，用于增强单个有源振子的方向性。以有源振子、一个反射器和一个引向器组成的最简单的三单元天线为例来说明引向天线的工作原理。有源振子为半波振子，它工作在谐振状态，以其作为相位参考点。反射振子长度略长于半波振子，由对称振子天线特性可知，反射振子呈现感性，其感应电流相位超前有源振子的相位；而引向振子长度略短于半波振子，引向振子呈现容性，其感应电流相位滞后有源振子的相位。由于相位超前的反射振子辐射的电磁波需要比有源振子辐射的电磁波多走一段距离，而相位滞后的引向器辐射的电磁波需要比有源振子辐射的电磁波少走一段距离，三者辐射的电磁波才能达到同相叠加最大，因而引向天线的最大辐射方向指向引向振子一端(相位滞后的方向)且方向性得到加强。

引向天线可提供相当高的增益(增益可达15dB)，并且其结构与馈电简单，体积不大，重量轻，制作与使用方便。它不仅可单独使用，还可用它作单元构成天线阵列，以获取更高的增益。因而，它被广泛应用于米波、分米波段的通信、雷达、电视和其他无线电设备中。其缺点主要是工作频带窄(百分之几)，结构参数较多，调整较为困难。

**例7.5** 引向天线的性能仿真。

工作在300MHz的12元引向天线，振子直径为 $2a=0.0065\lambda$，所有振子的间距均为 $d=0.2\lambda$。反射振子长度 $2l_r=0.483\lambda$，有源振子长度 $2l_a=0.45\lambda$。第1个引向振子长度 $2l_1=$

0.4375λ，从第 2～10 个引向振子长度分别为

$$2l_2 = 0.421\lambda$$

$$2l_3 = 2l_{10} = 0.414\lambda$$

$$2l_4 = 2l_9 = 0.405\lambda$$

$$2l_5 = 2l_6 = 2l_7 = 2l_8 = 0.405\lambda$$

仿真计算该引向天线的性能。

**解**：用电磁场商业软件[47]对引向天线进行了建模，采用电压集总源激励，如图 7.20(a)所示，对所有振子进行了编号，反射振子为 1 号，有源振子为 2 号，引向振子依次为 3 号～12 号。仿真得到各振子上电流的幅度和相位如图 7.20(b)所示，与归一化有源振子电流幅度相比，无源振子上都有较强的感应电流，并且以有源振子电流相位为参考，反射振子电流相位超前，引向振子相位依次滞后，验证了前面的理论分析。所有振子构成一个天线阵列，方向性得以加强，并且最大辐射方向指向引向振子一侧，仿真得到 E 面和 H 面方向图如图 7.20(c)所示，最大增益达到 14.7dB，E 面和 H 面半功率波束宽度分别为 $2\theta_{0.5E} = 40°$，$2\theta_{0.5H} = 36°$。

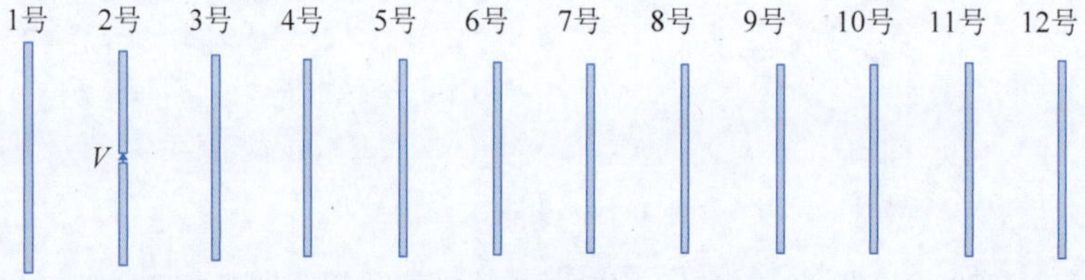


(a) 仿真模型

实践

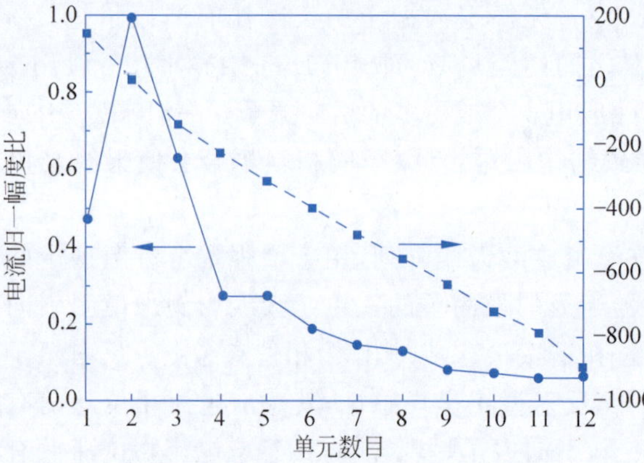


(b) 振子上电流分布

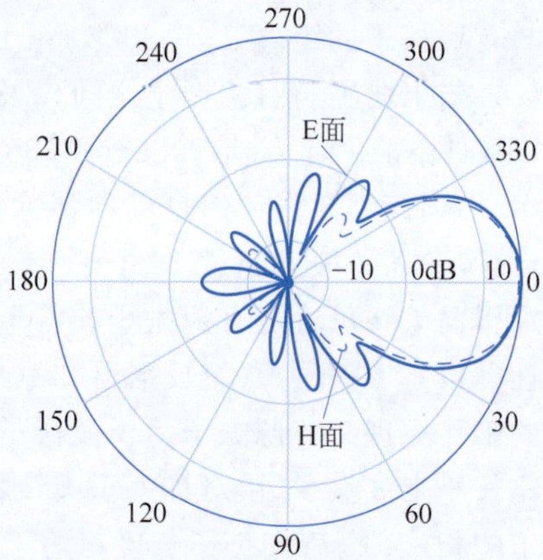


(c) E面和H面方向图

图 7.20　12 元引向天线的仿真

## 7.4.4　螺旋天线

对称振子天线、垂直接地振子天线、引向天线均是谐振天线，并且是线极化天线，而螺旋天线常常是行波圆极化天线。Kraus 于 20 世纪 40 年代发明了螺旋天线，其灵感来源于行波管的螺旋导波结构。1951 年，Kraus 设计并建造了用于射电望远镜的大型螺旋阵列天线，首次测绘出了广幅的射电天文图。

螺旋天线由金属导线或金属带绕制成圆柱螺线形状，一端用同轴接头馈电，另一端处于自由状态或与同轴线外导体相连，如图 7.21 所示。一般情况下，螺旋天线底部接有直径 $D = (0.8 \sim 1.5)\lambda$ 的金属反射盘，用于减少天线后向辐射。

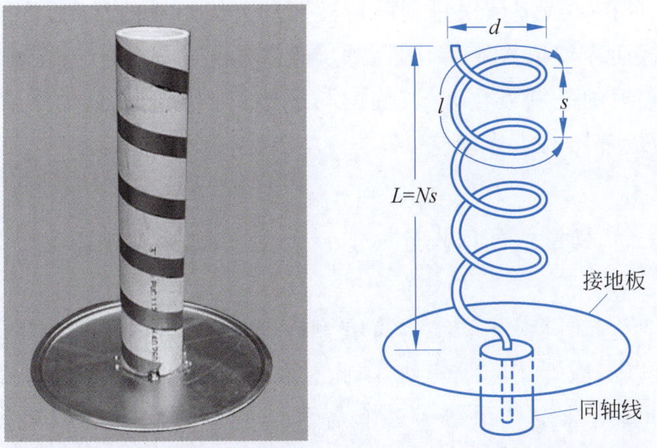


(a) (b)

图 7.21 圆柱螺旋天线

圆柱螺旋天线可用螺旋半径 $a$、螺距 $s$、圈数 $N$ 等结构参数来描述，各参数之间有如下关系：轴向长度 $L=Ns$，螺距角为

$$\alpha = a\tan\frac{s}{2\pi a} \tag{7.66}$$

螺旋线周长(圈长)为

$$l=\sqrt{(2\pi a)^2+s^2}=s/\sin\alpha \tag{7.67}$$

螺旋天线上的电流不仅沿导线传播，也通过各圈间的空间耦合传输，且在天线终端还有反射，所以螺旋天线上的电流分布十分复杂。对螺旋慢波结构的分析表明，螺旋天线主要有法向模、轴向模和圆锥模三种工作模式，这三种模与螺旋圈长 $l$ 有很大的关系，如图 7.22 所示。

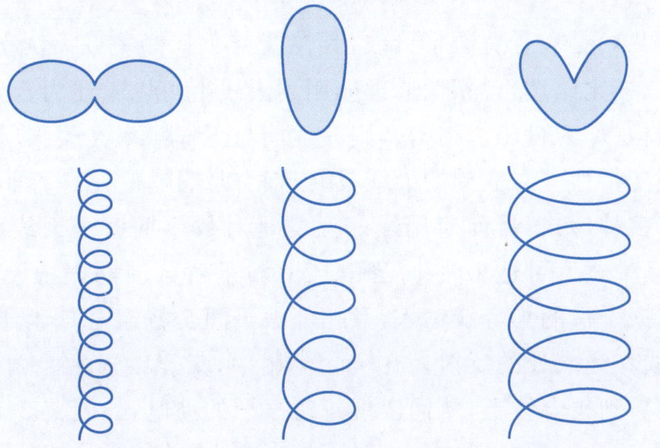

(a) 法向模($l<0.5\lambda$) (b) 轴向模($l=(0.8\sim1.3)\lambda$) (c) 圆锥模($l>1.5\lambda$)

图 7.22 螺旋天线的三种工作模

1．法向模

当圈长 $l<0.5\lambda$ 时，螺旋线直径远小于波长，螺旋线等效为粗的直导线，电流几乎无衰减地传输，在终端反射而形成驻波电流分布，螺旋天线类似于垂直接地振子天线，其最大辐射方向在垂直于螺旋轴线的法向上，螺旋天线工作在法向模状态。

2．轴向模

当圈长 $l=(0.8\sim1.3)\lambda$ 时，螺旋线的周长接近一个波长，螺旋线上的电流按行波传播。

螺旋天线等效为 $N$ 个在轴线上依次排列的行波圆环天线组成的阵列，并且每个行波圆环天线由于螺距引起的延迟而相位依次滞后，因此螺旋天线的最大辐射方向在轴线方向上（相位滞后方向），且在轴向上辐射的是圆极化波，其旋向与螺旋旋向相同。此时螺旋天线工作在轴向模状态，这是螺旋天线最常用的工作模式。

3. 圆锥模

当圈长 $l>1.5\lambda$ 时，螺旋线的周长远大于一个波长，波束在轴向上分裂，辐射方向图为圆锥形，称为圆锥模。

螺旋天线具有增益高、圆极化和结构简单等特点，它既可以单独使用，也可以用作抛物面天线的馈源，而且可以组成螺旋天线阵列，因此它在电话、电视和空间通信等领域获得了广泛应用。许多通信卫星、全球定位系统等装有各种形式的螺旋天线或螺旋天线组成的阵列，图 7.23 是 4 个螺旋天线组成的阵列天线，图 7.24 是导航卫星上的螺旋天线。

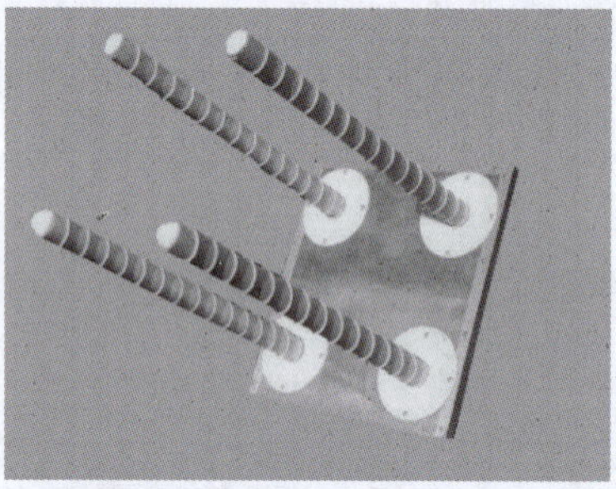

图 7.23　螺旋天线阵列

图 7.24　导航卫星上的螺旋天线

## 7.4.5　对数周期天线

对数周期天线（LPA）是一种宽频带天线，其性能与工作频率几乎无关的特性来自于相似原理（又称比例原理或缩比原理）。相似原理应用到天线上可以表述为若天线以任意比例变换后仍等于它原来的结构（称为自相似结构），则其性能与工作频率无关（非频变特性），即自相似结构的天线具有非频变特性。对数周期天线具有自相似结构，它是一种非频变天线。

对数周期天线有多种形式，目前应用最广泛的是对数周期振子天线（LPDA）。它结构简单、造价低、重量轻，频带宽度可达 10∶1。图 7.25(a)是对数周期振子天线结构示意图，该天线的馈电通常从最短振子端的集合线输入，且相邻振子间交替馈电，末端振子馈电处接有一吸收电阻，以减少集合线在终端处的反射。在实际应用中，集合线通常是两根平行的导体线，对称振子的两臂交替地接到集合线上，从而实现每对振子的馈电，如图 7.25(b)所示。

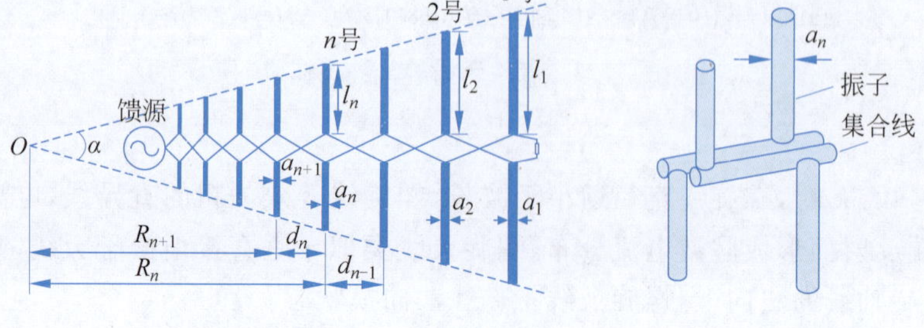


(a) 结构参数　　(b) 振子交替馈电

图 7.25　对数周期振子天线

对数周期振子天线通常由张角 $\alpha$、比例因子 $\tau$ 和间隔因子 $\sigma$ 三个参数决定。比例因子为

$$\tau=\frac{d_{n+1}}{d_n}=\frac{l_{n+1}}{l_n}=\frac{R_{n+1}}{R_n}=\frac{a_{n+1}}{a_n} \tag{7.68}$$

上式说明，随着振子序号的增加，振子的长度和振子距端点 $O$ 的距离依次增加 $\tau$ 倍。式(7.68)两边取对数，得到

$$\ln l_{n+1}-\ln l_n=\ln R_{n+1}-\ln R_n=\ln\tau \tag{7.69}$$

式(7.69)表明，天线结构尺寸的对数以 $\ln\tau$ 为周期。相应地，天线呈现相同性能时的频率也有同样的对数周期，即

$$\begin{cases}f_n=\tau f_{n-1}=\cdots=\tau^{n-1}f_1\\ \ln f_2-\ln f=\ln f_3-\ln f_2=\cdots=\ln\tau=\text{常数}\end{cases} \tag{7.70}$$

因此，该天线称为对数周期天线。由式(7.68)可以看到，对数周期天线具有自相似性：当张角 $\alpha$ 一定时，天线按某一特定比例因子 $\tau$ 变换后仍等于它原来的结构，则天线在频率为 $f$ 和 $\tau f$ 时性能相同，因此对数周期天线是非频变天线。但是，由于振子尺寸是跳变的，故在一个对数周期的范围内改变频率时，天线性能可能就有某种变化；但只要这种变化不超过指标的限度，即可认为在整个对数周期范围内可用。上述对数周期结构理论上应是无限结构，但只要做到终端效应弱，有限尺寸的对数周期天线也可以满足要求。显然，振子的所有几何尺寸理论上都应满足对数周期结构条件，包括振子的直径($2a$)也应与长度成正比变化。但是，振子的辐射起主要作用的是振子的长度，振子的直径对辐射的影响是次要的，所以每隔几个振子变换一次直径即可。

根据对数周期振子天线上电流分布的情况，可将整个天线分成三个不同作用的区域。

(1) 传输区。包括馈电点的前面几个较短的振子。在这个区域里，振子的长度远小于 $\lambda/2$，如图 7.15 所示，振子处于严重失谐状态，振子的输入电抗部分很大，输入电阻部分很小，所以振子上激励起的电流很小，辐射很弱，电流的衰减很小，绝大部分电流通过集合线传输到后面的有效区。

(2) 有效区。由 3～5 个长度近于 $\lambda/2$ 的对称振子组成。如图 7.15 所示可知，在这个区域里，振子的输入电阻都较大，有很强的辐射，是天线的工作区，电流在这一区域里很大的辐射衰减。由于半波振子处于谐振状态，它的电抗为零；长度大于半波振子的附近 1～2 个振子呈现感性，其电流的相位超前于半波振子；长度小于半波振子的附近 1～2 个振子呈现容性，其电流的相位落后于半波振子。因此其最大辐射方向指向短振子方向(相位滞后方向)，其方向性得到增强，辐射线极化波。

(3) 未激励区。有效区之后直到天线末端的部分。大部分的输入功率在有效区内已经辐射，在未激区只剩下很少的功率，并且其对称振子的长度远大于 $\lambda/2$，处于严重失谐状态，本身辐射能力弱，因此这个区内的对称振子处于未激励状态。为了满足终端效应弱的条件，往往在集合线的末端接匹配电阻。

对于每个工作频率，都有确定的一组振子构成天线的有效区。若在频率 $f_0$ 上有效区振子是从第 $i$ 个到第 $i+v$ 个振子，则在 $\tau f_0$ 上有效区的振子将是第 $i+1$ 个到第 $i+v+1$ 个振子。每当频率变化 $\tau$ 倍，有效区就移动一个振子，直到有效区移到天线最边缘上的振子为止，天线的电特性也随之周期重现，因此对数周期天线是宽频带天线。显然，低频段的有效区靠近长振子一端，高频段的有效区靠近短振子一端。

目前，对数周期天线在短波、超短波和微波波段范围内都获得了广泛的应用。例如，在短

波波段，对数周期天线可作为通信天线；由于对数周期天线宽频带特性，也常用作电子对抗天线；在微波波段，对数周期天线作为抛物面天线或透镜天线的初级辐射器。

**例 7.6** 印刷对数周期振子天线的性能仿真。

对 0.5～1.5GHz 印刷对数周期振子天线进行仿真，给出方向图等特性。

**解**：带有 T 形加载振子的印刷对数周期天线如图 7.26(a)所示。印刷对数周期振子天线将对称振子分别刻蚀在微波基板的两面而形成，集合线采用微带平行双线，馈电同轴线外导体焊接在正面集合线上。为了减小低频段振子长度，采用 T 形加载，这降低了低频段增益。在集合线末端连接有 50Ω 电阻，用于吸收多余的功率。图 7.26(b)给出了天线 $f$ 在 0.5GHz、1.0GHz、1.5GHz 时的实测 E 面和 H 面方向图。在 0.5～1.5GHz 范围内，天线在主瓣方向的辐射特性基本保持不变。

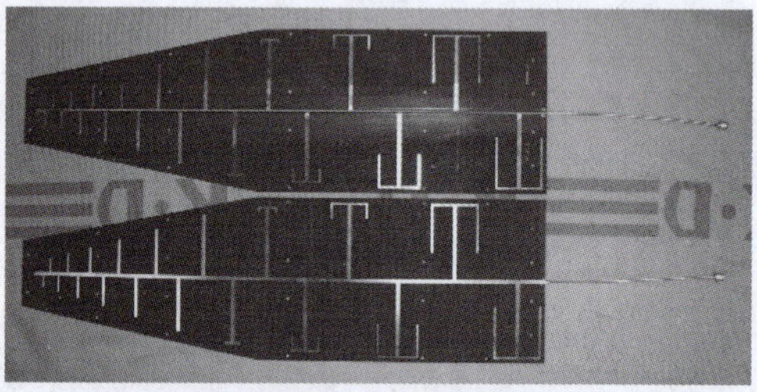

(a) 印刷对数周期振子天线实物

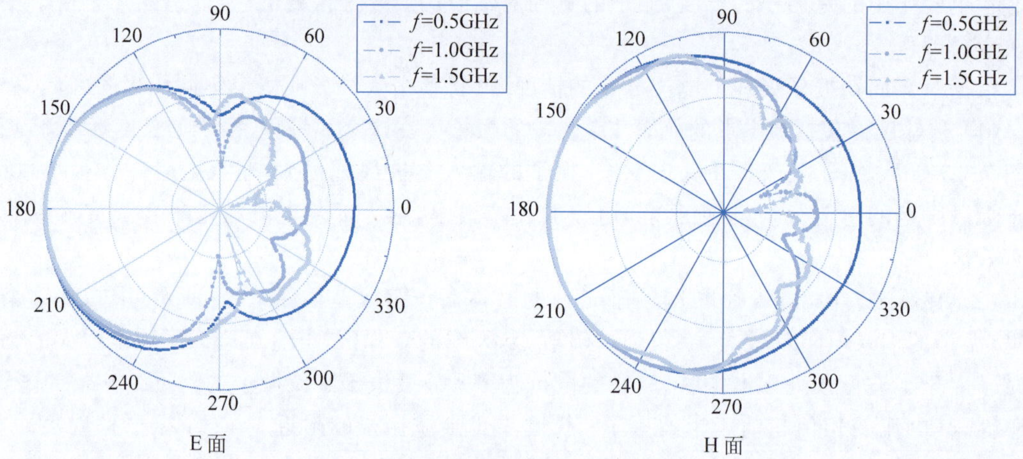


(b) 方向图

图 7.26 印刷对数周期振子天线实例

## 7.5 印刷天线

印刷天线是采用印制电路板(PCB)光刻方法将天线刻蚀在微波基片上的天线。它可在微波基片上制造辐射单元和馈电网络，容易组阵而获得高增益，因此印刷天线一般具有低剖面、易集成、易共形、易加工、体积小、重量轻、成本低的优点。其缺点是由于微波基片带来介质损耗，天线效率稍低。印刷天线有微带天线、印刷振子天线、印刷平面螺旋天线、印刷槽线天线等，常用于微波和毫米波波段。

### 7.5.1 微带天线

微带天线是20世纪70年代微带电路技术成熟后发展起来的一种印刷天线，它由金属接地板、微波基片和金属贴片三部分组成，如图7.27所示。微带天线常用聚四氟乙烯玻璃纤维层压板(PTFE)作基板，其相对介电常数一般为2～4。用较低相对介电常数的基板可以获得更大的带宽。基板厚度$h \approx 0.1\lambda$，较薄的基板虽然天线剖面低，但通常带宽较窄。金属贴片是矩形贴片，其宽度为$W$、长度为$L$；该天线采用微带线侧边馈电，馈线位于宽边的中心。

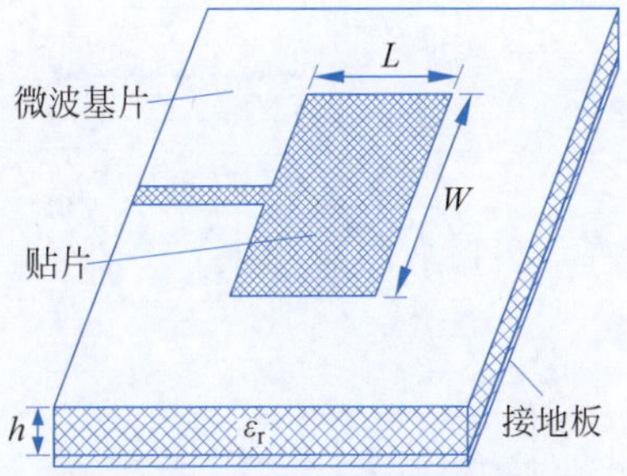


图7.27 微带天线的结构

微带贴片除了矩形贴片外，还有正方形贴片、圆形贴片、圆环贴片和三角形贴片等，如图7.28所示。微带天线的馈电也有多种方式，除了用微带线直接侧边馈电(侧馈)外，还可以用同轴探针从底部接地板插入馈电(底馈)，也可以是微带缝隙耦合馈电，如图7.29所示。不管采用哪种馈电方式，都能使贴片与接地板之间激励起高频电磁场，并通过贴片四周与接地板之间的缝隙向外辐射。

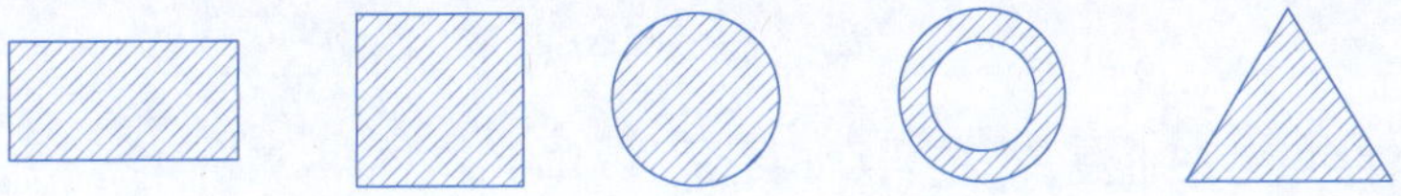

(a) 矩形贴片　(b) 正方形贴片　(c) 圆形贴片　(d) 圆环贴片　(e) 三角形贴片

图7.28 微带天线的常见贴片形状

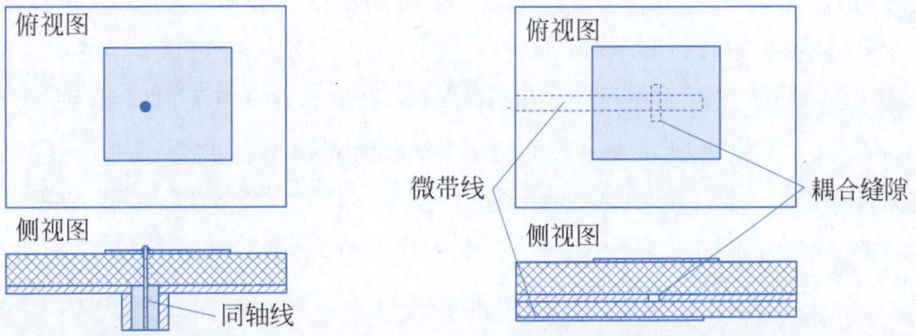


(a) 同轴探针馈电　(b) 微带缝隙耦合馈电

图7.29 微带贴片天线的馈电方式

微带贴片天线可以看作两端开路的宽度为$W$、长度为$L$一段微带传输线，并且由5.5.2节可知，开路微带线有边缘场，并且等效伸长长度为$\Delta l$，因此微带天线等效为长度为$L+2\Delta L$、两端理想开路的传输线谐振器。由6.4.2节可知，当$L+2\Delta L=\lambda_d/2$($\lambda_d$为微带贴片的介质波长)时发生谐振，并且谐振器两端电压波最大、相位相反，而中间点电压波为零。因此，微带贴片和接地板之间的电场以及边缘场分布如图7.30所示。由图可见，微带天线的辐射可以等效为长度为$W$、宽度为$h$、间距为$L$的两个幅度相等、相位同相的缝隙的辐射。因此，微带天线是谐振天线，最大辐射方向垂直于贴片向上，线极化方向为贴片长度方向。

微带天线的传输线模型如图7.31(a)所示，根据6.4.2节传输线谐振器的等效电路知识可知，微带天线等效为$RLC$并联谐振电路，如图7.31(b)所示。相比开路微带线，贴片宽度比较宽，有较强的辐射，用辐射电阻$R_r$表征。因此，贴片宽度$W$不能太窄，否则辐射较弱；也不能太宽，否则会产生高次模。微带贴片宽度一般满足：

视频

$$W \leqslant \frac{\lambda}{2}\left(\frac{\varepsilon_r + 1}{2}\right)^{-1/2} \tag{7.71}$$

式中：$\lambda$ 为工作波长。

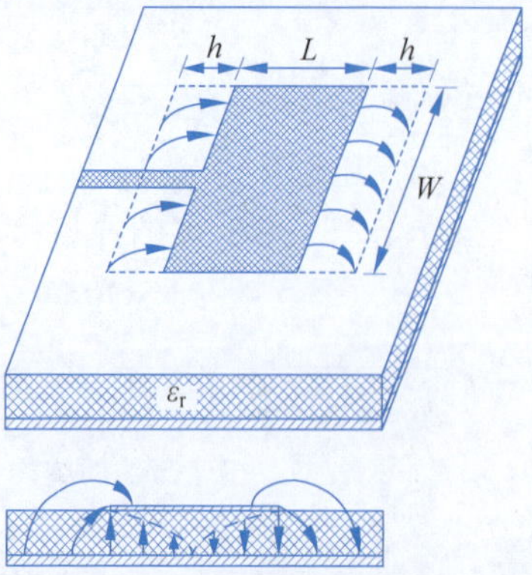


图 7.30 微带天线的电场分布

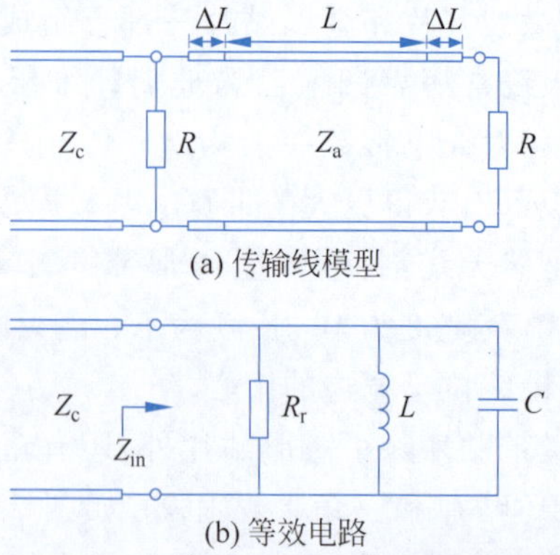


图 7.31 微带天线的等效模型与电路

微带贴片长度为

$$L = \frac{\lambda_d}{2} - 2\Delta L \tag{7.72}$$

式中：$\lambda_d$ 为微带贴片的介质波长，$\lambda_d = \lambda/(2\sqrt{\varepsilon_{re}})$，其中 $\varepsilon_{re}$ 是有效介电常数，由式(4.89)给出；$\Delta L$ 是贴片伸长长度，由式(5.50)给出。

**例 7.7** 微带天线的设计、仿真与实测。

微波基板的相对介电常数 $\varepsilon_r = 2.5$，基板厚度 $h = 1.0\text{mm}$，输入微带线特性阻抗 $Z_c = 50\Omega$。设计工作频率为 2.0GHz 的微带贴片天线，并进行仿真和测试。

**解：** 由式(4.96)得到 50Ω 微带线宽度 $W_s = 2.8\text{mm}$，由式(7.71)得到 $W \leqslant 56.7\text{mm}$，取 $W = 56.0\text{mm}$。由式(7.72)得到 $L = 47.1\text{mm}$，根据谐振频率优化后 $L = 46.17\text{mm}$，仿真得到输入阻抗变化曲线如图 7.32(b)所示。由图可见，微带天线等效为并联谐振电路，谐振频率 $f_0 = 2\text{GHz}$，谐振时辐射电阻 $R_r = 228\Omega$。采用 6.1.1 节介绍 $\lambda/4$ 阻抗变换器进行匹配设计，匹配段特性阻抗 $Z_m = \sqrt{Z_c R_r} = 107(\Omega)$，匹配段的长度 $L_m = 26.92\text{mm}$，宽度 $W_m = 0.68\text{mm}$。根据设计结果，加工的天线实物如图 7.32(a)所示，仿真和实测反射系数和方向图分别如图 7.32(c)、(d)所示。实测天线中心频率偏高约 1.5%，仿真天线增益达到 6dB。

实践

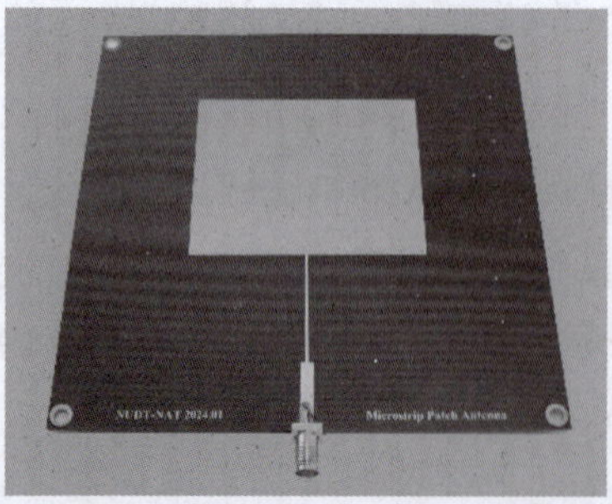


(a) 天线实物

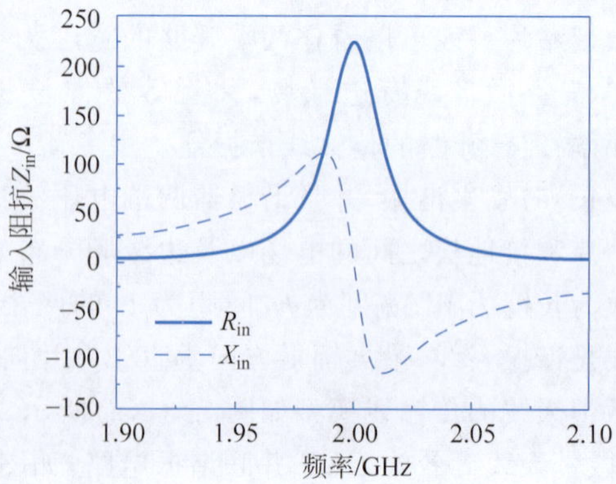


(b) 输入阻抗

图 7.32 微带贴片天线的设计、仿真与实测

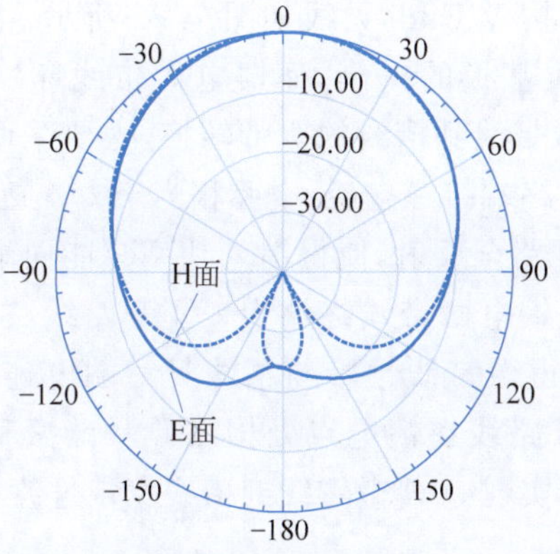


(c) 仿真方向图

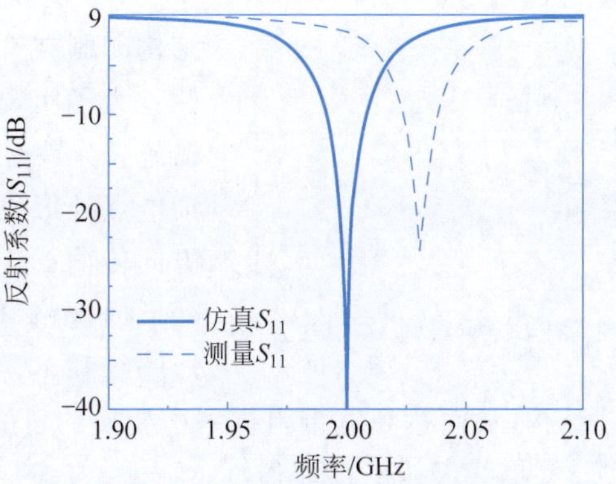


(d) 仿真和实测反射系数

图 7.32 （续）

## 7.5.2 渐变槽线天线

平面印刷电路工艺的发展以及微带线和带状线等平面传输线的大规模应用，有力推动了渐变槽线天线的平面化和小型化。渐变槽线天线是将槽线逐步渐变张开而形成的平面喇叭天线。

渐变槽线天线可以分为槽线渐变结构和馈电结构两部分。槽线渐变结构有多种类型，一般可分为指数型、三角函数型、抛物线型、直线型和阶梯型等，如图 7.33 所示。1979 年 Gibson 提出的 Vivaldi 天线是具有指数形状渐变槽线天线，它具有剖面低、频带宽、E 面和 H 面方向图比较近似、交叉极化低的优点，目前已经成为渐变槽线天线中应用最普及的一种。槽线渐变结构在口径宽度约为 $\lambda/2$ 时形成有效辐射区，低频段电磁波会在靠近渐变段末端处形成有效辐射，而高频段电磁波会在靠近渐变段始端处形成有效辐射，它是一种宽频带天线。为了降低低频处的反射，渐变段长度应大于 $\lambda_{low}/2$（$\lambda_{low}$ 为低频频率对应的波长），末端口径宽度约为 $\lambda_{low}/2$。

渐变槽线天线的馈电主要实现微带线到槽线的宽带转换。对趾结构 Vivaldi 天线如图 7.34 所示，天线使用双线传输线，将传输线设计在介质基板的两侧，并使其按照一定的形状逐渐扩大形成渐变结构。这种天线可以使用微带线到双线的渐变结构来馈电，从而实现 50Ω 特征阻抗的微带线向高特征阻抗的槽线匹配过渡。

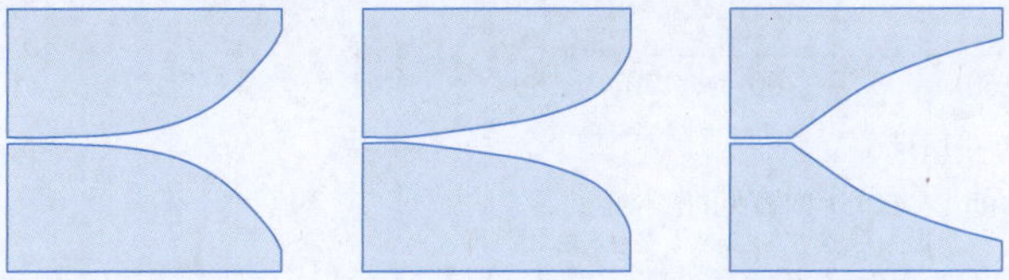

(a) 指数型　　(b) 三角函数型　　(c) 抛物线型

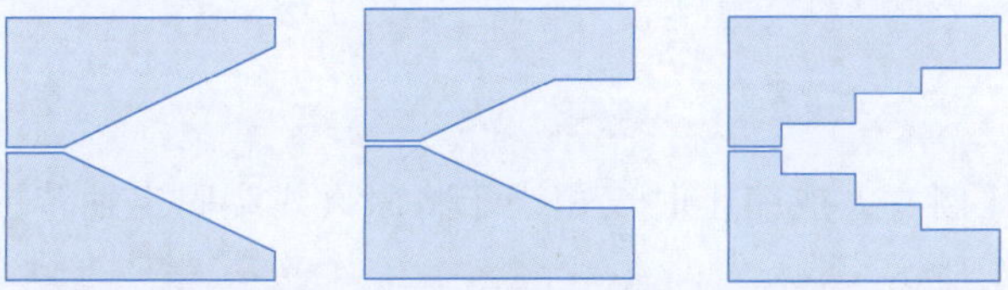

(d) 直线型　　(e) 直线型　　(f) 阶梯型

图 7.33 几种渐变槽线形状

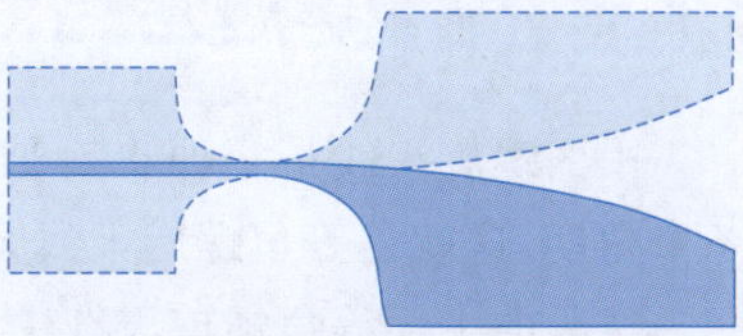

图 7.34 对趾结构 Vivaldi 天线

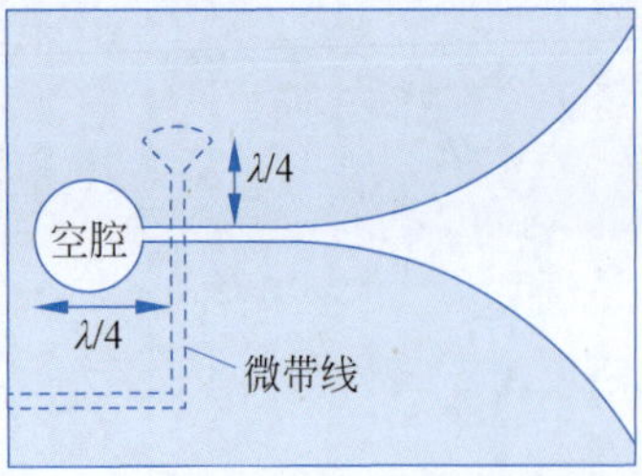


图 7.35　λ/4 转换结构 Vivaldi 天线

λ/4 转换结构 Vivaldi 天线如图 7.35 所示，槽线渐变结构印刷在介质基板的一侧，而馈电微带线印刷在另一侧。为了实现微带线到槽线的宽带转换，主要采取了两种措施：一是槽线终端接一空腔，空腔相当于λ/4 短路线，在馈电点处形成开路全反射，使得馈入功率只能向渐变结构方向传输；二是馈电微带线终端为 λ/4 开路线，在馈电点处形成短路，使得微带线导带与槽线另一端电连接。λ/4 短路线和 λ/4 开路线在馈电点处构成并联谐振和串联谐振的互补结构，从而达到宽带阻抗平衡变换的目的，实现 50Ω 微带线到槽线宽带过渡。

**例 7.8**　槽线天线的性能仿真。

工作频率为 3～9GHz，给出 Vivaldi 天线一个仿真案例。

**解：** 用电磁场商业软件对槽线天线进行了建模，采用平行双线波端口馈电，图 7.36 为天线在频率为 3GHz、6GHz、9GHz 时的电流分布和 E 面方向图。由图可见，低频段电流更趋于渐变段的末端，高频段电流更趋于渐变段的始端。低频段方向图有更大背瓣，高频段方向性更强，但是会出现较高的副瓣。

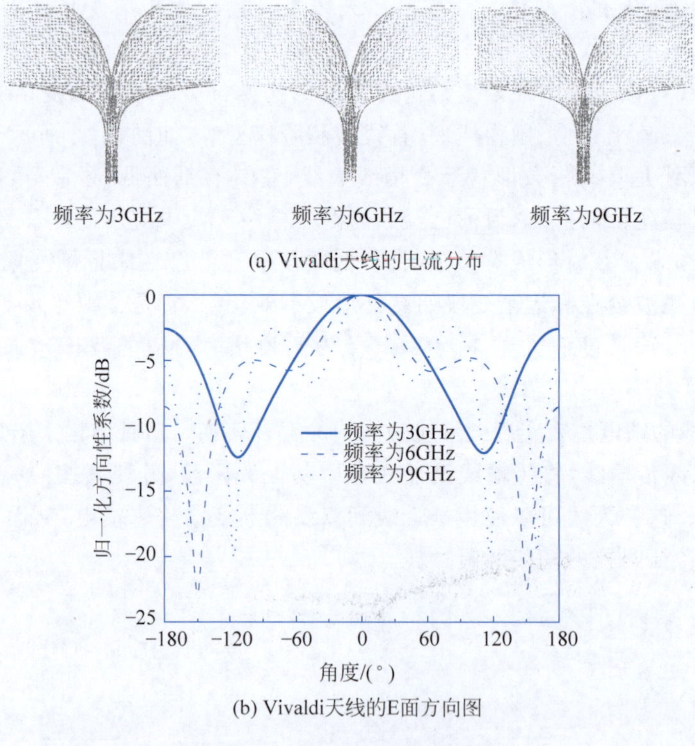


图 7.36　Vivaldi 天线的仿真

## 7.5.3　平面螺旋天线

平面螺旋天线是一种非频变天线，按比例放大或缩小时仅相当于将原天线绕固定轴转了一个角度，这就是等角螺旋天线，如图 7.37 所示。

实际的平面等角螺旋天线上由 4 条有相同参数的等角螺线组成的两个反向放置的“金属臂”构成，第二臂相对于第一臂绕转了 180°，如图 7.38(a)所示。它也可以看作在金属板上开螺旋缝隙，二者是互补结构，实物如图 7.38(b)所示，采用微带线到平行双线的渐变结构实现平衡馈电。

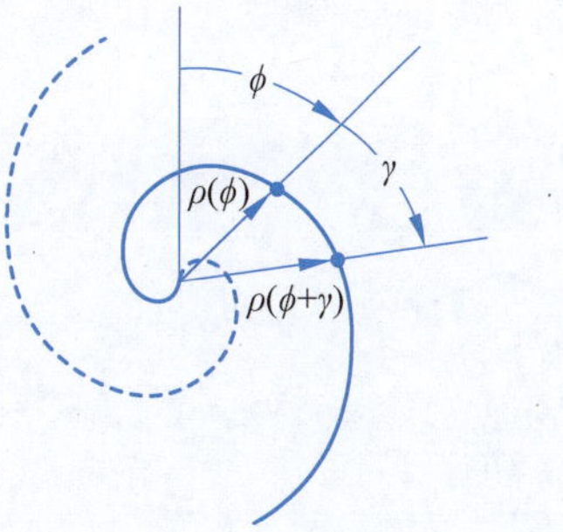


图 7.37　等角螺旋线的旋转对称性

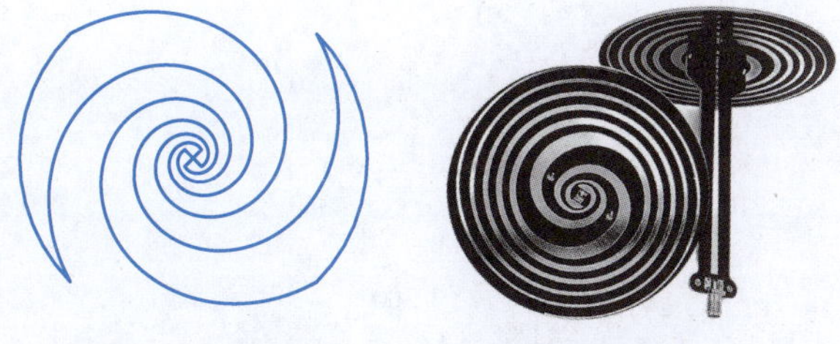

(a) 平面等角螺旋线　(b) 平面等角螺旋天线实物

图 7.38　平面等角螺旋天线

实验表明：当在两臂始端馈电时，臂上电流在流过臂上一个波长后迅速衰减到 20dB 以下，因此可以看作臂上电流有“截止点”，其后的臂长对天线辐射没有显著作用，符合终端效应弱的条件要求。当波长改变时，虽然天线的实际长度没有成比例地变化，但由于截止点位置随波长改变而成比例地移动，故天线的“有效臂长”(对辐射起主要作用的部分)将与波长成比例地变化，从而保持臂上电流分布基本不变，近似满足相似原理，它是非频变超宽带天线。平面等角螺旋天线的工作频带取决于天线的结构。天线的最大半径决定了天线的最低可用频率(下限频率)；而馈电区半径的大小和馈线的影响(馈线的直径在馈电点可与导体带或缝宽相比拟)决定着天线的最高可用频率(上限频率)，$\lambda_{\min}\approx 8r_1$。

由于电流迅速衰减，臂上电流是行波状态的。这样，当两臂反相馈电时，最大辐射方向在平面两侧的法线方向，主瓣宽度为 70°～100°，称为轴向辐射状态，这也是该天线常用的模式；而当两臂同相馈电时，最大辐射方向在螺旋平面内，且近似有全方向性，称为法向辐射状态。轴向辐射状态下，很宽的频带范围内(5：1～10：1)，在轴向上天线辐射圆极化波，因此它是圆极化天线。

**例 7.9**　平面螺旋天线的性能仿真。

工作频率为 1.5～3.5GHz，给出平面螺旋天线一个仿真案例。

**解：** 用电磁场商业软件对平面螺旋天线进行了建模，采用电压源集总端口馈电，如图 7.39(a)所示。图 7.39(b)是天线在频率为 1.5GHz、2.5GHz、3.5GHz 时的 E 面和 H 面方向图。可以看到，该天线是双向辐射的，且具有宽带特性，在 1.5～3.5GHz 范围内方向图特性基本保持不变。

(a) 平面等角螺旋天线仿真模型

图 7.39　平面等角螺旋天线的仿真

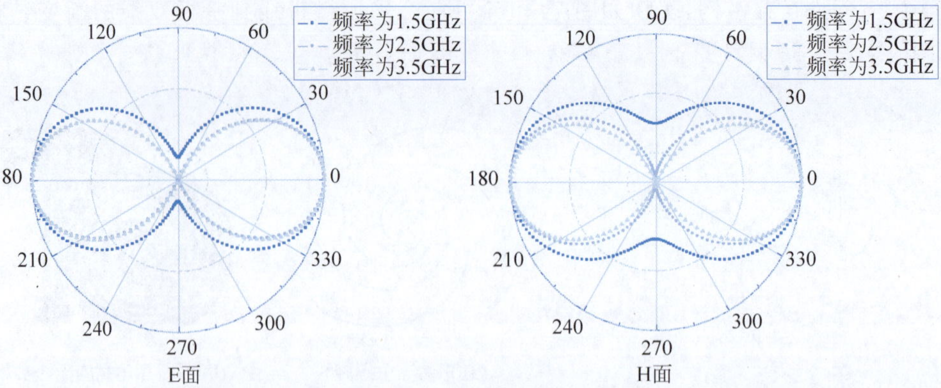


(b) 平面等角螺旋天线方向图

图 7.39 （续）

### 7.5.4 圆锥螺旋天线

圆锥螺旋天线是将等角螺线包裹在圆锥上而形成的天线，其三维结构图如图 7.40 所示。以 $p$ 点为坐标原点的球坐标系中，用离圆锥顶点的半径 $\rho$ 来描述螺旋臂，四条等角螺旋线描述为

$$\begin{cases}\rho_{11}=\rho_0 e^{b\phi}\\ \rho_{12}=\rho_0 e^{b(\phi-\delta)}\\ \rho_{21}=\rho_0 e^{b(\phi-\pi)}\\ \rho_{22}=\rho_0 e^{b(\phi-\pi-\delta)}\end{cases}\tag{7.73}$$

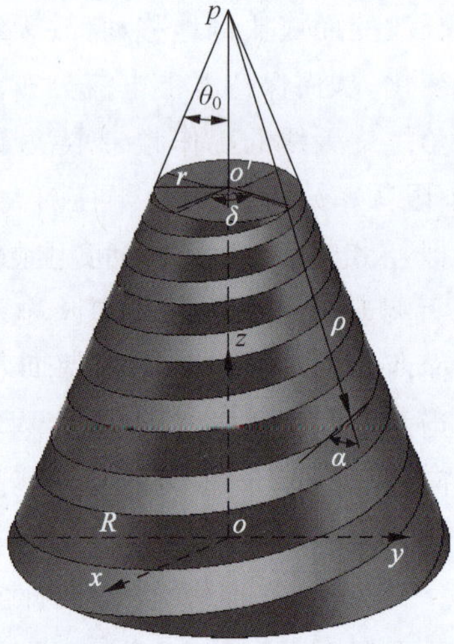


图 7.40 圆锥螺旋天线

式中：$b=\sin\theta_0/\tan\alpha$，$\alpha$ 为圆锥母线与螺旋切线小于 90°的夹角，$\theta_0$ 为圆锥的半锥角，小于 90°，在极值情况 $\theta_0=90°$时退化为平面等角螺旋；$\phi=nt(0\leqslant t\leqslant 2\pi)$，$n$ 为螺旋圈数；$\delta$ 为螺旋线宽包角，通常取 90°以形成互补结构；$\rho_{11}$、$\rho_{12}$ 表示圆锥螺旋天线的第一条螺旋带的两条边界螺旋线，其与上下平面的一大一小两段圆弧即可组成了第一条螺旋臂的完整轮廓；$\rho_{21}$、$\rho_{22}$ 表示正圆锥螺旋天线的第二条螺旋带的两条边界螺旋线。

圆锥螺旋天线的工作原理与平面螺旋天线类似，当臂长约为一个波长时形成有效辐射。当频率改变时，有效臂长也将改变，因此天线的最大半径将决定天线的最低可用频率（频率下限），而馈电区螺旋半径大小和馈电结构决定着天线的最高可用频率（上限频率）。圆锥螺旋天线也是宽频带圆极化天线，螺旋带的旋向决定了天线是左旋圆极化还是右旋圆极化。沿轴向从锥顶向锥底看，当螺旋的旋向为逆时针时，天线为右旋圆极化；当螺旋的旋向为顺时针时，天线为左旋圆极化。圆锥螺旋天线与平面螺旋天线关键不同在于：平面螺旋天线是双向辐射的，而圆锥螺旋天线朝向锥顶方向单向辐射。

**例 7.10** 圆锥螺旋天线的设计。

设计一个工作频率为 1.0～6.0GHz 的圆锥螺旋天线，给出其性能。

**解：** 根据设计要求，最终设计参数为 $\theta_0=7.5°$，$\alpha=70°$，$\delta=90°$，圆锥顶直径 $D_{\min}=6.25$mm，圆锥底直径 $D_{\max}=149.90$mm。圆锥锥面的展开图是一个平面，因此圆锥螺旋天线

可用薄柔性基板通过印制电路板工艺进行制造，如图 7.41(a)所示。然后将柔性基板包裹在圆锥上并将对应的螺旋臂用焊锡焊接在一起，就构成了完整的圆锥螺旋天线，如图 7.41(b)所示。增益方向图和轴比(AR)图分别如图 7.41(c)、(d)所示，在 1～6GHz 频率范围内方向图一致性好，增益达到 7.7dB，轴比在宽角度范围内小于 1dB。

(a) 圆锥螺旋天线展开图

(b) 圆锥螺旋天线实物图

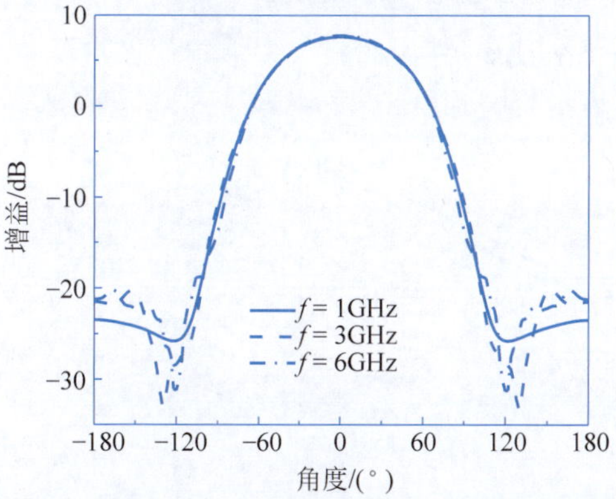


(c) 增益方向图

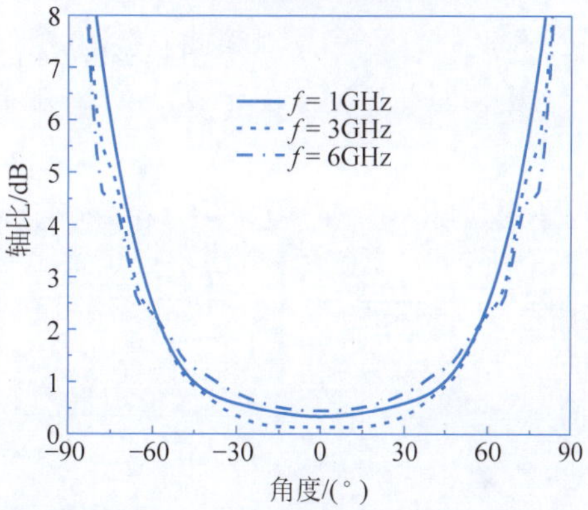


(d) 轴比图

图 7.41　圆锥螺旋天线实物与性能

## 7.6　面天线

面天线是一类波导开口、张口或者反射面上的口径场来辐射电磁波的天线，因此面天线也称为孔径天线。它类似于声学中的喇叭筒来聚焦声波，也类似于人眼的瞳孔来聚焦光波。常用的面天线有喇叭天线、反射面天线和透镜天线，适用于微波和毫米波波段需要很高增益的应用场合。面天线的突出特性，一是增益随频率升高而增加，二是输入阻抗近乎实数。

### 7.6.1　喇叭天线

不同于同轴线和微带线开路，矩形波导和圆波导一端开口，波导口可以辐射电磁波，驻波比约为 1.5，是一个面天线。但由于其口径较小，增益不高。为此，可以将开口面逐渐扩大并向外延伸，这就形成了喇叭天线。喇叭天线比波导口有更大的口径面积来聚焦电磁波，从而获得较高的方向性。

喇叭天线有多种形式，常用喇叭天线形式如图 7.42 所示。

下面以如图 7.43 所示的角锥喇叭天线为例作详细分析。从相位角度考虑，可以从图示的

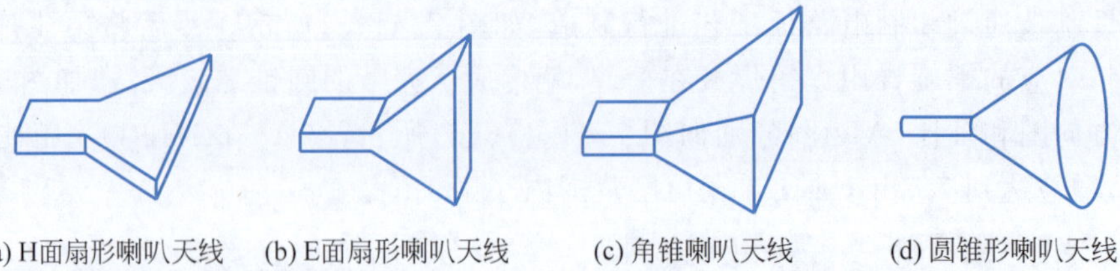


图 7.42　常用喇叭天线形式

几何结构中得到以下关系式：

$$\begin{cases}\cos\dfrac{\theta}{2}=\dfrac{L}{L+\delta}\\[2mm]\sin\dfrac{\theta}{2}=\dfrac{a}{2(L+\delta)}\end{cases}\tag{7.74}$$

式中：$\theta$ 为 $\theta_E$ 或 $\theta_H$，分别为 E 面或 H 面张角；$\delta$ 为 $\delta_E$ 或 $\delta_H$，分别为 E 面或 H 面口径场的波程差；$a$ 为 $a_E$ 或 $a_H$，分别是 E 面或 H 面口径。一般来说，$\delta \ll L$，所以有

$$L \approx \frac{a^2}{8\delta}\tag{7.75}$$

$$\theta \approx 2\arctan\frac{a}{2L}=2\arccos\frac{L}{L+\delta}\tag{7.76}$$

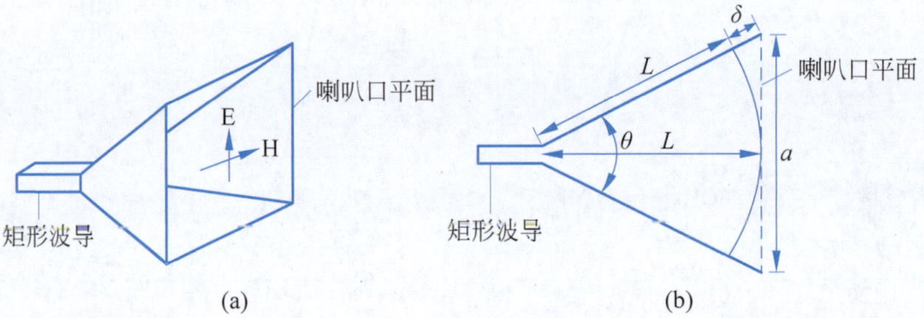


图 7.43　角锥喇叭天线

喇叭天线的辐射场特性取决于口径场分布。简单地说，口径场幅度、相位分布越均匀，天线方向性就越强，增益也越高。一般来讲，获得尽可能均匀的口径场分布，要求用非常长的小张角喇叭，此时 $\delta$ 相对于 $\lambda$（$\lambda$ 为自由空间中波长）足够小。但是为了实用方便，又应使喇叭尽可能短。若给定喇叭长度 $L$，当张角 $\theta$ 较小时，$\delta$ 相对于 $\lambda$ 足够小，口径场幅度和相位分布较均匀，天线增益随口径尺寸 $a$ 和张角 $\theta$ 的增大而提高。但是，当张角和口径过大以致 $\delta>0.5\lambda$ 时，口径边沿场将与口径中心场反相，导致副瓣电平上升，增益下降，严重时还会引起主瓣分裂，出现栅瓣。于是，介于小张角和大张角两种极端之间必然存在最佳张角喇叭，在给定长度条件下，具有尽可能大的增益。通常，喇叭 E 面限定 $\delta_E \leqslant 0.25\lambda$，H 面限定 $\delta_H \leqslant 0.4\lambda$。工程上设计天线时常遵循最佳尺寸原则，此时天线具有最佳增益体积比。

除了角锥喇叭天线外，常用的喇叭天线还有圆锥喇叭天线、加脊喇叭天线和波纹喇叭天线，也有很多降低副瓣电平、加宽频带宽度等改进设计，读者可以查阅有关文献资料。

喇叭天线是应用最广泛的微波天线之一，它具有结构简单、重量轻、易于制造、工作频带宽和功率容量大和增益高等优点，喇叭天线的增益一般为 10～30dB。它既可以作为单独的天线应用，又可以作为反射面天线或透镜天线的馈源，也可以作为阵列天线的单元。在天线测量领域，喇叭天线用作标准天线，进行增益测量。

**例 7.11**　标准喇叭天线的仿真。

对一个K频段20dB标准喇叭天线进行仿真，给出其性能。

**解**：K频段20dB标准喇叭天线的尺寸：标准波导的尺寸为 $a=10.7\text{mm}$，$b=4.3\text{mm}$；喇叭的尺寸H面和E面口径 $a_H=61.5\text{mm}$，$a_E=47.8\text{mm}$；喇叭的长度为 $L=76.6\text{mm}$。采用金属3D打印技术制造了该喇叭，如图7.44(a)所示，它实现了波导同轴转换和喇叭天线的一体化，无需额外的波导法兰连接。实测电压驻波比和仿真方向图如图7.44(b)、(c)所示。

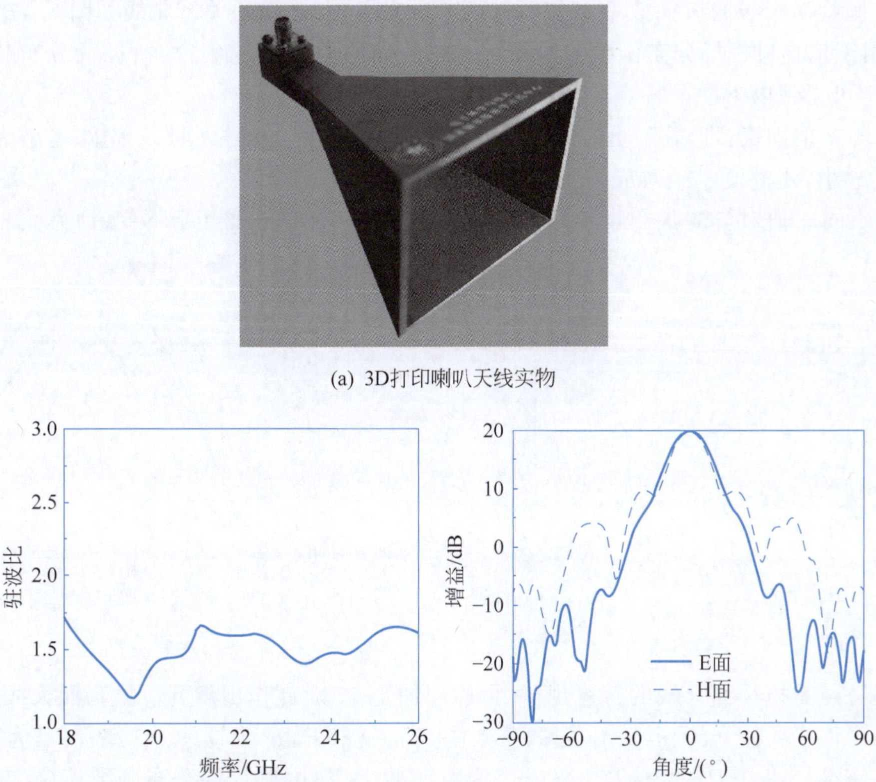


(a) 3D打印喇叭天线实物

(b) 实测电压驻波比

(c) 仿真E面和H面方向图

图7.44 K频段标准角锥喇叭的性能

## 7.6.2 旋转抛物面天线

旋转抛物面天线是反射面天线的主要形式。在馈源辐射方向上采用了具有较大或很大电尺寸的反射面，比较容易实现高增益和大的前后比(主瓣背瓣电平比)。反射面天线的口径场可以利用光学原理近似分析，进而根据口径场绕射理论可以得到旋转抛物面天线的辐射特性。

### 1. 结构与工作原理

旋转抛物面天线结构如图7.45所示，图上画出了馈源和抛物反射面两部分，馈源所必需的支撑件等结构未标出。反射面可以是完整的金属面，也可以由金属栅网构成，馈源置于抛物面焦点上。馈源一般是一种弱方向性的天线，通常为振子、小喇叭等，辐射球面波并照射到抛物面上。根据抛物面的聚焦作用，从焦点发出的球面波经过抛物面反射后将形成平面波，在抛物面开口面上

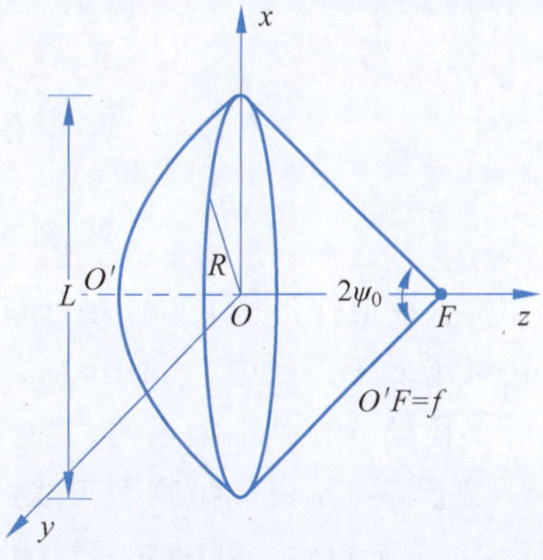


图7.45 旋转抛物面天线结构

形成同相场,可以使天线达到很高的增益。

抛物面天线的极化特性取决于馈源类型与抛物面的形状、尺寸。即使初级馈源辐射的是线极化波,经抛物面反射在抛物面口径上的场也会出现交叉极化分量,即出现了与期望的极化分量正交的另一个分量。前者称为主极化分量,后者称为交叉极化分量。图 7.46(a)是喇叭作馈源时的抛物面的口径场分布,图 7.46(b)是振子作馈源时的抛物面的口径场分布。

旋转抛物面天线的口径效率 $\eta$ 与抛物面的半张角 $\psi_0$ 之间的关系曲线如图 7.47 所示。图中,$n$ 为用于拟合口径场分布函数的阶数,$n$ 越大,馈源的波束越尖锐,口径场分布越不均匀。由图 7.47 可得到以下两个特点:

(1) 若 $n$ 值固定,即对于同一个辐射器,当抛物面张角 $\psi_0$ 增大时,$\eta$ 先随之增大,达到最大值后又减小,此极值 $\eta_{opt}$ 对应的张角称为最佳张角 $\psi_{opt}$。

(2) 不同 $n$ 值对应的 $\psi_{opt}$ 也不同。$n$ 越大,$\psi_{opt}$ 越小,但 $\eta_{opt}$ 几乎不变,约为 0.8。

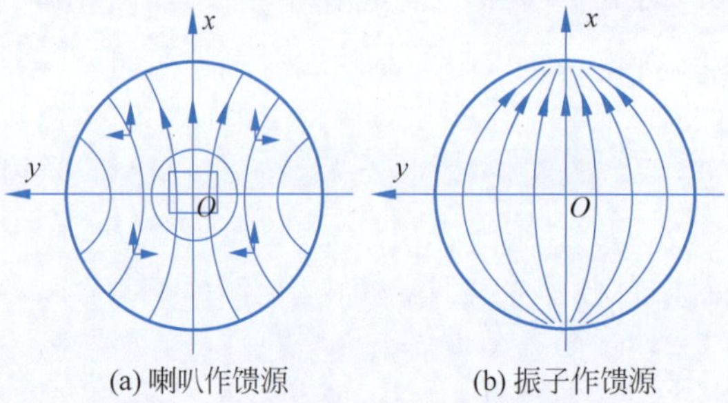


图 7.46 抛物面天线的口径场分布

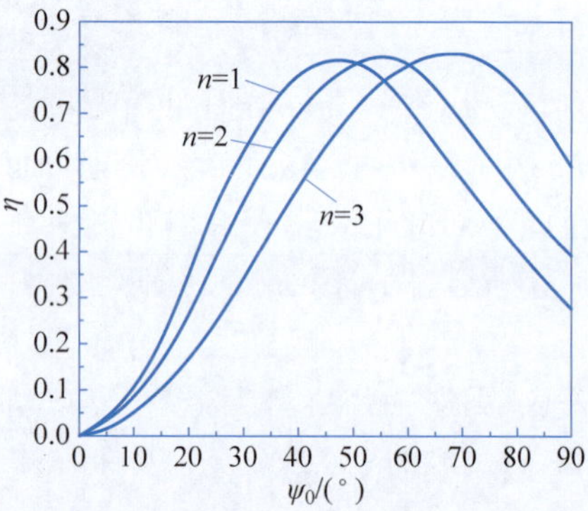


图 7.47 旋转抛物面 $\eta$ 与 $\psi_0$ 之间的关系

上述特点是抛物面天线的普遍规律,可以用图 7.47 对此作出解释。抛物面天线的效率可分解为两个因子:$\eta=\eta_1 \cdot \eta_2$。$\eta_1$ 为截获效率,$\eta_1=P_1/P$,$P$ 为馈源总功率,$P_1$ 为抛物面所截获的功率部分,$P-P_1$ 为漏失功率;$\eta_2$ 为口面效率,即由口径场分布函数所确定的面积利用系数。图 7.48 表明,当 $\psi_0$ 很小时,口径照射均匀,$\eta_2 \approx 1$,但因漏失功率大,$\eta_1$ 很小,故 $\eta$ 是小值;若 $\psi_0$ 很大,截获效率高,$\eta_1 \approx 1$,但此时口径场不均匀,$\eta_2$ 很小,$\eta$ 仍然很小。故 $\eta_{opt}$ 和 $\psi_{opt}$ 发生在 $\eta_1$ 已相当大而 $\eta_2$ 下降得不多的位置上,在得到较为均匀的口面场分布的同时,又保证功率漏失不大,使抛物面天线口径效率达到最大值,称为最佳照射,对应的半张角称为最佳张角。

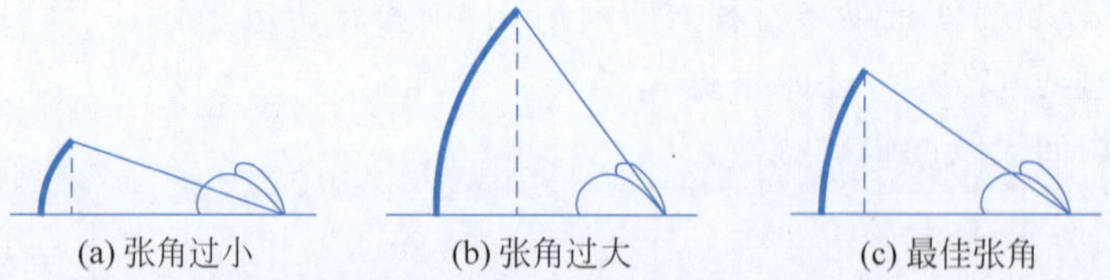


图 7.48 最佳照射与最佳张角示意图

检查在最佳张角下口径场分布和漏失情况,发现在抛物面边缘初级方向图 $F(\psi_{opt}) \approx 1/3$,口径边缘场低于口径中心 11dB 左右,这些值仅随 $n$ 值缓慢变化。这表明,在最佳照射下,不同 $n$ 值的口径场分布是很接近的,并且漏失也很小,这就解释了特点(2)。

以上特点是设计抛物面天线的一个重要依据。在最佳张角时,次级方向图的半功率宽度约为 $1.2\lambda/L$(rad),副瓣电平约为 −24dB。

2. 馈源的要求

能够作为馈源的天线形式很多，如对称振子、喇叭天线、波纹喇叭和凸缘喇叭，如图 7.49 所示，馈源对整个抛物面天线的影响很大。为了保证天线的良好性能，馈源应满足以下条件：

(1) 具有确定的相位中心且位于抛物面焦点上。这样，馈源辐射的球面波经反射后形成的口径场才会是平面波。

(2) 方向图最好是旋转对称的并具有单向辐射特性。这样才能提供最佳照射、减小后向辐射和漏失。

(3) 馈源的方向图应满足最佳照射条件，即 $2\theta_{11\mathrm{dB}}=2\psi_{\mathrm{opt}}$。

(4) 馈源应当尽量小，减小对口径的遮挡；否则，会降低增益并提高副瓣。

(5) 具有足够的带宽和良好的匹配。

(6) 满足功率容量、机械强度和恶劣工作环境的要求。

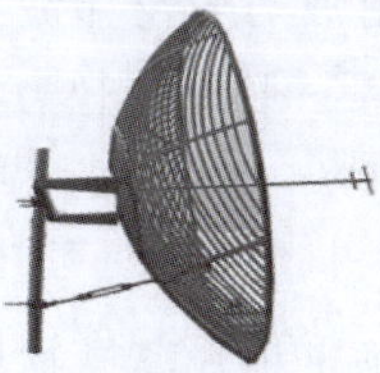

(a) 对称振子

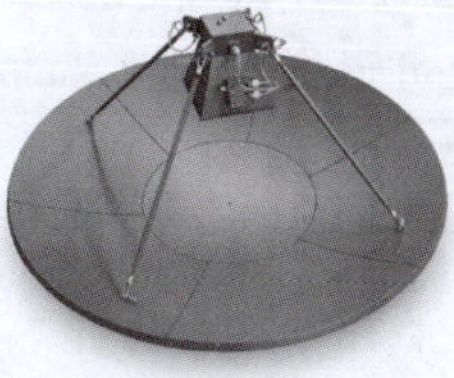

(b) 喇叭天线

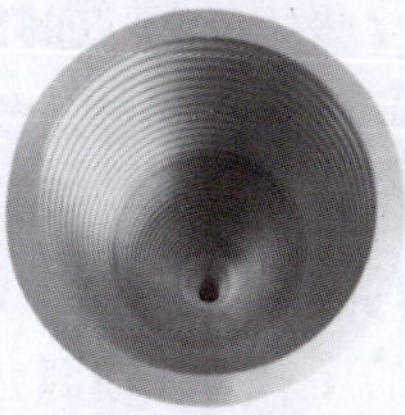

(c) 波纹喇叭

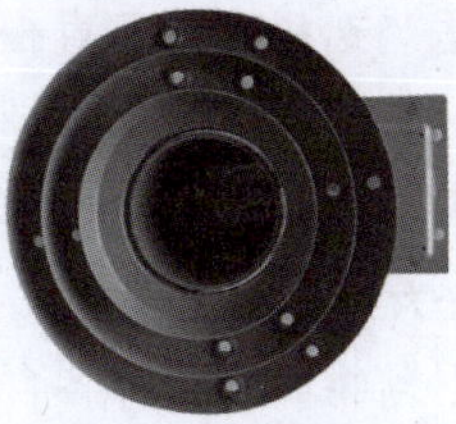

(d) 凸缘喇叭

图 7.49　旋转抛物面天线的常见馈源

3. 影响抛物面天线辐射的因素

根据对抛物面天线的上述分析，已知天线的效率可达 0.8 左右。实际上这一数值很难达到，只有利用特殊设计的辐射器如波纹喇叭，以及精密的抛物面结构，才能使效率达到这一数值。抛物面天线的效率一般为 0.6。产生这一差别的原因是上面的分析太理想化，没有考虑一些实际因素。影响抛物面天线辐射的因素有：

(1) 馈源的后向辐射。以上的分析均假设馈源在 $|\psi|>90°$ 时无辐射，实际上这种辐射是存在的，并有时还相当大，它相当于漏失，使天线效率降低。

(2) 口径场的相位偏移。有许多因素使抛物面天线的口径场不能保持同相，例如，抛物面制作不准确，馈源安装不准确，馈源辐射波不是严格的球面波(没有统一的相位中心)等。已有的研究表明，口径场有非线性相位偏移时，方向性系数减小，方向图变劣。

(3) 馈源设备及支杆的阻挡。馈源要用同轴线或波导馈电，并应安放在抛物面的焦点上，通常为了使馈源的相对位置保持固定，还要用支杆等将馈源固定在抛物面上，这些装置将挡住一部分来自抛物面的次级反射波，并会感应起电流而产生散射，从而使副瓣电平升高，效率降低。

(4) 抛物面的边缘效应。计算面电流或口径场的辐射公式仅对无限大理想导电平面才是准确的。对于抛面天线来说，应用此公式将引入一些误差。例如，表面电流的互耦会使电流或口径场分布有所改变。特别是在抛物面的边缘区域，此外边界条件和无限延伸的导体面不同，电流或口径场也将有显著变化，这种变化常称为边缘效应。可以把这种变化归结于在抛物面边缘有一个环电流带，它参与辐射的结果使天线辐射场发生变化，一般来说，它主要影响副瓣，特别是远副瓣。

(5) 馈源的偏焦。抛物面天线的馈源偏离焦点称为偏焦。偏焦可分为横向偏焦和纵向偏焦。横向偏焦是指馈源在与抛物面轴线垂直的平面内发生位置偏移，纵向偏焦是指馈源沿天线轴线发生位移。偏焦会使口径场的相位发生变化，引起方向图发生畸变。若馈源横向偏焦不大，仅使主瓣偏离轴线，则增益变化和方向图畸变都不大。馈源小幅度横向偏焦来回移动或横向偏焦的馈源绕天线轴旋转，可以使得天线波束偏轴摆动或绕轴做圆锥运动，实现小角度扫描。纵向偏焦引起口径场相位的平方率偏移，辐射波束仍然是对称的，但是主瓣展宽，增益下降。利用纵向偏焦，一副天线可以兼顾搜索（要求宽波束）和跟踪（要求窄波束）。

#### 4. 抛物面反射场对馈源的影响

馈源会对抛物面的反射场形成遮挡。实际上，反射场也影响馈源。馈源将截获一部分反射场，此部分场通过馈线传向信号源，成为馈线上的反射波，因而影响馈线内的匹配。为消除此反射波对馈源的影响，可进行匹配。但是，在馈线内加匹配元件的方法是不好的，只能工作于极窄的频带。常用下列三种方法来改善馈线内的匹配状况：

（1）顶片补偿法。如图 7.50 所示，在抛物面顶点附近放置一个金属圆盘，此圆盘称为顶片。顶片受反射波的照射后会形成二次反射波再次照射反射面，所以在馈源处形成一个新反射波。适当选择顶片的直径 $d$ 及它离顶点的距离 $t$，可以使它的反射波与原反射波抵消。由于两个反射源距离很近，对频率变化不敏感，故可得到较宽频带的匹配。顶片直径为

$$d=\sqrt{4f\lambda/\pi} \tag{7.77}$$

式中：$f$ 为焦距 $O'F$。

根据抛物面和顶片各自的反射场在馈源处应当反相的要求，可确定顶片离抛物面顶点的距离 $t$，理想情况下应有

$$t=(2n+1)\lambda/4 \tag{7.78}$$

式中：$n$ 为整数。

实用上 $t$ 常做成可调的，可用实验方法找出最佳的 $t$。因为顶片很小，可以忽略它对抛物面反射的影响。顶片匹配是一种简单易行的方法，但由于它的尺寸小，有较宽的方向图，因而它将干扰抛物面天线的方向图，特别是会使副瓣上升。

（2）馈源偏照。如图 7.51 所示，将抛物面切除一部分，使反射波不进入馈源，馈源对反射波不能形成遮挡，故这是一种消除遮挡影响的较彻底的解决办法。此种抛物面称为切割抛物面。为适应偏照情况，馈源的最大辐射方向应偏向切割抛物面的中心部位，使切割后的口径边缘受到等强度照射。切割后的口径可以是椭圆、矩形、扇形等，馈源的方向图应根据切割抛物面的轮廓形状做相应的设计调整。

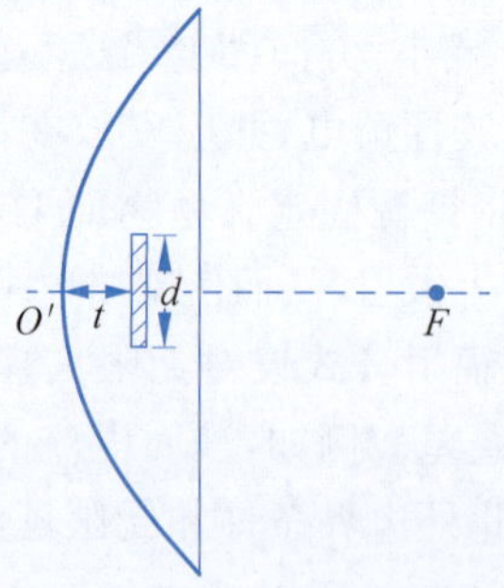


图 7.50　顶片补偿

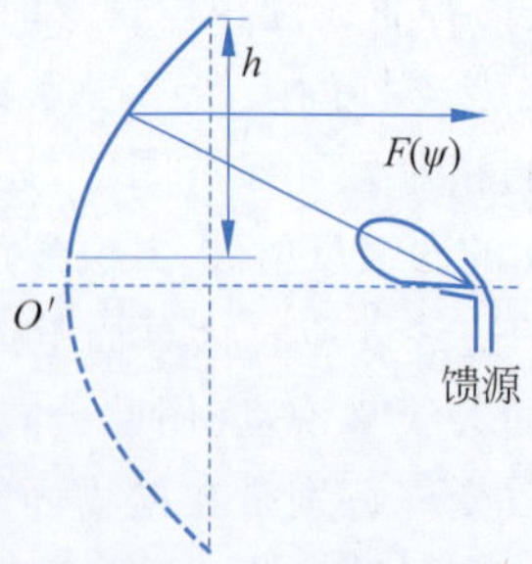


图 7.51　偏馈

（3）旋转极化法。如图 7.52 所示，在抛物面上安装宽度为 $\lambda/4$ 的许多平行薄金属片，金属片和入射电场方向成 45°角，金属片之间的距离为 $\lambda/10\sim\lambda/8$。

将入射电场 $\boldsymbol{E}_{\mathrm{i}}$ 分解成与金属片平行和垂直的两个分量，即 $\boldsymbol{E}_{/\!/}$ 和 $\boldsymbol{E}_{\perp}$。对 $\boldsymbol{E}_{/\!/}$ 来说，金属片之间的区域相当于截止波导，故入射电场的 $\boldsymbol{E}_{/\!/}$ 分量将在金属片的外缘直接反射。而 $\boldsymbol{E}_{\perp}$ 则

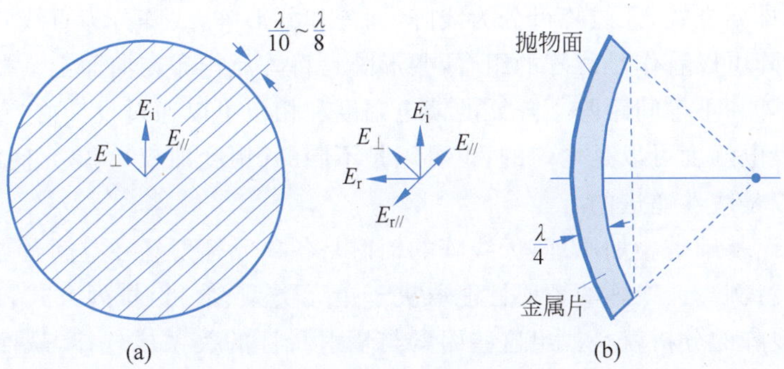


图 7.52 旋转极化

可穿过此区域到达抛物面，在抛物面处反射，所以反射波中 $\boldsymbol{E}_\perp$ 分量比 $\boldsymbol{E}_{//}$ 分量多走了 $\lambda/2$，合成的反射电场 $\boldsymbol{E}_r$ 就与入射电场 $\boldsymbol{E}_i$ 方向垂直。这就是说，当馈源是单一线极化时，反射波将不能进入馈源。

5. 应用

抛物面天线广泛应用于雷达、通信以及射电天文学等领域，是面天线家族的最重要的分支。图 7.53 是我国建成的直径为 70m 的旋转抛物面天线，为我国月球探测工程、火星探测工程、小行星探测计划等深空探测任务中遥测遥控信号传输作出了重要贡献。图 7.54 是我国 2020 年建成的“天眼工程”——500m 口径球面射电望远镜(FAST)的天线系统，在搜索脉冲星、研究中性轻宇宙以及探测快速射电暴等领域取得了显著成果。

图 7.53 我国深空探测工程中直径为 70m 旋转抛物面天线

图 7.54 我国“天眼工程”中的 500m 口径球面射电望远镜天线

## 7.7 阵列天线

前面介绍了单个天线的特性，如半波对称振子、微带天线的增益只有几分贝，而面天线因为口径大能提供较大的增益。那么，单个天线能否像面天线一样通过增大口径来提高增益呢？答案是肯定的，这就是阵列天线。阵列天线是将类型相同的单个天线按照一定方式排列，并按照一定规律进行馈电的辐射系统。阵列天线也称天线阵，组成天线阵的天线单元称为阵元。阵元有各种类型，如振子天线、喇叭天线、微带天线、引向天线、螺旋天线等，甚至可以是反射面天线。按阵元的排列方式，天线阵可分为线阵、面阵和共形阵，线阵分为直线阵和曲线阵（常用的是圆环阵），面阵可以看作是线阵的组合，共形阵是将阵元排布在曲面上。按阵元间距分类，可以分为等间距阵和不等间距阵。阵元的馈电幅度和相位可以通过设计恰当的馈电网络得以实现，单元间的馈电幅度可以是均匀的，也可以是不同的（幅度加权）；单元间的馈电相位可以是同相的，也可以是线性递进的。

天线阵的理论基础是叠加原理，天线阵的辐射是各单元辐射场在空间各点上的矢量叠加，它是波的干涉的特例。天线阵的辐射性能取决于单元类型、数目、排列方式，以及馈电幅度和相位等因素，天线阵的分析就是找出这些因素与辐射特性的关系或规律，从而实现增益、副瓣电平和波束指向等性能的改善和提高。

本节先讨论均匀直线阵，再讨论相控阵原理。天线阵的分析依然采用 7.1 节介绍的思路，重点关注的是远场辐射，并忽略了阵元间互耦的影响。

## 7.7.1 均匀直线阵

图 7.55 是 $N$ 元均匀直线阵，阵元都是相同的对称振子天线，等间距 $d$ 排列在一条直线（$z$ 轴）上，馈电电流频率相同，各阵元电流幅度相等，$I_0=I_1=\cdots=I_{N-1}=I$，馈电相位依次递增 $-\phi$。

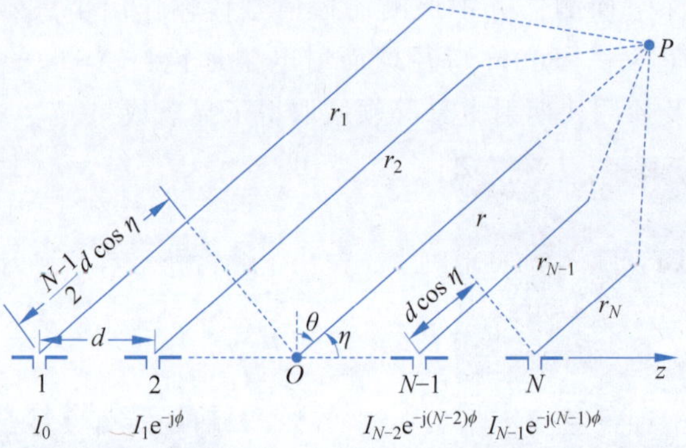


图 7.55 N 元均匀直线阵

假设场点 $P$ 位于远场，$P$ 与阵列中心的距离 $r\to\infty$，所有单元至 $P$ 点的射线均与 $r$ 平行，它们与阵列轴线的夹角均为 $\eta$，因此所有阵元在远区有相同的极化，$\boldsymbol{E}_i=\hat{\boldsymbol{\eta}}E_i\,(i=1,2,\cdots,N)$，则第 $i$ 阵元在 $P$ 点的辐射场为

$$E_i=AI_{i-1}\mathrm{e}^{-\mathrm{j}(i-1)\phi}\cdot f_0\cdot\frac{\mathrm{e}^{-\mathrm{j}kr_i}}{r_i}\tag{7.79}$$

式中：$A$ 为常系数；$k$ 为自由空间的波数；$f_0$ 为阵元的方向性函数，由式(7.55)给出，即

$$f_0(\eta)=\frac{\cos(kl\cos\eta)-\cos(kl)}{\sin\eta}$$

以第 1 阵元到场点的距离 $r_1$ 为参考，第 $i$ 阵元到场点的距离为

$$r_i\approx r_1-(i-1)d\cos\eta\tag{7.80}$$

因此，第 $i$ 阵元到远场 $P$ 点的传播相位近似为 $\mathrm{e}^{-\mathrm{j}kr_i}\approx\mathrm{e}^{-\mathrm{j}kr_1}\mathrm{e}^{\mathrm{j}k(i-1)d\cos\eta}$，其中 $\mathrm{e}^{\mathrm{j}k(i-1)d\cos\eta}$ 是第 $i$ 阵元到远场的距离 $r_i$ 比第 1 阵元到远场的距离 $r_1$ 的距离差 $(i-1)d\cos\eta$ 所引起的相位差。而第 $i$ 阵元到远场 $P$ 点的传播幅度近似为 $1/r_i\approx1/r_1$。这样，式(7.79)近似为

$$E_i\approx AI_{i-1}\mathrm{e}^{-\mathrm{j}(i-1)\phi}\mathrm{e}^{\mathrm{j}k(i-1)d\cos\eta}f_0\frac{\mathrm{e}^{-\mathrm{j}kr_1}}{r_1}=AI_{i-1}\mathrm{e}^{\mathrm{j}(i-1)u}f_0\frac{\mathrm{e}^{-\mathrm{j}kr_1}}{r_1}\tag{7.81}$$

式中：$u$ 为相邻两阵元辐射场的总相差，是它们到远场的距离差所引起的相位差 $kd\cos\eta$ 与馈电相位差 $-\phi$ 之和，即

$$u = kd\cos\eta - \phi \tag{7.82}$$

最后，运用叠加原理，天线阵在空间 $P$ 点产生的辐射远场就是阵元在该点辐射远场的矢量叠加。由于所有阵元远场方向和极化均相同，远场矢量叠加变为标量求和，即

$$E = \sum_{i=1}^{N} E_i = AI\,\frac{e^{-jkr_1}}{r_1} f_0 \left[1 + e^{ju} + e^{j2u} + \cdots + e^{j(N-1)u}\right] \tag{7.83}$$

由等比数列求和公式，化简得到 $P$ 处的总辐射场为

$$E = AI\,\frac{e^{-jkr_1}\,e^{j(N-1)u/2}}{r_1} f_0\,\frac{\sin(Nu/2)}{\sin(u/2)} \tag{7.84}$$

式中

$$e^{-jkr_1}\,e^{j(N-1)u/2} = e^{-j[kr_1-(N-1)u/2]} = e^{-jk[r_1-(N-1)d\cos\eta/2]}\,e^{-j(N-1)\phi/2} = e^{-jkr}\,e^{-j(N-1)\phi/2}$$

其中：$r$ 为阵列中心至 $P$ 点的距离；$e^{-j(N-1)\phi/2}$ 为阵列中各阵元电流的平均相位，当 $N$ 为奇数时恰是中心阵元的电流相位。

运用远场近似 $1/r_1 \approx 1/r$，将式(7.84)简化为

$$E = A\left(I e^{-j\frac{N-1}{2}\phi}\right)\frac{e^{-jkr}}{r} f_0\,\frac{\sin(Nu/2)}{\sin(u/2)} = A\left(I e^{-j\frac{N-1}{2}\phi}\right)\frac{e^{-jkr}}{r} f_0(\eta) f_{ar}(\eta) \tag{7.85}$$

式中：$f_{ar}(\eta)$为方向性函数，且有

$$f_{ar}(\eta) = \frac{\sin(Nu/2)}{\sin(u/2)}$$

式(7.85)表明，均匀直线阵的辐射场相当于一个位于阵列中心的等效天线的辐射场，等效天线的电流相位是阵列中各元电流的平均相位，它辐射球面波，其方向性函数为 $f_0 \cdot f_{ar}$。可见，$N$ 元均匀直线阵的方向性函数由两部分组成的：第一个因子 $f_0$ 是阵元孤立存在时的方向性函数，称为元因子；第二个因子 $f_{ar}$ 与组成均匀直线阵的阵元类型及方向无关，而只与阵元数目、间距、馈电相位等阵列因素有关，称为阵因子。这就是均匀直线阵的方向图乘积定理。这一结论可以推广至一般直线阵和平面阵，就是方向图乘积定理：天线阵的方向性函数是元因子与阵因子的乘积。应用方向图乘积定理要注意：阵元类型必须一致；阵元排列方向必须一致；忽略阵元之间的互耦。按此要求，方向图乘积定理一般不适用于共形阵。

均匀直线阵的阵因子为

$$f_{ar}(\eta) = \frac{\sin\dfrac{Nu}{2}}{\sin\dfrac{u}{2}} = \frac{\sin\dfrac{N}{2}(kd\cos\eta - \phi)}{\sin\dfrac{1}{2}(kd\cos\eta - \phi)} \tag{7.86}$$

通常将阵因子归一化。当 $u\to 0$，$f_{ar}=N$，这相当于各阵元的辐射场同相叠加的情况，因而是阵因子的最大值。于是，归一化的阵因子为

$$F_{ar}(\eta) = \frac{\sin\dfrac{Nu}{2}}{N\sin\dfrac{u}{2}} = \frac{\sin\dfrac{N}{2}(kd\cos\eta - \phi)}{N\sin\dfrac{1}{2}(kd\cos\eta - \phi)} \tag{7.87}$$

由于 $u=0$ 时，即 $kd\cos\eta - \phi = 0$，馈电电流相位差与空间距离差引起的相位差相互抵消，各阵元的辐射场同相叠加，阵因子有最大值。若要求在 $\eta=\eta_m$ 的方向上产生最大辐射，则此时

相邻阵元间馈电电流相位差 $\phi=kd\cos\eta_m$。一般地，根据最大辐射方向 $\eta_m$ 值可分为三种情况：

（1）当 $\eta_m=\pm 90°$ 时，$\phi=0$，即同相阵，阵列的最大辐射方向在垂直于阵轴的方向上，称为侧射阵或边射阵。

（2）当 $\eta_m=0°$ 或 $\eta_m=180°$ 时，$\phi=\pm kd$，阵列的最大辐射方向沿阵轴，称为端射阵。

（3）当 $0°<\eta_m<180°$ 时，$-kd\cos\eta_m<\phi<kd\cos\eta_m$，阵列的最大辐射方向与阵轴的夹角为 $\eta_m$，称为斜射阵。斜射阵最典型的例子是相控阵。

## 7.7.2 侧射阵与端射阵

下面分别讨论均匀直线侧射阵和端射阵的性能。

### 1. 侧射阵

对于侧射阵，阵列的最大辐射方向在垂直于阵轴的方向上，即 $\eta_m=\pm 90°$。由 $u=kd\cos\eta_m-\phi=0$，此时 $\phi=0$，即均匀直线阵各阵元馈电电流同相，于是其阵因子为

$$F_{ar}(\eta)=\frac{\sin(Nkd\cos\eta/2)}{N\sin(kd\cos\eta/2)} \tag{7.88}$$

图 7.56 为不同阵元数目和 $d=\lambda/2$ 时侧射阵的归一化方向图。为了方便起见，定义偏离阵列法向的夹角为 $\theta$，显然 $\theta=90°-\eta$。随着阵元数目 $N$ 的增加，均匀直线侧射阵的波束变窄，波瓣增多，方向性得到增强。这是由于随着阵元数目的增加，阵的长度 $L=(N-1)d$ 增大，辐射总场的波的干涉效应更加显著。

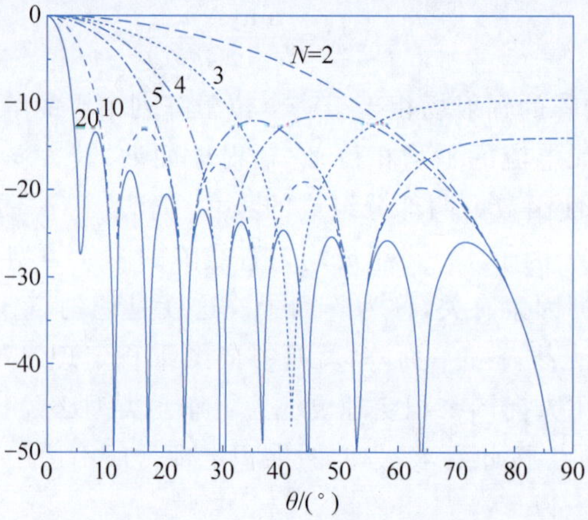


图 7.56 均匀直线侧射阵的阵因子

当 $N$ 较大时，由式(7.88)可以得到均匀直线侧射阵的主要电参数如下。

（1）半功率波束宽度 $2\theta_{0.5}$。令 $F_{ar}(\eta)=0.707$，用求根方法很容易得到

$$\frac{Nu_{0.5}}{2}=\frac{N}{2}kd\cos\eta_{0.5}=\frac{N}{2}kd\sin\theta_{0.5}\approx 1.39$$

即

$$2\theta_{0.5}=0.89\,\frac{\lambda}{L}(\text{rad})=51°\,\frac{\lambda}{L} \tag{7.89}$$

可见，阵列的电长度($L/\lambda$)越大，$2\theta_{0.5}$ 越小，阵列的方向性越强。这是一般性的结论。

（2）副瓣电平 $SLL_1$。由图 7.55 可以看出，当 $N$ 较大时，有

$$SLL_1=-13.2\text{dB} \tag{7.90}$$

当阵元较少时,副瓣电平略高于此值。

(3) 方向性系数。阵因子的方向图对阵轴是旋转对称的,有

$$D \approx \frac{2L}{\lambda} \tag{7.91}$$

可见,阵列的电长度($L/\lambda$)越大,阵列的方向性越强。这是一般性的结论。

2. 端射阵

对于端射阵,阵列的最大辐射方向在阵轴的方向上,即 $\eta_{\mathrm{m}}=0^{\circ}$ 或 $\eta_{\mathrm{m}}=180^{\circ}$。由 $u=kd\cos\eta_{\mathrm{m}}-\phi=0$,此时 $\phi=\pm kd$,于是端射阵的阵因子为

$$F_{\mathrm{ar}}(\eta)=\frac{\sin\left[\frac{N\pi d}{\lambda}(1-\cos\eta)\right]}{N\sin\left[\frac{\pi d}{\lambda}(1-\cos\eta)\right]} \tag{7.92}$$

图 7.57 为 $d=\lambda/4$ 和 $\phi=+kd$ 与 $\phi=-kd$ 的二元端射阵的方向图。当 $\phi=+kd$ 时,在 $\eta=0^{\circ}$方向,馈电电流相位差与空间距离差引起的相位差相互抵消,各阵元的辐射场同相叠加;在相反方向,各阵元的辐射场反相抵消,因而最大辐射方向在阵轴方向,并指向右端(相位滞后方向),如图 7.57(a)所示。当 $\phi=-kd$ 时,在 $\eta=180^{\circ}$方向,馈电电流相位差与空间距离差引起的相位差相互抵消,各阵元的辐射场同相叠加;在相反方向,各阵元的辐射场反相抵消,因而最大辐射方向在阵轴方向,并指向左端(相位滞后方向),如图 7.57(b)所示。

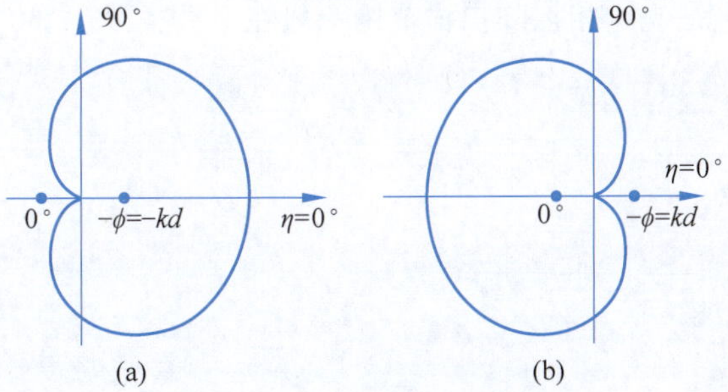


图 7.57 二元端射阵的方向图

前面介绍的引向天线、对数周期天线、轴向模螺旋天线也可以近似看作一个天线阵,其相位分布类似于端射阵的情况,因而它们均是端射阵。

## 7.7.3 相控阵原理

对于斜射阵,阵列的最大辐射方向是与阵轴的夹角 $0^{\circ}<\eta_{\mathrm{m}}<180^{\circ}$。由 $u=kd\cos\eta_{\mathrm{m}}-\phi=0$,此时$-kd\cos\eta_{\mathrm{m}}<\phi<kd\cos\eta_{\mathrm{m}}$。不同的最大辐射方向,需要不同的阵元馈电线性相位;反过来,如果阵元馈电相位递增不同,最大辐射则指向不同方向。如果通过电调方法,如微波移相器或收发(T/R)组件等微波器件来快速地改变阵元馈电电流的相位,则阵列的最大辐射方向也在快速地改变,辐射波束快速地在空间扫描,该天线称为相控阵,也称电扫天线。相比于机械扫描天线,相控阵天线能对波束方向和形状快速精确控制,使得相控阵天线能够快速、灵活地扫描波束,满足现代通信、雷达和其他电子系统对高性能天线的需求。

相控阵有无源相控阵和有源相控阵之分,它们之间的区别是天线单元通道中是否含有有源电路(如功率放大器、低噪声放大器等)。本节主要介绍无源相控阵,它的每一个天线单元通道中只有无源移相器,不含有源电路,如图 7.58 所示。有源相控阵可以参见 6.12 节、7.8 节和 9.5 节相关内容。

### 1. 波束扫描特性

由式(7.87)可知,当相控阵扫描到最大辐射方向 $\eta_m$ 时,应有 $u=kd\cos\eta_m-\phi=0$,即控制相位为

$$\phi=kd\cos\eta_m \tag{7.93}$$

于是,相控阵的阵因子为

$$F_{ar}(\eta)=\frac{\sin\dfrac{Nkd}{2}(\cos\eta-\cos\eta_m)}{N\sin\dfrac{kd}{2}(\cos\eta-\cos\eta_m)}=\frac{\sin\dfrac{Nkd}{2}(\sin\theta-\sin\theta_m)}{N\sin\dfrac{kd}{2}(\sin\theta-\sin\theta_m)} \tag{7.94}$$

式中:$\theta$ 为偏离阵列法向的角度,$\theta=0°$是阵列法向方向,显然 $\theta=90°-\eta$。

当相控阵扫描到某一角度 $\theta_m$ 时,其等相位面垂直于最大辐射方向 $\theta_m$,如图 7.59 所示。由图可见,当相控阵扫描时,其阵列有效长度 $L_e$ 等于阵列实际长度在等相位面上的投影,即 $L_e=L\cos\theta_m$。当相控阵不扫描时,$\theta_m=0°$,阵列有效长度 $L_e$ 最大,波束最窄,方向性最强;当相控阵扫描角 $\theta_m$ 增大时,有效长度 $L_e$ 按照 $\cos\theta_m$ 因子减小,波束展宽,方向性下降。由式(7.91)可知,此时相控阵的方向性系数是侧射阵的方向性系数乘以因子 $\cos\theta_m$,即

$$D\approx\frac{2L\cos\theta_m}{\lambda} \tag{7.95}$$

可见,当扫描角 $\theta_m$ 不大时,相控阵的方向性系数下降不大;当扫描角 $\theta_m$ 较大时,相控阵的方向性系数下降很大,这也是规定相控阵扫描范围一般在$-60°\leqslant\theta_m\leqslant60°$的一个重要原因。

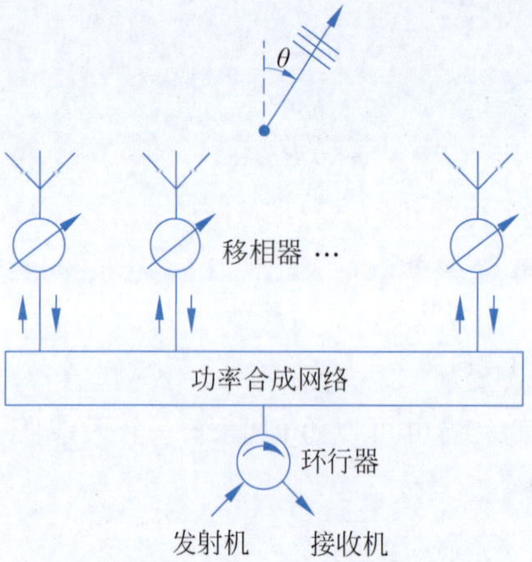


图 7.58 相控阵天线的原理

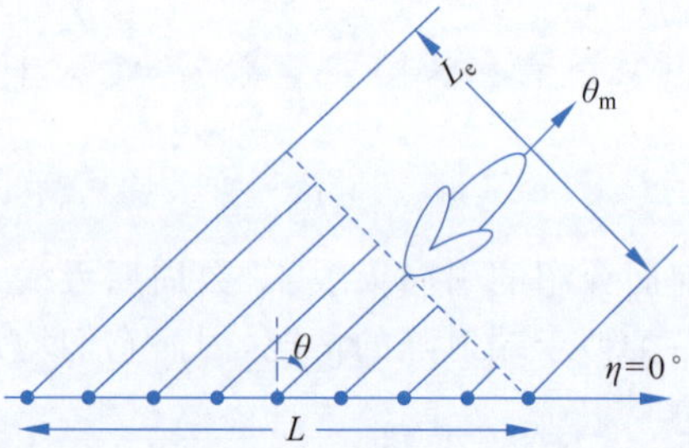


图 7.59 相控阵天线的等相位面与有效长度

**例 7.12** 相控阵的波束扫描特性。

对 $N=15$ 和 $d=\lambda/2$ 的相控阵进行仿真,给出扫描角 $\theta_m$ 分别为 0°、±30°、±60°时的扫描波束,并分析其性能。

**解:** 由式(7.94)编写一段计算机程序,代入上述参数,仿真结果如图 7.60 所示。由图可见,随着扫描角 $\theta_m$ 增大,波束展宽,方向性系数下降。当扫描到 $\theta_m=\pm60°$时,方向性系数最大值下降 3dB,因此相控阵天线一般不能大扫描角工作。

### 2. 栅瓣及其抑制

由前面分析可知,当 $u=0$,即 $kd(\sin\theta-\sin\theta_m)=0$ 时,各阵元的辐射场同相叠加,天线阵在 $\theta=\theta_m$ 方向最大辐射,这是天线阵的主瓣。但是,当阵元间距 $d$ 进一步增加时,就会出现 $u=\pm2\pi$ 的情况,此时相邻阵元的辐射场的相位差为 $2\pi$,各阵元的辐射场同相叠加,这就意味

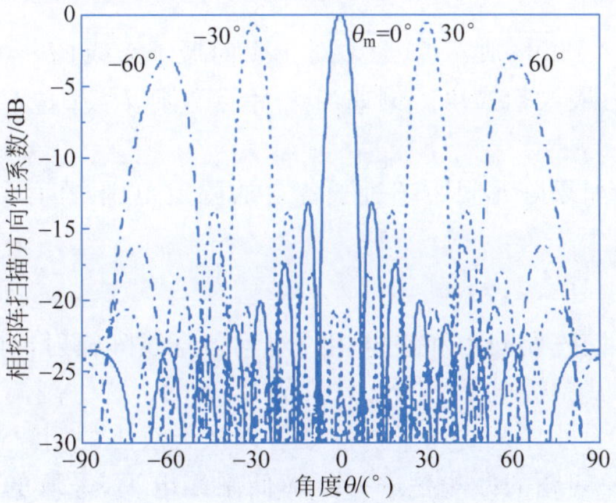


图 7.60 相控阵的波束扫描特性

着在空间可见区范围($-\pi\leqslant\theta\leqslant\pi$)内出现与主瓣相同的另一个最大值，该波瓣称为栅瓣，如图 7.61 所示。栅瓣的出现是有害的，它不但能使功率分散而降低天线增益，而且会造成雷达系统对目标的观测位置的错误判断，必须予以抑制。

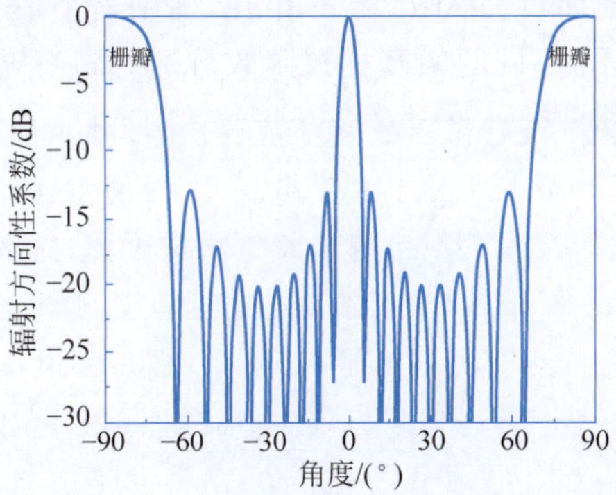


(a) 侧射阵($N$=10,$d$=1.0λ)

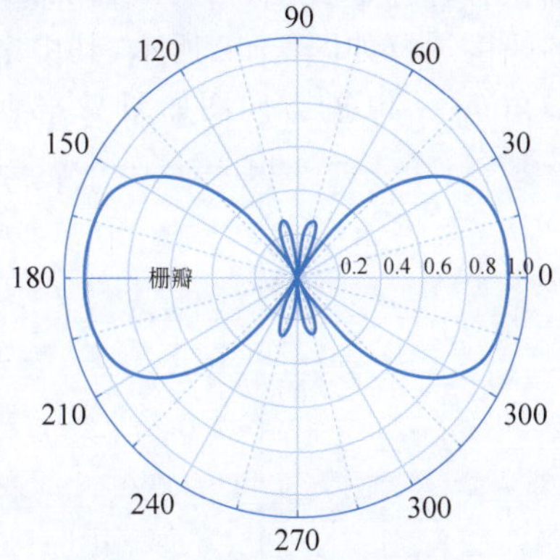


(b) 二元端射阵($N$=2,$d$=0.5λ)

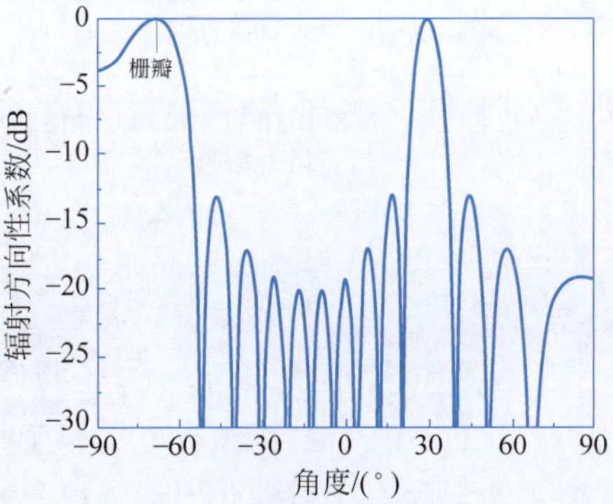


(c) 相控阵($N$=10,$d$=0.7λ)

图 7.61 天线阵的栅瓣

栅瓣抑制的条件是 $u_{\max}<2\pi$，即 $kd\,|\sin\theta-\sin\theta_{\mathrm{m}}|_{\max}<2\pi$，由此可得

$$d<\frac{\lambda}{1+|\sin\theta_{\mathrm{m}}|}\tag{7.96}$$

对于侧射阵，有 $\theta_{\mathrm{m}}=0°$，则 $d<\lambda$。为了提高方向性，侧射阵的间距范围通常为 $0.5\lambda\leqslant d\leqslant 0.9\lambda$，一般取 $d\approx0.85\lambda$。

对于端射阵，有 $\theta_m=\pm 90°$，则 $d<\lambda/2$。对于引向振子天线，$d\approx 0.2\lambda$。

对于相控阵，$\theta_m$ 应为最大扫描角。例如当 $\theta_m=60°$，则 $d<0.53\lambda$。一般情况下，相控阵的阵元间距 $d=0.5\lambda$。

对于以上三种阵列，如果阵元间距超过了各自的限定范围，在可见区内就会出现栅瓣，如图 7.61 所示。

3. 幅度加权

前面分析了阵元数目、阵元间距和馈电相位对均匀直线阵辐射特性的影响，但是由于均匀直线阵馈电幅度都相等，其副瓣电平 $SLL_1$ 只有 $-13.2$dB。这一副瓣电平对于有些雷达和通信系统来说是不够的，因为外界杂波和干扰信号可以从天线阵的副瓣进入天线，从而影响接收机的正常工作。解决这一问题的办法是进一步降低副瓣电平，采取的措施是阵元的馈电电流 $I_i$ 不等幅，一般阵列中间阵元幅度大，两边馈电幅度小，称为幅度加权。由式(7.83)可得幅度加权阵的远区辐射场为

$$E=\sum_{i=1}^{N}E_i=A\frac{e^{-jkr_1}}{r_1}f_0\sum_{i=1}^{N}I_i e^{j(i-1)u} \tag{7.97}$$

幅度加权有各种方法，如三角函数加权、正弦函数加权、泰勒加权和切比雪夫加权等。20 元天线阵的幅度加权如图 7.62 所示，其中泰勒加权为 $SLL_1=-30$dB，等副瓣个数 $\bar{n}=3$。不扫描和扫描角 $\theta_m=30°$的方向图如图 7.63 所示，不同的幅度加权函数得到的副瓣电平也不相

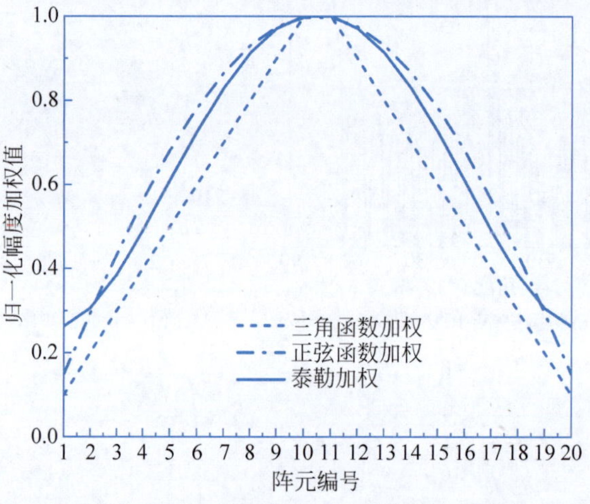


图 7.62 不同的幅度加权的幅度分布

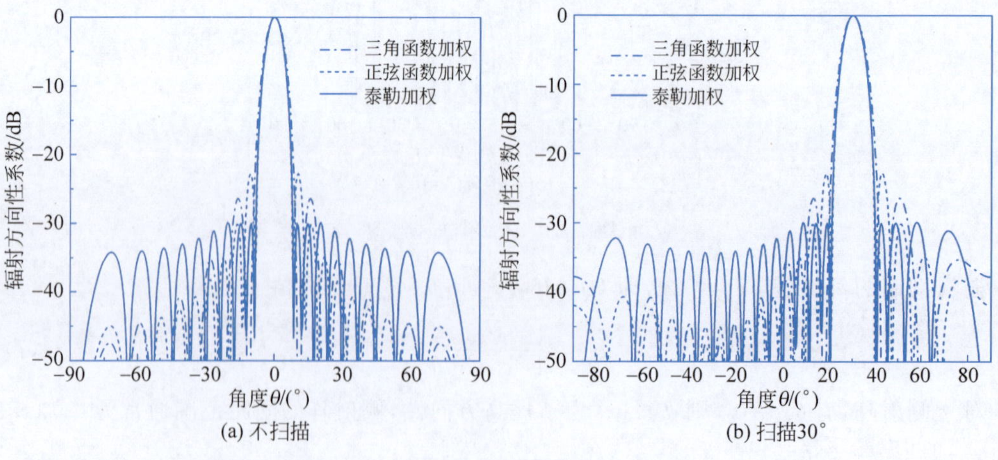


图 7.63 不同幅度加权的辐射方向图

同。一般来说，幅度锥削越厉害，副瓣电平越低，但是波束宽度相比均匀阵列会展宽。泰勒加权在获得低副瓣的同时，波束展宽比较小，是一种常用的加权方法。



## 7.8 案例1：移动通信中的天线技术

随着移动通信业务需求的不断增长，人们对移动通信传输速率、容量、时延、质量等要求越来越高，移动通信系统每10年左右进行一次革新，出现了各种各样的新标准，如2G、3G、4G、5G。4G移动通信系统中采用了正交频分复用（OFDM）的多载波传输技术和多输入多输出（MIMO）的多天线传输技术，适用于复杂多径传输环境和有限频谱资源条件下提供宽带高速传输。MIMO技术在发射和接收端配置多根天线实现信号的发射和接收，从而构成多个并行数据链路实现共享时间和频段的传输，它使得空间成为一种并列于时间、功率和频率的通信资源，用于提高通信系统的可靠性和有效性。与传统的单入单出（SISO）系统相比，MIMO可以利用空间资源显著提高系统的通信容量或有效改善通信系统的性能。目前正在使用的5G移动通信系统中采用了大规模多输入多输出技术，它是一种具有高速率、低时延特点的新一代宽带高速移动通信技术。大规模多输入多输出使用更多的阵元数目，充分利用多径效应，既可以获得空间分集增益和空间复用增益，还可以享用波束赋形效果，是5G移动通信中提升网络覆盖、系统容量和用户体验的关键核心技术。

因此，随着移动通信技术的不断发展，天线技术在移动通信中发挥了越来越重要的作用，本案例主要介绍基站天线和手机天线技术。

### 7.8.1 基站天线

基站是移动通信系统的重要组成部分，它直接影响整个无线网络的特性。天线是基站系统的重要组成部分，从2G到5G移动通信系统发展过程中，基站天线经历了全向天线、定向单极化天线、定向双极化天线、电调双极化天线、多频双极化天线以及MIMO多天线、大规模MIMO有源多天线等过程，发展历程大致如图7.64所示。

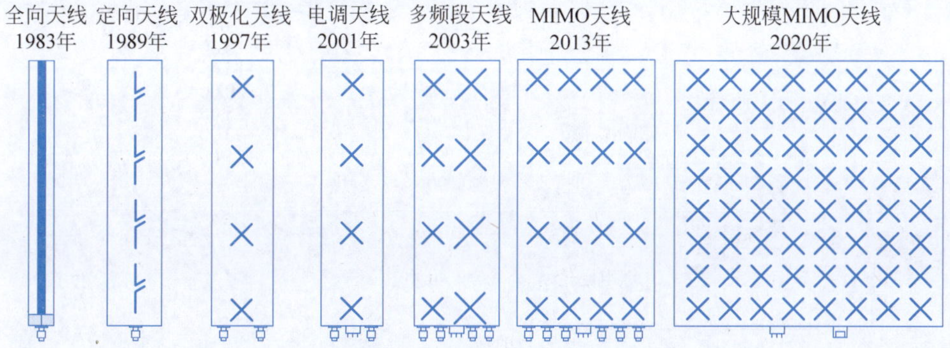


图7.64 基站天线的发展过程

基站天线的发展概括起来有以下几点：

（1）从宏基站的方位全向天线向微蜂窝基站的定向天线发展。

（2）从单极化天线向±45°双极化天线发展。

（3）从机械调整波束下倾向电调波束下倾发展。

（4）从单频段天线向多频段天线发展。

（5）从SISO天线向MIMO天线发展。

（6）从无源天线向有源天线发展。

下面主要从传统无源天线和5G有源天线两方面介绍基站天线。

## 1. 传统无源基站天线[55]

传统无源基站天线通常是阵列天线，主要由辐射单元、金属反射板、馈电网络和天线罩四部分组成，天线本身不含有源收发组件，如图7.65所示。

(a)

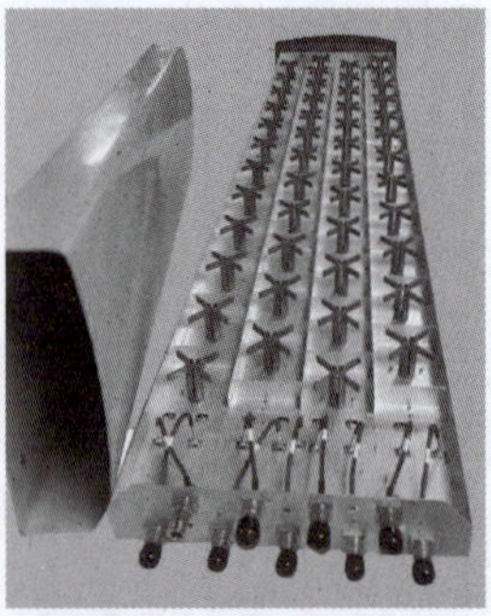

(b)

图7.65 无源双极化基站天线

基站天线常用的辐射单元有十字交叉半波振子、微带方形贴片天线等，目的是产生±45°双极化定向辐射。图7.66(a)是一种单极化印刷振子辐射单元的结构图，半波印刷振子蚀刻在微波基板的正面，微带馈线蚀刻在微波基板的底面。它采用微带线-槽线的不平衡到平衡转换结构(巴伦)实现印刷振子单元的平衡馈电，其原理类似于7.5.2节槽线天线的馈电原理。为了实现定向辐射，在距离振子单元高度 $H\approx\lambda/4$ 处放置金属平面反射板，金属板的反射波与振子单元的前向波同相叠加，形成前向的定向辐射波。通过调节反射板的宽度 $W$、折边的高度 $H_1$ 与倾角 $\alpha$，可以控制基站天线水平面辐射波束的主瓣宽度，其水平面波束宽度通常为90°和65°，如图7.66(b)所示。两个单极化印刷振子按十字交叉组合，就可以构成双极化辐射单元。

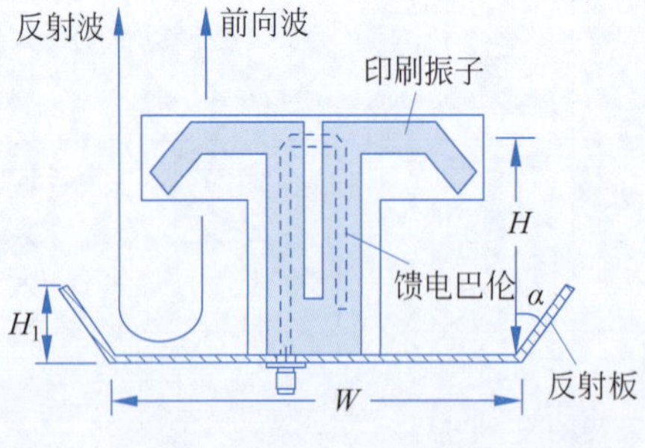


(a) 辐射单元结构

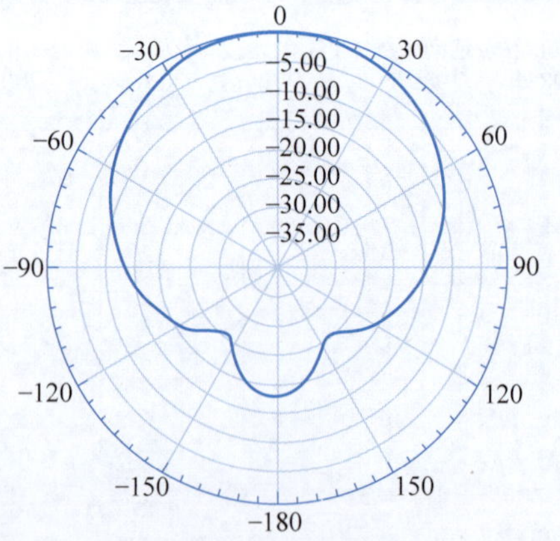


(b) 水平面定向辐射方向图

图7.66 基站天线辐射单元及其辐射方向图

为了实现高增益，基站天线的垂直面用多个辐射单元组成竖直线阵，每个竖直线阵提供±45°双极化接口，并对应一个移动通信频段。线阵的每个极化用功率分配器和电调移相器组成的馈电网络进行馈电，如图7.67所示。功率分配器一般采用微带线或空气微带T形结，可以实现等功率分配或不等功率分配。电调移相器一般不采用PIN管移相器，而是采用简单的圆弧形微带线，通过电调控制电容性耦合触点移动来改变微带线长，从而达到移相的目的。

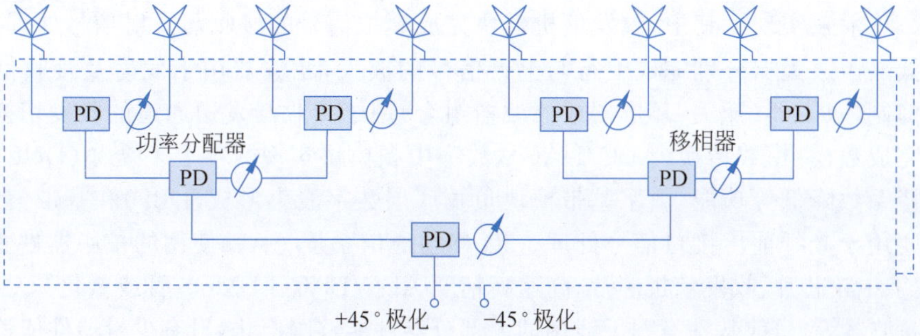


图 7.67 馈电网络的结构

通过优化每个辐射单元的馈电幅度、相位和间距，在垂直面形成窄波束的同时，还可实现具有波束下倾、波束填零等功能的赋形波束，以便达到更好的蜂窝小区辐射场强覆盖。下倾角 $\alpha$ 一般为 5°～10°，如图 7.68 所示，实线是具有下倾和填零功能的赋形波束，虚线是均匀同相阵的正常对称波束。

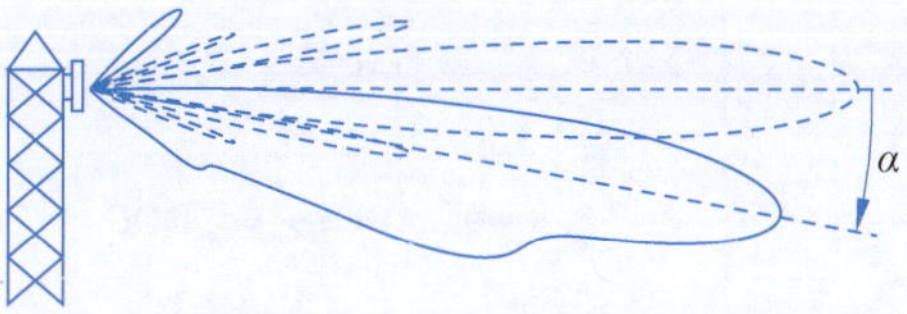


图 7.68 基站天线的垂直面方向图

## 2. 5G 移动通信系统有源基站天线

在 4G 和 4G 移动通信系统以前基站中，天线和射频通道数目不多，无源天线与射频远端单元(RRU)是分离的，它们之间通过射频同轴电缆连接，导致馈线较多，馈线损耗较大，如图 7.69(a)所示。由于 5G 移动通信系统引入大规模多天线技术，基站设备主要有 64T/64R(64 个发射通道和 64 个接收通道)、32T/32R、16T/16R 等主流规格，天线和射频通道数量庞大。为避免使用大量的馈线和馈线引入的损耗，需要将射频远端单元与天线一体化设计，就构成了有源天线单元(AAU)。有源天线单元与基带处理单元(BBU)之间通过光纤连接，可以更好地支持大规模 MIMO 等新型多天线技术，如图 7.69(b)所示。

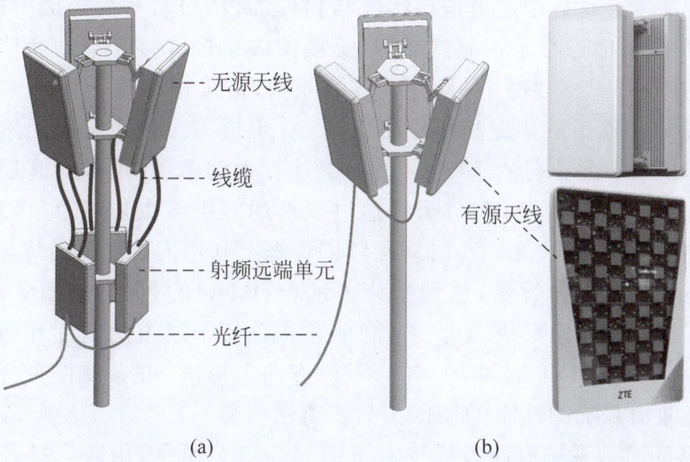


图 7.69 4G 和 5G 通信移动系统基站天线对比

5G 移动通信系统有源天线的原理框图如图 7.70 所示，设备内部包含天线单元、双工器、收发信机、数字中频、数字基带、接口等主要模块，5G 移动通信系统有源天线主要采用软件无线电(SDR)技术来实现。其中,收发信机模块完成模拟信号的接收与发射信号处理功能,功率放大器和低噪声放大器分别完成下行与上行信号的放大,滤波器用于发射及接收信号的选频以及干扰抑制,双工器(开关、环形器或滤波器组合)用于接收与发送通道的收发切换。收发信机模块还完成数模/模数转换(ADC/DAC),数字中频模块实现数字上下变频(DUC/DDC)、预失真和波峰系数降低等功能,数字基带模块负责底层数字波束形成(DBF)和基带信号处理,接口模块主要用于光纤前传接口信号处理。5G 移动通信系统 AAU 使用的核心器件主要包括基带芯片、数字中频芯片、收发信机芯片、高速高精度 ADC/DAC、LDMOS 管或氮化镓功率放大器、陶瓷介质滤波器等,目前基站有源天线用的大部分器件能够国产化,只有少量器件依赖进口。

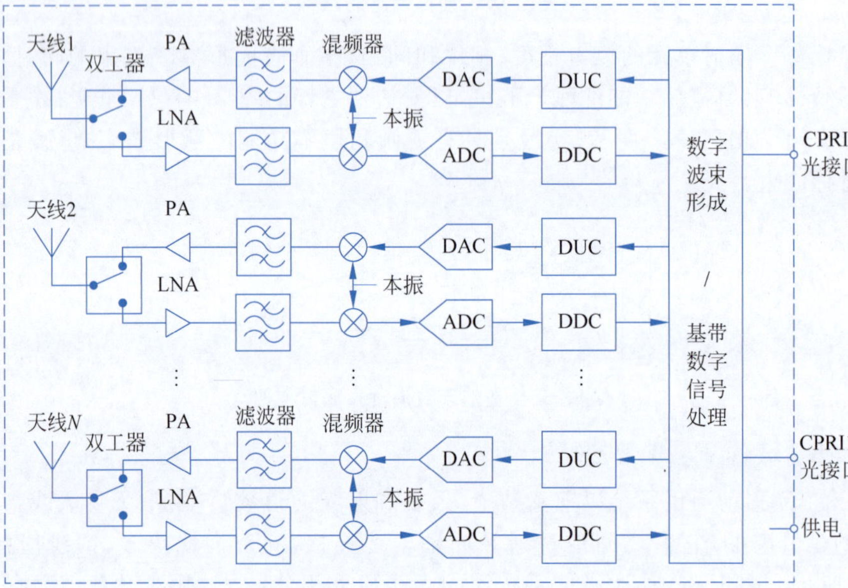


图 7.70 5G 移动通信系统有源天线的原理框图

5G 移动通信系统有源天线相比无源相控阵天线的不同点：无源相控阵天线的波束形成是通过射频移相器和功率分配网络完成的,因此属于模拟波束形成；而 5G 移动通信系统有源天线在射频通道上没有移相器,收发通道全部实现了数字化,因此它的波束形成是在数字基带上完成的,在数字基带上对每个通道进行幅度和相位加权处理,从而形成所期望的辐射波束,这就是数字波束形成(DBF)技术。显然,相对于模拟波束形成,5G 移动通信系统有源天线具有灵活的波束形成能力。一方面,它具有多波束能力,可以根据多个用户来波的到达角估计(DOA),通过调整每个通道的幅度和相位加权量 $w_i$ 形成多个波束分别对准不同的用户。大规模 MIMO 天线在水平面覆盖的基础上,增加了垂直面的覆盖,可以对高层楼宇实现高、中、低层多波束覆盖。因此大规模 MIMO 天线通过灵活的三维波束形成,可以深挖空间资源,使得基站覆盖范围内的多个用户在同一时间和频谱资源上利用大规模天线提供的空间自由度进行通信,显著提高系统的通信容量,达到空分多址(SDMA)的目的,如图 7.71(a)、(b)所示。另一方面,它具有自适应波束形成能力[56],能动态调整每个通道的幅度和相位加权量 $w_i$,在用户方向形成最大化期望辐射波束的同时,干扰方向上形成零陷,使得干扰信号的影响最小化,从而有效改善通信系统的性能,如图 7.71(c)所示。

典型的 5G 移动通信系统有源天线技术指标如表 7.2 所示,由表可见,5G 移动通信系统有源天线的阵元数量比 4G 移动通信系统天线大幅增加,波束宽度较窄,能量更集中,增益较高；同时波束扫描范围宽,波束数量大,从而达到扩大覆盖范围的效果,很好地解决了高增益与宽覆盖之间的矛盾。

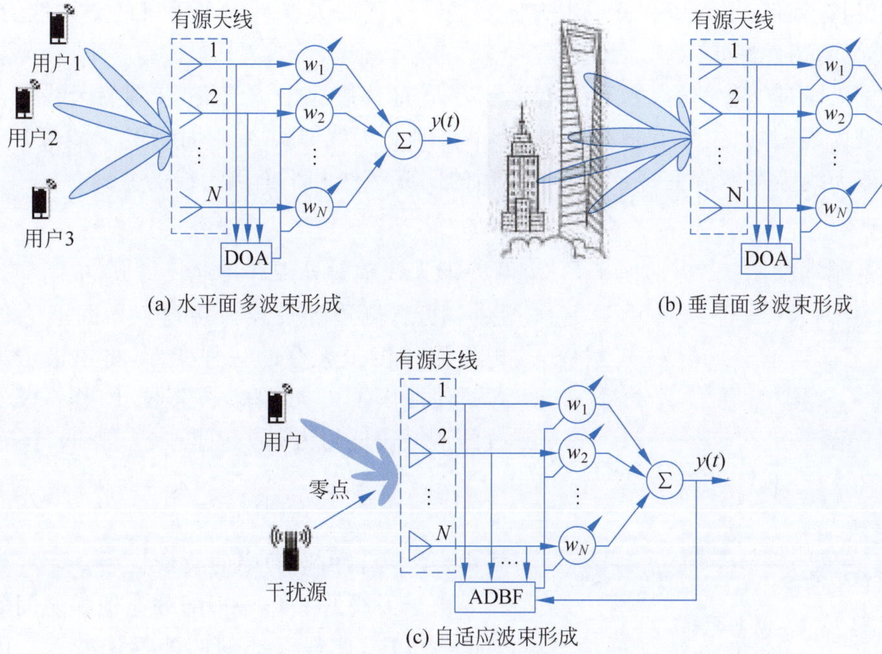


**图 7.71　5G 移动通信系统有源天线的数字波束形成 DBF**

**表 7.2　典型的 5G 移动通信系统有源天线技术指标**

| 技术指标 | 主要参数 |
|---|---|
| 工作频率/MHz | 3400～3600 |
| 工作带宽/MHz | 200 |
| 支持的信号带宽/MHz | 20,30,40,50,60,70,80,90,100 |
| 收发通道 | 64T/64R |
| 天线单元 | 8×12 双极化单元 |
| 极化方式 | ±45° |
| 增益(法向)/dB | 25 |
| 波束扫描范围/(°) | ±60(水平面),±15(垂直面) |
| 最大可支持波束数量 | 48 |
| 发射功率/W | 240 |
| 接收灵敏度/dBm | −99 |
| 供电电压/V | −48 |
| 尺寸 | 730mm×395mm×160mm |
| 质量/kg | 26(不含安装件) |

虽然 5G 移动通信系统有源天线具有较多优点,但是有源天线通道数目多,需要大量有源射频芯片和数字处理芯片。由于功放等器件的效率约为 30%,因此单面 5G 移动通信系统有源天线功耗比较大,一般达到 700～800W。如果一个基站按照 3 面 5G 移动通信系统有源天线计算,基站功耗将达到 2000W 以上,这不仅导致 5G 移动通信系统有源天线需要良好的散热装置,而且使通信服务商的运营成本急剧上升。

## 7.8.2　手机天线

随着移动通信业的高速发展,手机已经成为人们日常生活中沟通交流和信息获取不可缺少的手段。由于人们对手机性能和外观的要求,手机持续朝多功能、小型化和轻重量方向发展，手机天线也朝宽频带、超轻薄和低成本方向发展。合适的天线将提高手机的整体性能，减小功率损耗，持久耐用性好。

最早的手机天线是外置型的，主要有单极子天线（垂直接地振子天线）和螺旋天线等。现在的手机天线是内置型的，主要有折叠单极子天线、倒 F 天线（IFA）、平面倒 F 天线（PIFA）、环形天线和缝隙天线等。本节主要介绍手机常用的倒 F 天线和平面倒天线的原理。

### 1. 倒 F 天线[54]

倒 F 天线的结构如图 7.72(a)所示，它由倒 F 形天线辐射导带和接地板组成，中间导带连接馈电点，侧边导带连接接地点。倒 F 天线可以看作单极子天线的一种变形，将单极子天线弯折便形成了 L 形单极子天线，L 形单极子天线的谐振长度约为 $\lambda_0/4$，即

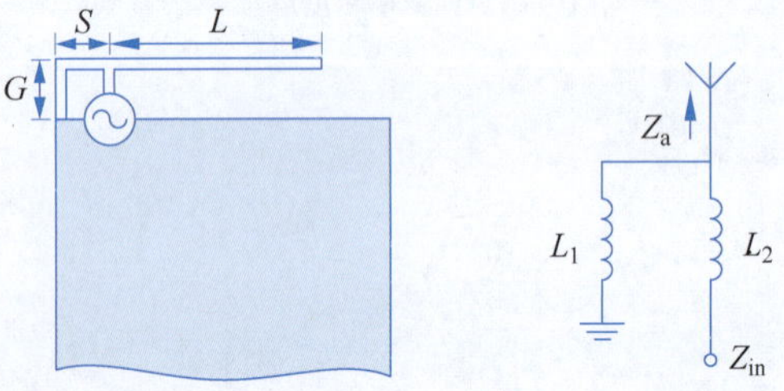


(a) 倒F天线结构　　(b) 等效电路

图 7.72　倒 F 天线

$$G + L \approx \frac{\lambda_0}{4} \tag{7.98}$$

式中：$\lambda_0$ 为自由空间中的波长。

由于天线的 L 形弯折部分与地板之间的等效电容效应，使得天线的匹配性能变差。因此在 L 形弯折处连接长度为 $S+G$ 的并联枝节与接地板连接，它等效为并联电感，可用于抵消等效电容的影响，从而达到匹配的目的。其等效电路如图 7.72(b)所示。图中 $Z_a$ 是天线弯折部分的输入阻抗，它呈现容性；$L_1$ 是长度为 $S+G$ 的接地并联枝节的等效电感，$L_2$ 是馈电导带的等效电感。对于给定的设计频率 $f_0$ 和弯折高度 $G$，通过调节弯折部分长度 $L$ 和枝节间距 $S$，可以在设计频率处达到匹配目的，如图 7.73(a)所示。

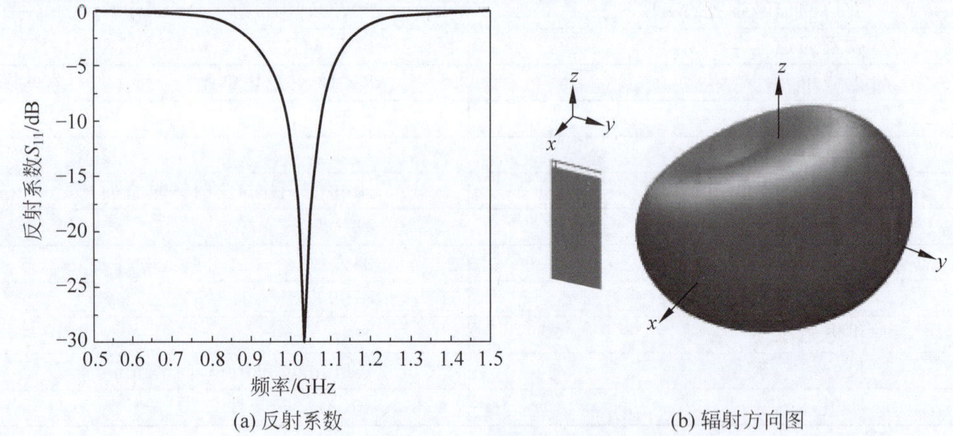


彩图

(a) 反射系数　　(b) 辐射方向图

图 7.73　倒 F 天线的性能

图 7.73(b)是倒 F 天线的辐射方向图，在 $xOy$ 平面内近似全向辐射。需要注意的是，图 7.73(b)所示的倒 F 天线在 $xOy$ 平面内主极化方向是 $z$ 向线极化，而不是 $y$ 向线极化。这是由于倒 F 天线的主要辐射部分是馈电处的垂直于接地板的导带部分，而不是平行接地板的弯折部分。弯折部分及其在接地边缘感应电流由于距离小可视为平行双导线（电流方向相反），其辐射能量很小，可以忽略不计，实际上弯折部分与垂直接地振子的加顶作用类似。

倒 F 天线结构简单，可调节参数少，因此往往适合于单频段应用，如手机内的 GPS、蓝牙、Wi-Fi 天线。

### 2. 平面倒F天线[54]

平面倒F天线可以看作由倒F天线演变而来，将倒F天线的辐射条带变成一个平面贴片，如图7.74所示。在大多数情况下，平面贴片位于接地平面的上方，高度为 $H$，贴片的宽度为 $W$、长度为 $L$，接地条带与馈电条带的间距为 $S$。

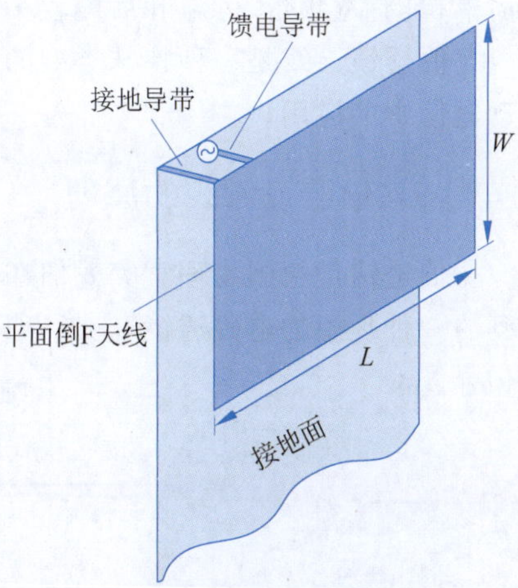


图 7.74　平面倒F天线

平面倒F天线最关键的参数是高度 $H$，高度太小辐射效率低，频带窄；适当的高度可以增加带宽。平面倒F天线的谐振频率不只由贴片长度 $L$ 决定，而是由贴片长度和宽度决定，它们之和约为 $\lambda_0/4$ 时发生谐振，因此

$$W + L \approx \frac{\lambda_0}{4} \tag{7.99}$$

通过调节 $W+L$，可以使天线工作在设计频率，调节间距 $S$ 可以优化天线匹配特性。

此外，平面倒F天线可以通过在辐射贴片上开缝引入新的电流谐振模式，拓展天线带宽或者多频段工作。图7.75(a)是双频段平面倒F天线开缝图，主要参数是缝隙距离贴片边缘距离 $D$ 和缝隙长度 $C$。图中还给出了低频段和高频段电流路径，对于低频段，电流路径较长，主要受参数 $D$ 影响；对于高频段，电流路径较短，主要受参数 $D$ 和 $C$ 的影响，增加缝隙长度 $C$，可以降低高频段的谐振频率。双频段平面倒F天线的反射系数如图7.75(b)所示，它可以工作在850MHz和1800MHz移动通信频段。

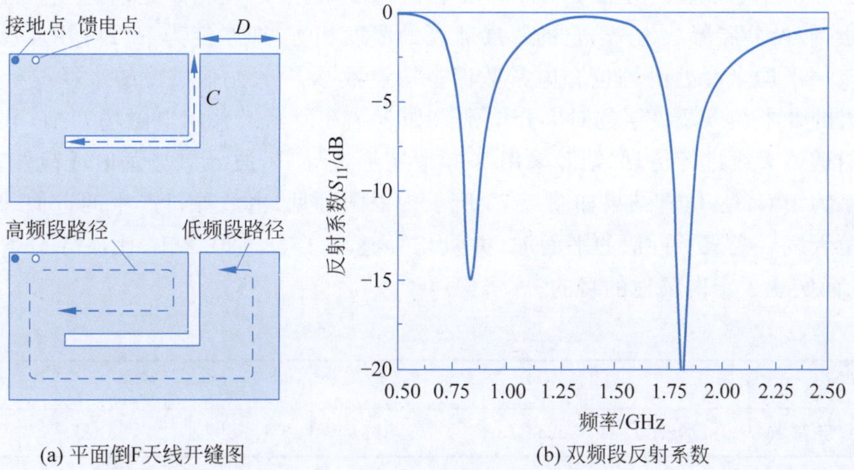


图 7.75　双频段平面倒F天线

随着移动通信技术的不断演进，手机天线也在不断发展中，如MIMO手机天线、手机边框天线、手机毫米波天线及其阵列、手机卫星天线等，在此不再一一展开，读者可参考有关文献。

## 7.9 案例2：透镜天线原理及其应用

在微波、毫米波和亚毫米波系统中，光学原理在天线中展现独特的应用。透镜天线正是基于这一原理，通过透镜的折射特性，将焦点处的点源发出的球面波转换为平面波，实现定向辐射。透镜天线的类型很多，常用的凸透镜天线采用低损耗的均匀介质材料制成。透镜天线结构简单，具有宽频带、旁瓣和后瓣较小的特点。

龙伯透镜天线是一种特殊类型的透镜天线，本案例主要讨论龙伯透镜天线的原理，以及在移动通信中的应用。

### 7.9.1 龙伯透镜天线的原理

龙伯透镜是德国物理学家龙伯在1944年基于几何光学原理提出的概念，并通过数学模型得到的一种理想的电磁透镜，它是一只完整的球形透镜，可以让任何方向入射的平面电磁波，都会聚到球面上的某一个点。反过来，球面上的点源发出的球面波经过龙伯透镜后转换为平面波，可以实现定向辐射，如图7.76所示。

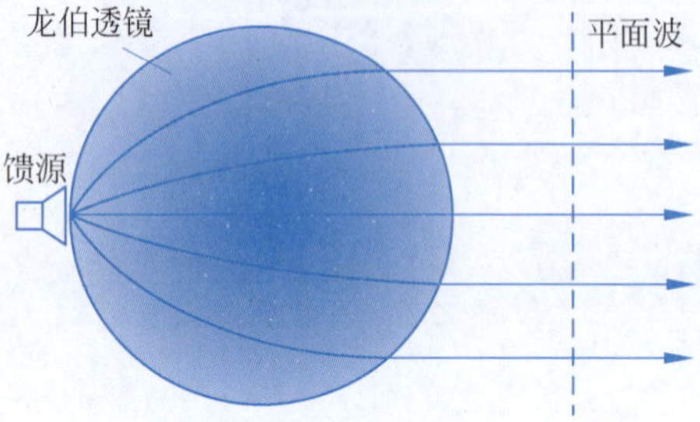


图 7.76 龙伯透镜天线的原理

典型的龙伯透镜是一种球对称的介电常数渐变的介质透镜，其相对介电常数随半径的平方而变化，即

$$\varepsilon_r = 2 - \left(\frac{r}{R}\right)^2 \tag{7.100}$$

式中：$r$ 为发自球心的径向距离；$R$ 为球的半径。

龙伯介质透镜的相对介电常数从内层到表面满足 2→1 的变化规律，其表面的每个点都可以认为是焦点。

龙伯透镜原理看似简单，在实际的龙伯透镜天线实现时，介电常数按要求连续变化是难以实现的。常见的龙伯透镜为分层实现，由一系列介电常数阶梯变化的均匀介质球壳组合来近似模拟龙伯透镜介电常数的分布要求。分层层数越多，越接近理想的龙伯透镜。常用的是等厚度分层法，假设分层层数为 $N$，它的每层球壳的厚度相等，即厚度为 $R/N$，并且每层的介电常数取为该层平均半径处的理论介电常数值。取层数 $N=6$，龙伯透镜的半径 $R=60\text{mm}$，可以得到各层的外半径以及该层的对应介电常数如表7.3所示。采用电磁场CAD软件对分层结构的龙伯透镜天线进行仿真，馈源采用X频段矩形波导口，波导口与龙伯透镜外表面相切，馈源的频率为10GHz，仿真结果如图7.77所示。由图可见，由波导口产生的近似球面波在经过分层透镜天线后变成了近似的平面波，并且增益达到了 $G=20.2\text{dB}$，比波导口增益提高了13.4dB，从而实现了定向辐射的目的。

表 7.3 等厚分层介电常数分布

| 层数 N | 1 | 2 | 3 | 4 | 5 | 6 |
|---|---|---|---|---|---|---|
| 每层相对介电常数 | 1.9931 | 1.9375 | 1.8264 | 1.6597 | 1.4375 | 1.1597 |

彩图

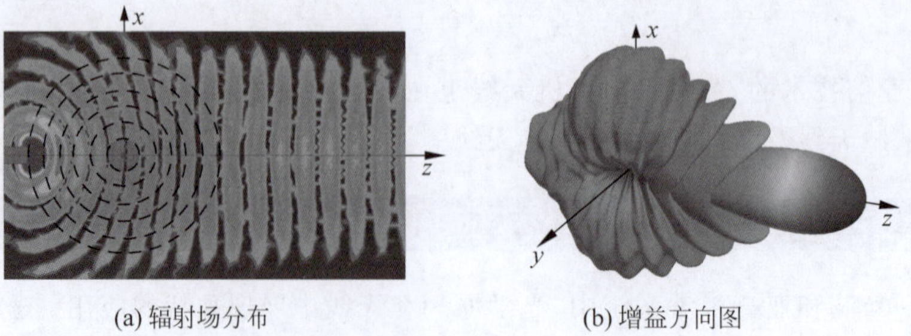


(a) 辐射场分布　　(b) 增益方向图

图 7.77 分层龙伯透镜天线的仿真

### 7.9.2 超材料龙伯透镜天线

虽然分层龙伯透镜天线结构近似地实现了介电常数变化的要求，但是特定相对介电常数的介质材料难以获得。近年来，采用三维(3D)打印技术的超材料龙伯透镜受到人们的重视[57]，它将龙伯透镜划分为许多的周期小单元，每个单元的结构具有相似性，通过改变单元的介质材料与空气的体积比，即可实现等效的介电常数变化，可以近似地实现连续的介电常数分布，从而降低制作难度。

超材料(又称人工电磁材料)是指具有自然界中材料不具有的特殊电磁特性的人工复合结构。此材料的单元结构往往具有亚波长尺寸，且通常呈周期性分布。对于周期性排列且物理单元的尺寸远小于工作波长的人工电磁材料，由于波长太长，电磁波无法感知材料内部的细节，因而材料电磁参数可等效为均匀介质材料的电磁参数。这种运用均匀媒质来等效周期性亚波长结构的研究方法称为等效媒质理论，它可以用来估计超材料的介电常数、磁导率、电导率等。下面采用 Maxwell-Garnett 公式计算等效介电常数，介质 2 均匀分布在介质 1 中，在准静态条件下，混合介质的等效相对介电常数与两种介电常数的关系为

$$\frac{\varepsilon_{\mathrm{eff}}-\varepsilon_1}{\varepsilon_{\mathrm{eff}}+2\varepsilon_1}=p\,\frac{\varepsilon_2-\varepsilon_1}{\varepsilon_2+2\varepsilon_1} \tag{7.101}$$

式中：$\varepsilon_1$、$\varepsilon_2$ 和 $\varepsilon_{\mathrm{eff}}$ 分别为介质1、介质2和等效介质的相对介电常数；$p$ 为介质2占整体的体积比。

若背景材料为空气($\varepsilon_1=1$)，填充介质的相对介电常数为 $\varepsilon_2=\varepsilon_r$，则由式(7.101)可得等效相对介电常数为

$$\varepsilon_{\mathrm{eff}}=1+3p\,\frac{(\varepsilon_r-1)/(\varepsilon_r+2)}{1-(\varepsilon_r-1)/(\varepsilon_r+2)} \tag{7.102}$$

设计的龙伯透镜天线需要工作在 X 频段，中心频率为 10GHz，采用十字交叉正方体作为超材料的周期单元。它由中心的介质正方体和平行于 $x$、$y$ 和 $z$ 轴放置的三根介质连接棒组成，介质材料的相对介电常数 $\varepsilon_r=4$，周期单元边长 $d=5\mathrm{mm}=\lambda/6$(远小于波长)，如图 7.78(a)所示。通过改变正方体边长 $a$ 来改变介质的体积占比，从而改变等效介电常数。介质棒起连接作用，边长为 0.8mm，在计算等效介电常数时被忽略。由 Maxwell-Garnett 公式计算出给定正方体边长 $a$ 时的等效介电常数，反过来，由龙伯透镜介电常数的分布要求可以得到对应位置处周期单元的正方体的边长，从而构造出了半径 $R=50\mathrm{mm}$ 超材料龙伯透镜天线，正方体的边长变化范围为 0.8～4.2mm。该天线可采用 3D 打印技术来实现，如图 7.78(b)所示。

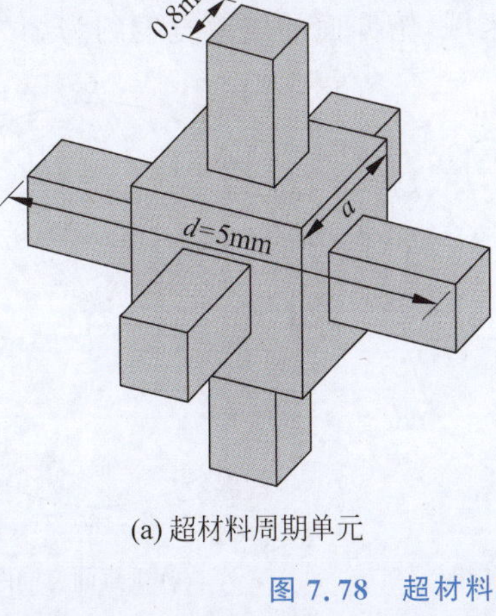


(a) 超材料周期单元

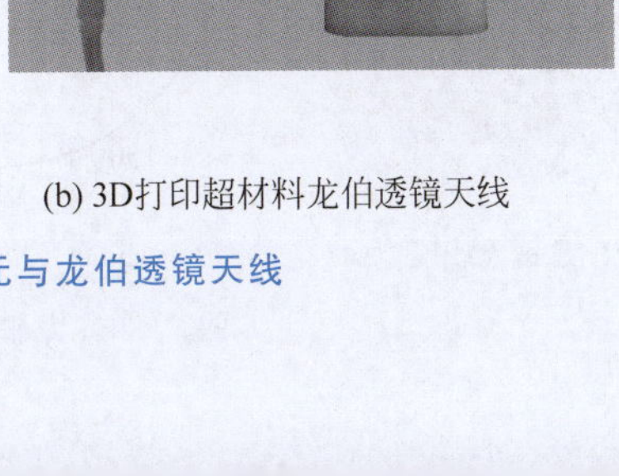

(b) 3D打印超材料龙伯透镜天线

图 7.78 超材料周期单元与龙伯透镜天线

彩图

采用电磁场 CAD 软件对超材料龙伯透镜天线进行仿真，馈源采用 X 频段矩形波导口，馈源的频率为 10GHz，仿真结果如图 7.79 所示。由图可见，由波导口产生的近似球面波在经过超材料透镜天线后变成近似的平面波，并且增益达到 $G=15.9\text{dB}$，比波导口增益提高了 9.1dB，从而实现了定向辐射的目的。

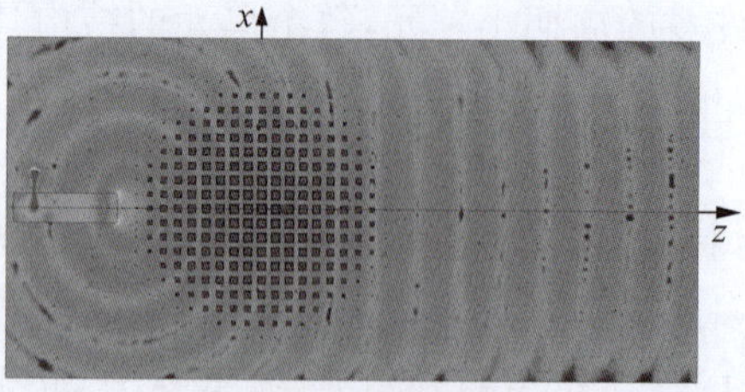


(a) 辐射场分布

彩图

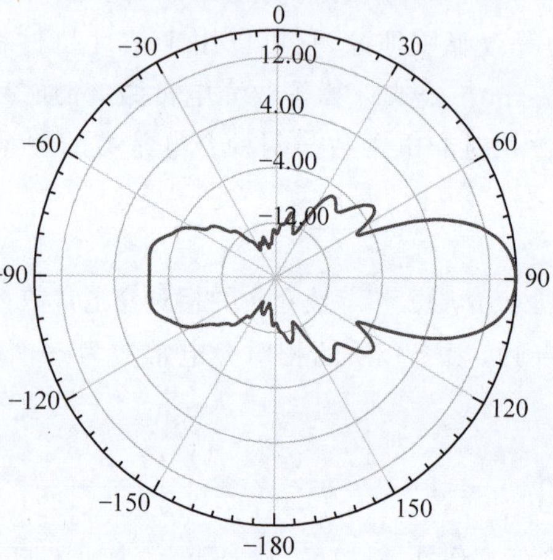


(b) 增益方向图

图 7.79　超材料龙伯透镜天线的仿真

## 7.9.3　龙伯透镜天线的应用

龙伯透镜表面的每个点都可以认为是焦点，只要在透镜表面安放多个馈源，就可以很容易在全空间形成高增益的多个波束，而且每个波束增益相同，无赋形损失，还具有宽频一致性好和旁瓣低等优点。图 7.80 是龙伯透镜的仿真模型和仿真方向图，可见沿着球面布局了多个馈电端口，每个馈电端口都可以形成一个不同指向的高增益波束，天线效率可达 95%，方位面波束宽度约为 30°，通过 8 个波束可以覆盖 120°左右区域，俯仰面的波束宽度约为 30°。

彩图

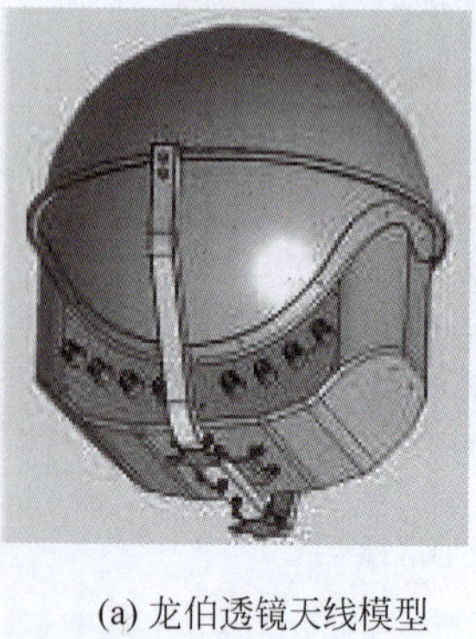

(a) 龙伯透镜天线模型

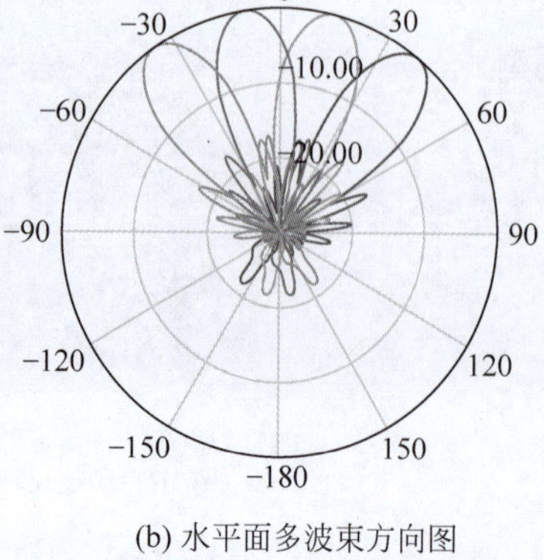


(b) 水平面多波束方向图

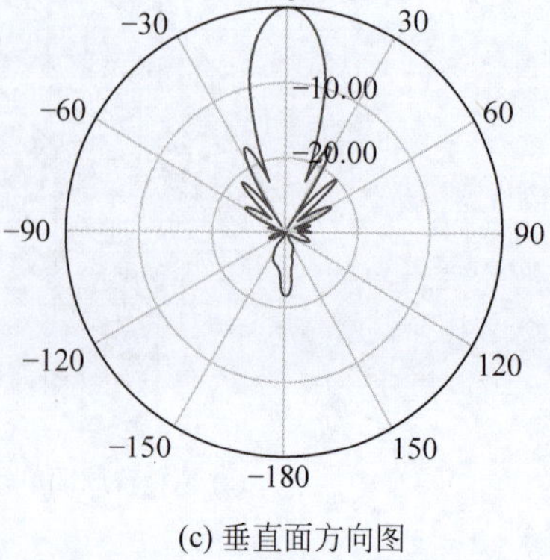


(c) 垂直面方向图

图 7.80　龙伯透镜及其形成的波束

龙伯透镜多波束天线可以很好解决增益和覆盖的矛盾问题：一方面，单个波束宽度较窄，增益高，覆盖范围小；另一方面，通过无源透镜方式生成不同指向的多个波束，从而实现宽角空间覆盖。龙伯透镜多波束天线除可以实现高增益、宽角覆盖外，还具有结构简单、低成本、高效率、低功耗的优点，因此它可以用作特定场景下的5G移动通信技术基站天线，如高铁沿线、超长大桥、隧道、楼宇密集的高容量热点地区、郊区与城乡接合部等需要高增益远覆盖的场景，满足更广泛的通信需求，在一定程度上弥补现阶段5G移动通信系统大规模MIMO有源基站覆盖小、成本高、功耗大的短板。

2021年年底通车的黑龙江—牡佳高铁是国内首条使用龙伯透镜天线全程覆盖5G信号的高铁线路，如图7.81所示。接收通道和发射通道共用天线，通过双工器（环形器、开关或滤波器组合）连接到龙伯透镜多波束天线的每个波束，通过多波束接收进行用户到达角估计，并将发射通道切换到相应的波束。相比传统天线不仅减少了较多的基站数量，而且通车以来乘客打电话不断线，上网信号稳定。

(a) 龙伯透镜天线实物

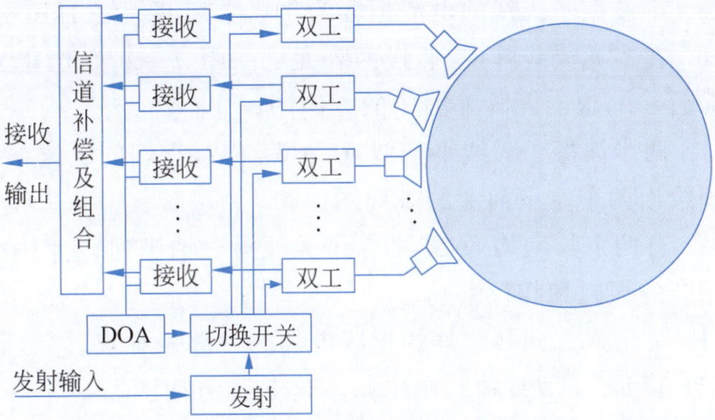

(b) 开关切换龙伯透镜多波束的应用

图7.81 龙伯透镜多波束天线与应用

## 习题

1. 设基本基本电振子沿$+y$轴放置，求辐射场并说明其辐射特性。

2. 用于定向广播系统接收的抛物面反射器天线，直径为50cm，工作频率为12.4GHz，求此天线的工作波长和远场距离。

3. 求基本电振子的波束宽度和方向性系数。

4. 某卫星导航定位系统用户机圆极化接收天线增益为2dB，工作频率为2492MHz，要使得用户机天线接收到的功率不低于$-130$dBm，地球同步轨道卫星天线的辐射功率与增益乘积最少要多少？设收发天线极化完全匹配，两者距离为36500km。

5. 设无线局域网发射机发射功率为100mW，工作频率为2.45GHz，发射天线增益为3dB，相距100m的接收机灵敏度为$-90$dBm，求接收天线最小增益（不考虑传输过程中的其他损耗）。

6. 简要分析对称振子天线的辐射方向图随振子长度变化的规律。

7. 在长度$2l(l\ll\lambda)$和中心馈电的短振子上的电流分布可用下述三角函数来近似表示：

$$I(z)=I_0\left(1-\frac{|z|}{l}\right)$$

试求远区的电场和磁场强度、辐射电阻及方向性系数。

8. 简要分析引向天线的最大辐射方向指向哪里,为什么?

9. 简要分析轴向模螺旋天线在最大辐射方向的极化形式,与螺旋旋向有什么关系?

10. 简要分析对数周期天线为什么具有宽频带特性,是否可以从长振子一端馈电?

11. 简要叙述微带贴片天线的辐射机理。

12. 角锥喇叭天线为什么有最佳设计?

13. 已知在长度为 $L$ 的行波天线上的电流分布为

$$I(z)=I_0\mathrm{e}^{-\mathrm{j}\beta z}$$

(1) 求远区的矢量磁位 $A(r,\theta)$。

(2) 由 $A(r,\theta)$ 确定 $H(r,\theta)$ 和 $E(r,\theta)$。

(3) 画出 $L=\lambda/2$ 的辐射方向图。

14. 用于定向广播系统接收的抛物面反射器天线,直径为 50cm,工作频率为 12.4GHz,天线孔径效率为 80%,求该天线的方向性系数。

15. 半波振子天线的电流振幅为 1A,求离开天线 1km 处的最大电场强度。

16. 在二元天线阵中,假设两阵元之间距 $d=\lambda/4$,两单元馈电幅度相等,单元 2 比单元 1 相位滞后 90°,求二元阵阵因子的方向图。

17. 两半波振子天线平行放置,相距 $\lambda/2$,它们的电流振幅相等,同相激励,试用方向图乘积定理给出两个主平面上的方向图。

18. 有两个长度均为 $2h$ 的振子天线沿 $z$ 轴排列,它们中心之间距为 $d(d>2h)$,两个天线都以相同的振幅和相位激励。

(1) 写出这二元共线阵的远区电场的一般表示式。

(2) 若 $h\ll\lambda,d=\lambda/2$,画出归一化 E 面方向图。

(3) 若 $h\ll\lambda,d=\lambda$,重复(2)的计算。

19. 三元同相直线天线阵元间距为 $d$,如图 7.82 所示放置,设各元辐射电场为

$$E_i=AI_i\frac{\mathrm{e}^{-jkr_i}}{r_i}(i=1,2,3)$$

并且 $I_1=I_3=I_2/2=I_0$,求三元阵远区辐射总电场 $E$。

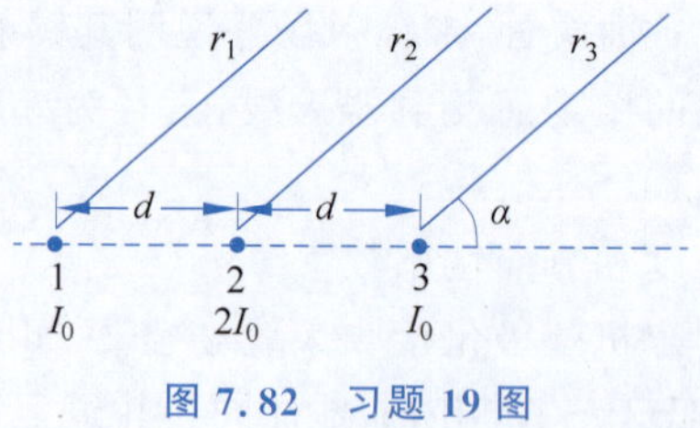


图 7.82 习题 19 图

# 第 8 章

# 电波传播

第 7 章讨论了在自由空间中天线发射和接收电磁波,以及收发天线之间的电磁波传播问题(弗利斯传输公式)。但是在实际的无线通信中,收发天线之间充满各种各样的实际媒质,如地面、建筑物、对流层、电离层、雨云雾等,它们的电磁特性各不相同,可能是非均匀、非线性、有损耗、各向异性的,也可能随时间起伏变化,因此收发天线之间的电波传播会受到各种实际因素的影响。

电波传播是指发射天线或自然辐射源所产生的无线电波,在自然传播环境条件中传播到接收天线的过程,它是无线通信系统实现信息传递的重要环节。其基本任务是研究在各种传播环境中各频段的电波传播规律,并据此选择良好的通信站址和天线架设高度,选用合适的工作频率,进行必要的传播路径损耗估算,从而提高信息传递的质量和可靠性。

本章从移动通信应用的角度介绍媒质对电波传播的影响、传播方式、传播模型和传播特性,最后给出两个应用案例。

## 8.1 媒质对电波传播的影响

电波传播过程实际上是电波与媒质相互作用的物理过程。媒质在电波作用下会产生极化、磁化以及传导等各种电磁效应,而这些效应又对传播中的电波产生各种影响。电波传播过程中,媒质吸收电磁能量使信号衰减,媒质不均匀性、地貌地物影响、多径传输等都会使信号畸变、衰落或传播方向改变等。电波的传播特性既与媒质电磁参数(介电常数、磁导率和电导率及其时空变化)有关,又与电波参数(频率、极化等)有关。

### 8.1.1 传输损耗

天线辐射的球面波在自由空间传播时有扩散作用,场强和功率密度存在传播路径损耗。当电波在实际媒质中传播时,实际媒质一般是有耗媒质,电波随传播距离 $r$ 的增加而按照 $e^{-\alpha r}$($\alpha$ 为媒质衰减常数)指数规律衰减,电磁能量被吸收而转换成热能,会带来附加传播损耗。

1. 自由空间的传输损耗

假设天线置于自由空间中,当收发天线最大辐射方向对准且极化形式一致,根据式(7.48)可得天线接收到的接收功率为

$$P_r=\left(\frac{\lambda}{4\pi r}\right)^2 P_t G_t G_r \tag{8.1}$$

式中: $P_t$ 为发射功率; $G_t$ 和 $G_r$ 分别为发射天线和接收天线的增益; $r$ 为收发天线间距; $\lambda$ 为工作波长。

弗利斯传输公式说明,接收功率随着传播路径的增加而按照 $1/r^2$ 的规律减小,意味着电波在自由空间传播时会有球面扩散式的路径损耗。自由空间传播损耗为当发射天线与接收天

线的增益都为1时,发射天线的辐射功率与接收天线的最佳接收功率的比值,即

$$L_0=\frac{P_t}{P_r}=\left(\frac{4\pi r}{\lambda}\right)^2\ (G_t=G_r=1) \tag{8.2}$$

通常用分贝(dB)表示,则有

$$L_0=10\lg\frac{P_t}{P_r}=20\lg\left(\frac{4\pi r}{\lambda}\right)(\text{dB}) \tag{8.3}$$

即

$$L_0=-147.56+20\lg f(\text{Hz})+20\lg r(\text{m})(\text{dB}) \tag{8.4a}$$

或

$$L_0=32.44+20\lg f(\text{MHz})+20\lg r(\text{km})(\text{dB}) \tag{8.4b}$$

上式说明,自由空间传播损耗随着路径和频率的增加而增加,当频率提高1倍或传播距离增加1倍时,自由空间传输损耗增加6dB。

2. 实际媒质的传输损耗

电波在有耗媒质中传播时接收点场强 $E$ 小于在自由空间传播时的场强 $E_0$,表现出衰减效应。衰减因子为

$$A=\frac{E}{E_0} \tag{8.5}$$

衰减因子与工作频率、传播距离、传播媒质电参数、地貌地物、传播方式等因素有关,由于 $A<1$,它反映了媒质对电波能量的吸收。相应的媒质附加损耗为

$$L_F=20\lg\left|\frac{E_0}{E}\right|=20\lg\frac{1}{A}(\text{dB}) \tag{8.6}$$

在实际媒质中,接收天线的接收功率为

$$P_r=\left(\frac{\lambda}{4\pi r}\right)^2A^2P_tG_tG_r \tag{8.7}$$

该路径的总传输损耗为发射天线的发射功率与接收天线的最佳接收功率之比,即

$$L=\frac{P_t}{P_r}=\left(\frac{4\pi r}{\lambda}\right)^2\frac{1}{A^2G_tG_r} \tag{8.8}$$

通常用分贝(dB)表示,即

$$L(\text{dB})=L_0(\text{dB})+L_F(\text{dB})-G_t(\text{dB})-G_r(\text{dB}) \tag{8.9}$$

**例8.1** 传输损耗的计算。

假设微波中继通信的段距 $r=50\text{km}$,工作波长为7.5cm,收发天线的增益都为45dB,馈线及分路系统的单端损耗为3.6dB,该路径的衰减因子 $A=0.7$。若发射天线的发射功率为10W,求其收信电平。

**解:** 由工作波长计算得到工作频率 $f=4000\text{MHz}$,由式(8.4b)求出自由空间传播损耗,即

$$\begin{aligned}L_0&=32.44+20\lg f(\text{MHz})+20\lg r(\text{km})\\&=32.44+20\lg4000+20\lg50=138.46(\text{dB})\end{aligned}$$

路径附加损耗 $L_F=20\lg(1/A)=3.10\text{dB}$,收发天线馈线及分路系统损耗 $L_{TR}=2\times3.6\text{dB}$,则该收发路径的总传输损耗为

$$L(\text{dB})=L_0(\text{dB})+L_F(\text{dB})-G_t(\text{dB})-G_r(\text{dB})+L_{TR}(\text{dB})=58.8(\text{dB})$$

因发射天线的发射功率 $P_t=10\text{W}=40\text{dBm}$,于是接收天线的输出功率为

$$P_r(\text{dBm})=P_t(\text{dBm})-L(\text{dB})=40-58.8=-18.8(\text{dBm})$$

## 8.1.2 多径效应和传输失真

天线发射的电波除了沿直射路径直接传播到接收点外，还有其他的路径可以传播到接收点，这些路径是反射、折射和绕射等物理过程而形成的。如图 8.1 所示，城市内建筑物、街道中运动的交通工具等障碍物均能反射、折射和绕射电波信号，使得从基站天线发出的电波有三条路径传到移动接收点。由于路径不同，使得同一信号到达接收点的电波在时间延迟、频谱、到达角度都是不同的，而接收天线接收的信号是不同路径传播来的电波场强叠加，会发生干涉现象，因而对接收信号产生影响，称为多径效应。

由于多径路径有差别，它们到达接收地点的时间延迟（简称时延）不同，最大的传输时延和最小的传输时延的差值称为多径时延，以 $\tau$ 表示。若多径时延过大，则会引起较明显的传输信号失真。以从基站点到移动台的两条传输路径为例说明，如图 8.1 所示。此时，接收点场强是两条路径传来的、相位差 $\phi=\omega\tau$ 的两个电场的矢量叠加。对传输信号中的每个频率分量而言，相同的 $\tau$ 值却引起不同的相位差，例如：对 $f_1$ 频率分量，若 $\phi_1=\omega_1\tau=\pi$，则因两矢量反相相消，此分量的合成场强呈现最小值；对 $f_2$ 频率分量，若 $\phi_2=\omega_2\tau=2\pi$，则此分量的合成场强呈现最大值；其余各频率分量的情况以此类推。很明显，由于多径效应，传输媒质对不同的频率分量有着不同的响应。如果信号带宽过大，就会引起较明显的失真，即传输媒质的多径效应使得对所传输的信号带宽有一定的限制。

如图 8.2 所示，$f_1$ 和 $f_3$ 是两个相邻的合成场强为最小值的频率，它们之间的相位差等于 $2\pi$，即

$$\phi_3-\phi_1=(\omega_3-\omega_1)\tau=2\pi,\quad \Delta\omega=\omega_3-\omega_1=\frac{2\pi}{\tau}$$

即

$$\Delta f=\frac{1}{\tau} \tag{8.10}$$

由此可见，两相邻场强为最小值的频率间隔与多径时延 $\tau$ 成反比。式(8.10)通常称为多径传输媒质的相关带宽。显然，若所传输的信号带宽很宽，它与 $1/\tau$ 可比拟时，则所传输的信号波形将产生较明显畸变。

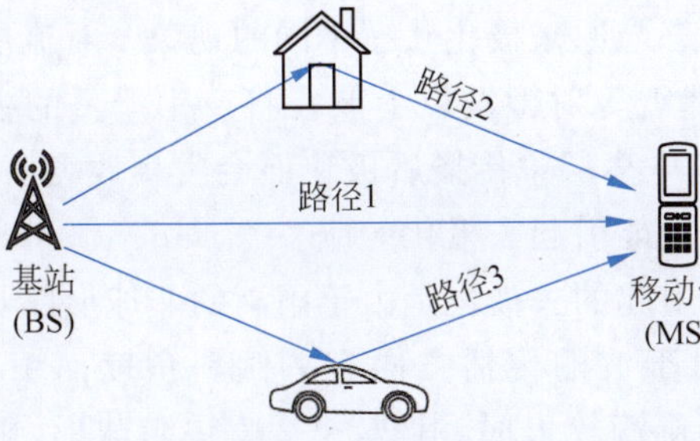


图 8.1 电波的多径传播

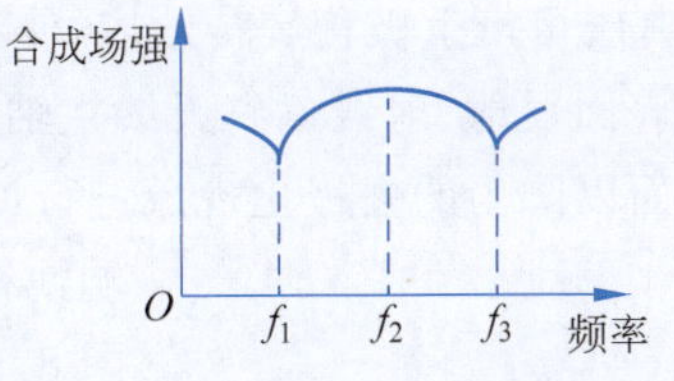


图 8.2 多径效应引起的接收场强

## 8.1.3 衰落

衰落一般是指信号电平随时间而随机起伏的现象。信号电平有从几分之一秒至几秒或几分钟的快速短周期变化，也有几十分钟或几小时乃至几天、几个月的缓慢长周期变化。根据引起衰落的原因分类，大致可分为吸收型衰落和干涉型衰落。

吸收型衰落主要是由于传输媒质电参数的变化，使得信号在媒质中的衰减也发生相应的

变化而引起的。例如，大气中的氧、水汽以及由水汽凝聚而成的云、雾、雨、雪等都对电波有吸收作用，由于气象变化的随机性，所以这种吸收的强弱也有起伏，形成信号的衰落。又如，电离层的电子浓度有明显的日变化、月变化、年变化等，使得电离层的等效电参数也发生改变，经电离层反射的信号电平也相应起伏变化，从而也形成信号的衰落。由于媒质的变化是随机的、缓慢的，因此由这种机理形成信号电平的变化也是缓慢的，故吸收型衰落是慢衰落，如图 8.3 所示。

干涉型衰落主要是随机多径干涉现象引起的。在某些传播方式中，收发点之间信号有若干条传播路径，由于传输媒质的随机性，到达接收点的各条路径的时延随机变化，合成信号的幅度和相位都发生随机起伏。这种起伏的周期很短，信号电平变化很快，故称为快衰落，如图 8.4 所示。

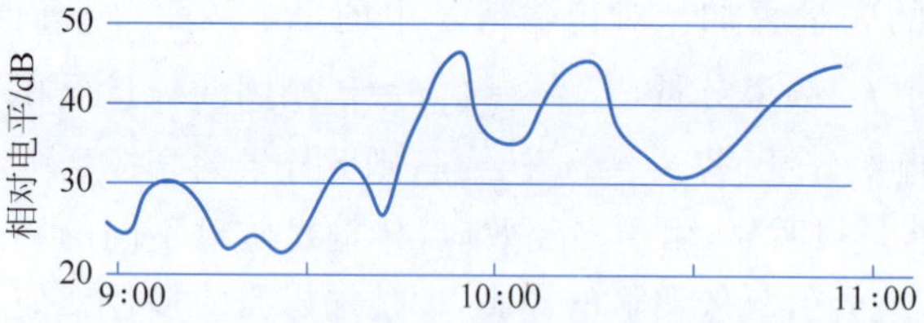


图 8.3　慢衰落

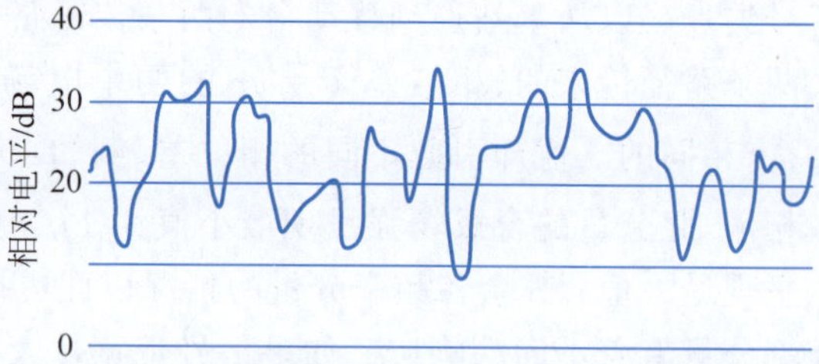


图 8.4　快衰落

事实上，信号的快衰落与慢衰落兼而有之，快衰落往往叠加在慢衰落之上，只不过在较短时间内观测时，后者不易被察觉，而前者表现明显。由于信号的衰落情况是随机的，无法预知某一信号随时间变化的具体规律，只能掌握信号随时间变化的统计规律。通常用信号电平中值、衰落幅度(或衰落深度)、衰落率、衰落持续时间等参数来说明信号衰落的统计特性。

信号衰落严重地影响电波传播的可靠度及系统的可靠性，在实际的通信系统中为了克服衰落，使接收输出信号稳定，通常采用分集接收技术。分集接收主要有频率分集、角度分集、空间分集和极化分集等，第 7 章“案例 1：移动通信中的天线技术”中的基站天线就是采用两个正交的 $\pm 45°$ 斜极化来实现极化分集接收的例子。

## 8.1.4　去极化效应

去极化效应是指电波通过媒质后的极化状态与原来极化状态不同的现象。对流层中的大气不均匀性、大气沉降物，特别是降雨、冰雹、降雪等对微波以上波段将产生严重的去极化效应；电离层可产生极化旋转效应，使线极化波在电离层中传播后极化面会发生改变。此外，横向倾斜表面反射、射线偏离天线主轴、多径等都可能引起去极化效应。

下面以降雨的去极化现象进行说明。降雨引起的去极化是由于雨滴的非球形以及风的影响使得雨滴相对于波的传播方向有一倾斜角度而引起的，如图 8.5 所示。当雨滴较大时，其外形一般呈椭球形，雨滴在下落的过程中，由于不同高度上风速不同，使得雨滴倾斜一个角度 $\theta$。假设垂直线极化波沿 $z$ 方向传播穿过雨带，入射波电场 $\boldsymbol{E}_1$ 为 $y$ 方向，电场 $\boldsymbol{E}_1$ 可以分解为平行和垂直于雨滴长轴方向上的两个分量，这两个分量穿过雨滴的衰减和相移是不同的，两个分量幅度衰减差为 $\Delta A$、相移差为 $\Delta\phi$，使得两个分量合成场的极化状态发生偏转，如 $\boldsymbol{E}_{R1}$ 所示。显然，$\boldsymbol{E}_{R1}$ 产生了与主极化方向($\boldsymbol{E}_1$ 方向)正交的极化分量(交叉极化)，交叉极化分

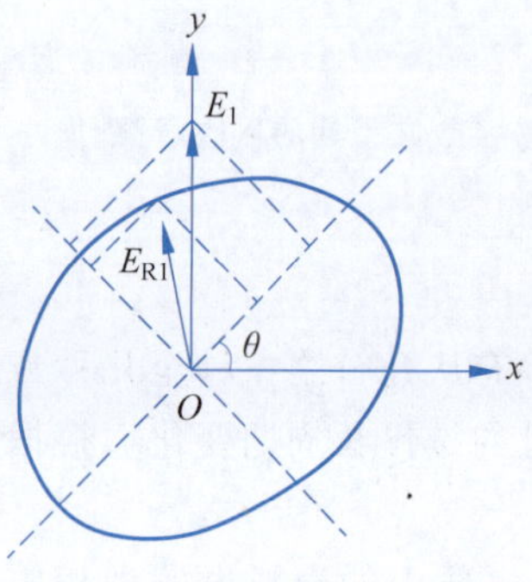


图 8.5　雨滴的退极化作用

量表明电波发生了去极化现象。

去极化效应将直接影响卫星通信中正交极化频率复用的通信质量，因为正交极化的信道之间有较高隔离度的要求，所以讨论去极化现象有重要的意义。

### 8.1.5 传播方向的改变

当电波在无限大均匀、线性、各向同性媒质传输时，沿直线传播。但是，电波传播时会遇到媒质参数发生变化的情况，例如电波在不均匀媒质中传播，或从一种媒质进入另一种媒质，或遇到障碍物的阻挡，此时电波的能量会分散并向其他方向传播，不再全部按原方向传播，电波传播会出现反射、折射、散射、绕射等现象。实际上，这些现象的物理实质是相同的，都是电波与媒质相互作用的结果。电波遇到障碍物时，会在其表面和内部（如果入射波能进入其内部）引起时变感应电流或时变感应电荷（这些时变感应电流、电荷称为二次辐射源），它们也会辐射电磁波，且辐射方向各不相同，即出现了反射波、折射波、散射波、绕射波，使得电波传播方向发生变化。

如果障碍物的尺度远大于电波波长且表面起伏的尺度远小于波长，就可以将其表面近似为光滑平面，此时二次辐射源一般只向两个方向辐射电磁波，返回到入射波所在媒质的就是反射波，向前进入障碍物但方向偏折的就是折射波，如图 8.6(a)所示。例如，地面、建筑物墙面会产生反射和折射；而对流层的折射指数会随高度而变化，产生大气折射。

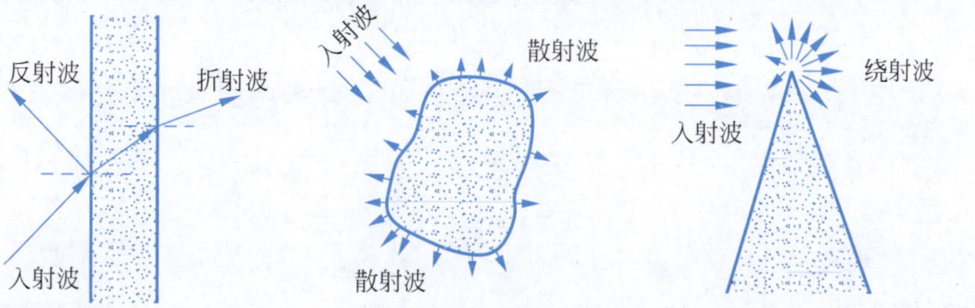


(a) 电波的反射、折射　　(b) 电小物体的散射　　(c) 电波在边缘的绕射

图 8.6　电波的反射、折射、散射和绕射现象

若障碍物尺度与电波波长可比拟，或者其表面是粗糙的，其起伏尺度与波长可比拟，则二次辐射源向各个方向辐射电磁波，形成散射波，如图 8.6(b)所示。例如，树木、庄稼等地物将使电波产生散射，对流层中的湍流团、雨滴、云雾等水凝物使电波特别是微波产生散射。

如果电波波长远大于障碍物的尺寸，电波就会绕过障碍物体继续传播，发生绕射现象。比如，超长波、长波可以绕地球表面绕射传播，而短波、微波则不能这样。另外，在物体的边缘处也会产生电磁波的绕射，且边缘的曲率与电磁波波长可比拟或更小时，绕射更显著，如图 8.6(c)所示。电波遇到山峰、建筑物边缘时也会发生绕射，波长越大的电波绕射能力越强。若障碍物的尺寸远远大于波长，则绕射十分微弱，障碍物后面称为电波照射不到的暗区。

## 8.2 电波传播的主要方式

无线电波传播范围包括地球及其外部空间，最基本的传播空间是地球及其周围附近的区域，又称近地空间。近地空间是无线电波传播的基本场所，主要是大气层。大气层是包围地球表面的一层气体层，其厚度可达上千千米。以大气温度随高度垂直分布的特性来划分，大气层可分为对流层、平流层和电离层。对流层是指靠近地面的低层大气，处于从地面算起到 12km

左右的高空范围。对流层顶部到高度大约 50km 的空间为平流层，这里大气中水蒸气含量少，大气垂直对流不强，多为平流运动，并且这种运动的尺度很大。一般来说，平流层的大气对电波传播影响不大。电离层是地球高层大气的一部分，太阳辐射和地磁场等作用使得大气层中的气体分子发生电离，它是由自由电子，正、负离子，中性分子，原子等组成的等离子体介质。

视频

无线电波的传播媒质主要有地面、对流层和电离层等，它们的电磁特性不同，对不同频段的无线电波传播有不同的影响。根据媒质及不同媒质分界面对不同频段电波传播产生的主要影响，可将电波传播分为地波传播、天波传播、视距传播和散射传播 4 种方式，如图 8.7 所示。

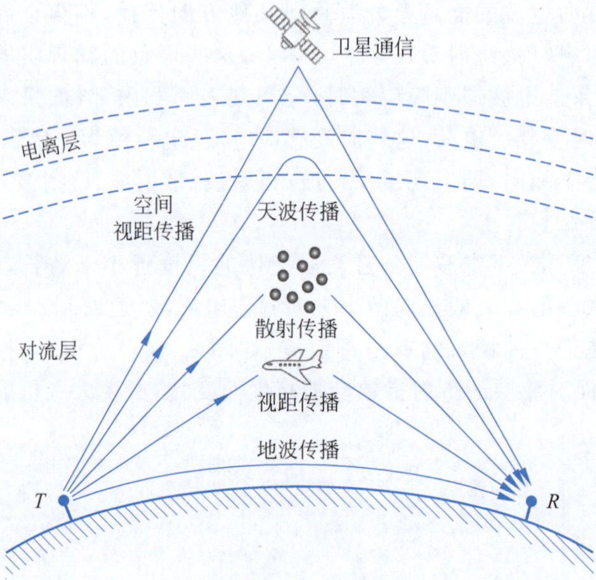


图 8.7　电波的传播方式

## 8.2.1　地波传播

地波传播是指无线电波沿着地球表面的传播，主要考虑地面以及地层内部介质对电波传播的影响。由于地形地貌的起伏变化和介质变化，实际的地面并不是均匀光滑的。但是，对于中、长波和超长波而言，电波波长比地面障碍物大得多，可以近似认为地面是光滑的。地面是半导电性质的导电媒质，当地面的电磁参数变化不大时，也可以认为地面是均匀的。如果收发天线相距不远，如几十千米，可以认为地面是平面，当收发距离较远时，必须考虑地球的曲率的影响。因此，一般情况下，对于中、长波和超长波而言，可以假设地面是光滑、均匀的平面或曲面。

当天线架设位置紧靠地面上时，对于中、长波和超长波而言，地面是光滑、均匀的曲面，电波会沿着曲面按绕射方式向前传播，可以传播到很远的地方。短波低频段的电波也能绕射传播，但是传播距离要近。对于短波高频段，以及超短波波段，由于障碍物高度远大于波长，因而绕射能力很弱。

地波传播时不宜采用水平极化波传播，这是因为水平极化电场平行于地面，在地面上会感应起较大的反相电流，由于电场相消致使电波产生很大的衰减。因此，在地波传播中多采用垂直极化天线。

地波传播的重要特点之一是存在波前倾斜。波前倾斜是指地面损耗造成电场向传播方向倾斜，如图 8.8 所示。假设有一垂直于地面沿 $x$ 轴放置的直立天线，它辐射沿地面（$z$ 轴）方向传播的垂直极化波，其辐射电磁场为 $E_{1x}$ 和 $H_{1y}$，如图 8.8(a)所示。当电波向前传播时，根据电磁场边界条件 $\boldsymbol{J}_s=\hat{\boldsymbol{n}}\times\boldsymbol{H}$，磁场 $H_{1y}$ 在地面感应产生了沿 $z$ 方向的传导电流。由于地面是有一定导电率 $\sigma$ 的导电媒质，根据结构方程 $\boldsymbol{E}=\sigma\boldsymbol{J}=\hat{z}\sigma J_s$，即在 $z$ 方向产生新的水平分量 $E_{2z}$。根据边界电场切向分量连续，即存在 $E_{1z}$，这样靠近地面的合成场 $\boldsymbol{E}_1$ 就向传播方向倾斜。

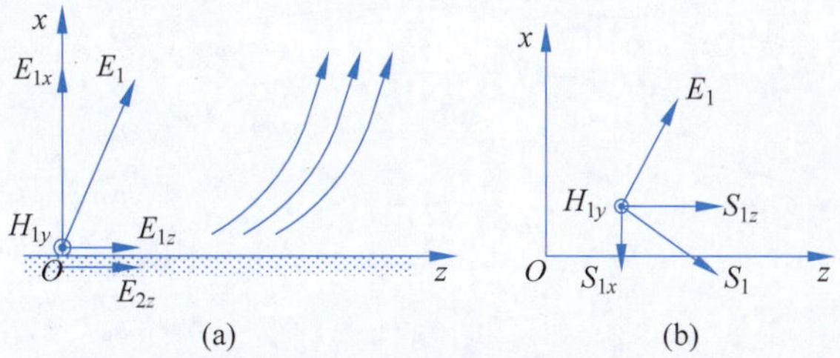


图 8.8　地波传播的波前倾斜

从能量角度看，电波沿地面传播时产生衰减，这就意味着有一部分电磁能量由空气层进入大地内。坡印廷矢量 $\boldsymbol{S}_1=\frac{1}{2}\mathrm{Re}(\boldsymbol{E}_1\times\boldsymbol{H}_1^*)$ 的方向不再平行于地面而发生倾斜，如图 8.8(b)所示，出现了垂直于地面向地下传播的功率流密度 $S_{1x}$，这一部分电磁能量被大地吸收。由电磁场理论可知，坡印廷矢量是与等相位面即波前垂直的，故当存在地面吸收时，在地面附近的波前将向传播方向倾斜。显然，地面吸收越大，$S_{1x}$ 越大，倾斜将越严重，只有沿地面传播的 $S_{1z}$ 分量才是有用的。

地波传播基本没有多径效应，也不受气象条件的影响，所以传播信号很稳定。但随着电波频率的提高，传输损耗迅速增加。因此，这种传播方式适用于中、长波和超长波传播。长波、超长波和极长波沿地面传播可达几千千米至几万千米，中波可以沿地面传播几百千米，短波可以沿地面传播 100 多千米。其具体的距离决定于波长、功率及传播途径的地表电磁参数等。

地波传播的优点：信号质量好，传输损耗小，作用距离远；受电离层扰动影响小，传播稳定；有较强的穿透海水及土壤的能力。缺点：大气噪声电平高；工作频带窄。地波传播主要用于远距离无线电导航、标准频率和时间信号的广播、对潜通信以及地波超视距雷达等业务，使用的工作波段为超长波、长波、中波和短波。

### 8.2.2　天波传播

天波传播是指电波由高空电离层反射到达地面的一种传播方式，长波、中波和短波都可以利用天波通信。

电离层中的大气被太阳辐射而发生了电离，形成了等离子体区，通常用电子浓度 $N$(电子数/$\mathrm{m}^3$)来描述其电离程度。电离层由不同高度和离子浓度的几个不同的区组成：按照高度和电子浓度增加的顺序，依次为 D 区、E 区、$\mathrm{F}_1$ 区和 $\mathrm{F}_2$ 区。$\mathrm{F}_2$ 区再往上走，电子浓度缓慢地减少。各层的离子浓度会随着昼夜和不同季节太阳辐射强弱的改变发生变化。例如，$\mathrm{F}_2$ 区的电子浓度白天大、夜间小，冬季大，夏季小；D 区在黑夜中几乎完全消失；$\mathrm{F}_1$ 区夜间及冬季常消失。

由于电离层的电子浓度随高度变化，因此其等效电磁参数 $\varepsilon_r$、$\sigma$ 是高度的函数，电离层呈现不均匀的性质。此外，其折射率 $n=\sqrt{\varepsilon_r}$ 是与频率有关的量，电离层是色散媒质。电离层的折射率与电子浓度和电波频率的关系式为

$$n=\sqrt{1-\frac{80.8N}{f^2}} \tag{8.11}$$

上式表明，由于电子浓度随着高度而增大，因此折射率随着高度的增加而减小。

假设电离层的电子浓度只随高度变化，可将电离层分为许多薄层，每层的电子浓度是均匀的，如图 8.9 所示。

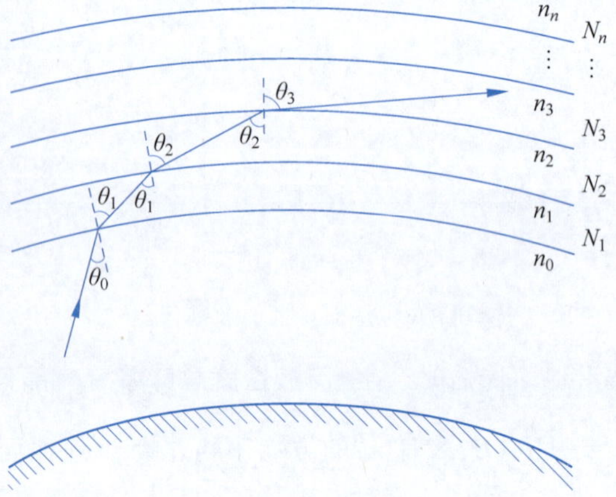


图 8.9　电离层的反射

由于各层的电子浓度是随着高度而增大的，即 $N_n > N_{n-1} > \cdots > N_2 > N_1$，因此折射率 $n_i$ 小于空气的折射率 $n_0$（$n_0=1$），并且折射率随着高度的增加而减小，$n_1 > n_2 > \cdots > n_{n-1} > n_n$。当电波以入射角 $\theta_0$ 射向电离层时，根据 Snell 折射定理可得

$$n_0 \sin\theta_0 = n_1 \sin\theta_1 = \cdots = n_{n-1}\sin\theta_{n-1} = n_n \sin\theta_n \tag{8.12}$$

可得 $\theta_0 < \theta_1 < \theta_2 \cdots < \theta_n$。可见，电波进入电离层后将连续地以比入射角大的折射角向前传播。当进到电离层的某一高度时，电波的射线转平，电波轨迹达到最高点，此时发生了全反射，即 $\theta_n = 90°$。若再继续下去，则是一个反过程，电波逐渐返回到地面。所以电波在电离层内部的传播过程实际上是一个逐层折射的过程，但是等效地看成电波从某一点反射回地面的。

将 $n_0=1$ 和 $\theta_n=90°$ 代入式(8.12)，得到电波在电离层中产生全反射的条件为

$$\sin\theta_0 = n_n = \sqrt{1-80.8\frac{N_n}{f^2}} \tag{8.13}$$

上式表明，电波能从电离层反射回来的条件与电波频率 $f$、入射角 $\theta_0$ 和反射点电子浓度 $N_n$ 有关。由式(8.13)可以看出：

(1) 电离层反射电波的能力与电波频率有关。在入射角 $\theta_0$ 一定时，频率越高，反射条件所要求的 $N_n$ 越大，则电波需要在电离层的深处才能返回，如图 8.10 所示。如果电波频率过高，使反射条件所要求的 $N_n$ 大于电离层的最大电子浓度 $N_{\max}$，则电波将穿透电离层进入太空而不再返回地面。通常，当电波频率高于 30MHz 时由于反射点所需要的电子浓度超过客观存在的电离层的电子浓度最大值，电波将穿透电离层进入星际空间而不再返回地面，一般来说，超短波不能利用天波传播。

(2) 电波从电离层反射的情况还与入射角 $\theta_0$ 有关。当电波频率一定时，入射角 $\theta_0$ 越大，稍经折射，电波射线就满足 $\theta_n=90°$ 的条件，而使电波从电离层中反射下来，如图 8.11 所示。

当电波垂直投射时，即 $\theta_n=0°$，垂直投射频率与反射点电子浓度间应满足下列关系：

$$f_{\mathrm{v}} = \sqrt{80.8N_{\mathrm{n}}} \tag{8.14}$$

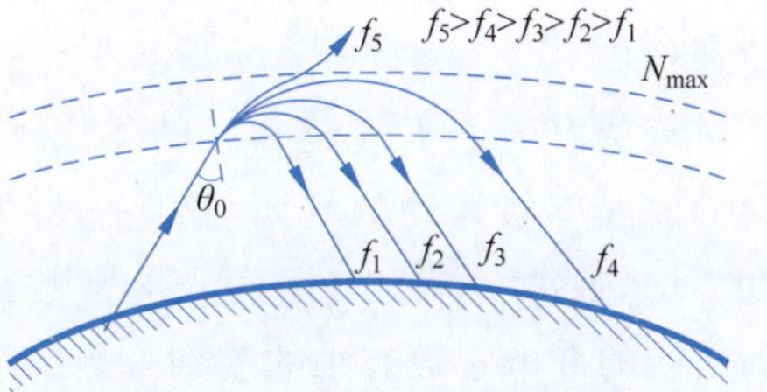


图 8.10　不同频率时电波的轨迹（入射角 $\theta_0$ 相等）

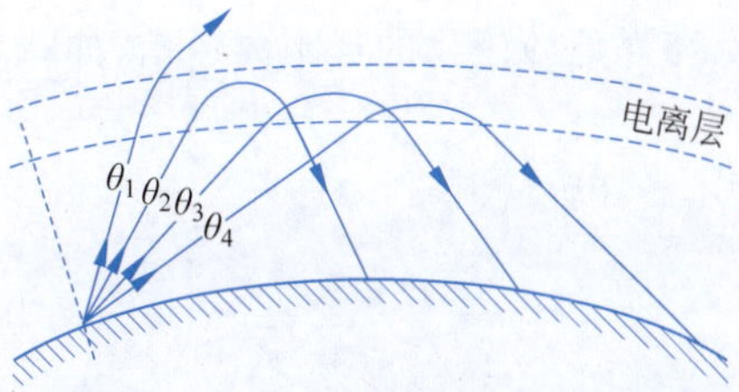


图 8.11　不同入射角时电波的轨迹

当反射点电子浓度 $N_n = N_{\max}$ 时，有

$$f_c = \sqrt{80.8 N_{\max}} \tag{8.15}$$

式中：$f_c$ 为临界频率，它是电波垂直投射时所能反射回来的最高频率，它取决于电离层最大电子浓度 $N_{\max}$。$f_c$ 是一个重要的物理量，$f < f_c$ 的电波都能从电离层反射回来，而 $f > f_c$ 的电波是否能从电离层反射回来由最高工作频率和入射角度决定。

总的来说，短波通信具有以下特点：

(1) 传播损耗较小。由于天波传播是靠高空电离层反射来实现的，因此受地面吸收和障碍物的影响较小。电离层吸收和地面反射损耗等也较小。因此，利用较小功率的无线电台可以完成远距离的通信。

(2) 天波传播多径效应明显，衰落严重。由于短波通信经过电离层时是单次反射或多次反射(称为单跳或多跳)，这样会带来多径传输效应(如图 8.12 所示)，使合成信号产生起伏，衰落严重。因此，对传输的信号带宽有较大的限制，特别是对数据通信来说，必须采取多种抗多径传输的措施，以保证必要的通信质量。

(3) 会出现静区现象。短波传播重要现象之一是静区的存在。如图 8.13 所示，在离开发射机较近的区域，短波通过地波方式传播到接收点，但是随距离的增加地波衰减很快，地波能达到的最远距离为 $d_1$。在离开发射机较远的区域，短波通过天波方式传播到接收点，但是天波传播有一个所能达到的最近距离 $d_2$。显然，$d_2$ 与 $d_1$ 之间的环形区域即为静区。

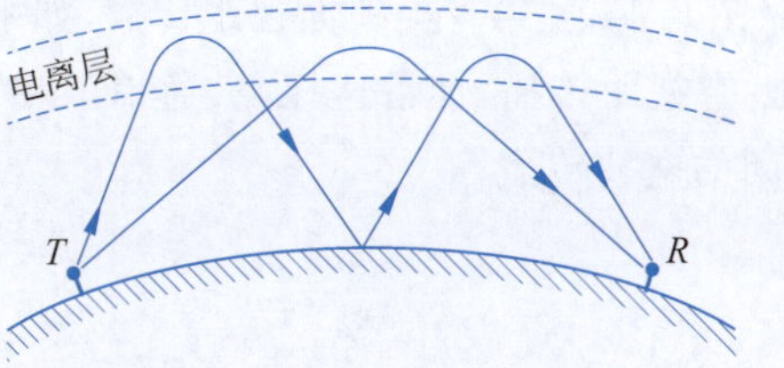


图 8.12　单跳和多跳传播

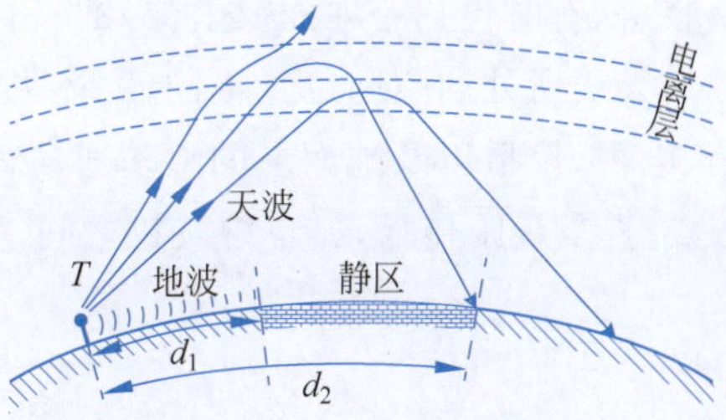


图 8.13　天波传播的静区

天波传播主要应用于中、短波远距离广播和通信，船岸间航海移动通信，以及飞机与地面间航空移动通信等业务，天波传播也可用于天波超视距雷达。

### 8.2.3　散射传播

散射传播是利用对流层或电离层中空气密度和离子密度的不均匀性，对电波的散射作用来实现超视距传播的。这种传播方式主要用于超短波和微波远距离通信，其中主要是对流层的散射通信。利用对流层不均匀体进行散射通信的频率一般为 100MHz～10GHz。100MHz

以下的电波，散射效应很小；若频率过高，则大气吸收将显著增加。这种传播方式常用在跨越山脉、海洋等障碍物的远距离通信，如军事通信和应急通信中。

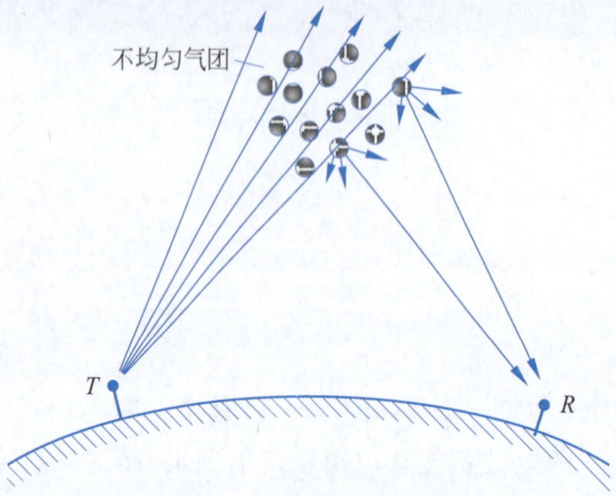


图 8.14　对流层散射传播

对流层由于上下气流和风的作用下，空气会形成涡旋状运动的气团，这些涡旋气团密度不均匀，每个涡旋气团的介电常数都和周围空间的介电常数有小的差别。当无线电波投射到这些不均匀体时，涡旋气团就会将入射的电磁能量向四面八方散射，于是电波就能到达涡旋气团（不均匀介质团）所能“看见”的，但电波发射点所不能“看见”的超视距范围，如图 8.14 所示。由发射天线和接收天线共同照射的区域称为散射体积，发射天线向对流层散射体积辐射电波，接收天线收集散射体积上的各二次辐射源的散射波。接收点的总场强是散射体内各点散射波到达接收点的场强之和。

由于散射体积不同点到达的散射波所走过的路径长短不一样，因而产生了多径延时，影响了散射信道的频带宽度。多径延时的最大值取决于散射体积的顶部和底部这两条路径的差值。很明显，它一方面与散射体积的大小有关，即与天线的波束宽度有关，波束越窄，方向性越强，散射体积越小，多径延时越小；另一方面，传播距离越大，多径延时也越大，可用带宽就越窄。提高频带宽度的有效方法是采用强方向性的天线，这样波束很窄，波束所限定的散射体积就小，散射体积上不同点引起的路径差就小，多径延时就可大大减小，从而增大了频带宽度。在波束很窄的情况下，频带宽度可达 12MHz，从而可以传输电视信号。

### 8.2.4　视距传播

视距传播是指在发射天线和接收天线间能相互“看见”的距离内，电波直接从发射点传播到接收点（有时包括有地面反射波）的一种传播方式，又称为直射波或空间波传播。视距传播按收发天线所处的空间位置不同，大体上可分为三类（图 8.15）：第一类地面视距传播，如中继通信、电视、广播以及地面上的移动通信等；第二类地-空视距传播，如雷达探空、通信卫星等；第三类空-空视距传播，如空中飞机之间、空间卫星之间的电波传播等。

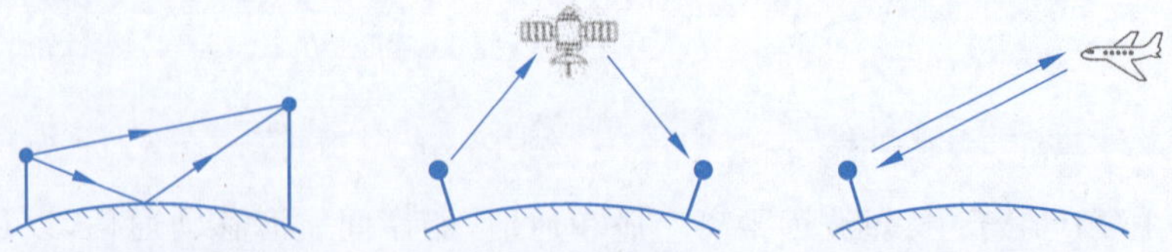

(a) 地面视距传播　　(b) 地-空视距传播　　(c) 地-空视距传播

图 8.15　视距传播方式

视距传播的工作波段为超短波波段以及微波波段。此种工作方式要求天线具有较强的方向性且较高的架设，主要影响因素是大气折射和吸收效应、地面反射波与直达波的干涉效应，以及地面障碍物的绕射效应等。8.3 节将重点讨论地面视距传播的影响因素。

表 8.1 列出了不同频段电波的传播方式、典型应用及传播特性。

表 8.1 不同频段的主要传播方式、典型应用及传播特性

| 频 段 | 传播方式 | 典型应用 | 传播特性 |
|---|---|---|---|
| 超低频(ULF) | 地下与海水传播,地-电离层谐振,地磁力线的哨声传播 | 地质结构探测,电离层与磁层研究,对潜通信,地震电磁辐射前兆检测 | 传播主区大,难以获得高的检测精度 |
| 极低频(ELF) | 地下与海水传播,地-电离层波导、地-电离层谐振,沿地磁力线的哨声传播 | 对潜通信、地下通信,极稳定的全球通信,地下遥感、电离层与磁层研究 | 在3kHz左右频段为TM模的截止频段,不利于远距离传播,而TE模激励效率低 |
| 甚低频(VLF) | 地下与海水传播,地-电离层波导,沿地磁力线的哨声传播 | Omega(美国)、α(俄罗斯)超远程及水下相位差导航系统,全球电报通信及对潜指挥通信,时间频率标准传递,地质探测 | 10kHz电波在海水中的衰减约为3dB/m,大深度通信导航受限;远程传播只适于垂直极化波;中近距离存在多模干涉 |
| 低频(LF) | 地波;天波;地-电离层波导 | Loran-C(美国)及我国“长河”二号远程脉冲相位差导航系统,时频标准传递,远程通信广播 | 采用载频为100kHz的脉冲可区分天地波,高精度导航主要使用稳定性好的地波,传播距离1000km(陆地)、2000km以内(海上) |
| 中频(MF) | 地波,天波 | 广播,通信,导航 | 近距离和较低频率主要为地波;远距离和较高频率为天波,夜间天波较强,甚至在较近距离可能成为地波的干扰 |
| 高频(HF) | 地波,天波,电离层波导传播,散射波 | 远距离通信广播,超视距天波及地波雷达,超视距地-空通信 | 主要天波传播,近距离上用地波;最高可用频率随太阳黑子周期、季节昼夜及纬度变化 |
| 甚高频(VHF) | 直接波、地面和对流层的反射波,对流层折射及超折射波导,散射波 | 语音广播,移动通信,接力通信,航空导航信标 | 对流层、电离层的不均匀性导致多径效应和超视距异常传播,地空路径的法拉第效应与电离层的闪烁效应;地面反射引起多径及山地遮蔽效应 |
| 分米波(UHF) | 直接波、地面和对流层的反射波,对流层折射及超折射波导,散射波 | 电视广播,飞机导航,警戒雷达;卫星导航;卫星跟踪、数传及指令网,蜂窝无线电 | 大气折射效应,山地遮蔽与建筑物聚焦效应,超折射波导将引起异常传播 |
| 厘米波(SHF) | 直接波、地面和对流层的反射波,对流层折射及超折射波导,散射波 | 多路语音与电视信道,雷达,卫星遥感,固定及移动卫星信道 | 雨雪吸收、散射及折射指数起伏导致的闪烁;建筑物的散射与反射及绕射传播;山地遮蔽 |
| 毫米波(EHF) | 直接波 | 短距离通信,雷达,卫星遥感 | 雨雪衰减和散射严重,云雾尘埃、大气吸收,折射起伏引起闪烁以及建筑物等的遮蔽 |
| 亚毫米波 | 直接波 | 短距离通信 | 大气及雨雪、烟雾、尘埃等吸收严重;大树及数米高的物体产生遮蔽效应 |

## 8.3 地面视距传播

视频

自由空间中的电波沿直线传播,但是地面视距传播受大气、地面以及地面上的障碍物等实际媒质引起的反射、折射、衰减和绕射等传播效应的严重影响。

### 8.3.1 大气对视距传播的影响

对流层大气对视距传播的影响主要有大气折射、大气吸收以及降雨和云雾的衰减等。

1. 大气折射

标准大气的相对介电常数接近1,实际上它是气压、温度及湿度的函数。微波频率下的经验公式为

$$\varepsilon_r=\left[1+10^{-6}\left(\frac{79p}{T}-\frac{11v}{T}+\frac{3.8\times10^5v}{T^2}\right)\right]^2 \tag{8.16}$$

式中:$p$ 为大气压(mbar,1bar=$10^5$ Pa);$T$ 为热力学温度(K);$v$ 为水蒸气压(mbar)。

结果表明,因为气压和湿度与温度相比,会随着高度的增加更快速地减小,因此标准大气的介电常数随着高度的增加而下降(趋于1)。

对流层可视为一种电参数随高度而变化的不均匀媒质,可将大气层分成许多薄片层,每一层是均匀的。在标准大气层情况下,大气折射率 $n=\sqrt{\varepsilon_r}$ 随高度的增加将逐渐减少,当电磁波入射到各层之间的分界面时,根据 Snell 折射定律,折射线是向下弯曲的弧线,大气中电波射线不再沿直线传播,这就是大气折射现象,如图8.16所示。

但是,气象条件有时能够产生局部逆温,即温度随高度的增加而升高。于是,式(8.16)表明,随着高度的增加,大气折射率的降低将比标准大气快得多,电波射线的曲率半径小于地球半径,将发生超折射,如图8.17所示。此时电波在地面和逆温层之间来回反射,能够沿着地球表面传播很远的距离,类似于介质波导中的传播,称为大气波导效应。利用大气波导效应可实现超视距微波雷达,用于探测视距外的目标。介于标准折射和超折射之间的是临界折射。此时,电波射线的曲率半径等于地球半径,电波射线与地面平行。标准折射、临界折射和超折射是正折射,大气折射率随高度上升而减小,电波射线向下弯曲。如果大气折射率随高度增加而上升,那么电波射线向上弯曲,电波射线的曲率半径为负值,称为负折射。对于无折射的情况,大气折射率不随高度变化,电波射线按直线传播。

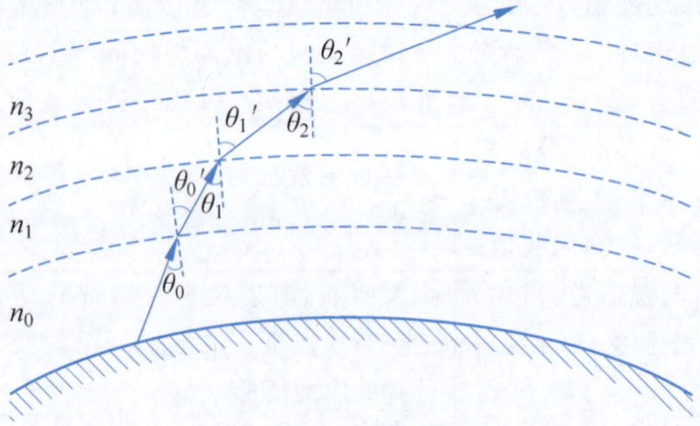


图8.16 大气折射

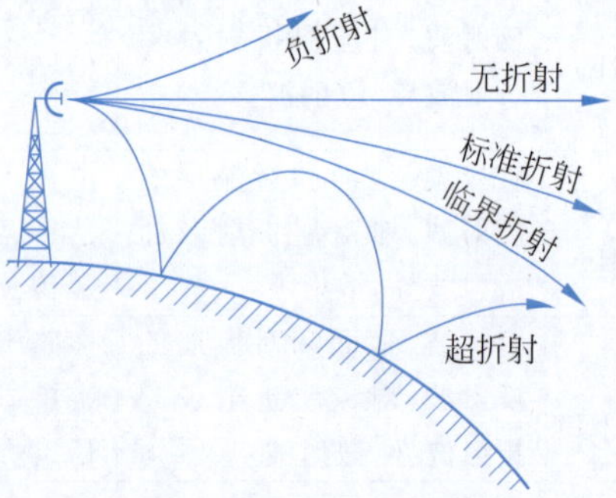


图8.17 各种大气折射情况

2. 大气吸收

大气吸收是对流层大气中水蒸气($H_2O$)及氧分子($O_2$)吸收微波能量引起的衰减。最大吸收出现在微波频率与水和氧分子的谐振频率一致时,因此在这些频率处存在明显的大气衰减峰。图8.18给出了大气衰减与频率的关系曲线。由图可见,在低于10GHz时,大气的衰减很小,可不考虑大气吸收的影响。氧分子谐振引起的吸收峰为60GHz和118GHz,而在22GHz和183GHz处出现了由水蒸气谐振引起的吸收峰。如果把大气吸收最小的频段称作大气传播"窗口",在毫米波波段接近35GHz、94GHz和140GHz处存在"窗口",雷达和通信系统在这些频率工作具有最小的路径损耗。

在某些情况下,系统可以选择在大气最大衰减频率处工作。为了对大气感知,常工作在20GHz或55GHz附近的辐射计对大气(温度、水蒸气、降雨量)遥感。另外,选择60GHz频率

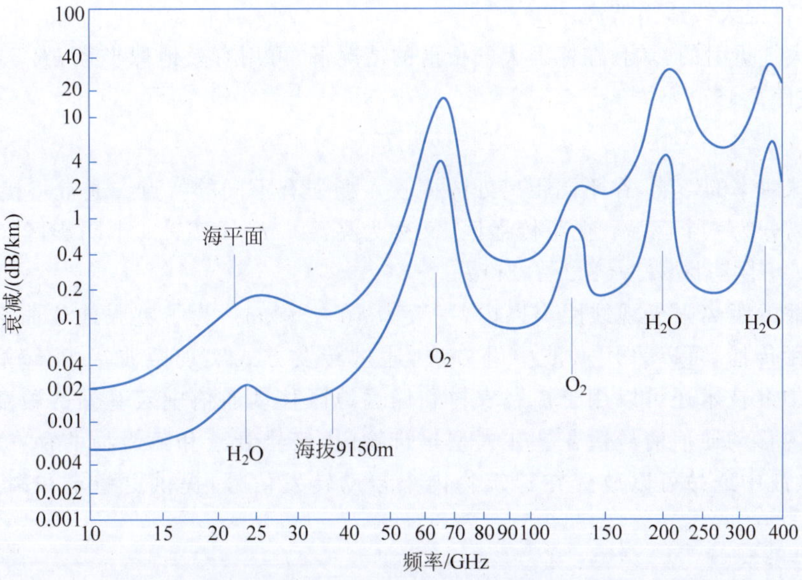


图 8.18　大气衰减与频率的关系曲线(水平极化)

进行航天器与航天器之间通信,因为这一毫米波频率除了具有大带宽和小天线高增益的优点外,而且在这个频率处大气衰减很大,来自地球的干扰和窃听的可能性大大降低。

3. 降雨和云雾的衰减

降雨引起的电波衰减不仅与频率有关,还与雨量以及电波穿过雨区长度有关。对于10GHz以下频段,降雨衰减可不考虑;对于10GHz以上频段,特别是毫米波段,中雨以上的降雨引起的衰减相当严重。例如,在暴雨情况下,C频段卫星通信上行线路衰减为0.5dB/km,但是对于Ku频段和Ka频段,暴雨引起的衰减将超过10dB/km。

云雾经常是由直径很小的液态水滴和冰晶粒子群组成,对100GHz范围内的电波来说,云雾对电波的衰减主要是吸收引起的,散射效应可以忽略不计。

## 8.3.2　地面反射对视距传播的影响

地面对电波传播的影响主要体现在两方面:一是地面的电特性,地面的电特性主要影响反射波的幅度和相位;二是地面的物理结构,包括地形起伏、植被以及人为建筑等地物。这里主要讨论地球曲率和地面反射等对微波传播的影响。

1. 视线距离

由于地球是球形,凸起的地表面会挡住视线。假设地球是光滑球面,发射天线与接收天线高度分别为 $h_1$ 和 $h_2$,地球半径为 $R_0$,如图8.19所示,则收发点间直射波所能达到的最大距离称为视线距离,记为 $d_0$,则有

$$d_0=\sqrt{2R_0}(\sqrt{h_1}+\sqrt{h_2}) \tag{8.17}$$

将 $R_0=6370\text{km}$ 代入式(8.17),并且 $h_1$ 和 $h_2$ 的单位是m,$d_0$ 的单位是km,得到

$$d_0=3.57(\sqrt{h_1}+\sqrt{h_2}) \tag{8.18}$$

上式说明,视线距离由收发天线的架设高度决定。天线架设越高,视线距离越大,因此在实际通信中应尽量

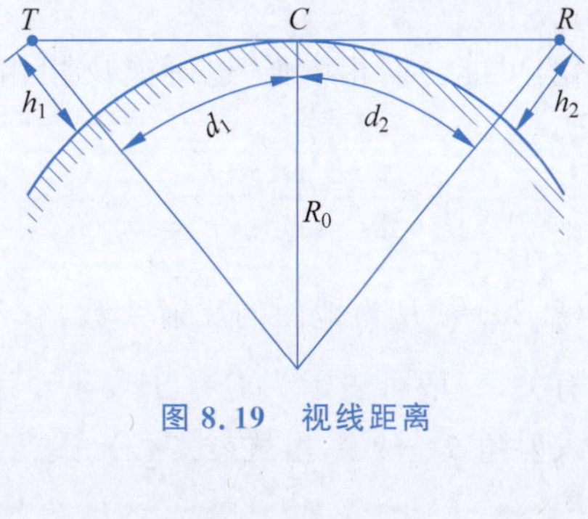


图 8.19　视线距离

利用地形、地物把天线适当架高。

若考虑大气折射的影响，在标准大气折射的情况下，可用有效地球半径 $kR_0$ 来考虑，通常 $k=4/3$，视线距离修正为

$$d_0=4.12(\sqrt{h_1}+\sqrt{h_2}) \tag{8.19}$$

由于地球曲率的影响，在不同距离处的接收点场强有不同的特点。通常将接收点离开发射天线的距离分为三个区域：视距传播区（又称为亮区），$d<0.7d_0$；半阴影区，$0.7d_0<d<(1.2\sim1.4)d_0$；阴影区，$d>(1.2\sim1.4)d_0$。

视距传播的距离限于视线距离以内，一般为 10～50km。为了克服地球曲率的影响，实现更远的视距传播，可以采用微波中继方法，通过转发方式实现微波接力传输，如图 8.20 所示。微波中继技术还可以用于扩展农村和偏远地区移动通信中宏基站的覆盖范围，也可用于增强室内移动通信信号覆盖。在大型建筑物内，信号衰减和障碍物的存在会导致信号覆盖不足，微波中继站可以放置在建筑物内来帮助转发信号，提供更稳定和高速的室内无线连接。

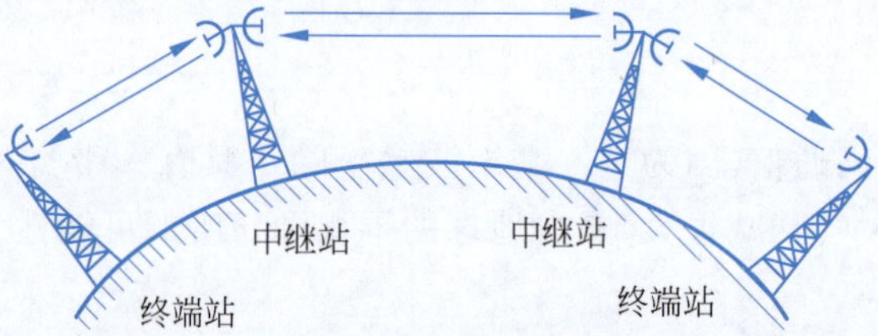


图 8.20　地面微波中继通信

2. 平坦地面的路径损耗

在无线通信中，地面效应很重要。如图 8.21 所示，假设地面是平坦光滑的，发射天线 $A$ 的架高为 $h_1$，接收点 $B$ 的高度为 $h_2$，收发两点间的水平距离为 $r$。

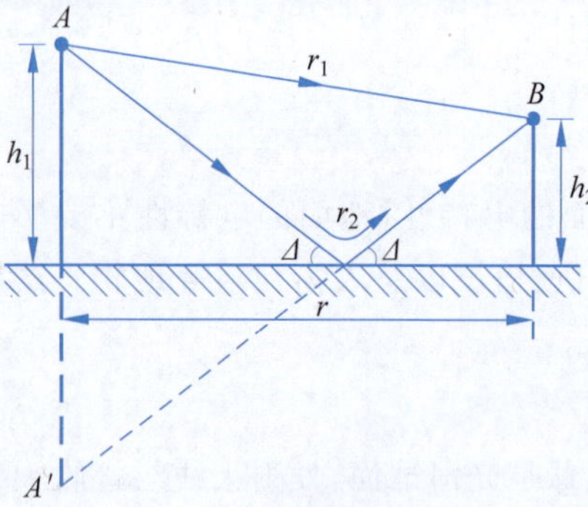


图 8.21　地面效应的直射波与反射波

在视距传播中，收发两点之间除有直射波外，还经常存在地面反射波。直接波的传播路径为 $r_1$，地面反射波的传播路径为 $r_2$，反射波与地面之间的投射角为 $\Delta$。在视距传播中，传播距离 $r\gg h_1,h_2$，电波投射到地面上的仰角很小，因此可以认为直射波场强 $E_1$ 和反射波场强 $E_2$ 方向基本一致，并且忽略发射天线在直射波方向和反射波方向的方向系数的差别。接收点 $B$ 处的总场强是直达波与地面反射波的矢量叠加，即

$$E=E_1+E_2=E_1\left|1+\Gamma e^{jk(r_2-r_1)}\right| \tag{8.20}$$

上式表明，直射波和反射波会发生干涉，随着传播距离变化，可能会同相增强，也可能反相相消。式中 $r_2-r_1$ 为两条路径之间的路程差，它可以表示为

$$\Delta r=r_2-r_1=\sqrt{(h_2+h_1)^2+r^2}-\sqrt{(h_2-h_1)^2+r^2}\approx\frac{2h_1h_2}{r} \tag{8.21}$$

式(8.20)中 $\Gamma$ 为地面的反射系数，它与电波的投射角 $\Delta$、电波的极化和波长以及地面的电参数有关，一般可表示为 $\Gamma=|\Gamma|e^{-j\phi}$。由于传播距离 $r\gg h_1,h_2$，因此地面上投射角 $\Delta\to0°$，即电波入射角 $\theta_i\to90°$，由式(2.74a)、式(2.80a)以及例 2.8 可知，对于水平极化波和垂直极化波，

反射系数的模值接近 1，相位接近 180°。因此，式(8.20)简化为

$$E=E_1+E_2=E_1\,|\,1-e^{jk\Delta r}\,|=E_1\cdot 2\sin\left(\frac{k\Delta r}{2}\right)=E_1\cdot 2\sin\left(\frac{2\pi h_1 h_2}{\lambda r}\right) \tag{8.22}$$

因此，接收点 $B$ 处的接收功率为

$$P_r=4\left(\frac{\lambda}{4\pi r}\right)^2 P_t G_t G_r \sin^2\left(\frac{2\pi h_1 h_2}{\lambda r}\right) \tag{8.23}$$

式中：$P_t$ 为发射功率；$G_t$、$G_r$ 分别为发射天线和接收天线增益。

当收发天线为各向同性辐射时，即 $G_t=G_r=1$，平坦地面上路径损耗为

$$\frac{1}{L_{PE}}=\frac{P_r}{P_t}=4\left(\frac{\lambda}{4\pi r}\right)^2\sin^2\left(\frac{2\pi h_1 h_2}{\lambda r}\right) \tag{8.24}$$

上式为平坦地面上的无线链路的路径损耗估计提供了一个简单且有用的公式。当天线高度和收发天线距离变化时，平坦地面上路径损耗按照正弦函数的平方率变化。

**例 8.2** 平坦地面上的路径损耗。

考虑平地面上高度 $h_1=h_2=2\text{m}$ 的天线，其工作频率 $f=2\text{GHz}$，计算传输距离 $r$ 为 10m～10km 的路径损耗。

**解：** 图 8.22 给出了平地面的路径损耗曲线，为了对比还给出了自由空间的路径损耗曲线。由图可见，在距离 100m 以内时，由于直射波和反射波的干涉效应出现了极小值和极大值。极大值达到自由空间损耗的 +6dB，极小值是零（$-\infty$ dB）。对于更大的距离，$\sin[2\pi h_1 h_2/(\lambda r)]\approx 2\pi h_1 h_2/(\lambda r)$，平坦地面损耗为

$$\frac{1}{L_{PE}}\approx\frac{h_1^2 h_2^2}{r^4}(r>d_{\text{break}}) \tag{8.25}$$

式中：$d_{\text{break}}$ 为断点距离，且有

$$d_{\text{break}}=\frac{4h_1 h_2}{\lambda} \tag{8.26}$$

因此，当距离大于断点距离时，在平坦地面损耗条件下，接收功率以 40dB/10 倍程的速率衰减（$\approx 1/r^4$），而在自由空间中则接收功率以 20dB/10 倍程的速率衰减（$\approx 1/r^2$）。在移动宏蜂窝通信中，通常发现路径损耗随着 $r^n$ 的增加而增加，其中 $n$ 接近 4。$n$ 称为路径损耗指数，将在 8.4 节详细讨论其模型。

实践

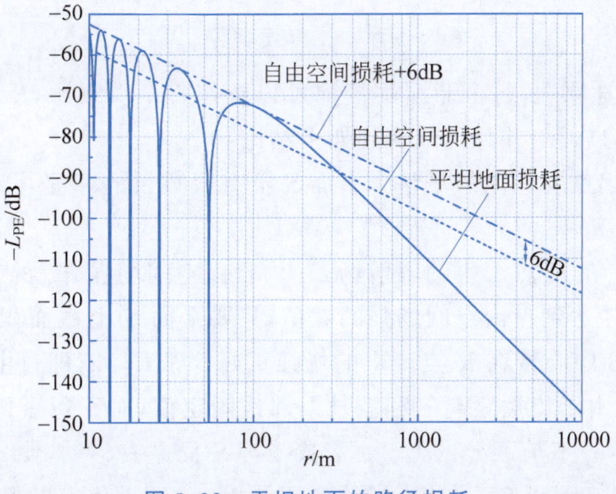


图 8.22 平坦地面的路径损耗

### 8.3.3 障碍物对视距传播的影响

在地面视距传播中，当电波传播的线路遇到山峰、建筑物等障碍物时，电磁波不再以直线方式传播，而会绕过障碍物再继续往前传播，这种现象称为尖劈绕射。在低仰角传播中，绕射效应可能很强，丘陵、山峰和建筑物拐角都可以把微波能量绕射到阴影区。为了描述障碍物对电波传播的影响，需要引入菲涅耳区的概念。

#### 1. 菲涅耳区

先讨论自由空间中收发两点之间电波传播的空间区域与接收点场强之间的关系。如图 8.23(a)所示，在 $T$ 点放置各向同性辐射的点源，$R$ 点为观察点。在 $TR$ 两点之间插入一块无限大的平面 $S$(与 $T$ 点距离为 $r_1$，与 $R$ 点距离为 $r_2$)，它垂直收发两站连线。在平面 $S$ 上划分出许多环带，满足如下关系式：

$$\begin{cases} \rho_1 + p_1 = r + \lambda/2 \\ \rho_2 + p_2 = r + 2\lambda/2 \\ \quad\vdots \\ \rho_n + p_n = r + n\lambda/2 \end{cases} \tag{8.27}$$

式中：$\rho_n$、$p_n$ 分别为源点 $T$ 及接收点 $R$ 到 $S$ 面上第 $n$ 个环带的距离；$r$ 为收发两点之间的距离；$\rho_n$、$p_n$ 和 $r$ 均远大于波长。每个环带外边缘上任一点与其内边缘上任一点到 $T$、$R$ 两点的距离和之差恒定为 $\lambda/2$，这些环带称为菲涅耳带。

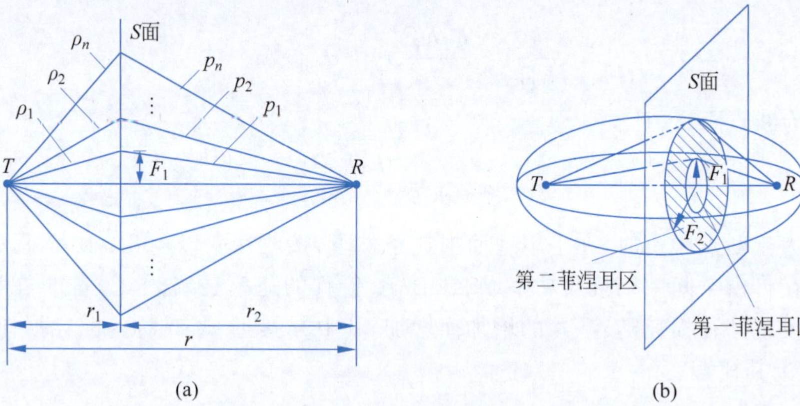


图 8.23 菲涅耳区

根据惠更斯-菲涅耳原理，每个菲涅耳带都可以看作一个次级源，$R$ 点的场就是各菲涅耳带上次级源的辐射场的总和，并且可以得到如下结论：

(1) 对 $R$ 点场强起重要作用的是整个平面 $S$ 上有限数目的菲涅耳带，其他菲涅耳带的辐射场可以忽略不计。

(2) 第一菲涅耳带在 $R$ 点产生的辐射场 $E_1$ 为自由空间场强 $E_0$ 的 2 倍，即 $E_1 = 2E_0$。

(3) 要使 $R$ 点场强达到自由空间场强的数值，只要平面 $S$ 上截面积为第一个菲涅耳带面积的 1/3 即可。这 1/3 中心带在 $R$ 点产生的场强正好等于 $E_1/2$，即自由空间场强 $E_0$。

由式(8.27)可知，由于传播距离 $r$ 和波长 $\lambda$ 都是固定值，对于每个固定的 $n$ 值来说，各等式的右边都是常数，即 $\rho_n + p_n = r + n\lambda/2 =$ 常数。若 $S$ 面左右移动，使 $\rho_n$、$p_n$ 为变数，而 $\rho_n + p_n =$ 常数，则根据几何知识可知，这些点的轨迹正是以 $T$、$R$ 为焦点的椭球面。这些椭球面包围的空间区域称为菲涅耳区，如图 8.23(b)所示。$n=1$ 的椭球体就称为第一菲涅耳区，以此类推。由此可见，在自由空间中，从波源 $T$ 辐射到达接收点 $R$ 的电磁能量，是通过以 $T$、$R$ 为焦点的一系列菲涅耳区来传播的。

为了获得自由空间传播条件，只要能保证一定的菲涅耳区不受障碍物遮挡就可以。由于第一菲涅耳区产生的场强比自由空间场强值大 1 倍，而 1/3 个第一菲涅耳区产生的场强恰好等于自由空间场强。因此，工程上把第一菲涅耳区和“最小”菲涅耳区（平面 $S$ 上截面积为第一菲涅耳区面积的 1/3 所对应的空间椭球区）作为对电波传播起主要作用的空间区域，只要它们不被阻挡，就可获得近似自由空间传播的条件。

在 $r_1$ 和 $r_2$ 分别远大于波长 $\lambda$ 的情况下，可以计算出第一菲涅耳区半径为

$$F_1=\sqrt{\frac{\lambda r_1 r_2}{r}} \tag{8.28}$$

令“最小”菲涅耳区半径为 $F_0$，根据其定义，有 $\pi F_0^2=\pi F_1^2/3$，即

$$F_0=0.577F_1=0.577\sqrt{\frac{\lambda r_1 r_2}{r}} \tag{8.29}$$

上式表示接收点能得到与自由空间传播相同的信号强度时所需要的最小空中通道（“最小”菲涅耳区）的半径。由上式也可以看出，当 $r$ 一定时，波长 $\lambda$ 越短，对传播起主要作用的区域半径越小，椭球就越细长，最后退化为直线。这就是通常认为光的传播是光线的原因。

### 2. 传播余隙

在微波地面视距传播中，当电波传播的线路遇到障碍物时，为了确保通信质量，重要的是确定天线高度，使电波传播线路不被障碍物阻挡。而天线高度的确定又要通过合理地选择传播余隙来完成。

传播余隙是指收发天线中心的连线与障碍物中最高点的垂直距离，用 $H_c$ 表示。当路径较长或地形起伏较大时，余隙可能为负值。单个障碍物的余隙如图 8.24 所示，其绕射衰减因子 $A_d$ 随余隙变化的理论曲线如图 8.25 所示，图中横坐标为 $v=-\sqrt{2}H_c/F_1$。根据衰减因子随余隙的变化趋势，可把传输链路分为以下三种类型。

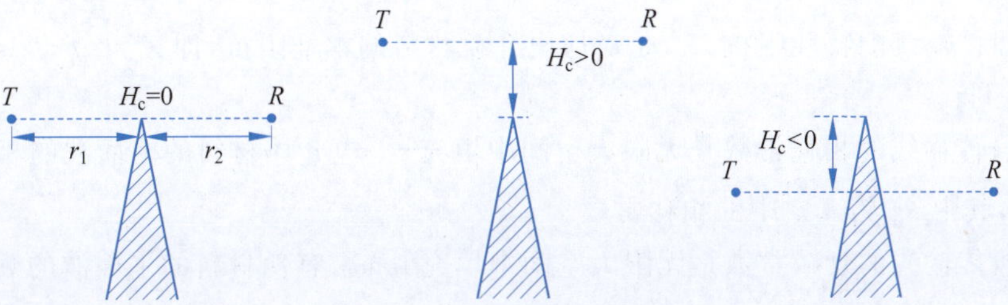


图 8.24 三种架设方式的余隙

(1) 开路径，$H_c \geqslant F_1$。由于各菲涅耳带辐射场的干涉作用，接收点场强 $E$ 随着 $H_c$ 增大在自由空间场强 $E_0$ 附近上下起伏变化；随着 $H_c$ 的持续增大，接收点场强越来越趋近于 $E_0$ 值，表明此时障碍物的影响已越来越小。

(2) 半开路径，$0 \leqslant H_c < F_1$。当 $H_c=0$ 时，障碍物正好阻挡了菲涅耳区的一半面积，因而接收点场强 $E$ 只有自由空间场强 $E_0$ 的一半，$A_d=6\text{dB}$。

(3) 闭路径，$H_c<0$。当 $H_c$ 为负值时，收、发两点之间的视线传播受阻，接收点已进入阴影区。当然，随着障碍物的增高，障碍遮挡越来越大，主要依赖绕射传播，绕射损耗越来越大。

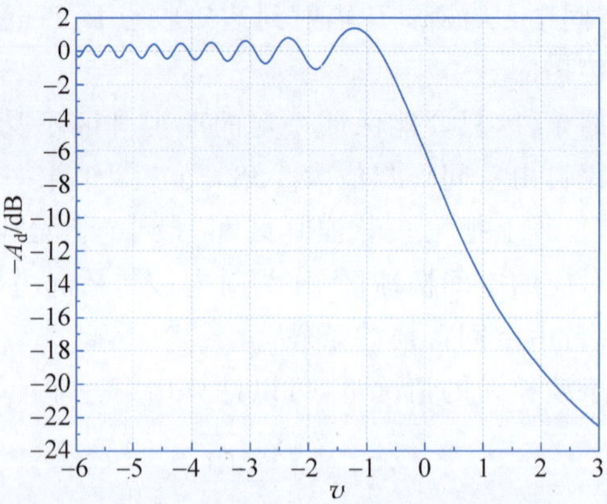


图 8.25　单个障碍物衰减因子随余隙变化

工程上用单刃峰模型来近似表征单个障碍物的绕射损耗因子,可以表示为

$$A_{\mathrm{d}}(\mathrm{dB})=\begin{cases}6.02+9.0v+1.65v^2, & -0.820\leqslant v\leqslant 0\\ 6.02+9.11v-1.27v^2, & 0\leqslant v\leqslant 2.4\\ 12.95+20\lg v, & v>2.4\end{cases} \tag{8.30}$$

## 8.3.4　建筑物墙壁的反射和透射

在城市环境移动通信中,建筑物墙壁反射是电波传播的重要传播方式。另外,室内无线通信中,电波通过墙壁和地面的反射进行传播。因此,讨论建筑物墙壁的反射和传输特性对于城市小区移动通信是有意义的。

墙壁可以看成由 $n$ 层有耗电介质材料组成的厚板结构,每层的厚度为 $d_i$,相对介电常数为 $\varepsilon_{ri}$,损耗角正切为 $\tan\delta_i$,如图 8.26(a)所示。为了使墙壁反射和折射问题简化,考虑平面波垂直入射的情况,则该问题可以采用等效传输线级联方法求解,如图 8.26(b)所示。具体等效方法如下:

(1) 每段传输线的长度 $l_i$ 对应于分层板的厚度 $d_i$。

(2) 每段传输线的特性阻抗 $Z_{ci}$ 是对应电介质材料的本征阻抗,即 $Z_{ci}=\eta_0/\sqrt{\varepsilon_{ri}}$,其中 $\eta_0$ 为真空的波阻抗。

(3) 每段传输线的相移常数是无限大空间中填充 $\varepsilon_{ri}$ 电介质材料的平面波的相移常数,即 $\beta_i=\beta_0\sqrt{\varepsilon_{ri}}$,其中 $\beta_0$ 为真空中的相移常数。

(4) 每段传输线的衰减常数是无限大空间中填充 $\tan\delta_i$ 有耗材料的平面波的衰减常数,即 $\alpha_i=\beta_i\tan\delta_i/2(\mathrm{Np/m})$。

(5) 两侧的空气等效为半无限长的无耗传输线,特性阻抗为 $\eta_0$,相移常数为 $\beta_0$。

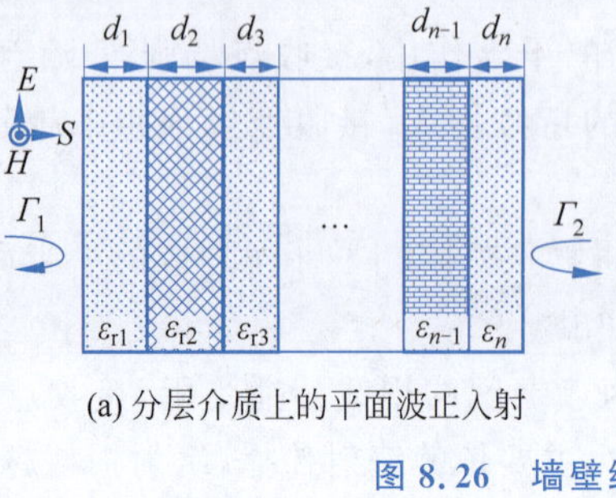


(a) 分层介质上的平面波正入射

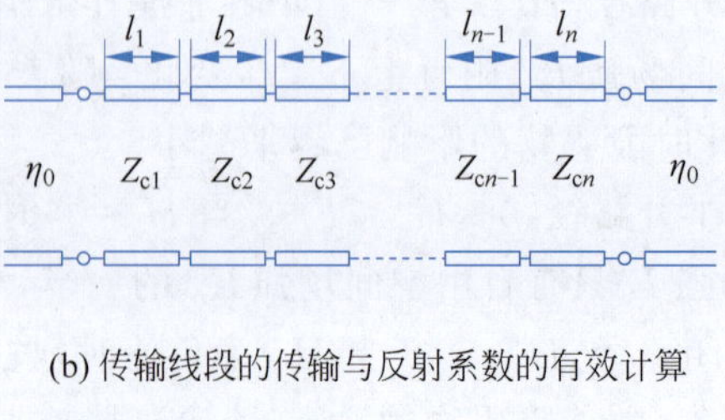


(b) 传输线段的传输与反射系数的有效计算

图 8.26　墙壁结构及其等效传输线分析

采用微波电路仿真软件进行散射参数 $S$ 仿真，由此得到反射系数 $\Gamma_1=S_{11}$，$\Gamma_2=S_{22}$，透射系数 $T=S_{21}$。墙壁的路径损耗可用透射系数表示，即

$$L_{\text{wall}}=-20\lg|T|=-20\lg|S_{21}|。$$

**例 8.3** 墙壁的反射和透射系数计算。

考虑三层实际的有耗材料组成的墙壁结构，三层材料的参数定义如下：

第一层：$d_1=30\text{mm}$，$\varepsilon_{r1}=3$，$\tan\delta_1=0.01$。

第二层：$d_2=115\text{mm}$，$\varepsilon_{r2}=4.5$，$\tan\delta_2=0.05$。

第三层：$d_3=30\text{mm}$，$\varepsilon_{r3}=3$，$\tan\delta_3=0.01$。

在 100MHz～10GHz 频率范围内，计算墙壁的反射系数 $\Gamma_1$ 和透射系数 $T$。

**解：** 按照上述建立等效传输线模型，并计算各段传输线的参数，计算结果如图 8.27 所示。在较低频率，因为谐振和干涉效应，使得传输特性相当复杂，并且随着频率的增加衰减也在增加。

实践

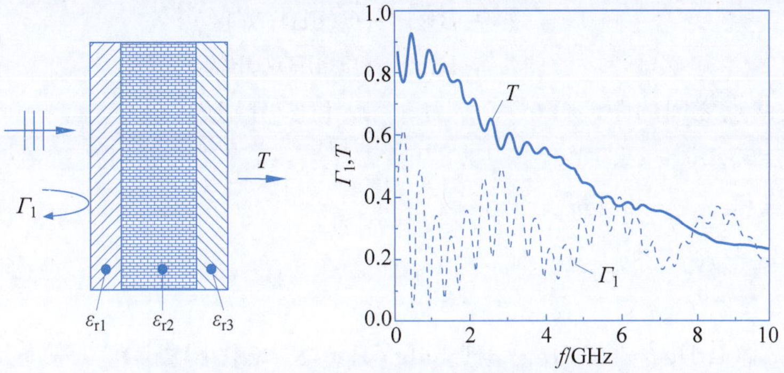


图 8.27 有耗三层墙壁的反射和传输系数

## 8.4 移动通信中的路径损耗模型

基于蜂窝网络的移动通信是处于移动状态的通信对象（移动台）与基站台之间的通信，目前蜂窝移动通信广泛使用 6GHz 以下频段（Sub-6GHz）。在蜂窝移动通信中，接收信号不仅有时间上的衰落，而且有空间上的衰落，是一种与时间、空间相关的随机信号。大多数实际传播场合，一般很难进行准确的场强估算，通常需要建立传播模型，可分为经验模型、半经验模型和物理模型三类。

经验模型是基于不同环境和不同频率下大量实测数据为基础，用统计方法得出作为传播距离、天线高度、地形类型和概率等函数的场强中值的最佳拟合预测曲线，以便用于类似环境下的无线电覆盖预测。例如，Okumura-Hata（奥村-哈塔）模型就属于这类模型。

半经验模型也是基于测量数据，但包括了电波传播的物理问题。比如，基于地理数据考虑了丘陵、山峰等环境要素的绕射和遮挡效应。半经验模型改进了估计精度，但也增加了计算复杂度，它以合理的代价提供了合理的精度，广泛应用于宏蜂窝网络的规划。比如，我国国标预测模型包含了经验校正因子的绕射模型。

物理模型仅是基于电波传播的物理方面，它需要详细的地理信息数据和电磁场计算专门方法，主要有射线跟踪方法和电磁场数值全波仿真方法，往往需要大量的计算资源。宏蜂窝传播场景的严格数值全波仿真实际上是不可能的，电磁数值仿真需要对计算区域进行亚波长尺度的网格剖分，导致巨大的计算开销。但是，对于微蜂窝（如 100m×100m 区域）和室内短距离传播场景，电磁全波仿真对路径损耗预测是可用的。

下面对 Okumura-Hata 模型和国标预测模型进行简单介绍。

### 8.4.1 Okumura-Hata 模型

Okumura-Hata 模型是一种基于测量的经验模型，它是 20 世纪 60 年代在东京附近地区进行的测量。该测量结果已经被拟合成一组对不同环境下路径损耗进行近似估算的公式，分为开阔区域、郊区和市区三种情况，这些公式需要满足如下条件才是有效的：

频率范围：$150\text{MHz} \leqslant f \leqslant 1500\text{MHz}$；

收发之间的距离：$1\text{km} \leqslant r \leqslant 20\text{km}$；

基站天线高度：$30\text{m} \leqslant h_b \leqslant 200\text{m}$；

移动站天线高度：$1\text{m} \leqslant h_m \leqslant 10\text{m}$。

Okumura-Hata 模型是准光滑地形的路径损耗，它依赖于区域类型，由下式给出：

$$L = \begin{cases} A + B\lg r - E(\text{dB})(\text{市区}) \\ A + B\lg r - C(\text{dB})(\text{郊区}) \\ A + B\lg r - D(\text{dB})(\text{开阔}) \end{cases} \tag{8.31}$$

式中：$r$ 为收发两点之间的距离(km)；$A$、$B$、$C$、$D$ 和 $E$ 分别为

$$A = 69.55 + 26.16\lg f - 13.82\lg h_b \tag{8.32}$$

$$B = 44.9 - 6.55\lg h_b \tag{8.33}$$

$$C = 2[\lg(f/28)]^2 + 5.4 \tag{8.34}$$

$$D = 4.78(\lg f)^2 - 18.33\lg f + 40.94 \tag{8.35}$$

$$E = \begin{cases} (1.1\lg f - 0.7)h_m - 1.56\lg f + 0.8 & (\text{中小城市}) \\ 8.29[\lg(1.54h_m)]^2 - 1.1 & (\text{大城市}, f \leqslant 200\text{MHz}) \\ 3.2[\lg(11.75h_m)]^2 - 4.97 & (\text{大城市}, f \geqslant 400\text{MHz}) \end{cases} \tag{8.36}$$

式中：$f$ 为工作频率(MHz)；$h_b$ 为固定基站的高度(m)；$h_m$ 为移动站的高度(m)。

利用修正因子可对该模型的最高工作频率和应用场景进行扩展，目前该模型已在全世界范围内广泛应用。

**例 8.4** Okumura-Hata 模型预测路径损耗。

固定基站的高度 $h_b = 40\text{m}$，移动站的高度 $h_m = 1.8\text{m}$，工作频率 $f = 950\text{MHz}$，用 Okumura-Hata 模型计算开阔区域、郊区和市区的路径损耗。

**解：** 首先考虑开阔区域，估计 $r$ 为 1～30km 的路径损耗，如图 8.28 所示。为了比较，还用

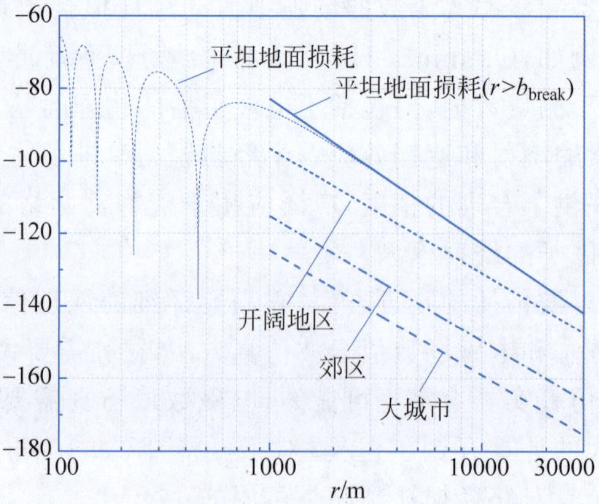


图 8.28 Okumura-Hata 模型预测的路径损耗

式(8.24)计算平坦地面的路径损耗和更大距离($r>d_{\text{break}}$,$d_{\text{break}}=1.01\text{km}$)用式(8.25)计算平坦地面的路径损耗。Okumura-Hata 模型对开阔地得到的路径损耗稍高于平坦地面损耗模型的计算值。正如 8.3.2 节讨论的那样,平坦地面模型的路径损耗指数是 4。Okumura-Hata 模型给出了路径损耗指数 $n=B/10=3.44$,因此得到更平坦的曲线斜率。大城市和郊区密集建筑物的阴影区,使得路径损耗增加。



### 8.4.2 我国移动通信路径损耗估计方法

GB/T 14617.1—2012《陆地移动业务和固定业务传播特性 第1部分:陆地移动业务传播特性》[58]给出了陆地移动业务传播特性估计方法,它是在 Okumura-Hata 模型基础上做了以下三点修正:

(1) 引入建筑物密度修正因子。对于有建筑物密度资料的市区,应在 Okumura-Hata 公式计算的结果上减去建筑物密度修正因子 $S(a)$,可表示为

$$S(a)=\begin{cases}30-25\lg a, & 5<a<50\\ 20+0.19\lg a-15.6(\lg a)^2, & 1<a\leqslant 5\\ 20, & a\leqslant 1\end{cases}\tag{8.37}$$

式中:$a$ 为建筑物密度,即建筑物所占面积的百分数。当 $a=15$ 时,$S(a)\approx 0$。

(2) 扩展 Okumura-Hata 公式的适用距离。将式(8.31)中距离项 $\lg r$ 改变为$(\lg r)^\gamma$,当 $r\leqslant 20\text{km}$ 时,$\gamma=1$;当 $20\text{km}<r<100\text{km}$ 时,$\gamma$ 为

$$\gamma=1+(0.14+1.87\times 10^{-4}f+1.07\times 10^{-3}h_{\text{b}})[\lg(r/20)]^{0.8}\tag{8.38}$$

(3) 修正山地和丘陵路径的传输损耗计算方法。山地和丘陵路径损耗采用确定的点对点路径的计算方法,计算公式如下:

$$L'=A_{\text{d}}+L+\lg(r/r')\text{(山地,丘陵)}\tag{8.39}$$

式中:$L$ 为该路径准光滑地形的传输损耗,由式(8.31)计算得出;$r$ 为移动台与基站台之间的距离;$r'$ 为移动台和与它相隔一个障碍的障碍物(或基站)之间的路径长度(km);$A_{\text{d}}$ 为障碍绕射损耗(dB)。单个障碍的绕射损耗用式(8.30)计算,多重障碍的绕射损耗可采用主障碍法计算,它是 Deygout 于 1966 年提出来的。

主障碍法首先判定哪个障碍物对电波的阻挡贡献最大,具有最大余隙者为主障碍。多重障碍的绕射损耗为单个障碍绕射损耗的叠加,即

$$A_{\text{d}}=\sum_{i=1}^{n}A_{\text{d}i}(v_i)=A_{\text{d}1}(v_1)+A_{\text{d}2}(v_2)+\cdots+A_{\text{d}n}(v_n)\tag{8.40}$$

式中

$$v_i=-\frac{\sqrt{2}H_i}{F_{1i}}=-H_i\sqrt{\frac{2}{\lambda}\frac{a_i+b_i}{a_ib_i}}$$

以三重障碍为例说明上式参数 $a_i$、$b_i$、$H_i$ 的计算方法,如图 8.29 所示。首先连接基站与移动台,余隙最大的主峰 $M_1$ 为主障碍,取 $v_i=v_1$,$a_1=r_1+r_2$,$b_1=r_3+r_4$,$H_1$ 为主障碍 $M_1$ 的余隙,用式(8.30)算出主障碍 $M_1$ 的绕射损耗 $A_{\text{d}1}$ 的值。然后,分别连接主障碍 $M_1$ 和基站 $T$、移动台 $R$,找出连线 $M_1T$ 和 $M_1R$ 对应的次级主障碍(山峰 $M_2$ 和 $M_3$),依据上述同样方法可计算出各障碍的绕射损耗 $A_{\text{d}i}$。

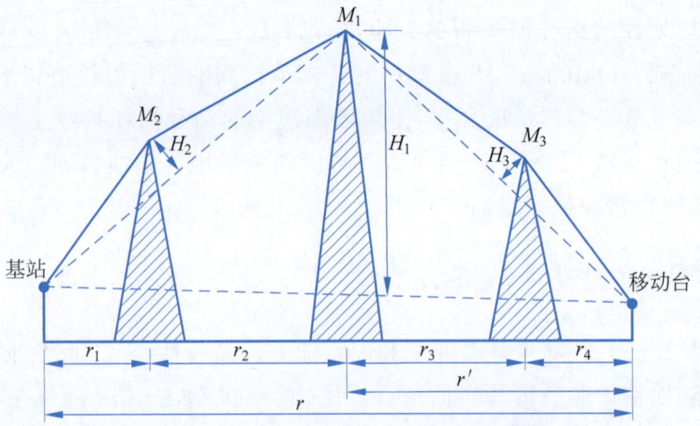


图 8.29　多重障碍绕射损耗的主障碍法

## 8.5 案例 1：复杂环境中电波传播预测的抛物方程方法

复杂环境中电波传播是指在非均匀分布的大气结构条件下，电波在不规则地球表面上的传播。电波传播预测方法通常有经验模型、半经验模型和物理模型，8.4 节讲述了经验模型（Okumura-Hata 模型）和半经验模型（我国国标方法）。对于物理模型，大场景复杂环境下电波传播的严格全波数值仿真往往是不可能的。近年来，抛物方程（PE）方法受到了人们极大的关注[59]，它是在电磁场波动方程基础上，通过前向近似而建立的物理模型，并采用分步傅里叶变换（SSFT）数值算法求解，是目前研究电波传播的准确和高效的确定性数值模型。

### 8.5.1 抛物方程方法的原理

为了简明，建立二维电波传播问题，电波传播沿 $+x$ 方向，在高度 $z$ 方向有不规则地表和复杂大气结构，如图 8.30 所示。由式（2.4）可知，在直角坐标系下，波动方程可简化为

$$\frac{\partial^2 \psi}{\partial x^2}+\frac{\partial^2 \psi}{\partial z^2}+k_0^2 n^2 \psi=0 \tag{8.41}$$

式中：$\psi$ 为电场 $\boldsymbol{E}$ 或磁场 $\boldsymbol{H}$ 的分量；$k_0$ 为真空中的波数；$n$ 为媒质折射率。

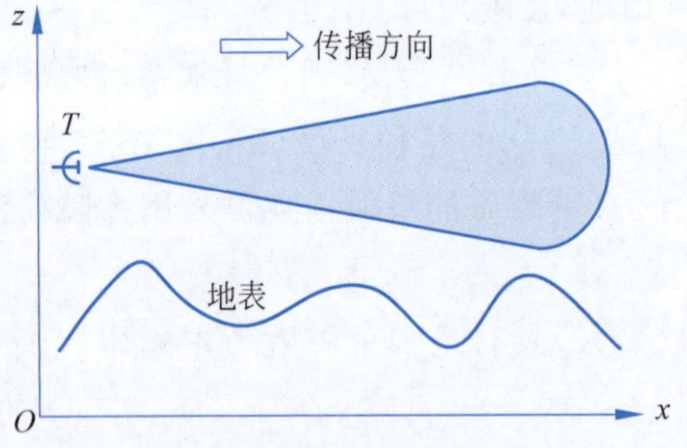


图 8.30　二维电波传播问题

对于均匀平面波，由式（2.6）可知，均匀平面波的波动方程的基本解是 $\mathrm{e}^{\pm \mathrm{j} k_0 n z}$，它包括前向波和后向波。

令 $u=\mathrm{e}^{-\mathrm{j} k_0 x} \psi$，代入式（8.41）可得

$$\frac{\partial^2 u}{\partial x^2}+\frac{\partial^2 u}{\partial z^2}+2 \mathrm{j} k_0 \frac{\partial u}{\partial x}+k_0^2\left(n^2-1\right) u=0 \tag{8.42}$$

式（8.42）可分解为

$$\left[\frac{\partial}{\partial x}+\mathrm{j} k_0(1-Q)\right]\left[\frac{\partial}{\partial x}+\mathrm{j} k_0(1+Q)\right] u=0 \tag{8.43}$$

式中：$Q$ 为伪微分算子，表示为

$$Q=\sqrt{\frac{1}{k_0} \frac{\partial^2}{\partial z^2}+n^2} \tag{8.44}$$

因此，由式可以得到两个关于 $x$ 的抛物方程形式，即

$$\frac{\partial u}{\partial x}=-\mathrm{j}k_0(1-Q)u \tag{8.45}$$

$$\frac{\partial u}{\partial x}=-\mathrm{j}k_0(1+Q)u \tag{8.46}$$

式(8.45)表明电波前向($+x$)传播，而式(8.46)表明电波后向($-x$)传播。对于电波传播问题，可以忽略后向散射波，只考虑前向传播波，因此，只需考虑式(8.45)，它是抛物方程，相比于波动方程的双曲线方程要简单得多。

式(8.45)所示的抛物方程属于一阶偏微分方程，其解相比波动方程也简单得多，其理论解为

$$u(x+\Delta x,z)=\mathrm{e}^{\mathrm{j}k_0\Delta x(Q-1)}u(x,z) \tag{8.47}$$

上式表明，抛物方程的求解是一个步进计算的过程，但其中含有伪微分算子 $Q$，这给计算带来了一定的麻烦，必须对伪微分算子 $Q$ 进行近似处理。根据惠更斯-菲涅耳原理，下一步的场值 $u(x+\Delta x,z)$ 是上一步场值 $u(x,z)$ 作为次级源辐射的叠加，因此可以用傅里叶变换(FT)来计算，因此抛物方程的求解方法称为分步傅里叶变换方法(SSFT)，它是一种快速求解方法，适用于大场景复杂环境下的电波传播预测。

我们对抛物方程方法预测电波传播的准确性进行了实验验证。在粗糙湖面环境下进行实验，发射采用直径为 2m 抛物面天线，架高为 3.9m；接收采用标准喇叭天线，高度为 6～14m(可调)；测试频率为 9.4GHz，收发距离为 610.5m，如图 8.31(a)所示。图 8.31(b)给出了抛物方程方法计算的传播衰减结果，基本符合式(8.24)表示的传播损耗随天线高度变化按正弦平方的变化规律，与实验结果比较，其均方根误差与绝对误差均值分别为 1.10dB 和 0.92dB。可以看出，基于抛物方程的水面传播计算模型可以较为准确地预测粗糙水面的电波传播特性。

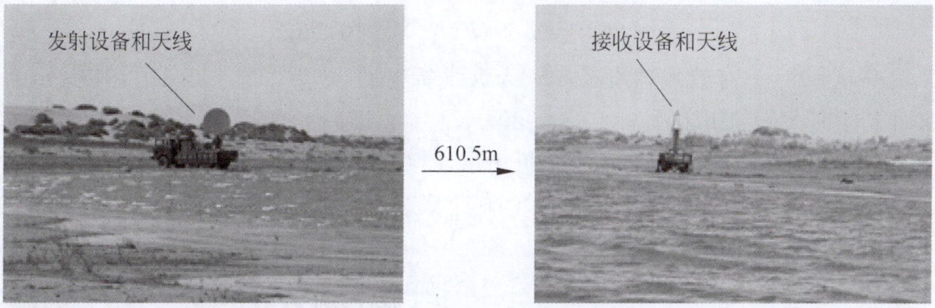


(a) 粗糙湖面实验场景

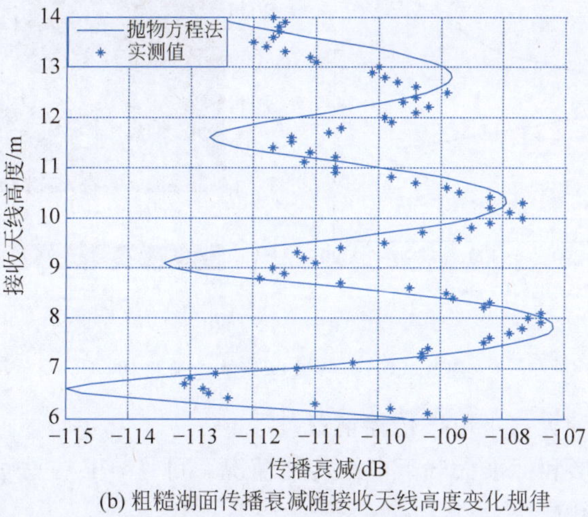


(b) 粗糙湖面传播衰减随接收天线高度变化规律

图 8.31　抛物方程方法的实验验证

## 8.5.2 抛物方程方法的应用

抛物方程方法可以预测复杂环境下的电波传播，并考虑了不规则地表和复杂大气结构的反射、绕射以及大气折射等的影响。下面举一些抛物方程方法计算实例[59]。

**实例 1**：单个和多个刃峰的电波传播。

图 8.32 是单一刃峰和多个刃峰情况下电波传播情况。从图可见，PE 方法可以精确计算刃峰绕射情况。

彩图

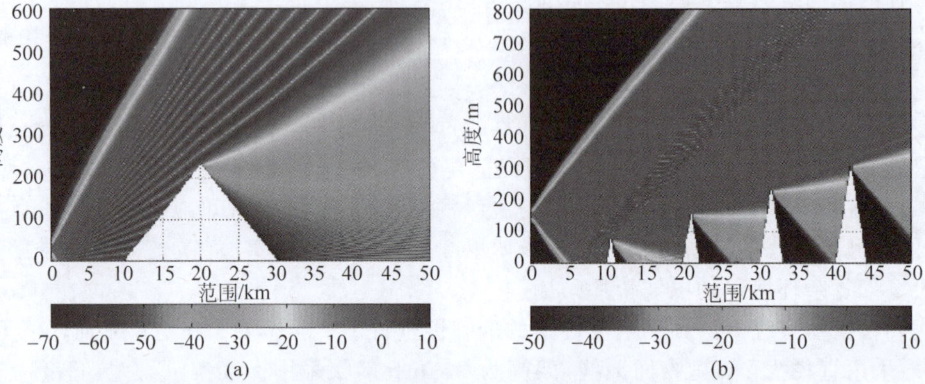


图 8.32　刃峰情况下的电波传播

**实例 2**：大气波导下电波传播情况。

图 8.33 是海面上大气波导情况下电波传播情况，大气折射率剖面如图 8.33(a)所示，图中横坐标为大气修正折射率，且有

$$M(h)=N+(h/R_e)\times 10^6(\mathrm{m})$$

式中：$h$ 为高度；$R_e$ 为有效地球半径；$N$ 为大气折射率，$N=(n-1)\times 10^6$，其中 $n$ 为大气折射率，地面上标准大气的折射率 $n=1.00029$。

在高度 0～600m 范围内包含了 4 个折射层，其中悬空波导层下层高度约为 185.6m，上层高度为 304.8m。从图可见，PE 方法可以精确计算 300m 以下空间大气波导效应，以及 300m 以上空间大气折射效应。

彩图

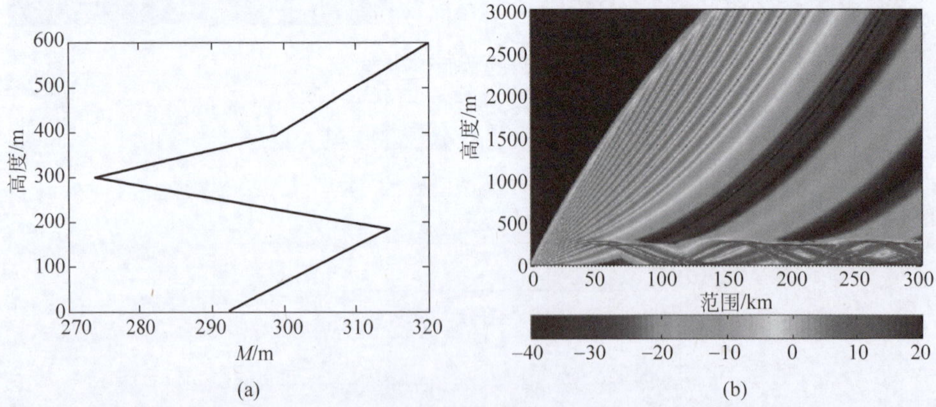


图 8.33　大气波导下的电波传播

**实例 3**：复杂地形和大气下电波传播情况。

图 8.34 是复杂地形和标准大气下电波传播情况。可见，PE 方法可以精确计算地形反射、绕射以及大气折射的影响。

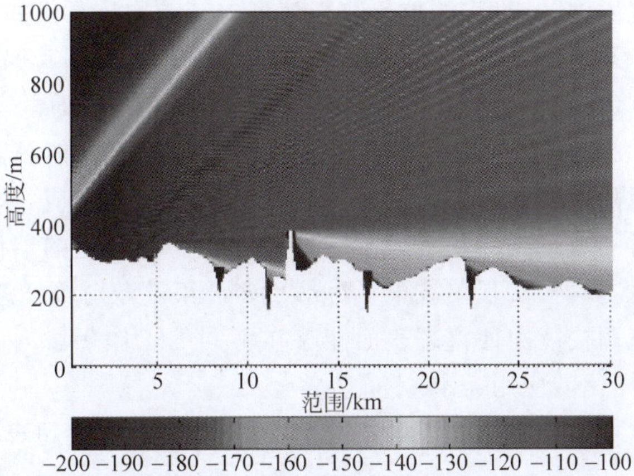


图 8.34 复杂地形下的电波传播

前面主要讨论了二维抛物方程方法与应用情况，实际上现在已发展了三维抛物方程方法。三维抛物方程方法及最新进展读者可以参见相关书籍。

## 8.6 案例 2：智能超表面的调控机理及其应用

智能超表面(Reconfigurable Intelligent Surface，RIS)[60]是一种具有可编程电磁特性的人工电磁表面结构，由超材料技术发展而来。与传统超材料不同的是，智能超表面的电磁单元具有实时可编程特性，可以动态调整超表面的电磁特性，实现电磁波参数的灵活调控，从而优化无线信号的传播路径和辐射波束。智能超表面应用于新型无线通信技术中，可实现信号传播路径和信号覆盖范围的优化。

### 8.6.1 智能超表面的调控机理

智能超表面作为一种数字可编程的电磁超表面，是一种基于亚波长结构的周期性或非周期性排列的二维人工电磁材料。它是由大量精心设计的可调电磁单元几何布局而成，智能超表面的电磁特性由单元特性和整体布局共同决定，从而实现对电磁波的调控。其中，每个可调电磁单元都包含一个或者多个可调元件，如可变电容、电感或者移相器等，这些元件的电参数可以通过控制信号进行灵活调整，从而改变智能超表面的电磁响应，实现电磁波频率、幅度、相位、极化、传播方向和轨道角动量(OAM)等参数的灵活调控，实现无线信号的传播路径和辐射波束依需求设置。传统超表面的电磁参数是连续调控的，也称为“模拟超材料”，而且一般是无源超表面，它的电磁单元拓扑结构一旦设计好，其调控电磁波的功能就也相应确定。而智能超表面的调控对象是若干离散的数字状态，因此可推广到可编程设计中。智能超表面基本单元结构的基础设计理论包括传统的周期电磁理论、惠更斯等效原理及广义的反射和折射定理等，控制电路设计可参考电路设计理论或现场可编程控制电路设计理论等。

电磁单元是构成智能超表面的基本单元，其阵列可以用标准的印制电路板工艺加工制造，其背面是一块完整的金属层，用来反射电磁波；中间是一层低损耗的介质板，用来隔离金属背板和表层金属贴片；其表面上的单元加载了高速电响应可控元件，用于调控

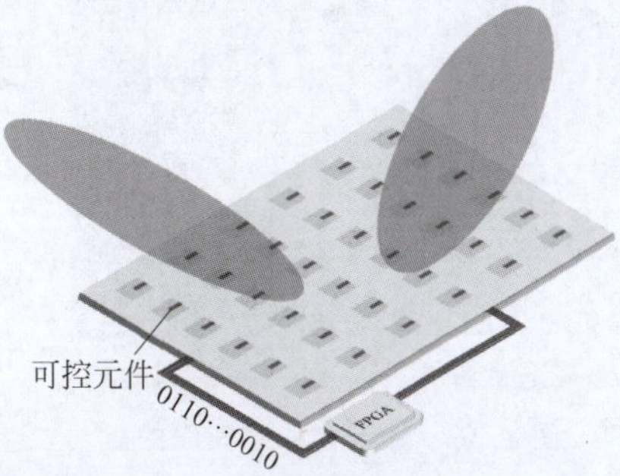


图 8.35 智能超表面的结构示意图



彩图

入射到智能超表面的电磁波的幅度、相位等物理信息。其结构示意图如图 8.35 所示。可控元件可以采用 PIN 开关、变容二极管、液晶、MEMS 开关等，通过控制其偏置电压，该单元的相位响应便可实时地在“0”状态和“1”状态之间变换。或是利用变容管的电容随反向偏置电压变化的特性连续地改变单元相位响应，从而构成多比特的相位编码智能超表面，也可以利用 PIN 管在半导通状态下电阻随电压连续变化的特性改变单元的幅度响应，从而构成多比特的幅度编码智能超表面。此时的数字编码超表面已不再是一个功能固化的器件，利用驱动控制电路实时调控编码图样，调控辐射，实现单波束、双波束、多波束及散射等任意辐射图样的实时可重构。这种可重构的动态调控能力使得超表面能够在不同的工作频段内，对任意入射波实现自适应控制，从而满足多样化的应用需求。

智能超表面的技术特征与类型如表 8.2 所示，不同类型的智能超表面可用于不同场景。

表 8.2　智能超表面的技术特征及类型

| 技术特征 | 类　　型 |
|---|---|
| 透射或反射 | 反射式、透射式、反射透射一体式 |
| 调控功能 | 信息调制（如发射机或背向散射），信道调控（如波束赋形），基于智能超表面的新型相控阵天线，信息与能量同时传输（如数能同传），基于智能超表面的空中计算 |
| 调控方式（器件/材料） | PIN 管、变容二极管、微机电系统、液晶、石墨烯等 |
| 频段 | 低频（Sub-6GHz）、毫米波、太赫兹及光学频段 |
| 功率放大 | 无源智能超表面，有源智能超表面 |
| 调控动态性 | 无源静态调控智能超表面，半静态调控智能超表面，动态调控智能超表面 |
| 测量/感知能力 | 仅有无源单元构成，有部分有源单元可以执行测量/感知 |
| 部署模式 | 网络控制，独立部署 |

## 8.6.2　智能超表面的应用与发展

智能超表面具有结构轻薄、剖面低、能耗低、易部署等特点，可广泛应用于移动通信、卫星通信、电磁信号调控、无线中继等领域。

《智能超表面技术白皮书》[61]归纳了智能超表面在 5G 和 6G 通信中的潜在作用，其中网络覆盖补盲和多流增速将是智能超表面在 5G 通信中的典型应用方式，如图 8.36 所示。面向 6G 通信时，智能超表面可以灵活塑造可调的信道矩阵，提升系统空间复用能力，解决毫米波/太赫兹高频通信严重的路径损耗问题。将智能超表面应用于毫米波卫星通信，可以替代传统相控阵，使大规模的天线阵列变得体积更小、重量更轻，且信号覆盖增强。智能超表面还可以用于多小区通信，增加各小区接收到的有用信号功率，消除相邻小区间的干扰。此外，还可以将智能超表面用于三维定位、物联网、全双工通信，以及无人机通信等。

图 8.36　基于智能超表面的室内覆盖补盲

《智能超表面在波束及信息调控中的应用》[62]中提出了利用智能超表面改善无线中继性能的方案，该方案解决了全双工模式中的系统自干扰现象；并且通过调控在无线信道中智能超表面各单元的反射相位，经过智能超表面反射与其他路径传播的信号最终在用户端得以同相叠加，增强接收信号功率，提高信噪比。图 8.37 展示了利用智能超表面实现无线中继的方案。

目前，智能超表面已在多个领域初步展现出优良的性

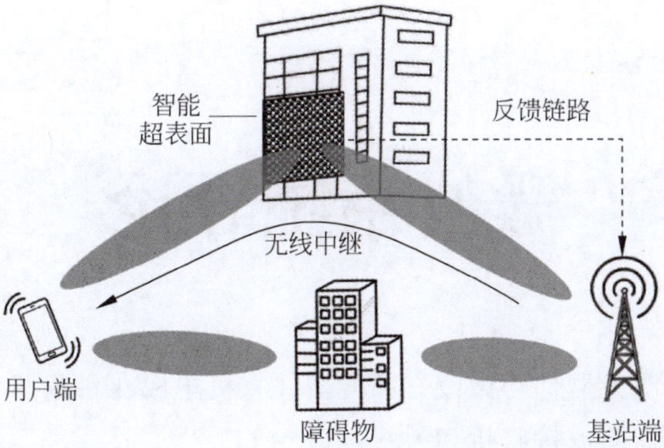


图 8.37 利用智能超表面实现无线中继的方案

能，在 5G 通信和未来 6G 通信网络中具有很多潜在机遇和应用前景，然而在大规模商用前仍存在一些关键技术、网络部署和标准化等方面的问题与挑战，需要多方机构合作研究，推进智能超表面从理论技术向应用成果的转变。

## 习题

1. GSM 基站发射功率为 6W，水平全向天线增益为 12dB，手机天线增益为 0dB，手持后等效增益下降 5dB，下行通道频率为 860MHz，假设基站至手机间受建筑、环境等因素造成的信道衰减为 40dB，手机灵敏度为 $-95$dBm，求基站覆盖范围。

2. 解释天波传播、地波传播和视距传播中可能存在的退极化效应。

3. 设某信道短波地波传播最远距离为 60km，电离层高度为 80km，要使得不产生通信盲区，所选工作频率对应的到电离层最小入射角为多少？

4. 什么是传播余隙？在进行通信线路设计时天线的高度一般如何确定？

5. 何谓电离层的临界频率？什么情况下电波可以返回地面？什么情况下电波会穿透电离层？

6. 某卫星—地球站通信信道，工作频率 $f=4$GHz，卫星与地球站的距离 $r=40000$km。设卫星发射功率为 10W，星上天线增益为 30dB，地球站天线增益为 55dB，假定大气的吸收损耗 $L=0.2$dB，试求地球站接收设备输入端的信号功率。

7. 已知同步卫星通信的工作波长 $\lambda=10$cm，距离 $r=40000$km，卫星天线增益为 25dB，地球站天线增益 $G_2=47$dB。地球站接收设备的参数：等效噪声温度 $T=300$K，带宽 BW$=$5MHz，接收信号的信噪比大于 26dB。试确定同步通信卫星上的发射机的最小发射功率。

8. 某卫星通信系统，星上天线采用点波束的抛物面天线，要求其半功率波瓣宽度能覆盖直径约为 3000km 的地球表面积，试问星上天线波束的半功率波瓣宽度为多少？并估算天线增益。

9. 平地面上发射天线高度为 10m，工作频率为 2GHz，收发天线距离为 10km，当接收天线高度由 2m 变化到 15m 时，绘制路径损耗随接收天线高度变化的曲线。

10. 考虑一平面波垂直入射到单层介质板（厚度 $d=25$mm，相对介电常数 $\varepsilon_r=4$，$\tan\delta_1=0.0$），采用等效传输线方法计算工作频率 0.1～10GHz 内的反射系数和透射系数。

11. 如果平面波为入射角 30°的平行极化或垂直极化平面，重新计算习题 10 所提问题。

12. 假定固定基站的高度 $h_b=20$m，移动站的高度 $h_m=1.5$m，工作频率 $f=800$MHz，用 Okumura-Hata 模型计算开阔区域、郊区和市区的路径损耗。

# 第 9 章

# 微波系统导论

微波系统是微波无源元器件与微波有源元器件有机集成在一起并完成某种特定功能的系统，一般包括微波发射机、微波接收机和天线。

本章将介绍微波系统的工作原理，主要有两个目的：一是帮助读者了解微波系统的组成功能，以及微波技术的各种工程应用；二是帮助读者了解前面章节所讨论的基础理论和各种微波元器件如何应用在微波系统中，建立起“理论、元件、器件、系统、应用”有机结合的完备的知识体系，以便在系统层次上分析和处理复杂微波问题。

## 9.1 微波发射机

发射机的主要功能是将语音、图像等基带信号进行调制、上变频、功率放大和滤波处理。下面简单介绍发射机的工作参数、基本结构和全固态发射机。

### 9.1.1 发射机的工作参数

1. 工作频率

发射机的工作频率根据执行的任务确定，主要考察微波振荡器的频率、瞬时带宽、频率稳定度等指标。发射机一般工作在 UHF 频段、L 频段、S 频段、C 频段、X 频段、Ku 频段和 Ka 频段。瞬时带宽定义为发射机工作时，在不进行任何调整时的工作频率可变化的范围，其输出功率值的变化小于 1dB。发射机的瞬时带宽应大于待发射的信号带宽。频率稳定度通常关注短期稳定度，可采用阿仑方差从时域度量，也可以用单边带相位噪声从频域度量。

2. 输出功率

发射机的输出功率是指发射机末级功率放大器（或振荡器）送至天线输入端的功率，输出功率决定了系统的威力和抗干扰能力。对于脉冲雷达发射机，其输出功率用峰值功率和平均功率来表示。主要参数有最大输出功率、带内功率波动范围、功率可调范围、功率稳定度等。

3. 发射机效率

发射机效率一般定义为发射机输出微波功率与供电电源消耗功率之比。连续波雷达发射机效率较高，可达 20%～30%；脉冲雷达发射机效率较低，尤其是高峰值、低占空比的脉冲发射机；分布式全固态发射机效率较高。

4. 噪声

噪声包括调幅噪声、调频噪声和调相噪声，不必要的调制噪声将会影响系统的通信质量。

5. 谐波抑制

谐波抑制是指工作频率的高次谐波输出功率大小，通常对二次、三次谐波抑制提出要求。谐波抑制是基波（工作频率）信号与谐波信号的功率比，通常要大于 40dBc。

6. 杂波抑制

杂波抑制是指除基波和谐波外的其他信号与基波信号的大小比较。对于直接振荡源，杂波就是本底噪声。频率合成器的杂波除本底噪声外，还有参考频率及其谐波。

### 9.1.2 发射机的基本结构

发射机一般分为自激振荡式发射机和主振放大式发射机两类。自激振荡式发射机系统组成简单，如磁控管振荡式发射机，但是性能较差，尤其是频率稳定度低，不具备相干特性。主振放大式发射机系统组成复杂，但性能较好，频率稳定度高。目前大多数微波系统，尤其是相控阵系统，都为主振放大式发射机。

要发射的基带低频信号（模拟、数字、图像等）与微波信号的调制方式有以下三种形式：

(1) 直接产生发射机输出的微波信号频率，再调制待发射信号。在雷达系统中常用脉冲调制微波信号的幅度，即幅度键控。调制电路就是 PIN 开关，调制后信号经功率放大、滤波送到天线。

(2) 将待发射的基带低频信号调制到发射中频（如 70MHz）上，再与发射本振混频到发射机输出频率，该信号经过功率放大、滤波后输出到天线。在通信系统中常用此方案。

(3) 将待发射的基带低频信号调制到发射中频（如 70MHz）上，经过多次倍频得到发射机频率，然后经过功率放大、滤波后输出到天线。

典型的微波发射机基本结构如图 9.1 所示，可分为中频放大器、中频滤波器、上变频器、微波滤波器、微波功率放大器、本地振荡器和发射天线等部分。

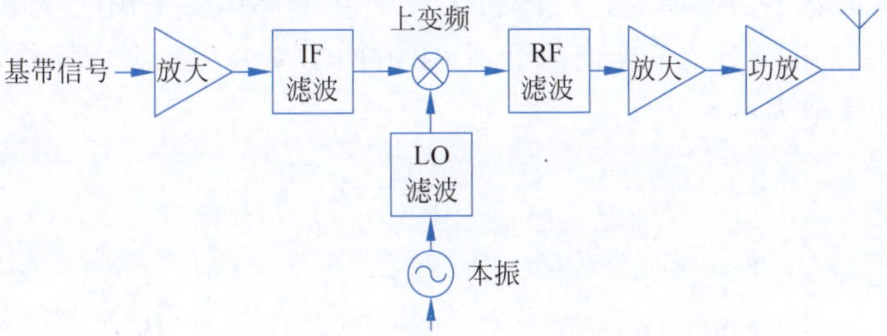


图 9.1 微波发射机基本结构

### 9.1.3 全固态发射机

发射机按照产生大功率微波功率采用的器件不同，分为电真空发射机和全固态发射机。地面雷达一般用于搜索、警戒、对空探测和精密跟踪测量等，要求发射机具有高功率输出能力。因此，当发射机在窄带工作时，其微波功率放大管都采用高增益和高功率的速调管。当发射机在宽带工作时，一般采用行波管放大器推动前向波管放大器的多级放大链式发射机，它具有行波管的高增益、前向波管的高功率和高效率的特点。机载火控雷达发射机一般采用行波管放大器，大都工作在 X 频段和 Ku 频段，峰值功率为几千瓦至几十千瓦，平均功率为几百瓦至千瓦。行波管放大器的优点是体积小、重量轻，具有比较宽的瞬时带宽。

随着微波功率晶体管的设计和制造水平不断提高，在提高输出功率的同时，工作频率也不断提高，微波发射机技术也不断取得新的突破，于是全固态发射机应运而生。固态放大器常用的微波功率晶体管有两大类：一类是硅微波双极晶体管，工作频率从短波至 S 频段，单管功率在 L 频段及以下频段为几百瓦，窄脉冲器件可达千瓦，S 频段接近 200W；另一类是场效应晶体管（FET），它按工艺、材料和工作频率的不同又分为金属氧化物半导体场效应晶体管

图 9.2　X 频段 GaAsFET 固态功率放大器

(MOSFET)和砷化镓场效应晶体管(GaAsFET)。MOSFET 工作频率接近 S 频段，功率可达 300W。MOSFET 目前在移动通信基站中广泛采用，为了提高它的线性度，已成功研制出一种移动通信系统专用的 LDMOSFET，这是一种横向扩散的 MOSFET，既改善了线性度，又提高了增益和输出功率，具有线性度好、增益高、效率高和热稳定性好的特点。GaAsFET 最高工作频率可达 30～100GHz，输出功率电平也在不断提高，C 频段单管的输出功率已达 50W，X 频段为 20W。这是一种应用广泛的固态微波功率器件，采用它做成的功率放大组件已应用在 C 频段、X 频段全固态有源相控阵中。图 9.2 是 X 频段 GaAsFET 固态功率放大器，采用微带电路实现，输出功率达 20W，效率为 30%。

微波功率晶体管放大器的输出功率比电真空器件放大器的输出功率低得多，全固态发射机必须采用多管并联、多级串联和高功率电路合成技术或空间合成技术。全固态发射机分为集中放大式高功率合成发射机和分布式空间合成有源相控阵发射机，它们的频率范围主要在 P 频段、L 频段、S 频段、C 频段和 X 频段，正逐步扩展到毫米波系统。

下面介绍 P 频段固态雷达发射机[20]，它是采用集中式和分布式高功率合成的一种行馈一维有源相控阵发射机，如图 9.3～图 9.5 所示，它具有高可靠性、长寿命和模块化的特点。图 9.3 是 160W 功率放大组件，它由 7 个 60W 微波功率晶体管($A_1$～$A_7$)、6 个 3dB 电桥($B_1$～$B_6$)组成，是发射机的基本功能模块。7 个 60W 微波功率晶体管采用三级串联和四管并联方式，通过 3dB 电桥(90°正交分支线定向耦合器)组成的功率分配和合成网络，实现了 160W 集中式高功率合成功率放大模块。

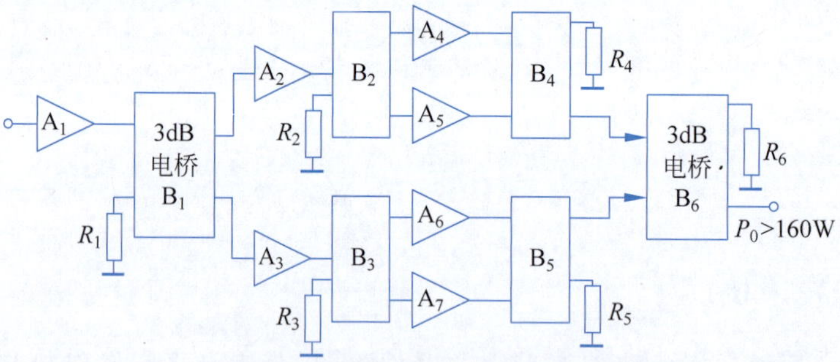


图 9.3　160W 功率放大模块

发射机的行馈功率放大器为 1.2kW 功率放大组件，如图 9.4 所示。图中 $A_1$ 是激励放大器，输出功率为 20W；$A_2$ 是图 9.3 所示的功率放大模块，输出功率为 160W；它由 8 个 160W 基本功率放大模块和功率分配/合成网络组成，它依然是集中式高功率合成功率放大器。图中

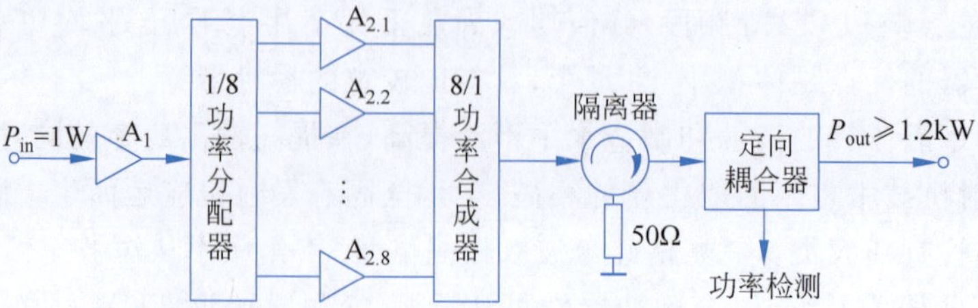


图 9.4　1.2kW 功率放大组件

还将环行器用作隔离器，避免后级功率放大器反射对前级输出功率的牵引影响，另外用定向耦合器耦合出少部分功率做实时在线监测，检测功率放大组件是否工作正常。

行馈一维有源相控阵发射机如图9.5所示。输入微波信号经激励放大器($A_1$)放大和行馈功率分配网络分为16路信号，每路信号激励一个行馈发射组件，发射组件包括移相器、可变衰减器和1.2kW功率放大器。整个发射阵列经过移相器移相和1.2kW功率放大后经行线阵辐射，在空间合成为18kW高功率的同时，实现波束在一维空间扫描。

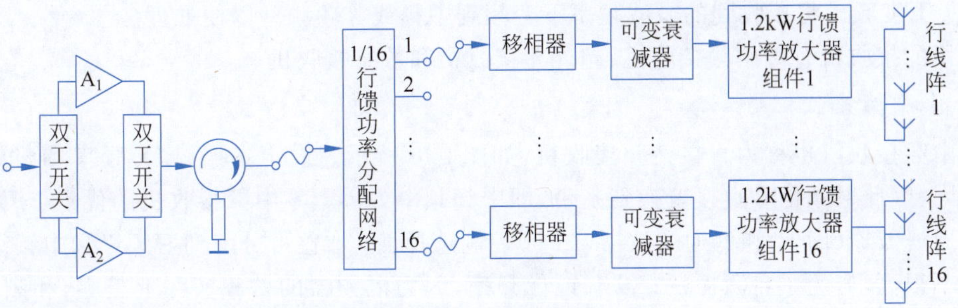


图9.5　行馈一维有源相控阵发射机

全固态发射机与电真空管发射机相比具有以下优点：

(1) 固态发射机没有热阴极，不存在预热时间，其器件寿命长。

(2) 固态发射机工作在低压状态，末级功率放大器的电压一般不超过50V，没有高压元件，从而降低了发射机的体积和重量。

(3) 固态发射机具有更高的可靠性，其晶体管功率放大模块的平均无故障时间(MTBF)可达100000～200000h。

(4) 固态发射机机内自检设备(BITE)可把故障隔离到每个可更换单元，大大缩短维修时间。

(5) 固态发射机的瞬时带宽更宽，可大于30%。

(6) 固态发射机的效率较高，可高于20%。

(7) 固态功率放大器组件应用在相控阵中具有很大的灵活性。每个天线单元与单个有源T/R组件相连就构成有源相控阵的阵面，减少了馈线损耗，提高了整机效率。还可以通过关断或降低某些T/R组件功率放大器功率来实现有源相控阵幅度加权，达到低副瓣的目的。

虽然固态发射机具有上述一系列优点，但是想要全面替代电真空管发射机是不现实的，特别是在毫米波波段、高峰值功率、窄脉冲和低占空比的情况下，固态发射机会显得非常庞大，且昂贵。

## 9.2　微波接收机

视频

接收机的主要作用是在复杂的电磁环境中筛选出有用的信号，将微波信号转换为基带低频信号。接收机通常是无线通信系统中重要的部件，也是难设计的部分。

### 9.2.1　接收机的功能和结构

由于传输路径上的损耗，接收机接收到的信号是很微弱的，并伴随着许多干扰。为了从带干扰和噪声的宽频谱接收信号中可靠地恢复出需要的信号，接收机应具有以下三种功能：

(1) 高增益。增益通常约为100dB，将接收的低功率微弱信号恢复到接近它的原始基带信号的电平。因为从接收天线来的典型信号功率可以低到－100～－120dBm，因而要求接收机提供 100～120dB 增益。这样大的增益应该合理分配到射频、中频和基带级，以避免不稳定和可能的振荡，任一频带内增益一般控制在 50～60dB。

(2) 选择性。在接收所希望信号的同时阻断相邻的信道、镜像频率和干扰。原理上，在接收机的射频级采用极窄的带通滤波器获得所需的选择性，但在射频频率上实现这样的带宽和截止频率通常是不实际的。实现频率选择性更有效的方法是把期望信号周边一个相当宽的频带进行下变频，在中频级采用锐截止的带通滤波器，选出所需的频带。

(3) 下变频。将接收到的微波频率下变频到中频或零频频率以便处理。

常用的接收机有零中频接收机、超外差接收机和数字接收机。

### 1. 零中频接收机

零中频接收机也称为直接变频接收机，如图 9.6 所示。设定本振(LO)频率和射频(RF)信号相同，因此射频信号直接变换到基带，即中频频率为零。零中频接收机的优点：用简单的射频带通滤波器(BPF)和低通滤波器(LPF)控制选择性；增益可分配到射频级和中频级，每级增益都不很高，避免了自激振荡；没有镜像频率，因为混频器的差频实际上是零，和频是本振频率的 2 倍，容易被滤除；因为其没有中频放大器、中频带通滤波器、中频本振，比超外差接收机简单、价格低。

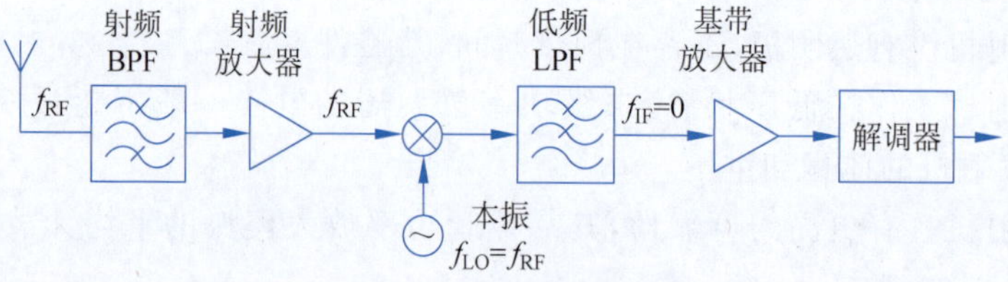


图 9.6　零中频接收机

零中频接收机的缺点：本振必须具有高精确度和稳定度，特别是对于高射频频率，以避免接收信号频率的漂移，减小 $1/f$ 噪声影响；由于本振频率和射频信号相同，并且混频器的隔离度有限，本振信号会泄漏到射频端造成“自混频”现象，从而产生直流分量，破坏基带信号本身。

零中频接收机结构简单，容易实现高度芯片化集成，外部无源器件很少，因此现在许多新的无线通信系统采用零中频接收机设计。

### 2. 超外差接收机

超外差接收机是当前用得最多的接收机，它类似于直接变频接收机，但是中频频率不是零，通常选择在射频和基带之间，如图 9.7 所示。该接收链路上只使用了一个中频频率，因此又称为超外差一次变频接收机，它将输入射频信号 $f_{RF}$ 与本振信号 $f_{LO}$ 混频产生差频(中频信号) $f_{IF}=f_{RF}-f_{LO}$，经过中频滤波和放大后再解调。许多无线系统采用密集排列的许多窄信道，用一个频率可调谐的本地振荡器可将它们一一选出，而中频保持不变。

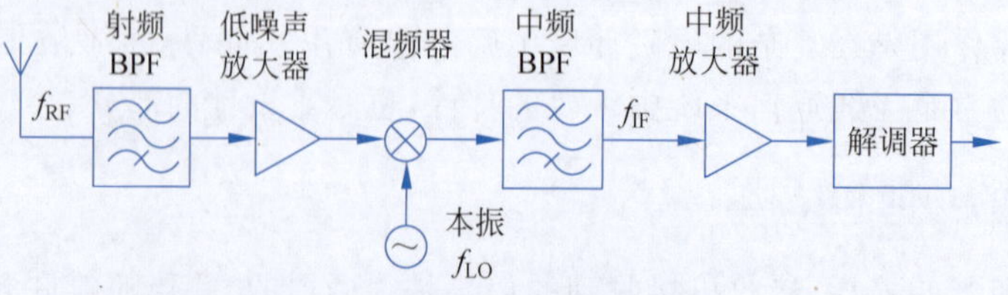


图 9.7　超外差一次变频接收机

超外差接收机具有以下优点：

(1) 中频频率可以使用锐截止的滤波器，以获得选择性的改善。在超外差接收机中有射频滤波器和中频滤波器，它们的用处是不同的。以我国移动通信为例来说明，其上行频带为890～915MHz(移动台发、基站收)，下行频率为935～960MHz(移动台收、基站发)，它的信道为200kHz。射频滤波器的作用是从众多频率信号中提取出相应的上行或下行频段信号，其中心频率较高，带宽较大。中频滤波器的作用是选择频段中所需的信道，其中心频率较低，可以实现锐截止的滤波器，比如声表面波(SAW)滤波器，带宽只有200kHz。但是，对于射频滤波器来说，这样的锐截止滤波器是不实际的。

(2) 应用中频放大器获得较高的中频增益。接收机的增益可以合理分配到射频、中频和基带级，以避免不稳定和可能的振荡。

超外差接收机的缺点：一是混频形成的干扰频率多。混频器非线性产生的频率组合为$mf_{RF} \pm nf_{LO}$，如果有其他组合频率落入中频频带内，将会对有用信号$f_{IF}=f_{RF}-f_{LO}$产生干扰。二是镜像频率问题。镜像频率是指在有用信号$f_{RF}=f_{LO}+f_{IF}$相对于本振信号的另一侧，且与本振频率之差也为中频的信号，其频率$f_{IM}=f_{LO}-f_{IF}$。由于镜像信号与本振信号混频后也为中频信号，中频滤波器无法将其滤除，形成对有用信号的干扰。镜像频率的抑制措施通常是在混频器前加镜像抑制滤波器或采用镜像抑制混频器。

超外差一次变频接收机的中频频率选择很重要。如果选择高中频，镜像频率就会得到足够抑制，但是信道选择性会变差；反之亦然。解决这一问题常采用二次变频方案，特别是在毫米波波段。这样的二次变频超外差接收机应用两个本振、两个混频器和两个中频频率实现下变频到基带，如图9.8所示。

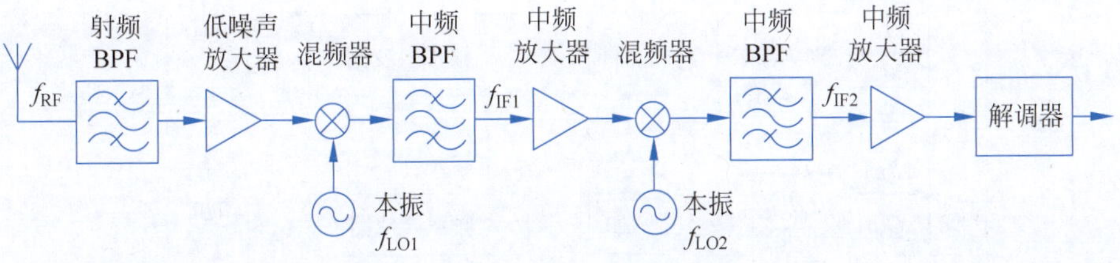


图9.8 超外差二次变频接收机

超外接收机代表了接收机发展的顶峰，用于大多数无线广播和电视、雷达系统、蜂窝移动电话系统和数据通信系统。

### 3. 数字接收机

随着超高速数字集成电路技术的迅速发展，特别是高速多位模数(A/D)转换器、直接数字频率合成器(DDS)以及高速数字信号处理器(DSP)的普遍使用，微波接收机的数字化水平越来越高，数字接收机是近年来迅速发展的接收机技术。图9.9是数字接收机的组成原理框图。中频数字接收机将经过低噪声放大和混频后的中频信号直接进行A/D采样，之后进行数字正交解调和数字滤波，然后将获得的数字正交*IQ*基带信号送至DSP进行数字信号处理，如图9.9(a)所示。射频数字接收机将经过低噪声放大和滤波后的射频信号直接进行A/D采样、数字正交解调、数字滤波，将获得的数字正交*IQ*基带信号送至DSP进行数字信号处理，如图9.9(b)所示。实际上，数字正交解调和数字滤波也常用DSP完成，数字正交解调类似于模拟正交解调，只是混频、低通滤波及相干振荡器均由数字方法来实现，其中相干振荡器由数控振荡器(NCO)完成，它能输出正弦和余弦两路正交数字信号。由于两个正交相干振荡信号的形成和混频器的相乘都是数字运算的结果，其正交性是完全可以保证的，只要保证运算精度即可。

实际上，雷达、通信等微波系统不仅实现了接收机数字化，发射机也实现了数字化，构成全

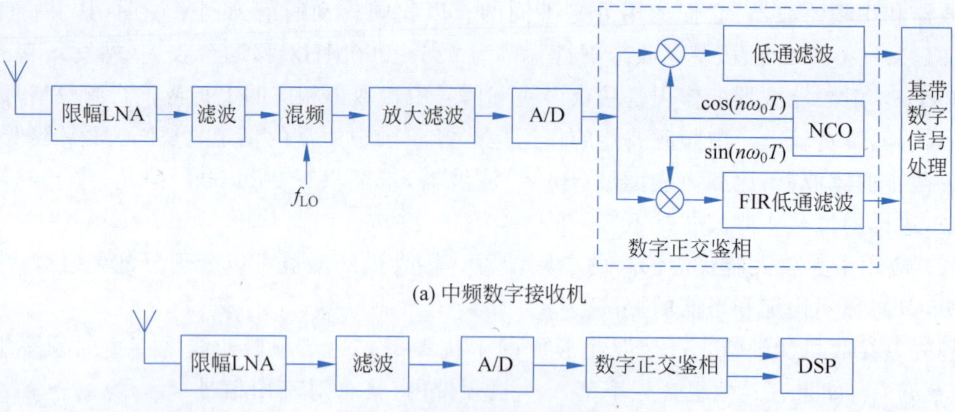


(a) 中频数字接收机

(b) 射频数字接收机

图 9.9　数字接收机

数字化的雷达和通信系统。图 9.10 是全数字雷达系统的原理框图，由数字发射机、数字接收机和频率合成器等部分组成。数字信号处理器通过发送频率、相位和幅度等控制字给直接数字频率合成器产生所需要的雷达波形中频信号，通过模拟二次上变频和功率放大，将发射信号通过收发开关切换送给天线；天线接收的射频信号由接收前端完成低噪声放大和二次下变频得到中频信号，该中频信号直接 A/D 采样后进行数字下变频（数字正交解调和数字滤波），然后将获得的数字正交 $IQ$ 基带信号送至数字信号处理器进行数字信号处理。

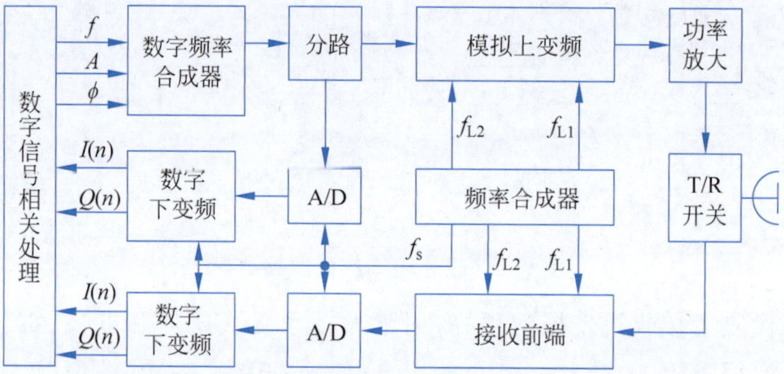


图 9.10　全数字雷达系统原理框图

## 9.2.2　接收机的噪声系数和灵敏度

如果没有噪声，无论接收信号多么微弱，只要充分放大，接收信号总是可以被检测出来的。但在实际应用中不可避免地会有噪声，它与微弱接收信号一起被放大或衰减，妨碍对接收信号的检测，所以噪声成为限制接收机灵敏度的主要因素。对微波通信、雷达系统而言，噪声有着举足轻重的作用。

### 1. 接收机的噪声

一般情况下，接收机中的噪声主要来源于天线的热噪声和接收机内部的噪声。

1）电阻噪声

考虑热力学温度 $T$ 下的一个电阻，它内部的自由电子处于随机运动状态，其动能正比于温度 $T$。这些随机运动在电阻两端产生小的随机电压涨落，电压变化的平均值为零，但有非零的均方根值。在瑞利-琼斯近似下，噪声电压的均方根值为

$$\overline{e}^2 = 4kTBR \tag{9.1}$$

式中：$k$ 为玻耳兹曼常量，$k=1.38\times10^{-23}$ J/K；$T$ 为热力学温度（$K$）；$B$ 为系统的带宽（Hz），$R$ 为电阻（Ω）。

当电阻与外负载匹配时，加至负载上的有效噪声功率为

$$N_n = kTB \tag{9.2a}$$

显然，热噪声功率只与电阻的热力学温度和系统的带宽有关。

2）天线的热噪声

天线的热噪声包括两部分：一是从外部环境中接收到的噪声；二是天线自身的电阻损耗（导体损耗和介质损耗）引起的热噪声。天线噪声与电阻热噪声相似，当天线与接收机匹配时，天线的有效噪声功率为

$$N_A = kT_A B \tag{9.2b}$$

式中：$T_A$ 为天线的噪声温度。

3）接收机的噪声

接收机可以看成多级有噪网络组成，噪声可以在任何一级产生，接收机内部噪声折合到输入端的等效噪声功率为

$$N_R = kT_e B \tag{9.2c}$$

式中：$T_e$ 为接收机内部噪声折合到输入端的等效噪声温度。

### 2. 接收机的噪声系数

1）噪声系数定义

噪声系数是表征接收机输入和输出之间信噪比下降的度量，定义为

$$F = \frac{S_i/N_i}{S_o/N_o} \tag{9.3}$$

式中：$S_i$、$N_i$ 分别为输入信号功率和输入噪声功率；$S_o$、$N_o$ 分别为输出信号功率和输出噪声功率。按此定义，假定输入噪声功率是由 $T_0=290$K 的匹配电阻产生的，即 $N_i=kT_0B$。

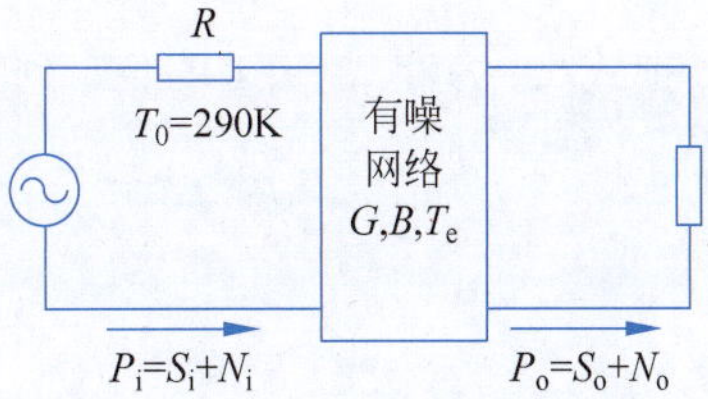


图 9.11　有噪二端口网络

对于如图 9.11 所示的有噪二端口网络，该网络用增益 $G$、带宽 $B$ 和等效噪声温度 $T_e$ 来表征。其输入信号功率为 $S_i$，输入噪声功率 $N_i=kT_0B$，输出噪声功率是放大的输入噪声和网络内部噪声之和，即 $N_o=kGB(T_0+T_e)$，输出信号功率 $S_o=GS_i$。把这些结果代入式(9.3)，可得有噪二端口网络的噪声系数为

$$F = \frac{S_i}{kT_0B}\frac{kGB(T_0+T_e)}{GS_i} = 1+\frac{T_e}{T_0} \geqslant 1 \tag{9.4}$$

上式说明：通常情况下，$F>1$；当接收机内部不产生噪声时，$F=1$。显然，噪声系数表征了接收机内部噪声的大小，当然噪声系数越小越好。由式(9.4)解出

$$T_e = (F-1)T_0 \tag{9.5}$$

上式表明，噪声系数和等效噪声温度可以互换来表征一个网络的噪声特性。有关噪声系数的定义要注意两点：噪声系数是对匹配输入源定义的；输入噪声源是由温度 $T_0=290$K 的匹配电阻产生的。

2）级联系统的噪声系数

接收机通常由多个射频模块组成，包括低噪声放大器、混频器和滤波器等，因此整个接收机可以看作多个网络的级联。若知道了各级的噪声系数或噪声温度，则可确定接收机的总的

噪声系数或噪声温度。

首先考虑两个网络的级联，它们的增益分别为 $G_1$ 和 $G_2$，噪声系数分别为 $F_1$ 和 $F_2$，噪声温度分别为 $T_{e1}$ 和 $T_{e2}$，如图 9.12 所示。求级联系统的总的噪声系数 $F_s$ 或噪声温度 $T_{es}$，级联总增益为 $G_1G_2$。

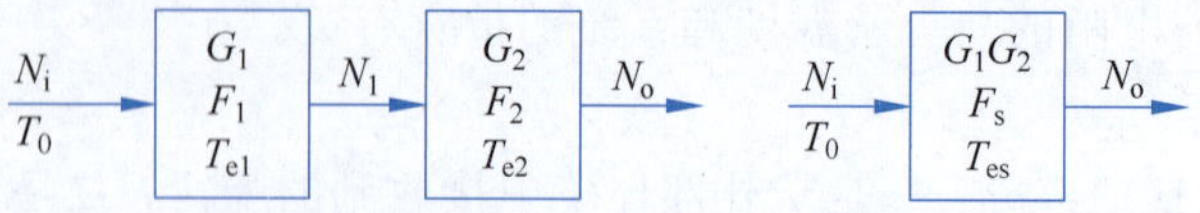


图 9.12　级联系统的噪声系数

利用噪声温度，第一级的输出噪声功率为

$$N_1 = G_1kT_0B + G_1kT_{e1}B \tag{9.6}$$

因为对于噪声系数的计算，有 $N_i = kT_0B$。第二级的输出噪声功率为

$$N_o = G_2N_1 + G_2kT_{e2}B = G_1G_2kB\left(T_0 + T_{e1} + \frac{T_{e2}}{G_1}\right) \tag{9.7}$$

对于等效的级联系统，输出噪声功率为

$$N_o = G_1G_2kB(T_0 + T_{es}) \tag{9.8}$$

将式(9.8)代入式(9.7)，可得级联系统的总噪声温度为

$$T_{es} = T_{e1} + \frac{T_{e2}}{G_1} \tag{9.9}$$

利用式(9.5)，把式(9.9)中的噪声温度转换为噪声系数，可得级联系统的总噪声系数为

$$F_s = F_1 + \frac{F_2 - 1}{G_1} \tag{9.10}$$

把式(9.9)和式(9.10)推广到 $N$ 级级联系统，得到

$$T_{es} = T_{e1} + \frac{T_{e2}}{G_1} + \frac{T_{e3}}{G_1G_2} + \cdots + \frac{T_{eN}}{G_1G_2\cdots G_{N-1}} \tag{9.11}$$

$$F_s = F_1 + \frac{F_2 - 1}{G_1} + \frac{F_3 - 1}{G_1G_2} + \cdots + \frac{F_N - 1}{G_1G_2\cdots G_{N-1}} \tag{9.12}$$

上式揭示了一个十分有用的结果，第一级的噪声性能通常最重要。整个级联系统的总噪声系数基本上由第一级的噪声系数决定，因为第二级的作用会被第一级的增益而削弱。在实际工程中，往往在接收天线之后第一个模块就是低噪声放大器。低噪声放大器有较低的噪声系数，同时又有较高的增益，所以整个系统的噪声系数由该低噪声放大器决定。

### 3. 接收机的灵敏度

如果雷达、通信等系统的最大作用距离远，接收机的灵敏度就要高，即接收机的最小输入信号功率 $S_{min}$ 小。接收机的输出信噪比 $S_o/N_o$，即检测设备的输入信噪比 $S/N$ 决定了检测设备的发现概率和虚警概率，要求的检测最小信噪比$(S/N)_{min}$ 记为 $M$。为了保证正常接收，接收机输入端的信噪比必须满足 $S_i/N_i \geqslant M$。由此，接收机的灵敏度为

$$S_{min} = MN_i \tag{9.13}$$

式中：$N_i$ 为接收机输入端的噪声功率，包括天线的有效噪声功率 $N_A$ 和接收机内部噪声功率 $N_R$。因此有

$$N_i = kB(T_A + T_e) = kT_0B\left(F_s - 1 + \frac{T_A}{T_0}\right) \tag{9.14}$$

其中：$T_e=(F_s-1)T_0$。

由于系统的噪声温度 $T=T_A+T_e$，因此接收机的灵敏度为

$$S_{min}=kT_0B\left(F_s-1+\frac{T_A}{T_0}\right)M=kTBM \tag{9.15}$$

上式表明，提高接收机的灵敏度可采取以下措施：

(1) 尽量减小接收机的噪声系数或等效噪声温度。

(2) 尽量减小天线噪声温度。

(3) 接收机选用最佳带宽 $B_{opt}$。

(4) 在满足系统性能要求情况下，尽可能减小检测设备的最小信噪比 $(S/N)_{min}$，在系统中可采用相干积累等方式减小 $(S/N)_{min}$。

为了比较不同接收机对灵敏度的影响，令 $M=1$，取 $T_A=T_0$，由此得到

$$S_{min}=kT_0BF_s=kTB \tag{9.16}$$

此时的 $S_{min}$ 称为临界灵敏度，它是衡量接收机性能的主要参数，它主要与接收机的噪声带宽和噪声系数或噪声温度有关。通常接收机的灵敏度用 dBm 来表示，即

$$S_{min}=10\lg\frac{S_{min}(\text{W})}{10^{-3}(\text{W})}=-114+10\lg B+F_s(\text{dBm}) \tag{9.17}$$

式中：带宽 $B$ 的单位为 MHz；$F_s$ 的单位为 dB。

**例 9.1** 接收机的噪声分析。

图 9.13 是无线接收机前端框图。计算这个子系统的总噪声系数。假定来自天线的输入噪声功率 $N_i=kT_AB$，其中 $T_A=150\text{K}$，求输出噪声功率 $N_o$。如果要求接收机输出最小信噪比为 20dB，接收机输入处的最小信号电压是多少？假设系统的温度为 $T_0$，特性阻抗为 50Ω，中频带宽为 10MHz。

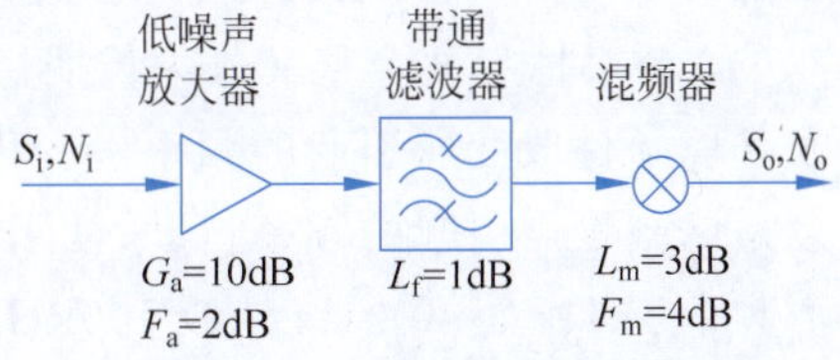


图 9.13 无线接收机前端框图

**解：** 首先将 dB 表示转换到数值，即

$$G_a=10\text{dB}=10,\quad G_f=-1.0\text{dB}=0.79,\quad G_m=-3.0\text{dB}=0.5$$

$$F_a=2\text{dB}=1.58,\quad F_f=1.0\text{dB}=1.26,\quad F_m=4.0\text{dB}=2.51$$

然后利用式(9.12)求出系统的总噪声系数，即

$$F_s=F_a+\frac{F_f-1}{G_a}+\frac{F_m-1}{G_aG_f}=1.58+\frac{1.26-1}{10}+\frac{2.51-1}{10\times0.79}=1.80=2.55(\text{dB})$$

计算输出噪声功率的最佳方法是使用噪声温度，由式(9.5)得到系统的等效噪声温度为

$$T_e=(F_s-1)T_0=(1.80-1)\times290=232(\text{K})$$

系统的总增益 $G=G_aG_fG_m=3.95$，从而求出输出噪声功率为

$$\begin{aligned}N_o&=k(T_A+T_e)BG=(1.38\times10^{-23})\times(150+232)\times(10\times10^6)\times3.95\\&=2.08\times10^{-13}(\text{W})=-96.8(\text{dBm})\end{aligned}$$

对于 20dB=100 的输出信噪比，输入信号功率为

$$S_i=\frac{S_o}{G}=\frac{S_o}{N_o}\frac{N_o}{G}=100\times\frac{2.08\times10^{-13}}{3.95}=5.27\times10^{-12}(\text{W})=-82.8(\text{dBm})$$

对于 50Ω 的系统特性阻抗，对应的输入信号电压(RMS)为

$$V_i=\sqrt{S_iZ_c}=\sqrt{5.27\times10^{-12}\times50}=1.62\times10^{-5}(\text{V})=16.2(\mu\text{V})$$

视频

## 9.3 微波频率合成器

在微波发射机和接收机中需要频率源作为上变频或下变频的本振源，早期的雷达和通信系统采用具有一定频率稳定度的单个射频振荡器和中频振荡器来提供本振源，现代无线系统中的本振源往往采用具有宽频率范围和高稳定度的高性能频率合成器来完成。另外，主振放大式发射机的激励信号、复杂波形产生器所需的参考信号、各种定时和同步信号都由频率源来提供，所以微波频率源已经成为整个系统的关键技术之一。

### 9.3.1 频率合成器的技术要求

现代无线系统中常采用高性能的频率合成器给接收机和发射机提供本振信号、激励信号和参考信号，频率综合器的技术指标与微波振荡器技术指标类似，但也有独特之处，如频率步进、跳频时间等。频率合成器的主要技术指标如下：

(1) 频率范围。满足各项技术要求的电调谐频率范围，它一般由系统的工作频率频带所决定，单位为 MHz 或 GHz。

(2) 输出功率。给定条件下频率合成器输出功率的大小，也可以是经放大后的输出功率，单位为 mW 或 dBm。若考虑功率电平随频率或温度的变化，单位为±dB。

(3) 频率稳定度。它又分为长期稳定度和短期稳定度。长期稳定度是元器件参数慢变化以及环境条件改变所引起的频率慢变化，常用一定时间内的相对变化 $\Delta f/f$ 来表示。短期稳定度是调制噪声引起的频率抖动，常用单边带相位噪声谱密度来表示，单位为 $-$dBc/Hz(偏离中心频率 1kHz 处、10kHz 处或 100kHz 处)；在时域中用阿伦方差来表征，单位为 $\Delta f/f$($\mu$s 或 ms)。在雷达系统中短期稳定度比长期稳定度更重要，它直接影响雷达的动目标改善因子。

(4) 步进频率。工作频率由一定频率间隔的若干(几十、几百)个跳频点组成。频率间隔就是步进频率值，单位为 MHz。

(5) 跳频时间。由一个频率点跳变到另一个频率点所需的时间，单位为 $\mu$s，它是频率合成器的重要技术指标。

(6) 谐波电平。基波与输出频率相干的谐波或分谐波分量电平之比，单位为 dBc。

(7) 杂散电平。基波与输出频率不相干的无用频率分量电平之比，单位为 dBc。

(8) 电源要求。直流工作电压(±V)、电流(mA)及电源纹波的大小($\mu$V 或 mV)。

(9) 工作温度范围。满足技术指标的最低和最高温度区间，如－40～60℃等。

### 9.3.2 频率合成器的实现方法

在雷达和通信系统中应用最广泛的有直接频率合成器、间接频率合成器和直接数字频率合成器等。

#### 1. 直接频率合成器

直接频率合成器是最先出现的频率合成器，分为非相参合成器和全相参合成器，这两种合成器的主要区别是使用的参考频率源数目不同。全相参直接频率合成器以一个高稳定的恒温晶体振荡器(TCO)作为参考频率源，所需的各种频率信号都是由参考源经过分频、倍频和混频后得到，因而合成器输出频率的稳定度和精度与参考源一致。图 9.14 是一种全相参直接频率合成器的示意图。图中谐波发生器可用阶跃二极管倍频器来实现，分频器一般用数字分频器(脉冲计数器)来实现，混频器可用平衡混频器来实现。

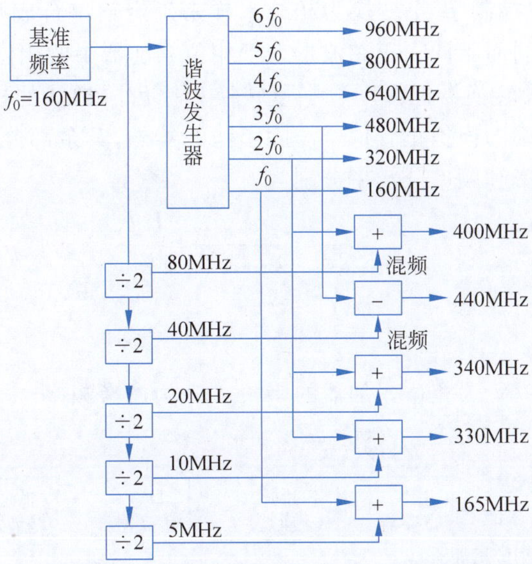


图 9.14　一种全相参直接频率合成器的示意图

直接频率合成器的主要优点是原理简单，频率转换速度快（一般小于 10μs），输出相位噪声较低，工作稳定可靠；缺点是需要大量的滤波器或滤波器组，体积较大，成本较高。

2. 间接频率合成器

间接频率合成器也称为锁相频率合成器或锁相环（PLL），这种合成器的电路结构较直接频率合成器简单，但其原理较复杂。锁相环由高稳定度晶振参考源、鉴相器（PD）、低通滤波器（LPF）、分频器和压控振荡器（VCO）组成，如图 9.15 所示。它以一个高质量的晶体振荡器作为频率基准，通过环路对 VCO 的相位进行锁定，锁相环路的窄带滤波作用使得 VCO 载波近端的相位噪声受到抑制，从而使 VCO 近端的频谱纯度几乎与频率基准相当。同时，环路还可以对 VCO 输出频率进行分频后再鉴相，在锁相环中实现倍频功能，因此以一个较低的频率基准产生较高的频率输出。当环路锁定时，VCO 输出频率 $f_0=Nf_r$，控制锁相环中的可控分频器的分频比，就可以改变锁相环的输出频率。由于锁相环相当于一只锁相倍频（$N$ 倍）器，因此 VCO 输出的相位噪声将要恶化 $20\lg N$。

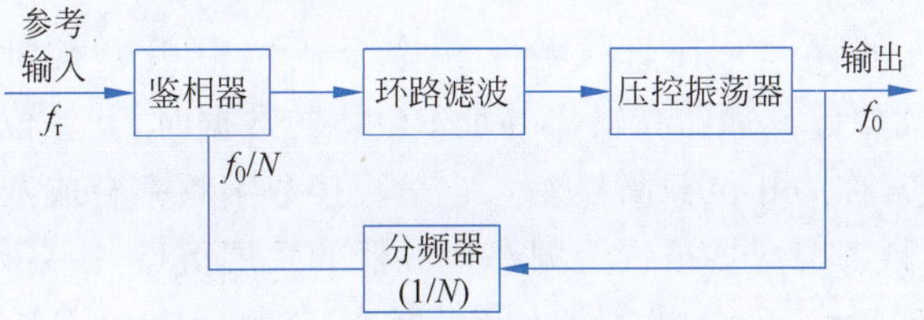


图 9.15　间接频率合成器原理图

3. 直接数字频率合成器

直接数字频率合成器是一种新颖的频率合成技术，具有频带宽、频率转换时间短、频率分辨率高、输出相位连续、可编程以及全数字化结构等优点，因此直接数字频率合成器得到迅速发展和广泛应用。

直接数字频率合成器的基本工作原理是根据正弦函数的不同相位而产生不同的电压幅度，然后滤波平滑出所需的频率。图 9.16 是直接数字频率合成器的原理框图，直接数字频率合成器使用稳定的参考频率源来同步直接数字频率合成器的各组成部分。相位累加器在参考时钟脉冲输入下，把频率控制字 $K$ 变换为相位采样来确定输出合成频率的大小，相位增量的大小随频率控制字的不同而不同。正弦波形表把相位累加器中的相位采样值转换成近似正弦函数幅度的数字量，D/A 转换器把幅度数字量转换为锯齿阶梯状的模拟量，低通滤波器进一步平滑处理输出所需频率的模拟正弦信号。除了滤波器外，其余部分用高速数字电路和 D/A 来实现。输出信号的频率和频率分辨率分别为

$$f_0=\frac{\omega}{2\pi}=\frac{2\pi K f_r}{2\pi\cdot 2^N}=\frac{K f_r}{2^N} \tag{9.18}$$

$$\Delta f=\frac{f_r}{2^N} \tag{9.19}$$

式中：$K$ 为频率控制字；$N$ 为相位累加器的字长；$f_r$ 为参考频率。

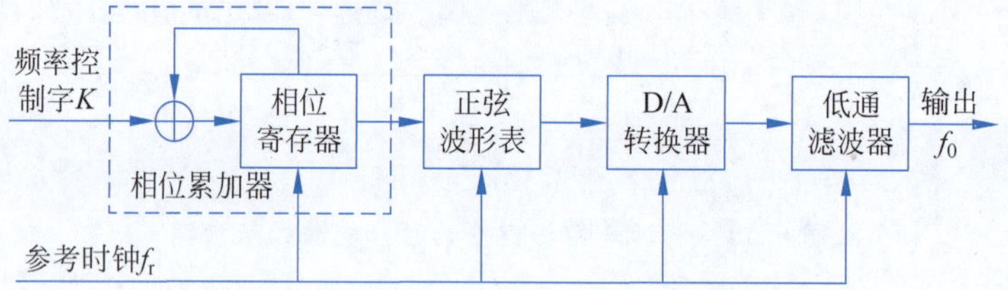


图 9.16 直接数字频率合成器原理框图

由式(9.18)和式(9.19)可知，直接数字频率合成器输出频率主要取决于频率控制字 $K$，而相位累加器的字长 $N$ 决定了直接数字频率合成器的频率分辨率。当 $K$ 增加时，$f_0$ 可以不断增加，但是由奈奎斯特采样定理可知，最高输出频率不得大于 $f_r/2$，一般直接数字频率合成器的输出频率以小于 $f_r/3$ 为宜。因此，一般直接数字频率合成器的输出频率不高。

理论上，直接数字频率合成器输出信号的相位噪声对参考源的相位噪声有 $20\lg(f_r/f_0)$ 的改善，但是直接数字频率合成器的数字化处理也带来了不利因素，主要是直接数字频率合成器的杂散。直接数字频率合成器的杂散主要来源于三方面：

(1) D/A 转换器引入的误差。D/A 转换器的非理想特性，包括微分非线性、积分非线性、D/A 转换过程中的尖峰电流以及转换速率的限制等，将会产生杂散信号。

(2) 幅度量化产生的误差。ROM 存储数据的有限字长，将会在幅度量化过程中产生量化误差。

(3) 相位舍位引入的误差。在直接数字频率合成器中相位累加器的位数一般远大于 ROM 的寻址位数，因此相位累加器在输出寻址 ROM 的数据时，其低位就被舍去，这就不可避免地产生相位误差(通常称为相位截断误差)，它是直接数字频率合成器输出杂散的主要原因。

近年来，直接数字频率合成器被视为频率合成器的发展重点，一系列性能优良的直接数字频率合成器产品相继问世。比如，模拟器件公司(ADI)的 AD9914 产品，参考时钟频率达到 3.5GHz，12 位 D/A 转换，相位频率分辨率为 190pHz，1.4GHz 输出频率的相位噪声达到 −120dBc/Hz(偏离频率为 1kHz 时)，杂散电平为 50dBc。

### 9.3.3 频率合成器举例

尽管直接频率合成器、间接频率合成器和直接数字频率合成器能够提供性能较优的微波频率源，但是它们各自有本身的弱点，同时微波频率源的性能指标要求越来越高，需满足高频段、捷变频、宽频带、细步进、低相噪、高稳定和高纯度等要求。单纯采用某一种频率合成方式往往不能满足要求，必须综合运用多种频率合成方法，如 PLL、DDS、分频、倍频和混频等技术

综合使用。下面结合工程实际举几个频率合成器的实例。

### 1. 倍频+混频的频率合成器

图 9.17 是某 X 频段二次变频雷达频率合成器的原理框图。它采用高稳定度的恒温晶振作为参考频率源,通过谐波发生器、滤波器和放大器组成的链路实现一本振(10GHz),通过倍频和混频方式实现二本振(410MHz),通过分频实现基准时钟(10MHz)。该频率合成器的特点是相位噪声指标好,杂散抑制高。

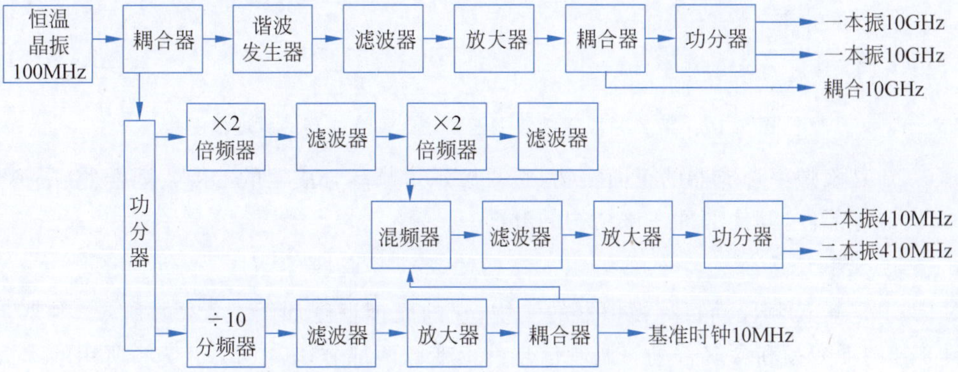


图 9.17 某 X 频段二次变频雷达频率合成器的原理框图

图 9.18 是该频率合成器的实物,实测性能指标如下。

图 9.18 某 X 频段二次变频雷达频率合成器的实物

(1) 输出功率。一本振输出功率为+13.5dBm,路间隔离≥20dB;二本振输出功率+14.0dBm,路间隔离≥20dB。

(2) 输出相位噪声。一本振相位噪声为−108dBc/Hz(偏离频率为 10kHz),二本振相位噪声为−130dBc/Hz(偏离频率为 10kHz)。

(3) 谐波抑制。一本振为 65dBc,二本振为 50dBc。

(4) 杂波抑制。一本振和二本振均优于 63dBc。

(5) 电源电压。电压为+12V,电流为 1A。

(6) 输出接口。SMA-K。

(7) 工作温度。−45~+50℃

(8) 尺寸。150mm×125mm×24mm。

### 2. 锁相环+混频的频率合成器

图 9.19 是某 X 频段连续波测速雷达的频率合成器的原理框图。它采用外置的 300MHz 高稳定度源作为参考频率源,为锁相环和倍频器提供频率参考。一路 300MHz 参考频率经倍

频放大后，由外置的波导腔体带通滤波器进行窄带滤波，输出信号给锁相环内置混频器提供本振。锁相环直接工作在 X 频段，VCO 采用介质谐振器稳频的晶体管振荡器（DRO），VCO 输出频率 $f_0$ 与倍频频率 $f_1$ 混频后的中频信号 $f_{IF}$ 直接与参考频率进行鉴相，有效降低了锁相环的分频比，提高了输出信号相位噪声。

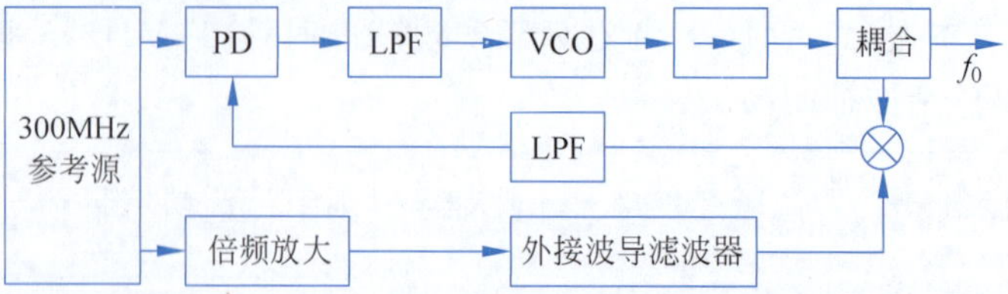


**图 9.19　某 X 频段连续波测速雷达频率合成器的原理框图**

图 9.20 是该频率合成器的正面实物，它只展示了频率合成器的 DRO、耦合器、隔离器、混频器、放大器等部件，其他部件在该结构的背面。

3. 直接数字频率合成器＋锁相环＋混频的频率合成器

图 9.21 是某 X 频段动目标模拟器的实物，它的原理框图如图 9.22(a) 所示，主要完成接收射频信号的下变频和含多普勒等调制信息的上变频两部分，其中上、下变频所用的本振采用 DDS 和 PLL 结合的频率合成器。

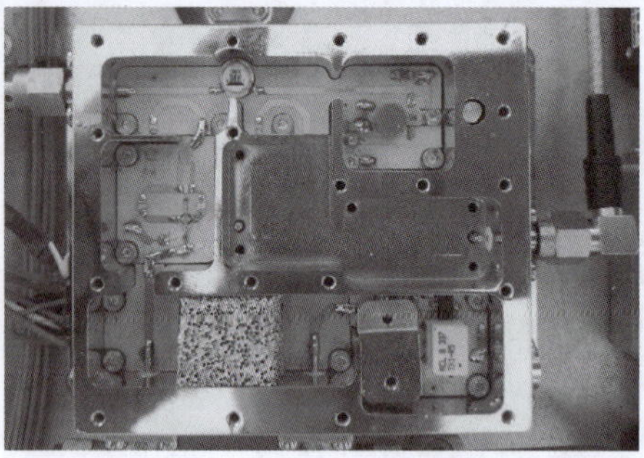

**图 9.20　某 X 频段连续波测速雷达频率合成器的实物**

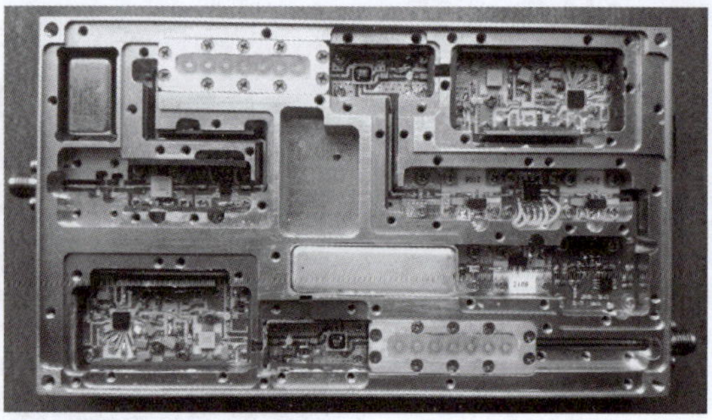

**图 9.21　某 X 频段动目标模拟器的实物**

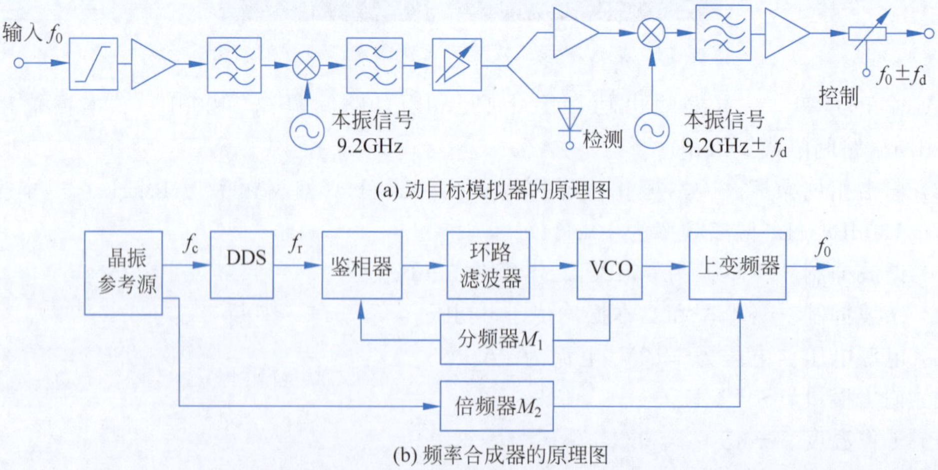


**图 9.22　某 X 频段动目标模拟器和频率合成器的原理图**

为了获得很高的多普勒频率分辨率，采用 DDS 作为 PLL 的频率参考，频率分辨率达到 1Hz 以下。为了降低 VCO 输出的分频比 $M_1$，选定锁相环的输出频率比较低，只有 1.0GHz

左右，这样可以提高锁相环的输出信号相位噪声。将晶振参考频率通过 $M_2$ 倍频产生上变频器所需的本振信号，将 PLL 输出信号搬移到所需输出频率上。通过 DDS、PLL 和混频的混合使用，有效地提高了工作频率、频率分辨率和输出相位噪声等性能。



## 9.4 案例 1：卫星通信系统

1957 年，苏联发射了世界上第一颗卫星 Sputnik，在人造卫星发展历史上跨出了第一大步，它的任务是单向传送遥感信息。1958 年，美国发射了"斯科尔"(Score)卫星，这是人类第一次利用人造卫星进行双向语音通信。紧接这些成就的是争先恐后的空间活动，许多国家开发了实际运营的通信卫星，用于商业目的或政府部门。

卫星通信是利用卫星作为中继站转发或者反射无线电波，以此来实现两个或多个地球站(或手持终端)之间或地球站与航天器之间的通信。换言之，卫星通信是在地球上(包括地面、水面和空中)的无线电通信站之间，利用卫星作为中继站进行的通信。目前，卫星通信通常用于广播电视业务、电话交互业务、数据和互联网业务以及移动通信业务。

轨道卫星作为通信中继站，其辐射、接收范围覆盖着地球表面大部分区域。在卫星通信系统中常用的是圆形轨道，分为低地球轨道(LEO)、中地球轨道(MEO)和静止轨道(GEO)。GEO 的轨道高度为 35786km，轨道面与地球赤道面重合，它与地面观察者之间保持相对静止，因此 GEO 卫星称为静止轨道卫星。一颗静止轨道卫星对地球的张角为 17.4°，可以看到的赤道弧长为 18000km，对应的经度角约为 160°，因此一颗静止轨道卫星可以覆盖 1/3 的地球表面。在地球赤道上方的对地静止轨道上均匀布置 3 颗卫星，就可以沿着赤道平面实现全球的完整覆盖，并且 3 颗卫星的波束之间还将存在很大一部分重叠。

在卫星通信系统中，也可以采用 LEO、MEO 等非静止轨道卫星。由于非静止轨道卫星与地球上的观察点有相对运动，为了保证对全球或特定地区的连续覆盖，需要用较多的卫星组成特定的星座。例如，低轨道铱星移动通信系统的星座由 66 颗高度 785km、倾角 86.4°的卫星组成。美国太空探索技术公司的星链低轨互联网星座由 1.2 万颗高度 550km 的卫星组成，该公司还准备再增加 3 万颗卫星，总量达到 4.2 万颗卫星，其目标是建设全球覆盖、大容量、低时延的天基通信系统。低轨道卫星的主要优点是信号传播距离短，链路损耗和传播延迟小，对用户终端的天线增益和发射功率要求不高。

国际电信联盟为卫星通信分配了特定的频段，如表 9.1 所示。其中商用通信卫星大多采用 4～6GHz 频段(3.7～4.2GHz 为卫星—地球的下行链路，5.925～6.425GHz 为地球—卫星上行链路)以及 12～14GHz 频段(11.7～12.2GHz 为下行链路，14.0～14.5GHz 为上行链路)。分配给每个上行链路、每个下行链路的频段宽度均为 500MHz。通过让上行链路、下行链路使用不同的频段，同一天线就可以承担两种功能，同时又可以防止这两路信号间的互相干扰。下行链路与上行链路相比，通常采用较低的载波频率，其原因是较低的频率所受的地球大气层衰减小，因而对卫星的输出功率要求可以降低。

表 9.1　卫星通信的频率分配

<table>
<tr><th colspan="3">用　　途</th><th>下行链路频率/MHz</th><th>上行链路频率/MHz</th></tr>
<tr><td rowspan="4">固定服务</td><td colspan="2">商用(C 频段)</td><td>3700～4200</td><td>5925～6425</td></tr>
<tr><td colspan="2">军用(X 频段)</td><td>7250～7750</td><td>7900～8400</td></tr>
<tr><td rowspan="2">商用(K 频段)</td><td>美国</td><td>11700～12200</td><td>14000～14500</td></tr>
<tr><td>国际</td><td>10950～11200</td><td>27500～31000</td></tr>
</table>

续表

| 用途 | | 下行链路频率/MHz | 上行链路频率/MHz |
|---|---|---|---|
| 移动服务 | 航海 | 1535～1542.5 | 1635～1644 |
| | 航空 | 1543.5～1558.8 | 1645～1660 |
| 广播服务 | | 2500～2535 | 2655～2690 |
| | | 11700～12750 | — |
| 遥测、跟踪及控制 | | 137～138,401～402,1525～1540 | — |

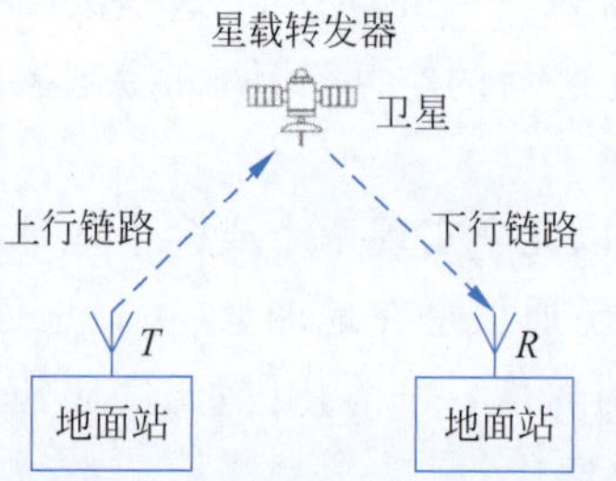

图 9.23　卫星通信系统组成

卫星通信系统主要由地球站通信设备和星载转发器组成,如图 9.23 所示。地球站通信设备主要负责对卫星发射电磁信号,再从卫星接收电磁信号。星载转发器则对地面发射来的信号起到中继、放大、转发的作用。卫星通信系统工作的大体流程：地面用户产生的基带信号(语音、图像、视频、数据等)经过地面通信网络传送到发射地球站；发射地球站通信设备将信号处理之后用上行频率发送到卫星；卫星星载转发器对接收到的信号进行处理,然后用下行频率发送到接收地球站；接收地球站对接收到的信号进行处理,恢复出基带信号,再传送给地面用户。

## 9.4.1　星载转发器

星载转发器在地面发射站和地面接收站之间起到中继站的作用,是通信卫星的中枢。转发器应具备足够高的灵敏度,以可靠接收上行信号,并具有足够的功率放大能力,以有效发射下行信号；同时,转发器给整个卫星通信系统引入的噪声和带来的失真应尽可能小。

转发器一般由宽频带的天线、接收系统、处理机和发射系统组成,使卫星具有接收、处理、发射信号的中继能力。星载转发器原理框图如图 9.24 所示。其工作流程：卫星天线接收来自地面的上行信号,经双工器送入接收带通滤波器,滤波后的信号被低噪声放大器放大,然后经信号处理器变换为下行信号,再送入发射带通滤波器,滤波之后经高功率放大器放大,之后由双工器送入天线,向地面发射。

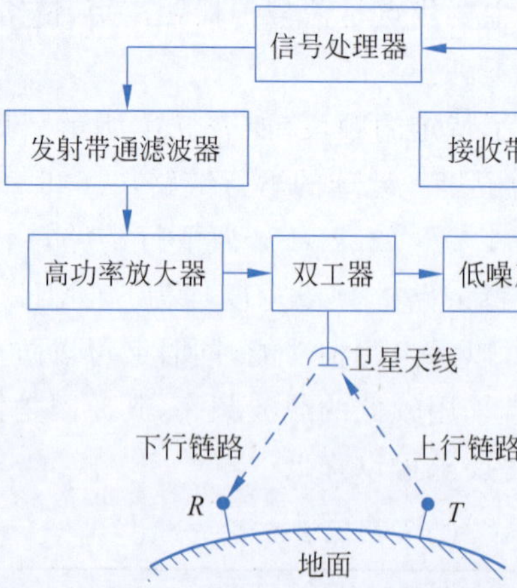

图 9.24　星载转发器原理框图

双工器的功能是使接收的上行信号与发射的下行信号沿不同路径、向不同方向传输,使同一个天线可以既接收又发射,实现"双工"。双工器可以用铁氧体环行器、微波单刀双掷开关或滤波器组合来实现。信号处理器可对被转发信号进行处理,最简单的处理是放大并进行频率变换，其目的是使上行信号与下行信号工作频率不同，实现收、发频率隔离，避免同频干扰。有的信号处理器还具备数字信号解调—调制(以消除噪声积累)，或者信号的编码方式变换、抗干扰处理等处理功能。

典型的4～6GHz频段单变频12通道转发器原理框图如图9.25所示，500MHz的频带分为12个通道，每个通道的带宽为36MHz，通道之间的间隔为4MHz。每个通道包括天线接收、接收滤波、下变频、发射滤波、天线发射，一个完整的通道称为一个转发器。每个转发器的基本功能包括频率选择(即滤波)、频率变换和放大。卫星通信的每个频带必须具有独立的转发通道。因此，每颗卫星携带的转发器数目等于该卫星整个工作频段包含的频带数目，少则几个，多则几十个。为防止个别转发器故障失灵，还会设置一些空置转发器。

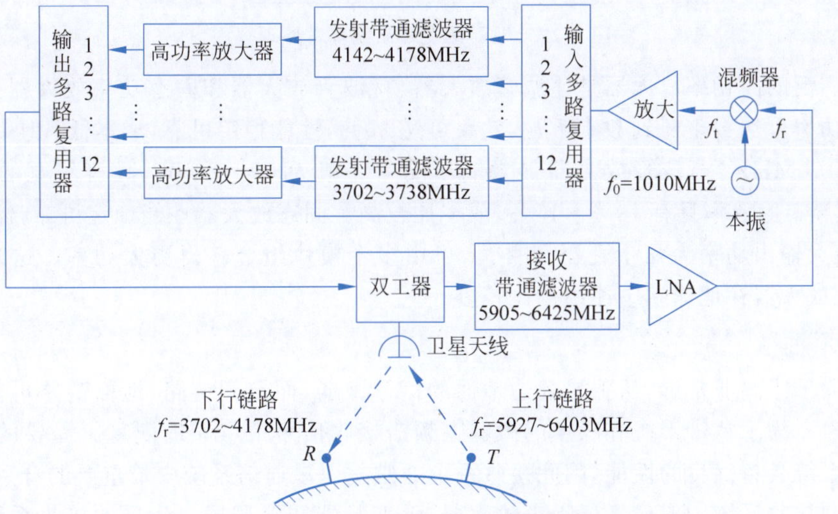


图9.25 4～6GHz频段单变频12通道转发器原理框图

## 9.4.2 地面站的通信设备

地面站的通信设备一般由天线、发射系统、接收系统构成，如图9.26所示。

### 1. 天线

地球站一般采用高增益的大天线，应用最多的是抛物面天线、卡塞格伦天线和格里高利天线。格里高利天线与卡塞格伦天线十分类似，也是一种双反射面天线，其包括一个馈源(一般采用喇叭天线)、一个主抛物面反射面和一个椭球面反射面，椭球面的凹面与主抛物面的凹面相对，其一个焦点与主抛物面的焦点重合，另一个焦点与馈电喇叭的相位中心重合。地球站天线还可以采用偏馈天线，以减小馈源遮挡、副反射面遮挡。

地球站天线的增益取决于工作频率和天线尺寸。目前一般应用于C、X、Ku和Ka频段的天线直径为7～13m。由于卫星的位置和姿态是变化的，地球站天线必须配备复杂、精准的跟踪控制系统和伺服系统，不断调整、校正天线的波束指向，使其对准卫星的天线。

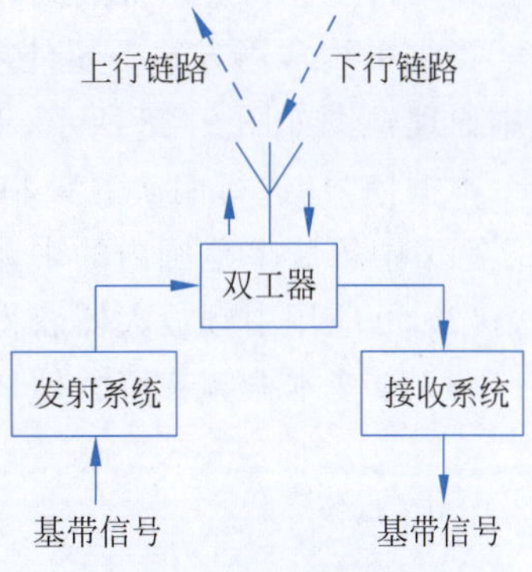


图9.26 地面站通信设备原理框图

### 2. 发射系统

地球站发射系统应能产生大功率的微波信号向卫星发射。发射系统一般由调制器、上变频器、高功率放大器构成，如图 9.27 所示。发射系统应当满足 4 个要求：一是工作频率宽，应当能同时发射工作频段内的 1 个或多个载波，以适应多址通信的特点，工作频带往往达到几百兆赫；二是输出功率大，发射功率一般在几百瓦到十几千瓦量级；三是高功率放大器的增益稳定性高，一般由自动功率控制电路控制；四是高功率放大器的线性度好，以减少非线性度带来的交调干扰。

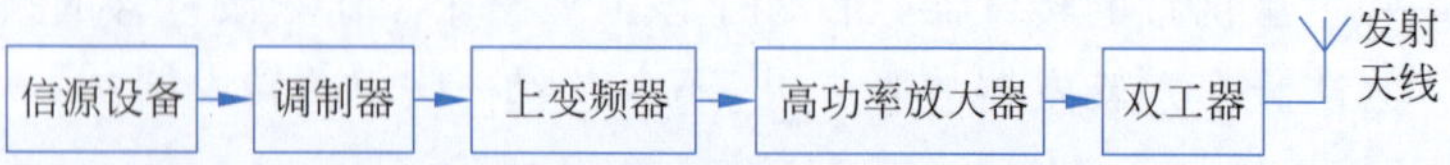


图 9.27 地面站发射系统基本原理框图

使用广泛的高功率放大器是速调管放大器、行波管放大器和固态功率放大器。速调管放大器输出功率可达数千瓦到数十千瓦，效率可达 30%，性能稳定可靠，成本低；但带宽较窄，一般为 50～100MHz。行波管放大器最大输出功率一般为 50～800W，具有较宽的频带，增益高，结构紧凑；但效率只有 10%～15%，成本比较高。固态放大器性能稳定可靠，体积小、瞬时带宽宽，最大输出功率为几十瓦至几百瓦，可由多个模块组合获得更大功率。这几种放大器中，行波管放大器在地球站中使用得比较多。

### 3. 接收系统

卫星通信距离非常远，从卫星到达地面的信号微弱，而空间链路、地面链路可能引入各种干扰和噪声。为了从带干扰和噪声的微弱宽频谱接收信号中可靠地恢复出需要的信号，要求无线接收系统具备优良的性能，因此接收系统通常是卫星通信系统中最重要的分系统。

地球站接收系统一般包括低噪声放大器、下变频器和解调器。优良的接收系统应具有以下 5 种功能：

(1) 高增益。通常增益约为 100dB，将接收的低功率微弱信号恢复到接近它的原始基带信号的电平。

(2) 选择性。在接收所希望信号的同时阻断相邻的信道、镜像频率和干扰。

(3) 下变频。将接收到的射频或微波频率下变频到中频或零频频率以便处理。

(4) 检测。检测接收到的模拟或数字信息。

(5) 隔离。和发射机隔离，以免接收机饱和。

接收系统常用方案是超外差式方案，将来自天线的射频信号频率向下变换到中频信号，其基本原理框图如图 9.28 所示，下变频也可以采用一次或两次变频的方式。二次变频方式需要两个本振信号，进行两次混频和滤波。超外差接收机具有以下优点：

(1) 中等频率范围内的中频频率可以使用锐截止的滤波器，以获得选择性的改善。

(2) 可应用中频放大器获得较高的中频增益。

(3) 改变本振频率可方便地实现调谐，以使中频保持不变。

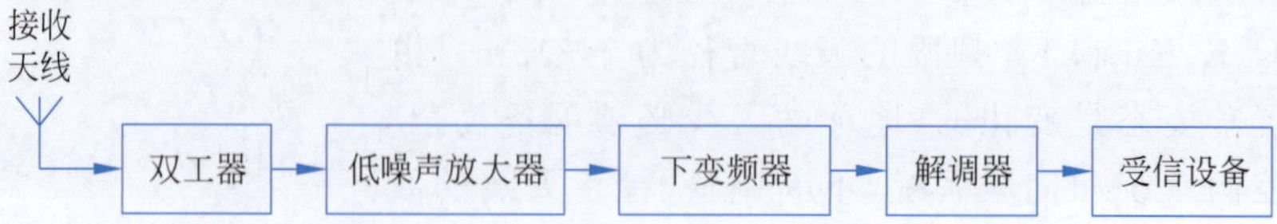


图 9.28 地面站接收系统原理框图

地球站除了卫星通信设备之外，还有地面信息接口，它通过陆地链路与其他地球站、地面网络或用户终端相连接。



## 9.5 案例2：软件定义无线电技术和应用

软件定义无线电（Software Defined Radios，SDR，简称软件无线电）的概念是由美国MITRE公司的Joseph Mitola博士在1992年首次提出的，其目的是希望建立标准化、模块化、可定义通用平台，利用软件定义的方式实现通信功能或参数重构。软件定义无线电的概念受到了美国军方的重视，当年美国国防部提出了SPEAKeasy计划，旨在解决军事通信的"通话难"问题。经过三年的研究，第一阶段计划得到了成功的验证，是软件定义无线电发展的先行者和里程碑。SPEAKeasy计划的成功有力推动了可编程模块化通信系统（PMCS）工作组的建立，并于1992年美军启动了联合战术无线电系统（JTRS）计划，基于软件无线电技术研制一种可适用于所有军兵种要求的通用新型系列数字战术电台，该电台将逐步取代美军各军兵种现役的20多个系列125种以上型号的75万部电台。由于美国军方对软件无线电技术表现出极大兴趣和关注，给软件无线电项目投入了巨大的研究经费，有力推动软件无线电技术的快速发展。目前，它已从军事通信领域渗透到了雷达、电子战、测控、移动通信甚至广播电视等无线电工程的各个领域。软件无线电是无线电工程的新方法，是一种体系架构，也是一种设计理念，它将成为本世纪对世界最具影响力的新兴技术之一。

### 9.5.1 软件定义无线电的定义和特点

软件无线电有多种定义。软件无线电概念的发明者Joseph Mitola定义软件无线电是多频段的无线电，它具有宽带的天线、射频前端、模数和数模变换，能够支持多个空中接口和协议，在理想状态下，所有方面都可以通过软件来定义。可见，他的定义主要集中在多频段、宽频带的硬件平台和通过软件来定义所有功能这两方面。

软件无线电论坛（www.sdrforum.org）定义软件无线电是一种新型的无线电体系结构，它通过硬件和软件的结合使无线网络和用户终端具有可重配置能力。软件提供了一种建立多模式、多频段、多功能无线电设备的有效而且相当经济的解决方案，可以通过软件升级实现功能提高。软件无线电可以使整个系统（包括用户终端和网络）采用动态的软件编程对设备特性进行重配置，换句话说，相同的硬件可以通过软件定义来实现不同的功能。该定义更加全面和系统。

总之，软件无线电是一种新的无线电系统体系结构，其基本思想是构建开放性、标准化、模块化的通用平台，将各种功能（如工作频率、带宽、增益、调制解调方式、接口与协议等）用可重构、可升级的软件来实现。

软件无线电的主要特点可以归纳如下。

#### 1. 硬件通用化

硬件平台的通用化是软件无线电的前提和基础。只有硬件的通用性，使软件无线电功能的实现与硬件"脱钩"才能为功能实现的软件化奠定基础。硬件既包括射频前端硬件，也包括信号处理硬件。射频前端硬件的通用化包括：①天线具有宽频带特性，波束、极化可重构；②射频前端是"宽开"的，有足够宽的工作频段，同时射频增益、射频滤波器中心频率和带宽可重构；③中频宽带化，同时中频增益、中频滤波器中心频率和带宽可重构。信号处理硬件一般采用现场可编程门阵列（FPGA）进行预处理，采用多DSP芯片完成实时信号处理，需要着力解决高速率采样数据流的实时处理与软件化之间的矛盾。硬件平台必须采用标准化和模块化的结构,可以随着器件和技术的发展而更新或扩展。

2. 功能软件化

软件无线电的最大特点是其功能并非通过硬件来定制,而是通过软件来实现,这是区别于一般的模拟无线电、数字无线电的本质所在。功能软件化是无线电工程的设计理念从以硬件为核心走向以软件为核心的一大飞跃,是现代无线电体系结构出现重大转变的重要标志。选择不同的软件可以实现不同的功能,实现新的功能只要更新软件即可。软件也必须模块化和接口标准化,通过增加软件模块,很容易增加新的功能。

3. 动态可重构

软件可以升级更新,硬件可以升级换代,需要时还能做到新旧体制产品的兼容互通。

因此,软件无线电的概念一经提出,就受到无线电领域的广泛关注和应用。

### 9.5.2 软件定义无线电的结构和原理

软件无线电主要由宽带多频段天线、射频前端(RFE)、宽带模数转换(ADC)和数模转换(DAC)、数字下变频(DDC)和数字上变频(DUC)、数字基带信号处理以及各种软件组成,如图 9.29 所示。

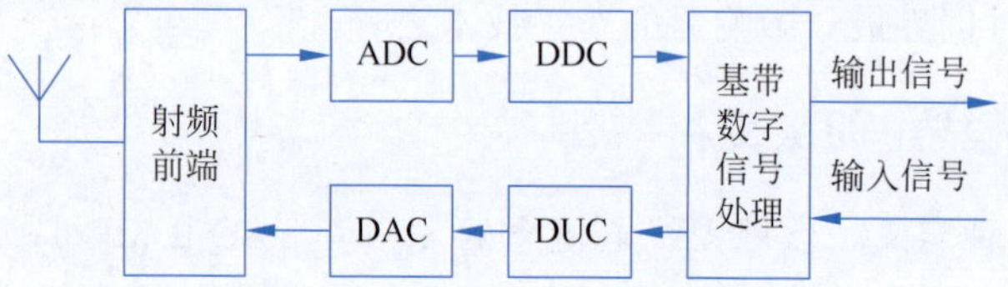


图 9.29 软件无线电的原理结构

在这几部分中,ADC/DAC 起着关键的作用,是整个软件无线电的核心,因为不同的采样方式将决定射频前端的组成结构,也影响其后的数字信号处理(包括 DDC/DUC 和数字基带处理)的方式和处理速度。根据 ADC/DAC 靠近射频前端的程度不同,软件无线电的结构可以分为射频低通采样数字化结构、射频带通采样数字化结构和中频带通采样数字化结构,如图 9.30～图 9.32 所示。

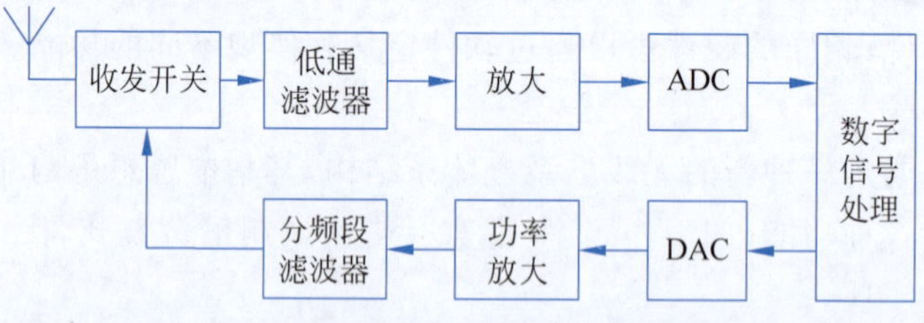


图 9.30 射频低通采样数字化结构

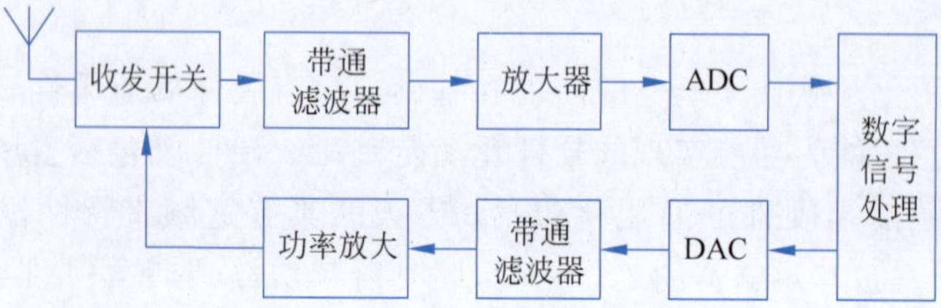


图 9.31 射频带通采样数字化结构

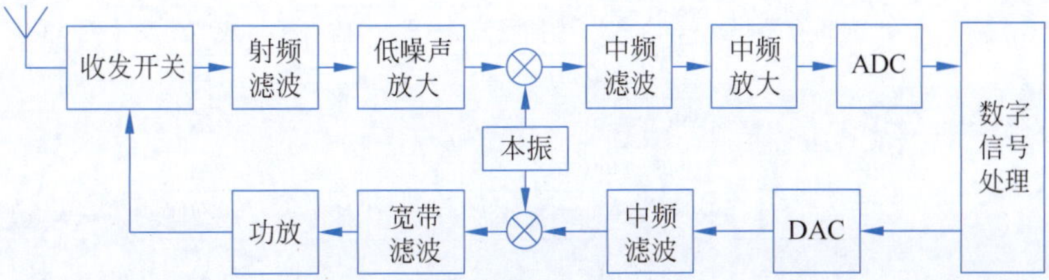


图 9.32　中频带通采样数字化结构

在图 9.30 中，从天线进来的信号经过低通滤波和放大后直接送至 ADC 进行数字化采样，这种结构不仅对 ADC 的性能（如转换速度、工作带宽、动态范围等）提出了非常高的要求，同时对后续 DSP 的处理速度的要求特别高，因为射频低通采样所需的采样速率至少是射频工作带宽的 2 倍。例如，工作在 1MHz～2GHz 的软件无线电接收机，其采样速率至少需要 4GHz。这么高的采样速率，无论是 ADC 还是 DSP 都是难以满足要求的，因此这种射频低通采样数字化结构一般适用于工作频带不高的场合，如 HF 频段（0.1～30MHz）或者 VHF 频段（30～100MHz）。图 9.31 所示的射频带通采样数字化结构对 ADC 采样速率的要求只是信号处理带宽的 2 倍，因此对 ADC 采样速率的要求不高。并且整个射频前端的通带不是全开的，它先由窄带电调滤波器选择所需信号，然后放大采样，有利于提高接收通道信噪比，也有助于改善动态范围。但是这种结构对 ADC 的要求是需要足够高的模拟工作带宽，另外窄带电调滤波器也是关键部件。图 9.32 所示的中频带通采样数字化结构是目前常用的软件无线电结构，它采用多次变频的超外差体制或者零中频体制。由于在中频进行 ADC 采样，所以对器件的要求降低了很多，因此它是三种结构中最容易实现的。但是，这种结构和理想的软件无线电结构相差较远，其扩展性、灵活性是最差的。随着超高速器件的发展，射频采样数字化结构的应用将会越来越普遍。

图 9.29 中的数字下变频和数字上变频从原理上讲与模拟下变频和上变频是类似的。如图 9.33 所示，数字下变频一般采用正交混频变换方法实现，主要包括数字混频器、数字控制振荡器（NCO）和数字低通滤波器等，将模数转换器送来的数字信号进行频率变换、滤波和抽取等数字处理，将感兴趣的数字信号分离和提取出来，并将采样速率降低，送到基带信号处理单元进行后续处理。由于两个正交相干振荡信号的形成和混频器的相乘都是数字运算的结果，其正交性是完全可以保证的，只要保证运算精度即可。但是数字下变频性能也受两个因素影响：一是有限字长引起的混频乘法运算的误差；二是相位截断误差引起数字本振的误差等。数字上变频是数字下变频的逆过程，两者的工作原理、结构和实现大同小异，只是处理顺序刚好相反，它主要由数字低通滤波器、内插、数字混频器、数字控制振荡器等组成，如图 9.34 所示。

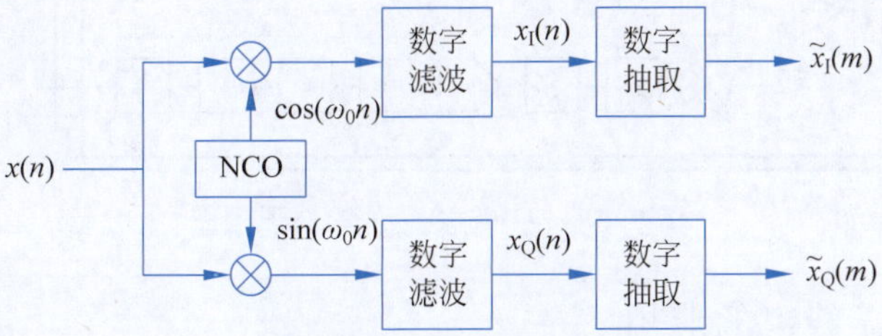


图 9.33　数字下变频

目前，一些器件厂商已研制出通用化集成化的软件无线电收发芯片。美国模拟器件公司 ADI 生产的 AD9361 芯片的原理框图如图 9.35 所示，它采用零中频体制，在单一硅基 CMOS

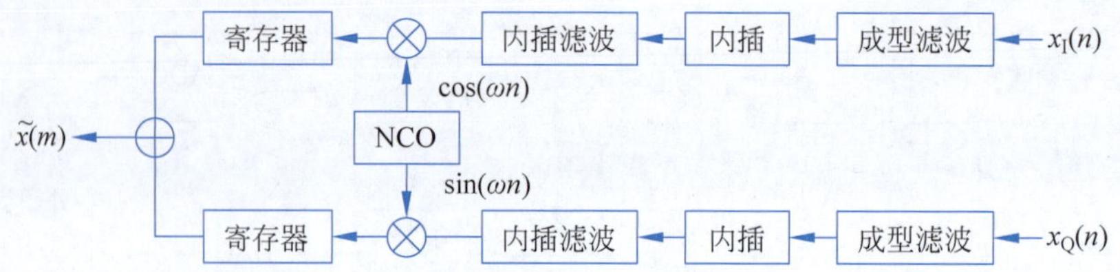


图 9.34　数字上变频

芯片上实现了射频前端、ADC/DAC 和数字滤波与均衡等功能，只需外接数字信号处理芯片即可完成整个软件无线电功能。其主要性能指标如下：

- 收发通道：两发两收。
- 工作频段：发射 47MHz～6.0GHz，接收 70MHz～6.0GHz。
- 调谐带宽：200kHz～56MHz。
- ADC/DAC：12 位。
- 支持 TDD、FDD 调制。
- 接收通道：在 800MHz 时，噪声系数 $N_F \leqslant 2.0$dB。
- 接收增益控制：实时自动增益控制。
- 发射通道：误差矢量幅度(EVM)≤−40dB，发射噪底≤−157dBm/Hz，动态范围≥66dB。
- 集成频率合成器：2.4Hz 频率步进。

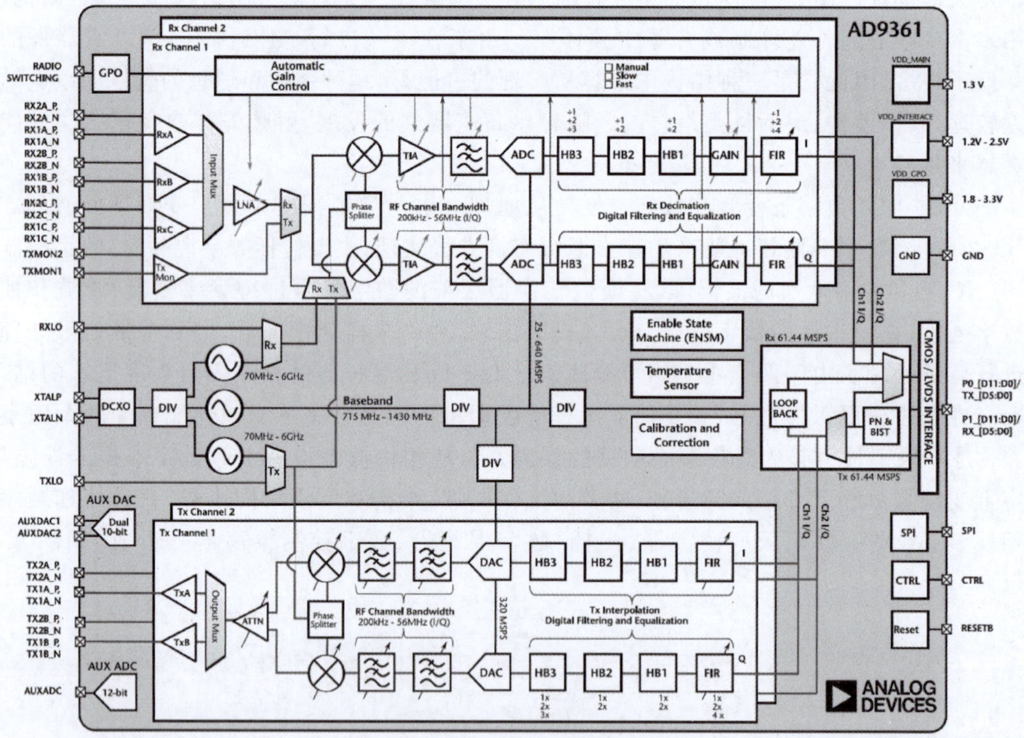


图 9.35　AD9361 芯片的原理框图

## 9.5.3　软件定义无线电的应用

软件无线电这一在军事通信领域首先诞生的设计新概念、新思想不仅可以被广泛应用于军事通信，也可以在无线电其他领域得到广泛应用，甚至推广到所有无线系统，成为无线电工程统一、通用的现代方法。下面主要介绍软件无线电在军事通信和数字波束形成相控阵中的典型应用。

### 1. 软件无线电在军事通信中的应用

美军为了解决海湾战争中多国部队进行联合作战时所遇到的互通互联互操作问题，1992年提出了软件无线电的新概念，并启动了SPEAKeasy演示验证计划，最终目的是开发一种能适应联合作战要求的三军统一的多频段、多模式电台(MBMMR)。下面主要介绍MBMMR的体系结构。

MBMMR工作在2MHz～2GHz，这种电台不仅能与常规的HF、VHF、UHF电台通信，而且还能与跳频电台、卫星通信终端、数据链终端等非常规通信装备进行语音通信和数据或视频传输，同时还能接入民用蜂窝移动通信系统，还具备GPS定位和定时同步等功能。MBMMR的组成框图如图9.36所示。

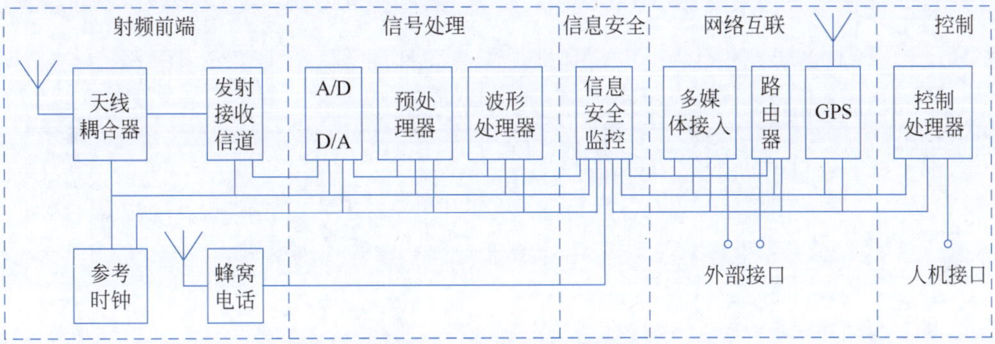


图9.36 MBMMR的组成框图

由图9.36可见，MBMMR的结构与软件无线电结构类似。接收过程：首先通过接收通道进行频率变换，把射频信号变换为中频信号，然后进行A/D采样，把模拟信号变换为数字信号；高采样率的数字信号首先通过预处理，根据信号带宽进行抽取滤波，并形成正交基带信号，然后送到波形处理器进行解调，得到话音或数据、视频信息。解调数据并不立即送到人机接口进行监听或显示，而是先经过信息安全性检测，信息安全监控单元的作用是进行信息加密和解密，并进行身份合法性鉴定，以确保信息安全。发射过程与接收过程正好相反。实际开发成功的MBMMR共有6个信道，即4个可编程信道，1个蜂窝信道，1个GPS信道。图中只画出了1个可编程信道，其余3个可编程信道是完全并行的。

MBMMR不仅采用了模块化设计，而且采用了标准总线和开放式结构。在总线式软件无线电结构中，各模块有统一和开放的标准接口，各模块通过总线连接起来，并通过总线交换数据和控制命令。这种结构优点是模块化程度高，具有很好的开放性、伸缩性和通用性，功能扩展和系统升级较方便，实现起来比较简单；缺点是在任何时刻总线上只能容许其中一个功能模块传输数据，因此总线竞争和分时特性会使得数据传输带宽过窄、延时长、控制复杂，导致吞吐率不高。

### 2. 软件无线电在数字波束形成相控阵中的应用

随着微波集成电路技术的发展，有源相控阵(AESA)通信、雷达系统越来越受到人们的重视。有源相控阵的每一个天线单元通道中都有T/R组件，而无源相控阵的每一个天线单元通道中只有移相器，不含有源电路(如功率放大器、低噪声放大器等)。有源相控阵与无源相控阵一样具有快速波束扫描、波束赋形和多波束能力，实现多目标跟踪。有源相控阵的每个T/R组件靠近天线单元，并且有功率放大器和低噪声放大器等有源器件，相比无源相控阵而言可以降低馈电网络的损耗，这样可以通过空间功率合成的方式获得很高的总发射功率，同时也可以提高接收机的灵敏度。

通常，相控阵使用模拟移相器实现波束扫描，可以在射频、中频或者本振路径上实现模拟移相。常规有源相控阵的组成如图 9.37 所示，每个天线单元通道中都有 T/R 组件，通过馈电功率分配或者功率合成网络将所有通道信号合成后输出。常规有源相控阵的最大特点是每个天线单元的相位控制在射频级的 T/R 组件中完成，从而实现波束扫描，可以称之为射频(模拟)波束形成。目前，T/R 组件的成本偏高，一部有源相控阵雷达往往需要成千上万个 T/R 组件，因此有源相控阵天线的造价高，往往占整个雷达系统造价的 80%以上。而且，如果常规有源相控阵需要形成同时多波束能力，要么每个单元设置多个移相器，要么采用子阵的方法实现，这将大大增加系统的复杂性。

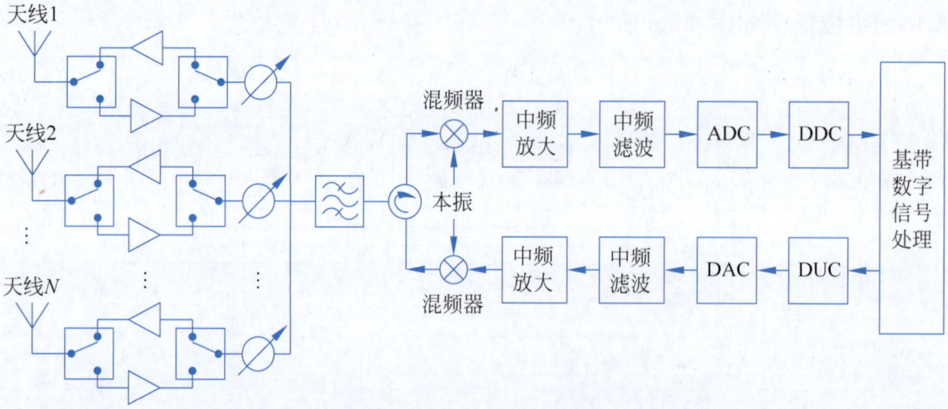


图 9.37 常规有源相控阵的组成

1) 全数字波束形成相控阵

为了降低有源相控阵系统的复杂性，在软件无线电和软件化雷达思想启发下，人们提出了数字波束形成的设计思想，基于这一思想构建的全数字波束形成相控阵系统如图 9.38 所示。射频信号由天线单元接收后，送到射频前端的 T/R 组件(注意不含移相器)将射频信号变换为中频信号，经高速 ADC 采样变换为数字信号，由数字下变频器变换为正交的数字基带信号 $I(n)$ 和 $Q(n)$，通过基带信号处理对每个通道的基带信号进行幅度和相位控制，实现接收波束

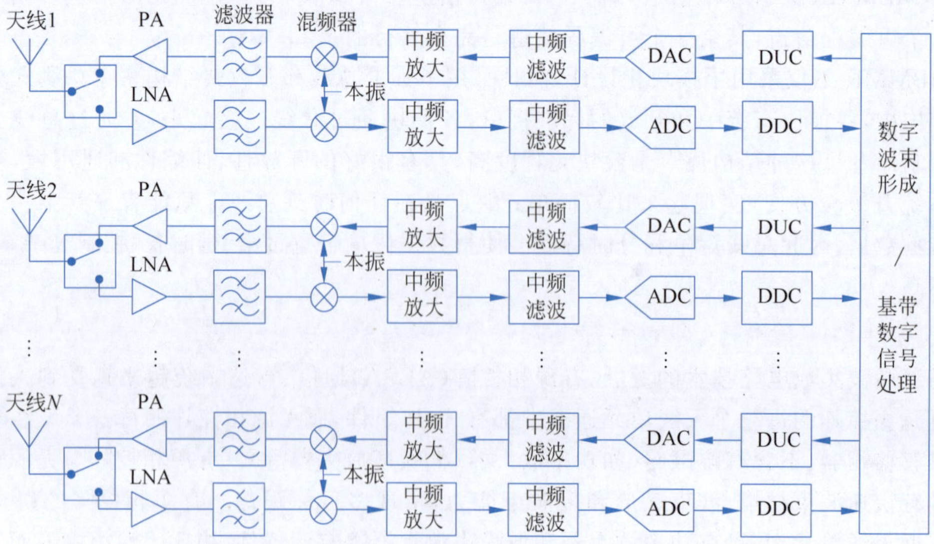


图 9.38 全数字波束形成有源相控阵的组成

的扫描和赋形，因此称为数字波束形成。发射过程与接收过程正好相反。全数字波束形成相控阵系统的最大特点是每个天线单元通道都包含一个基于软件无线电的数字化射频收发通道，发射和接收波束形成所需的移相控制是在数字部分完成的。这不仅大大减少了控制移相器的线缆数量，降低了系统复杂度，而且波束控制可以更加灵活、更加精准，容易实现多波束能力。更为重要的是，全数字波束形成相控阵系统的软件化程度高，系统的升级换代能力是常规相控阵无法比拟的，是现代雷达、通信系统的发展方向。

全数字波束形成相控阵系统目前主要限制在硬件成本高、功耗较大，同时在系统应用上需要对收发通道进行校准。全数字波束形成相控阵相比于常规相控阵，需要大量的高速 ADC/DAC 采样通道和数字处理单元，这些高速 ADC/DAC 和数字信号处理部分需要处理庞大的数据量，具有较高的系统功耗和硬件实现成本。然而，随着数字集成电路工艺技术的不断发展，数字采样和处理的功耗和成本方面的瓶颈正逐步被打破，全数字波束形成相控阵将是未来通信和雷达系统具有重要价值的系统架构之一。

2）混合波束形成相控阵

虽然全数字波束形成相控阵具有优异的性能，但是现有技术水平而言，它的成本、功耗仍制约其大规模推广。此外，在许多实际的通信应用场景下的信道条件能支持数据流有限(远小于数字化通道数)，使用全数字波束形成相控阵方案会降低系统的性价比，因此基于相控子阵的模拟-数字混合波束形成相控阵是一种性能与成本折中的方案。混合波束形成相控阵用相控子阵替换全数字波束形成相控阵中大量的高速 ADC/DAC 采样通道和数字处理单元，有效降低了系统的电路复杂度、硬件成本、功耗和信号处理复杂度，如图 9.39 所示。混合波束形成相控阵通过少量的数字化通道和相控子阵的模拟波束形成获得了较高的波束增益，保持了与全数字波束形成相控阵相当的系统效率，但最大支持的多波束数目要比全数字波束形成相控阵少得多。混合波束形成相控阵以较低的硬件复杂度、成本和功耗获得的多波束能力和传输速率在现阶段可以满足大多数通信场景的需求，是目前毫米波 5G 移动通信基站的主流架构。

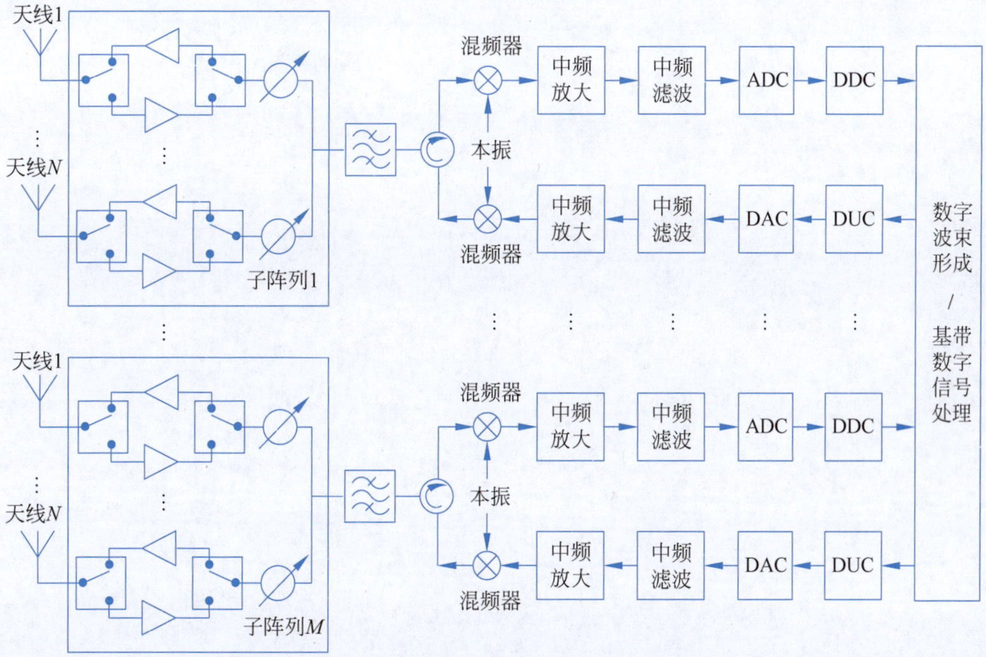


图 9.39　混合波束形成有源相控阵的组成

## 习题

1. 简述全固态发射机与电真空管发射机相比的优点和缺点。
2. 简述超外差接收机和零中频接收机的结构、优点和缺点。
3. 简述数字技术在微波系统中的应用和发展。
4. 频率合成器有哪些实现方式？各自有哪些优点和缺点？
5. 简述卫星通信系统的工作过程，并列举地面站和星载收发系统的组成部件。
6. 简述软件无线电的原理，列举几个软件无线电技术的应用。
7. 考虑如图 9.40 所示的无线局域网(WLAN)接收机前端，其中带通滤波器的带宽为 100MHz，中心频率为 2.4GHz。系统处于室温下，求整个系统的噪声系数。输入信号功率电平是$-90$dBm，输出端的信噪比是多少？

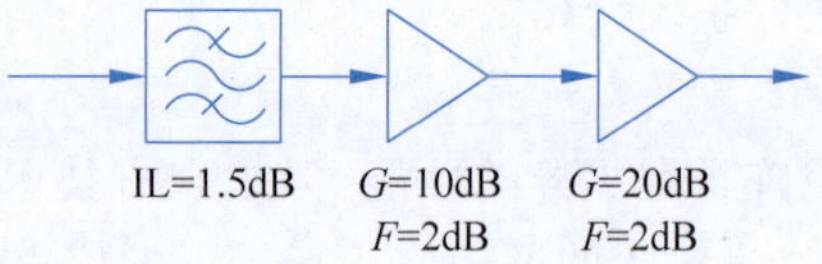


图 9.40　习题 7 图

8. 图 9.41 为天线—传输线—接收机前端的组成结构。有关参数如下：

$$f=4.0\text{GHz},\quad B=1\text{MHz},\quad T_b=200\text{K}$$

$$G_A=26\text{dB},\quad \eta_{rad}=0.9,\quad T_p=300\text{K}$$

$$L_T=1.5\text{dB},\quad G_{RF}=20\text{dB},\quad F_{RF}=3.0\text{dB}$$

$$L_M=6.0\text{dB},\quad F_M=7.0\text{dB},\quad G_{IF}=30\text{dB},\quad F_{IF}=1.1\text{dB}$$

若天线接收的功率 $S_i=-80$dBm，计算输入和输出信噪比。

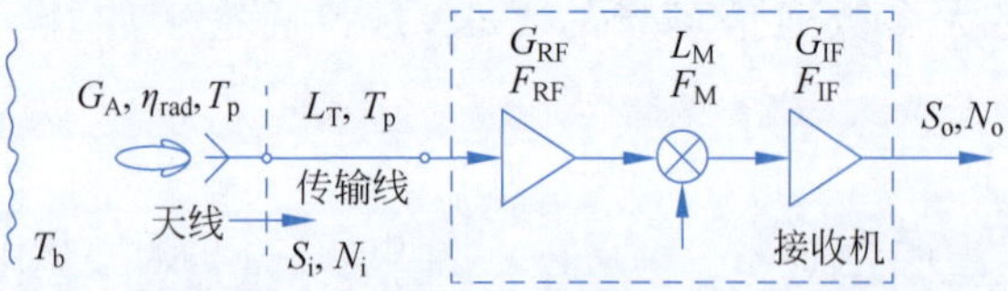


图 9.41　习题 8 图

# 附录A

## 部分SI词头

表 A.1　SI 词头

| 因　　数 | 词头名称 | 符　　号 |
|---|---|---|
| $10^{12}$ | 太 | T |
| $10^{9}$ | 吉 | G |
| $10^{6}$ | 兆 | M |
| $10^{3}$ | 千 | k |
| $10^{2}$ | 百 | h |
| $10^{-1}$ | 分 | d |
| $10^{-2}$ | 厘 | c |
| $10^{-3}$ | 毫 | m |
| $10^{-6}$ | 微 | $\mu$ |
| $10^{-9}$ | 纳 | n |
| $10^{-12}$ | 皮 | p |
| $10^{-15}$ | 飞 | f |

# 附录B

## 物理常量

真空介电常数 $\varepsilon_0 \approx 8.854\times10^{-12}$ F/m

真空磁导率 $\mu_0 = 4\pi\times10^{-7}$ H/m

真空中的波阻抗 $\eta_0 \approx 377\Omega$

真空中的光速 $c_0 = 2.998\times10^{8}$ m/s

电子电荷 $q = 1.602\times10^{-19}$ C

电子质量 $m = 9.1096\times10^{-31}$ kg

玻耳兹曼常量 $k = 1.380\times10^{-23}$ J/K

普朗克常量 $h = 6.626\times10^{-34}$ J·s

旋磁比 $\gamma = 1.759\times10^{11}$ C/kg(对于 $g = 2$)

# 附录 C

# 三种常用坐标系和矢量微分算符

三种常用坐标系如图 C.1 所示。

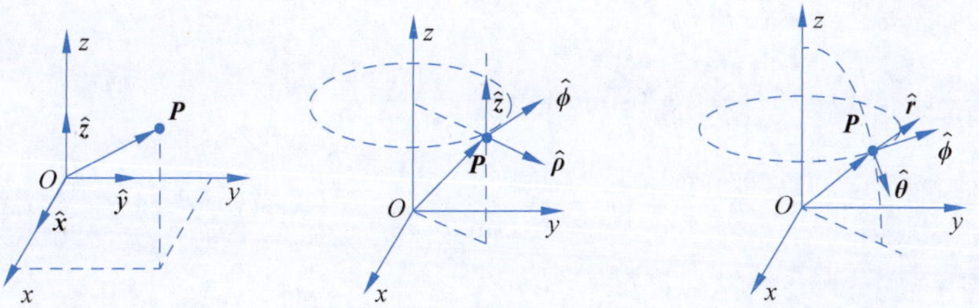


(a) 直角坐标系　　(b) 圆柱坐标系　　(c) 球坐标系

图 C.1　三种常用坐标系

直角坐标系的坐标单位矢量通常记为 $\hat{\boldsymbol{x}}$、$\hat{\boldsymbol{y}}$、$\hat{\boldsymbol{z}}$。空间任意矢量可表示为

$$\boldsymbol{P}=P_x\hat{\boldsymbol{x}}+P_y\hat{\boldsymbol{y}}+P_z\hat{\boldsymbol{z}}$$

式中：$P_x$、$P_y$、$P_z$ 分别为矢量 $\boldsymbol{P}$ 在坐标轴 $x$、$y$、$z$ 方向上的分量。

直角坐标系下的矢量微分算符：

$$\nabla u=\frac{\partial u}{\partial x}\hat{\boldsymbol{x}}+\frac{\partial u}{\partial y}\hat{\boldsymbol{y}}+\frac{\partial u}{\partial z}\hat{\boldsymbol{z}}$$

$$\nabla\cdot\boldsymbol{A}=\frac{\partial A_x}{\partial x}+\frac{\partial A_y}{\partial y}+\frac{\partial A_z}{\partial z}$$

$$\nabla\times\boldsymbol{A}=\left(\frac{\partial A_z}{\partial y}-\frac{\partial A_y}{\partial z}\right)\hat{\boldsymbol{x}}+\left(\frac{\partial A_x}{\partial z}-\frac{\partial A_z}{\partial x}\right)\hat{\boldsymbol{y}}+\left(\frac{\partial A_y}{\partial x}-\frac{\partial A_x}{\partial y}\right)\hat{\boldsymbol{z}}$$

$$\nabla^2 u=\frac{\partial^2 u}{\partial x^2}+\frac{\partial^2 u}{\partial y^2}+\frac{\partial^2 u}{\partial z^2}$$

$$\nabla^2\boldsymbol{A}=\hat{\boldsymbol{x}}\nabla^2 A_x+\hat{\boldsymbol{y}}\nabla^2 A_y+\hat{\boldsymbol{z}}\nabla^2 A_z$$

圆柱坐标系的坐标单位矢量通常记为 $\hat{\boldsymbol{\rho}}$、$\hat{\boldsymbol{\phi}}$、$\hat{\boldsymbol{z}}$。空间任意矢量可表示为

$$\boldsymbol{P}=P_\rho\hat{\boldsymbol{\rho}}+P_\phi\hat{\boldsymbol{\phi}}+P_z\hat{\boldsymbol{z}}$$

式中：$P_\rho$、$P_\phi$、$P_z$ 分别为矢量 $\boldsymbol{P}$ 在坐标轴 $\rho$、$\phi$、$z$ 方向上的分量。

圆柱坐标系下的矢量微分算符：

$$\nabla u=\frac{\partial u}{\partial\rho}\hat{\boldsymbol{\rho}}+\frac{1}{\rho}\frac{\partial u}{\partial\phi}\hat{\boldsymbol{\phi}}+\frac{\partial u}{\partial z}\hat{\boldsymbol{z}}$$

$$\nabla\cdot\boldsymbol{A}=\frac{1}{\rho}\frac{\partial}{\partial\rho}(\rho A_\rho)+\frac{1}{\rho}\frac{\partial A_\phi}{\partial\phi}+\frac{\partial A_z}{\partial z}$$

$$\nabla\times\boldsymbol{A}=\left(\frac{1}{\rho}\frac{\partial A_z}{\partial\phi}-\frac{\partial A_\phi}{\partial z}\right)\hat{\boldsymbol{\rho}}+\left(\frac{\partial A_\rho}{\partial z}-\frac{\partial A_z}{\partial\rho}\right)\hat{\boldsymbol{\phi}}+\left(\frac{1}{\rho}\frac{\partial}{\partial\rho}(\rho A_\phi)-\frac{1}{\rho}\frac{\partial A_\rho}{\partial\phi}\right)\hat{\boldsymbol{z}}$$

$$\nabla^2 u = \frac{1}{\rho}\frac{\partial}{\partial \rho}\left(\rho \frac{\partial u}{\partial \rho}\right) + \frac{1}{\rho^2}\frac{\partial^2 u}{\partial \phi^2} + \frac{\partial^2 u}{\partial z^2}$$

$$\nabla^2 \mathbf{A} = \nabla(\nabla \cdot \mathbf{A}) - \nabla \times \nabla \times \mathbf{A}$$

球坐标系的坐标单位矢量通常记为 $\hat{\boldsymbol{r}}$、$\hat{\boldsymbol{\theta}}$、$\hat{\boldsymbol{\phi}}$。空间任意矢量可表示为

$$\boldsymbol{P} = P_r \hat{\boldsymbol{r}} + P_\theta \hat{\boldsymbol{\theta}} + P_\phi \hat{\boldsymbol{\phi}}$$

式中：$P_r$、$P_\theta$、$P_\phi$ 分别为矢量 $\boldsymbol{P}$ 在坐标轴 $r$、$\theta$、$\phi$ 方向上的分量。

球坐标系下的矢量微分算符：

$$\nabla u = \frac{\partial u}{\partial r}\hat{\boldsymbol{r}} + \frac{1}{r}\frac{\partial u}{\partial \theta}\hat{\boldsymbol{\theta}} + \frac{1}{r\sin\theta}\frac{\partial u}{\partial \phi}\hat{\boldsymbol{\phi}}$$

$$\nabla \cdot \mathbf{A} = \frac{1}{r^2}\frac{\partial}{\partial r}(r^2 A_r) + \frac{1}{r\sin\theta}\frac{\partial}{\partial \theta}(\sin\theta A_\theta) + \frac{1}{r\sin\theta}\frac{\partial A_\phi}{\partial \phi}$$

$$\nabla \times \mathbf{A} = \frac{1}{r\sin\theta}\left[\frac{\partial}{\partial \theta}(\sin\theta A_\phi) - \frac{\partial A_\theta}{\partial \phi}\right]\hat{\boldsymbol{r}} + \frac{1}{r}\left[\frac{1}{\sin\theta}\frac{\partial A_r}{\partial \phi} - \frac{\partial}{\partial r}(rA_\phi)\right]\hat{\boldsymbol{\theta}} + \frac{1}{r}\left[\frac{\partial}{\partial r}(rA_\theta) - \frac{\partial A_r}{\partial \theta}\right]\hat{\boldsymbol{\phi}}$$

$$\nabla^2 u = \frac{1}{r^2}\frac{\partial}{\partial r}\left(r^2 \frac{\partial u}{\partial r}\right) + \frac{1}{r^2\sin\theta}\frac{\partial}{\partial \theta}\left(\sin\theta \frac{\partial u}{\partial \theta}\right) + \frac{1}{r^2\sin^2\theta}\frac{\partial^2 u}{\partial \phi^2}$$

# 附录D

# 部分材料的电导率、介电常数和损耗角正切

表 D.1 电导率

| 材料 | 电导率/($S\cdot m^{-1}$) | 材料 | 电导率/($S\cdot m^{-1}$) |
|---|---|---|---|
| 金 | $4.10\times10^{7}$ | 蒸馏水 | $2.0\times10^{-4}$ |
| 银 | $6.20\times10^{7}$ | 海水 | 3～5 |
| 铜 | $5.81\times10^{7}$ | 硅 | $4.4\times10^{-4}$ |
| 铁(99.98%) | $1.03\times10^{7}$ | 石墨 | $7.0\times10^{4}$ |
| 铝 | $3.82\times10^{7}$ | 不锈钢 | $1.1\times10^{6}$ |
| 铅 | $4.55\times10^{7}$ | 焊锡 | $7.1\times10^{6}$ |

表 D.2 介电常数和损耗角正切

| 介质 | 频率/GHz | 相对介电常数 | 损耗角正切(25℃) |
|---|---|---|---|
| 蒸馏水 | 3 | 76.7 | 0.157 |
| 陶瓷(A-35) | 3 | 5.60 | 0.004 |
| 树脂玻璃 | 3 | 2.6 | 0.0057 |
| 尼龙(610) | 3 | 2.84 | 0.012 |
| 硅 | 10 | 11.9 | 0.004 |
| 砷化镓 | 10 | 13 | 0.006 |
| 聚乙烯 | 10 | 2.25 | 0.0004 |
| 聚四氟乙烯 | 10 | 2.08 | 0.0004 |
| 聚苯乙烯 | 10 | 2.54 | 0.0003 |
| 有机玻璃 | 10 | 2.56 | 0.005 |
| 凡士林 | 10 | 2.16 | 0.001 |

# 附录 E

# 部分标准矩形波导数据

表 E.1 标准矩形波导数据

| 标准型号 | | 主模频率范围/GHz | | | 内截面尺寸/mm | | | 基本壁厚/mm | 衰减/(dB/m) | |
|---|---|---|---|---|---|---|---|---|---|---|
| 中国-国家标准 | EIA-国际标准 | 起始频率 $1.25f_c$ | 终止频率 $1.9f_c$ | 基本宽度 $a$ | 基本高度 $b$ | 宽高偏差(±) | 内圆角最大直径 $R_1$ | | 频率/GHz | 理论值 |
| BJ12 | WR-770 | 0.96 | 1.46 | 195.58 | 97.79 | 待定 | 1.2 | 3.18 | 1.15 | 0.00405 |
| BJ14 | WR-650 | 1.13 | 1.73 | 165.1 | 82.55 | 0.33 | 1.2 | 2.03 | 1.36 | 0.00522 |
| BJ18 | WR-510 | 1.45 | 2.2 | 129.54 | 64.77 | 0.26 | 1.2 | 2.03 | 1.74 | 0.00748 |
| BJ22 | WR-430 | 1.72 | 2.61 | 109.22 | 54.61 | 0.22 | 1.2 | 2.03 | 2.06 | 0.00946 |
| BJ26 | WR-340 | 2.17 | 3.3 | 86.36 | 43.18 | 0.17 | 1.2 | 2.03 | 2.60 | 0.00138 |
| BJ32 | WR-284 | 2.6 | 3.95 | 72.14 | 34.04 | 0.14 | 1.2 | 2.03 | 3.12 | 0.0188 |
| BJ40 | WR-229 | 3.22 | 4.9 | 58.17 | 29.08 | 0.12 | 1.2 | 1.625 | 3.87 | 0.0249 |
| BJ48 | WR-187 | 3.94 | 5.99 | 47.549 | 22.149 | 0.095 | 0.8 | 1.625 | 4.73 | 0.0354 |
| BJ58 | WR-159 | 4.64 | 7.05 | 40.386 | 20.193 | 0.081 | 0.8 | 1.625 | 5.57 | 0.0430 |
| BJ70 | WR-137 | 5.38 | 8.17 | 34.849 | 15.799 | 0.07 | 0.8 | 1.625 | 6.45 | 0.0575 |
| BJ84 | WR-112 | 6.57 | 9.99 | 28.499 | 12.624 | 0.057 | 0.8 | 1.625 | 7.89 | 0.0791 |
| BJ100 | WR-90 | 8.2 | 12.5 | 22.86 | 10.16 | 0.046 | 0.8 | 1.27 | 9.84 | 0.110 |
| BJ120 | WR-75 | 9.84 | 15 | 19.05 | 9.525 | 0.038 | 0.8 | 1.27 | 11.8 | 0.133 |
| BJ140 | WR-62 | 11.9 | 18 | 15.799 | 7.899 | 0.031 | 0.4 | 1.015 | 14.2 | 0.176 |
| BJ180 | WR-51 | 14.5 | 22 | 12.95 | 6.477 | 0.026 | 0.4 | 1.015 | 17.4 | 0.236 |
| BJ220 | WR-42 | 17.6 | 26.7 | 10.668 | 4.318 | 0.021 | 0.4 | 1.015 | 21.1 | 0.368 |
| BJ260 | WR-34 | 21.7 | 33 | 8.636 | 4.318 | 0.02 | 0.4 | 1.015 | 26.0 | 0.436 |
| BJ320 | WR-28 | 26.3 | 40 | 7.12 | 3.556 | 0.02 | 0.4 | 1.015 | 31.6 | 0.583 |
| BJ400 | WR-22 | 32.9 | 50.1 | 5.69 | 2.845 | 0.02 | 0.3 | 1.015 | 39.5 | 0.815 |
| BJ500 | WR-19 | 39.2 | 59.6 | 4.775 | 2.388 | 0.02 | 0.3 | 1.015 | 47.1 | 1.058 |
| BJ620 | WR-15 | 49.8 | 75.8 | 3.795 | 1.88 | 0.02 | 0.2 | 1.015 | 59.8 | 1.52 |
| BJ740 | WR-12 | 60.5 | 91.9 | 3.0988 | 1.5494 | 0.0127 | 0.15 | 1.015 | 72.6 | 2.02 |
| BJ900 | WR-10 | 73.8 | 112 | 2.54 | 1.27 | 0.0127 | 0.15 | 1.015 | 88.5 | 2.74 |
| BJ1200 | WR-8 | 92.2 | 140 | 2.032 | 1.016 | 0.0076 | 0.15 | 0.76 | 110.7 | 3.81 |
| BJ1400 | WR-7 | 113 | 173 | 1.651 | 0.8255 | 0.0064 | 0.038 | 0.76 | 136.2 | 5.21 |
| BJ1800 | WR-5 | 145 | 220 | 1.2954 | 0.6477 | 0.0064 | 0.038 | 0.76 | 173.6 | 7.49 |
| BJ2200 | WR-4 | 172 | 261 | 1.0922 | 0.5461 | 0.0051 | 0.038 | 0.76 | 205.9 | 9.68 |
| BJ2600 | WR-3 | 217 | 330 | 0.8636 | 0.4318 | 0.0051 | 0.038 | 0.76 | 260.2 | 13.76 |

# 附录 F

# 部分标准同轴线数据(50Ω)

表 F.1　标准同轴线数据(50Ω)

| RG/U 型号 | 内导体直径/in | 电介质材料 | 电介质直径/in | 电缆类型 | 总直径/in | 电容/(pF/ft) | 最大工作电压/V | 损耗(1GHz)/(dB/100ft) |
|---|---|---|---|---|---|---|---|---|
| RG-9B/U | 0.0855 | P | 0.280 | 网状编织 | 0.420 | 30.8 | 5000 | 9.0 |
| RG-141A/U | 0.0390 | T | 0.116 | 网状编织 | 0.190 | 29.4 | 1900 | 13.0 |
| RG-142A/U | 0.0390 | T | 0.116 | 网状编织 | 0.195 | 29.4 | 1900 | 13.0 |
| RG-174/U | 0.0189 | P | 0.060 | 网状编织 | 0.100 | 30.8 | 1500 | 31.0 |
| RG-178B/U | 0.0120 | T | 0.034 | 网状编织 | 0.072 | 29.4 | 1000 | 45.0 |
| RG-188/U | 0.0201 | T | 0.060 | 网状编织 | 0.105 | 29.4 | 1200 | 30.0 |
| RG-213/U | 0.0888 | P | 0.285 | 网状编织 | 0.405 | 30.8 | 5000 | 9.0 |
| RG-214/U | 0.0888 | P | 0.285 | 网状编织 | 0.425 | 30.8 | 5000 | 9.0 |
| RG-223/U | 0.0350 | P | 0.116 | 网状编织 | 0.211 | 30.8 | 1900 | 16.5 |
| RG-316/U | 0.0201 | T | 0.060 | 网状编织 | 0.102 | 29.4 | 1200 | 30.0 |
| RG-401/U | 0.0645 | T | 0.215 | 半刚性 | 0.250 | 29.3 | 3000 | — |
| RG-402/U | 0.0360 | T | 0.119 | 半刚性 | 0.141 | 29.3 | 2500 | 13.0 |
| RG-405/U | 0.0201 | T | 0.066 | 半刚性 | 0.0865 | 29.4 | 1500 | — |

注：1. P 表示聚乙烯材料，T 表示聚四氟乙烯材料；

2. 1ft＝12in，1in＝25.4mm。

# 附录 G

# 部分国产微波基片数据

表 G.1 微波基片数据(泰州旺灵)

| 产品型号 | | 相对介电常数(10GHz) | | 介电常数公差 | 损耗因子(典型值) | | | 介电常数温度系数(−55～150℃)/(×$10^{-6}$/℃) |
|---|---|---|---|---|---|---|---|---|
| | | 典型值 | 设计值 | | 10GHz | 20GHz | 40GHz | |
| F4BM系列 | F4BM220 | 2.2 | | ±0.04 | 0.0014 | 0.0014 | | −142 |
| | F4BM255 | 2.55 | | ±0.05 | 0.0018 | 0.0018 | | −110 |
| | F4BM265 | 2.65 | | ±0.05 | 0.0019 | 0.0019 | | −100 |
| | F4BM300 | 3.0 | | ±0.06 | 0.0025 | 0.0025 | | −80 |
| F4BTM系列 | F4BTM298 | 2.98 | | ±0.06 | 0.0018 | 0.0023 | | −78 |
| | F4BTM300 | 3.0 | | ±0.06 | 0.0018 | 0.0023 | | −75 |
| | F4BTM320 | 3.2 | | ±0.06 | 0.0020 | 0.0026 | | −75 |
| | F4BTM350 | 3.5 | | ±0.07 | 0.0025 | 0.0035 | | −60 |
| F4BTMS系列 | F4BTMS220 | 2.2 | 2.2 | ±0.02 | 0.0009 | 0.0010 | 0.0013 | −130 |
| | F4BTMS255 | 2.55 | 2.55 | ±0.04 | 0.0012 | 0.0013 | 0.0016 | −92 |
| | F4BTMS300 | 3.00 | 3.00 | ±0.04 | 0.0013 | 0.0015 | 0.0019 | −20 |
| | F4BTMS350 | 3.50 | 3.50 | ±0.05 | 0.0016 | 0.0019 | 0.0024 | −39 |
| | F4BTMS450 | 4.50 | 4.5 | ±0.09 | 0.0015 | 0.0019 | 0.0024 | −58 |
| | F4BTMS615 | 6.15 | 6.15 | ±0.12 | 0.0020 | 0.0023 | — | −96 |
| | F4BTMS1000 | 10.20 | 10.2 | ±0.2 | 0.0020 | 0.0023 | — | −320 |
| TFA系列 | TFA294 | 2.94 | 2.94 | ±0.04 | 0.001 | 0.001 | 0.0012 | −5 |
| | TFA300 | 3.00 | 3.00 | ±0.04 | 0.001 | 0.001 | 0.0012 | −8 |
| | TFA615 | 6.15 | 6.4 | ±0.12 | 0.0015 | 0.0017 | — | −215 |
| | TFA1020 | 10.20 | 10.7 | ±0.20 | 0.0015 | 0.0017 | — | −340 |
| WL-CT系列 | WL-CT300 | 3.00 | 2.98 | ±0.05 | 0.0025 | 0.0030 | 0.0036 | 27 |
| | WL-CT330 | 3.30 | 3.45 | ±0.06 | 0.0021 | 0.0026 | 0.0033 | 43 |
| | WL-CT350 | 3.48 | 3.66 | ±0.05 | 0.0030 | 0.0039 | 0.0048 | 52 |
| | WL-CT440 | 4.10 | 4.38 | ±0.08 | 0.0040 | 0.0050 | — | −21 |
| | WL-CT615 | 6.15 | 6.4 | ±0.15 | 0.0032 | 0.0040 | — | −122 |
| 粘结片 | WL-PP300 | 3.0 | | ±0.05 | 0.0028 | | | |
| | WL-PP350 | 3.5 | | ±0.05 | 0.0042 | | | |

注：1. 介电常数(典型值)测试为材料 $z$ 方向，采用 GB/T 12636—1990 或 IPC-TM650 2.5.5.5 带状线法测试；

2. 介电常数(设计值)采用 50Ω 微带线法测试，测试为材料 $z$ 方向；

3. 其他性能采用或参照 IPC-TM650 或 GB/T 4722—2017 规定的试验方法测试。

# 附录 H

# 贝塞尔函数

## H.1 定义

贝塞尔函数是如下微分方程的解：

$$\frac{1}{\rho}\frac{\mathrm{d}}{\mathrm{d}\rho}\left(\rho\frac{\mathrm{d}f}{\mathrm{d}\rho}\right)+\left(k^2-\frac{n^2}{\rho^2}\right)f=0$$

式中：$k$ 为实数；$n$ 为整数。

这个方程的两个独立的解称为第 1 类和第 2 类正常的贝塞尔函数，表示为 $\mathrm{J}_n(k\rho)$ 和 $\mathrm{Y}_n(k\rho)$，所以上式的通解是

$$f(\rho)=A\mathrm{J}_n(k\rho)+B\mathrm{Y}_n(k\rho)$$

式中：$A$、$B$ 为由边界条件决定的任意常数。

## H.2 级数表达式

贝塞尔函数 $\mathrm{J}_n(x)$ 和 $\mathrm{Y}_n(x)$ 的级数表达式为

$$\mathrm{J}_n(x)=\sum_{m=0}^{\infty}\frac{(-1)^m(x/2)^{n+2m}}{m!(n+m)!}$$

$$\mathrm{Y}_n(x)=\frac{2}{\pi}\left(\gamma+\ln\frac{x}{2}\right)\mathrm{J}_n(x)-\frac{1}{\pi}\sum_{m=0}^{n-1}\frac{(n-m-1)!}{m!}\left(\frac{2}{x}\right)^{n-2m}-$$

$$\frac{1}{\pi}\sum_{m=0}^{\infty}\frac{(-1)^m(x/2)^{n+2m}}{m!(n+m)!}\left(1+\frac{1}{2}+\frac{1}{3}+\cdots+\frac{1}{m}+1+\frac{1}{2}+\cdots+\frac{1}{n+m}\right)$$

式中：$\gamma$ 为欧拉常数，$\gamma=0.5772\cdots$，且 $x=k\rho$。注意，当 $x=0$ 时，自然对数(ln)项会使 $\mathrm{Y}_n$ 变为无限大。图 H.1 示出了每种类型的前几个整数阶贝塞尔函数曲线。

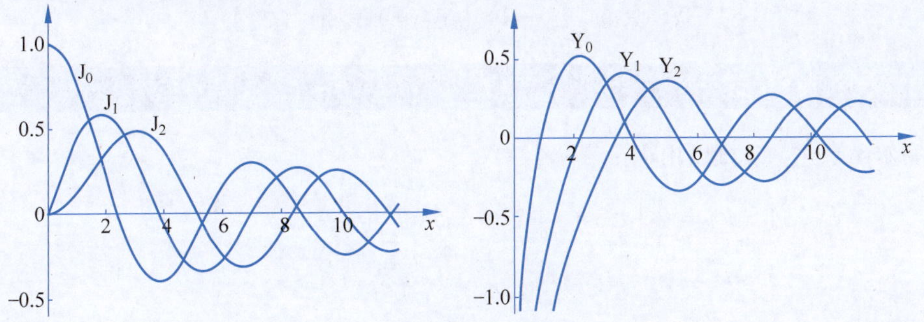


图 H.1 第 1 类和第 2 类贝塞尔函数

## H.3 渐近表达式

对于固定的 $n$，从级数表达式中可得到小变量($x\to 0$)公式：

$$J_n(x)\approx\frac{1}{n!}\left(\frac{x}{2}\right)^n$$

$$Y_0(x)\approx\frac{2}{\pi}\ln x$$

$$Y_n(x)\approx\frac{-1}{\pi}(n-1)!\left(\frac{2}{x}\right)^n,\quad n>0$$

推导出大变量($|x|\to\infty$)公式：

$$J_n(x)\approx\sqrt{\frac{2}{\pi x}}\cos\left(x-\frac{\pi}{4}-\frac{n\pi}{2}\right)$$

$$Y_n(x)\approx\sqrt{\frac{2}{\pi x}}\sin\left(x-\frac{\pi}{4}-\frac{n\pi}{2}\right)$$

## H.4 递推关系和对称关系

有关不同阶贝塞尔函数递归公式：

$$Z_{n+1}(x)=\frac{2n}{x}Z_n(x)-Z_{n-1}(x)$$

$$Z'_n(x)=\frac{-n}{x}Z_n(x)+Z_{n-1}(x)$$

$$Z'_n(x)=\frac{n}{x}Z_n(x)-Z_{n+1}(x)$$

$$Z'_n(x)=\frac{1}{x}[Z_{n-1}(x)-Z_{n+1}(x)]$$

式中：$Z_n$ 为 $J_n$ 或 $Y_n$。

对于负阶数或负自变量，$J_n(x)$和 $Y_n(x)$有如下关系：

$$J_{-n}(x)=(-1)^n J_n(x)$$

$$Y_{-n}(x)=(-1)^n Y_n(x)$$

$$J_n(-x)=(-1)^n J_n(x)$$

$$Y_n(-x)=(-1)^n[Y_n(x)+2jJ_n(x)]$$

## H.5 积分表达式

贝塞尔函数 $J_n(x)$可以用积分表示：

$$J_n(x)=\frac{1}{\pi}\int_0^{\pi}\cos(x\sin\theta-n\theta)\mathrm{d}\theta=\frac{1}{2\pi}\int_0^{2\pi}e^{j(x\sin\theta-n\theta)}\mathrm{d}\theta$$

$$\int x^{n+1}Z_n(x)\mathrm{d}x=x^{n+1}Z_{n+1}(x)$$

$$\int x^{-n+1}Z_n(x)\mathrm{d}x=-x^{-n+1}Z_{n-1}(x)$$

$$\int xZ_n^2(x)\mathrm{d}x=\frac{x^2}{2}\{[Z_n(x)]^2-Z_{n-1}(x)Z_{n+1}(x)\}$$

## H.6 第1类贝塞尔函数及其导数的零点

由 $J_n(p_{nm})=0$ 和 $J'_n(p'_{nm})=0$ 得到 $J_n(x)$ 和 $J'_n(x)$ 的零点列在表 H.1 和表 H.2 中。

表 H.1 第1类贝塞尔函数的零点($J_n(x)=0, 0<x<12$)

| *n* | 1 | 2 | 3 | 4 |
|---|---|---|---|---|
| 0 | 2.4048 | 5.5201 | 8.6537 | 11.7915 |
| 1 | 3.8317 | 7.0156 | 10.1735 | |
| 2 | 5.1356 | 8.4172 | 11.6198 | |
| 3 | 6.3802 | 9.7610 | | |
| 4 | 7.5883 | 11.0647 | | |
| 5 | 8.7715 | | | |
| 6 | 9.9361 | | | |
| 7 | 11.0864 | | | |

表 H.2 第1类贝塞尔函数的导数的零点($dJ_n(x)/dx=0, 0<x<12$)

| *n* | 1 | 2 | 3 | 4 |
|---|---|---|---|---|
| 0 | 3.8317 | 7.0156 | 10.1735 | 13.3237 |
| 1 | 1.8412 | 5.3314 | 8.5363 | 17.7060 |
| 2 | 3.0542 | 6.7061 | 9.9695 | |
| 3 | 4.2012 | 8.0152 | 11.3459 | |
| 4 | 5.3175 | 9.2824 | | |
| 5 | 6.4156 | 10.5199 | | |
| 6 | 7.5013 | 11.7349 | | |
| 7 | 8.5778 | | | |
| 8 | 9.6474 | | | |
| 9 | 10.7114 | | | |
| 10 | 11.7709 | | | |

# 参考文献


[1] Jin J M. 电磁场理论与计算[M]. 尹家贤，等译. 2 版. 北京：电子工业出版社，2023.

[2] Pozar D M. 微波工程[M]. 谭云华，等译. 4 版. 北京：电子工业出版社，2019.

[3] 谢处方，等. 电磁场与电磁波[M]. 5 版. 北京：高等教育出版社，2019.

[4] 毛钧杰，何建国. 电磁场理论[M]. 长沙：国防科技大学出版社，1998.

[5] 朱建清，刘荧，柴舜连，等. 电磁波原理与微波工程基础[M]. 北京：电子工业出版社，2011.

[6] Guru B S，Hiziroglu H R. Electromagnetic field theory fundamentals[M]. 北京：机械工业出版社，2002.

[7] 梅中磊，曹斌照，李月娥，等. 电磁场与电磁波[M]. 北京：清华大学出版社，2018.

[8] 毛钧杰，柴舜连，等. 微波技术与天线[M]. 北京：科学出版社，2006.

[9] 顾继慧. 微波技术[M]. 2 版. 北京：科学出版社，2014.

[10] 徐锐敏，唐璞，薛正辉，等. 微波技术基础[M]. 修订版. 北京：科学出版社，2021.

[11] Ludwig R，Bretchko P. 射频电路设计：理论与应用[M]. 王子宇，等译. 北京：电子工业出版社，2002.

[12] Joel P D. 微波器件测量手册：矢量网络分析仪高级测量技术指南[M]. 陈新，等译. 北京：电子工业出版社，2014.

[13] 薛正辉，任武. 微波固态电路[M]. 北京：电子工业出版社，2015.

[14] 雷振亚，明正峰，等. 微波工程导论[M]. 北京：科学出版社，2021.

[15] 张光义，赵玉洁. 相控阵雷达技术[M]. 北京：电子工业出版社，2006.

[16] 李莉. 天线与电波传播[M]. 北京：科学出版社，2009.

[17] 宋铮. 天线与电波传播[M]. 4 版. 西安：西安电子科技大学出版社，2021.

[18] 闻映红. 电波传播理论[M]. 北京：机械工业出版社，2013.

[19] 栾秀珍. 天线与无线电波传播[M]. 大连：大连海事大学出版社，2013.

[20] 郑新，李文辉，潘厚忠，等. 雷达发射机技术[M]. 北京：电子工业出版社，2008.

[21] 戈稳. 雷达接收机技术[M]. 北京：电子工业出版社，2005.

[22] 郭崇贤. 相控阵雷达接收技术[M]. 北京：国防工业出版社，2009.

[23] Gibson W C. The method of moments in electromagnetics [M]. Cambridge：Taylor & Francis Group，2008.

[24] 中华人民共和国住房和城乡建设部，中华人民共和国国家质量监督检验检疫总局. 建筑物防雷设计规范：GB 50057—2010[S]. 北京：中国计划出版社，2010.

[25] 国家环境保护总局. 环境标志产品技术要求家用微波炉：HJ/T 221—2005[S]. 北京：中国环境出版社，2005.

[26] 郭硕鸿. 电动力学[M]. 4 版. 北京：高等教育出版社，2023.

[27] Allen L，Beijersbergen M，Spreeuw R，et al. Orbital angular momentum of light and the transformation of Laguerre-Gaussian laser modes [J]. Phys. Rev. A，1992，45(11)：8185-8189.

[28] Thide B，Then H，Sjoholm J，et al. Utilization of photon orbital angular momentum in the low-frequency radio domain [J]. Physical Review Letters，2007，99(8)：087701-1-087701-4.

[29] Tamburini F，Mari E，Sponselli A，et al. Encoding many channels on the same frequency through radio vorticity：first experimental test [J]. New Journal of Physics，2012，14(3)：033001.

[30] Zhang W T，Zheng S L，Hui X N，et al. Mode division multiplexing communication using microwave orbital angular momentum：An experimental study[J]. IEEE Transactions on Wireless Communications，2017，16(2)：1308-1318.

[31] 李清华. 基于圆环阵列的涡旋电磁波产生方法研究[D]. 长沙：国防科技大学，2015.

[32] Veselago V G. The electrodynamics of substances with simultaneously negative values of $\varepsilon$ and $\mu$[J]. Sov. Phys. Usp.，1968，10：509-514.

[33] Pendry J B，Holden A J，Stewart W J，et al. Extremely low frequency plasmons in metallic mesostructures[J].

Phys. Rev. Lett. ,1996,76: 4773-4776.
[34] Pendry J B, Holden A J, Robbins D J, et al. Magnetism from conductors and enhanced nonlinear phenomena[J]. IEEE Trans. Microw. Theory Tech. ,1999,47: 2075-2084.
[35] Smith D R, Padilla W J, Vier O J F. Composite medium with simultaneously negative permeability and permittivity[J]. Phys. Rev. Lett. 2000,84,4184-4187.
[36] 华昌机械厂. 空心金属波导第 2 部分：普通矩形波导有关规范[S]. GB 11450. 2-1989,1989.
[37] Kildal P S, Alfonso E, Valero-Nogueira A, et al. Local metamaterial-based waveguides in gaps between parallel metal plates[J]. IEEE Antennas and Wireless Propagation Letters,2009,8: 84-87.
[38] 赵民. 基于开槽空隙波导的毫米波背腔缝隙天线技术研究[D]. 长沙：国防科技大学,2018.
[39] 岳家璇. 毫米波间隙波导缝隙阵列天线设计[D]. 长沙：国防科技大学,2022.
[40] Yue J X, Zhou C M, Xiao K, et al. W-band low-sidelobe series-fed slot array antenna based on groove gap waveguide[J]. IEEE Antennas and Wireless Propagation Letters,2023,22(4): 908-912.
[41] Dellsperger F. Smith Chart Tool[L/OL], http: //www. fritz. dellsperger. net/smith. html.
[42] Bahl I J, Garg R. A designer's guide to stripline circuits[J]. microwave,1978.
[43] Bahl I J, Trivedi D K. A designer's guide to microstrip line. Microwave,1977.
[44] Deslandes D, Wu K, Integrated microstrip and rectangular waveguide in planar form [J]. IEEE Microwave Wireless Component Letter,2001,11(2).
[45] Qiu L, Xiao K, Chai S L. A double-layer shaped-beam traveling-wave slot array based on SIW[J]. IEEE Transactions on Antennas and Propagation,2016,64(11).
[46] 邱磊. 新型多层微带阵列天线研究[D]. 长沙：国防科技大学,2013.
[47] 谢拥军,等. HFSS 原理与工程应用[M]. 北京：科学出版社,2021.
[48] Yeom K W. 微波电路设计：使用 ADS 的方法与途径[M]. 陈会,等译. 北京：机械工业出版社,2018.
[49] Chen Z N, Luk K M. Antenna for base stations in wireless communications [M]. New York: The McGraw-Hill Companies,2009.
[50] 吴曼青. 数字阵列雷达的发展与构想[J]. 雷达科学与技术,2008,12(6): 401-405.
[51] 葛建军,张春城. 数字阵列雷达[M]. 北京：国防工业出版社,2022.
[52] 赵菲. 共形相控阵天线分析综合技术与实验研究[D]. 长沙：国防科技大学,2013.
[53] Gharibdoust K, et. al. A fully integrated 0. 18-μm CMOS transceiver chip for X-band phased-array systems[J]. IEEE Trans. Microw. Theory Tech. ,2012,60(7): 2192-2202.
[54] Zhang Z. Antenna design for mobile devices[M]. New York: John Wiley & Sons (Asia) Pte Ltd,2011.
[55] Chen Z N. Antennas for base stations in wireless communications[M]. New York: McGraw-Hill,2009.
[56] Gross F B. 智能天线：MATLAB 实践版[M]. 北京：机械工业出版社,2019.
[57] Li Y, Ge L, Chen M, et al. Multibeam 3-D-printed Luneburg lens fed by magnetoelectric dipole antennas for millimeter-wave MIMO applications[J]. IEEE Transactions on Antennas and Propagation, 2019: 2923-2933.
[58] 中国国家标准化管理委员会. 陆地移动业务和固定业务传播特性 第 1 部分：陆地移动业务传播特性：GB/T 14617. 1—2012[S].
[59] 胡绘斌. 预测复杂环境下电波传播特性的算法研究[D]. 长沙：国防科技大学,2006.
[60] 崔铁军,金石,等. 智能超表面技术研究报告[R]. IMT2030(6G)推进组,2021.
[61] 章嘉懿,艾渤,包廷南,等. 智能超表面技术白皮书[R]. RISTA,2023.
[62] 程强,戴俊彦,柯俊臣,等. 智能超表面在波束及信息调控中的应用[J]. 电信科学,2021,37(9): 30-37.
[63] 楼才义,徐建良,杨小牛. 软件无线电原理与应用[M]. 2 版. 北京：电子工业出版社,2020.
[64] Collins T F, Getz R, Pu D, et al. Software-defined radio for engineers[M]. Boston: Artech House,2018.